Dingermann
Gentechnik – Biotechnik

Gentechnik Biotechnik

Lehrbuch und Kompendium für Studium und Praxis

Von
Professor Dr. Theodor Dingermann, Frankfurt
unter Mitarbeit von
Dr. Ilse Zündorf, Frankfurt

Mit 505 Abbildungen und 53 Tabellen

WVG
Wissenschaftliche Verlagsgesellschaft mbH Stuttgart 1999

Anschrift der Autoren:
Dr. Ilse Zündorf
Prof. Dr. Theodor Dingermann
Johann Wolfgang Goethe-Universität
Institut für Pharmazeutische Biologie
Marie-Curie-Straße 9
60439 Frankfurt am Main

Die in diesem Buch aufgeführten Angaben zur Medikation wurden sorgfältig geprüft. Dennoch können Autoren und Verlag keine Gewähr für die Richtigkeit der Angaben übernehmen. Dem Leser wird empfohlen, sich vor einer Medikation in eigener Verantwortung anhand des Beipackzettels oder anderer Herstellerunterlagen kritisch zu informieren.

Die Deutsche Bibliothek – CIP-Einheitsaufnahme

Dingermann, Theodor:
Gentechnik, Biotechnik : Prinzipien und Anwendungen in Pharmazie und Medizin ; mit 53 Tabellen / von Theodor Dingermann. Unter Mitarb. von Ilse Zündorf. – Stuttgart : Wiss. Verl.-Ges., 1999
ISBN 3-8047-1597-4

Printed in Germany
Umschlaggestaltung: Atelier Schäfer, Esslingen
Satz: Dörr + Schiller GmbH, Stuttgart
Druck: H. Stürtz, Würzburg

Vorwort

In der Definition des zweiten Arzneimittelgesetzes (AMG) von 1976 sind Arzneimittel „Stoffe und Zubereitungen aus Stoffen, die dazu bestimmt sind, durch Anwendung am oder im menschlichen oder tierischen Körper

- Krankheiten, Leiden, Körperschäden oder krankhafte Beschwerden zu heilen, zu verhüten oder zu erkennen;
- die Beschaffenheit, den Zustand oder die Funktionen des Körpers oder seelischer Zustände erkennen zu lassen;
- vom menschlichen oder tierischen Körper erzeugte Wirkstoffe oder Körperflüssigkeiten zu ersetzen;
- Krankheitserreger, Parasiten oder körperfremde Stoffe abzuwehren, zu beseitigen oder unschädlich zu machen;
- die Beschaffenheit, den Zustand oder die Funktion des Körpers oder seelische Zustände zu beeinflussen.

Vor allem unter die Definitionen 1–4 fallen vermehrt Produkte, die biologisch bzw. biotechnisch produziert werden. Darunter fallen aber auch immer häufiger Vertreter einer völlig neuen Generation von Arzneimitteln, die weder synthetisch hergestellt noch aus natürlichen Quellen isoliert werden. Vielmehr werden diese Arzneimittel mit Hilfe der Molekularbiologie durch Organismen oder Zellen produziert, in denen sie normalerweise nicht vorkommen.

Dies ist das Ergebnis einer wissenschaftlichen Revolution, deren Zeugen wir sind und die in den fünfziger Jahren mit der Entdeckung der DNA-Struktur – die berühmte Doppelhelix – durch James Watson und Francis Crick begann. Dieses Wissen um die DNA war der Schlüssel zum Verständnis des universellen genetischen Codes. Letztlich legte die Entdeckung von Watson und Crick den Grundstein zu den modernen biologischen Techniken wie Biotechnik und Molekularbiologie. Die Werkzeuge, die in einer rasanten Entwicklung von Biochemikern und Zellbiologen entwickelt wurden, werden heute genutzt, um das Synthesespektrum verschiedenster Organismen zu verändern.

- Dies geschieht entweder durch Inaktivierung vorhandener genetischer Information.
- Oder es wird neue genetische Information in den Organismus eingeschleust.

Zu den Organismen, die gentechnisch modifiziert werden, zählen Bakterien ebenso wie niedere Eukaryonten, aber auch Pflanzen und jüngst auch Tiere.

Die Werkzeuge der Gentechnik werden aber auch genutzt, um Krankheiten früher, zuverlässiger und detaillierter zu erkennen, bzw. das potentielle Risiko, an einer schweren Krankheit zu erkranken, genauer vorherzusagen. Schließlich ist bereits absehbar, daß in Kürze mit Hilfe gentechnischer Methoden bestimmte schwere Erkrankungen durch eine somatische Gentherapie kausal geheilt werden können.

Die Frage, ob wir die durch die Gentechnik zugänglichen Möglichkeiten tatsächlich brauchen, kann von einem sachkundigen, kritisch aber verantwortungsvoll Denkenden nur mit ja beantwortet werden. Zu allgegenwärtig sind bereits jetzt Produkte dieser Technik. So enthalten viele – wenn nicht die meisten – der wichtigsten Diagnostika Komponenten, die gentechnisch gewonnen werden. Mit Hilfe der Gentechnik erzeugte Katalysatoren werden für komplexe chemische Teilreaktionen eingesetzt und gentechnisch hergestellte Medikamente haben sich wegen ihrer enormen Wirksamkeit und großen Sicherheit vielfach bewährt. Ein Verzicht auf die Gentechnik ist praktisch undenkbar, da er ungeahnte und nicht zu verantwortende Konsequenzen nach sich ziehen würde.

Diese Ansicht setzt sich nun auch vermehrt in der breiten Bevölkerung durch, so daß die Akzeptanz, die der Biotechnik und Gentechnik – zumindest im medizinisch/pharmazeutischen Bereich – entgegengebracht wird, in den letzten Jahren deutlich gestiegen ist. Offensichtlich ist es gelungen, einen Teil des Informationsdefizits zu beheben, das viel zu lange in unserem Land Unsicherheit, ja Angst vor zufällig oder gewollt produzierten Organismen, die ein hohes Gefährdungspotential beinhalten könnten, verursacht hat. Durch hypothetische Risiken fühlten sich große Teile der Bevölkerung bedroht, und diese Angst wurde über Jahrzehnte durch häufig unkorrekte und emotionale „Pseudoinformationen" gewinnbringend für einige Wenige – darunter leider auch populistisch argumentierende Politiker – geschürt.

Schließlich waren aber diese Ansichten nicht länger glaubhaft haltbar, denn trotz aller Unkenrufe trafen Vorhersagen einfach nicht ein, daß durch die Gentechnik schädliche oder unvorhergesehene Folgen für den Menschen und die Umwelt auftreten würden.

Allerdings kann auch niemals bewiesen werden, daß es keine Risiken gibt. Da der Begriff des Risikos rein theoretischer Natur ist, beinhalten Entscheidungen über Risiken und Sicherheit unvermeidbar Werturteile. Es mußten Regeln vereinbart und durch einen gesetzlichen Rahmen erhärtet werden, die einen sorgfältigen und vorsichtigen Fortschritt ermöglichten. Von den Wissenschaftlern der verschiedensten Fachgruppen innerhalb der Molekularbiologie und von der engagierten Industrie wurde die Schaffung solcher Maßnahmen immer aktiv unterstützt. Denn nur auf der Basis eines verbindlichen Regelwerkes lassen sich langfristige Konzepte verbunden mit hohen Investitionen entwickeln.

Dies ist mit dem In-Kraft-Treten des Gentechnikgesetzes im Juli 1990 und mit dem ersten Gesetz zur Änderung des Gentechnikgesetzes im Dezember 1993 geschehen.

Bei der Entwicklung und Anwendung gentechnischer Methoden gibt es jedoch nicht nur wissenschaftliche sondern auch ethische Probleme. Die Gentechnik bietet nämlich nicht nur die methodische Basis für die Herstellung von Medikamenten und Diagnostika. Sie kann auch herangezogen werden, um genetische Defekte eines Patienten zu korrigieren. Und sie wird benutzt werden können, um Krankheitsrisiken am Menschen wie am Foeten vorherzusagen. Ob dies erlaubt oder gar gewünscht wird, muß die Gesellschaft entscheiden. Es geht aber nicht an, aufgrund solcher Möglichkeiten eine ganze Technologie in Frage zu stellen. Wir sollten uns davor hüten, Pauschalurteile zu fällen, sondern vielmehr versuchen, auf konkrete Fragen pragmatische Antworten zu finden. Dabei sollten wir darauf achten, den Begriff des Risikos nicht immer nur von einer Seite zu beleuchten. Zu leicht ist man nämlich geneigt, nur zu fragen, welches Risiko mit einem Projekt oder mit einer Technik verbunden ist. Dabei vergessen wir häufig zu hinterfragen, ob es nicht auch in einem gewissen Sinne riskant ist, auf dieses Projekt oder auf die Technik zu verzichten, da wir so auf einen klaren Benefit verzichten, der mit alternativen Methoden nicht machbar ist.

Die Antworten auf alle Überlegungen müssen sich immer an den ethischen Wertvorstellungen in unserer Gesellschaft orientieren und dann als Ausgangspunkt für juristische Normierungen dienen. Damit das gelingt, bedarf es einer engen, permanenten und sachlichen Kommunikation zwischen Wissenschaftlern, die neue Fakten schaffen, Technikern, die diese anwenden, Bürgern, die davon betroffen sind und Politikern und Juristen, die dafür sorgen, daß Normen für die Anwendung geschaffen und akzeptiert werden.

Zum Schluß dieses Vorworts noch einige wenige Bemerkungen zum Konzept des Buches. Lange haben wir darüber nachgedacht, und schließlich haben wir uns für eine ungewöhnliche Variante entschieden. Ausschlaggebend war die Überlegung, daß nicht nur Studierende als Zielgruppe angesprochen werden sollten, sondern auch Lernwillige, die bereits im Berufsleben stehen. Wir glaubten, alle potentiellen Leser dieses Buches am besten erreichen zu können, wenn wir einen sehr persönlichen Stil wählen würden. So haben wir das Buch über weite Strecken in einer Art „Seminarstil" verfaßt, in dem wir immer wieder Fragen formuliert, Probleme aufgezeigt und Lösungswege Schritt für Schritt an sehr konkreten Beispielen erläutert haben. Das Lesen in und das Lernen mit Hilfe dieses Buches soll Spaß machen und soll einen Teil der Faszination übertragen, die von der Gentechnik und Biotechnik ausgehen kann, wenn man sie positiv sieht und begreift.

Mehr als jede andere Wissenschaftsdisziplin hat die Gentechnik ihre Wurzeln im anglo-amerikanischen Sprachraum. Das bedeutet nicht, daß nicht auch Wissenschaftler aus nicht-englischsprachigen Ländern bahnbrechende Beiträge geleistet hätten. Allerdings war die Sprache, mit deren Hilfe man sich verständigte, ausnahmslos Englisch. Daher bleibt es nicht aus, daß auch ein in deutscher Sprache abgefaßtes Lehrbuch der Gentechnik und Biotechnik eine Vielzahl von Anglizismen enthält, die denjenigen stören könnten, der darauf achtet. Wir haben uns bemüht, Anglizismen dann zu vermeiden, wenn es Sinn macht, sie aber andererseits auch dort zu gebrauchen, wo der Sinn verstellt würde oder wo der Fachmann verständnislos den Kopf schütteln würde, wenn man eine deutsche Übersetzung gewählt hätte. In wissenschaftlichen Diskussionen in deutscher Sprache sind Ausdrücke wie *upstream, screenen, Leader, Enhancer* oder *inclusion bodies* absolut gebräuchlich. Derartige Ausdrücke wurden daher auch in diesem Buch verwendet. Sie wurden allerdings durch Kursivdruck als Anglizismen gekennzeichnet.

Der vorgebildete Leser wird sicherlich die ein oder andere Methode oder Technik vermissen. Dies sollte man uns nachsehen, denn unmöglich läßt sich ein so breites Gebiet vollständig abdecken. Allerdings müssen wir einige signifikante Defizite einräumen. Diese betreffen die rekombinanten Wirkstoffe, die nach Redaktionsschluß als Medikamente zugelassen wurden. Wir werden diese Information kontinuierlich nachliefern und sie unseren Leserinnen und Lesern im Internet unter http://Wissenschaftliche-Verlagsgesellschaft.de/Dingermann zugänglich machen.

Zum Schluß möchten wir uns noch bei Erika Lemmer und bei Gertrud Dingermann für die Hilfe beim Schreiben und Lesen der Korrekturen sowie beim Verlag für die fruchtbare und vertrauensvolle Zusammenarbeit bedanken.

Theo Dingermann,
Ilse Zündorf

Inhaltsverzeichnis

3 Mikrobielle Systeme 107

4 Klonierung in höheren Systemen 153

7 Molekulare Diagnostik 487

8 Molekularbiologische Ansätze zur Wirkstoff-Findung 557

9 Sicherheitsaspekte 591

Einführung

1

1.1 Die biologische Revolution

1.1.1 Die Vorgeschichte zur Gentechnik

Die Anfänge der Gentechnik reichen zurück bis in die zweite Hälfte des vergangenen Jahrhunderts. Damals, im Jahre 1859, begründete Charles Darwin (1809–1882) die Evolutionstheorie, und Gregor Mendel (1822–1884) formulierte 1865 seine Vererbungsgesetze. Damit war das Fundament für die „klassische Genetik" gelegt.

Im Jahre 1869 entdeckte Johann Friedrich Miescher (1844–1895) das „Nuklein", den Teil der Zelle, der Nukleinsäure enthält. Wie revolutionär diese Entdeckung war, erkennen wir daran, daß Miescher bis 1881 davon abgehalten wurde, seine Ergebnisse zu publizieren. Zu unerwartet waren die Entdeckungen.

Den Begriff „Genetik" für die Vererbungsforschung schlug Anfang des 20. Jahrhunderts der Engländer William Bateson (1861–1926) vor. Der Däne Wilhelm Johannsen (1857–1927) bezeichnete dann im Jahre 1909 die für die erblichen Merkmale verantwortlichen Anlagen erstmals als „Gene". Er prägte auch die Begriffe „Phänotyp und Genotyp" für das Erscheinungsbild und die Eigenschaften eines Lebewesens. Jedoch verband Johannsen mit dem Begriff „Gen" noch nichts konkret Sächliches – schon gar nicht den Teil eines Moleküls.

Ein historisches Experiment zu den Eigenschaften des Erbmaterials führte der englische Mikrobiologe Fred Griffith im Jahre 1928 durch. Er mischte durch Hitze abgetötete pathogene Stämme des Bakteriums *Diplococcus pneumoniae* mit nichtpathogenen, lebenden Stämmen dieses Bakteriums. Wenn er diese Mischung in Tiere injizierte, beobachtete er, daß sich zu einem geringen Prozentsatz pathogene Stämme bildeten. Damit hatte Griffith gezeigt, daß sich apathogene Bakterien transformieren ließen. Die apathogenen, lebenden Bakterien hatten Erbmaterial der abgetöteten, pathogenen Bakterien aufgenommen und damit eine entscheidende Eigenschaft der toten Bakterien übernommen. Erst im Jahre 1944 gelang dem Kanadier Oswald Theodore Avery (1877–1955), sowie Colin McLeod und Maclyn McCarthy der Nachweis, daß es sich bei dem transformierenden Faktor um Desoxyribonukleinsäure (kurz DNS oder englisch DNA) handelt. Wie wir wissen, ist in diesen Molekülen alle Erbinformation gespeichert.

Der Amerikaner James Dewey Watson (geb. 1928) und der Engländer Francis H. Crick (geb. 1918) klärten 1953, basierend auf experimentellen Daten der Engländer Rosalind Elsie Franklin (1920–1958) und Maurice Hugh Frederick Wilkins (geb. 1916), den Aufbau der DNA. Diese Riesenmoleküle ähneln einer Wendeltreppe. Vier Bausteine, die Nukleotide Adenosin (A), Cytosin (C), Guanosin (G) und Thymidin (T), sind über Phosphordiester-Bindungen zu linearen Makromolekülen verknüpft. Je zwei Molekülstränge lagern sich immer so zu einer DNA Doppelhelix zusammen, daß eine Purinbase einer Pyrimidinbase, bzw. ein A einem T und ein G einem C gegenübersteht. Dabei werden keine weiteren kovalenten Bindungen geknüpft, sondern über eine Vielzahl von Wasserstoffbrückenbindungen zwischen den Basen der beiden DNA-Stränge wird eine enorme Stabilität erreicht. Die gesamte Erbinformation der DNA wird nur von der charakteristischen Abfolge der vier Nukleotide – der Sequenz – bestimmt.

Im Jahre 1956 synthetisierte der Amerikaner Arthur Kornberg (geb. 1918) erstmalig DNA mit Hilfe des von ihm isolierten Enzyms DNA-Polymerase. Ebenfalls 1956 entdeckte der rumänisch-amerikanische Physiologe George Emil Palade (geb. 1912) die Ribosomen als Ort der Proteinbiosynthese in der Zelle.

1959 beschrieben japanische Wissenschaftler, daß die Resistenz gegenüber Antibiotika beim Bakterium *Shigella dysenteriae* durch kleine DNA-Ringe von einem Bakterium auf ein anderes übertragen wird. Damit war das Plasmid entdeckt, das als „Vektor" nach wie vor eine dominierende Rolle in der Gentechnik spielt.

Die beiden Franzosen Jacques Monod (geb. 1910) und François Jacob (geb. 1920) reichten 1960 beim *Journal of Molecular Biology* eine Arbeit ein, in der sie bewiesen, daß die Boten-RNA (mRNA) existiert. Ein Jahr später identifizierte der Amerikaner Marshall Warren Nierenberg (geb. 1927) den ersten Buchstaben des genetischen Codes. Er zeigte, daß das Triplett UUU auf der mRNA die Aminosäure Phenylalanin codiert. 1968 ist schließlich der komplette genetische Code entschlüsselt.

Eine weitere wichtige Entdeckung für die Gentechnik machte der Schweizer Werner Arber (geb. 1929) im Jahre 1968. Er entdeckte, daß sich Bakterien gegen Viren verteidigen, indem sie Enzyme produzieren, die die virale DNA an einer bestimmten Stelle zerschneiden. Die beteiligten Enzyme gehören zu den Restriktionsendonukleasen, eine der wichtigsten Molekülklassen in der Gentechnik.

Zwei Jahre später – im Jahre 1970 – stellte das Team um den Inder Har Gobind Khorana das erste vollständig synthetisierte Gen vor. Es handelte sich dabei um das Gen einer Transfer-Ribonukleinsäure, die spezifisch die Aminosäure Alanin zum Ribosom transportiert und für den korrekten Einbau in eine wachsende Polypeptidkette sorgt.

Ebenfalls 1970 entdeckten die Amerikaner Howard M. Temin (geb. 1934) und David Baltimore (geb. 1938) das Enzym „Reverse Transkriptase". Dieses Enzym ermöglicht es Retroviren, ihr genetisches Material, das in Form einer RNA vorliegt, in DNA umzuschreiben. Dies ist die Voraussetzung dafür, daß diese Viren sich in einer infizierten Zelle vermehren können. In der Gentechnik hat sich die Reverse Transkriptase als unverzichtbares Werkzeug behauptet. Denn mit diesem Enzym kann mRNA in eine komplementäre DNA – die sogenannte cDNA – umgeschrieben werden.

1.1.2 Die Geschichte der Gentechnik

In den siebziger Jahren gelang es durch bahnbrechende Arbeiten von Allan Maxam und Walter Gilbert an der Harvard-Universität sowie von Frederick Sanger am Medical Research Council in Cambridge, den chemischen Aufbau einzelner DNA-Abschnitte – insbesondere der Gene – aufzuklären. Voraussetzung hierfür war die Möglichkeit, Gene im Reagenzglas neu zu kombinieren. Dies war im Jahre 1973 den Amerikanern Stanley H. Cohen und Herbert W. Boyer erstmals gelungen. Somit können wir das Jahr 1973 als das Geburtsjahr der Gentechnik und damit einer neuen Ära biologischer Forschung ansehen.

Am 15. Oktober 1980 ging die damals vier Jahre alte kalifornische Firma Genentech an die New Yorker Börse. Wissenschaftlern dieser Firma war es zwei Jahre zuvor gelungen, das Gen für humanes Insulin in *Escherichia coli* zu exprimieren. Damit hatte man sozusagen die kommerzielle Nagelprobe der Gentechnik bestanden. Unter Investoren initiierten diese Erfolge unglaubliche Phantasien.

Jahr	Ereignisse
vor 1981	• Die ersten gentechnischen Experimente. • Herstellung der ersten monoklonalen Antikörper.
1981	• Entwicklung von DNA-Syntheseautomaten. • Zulassung der ersten Diagnostik-Kits auf der Basis monoklonaler Antikörper.
1982	• Transfer und funktionelle Expression eines Rattengens in einer Maus • Erste Synthese einer Vakzine. • Zulassung von rekombinantem Insulin durch die FDA als erstes gentechnisch hergestelltes Medikament.
1983	• Synthese das ersten artifiziellen Chromosoms. • Identifizierung der ersten genetischen Marker zur Diagnose von Erbkrankheiten. • Rekombinantes Insulin wird auf dem Markt eingeführt.
1984	• Klonierung und Sequenzierung des kompletten HIV-Genoms. • Erfindung der DNA-Fingerprint-Technik. • Entwicklung der ersten gentechnisch hergestellten Vakzine.
1985	• Identifizierung genetischer Marker für die Cystische Fibrose. • Erfindung der PCR-Technik. • Sequenzierung des humanen Insulinrezeptors. • Zulassung von rekombinantem humanem Wachstumsfaktor durch die FDA.
1986	• Einführung von AIDS- und Hepatitis-Tests für Blutkonserven. • Zulassung der ersten Interferone — Intron A® und Roferon A® — für die Krebstherapie. • Zulassung des ersten monoklonalen Antikörpers — Orthoclone® OKT3 — als Medikament zur Prophylaxe von Abstoßungsreaktionen bei der Nierentransplantation. • Zulassung der ersten gentechnisch hergestellten Vakzine zur Anwendung beim Menschen: Recombivax® HB zur Hepatitis B-Prophylaxe.
1987	• Zulassung des gentechnisch hergestellten Gewebe-Plasminogen-Aktivators (tPA).
1988	• Zulassungen von Interferonen für weitere Indikationen. • Erteilung des ersten US-Patents für eine transgene Maus. • Der US-Kongreß fördert das *human genome project*.
1989	• Entdeckung des Gens für die Cystische Fibrose. • Zulassung von gentechnisch hergestelltem Erythropoetin durch die FDA.
1990	• Die erste menschliche Gentherapie. • Zulassung von rekombinantem Interferon-γ zur Behandlung der chronischen Granulomatose.
1991	• Zulassung des ersten Kolonie-stimulierenden Faktors — Neupogen® — für den Einsatz bei Neutropenie als Folge einer Chemotherapie. • Zulassung eines Kolonie-stimulierenden Faktors — Leukine® — zum Einsatz bei der Knochenmarkstransplantation. • Zulassung von Ceredase® zur Behandlung der Gaucher-Krankheit.
1992	• Zulassung des ersten rekombinanten Interleukins — Proleukin® — zur Behandlung von Nierenzell-Karzinomen. • Zulassung des ersten rekombinanten Gerinnungsfaktors — Recombinate® — zur Behandlung der Hämophilie A in den USA durch die FDA. • Zulassung des ersten monoklonalen Antikörpers zur *in vivo*-Diagnostik in den USA.
1993	• Zulassung von Kogenate®, einem zweiten rekombinanten Faktor VIII-Präparat zur Behandlung der Hämophilie A. • Zulassung von Erythropoetin für weitere Indikationen. • Zulassung von rekombinantem Interferon-β — Betaferon® — zur Behandlung bestimmter Formen der Multiplen Sklerose. • Zulassung von rekombinantem Wachstumshormon für weitere Indikationen.
1994	• Zulassung von Neupogen® für weitere Indikationen.

Tabelle 1.2.1 Ausgewählte Meilensteine der Gentechnik-Ära

Binnen 20 Minuten stieg der Preis der Genentech Aktie von 35 Dollar auf 89 Dollar. Bei Börsenschluß lag der Wert der Aktie bei 71,25 Dollar. Die Möglichkeiten der Biotechnik, einer sehr alten aber keineswegs populären Wissenschaft, waren durch die Gentechnik deutlich erweitert worden, und das erregte damals unglaubliche Aufmerksamkeit. Weitere Meilensteinen sind in Tabelle 1.2.1 zusammengestellt.

Die naturwissenschaftlichen und biotechnischen Fortschritte haben die Tür zu faszinierenden Zukunftschancen aufgestoßen. Die biologische Revolution wurde durch das Wissen um die Universalität der genetischen Information ausgelöst. So lassen sich heute unzählbare neue Produkte aus Mikroorganismen, tierischen und pflanzlichen Zellen zum Einsatz in der Medizin, in der Landwirtschaft oder in der Ernährungstechnologie isolieren. Es können Probleme angegangen werden, deren Bewältigung ohne Gentechnik wohl undenkbar wäre. Im Rahmen der Medizin können wir beispielhaft Krebs, Aids oder die Alzheimersche Erkrankung nennen, für die mit Hilfe der Gentechnik nun Lösungen gesucht werden können.

1.1.3 Kommerzialisierung der Molekularbiologie

Ein bedeutendes Ziel aller gen- bzw. biotechnischer Forschung ist die Entwicklung kommerzieller Produkte. Aus diesem Grund wird im Gegensatz zu vielen anderen wissenschaftlichen Disziplinen auch die Molekularbiologie zu einem großen Teil durch eine ökonomische Motivation getragen. Die Erwartungen eines signifikanten finanziellen Gewinns war auch der Grund für das große Interesse und die Begeisterung während der Anfangszeit der industriellen Gentechnik.

Im Jahre 1985 existierten über 400 Gentechnik-Firmen in den USA, darunter Firmen wie Biogen, Amgen, Chiron, Calgen, Engenics, Genex und Cetus. Heute gibt es fast 1.300 Gentechnik-Firmen in den Vereinigten Staaten. Sie brachten 1993 über 4 Milliarden Dollar an Forschungsmitteln auf und beschäftigten weit mehr als 100.000, meist hochqualifizierte Mitarbeiterinnen und Mitarbeiter.

Die Zahlen für 1996 können wir der aktuellen Ernst & Young-Studie *„Biotech 97: Alignment"* entnehmen.

http://www.ey.com/publicate/P00060.pdf (Die Biotech 97: Aligment Studie)

Einige Schlüsselzahlen:

- In den USA waren im Jahre 1996 1.287 Unternehmen als Biotechnik-Unternehmen klassifiziert.
- Diese Unternehmen beschäftigten ca. 118.000 Mitarbeiter.
- Nach Angaben der Biotechnology Industry Organization (B.I.O.) wurden von diesen Firmen fast 13 Milliarden Dollar Gesamtumsatz erzielt.
- Ca. 7,7 Milliarden Dollar investierten die Firmen in Forschung und Entwicklung. Das entspricht im Durchschnitt 71.000 Dollar Forschungsausgaben pro Mitarbeiter verglichen mit durchschnittlich 56.000 Dollar der großen Pharmafirmen und 7.651 Dollar als Mittelwert für alle Industriezweige.

In Europa stellt sich derzeit die Situation für 1996 so dar:

http://www.dechema.de/deutsch/isb/zahlen.htm (Zahlen zur Biotechnik)

- Die Zahl der Biotechnik-Unternehmen stieg 1996 um 20 % auf 716 an.
- Dabei nahm die Zahl der Beschäftigten um 60 % auf 27.000 zu.
- Die Umsätze stiegen um 17 % auf 2,2 Milliarden Dollar.
- Für Forschung und Entwicklung wurden von den Biotechnik-Unternehmen 20 % mehr ausgegeben. Die Ausgaben belaufen sich somit auf ca. 2 Milliarden Dollar.
- Der Börsenwert der europäischen Biotechnik-Branche hat sich praktisch verdoppelt (49 Firmen sind bis dato börsennotiert) und beträgt ca. 10 Milliarden Dollar.
- Nach Angaben aus dem Bundesministerium für Bildung, Wissenschaft, Forschung und Technologie (BMBF) verdoppelte sich 1996 die Zahl der Biotechnik-Unternehmen in Deutschland von 75 Firmen im Jahr 1995 auf 150 Firmen.

Obwohl noch viele gentechnische Unternehmen z. T. erhebliche Verluste machen, kann

Unternehmen	Umsatz (Dollar)	Gewinne (Dollar)	Produkte
Amgen	1.647	436	Erythropoetin; G-CSF
Biogen	140	-11	α-, β-, γ-Interferone, Hepatitis B-Vakzine; Diagnostika
Chiron	371	32	β-Interferone; IL-2; Produkte der Onkologie
Genentech	752	125	hGH; tPA; DNase, α-, γ-Interferone; Insulin; Faktor VIII
Genetics Institute	131	-19	Faktor VIII; Erythropoetin; GM-CSF; Faktor IX
Genzyme	311	30	Glucocerebrosidase
Immunex	144	-33	GM-CSF; Produkte für die Onkologie

Tabelle 1.2.2 Beispiele für gentechnische Unternehmen (Brandt, P. 1997; Zukunft der Gentechnik)

man doch bereits heute mit gentechnischen Produkten Geld verdienen. Beispiele führender Gentechnik-Firmen aus den USA sind in Tabelle 1.2.2 zusammengestellt.

Unzweifelhaft wird sich die jetzige Situation ständig verbessern. Vor allem die höhere Effektivität der Gentechnik-Firmen wird diesen Trend stützen. Deren Entwicklungskosten für ein zulassungsreifes Produkt liegen im Schnitt bei ca. 120 Millionen Dollar, wohingegen die etablierten Unternehmen der pharmazeutischen Industrie im Durchschnitt ca. 230 Millionen Dollar für ein zulassungsfähiges Produkt aufbringen müssen.

Im Jahre 1980 war noch jeder zehnte Wirkstoff in der klinischen Testung ein Biopharmakon. Inzwischen werden mehr Biopharmaka klinisch geprüft als klassische Wirkstoffe. Die klinische Erfolgsrate betrug bei konventionellen Pharmaka 25–32 %, bei rekombinanten Proteinen 63–68 %, bei therapeutischen monoklonalen Antikörpern 35–48 % und bei diagnostischen monoklonalen Antikörpern 73–80 % (Bienz-Tadmor et al.; Bio/Technol. 10:521–525, 1992). Heute werden mit manchen rekombinanten Wirkstoffen ähnliche Umsätze gemacht wie mit konventionellen Wirkstoffen. Und 1993 befanden sich unter den zehn umsatzstärksten Medikamenten bereits drei Medikamente mit rekombinanten Wirkstoffen.

Heute betreiben fast alle großen multinationalen pharmazeutischen Firmen, darunter Monsanto, Dupont, Upjohn, Eli-Lilly, Smith-

Kline Beecham, Hoffman La Roche, Hoechst und Bayer, eine eigene molekularbiologische Forschung. In den achtziger Jahren begannen große Firmen kleine Firmen aufzukaufen, strategische Fusionen wurden vollzogen, Joint-Ventures wurden initiiert.

Nicht unerwartet folgten aber auch die ersten Firmenschließungen. Die Kompetition war und ist hoch. Will man erfolgreich ein Produkt entwickeln, bedarf es hoher Investitionen und enormer Anstrengungen.

Die Bedeutung der Gentechnik wird stark zunehmen, nicht nur wegen der ständig wachsenden Zahl rekombinanter Wirkstoffe. Immer besser werden die Aussichten, die Gentherapie als ein für den Patienten nutzbringendes Therapiekonzept in die Klinik einzubringen. Und auch die Datenflut des humanen Genomprojekts („*human genome project*") wird der Biotechnik neue Impulse verleihen.

In diesem Zusammenhang sollten wir nicht übersehen, daß bereits jetzt – aber mittelfristig noch stärker – die Gentechnik über die Grundlagenforschung auch ihren Einfluß auf die Entwicklung konventioneller Wirkstoffe ausdehnen wird. Ohne Gentechnik ist Arzneimittelforschung heute nicht mehr denkbar.

Zusammenfassung

Die Entwicklung in den Biowissenschaften hat durch die Erfindung der Gentechnik unvorstellbar an Momentum gewonnen. Der Grund liegt darin, daß die Methoden der Gentechnik nicht nur einen Einblick in die Struktur der Informationsspeicher für alle organischen Moleküle, der DNA, gestatteten, sondern daß es auch möglich wurde, die DNA zu modifizieren. DNA ließ sich *in vitro* rekombinieren, und genetische Information ließ sich in Organismen realisieren, in denen sie natürlicherweise nicht vorkam. So konnten auf der Basis eines umfassenden biochemischen und genetischen Wissens, das sich über mehr als 100 Jahre angesammelt hatte, u. a. Biomoleküle in solchen Mengen produziert werden, daß man sie als Therapeutika in der Medizin einsetzen konnte. Es wurde möglich, über gezielte Veränderungen Funktionen einzelner Biomoleküle zu studieren, die mit Hilfe biochemischer Methoden unzugänglich waren, da sie in viel zu geringen Konzentrationen vorkommen. Nicht zuletzt wurden mit Hilfe der Gentechnik wichtige regulatorische Zusammenhänge aufgedeckt.

Erstaunlich früh wurden die Möglichkeiten der Gentechnik und der schnell anwachsende Erkenntnisgewinn industriell verwertet. Erste Gentechnik-Firmen wurden bereits fünf Jahre nach der Erfindung der Gentechnik gegründet. Die Strukturen und Konzepte dieser Firmen waren ebenso neu und unkonventionell wie die neue Technologie selbst. Obwohl die ersten euphorischen Erwartungen immer wieder korrigiert werden mußten, ist die wirtschaftliche Bilanz heute weitestgehend positiv, und es steht außer Zweifel, daß sich der positive Trend fortsetzen wird. Das gilt auch für Deutschland. Mittlerweile sind in Deutschland über 40 rekombinante Wirkstoffe zugelassen, eine Zahl, die von keinem anderen Land erreicht wird. Leider wird aber nur ein verschwindend kleiner Bruchteil dieser innovativen Wirkstoffe in Deutschland produziert, eine Konsequenz daraus, daß kein anderes Land der Gentechnik mit soviel Skepsis und Ablehnung begegnete wie Deutschland.

1.2 Biotechnik vs. Gentechnik

Die Begriffe Biotechnik und Gentechnik werden oft synonym gebraucht, obwohl sie sich eindeutig unterscheiden lassen. Allerdings werden häufig beide Methoden komplementär angewendet, was die Begriffsabgrenzung nicht erleichert. Worin unterscheiden sich also die beiden Technologien?

1.2.1 Biotechnik

In der klassischen Biotechnik werden die natürlicherweise vorhandenen biologischen Syntheseleistungen von selektionierten Mikroorganismen, tierischen und pflanzlichen Zellen oder daraus hergestellten Enzymen (Biokatalysatoren) zur Gewinnung oder Modifizierung von Stoffen ausgenutzt (Abb. 1.3.1). Mehr formell können wir die Biotechnik als die Anwendung wissenschaftlicher und technischer Prinzipien zur Produktion biologischer Materialien und Agenzien definieren.

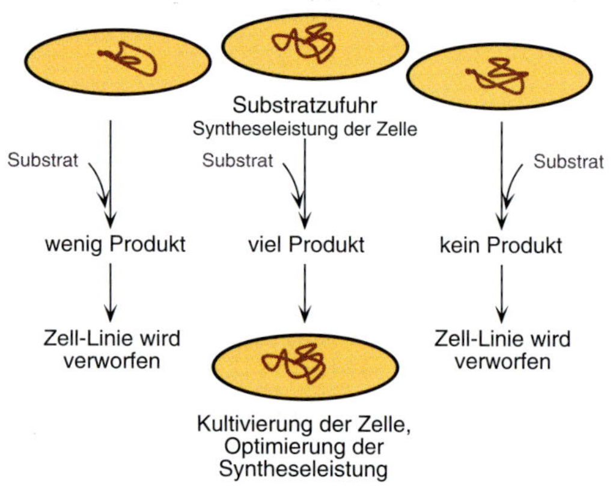

Abb. 1.3.1 Biotechnik. In der Biotechnik werden Organismen selektioniert und genutzt, die in der Lage sind, ein bestimmtes Produkt mit guter Effizienz zu synthetisieren.

Historisch betrachtet reicht die Biotechnik zurück in die Zeit der ersten professionellen Bierbrauer, die Hefe einsetzten, um Bier herzustellen. Auch die Produktion von Yoghurt mit Hilfe von *Lactobacillus* ist ein sehr altes biotechnisches Verfahren.

Der Begriff Biotechnik wurde im Jahre 1917 durch den ungarischen Ingenieur Karl Ereky geprägt. Er beschrieb damit einen Prozeß, den er entwickelt hatte, um aus Zuckerrüben Schweinefutter herzustellen. Unter Biotechnik verstand Ereky solche Prozesse, in denen ein Rohmaterial mit Hilfe lebender Organismen zu einem Produkt veredelt wurde.

Fast 45 Jahre lang blieb der Begriff Biotechnik recht vage definiert. Dies änderte sich im Jahre 1961, als der schwedische Mikrobiologe Carl Gören Heden für ein neues wissenschaftliches Journal, das sich der angewandten Mikrobiologie und industriellen Fermentation widmete, den Titel *„Biotechnology and Bioengineering"* vorschlug. Seit dieser Zeit verstehen wir die Biotechnik als industriellen Prozeß zur Produktion von Stoffen, bei dem biologische Organismen, biologische Systeme und biologische Reaktionen eine entscheidende Rolle spielen.

Am Anfang eines solchen Prozesses steht das Rohmaterial. Dieses wird vorbereitet (*„upstream processing"*), fermentiert oder biotransformiert, und schließlich zum Produkt aufbereitet (*„downstream processing"*). In der biotechnischen Forschung wird versucht, jeden einzelnen dieser Schritte zu optimieren. In den sechziger und siebziger Jahren konzentrierte sich die Forschung auf das *upstream processing*, auf Bioreaktor-Konzepte und auf *downstream processing*. Diese Studien führten zu enormen Fortschritten, vor allem im Anlagenbau und in der Überwachung und Steuerung von Fermentationsprozessen.

Als weitaus schwieriger erwies sich die Suche nach neuen Organismen und die Optimierung dieser Organismen für den Biotransformationsprozeß. Zwar bieten natürlich vorkommende Stämme ein unglaubliches Spektrum biochemischer Möglichkeiten mit bemerkenswerter Spezifität und Selektivität. Allerdings sind diese biologischen Prozesse für den biotechnischen Einsatz keineswegs optimiert. Dies wurde teilweise mit Methoden der klassischen Genetik korrigiert. Durch die Einführung von Mutationen gelang es, die Produktivität bestimmter Prozesse beachtlich zu steigern. Allerdings isolieren wir in der Biotechnik nicht die DNA, das Zielmolekül für die gewünschten Veränderungen. Mutationen werden vielmehr ungerichtet durch physikalische oder chemische Mutagene erzeugt. Das sind langwierige Prozesse, und sie sind darauf limitiert, Vorhandenes zu optimieren.

Die Produkte biotechnischer Verfahren sind aus dem täglichen Leben nicht mehr wegzudenken. Sie reichen von Bier, Wein und anderen Lebens- und Genußmitteln über hochwertige Naturstoffe wie Vitamine, Aminosäuren, Antibiotika und Alkaloide bis hin zu bestimmten Metallen wie Kupfer und Uran. Ferner werden durch Biotransformation leicht zugängliche Ausgangsstoffe zu hochwertigen Therapeutika – wie z. B. Steroide – umgewandelt.

Als biologische Quelle dieser Stoffe verwenden wir sogenannte Hochleistungsstämme – meist Bakterien, Pilze oder Algen. Aber auch pflanzliche Organismen und tierische Organzellen werden genutzt.

Auch die *in vitro* Fertilisation in der Tierzucht fällt in den Bereich der Biotechnik. Hier entsteht ebenfalls durch Veränderung des Genpools ein neuer – möglichst „optimierter" – Organismus, ohne daß direkt an der DNA manipuliert wird.

Streng nach der Definition gehören schließlich auch alle Versuche, schwerste genetische Erkrankungen durch eine Organtransplantation zu heilen, zu den biotechnischen Methoden. Hierzu zählt zum Beispiel die Lebertransplantation als Therapiemaßnahme bei der Familiären Hypercholesterinämie. Diese Krankheit wird durch das genetisch bedingte Fehlen von LDL-Rezeptoren verursacht. Dadurch kann das in den *„low density lipoproteins"* (LDL) gespeicherte und durch das Gefäßsystem zirkulierende Cholesterin nicht in die Leberzellen aufgenommen werden. Dies setzt wiederum die Kontrolle der zellulären Cholesterin-Biosynthese in der Leber außer Funktion. Als Konsequenz dieser ungebremsten Synthese kommt es zu massiven Cholesterinablagerungen in den Gefäßen und zu Herzinfarkten auch bereits im Säuglingsalter. Rettung verspricht hier nur eine Lebertransplantation – eine biotechnische Variante der Gentherapie. Mit der Spenderleber erhält der Patient ein Organ mit einer anderen genetischen Ausstattung. In dem Spenderorgan werden funktionsfähige LDL-Rezeptoren exprimiert, die die Cholesterinhomöostase wieder auf akzeptable Werte einstellen.

Auf einen Nenner gebracht, können wir prinzipiell alle Prozesse zur Herstellung von Produkten durch lebende Organismen oder isolierte Enzyme als Biotechnik bezeichnen. Der Herstellung geht dabei meist eine Optimierung von Biosynthesen voraus, bei denen genetisches Material verändert oder neu kombiniert wird. Allerdings wird die DNA dabei nicht isoliert und im Reagenzglas manipuliert.

1.2.2 Gentechnik

Was verstehen wir dagegen unter dem Begriff Gentechnik?

In der Gentechnik werden ebenfalls Produkte durch lebende Organismen hergestellt.

Allerdings wird im Gegensatz zur Biotechnik irgendwann im Laufe der Optimierung dieses Prozesses DNA isoliert und diese isolierte DNA im Reagenzglas gezielt verändert, das heißt sie wird mutiert. Das experimentelle Instrumentarium hierzu heißt Gentechnik. Die Veränderung kann punktuell erfolgen. Viel häufiger werden wir die Ziel-DNA mit Elementen aus der DNA anderer Organismen kombinieren, so daß wir „rekombinierte DNA" erhalten. Die modifizierte DNA wird danach wieder in einen Organismus integriert, um damit einen Stamm, eine Zell-Linie oder einen komplexen Organismus mit gewünschten neuen Eigenschaften zu erhalten (Abb. 1.3.2).

Das Ergebnis kann dem entsprechen, was wir auch durch den Einsatz von Biotechniken erreichen würden. Beispielsweise können wir einen Kontrollmechanismus sowohl durch ungerichtete Mutation (Biotechnik) als auch durch gezielte Modifikation an einer isolierten DNA (Gentechnik) außer Kraft setzen, um so eine Produktionssteigerung eines intrazellulären Metaboliten zu erwirken. Darüber hinaus können wir durch gentechnische Methoden aber auch Kombinationen genetischer Elemente erzeugen, die durch einen biotechnischen Ansatz niemals realisiert werden könnten. So läßt sich durch gentechnische Methoden beispielsweise einer Pflanze ein rekombiniertes Resistenzgen aus einem Bakterium einsetzen. Dadurch erwirbt die Pflanze eine neue Syntheseleistung, die sie natürlicherweise in dieser Art wohl nicht erworben hätte. Denn in der Biotechnik ist der limitierende Faktor immer die Kompatibilität der Organismen, die genetisches Material miteinander austauschen können. Diese Grenzen werden in der Regel durch die Art gesetzt. Nur in Ausnahmefällen kann genetisches Material auch Artgrenzen überschreiten, wobei aber dann die Nachkommen steril sind (Beispiel: Das Maultier, das durch Kreuzung zwischen Pferd und Esel entsteht).

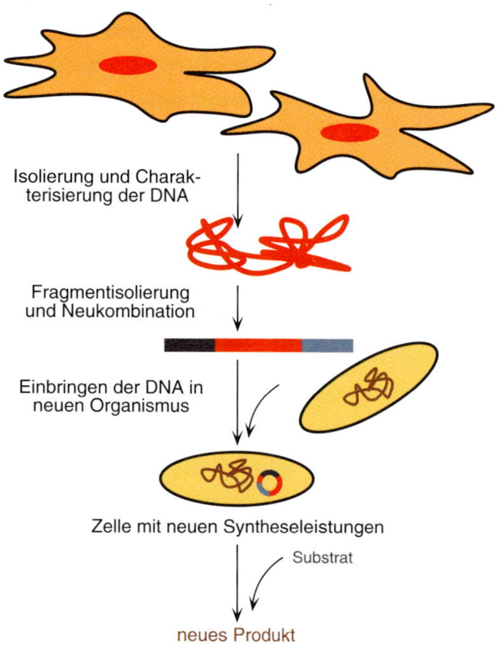

Abb. 1.3.2 Gentechnik. In der Gentechnik werden genetische Veränderungen immer an der isolierten DNA vorgenommen. Dann wird die neukombinierte DNA in eine Zelle eingebracht, die so mit neuen Eigenschaften ausgestattet wird.

Durch die Gentechnik wurden die Möglichkeiten der synthetischen Biologie somit wesentlich erweitert. Der Austausch genetischer Information ist nicht nur über die Artgrenzen hinweg möglich, sondern auch zwischen Tier- und Pflanzenreich und zwischen Pro- und Eukaryonten. Bekannte Beispiele der Expression menschlicher genetischer Information – wie Insulin, Erythropoetin, Interferone, Interleukine, Wachstumshormon und viele andere – in Bakterien, in niederen und höheren Eukaryonten oder in Insekten lassen sich nur mit gentechnischer Methodik realisieren.

1.2.3 Molekularbiologie, eine interdisziplinäre Wissenschaft

Die meisten neuen wissenschaftlichen Disziplinen entstehen nicht isoliert. Sie werden geformt und beeinflußt durch das Wissen anderer Forschungsbereiche. Der Gentechnik bot die Biotechnik eine ideale industrielle

Plattform. Die Mikrobiologie stellte einen riesigen biologischen Fundus. Des weiteren profitierte die Gentechnik in erheblichem Maße von einer intelligenten Genetik und von dem rasch akkumulierenden biochemischen Wissen, besonders dem Wissen in der Nukleinsäure-Enzymologie.

Dieser Tatsache Rechnung tragend hat sich der Begriff „Molekularbiologie" eingebürgert. Obwohl auch dieser Begriff nicht sauber definiert ist und oft synonym mit „Gentechnik" verwendet wird, bietet sich dieser Begriff immer dann an, wenn komplexe Prozesse gemeint sind, bei denen eine Kombination gentechnischer, biotechnischer, biochemischer, mikrobiologischer und/oder genetischer Verfahren zum Einsatz kommt. Das ist praktisch immer der Fall, wenn die Gentechnik eingesetzt wird, um ein kommerziell verwertbares Produkt herzustellen.

Zusammenfassung

Wir sollten die Begriffe Biotechnik und Gentechnik so gut wie möglich auseinander halten, obwohl das nicht immer leicht ist, da beispielsweise im Laufe eines Herstellungsverfahrens für ein rekombinantes Arzneimittel beide Technologien zum Zuge kommen. Wichtig zu merken ist, daß bei gentechnischen Verfahren immer DNA in isolierter Form verändert wird. Auch im Rahmen biotechnischer Prozesse kann DNA verändert werden – allerdings nicht gezielt, sondern zufällig und nicht als isoliertes Molekül, sondern als Teil einer vitalen Zelle.

Die ungenaue Begriffsbenutzung hat in den Anfangsjahren der Gentechnik sehr geschadet. Fragwürdige Experimente, wie das Herstellen chimärer Tiere, bei denen beispielsweise dem Rumpf einer Tierspezies ein Kopf einer anderen Tierspezies anoperiert wurde, hatten nichts mit Gentechnik zu tun, wurden aber als gentechnische Experimente publizistisch „vermarktet". Das galt übrigens auch für das Schaf „Dolly". Aus diesem Grund ist das Problem ernster als nur „Semantik", und wir sollten Begriffsdisziplin so gut als möglich wahren, um Mißverständnisse zu vermeiden.

Prinzipien der Gentechnik

2

2.1 Die DNA

Den molekularen Träger der Erbinformation bildet – von ganz wenigen Ausnahmen abgesehen – die Desoxyribonukleinsäure, kurz DNS. DNA ist die heute gebräuchliche Abkürzung der englischen Bezeichnung *desoxyribonucleic acid*. Der Begriff DNA beschreibt nicht etwa ein bestimmtes Molekül, sondern nur eine Molekülart. Natürlich wissen wir, daß DNA in unendlich vielen Varianten im Kern und in den Organellen der unterschiedlichen Lebewesen existiert. Diese Moleküle sind das Zielobjekt der Gentechnik. Zwei Ziele streben wir an, wenn wir das Instrumentarium der Gentechnik einsetzen:

- Die DNA wird molekular charakterisiert, das heißt, die Abfolge ihrer Nukleotidbasen wird geklärt. Ihr Informationsinhalt wird ermittelt, und wir versuchen zu verstehen, wann und wo im komplexen Leben eines Organismus diese Information abgerufen wird.
- Teilbereiche von DNA-Molekülen werden neu kombiniert. Ziel ist es, entweder den Informationsgehalt zu variieren oder ein bestimmtes Gen mit neuen Kontrollelementen auszustatten, um zum Beispiel die Information in einem anderen Organismus abrufbar zu machen.

2.1.1 Bau der DNA

Bei der DNA handelt es sich um sehr große, strukturell sehr einheitlich gebaute Moleküle. Die monomeren Bausteine der DNA nennen wir Desoxynukleotide. Jeder dieser Bausteine besteht aus drei Komponenten (Abb. 2.1.1):

- einer Purin- oder Pyrimidinbase,
- einer Desoxyribose, die N-glycosidisch mit der Purin- bzw. Pyrimidinbase verknüpft ist,
- einem Phosphatrest, der esterartig mit dem 5'-OH der Desoxyribose verknüpft ist.

In der DNA kommen jeweils zwei Purinbasen (Adenin und Guanin) und zwei Pyrimidinbasen (Thymin und Cytosin) vor (Abb. 2.1.2). In allen RNAs – den Ribonukleinsäuren, die sich von den DNAs durch das Vorhandensein von Ribose anstelle der Desoxyribose unterscheiden – ist Thymin durch die dritte Pyrimidinbase, Uracil, ersetzt. Bis auf die Tatsache, daß die DNA-Polymerase Thymidintriphosphat und die RNA-Polymerase Uridintriphosphat erkennen, sind Thymin und Uracil biologisch absolut äquivalent. Zu einem geringen Pro-

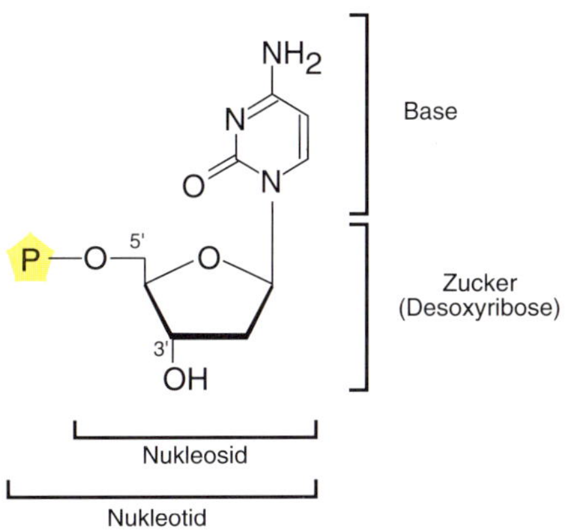

Abb. 2.1.1 DNA-Bausteine. Als Beispiel für einen DNA-Baustein ist das Desoxynukleotid dCMP dargestellt. Die Base ist Cytosin. Das Nukleosid ist die Base mit dem Zuckeranteil (Desoxyribose), also 2'-Desoxycytidin. Das Nukleotid umfaßt die Base, den Zuckeranteil und die Phosphatgruppe, also 2'-Desoxycytidin-5'-Monophosphat.

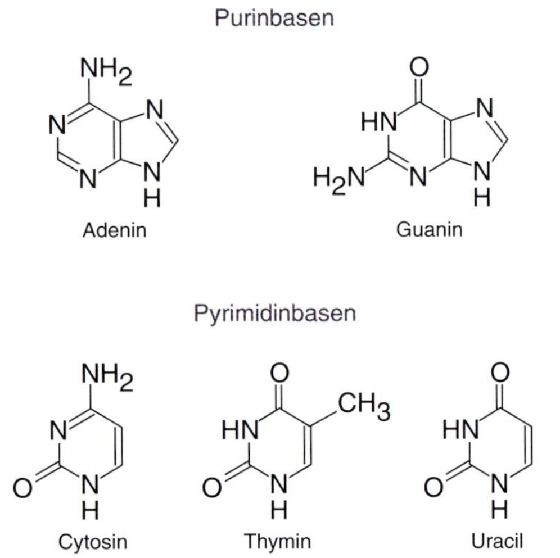

Abb. 2.1.2 Nukleinsäurebasen. Die fünf Nukleinsäurebasen Adenin, Guanin, Cytosin, Thymin und Uracil. Thymin und Uracil sind funktionell identisch. Allerdings kommt Thymin nur in DNA und Uracil nur in RNA vor. Dies liegt daran, daß die DNA-Polymerase nicht dUTP sondern dTTP als Substrat erkennt, wohingegen die RNA-Polymerase UTP und nicht TTP als Baustein verwendet.

zentsatz enthalten eukaryontische DNAs 5-Methylcytosin (m^5C). In Prokaryonten kommt darüber hinaus auch 6-Methyladenin (m^6A) vor (Abb. 2.1.3).

Innerhalb der DNA sind die einzelnen Nukleotide durch Phosphodiesterbrücken zwischen dem 5′-C-Atom der Desoxyribose des einen und dem 3′-C-Atom der Desoxyribose des anderen Bausteins verknüpft (Abb. 2.1.4). Das bedeutet, daß jede DNA-Kette eine eindeutige Richtung hat. Sie hat ein 5′-Ende und ein 3′-Ende. Wir bezeichnen das 5′-Ende der DNA als den „DNA-Anfang", das 3′-Ende als „DNA-Ende". Dies macht in der Tat auch biologisch Sinn, da nämlich alle Nukleinsäuren – DNA ebenso wie RNA – vom 5′-Ende zum 3′-Ende synthetisiert werden. Daraus leitet sich eine allgemeingültige Konvention ab: Ein einzelner DNA-Strang oder auch eine RNA-Sequenz wird von links nach rechts immer vom 5′-Ende zum 3′-Ende geschrieben. Bei doppelsträngigen DNA-Fragmenten gilt diese Regel immer für den oberen Strang. Wird von dieser Konvention abgewichen, ist es ganz wichtig, das 5′-Ende und das 3′-Ende zu kennzeichnen.

Zwei einander komplementäre DNA-Moleküle bilden eine DNA-Doppelhelix. Dabei verlaufen die Zucker-Phosphatketten in entgegengesetzter (antiparalleler) Richtung. Un-

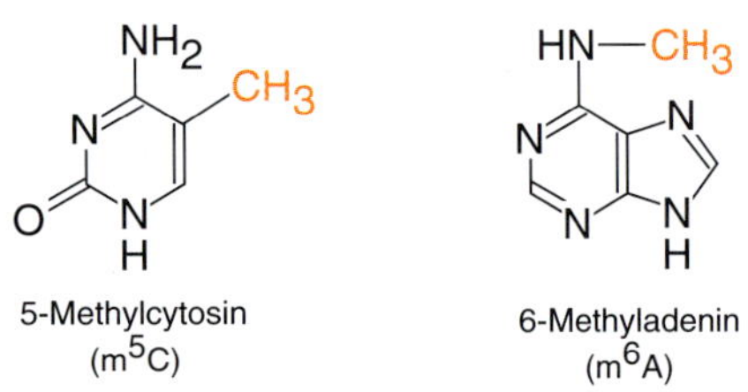

Abb. 2.1.3 Modifizierte Nukleinsäurebasen. Zwei modifizierte DNA-Bausteine: 5-Methylcytosin (m^5C) und 6-Methyladenin (m^6A).

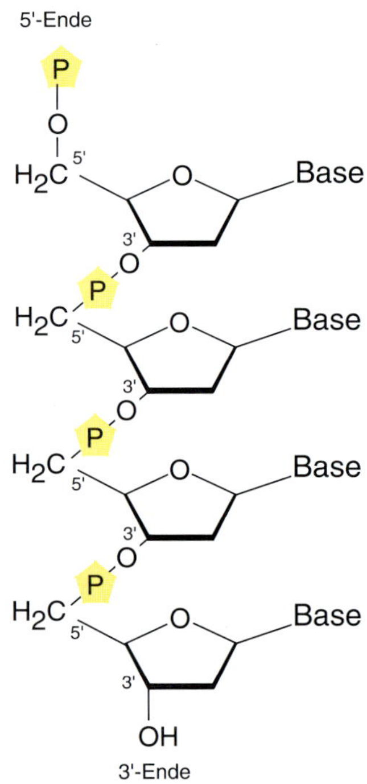

Abb. 2.1.4 Verknüpfung von Nukleotiden. Die Verknüpfung der Nukleotidbausteine erfolgt in der RNA wie in der DNA als Phosphosäurediester über die 5'- und über die 3'-OH-Gruppen der Ribosen bzw. der Desoxyribosen. Damit erhalten Nukleinsäuren eine eindeutige Polarität, da sie durch diesen Verknüpfungsmechanismus ein 5'-Ende und ein 3'-Ende besitzen. Konventionell bezeichnen wir das 5'-Ende als den Anfang und das 3'-Ende als das Ende der Nukleinsäure. Dies macht auch insofern Sinn, als alle Nukleinsäuren (DNA wie RNA) vom 5'-Ende hin zum 3'-Ende synthetisiert werden.

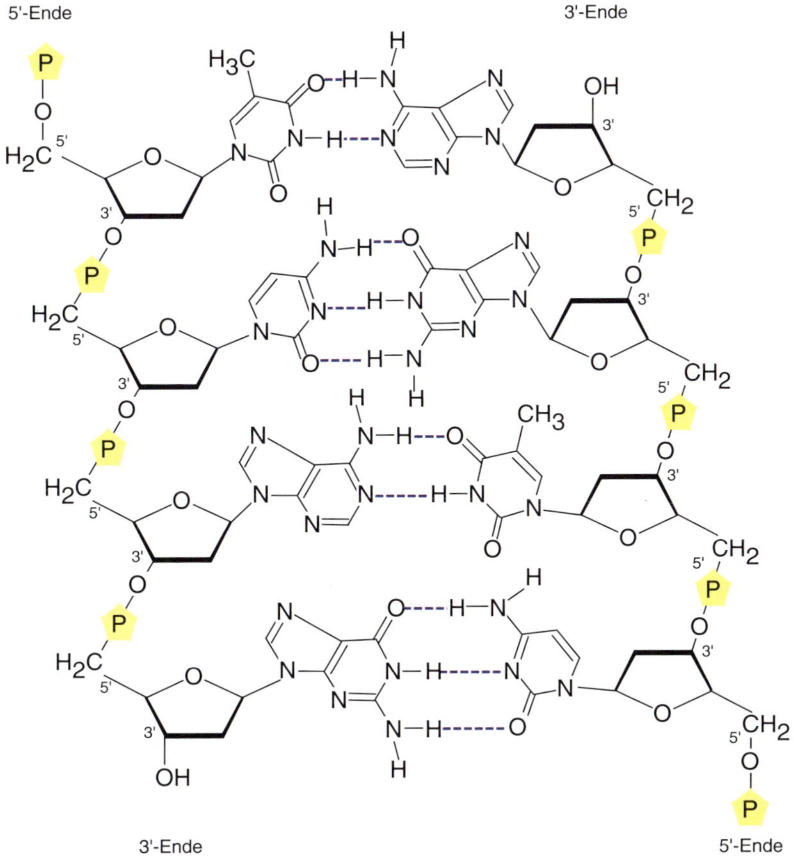

Abb. 2.1.5 Komplementarität von Nukleinsäuren. Nukleotide sind paarweise zueinander komplementär. Die komplementären Nukleotidpaare A/T (in DNA) bzw. A/U (in RNA) werden durch zwei Wasserstoffbrücken zwischen den Basen stabilisiert. Dagegen bildet das komplementäre Nukleotidpaar G/C drei Wasserstoffbrücken zwischen den Basen aus. Komplementäre Nukleinsäurestränge sind immer antiparallel zueinander angeordnet, d. h. am Ende eines Nukleinsäuredoppelstrangs befindet sich das 5'-Ende des einen und das 3'-Ende des komplementären anderen Nukleinsäurestrangs.

ter „komplementär" verstehen wir, daß jedem dCMP ein dGMP und jedem dTMP ein dAMP gegenübersteht (Abb. 2.1.5). Die komplementären Basen bilden schwache Wechselwirkungen in Form von Wasserstoffbrückenbindungen aus. Ein G/C-Basenpaar enthält drei Wasserstoffbrücken während ein A/T-Basenpaar zwei Wasserstoffbrücken enthält (Abb. 2.1.5).

Wegen der Komplementarität von A/T und G/C ist innerhalb eines DNA-Moleküls die Anzahl der G-Nukleotide identisch mit der Anzahl der C-Nukleotide. Ebenso ist die Anzahl der A-Nukleotide identisch mit der Anzahl der T-Nukleotide. Andererseits ist aber in der Regel die Anzahl der A/T-Basenpaare nicht gleich der Anzahl der G/C-Basenpaare. Vielmehr ist der A/T-Gehalt, ausgedrückt in Prozent, typisch für die Genome unterschiedlicher Organismen. Sehr A/T-reiche Genome besitzen beispielsweise der Schleimpilz *Dictyostelium discoideum* (80 %) und der Erreger der Malaria tropica *Plasmodium falciparum* (75 %). Hingegen enthält die DNA aus *Micrococcus* nur 25 % A/T-Basenpaare und ist damit extrem G/C-reich.

Genome aus Säugetierzellen besitzen einen G/C-Gehalt von ca. 45 % und das Genom von *Escherichia coli* enthält nahezu gleich viele G/C- wie A/T-Basenpaare.

Durch Verdrillung der beiden Stränge wird die typische DNA-Doppelhelix gebildet (Abb. 2.1.6). Sie erinnert an eine sich nach rechts windende Wendeltreppe. Die Basenpaare bilden in diesem Bild die Stufen der Treppe, und das Rückgrat aus Phosphat- und Zuckermolekülen bildet gewissermaßen das Geländer.

Jede helikale Windung wiederholt sich nach ca. 10 Basenpaaren, so daß jedes Basenpaar gegenüber seinem benachbarten Basenpaar um einen Winkel von ca. 36° verdreht ist. Durch diese typische Verdrillung entsteht eine kleine und eine große Furche (Abb. 2.1.6). Die beiden Doppelstränge werden ausschließlich über die angesprochenen Wasserstoffbrückenbindungen zwischen G/C- und A/T-Basenpaaren zusammengehalten. Wegen der Vielzahl dieser Wasserstoffbrückenbindungen entlang einer DNA-Doppelhelix ist der Energiegehalt so groß, daß wir bei einer DNA-Doppelhelix von einem einzigen Molekül sprechen, obwohl es sich formal um zwei, nicht kovalent miteinander verbundene Moleküle handelt.

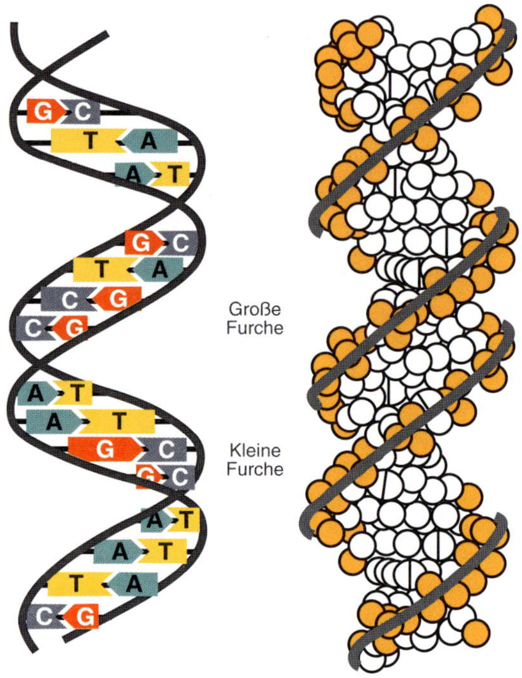

Abb. 2.1.6 Die DNA-Doppelhelix. Schematische Darstellung (links) und raumfüllende Darstellung (rechts) aller Atome einer DNA-Doppelhelix. Es wechseln sich immer eine große Furche mit einer kleinen Furche ab. Eine helikale Windung enthält ca. 10 Basenpaare, und jedes Basenpaar ist um ca. 36° zueinander verdreht. Die Doppelhelix wird durch die parallele Anordnung der flachen Basenpaare signifikant über Van-der-Waal'sche-Kräfte (sogenannte „*stacking*-Kräfte") verstärkt.

2.1.2 Denaturierung von DNA

Die in der DNA-Doppelhelix angeordneten Einzelstränge lassen sich wie beim Öffnen eines Reißverschlusses voneinander trennen (Abb. 2.1.7). Dieser Prozeß wird bei der Replikation und Transkription durch spezielle Proteine vermittelt. Doch auch durch Erhitzen und durch Zugabe bestimmter Chemikalien (zum Beispiel Alkali, Salze oder Formamid) ist eine Aufspaltung der beiden DNA-Stränge möglich.

Diese wichtige Basistechnik der Gentechnik bezeichnen wir als Denaturierung (Abb. 2.1.7). Die Stabilität der DNA hängt vom prozentualen Anteil an G/C-Nukleotidpaaren ab, da diese ja drei Wasserstoffbrükken ausbilden, während A/T-Paare nur über zwei Wasserstoffbrücken miteinander wechselwirken (Abb. 2.1.5). Die Temperatur, bei der 50 % einer doppelsträngigen DNA denaturiert vorliegen, ist die „Schmelztemperatur T_m". Je größer der G/C-Gehalt ist, desto höher liegt der T_m-Wert der jeweiligen DNA.

Ebenso wie DNA-Doppelstränge denaturiert – also getrennt – werden können, lassen sich komplementäre Einzelstränge wieder zu einer Doppelhelix zusammenfügen. In der

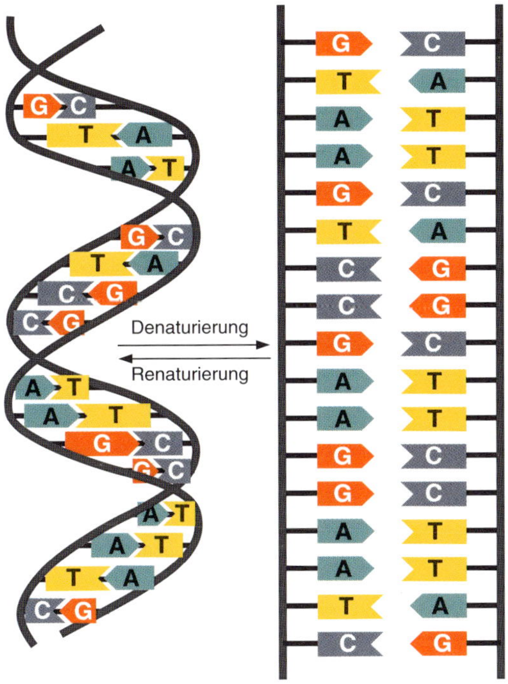

Abb. 2.1.7 Denaturierung – Renaturierung. Das Trennen der beiden Einzelstränge einer Nukleinsäurehelix bezeichnen wir als „Denaturieren". Eine Denaturierung eines DNA-Doppelstranges können wir dadurch erreichen, daß wir entweder die Temperatur oder die Konzentration von Chemikalien erhöhen, die – wie beispielsweise Harnstoff oder Formamid – Wasserstoffbrückenbindungen zu stören vermögen. Den umgekehrten Prozeß, also die Reassoziation zweier komplementärer Nukleinsäurestränge, bezeichnen wir als „Renaturierung". Eine Renaturierung initiieren wir, indem wir die Temperatur erniedrigen oder indem wir denaturierende Chemikalien entfernen. Renaturierung können wir auch als Hybridisation bezeichnen. Wir nutzen dieses Prinzip in der Gentechnik vielfach, um spezifische Nukleinsäure-Fragmente nachzuweisen (siehe beispielsweise Kapitel 2.4).

Gentechnik nennen wir diesen Vorgang Renaturierung oder Hybridisation (Abb. 2.1.7). Die Kinetik, mit der komplementäre DNA-Stränge renaturieren, erlaubt Rückschlüsse auf den G/C-Gehalt und auf die Komplexität der DNA-Moleküle. Erstaunlicherweise erfolgt Renaturierung auch in komplexesten Gemischen verschiedener DNA-Spezies hochspezifisch und effizient. Dabei bildet sich immer dann – und nur dann – ein DNA-Doppelstrang aus, wenn zwei komplementäre Partner in einem DNA-Gemisch vorhanden sind.

2.1.3 Molekülgröße und Form der DNA

Die Größe der DNA-Moleküle stellt das wichtigste Problem beim Arbeiten mit isolierter DNA dar (Abb. 2.1.8). Ein bakterielles Genom besteht aus einem einzigen Molekül mit 4.000.000 Basenpaaren (4.000 kBp), das gespreizt eine Kantenlänge von 1,36 mm ergibt. Das menschliche Genom ist circa 1.000 mal größer. Es besteht aus 23 Molekülen (Chromosomen), die zusammen 2.900.000.000 Basenpaare enthalten und gespreizt circa 99 cm lang sind. Da die Zellen diploider Organismen jeweils zwei Chromosomensätze enthalten, befindet sich in jeder einzelnen menschlichen Zelle die genetische Information auf DNA-Molekülen, die aneinandergereiht ca. 2 m lang sind.

DNA-Moleküle gibt es in verschiedenen Formen. Sie können fadenförmig linear sein, wie beispielsweise die DNA der Phagen T7 und T4, oder sie können ringförmig geschlossen sein, wie die DNA des Phagen SV40 und die DNA aus *E. coli.* Die chromo-

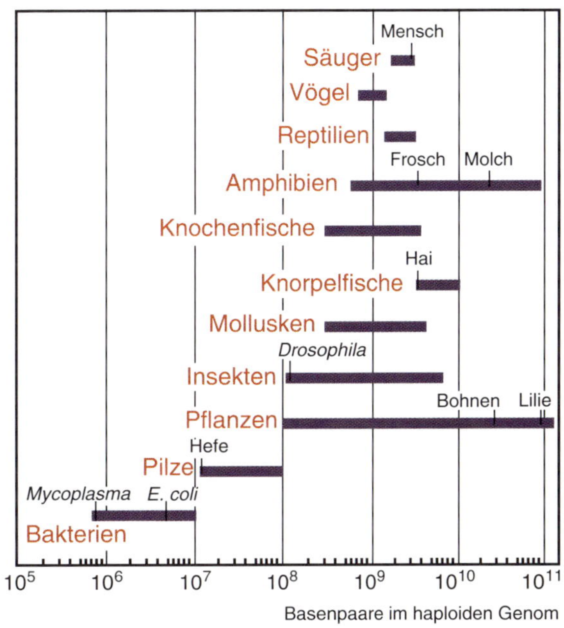

Abb. 2.1.8 Genomgrößen.

somale DNA der Eukaryonten liegt ebenfalls als fadenförmiges Molekül vor, wobei wir die Enden der einzelnen Moleküle als Telomere bezeichnen. Allerdings kommen in Eukaryonten daneben auch ringförmige DNA-Moleküle vor und zwar in Form der mitochondrialen DNA und der DNA in den Chloroplasten.

Die DNA der Bakteriophagen M13 und f1 ist ein ringförmiger DNA-Einzelstrang und wird nach der Infektion von den Enzymen der Wirtszelle in einen DNA-Doppelstrang überführt. Die DNA des Bakteriophagen Lambda, der als Vektorsystem eine sehr große Rolle in der Gentechnik spielt, liegt im Phagen als lineares DNA-Molekül vor, wird dann aber nach der Infektion ringförmig geschlossen.

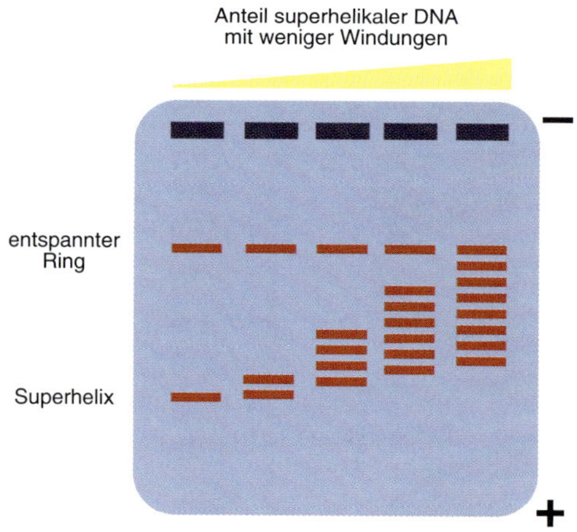

Abb. 2.1.9 DNA-Topoisomere: Superhelikale DNA-Formen mit unterschiedlichem Verdrillungsgrad. Ringförmig geschlossene DNA-Moleküle oder größere DNA-Abschnitte mit fixierten Enden sind meist überdrillt. Je stärker die einzelnen Moleküle oder Molekülabschnitte verdrillt sind, um so kompakter werden die Moleküle. Verschied°15ene Topoisomere, d. h. DNA-Moleküle mit unterschiedlichen Überdrillungsgraden, lassen sich durch Gelelektrophorese voneinander trennen. Dabei nimmt die Wanderungsgeschwindigkeit mit der Anzahl der Überdrehungen zu.

2.1.4 Superhelikale DNA

Die Ringstruktur der DNA hat eine interessante und wichtige topologische Konsequenz:

Ringförmig geschlossene DNA liegt meist verdrillt, als Superhelix oder *Supercoil* vor (Abb. 2.1.9 bis 2.1.11). Derartige Überdrillungen finden wir nicht nur in zirkulären DNA-Molekülen, sondern auch innerhalb von Teilbereichen großer linearer Moleküle, beispielsweise der Chromosomen.

DNA-Varianten mit einem unterschiedlichen Verdrillungsgrad bezeichnen wir als „Topoisomere". Unter geeigneten Bedingungen können wir die unterschiedlichen Topoisomere in einem Agarosegel auftrennen, da sie unterschiedlich schnell die Gelmatrix durchwandern.

An der Überdrillung der DNA sind als Enzyme die sogenannten Topoisomerasen beteiligt. Diese sind wichtige Zielobjekte für bestimmte Antibiotika, die Gyrase-Hemmer. Denn die Überdrillung kann für die Funktionsfähigkeit der DNA, und damit für die Lebensfähigkeit beispielsweise eines Bakteriums, von großer Wichtigkeit sein.

Damit es zur Überdrillung und zur Ausbildung superhelikaler Formen kommen kann, muß mindestens einer der beiden Polynukleotid-Stränge hydrolytisch geöffnet werden. Dieser geöffnete Strang kann sich nun frei um den intakten Strang drehen und damit den Verdrillungsgrad ändern.

Es gibt zwei Typen von DNA-Topoisomerasen:

- Die Typ-1-DNA-Topoisomerase bindet an die DNA und öffnet einen der beiden DNA-Stränge (Abb. 2.1.10). Dabei wird das Enzym über die Hydroxyd-Seitenkette eines Tyrosin-Bausteins mit dem 5'-Phosphat des gespaltenen Polynukleotid-Stranges kovalent verknüpft. Das Enzym veranlaßt eine vollständige Drehung der DNA an der Stelle der Strangöffnung um seine eigene zentrale Achse und verknüpft dann wieder die beiden Enden des geöffneten DNA-Stranges. Diese Reaktion verläuft ohne Energiezufuhr.

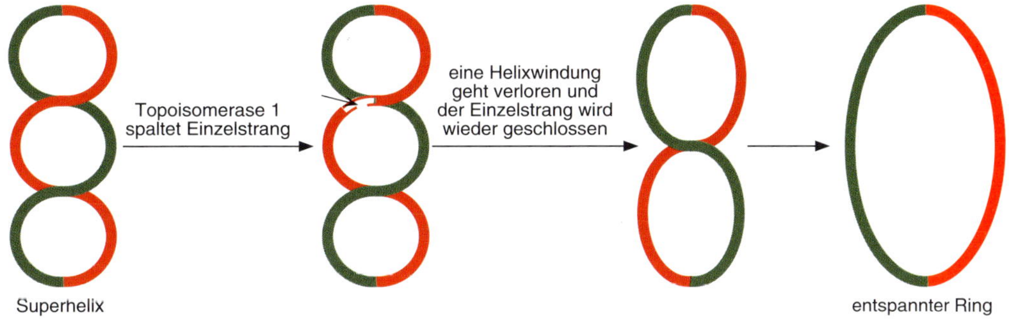

Abb. 2.1.10 Typ-1-DNA-Topoisomerasen. Diese Enzyme öffnen einen der beiden DNA-Stränge, drehen diesen Strang einmal um die helikale Achse und verknüpfen die freien DNA-Enden wieder kovalent. Für diese Reaktionsabfolge ist keine chemische Energie in Form von ATP erforderlich.

- Die bakterielle Typ-2-DNA-Topoisomerase, die wir auch als Gyrase bezeichnen, wirkt über folgende Teilschritte (Abb. 2.1.11): Zunächst bindet das Enzym an die DNA, wobei sich eine Schleife der DNA von ca. 140 Basenpaaren um das Enzym schlingt. Dann spaltet das Enzym den DNA-Doppelstrang und die *gyrA*-Untereinheit wird kovalent an das 5'-Ende des gespaltenen DNA-Stranges gebunden. Als nächster Schritt wird ein benachbart gelegenes DNA-Segment durch die Öffnung gezogen. Schließlich wird das kovalent gebundene Protein wieder abgelöst, und die gespaltenen Doppelstränge werden wieder verknüpft. Bei dieser Reaktionsfolge wird unter Verbrauch von einem Molekül Adenosintriphosphat (ATP) eine superhelikale Windung in die DNA eingeführt. In Abwesenheit von ATP kann das Enzym auch den umgekehrten Weg einschlagen und somit zur Relaxation superhelikaler DNA führen. Allerdings verläuft die Umkehrreaktion der Gyrase viel langsamer als die Hinreaktion, so daß die eigentliche Aufgabe dieses Enzyms darin besteht, superhelikale Windungen einzuführen.

Auch Eukaryonten besitzen eine Typ-2-DNA-Topoisomerase, die allerdings unter Verbrauch von ATP eine Relaxation superhelikaler DNA katalysiert.

Topoisomerasen spielen bei so wichtigen

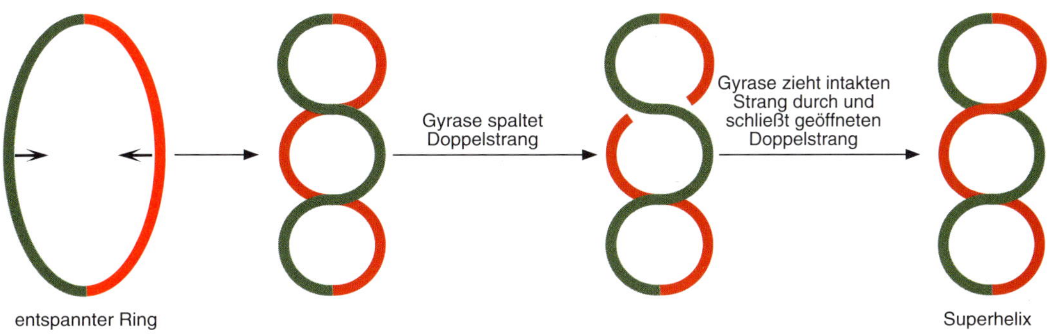

Abb. 2.1.11 Typ-2-DNA-Topoisomerasen oder DNA-Gyrasen. Diese Enzyme spalten beide DNA-Stränge. Ein benachbartes DNA-Segment wird dann durch die Öffnung gezogen, und an-schließend werden die Enden wieder kovalent miteinander verknüpft. Diese Reaktion erfordert ATP als Energiequelle.

Prozessen wie Transkription, Rekombination und Replikation eine große Rolle. Hemmt man die Topoisomerase – beispielsweise durch das Antibiotikum Nalidixinsäure oder durch die modernen Gyrase-Hemmer der zweiten Generation – so werden die bakterielle DNA-Replikation und andere wichtige Stoffwechselprozesse rasch blockiert.

Zusammenfassung

Das Zielmolekül aller gentechnischen Methoden ist die DNA. In ihrer funktionsfähigen Variante liegt die DNA immer doppelsträngig vor, wobei sich zwei in ihrer Sequenz komplementäre Stränge in antiparalleler Anordnung exakt aneinander lagern. Wegen der Komplementarität enthalten DNA-Moleküle immer ebenso viele A-Nukleotide wie T-Nukleotide und ebenso viele G-Nukleotide wie C-Nukleotide. Allerdings kann die Anzahl der A/T- und der G/C-Paare je nach Organismus deutlich variieren. Die Stabilität eines DNA-Doppelstranges steigt mit der Anzahl der G/C-Paare, da die G/C-Bindung durch drei, die A/T-Bindung hingegen nur durch zwei Wasserstoffbrückenbindungen stabilisiert werden. Da jedoch die beiden komplementären DNA-Stränge nur durch schwache Wechselwirkungen, nämlich durch Wasserstoffbrückenbindungen, zusammengehalten werden, lassen sie sich durch Energiezufuhr (Wärme) oder durch Chemikalien trennen, die Wasserstoffbrückenbindungen stören. Wir bezeichnen das Trennen zweier komplementärer DNA-Stränge als Denaturieren und die Reorganisation zweier komplementärer Einzelstränge zu einem DNA-Doppelstrang als Renaturieren. Denaturierung und Renaturierung bilden die Basis für die wichtige gentechnische Technik des Hybridisierens.

DNA-Stränge besitzen einen Anfang und ein Ende. Dabei legen wir das Molekülende, das entweder eine freie 5'-OH-Gruppe oder eine mit dieser OH-Gruppe veresterte Phosphorsäure trägt, als Anfang fest. In Analogie bezeichnen wir als Ende den Teil des Moleküls, dessen Desoxyribose eine freie 3'-OH-Gruppe trägt (Abb. 2.1.4). Konventionsgemäß schreiben wir eine DNA- oder RNA-Sequenz von links nach rechts in 5'- $\rightarrow$ 3'-Richtung. Bei doppelsträngiger DNA trifft diese Regelung für den oberen Strang zu. Den unteren, komplementären DNA-Strang müssen wir dann natürlich wegen der antiparallelen Anordnung von Nukleinsäure-Doppelsträngen in genau entgegengesetzter Richtung schreiben.

DNA-Moleküle können enorm hohe Molekulargewichte erreichen, und da DNA-Moleküle Linearpolymere sind, sind sie entsprechend lang. Sie kommen als lineare, offenkettige Moleküle oder als geschlossene Ringe vor. Ringförmige DNA-Moleküle aber auch Teilbereiche offenkettiger DNA-Moleküle liegen in der Zellen eng gepackt und in überdrillter (superhelikaler) Form vor.

Methoden in der Gentechnik (M1)

Elektrophoretische Trennung von Nukleinsäuren

Geladene Makromoleküle lassen sich durch Gelelektrophorese trennen. In der Regel verwenden wir in der Molekularbiologie Matrizes aus gelierter Agarose oder aus einem Polyacrylamidnetzwerk. Der Logarithmus der relativen Mobilität des Makromoleküls ist linear abhängig von der Gelkonzentration und kann durch einen sogenannten *„Ferguson Plot"* dargestellt werden (Abb. M1.1). Die Steilheit der Geraden in *Ferguson Plots* wird von der Größe und der Form des Makromoleküls bestimmt.

Polyelektrolyte wie Nukleinsäuren tragen an jeder Monomereinheit eine Ladungseinheit. Demnach tragen verschieden große Nukleinsäuren eine Ladung, die zu der jeweiligen Moleküllänge proportional ist. Für die relative Mobilität in Gelmatrices ist somit der Siebeffekt – und damit die Moleküllänge – bestimmend (Abb. M1.2). So können wir also durch Gelelektrophorese Nukleinsäuren sehr schön nach Größe trennen, wobei die relative Mobilität und der Logarithmus des Molekulargewichts linear voneinander abhängen (Abb. M1.3)

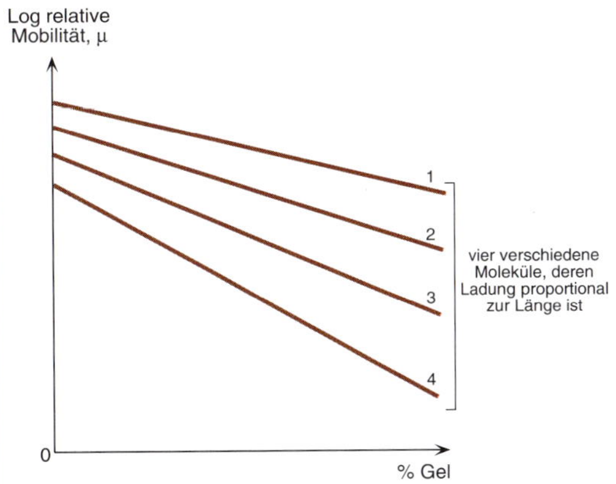

Abb. M1.2 Der „Ferguson Plot" für verschiedene Polyelektrolyte. Bei Nukleinsäuren nimmt die Zahl der Ladungen proportional mit der Größe der Moleküle zu. Aus diesem Grund ist für die elektrophoretische Trennung derartiger Moleküle in einer Gelmatrix nur noch der Siebeffekt ausschlaggebend und wir können von der relativen Mobilität auf die Molekülgröße zurückschließen.

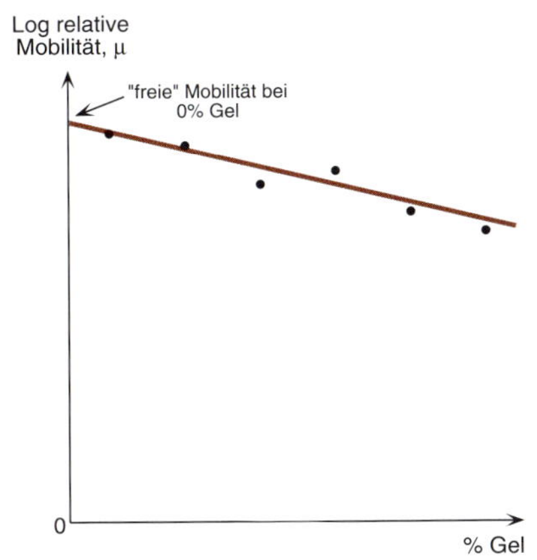

Abb. M1.1 Der „Ferguson Plot". Tragen wir die relative Mobilität eines Makromoleküls gegen die Konzentration einer Gelmatrix auf, so erhalten wir eine lineare Abhängigkeit. Mit steigender Gelkonzentration nimmt die relative Mobilität ab. Die Größe und die Form des Makromoleküls bestimmen die Steilheit der Geraden.

In der Praxis verwenden wir Agarosegele von 0,5 % bis 1,2 %. In 0,5 %igen Gelen lassen sich DNA-Fragmente im Bereich von 1.000 bis 15.000 Nukleotidpaaren gut auftrennen. Gele mit einer höheren Agarosekonzentration sind geeignet, um DNA-Fragmente zwischen 100 und 2.000 Nukleotidpaaren zu trennen.

Trennen wir nicht lineare Nukleinsäure-Fragmente, sondern beispielsweise ringförmig-geschlossene Plasmide, so wirkt sich die Konformation der DNA-Moleküle stärker auf die relative Mobilität aus. Ringförmige, superhelikale DNA wandert nämlich schneller als ringförmig offene (rela-

1

Einführung

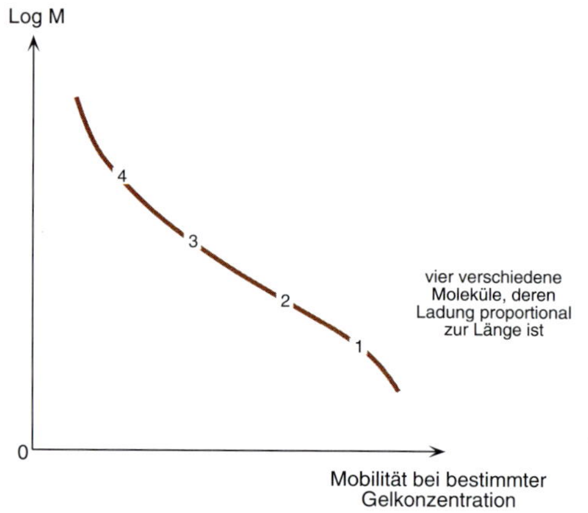

Abb. M1.3 Beziehung zwischen Molekulargewicht und Mobilität bei konstanter Gelkonzentration. Bei einer konstanten Gelkonzentration ist in einem bestimmten Bereich der Logarithmus des Molekulargewichts (Log M) proportional zur Mobilität der Moleküle in der Gelmatrix.

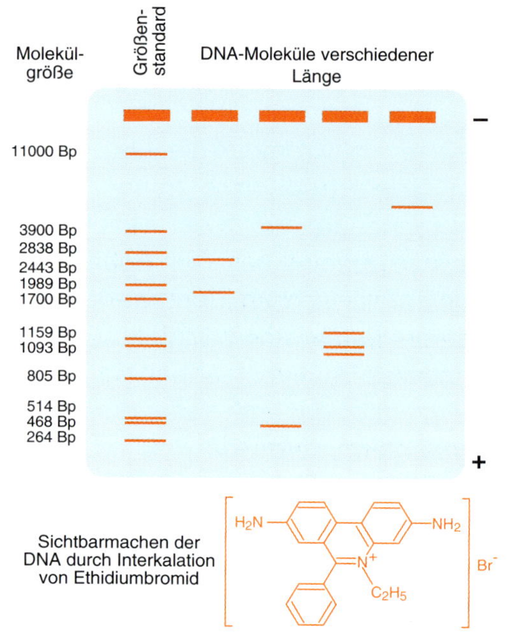

Abb. M1.4 Beispiel einer Agarose-Gelektrophorese für DNA-Fragmente. Die DNA-Fragmente werden in „Taschen" am oberen Gelrand aufgetragen (dickere orange Linien). Dann legen wir an das Gel eine Gleichspannung an, wobei die Anode unten und die Kathode oben angeschlossen wird. Als Polyanionen wandern die DNA-Fragmente nach unten auf die Anode zu. Kleinere Fragmente wandern schneller als größere Fragmente (vergl. Abb. M1.3). Nach der Elektrophorese wird das Gel in eine Ethidiumbromid-Lösung gelegt. Das Ethidiumbromid interkaliert zwischen die Basenpaare der DNA-Fragmente, die dann nach Anregung durch UV-Licht intensiv orange fluoreszieren. In der linken Spur haben wir einen Größenstandard aufgetragen. Die Mobilität dieser Fragmente und die Logarithmen der entsprechenden Molekulargewichte übertragen wir in ein Diagramm (Abb. M1.3). Aus diesem Diagramm können wir dann die Größe der anderen Fragmente in den Spuren 2–5 durch Extrapolation ermitteln.

xierte) DNA. Dies kommt daher, daß sich die dichter gepackte superhelikale DNA schneller durch die Poren des Agarosegels bewegen kann.

Nachweisen lassen sich die DNA-Fragmente in Gelmatrices beispielsweise durch Anfärbung der DNA mit Ethidiumbromid (Abb. M1.4). Dabei fluoreszieren die DNA-Fragmente nach UV-Anregung mit 254 nm orange. Wir können auch die DNA vor der Trennung radioaktiv markieren und dann nach gelelektrophoretischer Trennung durch Autoradiographie sichtbar machen.

Auch Polyacrylamidgele lassen sich für die Auftrennung von Nukleinsäuren verwenden. Acrylamidgele sind engmaschiger als Agarosegele, so daß die Trennkapazität von Acrylamidgelen im unteren Molekulargewichtsbereich der der Agarosegele überlegen ist. Die Monomerkonzentrationen liegen gewöhnlich zwischen 5 und 20 %. Der wichtigste Einsatz von Polyacrylamidgelen ist die Sequenzanalyse. Die Gele sind sehr dünn (< 0,2 mm) und enthalten zusätzlich 50 % Harnstoff. Dadurch wird verhindert, daß die Nukleinsäuren eine Sekundärstruktur ausbilden. „Sequenzgele" müssen so leistungsfähig sein, daß sich Oligonukleotidfragmente trennen lassen, die sich in einer einzigen Base unterscheiden.

2.2 Modifizieren von DNA

Lange war es undenkbar, die riesigen DNA-Moleküle detailliert charakterisieren oder gar modifizieren zu können. Möglich wurde dies erst, als zwei Voraussetzungen geschaffen waren:

- Es wurden Enzyme entdeckt und charakterisiert, die DNA als Substrat erkennen.
- Es wurden Methoden entwickelt, mit denen es möglich war, DNA zu „klonieren".

Um die Werkzeuge der Gentechnologen kennen zu lernen, wollen wir uns zunächst mit den Enzymen befassen, die DNA als Substrat erkennen.

2.2.1 Fragmentierung von DNA

Wie können wir DNA-Fragmente erzeugen, um gezielt oder auch zufällig DNA-Abschnitte neu zu kombinieren? Prinzipiell sind zwei Methoden denkbar (Abb. 2.2.1).

- Zum einen können wir DNA-Fragmente durch mechanisches Scheren und anschließender Fraktionierung nach Größe erhalten. Diese Methode wird vornehmlich angewendet, wenn große genomische DNA-Fragmente kloniert werden sollen. Gezieltes Klonieren ist mit dieser Methode nicht möglich. Allerdings hat sie große Bedeutung, um genomische DNA-Bibliotheken anzulegen oder um große DNA-Bereiche für die Sequenzierung vorzubereiten.
- Die weitaus wichtigere Methode, DNA-Fragmente zu erzeugen, ist die Hydrolyse doppelsträngiger DNA durch Restriktionsendonukleasen. Der Einsatz dieser Enzyme hat gegenüber physikalischen Methoden den Vorteil, daß bei der enzymatischen Hydrolyse der DNA charakteristische Enden erzeugt werden, die durch die Spezifität der verwendeten Restriktionsendonuklease bestimmt werden. Außerdem können wir mit Hilfe von Restriktionsendonukleasen bestimmte DNA-Fragmente reproduzierbar isolieren.

2.2.2 Restriktionsendonukleasen

http://vent.neb.com/rebase/rebase.html (Restriktionsendonukleasen und ihre Sequenz- und Hydrolyseaktivität)

Wir unterscheiden drei Typen von Restriktionsendonukleasen (Abb. 2.2.2). All diesen Enzymen ist gemeinsam, daß sie ausnahmslos doppelsträngige DNA erkennen.

Typ–1-Restriktionsendonukleasen sind komplexe Enzyme, die sowohl Nuklease- als auch Methyltransferaseaktivität besitzen.

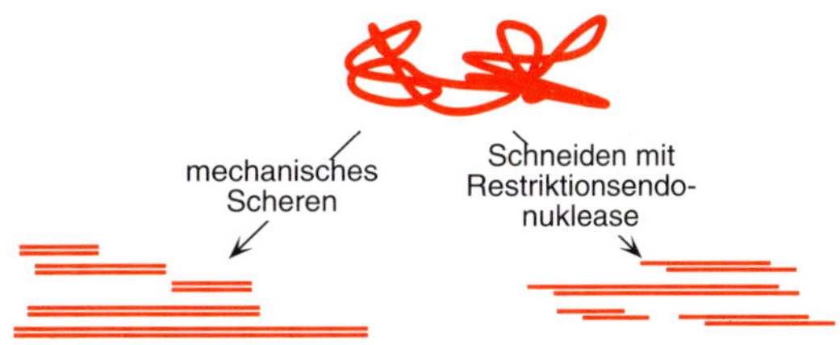

Abb. 2.2.1 Erzeugen von DNA-Fragmenten. Als sehr großes fadenförmiges Molekül läßt sich DNA beispielsweise durch heftiges Rühren oder durch Einwirken von Ultraschall mechanisch „scheren". Die Bruchstellen entstehen zufällig, und die DNA-Enden sind uneinheitlich.
Bei der Hydrolyse von DNA mit Hilfe von Restriktionsendonukleasen erhalten wir DNA-Fragmente mit einheitlichen Enden, denn die Bruchstellen sind durch die Erkennungssequenz für die jeweilige Restriktionsendonuklease vorgegeben.

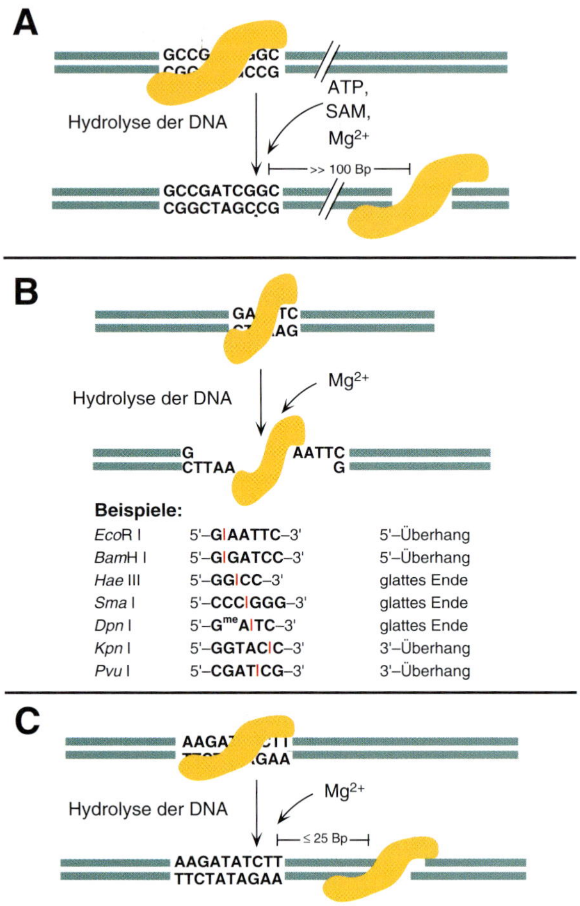

Abb. 2.2.2 Die drei Restriktionsendonuklease-Typen. A Typ–1-Restriktionsendonukleasen benötigen als Co-Substrate ATP, SAM (S-Adenosyl-Methionin) und Mg^{2+}. Die Hydrolyse erfolgt weit entfernt von der Erkennungssequenz. Diese Restriktionsendonukleasen spielen in der Gentechnik praktisch keine Rolle.

B Typ–2-Restriktionsendonukleasen hydrolysieren die DNA innerhalb der Erkennungssequenz. Spalten sie diese Sequenz symmetrisch, entstehen DNA-Fragmente mit „glatten Enden" (beispielsweise *Hae* III, *Sma* I oder *Dnp* I). Spalten die Enzyme die Erkennungssequenz asymmetrisch, entstehen DNA-Fragmente, bei denen entweder das 5'-Ende über das 3'-Ende hinausragt (5'-Überhang; beispielsweise *Eco*R I oder *Bam*H I) oder bei denen das 3'-Ende über das 5'-Ende hinausragt (3'-Überhang; beispielsweise *Kpn* I oder *Pvu* I). Einige Enzyme spalten nur, wenn eine Base innerhalb der Erkennungssequenz methyliert ist (beispielsweise *Dpn* I). In der Gentechnik gehören die Typ-2-Restriktionsendonukleasen zu den wichtigsten Restriktionsendonukleasen.

C. Typ–3-Restriktionsendonukleasen hydrolysieren die DNA – ähnlich wie die Typ-1-Restriktionsendonukleasen – unterhalb (*downstream*) der Erkennungssequenz. Allerdings liegen die Spaltstellen deutlich näher an der Erkennungssequenz, als dies bei Typ–1-Restriktionsendonukleasen der Fall ist. Daher werden Typ–3-Restriktionsendonukleasen auch in der Gentechnik verwendet.

Diese Enzyme benötigen als Cofaktoren ATP, S-Adenosylmethionin (SAM) und Magnesium-Ionen. Die eigentliche Hydrolyse der DNA geschieht nicht an der Erkennungsstelle des Enzyms auf der DNA, sondern in einer Entfernung von einigen hundert Basenpaaren. Aus diesem Grund werden für Klonierungsstrategien Typ-1-Restriktionsendonukleasen verständlicherweise nicht verwendet.

Typ–2-Restriktionsendonukleasen benötigen meist nur Magnesium als Cofaktor, und die DNA wird innerhalb der Erkennungssequenz gespalten (Abb. 2.2.2). An dieser Stelle sollten wir uns fragen, worin denn eigentlich eine Erkennungsstelle für eine Restriktionsendonuklease besteht. In der Regel ist die Erkennungssequenz eine palindromartige Sequenz. Palindrome sind bekanntlich Wörter oder Sätze, die von vorne und von hinten gelesen den gleichen Sinn ergeben. Beispiele sind „Otto", „Anna" oder „Ein Neger mit Gazelle zagt im Regen nie". So ist es auch mit den Erkennungssequenzen der Restriktionsendonukleasen (Abb. 2.2.3). Allerdings gilt die Spiegelbildlichkeit nicht für die Sequenz auf einem einzelnen DNA-Strang, sondern für die Sequenz des DNA-Doppelstranges. Eine typische Erkennungssequenz wäre die Basenabfolge 5'-GAATTC-3'. Da die beiden komplementären DNA-Stränge antiparallel verlaufen, lautet auch die Sequenz des komplementären Stranges 5'-GAATTC-3'. Nahezu 1000 verschiedene Typ–2-Restriktionsendonukleasen aus den verschiedensten Organismen sind bekannt.

Hydrolysieren diese Enzyme doppelsträngige DNA, so können drei unterschiedliche Arten von Enden erzeugt werden (Abb. 2.2.3).

- Erstens können die Enzyme die Erkennungssequenz symmetrisch hydrolysieren, d. h. die DNA-Stränge sind an den beiden Enden gleich lang. Hierzu zählen die in Abb. 2.2.3 aufgeführten Enzyme *Alu* I, *Hae* III, *Pvu* II und *Sma* I.
- Andere Enzyme schneiden die Zielsequenz asymmetrisch. Dabei erhalten wir als zweites Resultat Fragmente, bei denen das 5'-Ende über das 3'-Ende hinausragt. Beispiele aus Abb. 2.2.3 sind die Enzyme *Ava* I, *Bam*H I, *Bcl* I, *Bgl* II und *Eco*R I.
- Bei der dritten Möglichkeit ragt umgekehrt das 3'-Ende über das 5'-Ende hinaus. Als Beispiele dieses Enzymtyps sind in Abb. 2.2.3 die Enzyme *Kpn* I und *Pvu* I genannt.

Die Typ–2-Restriktionsendonukleasen sind nicht mit Methyltransferasen assoziiert. Allerdings können die Erkennungsstellen für Typ–2-Restriktionsendonukleasen von separaten Methyltransferasen modifiziert werden. Dies kann dazu führen, daß die Restriktionsendonuklease ihre Zielsequenz nicht mehr hydrolysieren kann. Es gibt aber auch Restriktionsendonukleasen, die eine Spaltstelle nur erkennen, wenn in dieser Sequenz eine Base methyliert ist. Ein Beispiel ist die Restriktionsendonuklease *Dpn* I (siehe Abb. 2.2.2).

Die Typ–3-Restriktionsendonukleasen sind komplexe Enzyme, die eine DNA in einem spezifischen Abstand – in der Regel bis zu 25 Basenpaaren – von der Erkennungssequenz entfernt hydrolysieren (Abb. 2.2.2). Aus diesem Grund sind die überlappenden Sequenzen, die von Typ–3-Restriktionsendonukleasen erzeugt werden, nicht miteinander kompatibel.

Die große Mehrzahl, der in der Molekularbiologie verwendeten Enzyme, sind Typ-2-Restriktionsendonukleasen. In begrenztem Umfang verwenden wir aber auch Typ-3-Restriktionsendonukleasen.

<table>
<tr><td colspan="4">5´-Überhang:</td></tr>
<tr><td>Ava I
(Anabaena variabilis)</td><td>5'–C|PyCGPuG–3'
3'–GPuGCPy|C–5'</td><td>5'–C–3'
3'–GPuGCPy–5'</td><td>5'–PyCGPuG–3'
3'–C–5'</td></tr>
<tr><td>BamH I
(Bacillus amyloliquefaciens)</td><td>5'–G|GATCC–3'
3'–CCTAG|G–5'</td><td>5'–G–3'
3'–CCTAG–5'</td><td>5'–GATCC–3'
3'–G–5'</td></tr>
<tr><td>Bcl I
(Bacillus caldolyticus)</td><td>5'–T|GATCA–3'
3'–ACTAG|T–5'</td><td>5'–T–3'
3'–ACTAG–5'</td><td>5'–GATCA–3'
3'–T–5'</td></tr>
<tr><td>Bgl II
(Bacillus globigii)</td><td>5'–A|GATCT–3'
3'–TCTAG|A–5'</td><td>5'–A–3'
3'–TCTAG–5'</td><td>5'–GATCT–3'
3'–A–5'</td></tr>
<tr><td>EcoR I
(Escherichia coli, Stamm RY13)</td><td>5'–G|AATTC–3'
3'–CTTAA|G–5'</td><td>5'–G–3'
3'–CTTAA–5'</td><td>5'–AATTC–3'
3'–G–5'</td></tr>
<tr><td colspan="4">glattes Ende:</td></tr>
<tr><td>Alu I
(Arthrobacter luteus)</td><td>5'–AG|CT–3'
3'–TC|GA–5'</td><td>5'–AG–3'
3'–TC–5'</td><td>5'–CT–3'
3'–GA–5'</td></tr>
<tr><td>Hae III
(Haemophilus aegyptius)</td><td>5'–GG|CC–3'
3'–CC|GG–5'</td><td>5'–GG–3'
3'–CC–5'</td><td>5'–CC–3'
3'–GG–5'</td></tr>
<tr><td>Pvu II
(Proteus vulgaris)</td><td>5'–CAG|CTG–3'
3'–GTC|GAC–5'</td><td>5'–CAG–3'
3'–GTC–5'</td><td>5'–CTG–3'
3'–GAC–5'</td></tr>
<tr><td>Sma I
(Serratia marcescens)</td><td>5'–CCC|GGG–3'
3'–GGG|CCC–5'</td><td>5'–CCC–3'
3'–GGG–5'</td><td>5'–GGG–3'
3'–CCC–5'</td></tr>
<tr><td colspan="4">3´-Überhang:</td></tr>
<tr><td>Kpn I
(Klebsiella pneumoniae)</td><td>5'–GGTAC|C–3'
3'–C|CATGG–5'</td><td>5'–GGTAC–3'
3'–C–5'</td><td>5'–C–3'
3'–CATGG–5'</td></tr>
<tr><td>Pvu I
(Proteus vulgaris)</td><td>5'–CGAT|CG–3'
3'–GC|TAGC–5'</td><td>5'–CGAT–3'
3'–GC–5'</td><td>5'–CG–3'
3'–TAGC–5'</td></tr>
</table>

Pu, ein Purin: A oder G
Py, ein Pyrimidin: C oder T

Abb. 2.2.3 Typ–2-Restriktionsendonukleasen. Typ–2-Restriktionsendonukleasen erkennen in aller Regel palindromische Sequenzen. Derartige Sequenzen zeichnen sich dadurch aus, daß die vom 5'-Ende zum 3'-Ende hin gelesene Sequenz auf den beiden komplementären Strängen gleich ist.
Typ–2-Restriktionsendonukleasen hydrolysieren die DNA innerhalb der Erkennungssequenz. Spalten sie diese Sequenz symmetrisch, entstehen DNA-Fragmente mit „glatten Enden" (beispielsweise *Alu* I, *Hae* III, *Pvu* II oder *Sma* I). Spalten die Enzyme die Erkennungssequenz asymmetrisch, entstehen DNA Fragmente, bei denen entweder das 5'-Ende über das 3'-Ende hinausragt (5'-Überhang; beispielsweise *Ava* I, *Bam*H I, *Bcl* I, *Bgl* II oder *Eco*R I), oder bei denen das 3'-Ende über das 5'-Ende hinausragt (3'-Überhang; beispielsweise *Kpn* I oder *Pvu* I).
Die Namen der Restriktionsendonukleasen (z. B. *Bam*H I) leiten sich von den bakteriellen Stämmen (drei kursiv gedruckte Buchstaben; *Bacillus amyloliquefaciens*) und gegebenenfalls von dem jeweiligen Serotyp (normal gedruckter Buchstabe; Serotyp H) ab, aus denen sie isoliert wurden. Die römischen Ziffern (in unserem Beispiel: I) kennzeichnen die relative Reihenfolge der Isolierung mehrerer Enzyme aus einem Stamm.

Damit Restriktionsendonukleasen ihre volle Spezifität entfalten können, müssen wir die Reaktionsbedingungen zum Teil relativ genau einstellen, wobei die Salzkonzentration der wichtigste Parameter ist. Bei suboptimalen Salzkonzentrationen verlieren die Restriktionsendonukleasen häufig an Spezifität. Sie erkennen dann nicht mehr ihre exakte Erkennungssequenz, sondern hydrolysieren auch Stellen, die nur noch Teile der Erkennungssequenz repräsentieren. Wir nennen derartige, weniger exakte Spezifitäten „Sternaktivitäten" (*star activity*) (Abb. 2.2.4). Beispielsweise ist die spezifische Erkennungssequenz für die Restriktionsendonuklease *Eco*R I die Basenabfolge 5'-GAATTC-3'. Dabei wird diese Sequenz nach dem G hydrolysiert. *Eco*R I erzeugt also asymmetrische Enden, bei der vier Nukleotide des 5'-Endes über das 3'-Ende hinausragen. Die verbleibende Sequenz ist 5'-AATT-3'. Bei zu geringen Salzkonzentrationen nimmt die Erkennungsgenauigkeit der Restriktionsendonuklease *Eco*R I ab. Nicht mehr die aus sechs Nukleotiden bestehende Sequenz 5'-GAATTC-3', sondern bereits die Sequenz der vier zentralen Nukleotide 5'-AATT-3' wird erkannt und hydrolysiert. Die

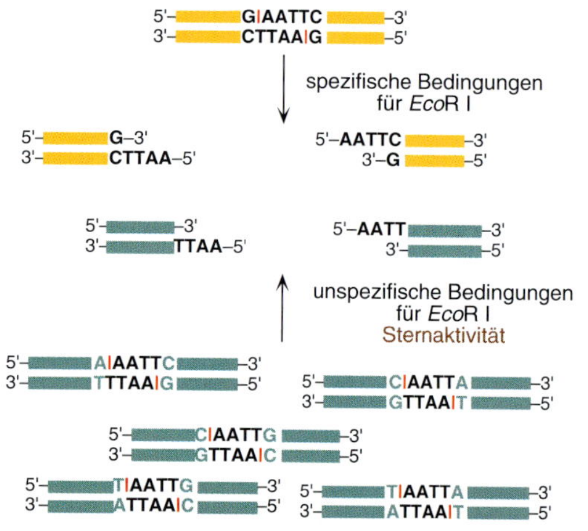

Abb. 2.2.4 Sternaktivitäten. Die Restriktionsendonuklease *Eco*R I gehört zu den Enzymen, die eine sogenannte „Sternaktivität" besitzen. Normalerweise erkennt dieses Enzym die Hexanukleotid-Sequenz 5'-GAATTC–3'. Die Hydrolyse erfolgt vor dem ersten A-Nukleotid, so daß DNA-Fragmente mit einem 5'-Überhang entstehen (oberer Teil der Abbildung).
Bei suboptimalen Salzkonzentrationen verringert sich die Erkennungsstringenz. Das Enzym erkennt dann das Tetranukleotid 5'-AATT–3', also die Kernsequenz der ursprünglichen Erkennungssequenz. Es wird also nicht nur das Hexanukleotid 5'-GAATTC–3' erkannt, sondern darüber hinaus auch die Hexanukleotide 5'-AAATTA–3', 5'-AAATTC–3', 5'-AAATTG–3', 5'-AAATTT–3', 5'-CAATTA–3', 5'-CAATTC–3', 5'-CAATTG–3', 5'-CAATTT–3', 5'-GAATTA–3', 5'-GAATTG–3', 5'-GAATTT–3', 5'-TAATTA–3', 5'-TAATTC–3', 5'-TAATTG–3' und 5'-TAATTT–3'. In allen Fällen wird die DNA vor dem ersten A-Nukleotid hydrolysiert (unterer Teil der Abbildung).

Hydrolysespezifität der doppelsträngigen DNA bleibt jedoch erhalten, d. h. das Enzym schneidet wieder vor dem ersten A der Erkennungssequenz, so daß auch in diesem Fall die Sequenz 5'-AATT-3' uber die 3'-Enden des DNA-Fragmentes hinausragt.

Je komplexer die Erkennungssequenz ist, um so seltener schneidet die entsprechende Restriktionsendonuklease eine DNA. Statistisch wird eine DNA von einem Enzym, das vier Nukleotide erkennt, jeweils nach 256 Nukleotiden (4^4) hydrolysiert. Ein Enzym, das ein Hexanukleotid erkennt, spaltet die DNA statistisch nach jeweils 4096 Basenpaaren (4^6). Besonders wertvoll für bestimmte Klonierungsprobleme sind Enzyme, die acht Basen als Zielsequenz erkennen. Ein solches Enzym ist die Restriktionsendonuklease *Not* I, die die Sequenz 5'-GCGGCCGC-3' erkennt und nach dem zweiten Nukleotid, also nach dem GC, diese Sequenz hydrolysiert. Eine derartige Sequenz kommt statistisch nur noch nach jeweils 4^8 Basenpaaren (Bp) vor, also nur nach jeweils 65.536 Bp.

Wie lassen sich die vielen unterschiedlichen Restriktionsendonukleasen einsetzen? Drei verschiedene Strategien sind denkbar (Abb. 2.2.5).

- Die DNA kann mit einem einzelnen Enzym komplett geschnitten werden. Dabei erhalten wir DNA-Fragmente, die an beiden Seiten identische Enden besitzen.
- Verwenden wir eine Kombination von zwei (oder mehr) Enzymen und hydrolysieren wir die DNA komplett, so ergeben sich DNA-Fragmente, deren Enden unterschiedlich sein können.
- Die dritte Möglichkeit besteht darin, die DNA partiell zu schneiden. Hierbei verwenden wir in der Regel eine einzelne Restriktionsendonuklease, die relativ häufig schneidet, die also beispielsweise eine Sequenz von nur vier Nukleotiden erkennt. Für eine partielle Hydrolyse wird entweder eine sehr geringe Enzymkonzentration eingesetzt, oder wir inkubieren die DNA

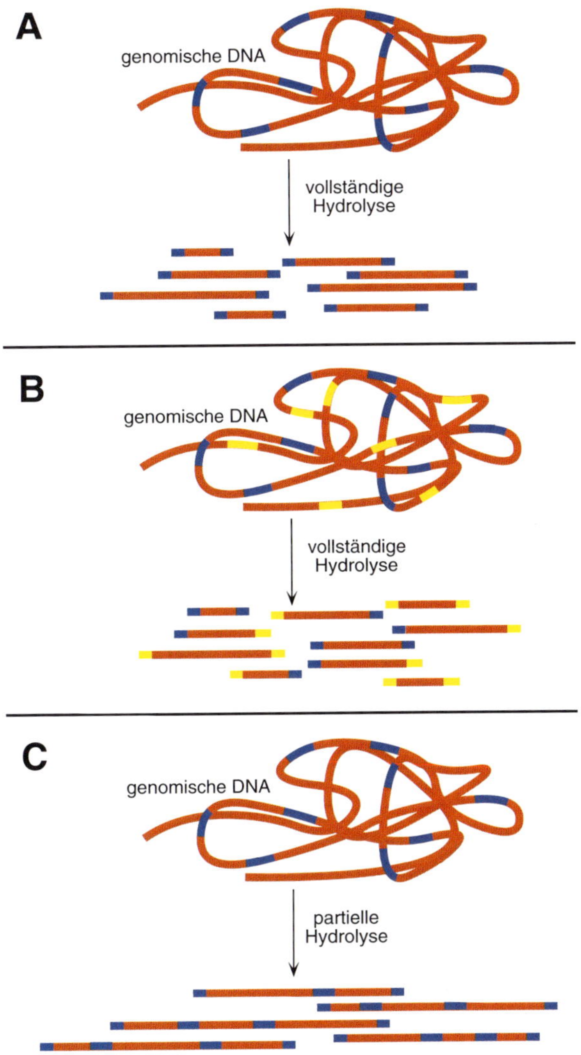

Abb. 2.2.5 Der unterschiedliche Einsatz von Restriktionsendonukleasen. **A.** Hydrolysieren wir eine DNA erschöpfend mit einer Restriktionsendonuklease, erhalten wir DNA-Fragmente, die alle die gleichen Enden (blau) tragen und die keine internen Erkennungssequenzen für die verwendete Restriktionsendonuklease mehr enthalten.

B. Hydrolysieren wir eine DNA erschöpfend mit zwei verschiedenen Restriktionsendonukleasen, so besitzt ein Teil der DNA-Fragmente Enden, die beide entweder die Teilerkennungssequenzen der einen (blau) oder der anderen Restriktionsendonuklease (gelb) tragen. Ein Teil der DNA-Fragmente trägt jedoch an dem einen Ende die Teilerkennungssequenz der einen (blau) und an dem anderen Ende die Teilerkennungssequenz der anderen Restriktionsendonuklease (gelb). Keines der Fragmente enthält noch eine interne Erkennungssequenz für die eine oder die andere Restriktionsendonuklease.

C. Hydrolysieren wir eine DNA partiell mit einer Restriktionsendonuklease, so erhalten wir DNA-Fragmente, die alle die gleichen Enden (blau) tragen. Die Fragmente sind aber deutlich größer als bei einer erschöpfenden Hydrolyse (siehe **A**), und viele Fragmente enthalten noch interne Erkennungssequenzen für die eingesetzte Restriktionsendonuklease.

nur für eine kurze Zeit mit dem Enzym. Das Ergebnis einer partiellen Hydrolyse sind relativ große DNA-Fragmente. Noch relevanter ist die Tatsache, daß wir durch eine partielle Hydrolyse Fragmente erzeugen, die sich in ihren Sequenzen teilweise überlappen. Wollen wir beispielsweise eine genomischen Genbank herstellen (siehe Kapitel 2.4), so ist es sehr wichtig, überlappend zu klonieren, um unterschiedliche DNA-Fragmente korrekt aneinander reihen zu können.

Eine typischer Einsatz partiell geschittener DNA-Fragmente ist das „chromosomale Wandern" (Abb. 2.2.6). Hierzu wird eine genomische Genbank angelegt. Diese Genbank enthält relativ große DNA-Fragmente von 15 bis 20 kBp Länge. Diese erhalten wir durch partielle Hydrolyse – beispielsweise mit der Restriktionsendonuklease *Sau*3A, die die Sequenz 5′-GATC-3′ erkennt und schneidet. Aus dieser Genbank können wir Klone isolieren, deren klonierte DNA-Abschnitte im Ursprungsgenom einander benachbart sind. Hierzu wird die Genbank mit einem Randfragment des ersten Klons durchmustert. Der dabei neugefundene Klon wird seinerseits verwendet, um erneut die Genbank zu durchforsten und einen entsprechenden Anschlußklon zu isolieren. Alle Klone werden

Methoden in der Gentechnik (M2)

Physikalisches Kartieren von Plasmiden

Eine grobe Ordnung einer klonierten DNA läßt sich durch physikalisches Kartieren mit verschiedenen Restriktionsendonukleasen erhalten. Hierzu müssen wir zunächst das Vektor-Plasmid analysieren, in das die Fremd-DNA einligiert wurde.

In dem hier gewählten Beispiel handelt es sich um den Klonierungsvektor pGEM (links oben). Dieses Plasmid hydrolysieren wir mit den Restriktionsendonukleasen *Eco*R I, *Bam*H I, *Pvu* II und *Hin*d III. Die entstandenen Fragmente analysieren wir durch Agarose-Gelelektrophorese, und tragen zur Ermittlung der Fragmentgrößen auch eine Standardmischung bekannter DNA-Fragmente auf das Gel auf (Spur 11 in der Gelskizze: Größenstandard). Diese Mischung enthält DNA-Fragmente von ca. 11.000 Bp, 3.900 Bp, 2838 Bp, 2.443 Bp, 1.989 Bp, 1.700 Bp, 1.159 Bp, 1.093 Bp, 805 Bp, 514 Bp, 468 Bp und 264 Bp. Vergleichen wir die DNA-Fragmente in den ersten vier Spuren, so erkennen wir, daß die Restriktionsendonukleasen *Eco*R I (Spur 1), *Bam*H I (Spur 2), und *Hin*d III (Spur 4) die Vektor-DNA nur einmal schneiden und Fragmente von 3.000 Bp liefern. Die Restriktionsendonuklease *Pvu* II (Spur 3) spaltet hingegen die Vektor-DNA zweimal und liefert demzufolge zwei DNA-Fragmente von 2.567 Bp und 433 Bp. Die relative Lage der Erkennungsstellen der vier verwendeten Restriktionsendonukleasen zueinander ermitteln wir durch Hydrolyse der Vektor-DNA mit je zwei Enzymen. Die Tatsache, daß sich die Fragmentgrößen bei der Hydrolyse mit den Restriktionsendonuklease-Paaren *Eco*R I/*Bam*H I (Spur 5), *Eco*R I/*Hin*d III (Spur 7) und *Bam*H I/*Hin*d III (Spur 9) kaum unterscheiden und nahezu 3.000 Bp groß sind zeigt, daß die entsprechenden Erkennungsregionen sehr nahe beieinander liegen müssen. Bei den Doppel-Hydrolysen mit der Restriktionsendonuklease *Pvu* II (Spuren 6, 8 und 10) erkennen wir, daß sich das größere der beiden ursprünglichen Fragmente nicht in seiner Größe ändert. Nur das kleinere Fragment aus Spur 3 wird durch das jeweils zweite Enzym geschnitten. Dies zeigt uns, daß die Erkennungsstellen für die Restriktionsendonukleasen *Eco*R I, *Bam*H I, und HindIII zwischen den beiden Erkennungsstellen für die Restriktionsendonuklease *Pvu* II liegen müssen – und zwar auf dem kleinen *Pvu* II-Fragment. Durch genauere Auswertung der erhaltenen Fragmentgrößen können wir folgende Reihenfolge der Erkennungsstellen ermitteln: *Pvu* II → *Bam*H I → *Hin*d III → *Eco*R I *Pvu* II (siehe Plasmidskizze oben links).

Ein rekombinantes Plasmid, das ein unbekanntes EcoRI-Fragment (rot markiert in Plasmidskizze oben rechts) trägt, können wir nun analog physikalisch kartieren. Durch Hydrolyse mit der Restriktionsendonuklease *Eco*R I erhalten wir erwartungsgemäß zwei Fragmente und erkennen, daß das einligierte *Eco*R I-Fragment eine Größe von 2625 Bp besitzt (Spur 12). Das Fragment besitzt außerdem je eine Erkennungsstelle für die Restriktionsendonukleasen *Hin*d III und *Pvu* II und zwei Erkennungsstellen für die Restriktionsendonuklease *Bam*H I, denn bei der Hydrolyse mit *Hin*d III und *Pvu* II treten im Vergleich zur Vektor-DNA je ein zusätzliches DNA-Fragment auf (Spuren 14 und 15), wohingegen bei der Hydrolyse mit *Bam*H I zwei zusätzliche Fragmente nachgewiesen werden (Spur 13). Die ermittelten Größen dieser Fragmente sind in der linken unteren Hälfte der Abbildung in roten Zahlen dargestellt. Um die relative Lage der Erkennungsstellen für die unterschiedlichen

Restriktionsendonukleasen zu ermitteln, müssen wir das rekombinante Plasmid wiederum mit Enzymkombinationen hydrolysieren. Anhand der durch die Kombination erhaltenen Restriktionsfragmente können wir schließlich eine Restriktionskarte des rekombinanten Plasmids aufstellen, wie sie im unteren rechten Viertel der Abbildung skizziert ist. Alle wichtigen Plasmide werden auf diese Weise „kartiert".

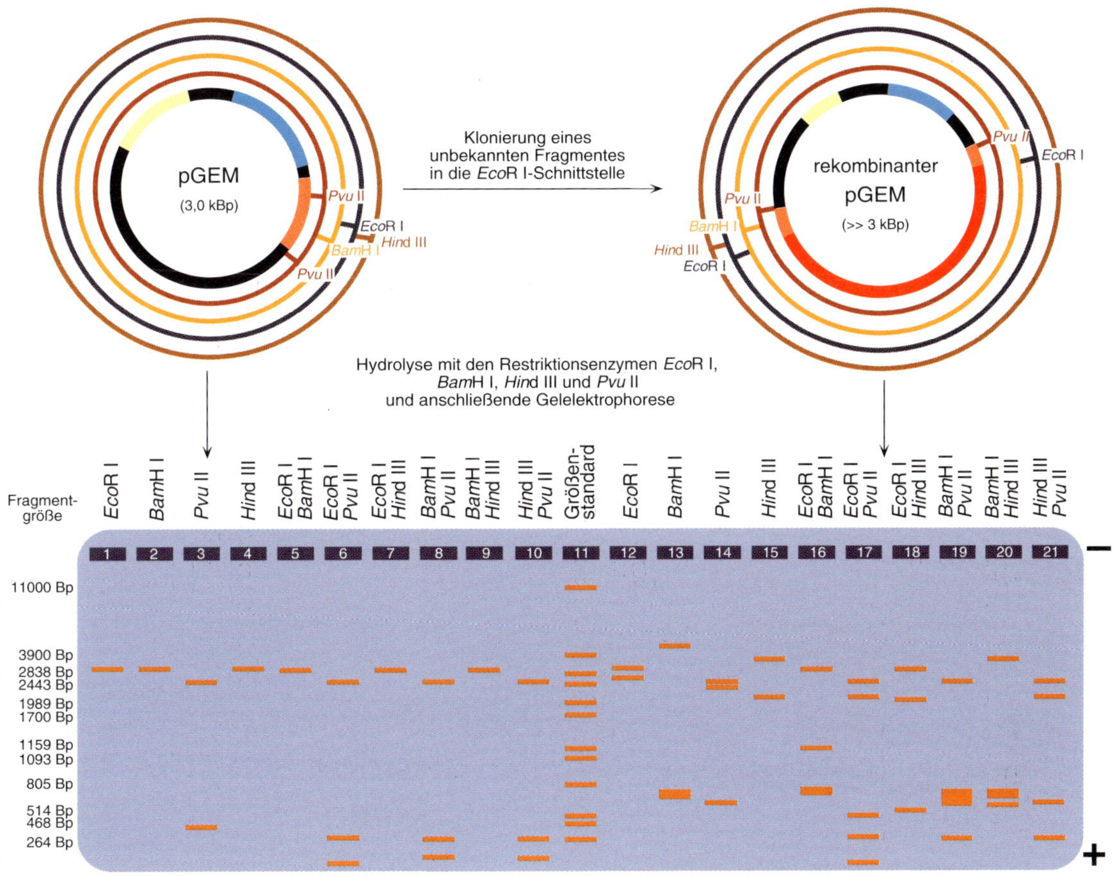

Fragmentgröße in Bp nach Hydrolyse des **pGEM** und des **rekombinanten pGEM** mit:

***EcoR* I**
3000, 3000, 2625

***BamH* I**
3000, 4125, 766, 734

***Pvu* II**
2567, 433, 2567, 2406, 652

***Hind* III**
3000, 3500, 2125

***EcoR* I/*BamH* I**
2965, 35, 2965, 1160, 731, 734, 35 (nicht sichtbar)

***EcoR* I/*Pvu* II**
2567, 278, 155, 2567, 2128, 497 , 278, 155

***EcoR* I/*Hind* III**
2971, 29, 2971, 2096, 529, 29 (nicht sichtbar)

***BamH* I/*Pvu* II**
2567, 243, 190, 2567, 766, 734, 663, 652, 243

***BamH* I/*Hind* III**
2994, 6, 3494, 760, 734, 631, 6 (nicht sichtbar)

***Hind* III/*Pvu* II**
2567, 249, 184, 2567, 2125, 652, 249, 32 (nicht sichtbar)

Ermitteln der Fragmentgrößen im rekombinanten pGEM und Vergleich mit den Positionen der Schnittstellen im Ausgangs-Plasmid

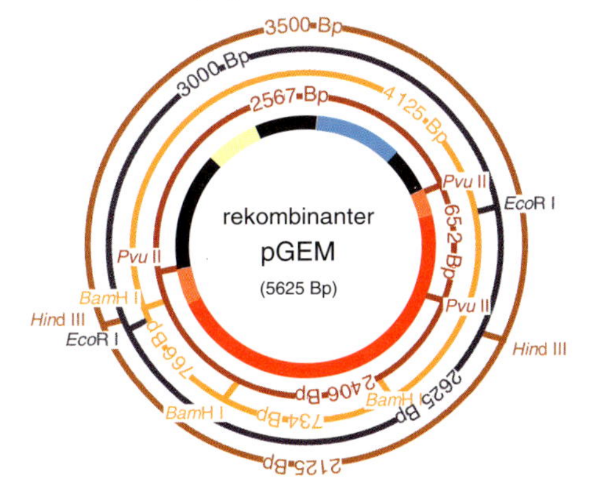

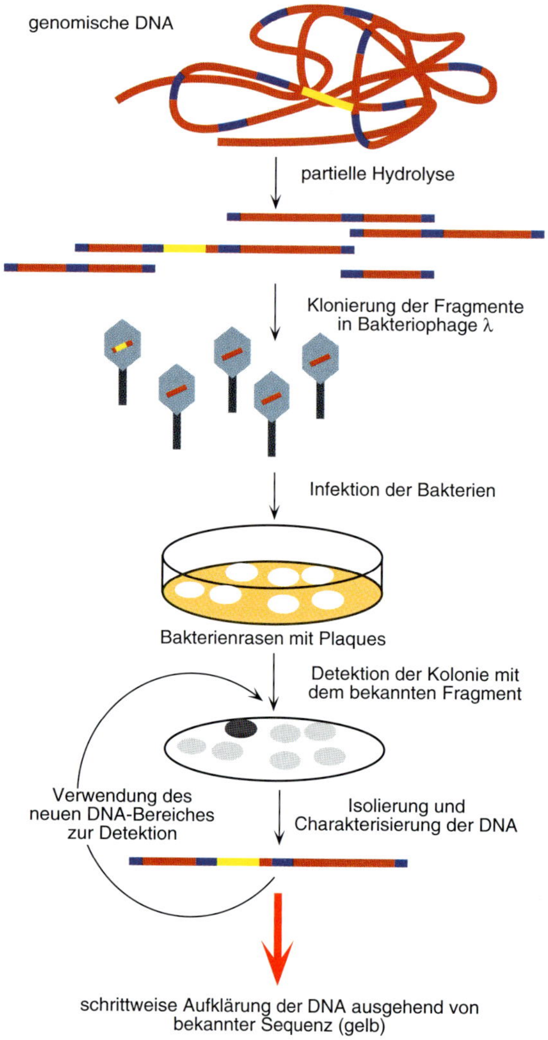

Abb. 2.2.6 Partielle Hydrolyse von DNA zur Herstellung einer überlappenden Genbank. Um einen größeren zusammenhängenden Genombereich zu charakterisieren, benötigen wir eine Genbank mit überlappenden DNA-Fragmenten. Hierzu hydrolysieren wir die DNA partiell mit einer bestimmten Restriktionsendonuklease. Die erhaltenen Fragmente werden dann beispielsweise in die DNA des Bakteriophagen λ ligiert. Nach Infektion von Coli-Bakterien mit den rekombinanten Phagen erhalten wir eine Genbank mit überlappenden Fragmenten der Ausgangs-DNA. Zunächst suchen wir in dieser Genbank nach dem Klon, dessen Sequenz als Startpunkt für die Isolierung eines größeren genomischen DNA-Bereiches dienen soll (gelb markierter DNA-Bereich). Von diesem Klon isolieren wir durch erschöpfende Hydrolyse mit einer Restriktionsendonuklease ein Randfragment. Diese DNA verwenden wir nun als Hybridisierungsprobe für ein erneutes Durchmustern der Genbank, um einen Nachbarklon zu identifizieren. Wieder isolieren wir ein Randfragment durch erschöpfende Hydrolyse mit der Restriktionsendonuklease und starten eine neue Durchmusterungsrunde mit diesem Fragment. Wir „wandern" praktisch auf der DNA entlang, und dementsprechend wird diese wichtige Methode auch als *„chromosomal walking"* bezeichnet.

physikalisch mit Hilfe verschiedener Restriktionsendonukleasen charakterisiert (siehe M02). So erhalten wir schließlich einen Satz Klone, die überlappend einen großen Bereich des Genoms repräsentieren.

Mit Hilfe des chromosomalen Wanderns wurde eine Vielzahl äußerst wichtiger Gene identifiziert, die ursächlich für bestimmte Krankheiten verantwortlich sind (siehe Kapitel 7.3 und 7.4). Hierzu zählt beispielsweise das Gen für den *„cystic fibrosis transmembrane conductants regulator"* (CFTR), das bei bestimmten Defekten für die Cystische Fibrose (CF) verantwortlich ist. Dazu gehört auch das „Retinoblastom 1"-Gen (rb1), das als Tumor-Suppressor-Gen eine wichtige Rolle bei der Krebsentstehung spielen kann. Auch das *„breast cancer related 1"*-Gen (BCR1) gehört in diese Reihe. Es scheint in einer bestimmten Variante von familiär auftretenden Brusttumoren von großer Relevanz zu sein.

2.2.3 Enzymatische Modifikation von DNA-Molekülen

Zusätzlich zu den Restriktionsendonukleasen existiert eine Vielfalt von Enzymen, die alle die DNA als Substrat erkennen, dieses Substrat allerdings in unterschiedlicher Weise spezifisch modifizieren.

Die DNA-Methyltransferasen sind solche Enzyme, die ein Nukleotid in einer Erkennungssequenz methylieren. Für den betreffenden Organismus bedeutet ein solches Enzym einen Schutz vor der Hydrolyse dieser Sequenz durch die entsprechende Restriktionsendonuklease, die der Organismus selbst produziert. Gelangt jedoch Fremd-DNA in eine solche Zelle, so sind die Erkennungssequenzen für die Restriktionsendonuklease auf dieser Fremd-DNA unmodifiziert. Sie werden erkannt, hydrolysiert, und damit wird die eingedrungene DNA zerstört.

http://vent.neb.com/rebase/rebase.html (u. a. DNA-Methyltransferasen)

Andere Restriktionsendonukleasen erkennen und schneiden eine Sequenz nur, wenn eine Base in der Erkennungssequenz methyliert ist. Praktische Bedeutung in der Gentechnik haben DNA-Methyltransferasen, wenn eine isolierte cDNA an den Enden mit speziellen Linkern ausgestattet werden soll (Abb. 2.2.7). Linker sind kurze, doppelsträngige Oligonukleotide, die eine Erkennungssequenz für eine Restriktionsendonuklease enthalten. Derartige Linker können wir an DNA-Fragmente mit glatten Enden anligieren. Nach der Hydrolyse mit der entsprechenden Restriktionsendonuklease läßt sich das Fragment gezielt klonieren. Bevor die Linker anligiert werden wird die DNA zunächst mit Hilfe einer geeigneten Methyltransferase und S-Adenosyl-Methionin (SAM) vorbehandelt. Damit wird verhindert, daß nach Hydrolyse mit der korrespondierenden Restriktionsendonuklease auch eventuell in der cDNA vorhandene Erkennungsstellen geschnitten werden.

Auch die in der Gentechnik verwendeten DNA-Polymerasen zählen zu den DNA-modifizierenden Enzymen. Sie können entweder matrizenabhängig DNA neu synthetisieren oder in Umkehrung dieser Reaktion DNA degradieren.

Die DNA-Polymerase I aus *E. coli* (Abb. 2.2.8) besitzt neben einer 5′ → 3′-DNA-Polymeraseaktivität auch zwei Exonuklease-Aktivitäten. Diese bauen die DNA entweder in 5′ → 3′-Richtung oder in 3′ → 5′-Richtung von den Enden her ab. Die 3′ → 5′-Exonuklease-Aktivität wird auch „*proofreading*-Aktivität" genannt, da durch diese enzymatische Aktivität überprüft werden kann, ob der erfolgte Polymerisationsschritt korrekt war.

Das sogenannte Klenow-Fragment der DNA-Polymerase I aus *E. coli* ist eine modifizierte Variante der DNA-Polymerase I. Es handelt sich um das größere (76 kDa) von zwei enzymatisch aktiven Peptidfragmenten, die bei der partiellen Proteolyse der DNA-Polymerase I durch eine bestimmte Protease entstehen. Das Klenow-Fragment besitzt nur noch die 5′ → 3′-DNA-Polymeraseaktivität

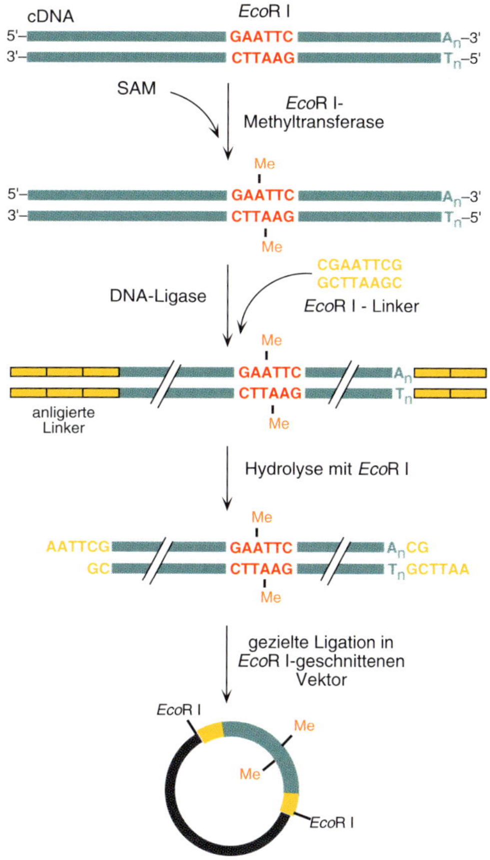

Abb. 2.2.7 DNA-Methyltransferasen können Erkennungssequenzen für Restriktionsendonukleasen maskieren. Die Erkennungssequenz für die Restriktionsendonuklease *Eco*R I wird auch von einer spezifischen Methyltransferase (*Eco*R I-Methyltransferase) erkannt, die mit Hilfe des Co-Faktors S-Adenosyl-Methionin (SAM) jeweils ein A-Nukleotid auf beiden DNA-Strängen zum m^{6}A methyliert. Eine derart methylierte Sequenz wird von der Restriktionsendonuklease *Eco*R I nicht mehr erkannt.
Dies kann dann wichtig sein, wenn wir ein unbekanntes DNA-Fragment – beispielsweise eine cDNA – an seinen Enden mit kurzen DNA-Linkern versehen wollen, die eine *Eco*R I Erkennungsstelle besitzen (*Eco*R I-Linker). Da wir nach der Ligation der *Eco*R I-Linker die DNA mit der Restriktionsendonuklease *Eco*R I hydrolysieren müssen, um die typischen *Eco*R I-Enden zu erhalten, würden wir ein Zerschneiden der DNA riskieren, wenn innerhalb der unbekannten Sequenz eine *Eco*R I-Erkennungsstelle vorhanden wäre. Um dieses Risiko zu vermeiden, methylieren wir die DNA vor der Linker-Ligation mit der *Eco*R I-Methyltransferase.

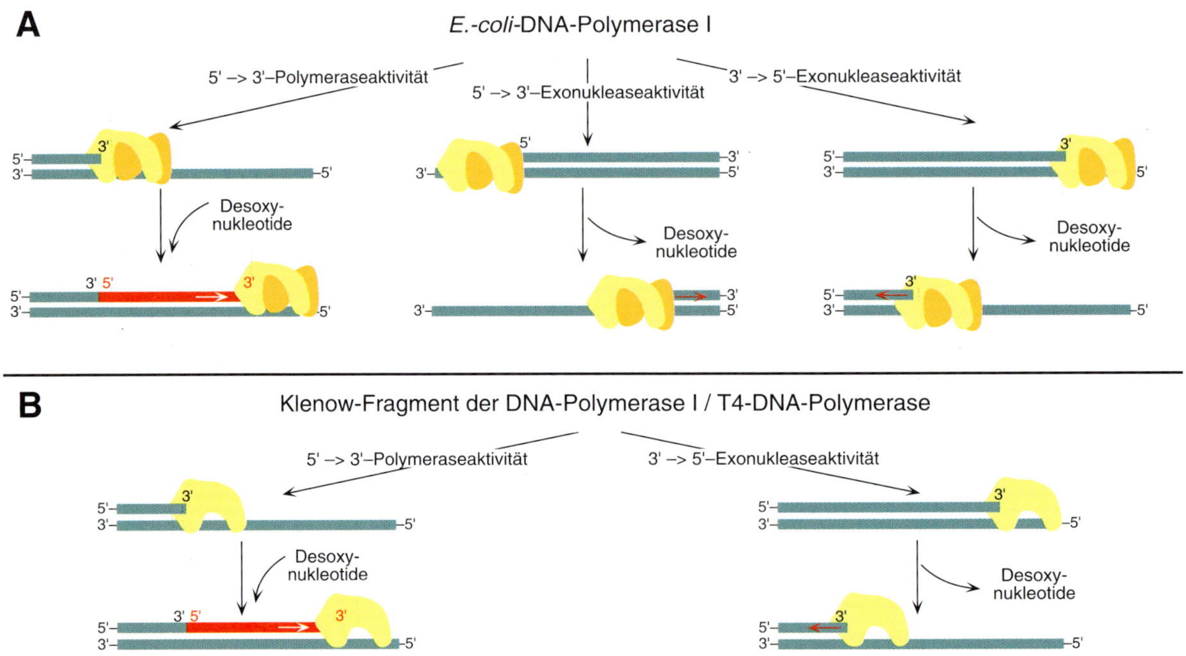

Abb. 2.2.8 DNA-Polymerasen aus *E. coli*.
A. Das Holoenzym DNA-Polymerase I aus *E. coli* besitzt drei unterschiedliche Aktivitäten. Die Polymerase-Aktivität synthetisiert matrizenabhängig DNA vom 5'- zum 3'-Ende. Dementsprechend wird die Matrize vom 3'-Ende zum 5'-Ende hin abgelesen (oben links). Die 5'→ 3'-Exonukleaseaktivität hydrolysiert DNA von den Enden her, Nukleotid für Nukleotid, vom 5'- in Richtung des 3'-Endes (oben Mitte). Demgegenüber greift die 3' → 5'-Exonukleaseaktivität die DNA an den 3'-Enden an und hydrolysiert die entsprechenden DNA-Stränge in Richtung des 5'-Endes (oben rechts). Die 5'-Enden selbst bleiben intakt.
B. Durch partielle Proteolyse and der DNA-Polymerase I erhalten wir eine Enzymvariante, die als das Klenow-Fragment der DNA-Polymerase I bezeichnet wird. Diesem Fragment fehlt – ähnlich wie der DNA-Polymerase aus dem Bakteriophagen T4 – die 5' → 3'-Exonukleaseaktivität des DNA-Polymerase-I-Holoenzyms. Hingegen besitzen die Klenow-Polymerase und die T4-DNA-Polymerase sowohl die 5' → 3'-Polymeraseaktivität als auch die 3' → 5'-Exonukleaseaktivität (unten links und rechts).

und die 3' → 5'-Exonukleaseaktivität. Die 5' → 3'-Exonukleaseaktivität ist hingegen verlorengegangen.

Die gleichen Aktivitäten wie das Klenow-Fragment besitzt auch eine DNA-Polymerase aus dem Phagen T4 (Abb. 2.2.9). Diese T4-DNA-Polymerase verwenden wir bevorzugt, wenn 3'-überlappende Enden entfernt werden müssen oder wenn 5'-überlappende Sequenzbereiche mit dem komplementären Strang aufgefüllt werden müssen. Beide Enzyme weisen nur dann eine Exonukleaseaktivität auf, wenn keine Desoxynukleotid-Triphosphate (dNTPs) vorhanden sind. In Gegenwart von dNTPs hingegen überwiegt die Polymeraseaktivität. Um 3'-überlappende Enden zu entfernen, wird für kurze Zeit die zu modifizierende DNA ohne dNTP-Zusatz mit der DNA-Polymerase inkubiert. Das Enzym beginnt dann, die DNA von ihrem 3'-Ende her zu degradieren. Diese Aktivität wird jedoch sofort gestoppt, wenn wir dNTPs zum Inkubationsansatz pipettieren. Statt dessen beginnt die DNA-Polymerase nun mit der matrizenabhängigen Neusynthese der zuvor degradierten DNA. In der experimentellen Gentechnik verwenden wir diese Technik häufig, um spezifisch radioaktiv-markierte DNA herzustellen. Zu diesem Zweck ersetzten wir eines der zupipettierten dNTPs durch ein Analoges, das an seiner α-Phosphat-Position durch ^{32}P markiert ist.

Eine ganz andere Art der DNA-Polymerase ist die Reverse-Transkriptase der Retroviren

(Abb. 2.2.10). Diese erkennt anders als alle üblichen DNA-Polymerasen nicht nur DNA, sondern auch RNA als Matrize. Meistens verwenden wir dieses Enzym, um *Messenger*-RNA (mRNA) in DNA zurück zu übersetzen. Wie alle nukleinsäuresynthetisierenden Enzyme verläuft auch bei der Reversen-Transkriptase die DNA-Synthese von 5′ nach 3′. Die mRNA wird also sozusagen von hinten nach vorne abgelesen und dabei in DNA übersetzt (Abb. 2.2.10).

Die Reverse-Transkriptase ist damit das maßgebliche Enzym zur Herstellung von cDNA-Banken (siehe Kapitel 2.4). Der Begriff cDNA bedeutet „kopierte mRNA". Werden die erhaltenen cDNAs in einen Vektor kloniert, ist das Resultat eine cDNA-Bank (siehe Kapitel 2.4). Gegenüber genomischen DNA-Fragmenten haben cDNA-Fragmente den Vorteil, daß sie ausschließlich Sequenzen enthalten, die in Protein translatiert werden. Genomische DNA-Fragmente können hingegen auch nicht-codierende Bereiche in Form von Kontrollregionen oder Introns enthalten.

Die Terminale-Transferase ist die einzige DNA-Polymerase, die DNA matrizenunabhängig synthetisiert (Abb. 2.2.11). Sie hängt an das 3′-Ende einer Nukleinsäure dNTPs an. Auf diese Art und Weise können DNA oder RNA um ein Homopolymer der verschiedenen Nukleotide verlängert werden.

Die T4-DNA-Ligase verbindet die 3′-OH-Gruppe des einen Endes mit der 5′-Phosphatgruppe des anderen Endes zu einem Phosphodiester und ist daher das wichtigste Enzym, um DNA-Fragmente miteinander zu verknüpfen (siehe weiter unten: Verknüpfen von DNA-Fragmenten).

Die T4-Polynukleotidkinase ist ebenfalls ein Enzym aus dem Phagen T4, das mit Hilfe von ATP als Cosubstrat das γ-Phosphat des ATPs an eine freie 5′-OH-Gruppe einer Nukleinsäure (RNA oder DNA) anheftet (Abb. 2.2.12). Dieses Enzym wird häufig dazu verwendet, um DNA radioaktiv zu markieren, wobei wir dann als Cosubstrat γ-[^{32}P]ATP verwenden.

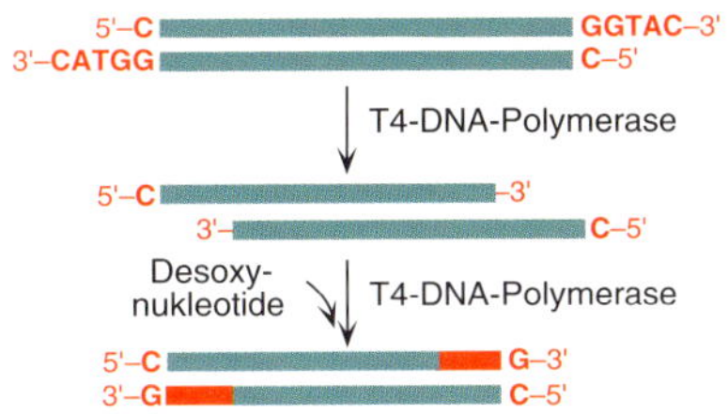

Abb. 2.2.9 T4-DNA-Polymerase als Hilfsmittel für die radioaktive Markierung von DNA-Fragmenten. Durch Kombination der Exonuklease- und Polymerase-Aktivität der T4-DNA-Polymerase lassen sich DNA-Fragmente an ihren Enden radioaktiv markieren. Hierzu inkubieren wir die DNA für eine kurze Zeit in Abwesenheit von Desoxynukleotid-Triphosphaten mit der T4-DNA-Polymerase. Unter diesen Bedingungen dominiert die 3′ → 5′-Exonuklease-Aktivität, da dem Enzym ja die Desoxynukleotid-Substrate für die DNA-Synthese fehlen. Pipettieren wir Desoxynukleotid-Triphosphate zu, überwiegt die Polymerase-Aktivität, und das Enzym synthetisiert die DNA, die sie zuvor hydrolysiert hatte. Enthält das Desoxynukleotid-Triphosphat-Gemisch ein radioaktiv-markiertes Nukleotid, so wird dieses statistisch mit in die neusynthetisierten DNA-Stränge (rot markiert) eingebaut und das DNA-Fragment wird an seinen Enden radioaktiv markiert.

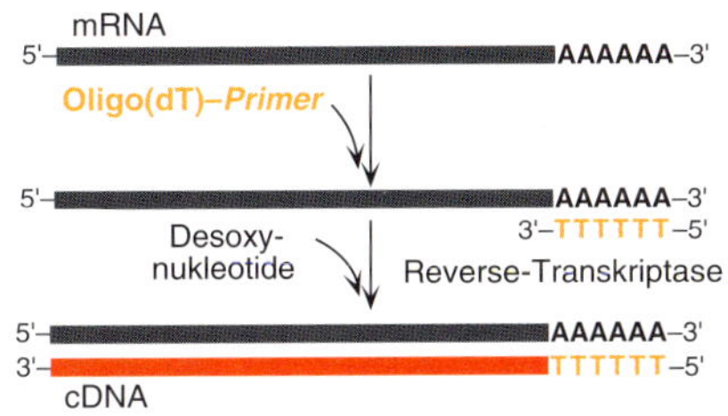

Abb. 2.2.10 Die Reverse-Transkriptase. Die Reverse Transkriptase nutzt als einzige DNA-Polymerase RNA als Matrize. Sie ist daher als eine RNA-abhängige DNA-Polymerase zu klassifizieren. In der Gentechnik nutzen wir dieses Enzym, um cDNAs zu synthetisieren. Da die Reverse-Transkriptase – wie fast alle DNA-Polymerasen – ein doppelsträngiges Substrat benötigt, um DNA-Synthese zu initiieren, verwenden wir bei der klassischen cDNA-Synthese einen Oligio(dT)-*Primer* (gelb unterlegt), der an die Poly(A)-Sequenz bindet, die nahezu alle mRNAs aus Eukaryonten an ihren 3′-Enden tragen. In Gegenwart von Desoxynukleotid-Triphosphaten synthetisiert dann die Reverse-Transkriptase einen komplementären cDNA-Strang (rot) zur RNA-Matrize (blau).

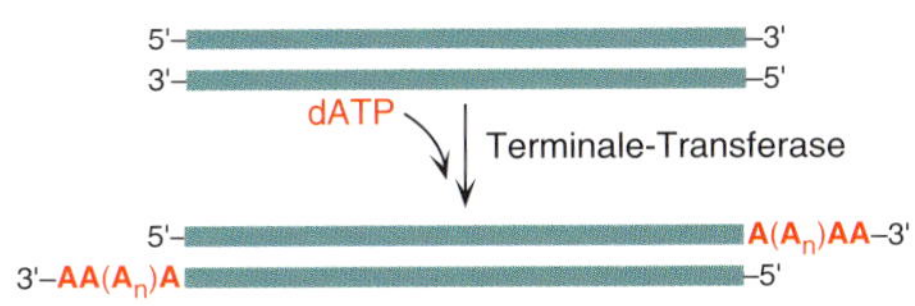

Abb. 2.2.11 Die Terminale-Transferase. Die Terminale-Transferase ist die einzige DNA-Polymerase, die DNA matrizenunabhängig synthetisiert. Die angebotenen Desoxynukleotid-Triphosphate (in diesem Beispiel dATP) werden an die 3′-Enden der beiden komplementären DNA-Stränge angehängt.

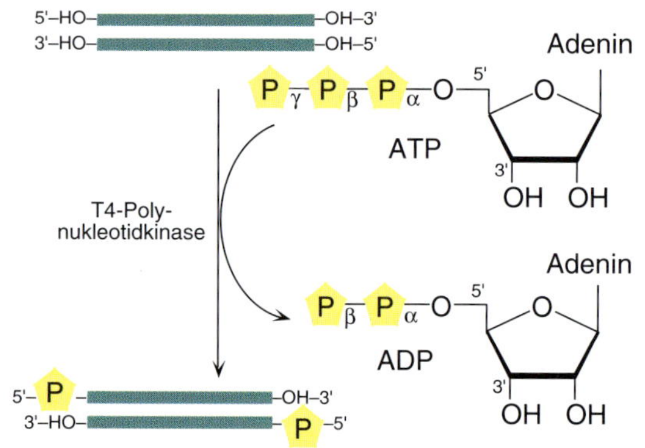

Abb. 2.2.12 Die T4-Polynukleotidkinase. Dieses Enzym phosphoryliert freie 5'-OH-Gruppen von DNA und RNA. Als Co-Substrat verwendet die T4-Polynukleotidkinase ATP, wobei das γ-Phosphat übertragen wird. Verwenden wir daher γ-[^{32}P]ATP, so wird die DNA durch den Phosphatgruppentransfer an seinen 5'-Enden radioaktiv markiert.

Die Alkalische-Phosphatase hydrolysiert Phosphoresterbindungen am 5'-Ende einer Nukleinsäure (Abb. 2.2.13). Diese Reaktion dient beispielsweise der Vorbereitung eines DNA-Fragments für die radioaktive Markierung mit Hilfe der T4-Polynukleotidkinase und γ-[^{32}P]ATP.

DNase I ist im Gegensatz zu den spezifischen Restriktionsendonukleasen eine unspezifische Endonuklease, die konzentrationsabhängig an verschiedenen Stellen in einer doppelsträngigen DNA sogenannte „*Nicks*" durch Hydrolyse einer Phosphordiesterbindung einführt. Diese „genickten DNAs" sind dann Substrate für den Prozeß der sogenannten „*Nick*-Translation", bei dem durch DNA-Synthese DNA-Fragmente radioaktiv markiert werden (Abb. 2.2.14). Hierzu verwenden wir die DNA-Polymerase I aus *E. coli*, die an den durch DNase I erzeugten *Nicks* ansetzt. Dort entfernt sie mit Hilfe ihrer 5' → 3'-Exonukleaseaktivität Nukleotide, die dann durch die 5' → 3'-DNA-Polymeraseaktivität wieder aufgefüllt werden. Wird dabei radioaktiv markiertes α-[^{32}P]dATP zusammen mit den nicht markierten anderen Desoxynukleotidtriphosphaten verwendet, werden beide Stränge hochspezifisch radioaktiv markiert.

Ein weiteres wichtiges DNA modifizierendes Enzym ist die Nuklease Bal 31 (Abb. 2.2.15). Hierbei handelt es sich um eine Exonuklease, die eine DNA in beiden Richtungen, also von 5' → 3' und von 3' → 5' hydrolysiert. Somit werden DNA-Fragmente durch Inkubation mit Nuklease Bal31 von beiden Enden her graduell verkürzt.

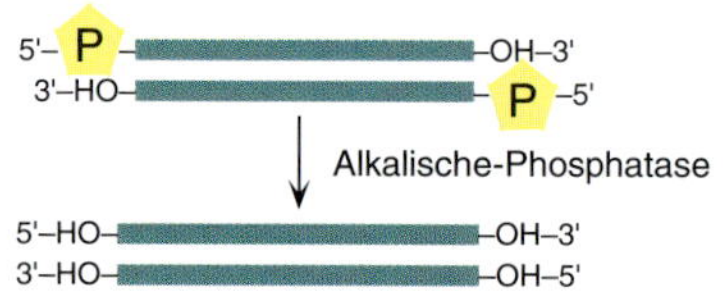

Abb. 2.2.13 Die Alkalische-Phosphatase. Alkalische-Phosphatase entfernt Phosphatgruppen von den 5'-Enden von RNA und DNA und schafft damit freie 5'-OH-Gruppen. Diese können wir dann mit Hilfe der T4-Polynukleotidkinase wieder phosphorylieren und die Nukleinsäure dabei radioaktiv markieren (siehe Abb. 2.2.12).

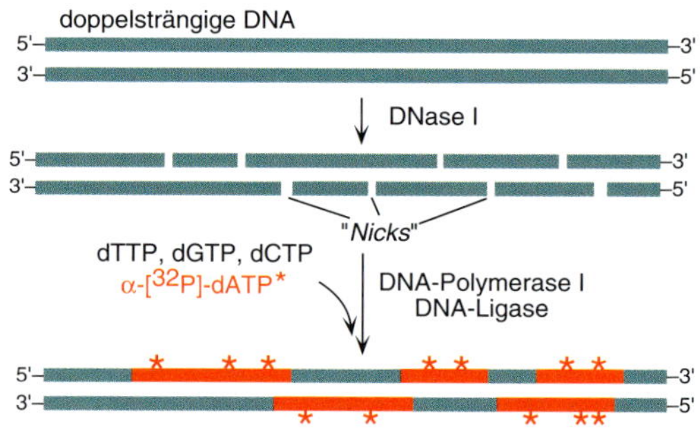

Abb. 2.2.14 Die DNase I. Die DNase I ist eine Endonuklease. Sie unterscheidet sich von den Restriktionsendonukleasen dadurch, daß sie DNA unabhängig von Erkennungssequenzen hydrolysiert. Auch werden die komplementären DNA-Stränge unabhängig voneinander gespalten, so daß bei geringer Enzymaktivität „*Nicks*" entstehen, ohne daß die doppelsträngige DNA auseinanderfällt.
Sehr häufig verwenden wir eine derart „genickte" DNA als Substrat für eine sogenannte „*Nick*-Translation". Die „*Nicks*" in der doppelsträngigen DNA dienen der DNA-Polymerase I als Substrat, wobei an jedem *Nick* vermutlich zwei Moleküle des Enzyms ansetzen. Das Enzymmolekül, das an den 5'-Enden der „*Nicks*" bindet, wirkt als 5' → 3'-Exonuklease. Dagegen wirkt das Enzymmolekül, das an die 3'-Enden der *Nicks* bindet, als DNA-Polymerase, die die abhydrolysierten Nukleotide wieder auffüllt. Setzen wir dem Desoxynukleotid-Gemisch ein α-[^{32}P]-markiertes Desoxynukleotid-Triphosphat zu, so wird die DNA in den neusynthetisierten Bereichen (rot) radioaktiv markiert (*). Zum Schluß werden die „*Nicks*" mit Hilfe einer DNA-Ligase wieder geschlossen.

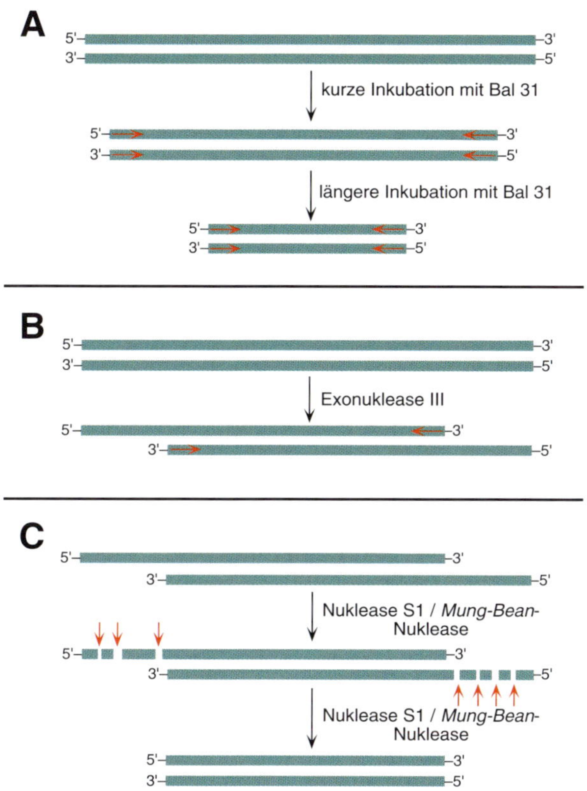

Abb. 2.2.15 Exonukleasen. Exonukleasen hydrolysieren DNA von den Enden her. **A.** Die Exonuklease Bal 31 ist eine Exonuklease, die DNA sowohl in 3' → 5'-Richtung als auch in 5' → 3'-Richtung abbaut. Daher werden beide DNA-Stränge an beiden Enden gleichzeitig verkürzt.
B. Die Exonuklease III besitzt nur eine 3' → 5'-Exonuklease-Aktivität. Somit wird an beiden Enden der DNA nur ein Strang graduell verkürzt.
C. Den überstehenden Berich des zweiten Stranges können wir dann mit Hilfe der Nuklease S1 oder der *Mung-Bean*-Nuklease degradieren. Hierbei handelt es sich um Endonukleasen, die allerdings ausschließlich Einzelstränge hydrolisieren.

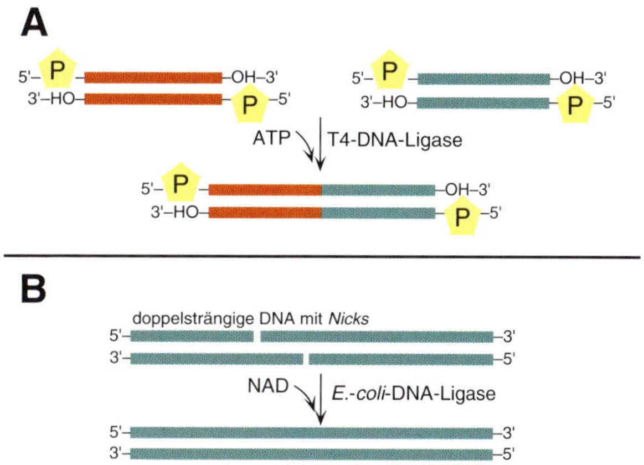

Abb. 2.2.16 DNA-Ligasen. A. Die DNA-Ligase aus dem Bakteriophagen T4 (T4-DNA-Ligase) verknüpft 5'-Phosphatgruppen mit 3'-OH-Enden einer DNA. Eine Überlappung der DNA-Enden ist nicht erforderlich. Die benötigte Energie zur Knüpfung der Phosphodiesterbindung bezieht das Enzym aus der Hydrolyse des Co-Substrats ATP.
B. Eine zweite DNA-Ligase, die aus *E. coli* isoliert wurde, verknüpft ebenfalls 5'-Phosphatgruppen mit 3'-OH-Enden einer DNA. Allerdings benutzt dieses Enzym NAD als Co-Substrat, und außerdem kann die *E.-coli*-DNA-Ligase nur dann arbeiten, wenn sich größere DNA-Bereiche überlappen. Daher verwenden wir dieses Enzym bevorzugt, um „*Nicks*" in einer DNA zu ligieren (siehe Abb. 2.2.14).

Ein ähnliches Enzym ist die Exonuklease III, die allerdings nur eine 3' → 5'-Exonukleaseaktivität besitzt (Abb. 2.2.15). Daher wird nur jeweils ein Strang von beiden Enden her graduell verkürzt. Der zweite Strang kann dann durch die Nuklease S1 (Abb. 2.2.15) entfernt werden, die als Substrat Einzelstrang-DNA oder Einzelstrangbereiche von RNA erkennt. Diese Nukleinsäurebereiche werden endo- und exonukleolytisch hydrolysiert.

Ein Enzym ähnlicher Spezifität ist die sogenannte *Mung-Bean*-Nuklease (Abb. 2.2.15), die der Nuklease S1 oft vorgezogen wird, da sie absolut Calcium-abhängig ist. Dies ist vorteilhaft, da das Enzym sehr effizient durch den Zusatz des Calcium-Chelatbildners EGTA inaktiviert werden kann.

2.2.4 Verknüpfen von DNA-Fragmenten

Das wichtigste Enzym um DNA-Fragmente zu verknüpfen ist die T4-DNA-Ligase (Abb. 2.2.16). Unter Verbrauch eines ATP-Moleküls verbindet dieses Enzym eine freie 3'-Hydroxylgruppe mit einem 5'-Phosphatrest unter Ausbildung einer Phosphordiesterbindung. Als Substrat verwendet die T4-DNA-Ligase unterschiedliche DNA-Enden, die entweder stumpf, 5'- oder 3'-überhängend sind.

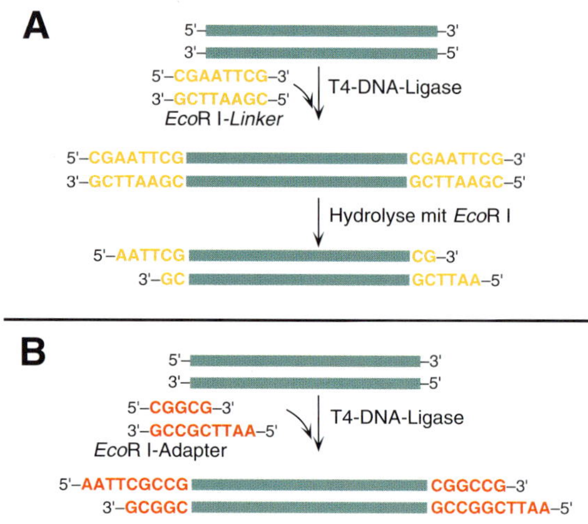

Abb. 2.2.17 Linkerligation und Adapterligation.
A. Als Linker bezeichnet man kurze Oligonukleotid-Sequenzen, die in ihrer Kernsequenz eine Erkennungsstelle für eine Restriktionsendonuklease enthalten. Da die Sequenzen palindromisch sind, sind sie auch selbstkomplementär, d.h. zwei identische Oligonukleotide lagern sich zu einem Doppelstrang zusammen (gelb). Derartige Oligonukleotide können wir mit Hilfe der T4-DNA-Ligase an die Enden beliebiger DNA-Fragmente anligieren und so gezielt Restriktionsschnittstellen schaffen. Die typischen Enden müssen wir nach der Ligation durch Hydrolyse mit der entsprechenden Restriktionsendonuklease erzeugen.
B. Adapter sind kurze, partiell komplementäre Oligonukleotide, die bereits das typisches Ende einer hydrolysierten Restriktionssequenz enthalten (orange). An der anderen Seite weisen Adapter glatte Enden auf. Über die glatten Enden können wir diese Oligonukleotide mit Hilfe der T4-DNA-Ligase an DNA-Fragmente anligieren. Anders als Linker brauchen wir Adapter nicht mehr mit einer Restriktionsendonuklease zu schneiden.

Ein zweites Enzym ist die DNA-Ligase aus *E. coli*, die als Cosubstrat nicht ATP, sondern NAD verwendet (Abb. 2.2.16). Diese vermag jedoch nur DNA-*Nicks*, d.h. umfassend basengepaarte DNA zu ligieren.

Durch Ligationen lassen sich nicht nur DNA-Fragmente miteinander verbinden, die durch Restriktionsendonukleasen erzeugt wurden. Vielmehr können an die Enden von DNA-Fragmenten auch sogenannte Linker oder Adapter anligiert werden (Abb. 2.2.17). Hierbei handelt es sich um kürzere, in der Regel synthetisch hergestellte DNA-Doppelstränge, die Erkennungsstellen für ein oder mehrere Restriktionsendonukleasen besitzen. Durch Anheften eines Linkers an glatte DNA-Enden ist es möglich, nach Restriktionshydrolyse eine überhängende spezifische Sequenz innerhalb des Linkers zu erzeugen. Dadurch wird ein gerichtetes Klonieren möglich. Adapter unterscheiden sich von Linkern dadurch, daß bei Adaptern die nachfolgende Restriktionshydrolyse entfallen kann, da derartige Moleküle an einem Ende stumpfe Enden besitzen und am anderen Ende bereits die vorgeformte Schnittstelle einer Restriktionsendonuklease aufweisen.

Zusammenfassung

Das enzymatische Instrumentarium in der Gentechnik ist ausgesprochen umfangreich und in seiner Komplexität für den Lernenden nicht unbedingt übersichtlich. Allen Enzymen ist gemeinsam, daß sie als Substrat DNA verwenden. Dieses Substrat kann dann entweder hydrolysiert, modifiziert oder mit einem zweiten DNA-Fragment verknüpft werden. Viele – aber nicht alle – Enzyme erkennen ihre Substratstelle über eine bestimmte Sequenz. Bei den Restriktionsendonukleasen oder bei den DNA-Methylasen sind diese Sequenzen zwischen vier und acht Nukleotide lang, wobei die Erkennungssequenz meist als Palindrom vorliegt. Hydrolysiert bzw. modifiziert wird die DNA dann auch sequenzspezifisch.

Neben diesen sequenzspezifisch arbeitenden Enzymen gibt es aber andere Aktivitäten, die doppelsträngige DNA jeder beliebigen Sequenz erkennen. Hierzu zählen die DNA-Polymerasen (zumindest wenn sie *in vitro* eingesetzt werden) und bestimmte Exonukleasen. Auch DNA-Ligasen arbeiten sequenzunabhängig, so daß DNA durch die Restriktionsendonukleasen zwar sequenzspezifisch hydrolysiert werden kann, die Fragmente dann aber sequenzunabhängig wieder zusammengefügt werden.

Insgesamt gibt es so viele Enzyme, daß fast jede denkbare Modifikation möglich ist. Alle diese Enzyme sind käuflich zu erwerben, und die meisten Enzyme werden selbst gentechnisch hergestellt. Dadurch sind die einzelnen Produkte längst nicht mehr so teuer wie noch vor Jahren. Allerdings müssen doch nennenswerte Summen investiert werden, da die benötigte Enzymsammlung sehr umfangreich ist.

2.3 Polymerase-Kettenreaktion (PCR)

Eine der wichtigsten Methoden in der modernen Molekularbiologie ist die Polymerase-Kettenreaktion (PCR). Daher wollen wir diese Methode hier auch in einem eigenen Kapitel ausführlich besprechen.

Die PCR-Methode wurde Mitte der achziger Jahre von dem Amerikaner Kary Mullis erfunden. Die Abkürzung PCR leitet sich von der englischen Bezeichnung *„polymerase chain reaction"* ab. Das wirklich Bemerkenswerte an der PCR besteht darin, daß Mullis erstmals ein Prinzip aufzeigte, DNA im Reagenzglas zu amplifizieren. Wie wir bereits gehört haben, waren DNA-Polymerasen lange bekannt und die *in-vitro*-Synthese von DNA gehörte damals bereits zum Standardmethodenrepertoir der Molekularbiologen. Das Neue war die exponentielle Amplifikation der DNA auf der Basis eines verblüffend einfachen Prinzips. Ausgehend von ganz wenigen Einzelmolekülen ließ sich DNA im Reagenzglas in einen Größenordnungsbereich vervielfältigen, der ausreichte, um die DNA nachzuweisen, zu charakterisieren oder zu klonieren. Wir können heute ohne Übertreibung feststellen, daß diese Methode die Gentechnik revolutioniert hat.

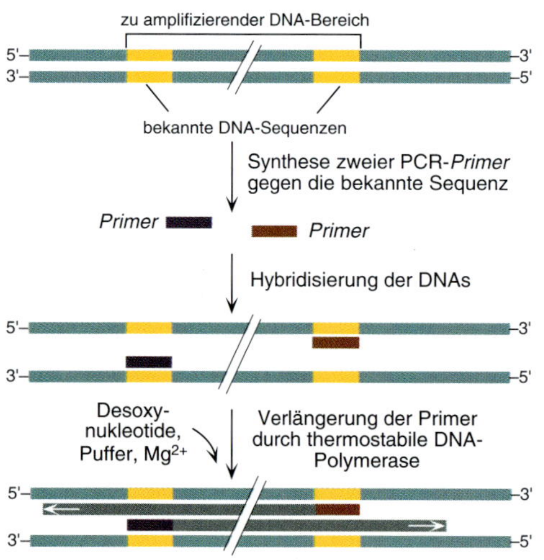

Abb. 2.3.1 Die Polymerase-Kettenreaktion (PCR). Der zu amplifizierende Bereich ist durch zwei kurze Abschnitte einer bekannten Sequenz (gelb) definiert. Gegen diese Bereiche werden komplementäre *Primer* synthetisiert, und zwar derart, daß der *Primer* 1 (rot) an den rechten Bereich des oberen Stranges und der *Primer* 2 (blau) an den linken Bereich des unteren Stranges hybridisiert. Durch Zugabe von Desoxynukleotid-Triphosphaten und einer thermostabilen DNA-Polymerase werden zwei DNA-Synthesereaktionen initiiert, die aufeinander zulaufen. Dadurch wird der Bereich zwischen den *Primer*-Bindungsstellen dupliziert. Durch mehrfache Wiederholung dieser Einzelschritte kann die DNA in diesem Bereich stark amplifiziert werden.

Worauf beruht diese Methode?

Die Basis der DNA-Amplifikation durch die PCR ist DNA-Synthese. Wir benötigen daher für die PCR alle Komponenten, die wir bei jeder DNA-Synthese benötigen. Hierzu gehören (Abb. 2.3.1):

- Eine DNA-Matrize.
- Eine Initiationsstelle für die DNA-Polymerase. Wir haben bereits gelernt, daß dies immer ein doppelsträngiger DNA-Bereich sein muß. Denn DNA kann immer nur an einer Matrize verlängert werden. Sie kann praktisch nie völlig neu synthetisiert werden.
- Eine geeignete DNA-Polymerase, die die DNA-Synthese katalysiert.
- Die vier Desoxynukleotid-Triphosphate dATP, dCTP, dGTP und dTTP als Substrate für die DNA-Polymerase.

Die Genialität der Erfindung Mullis' bestand darin, Startpunkte für die *in-vitro*-DNA-Synthese durch kurze Oligonukleotide festzulegen, die wir auch als *Primer* bezeichnen. Diese *Primer* hybridisieren an eine komplementäre DNA-Sequenz und können dann durch DNA-Polymerase verlängert werden. Mullis griff dabei eine Idee des indischen/amerikanischen Biochemikers Gobind Khorana auf, der die Idee einer wiederholten DNA-Polymerisation bereits 1971 publiziert hatte. Allerdings variierte Mullis diese Idee dadurch, daß er zwei Startpunkte für die DNA-Synthese definierte. Diese beiden Startpunkte liegen in einem gewissen Abstand voneinander. Sie begrenzen den DNA-Bereich, der amplifiziert werden soll, und sie werden so gewählt, daß zwei DNA-Synthesereaktionen aufeinander zulaufen. Das genaue Prinzip der PCR-Methode werden wir im nächsten Abschnitt besprechen.

Diese PCR-Methode ist heute aus den gentechnischen Forschungslaboratorien nicht mehr wegzudenken. Sie wird nicht nur eingesetzt um DNA-Fragmente zu klonieren. Sie ist darüber hinaus eine der wichtigsten molekularbiologischen Nachweismethoden, die auch der molekularen Diagnostik einen völlig neuen Stellenwert verschaffen wird (siehe Kapitel 7).

2.3.1 Prinzip der PCR-Technik

Eine schematische Übersicht über das Prinzip der PCR-Technik ist in Abbildung 2.3.1 gezeigt. Wir können nur DNA-Bereiche zwischen bekannten Nukleotidsequenzen amplifizieren. Für diese bekannten Nukleotidsequenzen werden *Primer* synthetisiert, die sich optimal an die bekannten Sequenzen anlagern können. Die Sequenz des amplifizierten DNA-Bereichs muß hingegen nicht bekannt sein.

Wir benötigen immer zwei PCR-*Primer*. Der eine *Primer* bindet an den oberen Strang der Ziel-DNA, wohingegen der andere *Primer* in einigem Abstand vom ersten *Primer* an den unteren Strang bindet. Dadurch haben wir zwei Startpunkte für DNA-Polymerasereaktionen definiert, wobei die Richtungen dieser beiden Polymerisationsreaktionen aufeinander zu und schließlich überlappend verlaufen.

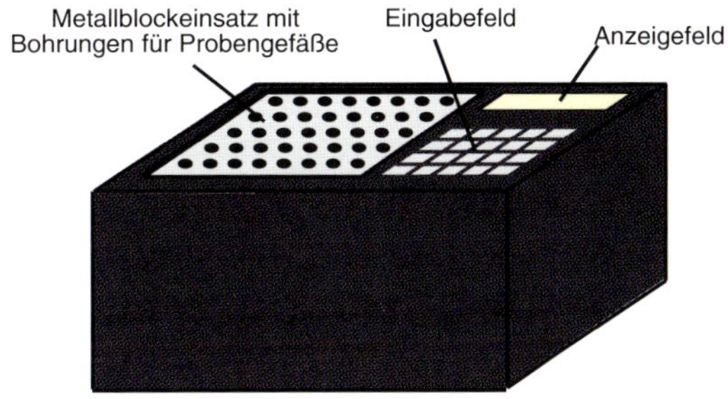

Abb. 2.3.2 Der „*Thermocycler*". Das Inkubationsprogramm wird durch sogenannte „*Thermocycler*" gesteuert. Diese Geräte ermöglichen einen schnellen und sehr exakten Temperaturwechsel, dessen genauer Ablauf programmiert werden kann.

Die *Primer* und die zu amplifizierende DNA mischen wir in einer Pufferlösung zusammen mit den vier Desoxynukleotid-Triphosphaten, Magnesium und einer thermostabilen DNA-Polymerase. Solche thermostabilen DNA-Polymerasen isoliert man heute aus verschiedenen thermophilen Archaebakterien, beispielsweise aus *Thermus aquaticus*. Den Ansatz stellen wir dann in einen sogenannten *Thermocycler* (Abb. 2.3.2). Mit Hilfe eines solchen *Thermocyclers* wird ein komplexes Inkubationsprogramm kontrolliert und wiederholt durchlaufen. Typisch für dieses Inkubationsprogramm sind periodisch wechselnde Inkubationstemperaturen und Inkubationszeiten (Abb. 2.3.3).

	Inkubationszeit	Inkubations-temperatur	Ereignis
1 x	5 min	95 °C	Denaturierung der DNA-Matrize **(I)**
ca. 30 x	30 sec	ca. 50 °C	Anlagerung der *Primer* **(II)**
	ca. 3 min	72 °C	Verlängerung der *Primer* **(III)**
	1 min	95 °C	Denaturierung der DNA-Matrize **(I)**

Abb. 2.3.3 Ein Inkubationsprogramm für eine PCR-Reaktion.

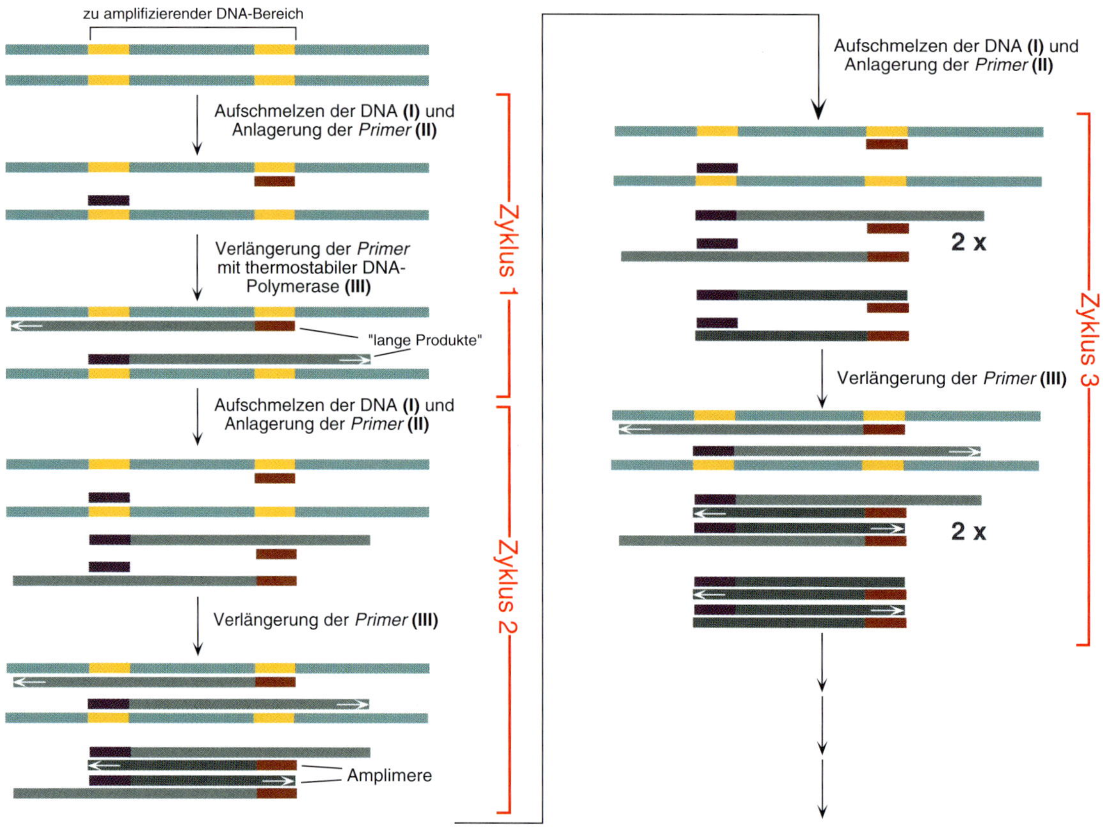

Abb. 2.3.4 Die ersten drei Amplifikationszyklen. Jeder Zyklus umfaßt die Schritte „Aufschmelzen der DNA" (I), „Anlagerung der *Primer*" (II) und „Verlängerung der *Primer* mit Hilfe einer thermostabilen DNA-Polymerase" (III).
Im ersten Zyklus lagern sich die *Primer* wie in Abb. 2.3.1 beschrieben an die entsprechenden komplementären Bereiche der zu amplifizierenden DNA (gelb). Die anschließende DNA-Synthese liefert sogenannte „lange Produkte", da beide neusynthetisierten Stränge über die Bindestelle des jeweils anderen Primers hinausragen.
Zu Beginn des **zweiten Zyklus** liegen doppelt so viele *Primer*-Bindungsstellen vor wie zu Beginn des ersten Zyklus. Die *Primer*, die wie im ersten Zyklus an die Ausgangs-DNA binden, werden wieder zu „langen Produkten" verlängert. Dagegen werden die *Primer*, die sich an die „langen Produkte" des ersten Amplifikationszyklus anlegen, zu Produkten definierter Länge verlängert. Wir bezeichnen diese Produkte als „Amplimere".
Im dritten Zyklus finden die im großen Überschuß vorhandenen *Primer* ein Molekülepaar Ausgangs-DNA, je zwei Paare „langer Produkte" und ein Paar „Amplimere" vor. Wiederum liefern die *Primer*, die an die Ausgangs-DNA gebunden haben, ein neues Paar „langer Produkte". Die *Primer*, die an die „langen Produkte" gebunden haben, liefern „Amplimere", ebenso wie die *Primer*, die an die in der letzten Runde synthetisierten „Amplimere" gebunden haben.

Worin unterscheiden sich die unterschiedlichen Inkubationsperioden, und was geschieht dort?

- Zunächst wird die Temperatur für ca. fünf Minuten auf 95 °C eingestellt. Unter den vorgegebenen Pufferbedingungen werden während dieser Zeit alle doppelsträngigen DNA-Bereiche zu Einzelsträngen denaturiert, so daß zum Ende dieser Inkubationsperiode nur noch einzelsträngige DNA-Fragmente vorliegen.
- Danach wird die Temperatur auf einen Bereich gesenkt, in dem die Oligonukleotid-*Primer* mit den komplementären Bereichen auf der Ziel-DNA doppelsträngige Hybride ausbilden können. Die beiden Oligonukleotid-*Primer* liegen im großen Überschuß zur DNA-Matrize vor. Deshalb bilden sich bevorzugt Doppelstrangbereiche zwischen den *Primern* und dem jeweiligen DNA-Einzelstrang der Ziel-DNA. Die Renaturierung der beiden denaturierten Einzelstränge der

Ziel-DNA ist hingegen unter diesen Bedingungen nicht favorisiert. Dieser Renaturierungsprozeß ist in der Regel bereits nach 30 Sekunden abgeschlossen.

- Im nächsten Schritt wird die Inkubationstemperatur auf ca. 72 °C angehoben. Bei dieser Temperatur arbeiten die thermostabilen DNA-Polymerasen optimal. Je nach Länge des zu amplifizierenden DNA-Bereiches wird die Temperatur ein bis drei Minuten bei 72 °C gehalten. Danach ist der erste Amplifikationszyklus abgeschlossen.
- Zur Einleitung des zweiten Amplifikationszyklus wird erneut die Temperatur auf 95 °C angehoben, allerdings jetzt nur für eine Minute. Es werden dadurch wiederum sämtliche Doppelstrangbereiche denaturiert.
- Es folgen Renaturierungs- und Polymerisationsphasen wie im ersten Zyklus.

Die Produkte des ersten Amplifikationszyklus sind nur an einem Ende durch den eingesetzten *Primer* klar begrenzt. Sie besitzen jedoch keine genau definierte Länge, und wir bezeichnen sie als sogenannte „lange Produkte" (Abb. 2.3.4).

Ab der zweiten Amplifikationsrunde fungieren neben der Originalmatrize auch die „langen Produkte" als Matrizen. Deshalb werden zusätzlich zu zwei weiteren „langen Produkten" auch DNA-Fragmente definierter Länge gebildet (Abb. 2.3.4). Diese neu entstehenden Transkripte sind an der einen Seite durch den eingesetzten *Primer* und an der anderen Seite durch das Ende der Matrize begrenzt. Somit liegen am Ende des zweiten Amplifikationszyklus drei verschiedene Molekülarten vor (Abb. 2.3.4):

- zwei komplementäre Stränge der Originalmatrize,
- vier teilweise komplementäre Stränge, die „langen Produkte" und
- zwei exakt komplementäre Amplimere.

Als Amplimer bezeichnen wir den DNA-Bereich, der durch die beiden PCR-Primer begrenzt wird. Alle diese Moleküle dienen auch in den weiteren Amplifikationszyklen als Matrizen für die DNA-Polymerisation. Ausgehend von x Molekülen DNA, die wir zur PCR-Amplifikation einsetzt haben, sieht die theoretische Bilanz wie folgt aus: Nach n Zyklen (Abb. 2.3.5) ist die Zahl der Ausgangsmatrizen konstant geblieben, während die Zahl der „langen Produkte" auf $x \bullet n$ gestiegen ist (n = Anzahl der Zyklen). Die Zahl der Amplimere beträgt $x \bullet 2^n - x - nx$.

2.3.2 *Limitation und Effizienz*

http://www.geocities.com/CapeCanaveral/1957/molbiol.html (Primer-Datenbank mit vielen nützlichen Tips)

http://www-genome.wi.mit.edu/cgi-bin/www-STS_Pipeline/pipeline_front (Sequenzanalyse)

Verschiedenste Parameter können die Effizienz der Polymerase-Kettenreaktion beeinflussen. Einer der limitierenden Faktoren ist die Länge der DNA, die durch die Oligonukleotide eingeschlossen wird. Generell nimmt die Effizienz der Polymerase-Kettenreaktion mit steigender Länge des zu amplifizierenden DNA-Bereiches kontinuierlich ab. Dies kann teilweise durch die Inkubationsdauer während des Polymerisationsschrittes ausgeglichen werden.

Optimal lassen sich Bereiche aufamplifizieren, die kleiner als 1 kBp sind. Allerdings wurde auch bereits über die Amplifikation von DNA-Fragmenten berichtet, die größer als 10 kBp waren. Durch genauere Einstel-

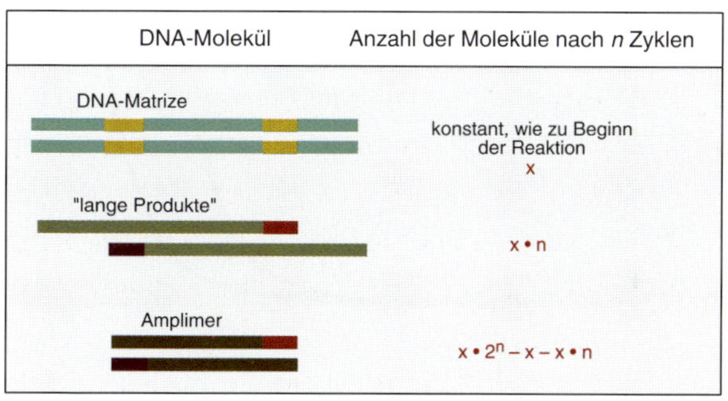

Abb. 2.3.5 Bilanz der Polymerasekettenreaktion.

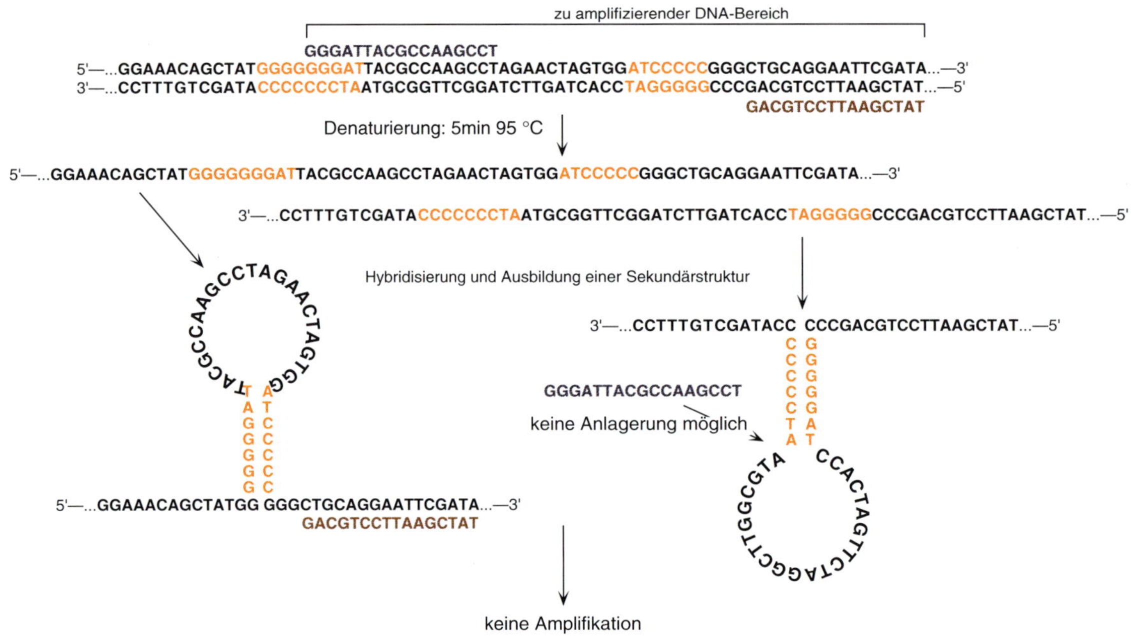

Abb. 2.3.6 Schlecht-amplifizierbare DNA aufgrund einer intramolekularen Komplementarität. Da die orange-markierten DNA-Bereiche innerhalb jedes einzelnen Stranges komplementär sind, konkurriert die Ausbildung einer intramolekularen Sekundärstruktur mit der Anlagerung des blauen *Primers*. Eine effiziente Amplifikation eines solchen DNA-Bereiches ist nicht möglich.

lung der Magnesiumkonzentration, die wir im Einzelfall experimentell ermitteln müssen, kann die Reaktion für verschiedene DNA-Längen optimiert werden.

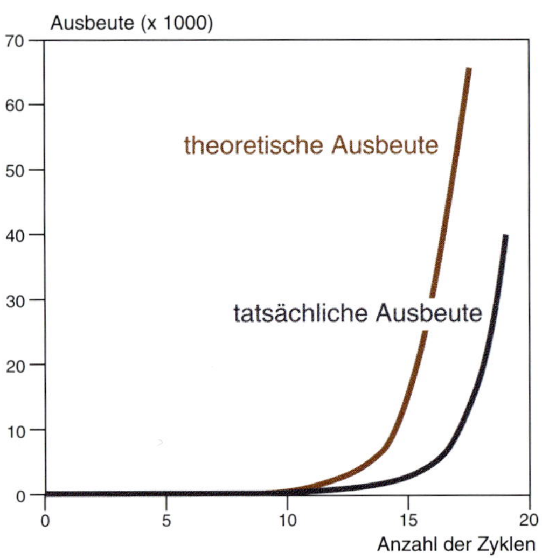

Abb. 2.3.7 Theoretische und realistische DNA-Ausbeuten in Abhängigkeit von der Anzahl der Zyklen.

Was ist bei der PCR weiterhin zu beachten? Es sollten keine *Primer*-Paare verwendet werden, die partiell oder komplett zueinander komplementär sind. Solche *Primer*-Paare können mit hoher Effizienz *Primer*-Dimere bilden, statt sich an die Matrizen-DNA anzulagern. Dadurch wird die eigentliche Polymerase-Kettenreaktion sehr ineffizient.

Nicht jede beliebige Matrizen-DNA läßt sich effizient amplifizieren. Beispielsweise kann die DNA-Amplifikation erheblich gestört werden, wenn die beiden Einzelstränge der Matrizen-DNA nach dem Denaturieren intramolekulare Sekundärstrukturen ausbilden (Abb. 2.3.6). Dies kann passieren, wenn die DNA-Einzelstränge hohe G/C-Anteile aufweisen, die sich zu stabilen Hybriden anlagern können. Diese Komplikation können wir unter Umständen dadurch umgehen, daß wir einen geringen Anteil an 7-Aza-dGTP dem Ansatz beimischen. Dieses Nukleotid-Analoge verhindert teilweise die Ausbildung von

Sekundärstrukturbereichen, ohne die Matrizenfunktion zu stark zu stören. Auch durch Zusätze von Glycerin oder Dimethylsulfoxid (DMSO) können wir die Ausbildung von Einzelstrangsekundärstrukturen möglicherweise unterdrücken. Dabei ist allerdings zu beachten, daß unter Umständen auch die Enzymaktivität abnimmt. Dem können wir durch den Zusatz beispielsweise von Rinderserumalbumin (BSA) entgegenwirken. BSA schützt die DNA-Polymerase in ihrer Aktivität und vermag Inhibitoren zu binden.

In der Regel werden die theoretischen Ausbeuten an PCR-Produkt nicht erreicht (Abb. 2.3.7). Denn nach ca. 20 Zyklen nimmt die Effizienz der Polymerase-Kettenreaktion kontinuierlich ab.

- Erstens werden Substrate und *Primer* langsam aber stetig verbraucht.
- Zweitens läßt das Enzym durch die starken Temperaturschwankungen in seiner Aktivität langsam nach.
- Drittens lagern sich vermehrt komplementäre Stränge zu Doppelsträngen aneinander und verhindern damit, daß sich neue Initiationsstellen für die DNA-Polymerisation bilden.

Man muß wissen, daß die Taq-Polymerase aus *Thermus aquaticus* keine 3′ → 5′-Exonuklease-Aktivität besitzt. Diese Aktivität haben wir in Kapitel 2.2 bei der DNA-Polymerase I als „*proofreading*-Aktivität“ kennengelernt. Da die Taq-Polymerase diese Aktivität nicht besitzt, sind DNA-Synthesen, die durch Taq-Polymerase katalysiert werden, ungewöhnlich fehlerhaft. Dies kann – muß aber nicht immer – Probleme bereiten.

Signifikant wird dieses Problem, wenn Fehler bereits während der ersten PCR-Zyklen auftreten und wenn sehr wenig Matrizenmaterial eingesetzt wird. Dann dienen die fehlerhaften Kopien als Hauptmatrizen für weitere PCR-Zyklen. Deshalb sollten auch DNA-Fragmente, die unter solchen Bedingungen hergestellt wurden, niemals kloniert werden. Derartige Schwierigkeiten lassen

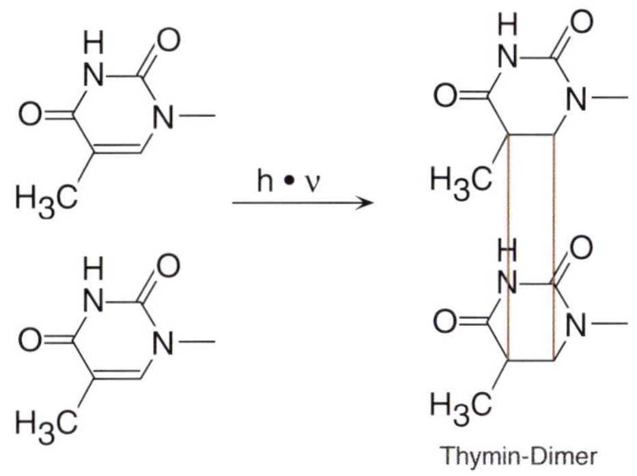

Abb. 2.3.8 Bildung von Thymin-Dimeren durch UV-Bestrahlung.

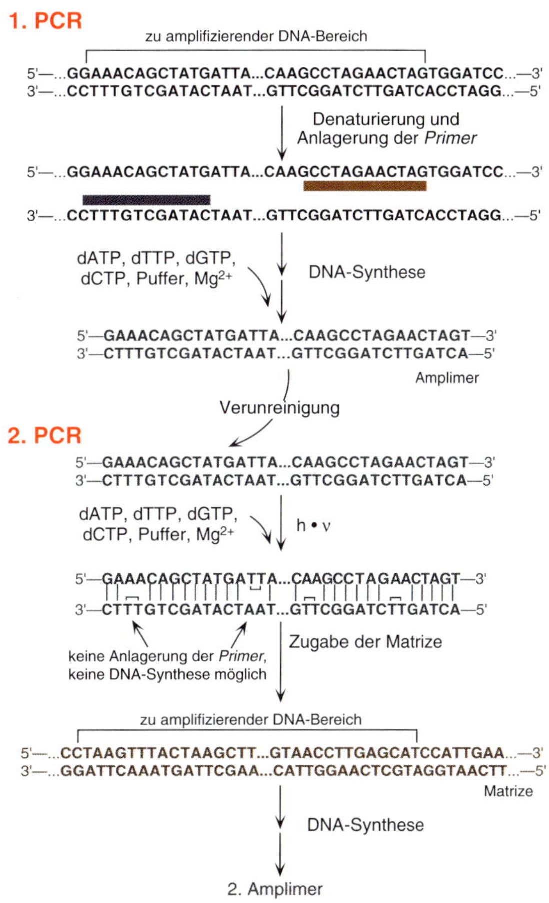

Abb. 2.3.9 Photochemische Sterilisation zur Verhinderung der Amplifikation von DNA-Kontaminationen. Zur Verhinderung einer ungewollten Amplifikation von DNA-Kontaminationen bestrahlen wir alle Reaktionsgefäße, Puffer- und Substratlösungen vor Zugabe der Test-DNA mit kurzwelligem UV-Licht. Dadurch würden sich in einer möglichen DNA-Kontamination Thymidin-Dimere bilden. Hierdurch wird verhindert, daß sich die Amplifikations-*Primer* an eine solche DNA anlagern können. Erst jetzt werden die Matrize für die PCR-Reaktion und die *Primer* zugegeben.

sich allerdings heute teilweise umgehen, da beispielsweise mit der Vent®-Polymerase aus *Thermococcus litoralis* eine thermostabile DNA-Polymerase verfügbar ist, die auch „*proofreading*-Aktivität" besitzt.

Eine der großen Stärken der Polymerase-Kettenreaktion – nämlich ihre enorme Sensitivität – kann auch zu einem großen Problem werden. Dies müssen wir ganz besonders dann bedenken, wenn wir die PCR im Rahmen diagnostischer Verfahren einsetzen. Kontaminationen der Analysenprobe mit fremdem biologischen Material müssen unter allen Umständen vermieden werden. Ansonsten besteht die große Gefahr eines falsch positiven Ergebnisses. Dies ist gerade für solche Krankheiten eine unakzeptable Komplikation, bei denen heute bevorzugt die PCR-Analytik als Diagnostikmethode eingesetzt wird: Krebs und AIDS.

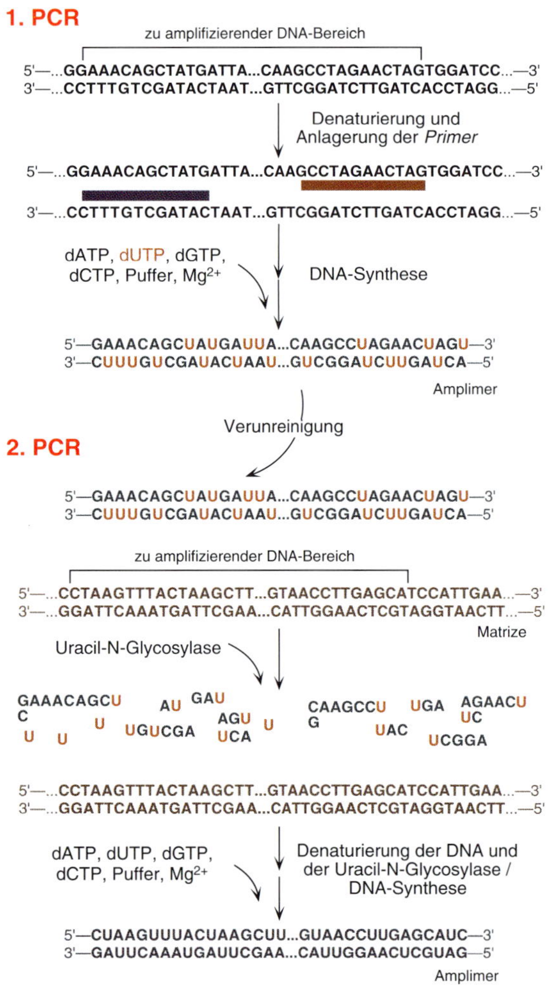

Abb. 2.3.10 Enzymatische Sterilisation zur Verhinderung der Amplifikation von DNA-Kontaminationen. Zur Verhinderung einer ungewollten Amplifikation von DNA-Kontaminationen können wir statt dTTP Desoxyuridin-Triphosphat (dUTP) als Nukeotidsubstrat einsetzen. Neusynthetisierte DNA ist damit durch das Enzym Uracil-N-Glycosylase hydrolysierbar.
Um eine ungewollte Amplifikation einer Kontaminations-DNA aus einem früheren Ansatz auszuschließen, geben wir Uracil-N-Glycosylase mit in den PCR-Ansatz. Dieses Enzym zerstört alle, aus anderen Reaktionen stammende DNA. Für die weiteren Zyklen stört das Enzym nicht, da es beim Denaturierungsschritt vor dem ersten Amplifikationszyklus durch die hohen Temperaturen inaktiviert wird.

Der Aufwand, um Kontaminationen zu vermeiden, ist teilweise enorm. Es muß in einer extrem sauberen Umgebung gearbeitet werden, und Pipettierhilfen müssen mit zusätzlichen Filtern ausgestattet werden. Die unterschiedlichen Arbeitsvorgänge wie die Aufbereitung der Probe, die Amplifikation der DNA und die Analyse des Amplimers werden räumlich voneinander getrennt vorgenommen.

Wird die PCR-Methode an ihrem Limit betrieben, wird beispielsweise sehr wenig Matrizen-DNA eingesetzt, so sind weitere Schritte erforderlich, um die ungewollte Amplifikation möglicher Kontaminationen zu verhindern. Eine Maßnahme kann eine photochemische oder eine enzymatische Sterilisation sein.

- Bei der photochemischen Sterilisation wird in den möglichen DNA-Kontaminationen die Ausbildung von Pyrimidin-Dimeren induziert (Abb. 2.3.8). Weil durch Pyrimidin-Dimere vernetzte DNA-Stränge nicht mehr denaturiert werden können, lassen sich die Kontaminationen auch nicht mehr amplifizieren. Wie geschieht das konkret? Alle Reaktionsansätze werden vor Zugabe der Analysenprobe und nach Beendigung der Reaktion vor dem Öffnen der Gefäße mit kurzwelligem UV-Licht bestrahlt (Abb. 2.3.9). Befindet sich eine Kontamination bereits vor Zugabe der Probe im Ansatz oder hat ein Teil der abgelaufenen Reaktion den Arbeitsplatz kontaminiert, so ist

diese Kontamination als Konsequenz der Bestrahlung nicht mehr amplifizierbar.
- Bei der enzymatischen Sterilisationsmethode setzen wir Desoxyuridin-Triphosphat (dUTP) anstelle von dTTP in der Polymerisationsreaktion ein (Abb. 2.3.10). Dadurch sind alle amplifizierten Produkte molekular vom Probenmaterial unterscheidbar. Denn die Amplimere enthalten Uridin anstelle von Thymidin. Vor jeder Amplifikation wird der Reaktionsansatz mit dem Enzym Uracil-N-Glycosylase behandelt. Dieses Enzym degradiert jegliche DNA, die Uridin enthält und die daher aus früheren Reaktionen stammen muß. Natürliche DNA oder RNA läßt das Enzym hingegen unberührt. Im Laufe der ersten Denaturierungsperiode wird die Uracil-N-Glycosylase durch Hitze inaktiviert. So kann sie das sich im Laufe des Amplifikationsverfahrens bildende Uridin-haltige Amplimer nicht zerstören.

Die geschilderten Sterilisationsmethoden sollten die Gefahren einer ungewollten Amplifikation und damit eines falsch-positiven Diagnoseresultates verringern. Sie sind in ihrer Effizienz aber nicht hundertprozentig und ersetzen deshalb auch nicht die Einhaltung guter Laboratoriumspraktiken und adäquate Kontrollen.

2.3.3 *Modifikationen*

Die beschriebene grundlegende PCR-Technik wurde für verschiedene Anwendungen und zur Überwindung spezieller Probleme modifiziert. Einige dieser Variationen wollen wir besprechen.

2.3.3.1 *„Nested PCR"*

Nicht selten kann man beobachten, daß sich einer oder beide *Primer* nicht nur ausschließlich an die gewünschten Stellen auf der Matrizen-DNA anlagern. In einem solchen Fall führt die Standard-Vorschrift zu schlechten Ausbeuten, da mehrere Amplimere nebeneinander gebildet werden.

Diese Schwierigkeit können wir umgehen, indem wir nach einigen Amplifikationszyklen ein zweites *Primer*-Paar einsetzen. Diese *Primer* werden so entworfen und synthetisiert, daß beide innerhalb des gewünschten Amplimers aus den ersten Amplifikationszyklen binden (Abb. 2.3.11). Das zweite *Primer*-Paar sorgt damit dafür, daß nur das gewünschte Amplimer in hoher Ausbeute gebildet wird.

Wir können beide *Primer*-Paare auch von Beginn an einsetzen. Dann müssen wir aber das äußere *Primer*-Paar so entwerfen, daß die Schmelztemperatur für diese *Primer* deutlich höher liegt als die Schmelztemperatur der beiden inneren *Primer*. Da stellt sich die Frage, wie wir die Schmelztemperaturen für Oligonukleotide abschätzen können?

Unter Standardbedingungen, das heißt in Gegenwart von 0,3 M Na^{+}-Ionen, läßt sich die Schmelztemperatur überschlagsmäßig als die Summe der Energiebeiträge eines jeden einzelnen Basenpaares errechnen. Dabei liefert ein A/T-Paar ein Energieäquivalent von 2 °C, ein G/C-Paar ein Energieäquivalent von 4 °C. Sollte in den *Primern* eine Fehlpaarung enthalten sein, so verringert sich die Schmelztemperatur um den Energiebeitrag dieser Fehlpaarung und zusätzlich um die Energiebeiträge der beiden Nachbar-Basenpaare.

Bei gleichzeitiger Zugabe beider *Primer*-Paare beginnen wir den Amplifikationsprozeß bei höheren Temperaturen. Bei diesen Temperaturen können nur die äußeren *Primer* hybridisieren und die DNA-Synthese initiieren (Abb. 2.3.12). Nach einigen Runden senken wir dann die Anlagerungstemperatur, so daß nun auch die inneren *Primer* hybridisieren können und als Initiationsstellen für die DNA-Synthese zur Verfügung stehen. Nach weiteren Runden können wir dann auch die Denaturierungstemperatur senken. Dann können die Doppelstränge der größeren Produkte, die

Methoden in der Gentechnik (M3)

Chemische DNA-Synthese

DNA läßt sich heute in kommerziell erhältlichen Syntheseautomaten, sogenannten „*DNA synthesizern*", vollautomatisiert synthetisieren. Ausgangspunkt für eine chemische DNA-Synthese ist ein ausreichend geschütztes Nukleosid, das mit seiner 3'-OH-Gruppe über einen „*spacer*" und eine Dicarbonsäure kovalent an eine feste Matrix gebunden ist. Die Matrix besteht heute in der Regel aus Silica-Gel oder aus besonderen Glas-Kügelchen (CPG = „*controlled pore glass material*").

Die Synthese erfolgt in Zyklen, wobei jeder Zyklus aus einer Reihe von Syntheseschritten besteht, die erforderlich sind, um das matrixgebundene Nukleotid bzw. Oligonukleotid um einen Nukleotidbaustein zu verlängern (Abb. M3.1). Anders als die biologische DNA-Synthese wird bei der chemischen DNA-Synthese die Nukleotidkette vom 3'- zum 5'-Ende hin verlängert.

Der Vorteil der matrixgebundenen Oligonukleotid-Synthese besteht darin, daß nach jedem chemischen Schritt die überschüssigen Reagenzien durch einfaches, intensives Waschen der Säule von dem immobilisierten Produkt getrennt werden können.

Folgende Einzelschritte werden im Laufe eines Synthesezyklusses bei der heute überwiegend verwendeten Desoxynukleotid-Phosphoramidit-Synthese durchlaufen (Abb. M3.1):

- Im ersten Schritt wird die Dimethoxytrityl (DMT)-Schutzgruppe am 5'-Ende der mit der Matrix verbundenen Oligonukleotidkette durch Säurebehandlung entfernt.
- Das freigewordene 5'-Ende des Oligonukleotids wird an das 3'-Phosphoramidit-Derivat eines Desoxyribonukleosids gekoppelt, das die nächste Position in der Kette einnehmen soll. Das Kopplungsreagenz in dieser Reaktion ist Tetrazol.
- Alle 5'-Enden, die nicht reagiert haben, werden durch Acetylierung („*capping*") inaktiviert, um sie von den folgenden Kopplungsreaktionen auszuschließen. Dadurch wird die Verlängerung „falscher" Oligonukleotide unterbunden.
- Der bei der Kopplungsreaktion entstandene Phosphit-Triester wird zum Phosphat-Triester oxidiert. Dabei entsteht die um ein Nukleotid verlängerte Kette.

Dieser Reaktionszyklus (Abb. M3.2) kann heute in modernen Syntheseautomaten routinemäßig mindestens 80 Mal wiederholt werden. Die Zykluszeiten betragen weniger als 40 Minuten. Trotz der vielen Einzelschritte sind die Ausbeuten erstaunlich gut, da die Effizienzen der Einzelreaktionen für chemische Reaktionen so extrem hoch sind (Abb. M3.3).

Zum Abschluß einer Oligonukleotidsynthese lösen wir das Oligonukleotid von der Festphase ab und entfernen die diversen

Abb. M3.1 Matrixgebundene Oligonukleotidsynthese. Der Zyklus beginnt mit der Detritylierung. Dabei wird die Dimethoxytrityl (DMT)-Schutzgruppe am 5'-Ende der Oligonukleotidkette, die mit der Matrix (CPG = „*controlled pore glass material*") verbundenen ist, in Gegenwart von Trichloressigsäure (TCA) abgespalten. Im folgenden Schritt wird das 3'-Phosphoramidit-Derivat, das die nächste Position in der Kette einnehmen soll, an das entschützte 5'-Ende des matrixgebundenen Oligonukleotids gekoppelt. Das Kopplungsreagenz in dieser Reaktion ist Tetrazol. Alle 5'-Enden, die nicht reagiert haben, werden durch Acetylierung („*capping*") inaktiviert, um sie von den folgenden Kopplungsreaktionen auszuschließen. Der bei der Kopplungsreaktion entstandene Phosphit-Triester wird schließlich zum Phosphat-Triester oxidiert.

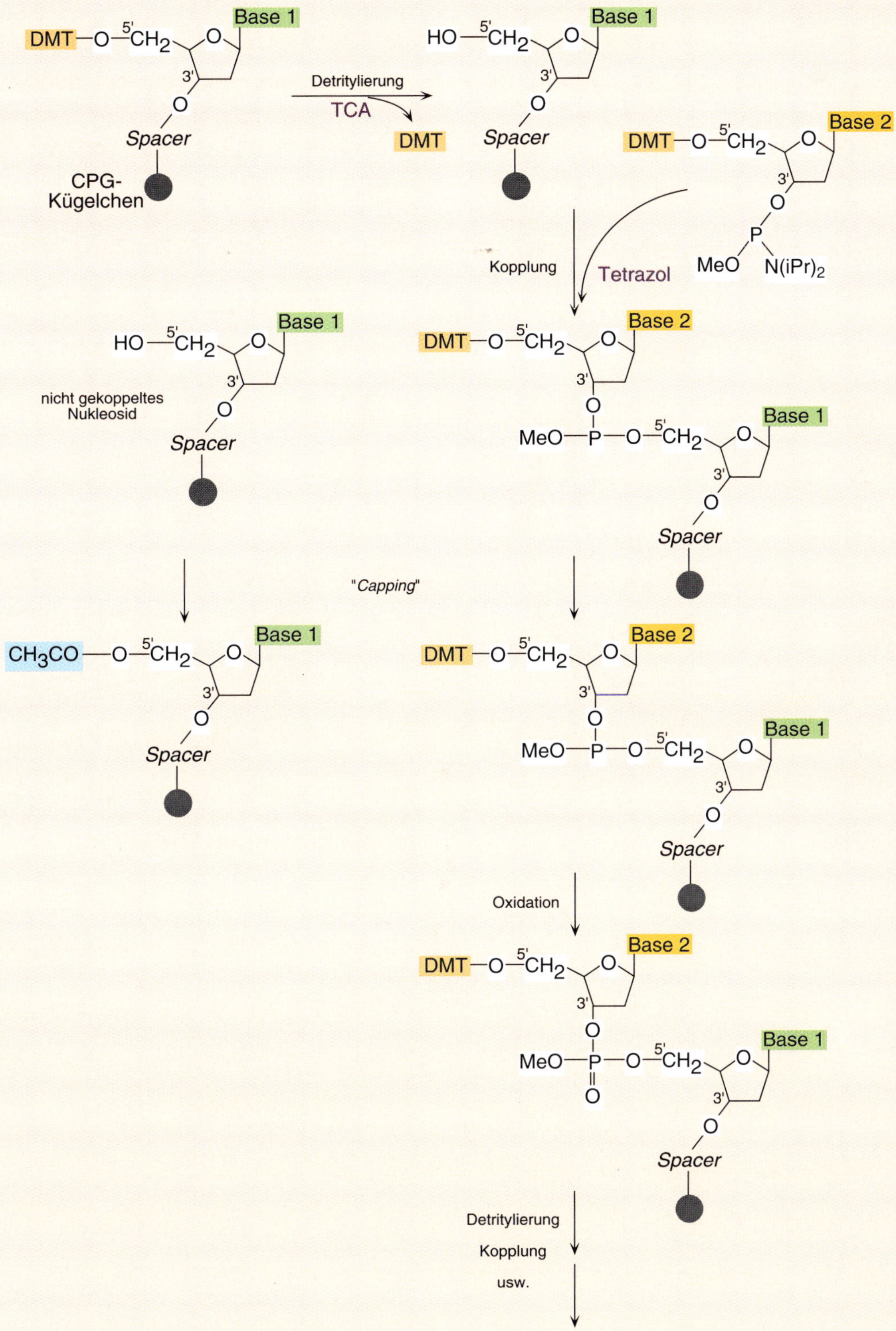

DMT
Base 1
CPG-
Kügelchen
Spacer
Detritylierung
TCA
DMT
Base 2
$N(iPr)_2$
MeO
Kopplung
Tetrazol
nicht gekoppeltes
Nukleosid
"Capping"
CH_3CO
Oxidation
Detritylierung
Kopplung
usw.

Schutzgruppen. Danach sollten wir das Oligonukleotid durch eine HPLC-Trennung reinigen, damit nachfolgende enzymatische Reaktionen nicht durch verunreinigende Chemikalien in ihrer Effizienz herabgesetzt werden.

Die Kosten für eine Kopplung belaufen sich in der Größenordnung von 2,00 DM, so daß wir Oligonukleotide mit 20 Basen für ca. 40 DM kommerziell erwerben können.

Ein ähnliches Verfahren ist auch zur Synthese von RNA etabliert. Allerdings ist die Chemie wegen der zusätzlichen 2'-OH Gruppe an der Ribose deutlich komplizierter und demzufolge die Synthese auch teurer.

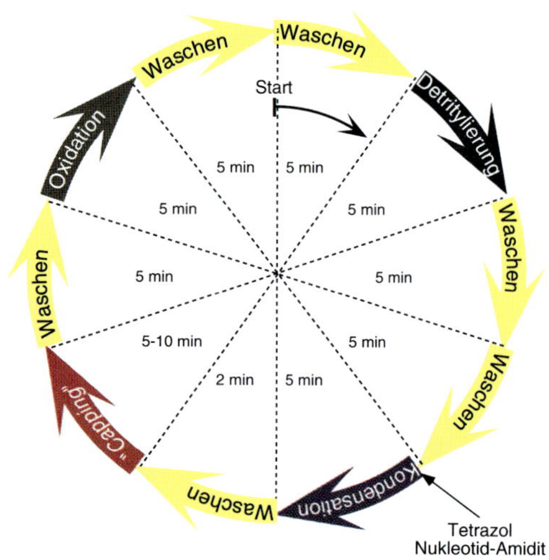

Abb. M3.2 Teilschritte bei der automatischen DNA-Synthese.

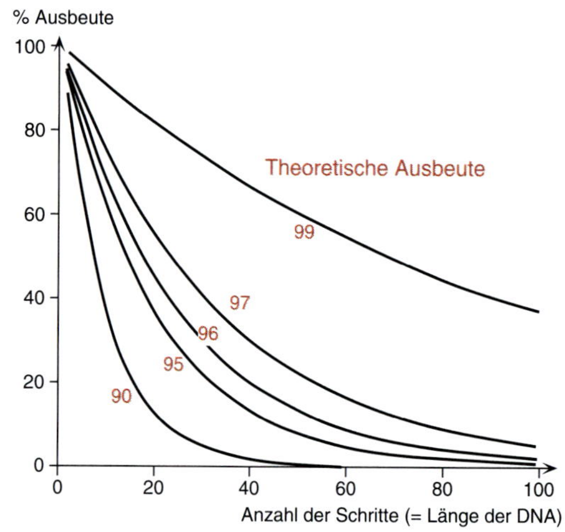

Abb. M3.3 Ausbeuten von Oligonukleotiden in Abhängigkeit von der Kettenlänge und von den theoretischen Ausbeuten der Einzelschritte.

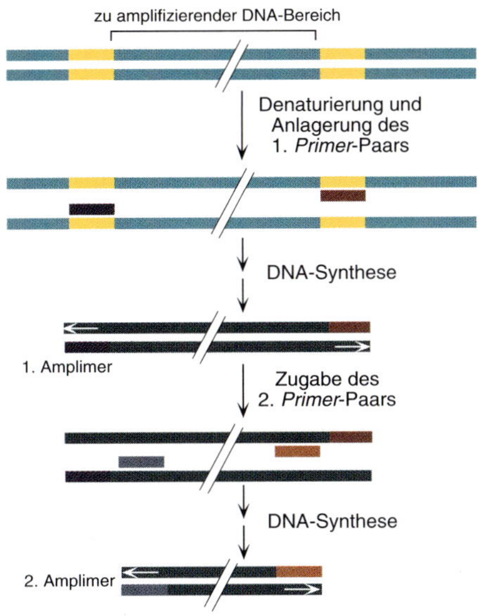

Abb. 2.3.11 ***„Nested PCR"*****.** Bei der *„nested PCR"* werden zwei *Primer*-Paare eingesetzt. Zunächst starten wir die Reaktion mit einer limitierenden Menge des ersten *Primer*-Paares. Nach einigen Runden pipettieren wir dann ein zweites *Primer*-Paar zu. Diese *Primer* sind so gewählt, daß sie an die Amplimere der ersten Runden binden und von diesen aus die Synthese eines zweiten Amplimers initiieren, das dann nachgewiesen wird.

durch die äußeren *Primer* erzeugt wurden, nicht mehr aufschmelzen und stehen daher nicht mehr als Matrize zur Verfügung. Diese Variante der *„nested PCR"* nennt man *„drop in – drop out"* PCR-Methode.

2.3.3.2 „Touch down PCR"

Der Vorteil der *„nested PCR"* liegt in der größeren Sicherheit, nur das gewünschte DNA-Fragment zu amplifizieren. Dabei müssen allerdings bei der *„nested PCR"* und ihrer Variante Einbußen in der Ausbeute in Kauf genommen werden. Dies ist bei der *„touch down PCR"* nicht der Fall. Hier beginnen wir die Amplifikationszyklen bei möglichst hohen Anlagerungstemperaturen. Unter diesen Bedingungen können nur perfekte *Primer*-DNA-Hybride die DNA-Synthese initiieren. Fehlpaarungen sind bei diesen stringenten Temperaturen praktisch ausgeschlossen. Danach können wir die Anlagerungstemperatur schrittweise mit jedem Zyklus senken. Während der ersten Amplifikationsrunden haben sich nämlich so viele zusätzliche Matrizen gebildet, daß nun eine eventuelle Fehlpaarung der *Primer* an falsche DNA-Stellen kaum noch ins Gewicht fällt.

2.3.3.3 Warmstart-PCR

Bei der Warmstart-PCR gehen wir von folgender Überlegung aus:

- Obwohl DNA-Doppelstränge sehr stabil sind, werden sie nur durch schwache Wechselwirkungen zusammengehalten.

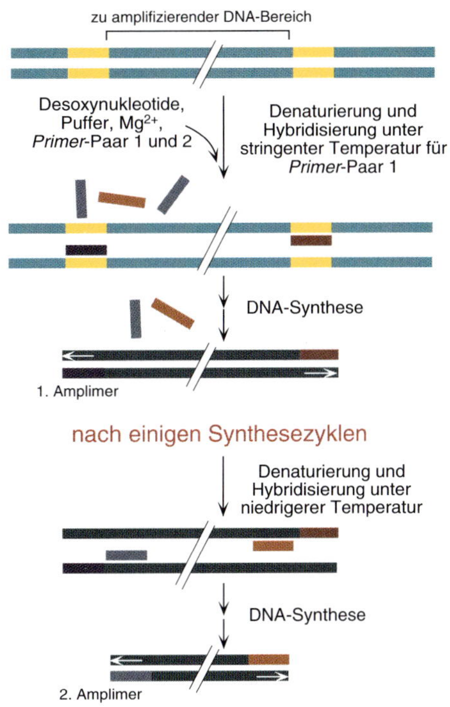

Abb. 2.3.12 ***„Drop in – drop out"*****-Variante der *„nested PCR"*.** Bei dieser Varianten der in Abb. 2.3.11 beschriebenen *„nested PCR"* pipettieren wir die beiden *Primer*-Paare nicht nacheinander, sondern gleichzeitig zu dem Ansatz. Allerdings unterscheiden sich die *Primer*-Paare deutlich in ihren Anlagerungstemperaturen. Wir starten die PCR-Reaktion bei einer Temperatur, bei der sich nur die äußeren *Primer* anlagern und DNA-Synthese initiieren können. Nach einigen Zyklen senken wir dann die Denaturierungs- und die Anlagerungstemperatur. Dies bewirkt, daß nun auch das zweite *Primer*-Paar binden kann. Ferner reicht die Denaturierungstemperatur nicht mehr aus, um die ursprüngliche Matrizen-DNA aufzuschmelzen. Daher erfolgt die Synthese des 2. Amplimerentyps ausschließlich an den Amplimeren des ersten *Primer*-Paares.

Daher wird ein kleiner Teil einer DNA-Probe immer auch einzelsträngig vorliegen. Wir müssen also damit rechnen, daß beim Mischen des Ansatzes *Primer* an diese Einzelstränge binden. Die Temperatur ist zu diesem Zeitpunkt aber so niedrig – unstringent, wie wir das in der Molekularbiologie nennen – daß sich selbst bei mehreren Falschpaarungen Hybride bilden. Da die Taq-Polymerase auch bei Raumtemperatur bereits eine gewisse Aktivität besitzt, kann unter ungünstigen Bedingungen die DNA-Synthese ausgehend von diesen falschen Initiationspunkten beginnen.

Diese Komplikation wird bei der Warmstart-PCR-Variante vermieden. Wir verhindern die Bildung von Artefakten dadurch, daß wir das Enzym erst bei der Denaturierungstemperatur zufügen. Das muß allerdings sehr vorsichtig geschehen, um eine Kontamination des Ansatzes beim Öffnen des Reaktionsgefäßes zu verhindern.

Um die Kontaminationsgefahr zu verringern, können wir den eigentlichen Reaktionsansatz mit einer Schicht eines inerten Wachses bedecken. Auf die Wachsschicht pipettieren wir das Enzym. Bei steigender Temperatur beginnt dann das Wachs zu schmelzen, so daß das Enzym erst bei hohen Temperaturen in den Ansatz gelangt und sich durch Konvektion mit dem Ansatz mischt.

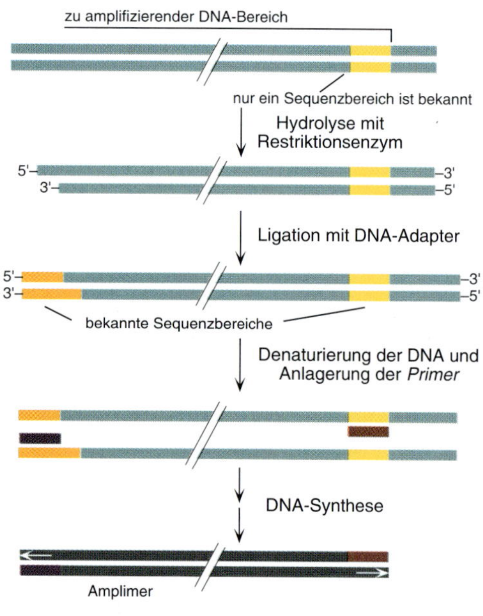

Abb. 2.3.13 Verankerte-PCR. Wollen wir einen DNA-Bereich amplifizieren, von dem nur eine flankierende Sequenz bekannt ist, so daß nur ein *Primer* (rot) gegen den bekannten (gelb) Bereich entworfen werden kann, können wir die Target-DNA zunächst mit einer Restriktionsendonuklease spalten. An das durch die Restriktionsendonuklease erzeugte typische Ende ligieren wir einen DNA-Adapter (siehe Abb. 2.2.18). Die bekannte Sequenz dieses Adapters (orange) liefert nun die Bindestelle für den zweiten PCR-*Primer* (blau).

2.3.3.4 *Verankerte-PCR*

Wie wir zuvor gesehen haben, unterliegt die PCR einigen Limitationen. Eine besteht darin, daß die Sequenzen, die die zu amplifizierende DNA einschließen, bekannt sein müssen, um die geeigneten *Primer* zu synthetisieren. Ist nur eine dieser beiden Sequenzen bekannt, so können wir die zu amplifizierende DNA mit einem geeigneten Restriktionsenzym schneiden und an die Schnittstelle einen DNA-Adapter anligieren (Abb. 2.3.13). Dieser DNA-Adapter besteht aus einer Sequenz, die an einem Ende die gleichen Sequenzcharakteristika aufweist, wie sie von der verwendeten Restriktionsendonuklease erzeugt werden. Die andere Seite eines DNA-Adapters bildet ein glattes Ende. Durch diesen Adapter (Anker) wird die Sequenz für den zweiten *Primer* definiert, so daß auf diese Art die unbekannte Sequenz zwischen dem Anker-*Primer* und dem spezifischen *Primer* des anderen Endes aufamplifiziert werden kann (Abb. 2.3.13).

2.3.3.5 *Inverse-PCR*

Eine andere Methode, unbekannte DNA zu amplifizieren, ist als Inverse-Polymerase-Kettenreaktion bekannt. Hierzu schneiden wir zunächst die DNA mit einem Restriktionsenzym, das zwar nicht in dem bekannten Sequenzanteil schneidet, wohl aber in den flankierenden Bereichen der bekannten Sequenz (Abb. 2.3.14). Anschließend ligieren wir die gebildeten Fragmente mit Hilfe von T4-DNA-Ligase und ATP zu ringförmigen DNA-Molekülen. Dabei müssen wir während der Ligation die DNA-Konzentration möglichst gering halten. Dadurch wird die intramolekulare Ligation zum Ringschluß begünstigt, wohingegen die unerwünschte Konkurrenzreaktion einer intermolekularen Verknüpfung verschiedener DNA-Fragmente unterdrückt wird.

Zur Amplifikation verwenden wir dann zwei *Primer*, die auf den beiden DNA-Strängen des bekannten DNA-Bereiches binden. Allerdings sind die *Primer* so konzipiert, daß die beiden Polymerisationsreaktionen an linearisierter DNA voneinander weg anstatt aufeinander zu laufen würden. Da wir aber zuvor die DNA-Moleküle zirkularisiert haben, können wir den unbekannten Bereich des DNA-Zirkels nach den Prinzipien der Polymerase-Kettenreaktion aufamplifizieren (Abb. 2.3.14).

2.3.3.6 Reverse-PCR

Obwohl das Prinzip der Polymerase-Kettenreaktion darauf beruht, DNA *in vitro* zu amplifizieren, schließt dies nicht aus, daß wir auch RNA amplifizieren können. Hierzu schreiben wir eine RNA zunächst in DNA um und amplifizieren dann die DNA nach dem bekannten Schema.

Konkret gehen wir so vor (Abb. 2.3.15):

- Zunächst lagern wir an das 3'-Ende einer isolierten RNA einen DNA-*Primer* an. Dieser *Primer* kann ein synthetisches Oligonukleotid beliebiger Sequenz sein. Wir können aber auch ein Oligo-dT-Fragment verwenden, das sich an den Poly-A-Schwanz eukrayontischer mRNAs anlagert.
- Danach inkubieren wir den Ansatz mit dem Enzym „Reverse Trankriptase". Dies ist – wie wir bereits in Kapitel 2.2 besprochen haben – eine RNA-abhängige DNA-Polymerase. Sie überschreibt die RNA-Se-

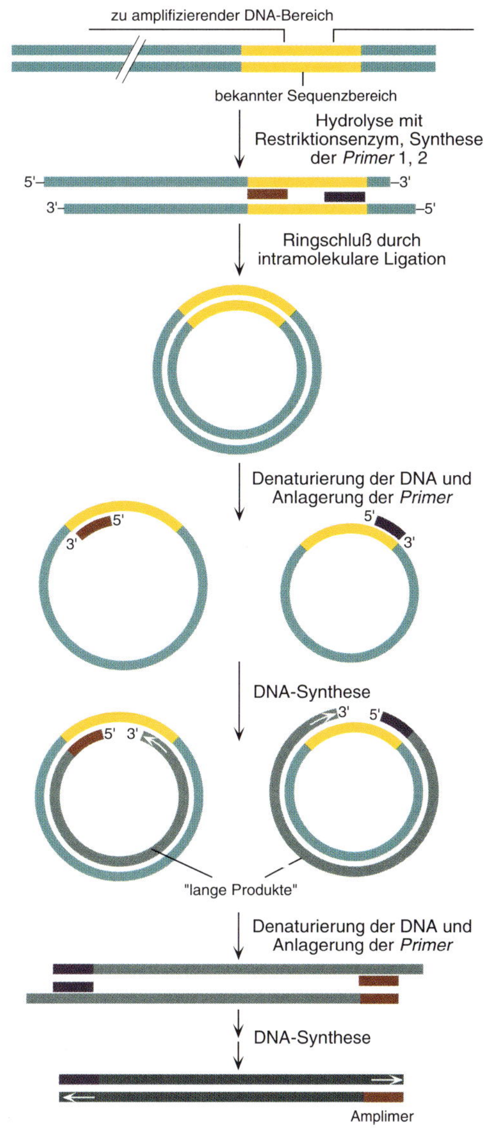

Abb. 2.3.14 Inverse-PCR. Die Inverse-PCR liefert die Möglichkeit, eine unbekannte Sequenz links und rechts von einer kurzen bekannten Sequenz (gelb) aufzuamplifizieren. Hierzu hydrolysieren wir die Matrizen-DNA zunächst außerhalb des bekannten (gelben) DNA-Bereiches mit einer Restriktionsendonuklease. Danach ligieren wir die beiden kompatiblen Enden der Moleküle intramolekular, so daß wir DNA-Ringe erhalten. Nun verwenden wir *Primer* die so konstruiert sind, daß der rote *Primer* 1 nicht an den oberen Strang rechts, sondern an den oberen Strang links bindet. Analog wird der blaue *Primer* 2 so synthetisiert, daß er nicht – wie üblich – an den unteren Strang links, sondern an den unteren Strang rechts bindet. Dadurch erreichen wir, daß die beiden DNA-Synthesen nicht – wie in allen bisher besprochen Fällen – aufeinander zulaufen, sondern daß sie voneinander weglaufen („lange Produkte"). Dadurch wird der komplette unbekannte DNA-Bereich amplifiziert.

quenz in eine DNA. Am Ende dieser Reaktion liegt also ein RNA/DNA-Hybrid vor.
- Zu Beginn des nächsten Zyklus setzen wir Taq-Polymerase und einen weiteren Primer zu, der an das 5'-Ende der cDNA binden kann. Die Taq-Polymerase kopiert in ihrem ersten Zyklus den von der Reversen-Transkriptase synthetisierten DNA-Strang in einen komplementären DNA-Strang. Von diesem Punkt an läuft dann eine ganz normale PCR-Reaktion ab.

Die Reverse-PCR spielt eine ständig steigende Rolle in der Diagnostik (siehe Kapitel 7). Mit dieser Methode ist es zumindest theoretisch möglich, eine bestimmte mRNA in einem Gewebe zu quantifizieren. Allerdings müssen wir dabei beachten, daß es nicht trivial ist, eine Reverse-PCR quantitativ durchzuführen. Hierzu sind derzeit nur Speziallaboratorien in der Lage, und es ist extrem wichtig, gute Standards zu benutzen, um das Ergebnis beurteilen zu können. Dabei empfehlen sich interne Standards. Beispielsweise können wir ein zweites *Primer*-Paar mit in den Ansatz geben, das ein Transkript aufamplifiziert, das praktisch immer in gleicher Konzentration in dem untersuchten Gewebe vorhanden ist. So können wir nicht nur die Güte der Reversen-PCR, sondern auch die eingesetzte RNA-Menge überprüfen. Denn in der Regel ist die Menge an eingesetzter RNA die Bezugsgröße für die Auswertung der Analyse.

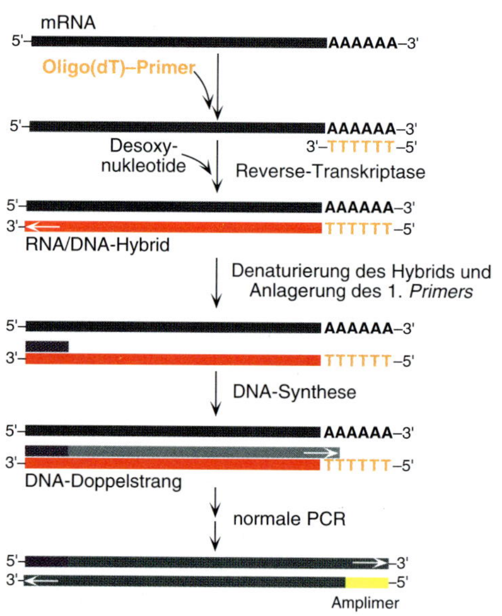

Abb. 2.3.15 Reverse-PCR. Bei der Reversen-PCR ist die Ausgangsmatrize eine mRNA. Diese mRNA überschreiben wir zunächst mit Hilfe der Reversen-Transkriptase – eine RNA-abhängige-DNA-Polymerase – in eine cDNA-Kopie. Da alle eukaryontischen mRNAs an ihrem Ende eine poly-A-Sequenz tragen, können wir ein Oligo-dT-Fragment als universellen *Primer* für das Kopieren von mRNA verwenden. Nach diesem ersten Schritt wird dann zunächst mit Hilfe des 1. spezifischen *Primers* (blau) und der Taq-Polymerase der komplementäre DNA-Strang zur cDNA synthetisiert. Danach folgt eine normale PCR.

2.3.3.7 Immuno-PCR

Die Immuno-PCR ergänzt etablierte Verfahren der PCR-Nukleinsäureanalytik. Mit dieser Methode können Proteine ähnlich empfindlich nachgewiesen werden, wie dies für Nukleinsäuren möglich ist.

Bei Proteinen war auf der Basis immunologischer oder rezeptorgekoppelter Verfahren, wie RIA und ELISA, nur eine Nachweisgrenze von etwa 10^{-18} Mol zu erreichen, selbst wenn optimale Antikörper oder hochspezifisch bindende Rezeptoren zur Verfügung standen. Diese Begrenzung hat ihre Ursache nicht in einer unzureichenden Spezifität der Wechselwirkung von Reagenz und Analyt, sondern im Mangel an einer für eine Routine geeigneten Amplifikationsmethode zur Signalverstärkung. An diesem Punkt setzt die Immuno-PCR an. Hierzu werden Antikörper eingesetzt, die nicht mit einem Enzym, sondern mit einer kurzen DNA verknüpft sind. Durch PCR-Amplifikation dieser DNA können etwa 500 Proteinmoleküle nachgewiesen werden.

Das Bestechende an diesem Konzept ist nicht nur, daß auf diese Weise eine mehr als tausendfache Steigerung der Empfindlichkeit der bisherigen Proteinanalytik erreicht wurde, sondern daß die einmal optimierte DNA-Sequenz im Prinzip mit beliebigen Antikörpern gekoppelt werden kann, z. B. mit denjenigen der konventionellen medizinischen Immundiagnostik.

Für die Immuno-PCR wird das nachzuweisende Antigen wie im Routine-ELISA (siehe Methode M9) in Mikrotiterplatten geeigneter Qualität fixiert, so daß die PCR-Amplifikation der Marker-DNA nach der Antikörperreaktion unmittelbar in diesen Platten durchgeführt werden kann (Abb. 2.3.16). Die Amplimere können wir dann beispielsweise über Gelelektrophorese nachweisen.

Zur Kopplung der DNA an den Antikörper werden bevorzugt zwei unterschiedliche Strategien verwendet:

- Zum einen kann die DNA direkt kovalent mit dem Antikörper verbunden werden.
- Zum anderen läßt sich Streptavidin als Bindemolekül zwischen Antikörper und DNA-Fragment einsetzen. Streptavidin lagert sich zu einem tetrameren Komplex zusammen. Dieser Komplex weist somit vier Bindungsstellen für biotinylierte Reagenzien auf. So können an das gleiche Streptavidintetramer sowohl ein biotinylierter Antikörper als auch biotinylierte DNA-Fragmente zu einem Komplex verknüpft werden.

Mit der Immuno-PCR steht somit für die biochemische Analytik von Proteinen und anderen Antigenen eine Methode zur Verfügung, die diese Strukturen ähnlich sensitiv wie Nukleinsäuren zu erfassen erlaubt. Für den Nachweis von Viren, Bakterien, Tumorzellen und anderen Objekten der biomedizinischen Diagnostik könnte sie sich zu einer Ergänzung der PCR entwickeln. Sie knüpft an die eingeführten Methoden der immunologischen Diagnostik an und ihr PCR-Anteil unterliegt nicht der Fehleranfälligkeit der gängigen PCR aus komplexen DNA-Proben.

2.3.4 Anwendungen

Wie wir oben gesehen haben, können wir mit der PCR DNA-Moleküle im Reagenzglas vermehren. Folglich liegen die Schwerpunkte dieser Technik im Bereich zweier Applikationsfelder:

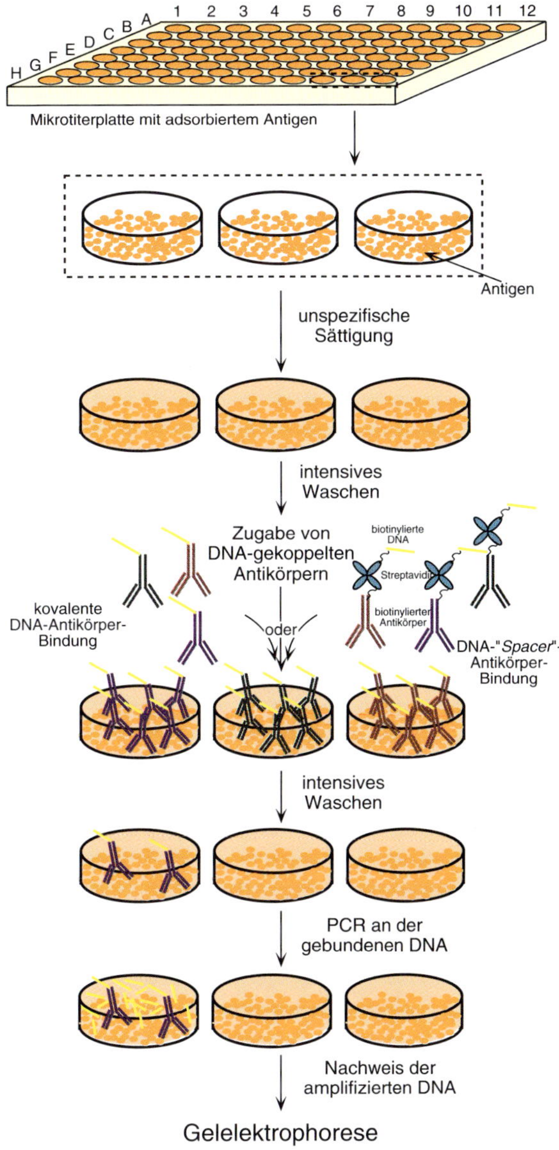

Abb. 2.3.16 Immuno-PCR. Die Immuno-PCR dient zum empfindlichen Nachweis von Proteinen, die mit einem amplifizierbaren DNA-Fragment assoziiert sind. Meist wird die Analyse, ähnlich wie ein ELISA, in einer Mikrotiterplatte durchgeführt, an deren Oberfläche der Analyt unspezifisch adsorbiert wurde. Im nächsten Schritt inkubieren wir mit spezifischen Antikörpern. Diese Antikörper sind, anders als beim ELISA, nicht etwa mit einem Enzym als Signalverstärker, sondern mit einer kurzen DNA-Sequenz gekoppelt. Die Kopplung zwischen Antikörper und DNA-Fragment kann entweder kovalent erfolgen (links). Sie kann aber auch über einen Streptavidin-Adapter zwischen einem biotinylierten Antikörper und dem biotinylierten DNA-Fragment erreicht werden (rechts). Antikörper, die nach stringentem Waschen gebunden bleiben, können wir über eine PCR-Analyse des gekoppelten DNA-Fragments und durch anschließende Gelelektrophorese sehr empfindlich nachweisen.

- der Analyse von DNA, von der ursprünglich nur sehr geringe Mengen vorhanden sind und
- der Modifikation von DNA durch Neusynthese.

Es gibt mittlerweile so viele Anwendungsvarianten der PCR-Technik, daß eine vollständige Aufzählung und Erklärung dieser Varianten den Rahmen dieses Buches sprengen würde. Deshalb sollen nur einige Beispiele erwähnt werden.

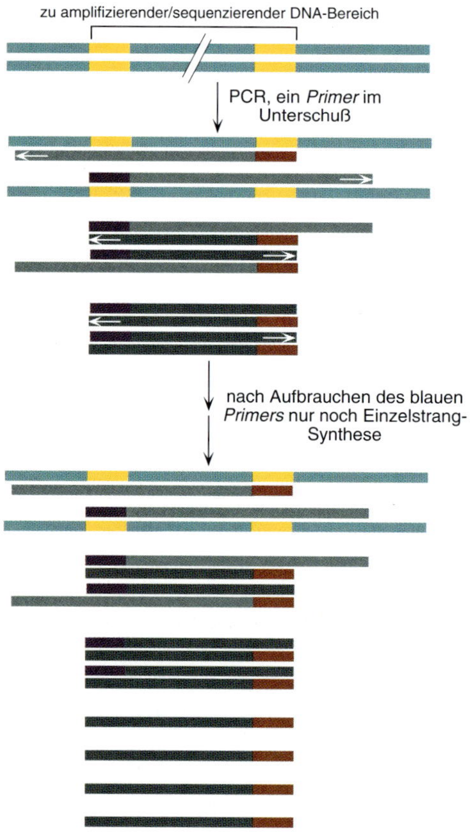

Abb. 2.3.17 PCR zur Erzeugung von Einzelstrang-DNA. Um geringe DNA-Mengen zu sequenzieren, können wir die PCR so nutzen, daß wir die beiden *Primer* nicht in äquimolaren Konzentrationen einsetzen. Vielmehr setzen wir den roten *Primer* 1 im großen Überschuß zum blauen *Primer* 2 ein. Dadurch wird in der ersten Runde – solange noch beide *Primer* vorhanden sind – die zu sequenzierende Matrizen-DNA nach dem bekannten Schema amplifiziert. Ist hingegen nach einigen Amplifikationsrunden der blaue *Primer* 2 aufgebraucht, kann nur noch DNA ausgehend von dem roten *Primer* 1 synthetisiert werden. Wir erhalten also einen Überschuß dieses DNA-Stranges, der somit keinen Doppelstrang ausbilden kann und sich daher besonders gut für die Sequenzierung eignet.

2.3.4.1 Sequenzieren

Eines der Hauptanwendungsgebiete der PCR-Technik ist die Bereitstellung von DNA-Molekülen zur Sequenzanalyse. Dies hat zwei Gründe:

- Zum einen stehen wir oft vor dem Problem, daß die zu sequenzierende DNA-Menge sehr limitiert ist.
- Zum anderen liegt die verfügbare DNA meist in doppelsträngiger Form vor. Die Ausnahme bildet nur DNA, die aus M13-Phagen isoliert wurde (siehe Kapitel 2.4). Obwohl sich auch doppelsträngige DNA sequenzieren läßt, liefern Sequenzen an einzelsträngiger DNA oft deutlich bessere Resultate. Um allerdings Einzelstrang-DNA aus M13-Phagen isolieren zu können, muß meist die zu sequenzierende DNA in andere Vektoren umkloniert werden. Dies ist ein vergleichsweise aufwendiges Verfahren.

Beide Probleme lassen sich mit Hilfe der PCR-Technik umgehen. Dazu setzen wir die beiden *Primer* für die Polymerase-Kettenreaktion zur Erzeugung des zu sequenzierenden Fragmentes nicht in äquimolaren Konzentrationen ein. Ein *Primer* wird in deutlichem Unterschuß zum anderen *Primer* eingesetzt. Dann starten wir die PCR-Reaktion. Solange noch beide *Primer* vorhanden sind, wird die Ziel-DNA aufamplifiziert und somit Problem 1 gelöst. Nach einigen Zyklen ist jedoch der im Unterschuß eingesetzte *Primer* verbraucht. In den folgenden Zyklen wird die Ziel-DNA nicht mehr exponentiell amplifiziert, sondern es wird mit jedem Zyklus der zu sequenzierende Einzelstrang verdoppelt (Abb. 2.3.17). Dies löst Problem 2. An den Einzelstrang kann dann der Sequenz-*Primer* effizient binden, so daß wir sehr gute Sequenzierresultate erhalten.

Eine Sequenzmethode, die als „*cycle-sequencing*" bezeichnet wird, wird in zunehmendem Maße verwendet. Prinzipiell erfolgt hier eine Sequenzierung in einer PCR-Apparatur mit typischen PCR-Reagenzien. Jedoch set-

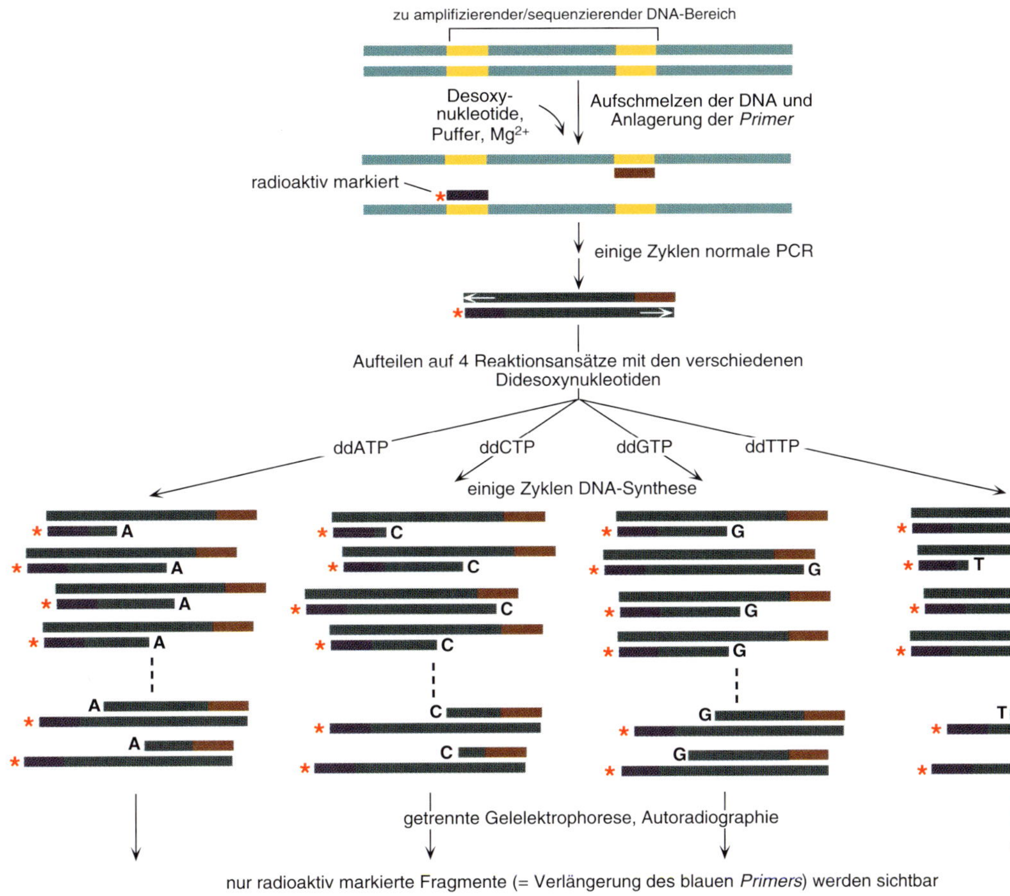

Abb. 2.3.18 *„Cycle-sequencing“* mit einem radioaktiv markierten Primer. Beim *„cycle-sequencing“* ist einer der beiden *Primer* radioaktiv markiert. Nach einigen Runden einer normalen PCR teilen wir den Ansatz auf vier getrennte Reaktionsansätze auf. Zu diesen Ansätzen pipettieren wir nun basenspezifische Terminatoren in Form von ddATP, ddCTP, ddGTP und ddTTP. In den vier getrennten Ansätzen wird die DNA dann über einige Zyklen weiter amplifiziert, wobei es durch Einbau der Terminatoren zu statistischen Kettenabbrüchen kommt. Die Syntheseprodukte der vier Reaktionen trennen wir dann nebeneinander durch Polyacrylamid-Gelelektrophorese nach Größe auf und machen sie durch Autoradiographie sichtbar. Die Auswertung erfolgt wie bei der normalen DNA-Sequenzierung nach Sanger (siehe Methodenkasten M04).

zen wir anders als bei einer normalen PCR einen radioaktiv markierten *Primer* und zusätzlich sogenannte Didesoxy-DNA-Synthese-Terminatoren ein. Wie bei der enzymatischen Sequenzmethode nach Sanger (siehe Methode M04) bereiten wir vier Reaktionsansätze vor, die sich nur durch die Zugabe eines der vier spezifischen Didesoxy-DNA-Synthese-Terminatoren ddATP, ddCTP, ddGTP und ddTTP unterscheiden (Abb. 2.3.18). Das Sequenzieren erfolgt dann ähnlich wie bei einer normalen PCR in Zyklen. Wird während der DNA-Synthese ein Didesoxynukleotid eingebaut, bricht die Synthese an dieser Stelle ab. In jedem neuen Zyklus wird der Sequenz-*Primer* immer wieder durch Denaturierung von der Matrize gelöst und anschließend wieder an vorhandene Matrizen angelagert. So entstehen in den vier verschiedenen Reaktionsansätzen Fragmentpopulationen, die statistisch alle möglichen Fragmentgrößen beinhalten (Abb. 2.3.18). Diese werden in vier Spuren gelelektrophoretisch getrennt und die markierten Fragmente durch Autoradiographie sichtbar gemacht.

Liegt der zu sequenzierende DNA-Bereich in zu geringer Konzentration vor, so können

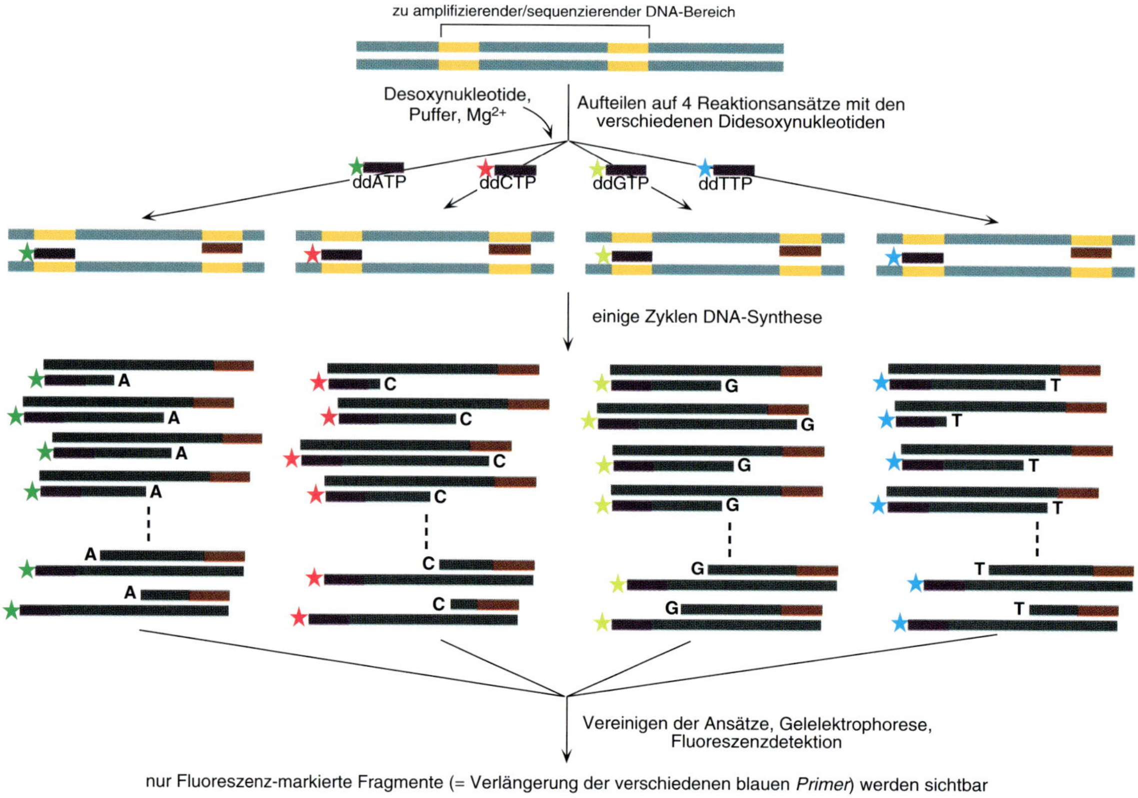

Abb. 2.3.19 „Cycle-sequencing" mit fluoreszenzmarkierten Primern. Beim „cycle-sequencing" mit fluoreszenzmarkierten Primern ist einer der beiden Primer mit vier verschiedenen Fluoreszenz-Farbstoffen markiert, so daß jedem Kettenabbruch-Nukleotid eine bestimmte Markierung zugeordnet wird. Die Reaktionen erfolgen in gleicher Weise wie beim Sequenzieren mit einem radioaktiv-markierten Primer. Allerdings vereinigen wir die vier Einzelreaktionen vor der gelelektrophoretischen Trennung und analysieren sie gemeinsam in einer Spur. Am Ende des Gels befindet sich eine Laser-/Detektor-Einheit, die die nacheinander auslaufenden DNA-Fragmente zur Fluoreszenz anregen und an der spezifischen Wellenlänge identifizieren.

wir vorab durch einige Zyklen konventioneller PCR die Matrizen-DNA aufamplifizieren (Abb. 2.3.18).

Alternativ zu radioaktiv-markierten Sequenz-*Primern* können wir auch fluoreszenzmarkierte Didesoxy-Oligonukleotide einsetzen (siehe auch Methode M12). Wir können dann die Sequenz in einem Sequenzierautomaten ermitteln. Die Sequenzreaktion erfolgt wie beim Sequenzieren mit radioaktiv-markierten *Primern*. Allerdings sind die vier Ansätze nicht nur durch ein bestimmtes Didesoxy-Terminations-Nukleotid charakterisiert, sondern zusätzlich durch einen *Primer* mit einem typischen Fluoreszenzmarker (Abb. 2.3.19). Ein weiterer Vorteil dieser Variante besteht darin, daß wir die Einzelansätze nicht getrennt auf Sequenzgelen auftragen. Vielmehr können wir nach Abschluß der Reaktion die Ansätze mischen und gemeinsam in einer einzelnen Spur eines Sequenzgels (siehe Methode M4) trennen. Ein Laserstrahl am Ende des Sequenzgels regt die verschiedenen Fluoreszenzmarker an und die Fluoreszenz wird durch eine Photozelle spezifisch detektiert (siehe Methode M13).

2.3.4.2 Einführen von Mutationen

Sehr häufig wird die PCR benutzt, um an bestimmten Stellen in einem DNA-Molekül gezielt Mutationen einzuführen. Hierzu synthetisieren wir einen oder beide *Primer* so, daß sie die gewünschten Mutationen enthalten (Abb. 2.3.20). Wie wir oben gesehen haben, können wir durch die Wahl der Na^+-Ionen-Konzentration Bedingungen einstellen, bei denen auch *Primer* an eine Zielsequenz in der Matrize binden können, obwohl die korrespondierenden Sequenzbereiche nicht zu 100 % komplementär sind. Wir nennen dies „Hybridisation bei niedriger Stringenz". Die Bindungsspezifität der *Primer* wird dabei durch entsprechend lange Sequenzbereiche in der unmittelbaren Nachbarschaft um die Mutationsstelle gewährleistet.

Wir beginnen die PCR zunächst unter Bedingungen niedriger Stringenz. So können die Mutanten-*Primer* trotz ihrer Fehlpaarung an die Matrizen-DNA binden. Nach einigen Amplifikationsrunden können wir dann die Temperatur und damit die Stringenz wieder anheben und die abschließenden Amplifikationsrunden bei hoher Stringenz durchführen. Denn im Gegensatz zur eingesetzten Matrizen-DNA enthält fast jedes synthetisierte DNA-Molekül die durch die *Primer* vorgegebenen Mutationen. Nur die wenigen DNA-Fragmente, die von dem roten *Primer* in Abb. 2.3.20 an der Original-Matrize synthetisiert wurden, tragen die Mutation nicht. Daher liegt bereits nach wenigen Amplifikationsrunden mutierte DNA in großem Überschuß zu nicht-mutierter Matrizen-DNA vor. An die mutierte DNA können die beiden eingesetzten *Primer* exakt binden.

2.3.4.3 *Verbinden zweier DNA-Fragmente: „Splicing by overlap extension"*

Die PCR bietet auch die Möglichkeit, zwei DNA-Fragmente unabhängig von der Verfügbarkeit von Restriktionsschnittstellen zu ver-

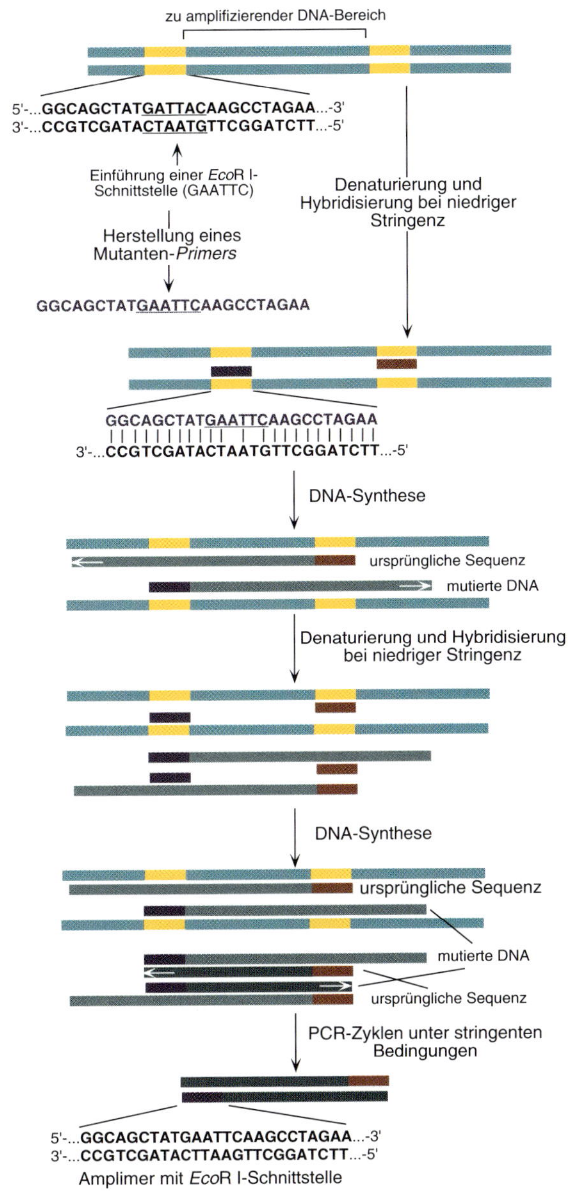

Abb. 2.3.20 Gezielte Mutagenese durch PCR. Um durch PCR gezielt eine Mutation einzuführen, variieren wir einen der *Primer* (in diesem Fall den blauen *Primer* 2) leicht im Vergleich zur Bindestelle in seiner Sequenz. In dem hier aufgezeigten Beispiel wollen wir eine *Eco*R I-Schnittstelle einführen. Dazu müssen wir zwei Nukleotide in der *Primer*-Bindungsstelle austauschen.
Wir lagern die beiden PCR-*Primer* unter herabgesetzter Stringenz an die Matrizen-DNA an. Das ist erforderlich, da der blaue *Primer* 2 ja nicht vollständig zur Bindungsstelle komplementär ist. Nach dem ersten Zyklus erhalten wir zwei „lange Transkripte", von denen das vom blauen *Primer* ausgehende die gewünschte Mutation bereits trägt, das von dem roten *Primer* 1 ausgehende Transkript aber nicht an der entsprechenden Stelle mutiert ist. Allerdings tragen alle ab der zweiten Runde synthetisierten Amplimere die gewünschte Mutation, so daß diese Fraktion nun exponentiell zunimmt. Nach einigen Zyklen kann auch die Anlagerungstemperatur auf stringente Bedingungen angehoben werden, da nun der blaue *Primer* 2 mehr und mehr exakt komplementäre Matrizen findet.

binden. Diese Methode wird im angelsächsischen Sprachgebrauch als *„splicing by overlap extension (SOE)"* bezeichnet. Was sind die Voraussetzungen und wie gehen wir vor?

- Voraussetzung ist, daß die zu verbindenden DNA-Fragmente überlappende, komplementäre Enden besitzen, so daß sie nach Denaturierung über diese Sequenzbereiche Hybride ausbilden können.
- Um einen gemeinsamen Sequenzbereich an zwei verschiedenen DNA-Fragmente zu erzeugen, benötigen wir vier *Primer* (Abb. 2.3.21).
- Der *Primer* a bindet an dem oberen Strang von Fragment I. *Primer* b bindet an den unteren Strang des gleichen Fragments. Dieser *Primer* besitzt aber in seinem 5'-Bereich eine Sequenz, die nicht an die Ziel-DNA hybridisieren kann. Dennoch können wir mit diesem *Primer*-Paar das DNA-Fragment I aufamplifizieren und verlängern es gleichzeitig um den Bereich in *Primer* b, der nicht hybridisieren kann (Abb. 2.3.21).
- In analoger Weise amplifizieren wir das DNA-Fragment II auf. In diesem Fall ist es der *Primer* c, der eine Sequenz besitzt, die nicht an die Ziel-DNA binden kann (Abb. 2.3.21). Diese Sequenz ist aber komplementär zu der überhängenden Sequenz des *Primers* b.
- Als nächsten Schritt reinigen wir die Amplimere auf, um die überschüssigen *Primer* zu entfernen, die die weiteren Reaktionen stören würden.
- Nun vereinigen wir die beiden Amplimere und lassen sie nach Denaturierung über die eingeführten komplementären Sequenzen zu einem Hybrid renaturieren.
- Ausgehend von diesem Hybrid kann durch DNA-Synthese ein Doppelstrang über den kompletten Bereich beider DNA-Fragmente synthetisiert werden.
- Schließlich fügen wir die *Primer* a und d zu, die an den Enden des Hybridmoleküls binden. Mit diesen *Primern* amplifizieren wir in einer konventionellen PCR das verknüpfte Molekül auf.

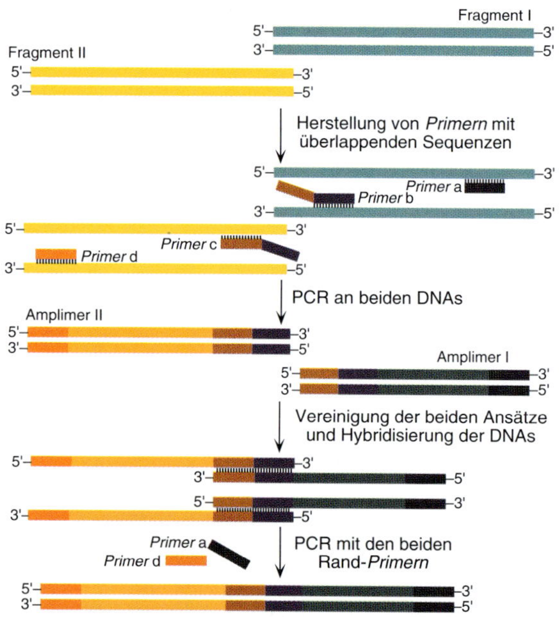

Abb. 2.3.21 Verbinden zweier DNA-Fragmente durch PCR. Durch PCR ist es auch möglich, zwei DNA-Fragmente miteinander zu verbinden („*splicing by overlap extension*"). Wir benötigen hierzu vier *Primer.* Beide DNA-Fragmente werden zunächst unabhängig voneinander aufamplifiziert, wobei die jeweils innen liegenden *Primer* nur zur Hälfte mit der Matrizen-DNA komplementär sind. Die anderen Hälften dieser beiden *Primer* sind zueinander komplementär. Dadurch synthetisieren wir Varianten der beiden DNA-Fragmente, die an jeweils einem Ende zueinander komplementär sind. Nun vereinigen wir die beiden Ansätze und erhalten nach Denaturierung und Anlagerung zwei Hybride der beiden Ausgangsfragmente, die sich in der Mitte überlappen. Mit DNA-Polymerase können wir die fehlenden Bereiche der beiden DNA-Stränge matrizenabhängig von 5' → 3' verlängern. Im nächsten Schritt können dann auch wieder der schwarze und der orange Rand-*Primer* binden und die verbundenen DNA-Fragmente effizient aufamplifizieren.

Als Anwendungsbeispiel für diese Methode sei auf Kapitel 8.2 „*In-vitro*-Evolution" verwiesen.

2.3.4.4 *Ungerichtete Mutationen durch Polymerase-Kettenreaktion*

Neben der beschriebenen Möglichkeit, durch PCR gezielt Mutationen einzuführen, können wir die PCR-Methode auch nutzen, um ungerichtete Mutationen in einem DNA-Bereich zu erzeugen.

Wir haben bereits gehört, daß die Taq-Polymerase wegen des Fehlens einer 3′ → 5′-*proofreading*-Aktivität schon *per se* ein ungenaueres Enzym ist, als andere DNA-Polymerasen. Wir können die Fehlerrate dieses Enzyms noch weiter steigern, indem wir im Reaktionsansatz ungünstige Pufferbedingungen einstellen oder indem wir eine suboptimale Magnesiumkonzentration wählen (Abb. 2.3.22). Auch der Zusatz spezieller Nukleotid-Triphosphate, wie Desoxyinosin-Triphosphat (dITP), steigert die Fehlerrate bei der DNA-Amplifikation. Inosin kann nämlich mit allen vier Nukleotiden Basenpaarungen ausbilden (Abb. 2.3.23). Daher sind Positionen, in denen Inosin eingebaut ist, nicht eindeutig definiert.

Warum sollten wir mutwillig Fehler bei der DNA-Neusynthese induzieren? Das Konzept eines solchen Ansatzes könnte man mit „molekularer *in-vitro*-Evolution" umschreiben. Ausführlich wird auf dieses Konzept in Kapitel 8.2 eingegangen. An dieser Stelle soll nur eine kurzer Überblick gegeben werden. Die Einzelschritte sind folgende:

- Auswahl eines DNA-Fragments, das für ein bestimmtes Protein (Enzym, Rezeptor, Inhibitor usw.) codiert.
- Synthese einer DNA-Fragmentschar durch fehlerhafte PCR-Amplifikation,
- Insertion dieser Fragmentschar in einen Expressions-Vektor (= Expressions-Genbank),
- Testen der Bank in raffinierten Selektionsverfahren, beispielsweise mit Hilfe des „Hybrid-Vektorsystems" (Kapitel 8.1) oder „*Phagen-Display*" (Kapitel 8.2) .

Wir erzeugen also eine Expressions-Genbank, deren klonierte DNA-Fragmente alle sehr ähnlich sind, da sie sich alle von einem vorgegebenen Fragment ableiten lassen. Andererseits sind aber die Produkte, für die diese DNA-Fragmente codieren, wegen der induzierten Fehler im Laufe der PCR alle etwas anders. Wenn wir nun diese Bank in

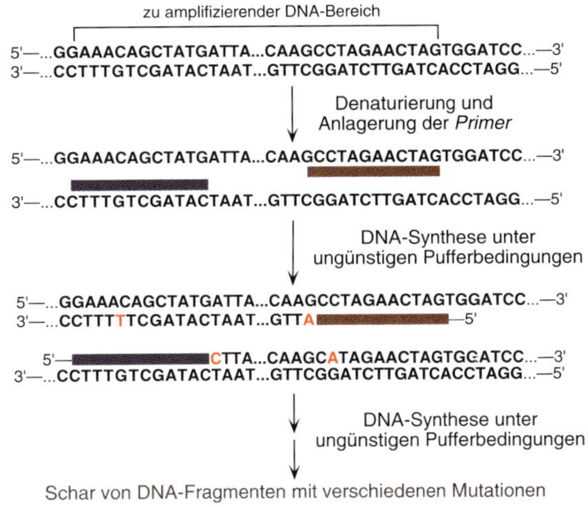

Abb. 2.3.22 Ungerichtete Mutagenese durch PCR. Eine interessante Variante der PCR ist die ungerichtete Mutagenese. Dabei stellen wir die Synthesebedingungen so ein, daß die DNA-Polymerase vereinzelte Fehler macht. So erhalten wir eine Schar von DNA-Fragmenten, die alle sehr ähnlich aber doch leicht unterschiedlich sind. In nachfolgenden Prozessen können wir durch geeignete Selektionsschritte aus den klonierten DNA-Fragmenten eine gewünschte Variante isolieren.

raffinierten Selektionsverfahren testen, können wir unter Umständen Produkte mit besseren Eigenschaften isolieren, als das Produkt des DNA-Fragmentes, das ursprünglich als Matrize zur Amplifikation eingesetzt wurde. Bezüglich einer konkreten Anwendung sei auf Kapiten 8.2 „*In-vitro*-Evolution" verwiesen.

2.3.4.5 *Amplifikationen analoger DNA-Bereiche*

Bei der Schilderung der Modifikationen der PCR-Methode haben wir gelernt, daß häufig *Primer* nicht spezifisch für eine Zielstelle auf der DNA sind. Oft lagern sie sich auch an mehrere Stellen gleichzeitig an, was die Effizienz der PCR herabsetzt. Lösungsansätze für dieses Problem haben wir bereits kennengelernt.

Es gibt aber auch Ansätze, wo genau diese Komplikation gewünscht ist. Wir können nämlich mit Hilfe der Polymerase-Kettenreaktion Gene bzw. Genbereiche isolieren, die einander ähnlich sind. Diese Methode hat das Auffinden und Charakterisieren von Genfamilien stark beschleunigt. Die meisten Mitglieder von Genfamilien wurden durch diese Methode der Analogie-Klonierung identifiziert und charakterisiert.

Als Beispiel seien hier unterschiedliche Rezeptorfamilien erwähnt. Rezeptorfamilien zeichnen sich durch funktionelle Gemeinsamkeiten aus. Diese beruhen wiederum auf strukturelle Gemeinsamkeiten. Wenn wir diese erkannt haben, können wir auf der Basis dieser strukturellen Gemeinsamkeiten mit Hilfe der PCR neue Mitglieder der entsprechenden Genfamilie isolieren.

Beispielsweise bildet die Familie der G-Protein gekoppelten Rezeptoren eine Gruppe mit tausenden von Familienmitgliedern. Allen Rezeptoren dieser Familie ist gemeinsam, daß sie mit intrazellulären G-Proteinen koppeln (funktionelle Gemeinsamkeit). Dies beruht unter anderem auf eine gemeinsame „Architektur" dieser Rezeptoren. Denn alle Proteine dieser Rezeptorfamilie durchspannen die Plasmamembran siebenmal (strukturelle Gemeinsamkeit) (Abb. 2.3.24). Innerhalb der Bereiche, die die Membran durchspannen (Transmembranbereiche) ist das potentielle Aminosäurerepertoir stark eingeschränkt. Überwiegend bestehen diese Bereiche aus hydrophoben Aminosäuren, um im hydrophoben Milieu der Membran existieren zu können.

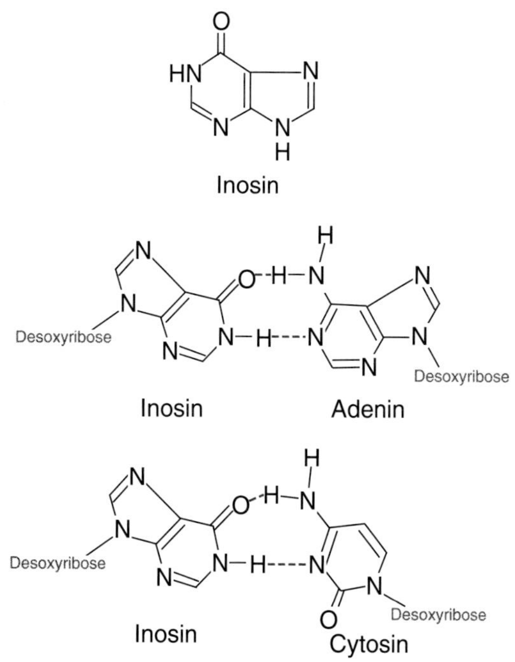

Abb. 2.3.23 Inosin diskriminiert nicht zwischen Adenin und Cytosin.

Wie können wir mit Hilfe der PCR Mitglieder derartiger Genfamilien isolieren? Hierzu schauen wir uns an, wie die Ähnlichkeiten der Proteine auf der Genebene reflektiert sind. Die Sequenzen bereits isolierter Gene der Rezeptorfamilie schreiben wir so untereinander, daß homologe Bereiche erkennbar werden (Abb. 2.3.24). In der Molekularbiologie nennen wir dies ein *„alignment"*. Man findet diese Bereiche erstaunlich leicht, da offensichtlich die Natur bewährte Funktionsbereiche immer wieder benutzt.

Nun konstruieren wir *Primer*, ausgehend von den identifizierten homologen Bereichen. Wenn nötig, führen wir an bestimmten Positionen in unseren *Primern* auch mehrere Nukleotide ein. Derartige *Primer*-Gemische bezeichnen wir als „degenerierte *Primer*", da mehrere Moleküle enthalten sind, die nicht nur zu einer sondern zu verschiedenen potentiellen Sequenzen komplementär sind. Wir erhöhen damit die Wahrscheinlichkeit, daß einer der *Primer* aus dem Gemisch an eine Sequenz in einer unbekannten DNA bindet. Hierzu sei auch auf Kapitel 2.4 „Klonieren in *E. coli*" verwiesen, wo im Abschnitt „Identifizierung spezifischer Gene" ausführlich auf den Einsatz degenerierter *Primer* eingegangen wird.

Die *Primer* setzen wir dann ein, um Bereiche aus genomischer DNA aufzuamplifizieren (Abb. 2.3.24). Die hierbei gewählten Bedingungen sind eher niedrig-stringent, da wir ja möglichst unterschiedliche Amplimere erhalten wollen. Die erhaltenen Fragmente können dann kloniert und charakterisiert werden.

Wenn die Charakterisierung die Vermutung erhärtet, daß das Amplimer Teil eines Gens der gesuchten Rezeptorfamilie ist, setzen wir das Fragment als spezifische DNA-

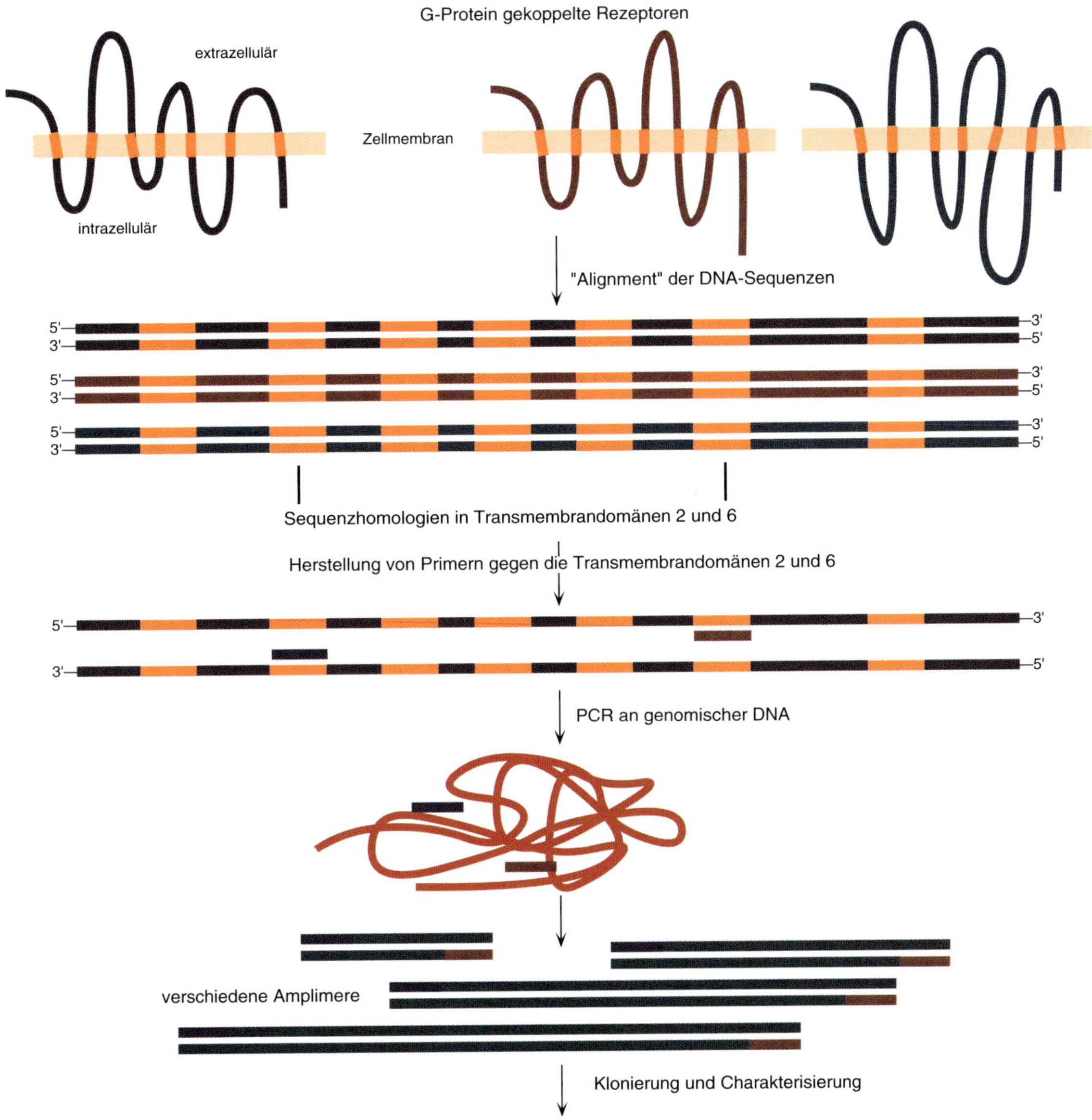

Abb. 2.3.24 Identifizierung von Mitgliedern einer Genfamilie durch PCR. Da Mitglieder von Genfamilien oft stark konservierte Strukturbereiche und die entsprechenden Gene somit konservierte Genabschnitte besitzen, können wir Mitglieder einer Genfamilie mit Hilfe der PCR isolieren. Dies ist in dieser Abbildung am Beispiel G-Protein gekoppelter Rezeptoren gezeigt. Bekanntlich zeichnen sich diese Rezeptoren dadurch aus, daß die Polypeptidkette siebenmal die Plasmamembran durchspannt. Innerhalb der Bereiche, die für die Transmembrandomänen codieren, sind die Gene sehr konserviert, da für eine Transmembran-Teilsequenz eines Proteins nur sehr wenige Aminosäuren in Frage kommen können. Wir konstruieren also zwei PCR-*Primer*, die gegen die Genbereiche für derartige Transmembranregionen komplementär sind. Diese *Primer* inkubieren wir mit genomischer DNA, um Teilbereiche verwandter Gene aufzuamplifizieren. Da wir nicht davon ausgehen können, daß die *Primer* immer mit einer möglichen Ziel-DNA exakt homolog sind, müssen wir unter herabgesetzter Stringenz hybridisieren. Mit großer Wahrscheinlichkeit erhalten wir Amplimere. Diese können verschieden groß sein, da sie von verschiedenen Genen abstammen können. Mit Hilfe dieser Amplimere können dann die kompletten Rezeptorgene isoliert und charakterisiert werden.

Sonde ein, um aus einer geeigneten Genbank die komplette cDNA zu isolieren.

2.3.4.6 Diagnostik

Die PCR-Technik wird sich mittelfristig am signifikantesten in der medizinischen Diagnostik etablieren. Ihre Sensitivität und ihre Geschwindigkeit prädestinieren die PCR-Methodik als ideales Werkzeug in vielen Bereichen.

Beispielsweise können in der genetischen Beratung und in der Pränataldiagnostik einfach und sicher Erbkrankheiten identifiziert werden. So können erforderliche Maßnahmen sehr frühzeitig eingeleitet werden.

Auch in der Krebsdiagnostik und zur Verlaufskontrolle von Tumorheilungsprozessen eignet sich die Polymerase-Kettenreaktion in idealer Weise.

Schwierig oder erst spät identifizierbare Infektionskrankheiten lassen sich mit Hilfe der PCR sicherer und früher diagnostizieren. So können unter Umständen lebensrettende Maßnahmen viel spezifischer und zeitiger eingeleitet werden.

Schließlich zieht auch die forensische Medizin größten Nutzen aus der PCR-Technik.

Eine umfassende Diskussion diagnostischer Fragen, die die PCR-Methode mit einschließen, erfolgt in Kapitel 7.

Zusammenfassung

Die Polymerase-Kettenreaktion ist zu einer der wichtigsten Methoden in der Gentechnik geworden. Nicht zuletzt aus diesem Grund erhielt der Erfinder dieser Methode, Kary Mullis, im Jahre 1985 den Nobelpreis.

Trotz aller Euphorie über die PCR müssen wir bedenken, daß mit der unglaublichen Sensitivität Probleme erkauft werden, die es zu beherrschen gilt. Denn vielfach wird die PCR nicht nur für die Grundlagenforschung, sondern in der Diagnostik schwerster Krankheiten eingesetzt. Ein falsch-positives Resultat wäre da eine Katastrophe.

Viele Variationen wurden daher etabliert, um die Methode so korrekt und so sicher wie möglich zu gestalten. Der Aufwand ist enorm, so daß heute meist Spezialaboratorien mit der Analytik beauftragt werden.

Wesentlich weniger problematisch ist der Einsatz der PCR in der gentechnischen Grundlagenforschung, wenn adäquate Kontrollen durchgeführt und Sicherheitsmaßnahmen eingehalten werden. Von der Sequenzanalyse, über das Einführen von beliebigen Mutationen, bis hin zur Isolierung von Genfamilien über Analogie-Klonierung findet die PCR ihren Einsatz.

Methoden in der Gentechnik (M4)

Sequenzieren von DNA nach Sanger

Die von dem britischen Biochemiker Fred Sanger entwickelte Methode zur Sequenzierung von DNA basiert auf DNA-Synthese. Sangers Konzept bestand darin, DNA in Gegenwart geringer Konzentrationen sogenannter Ketten-Terminatoren zu synthetisieren (Abb. M4.1). Die dabei entstehenden DNA-Fragmente lassen sich auf dünnen, hochauflösenden Polyacrylamid-Selen nach Größe trennen (Abb. M4.2). Ketten-Terminatoren sind Didesoxynukleotid-Triphosphate (ddNTPs), die sich von Desoxynukleotid-Triphosphaten (dNTPs) darin unterscheiden, daß sie keine 3'-OH-Gruppe besitzen. Wird ein ddNTP von der DNA-Polymerase als Substrat verwendet, kann die DNA-Kette an dieser Position wegen des Fehlens einer 3'-OH-Gruppe nicht weiter verlängert werden (Abb. M4.3).

Im allgemeinen werden vier parallele Reaktionsgemische angesetzt. Diese bezeichnen wir mit den Symbolen der vier DNA-Bausteine A, C, G und T. Alle vier Reaktionsansätze enthalten:

- Die zu sequenzierende DNA. Diese sollte bevorzugt als Einzelstrang vorliegen, obwohl das heute keine Bedingung mehr ist.
- Einen „Sequenzier-*Primer*". Dies ist ein kurzes Oligonukleotid von ca. 12–14 Basenpaaren, das an eine bestimmte Position der zu sequenzierenden DNA hybridisieren kann (Abb. M4.4). Damit wird der Startpunkt für die Sequenzierung

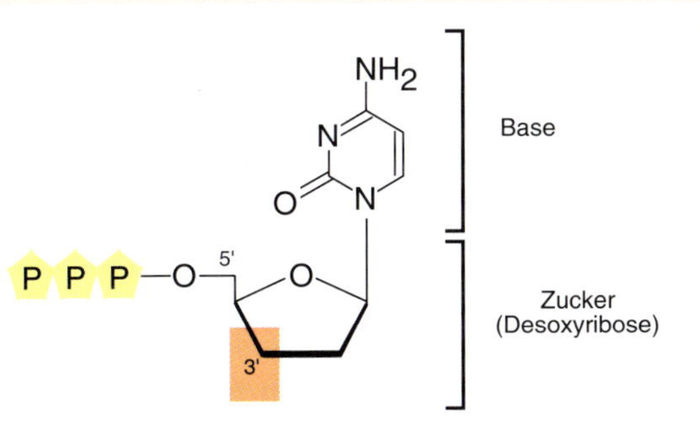

Abb. M4.1 Kettenterminator. Ein Kettenterminator unterscheidet sich von einem gewöhnlichen Substrat der DNA-Polymerase durch das Fehlen der 3'-OH-Gruppe. Wird ein solcher Baustein in eine wachsende DNA-Kette eingebaut, ist ein anschließende Verlängerung der DNA-Kette nicht mehr möglich.

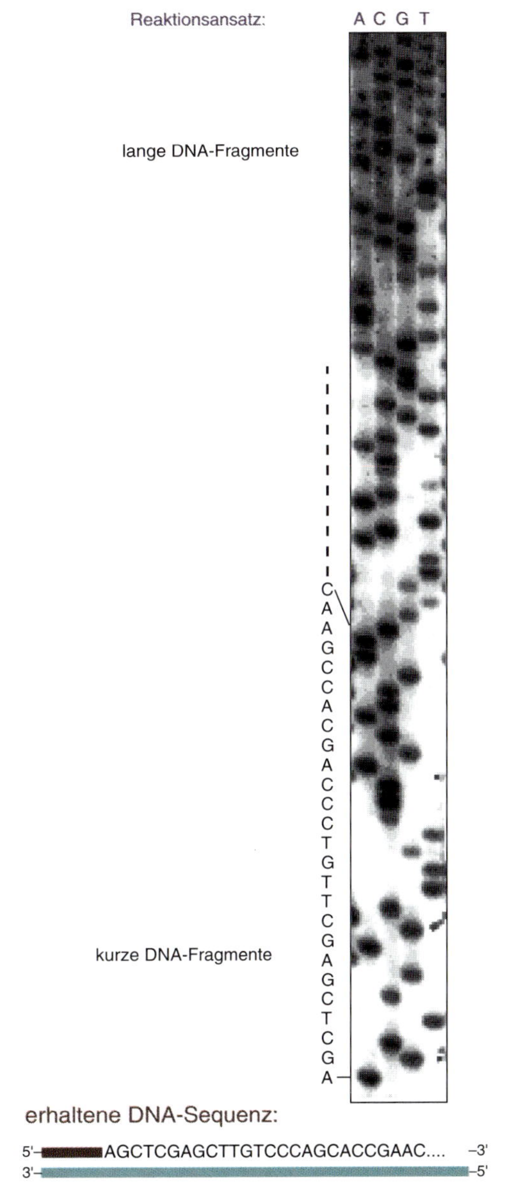

Abb. M4.2 Autoradiographie eines Sequenzgels. In vier verschieden Geltaschen wurden die einzelnen Requenzieransätze eingefüllt und bei hoher Spannung (ca. 2.500 V) elektrophoretisch aufgetrennt. Die Sequenz wird von unter nach oben gelesen.

festgelegt, denn DNA-Polymerasen benötigen einen doppelsträngigen DNA-Bereich, um von dort aus neue DNA entlang einer Matrize zu synthetisieren.

- Alle vier Desoxynukleotid-Triphosphate als Substrate für die DNA-Polymerase. In der Regel ist eines der dNTPs – meist dATP – radiokativ markiert. Die radioaktive Markierung befindet sich in der α-Phosphat-Position, entweder als α-[^{32}P]-dATP oder als α-[^{35}S]-dATP.
- Pufferkomponenten, die eine spezifische Hybridisierung des Sequenzier-*Primers* garantieren und die das korrekte ionische Milieu für die DNA-Polymerase bereitstellen.
- Eine DNA-Polymerase, die die DNA-Synthese katalysiert. Dies sind heute meist spezielle Enzyme, wie Sequenase® oder T_7-DNA-Polymerase, die für das Sequenzieren optimiert sind und kommerziell erhältlich sind.

Zusätzlich enhält die A-Reaktion ddATP, die C-Reaktion ddCTP, die G-Reaktion ddGTP und die T-Reaktion ddTTP. Dadurch erreichen wir, daß in der A-Reaktion Kettenabbrüche nur an Positionen vorkommen können, an denen zuletzt ein A eingebaut wurde. In der C-Reaktion passieren Kettenabbrüche nur, nachdem ein C eingebaut wurde usw.

Nach einer Reaktionszeit von 15–20 Minuten können wir die Reaktionen durch Aufkochen terminieren. Wir überführen die

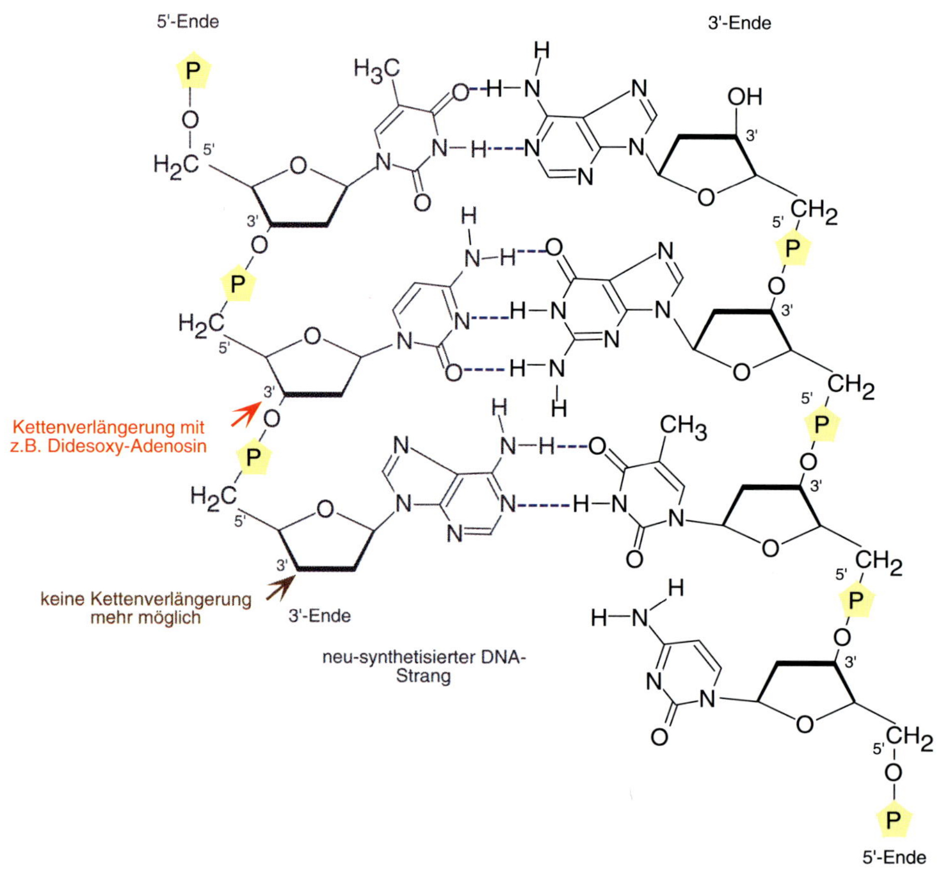

Abb. M4.3 Einbau eines Kettenterminators in eine DNA-Kette, die an einer Matrize von der DNA-Polymerase synthetisiert wird. Wird der Kettenterminator in die wachsende DNA-Kette eingebaut, kann die Kette wegen des Fehlens der 3'-OH-Gruppe nicht weiter verländert werden.

vier Reaktionsansätze in vier getrennte Taschen eines sehr dünnen Polyacrylamid-Gels. Um die Ausbildung von Sekundärstrukturen der DNA-Fragmente während der gelelektrophoretischen Trennung zu verhindern, enthalten derartige Sequenzier-Gele 8 M Harnstoff. Die Gele sind so leistungsfähig, daß bei einer ausreichend langen Trennstrecke über einen Bereich von bis zu 600 Nukleotiden Fragmente voneinander getrennt werden, die sich nur in einer einzigen Base unterscheiden.

Nach elektrophoretischer Trennung der DNA-Fragmente exponieren wir das Gel auf einem Röntgen-Film, um so die Fragmentbanden sichtbar zu machen (Abb. M4.2). Auf der Basis zweier Kriterien – nukleotidspezifische Termination und Fragmentlänge – ist dann die Auswertung der Analyse einfach, wie dies in Abb. M4.2 illustriert ist.

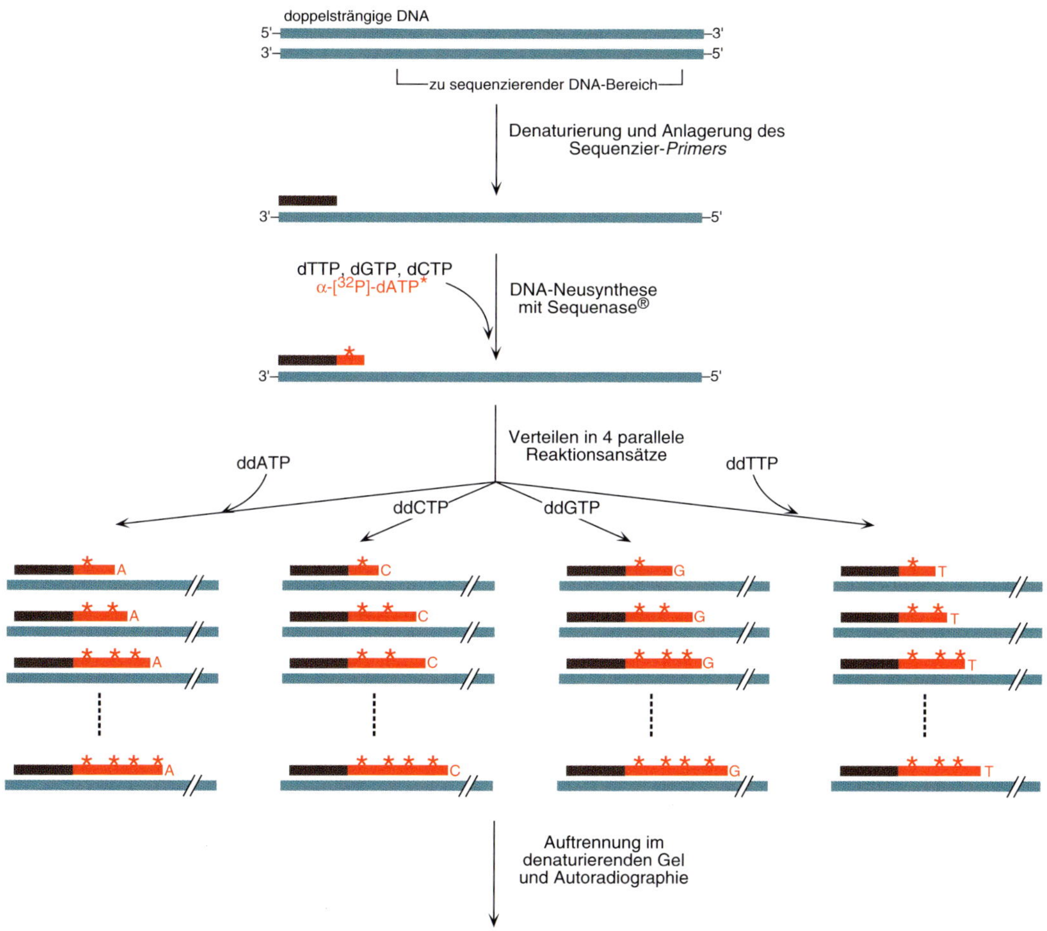

Abb. M4.4 Sequenzanalyse nach der Kettenabbruchmethode. Im ersten Schritt wird der zu sequenzierende DNA-Doppelstrang durch Erhitzen denaturiert. Die Renaturierung wird durch einen großen Überschuß eines „Sequenzier-*Primers*" gestört, der an eine komplementäre Stelle in einem der beiden DNA-Stränge bindet und somit eine Startstelle für die DNA-Polymerase (Sequenase®) generiert. Anschließend teilt man den Ansatz, der zusätzlich alle vier Desoxynukleotidtriphosphate und α[32P]-dATP enthält in vier Reaktionsansätze, in denen sich jeweils eines der vier Kettenterminatoren ddATP, ddCTP, ddGTP und ddTTP befinden. Diese Kettenterminatoren konkurrieren im Rahmen der DNA-Synthese mit den normalen Triphosphaten, so daß an bestimmten Positionen entweder das normale Nukleotid oder der Kettenterminator eingebaut werden. Es resultieren Gemische von Fragmenten, die in der sogenannten A-Reaktion alle mit dem Nukleotid A, in der C-Reaktion alle mit dem Nukleotid C, in der G-Reaktion alle mit dem Nukleotid G und in der T-Reaktion alle mit dem Nukleotid T enden. Diese Fragmente können dann auf hochauflösenden PAA-Gelen getrennt und über das eingebaute α[32P]-dATP nach Autoradiographie detektiert werden (siehe Abb. M4.4).

2.4 Klonieren in *Escherichia coli*

Escherichia coli ist mit Abstand der wichtigste Organismus innerhalb der Molekularbiologie. Fast jede gentechnische Modifikation werden wir zunächst in *E. coli* realisieren, auch wenn geplant ist, die modifizierte genetische Information in einem anderen Organismus zu exprimieren. Das eigentliche „Klonieren", d. h. das Vereinzeln und Aufamplifizieren einer bestimmten Modifikation in einem DNA-Molekül, findet nahezu ausnahmslos in *E. coli* statt.

Heute fassen wir den Begriff „Klonieren" allerdings sehr viel weiter und verwenden ihn als Überbegriff für gentechnisches Arbeiten im allgemeinen. Die Basis des Klonierens ist die Isolierung, die Modifikation und die Verknüpfung spezifischer DNA-Moleküle zu neuen Funktionseinheiten. Damit die neukombinierte DNA schließlich in *E. coli* stabil erhalten bleibt, brauchen wir geeignete Vektorsysteme und Verfahren, mit deren Hilfe sich die neu kombinierte DNA effizient in die *E.-coli*-Zellen einschleusen läßt.

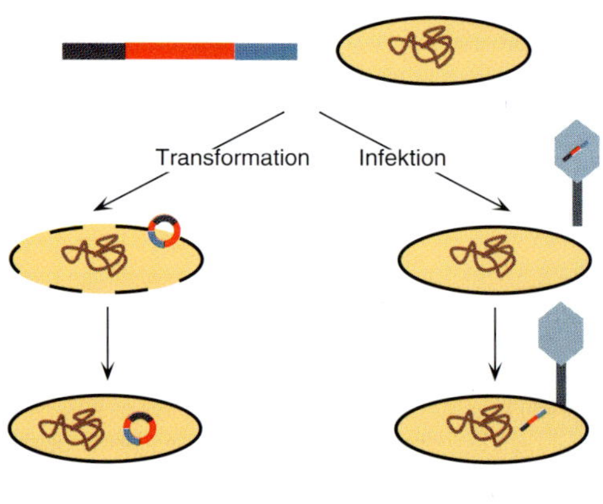

Abb. 2.4.1 Transformation vs. Infektion. Wird DNA passiv über eine vorgeschädigte Membran in eine bakterielle Zelle aufgenommen, so bezeichnen wir das als Transformation. Die aktive Aufnahme von Fremd-DNA mit Hilfe von Phagen bezeichnen wir hingegen als Infektion.

2.4.1 DNA-Transfersysteme für *E. coli*

Einer der wichtigsten Schritte bei der Etablierung eines rekombinanten Organismus ist das Einbringen der zuvor *in vitro* neu kombinierten DNA in die Wirtszelle. Diesen Prozeß nennen wir Transformation, wenn die DNA passiv, das heißt auf physikalischem Wege in die Zelle eingeschleust wird (Abb. 2.4.1). Wir bezeichnen ihn hingegen als Infektion, wenn die DNA mit Hilfe von Phagen, also auf biologischem Wege, in eine *E.-coli*-Zelle eingeschleust wird (Abb. 2.4.1).

Transformieren lassen sich sogenannte kompetente *E.-coli*-Zellen (Abb. 2.4.2). Deren Membranen wurden durch Behandlung mit $CaCl_2$ temporär für Fremd-DNA durchlässig gemacht. Für die eigentliche Transformation inkubieren wir die kompetenten Zellen zusammen mit der zu transformierenden DNA in einer $CaCl_2$-Lösung 30 Minuten bei 0 °C. Durch die Ca^{2+}-Ionen in der Zellsuspension wird die DNA als Polyanion mikrokristallin auf der Oberfläche der kompetenten Zellen präzipitiert. Danach inkubieren wir die Zellen ca. 4 Minute bei 37 °C und belassen sie anschließend 10 Minuten bei 25 °C. Durch diese Temperaturwechsel wird die DNA über Mechanismen, die nicht genau bekannt sind, passiv in die Zelle aufgenommen. Zur Regeneration verdünnen wir den Transformationsansatz mit Medium, inkubieren 50 Minuten bei 37 °C und transferieren dann den Transformationsansatz auf eine Agarschale.

Die Transformationseffizienzen liegen bei diesem Verfahren bei 10^5 bis 10^7 transformierte Zellen pro µg DNA. Dies hängt von der Güte der kompetenten Zellen und vom Transformationsprotokoll ab.

Deutlich höhere Transformationsraten erhält man durch ein Verfahren, das als Elektroporation bezeichnet wird (siehe Abb. 2.4.2). Hierzu werden die Zellen, die zuvor salzfrei gewaschen wurden, zusammen mit der zu transformierenden DNA in einem Feld hoher elektrischer Konduktivität inkubiert. Durch Entladung wird die DNA dann in die Zellen aufgenommen. Derartige Systeme erreichen Transformationseffizienzen von bis zu 10^{10} Transformanden pro µg DNA.

2.4.2 *Vektoren für die E.-coli-Transformation*

2.4.2.1 *Plasmidvektoren*

http://vectordb.atcg.com/vectordb/vector_pages/plasmid_pages/Plasmid.html (Plasmid-Vektoren)

In den vergangenen Jahren wurde eine Vielzahl, zum Teil sehr spezieller Plasmidvektoren entwickelt (Abb. 2.4.3 bis 2.4.6). All diesen Vektoren ist gemeinsam, daß sie eine Sequenz besitzen, die wir als *„origin of replication"* (ori) bezeichnen. Diese Sequenz wird von der DNA-Polymerase aus *E. coli* als Initiationspunkt für die Replikation erkannt und stellt sicher, daß das Plasmid unabhängig von der genomischen DNA repliziert werden kann und neben der genomischen DNA in der Zelle persistiert.

Ferner enthalten alle Vektoren einen oder mehrere selektierbare Marker. Hiebei handelt es sich um Gene, deren Produkte der *E.-coli*-Zelle eine besondere Eigenschaft verleihen, so daß sie leicht von nicht transformierten Zellen zu unterscheiden ist. Meist handelt es sich bei diesen Markern um Gene für eine Antibiotika-Resistenz. Der verbreitetste Marker ist das Gen für die ß-Lactamase. Dieses Enzym verleiht Zellen die Fähigkeit, in Gegenwart des Antibiotikums Ampicillin zu wachsen. Somit sind Zellen, die ein Plasmid mit einem ß-Lactamase-Gen enthalten, gegen Ampicillin resistent. Auch andere Antibiotika-Resistenzen – zum Beispiel gegen Tetracyclin, Chloramphenicol, Kanamycin oder Neomycin – können wir als Marker für Plasmidvektoren verwenden.

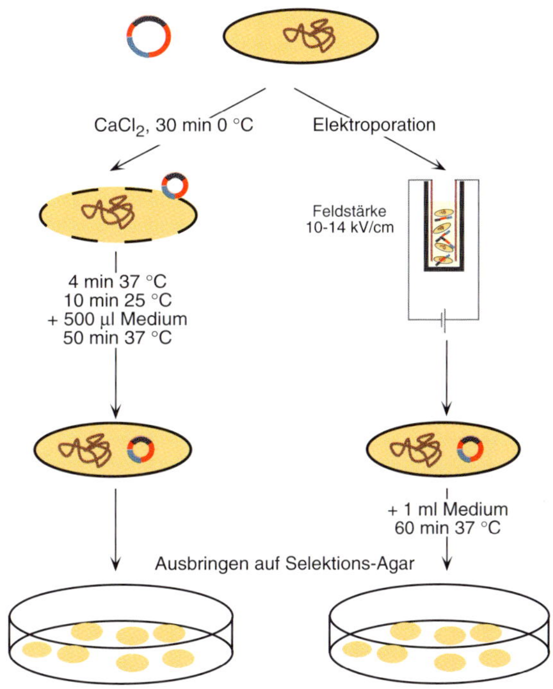

Abb. 2.4.2 Die bakterielle Transformation. Um Bakterien zu transformieren (linke Hälfte der Abbildung), müssen ihre Membranen durch eine Behandlung mit $CaCl_2$ vorgeschädigt sein. Wir bezeichnen derartige Bakterien als „kompetent". Zunächst inkubieren wir die Zellen für 30 Minuten bei 0 °C in einer $CaCl_2$-Lösung. Dann ändern wir die Inkubationstemperatur über 37 °C nach 25 °C. Zur Regeneration der Zellmembran verdünnen wir danach die $CaCl_2$-Lösung mit Medium und inkubieren bei der optimalen Wachstumstemperatur für *E. coli* von 37 °C. Schließlich plattieren wir die Zellen auf eine Schale mit einem geeigneten Selektionsagar aus.
Bei der Elektroporation (rechte Hälfte der Abbildung) verwenden wir normale Zellen, die wir allerdings vor der Transformation salzfrei gewaschen haben. Diese Zellen geben wir zusammen mit der DNA in eine Küvette, die an zwei gegenüberliegenden Seiten mit dünnen Plattenelektroden ausgekleidet ist. Nach Anlegen hoher Feldstärken wird die DNA bei der Entladung in die Bakterienzellen aufgenommen. Zur Regeneration inkubieren wir die Zellen für 60 Minuten bei 37 °C und plattieren sie dann auf Selektionsagar aus.

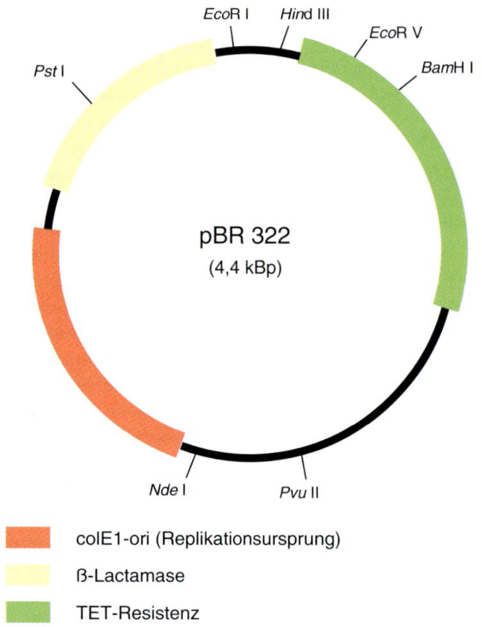

Abb. 2.4.3 Das Klonierungsplasmid pBR 322. Dieses Plasmid enthält zwei Resistenzgene. Das eine Gen codiert für eine Tetracyclin-Resistenz (TET-Resistenz, grün), das andere für eine Ampicillin-Resistenz (ß-Lactamase, gelb). Wie fast alle gängigen Vektoren enthält auch pBR 322 einen colE1-Replikationsursprung (colE1-ori, rot), den die DNA-Polymerase aus *E. coli* erkennt und damit das Plasmid autonom, d. h. unabhängig vom bakteriellen Genom, replizieren kann. Der colE1-ori stammt von einem natürlichen Plasmid, das den Bakterien eine Resistenz gegen Colicine verleiht. Colicine sind *Coli*-spezifische Bakteriocine. Dies sind bakterizide Proteine, die im Darmtrakt für den „Enterobakterien-Antagonismus" verantwortlich sind. Sie dienen als Kriterium für die *Coli*- und Enterobakterien-Typisierung.

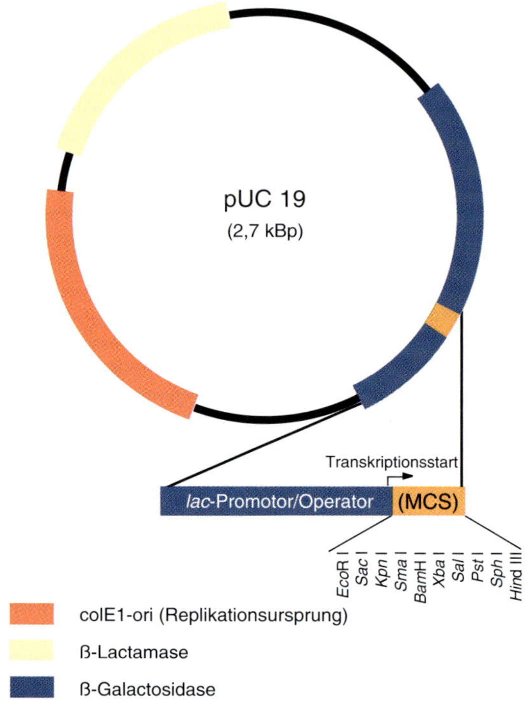

Abb. 2.4.4 Das Klonierungsplasmid pUC 19. pUC 19 enthält den codierenden Bereich für das α-Komplement der ß-Galactosidase als Reporter-Gen (blau). Die Transkription dieses Gens wird durch den regulierbaren *lac*-Promotor/Operator kontrolliert (siehe Kapitel 3.1). Im vorderen Bereich des ß-Galactosidase-Gens befindet sich eine multiple Klonierungsstelle (MCS, orange). Diese enthält eine Vielzahl von Erkennungssequenzen für unterschiedliche Restriktionsendonukleasen, die das Plasmid jeweils nur einmal schneiden. Fügen wir in die MCS ein DNA-Fragment ein, so zerstören wir dadurch das ß-Galactosidase-Gen. Dies ist die Basis für das spezifische Reporter-System, das in Abb. 2.4.7 erklärt ist.

Die zweite wichtige Komponente aller Klonierungsvektoren ist ein speziell ausgewiesener Bereich, der die zu klonierenden fremden DNA-Fragmente aufnehmen soll. Dieser Bereich enthält eine Vielzahl von Erkennungssequenzen für unterschiedlichste Restriktionsendonukleasen, die jeweils nur einmal in dem Plasmid vorhanden sind. Wir bezeichnen diesen Bereich als *„multiple cloning site"* (MCS).

Wie können wir rekombinante von nichtrekombinanten Plasmiden unterscheiden? Dazu verwenden wir häufig das ß-Galactosidase-Gen *(lac Z)* aus *E. coli* als Indikator-Gen (Abb. 2.4.7). Fast alle modernen Klonierungsvektoren enthalten ein ß-Galactosidase-Gen. Bemerkenswerterweise liegt die MCS innerhalb dieses ß-Galactosidase-Gens. Sie wurde so in das Gen inseriert, daß sie den Leserahmen für die ß-Galactosidase mRNA nicht zerstört. Deshalb bleibt die ß-Galactosidase trotz dieser Insertion aktiv.

Wir halten also fest: Viele der modernen Vektoren enthalten neben einer Antibiotika-Resistenz einen zweiten Marker – ein ß-Galactosidase-Gen.

Wenn wir Fremd-DNA in die MCS einligie-

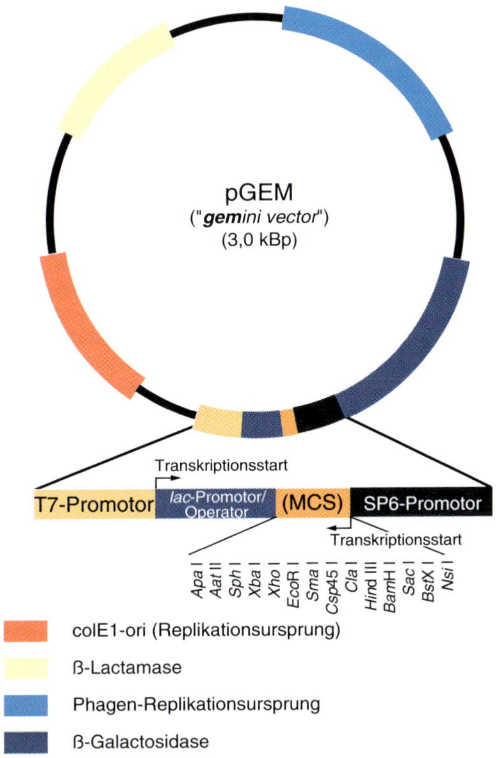

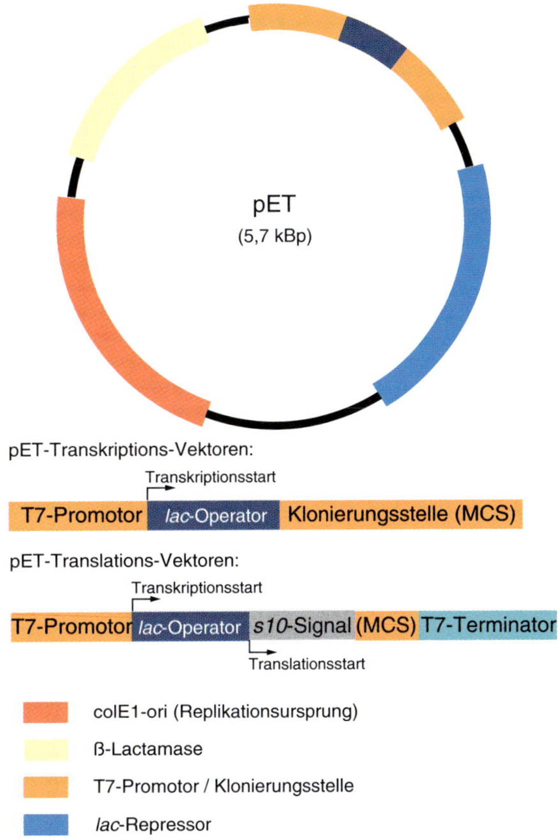

Abb. 2.4.5 Das Klonierungsplasmid pGEM. Zusätzlich zu den Funktionskomponenten des Plasmids pUC 19 (siehe Abb. 2.4.4) enthält der Klonierungsvektor pGEM einen Replikationsursprung für filamentöse Phagen (Phagen-Replikationsursprung, hellblau). Die Bedeutung dieses DNA-Elementes ist in Abb. 2.4.9 erläutert. Das bereits aus pUC 19 bekannte ß-Galactosidase-Reporter-Gen ist in pGEM von zwei Phagen-spezifischen Promotoren flankiert. Der eine Promotor (hellorange) wird von der RNA-Polymerase des Phagen-T7 erkannt. Den anderen Promotor (anthrazit) erkennt die RNA-Polymerase des Phagen-SP6 (siehe Abb. 2.4.8). Damit bietet dieses Plasmid die Möglichkeit, *in vitro* eine RNA-Kopie von der in die MCS inserierten Fremd-DNA zu synthetisieren. Verwenden wir die RNA-Polymerase des T7-Phagen, verläuft die Transkription von links nach rechts, und es wird eine RNA synthetisiert, die der Sequenz des oberen DNA-Stranges entspricht. Setzen wir hingegen die RNA-Polymerase des SP6-Phagen ein, verläuft die Transkription von rechts nach links, und die synthetisierte RNA entspricht in ihrer Sequenz dem unteren DNA-Strang.

Abb. 2.4.6 Das Klonierungsplasmid pET. Die Abkürzung pET steht für *„plasmid for expression by T7 RNA polymerase"*. Es gibt zwei Varianten dieses Plasmids: pET-Transkriptions-Vektoren und pET-Translation-Vektoren. In beiden Vektoren ist im Vergleich zum pGEM-Plasmid (siehe Abb. 2.4.5) der *lac*-Promotor durch den phagenspezifischen T7-Promotor ersetzt. Allerdings ist noch der *lac*-Operator vorhanden. An diesen *lac*-Operator bindet der *lac*-Repressor, dessen Gen ebenfalls auf dem Plasmid vorhanden ist (*lac*-Repressor, hellblau). Wegen des Fehlens des *lac*-Promotors können normale *E.-coli*-Zellen die in die MCS integrierte Fremd-DNA nicht exprimieren. Denn *E. coli* besitzt normalerweise keine RNA-Polymerase, die den T7-Promotor erkennen kann.
Wir verwenden pET-Plasmide immer dann, wenn die Produkte der klonierten DNA für die Wirtszelle schädlich sind. Die in pET-Vektoren klonierte DNA kann nur von Zellen exprimiert werden, in denen auch die T7-RNA-Polymerase synthetisiert wird.
Die pET-Translations-Vektoren sind für die Translation der fremden genetischen Information optimiert. Sie tragen zusätzlich zu den Funktionselementen der pET-Transkriptions-Vektoren eine Signalsequenz für die Translation (*s10* Signal, grau) und einen T7-Transkriptions-Terminator (T7-Terminator, türkis).

ren, wird das ß-Galactosidase-Gen inaktiviert und die enzymatische Aktivität geht verloren. Diese Inaktivierung läßt sich mit Indikatoren durch einen Farbtest nachweisen. Die transformierten Zellen werden hierzu auf Kulturschalen kultiviert, deren Agar mit dem Indikator *X-Gal* (5-Bromo-4-chloro-3-indolyl-ß-D-galactopyranosid) imprägniert wurde. Wird die ß-galactosidische Bindung dieses Indikators durch die ß-Galactosidase hydrolysiert, entsteht nach Luftoxidation der blaue Farbstoff 5,5'-Dibromo-4,4'-dichloroindigo und die Bakterienkolonien färben sich blau. Wurde allerdings durch Insertion einer Fremd-DNA in die MCS das Gen für die ß-Galactosidase inaktiviert, bleiben die Kolonien weiß. So lassen sich diese Zellen als Träger eines rekombinanten Plasmids identifizieren.

Die MCS ist oft von zwei unterschiedlichen Promotoren für RNA-Polymerasen bestimmter Bakteriophagen flankiert (Abb. 2.4.8). Auf der einen Seite befindet sich der Promo-

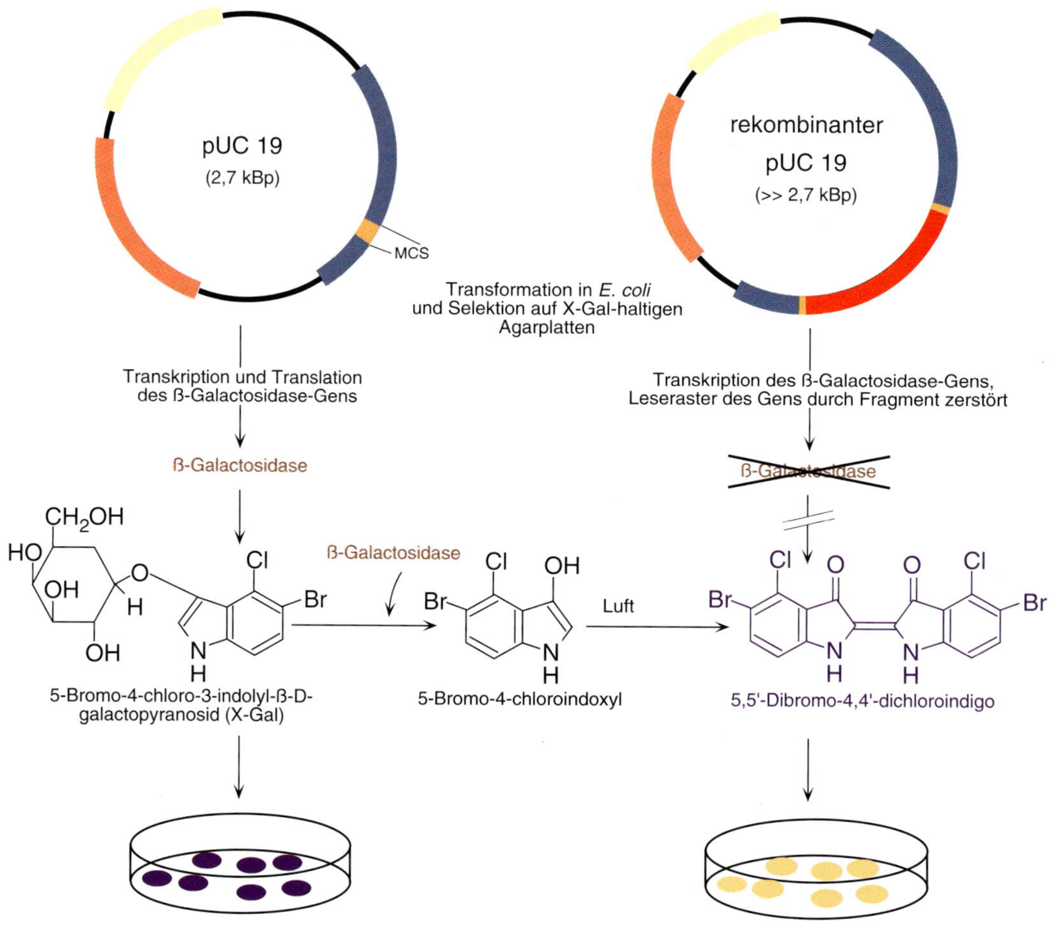

Abb. 2.4.7 Blau/weiß-Selektion durch das ß-Galactosidase-Reporter-Gen. Zellen, in denen ein ganz bestimmter Teilbereich ihres ß-Galactosidase-Gens deletiert ist, können keine ß-Galactosidase synthetisieren. Diesen Defekt können wir durch Plasmide wie pUC 19 oder pGEM korrigieren (komplementieren), da auf diesen Plasmiden der fehlende Genbereich zusammen mit der Transkriptions-Kontrollregion (blauer Bereich auf dem pUC 19-Plasmid) vorhanden ist. Solche komplementierten Zellen können wir leicht dadurch identifizieren, daß wir dem Medium den Indikator X-Gal (5-Bromo-4-Chloro-3-Indolyl-ß-D-galactopyranosid) zusetzen. Dieses farblose Substrat der ß-Galactosidase wird von dem Enzym an der glycosidischen Bindung hydrolysiert und dann an der Luft zu einem blauen Indigofarbstoff oxidiert. Die Kulturen färben sich also blau.
Enthält die MCS in den Klonierungsvektoren ein Fremd-DNA-Fragment, so wird dadurch das Gen für das ß-Galactosidase-Teilprotein zerstört. Zellen, die ein derartiges rekombinantes Plasmid aufgenommen haben, können keine funktionsfähige ß-Galactosidase synthetisieren und bleiben daher auch in Gegenwart des Indikators farblos.

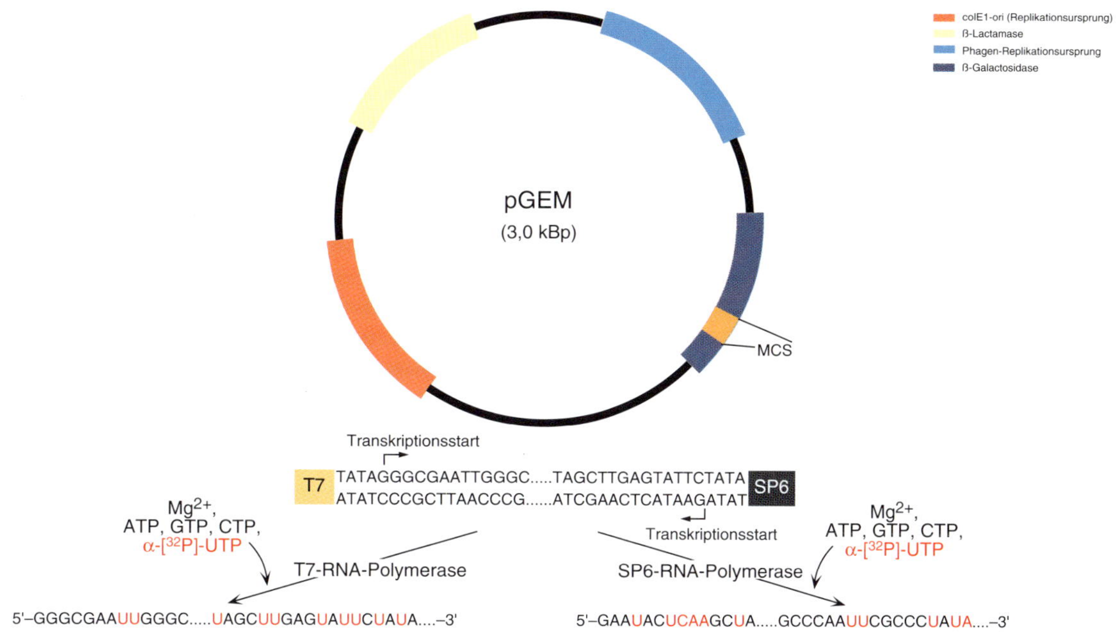

Abb. 2.4.8 Phagen-Promotoren gestatten gezielte Transkription der klonierten DNA. Viel Klonierungsplasmide enthalten Phagen-Promotoren flankierend zur MCS. Durchgesetzt haben sich der Promotor für die RNA-Polymerase aus dem Phagen T7 und der Promotor für die RNA-Polymerase aus dem SP6-Phagen. Die entsprechenden RNA-Polymerasen sind kommerziell erhältlich. Derartige Vektoren bieten die Möglichkeit, strangspezifische, radioaktiv-markierte RNA-Proben herzustellen. Wählen wir die T7-RNA-Polymerase, wird eine RNA synthetisiert, deren Sequenz mit dem oberen Strang identisch ist. Wählen wir hingegen die SP6-RNA-Polymerase, erhalten wir eine RNA, deren Sequenz mit dem unteren DNA-Strang übereinstimmt (siehe auch Abb. 2.4.5). Als radioaktive Vorstufe wird bevorzugt der RNA-Baustein UTP eingesetzt, dessen Phosphatgruppe in der α-Position ein ^{32}P trägt.

tor für die RNA-Polymerase aus dem SP6-Phagen. Auf der anderen Seite wird die MCS von dem Promotor flankiert, der von der RNA-Polymerase aus T7-Phagen erkannt wird. Diese Funktionselemente sind nützlich um *in vitro* die klonierte DNA in RNA zu überschreiben. Je nachdem, ob wir die RNA-Polymerase aus SP6- oder aus T7-Phagen als Katalysator einsetzen, wird entweder der obere oder der untere Strang mit hoher Effizienz transkribiert. Verwenden wir dabei α–[^{32}P]-UTP neben nicht markiertem ATP, GTP und CTP, so erhalten wir RNA-Transkripte, die sehr spezifisch radioaktiv markiert sind und die wir beispielsweise als Sonden für Hybridisierungsexperimente einsetzen können.

Ein weiteres Funktionselement in vielen Klonierungsvektoren ist ein Replikationsursprung für den Phagen f1 (*f1-ori*) (Abb. 2.4.9). Der f1-Phage enthält – ebenso wie der Phage M13 – nicht Doppelstrang- sondern Einzelstrang-DNA. Infiziert man daher die transformierten Bakterien mit einem sogenannten „f1-Helferphagen", so läßt sich die Plasmid-DNA auch als DNA-Einzelstrang isolieren. Je nachdem ob der f1-*ori* im Uhrzeigersinn oder gegen den Uhrzeigersinn in den Klonierungsvektor inseriert wurde, präpariert man entweder den „oberen" oder den „unteren" DNA-Strang des Vektors.

In der Regel liegen Klonierungsvektoren in einer Anzahl von mehr als 50 Kopien pro Zelle vor. Dies ist meist vorteilhaft und erwünscht, da wir dann die Plasmid-DNA aus relativ wenigen Zellen in guter Ausbeute isolieren können. Manchmal ist es jedoch sinnvoll oder gar erforderlich, mit speziellen Plasmiden zu arbeiten, die in geringerer Kopienzahl in *E. coli* persistieren. Dies ist der Fall, wenn die klonierte DNA besonders groß ist, so daß die vie-

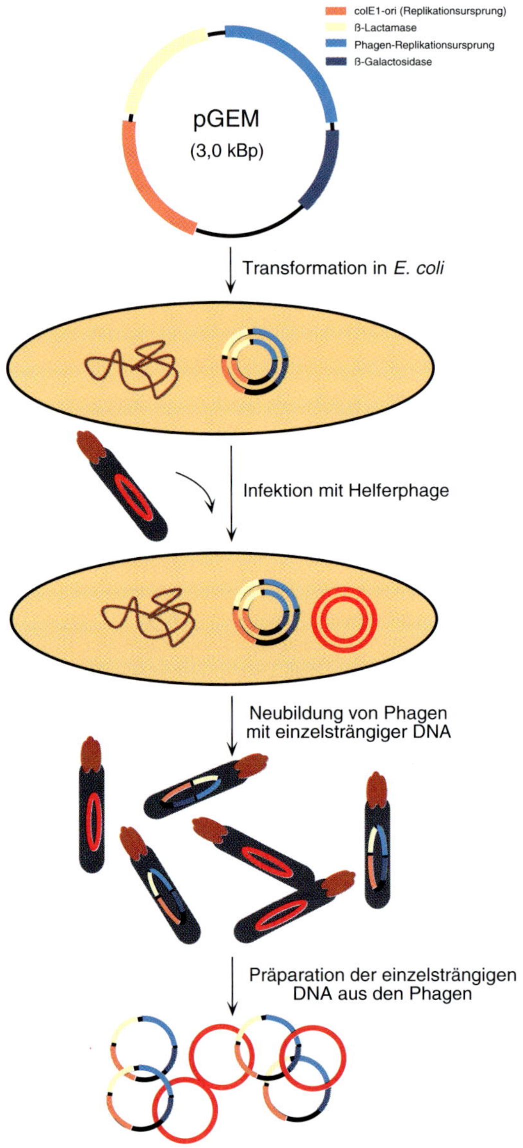

Abb. 2.4.9 Plasmide mit einem phagenspezifischen Replikationsursprung. Von Plasmiden, die einen Replikationsursprung eines filamentösen Bakteriophagen (hellbau) tragen, wie beispielweise die Plasmide der pGEM-Reihe, können wir einzelsträngige DNA isolieren. Hierzu muß die Zelle, die ein derartiges Plasmid trägt, mit einem sogenannten Helferphagen infiziert werden. Dieser Phage liefert die Enzyme, die zur Herstellung einzelsträngiger DNA und der phagenspezifischen Strukturproteine erforderlich sind. Wir erhalten eine Mischung von Phagen die entweder das Genom des Helferphagen oder das Plasmid in einzelsträngiger Form tragen. Einzelsträngige DNAs lassen sich besonders gut sequenzieren, und es sind die bevorzugten DNA-Substrate für punktgenaue *in-vitro*-Mutationen.

len Plasmid-Kopien „normaler" Vektoren die Zelle zu stark mit DNA überfrachten würden. Noch bedeutsamer ist der Einsatz sogenannter *low-copy*-Vektoren, wenn das Produkt der klonierten DNA für die *E.-coli*-Zelle unverträglich ist. Dies führt dazu, daß die Zellen schlecht oder gar nicht wachsen, wenn *high-copy*-Vektoren verwendet werden. Dadurch wäre zu viel genetisches Material in der Zelle, das für ein „unverträgliches Protein" codieren würde. In solchen Vektoren ist die DNA dann nicht klonierbar, einen Fall, der von Gentechnologen gefürchtet wird.

2.4.2.2 *Phagenvektoren*

http://vectordb.atcg.com/vectordb/vector_pages/Phage.html (Phagenvektoren)

Das älteste in der Molekularbiologie verwendete Phagensystem ist der bakterielle Phage Lambda. Ausgeklügelte Varianten des Lambda-Genoms können große DNA-Fragmente aufnehmen. Mit Hilfe eines eleganten Komplementationssystems wird diese DNA *in vitro* zu infektiösen Phagen zusammengesetzt (Abb. 2.4.10). Dazu mischen wir Extrakte aus zwei *E.-coli*-Stämmen, die je einen „defekten Phagen" enthalten. Der defekte Phage aus dem ersten *E.-coli*-Stamm kann keine Phagen-Kopfteile synthetisieren, da ihm eine wichtige Strukturkomponente (das sogenannte Protein E) fehlt. Der andere defekte Phage hat zwar ein intaktes Gen für das Protein E, kann aber die Phagen-DNA nicht in in seinem Kopf verpacken, da ihm das hierzu notwendige Protein D fehlt. Die Mischung der beiden Extrakte aus den *E.-coli*-Mutanten enthält allerdings alle Komponenten für den Phagenaufbau, so daß infektiöse Phagen zusammengebaut werden können, die die klonierte DNA in ihren Kopf aufnehmen.

Als infektiöse Partikel erreichen derartige rekombinante Phagen enorme Transformationseffizienzen. Wegen dieser Eigenschaft

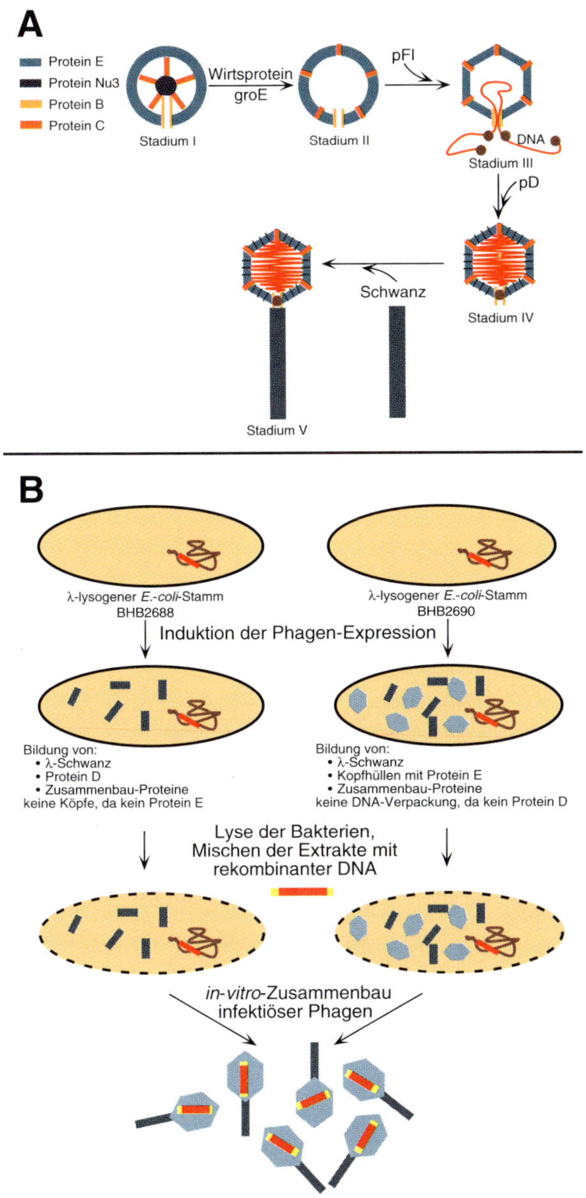

Abb. 2.4.10 ***In-vitro*-Verpackung von Lambda-Phagen.**
A. Der Zusammenbau eines λ-Phagen erfolgt in fünf Stadien. Wir benötigen hierzu verschiedene phagenspezifische Proteine und Proteine, die von der *E.-coli*-Wirtszelle stammen. Im Stadium III wird die lange λ-DNA mit Hilfe des Phagen-Proteins pD in den vorgeformten Phagenkopf gezogen. Danach wird der Phagenschwanz angehängt.

B. Rekombinante Lambda-DNA läßt sich *in vitro* in infektiöse Phagenhüllen verpacken. Diese kommerziell erhältlichen Enzymsysteme bestehen aus zwei Extrakten, die aus *E.-coli*-Zellen isoliert wurden, die defekte Lambda-Genome enthalten (z. B. die lysogenen *E.-coli*-Stämme BHB2688 und BHB2690). Wegen der Defekte in den einzelnen Phagengenomen kann weder in dem einen noch in dem anderen Stamm ein kompletter Phage zusammengebaut werden. Dem einen Phagen (aus BHB2688) fehlt das Protein E, eine wichtige Strukturkomponente des Phagenkopfes (siehe **A.**). Dem anderen Phagen (aus BHB2690) fehlt dagegen das Protein D, so daß er zwar leere Köpfe synthetisieren kann, diese allerdings nicht mit DNA füllen kann. Erst durch die Kombination der beiden Extrakte erhalten wir einen Protein-/Enzym-Cocktail, in dem alle Komponenten für die Phagensynthese enthalten sind, so daß *in vitro* infektiöse Phagen zusammengebaut werden.

werden auch heute noch Lambda-Phagen als Vektorsysteme für die Etablierung komplexer DNA-Banken favorisiert. Wir unterscheiden zwei unterschiedliche Lambda-Vektorsysteme (Abb. 2.4.11).

1. „*Replacement*-Vektoren" besitzen im zentralen Bereich des Lambda-Genoms ein als „*stuffer*" bezeichnetes DNA-Fragment, das durch Fremd-DNA ersetzt werden kann. In derartige Vektoren können wir Fremd-DNA-Fragmente von bis zu 22 kBp Länge integrieren.
2. „Insertions-Vektoren" enthalten eine einzelne Klonierungsstelle, in die wir eine Fremd-DNA direkt inserieren können. In diese Vektoren lassen sich Fremd-DNA-Fragmente von bis zu 10 kBp integrieren.

Lambda-DNA kann nur verpackt werden, wenn die Größe des rekombinierten Phagengenoms mindestens 78 % und maximal 105 % des Wildtyp-Lambda-Genoms beträgt. Sehr häufig wird die zu klonierende DNA durch eine Partialhydrolyse – beispielsweise mit der Restriktionsendonuklease *Sau*3 A – er-

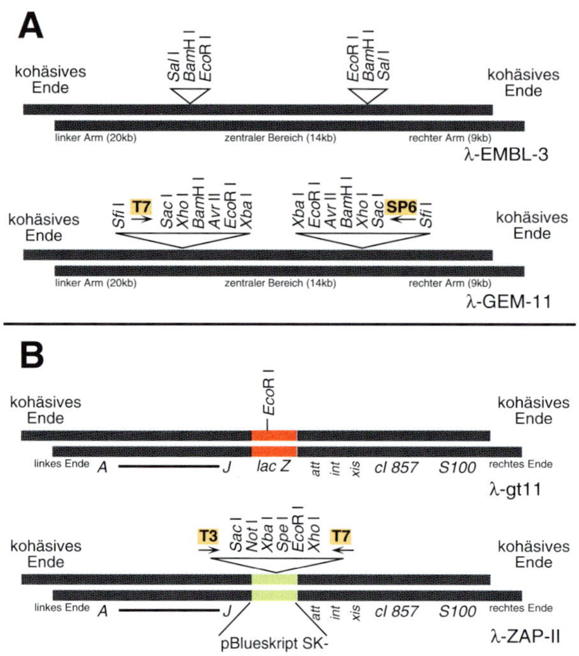

Abb. 2.4.11 Lambda-Vektoren. Bei den Lambda-Vektoren unterscheiden wir „*Replacement*-Vektoren" (**A**) von „Insertions-Vektoren" (**B**).
A. „*Replacement*-Vektoren" besitzen einen zentralen Bereich, der von zwei MCS-ähnlichen Sequenzen flankiert ist. Dieser, als „*stuffer*" bezeichnete Bereich, dient dazu, die für die Verpackung der Lambda-DNA erforderliche Größe zu erreichen. Für die Klonierung von Fremd-DNA entfernen wir diese „*stuffer*"-Region durch Restriktionshydrolyse und isolieren Lambda-Arme. Diese Lambda-Arme ligieren wir dann mit Fremd-DNA zu einem rekombinanten Lambda-Vektor. Es können nur solche Vektoren *in vitro* zu infektiösen Phagen verpackt werden, deren Genomgröße mindestens 78 % und maximal 105 % des Wildtyp-Lambda-Genoms beträgt. Beispiele für „*Replacement*-Vektoren" sind λ-EMBL-3 und λ-GEM-11.
B. Bei „Insertions-Vektoren" wird nicht etwa Lambda-DNA durch Fremd-DNA ersetzt, sondern es wird die Fremd-DNA in den linearisierten Vektor integriert. Beispiele sind die Lambda-Vektoren λ-gt-11 oder λ-ZAP-II. Beide Vektoren enthalten das ß-Gal-Detektionssystem (*lac Z*), so daß über eine Blau/weiß-Selektion rekombinante Phagen von nicht-rekombinanten Phagen unterschieden werden können (siehe Abb. 2.4.7). Darüber hinaus trägt der Phage λ-ZAP-II ein komplettes pBluesript-SK-Plasmid (siehe Abb. 2.4.13).

zeugt. Sowohl *Replacement*- als auch Insertions-Vektoren hydrolysieren wir in diesem Fall mit *Bam*H I (Abb. 2.4.12), da die durch *Sau*3 A und die durch *Bam*H I erzeugten Enden kompatibel sind, d. h. die überstehenden Enden zueinander komplementär sind (Abb. 2.4.12). Anschließend isolieren wir die entstandenen terminalen Fragmente, die wir auch als Phagen-Arme bezeichnen, durch Gradientenzentrifugation. Die isolierten Phagen-Arme und die fragmentierte zu klonierende DNA werden gemischt und mit Hilfe von T4-DNA-Ligase und ATP kovalent verbunden.

Da – wie oben erwähnt – Lambda-DNA nur in Phagenköpfe verpackt werden kann, wenn die Größe des rekombinierten Phagengenoms mindestens 78 % und maximal 105 % des Wildtyp-Lambda-Genoms beträgt, enthalten Genbanken, die mit Hilfe von Lambda-Vektoren erzeugt wurden, relativ große und in der Größe recht einheitliche DNA-Fragmente.

2.4.2.3 Beispiele für gängige Lambda-Vektoren

http://vectordb.atcg.com/vectordb/vector_pages/Phage.html (Phagen-Vektoren, u. a. Lambda-Vektoren)

Als Lambda-*Replacement*-Vektoren werden häufig die Vektoren λ-GEM-11 und λ-EMBL-3 verwendet (Abb. 2.4.11). Diese Vektoren tragen beide ein ca. 14 kBp großes *stuffer*-DNA-Fragment, das wir durch Hydrolyse mit einer Restriktionsendonuklease entfernen und durch eine Fremd-DNA ersetzen können. Die beiden Vektoren unterscheiden sich im wesentlichen dadurch, daß wir für λ-GEM-11 eine größere Auswahl an Restriktionsendonukleasen haben, mit denen der zentrale Bereich entfernt werden kann, als bei λ-EMBL-3. Darüber hinaus ist der zentrale Bereich bei λ-GEM-11 am einen Ende durch einen T7-Promoter und am anderen Ende durch einen SP6-Promoter flankiert. So können wir die Fremd-DNA mit Hilfe der entsprechenden Phagen-RNA-Polymerasen strangspezifisch in RNA transkribieren.

Die Insertions-Vektoren λ-gt11 und λ-ZAP-II hydrolysieren wir zunächst mit geeigneten Restriktionsendonukleasen. Danach wird die Fremd-DNA in den Vektor integriert. Der λ-gt11 Vektor enthält hierzu eine singuläre *Eco*R I-Schnittstellen, die sich im C-termina-

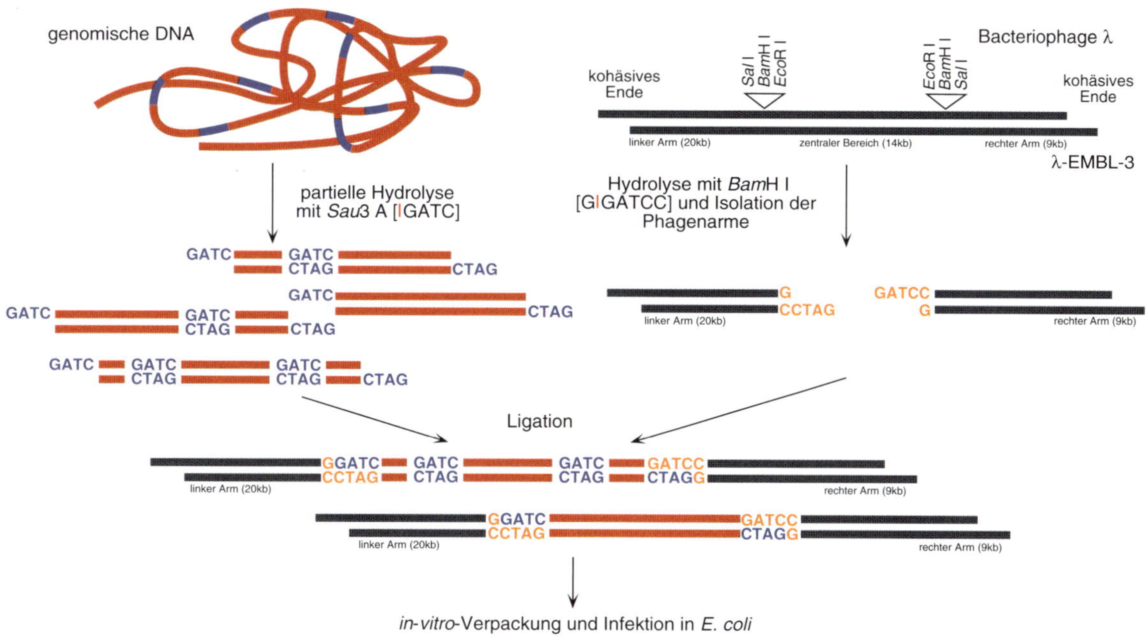

Abb. 2.4.12 Klonierung von Fremd-DNA in Lambda-Vektoren. Sehr häufig verwendet man die Restriktionsendonuklease *Sau*3 A, um Fragmente für einen Lamda-Vektor zu erzeugen. Diese Restriktionsendonuklease erkennt die Tetranukleotidsequenz GATC und spaltet daher DNA relativ häufig. Durch partielle Hydrolyse können wir jedoch so große Fragmente erzeugen, wie wir sie für einen verpackungsfähigen Vektor benötigen. Die Lambda-Arme präparieren wir durch Hydrolyse mit *Bam*H I. Dieses Enzym erkennt das Hexanukelotid GGATCC. Es hydrolysiert DNA daher viel seltener als die Restriktionsendonuklease *Sau*3 A, aber es produziert Enden, die mit den Enden einer *Sau*3 A-Hydrolyse kompatibel sind.

len Bereich des *E.-coli*-ß-Galactosidase-Gens befindet. Wird die Fremd-DNA in diese *Eco*R I-Schnittstelle integriert, so hat das zwei Konsequenzen:

- Durch die Integration der Fremd-DNA wird die ß-Galactosidase-Aktivität zerstört (Prinzip siehe Abb. 2.4.7). Daher können wir durch den Zusatz von *X-Gal* in den Agar rekombinante von nicht-rekombinanten Phagen unterscheiden. Nicht-rekombinante Phagen exprimieren aktive ß-Galactosidase, die die Umwandlung von *X-Gal* zu dem blauen Indikatorfarbstoff 5,5'-Dibromo-4,4'-dichloroindigo katalysiert. In rekombinanten Phagen ist das ß-Galactosidase-Gen zerstört, so daß die Phagen-Plaques farblos bleiben.

2. Die Fremd-DNA wird zusammen mit der inaktivierten ß-Galactosidase als Fusionsprotein exprimiert. Wir können daher den gesuchten Phagenklon identifizieren, indem wir einen Antikörper einsetzen, der gegen das Protein gerichtet ist, dessen Gen kloniert werden soll.

Der λ-ZAP-II-Vektor besitzt eine weitere bemerkenswerte Eigenschaft (Abb. 2.4.13). Er enthält nämlich ein komplettes Plasmid integriert. Dieses Plasmid (pBlueskript-SK) trägt einen Replikationsursprung für den Phagen f1 (*f1-ori*). Eine *E.-coli*-Zelle, die bereits einen rekombinanten λ-ZAP-II-Vektor enthält, kann mit einem f1-Helferphagen superinfiziert werden. Als Folge wird das Plasmid aus dem Lambda-Vektor ausgeschnitten, und die wesentlich kleinere Plasmid-DNA kann als Einzelstrang- oder Doppelstrang-DNA präpariert werden (siehe 2.4.2.4).

Eine wichtige biologische Eigenschaft des Lamda-Phagen soll an dieser Stelle noch kurz angesprochen werden. Lambda kann *E.-coli*-Zellen nämlich auf zwei verschiedene Arten infizieren.

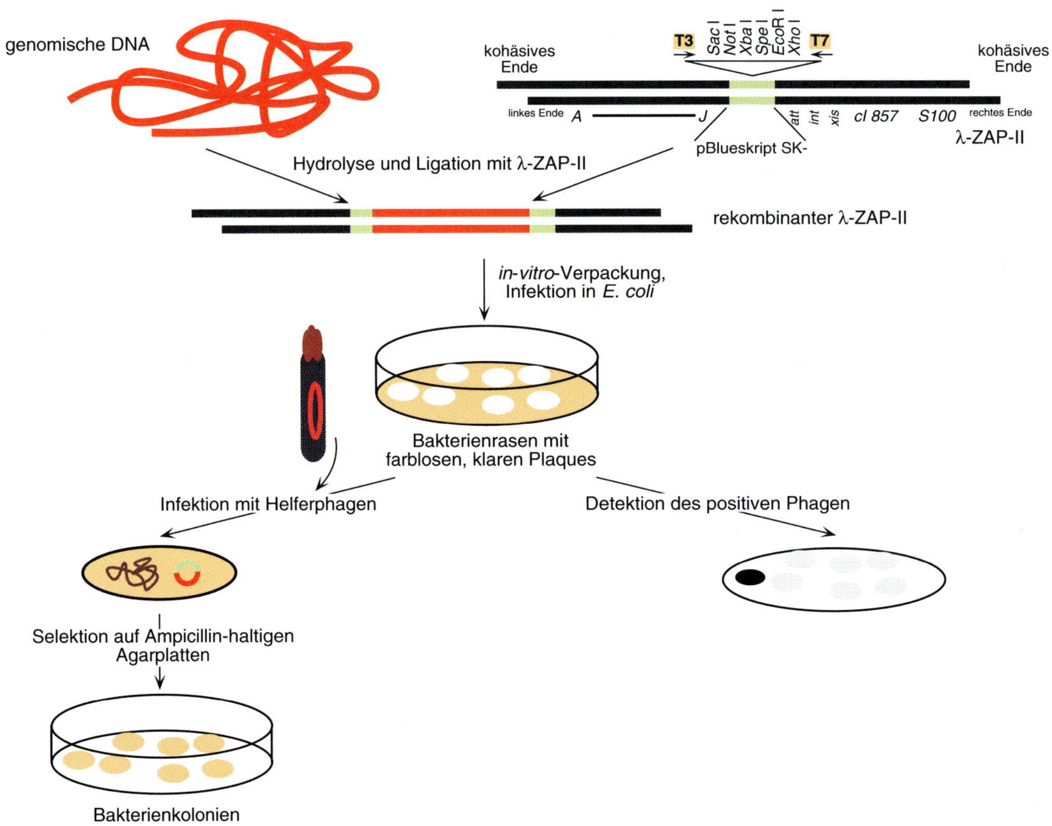

Abb. 2.4.13 Der Lambda-Vektor ZAP II. Dieser Vektor ist ein Lambda-Insertions-Vektor, der ein komplettes pBluescript-SK-Plasmid enthält. Auf diesem Plasmid befindet sich ein Replikationsursprung für den Phagen f1. Infizieren wir daher Zellen, die einen rekombinanten λ-ZAP-II-Vektor enthalten, mit einem f1-Helferphagen, wird durch phagenspezifische Proteine die Plasmid-DNA aus dem Lambda-Genom herausgeschnitten und es entstehen pBluescript-Plasmide. Zellen, die derartige Plasmide enthalten, lassen sich auf Ampicillin-Agar selektionieren, da das pBluescript-Plasmid eine Gen für die ß-Lactamase enthält.

- Bei der lytischen Infektion vermehren sich die Phagen in der infizierten Zelle (Abb. 2.4.14). Am Ende dieses Infektionsweges steht der Tod der infizierten Zelle. Innerhalb von 60 Minuten werden ungefähr 100 Nachkommen-Phagen pro Zelle synthetisiert. Nun platzt die Zelle und entläßt die Phagen in die Umgebung, die dann je eine neue Zelle infizieren.
- Die Alternative ist die sogenannte lysogene Infektion. Lambda-Phagen besitzen eine Sequenz, die auch im *E.-coli*-Genom vorkommt. Diese Stelle wird als *att* (*attachment*, Anheftung) bezeichnete. Auf dem *E.-coli*-Genom liegt sie zwischen dem Galactose- und dem Biotin-Operon. Der Lambda-Phage benutzt diese Sequenz, um unter bestimmten Bedingungen über homologe Rekombination ins *E.-coli*-Genom zu integrieren. Als Prophage oder lysogener Phage persistiert so Lambda in einer einzelnen Kopie im *E.-coli*-Genom und wird bei jeder Zellteilung mit der genomischen DNA auf die Tochterzellen übertragen. In Streßsituationen – beispielsweise bei ungenügender Ernährung oder bei Bestrahlung mit UV-Licht – schneidet sich der Lambda-Phage aus dem *E.-coli*-Genom aus und beginnt den lytischen Zyklus.

Lysogener und lytischer Zyklus haben für die praktische Gentechnik unterschiedliche Bedeutung. In der lysogenen Form läßt sich

Lambda als Teil der *E.-coli*-Zelle propagieren. Er befindet sich gewissermaßen in Wartestellung für die massive Amplifikation in Form des lytischen Zyklusses. Die wird immer dann gewünscht, wenn Lambda-DNA isoliert werden soll oder wenn die ins Lambda-Genom klonierte DNA exprimiert werden soll. Konkret verfahren wir so, daß *E.-coli*-Zellen, die einen lysogenen Prophagen enthalten, angezüchtet werden. Hat die Kultur eine mittlere Zelldichte erreicht, induzieren wir – beispielsweise durch Bestrahlung mit UV-Licht – den lytischen Zyklus. Nun vermehren sich die Phagen, exprimieren die einklonierte Fremd-DNA und bringen die *E.-coli*-Zellen zum Platzen. Lambda-DNA oder das synthetisierte Produkt können aus dem Medium isoliert werden.

2.4.2.4 *M13-Phagen*

http://vectordb.atcg.com/vectordb/vector_pages/Phage.html (Phagenvektoren, u. a. M13-Vektoren)

Als weitere Phagenvektoren werden sehr häufig Varianten des M13-Phagengenoms verwendet. Der M13-Phage – aber auch der bereits mehrfach erwähnte Phage f1 – gehört zu der Gruppe der filamentösen Phagen. Diese enthalten ein einzelsträngiges, ringförmiges DNA-Molekül. Die Infektion der Bakterienzelle erfolgt über den sogenannten F-Pilus (Abb. 2.4.15). Dies ist das Organ, über das Bakterien untereinander genetisches Material austauschen. Nur „männliche" Bakterien tragen einen F-Pilus, da nur sie ein sogenanntes Fertilitäts-Plasmid (F-Plasmid) enthalten.

Nach dem Eindringen in die Wirtszelle wird die einzelsträngige DNA in einen DNA-Doppelstrang umgewandelt. Diese doppelsträngige DNA bezeichnen wir als „replikative Form" oder auch als „RF-DNA" (Abb. 2.4.15). Nur in der replikativen Form können wir M13- oder f1-DNA als Vektor-DNA benutzen, da ja nur doppelsträngige DNA von Restriktionsenzymen geschnitten werden kann, wie wir weiter oben gesehen haben.

Ähnlich wie andere Vektoren enthalten M13-Vektoren ein ß-Galactosidase-Gen mit einer multiplen Klonierungsstelle (MCS). So können auch in diesem Vektorsystem rekombinante Klone von nicht-rekombinanten Klonen über die Aktivität der ß-Galactosidase unterschieden werden (Abb. 2.4.16). Transformanden erkennen wir daran, daß infizierte *E.-coli*-Zellen langsamer wachsen als nicht-infizierte Zellen. Auf einem konfluenten *E.-coli*-Rasen sehen wir daher punktförmige, lichtere Bereiche infizierter Zellen als „Plaques", weil diese Bereiche eine geringere Zell-

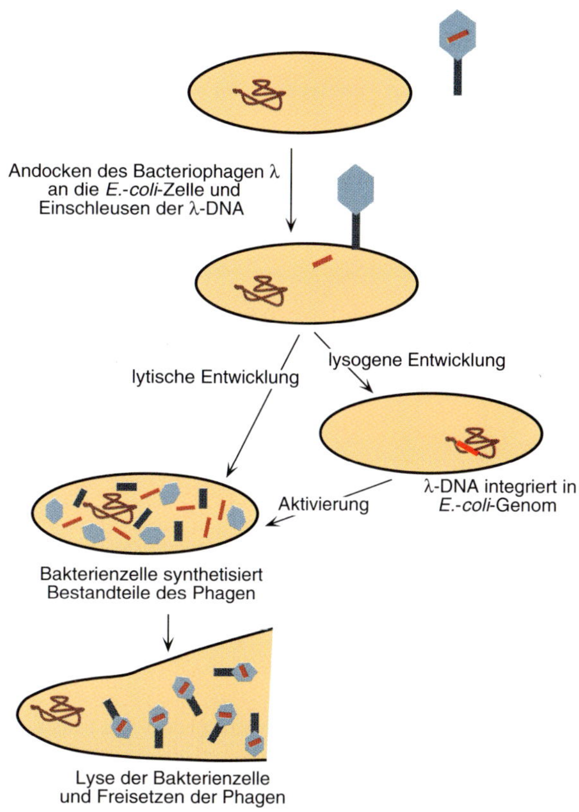

Abb. 2.4.14 Lytische vs. lysogene Entwicklung des Phagen Lambda. Lambda kann eine *E.-coli*-Zelle auf zweierlei Art infizieren. Wird nach der Infektion gleich damit begonnen, neue Phagen zu synthetisieren, bezeichnen wir die Infektion als „lytisch", da nach ca. 60 Minuten in der Zelle so viele Phagen synthetisiert werden, daß die Zellen platzen (linker Teil).
Alternativ kann die Phagen-DNA ins *E.-coli*-Genom integriert werden und dort in einer einzelnen Kopie über viele Generationen verbleiben. Diesen Zustand bezeichnet man als „lysogen" (rechter Teil). Unter bestimmten Bedingungen kann das Phagengenom aktiviert werden und in die lytische Entwicklung übergehen.

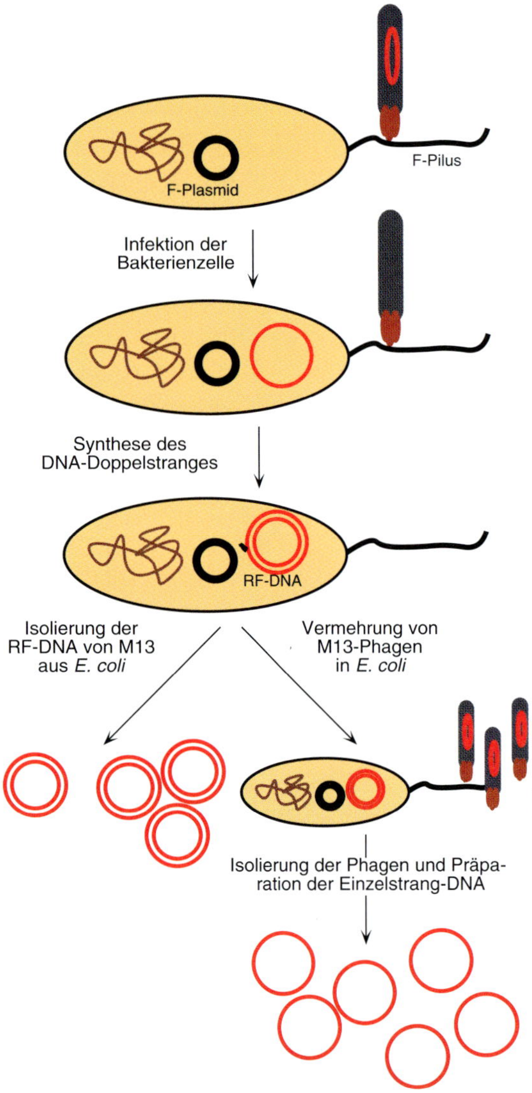

Abb. 2.4.15 M13-Phagen. M13-Phagen gehören – ähnlich wie der bereits mehrfach erwähnte Phage f1 – zu den filamentösen Phagen. Dies sind *E. coli*-spezifische Phagen, die jedoch nur solche *E.-coli*-Zellen infizieren, die ein Fertilitäts-Plasmid (F-Plasmid) besitzen und daher F-Pili ausbilden. Sie binden an diese F-Pili und entlassen über die Pili ihre DNA in das Zellinnere. Die DNA der filamentösen Phagen ist einzelsträngig. In der *E.-coli*-Zelle wird eine doppelsträngige, replikative Form (RF-DNA) synthetisiert. Nur diese Variante ist für die Klonierung brauchbar, da Restriktionsendonukleasen nur doppelsträngige DNA hydrolysieren. Parallel zur Replikation des Phagengenoms werden auch die Strukturproteine der Phagen synthetisiert.
Anders als beispielsweise Lambda-Phagen lysieren filamentöse Phagen die infizierten Zellen nicht. Vielmehr verlassen sie die Zellen wieder über den Pilus. Die Phagen – und damit die einzelsträngigen DNA-Formen – können wir aus dem Kulturüberstand präparieren. Die klonierbare, doppelsträngige Phagen-DNA isolieren wir hingegen wie Plasmid-DNA aus den infizierten Bakterienzellen.

dichte aufweisen. Diese Plaques sind trüb, da M13-Phagen – im Gegensatz zu Lambda-Phagen – die Bakterien-Zellen nicht lysieren. Sie verlassen vielmehr die infizierten Zellen über den Pilus, also auf dem gleichen Weg, wie sie in die Zelle eingedrungen sind. Lambda-Phagen verursachen hingegen klare Plaques.

Ein entscheidender Vorteil von M13-Vektoren ist die Möglichkeit, einzelsträngige DNA zu präparieren. Einzelsträngige DNA wird bevorzugt zur DNA-Sequenzierung eingesetzt. Auch punktgenaue Mutationen lassen sich am effizientesten mit einzelsträngiger DNA einführen.

2.4.2.5 *Cosmid-Vektoren*

http://vectordb.atcg.com/vectordb/vector_pages/Cosmid.html (Cosmid-Vektoren)

Cosmide sind Hybride zwischen Plasmid- und Lambda-Phagen-Vektoren (Abb. 2.4.17). Sie vereinigen die Vorteile von Lambda-Vektoren (hohe Transformationsrate durch Infektion, Aufnahmefähigkeit für große DNA-Fragmente) mit den Vorteilen von Plasmid-Vektoren (kleine, leicht zu präparierende Vektor-DNA, Selektion der Transformanden über eine Antibiotika-Resistenz). Die Phagen-relevanten Sequenzen sind bei Cosmid-Vektoren sehr klein. Sie beschränken sich auf die Funktionselemente, die für die *in vitro*-Verpackung in Lambda-Phagenköpfe erforderlich sind. Wir bezeichnen diese Bereiche als „*cos*-Stellen“ (Abb. 2.4.17). Diese befinden sich bei einem Lambda-Phagen jeweils an den beiden Enden des Lambda-Genoms. *Cos* bedeutet „*cohesive end site*“, denn die Lambda-Enden bestehen aus versetzt geschnittenen DNA-Bereichen – ähnlich wie die Enden, die durch viele Restriktionsenzyme erzeugt werden. Allerdings sind die überhängenden Bereiche an den Lambda-Enden 12 Basen lang.

Wie wir zuvor gesehen haben, kann DNA nur dann in Lambda-Köpfen verpackt wer-

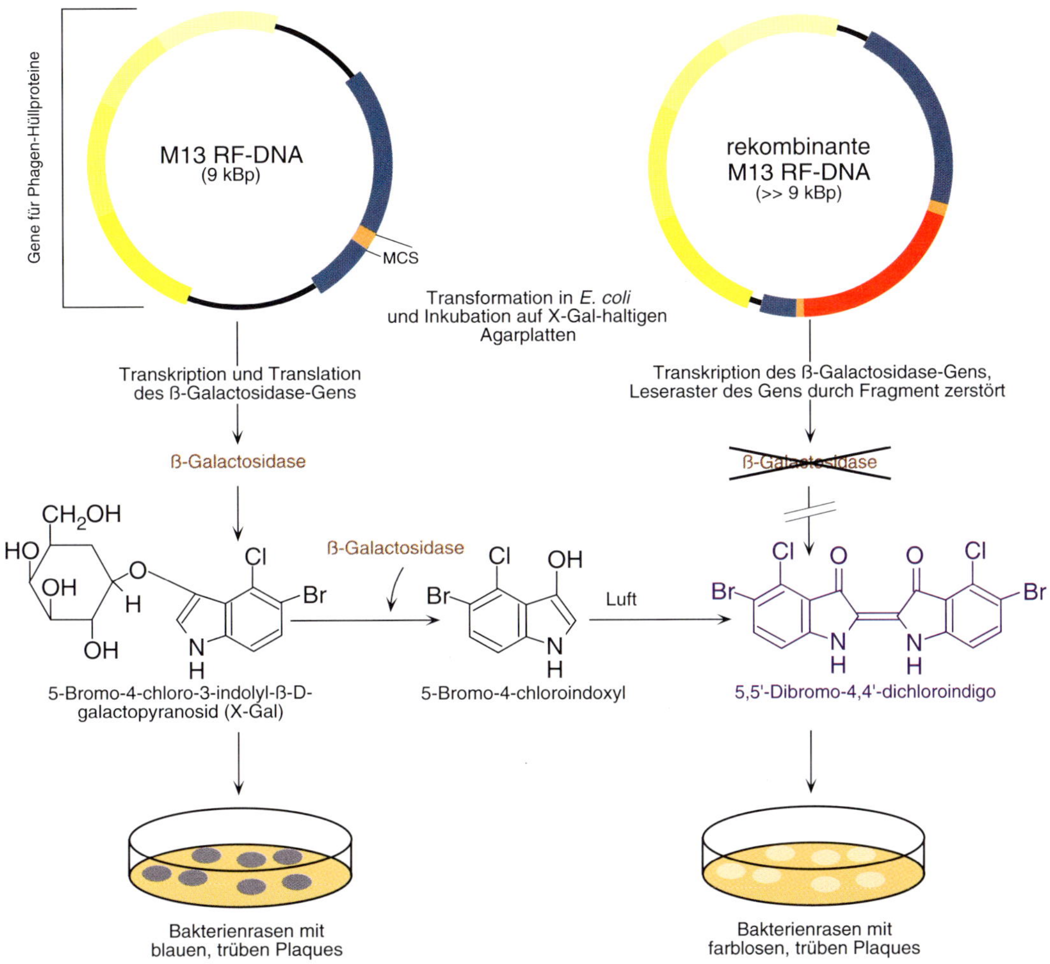

Abb. 2.4.16 M13-Vektoren. M13-Vektoren sind im Vergleich zu Plasmid-Vektoren mit 9 kBp relativ groß, im Vergleich zu Lambda-Vektoren jedoch recht klein. Sie besitzen ebenfalls eine multiple Klonierungsstelle (MCS) als Teil des Gens für das ß-Galactosidase-α-Komplement, so daß wir Transformanden wiederum über die bereits mehrfach besprochene Blau/weiß-Selektion charakterisieren können. Da filamentöse Phagen die infizierten Zellen nicht lysieren, erhalten wir keine klaren sondern trübe Plaques. Denn infizierte Zellen wachsen langsamer als die sie umgebenden nicht-infizierten Zellen, was wir an einem weniger dichten Bakterienrasen in diesem Bereich erkennen können.

den, wenn die zu verpackende DNA eine Größe von ca. 50 kBp besitzt. Daher muß auch in einen Cosmid-Vektor ein entsprechend großes DNA-Fragment inseriert werden, um biologisch verpackt werden zu können. Das Verpacken geschieht dann genau so, wie wir das weiter oben für Lamda-Vektoren bereits besprochen haben. Auch hier kommen wieder die Extrakte der beiden *E.-coli*-Stämme zum Einsatz, die erst nach Kombination alle Komponenten des biochemischen Apparates enthalten, die für den Zusammenbau infektiöser Phagen erforderlich sind. Da einerseits Cosmid-Vektoren relativ klein sind, andererseits aber DNA, die in Phagenköpfe verpackt werden soll, mit ca. 50 kBp sehr groß ist, wird bei der Klonierung in Cosmid-Vektoren auf sehr große DNA-Fragmente selektioniert. Das ist – wie wir im nächsten Abschnitt sehen werden – ein großer Vorteil bei der Herstellung genomischer Genbanken.

Die *in vitro* zusammengebauten Phagenköpfe sind für *E. coli* infektiös, und ent-

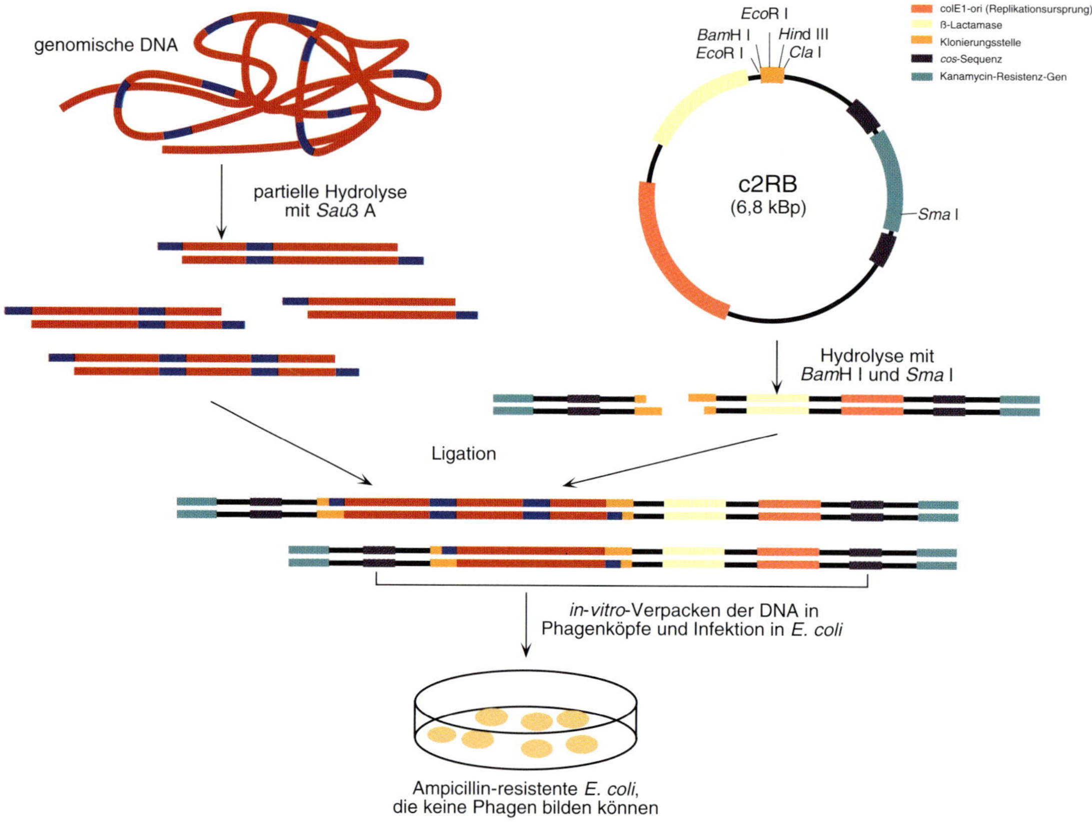

Abb. 2.4.17 Cosmide. Cosmide sind im Grunde genommen Plasmide. Sie enthalten, wie dies hier am Beispiel des Cosmids c2RB dargestellt ist, die bekannten Funktionselemente wie eine MCS (orange), ein Ampicillin-Resistenz-Gen (ß-Lactamase, gelb) und einen colE1-Replikationsursprung (colE1-ori, rot). Zusätzlich enthalten sie allerdings noch zwei „*cos*-Sequenzen" aus dem Lambda-Phagen (dunkel blau) und ein Kanamycin-Resistenzgen (türkis), das sich zwischen den beiden *cos*-Stellen befindet. *Cos*-Stellen sind die äußersten Enden des Lambda-Genoms. Sie sind für die Verpackung in Phagen-Kapside essentiell und – neben einer DNA-Größe von ca. 50 kBp – hinreichend. Aus diesem Grund können auch Cosmide in Lambda-Kapside verpackt werden, vorausgesetzt, es wird ein so großes DNA-Fragment integriert, daß die erforderliche Genomgröße erreicht wird. Ähnlich wie bei Lambda-Vektoren wird daher in Cosmide in der Regel mit *Sau3* A partiell-hydrolysierte genomische DNA integriert. Hierzu linearisieren wir das Cosmid zuvor mit *Bam*H I und ligieren die genomischen *Sau3* A-Fragmente an die kompatiblen *Bam*H I-Enden. Die DNA kann nun *in vitro* mit entsprechenden Extrakten in Phagenköpfe verpackt werden (siehe Abb. 2.4.10) und so sehr effizient in *E.-coli*-Zellen transduziert werden. In den *E.-coli*-Zellen verhalten sich die Cosmide wieder wie ganz normale Plasmide, da sie ja keine Lambda-spezifischen Gene tragen. Zellen, die ein Cosmid aufgenommen haben, erkennen wir an einer Ampicillin-Resistenz.

sprechend hoch ist die Transfektionseffizienz. Ist jedoch erst einmal die DNA durch Infektion in eine *E.-coli*-Zelle eingeschleust, so ist sie nicht mehr in der Lage, weitere *E.-coli*-Zellen zu infizieren. Denn auf dem Cosmid-Vektor fehlen entsprechende Strukturgene für den Zusammenbau neuer infektiöser Partikel. Statt dessen verhalten sich diese DNAs wie Plasmide und können als solche aus den *E.-coli*-Zellen isoliert werden (Abb. 2.4.17).

2.4.2.6 „Bacterial artificial chromosomes" (BACs)

Sogenannte *„bacterial artificial chromosomes"* (BACs) leiten sich von dem bakteriellen Fertilitäts-Plasmid (F-Faktor) ab. Der F-Faktor enthält zwei Gene, *parA* und *parB*, die sehr streng die Kopienzahl dieses Plasmids kontrollieren. Die beiden Gene sorgen nämlich dafür, daß pro Zelle nicht mehr als ein bis

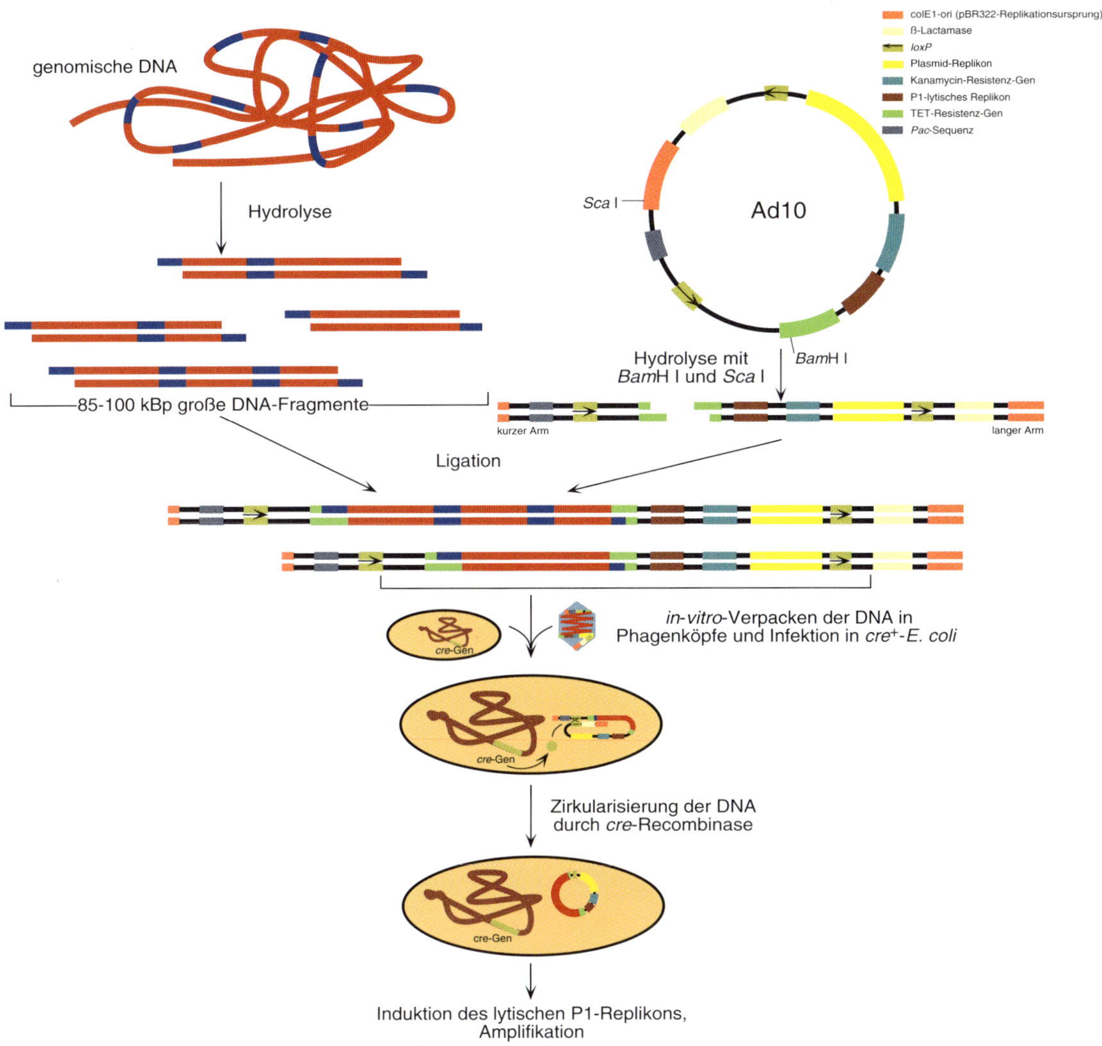

Abb. 2.4.18 BACs und PACs.

zwei Plasmide vorhanden sind. Daher rührt dann auch der Name „bakterielles artifizielles Chromosom" (BAC), denn für Chromosomen ist es ja typisch, daß sie in einer haploiden Zelle als Einzelmolekül vorhanden sind.

Für die Gentechnik haben diese Vektoren den Vorteil, daß sie bis zu 300 kBp Fremd-DNA aufnehmen können und daß diese DNA in derartigen Vektoren auch relativ stabil bleibt. Allerdings müssen wir berücksichtigen, daß bei der Plasmidisolierung die Ausbeute wegen der geringen Kopienzahl auch sehr gering ist.

2.4.2.7 Bakteriophagen-P1-Vektoren (PACs)

Für die Klonierung sehr großer DNA-Fragmente bietet sich ein weiteres Bakteriophagensystem an. Es ist der Bakteriophage P1. Dieser Phage spielte bereits in der klassischen Bakteriengenetik eine große Rolle. Er hat nämlich die Eigenschaft, ähnlich wie der Phage Lambda, in das Genom der von ihm infizierten Zelle zu integrieren. Wird dann der lytische Weg induziert, verpackt der Phage nicht nur seine eigene DNA, sondern nimmt noch mehr oder weniger große Bruchstücke

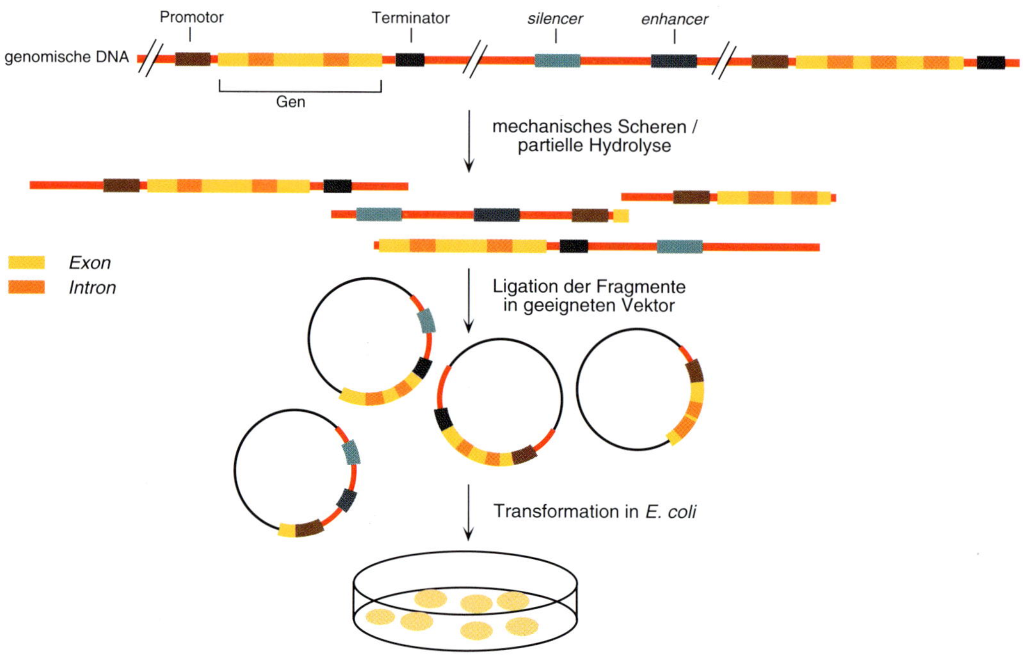

Abb. 2.4.19 Genomische Genbanken. Genomische Genbanken enthalten genomische DNA, die entweder durch mechanisches Scheren oder durch partielle Hydrolyse mit häufig schneidenden Restriktionsendonukleasen gewonnen werden und die dann in geeignete Vektoren integriert werden. Die DNA-Fragmente tragen somit alle Elemente einer genomischen DNA, darunter codierende Bereiche *(Exons)*, nicht-codierende Bereiche (z.B. *Introns*) und Kontrollelemente (z.B. Promotoren, Transkriptionsterminatoren, *silencer* und *enhancer*).

der Wirts-DNA mit. Für die Genetiker war dies ein elegantes „*in-vivo*-Klonierungssystem", lange bevor die Gentechnik erfunden war.

Heute existieren Klonierungsvektoren, die sich von P1-Phagen ableiten. Der Vorteil dieser Vektoren besteht darin, daß auch sie sehr große DNA-Fragmente (130–150 kBp) aufnehmen können. Daher bezeichnen wir diese Plasmide auch als PACs (*P1 artificial chromosomes*).

Ein P1-Vektorsystem ist in Abb. 2.4.18 schematisch dargestellt.

Der Vektor Ad10 enthält neben der bekannten Ampicillin-Resistenz aus dem Plasmid pBR 322 das *pac*-Element aus dem P1-Phagen. Dies ist die Verpackungsstelle dieses Phagen, analog zum *cos*-Element der Lambda-Phagen. Ferner sind auf dem Plasmid zwei *loxP*-Stellen vorhanden. Diese werden von einer Rekombinase (*cre*) erkannt, die in der Zelle aus dem Plasmid einen rekombinanten P1-Phagen macht. Das *cre/loxP*-Rekombinationssystem wird uns bei der Herstellung transgener Tiere in Kapitel 4.3 wieder begegnen.

Der Vektor ist so konstruiert, daß durch Hydrolyse mit den Restriktionsendonukleasen *Bam*H I und *Sca* I zwei Vektor-Arme entstehen, zwischen die 85–100 kBp Fremd-DNA integriert werden können. Die rekombinante DNA wird dann *in vitro* – ähnlich wie im Lambda-System – zu infektiösen Phagen verpackt. Diese Phagen werden mit *E.-coli*-Zellen inkubiert, die das *cre*-Gen – dies ist das Gen für die Rekombinase – enthalten. In den infizierten Zellen werden dann mit Hilfe der *cre*-Rekombinase P1-Phagen-Genome produziert. Diese liegen in geringer

Kopienzahl vor. Wird aber das lytische P1-Replikon induziert, vermehren sich die Phagen massiv und lysieren schließlich die infizierten Zellen.

2.4.3 Konstruktion von Genbanken

Wollen wir ein Gen aus einem Genom isolieren, so gehen wir immer von einer Genbank aus.

Wie können wir den Begriff Genbank definieren? Unter einer Genbank versteht man eine Schar von Phagen oder Plasmiden, deren inserierte DNA-Fragmente entweder ein komplettes Genom, oder zumindest einen Teil eines Genoms repräsentieren. Wir unterscheiden zwei Arten von Genbanken:

- Genomische Genbanken und
- cDNA-Genbanken

Für genomische Genbanken werden genomische DNA-Fragmente in Plasmide oder in Phagen-Vektoren integriert. Diese Genbanken enthalten alle DNA-Bereiche, die auch im Genom vorhanden sind (Abb. 2.4.19). Dazu zählen:

- **Transkribierte Bereiche**. Dies sind die eigentlichen Gene. Bei Prokaryonten bestehen die Gene nur aus Bereichen, die auch im Laufe der Proteinsynthese translatiert werden. Bei Eukaryonten bestehen Gene hingegen oft aus *„Introns"* und *„Exons"*. Als *Exon* bezeichnen wir einen Bereich auf der DNA, der tatsächlich in Protein übersetzt wird. *Introns* sind hingegen DNA-Bereiche, die zwar transkribiert werden, die allerdings nicht translatiert werden. Sie werden vielmehr nach der Transkription durch einen komplizierten Prozeß enzymatisch entfernt, den wir als „Spleißen" oder *„splicing"* bezeichnen.
- **Kontrollregionen**. Dies sind die Bereiche auf der DNA, die das Abrufen der genetischen Information kontrollieren. Dazu zählen Promotoren, an denen die Transkription gestartet wird, Terminatoren, an denen die Transkription endet, sowie Elemente, die die Transkription verstärken (*enhancer*) oder abschwächen (*silencer*). Zur Funktion dieser Elemente sei auf das Kapitel 4.2 „Expressions-Vektoren für Tierzell-Systeme" verwiesen.
- **DNA-Bereiche ohne bekannte Funktionselemente**. Dies ist – abgesehen von Genomen der Viren oder Phagen – der größte Teil der genomischen DNA.

Im Gegensatz zu den genomischen Genbanken enthalten cDNA-Genbanken nur codierende Bereiche. Hier fehlen also die Kontrollregionen, die *Introns* und die intergenischen Regionen, die alle nicht translatiert werden. Wie wir weiter unten sehen werden, ist es möglich, ausschließlich die codierenden Bereiche zu klonieren, indem wir die mRNA in DNA zurückschreiben.

2.4.3.1 Genomische Genbanken

Mit der Etablierung einer genomischen Genbank wollen wir eine Plasmid- oder Phagenpopulation schaffen, die möglichst ein komplettes Genom in Form überlappender DNA-Fragmente kloniert enthält. Es gibt aber auch sogenannte subgenomische Genbanken, die beispielsweise die komplette DNA eines oder mehrerer Chromosomen enthalten. Um tatsächlich ein spezifisches Gen aus einer solchen genomischen Bank isolieren zu können, müssen überlappende Fragmente vorhanden sein. Das heißt, eine genomische Genbank weist immer ein gewisses Maß an Redun-

$$N = \frac{\ln(1-P)}{\ln(1-f)} \qquad (1)$$

Abb. 2.4.20 Komplexität einer Genbank. Um davon ausgehen zu können, daß in einer Genbank ein bestimmtes DNA-Stück mit einer Wahrscheinlichkeit P vorhanden ist, muß die Genbank N Klone enthalten und es muß das Verhältnis der durchschnittlichen Größe der klonierten DNA-Fragmente zum Gesamt-Genom den Wert f besitzen.

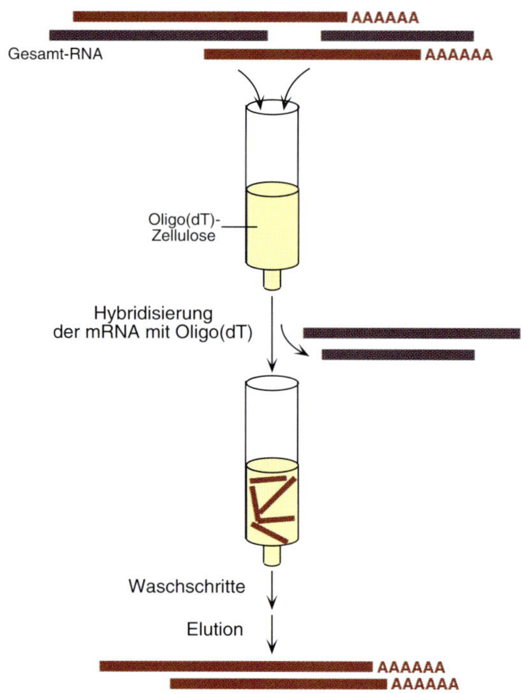

Abb. 2.4.21 Isolierung eukaryontischer mRNA. Da eukaryontische mRNAs im Gegensatz zu allen anderen RNAs an ihren 3'-Enden durch ein Poly(A)-Homopolymer modifiziert sind, können wir diese RNA-Fraktion über sogenannte Oligo(dT)-Säulen anreichern. Diese Oligo(dT)-Säulen enthalten eine Zellulose-Matrix, an die Oligo(dT)-Reste kovalent fixiert wurden. Leiten wir eine RNA-Präparation über eine solche Matrix, so bleiben die mRNA-Moleküle (braun) unter geeigneten Bedingungen an der Matrix haften, da die Poly(A)-Sequenz der mRNAs mit den Oligo(dT)-Resten der Matrix hybridisieren. Die nicht polyadenylierten RNA-Moleküle (violett) haften nicht. Nachdem die Säule ausgiebig gewaschen wurde, werden die mRNAs durch Änderung des Puffermilieus von der Säule abgelöst.

danz, also Wiederholung, auf. Die zu klonierenden DNA-Fragmente werden entweder durch mechanisches Scheren oder durch eine partielle Hydrolyse mit einer Restriktionsendonuklease erzeugt (siehe Abb. 2.2.5 und 2.2.6). In der Regel werden die erhaltenen Fragmente durch Zentrifugation in einem Dichtegradienten nach Größe fraktioniert (siehe Methode M5). Nur Fragmente eines bestimmten Größenbereichs werden für die Klonierung verwendet.

Denn die Anzahl der benötigten Klone, die ein komplettes Genom repräsentieren, hängt maßgeblich von der Größe der klonierten DNA-Fragmente ab. Diese Zahl errechnet sich nach der Formel (1), wobei N die Zahl der DNA-Klone, P die Wahrscheinlichkeit und f der Quotient aus der Insert-Größe und der Größe des zu klonierenden Gesamtgenoms ist (Abb. 2.4.20).

Beispiel:

- Sind die klonierten DNA-Fragmente einer Genbank im Durchschnitt 3×10^3 Bp groß, so errechnet sich für f im Falle eines Bakteriengenoms (Größe = 3×10^6 Bp) der Wert 1×10^{-3} und im Falle eines Säugergenoms (Größe = 3×10^9 Bp) der Wert 1×10^{-6}. Sollen 99 % der beiden Genome in den jeweiligen Genbanken repräsentiert sein, so sind im Falle der bakteriellen Genbank 4.603 Klone und im Falle der Säuger-Genbank 4.605.168 Klone erforderlich.
- Sind die klonierten DNA-Fragmente einer Genbank jedoch im Durchschnitt 1×10^4 Bp groß, verringert sich die Zahl der erforderlichen Klone auf 1.533 im Falle der bakteriellen Genbank und auf 1.535.054 im Falle der Säuger-Genbank.

Diese Berechnung setzt als gegeben voraus, daß alle klonierten DNA-Fragmente mit gleicher Wahrscheinlichkeit in einem Genom vertreten sind. Dies ist allerdings eine Annahme, die die wahre Situation stark vereinfacht und in der Realität meist nicht zutrifft. Es lassen sich nämlich nicht alle möglichen DNA-Fragmente mit gleicher Wahrscheinlichkeit klonieren. Beispielsweise können bestimmte DNA-Fragmente für den Wirt schädlich sein und sind daher in der Genbank unterrepräsentiert.

Da Lambda-Phagen sehr große DNA-Fragmente aufnehmen und diese sehr effizient transferieren können, werden sie bevorzugt als Vektorsysteme für die Erstellung genomischer Genbanken eingesetzt. Noch größere Fragmente können wir in Cosmid-Vektoren integrieren. Jedoch sind Cosmid-Genbanken nicht unproblematisch, da die klonierte DNA nicht immer stabil ist und die rekombinanten

Organismen teilweise ganz unterschiedliche Wachstumsraten aufweisen.

2.4.3.2 cDNA-Banken

cDNA-Banken enthalten doppelsträngige Kopien von Messenger-RNAs (mRNAs), die aus bestimmten Zellen oder aus bestimmten Stadien im Laufe eines Differenzierungsprozesses isoliert wurden. Demzufolge repräsentieren die cDNA-Banken nicht das gesamte Genom, sondern nur den Teil der codierenden Regionen, die zum Zeitpunkt der mRNA-Isolierung exprimiert wurden. Deshalb sind cDNA-Banken deutlich weniger komplex als genomische Genbanken.

Wie wird eine cDNA-Bank erstellt? Voraussetzung ist die Isolierung von mRNA. Dies ist ein kritischer Schritt, da RNA wesentlich instabiler ist als die bisher besprochene DNA. Umgekehrt ist aber das RNA-abbauende Enzym, die RNase, wesentlich stabiler als die DNA-abbauenden DNasen. Wir müssen also bei der Isolierung von mRNA besondere Vorsichtsmaßnahmen treffen, um Sterilität und Abwesenheit von RNasen sicher zu stellen.

Die mRNA repräsentiert nur etwa 1 % bis 3 % der Gesamt-RNA in einer Zelle. Wir können diese mRNA-Fraktion von der Gesamt-RNA abtrennen, da alle eukaryontischen mRNAs an ihrem 3′-Ende eine Oligo-A-Sequenz besitzen (Abb. 2.4.21). Im Verlauf der posttranskriptionalen Modifikation von mRNA werden diese Homopolymere aus mehr als 300 Adenin-Resten noch im Kern an die neusynthetisierten mRNAs angeheftet. Sie dienen in erster Linie der Stabilität der mRNAs. Zur Anreicherung der mRNA-Fraktion wird die RNA-Präparation über eine Säule geleitet, an die kovalent Oligo-dT-Sequenzen angeheftet wurden. Unter bestimmten Pufferbedingungen findet eine Hybridisation dieser immobilisierten Oligo-dT-Sequenzen mit den Oligo-A-Sequenzen am Ende der mRNA-Moleküle statt (Abb. 2.4.21).

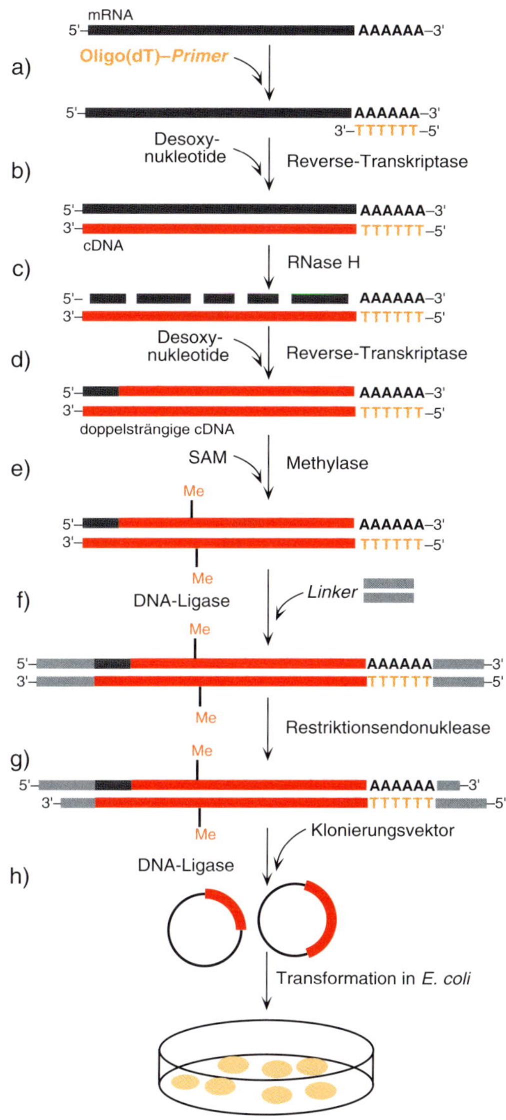

Abb. 2.4.22 cDNA-Synthese. Die Synthese einer cDNA geht von der Poly(A)-Sequenz der eukaryontischen mRNAs aus (a). An diese Poly(A)-Sequenz lagern wir eine Oligo(dT)-Sequenz (gelb) an (a). Mit Hilfe der Reversen-Transkriptase wird ausgehend von dieser doppelsträngigen Region eine DNA-Kopie der mRNA synthetisiert (b). Anschließend fügt die RNase H, eine endonukleolytische Teilaktivität der Reversen-Transkriptase, die ausschließlich RNA in RNA/DNA-Hybriden hydrolysiert, *Nicks* in die kopierte mRNA ein (c). Ausgehend von diesen *Nicks* werden einerseits die RNA-Fragmente mit Hilfe einer 5′ → 3′-Exonuklease-Aktivität hydrolysiert, andererseits ein komplementärer DNA-Strang zur cDNA synthetisiert (d). Um die cDNA-Fragmente klonieren zu können, ist es sinnvoll, *Eco*R I-Linker an die Enden anzuligieren. Dazu sollten wir die cDNA zuvor mit der *Eco*R I-Methylase und SAM inkubieren, um eventuell in der cDNA vorhandene *Eco*R I-Erkennungsstellen vor Hydrolyse zu schützen (e). Es folgt die Linkerligation mit den *Eco*R I-Linkern (f). Schließlich behandeln wir den Ansatz mit der Restriktionsendonuklease *Eco*R I, um die typischen Enden zu erzeugen (g). Nun können die cDNAs in einen Vektor ligiert werden, der zuvor mit *Eco*R I linearisiert wurde (h).

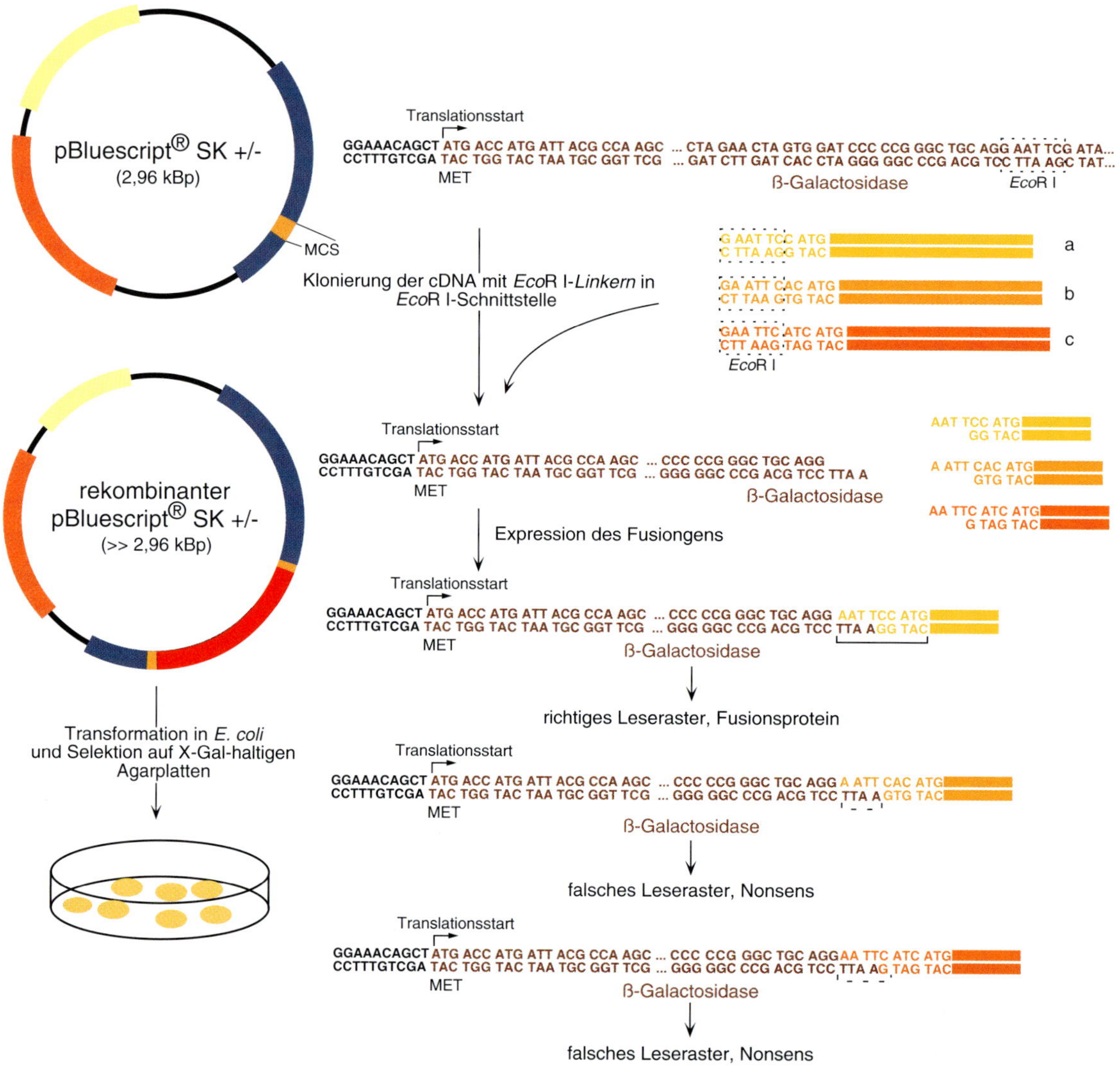

Abb. 2.4.23 Klonierte cDNAs können mit einer Chance von 33 % auch translatiert werden. Werden cDNAs beispielsweise in eine MCS integriert, die Teil des α-Komplements ist, so besteht eine 33%ige Chance, daß die cDNA nicht nur transkribiert, sondern auch translatiert werden kann. Dies liegt daran, daß für eine erfolgreiche Translation die Triplett-Raster des *lacZ*-Gens und die der cDNA zusammenpassen müssen.
Die drei gelb bis orange markierten cDNAs-a, -b und -c sind jeweils um ein Nukleotidpaar unmittelbar nach der *Eco*R I-Erkennungsstelle am linken Ende verlängert. Hydrolysieren wir diese cDNA-Fragmente mit *Eco*R I und ligieren sie mit der ebenfalls mit *Eco*R I-linearisierten pBluescript SK-Vektor-DNA, so bildet nur die Kombination des *lacZ*-Gens aus dem Vektor mit der gelb markierten cDNA-a ein einheitlich durchgehendes Triplett-Raster. Bei den Kombinationen des *lacZ*-Gens aus dem Vektor mit den cDNAs-b und -c ist dieses Triplett-Raster durch ein einzelnes Nukleotidpaar (im Falle der Kombinationen des *lacZ*-Gens aus dem Vektor mit den cDNAs-b) bzw. durch ein Nukleotid-Duplett (im Falle der Kombinationen des *lacZ*-Gens aus dem Vektor mit den cDNA-c) gestört. In den beiden letzten Fällen kann daher kein funktionsfähiges Protein entstehen. Da in allen drei Fällen durch die Integration der cDNA das Gen für das α-Komplement der ß-Galactosidase zerstört wurde, sind die Bakterien-Kolonien oder Phagen-Plaques in Gegenwart von X-Gal farblos. Stehen Antikörper für das Proteinprodukt der klonierten cDNA zur Verfügung, so können wir mit Hilfe dieser Antikörper das rekombinante Protein für die klonierte cDNA-a in den Kolonien oder Plaques nachweisen (siehe Abb. 2.4.26).

Daher werden die mRNAs auf der Säule retardiert, wohingegen die anderen RNAs die Säulenmatrix ungehindert passieren. Nach sorgfältigen Waschschritten wird die mRNA-Fraktion durch Erhöhung der Salzkonzentration von der Säule abgelöst (Abb. 2.4.21).

Aus dieser mRNA-Fraktion wird die von uns gewünschte cDNA gewonnen. Die cDNA-Synthese wird durch die Reverse-Transkriptase katalysiert, eine RNA-abhängige DNA-Polymerase. Retroviren benutzen dieses Enzym, um nach der Infektion einer Zelle die RNA-Genome in DNA umzuschreiben. Das Substrat für die Reverse-Transkriptase ist unsere oben gewonnene mRNA, an deren 3′-Poly-A-Sequenz eine synthetische Oligo-dT-Sequenz anhybridisiert wurde (Abb. 2.4.22 a). Ausgehend von dieser Stelle wird cDNA in Richtung 5′-Ende der mRNA synthetisiert (Abb. 2.4.22 b). Das Produkt dieser Synthese ist ein Hybrid aus cDNA und mRNA. Um die cDNA in einen Vektor einligieren zu können, müssen wir den mRNA-Strang durch DNA ersetzen. Hierbei hilf uns wieder die Reverse-Transkriptase, denn eine Teilaktivität des Enzyms, die RNAse H, führt zufällige *Nicks* in den mRNA-Strang ein (Abb. 2.4.22 c). An diesen *Nicks* setzt wiederum die Reverse-Transkriptase an. Zum einen entfernt sie mit Hilfe ihrer 5′ → 3′-Exonukleaseaktivität den RNA-Anteil. Zum anderen synthetisiert sie simultan dazu mit Hilfe ihrer 5′ → 3′-Polymeraseaktivität einen komplementären DNA-Strang zu der cDNA-Matrize (Abb. 2.4.22 d).

Um die cDNA in einen Vektor einführen zu können, empfiehlt es sich, an die doppelsträngige DNA ein Linker- oder Adapterpaar anzuligieren (Abb. 2.4.22 f). Oft wird hierzu ein Linker verwendet, der eine Erkennungsstelle für die Restriktionsendonuklease *Eco*R I enthält. Um sicherzugehen, daß nicht bei der Erzeugung der *Eco*R I-Enden durch Hydrolyse mit dem Restriktionsenzym auch zufällig in der cDNA vorhandene *Eco*R I-Schnittstellen gespalten werden, methylieren wir an dieser

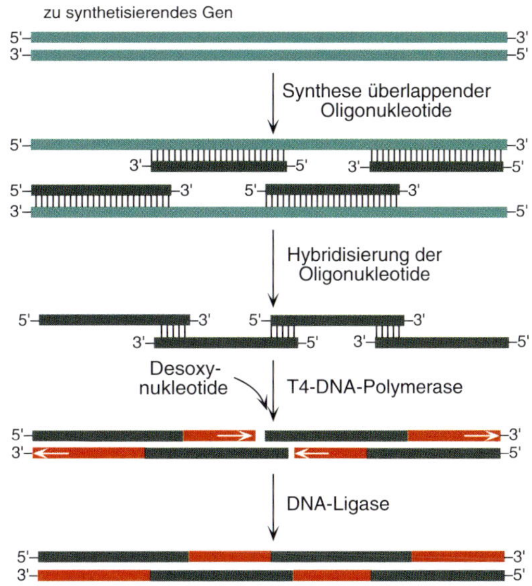

Abb. 2.4.24 Chemisch-enzymatische Totalsynthese eines Gens. Um ein Gen zu synthetisieren, stellen wir durch chemische Synthese Oligonukleotide von Teilbereichen beider DNA-Stränge her. Die Synthesestrategie wird so gewählt, daß sich benachbarte Sequenzen an ihren Enden überlappen und dort miteinander hybridisieren können. Die einzelsträngigen DNA-Teilbereiche werden dann mit Hilfe der T4-DNA-Polymerase und Desoxynukleotid-Triphosphaten matrizenabhängig aufgefüllt. Schließlich verknüpfen wir die enzymatisch (rot) und die chemisch (grün) synthetisierten DNA-Bereiche mit Hilfe einer DNA-Ligase.

Stelle die cDNAs mit der *Eco*R I-Methylase und S-Adenosylmethionin (SAM) als Cosubstrat (Abb. 2.4.22 e). Erst jetzt folgt die Ligation des Linker- oder Adapterpaares (Abb. 2.4.22 f) und die Hydrolyse mit der Restriktionsendonuklease (Abb. 2.4.22 g). Über die so eingeführten Restriktionsschnittstellen können wir dann die cDNA-Moleküle in einen Vektor integrieren (Abb. 2.4.22 h). Auch hier stehen uns sowohl Plasmid- als auch Phagenvektoren zur Verfügung. Meist ziehen wir jedoch Phagenvektoren den Plasmidvektoren vor, da sich Phagenvektoren *in vitro* zu Phagen verpacken und dann mit wesentlich höherer Effizienz in eine Zelle einschleusen lassen.

Wird die cDNA in ein ß-Galactosidase-Gen kloniert, das sich im Lambda-Vektor befindet, so hat dies zweierlei Vorteile.

- Erstens kann über die Zerstörung der ß-Galactosidase-Aktivität durch die Insertion eines cDNA-Moleküls ein rekombinanter Vektor erkannt werden.

- Zweitens besteht eine 33 %ige Chance, daß die cDNA im korrekten Leserahmen relativ zum ß-Galactosidase-Gen inseriert wird (Abb. 2.4.23). In diesem Fall werden Fusionsproteine in den infizierten Zellen synthetisiert, die dann mit Hilfe geeigneter Antikörper identifiziert und anschließend isoliert und charakterisiert werden können.

2.4.4 Klonierung chemisch synthetisierter Gene

Oft liefern klonierte Gene aus einem fremden Organismus schlechte Produktausbeuten in einem Produktionsstamm. Dies kann daran

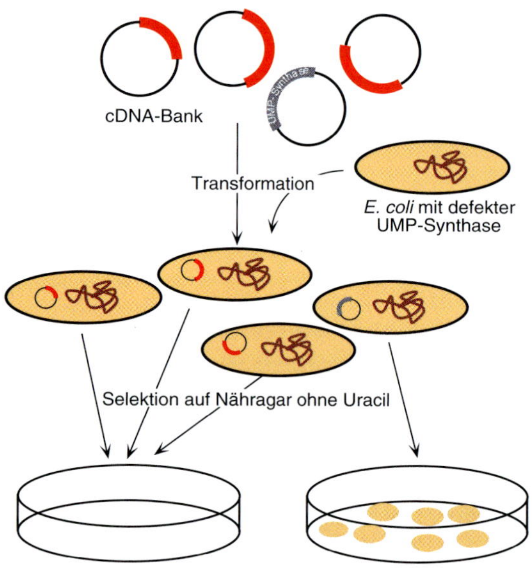

Abb. 2.4.25 Identifizierung eines klonierten Gens durch Komplementation. Zur Identifizierung eines klonierten Gens durch Komplementation müssen zwei Bedingungen erfüllt sein: 1.) Die klonierte cDNA muß transkribiert und korrekt translatiert werden können; 2.) Das Expressions-Plasmid muß in eine Mutante transformiert werden, deren Defekt durch die klonierte genetische Information aufgehoben werden kann.
In dem dargestellten Beispiel verwenden wir eine *E.-coli*-Mutante als Wirtsstamm, die ein defektes UMP-Synthase-Gen besitzt. Die Zellen sind daher nicht in der Lage, auf einem Minimalmedium ohne Uracil zu wachsen. Hat jedoch eine *E.-coli*-Zelle ein Plasmid aufgenommen, auf dem die komplette cDNA enthalten ist, dessen Produkt den Defekt zu komplementieren vermag (blau), können diese Zellen auf dem Selektionsagar wachsen.

liegen, daß die Codon-Zusammensetzung des Gens nicht dem optimalen Codongebrauch der Produktionszelle entspricht. Wir werden dieses Problem in späteren Kapiteln noch ausführlich besprechen.

Dieses Problem ist lösbar, da es heute möglich ist, DNA-Fragmente effizient chemisch zu synthetisieren (siehe Methode M3). Aus solchen chemisch synthetisierten Oligonukleotiden können wir dann ein Gen zusammenbauen.

Bei der chemischen Synthese ganzer Gene gehen wir folgendermaßen vor. Es werden Oligonukleotide beider Stränge synthetisiert, die sich partiell überlappen (Abb. 2.4.24). Diese können daher an den Enden miteinander hybridisieren. Anschließend werden die nicht doppelsträngigen Bereiche dieser Teilhybride durch enzymatische DNA-Synthese mit Hilfe der T4-DNA-Polymerase oder der Klenow-DNA-Polymerase aufgefüllt. Zum Schluß verbinden wir die nichtkovalenten Enden mit Hilfe von T4-DNA-Ligase oder *E.-coli*-Ligase.

2.4.5 Identifizierung spezifischer Gene

Zu den schwierigsten Aufgaben im Rahmen eines Klonierungsprojektes gehört es, das gewünschte Gen in einer Genbank zu identifizieren.

Eine der einfachsten Methoden besteht darin, ein Gen über die Funktion seines Produktes zu identifizieren. Hierzu müssen folgende Voraussetzungen erfüllt sein:

- Die Genbank muß so konstruiert sein, daß die klonierte DNA in dem Wirtsstamm exprimiert werden kann. Es muß sich also um eine Expressions-Genbank handeln.
- Der Wirtsstamm muß eine Mutation aufweisen, die durch die Fremd-DNA, bzw. durch deren Produkt komplementiert werden kann.
- Es müssen geeignete Selektionsbedingun-

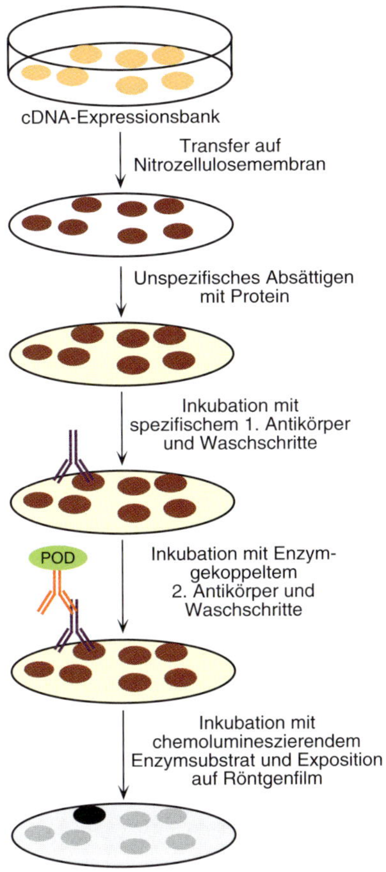

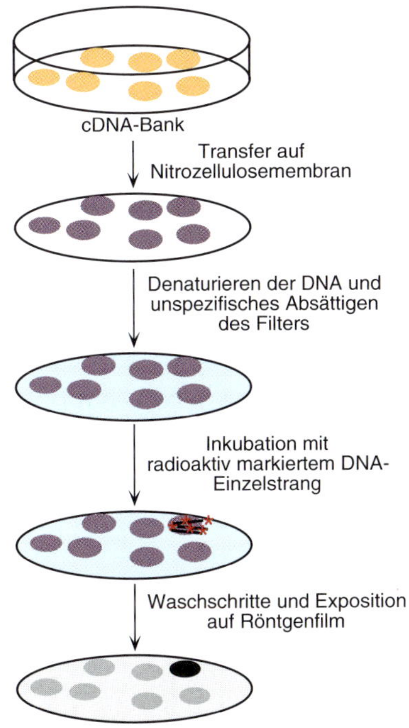

Abb. 2.4.26 Identifizierung eines klonierten Gens mit Hilfe spezifischer Antikörper. Zellen, die ein bestimmtes rekombinantes Protein exprimieren, können wir mit Hilfe eines spezifischen Antikörpers identifizieren. Hierzu transferieren wir die Kolonien zunächst auf ein Nitrozellulosefilter. Proteine haften an Nitrozellulose sehr fest, so daß das Filter verschiedenen Inkubations- und Waschschritten unterworfen werden kann, ohne daß die Gefahr besteht, daß die Proteine abgewaschen werden.
Im nächsten Schritt sättigen wir das Filter mit Albumin oder Casein ab. Wir stellen so sicher, daß in den nachfolgenden Schritten keine anderen Proteine (zum Beispiel Antikörper) direkt an das Filter binden können. Dann inkubieren wir mit dem Antikörper, der gegen das Protein gerichtet ist, dessen cDNA wir aufspüren wollen (spezifischer 1. Antikörper). Nachdem das Filter gut gewaschen wurde, inkubieren wir nun mit einem 2. Antikörper. Dieser Antikörper ist gegen die konstante Region des ersten, spezifischen Antikörpers gerichtet. Gleichzeitig ist dieser 2. Antikörper mit einem Enzym – beispielsweise mit einer Peroxidase – gekoppelt, über das der Antigen-/Antikörperkomplex nachgewiesen werden kann. Nachdem wir das Filter wiederum ausgiebig gewaschen haben, inkubieren wir im letzten Schritt mit einem Substrat für das gekoppelte Enzym. Heute verwendet man vielfach Substrate, die durch das Enzym zu einem chemolumineszierenden Produkt umgesetzt werden. Dieses Produkt wird dann durch Exposition des Filters auf einem Röntgenfilm nachgewiesen.

Abb. 2.4.27 Identifizierung eines klonierten Gens mit Hilfe einer Nukleinsäuresonde. Zur Identifizierung eines bestimmten Klons kann auch eine Nukleinsäuresonde verwendet werden. Hierzu werden die Kolonien auf ein Nitrozellulosefilter transferiert. Durch Behandlung des Filters mit NaOH werden einerseits die Zellen lysiert, andererseits wird die zelluläre DNA denaturiert und so einzelsträngig an dem Filter fixiert. Denn ähnlich wie Proteine (siehe Abb. 2.4.26) binden besonders einzelsträngige DNA-Bereiche sehr fest an Nitrozellulose. Nun inkubieren wir das Filter mit einer radioaktiv markierten Nukleinsäureprobe, die die klonierte cDNA erkennen kann. Nach ausgiebigem Waschen wird das Filter auf einen Röntgenfilm gelegt und die hybrisierende Kolonie durch Autoradiographie detektiert.

gen geschaffen werden, um das Komplementationsereignis detektieren zu können. Ein Beispiel: Wollen wir das Gen für die UMP-Synthase isolieren, erstellen wir zunächst eine cDNA-Genbank. Die synthetisierten cDNA-Moleküle werden hierzu hinter einen Promotor in ein sogenanntes Expressions-Plasmid ligiert. Die so klonierten cDNAs werden dann in einen *E.-coli*-Stamm transformiert, dessen UMP-Synthase defekt ist (Abb. 2.4.25). Als Konsequenz dieser Mutation kann der *E.-coli*-Stamm nur in Gegenwart von Uracil wachsen. Um den Klon zu identifizieren, der ein kloniertes UMP-Synthase-Gen enthält, kultivieren wir die transformierten Bakterien auf einem Nähragar ohne Uracil-Zusatz. Hier können nur Zellen wachsen, deren genomische Mutation durch ein entsprechendes, kloniertes Gen komplementiert wird.

Als Alternative lassen sich Gene aus Expressions-Genbanken auch mit Hilfe von Antikörpern identifizieren. Voraussetzung ist natürlich, daß ein Antikörper gegen das Produkt des zu klonierenden Gens verfügbar ist. Ist das der Fall, dann gehen wir so vor, daß Phagen- oder Plasmid-Genbanken von der Agarplatten auf Nitrozellulose oder Nylonfilter transferiert werden (Abb. 2.4.26). Die Zellen werden dann auf den Filtern lysiert und anschließend mit der Antikörperlösung inkubiert. Erkennt ein Antikörper ein Protein in der Genbank, bindet er an sein Antigen, während die überschüssigen Antikörper von den Filtern abgewaschen werden. Den gebundenen Antikörper weisen wir mit einem zweiten Antikörper nach, der gegen die konstante Region des spezifischen Antikörpers gerichtet ist. Dieser zweite Antikörper ist kovalent mit einem Enzym (Peroxidase oder Alkalische-Phosphatase) gekoppelt, das eine Indikatorreaktion katalysiert, die die spezifische Bindung anzeigt.

Kann ein Gen nicht ohne weiteres über sein Proteinprodukt identifiziert werden, müssen Hybridisationstechniken genutzt werden, um das Gen nachzuweisen (Abb. 2.4.27). Auch hier erfolgt der Nachweis auf Nitrozellulose oder Nylonfiltern, auf die die einzelnen Klone der Genbank übertragen wurden. Steht uns beispielsweise bereits ein cDNA-Klon zur Verfügung, können wir diesen als Hybridisie-

Aminosäure	Codon	Aminosäure	Codon	Aminosäure	Codon	Aminosäure	Codon
Phenylalanin (F) Leucin (L)	UUU UUC UUA UUG	Serin (S)	UCU UCC UCA UCG	Tyrosin (Y) Stopp Stopp	UAU UAC UAA UAG	Cystein (C) Stopp Tryptophan (W)	UGU UGC UGA UGG
Leucin (L)	CUU CUC CUA CUG	Prolin (P)	CCU CCC CCA CCG	Histidin (H) Glutamin (Q)	CAU CAC CAA CAG	Arginin (R)	CGU CGC CGA CGG
Isoleucin (I) Methionin (M)	AUU AUC AUA AUG	Threonin (T)	ACU ACC ACA ACG	Asparagin (N) Lysin (K)	AAU AAC AAA AAG	Serin (S) Arginin (R)	AGU AGC AGA AGG
Valin (V)	GUU GUC GUA GUG	Alanin (A)	GCU GCC GCA GCG	Asparaginsäure (D) Glutaminsäure (E)	GAU GAC GAA GAG	Glycin (G)	GGU GGC GGA GGG

Abb. 2.4.28 Der universell geltende genetische Code. Der genetische Code ist degeneriert, d.h. eine einzelne Aminosäure kann meist durch mehrere Basentripletts codiert werden. Nur zwei Aminosäuren (Methionin und Tryptophan) werden durch ein einzelnes Triplett codiert (rot). Die anderen Aminosäuren werden entweder durch 2 Tripletts (braun), durch 3 Tripletts (grün), durch 4 Tripletts (blau) oder durch 6 Tripletts (violett) codiert. Drei Codons markieren Translations-Terminations-Stopps (gelb).

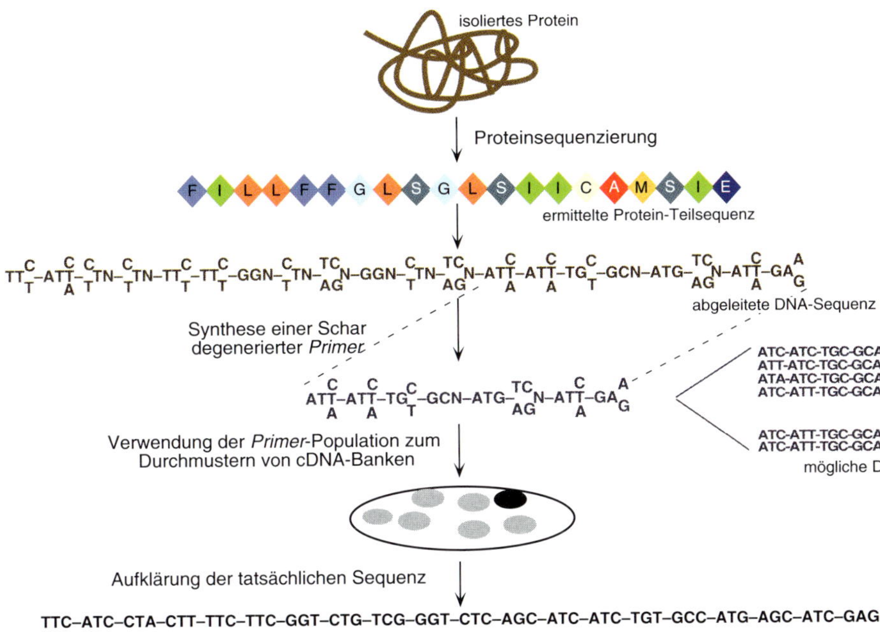

Abb. 2.4.29 Erschöpfende Primer-Population für eine bekannte Proteinsequenz. Ist die Sequenz eines Proteinabschnittes bekannt, kann ausgehend von dieser Information eine *Primer*-Population für die Identifizierung der cDNA entworfen werden. Übersetzen wir die ermittelte Proteinsequenz in DNA, so ist wegen des degenerierten genetischen Codes nicht jede Position eindeutig bekannt. Wir synthetisieren daher nicht einen einzelnen *Primer*, sondern eine *Primer*-Population (blaue Sequenzen), in der jede mögliche Sequenz vertreten ist. Hierzu werden bei den Syntheseschritten, bei denen die Base nicht eindeutig definiert ist, statt einer einzelnen Base alle erforderlichen Nukleotid-Vorstufen zugegeben (vergleiche dazu Methode M3). In einer solchen „degenerierten" *Primer*-Population ist die unbekannte Sequenz des entsprechenden cDNA-Bereiches in jedem Fall enthalten, obwohl die Konzentration für diesen *Primer* sehr gering ist. Nach radioaktiver Markierung können wir die *Primer*-Population zum Durchmustern einer cDNA-Bank einsetzen. In der Regel wird mit derartigen „degenerierten *Primern*" unter leicht herabgesetzten Stringenzbedingungen hybridisiert, um die Sensitivität zu erhöhen.

rungsprobe verwenden, um einen korrespondierenden genomischen Klon zu identifizieren.

Alternativ können wir *Primer* entwerfen, die sich von der bekannten Proteinstruktur ableiten lassen. Da jedoch der genetische Code degeneriert ist, läßt sich nicht mit Sicherheit die Gensequenz und damit die *Primer*-Sequenz vorhersagen. Beispielsweise kann ein Leucin von den sechs Codons UUA, UUG, CUU, CUC, CUA und CUG codiert werden (Abb. 2.4.28). Nur die beiden Aminosäuren Methionin (AUG) und Tryptophan (UGG) werden von einem einzelnen Basentriplett codiert. Trotzdem können wir *Primer* entwerfen, mit deren Hilfe es möglich ist, das Gen für unser bekanntes Protein zu identifizieren. Dazu müssen wir die Codon-Präferenz des Organismus berücksichtigen, aus dem die DNA zur Herstellung der Genbank isoliert wurde. Durch Variation der Nukleotide an den Positionen, wo der genetische Code Unterschiede zuläßt, können wir eine *Primer*-Population zusammenstellen, in der sich auch der *Primer* befindet, der genau auf das Gen paßt (Abb. 2.4.29).

Alternativ können wir mit Hilfe zweier derartiger *Primer*-Populationen an der genomischen DNA des Spenderorganismus eine Polymerase-Kettenreaktion (PCR) durchführen (siehe Abb. 2.3.24). Erhalten wir ein Amplimer, können wir dieses als Probe verwenden, um das klonierte Gen zu identifizieren.

Primer-Populationen werden auch verwendet, um neue Mitglieder einer Genfamilie zu identifizieren. Oft sind nämlich Proteine aus einer „Protein-Familie" in bestimmten Berei-

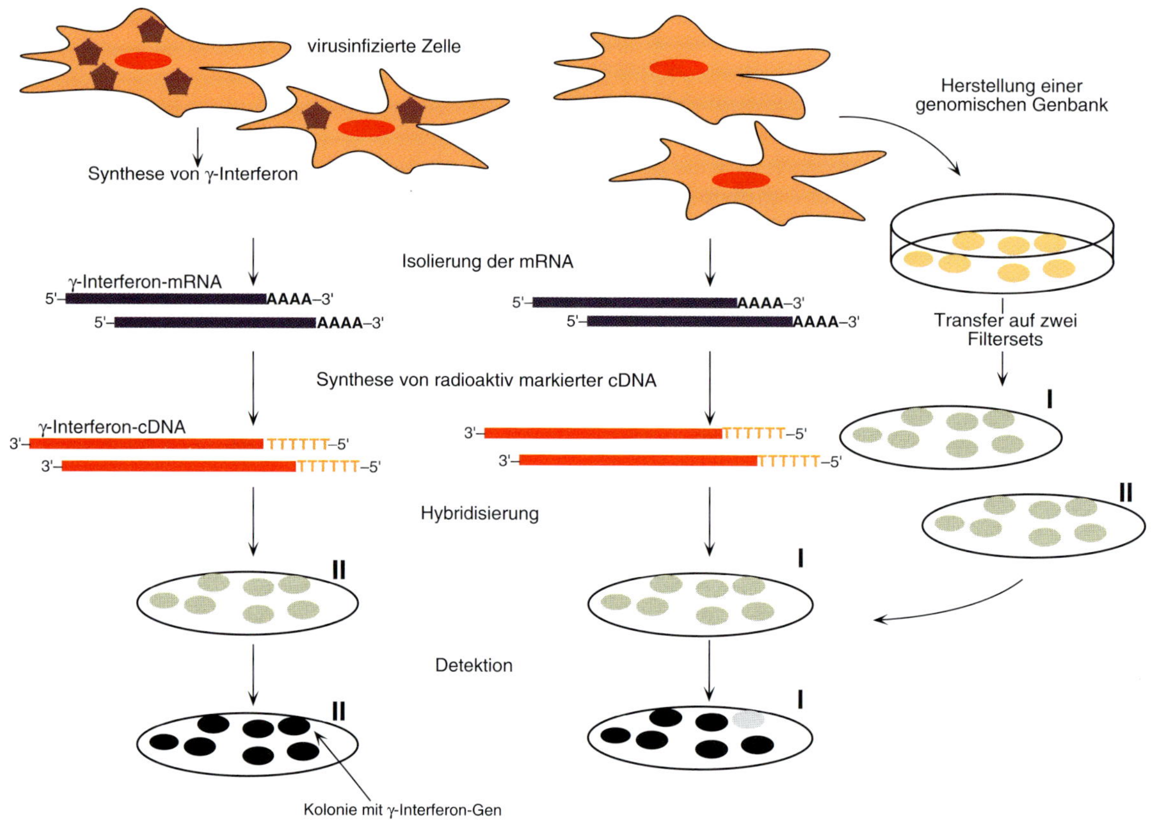

Abb. 2.4.30 Identifizierung von cDNA-Kopien kontrolliert exprimierter mRNA. Da γ-Interferon nur in virusinfizierten Zellen exprimiert wird, können wir aus einer Zell-Linie unter zwei verschiedenen Bedingungen mRNA isolieren: einmal unter Bedingungen, wo die Zelle akut viral infiziert wurde (links) und einmal unter Bedingungen, wo die Zellen nicht infiziert sind (rechts). Von beiden mRNAs synthetisieren wir eine radioaktiv-markierte cDNA-Population. Diese beiden cDNA-Populationen benutzen wir als Hybridisationsproben, um beispielsweise eine genomische Genbank zu durchmustern. Die Kolonien dieser Genbank haben wir hierzu zweimal identisch auf Nitrozellulosefilter übertragen. Das Filterset I hybridisieren wir mit der radioaktiven cDNA-Probe, die von der mRNA der nichtinfizierten Zellen abgeleitet wurde. das Filterset II hybrisieren wir dagegen mit der cDNA-Probe, die an der mRNA der infizierten Zellen synthetisiert wurde. Entdecken wir nun eine Kolonie, die zwar mit der Probe II, nicht aber mit der Probe I hybridisiert, so ist dies ein heißer Kandidat, der einen Teil des γ-Interferon-Gens tragen könnte.

chen sehr ähnlich. Ein Beispiel sind die Transmembranregionen G-Protein gekoppelter Rezeptoren (Abb. 2.3.24). Für die entsprechenden Genbereiche lassen sich, wie oben geschildert, *Primer*-Populationen entwerfen. Setzen wir diese als Hybridisationsproben für das *Screening* von Genbanken ein, haben wir eine gute Chance, verschiedene Mitglieder der Genfamilie zu isolieren. Durch diese Art der „Homologie-Klonierung" wurde eine Vielzahl von Rezeptorgenen kloniert, deren Produkte (Rezeptoren) zuvor noch gar nicht bekannt waren.

Eine Spezialstrategie, bei der radioaktive cDNA als Hybridisationsprobe verwendet wird, erlaubt das Auffinden von Klonen, deren klonierte DNA nur in bestimmten Zellen oder nur zu bestimmten Stadien exprimiert wird. Dies soll am Beispiel von γ-Interferon erläutert werden (Abb. 2.4.30). γ-Interferon wird in virusinfizierten Zellen exprimiert, nicht jedoch in Zellen, die nicht infiziert sind. Um das γ-Interferon-Gen in einer Plasmid- oder Phagen-Genbank zu identifizieren, übertragen wir zunächst die Klone der Phagenbank identisch auf zwei Filtersets. Im nächsten Schritt präparieren wir mRNA aus infizierten und aus nichtinfizierten Zellen.

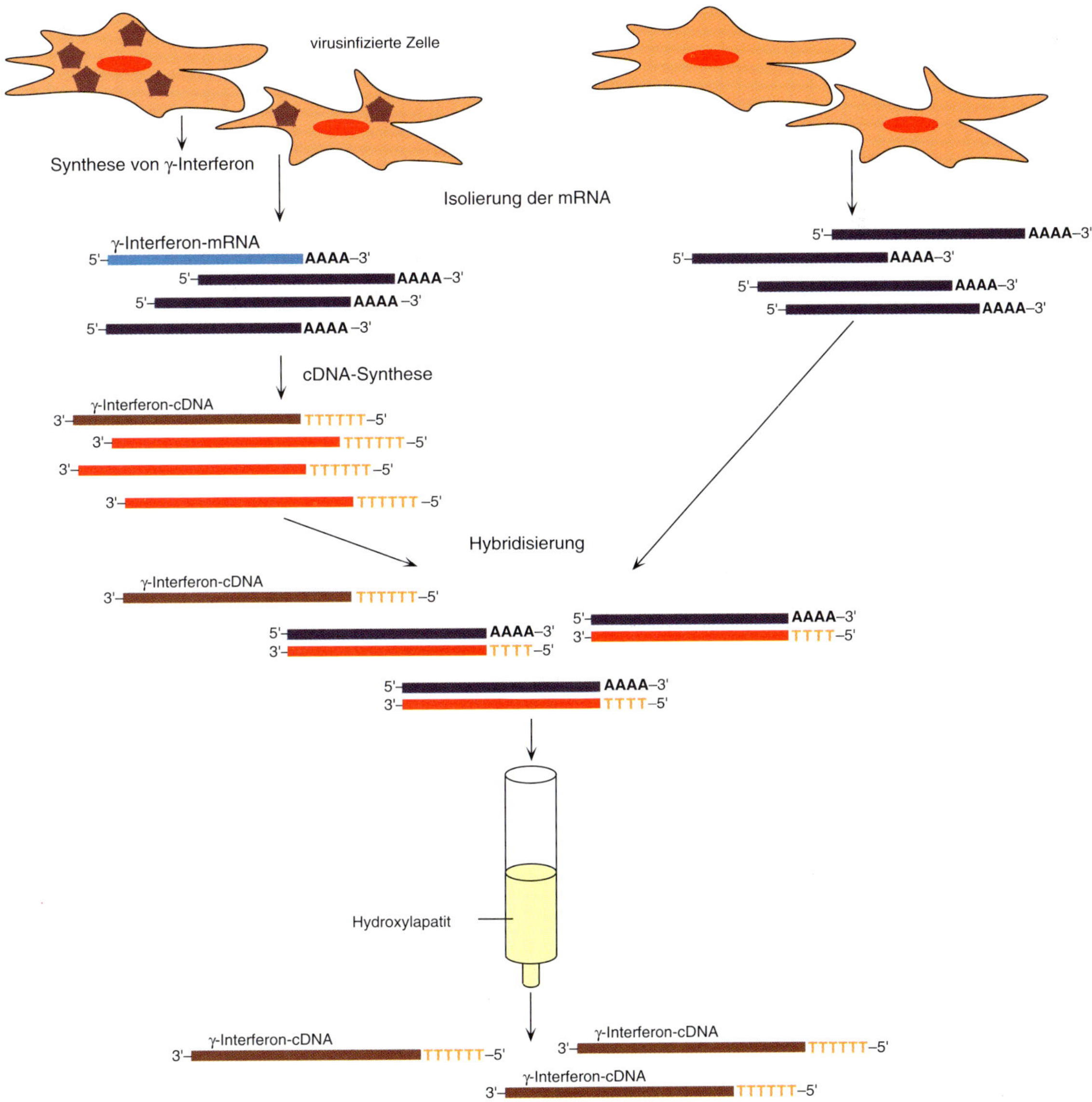

Abb. 2.4.31 Anreicherung einer spezifischen cDNA Probe. Um eine cDNA-Hybridisationsprobe für eine bestimmte cDNA anzureichern, können wir die cDNA-Population (rot), die an mRNA aus virusinfizierten Zellen synthetisiert wurde mit einer mRNA-Population aus nichtinfizierten Zellen mischen. Nahezu alle cDNAs werden mit einer entsprechenden mRNA hybridisieren. Nur die cDNA, die an der γ-Interferon-spezifischen mRNA (hell blau) aus den virusinfizierten Zellen synthetisiert wurde, wird keinen mRNA-Partner finden. Diese cDNA können wir über eine Hydroxylapatit-Säule anreichern, da dieses Material bevorzugt einzelsträngige Nukleinsäuren zurückhält, während doppelsträngige Moleküle nicht gebunden werden. Nach Elution von der Säule können wir die für γ-Interferon-cDNA angereicherte Fraktion dann als Hybridisationsprobe zur Durchmusterung einer Genbank einsetzen.

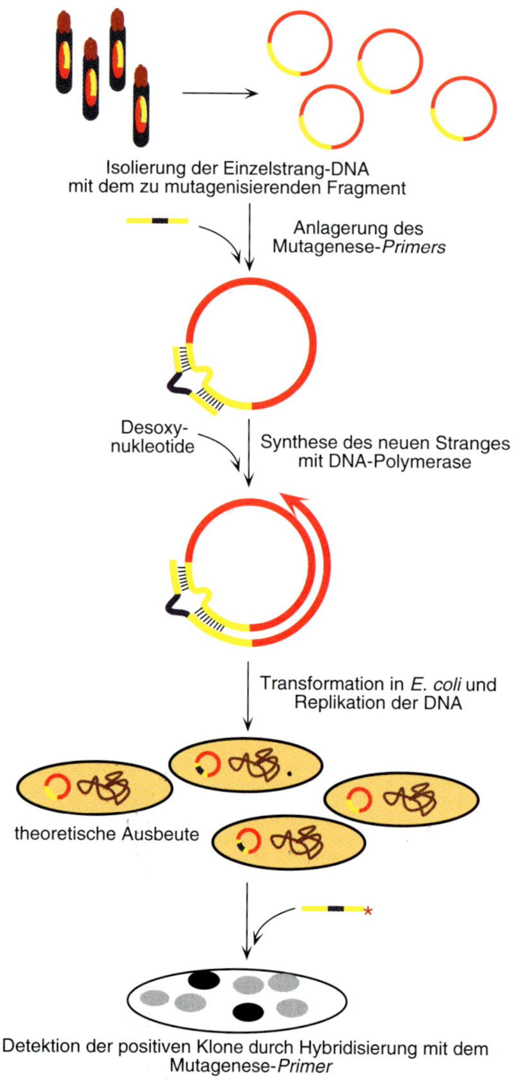

Abb. 2.4.32 Einführung punktgenauer Mutationen. An Einzelstrang-DNA hybridisieren wir ein synthetisches Oligonukleotid, das im Vergleich zur Ziel-Sequenz eine erwünschte Mutation trägt. Dieses Oligonukleotid dient als *Primer* für eine DNA-Synthese mit Hilfe von DNA-Polymerase und Desoxynukleotid-Triphosphaten. Der neusynthetisierte DNA-Strang trägt die Mutation, der Matrizenstamm enthält die Ursprungssequenz. Die so im Reagenzglas hergestellte doppelsträngige Plasmid-DNA transformieren wir nun in Bakterienzellen. Theoretisch sollten nun 50 % der Transformanden die Mutation tragen, da ja beide DNA-Stränge unabhängig voneinander repliziert werden. Diese Effizienzen werden aber nicht erreicht, da die meisten Bakterienzellen den Fehler erkennen und korrigieren. Wir können aber diejenigen Klone, die die Mutation tragen, leicht identifizieren, indem wir das zur Mutagenese eingesetzte Oligonukleotid nun als Hybridisationsprobe verwenden. Dazu inkubieren wir Nitrozellulosefilter, auf die die Kolonien übertragen wurden, mit dem radioaktiv-markierten Oligonukleotid und hybridisieren unter stringenten Bedingungen, d. h. bei Temperaturen, bei denen nur exakte Hybride stabil sind.

Diese mRNA übersetzen wir in cDNA, wobei wir [α^{32}P]dATP als Substrat einsetzen, um die cDNA-Populationen radioaktiv zu markieren. Das Filterset **I** dient als Kontrolle und wird mit der cDNA-Population aus den nichtinfizierten Zellen inkubiert. Das Filterset **II** inkubieren wir mit der radioaktiv markierten cDNA-Probe aus den infizierten Zellen. Unser gesuchtes γ-Interferon-Gen sollte unter den Klonen sein, die auf dem Filterset **I** kein Signal mit der cDNA aus nichtinfizierten Zellen ergeben. Allerdings müssen sie mit der cDNA aus den infizierten Zellen auf dem Filterset **II** hybridisieren (Abb. 2.4.30).

Wir können auch die cDNA-Probe, die zur Hybridisierung verwendet werden soll, für die γ-Interferon-Sequenz anreichern und damit die Effizienz des Suchverfahrens noch steigern (Abb. 2.4.31). Hierzu mischen wir die cDNA aus den infizierten Zellen mit einem großen Überschuß mRNA aus den nichtinfizierten Zellen. In der Lösung hybridisieren nun die cDNA-Moleküle mit den entsprechenden mRNAs. Die cDNA für γ-Interferon findet jedoch keinen Hybridisierungspartner, da in nichtinfizierten Zellen diese mRNA nicht synthetisiert wird. Durch Chromatographie – beispielsweise an Hydroxylapatit – können wir die doppelsträngigen Moleküle von den als Einzelstrang verbliebenen cDNAs abtrennen und erhalten die sogenannte „subtrahierte Probe", in der unsere γ-Interferon-cDNA stark angereichert ist.

2.4.6 Punktmutagenese mit Hilfe synthetischer Oligonukleotide

Oft ist es erforderlich, die klonierten DNA-Fragmente zu modifizieren. Hierzu können wir das ganze Enzym- und Methodenspektrum einsetzen, das wir in Abschnitt 2.2 kennengelernt haben. Eine besonders elegante Methode ist jedoch die gezielte Mutagenese mit Hilfe synthetischer Oligonukleotide. Diese Methode arbeitet am effizientesten an Einzelstrang-DNA. Daher sollte die DNA, in die gezielt Punktmutationen eingeführt werden sollen, in Vektoren kloniert sein, die die Präparation einzelsträngiger DNA zulassen.

Das Oligonukleotid, das die gewünschte Mutation trägt, wird an die Einzelstrang-DNA anhybridisiert (Abb. 2.4.32). Dort dient es als *Primer* für die DNA-Synthese durch Klenow-Polymerase oder T4-DNA-Polymerase. Anschließend wird die DNA *E. coli* transformiert, wo die beiden DNA-Stränge repliziert werden. Theoretisch enthalten 50 % der wachsenden Zellpopulation die ursprüngliche Variante und 50 % die mutierte Variante. Derartige theoretische Effizienzen werden allerdings nicht erreicht, da das *E.-coli*-Reparatursystem den induzierten Fehler erkennt und größtenteils korrigiert. Zellen, die die mutierte Variante enthalten, müssen daher durch Hybridisationsverfahren detektiert werden (Abb. 2.4.32). Hierzu transferieren wir wiederum die Klone auf Nylonfilter und hybridisieren die lysierten Klone mit dem radioaktiv-markierten Mutanten-*Primer*. Wählen wir „stringente Hybridisationsbedingungen" (siehe Abschnitt 2.3), kann sich der *Primer* nur an die DNA stabil anlagern, in die die Punktmutation eingeführt wurde.

Wollen wir die Effizienz dieses zielgerichteten Mutagenisierungsverfahrens steigern, isolieren wir die zu mutierende DNA aus einem Stamm, der die Mutationen *dut*⁻ *ung*⁻ trägt (Abb. 2.4.33). Durch diese Mutationen wird fälschlicherweise Uracil an die Stelle von Thymin in die DNA eingebaut. Bei der *in-vitro*-DNA-Synthese entsteht, ausgehend von dem anhybridisierten Mutagenese-*Primer*, eine Heteroduplex-DNA, die aus einem Uridin-haltigen Ziel-DNA-Strang und einer Thymidin-haltigen *in-vitro*-synthetisierten DNA besteht (Abb. 2.4.33). Wird diese Heteroduplex-DNA nun in einen *ung*⁺-Stamm transformiert, so wird der Ziel-DNA-Strang durch das Enzym Uracil-N-Glycosylase degradiert. Es bleibt nur

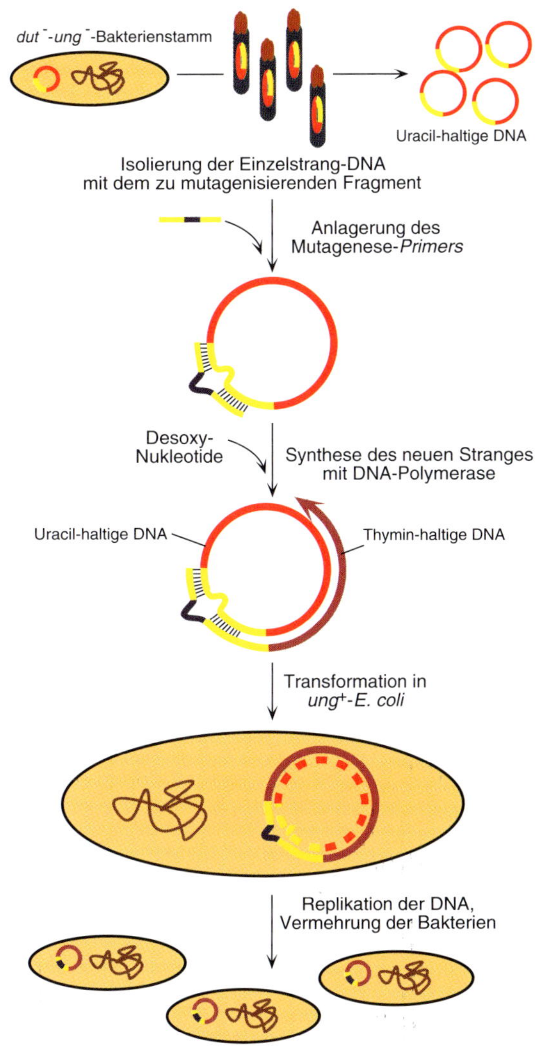

Abb. 2.4.33 Punktgenaue Mutagenese mit Hilfe einer E.-coli-Mutanten. Die Effizienz der *in-vitro*-Mutagenese können wir steigern, indem wir die Matrizen-DNA aus einem *E.-coli*-Stamm isolieren, der eine Mutation im Uracil-N-Glycosylase-Gen trägt (*ung*). DNA, die in diesem Stamm synthetisiert wird, enthält Uridin-Basen anstelle von Thymin-Basen in der DNA. An diese DNA lagern wir nun den Mutagenese-*Primer* an und synthetisieren den komplementären DNA-Strang mit Hilfe einer DNA-Polymerase und normalen Desoxynukleotid-Triphosphaten. Dieser *in-vitro*-synthetisierte Strang enthält also – anders als der Matrizen-Strang – Thymin anstelle von Uridin. Transformieren wir nun die DNA in einen *ung*⁺-Stamm, d. h. in einen ganz normalen *E.-coli*-Wildtyp-Stamm, so wird der U-haltige DNA-Strang als fehlerhaft erkannt und sofort degradiert. Für die Replikation bleibt also nur noch der *in-vitro*-synthetisierte DNA-Strang, der die *Primer*-Sequenz und damit die gewünschte Mutation enthält.

Prinzipien der Gentechnik 2

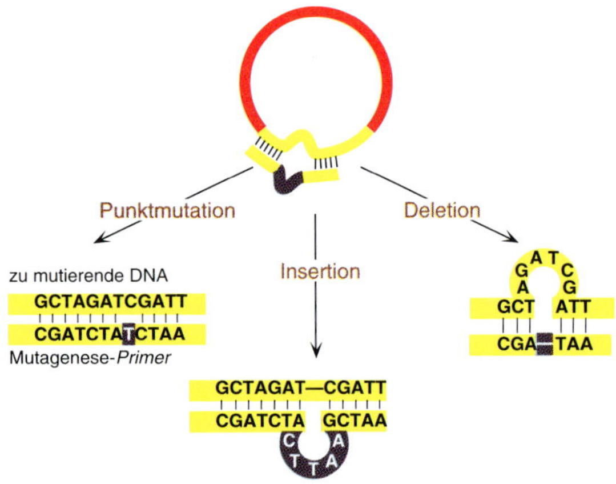

Abb. 2.4.34 Punktgenaues Einführen von DNA-Insertionen und DNA-Deletionen. Die punktgenaue *in-vitro*-Mutation ist nicht auf das Einführen von Punktmutationen beschränkt. In analoger Weise können wir auch DNA-Insertionen oder DNA-Deletionen einführen. Die gewünschte Mutation ist jeweils in der Sequenz des synthetisierten *Primers* vorgegeben. Bei Insertionen müssen wir die Hybridisationsbedingungen so wählen, daß die *Primer*-DNA *„ausloopen"* kann. Umgekehrt muß bei der Einführung von Deletionen die Ziel-Sequenz partiell *„ausloopen"*.

der mutierte DNA-Strang übrig. So kann die induzierte Mutation nicht mehr erkannt und folglich auch nicht repariert werden.

Der geschilderte Ansatz läßt sich nicht nur zur Einführung von Punktmutationen verwenden, sondern auch zur Einführung größerer Insertionen (Abb. 2.4.34). Ebenso können punktgenau größere DNA-Bereiche deletiert werden (Abb. 2.4.34). Bei der Insertion von DNA-Sequenzen synthetisieren wir einen *Primer*, der die zu inserierende Sequenz enthält. Diese ist an beiden Enden von ca. 20 Nukleotiden flankiert, über die der *Primer* an die Ziel-DNA bindet. Wir stellen nun die Hybridisationsbedingungen so ein, daß sich die terminalen homologen Bereiche anlagern können. Die zu inserierende DNA-Sequenz auf dem Oligonukleotid bleibt ungepaart und wölbt sich aus. Dieses Hybrid bildet wieder – wie wir das bereits kennengelernt haben – den Startpunkt für *in-vitro*-DNA-Synthese, in deren Verlauf der zweite DNA-Strang synthetisiert wird. Anschließend wird in *E. coli* transformiert und durch Hybridisation mit dem „Mutanten-*Primer*" Klone identifiziert, die die gewünschte Mutagenese tragen. Bei der punktgenauen Deletion von DNA-Bereichen gehen wir umgekehrt vor. Hier synthetisieren wir einen *Primer*, dem die zu deletierenden Nukleotide fehlen. Will dieser *Primer* an die Target-DNA hybridisieren, muß sich nun der zu eliminierende Bereich in der Target-DNA auswölben, da ein entsprechend homologer Bereich auf dem Oligonukleotid fehlt.

Wie wir gesehen haben, ist die *Primer*-gerichtete Mutagenese eine elegante und effiziente Methode, Punktmutationen, Insertionen und Deletionen einzuführen, ohne auf die zufällige Anwesenheit von Erkennungssequenzen für Restriktionsendonukleasen angewiesen zu sein.

Zusammenfassung

Das Klonieren in *E. coli* ist die Standardmethode in der Gentechnik schlechthin. Denn alle gentechnischen Manipulationen werden zwar *in vitro* durchgeführt, dann aber in *E. coli* realisiert. Entsprechend umfangreich ist das Methodenspektrum. Dabei steht uns eine große Zahl verschiedener Vektoren zur Verfügung, die alle ihre speziellen Vor- und Nachteile besitzen. Es bedarf einer großen Erfahrung, um aus den vielen Möglichkeiten die optimale auszuwählen. Dabei genügt es nicht, nur die Struktur und die Charakteristika eines bestimmten Vektors zu kennen. Oft sind auch ganz besondere genetische Kenntnisse erforderlich, um den Vektor dann auch in *E. coli* propagieren zu können. Dies trifft insbesondere für die unterschiedlichen Phagenvektoren zu, die bestimmte Ansprüche an den jeweiligen *E.-coli*-Stamm und an die Kulturbedingungen stellen.

Hat man ausreichend Erfahrung, sind die Methoden sehr effizient. So ist es heute Standard, Genbanken zu konstruieren, die ganze Genome repräsentieren oder cDNA-Banken herzustellen, die das Spektrum der exprimierten genetischen Information einer bestimmten Zelle zu einem definierten Differenzierungsstadium enthalten.

Die anspruchsvollste Aufgabe besteht darin, einzelne Gene oder cDNAs in einer Genbank zu identifizieren. Dies gelingt entweder dadurch, daß ein Antikörper ein Produkt bindet, das in *E. coli* von der eingeführten DNA abgelesen wird. Oder man identifiziert das Produkt über Komplementation eines bestimmten Defektes in einem Mutantenstamm. Schließlich können wir zur Identifizierung auch diverse Hybridisationsproben verwenden.

Methoden in der Gentechnik (M5)

Zentrifugationsmethoden

Bei der Zentrifugation werden Zellen, Organellen oder Einzelmoleküle in einem flüssigen Medium dem Einfluß eines Zentrifugalfeldes ausgesetzt. Wir unterscheiden zwei Rotortypen:

- Schwenkbecher-Rotoren (SW-Rotor) oder
- Festwinkel-Rotoren (Abb. M5.1).

Der SW-Rotor hat beweglich am Rotorkörper angebrachte Zentrifugenbecher, die während des Laufes ausschwingen. So steht die Achse des Zentrifugenröhrchens während der Zentrifugation senkrecht auf der Drehachse. Beim Festwinkel-Rotor sind die Röhrchen starr im Rotorkörper in einem Winkel von 20 bis 25 Grad zur Rotorachse angebracht. Diesen Rotortyp verwenden wir vor allem bei der differentiellen Zentrifugation zum Abzentrifugieren von Partikeln oder bei der isopyknischen Zentrifugation. SW-Rotoren setzen wir zur Zonensedimentation ein.

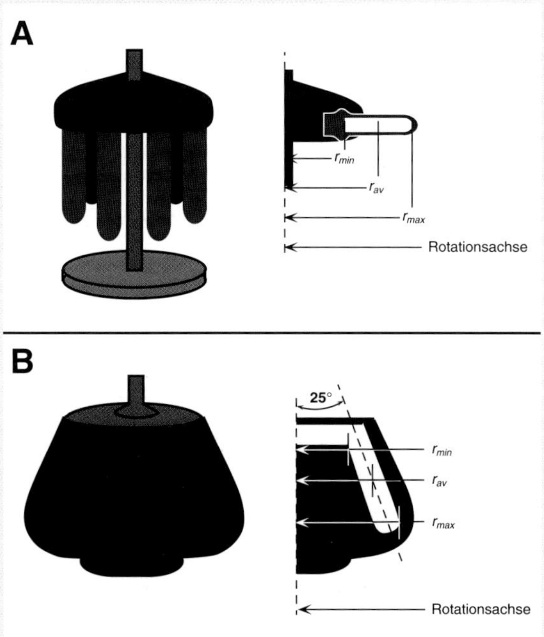

Abb. M5.1 Verschiedene Rotortypen.
A. In einen Schwenkbecher-Rotor werden beweglich Zentrifugenbecher am Rand des Rotorkörpers eingehängt, die während des Laufes ausschwingen. r'_{min}, r'_{av} und r'_{max} sind die minimalen, mittleren und maximalen Abstände von der Rotationsachse. Aus diesen Abständen und aus der Zahl der Rotationen, mit denen sich der Rotor dreht, lassen sich die Zentrifugalfelder ermitteln (siehe Abb. M5.2).
B. Beim Festwinkel-Rotor sind die Röhrchen starr im Rotorkörper in einem Winkel von 20 bis 25 Grad zur Rotorachse untergebracht.

$$v = \frac{ma}{6\,\pi\eta r_p} \qquad (1)$$

$$a = \omega^2 \cdot r_R = \frac{4\,\pi^2 (\mathrm{rpm})^2}{3600} \cdot r_R \qquad (2)$$

$$\mathrm{RCF} = \frac{a}{g} = 1{,}118 \cdot 10^{-5}\,(\mathrm{rpm})^2 \cdot r_R \qquad (3)$$

$$dr/dt = s \cdot a = s \cdot \omega^2 r \qquad (4)$$

$$s = \frac{v}{\omega^2 r} = \frac{d\,(\ln v)}{\omega^2 dt} = \frac{\ln \frac{r_2}{r_1}}{\omega^2 (t_2 - t_1)} \qquad (5)$$

$$s = \frac{MD\,(1 - \bar{v}\rho)}{RT} = \frac{m\,(1 - \bar{v}\rho)}{f} \qquad (6)$$

$$s_{w,20} = s \cdot \frac{\eta}{\eta_{w,20}} \cdot \frac{\rho_P - \rho_{w,20}}{\rho_P - \rho} \qquad (7)$$

Für die Geschwindigkeit eines kugelförmigen Partikels bei der Zentrifugation gilt das Stokesche-Gesetz (1). Die Sedimentationsgeschwindigkeit eines Partikels ist somit proportional seiner Masse *m* und der Zentrifugalbeschleunigung *a*. Sie ist umgekehrt proportional zum Teilchenradius r_p und zur Viskosität des Mediums η.

Für das Zentrifugalfeld *a* gilt die Gleichung (2). Dabei ist r_R die Entfernung des Partikels von der Drehachse. In der Praxis beziehen wir uns meist auf das relative Zentrifugalfeld (RCF). Das Zentrifugalfeld *a*

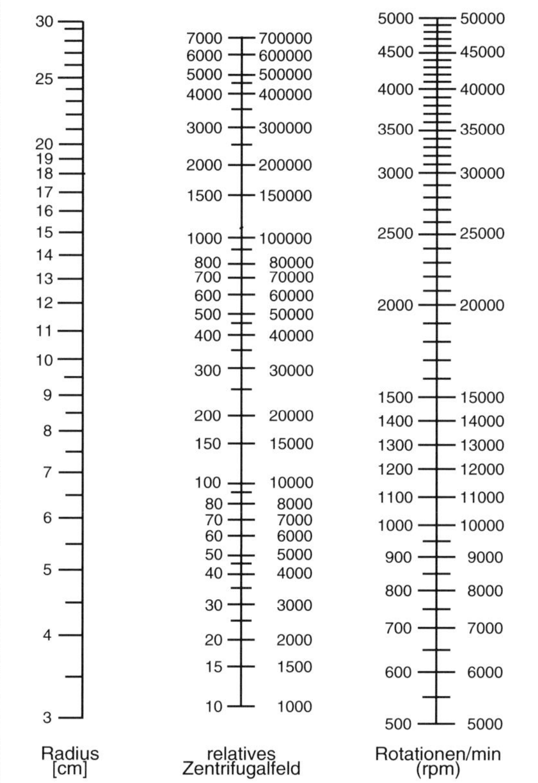

Abb. M5.2 Nomogramm zur Ermittlung des relativen Zentrifugalfeldes.

entspricht dann, RCF • g (3). Aus dem dargestellten Nomogramm (Abb. M5.2) läßt sich die Beziehung zwischen Rotorradius, RCF und Rotationen pro Minute graphisch ermitteln.

Differentielle Sedimentation

Ein Zellhomogenat enthält ein komplexes Gemisch von Zellorganellen, Partikeln und Molekülen sehr unterschiedlicher Masse und Größe. Diese können wir durch differentielle Sedimentation im Zentrifugalfeld anreichern. Bei niedrigtouriger Zentrifugation erhalten wir einen Niederschlag (Pellet), der fast nur aus Kernen besteht. Darüber befindet sich eine Zone, in der die Mitochondrien angereichert sind. Ribosomen und gelöste Moleküle verbleiben bei niedrigtouriger Zentrifugation im Überstand.

Zentrifugieren wir den „postnukleären" Überstand bei höherem RCF, so pelletieren die Mitochondrien und lassen sich somit von den Ribosomen und den Makromolekülen abtrennen. Bei noch höherem RCF pelletieren auch die Ribosomen.

Durch differentielle Zentrifugation erhalten wir somit eine grobe Subfraktionierung und Anreicherung unterschiedlicher Zellkomponenten.

Zonensedimentation

Oft unterscheiden sich die Sedimentationsraten der zu trennenden Komponenten nicht genügend voneinander. Wollen wir derartige Komponenten dennoch trennen, so müssen wir zunächst das Zentrifugen-Röhrchen mit einem Medium beschicken, dessen Dichte von oben nach unten zunimmt. Wir stellen einen Dichtegradienten her (Abb. M5.3). Die am häufigsten verwendeten Substanzen zum Aufbau von Dichtegradienten sind Rohrzucker (englisch *sucrose*) und Glycerin. Das Probengemisch tragen wir als Bande oben auf den Gradienten auf. Im Zentrifugalfeld bewegen sich die Komponenten in den Gradienten hinein, wobei Teilchenradius und Teilchenmasse die Sedimentationsraten bestimmen. Da sich die Teilchen immer mehr von der Rotorachse entfernen und r_R dementsprechend immer größer wird, wächst auch das Zentrifugalfeld *a* nach Gleichung (2). Als Ergebnis einer Zonensedimentation erhalten wir im Gradienten Banden, in denen bestimmte Molekülarten angereichert sind.

Die Sedimentationsgeschwindigkeit eines Teilchens läßt sich durch die Beziehungen (4) bzw. (5) beschreiben. *s* ist der Sedimentationskoeffizient. Er läßt sich auch

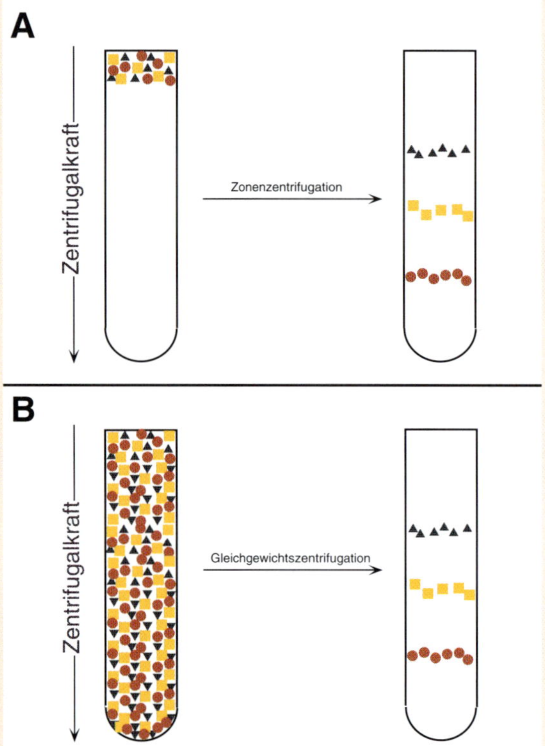

Abb. M5.3 Dichtegradienten-Zentrifugation.
A. Bei der Zonenzentrifugation trennen wir Organellen, subzelluläre Strukturen oder Biomoleküle mit Hilfe eines „vorgeformten" Dichtegradienten, auf den wir das Probengemisch vorsichtig aufbringen. Ein solcher Gradient besteht z. B. aus Schichten unterschiedlich konzentrierter Saccharose-Lösungen (*sucrose*-Gradient). Im Laufe der Zentrifugation wandern die verschiedenen Komponenten des Probengemisches in den Gradienten ein und konzentrieren sich an den Positionen, an denen die Dichten der Gradientenlösung und der Komponenten annähernd übereinstimmen.
B. Bei der isopyknischen oder Gleichgewichtszentrifugation wird kein Gradient vorgeformt. Vielmehr verwenden wir bei dieser Methode als Gradientenmedium Substanzen, die aufgrund ihrer besonderen Moleküleigenschaften während der Zentrifugation spontan einen Gradienten ausbilden. Aus diesem Grund können wir die Probe auch mit dem Gradientenmedium mischen. Während der Zentrifugation trennen sich die verschiedenen Komponenten des Probengemisches so, wie sich der Gradient formt. Die Moleküle im oberen Teil des Gradienten sedimentieren, und aus dem unteren Teil steigen sie solange auf, bis sie sich alle an einer Stelle des Gradienten treffen, die ihrer eigenen Schwebedichte (englisch: *buoyant density*) entspricht. Nach einer bestimmten Zeit, die vom Medium und den Bedingungen des Zentrifugenlaufes (Rotor, RCF, Temperatur) abhängt, erreichen wir einen stabilen Gleichgewichtszustand.

nach Gleichung (6) beschreiben, in der m die molekulare Masse und υ das spezifische Volumen eines Moleküls sind. ρ ist die Dichte des Zentrifugationsmediums und f der Reibungskoeffizient. Um Sedimentationskoeffizienten unabhängig von unterschiedlichsten Zentrifugationsmedien zu beschreiben und damit vergleichbar zu machen, hat man sich auf einen Standard geeinigt. Hierzu wird der ermittelte Sedimentationskoeffizient in den Wert für Wasser von 20 °C als Zentrifugationsmedium umgerechnet. Diese Umrechnung beschreibt die Formel (7). Sedimentationskoeffizienten liegen typischerweise in der Größenordnung von 10^{-13} s. Diese Größe wird als ein **Svedberg (S)** bezeichnet.

Sedimentationskoeffizienten charakterisieren die untersuchten Teilchen. So sprechen wir selten von kleinen oder großen ribosomalen RNAs, sondern von 16S- und 23S-rRNA (bei Bakterien) bzw. 18S- und 28S-rRNA bei Eukaryonten. Entsprechendes gilt für die Ribosomen: 30S- und 50S-Untereinheiten bilden das intakte 70S-Monosom in Bakterien.

Absolute S-Werte zu bestimmen ist relativ aufwendig. Daher werden im Labor-Alltag relative Sedimentationskoeffizienten und Molekulargewichte durch Vergleichszentrifugationen mit charakterisierten Molekülen bzw. Partikeln bestimmt.

Isopyknische Zentrifugation

Ein Teilchen schwebt in einer Lösung, wenn seine Dichte gleich der der umgebenden Lösung ist (Abb. M5.3). Von dieser Eigenschaft macht die Gleichgewichts- oder isopyknische Zentrifugation Gebrauch. Man mischt die Probe mit einem geeigneten Medium, beispielsweise mit einer Caesiumchlorid-Lösung einer bestimmten Konzentration. Caesium-Ionen bilden in den benutzten Schwerefeldern auf Grund ihrer Ionenmasse von 133 innerhalb von 40 Stunden im Gleichgewicht stehende Gradienten aus. Je nach Ausgangsdichte des Caesiumchlorids entstehen Gradienten im Bereich von 1,0 bis 1,9 $g \cdot ml^{-1}$. Bis auf RNA mit einer Schwebedichte von mehr als 1,9 $g \cdot ml^{-1}$ (in Caesiumchlorid) bilden damit alle anderen Molekülarten Banden innerhalb des Gradienten aus. Die Moleküle werden im oberen Teil des Gradienten sedimentieren und aus dem unteren Teil solange aufsteigen, bis sie sich alle an einer Stelle des Gradienten treffen, die ihrer eigenen Schwebedichte (englisch: *buoyant density*) entspricht. Nach einer bestimmten Zeit, die vom Medium und den Bedingungen des Zentrifugenlaufes (Rotor, RCF, Temperatur) abhängt, erreichen wir einen stabilen Gleichgewichtszustand. Nach der Zentrifugation kann die bei einer bestimmten Dichte bandierte Substanz durch Anstechen des Gradienten abgezogen werden.

Die isopyknische Zentrifugation in Caesiumchlorid-Gradienten findet große Anwendung zur Trennung verschiedener DNA-Spezies. Denn bekanntlich hängt die Dichte einer DNA von ihrem G/C-Gehalt ab. In Caesiumchlorid bei 25 °C entspricht die Dichte ρ in $g \cdot ml^{-1}$ $\rho = 1{,}66 + 0{,}098 \bullet (\%\ GC)$. Auf dieser Basis lassen sich beispielsweise bakterielle und virale DNAs voneinander trennen, besonders dann, wenn die Genome sich nicht nur in ihrer Größe, sondern auch in ihrem G/C-Gehalt unterscheiden.

Neben der Basen-Zusammensetzung können aber auch Strukturunterschiede für die Trennung von DNA-Molekülen in isopyknischen Gradienten ausgenutzt werden. So verhalten sich superhelikale doppelsträngige DNA-Ringe im Gradienten anders als relaxierte DNA-Ringe oder als lineare DNA-Moleküle. Für die Trennung derartiger isomerer Formen wird oft die charakteristische Eigenschaft von DNA genutzt, Ethidiumbromid zu binden, wobei das Ethidiumbromid interkaliert, d. h. sich zwischen die stufenförmig angeordneten Basenpaare der DNA schiebt. Da bei hohen Ethidiumbromid-Konzentrationen die offene DNA-Form mehr Ethidiumbromid bindet, als die superhelikale DNA, erhält erstere eine niedrigere Dichte und kann so in der Gleichgewichtszentrifugation von superhelikaler DNA abgetrennt werden.

Mikrobielle Systeme

3

3.1 Genexpression in Prokaryonten

Zu den Hauptzielen der Gentechnik im Bereich biotechnischer Anwendungen gehört die Expression fremder genetischer Information durch Mikroorganismen. Für den medizinisch/pharmazeutischen Bereich handelt es sich dabei meistens – aber längst nicht immer – um Information aus dem menschlichen Genom. Generell sprechen wir von „heterologer Genexpression", wenn fremdes genetisches Material in einem Organismus – sei es ein Bakterium oder ein höherer Organismus – exprimiert wird.

Wollen wir beispielsweise genetische Information aus dem menschlichen Genom in einem Mikroorganismus exprimieren, bedarf es mehr als das „einfache Klonieren" dieser DNA in einen bakteriellen Vektor. Wir müssen zusätzlich das heterologe Gen unter die Kontrolle einer effizienten Transkriptionskontrolleinheit, einem sogenannten Promotor, stellen (Abb. 3.1.1). Hinter das Gen muß ein Signal inseriert werden, das dafür sorgt, daß dort die Transkription abbricht. So wird verhindert, daß nicht eine unnötig lange Messenger RNA (mRNA) entsteht. Ein derartiges Kontrollelement bezeichnen wir als Transkriptions-Terminator. Zusätzlich müssen wir sicherstellen, daß auch die Translation der gebildeten mRNA effizient anlaufen kann. Und wir sollten uns überlegen, ob wir nicht ein Signal miteinbauen, das dafür sorgt, daß das synthetisierte Protein sezerniert wird. Ein solches Element bezeichen wir als Signal- oder *leader*-Peptid.

Leider gibt es keine einheitliche Strategie, nach der wir vorgehen können, um ein Protein mit hoher Effizienz in einem Mikroorganismus herstellen zu können. Vielmehr muß für jeden Einzelfall die beste Strategie empirisch erarbeitet werden.

3.1.1 Bakterielle Promotoren

Als ersten und wichtigsten Schritt bei der Konstruktion eines Expressions-Vektors müssen wir sicherstellen, daß die bakterielle RNA-Polymerase an eine kurze Sequenz vor dem fremden Strukturgen binden kann. Dieser kurze Sequenzbereich wird auch als Transkriptionskontrolleinheit oder als Promotor bezeichnet.

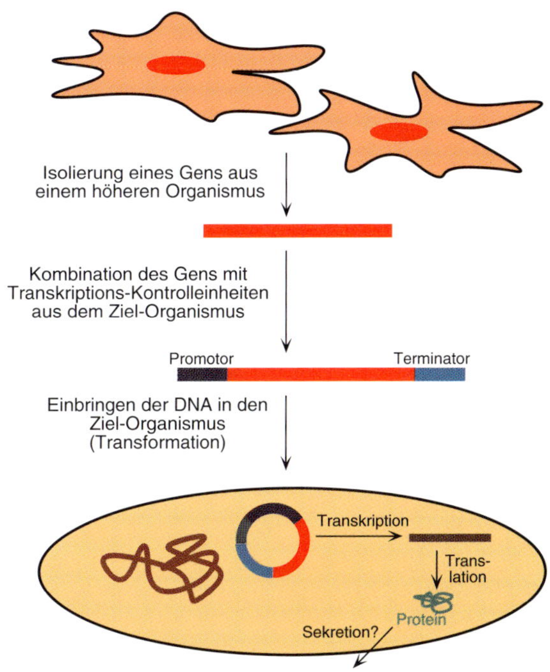

Abb. 3.1.1 Expressionsklonierung. Um ein eukaryontisches Gen in funktioneller Form in eine bakterielle Zelle einzubringen, müssen wir das Gen (rot) mit einem bakteriellen Promotor (dunkelblau) und einem bakteriellen Transkriptions-Terminator (hellblau) kombinieren. Erst dann kann in der bakteriellen Zelle von diesem Gen ein rekombinantes Protein (grün) synthetisiert werden.

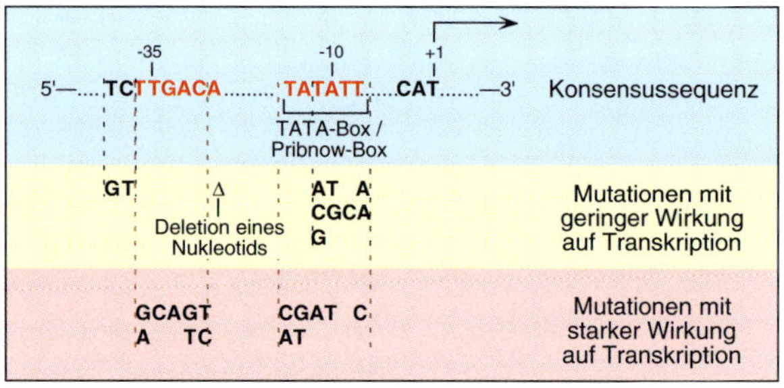

Abb. 3.1.2 *E.-coli*-Promotor-Konsensuselemente. Ein *E.-coli*-Promotor befindet sich immer vor dem transkribierten Sequenzbereich. Das erste transkribierte Nukleotid wird mit +1 gekennzeichnet. Das Nukleotid vor der +1-Position ist Nukleotid –1. Eine signifikante Übereinstimmung (Konsensus) in allen Promotoren aus *E. coli* finden wir um die Positionen –10 und –35 (rot-markierte Nukleotide, Konsensussequenz). Den Sequenzblock um die Position –10 bezeichnen wir als TATA-Box oder Pribnow-Box. Verändern wir die Nukleotide innerhalb der Promotor-Region, beobachten wir geringe (Mutationen im gelb-unterlegten Bereich), aber auch starke Auswirkungen (rosa-unterlegter Bereich) auf die Transkription. Wir erkennen daran, daß die Konsensussequenz zwar Variationen zuläßt, daß aber die Variationsmöglichkeiten sehr stark eingeschränkt sind.

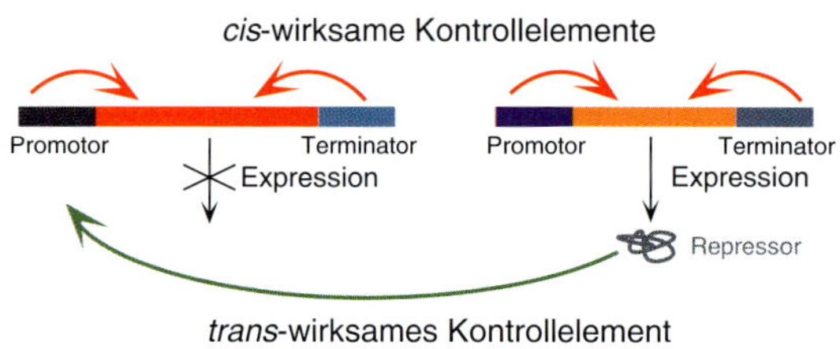

Abb. 3.1.3 *cis*- vs. *trans*-wirkende Kontrollelemente. *cis*-wirkame Kontrollelemente befinden sich immer auf dem gleichen Molekül und in relativ enger Nachbarschaft zu dem Element, das sie kontrollieren. Promotoren und Transkriptions-Terminatoren sind typische Kontrollelemente, die „in *cis*" auf ein Gen wirken (rote Pfeile).
Dagegen sind *trans*-wirksame Kontrollelemente eigenständige Moleküle, die durch Bindung an eine Zielsequenz eine kontrollierende Funktion ausüben. Beispielsweise ist ein Repressor-Protein ein typisches *trans*-aktives Kontrollelement. Dieses Repressor-Protein wird irgendwo im Genom – bei Eukaryonten eventuell auf einem anderen Chromosom – codiert. Der Repressor bindet dann an eine Zielsequenz in der Nähe des Promotors eines bestimmten Gens und verhindert so die Expression dieses Gens.

Nicht alle Promotoren werden von der RNA-Polymerase mit gleicher Effizienz erkannt oder mit gleicher Intensität gebunden. Eine Transkriptions-Kontrolleinheit, zu der die RNA-Polymerase eine hohe Affinität aufweist, bezeichnen wir als einen starken Promotor, da von einem derartigen Promotor aus die Transkription besonders effizient initiiert wird. Das erste Nukleotid, das in RNA überschrieben wird, befindet sich unterhalb (stromabwärts oder *downstream*) des Promotors. Es wird als Initiationsnukleotid +1 bezeichnet. Das oberhalb (stromaufwärts oder *upstream*) von diesem Initiationsnukleotid gelegene Nukleotid wird als Nukleotid –1 bezeichnet.

Wie sieht ein bakterieller Promotor aus? Dies wollen wir uns an einem typischen *E.-coli*-Promotor verdeutlichen (Abb. 3.1.2). Wichtig sind zwei DNA-Segmente, die gewöhnlich etwa 35 Basen beziehungsweise etwa 10 Basen vor der eigentlichen Startstelle der Transkription liegen. Wir bezeichnen diese beiden DNA-Segmente als –35- bzw. als –10-Region. Dabei kennzeichnen die Minuszeichen, daß diese Regionen oberhalb (*upstream*) von der Transkriptions-Initiationsstelle liegen. Schreiben wir alle bekannten –35- und –10-Regionen untereinander, fällt auf, daß diese Regionen eine deutliche Sequenzhomologie aufweisen. Aus dieser Sequenzhomologie läßt sich eine „typische" Sequenz formulieren. Solch eine „typische" Sequenz bezeichnen wir in der Gentechnik auch als „Konsensussequenz". Die Konsensussequenz für die –35-Region lautet 5'-TTGACA-3', die Konsensussequenz für die –10-Region lautet 5'-TATATT-3'. Oft wird die –10-Region wegen ihrer A/T-reichen Sequenz auch als TATA-Box bezeichnet. Das Motiv wird auch „Pribnow-Box" genannt. Veränderungen innerhalb der Konsensussequenzen beeinträchtigen die Promotor-Stärke. Dabei wirken sich unterschiedliche Basensubstitutionen unterschiedlich stark auf die Funktion des Promotors aus (Abb. 3.1.2).

Ein Promotor ist ein typisches Beispiel für ein *cis*-wirksames Kontrollelement (Abb. 3.1.3). Darunter verstehen wir, daß dieses Element eine ganz bestimmte Position relativ zu dem Bereich einnehmen muß, den es kontrolliert. Promotoren müssen sich nämlich immer auf dem gleichen DNA-Molekül befinden, wie das Gen, dessen Transkription sie kontrollieren. Wir kennen aber auch Elemente, die die Expression eines Gens als *trans*-wirksame Kontrollelemente – sozusagen von außen her – beeinflussen (Abb. 3.1.3). Ein solches Element ist beispielsweise ein Repressor. Ein Repressor kann auf einem ganz anderen DNA-Molekül codiert sein. Er entfaltet seine Wirkung als Protein, das an die Transkriptionseinheit bindet und mit ihr so wechselwirkt, daß diese nicht mehr exprimiert werden kann (siehe unter 3.1.5: „Regulierbare Promotoren“).

3.1.2 Das Operon

Die Transkription verläuft immer von Nukleotid +1 bis zu einer Stelle, die von der RNA-Polymerase als Transkriptions-Terminator erkannt wird. An dieser Stelle fällt die RNA-Polymerase von der Matrizen-DNA ab und steht dann für eine neue Transkriptions-Runde zur Verfügung. Als Transkriptions-Terminator wird in *E. coli* eine Sequenz erkannt, die aus einer Palindromsequenz, gefolgt von mehreren U-Nukleotiden, besteht (Abb. 3.1.4). Wir erkennen an den U-Nukleotiden, daß dieses Signal auf der synthetisierten RNA liegt und nicht etwa auf der DNA.

Den Bereich, der einen Promotor, die codierende Region und einen Transkriptions-Terminator beinhaltet, bezeichnen wir als Operon (Abb. 3.1.5). Dieser Bereich stellt gewissermaßen eine genetische „Arbeitseinheit“ dar, die sicherstellt, daß informative DNA in RNA übersetzt werden kann.

In Prokaryonten werden häufig mehrere Gene von einem Promotor und einem Transkriptions-Terminator kontrolliert. Ein derartiges Operon bezeichnen wir als polycistronisches Operon und die entsprechend große mRNA als polycistronische mRNA. Denn ein Gen können wir alternativ auch als „Cistron“ bezeichnen.

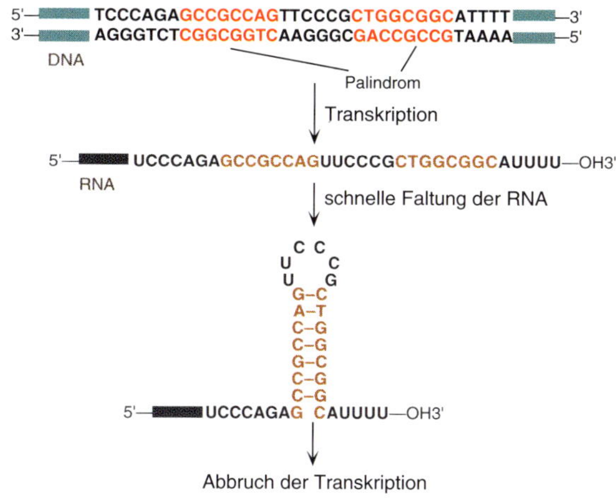

Abb. 3.1.4 Die Transkriptions-Termination wird in *E. coli* über ein RNA-Signal reguliert. Bakterielle Gene besitzen an ihrem Ende eine Sequenz, die nach Transkription – also auf der Ebene der RNA – eine Stamm-/*Loop*-Struktur ausbilden kann, da die zu der *Loop*-Region links und rechts benachbarten Nukleotide zueinander palindromartig aufgebaut sind. Unmittelbar auf diese Stamm-/*Loop*-Struktur folgen eine Reihe von Uridin-Nukleotiden. Wird eine solche Struktur von einer bakteriellen RNA-Polymerase synthetisiert, so erkennt das Enzym dies als Ende des Gens und fällt von der DNA ab. Wir erkennen, daß das Terminationssignal nicht wie ein Promotor von einer Konsensussequenz sondern von einer Konsensusstruktur gebildet wird.

3.1.3 Die „Shine-Dalgarno-Sequenz“

Nachdem wir uns eben erarbeitet haben, wie wir die Transkription eines fremden Gens beeinflussen können, müssen wir uns nun die Mechanismen der Translation – also die Übersetzung der mRNA in Protein – betrachten. Für eine effiziente heterologe Expression sind nämlich auch Kontrollelemente für die Translation wichtig. Ein solches Kontrollelement wurde 1974 von den australischen Wissenschaftlern John Shine und Larry Dalgarno entdeckt. Es besteht in der Regel aus sechs bis acht purinreichen Nukleotiden. Sie befinden sich acht Nukleotide oberhalb des Translation-Initiations-Codons. Wir bezeichnen diese Sequenz als ribosomale Bindungsstelle oder „*Shine-Dalgarno*-Sequenz“. Auch die *Shine-Dalgarno*-Sequenz ist ein typisches *cis*-wirksames Kontrollelement (Abb. 3.1.6). Wichtig ist

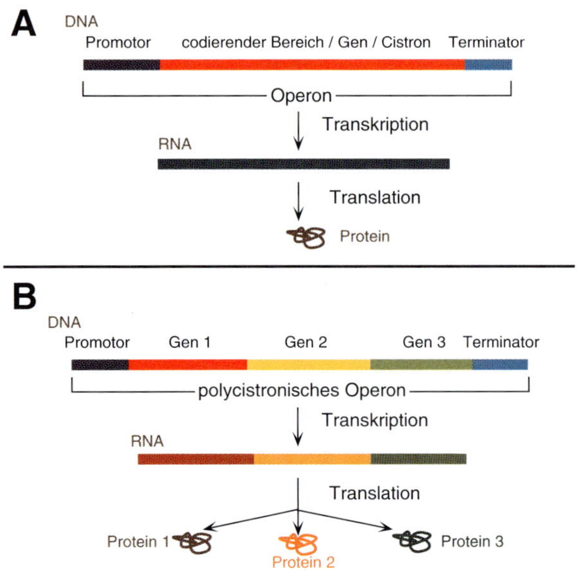

Abb. 3.1.5 Das Operon. Ein Operon ist der transkribierte Bereich, der von einem Promotor und einem Transkriptions-Terminator kontrolliert wird. **A.** Befindet ich in diesem Bereich ein einzelnes Gen (= Cistron), so handelt es sich um ein monocistronisches Operon. **B.** Befinden sich zwischen den Transkriptionskontrollelementen mehrere Gene (rot, gelb, grün), bezeichnen wir ein derartiges Operon als ein polycistronisches Operon. Die durch Transkription von diesem Operon gebildete polycistronische mRNA besitzt für jedes Gen einen eigenen Translations-Start. Daher wird von dieser mRNA nicht etwa ein großes Vorläuferprotein gebildet, das dann in Einzelproteine zerschnitten wird, sondern es werden von der polycistronischen mRNA simultan alle codierten Proteine einzeln translatiert.

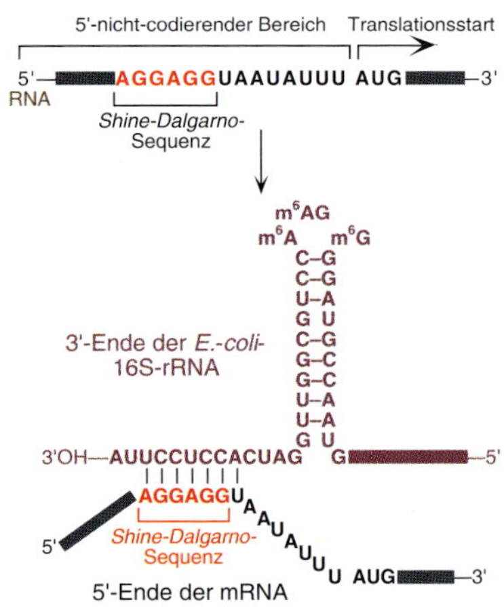

Abb. 3.1.6 Die Shine-Dalgarno-Sequenz. Die *Shine-Dalgarno*-Sequenz ist ein *cis*-wirksames Translations-Kontrollelement, das sich nicht nur durch eine relativ konservierte Konsensussequenz auszeichnet, sondern das auch sehr exakt vor der Translation-Initiations-Stelle positioniert sein muß. Die hohen Sequenz- und Positionsanforderungen ergeben sich aus der Komplementarität der *Shine-Dalgarno*-Sequenz mit dem 3'-Ende der ribosomalen 16S-rRNA, über die die mRNA am Ribosom für die Translations-Initiation korrekt positioniert wird.

nicht nur, daß die Sequenz möglichst exakt mit der Konsensussequenz (5'-AGGAGG-3') übereinstimmt (Abb. 3.1.6), sondern daß sich dieses Element auch in einer optimalen Position zum Translations-Start befindet. Die *Shine-Dalgarno*-Sequenz ist nämlich komplementär zu einem Sequenzbereich in der 16S-ribosomalen RNA (rRNA). Über diese Komplementarität werden die Ribosomen gewissermaßen auf die mRNA aufgefädelt.

3.1.4 Die Translation

Von Ausnahmen abgesehen bildet das erste Methionin-Codon (AUG) nach der Shine-Dalgarno-Sequenz das Initiations-Codon (Abb. 3.1.7). An diesem Codon formiert sich der Initiationskomplex. Er besteht aus der 30 S ribosomalen Untereinheit, der mit Formyl-Methionin beladenen fmet-$tRNA^{fmet}$ und den Initiationsfaktoren 1–3. Unter GTP-Hydrolyse und Abdissoziation der Initiationsfaktoren 1–2 lagert sich die 50 S ribosomale Untereinheit an, so daß nun die Translation-Elongations-Phase beginnen kann (Abb. 3.1.8).

Dazu bindet die zum nächsten Codon passende beladene tRNA mit Hilfe des Elongationsfaktors EF-Tu unter GTP-Hydrolyse an die ribosomale A-Stelle (Akzeptorstelle). Durch Transacylierung wird die Aminosäure Methionin von der fmet-$tRNA^{fmet}$ an die α-Aminogruppe der benachbarten Aminosäure ankondensiert. Die deacylierte $tRNA^{fmet}$ dissoziiert von der P-Stelle (Peptidylstelle) des Ribosoms ab, und das Ribosom bewegt sich um ein Codon auf der mRNA weiter nach rechts. Diese Translokation verbraucht ein weiteres GTP-Molekül und wird durch den Elongationsfaktor G katalysiert. Nun befindet sich eine tRNA mit einem Dipeptid an seinem 3'-Ende an der ribosomalen P-Stelle, und die A-Stelle ist für die nächste beladene tRNA geräumt.

Dieser Prozeß wiederholt sich, bis auf der mRNA eines der drei Basentripletts UGA,

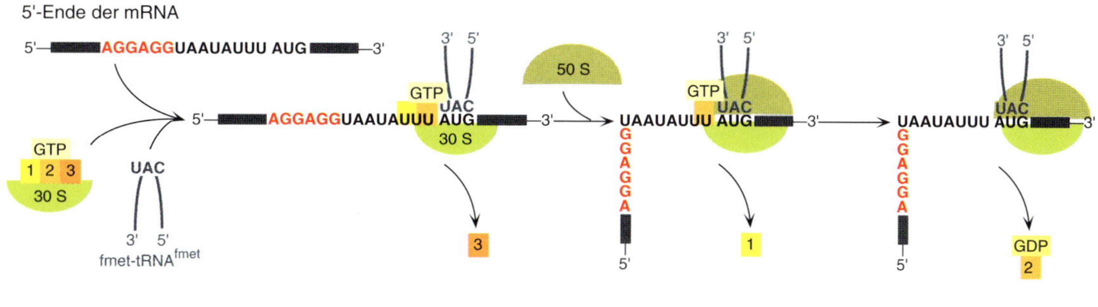

Abb. 3.1.7 Die Translations-Initiation. An der Ausbildung eines Präinitiationskomplexes für eine Translation beteiligen sich zunächst (i) die mRNA mit ihrer Shine-Dalgarno-Sequenz (rot), (ii) die formylierte fmet-tRNA^{fmet}, die über dem ersten AUG-Codon der mRNA positioniert wird und (iii) die 30 S ribosomale Untereinheit, an der die drei Initiationsfaktoren IF1 (1), IF2 (2) und IF3 (3) sowie 1 Molekül GTP gebunden haben. Bei der Ausbildung dieses Komplexes dissoziiert der IF3 (3) ab. Nun lagert sich die große 50 S ribosomale Untereinheit an, wobei der IF1 (1) aus dem Komplex dissoziiert. Schließlich wird das gebundene GTP zu GDP hydrolysiert, das zusammen mit dem IF2 (2) den Initiationskomplex verläßt.

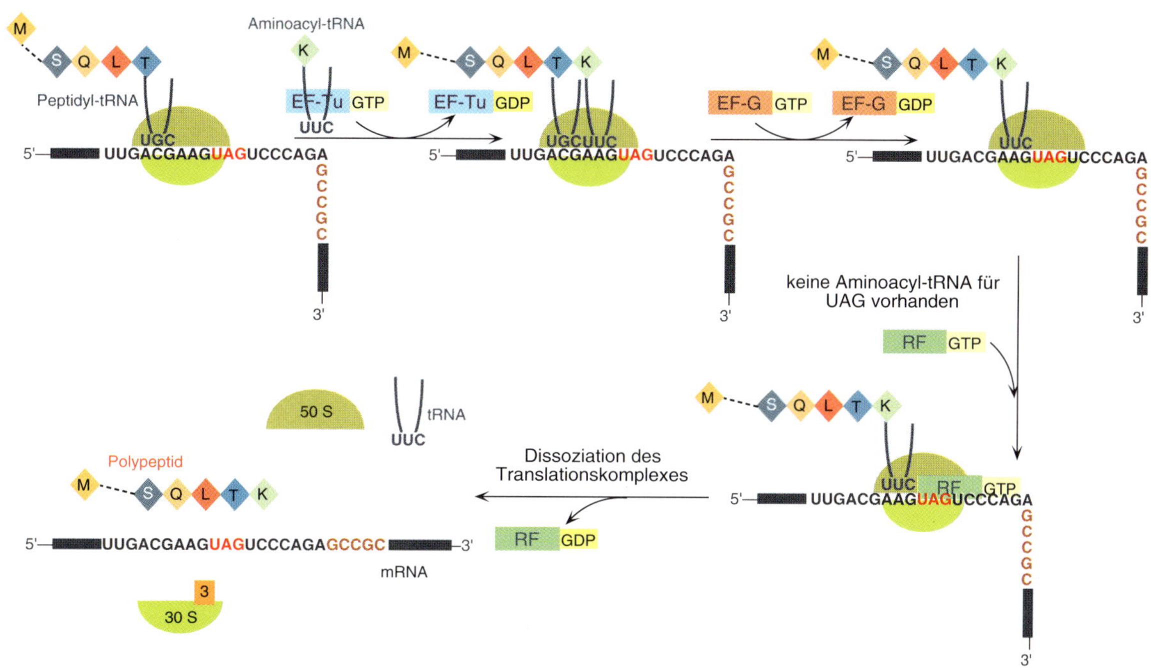

Abb. 3.1.8 Die Translations-Elongation. Das Ribosom bietet Platz für zwei tRNAs. Die linke Hälfte des Ribosoms bezeichen wir als P-Stelle, da an dieser Position nur sogenannte Peptidyl-tRNAs binden können, d. h. tRNAs, die zum einen mit einer Aminosäure oder einer Peptidkette beladen sind und deren gebundene Aminosäuren keine freie α-Aminogruppe tragen. Das ist auch der Grund dafür, daß die Initiator-tRNA (tRNA^{fmet}) an der α-Aminogruppe formyliert ist, da sie sonst nicht in die P-Stelle binden könnte.
Die zweite tRNA-Bindestelle am Ribosom wird als A-Stelle bezeichnet, da hier die Aminoacyl-tRNAs binden. Hierzu bildet sich zunächst ein ternärer Komplex aus der mit einer Aminosäure beladenen Aminoacyl-tRNA, GTP und dem Elongationsfaktor EF-Tu. Bei der Positionierung der Aminoacyl-tRNA an die A-Stelle wird GTP zu GDP hydrolysiert, und EF-Tu sowie GDP dissoziieren als binärer Komplex ab.
Es folgt die Verlängerung der Peptidkette. Hierzu wird die Peptidkette von der Peptidyl-tRNA in der P-Stelle getrennt und komplett an die freie α-Aminogruppe der Aminosäure in der A-Stelle geheftet. Die tRNA in der P-Stelle erfüllt nun nicht mehr die Anforderungen, die an eine tRNA in dieser Position gestellt werden (siehe oben) und dissoziiert deshalb ab. Mit Hilfe eines weiteren Elongationsfaktors (EF-G) und unter GTP-Hydrolyse wird nun die mit der Peptidkette beladene tRNA aus der A-Stelle in die P-Stelle transloziert. Damit ist die A-Stelle für eine neue Aminoacyl-tRNA frei.
Folgt jedoch als nächstes Codon auf der mRNA ein Translation-Stopp-Codon, wird der Terminationsprozeß in Gang gesetzt. Mit Hilfe von Terminationsfaktoren (RF = *release factors*) und GTP dissoziieren alle Komponenten des Translations-Komplexes von der mRNA ab, und die Peptidkette wird von der letzten Peptidyl-tRNA abhydrolysiert.

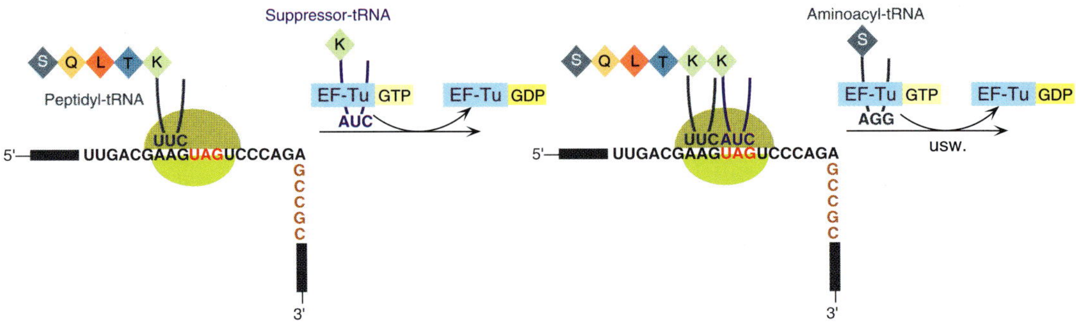

Abb. 3.1.9 Suppression. In Wildtyp-Zellen bricht die Translation an den drei Translation-Terminations-Codons UAG, UGA und UAA ab, da es für diese Codons keine entsprechenden Transfer-RNAs gibt. Die Translation-Terminations-Codons werden daher auch als *Nonsens*-Codons bezeichnet.
Entsteht aber in einer Zelle durch Mutation eine tRNA, deren Anticodon eines der drei *Nonsens*-Codons erkennt (beispielsweise eine tRNA mit dem Anticodon CUA erkennt das Translation-Terminations-Codon UAG), so wird die Translation an diesem Codon fortgesetzt, und es wird diejenige Aminosäure in die wachsende Polypeptidkette eingebaut, mit der die mutierte tRNA beladen ist. Wir bezeichnen eine derartige „unnatürliche" tRNA-Variante als Suppressor-tRNA, da sie ihrerseits eine sogenannte *Nonsens*-Mutation in einer mRNA funktionell unterdrücken (supprimieren) kann. Andererseits überlesen Suppressor-tRNAs aber selbstverständlich auch viele natürliche Translation-Terminations-Codons, so daß in einem „Suppressor-Stamm" viele unnatürlich lange Proteine vorliegen. Dies führt dazu, daß Suppressor-Stämme oft langsamer wachsen als die entsprechenden Wildtyp-Stämme.

UAG, oder UAA an die ribosomale A-Stelle rücken. Für diese drei Codons existieren in gewöhnlichen Zellen keine spezifischen Transfer-RNAs. Daher fungieren diese drei Basentripletts als Translation-Terminations-Signale, d. h. an diesen Codons bricht die Translation ab und die Ribosomen dissoziieren von der mRNA, katalysiert durch verschiedene Translation-Terminations-Faktoren.

In der Tat ist das Fehlen passender tRNAs für die Codons UAG, UGA und UAA der einzige Grund für die Translations-Termination an diesen Codons. Wandelt man nämlich bestimmte Transfer-RNAs durch Mutation in Varianten um, die eines der drei Translation-Terminations-Codons erkennen, werden auch diese Codons als gewöhnliche Sinn-Codons gelesen und die Translation bricht nicht ab (Abb. 3.1.9). Derartig mutierte tRNAs nennen wir Suppressor-tRNAs, da sie die Translationtermination unterdrücken. Stämme, die eine Suppressor-tRNA enthalten, bezeichnen wir als Suppressor-Stämme. Solche Suppressor-Stämme werden in der Gentechnik aus verschiedenen Gründen vielfältig eingesetzt und sind daher teilweise von großer Bedeutung.

Zum Beispiel haben Suppressor-Stämme zu Beginn der Gentechnik-Ära eine große Rolle gespielt. Damals hatte man ja kaum Erfahrung mit den Auswirkungen der Gentechnik, und folglich machte man sich große Gedanken um die biologische Sicherheit. Eine Maßnahme, um mehr Sicherheit zu garantieren, bestand darin, in die heterologe genetische Information gezielt interne Translation-Terminations-Codons einzuführen. Dadurch war ausgeschlossen, daß diese Information in irgendwelchen Bakterien exprimiert werden konnte. In derartigen Stämmen wäre die Translation vorzeitig terminiert worden. Nur in ausgewählten Suppressor-Stämmen ließ sich die heterologe Information exprimieren. Diese Stämme mußten entsprechende Suppressor-tRNAs enthalten, die die internen Translation-Terminations-Signale überlesen konnten.

Die Translation beginnt also mit einem AUG-Initiations-Codon. Sie endet an einem von drei Translation-Terminations-Codons (UAG, UGA, UAA). Den Bereich dazwischen bezeichnen wir als den „offenen Leserahmen" (Abb. 3.1.10). Wegen des Triplett-Charakters der Codons ist die Anzahl der Nukleotide im offenen Leserahmen immer durch drei teilbar. Auf der Basis dieser Gesetzmäßigkeiten können wir einen Computer eine unbekannte Sequenz nach einem offenen Leserahmen durchsuchen lassen. Der Computer durchforstet beide DNA-Stränge einer Doppelhelix und sucht auf jedem Strang in jeweils allen drei möglichen Leserastern. Er teilt hierzu die Sequenz in Basentripletts auf, wobei er einmal mit dem ersten Nukleotid, dann mit dem zweiten Nukleotid und schließlich mit dem dritten Nukleotid eines jeden DNA-Stranges beginnt. Findet der Computer ein AUG-Initiations-Codon, so zeichnet er einen kleinen vertikalen Strich. Findet er eines der drei Translation-Terminations-Codon, zeichnet er einen großen vertikalen Strich (Abb. 3.1.11). In der Regel erkennen wir sofort, wo sich innerhalb einer bestimmten Sequenz offene Leserahmen befinden, da diese Bereiche nicht durch vertikale Striche markiert sind (Abb. 3.1.11).

3.1.5 Regulierbare Promotoren

Die effiziente Expression fremder genetischer Information interferiert oft stark mit dem normalen Wachstum der Wirtszelle. Deshalb ist es meist nicht wünschenswert, daß das Fremd-Protein in allen Wachstumsphasen synthetisiert wird. Dieses Problem lösen wir durch den Einsatz eines regulierbaren Promotors (Abb. 3.1.12). Regulierbare Promotoren sind nicht ständig (konstitutiv) aktiv. Sie werden nur unter bestimmten Bedingungen aktiviert (induziert), bzw. inaktiviert (reprimiert).

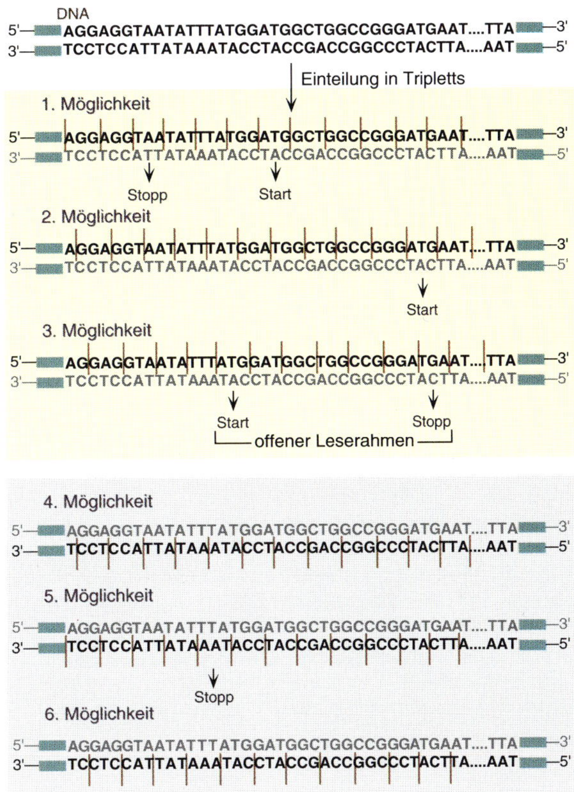

Abb. 3.1.10 Mögliche Leseraster. Auf der DNA ist die Information für die Synthese von Proteinen in einem Drei-Basen-Raster codiert. Jeder DNA-Abschnitt besitzt sechs theoretisch mögliche Raster: drei auf dem oberen Strang (gelb unterlegt) und drei auf dem unteren Strang (blau unterlegt). Als einen offenen Leserahmen bezeichnen wir einen Bereich, der mit einem ATG als Translation-Initiations-Codon beginnt und mit einem der drei Translation-Terminations-Codons endet. In dem in der Abbildung aufgezeigten Beispiel finden wir einen solchen offenen Leserahmen im 3. Raster des oberen DNA-Stranges. Allerdings ist dieser offene Leserahmen zu klein, um tatsächlich für ein Protein zu codieren. Da die Durchschnittsgröße eines Proteins bei ca. 300 Aminosäuren liegt, sollte ein relevanter offener Leserahmen mindestens 900 Nukleotide oder 300 Codons umfassen (siehe Abb. 3.1.11).

Um genügend Biomasse zu akkumulieren, lassen wir die Zellen zunächst unter Bedingungen wachsen, bei denen der regulierbare Promotor inaktiv ist. Spät in der logarithmischen Wachstumsphase der Zellen wird dann die Expression des Fremd-Proteins induziert. Dies geschieht dadurch, daß wir entweder einen Repressor aus dem Kulturmedium entfernen oder daß wir einen geeigneten Induktor dem Medium hinzufügen.

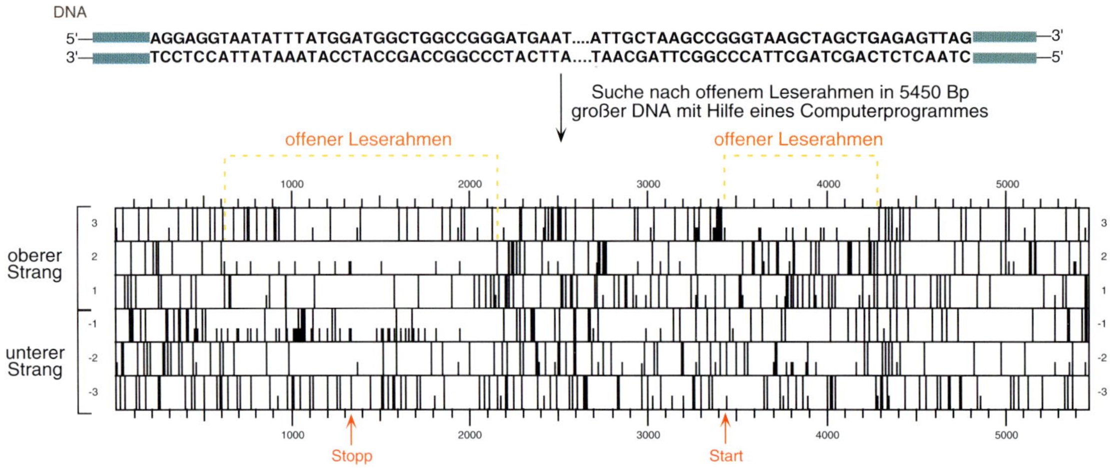

Abb. 3.1.11 Computeranalyse eines 5.450 Bp großen DNA-Fragmentes auf offene Leserahmen. Computerprogramme sind in der Lage, große DNA-Fragmente nach offenen Leserahmen zu durchmustern. In allen sechs möglichen Rastern werden ATG-Translation-Initiations-Codons durch einen kurzen vertikalen Strich und alle Translation-Terminations-Codons durch einen langen vertikalen Strich gekennzeichnet. Bereiche, die über mindestens 900 Basenpaare keine langen vertikalen Striche aufweisen, bezeichnen wir als offene Leserahmen. Diese Bereiche könnten für Proteine codieren. In dem vorliegenden Beispiel erkennen wir zwei offene Leserahmen. Einer dieser Leserahmen befindet sich ca. zwischen den Nukleotiden 600 und 2.150 im 2. Leseraster des oberen Stranges. Der zweite offene Leserahmen befindet sich ebenfalls auf dem oberen DNA-Strang, allerdings im ersten Leseraster zwischen den Nukleotiden 3.400 und 4.300. Beide offenen Leserahmen beginnen mit einem ATG und enden mit einem Translation-Terminations-Codon.

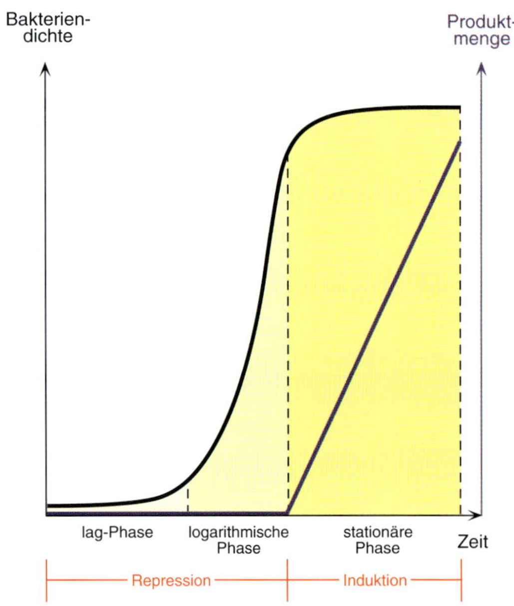

Abb. 3.1.12 Gezielte Proteinproduktion durch regulierbare Promotoren. Regulierbare Promotoren erlauben es, die Synthese eines rekombinanten Proteins gezielt und unabhängig vom Wachstum der Kultur zu steuern. Um das Wachstum so wenig wie möglich durch ein Fremdprodukt zu beeinflussen, wird der Promotor, der die Expression des Fremdproduktes kontrolliert, zunächst möglichst in einem reprimierten Zustand gehalten. Erst, wenn die Kultur nahezu die stationäre Wachstumsphase erreicht hat, wird die Promotoraktivität induziert. Von diesem Zeitpunkt an steigt die Produktmenge stetig, wohingegen die Bakteriendichte praktisch konstant bleibt.

Einer der bekanntesten regulierbaren Promotoren ist der Promotor des Lactose-Operons (*lac*-Operon) aus *E. coli* (Abb. 3.1.13). Das *lac*-Operon ist ein polycistronisches Operon, das für drei Enzyme codiert, die *E. coli* für die Verwertung von Lactose benötigt. Eines dieser Enzyme ist die ß-Galactosidase, die in der Gentechnik eine ganz große Rolle spielt, wie wir bereits in Kapitel 2.4 gesehen haben. Das *lac*-Operon wird sowohl negativ als auch positiv reguliert. Wir schauen uns zunächst die negative Regulation an.

Das Regulationselement auf DNA-Ebene ist der *lac*-Operator (Abb. 3.1.14). Das ist ein palindromisches Sequenzmotiv aus 35 Basenpaaren, das teilweise mit dem Promotor des *lac*-Operons überlappt. An dieses Motiv binden als Tetramer vier Kopien des sogenannten *lac*-Repressors (Ab. 3.1.13). Die Synthese des *lac*-Repressors wird nicht reguliert, d.h. der *lac*-Repressor wird bei jeder Stoffwechsellage mit gleicher Rate exprimiert. Er wird also konstitutiv gebildet. Durch die Bindung des *lac*-Repressors an den *lac*-Operator wird die Transkription des *lac*-Operons verhindert, so daß unter „normalen" Bedingungen in *E. coli* das *lac*-Operon nicht exprimiert wird, sondern inaktiv ist.

Was verstehen wir unter „normalen" Bedingungen? *E. coli* bevorzugt als Kohlenstoffquelle ganz ausgeprägt Glucose. Diese Vorliebe ist so groß, daß das Bakterium Enzyme, die andere Zucker abbauen könnten, erst gar nicht synthetisiert, solange Glucose als C-Quelle verfügbar ist. Das *lac*-Operon ist eine genetische Informationseinheit, die zuckerverwertende Enzyme – nämlich die ß-Galactosidase zum Abbau von Lactose – codiert. Erst wenn keine Glucose mehr verfügbar ist, greift *E. coli* auf alternative C-Quellen, z. B. auf Lactose, zurück.

Das Molekül, das der Zelle signalisiert, daß eine Stoffwechsellage eingetreten ist, die die Aktivierung eines reprimierten Operons erfordert, nennen wir Induktor. Der Induktor erkennt den Repressor, der das Operon blockiert, bindet an ihn und ändert dadurch die Konformation des Repressors. Dadurch verliert der Repressor seine Affinität zum Operator, dissoziiert von seiner Bindungsstelle und gibt das Operon zur Transkription frei (Abb. 3.1.13).

Als Induktoren für das *lac*-Operon fungieren Lactose bzw. Allolactose (1–6-O-ß-D-Galactopyranosyl-D-glucose) oder andere Galactoside, also alles Substrate der ß-Galactosidase (Abb. 3.1.15). Es gibt aber auch Induktoren für das *lac*-Operon, die dem Enzym ein Substrat vortäuschen, die aber von ihm nicht gespalten werden können. Der stärkste Induktor ist ein solches Pseudosubstrat, Isopropyl-ß-D-thiogalactosid (IPTG), das wegen seiner thioglycosidischen Bindung nicht gespalten werden kann (Abb. 3.1.15c).

Neben dieser negativen Regulation unterliegt das *lac*-Operon aber auch einer positiven Regulation. Diese Regulation bezeichnen wir als Katabolit-Aktivierung. Sie beruht darauf, daß in Abwesenheit von Glucose die intrazelluläre Konzentration von cAMP (zyklisches AMP oder Adenosin-3',5'-Monophosphat) ansteigt. Das ist übrigens nicht nur in *E. coli* so. Ein Hungerzustand ist unter anderem dadurch charakterisiert, daß die cAMP-Konzentration ansteigt. Daher kann man cAMP auch als ubiquitäres Hungersignal bezeichnen. Ein Teil dieses cAMPs bindet an ein Protein mit 210 Aminosäuren, das wir als CRP (cAMP-Rezeptorprotein) bezeichnen. Zwei dieser mit cAMP beladenen Proteinkopien binden oberhalb des *lac*-Promotors (Abb.

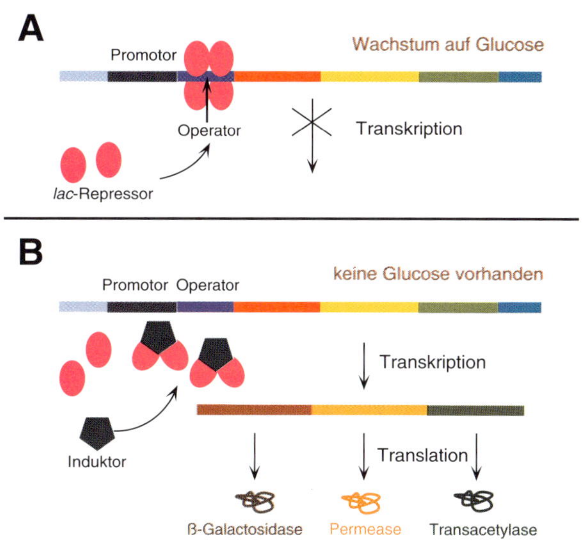

Abb. 3.1.13 Das Lactose-Operon.
A. Das Lactose-Operon aus *E. coli* ist ein polycistronisches Operon, dessen regulierbarer Promotor die Expression dreier (rot, gelb, grün) Gene (= Cistrons) kontrolliert. Die Gene codieren die Proteine ß-Galactosidase (rot), Permease (gelb) und Transacylase (grün). Der für die Regulation verantwortliche Bereich ist eine kurze Sequenz zwischen Promotor und dem ß-Galactosidase-Gen, den wir als *lac*-Operator (lila) bezeichnen (siehe Abb. 3.1.14). Er fungiert als spezifische Bindestelle für den *lac*-Repressor, einem Protein, das als Tetramer (purpur) an den *lac*-Operator bindet und damit die Transkription des *lac*-Operons verhindert, d. h. das *lac*-Operon befindet sich in einem reprimierten Zustand. Dies ist natürlicherweise immer dann der Fall, wenn die Zellen auf Glucose als C-Quelle zugreifen können.
B. Ist keine Glucose vorhanden, statt dessen aber Lactose, Allolactose oder artifizielle Galactoside wie beispielsweise Isopropyl-ß-D-thiogalactosid (siehe Abb. 3.1.15), binden diese Induktoren (dunkelgrün) an den *lac*-Repressor, der dadurch seine Affinität zum *lac*-Operator verliert. Nun kann das Operon transkribiert werden, und unter diesen Induktionsbedingungen werden die drei von dem Operon codierten Proteine synthetisiert.

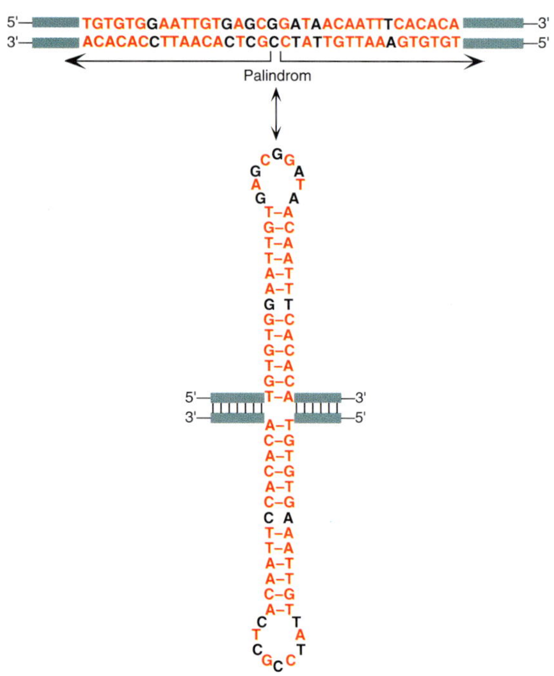

Abb. 3.1.14 Der palindromisch organisierte *lac*-Operator.

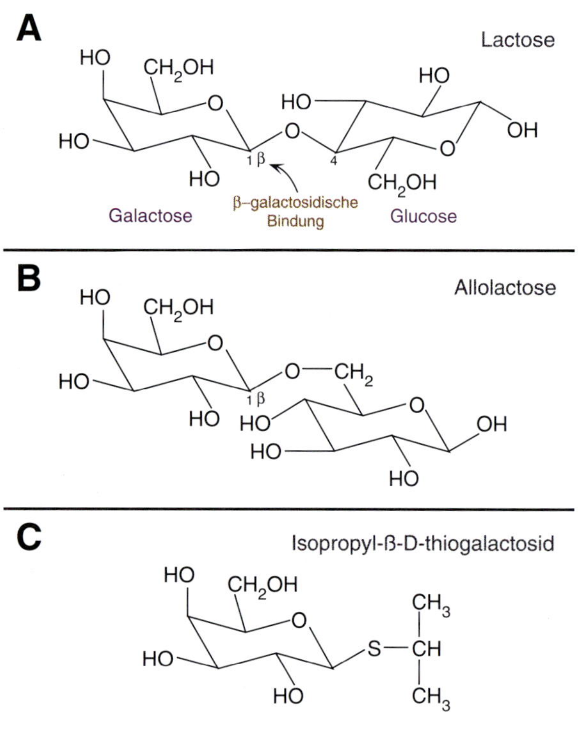

Abb. 3.1.15 Induktoren des *lac*-Operons.

3.1.16). Dadurch erhöhen sie die Affinität der RNA-Polymerase zum *lac*-Promotor, was seinerseits die Effizienz der Transkription steigert.

Praktisch wirkt sich die Regulation des *lac*-Promotors so aus:

- Wachsen die Zellen in Gegenwart von Glucose, ist der *lac*-Promotor inaktiv. Das in *E. coli* konstitutiv synthetisierte *lac*-Repressor-Protein bindet in dieser Stoffwechsellage an den *lac*-Operator und blockiert die Transkription.
- Geben wir zu der Kultur den nicht metabolisierbaren Induktor IPTG, bindet dieses nichtverstoffwechselbare Galactosid an den Repressor. Dadurch ändert sich die Konformation des Repressors derart, daß er seine Affinität zum Operator verliert, abdissoziiert und den Promotor für die Bindung der RNA-Polymerase frei gibt.
- Wollen wir die volle Promotorstärke erreichen, darf keine Glucose mehr vorhanden sein. Erst dann bindet der CRP-cAMP-Komplex oberhalb des *lac*-Promotors und gewährleistet maximale Affinität der RNA-Polymerase an den *lac*-Promotor.

In der Praxis lassen wir die Kultur in Gegenwart einer limitierenden Konzentration von Glucose wachsen. Die Glucose-Menge ist so berechnet, daß sie kurz vor dem Eintreten der Kultur in die stationäre Phase verbraucht ist. Zu diesem Zeitpunkt mischen wir der Kultur IPTG bei, worauf sehr bald die Expression des Fremd-Gens maximal induziert wird.

Ein weiterer regulierbarer Promotor ist der Promotor des Tryptophan-Operons (siehe auch Kapitel 5.1), der sogenannte *trp*-Promotor (Abb. 3.1.17). Auch dieser Promotor wird negativ durch ein entsprechendes Repressorprotein, dem *trp*-Repressor, kontrolliert. Der Interaktionspartner des *trp*-Repressors ist die Aminosäure Tryptophan. Anders als beim *lac*-Repressor, der durch die Bindung des Induktors seine Affinität zum *lac*-Operator verliert, bindet der *trp*-Repressor dann an den Operator, wenn er mit Tryptophan assoziiert ist. Phy-

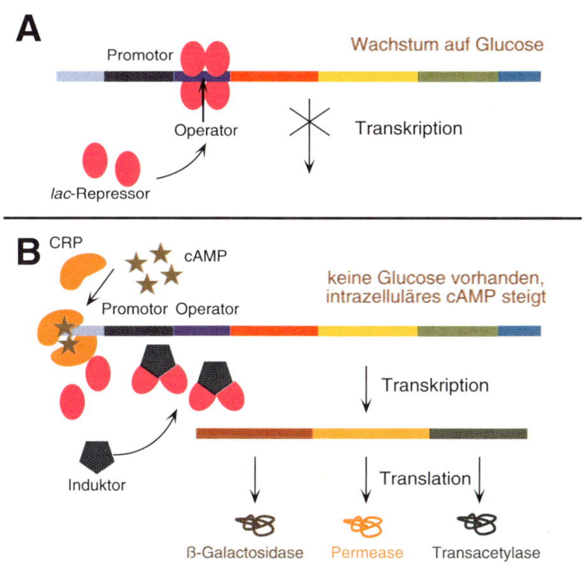

Abb. 3.1.16 Katabolit-Aktivierung des *lac*-Operons. **A.** Das *lac*-Operon in einer Zelle, der Glucose zur Verfügung steht. **B.** Entziehen wir der *E.-coli*-Zelle Glucose, so steigt die intrazelluläre cAMP-Konzentration an. Ein Teil dieses cAMPs bindet an ein Protein, das wir als CRP (cAMP-Rezeptorprotein) bezeichnen. Dieser CRP-cAMP-Komplex bindet an eine Sequenz innerhalb des Kontrollbereiches des *lac*-Operons und erhöht dadurch die Effizienz der Transkription. Somit wird das *lac*-Operon durch den CRP-cAMP-Komplex positiv und durch den *lac*-Repressor negativ reguliert (siehe Abb. 3.1.13).

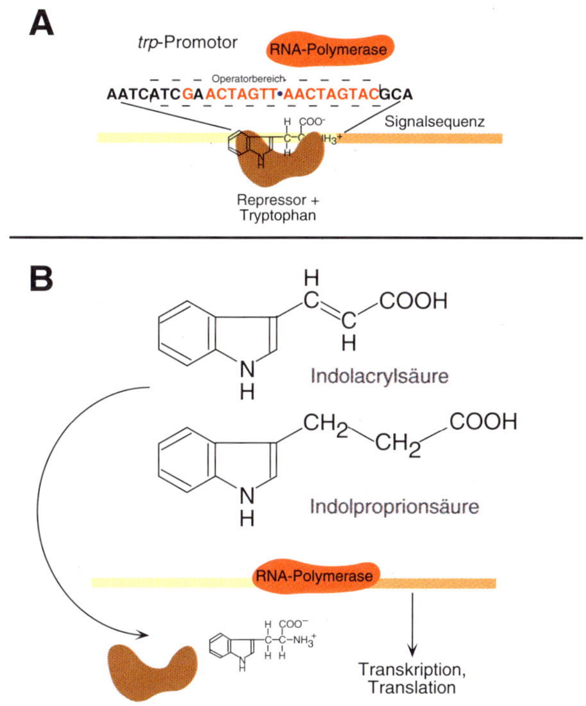

Abb. 3.1.17 Regulation des *trp*-Promotors. Auch unterhalb des *trp*-Promotors finden wir eine palindromische Sequenz, über die als Operator das nachfolgende *trp*-Operon reguliert werden kann. **A.** An den Operator bindet das *trp*-Repressorprotein. Allerdings besitzt der *trp*-Repressor nur dann eine ausreichend hohe Affinität zum Operator, wenn er gleichzeitig die Aminosäure Tryptophan als Corepressor gebunden hat. Dadurch wird sichergestellt, daß nur bei Tryptophanüberschuß das Operon blockiert wird und bei Tryptophanmangel für die Expression freigegeben wird. **B.** Tryptophon kann durch Zugabe von Indolacrylsäure oder Indolpropionsäure vom Repressor verdrängt werden.

siologisch wird dadurch sichergestellt, daß die Enzyme für die Tryptophan-Biosynthese nur dann synthetisiert werden, wenn in der Zelle ein Tryptophan-Mangel herrscht. Liegt Tryptophan hingegen in einem Überschuß vor, wird das *trp*-Operon durch den Tryptophan/*trp*-Repressor-Komplex abgeschaltet. Wollen wir nun den *trp*-Promotor induzieren, müssen wir dafür sorgen, daß sich kein Komplex zwischen dem *trp*-Repressor und der Aminosäure Tryptophan bilden kann. Dies können wir dadurch erreichen, daß wir dem Medium 3-Indolacrylsäure oder 3-Indolpropionsäure zusetzen.

Einer der am häufigsten verwendeten starken Promotoren für *E. coli* ist der sogenannte *tac*-Promotor. Hierbei handelt es sich nicht um einen natürlichen Promotor, sondern um einen Hybrid-Promotor aus dem Promotor des *lac*-Operons (*lac*-Promotor) und dem Promotor des Tryptophan-Operons (*trp*-Promotor). Zur Konstruktion des *tac*-Promotors wurde die –10-Region dem *lac*-Promotor und die –35-Region dem *trp*-Promotor entliehen. Der *tac*-Promotor ist wegen der besseren –35-Region stärker als der *lac*-Promotor, wird aber ähnlich reguliert wie der *lac*-Promotor.

Ein weiterer, starker, regulierbarer Promotor ist der pL-Promotor des Bakteriophagen Lambda (Abb. 3.1.18). Dieser Promotor wird durch das cI-Repressorprotein negativ kontrolliert. In der Praxis verwenden wir eine

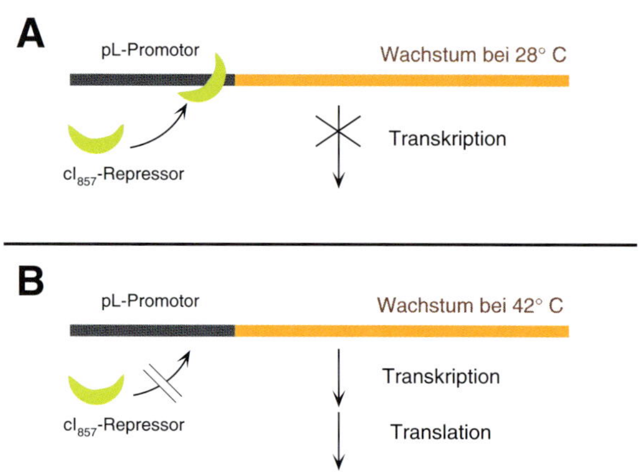

Abb. 3.1.18 Der pL-Promotor des Phagen Lambda. Der pL-Promotor des Phagen Lambda ist ein starker Promotor, der durch den sogenannten cI-Repressor negativ reguliert wird. **A.** In der Gentechnik verwenden wir eine temperatursensitive Variante dieses cI-Repressors, den sogenannten cI_{857}-Repressor. Dieses Protein funktioniert bei einer „permissiven" Temperatur von 28 °C als Repressor. **B.** Bei der „nicht-permissiven" Temperatur von 42 °C wird das Protein durch eine Mutation in dem entsprechenden Gen allerdings so „verformt", daß es nicht mehr an die Kontrollregion binden kann, so daß nun das nachgeschaltete Gen transkribiert und die gebildete mRNA translatiert werden kann. Das Schalterprinzip zum Ein- und Ausschalten der Transkription des nachfolgenden Gens ist also die Wachstumstemperatur der Bakterien-Kultur.

temperatur-sensitive Mutante des cI-Repressors, den cI_{857}-Repressor. Die Zellen, die diesen temperatursensitiven cI-Repressor enthalten, werden zunächst bei 28 °C bis 30 °C gezüchtet. Bei dieser „permissiven" Temperatur liegt der cI-Repressor in seiner aktiven Form vor und blockiert den pL-Promotor durch Bindung. Haben die Zellen die gewünschte Kulturdichte erreicht, wird die Wachstumstemperatur auf die nicht-permissive Temperatur von 42 °C erhöht. Bei dieser Temperatur kann der mutierte cI-Repressor nicht mehr an den pL-Promotor binden. Er wird inaktiviert und gibt den Promotor für die Bindung der RNA-Polymerase frei.

Wir sprachen von der Repression der drei Promotoren *lac*, *tac* und pL. Lassen sie sich wirklich vollständig abschalten? Nein, weder der *lac*-Promotor noch der *tac*-Promotor noch der pL-Promotor lassen sich zu 100 % reprimieren. So wird selbst unter reprimierten Bedingungen eine ganz geringe Menge an Fremd-Protein synthetisiert. Handelt es sich bei dem Fremd-Protein um ein Molekül, das sehr effizient das Wachstum der *E.-coli*-Zelle verhindert, so ist es fast nicht möglich, den gewünschten Klon zu erhalten. Wir sprechen in diesem Fall von „natürlicher Gegenregulation", eine gefürchtete Komplikation bei der Realisierung eines gentechnischen Vorhabens.

In diesem Fall helfen wir uns dadurch, daß wir die Fremd-DNA unter die Kontrolle eines Promotors aus dem Phagen T7 stellen. Dieser Promotor wird von der *E.-coli*-RNA-Polymerase nicht erkannt. Deshalb liegt die Fremd-DNA solange in inaktiver Form vor, wie die *E.-coli*-Zelle nicht mit einem T7-Phagen infiziert ist. Sobald sich die gewünschte Zelldichte eingestellt hat, infizieren wir die Kultur mit dem Phagen T7 (Abb. 3.1.19). Dadurch wird die erforderliche RNA-Polymerase bereitgestellt und das Fremd-Protein wird synthetisiert. Alternativ können wir auch einen rekombinanten *E.-coli*-Stamm als Wirtszelle verwenden, in den man gentechnisch das Gen für die T7-RNA-Polymerase integriert hat. Die Expression des T7-RNA-Polymerasegens wird durch einen induzierbaren *E.-coli*-Promotor kontrolliert. Nach Induktion dieses Promotors wird zunächst die RNA-Polymerase synthetisiert. Diese bindet dann an den T7-Promotor bindet und katalysiert die Transkription des Fremd-Gens.

3.1.6 Optimierung der Translations-Effizienz

Bakterielle Expressions-Systeme benötigen im Gegensatz zu eukaryontischen Expressions-Systemen eine Kontrollregion, die die Translation optimiert. Wir haben diese Kontrollregion weiter oben bereits als Shine-Dalgarno-Sequenz kennengelernt (siehe Abb. 3.1.6). Ohne eine solche Kontrollregion wäre die Translation sehr ineffektiv. Somit könnte

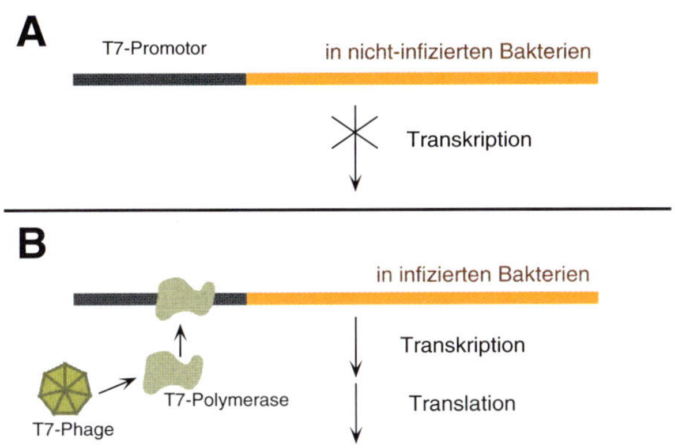

Abb. 3.1.19 Der T7-Promotor. Der T7-Promotor ist kein regulierbarer Promotor. Er ist aber ein sehr spezifischer Promotor, der nur von einer RNA-Polymerase aus dem Bakteriophagen T7 erkannt wird. Daher werden Gene, die von dem T7-Promotor kontrolliert werden, in nicht-infizierten Bakterien nicht exprimiert, da die DNA-Polymerase fehlt. Infizieren wir hingegen die Bakterienzellen mit T7-Phagen, wird das Gen transkribiert und die mRNA translatiert.

auch keine der Bemühungen zur Optimierung der Transkriptions-Effizienz greifen, da die effizient synthetisierte mRNA nur sehr ineffizient in Protein übersetzt würde.

Um die Translation möglichst effizient starten zu lassen, sind einige Punkte zu beachten:

- Mindestens vier Nukleotide der Shine-Dalgarno-Konsensus-Sequenz 5'-AGGAGG-3' sollten vorhanden sein,
- diese Shine-Dalgarno-Sequenz sollte möglichst exakt acht Nukleotide vor dem AUG-Start-Codon liegen.
- Ferner sollte die Sequenz zwischen der Shine-Dalgarno-Region und dem AUG möglichst ausschließlich aus A- und U-Nukleotiden bestehen.
- Schließlich sollten sich in diesem Bereich keine Sekundärstrukturen ausbilden können, die ebenfalls die Translations-Effizienz negativ beeinflussen würden.

Neben dem Methionin-Codon AUG können auch die Codons GUG für Valin oder UUG für Leucin als Initiations-Codons fungieren. Bei der Optimierung eines Expressions-Plasmids sollte daher zwischen dem Promotor und dem eigentlichen Translation-Initiations-Codon kein weiteres AUG oder eines der alternativen Initiations-Codons vorkommen.

Ferner ist es ratsam, unmittelbar vor der Shine-Dalgarno-Sequenz eine Reihe von Translation-Terminations-Signalen zu positionieren, wobei möglichst alle drei Leserahmen durch mindestens ein Stopp-Codon abgedeckt werden sollte.

3.1.7 Sekretions-Systeme

E. coli bietet nur relativ wenig Möglichkeiten, heterolog exprimierte Proteine zu sezernieren. Dennoch ist es sehr häufig wünschenswert, durch geeignete Signalsequenzen sicherzustellen, daß das Produkt sezerniert wird. Warum?

- Zum Beispiel lassen sich sezernierte Proteine in der Regel besser aufarbeiten als solche, die in der Zelle verbleiben. Es würde sich erübrigen, die Bakterien-Zellen aufzuschließen (Abb. 3.1.20). Dadurch würde das Produkt auch nicht unnötig mit zellulären Komponenten des Bakteriums kontaminiert. Eine besonders relevante Kontamination ist bakterielle DNA, die zuverlässig entfernt werden muß, wenn das Produkt als Therapeutikum verwendet werden soll.
- Wird ein Protein sezerniert, wird meist während des Sekretions-Prozesses ein Teil vom N-Terminus, dem Beginn des Proteins, abgeschnitten. Nur so ist es möglich, Proteine zu gewinnen, die an ihrem N-Terminus kein Methionin tragen. Warum dies wichtig ist, wollen wir uns an folgendem Beispiel verdeutlichen. Die erste verfügbare rekombinante Variante des humanen Wachstumshormons (hGH = *human growth hormone*), das in den USA unter dem Namen Somatrem im Handel war, enthielt das sogenannte Met-hGH (methionyl-hGH). Dieses Wachstumshor-

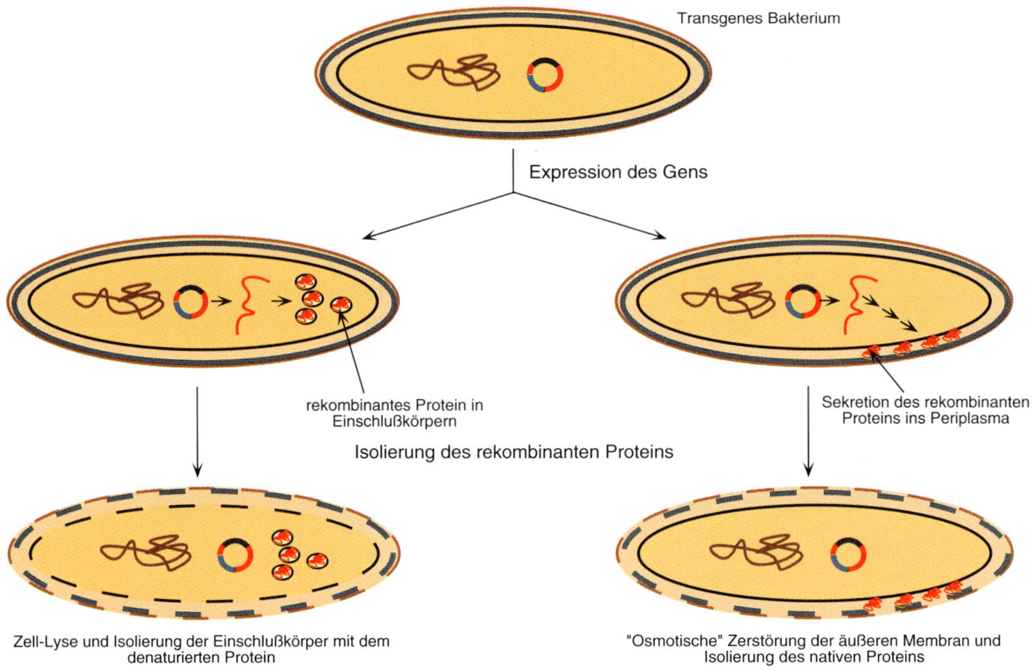

Abb. 3.1.20 Intrazelluläre Produkt-Akkumulation versus Proteinsekretion. Prinzipiell sind zwei Möglichkeiten bei der heterologen Genexpression in Bakterien denkbar: (i) Entweder das rekombinante Protein akkumuliert intrazellulär. Bei effizienten Expressions-Systemen bedeutet dies in der Regel, daß das Protein in denaturierter Form in sogenannten Einschlußkörpern (*inclusion bodies*) intrazellulär präzipitiert (linke Bildhälfte). (ii) Alternativ kann das rekombinante Protein auch in das Periplasma der Bakterien-Zellen sezerniert werden (rechte Bildhälfte). Meist liegt dann das Protein in einem nativen Zustand vor.
Bei intrazellulär akkumulierenden Proteinen müssen die Bakterien-Zellen komplett lysiert werden, um das Protein zu isolieren. Bei sezernierten Proteinen wird das im Periplasma vorliegende Protein durch osmotische Behandlung der rekombinanten Bakterien freigesetzt. Die Bakterien-Zellen bleiben bei dieser Behandlung soweit intakt, daß intrazelluläre Moleküle das Produkt kaum kontaminieren.

mon beginnt mit einem Methionin, das allerdings in authentischem humanem Wachstumshormon nicht vorhanden ist. Durch Variation der Expressions-Kassette gelang es, eine Variante zu konstruieren, die von *E.-coli*-Zellen sezerniert wird. Dabei verliert das rekombinante Protein einen Teil seines N-Terminus. So erhält man ein rekombinantes hGH, das ebenso wie das authentische humane Wachstumshormon mit der Aminosäure Phenylalanin beginnt. Obwohl beide Varianten des humanen Wachstumsfaktors physiologisch aktiv sind, wird doch angestrebt, ein möglichst authentisches Produkt herzustellen. So lassen sich Risiken, wie die ungewollte Induktion von Antikörpern durch ein verfremdetes Protein, weitestgehend ausschließen. In Deutschland sind heute Präparate mit Met-hGH als Wirkstoff nicht mehr im Handel (siehe auch Kapitel 6.6.

- Für die physiologische Wirkung nahezu aller Proteine ist eine korrekte Faltung, d. h. die Ausbildung einer nativen Sekundär- und Tertiärstruktur sehr wichtig. Eine solche korrekte Proteinfaltung scheint sich oft im periplasmatischen Raum, das ist der Spalt zwischen der Zytoplasmamembran und der bakteriellen Zellwand, besser ausbilden zu können. Auch Disulfid-Brücken, die in vielen Proteinen die Tertiärstruktur stabilisieren, werden generell wesentlich besser im Periplasma ausgebildet als im Inneren der bakteriellen Zelle. Im Periplasma herrscht nämlich ein Milieu vor, das die Reduktion zweier Cysteine zu einer Cystin-Disulfidbrücke deutlich erleichtert.

Das wohl am häufigsten verwendete Sekretions-System für *E. coli* basiert auf der Signalsequenz der Alkalischen-Phosphatase, die wird durch das *phoA*-Gen codiert wird. Dieses Gen beginnt mit einer Sequenz, die für einen relativ hydrophoben Proteinteil codiert. Dieser Bereich wird noch während der Synthese des Restproteins von Zellkomponenten erkannt, die dafür sorgen, daß das Protein durch die Membran ins Periplasma transportiert wird. Fusionieren wir die DNA-Sequenz für dieses N-terminale Signalpeptid des *phoA*-Gens mit dem Beginn unseres heterolog zu exprimierenden Gens, so dirigiert diese Sequenz unser Protein zur Zellmembran und schiebt es durch die Membran. Noch während dieses Translokationsprozesses ins Periplasma wird das Signalpeptid durch membranständige Proteasen entfernt. Nun verstehen wir auch, wie es möglich ist, Proteine zu erhalten, die – wie im Falle des hGH – nicht mit einem Methionin beginnen. Wir integrieren die Sequenz für das Signalpeptid so vor das Gen, dessen Produkt die *E.- coli*-Zelle sezernieren soll, daß nach Hydrolyse durch die membranständige Protease das Protein mit der korrekten Aminosäure beginnt.

Eine andere Möglichkeit, heterolog exprimierte Proteine aus der *E. coli*-Zelle auszuschleusen, bietet eine Signalsequenz des Hämolysins. Hämolysin akkumuliert nicht im Periplasma, sondern wird durch die Zytoplasmamembran, durch die Zellwand und durch die äußere Membran der gramnegativen Bakterien ins Medium sezerniert. Die Signalsequenz befindet sich in diesem Fall nicht am N-Terminus des Proteins, sondern an seinem C-Terminus. Wir können dieses System nutzen und die codierende DNA für das Signalpeptid an das Ende des Gens für unser heterolog zu exprimierendes Protein hängen. Damit erreichen wir, daß auch unser Protein – ähnlich wie Hämolysin – direkt ins Kulturmedium abgegeben wird.

3.1.8 Fusionssysteme zur effizienten Produktreinigung

Nicht alle heterolog gewonnenen Proteine können, wie beschrieben, aus den Zellen sezerniert werden. In solchen Fällen brauchen wir Möglichkeiten, um die synthetisierten und in der Zelle akkumulierten Proteine effizient von Zellproteinen trennen zu können. Dazu können wir sie als Fusionsproteine exprimieren. Durch den Fusionsanteil erhalten die gewonnenen Proteine Eigenschaften, die die Aufreinigung der Proteine erleichtern. Wie kann man sich das vorstellen?

Eine Möglichkeit haben wir bereits bei der Vorstellung verschiedener Klonierungs-Vektoren kennengelernt. Sie besteht darin, das zu exprimierende Gen mit dem ß-Galactosidase-Gen aus *E. coli* zu fusionieren. Für die bakterielle ß-Galactosidase steht eine Vielzahl spezifischer Antikörper zur Verfügung. Diese lassen sich an eine Matrix, beispielsweise aus Sepharose, kovalent binden. Wir füllen diese modifizierte Matrix in eine Chromatographiesäule und erhalten so ein Affinitätsmedium, das den ß-Galactosidase-Anteil unseres Fusionsproteins effektiv bindet (Abb. 3.1.21).

Alternativ zur ß-Galactosidase kann auch das Gen für die Chloramphenicol-Acetyltransferase als Fusionsanteil verwendet werden. Auch hier enthält das Affinitätsmedium einen Antikörper. Dagegen lassen sich Fusionen mit dem Enzym Glutathion-S-Transferase über Säulen reinigen, an die Glutathion kovalent gebunden wurde.

Ein anderer Ansatz beruht darauf, über Metallchelat-Komplexe das Protein zu reinigen. Dazu wird das zu exprimierende Protein um einen Fusionsteil verlängert, der an Metallionen auf der Säulenmatrix bindet und mit dessen Hilfe eine Aufreinigung möglich ist. Dieser Ansatz wird derzeit durch die sogenannten „*His-tags*" häufig angewendet. Ein *His-tag* ist

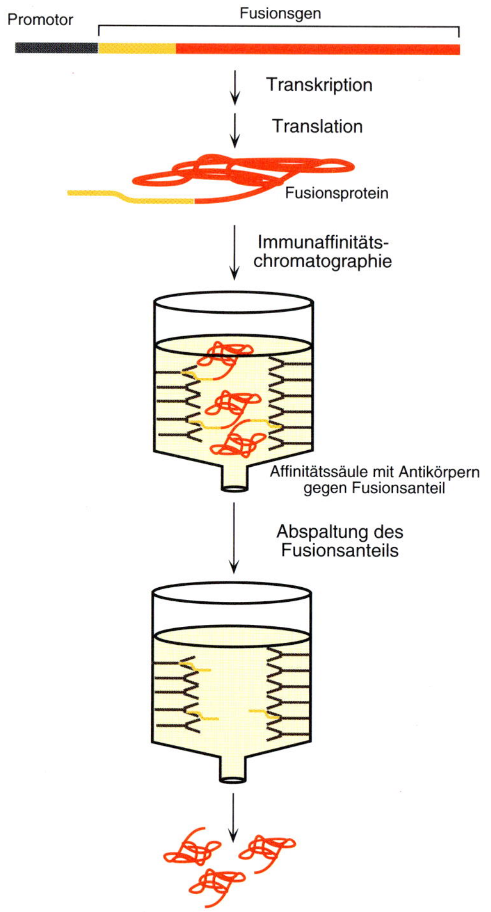

Abb. 3.1.21 Affinitätsreinigung von Fusionsproteinen. Fusionsproteine enthalten entweder am N-Terminus oder am C-Terminus einen Fremdprotein-Anteil (gelb), über den die Proteine affinitätschromatographisch aufgereinigt werden können. Bei dem Fusionsanteil handelt es sich um gut-charakterisierte Proteine oder um Teile dieser Proteine (z. B. ß-Galactosidase, Chloramphenicol-Acetyltransferase, Glutathion-S-Transferase) für die Antikörper oder spezielle Substrate verfügbar sind, die an eine Säulenmatrix gebunden werden können. Passieren wir einen Zellextrakt über eine derartige Affinitätssäule, werden die Fusionsproteine über ihren Fusionsanteil zurückgehalten, wohingegen die übrigen Moleküle des Zellextraktes die Säule ungehindert passieren. Nach Abspaltung des Fusionsanteils oder durch Verdrängungschromatographie können die Fusionsproteine in sehr reiner Form eluiert werden.

ein kurzes Peptid, das ausschließlich aus Histidin-Resten besteht. Diese Histidin-Reste werden durch eine Sequenz codiert, die in der Regel an das Ende des Gens angehängt wurde. Wir erhalten also ein Fusionsprotein mit einem Oligo-Histidin-Peptid an seinem C-terminalen Ende. Diese Histidine binden über die Ausbildung eines Chelat-Komplexes an kommerziell verfügbare Säulen, die mit Zink- oder Nickel-Ionen beladen sind. Von diesen Chelatsäulen lassen sich die Fusionsproteine durch einen Imidazolgradienten eluieren.

Der Fusionsanteil ist zwar für die Reinigung des gewonnenen Proteins nützlich, aber wir sollten ihn nach der Reinigung wieder entfernen können, um einerseits die Funktionalität und andererseits die Authentizität des Proteins zu gewährleisten. Dazu muß an der Fusionsstelle eine Sequenz eingebaut werden, die eine möglichst spezifische Abspaltung erlaubt.

Zum Abspalten des Fusionsanteils können entweder chemische oder enzymatische Methoden angewendet werden. Chemische Methoden verwenden

- Cyanbromid oder Cyanchlorid, wobei die Spaltung in saurem Milieu ausschließlich nach einem Methionin erfolgt.
- Ameisensäure spaltet zwischen einem Asparagin und einem Prolin.
- Hydroxylamin hingegen hydrolysiert bei pH 9 die Peptidbindungen zwischen einem Asparagin- und einem Glycin-Rest.
- 2-Nitro-5-thiocyanobenzoesäure spaltet Proteine vor Cysteinen.

Enzymatische Methoden beinhalten den Einsatz von

- Exopeptidasen, wie Carboxypeptidase A, die alle C-terminalen Aminosäuren mit Ausnahme der Aminosäuren Arginin oder Lysin entfernt, oder Carboxypeptidase B, die C-terminale Arginin- oder Lysin-Reste entfernt.
- Als Endopeptidasen lassen sich Kollagenase, Enterokinase, Faktor X_A und Thrombin verwenden.

3.1.9 Plasmidstabilisierung

Die Plasmide, die wir für die Proteingewinnung in die Zellen einschleusen, sind immer zusätzliche DNA-Moleküle in einer Zelle. Dies ist für die Zelle selbst nicht immer von Vorteil. Oft können die Plasmide für die Zelle auch eine gewisse Last darstellen. Dies ist vor allem dann der Fall, wenn diese Plasmide für Produkte codieren, die die Zellphysiologie beeinträchtigen. Somit beobachten wir häufig die Tendenz, daß Plasmide von der Wirtszelle „abgestoßen“ werden. Dieses Gleichgewicht zwischen Zellen mit und ohne Plasmid muß zugunsten von Zellen mit dem Plasmid stabilisiert werden. Dies gilt um so mehr, wenn ein Produktionsstamm über lange Zeit ausreichende Mengen eines rekombinanten Produktes liefern soll.

Warum gehen Plasmide verloren, bzw. warum werden Produktionsstämme instabil?

- Die Verteilung von Plasmiden ist häufig ein Zufallsprozeß. Wenn sich eine Zelle teilt, die n Plasmidmoleküle enthält, kann jede Tochterzelle theoretisch 0 bis n Plasmidmoleküle erhalten („segregationale Instabilität“). Für Plasmide, die zufällig auf die Tochterzellen verteilt werden, ist die Wahrscheinlichkeit P(0), daß plasmidfreie Zellen entstehen, durch die Binominalverteilung $P(0) = 2^{(1-x)}$ gegeben. Dabei ist x die Anzahl der Plasmide pro Zelle.
- Plasmid-tragende Zellen verbrauchen deutlich mehr Energie, da die zusätzliche genetische Information repliziert, transkribiert und translatiert werden muß.
- Je höher die Genexpressionsrate eines Plasmids ist, um so häufiger erhält man Segreganden, das heißt Zellen, die ihr Plasmid verloren haben.
- Rekombinante Plasmide sind dann besonders instabil, wenn das Produkt des klonierten Gens inhibierend auf die Wirtszelle wirkt.
- Nicht immer muß das komplette Plasmid verlorengehen, um Veränderungen der Produktionszelle hervorzurufen. Auch Punktmutationen oder Rekombinationen auf dem Plasmid können die Ursache für Produktionseinbußen sein. Man bezeichnet dies als „strukturelle Instabilität“.

Endopeptidase	Erkennungssequenz (I = Spaltstelle)
Kollagenase	-X-Pro-X I Gly-Pro-X-
Enterokinase	-X-Asp-Asp-Asp-Lys I X-
Faktor X_A	-X-Ile-Glu-Gly-Arg I X-
Thrombin	-X-Gly-Pro-Arg I X-

Tabelle 3.1.1 Endopeptidasen und ihre Erkennungs-/und Hydrolysespezifitäten

- Mobile genetische Elemente, wie Transposons oder Insertionssequenzen, fördern die Deletion von DNA-Bereichen aus rekombinanten Plasmiden und sollten daher auf Plasmiden möglichst nicht vorhanden sein.
- Plasmid-freie Zellen wachsen oft schneller als Plasmid-tragende Zellen, so daß in einer Mischpopulation – auch bereits während eines einzelnen Fermentationsprozesses – plasmidfreie Zellen sehr schnell akkumulieren und die Plasmid-haltigen Zellen überwachsen können.

3.1.10 Möglichkeiten, rekombinante Stämme zu stabilisieren

Obwohl der Verlust eines Plasmids nicht ausgeschlossen werden kann, so sind doch Maßnahmen denkbar, die das Risiko eines Plasmidverlustes minimieren. Im folgenden wollen wir auf einige Möglichkeiten dazu eingehen.

So können Plasmide dadurch stabilisiert werden, daß auf dem Plasmid Funktionen implementiert werden, die für das Zellwachstum in einer bestimmten Umgebung erforderlich sind. Resistenz-Marker sorgen beispielsweise dafür, daß nur Zellen mit einem entsprechenden Plasmid in Gegenwart eines korrespondierenden Antibiotikums überleben können. Beispielweise können Zellen in Gegenwart von Ampicillin nur wachsen, wenn sie ein entsprechendes Resistenzgen tragen. Dieses Resistenzgen positionieren wir auf dem Expressions-Plasmid, so daß nur Zellen in einem ampicillinhaltigen Medium wachsen können, die auch ein Plasmid tragen (Abb. 3.1.22). Geht das Plasmid verloren, sterben die Zellen. Ein Überwachsen des Produktionsstammes durch plasmidlose Zellen ist somit nicht möglich.

Ebenso können wir auch Auxotrophie-Marker auf Plasmiden verwenden, um ein Wirt-/Vektor-System zu stabilisieren. Auxotrophie-Marker sind Gene, die eine Mutation im Wirtsgenom korrigieren. Ohne diese Korrektur würden die Zellen einen bestimmten Nährstoffzusatz, beispielsweise eine Aminosäure oder ein Vitamin, benötigen, um wachsen zu können. Auch durch diese Strategie selektionieren wir gezielt auf Zellen mit einem Plasmid. Ein Überwachsen der Kultur durch plasmidfreie Zellen ist auch hier unwahrscheinlich.

Rekombinante Stämme sind auch dann wesentlich stabiler, wenn die zu exprimierende genetische Information auf dem Plasmid über weite Phasen des Wachstums in einem reprimierten Zustand gehalten wird. Daher werden in Produktionsstämmen möglichst nur solche Plasmide eingesetzt, die eine kontrollierte Expression der fremden genetischen Information erlauben.

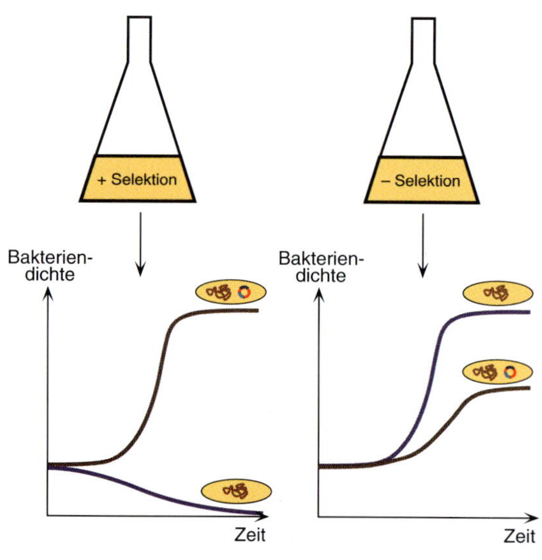

Abb. 3.1.22 Stabilisierung von plasmidhaltigen Zellen durch Resistenz- oder Auxotrophie-Marker auf dem Plasmid. Unter Selektionsbedingungen können nur Zellen wachsen, die ein Plasmid mit einem entsprechenden Selektions-Marker tragen. Zellen, die das Plasmid verloren haben, werden unter diesen Selektionsbedingungen sterben.

Eine weitere Möglichkeit, Plasmide zu stabilisieren, besteht darin, daß sie ein DNA-Fragment oder ein Gen enthalten, das die Wachstumsrate der Wirtszellen positiv beeinflußt.

Wie bereits erwähnt, sollten Elemente aus Transposons oder Insertionselementen unter allen Umständen gemieden werden. Derartige Elemente neigen naturgemäß stark zur Rekombination und gehen leicht verloren. Auch ist es ratsam, unnötige DNA von Plasmiden zu eliminieren. Je kleiner die Plasmide sind, um so stabiler sind sie. Auch sollte keine redundante DNA auf dem Plasmid vorhanden sein, denn dadurch steigt die Wahrscheinlichkeit von Rekombinationen und folglich von Verlust von DNA-Segmenten. Sequenz-Redundanz sollte dabei nicht nur innerhalb eines Plasmids vermieden werden, sondern auch zwischen Plasmid und chromosomaler DNA. So können auch Plasmidbereiche mit chromosomaler DNA über homologe Bereiche rekombinieren und DNA verlieren. Um die Möglichkeit einer ungewollten Rekombination weiter zu minimieren, sollten möglichst Wirtsstämme verwendet werden, deren enzymatisches Rekombinationssystem durch Mutationen inaktiviert oder geschwächt ist.

Zur Plasmid-Stabilisierung kann auch eine sogenannte *par*-Region in das Plasmid eingebracht werden (Abb. 3.1.23). Diese codiert für einen Mechanismus, durch den replizierte Plasmide auf Tochterzellen nicht zufällig sondern aktiv verteilt werden (*partetition*). Ähnlich fördert eine *cer*-Region das Auflösen (colE1-*resolution*) von Plasmid-Ketten (Concatemeren) in Plasmid-Monomere und trägt damit zur Plasmid-Stabilität bei. Daher zeigen Plasmide, die die *par*-Region und die *cer*-Region enthalten, eine beträchtlich höhere Stabilität.

Weiterhin sollten Stämme selektioniert werden, die eine, in Bezug auf Plasmid-Stabilität, optimierte Plasmidkopienzahl enthalten. Diese läßt sich nur bedingt vorhersagen und muß daher von Fall zu Fall ausgetestet werden.

In einigen Fällen hat es sich auch bewährt, rekombinante Zellen auf Trägern zu immobilisieren (siehe Kapitel 5.2) und so das Wirt-/Vektorsystem zu stabilisieren. Erst eine optimale Kombination zwischen einem individuell angepaßten Wirtszustand und einem entsprechend adaptierten Spezial-Plasmid führt erfahrungsgemäß zu sicheren und über viele Kulturpassagen stabilen Hochleistungsstämmen.

Ein konkretes Beispiel für die geschilderte Problematik der Plasmid-Stabilität werden wir in Kapitel 5.1 ausführlich besprechen.

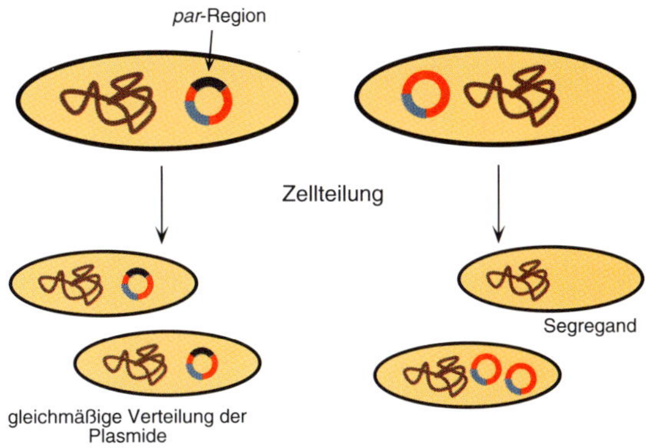

Abb. 3.1.23 Plasmid-Stabilisierung durch eine *par*-Region. Die *par*-Region (dunkelblauer Bereich auf dem Plasmid) sorgt für eine aktive Verteilung von Plasmiden auf die beiden Tochterzellen. Dadurch wird das Risiko minimiert, daß eine der Tochterzellen kein Plasmid bekommt.

Zusammenfassung

In diesem Kapitel haben wir – aufbauend auf der Kenntnis der reinen Techniken des „Klonierens" – erstmalig gentechnische Konzepte kennengelernt. Es macht nämlich einen großen Unterschied, ob wir DNA einfach „klonieren" oder „funktionell klonieren" wollen. Will man funktionell klonieren, so bedeutet das, daß man sicherstellen muß, daß von der klonierten DNA auch ein Produkt – und dies auch noch in einer vernünftigen Ausbeute und in aktiver Form – gebildet wird. Hierzu sind detaillierte Kenntnisse der Transkriptions- und Translations-Mechanismen für den Wirtsstamm – in unserem Fall also für *E. coli* – erforderlich. Denn wir müssen bedenken, daß wir ja in aller Regel die klonierte DNA heterolog exprimieren. Das bedeutet, daß alle Kontrollelemente, zum Beispiel für die Transkription, für die Translation, für das Ausschleusen des Produktes aus der Zelle, für die Stabilität der Wirt-/Vektorkombination usw., in das Expressions-Plasmid integriert werden müssen. Erschwerend kommt hinzu, daß Patentlösungen nicht existieren, denn die Basis der Expression ist ein lebender Organismus, der in unvorhersehbarer Weise auf die fremde DNA und vor allem auf das von dieser fremden DNA abgelesene Produkt reagiert.

Methoden in der Gentechnik (M6)

Gelelektrophoretische Trennung von Proteinen

Der Begriff Elektrophorese beschreibt die gerichtete Wanderung von geladenen Makromolekülen in einem elektrischen Feld. Das in der Regel für die Analyse von Proteinen verwendete Gel-System besteht aus polymerisiertem und quervernetztem Acrylamid. Im Gel bilden sich während des Polymerisationsprozesses Poren, deren durchschnittliche Größe von der gewählten Konzentration an monomerem Acrylamid und dem Quervernetzer N, N'-Methylen-Bis-Acrylamid abhängt. Da Proteine – im Gegensatz zu Nukleinsäuren – nicht einheitlich geladen sind, erfolgt die Trennung sowohl nach Ladung als auch nach Größe.

- Proteine mit einer negativen Nettoladung wandern zur Anode, Proteine mit einer positiven Nettoladung wandern zur Kathode.
- Kleine Proteine wandern wegen des geringeren Widerstands durch das Polyacrylamid-Netz schneller als große Proteine.

Wir können Proteine in sogenannten „nativen Polyacrylamidgelen" oder in „denaturierenden Polyacrylamidgelen" auftrennen.

- Bei der Elektrophorese unter „nativen" Bedingungen werden Proteine außer nach ihrer Größe auch entsprechend ihrer Nettoladung bei den vorgegebenen Pufferbedingungen getrennt.
- Bei der Polyacrylamid-Gelelektrophorese unter denaturierenden Bedingungen werden die Proteine zunächst unter kontrollierten Bedingungen „denaturiert". Dazu kochen wir die Proteine in Gegenwart von ß-Mercaptoethanol und Natrium-Dodecylsulfat (SDS). ß-Mercaptoethanol reduziert eventuell vorhandene Disulfidbrücken zwischen Cysteinen. Das anionische Detergenz SDS bricht alle Sekundär-, Tertiär- und Quartärstrukturen auf. Das Protein wird komplett „entfaltet" und von einer

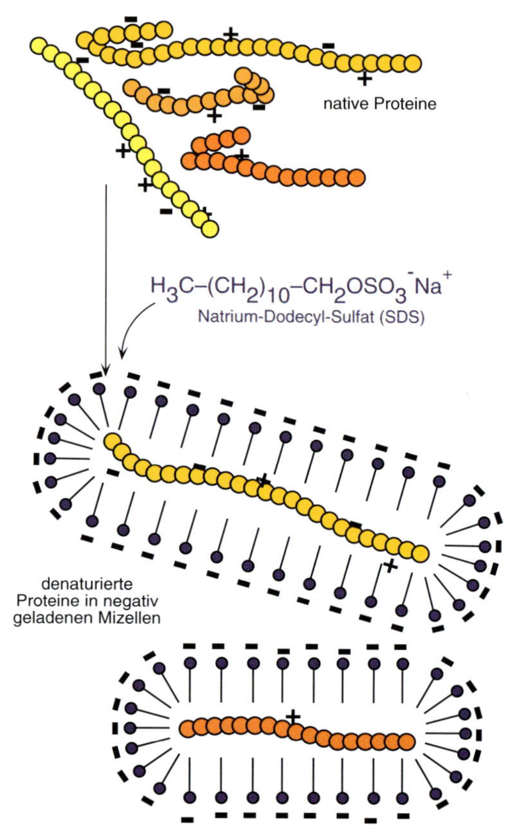

Abb. M6.1 SDS/Protein-Mizellen. Das anionische Detergens SDS (*sodium dodecyl sulfate*) bildet mit Protein-Molekülen Mizellen. Dadurch wird nicht nur das Protein-Molekül denaturiert. Es werden auch alle Ladungen des Proteins maskiert. Ähnlich wie Nukleinsäuren nehmen mit SDS beladene Proteine eine Nettoladung an, die proportional zur Molekülgroße und damit auch proportional zum Molekulargewicht ist. SDS-beladene Proteine lassen sich demnach in Gelmatrices ähnlich trennen wie Nukleinsäuren. Auch für SDS-beladene Proteine gilt, daß deren Wanderungsgeschwindigkeiten im Gel über einen bestimmten Molekulargewichtsbereich proportional zum Logarithmus der Molekulargewichte sind.

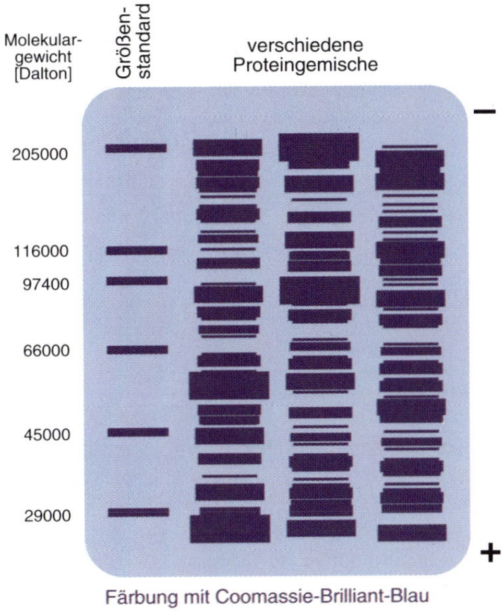

Abb. M6.2 Beispiel einer denaturierenden Polyacrylamid-Gelelektrophorese für komplexe Proteingemische. Die Proteingemische werden in „Taschen" am oberen Gelrand aufgetragen. Dann legen wir an das Gel eine Gleichspannung an, wobei die Anode unten und die Kathode oben angeschlossen wird. Als Polyanionen wandern die SDS-beladenen Proteine nach unten auf die Anode zu. Kleinere Proteine wandern schneller als größere Proteine (vergl. Abb. M1.3). Nach der Elektrophorese wird das Gel in eine Coomassie-Brilliant-Blau-Lösung gelegt. Der Farbstoff bindet unspezifisch an die Proteine im Gel, die nach dem Wässern des Gels als blaue Banden sichtbar werden. In der linken Spur haben wir ein Proteinstandardgemisch aufgetragen. Die Mobilität dieser Moleküle und die Logarithmen der entsprechenden Molekulargewichte übertragen wir in ein Diagramm (Abb. M1.3). Aus diesem Diagramm können wir dann die Größe der anderen Fragmente in den Spuren 2–4 durch Extrapolation ermitteln.

SDS-Mizelle eingeschlossen. Die Länge und die negative Ladung dieser Mizelle ist proportional zur „Länge" des Proteins und damit zu dessen Molekulargewicht (Abb. M6.1). Daher ist die relative Mobilität SDS-beladener Proteine im Polyacrylamidgel praktisch linear zum Logarithmus ihrer Molekulargewichte. Somit können wir mit Hilfe der denaturierenden Polyacrylamid-Gelelektrophorese Proteingemische nach Größe der Einzelkomponenten auftrennen. Über mitgeführte Standards, deren Molekulargewichte wir kennen, können wir ferner die Molekulargewichte unbekannter Proteine bestimmen (Abb. M6.2).

Die monomeren Komponenten des Acrylamidgels (Acrylamid und N, N'-Methylen-Bisacrylamid) werden in einem bestimmten Verhältnis miteinander gemischt. Für die Proteintrennung verwenden wir beispielsweise 12%ige Acrylamidgele bei einem Verhältnis von Acrylamid zu N, N'-Methylen-Bisacrylamid von 30 : 1. Wenn wir die Proteine unter denaturierenden Bedingungen trennen wollen, müssen wir noch 1% SDS zumischen. Nach sorgfältigem Entgasen starten wir die Polymerisation durch Zugabe von TEMED und $Na_2S_2O_4$. Sofort danach gießen wir die Gellösung zwischen zwei Glasplatten, die am Rand durch zwei „*Spacer*" von ca. 1 mm Dicke voneinander getrennt sind (Abb. M6.3). Die Glasplatten werden durch Klammern zusammengehalten. Dann schieben wir von oben eine geeignete Schablone („Kamm") zwischen die Platten, so daß nach der Polymerisation des Gels und Entfernen des Kammes Taschen zum Auftragen der Proteinproben entstehen. Die Platten werden in eine Elektrophorese-Kammer eingespannt und beide Puffertanks mit Elektrophorese-Puffer gefüllt.

Eine Variante ist die diskontinuierliche Polyacrylamid-Gelelektrophorese. Hier besteht das obere Viertel der Trennmatrix aus einem niedermaschigeren Gel („Sammelgel"), das außerdem in einem anderen Puffersystem bereitet wurde. Dies führt zu einer Ankonzentrierung der Proteinproben und zu schärferen Banden im „Trenngel".

Zur Denaturierung kochen wir die Proteinproben in Gegenwart von SDS und ß-Mercaptoethanol im Probenpuffer für ca. 5 Minuten. Nach dem Abkühlen füllen wir dann die Proben vorsichtig in die Taschen des Gels. Anschließend wird ein elektrisches Feld angelegt. Die Elektrophorese erfolgt typischerweise bei 30 mA für etwa 3 Stunden.

Proteine in SDS-Polyacrylamidgelen können wir durch verschiedene Färbemethoden sichtbar machen. Bei der gebräuchlichsten Färbung inkubieren wir das Gel in einer Lösung von Coomassie-Brilliant-Blau. Dieser Farbstoff bindet unspezifisch an Proteine, so daß nach ausgiebigem Wässern blaue Proteinbanden in einem farblosen Gel zu erkennen sind (Abb. M6.2). Die Sensitivität dieser Methode liegt bei etwa 0,5 µg eines einzelnen Proteins.

Für sensitivere Färbungen existieren verschiedene Protokolle, die auf der Anlagerung von elementarem Silber an Proteine basieren. Diese Methoden erreichen eine Sensitivität von 0,01 µg Protein.

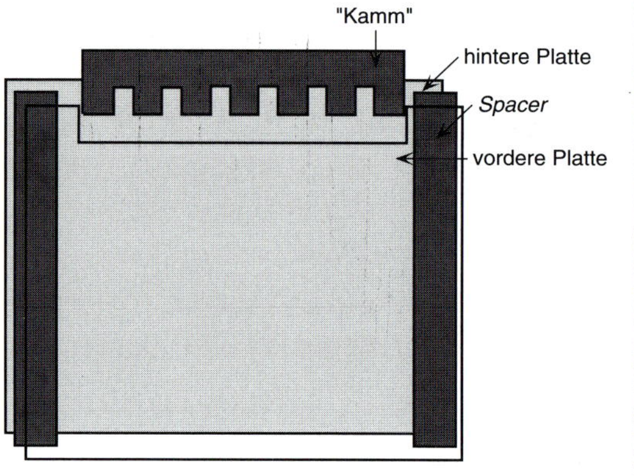

Abb. M6.3 Gießform für Polyacrylamidgele. Polyacrylamidgele werden zwischen zwei Glasplatten gegossen, die durch Plastikstreifen (*Spacer*) von 0,2–1 mm Dicke voneinander getrennt werden. Um das Auslaufen der noch unpolymerisierten Gellösung zu verhindern, kleben wir die Gießform an den Seiten und am Boden mit Klebeband ab. Nachdem wir die Gellösung zwischen die Glasplatten gegossen haben, schieben wir einen „Kamm“ in die obere Öffnung der Gelform ein. Dadurch entstehen Aussparungen (Taschen) in dem polymerisierten Gel, in die wir die Proben einfüllen können.

3.2 Klonieren in Hefe

Die Bäckerhefe *Saccharomyces cerevisiae* wird bereits seit langem für biochemische und genetische Studien genutzt. Eine Fülle fundamentaler Kenntnisse wurden zunächst in *S. cerevisiae* erarbeitet, die dann die Basis bildeten, um analoge Prozesse auch in höheren Organismen zu studieren. Die Hefe ist somit – ähnlich wie *E. coli* – ein echter Modellorganismus, wobei allerdings *E. coli* ein Prokaryont, die Hefe hingegen ein Eukaryont ist.

http://genome-www.stanford.edu/Saccharomyces/mammal/(Homologien zwischen Säuger- und Hefe-Genen)

Eine der Stärken des biologischen Systems *S. cerevisiae* war und ist die ausgefeilte Genetik. Einen ganz kleinen Teil dieser Genetik werden wir im Rahmen dieses Kapitels kennenlernen. Hefe wächst vegetativ als haploider Organismus. Sie trägt also nur einen einfachen Chromosomensatz. In haploiden Zellen können wir sehr leicht rezessive Mutationen studieren. Diese Mutationen sind in diploiden Zellen oft nicht erkennbar, da sie durch die Funktion des intakten Allels überdeckt werden. Nur in homozygoten Mutanten – also nur in einem Viertel der Nachkommen – lassen sich rezessive Mutationen erkennen. Auf der anderen Seite läßt sich Hefe aber auch sexuell vermehren. Das bedeutet, daß die Hefe zu einer gewissen Phase als diploider Organismus vorliegen muß. Das ist wichtig, da viele Mutationen lethal sind, wenn sie nicht durch ein intaktes Allel komplementiert werden. Daher können wir in der Hefe auch derartige Mutationen studieren, was nicht möglich wäre, wenn der Organismus obligat haploid wäre.

Mittlerweile hat man erkannt, daß viele Hefeproteine in Struktur und Funktion mit den entsprechenden Proteinen aus Säugern nahe verwandt sind.

http://genome-www.stanford.edu/Saccharomyces/mammal/(Homologien zwischen Säuger- und Hefe-Genen)

Wie wir noch sehen werden, lassen sich Gene in der Hefe gezielt ansteuern und inaktivieren, wodurch definierte Mutanten erzeugt werden können, an denen sich dann die Funktion der entsprechenden Proteine studieren läßt.

Kürzlich ist das Hefesystem um einen neuen Aspekt nochmals verstärkt worden, den wir getrost als Quantensprung apostrophieren können: Die Hefe *S. cerevisiae* war der erste eukaryontische Organismus, dessen Genom komplett sequenziert war – noch deutlich früher als das Genom von *E. coli*.

http://genome-www.stanford.edu/Saccharomyces/(Hefe-Genom-Datenbank)

http://www.mips.biochem.mpg.de/mips/yeast/(Das Hefe Genomprojekt)

Worin liegen aber die Vorteile der Hefe aus der Sicht der angewandten Gentechnik? Ein ganz entscheidender Vorteil besteht darin, daß die Hefe im Gegensatz zu Bakterien ein Eukaryont ist. Mit der Hefe konnte der Einstieg der molekularen Biotechnik in die Eukaryonten begonnen werden, nachdem zunächst die gentechnischen Basismethoden fast ausschließlich in *E. coli* entwickelt worden waren.

Der Übergang von Prokaryonten zu Eukaryonten war ein ganz entscheidender Schritt, denn die meisten pharmazeutisch genutzten rekombinanten Proteine sind eukaryontischen Ursprungs. Die Hefe bot erstmalig die Möglichkeit, einen Eukaryonten als Wirtssystem für die heterologe Herstellung derartiger Proteine einzusetzen. Durch den Einsatz eines Eukaryonten als Wirtssystem ließen sich somit auch Syntheseprinzipien nutzen, die auf strukturelle Besonderheiten eukaryontischer Proteine beruhen. Was haben wir darunter zu verstehen, wo doch der genetische Code und der Informationstransfer der genetischen Information in der gesamten belebten Natur praktisch identisch sind?

Beispielsweise sind die Proteinfaltungsmechanismen in der Hefe den Faltungsmechanismen höherer Eukaryonten viel ähnlicher als dem vergleichbaren Prozeß der Prokaryonten. Dies hat Konsequenzen. So werden bei heterolog exprimierten Proteinen korrekte Disulfidbrücken mit deutlich höherer Effizienz in *S. cerevisiae* geknüpft als in *E. coli*. In *E. coli* exprimierte Proteine denaturieren sehr häufig in der Zelle und fallen als „*inclusion bodies*" aus – ebenfalls eine Konsequenz suboptimaler Proteinfaltung. Dieses Problem kennt man bei Proteinen, die in Hefe produziert werden, praktisch nicht.

Eine weitere günstige Eigenschaft von *S. cerevisiae* besteht darin, daß dieser Organismus nur einige wenige sekretierte Proteine produziert. Dies bedeutet, daß das extrazelluläre Milieu einer Hefekultur relativ „rein" ist. Andererseits lassen sich die genetischen Kontrollelemente für die wenigen von Hefe sekretierten Proteine nutzen, um auch heterolog produzierte Proteine aus den Hefezellen auszuschleusen. So müssen zur Reindarstellung der Proteine die Wirtszellen nicht aufgeschlossen werden, da das rekombinante Protein im Kulturmedium akkumuliert. Dies wirkt sich nicht nur positiv auf das Reinigungsverfahren des rekombinanten Proteins aus, sondern hat auch sicherheitsrelevante Konsequenzen. Derartige Produkte sind beispielsweise *a priori* wesentlich weniger mit Wirts-DNA kontaminiert als Produkte, die intrazellulär akkumulieren. Wegen der theoretischen Möglichkeit eines „horizontalen Gentransfers", also der Aufnahme von DNA aus einem artfremden Organismus, wird bei therapeutisch genutzten rekombinanten Proteinen sehr genau darauf geachtet, daß diese Produkte nicht mit DNA der Wirtszelle kontaminiert sind.

Auch kann *S. cerevisiae* die fremden Proteine posttranslational modifizieren. Wir wissen, daß viele Proteine Glycoproteine sind. Andere Proteine sind phosphoryliert oder sulfatiert. All diese Modifikationen werden erst eingeführt, wenn die Proteinkette bereits fertiggestellt ist. Die Information für derartige Modifikationen ist nicht im genetischen Code festgeschrieben. Ob ein Protein modifiziert werden muß oder nicht, muß die Wirtszelle eigenständig erkennen. Dies ist eines der größten Probleme der Biotechnik. Hefe besitzt diese Fähigkeiten nur zum Teil. Zumindest ist sie darin viel besser als beispielsweise *E. coli*. Auch wenn nicht alle in Hefe produzierten Proteine bezüglich ihrer posttranslationalen Modifikationen mit den authentischen Proteinen übereinstimmen, sind die Ergebnisse häufig dennoch akzeptabel.

Ein wichtiges Argument für die Nutzung von *S. cerevisiae* als Wirtssystem für die Expression fremder genetischer Information besteht darin, daß Hefe bereits sehr lange als biologisches Hilfsmittel zur Herstellung von Lebens- und Genußmitteln eingesetzt wird. Daher gilt die Hefe als biologisch sicher und wird beispielsweise von der amerikanischen Food and Drug Administration als GRAS-Organismus (*genetically recognized as safe*) anerkannt. Ferner schlägt positiv zu Buche, daß *S. cerevisiae* – im Gegensatz zu Prokaryonten – keine Pyrogene produziert, ein wichtiger Faktor deshalb, da fast alle rekombinanten Wirkstoffe parenteral appliziert werden müssen.

Kann somit *S. cerevisiae* als universelles Wirtssystem betrachtet werden? Dies ist sicherlich nicht der Fall, denn die Hefe hat auch ihre biologischen Besonderheiten, die dazu führen, daß nicht immer das gewünschte rekombinante Produkt und das Ursprungsprotein völlig übereinstimmen. Wie wir bereits diskutiert haben, macht sich das am signifikantesten bei der Glycosylierung bemerkbar. In Hefe produzierte Proteine weichen in dieser Hinsicht am häufigsten vom Original ab. Ist daher eine authentische Glycosylierung für die Funktion des Proteins erforderlich, läßt sich *S. cerevisiae* meist nicht als Wirtssystem verwenden. Ein Beispiel hierfür ist das Erythropoetin.

3.2.1 Vektoren in Hefe

http://vectordb.atcg.com/vectordb/vector_pages/Yeast.html (Sammlung von Hefe-Vektoren)

Wie wir uns das bereits bei den Prokaryonten erarbeitet haben, sind ausgefeilte Vektorsysteme eine der Voraussetzungen, um einen bestimmten Organismus gentechnisch oder gar als Wirtssystem zur Produktion rekombinanter Proteine nutzen zu können. Mit Hilfe der Vektoren wird die Fremd-DNA in die Zellen eingeschleust. Welche wichtigen Vektorsysteme kennen wir, um *S. cerevisiae* zu transformieren?

In den vergangenen Jahren wurde eine Vielzahl, zum Teil sehr spezieller Vektoren für die Hefetransformation entwickelt. Nahezu alle dieser Vektoren sind sogenannte *Shuttle*-Vektoren (Abb. 3.2.1), die sich nicht nur mit Hefe, sondern auch in *E. coli* propagieren lassen. Warum? Wir haben bereits besprochen, daß praktisch jede DNA, die *in vitro* gentechnisch modifiziert wird, zunächst in *E. coli* propagiert wird, um die gewünschte Plasmidvariante zu „klonieren", d.h. zu vereinzeln bzw. gewissermaßen biologisch aufzureinigen, und um genügend DNA des rekombinierten Plasmids zu erhalten. Das gilt auch für die Plasmid-DNA, mit der letztlich Hefe transformiert werden soll. Um daher auch in *E. coli* repliziert werden zu können, besitzen alle Hefe-*Shuttle*-Vektoren einen *ori*, der von der DNA Polymerase aus *E. coli* als Startpunkt für die Replikation erkannt wird. Ferner tragen all diese *Shuttle*-Vektoren ein Ampicillin-Resistenzgen, das als Selektions-Marker für die *E.-coli*-Passage fungiert.

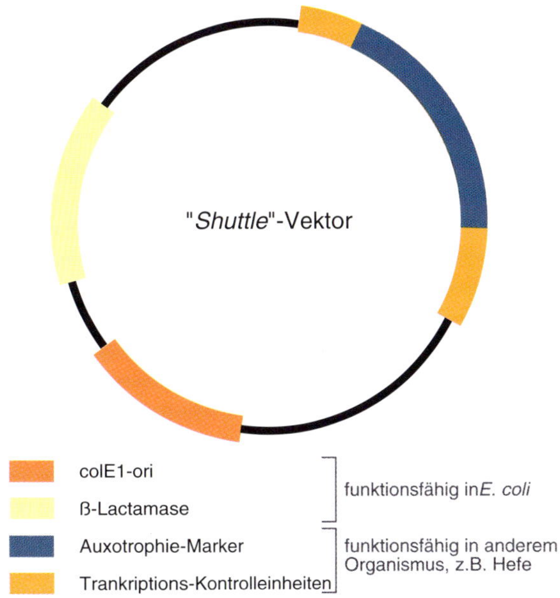

Abb. 3.2.1 Shuttle-Vektoren. Fast alle Vektoren, mit denen sich andere Organismen als *E. coli* transformieren lassen, sind als sogenannte *Shuttle*-Vektoren konzipiert. Das heißt, sie sind so beschaffen, daß sie auch für die Transformation von *E.-coli*-Zellen verwendet werden können. Sie enthalten daher entsprechende Kontrollelemente für die extrachromosomale Replikation (meist einen colE1-*ori*) und ein Selektionsgen, um transformierte *E.-coli*-Zellen von nicht transformierten Zellen unterscheiden zu können (meist ein Ampicillin-Resistenzgen). Daneben enthalten *Shuttle*-Vektoren dann natürlich Funktionselemente, die dem eigentlichen Wirt angepaßt sind, in den das Plasmid letztlich eingebracht werden soll.

3.2.1.1 Selektions-Marker

Für die Selektion in *S. cerevisiae* werden in der Regel Auxotrophie-Marker wie *leu*2, *ura*3, *trp*1 oder *his*3 verwendet. Dies sind Hefegene, deren Produkte Teilreaktionen für die Biosynthese der jeweiligen Aminosäure katalysieren. Sie komplementieren entsprechende Mutationen in den Wirtszellen. Zellen, die einen Vektor aufgenommen haben, erkennen wir daran, daß sie auf einem sogenannten Minimal-Agar wachsen können (Abb. 3.2.2). Dieser Nähragar enthält nichts außer einer

Kohlenstoffquelle (Glucose oder Maltose), eine meist anorganische Stickstoffquelle und einige Salze. Die Zellen müssen also alle organischen Moleküle *de novo* synthetisieren. Da es sich bei den Wirtszellen um auxotrophe Mutanten handelt, können diese auf einem solchen Medium nicht wachsen. Sie benötigen die Aminosäure, deren Biosyntheseweg defekt ist. Erst durch Aufnahme des Plasmids wird die Mutation komplementiert, d. h. der genetische Defekt wird funktionell ausgeglichen.

Voraussetzung für den Einsatz derartiger Selektions-Marker auf Transformationsvektoren sind also entsprechende Mutanten-Wirtszellen. Da auxotrophe Mutationen immer rezessiv sind, müssen diese Wirtszellen entweder haploid oder homozygot diploid sein.

Viele industriell verwendeten Hefestämme sind jedoch polyploid, so daß sich von derartigen Stämmen keine auxotrophen Mutanten ableiten lassen. Um auch solche Stämme transformieren zu können, müssen wir dominante Selektions-Marker verwenden.

Worin unterscheiden sich dominante Marker von den bisher betrachteten Auxotrophie-

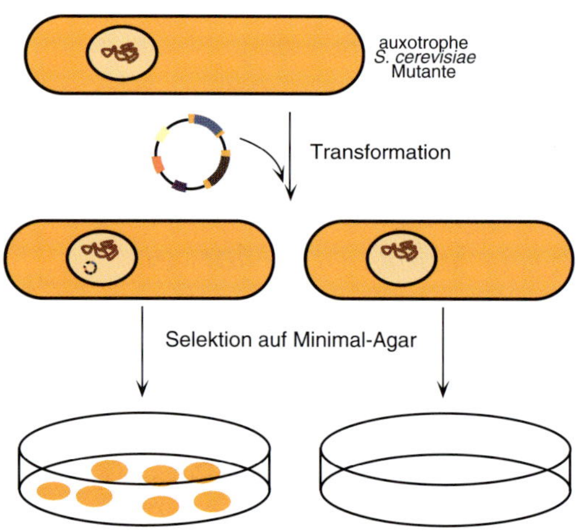

Abb. 3.2.2 Selektion von Hefe-Transformanden. Mutationen in auxotrophen Hefe-Mutanten können durch entsprechende Plasmid-codierte Gene komplementiert werden. Nach diesem Prinzip lassen sich auch Hefe-Transformanden auf Minimal-Agar positiv selektionieren. Nur Mutanten-Zellen, die ein entsprechendes Plasmid aufgenommen haben, können unter Selektionsbedingungen auf Minimal-Agar wachsen.

Auxotrophe Marker Gen	 Chromosomale Mutation
HIS3	*his3-Δ1*
Leu2	*leu2-3*
	leu2-112
TRP1	*trp1-289*
URA3	*ura3-52*
Dominante Marker Gen	** Selektion**
CUP1	Kupfer-Resistenz
$G418^R$	Resistenz gegenüber G418 (Kanamycin-Phosphotransferase)
TUN^R	Tunicamycin-Resistenz

Tabelle 3.2.1 Selektions-Marker für die Hefetransformation

Markern? Bei dominanten Markern handelt es sich um Gene, deren Produkte allen Zellen – also nicht nur speziellen Mutanten – einen besonderen Phänotyp verleihen. Hierzu zählen beispielsweise alle Resistenzgene. Für Eukaryonten lassen sich Gene verwenden, deren Produkte Resistenzen gegen die Antibiotika Neomycin, Hygromycin und Chloramphenicol oder gegen Kupferionen erzeugen. Derartige Marker sind allerdings nicht immer sehr stabil und neigen dazu, verloren zu gehen, wenn kein Selektionsdruck vorhanden ist. Aus diesem Grund müssen Zellen, die mit Hilfe dominanter Marker selektioniert wurden, permanent in Gegenwart der Selektions-Chemikalie gezüchtet werden.

Sehr nützlich ist das *ura*3-Gen als Selektions-Marker:

- Dieses Gen codiert für die Orotidin-5-phosphat-Decarboxylase im Biosyntheseweg von UMP und TMP (Abb. 3.2.3). Es wandelt Orotidin-5-phosphat durch Decarboxylierung zu UMP um. Aus diesem Grund kann das *ura*3-Gen als Selektions-Marker auf Vektoren benutzt werden, um eine entsprechende chromosomale Mutation zu komplementieren. Uracil-auxotrophe Wirtszellen werden nach Transformation mit einem entsprechenden Vektor Uracil-prototroph. Sie können somit ohne exogene Uracil-Zufuhr wachsen.
- Die Orotidin-5-phosphat-Decarboxylase – also das *ura*3-Genprodukt – wandelt aber

auch 5-Fluoro-Orotat zu 5-Fluoro-Uracil-Monophosphat (5-Fluoro-UMP) um (Abb. 3.2.4). Dies ist eine für alle Organismen sehr toxische Substanz! Warum? 5-Fluoro-UMP blockiert das Enzym Thymidylat-Synthase irreversibel (Abb. 3.2.4): 5-Fluoro-UMP ist ein Suizid-Inhibitor der Thymidylat-Synthase. Dies wiederum hat zur Folge, daß die DNA-Synthese zum Erliegen kommt, da Thymin nicht mehr nachgeliefert wird.

- Wir können daher den *ura*3-Marker auch für eine andere Selektion nutzen. Befindet sich nämlich 5-Fluoro-Orotat im Medium, können nur Zellen überleben, die kein funktionsfähiges *ura*3-Gen enthalten (Abb. 3.2.5). Dies ist somit eine Strategie zur positiven Selektion auf eine Mutante, in diesem konkreten Fall die Strategie zur Selektion einer *ura*3-Mutante. Natürlich sind derartige Zellen Uracil-auxotroph. Das heißt, während der Selektion müssen wir dem Medium nicht nur 5-Fluoro-Orotat, sondern auch Uracil zusetzen.

3.2.1.2 Integrierende Vektoren (YIp)

Hefe-Vektoren, die ins Hefegenom integriert werden müssen, um in einer Hefezelle zu persistieren, werden als *„Yeast Integrating*

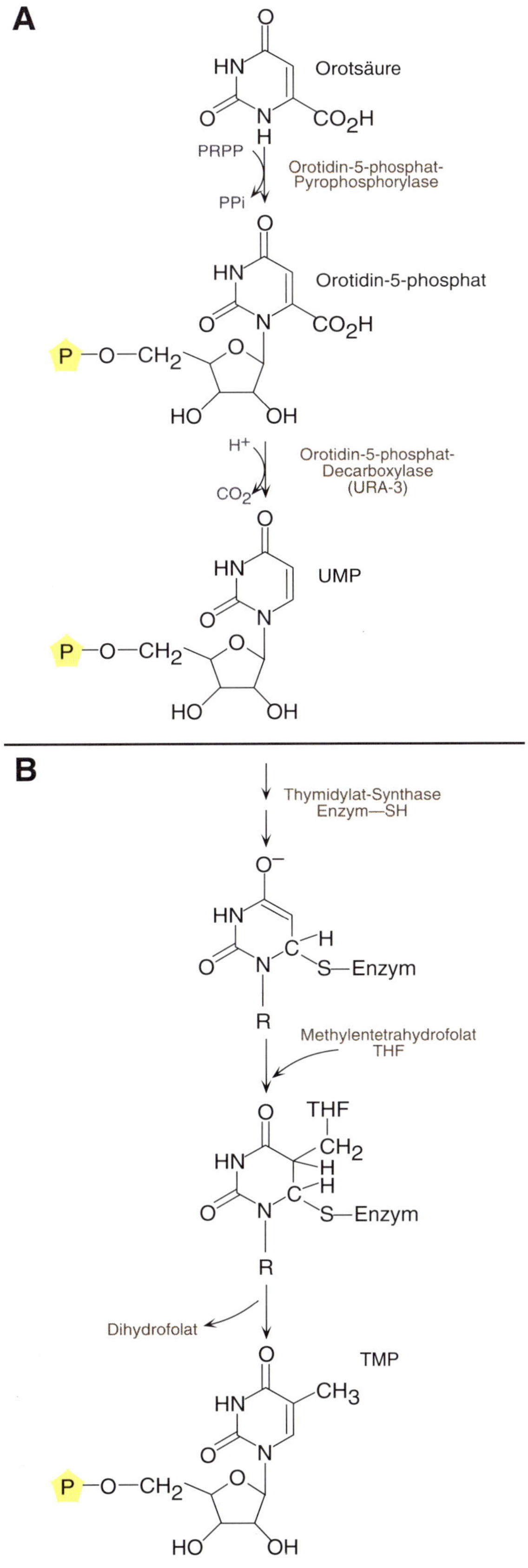

Abb. 3.2.3 Biosynthese von UMP und TMP.
A. Zur Synthese von UMP und TMP wird zunächst Orotsäure mit Phosphoribosyl-Pyrophosphat (PRPP) umgesetzt und dann das gebildete Orotidin–5-phosphat zu UMP decarboxyliert. In Hefe wird das Gen für die Orotidin–5-phosphat-Decarboxylase als *ura3* bezeichnet. Eine häufig benutzter Hefe-Stamm besitzt einen Defekt in diesem Gen. Die Zellen sind daher Uracil-auxotroph, d. h. sie können nur in Gegenwart von exogen zugesetztem Uracil wachsen, da sie dieses Nukleotid nicht aus Orotsäure synthetisieren können. Andererseits kann ein intaktes *ura3*-Gen auf einem Hefeplasmid in einem solchen Stamm als Transformations-Selektions-Marker verwendet werden.
B. UMP kann durch die Thymidylat-Synthase zu TMP weiter modifiziert werden. Dazu bindet zunächst die Thymidylat-Synthase über eine SH-Gruppe kovalent an die Position 6 des UMPs. In dieser Form wird an Position 5 der C_1-Gruppen-Donator Methylentetrahydrofolat (THF) ankondensiert. Im letzten Schritt der TMP-Biosynthese verlassen sowohl Dihydrofolat als auch das Enzym den Substratkomplex.

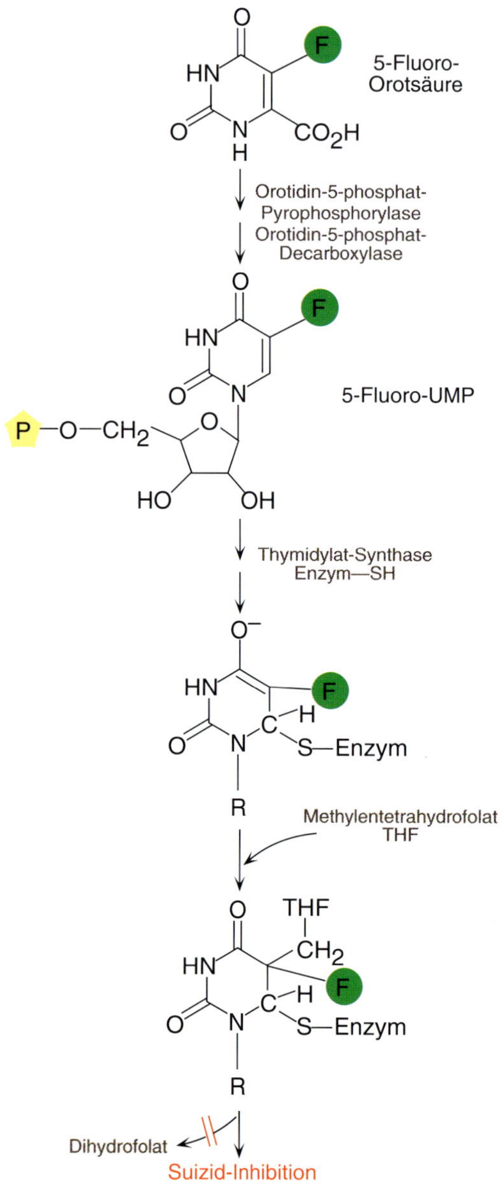

Abb. 3.2.4 5-Fluoro-Orotsäure als Vorstufe eines Suizid-Inhibitors. 5-Fluoro-Orotsäure wird ebenso wie Orotsäure von den Enzymen Orotidin–5-phosphat-Pyrophosphorylase und Orotidin–5-phosphat-Decarboxylase als Substrat erkannt und zu 5-Fluoro-UMP umgesetzt. Dieses UMP-Derivat ist ein Suizid-Inhibitor der Thymidylat-Synthase. Die Thymidylat-Synthase verbindet sich nämlich – analog wie mit UMP – zusammen mit Methylentetrahydrofolat mit 5-Fluoro-UMP „intermediär" zu einem kovalenten Komplex. Da Fluor aber eine so schlechte *leaving*-Gruppe darstellt, kann dieser Komplex nicht mehr aufgelöst werden, so daß kontinuierlich Thymidylat-Synthase irreversibel verbraucht wird. Während 5-Fluoro-Orotsäure für Wildtyp-Zellen aus den geschilderten Gründen extrem toxisch ist, besitzt diese Substanz in *ura*⁻-Zellen keine toxischen Effekte, da diese Zellen 5-Fluoro-Orotsäure nicht zu dem eigentlichen Suizid-Inhibitor „giften" können (siehe Abb. 3.2.5).

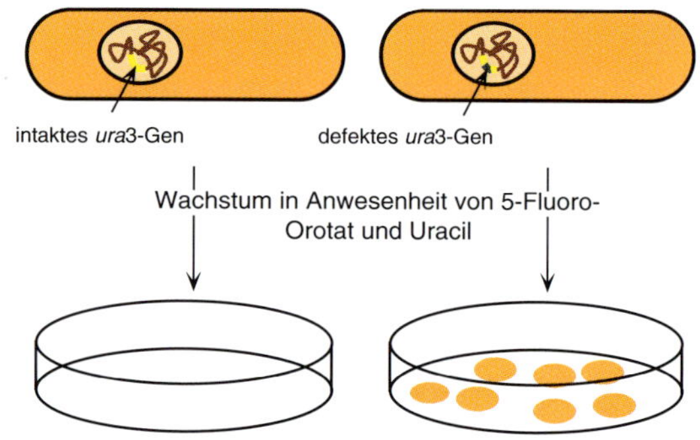

Abb. 3.2.5 Selektion von *ura*⁻-Mutanten in Gegenwart von 5-Fluoro-Orotat und Uracil. In Gegenwart von 5-Fluoro-Orotsäure können nur Zellen wachsen, die ein defektes *ura3*-Gen besitzen, da in diesen Zellen 5-Fluoro-Orotsäure nicht zu dem eigentlichen Suizid-Inhibitor 5-Fluoro-UMP „gegiftet" werden kann. Ein 5-Fluoro-Orotat-Zusatz zum Medium können wir daher zur positiven Selektion auf *ura*⁻-Mutanten nutzen. Wegen der *ura3*-Mutation muß dem Medium zusätzlich Uracil zugesetzt werden.

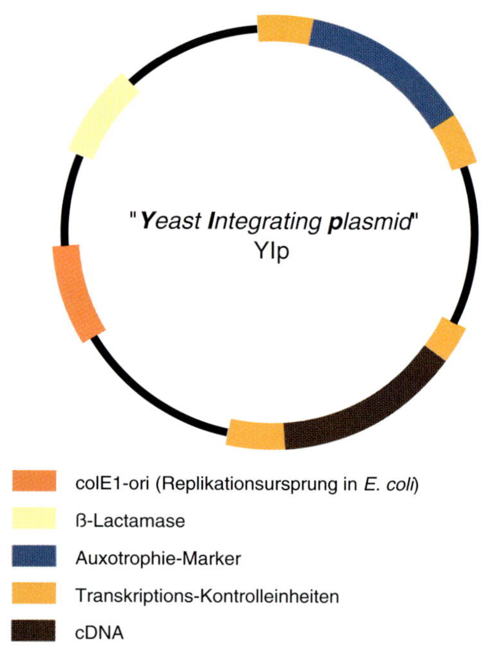

Abb. 3.2.6 „*Yeast Integrating plasmids*" (YIp). YIp-Vektoren besitzen keinen Hefe-Replikationsursprung. Daher müssen diese Vektoren in die Hefe-DNA integrieren, wenn wir eine stabil transformierte Zelle erhalten wollen. Da es sich bei YIp-Vektoren – wie bei allen Hefe-Vektoren – um sogenannte *Shuttle*-Vektoren handelt, die auch in *E. coli* persistieren können, enthalten sie einen *colE1*-Replikationsursprung (colE1-ori; rot) und ein Ampicillin-Resistenzgen (ß-Lactamase; gelb). Zur Selektion in Hefe tragen die Plasmide meist einen Auxotrophie-Marker (blau), der von Hefe-Transkriptions-Kontrolleinheiten (orange) kontrolliert wird. An anderer Stelle auf dem Plasmid können wir zwischen Hefe-Transkriptions-Kontrolleinheiten beispielsweise eine beliebige cDNA (dunkelrot) oder eine andere Fremd-DNA einligieren.

plasmids" (YIp) bezeichnet (Abb. 3.2.6). Im Wesentlichen sind dies bakterielle Plasmide, in die ein Hefegen als Selektions-Marker integriert wurde. Wie wir gehört haben, kann dieser Selektions-Marker eine Mutation im Wirtsgenom komplementieren, wodurch wir die Zellen, die das Plasmid aufgenommen haben, leicht erkennen können.

Die Besonderheit der YIp-Vektoren besteht darin, daß sie keine Sequenz besitzen, die in Hefe als Replikationsursprung (*ori*) erkannt wird. Sie können in der Hefe also nicht als Plasmid persistieren, und es bleibt nur die Integration ins Wirtsgenom. Diese Integration erfolgt in der Hefe in der Regel durch homologe Rekombinationen (Abb. 3.2.7). Das können wir uns so vorstellen. Auf dem Plasmid befindet sich ja der Selektions-Marker: ein Hefe-Gen. Dieses Gen findet im Genom sein mutiertes Gegenstück. Nun lagern sich die homologen Bereiche auf dem Vektor und auf dem Chromosom aneinander. Unterstützt durch Enzyme, die zum DNA-Reparatursystem der Hefe gehören, wird der Vektor komplett in das Genom eingefädelt. Dadurch wird auch die Mutation korrigiert, wie wir in Abb. 3.2.7 erkennen können. Die Effizienz einer solchen homologen Rekombination läßt sich dadurch noch beträchtlich steigern, daß man das Plasmid durch Hydrolyse mit einem Restriktionsenzym in dem Bereich aufschneidet, über den die homologe Rekombination stattfinden soll (Abb. 3.2.7 B).

Die Transformationseffizienzen mit integrierenden Plasmiden sind in der Regel sehr gering. Wir erhalten ca. 1 bis 10 Transformanden pro µg DNA. Durch die Linearisierung in der Rekombinationsregion läßt sich die Transformationsfrequenz allerdings um den Faktor 10 bis 1000 steigern.

Warum verwendet man also derartige Vektoren, die sich so relativ ineffizient transformieren lassen? Ein Vorteil ist, daß die Transformanden, die wir mit diesen Vektoren erhalten, enorm stabil sind. Das gilt vor allem dann, wenn nur eine Kopie ins Genom integriert wurde. Derartig niedrige Kopienzahlen können aber auch nachteilig sein, da sie sich unter Umständen negativ auf die Ausbeute rekombinanter Proteine auswirken.

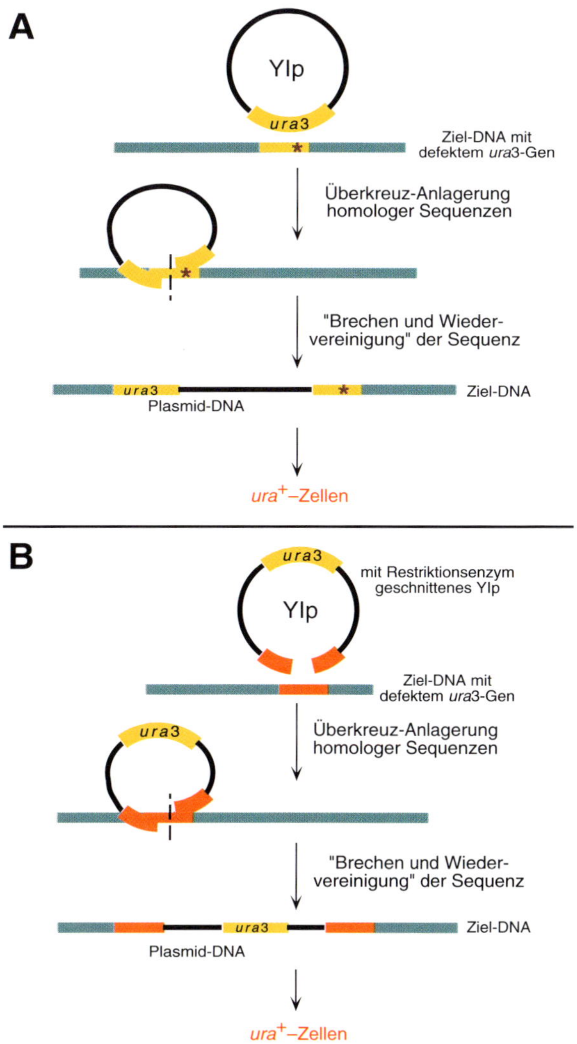

Abb. 3.2.7 Homologe Rekombination in Hefe. Die Hefe zeichnet sich besonders durch eine hohe Frequenz homologer Rekombinationen aus. Dies können wir für die Integration von YIp-Vektoren nutzen.
A. Beispielsweise kann über homologe Rekombination eine *ura3*-Mutation in einem Hefestamm durch ein intaktes *ura3*-Gen auf dem Transformationsvektor kuriert werden. Der YIp-Vektor integriert in diesem Fall durch homologe Rekombination über die beiden Kopien des *ura3*-Gens im Genom und auf dem Vektor in das Hefe-Genom.
B. Die Integrationseffizienz von Hefe-Vektoren läßt sich nochmals deutlich steigern, wenn wir die Zellen mit einem linearisierten Plasmid transformieren, wobei die Vektor-DNA in dem Bereich aufgeschnitten werden muß, über den die homologe Rekombination erfolgen soll (hier der rotorange Bereich).

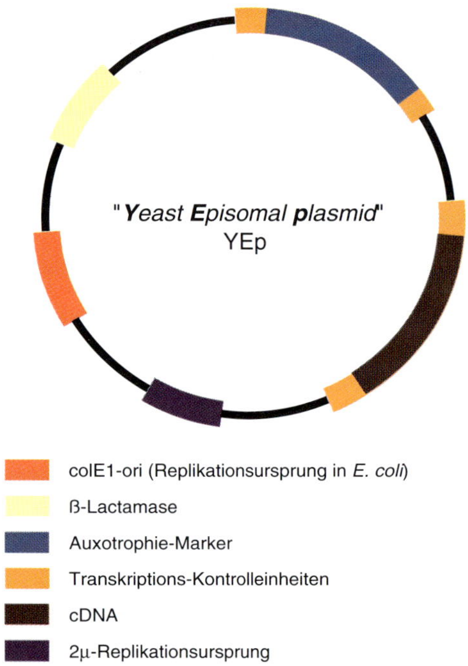

Abb. 3.2.8 Episomale Hefe-Plasmide. Ein episomales Hefe-Plasmid (YEp) besitzt neben den Funktionselementen der YIp-Vektoren (Abb. 3.2.6) zusätzlich noch einen Replikationsursprung des natürlich in Hefe vorkommenden 2µ-Plasmids (2µ-Replikationsursprung; dunkelblau). Daher können diese Plasmide unabhängig vom Genom replizieren und kommen in ca. 50 bis 100 Kopien in einer transformierten Zelle vor.

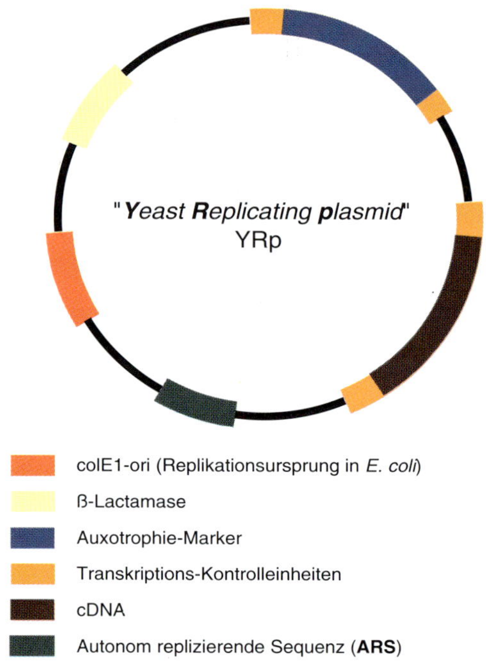

Abb. 3.2.9 Autonom replizierende Hefe-Plasmide. Autonom replizierende Hefe-Plasmide (YRp) besitzen eine sogenannte ARS-Sequenz (dunkelgrün). Dies ist eine genomische Sequenz, die von der DNA-Polymerase erkannt wird und an der die DNA-Polymerase die Replikation initiieren kann. Somit können auch YRp-Vektoren episomal persistieren.

3.2.1.3 Episomale Plasmide (YEp)

Ein anderes Vektorprinzip nutzt die Tatsache, daß in *S. cerevisiae* natürlicherweise autonom replizierende Plasmide im Kern vorkommen. Die physiologische Bedeutung dieser Plasmide ist weitgehend unbekannt. Man bezeichnet diese Plasmide als 2-µm-Zirkel (*two micron circles*). Derartige Plasmide können in 50 bis 100 Kopien pro Zelle vorkommen und können bis zu 2 % der gesamten DNA einer Hefezelle repräsentieren. Derivate dieses 2-µm-Plasmids können als autonom replizierende Vektoren für die Hefetransformation verwendet werden und werden als *„Yeast Episomal plasmids"* (YEp) bezeichnet (Abb. 3.2.8).

Neben der 2-µm-DNA enthalten YEp-Plasmide einen bakteriellen Replikationsursprung (*ori*), einen bakteriellen Selektions-Marker (in der Regel ein Ampicillin-Resistenzgen) und einen Selektions-Marker für die Hefetransformation (z. B. einen *leu*-2-Marker). Mit YEp-Plasmiden lassen sich Transformationsfrequenzen von 10^4 bis 10^5 Transformanden pro µg DNA erreichen. Die Transformanden sind recht stabil, d. h. weniger als 1 % der Plasmide gehen pro Generation verloren.

3.2.1.4 Autonom replizierende Plasmide (YRp)

Einen anderen Typ Hefevektoren etablierte man über folgenden experimentellen Ansatz: Man klonierte zufällig und ungerichtet genomische Hefe-DNA in YIp-Vektoren. Wir haben gehört, daß diese Vektoren normalerweise ins Hefe-Genom integrieren müssen, um in einer Hefezelle persistieren zu können, da ihnen ja ein Replikationsursprung fehlt (siehe Abb.

3.2.6). Diese Einschränkung ist natürlich dann nicht mehr gegeben, wenn ein Vektor aus der beschriebenen Genbank zufällig eine Sequenz aufgenommen hat, die die Funktion eines Replikationsursprungs übernehmen kann. Man schaute also nach Zellen, die transformiert waren, d. h. die auf einem Selektions-Medium wachsen konnten, und aus denen man gleichzeitig Plasmid-DNA isolieren konnte, was unter normalen Umständen nicht möglich ist, wenn man YIp-Vektoren verwendet. Tatsächlich fand man solche Plasmide. Man erkennt diese Vektoren u. a. daran, daß sie mit einer sehr hohen Effizienz Hefe-Zellen transformieren können. Der Grund für diese hohe Transformationseffizienz sind sogenannte „autonom replizierende Sequenzen" (ARS). Diese ARS-Sequenzen verleihen den ehemals integrativen Vektoren die Eigenschaft, nun als Plasmide zu persistieren. Sie fungieren wie ein Repikationsursprung, d. h. sie werden von der DNA Polymerase erkannt. Dadurch wird sichergestellt, daß die Plasmide unabhängig (autonom) vom Chromosom repliziert werden können. Man bezeichnet diese Plasmide (Abb. 3.2.9) als *„Yeast Replicating plasmids"* (YRp).

Nachteilig ist, daß Transformanden, die mit YRp-Plasmiden erhalten wurden, deutlich weniger stabil sind, als Transformanden die mit YEp-Plasmiden erzeugt wurden. Auch die Kopienzahl der Plasmide ist, verglichen mit YEp-Plasmiden, niedriger. Diese Nachteile werden allerdings dadurch aufgewogen, daß mit YRp-Plasmide die höchsten Transformationsraten erreicht werden können.

3.2.1.5 *Zentromere Vektoren (YCp)*

YRp-Plasmide können dadurch stabilisiert werden, daß ihnen als ARS-Sequenz ein Hefe-Zentromer inseriert wird. Zentromere befinden sich auf jedem Chromosom und sind für die stabile Replikation und die gleichmäßige

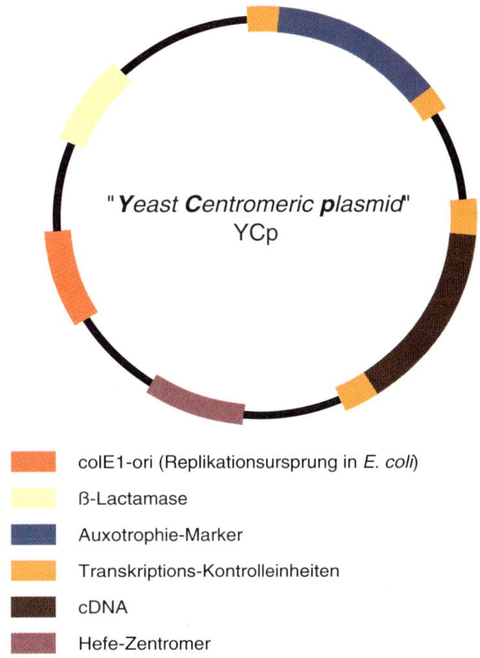

Abb. 3.2.10 Zentromere Hefe-Vektoren (YCp). Anstelle irgend einer genomischen ARS-Sequenz enthalten YCp-Vektoren eine Sequenz aus einem Hefe-Zentromer (violett). Gegenüber YRp-Vektoren zeichnen sich YCp-Vektoren durch eine größere Stabilität aus, und sie werden nach den Mendelschen Regeln auf die Tochterzellen verteilt.

Aufteilung der Chromosomen bei Mitose und Meiose verantwortlich. Wir bezeichnen derartige Plasmide (Abb. 3.2.10) als *„Yeast Centromeric plasmids"* (YCp). Sie segregieren mit einer Frequenz < 1 % pro Generation – sind also extrem stabil – und persistieren mit 1 bis 5 Plasmiden pro Zelle. Ferner werden sie wie die Chromosomen nach den Mendelschen Regeln auf nachfolgende Generationen vererbt.

3.2.1.6 *Artifizielle Chromosomen (YAC)*

http://vectordb.atcg.com/vectordb/vector_pages/Yac.html (YAC-Vektoren)

Eine Sonderform der YCp-Plasmide ist der Vektortyp, den wir als *„Yeast Artificial Chromosome"* (YAC) bezeichnen. Neben einer Zentromer-Sequenz besitzen YACs auch noch zwei Telomer-Sequenzen, die über eine

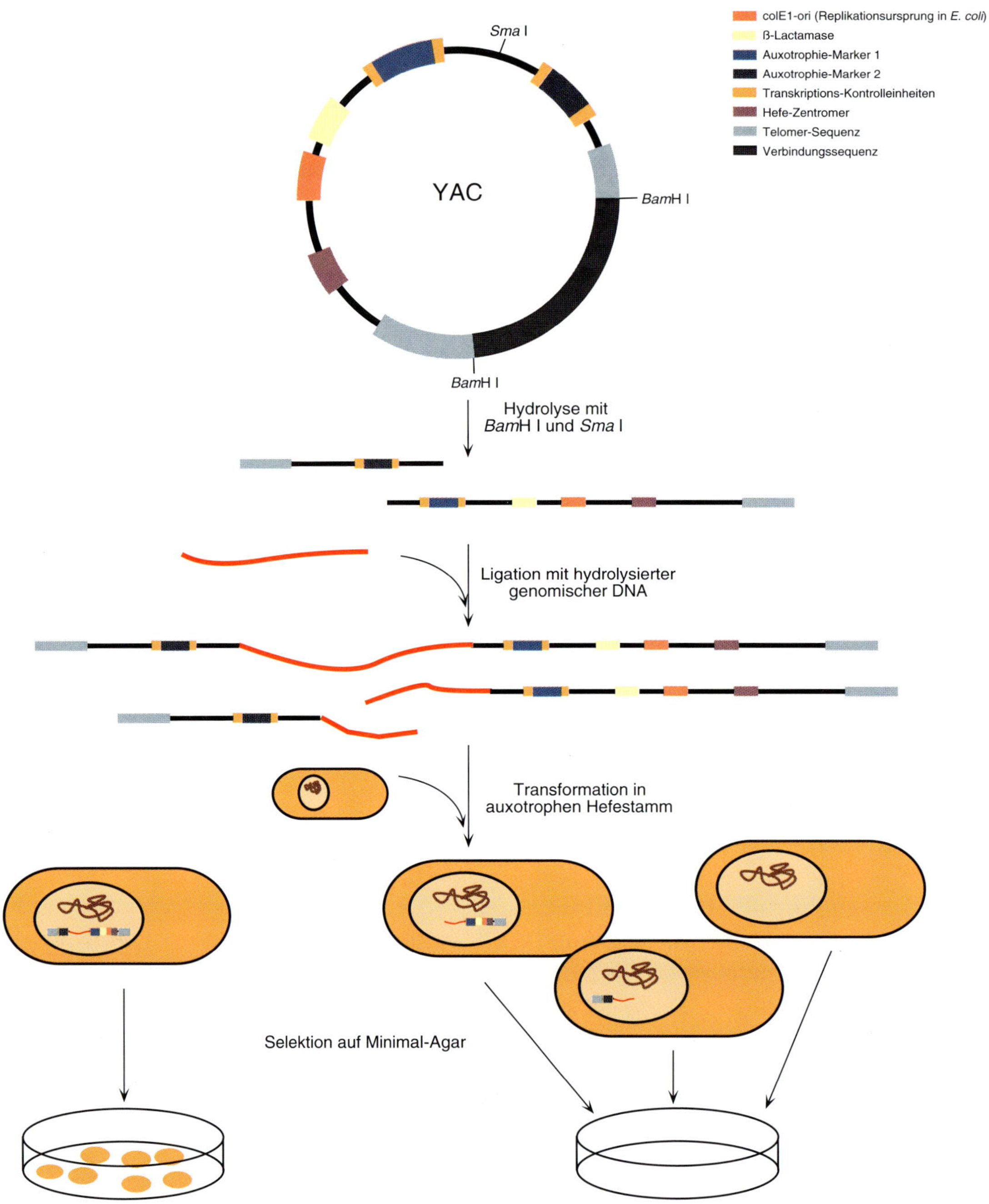

Abb. 3.2.11 Artifizielle Hefe-Chromosomen (YACs). YACs sind spezielle Hefe-Plasmide, die die wichtigsten Elemente eukaryontischer Chromosomen (ein Hefe-Zentromer, violett und zwei Hefe-Telomer-Sequenzen, graublau) enthalten. Zwischen zwei verschiedene Auxotrophie-Marker (dunkelblau, flankiert von Hefe-Transkriptions-Kontrolleinheiten, orange) können wir beispielsweise in eine *Sma* I-Schnittstelle Fremd-DNA von 100 bis 1.000 kBp einklonieren. Hierzu erzeugen wir zunächst durch Hydrolyse mit *Sma* I und *Bam*H I „Vektor-Arme", die wir dann durch die Fremd-DNA wieder verbinden. Nach Transformation können nur solche Hefe-Zellen unter den gewählten Selektionsbedingungen wachsen, die ein rekombinantes YAC mit beiden Vektor-Armen aufgenommen haben, da jeder Arm einen unterschiedlichen Auxotrophie-Marker trägt.

Verbindungssequenz miteinander zu einem zirkulären Plasmid verknüpft sind (Abb. 3.2.11). YACs sind in der Lage, 100 bis 1.000 kBp einer Fremd-DNA aufzunehmen. Ja, sie sind erst dann genetisch stabil, wenn sie größer als 20 kBp sind. Sie verhalten sich in der Hefezelle wie Chromosomen und werden folglich ebenfalls nach den Mendelschen Regeln auf Folge-Generationen vererbt.

YACs werden weniger benutzt, um fremde genetische Informationen zu exprimieren. Sie sind aber hervorragende Werkzeuge, um Fremdgenome zu klonieren und physikalisch zu kartieren. Wir werden dies noch kennenlernen, wenn wir besprechen, wie Gene, die Krankheiten verursachen, aufgespürt und identifiziert werden (siehe Kapitel 7.2 und 7.3).

Neben einer Zentromer-Sequenz und den beiden Telomer-Bereichen enthalten YACs einen bakteriellen Replikationsursprung (*ori*), ein Ampicillin-Resistenzgen und unterschiedliche Selektions-Marker für die Hefetransformation. In Bakterien werden die Vektoren als zirkuläre Plasmide propagiert.

Zur Klonierungsvorbereitung werden die YACs mit zwei Restriktionsendonukleasen hydrolysiert (Abb. 3.2.11). Dadurch wird einerseits die Integrationsstelle für die zu inserierende DNA bereitgestellt. Andererseits wird die Verbindungssequenz zwischen den beiden Telomeren eliminiert. Diese müssen wir entfernen, da ja die YACs in der Hefe als Chromosomen, d. h. als große lineare DNA-Moleküle persistieren, die an den Enden – wie Chromosomen auch – von Telomeren begrenzt sind.

Nach Restriktionshydrolyse erhalten wir also zwei sogenannte „Vektor-Arme" (Abb. 3.2.11) und nicht etwa wie bei gewöhnlichen Plasmiden ein einzelnes lineares Vektorfragment (vergleiche Kapitel 2.4 „Phagenvektoren"). Beide Arme tragen einen unterschiedlichen Marker für die Selektion in Hefe. Die zu inserierende genomische DNA wird durch Restriktionshydrolyse mit einer entsprechenden Restriktionsendonuklease oder durch

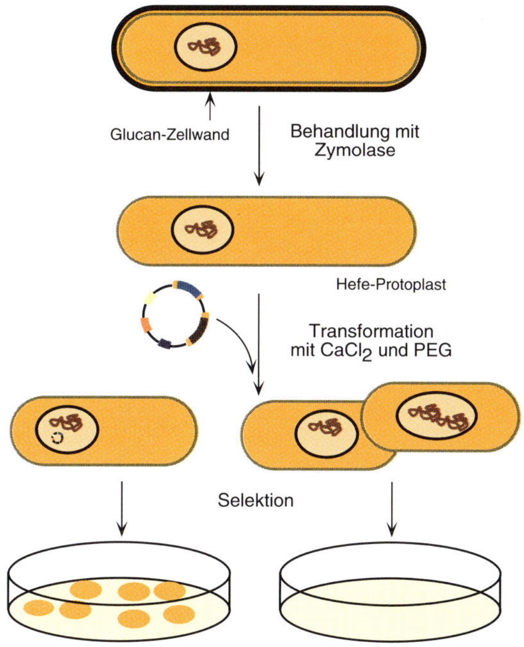

Abb. 3.2.12 Protoplasten als Rezipienten bei der Hefe-Transformation. Hefe-Zellen lassen sich wegen der sie umgebenden Polyglycanschicht unmodifiziert nur sehr ineffizient transformieren. Die Transformationseffizienz steigt jedoch deutlich, wenn wir durch enzymatische Behandlung die Proteogykanschicht entfernen und Protoplasten erzeugen. Nach der Transformation in $CaCl_2$-haltiger Lösung und in Gegenwart von Polyethylenglycol (PEG) müssen wir die osmotisch sehr labilen Zellen in Soft-Agar einbetten, wo sie sich dann regenerieren können.

vorsichtiges Scheren vorbereitet. Dann wird sie zwischen die beiden Vektor-Arme ligiert, und die rekombinierte DNA wird in einen Wirtsstamm transformiert, der zwei Mutationen aufweist. Erfolgreiche Transformanden erkennen wir durch die gleichzeitige Komplementation beider Selektions-Marker (Abb. 3.2.11).

3.2.2 Hefe-Transformation

Hefezellen besitzen als Abschlußhülle eine Art Zellwand aus Polyglycan. Für eine effiziente Transformation muß diese Hülle zunächst entfernt werden. Hierzu verwenden wir Enzyme wie ß-Glucuronidase oder Zymolyase. Als Ergebnis dieser Enzymbehandlung erhalten wir einen Protoplasten (Abb. 3.2.12). Diese Proto-

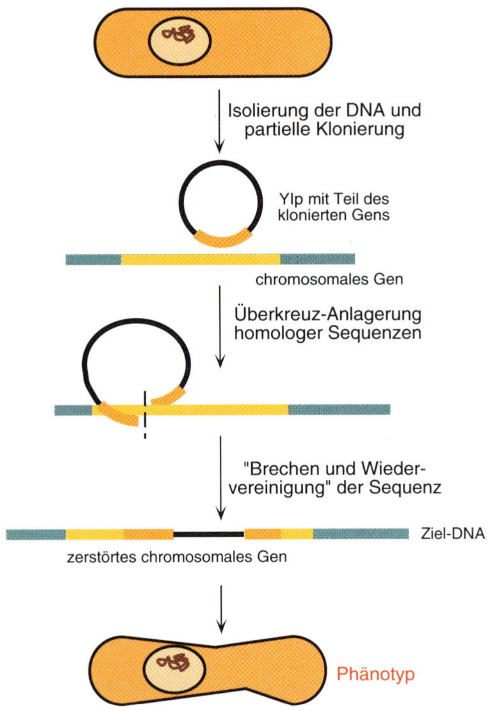

Abb. 3.2.13 Gen-Inaktivierung durch homologe Rekombination. Durch eine inaktive Genvariante auf einem YIp-Vektor läßt sich durch homologe Rekombination das korrespondierende Gen in einer Hefe-Zelle gezielt zerstören. Die Mutanten lassen sich dann über einen entsprechenden Phänotyp erkennen oder selektionieren.

plasten werden, ähnlich wie Prokaryonten, mit Hilfe von $CaCl_2$ und Polyethylenglycol (PEG) transformiert. Protoplasten sind wegen der fehlenden Zellwand sehr labil. Wir müssen daher ständig in einem osmotisch stabilen Medium arbeiten, um zu verhindern, daß die labilen Protoplasten platzen.

Diese Transformationsmethode hat mehrere Nachteile. Einer besteht darin, daß wir die Protoplasten immer unmittelbar vor jeder Transformation herstellen müssen. Protoplasten lassen sich nicht einfrieren oder konservieren. Ferner können Zellen durch die PEG-Zugabe fusionieren, so daß diploide oder gar polyploide Zellen entstehen. Weiterhin müssen die Protoplasten nach der Transformation in Soft-Agar eingebettet werden, wo sie dann langsam eine neue Zellwand regenerieren. Das wiederum erschwert ein direktes *screening* nach einer Protoplasten-Transformation. Die Zellen wachsen nämlich teilweise im Agar und nicht auf der Agar-Oberfläche. So sind sie für *Screening-Verfahren* nur unvollständig zugänglich und müssen zum Teil einzeln auf andere Medien übertragen werden.

Alternativ zur Protoplasten-Transformation können auch intakte Hefezellen in Gegenwart von LiCl und PEG transformiert werden. Allerdings sind die Transformationseffizienzen deutlich schlechter als bei der Protoplasten-Transformation.

Hefezellen lassen sich schließlich auch elektroporieren. Diese Methode haben wir bereits bei den Transfer-Methoden in Kapitel 2.4 kennengelernt. Weder die elektroporierten Zellen noch solche Zellen, die mit Hilfe von LiCl transformiert wurden, müssen in Soft-Agar eingebettet werden. Sie wachsen daher auf der Oberfläche des Nähragars und sind somit einem direkten *screening* durch Blotverfahren zugängig.

3.2.3 Homologe Rekombination

Eine der Stärken des Hefesystems ist die ungewöhnlich hohe Frequenz, mit der eingeschleuste DNA-Fragmente durch homologe Rekombination ins Genom integrieren. Wir haben dies schon bei der Besprechung von YIp-Vektoren kennengelernt. Die Frequenz derartiger Integrationsereignisse kann – wie wir auch schon gehört haben – noch weiter gesteigert werden. Dazu muß der Bereich, über den die Plasmid-DNA und die Zielregion homolog rekombinieren sollen, auf dem Plasmid in Form freier Enden angeboten werden. Warum ist eine hohe Frequenz für homologe Rekombination ein Vorteil?

Zum einen kann man so die eingeschleuste DNA in diejenigen Genomregionen dirigieren, von denen man weiß, daß sie prinzipiell aktiv sind. Nicht alle Genombereiche befinden sich in einem physikalischen Zustand, der als aktiv bezeichnet werden kann. Große Bereiche des Genoms liegen in Form inaktiven Heterochromatins vor, das aufgrund seiner spezifischen Konformation Enzymen wie RNA-Polymerasen den Zugang versperrt. Dadurch kann die genetische Information nicht abgelesen und in RNA transkribiert werden.

Zum anderen führt ein einfaches homologes Rekombinationsereignis zur Integration der gesamten Plasmid-DNA an der Stelle des Chromosoms, die zu der Sequenz auf dem Plasmid homolog ist. Durch entsprechend präparierte Vektoren ist es daher nicht nur möglich, die Fremd-DNA funktionsfähig zu integrieren. Zusätzlich kann auch durch ausgefeilte Vektorkonstrukte die Zielsequenz funktionell inaktiviert werden (Abb. 3.2.13). So ist es möglich, ganz gezielt Mutanten zu erzeugen, deren Defekt wir dann detailliert studieren können. Dies ist dann besonders wichtig, wenn man ein Gen kloniert hat, dessen Funktion man nicht kennt. Wir können nun mit Hilfe des klonierten Gens einen Vektor konstruieren, mit dem wir über homologe Rekombination das chromosomale Gen gezielt zerstören. Anschließend untersuchen wir die Mutante daraufhin, welchen physiologischen Defekt sie aufweist, um so die Funktion des klonierten Gens zu ermitteln (Abb. 3.2.13). Den Beweis dafür, daß der Defekt tatsächlich durch die erzeugte Mutation hervorgerufen wurde, können wir dadurch erbringen, daß wir mit dem intakten Gen die Mutante transformieren (Abb. 3.2.14). Nun muß der Defekt wieder behoben sein, da das klonierte Gen die chromosomale Mutation komplementiert.

3.2.4 Genersatz (gene replacement)

Eine noch elegantere Methode der Geninaktivierung durch Integration fremder genetischer Informationen besteht in der *gene-replacement*-Strategie. Was hat es damit auf sich?

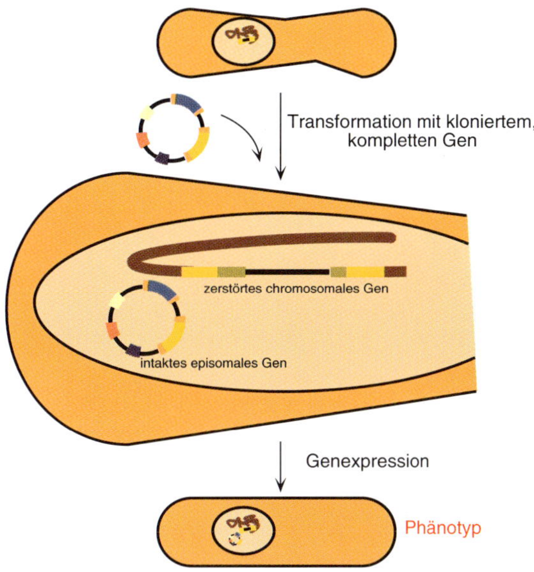

Abb. 3.2.14 Komplementation einer durch Insertionsmutagenese erzeugten Mutante mit einer intakten Genkopie. Läßt sich die in Abb. 3.2.13 erzeugte Mutante durch eine intakte Genkopie auf einem episomalen Plasmid erfolgreich komplementieren, können wir relativ sicher sein, daß bei der Mutagenese tatsächlich das gewünschte Gen inaktiviert wurde und daß der beobachtete Phänotyp tatsächlich durch diesen Gendefekt verursacht wird.

Ziel einer *gene-replacement*-Strategie ist die Integration einer fremden funktionsfähigen Informationseinheit – beispielsweise eines *ura*3-Markers – in ein chromosomales Gen. Dabei wird das chromosomale Gen inaktiviert. Die *gene-replacement*-Methode ist also eine gezielte Mutationsmethode. Worin unterscheidet sie sich von der vorher besprochenen einfachen homologen Rekombination, durch die ebenfalls Gene gezielt inaktiviert werden können?

Der Unterschied liegt darin, daß bei der *gene-replacement*-Methode nicht nur ein sondern zwei homologe Rekombinationsereignisse stattfinden. Diese Rekombinationen erfolgen über Sequenzen, die den Selektions-Marker, in unserem Beispiel das *ura*3-Gen, flankieren. Diese Sequenzen sind wiederum homolog zum Ziel-Gen im Genom. Konkret: Ein *gene-replacement*-Vektor enthält ein

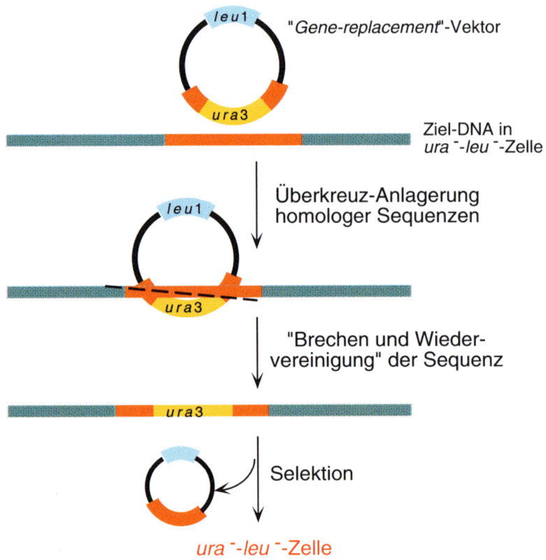

Abb. 3.2.15 Gene-replacement-Vektor. Ein *gene-replacement*-Vektor enthält einen selektionierbaren Marker (z. B. *ura*3) umgeben von Sequenzen des Ziel-Gens im Hefe-Genom. Beim *gene-replacement* finden zwei homologe Rekombinationen über beide Sequenzen statt, die den Marker flankieren. Somit wird der Marker exakt in die Zielsequenz plaziert, ohne daß die übrige Vektor-DNA in das Hefe-Genom integriert wird.
Der *gene-replacement*-Vektor trägt neben dem *ura*3-Marker auch noch einen *leu*1-Marker. Als Zielzelle verwenden wir eine Mutante, die ein defektes *ura3*-Gen und ein defektes *leu1*-Gen trägt (ura^-, leu^-). Zellen, in denen ein erfolgreiches *gene-replacement*-Ereignis stattgefunden hat, müssen einen ura^+-, leu^--Phänotyp besitzen. Dieser Phänotyp stellt sicher, daß nicht das komplette Plasmid durch ein einfaches Rekombinationsereignis ins Genom integriert wurde und daß das „Rest-Plasmid" aus den Zellen segregiert wurde.

Gen, dessen chromosomale Kopie zerstört werden soll (Abb. 3.2.15). Der zentrale Bereich des Gens auf dem Vektor ist ersetzt durch das *ura*3-Gen. Daneben enthält ein *gene-replacement*-Vektor noch einen zweiten Selektions-Marker, beispielsweise ein *leu*1-Gen, an anderer Stelle auf dem Plasmid. Nach Transformation dieses Vektors in eine Doppelmutante, die einen ura^-- und einen leu^--Genotyp besitzt, sollen zwei simultane Rekombinationsereignisse links und rechts benachbart von dem *ura*3-Gen stattfinden. Es wird also nicht etwa ein komplettes Transformationsplasmid ins Genom integriert, sondern nur eine definierte „Kassette" dieses Transformationsvektors. Die Transformanden besitzen durch die Aufnahme des *ura*3-Gens einen ura^+-Phänotyp, haben jedoch durch die gezielte Integration des *ura*3-Gens in das Ziel-Gen eine neue Mutation erhalten. Daß nicht das gesamte Plasmid sondern nur die *gene-replacement*-Kassette aufgenommen wurde, erkennen wir daran, daß die Wirtszellen nach wie vor einen leu^--Phänotyp besitzen.

Durch Umkehrung dieses Prozesses ist es auch möglich, Gene zu reparieren, die einen Defekt tragen, der zur Inaktivierung der chromosomalen Kopie geführt hat. Analoge Ansätze sind auch bei höheren Eukaryonten – ja sogar bei Säugern – möglich. Viele transgene Maus-Systeme wurden durch *gene replacement* generiert. Derzeit wird intensiv daran gearbeitet, die Effizienz für Säugersysteme deutlich zu steigern, um dieses Prinzip eventuell auch in der Gentherapie einsetzen zu können.

3.2.5 Expression heterologer Proteine

Die Rolle als Wirtssystem für die Expression heterologer Proteine ist wohl der signifikanteste Beitrag von *S. cerevisiae* in der modernen Biotechnik. Allerdings lassen sich nicht alle Proteine aktiv in *S. cerevisiae* exprimieren, so daß nach wie vor empirisch getestet werden muß, ob sich für ein bestimmtes Expression-Problem *S. cerevisiae* als Wirt eignet.

Wie wir dies bereits für *E. coli* besprochen haben, sollte auch bei der Hefe cDNA verwendet werden, um genetische Information heterolog zu exprimieren. Denn das *S.-cerevisiae*-System, das Intron-Sequenzen aus Primärtranskripten entfernt, ist relativ spezifisch für diesen Organismus. Es ist nicht garantiert, daß Introns aus fremder genomischer DNA entfernt werden, obwohl das auch nicht ausgeschlossen ist. Wir befinden uns allerdings auf der sicheren Seite, wenn wir cDNAs verwenden und schließen so mit Sicherheit aus, daß Introns in der zu translatierenden heterologen mRNA vorhanden sind.

Aminosäure	Codon	Häufigkeit	Aminosäure	Codon	Häufigkeit	Aminosäure	Codon	Häufigkeit	Aminosäure	Codon	Häufigkeit
Phenylalanin (F)	UUU	0,58	Serin (S)	UCU	0,27	Tyrosin (Y)	UAU	0,56	Cystein (C)	UGU	0,64
	UUC	0,42		UCC	0,16		UAC	0,44		UGC	0,36
Leucin (L)	UUA	0,28		UCA	0,21	Stopp	UAA	0,48	Stopp	UGA	0,30
	UUG	0,29		UCG	0,10	Stopp	UAG	0,22	Tryptophan (W)	UGG	1,0
Leucin (L)	CUU	0,12	Prolin (P)	CCU	0,31	Histidin (H)	CAU	0,63	Arginin (R)	CGU	0,15
	CUC	0,06		CCC	0,15		CAC	0,37		CGC	0,05
	CUA	0,14		CCA	0,42	Glutamin (Q)	CAA	0,69		CGA	0,07
	CUG	0,11		CCG	0,12		CAG	0,31		CGG	0,04
Isoleucin (I)	AUU	0,47	Threonin (T)	ACU	0,35	Asparagin (N)	AAU	0,59	Serin (S)	AGU	0,15
	AUC	0,26		ACC	0,22		AAC	0,41		AGC	0,11
	AUA	0,27		ACA	0,30	Lysin (K)	AAA	0,57	Arginin (R)	AGA	0,48
Methionin (M)	AUG	1,0		ACG	0,13		AAG	0,43		AGG	0,21
Valin (V)	GUU	0,39	Alanin (A)	GCU	0,38	Asparaginsäure (D)	GAU	0,65	Glycin (G)	GGU	0,48
	GUC	0,21		GCC	0,23		GAC	0,35		GGC	0,19
	GUA	0,21		GCA	0,28	Glutaminsäure (E)	GAA	0,71		GGA	0,21
	GUG	0,19		GCG	0,11		GAG	0,29		GGG	0,12

Abb. 3.2.16 Codon-Präferenz von S. cerevisiae. Methionin und Tryptophan (rot) werden nur durch ein einzelnes Triplett codiert. Daher beträgt die relative Häufigkeit dieser Codons in allen Organismen 1,0. Die anderen Aminosäuren werden entweder durch 2 Tripletts (braun), durch 3 Tripletts (grün), durch 4 Tripletts (blau) oder durch 6 Tripletts (violett) codiert. Drei Codons markieren Translations-Terminations-Stopps (gelb). In unterschiedlichen Organismen werden die verschiedenen Codons unterschiedlich häufig benutzt. Wir bezeichnen dies als „Codon-Präferenz". Hinter jedem Codon ist die relative Häufigkeit des jeweiligen Codons für die Hefe angegeben.

Wie alle Organismen, so besitzt auch *S. cerevisiae* eine besondere Vorliebe für ganz bestimmte Codons (Abb. 3.2.16). Das bedeutet, daß die verschiedenen Codons, die durch den degenerierten genetischen Code für ein und dieselbe Aminosäure codieren, statistisch nicht gleich häufig benutzt werden. Hat das Konsequenzen?

Das ist durchaus möglich. Die Codonverteilung kann sich nämlich auf die Effizienz der Proteinbiosynthese auswirken. Beobachtet man, daß ein heterologes Protein von der Hefe nicht effizient synthetisiert wird, so kann dies daran liegen, daß die mRNA eine Reihe von Codons enthält, die für *S. cerevisiae* nicht optimal sind. Die Erklärung ist recht einfach. Jeder Organismus hat im Laufe der Entwicklung die Codonverteilung und die Menge an spezifischen Transfer RNAs (tRNAs) einander angepaßt. Für seltene Codons wird wenig tRNA benötigt, häufig verwendete Codons fordern eine bestimmte tRNA öfter an. Daß in verschiedenen Organismen Codons unterschiedlich häufig verwendet werden, wird sofort klar, wenn wir uns daran erinnern, daß die DNA in unterschiedlichen Organismen bezüglich ihres G/C-Gehaltes oft deutlich divergiert (siehe Kapitel 2.1). Wollen wir also die Expression eines heterologen Proteins für *S. cerevisiae* optimieren, so kann es erforderlich sein, das Gen so umzugestalten, daß es eine für *S. cerevisiae* optimale Codonverteilung aufweist. Im Extremfall geht man so weit und synthetisiert das Gen komplett neu. Bei der Synthese werden dann nur Codons verwendet, die für *S. cerevisiae* optimal sind. Zwar ist der Aufwand groß, aber die Effekte sind oft auch beachtlich.

Da die Expressions-Effizienz in gewissen Grenzen mit der Menge an mRNA im Zytoplasma korreliert, sind hohe Promotorstärken und eine ausreichende mRNA-Stabilität für eine optimale Proteinausbeute mitverantwortlich. Hefe-Promotoren sind in den letzten Jahren in erheblichem Umfang studiert und charakterisiert worden. Zu den stärksten Promotoren gehören diejenigen, die die Expression verschiedener glycolytischer Enzyme kontrollieren. Die mRNAs dieser Gene zählen

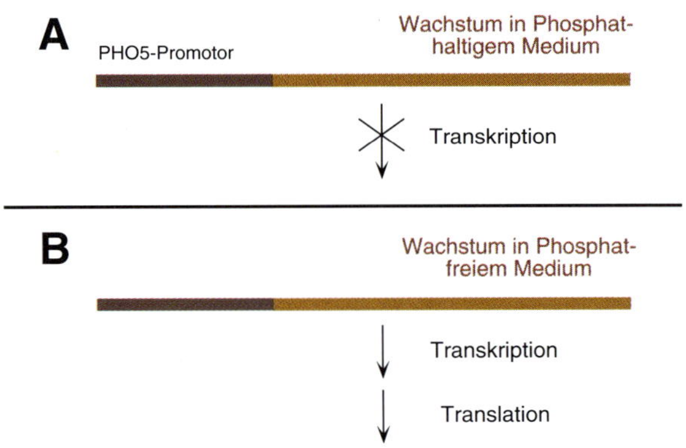

Abb. 3.2.17 Der regulierbare Promotor der Sauren-Phosphatase (PHO5). Der Promotor der sauren Phosphatase aus Hefe läßt sich in phosphatfreiem Medium induzieren, wohingegen er in phosphathaltigem Medium reprimiert ist.

zu den zahlenmäßig am weitesten verbreiteten mRNAs in *S. cerevisiae*.

Häufig verwendete Promotoren für die heterologe Genexpression sind der Promotor für die Phosphoglycerat-Kinase (PGK), die Alkohol-Dehydrogenase 1 (ADH1) und die Glycerinaldehyd-3-phosphat-Dehydrogenase (GAPDH). All diese Promotoren sind konstitutiv aktiv, so daß entsprechende Proteine, die unter der Kontrolle derartiger Promotoren exprimiert werden, während des gesamten Zellzyklus synthetisiert werden.

Soll ein fremdes Protein nur in bestimmten Stadien oder in einer bestimmten Stoffwechsellage exprimiert werden, so lassen sich derartige konstitutive Promotoren nicht verwenden. Konstitutive Promotoren können auch

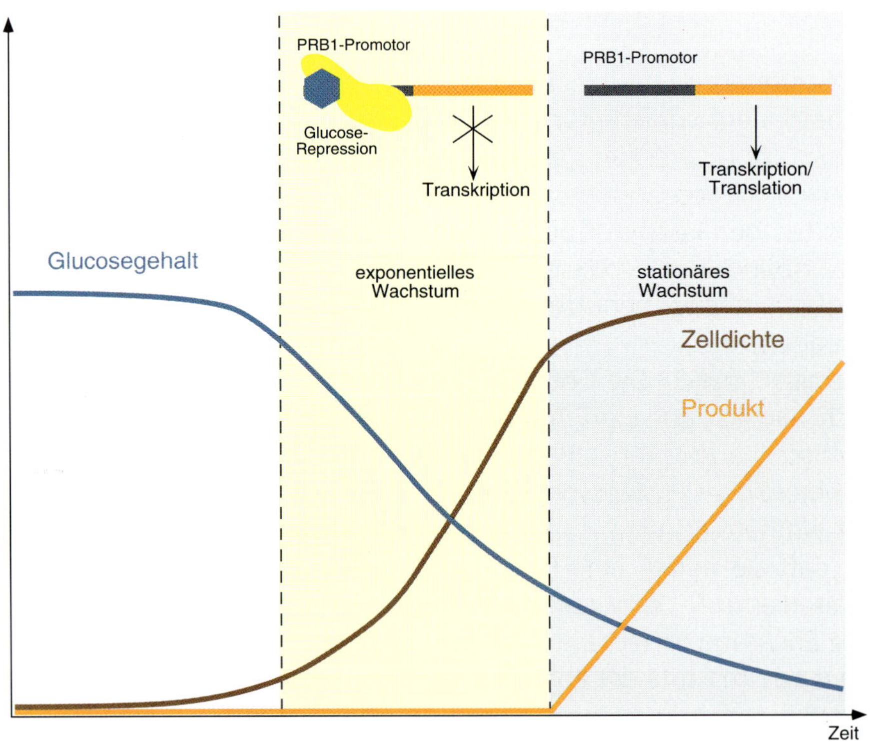

Abb. 3.2.18 Der regulierbare Promotor der Protease B (PRB1). Der Promotor der Protease B (PRB1) aus Hefe wird durch einen Komplex aus Glucose und einem spezifischen Repressor-Protein reprimiert. Diese Eigenschaft können wir nutzen, um die Expression eines Fremdgens erst zum Ende der exponentiellen Phase zu induzieren. Dazu wählen wir die Glucosekonzentration in einem Kulturmedium so, daß die Glucose zu Ende der exponentiellen Wachstumsphase hin permanent abnimmt. Ist schließlich keine Glucose mehr im Medium vorhanden, wird der PRB1-Promotor aktiviert, und das Fremd-Protein wird synthetisiert. Dadurch stellen wir sicher, daß das Wachstum der Hefe nicht durch das Fremd-Protein beeinträchtigt wird.

dann nicht verwendet werden, wenn das zu exprimierende Protein einen toxischen Effekt auf das Wachstum der Wirtszellen hat. Dies ist in der Tat relativ häufig der Fall. In solchen Fällen bedarf es regulierter Promotoren, mit deren Hilfe die Expression der fremden genetischen Information erst dann induziert wird, wenn ausreichend Biomasse akkumuliert wurde, so daß der toxische Effekt für die Kultur nicht mehr relevant wird.

Als regulierbare Promotoren werden beispielsweise der Promotor für die Saure-Phosphatase (PHO5) verwendet, der sich dadurch induzieren läßt, daß Phosphat aus dem Kulturmedium entfernt wird (Abb. 3.2.17). Ferner können wir den Promotor für die Protease B (PRB1) verwenden. Dieser Promotor ist in Gegenwart von Glucose reprimiert. Er wird beispielsweise am Ende der exponentiellen Wachstumsphase induziert, wenn Zellen bei limitiertem Glucosezusatz gezüchtet werden (Abb. 3.2.18). Erst wenn die Glucose verbraucht ist, wird die Glucose-Repression aufgehoben und der PRB1-Promotor aktiv. Schließlich lassen sich Promotoren der Galactose-induzierbaren Gene, wie beispielsweise der Promotor für die Galactokinase (GAL1), einsetzen. Dieser wird induziert, wenn Zellen aus einem glucosehaltigen Medium in ein lactosehaltiges Medium transferiert werden.

Welche Faktoren bestimmen ferner eine hohe Expressions-Effizienz? Hierzu zählt die Stabilität der mRNA. Diese wird wiederum entscheidend durch ein korrektes 3'-Ende positiv beeinfußt. Daher liegt es nahe, daß unnötig lange Transkripte nicht besonders stabil sind. Derartig lange Transkripte entstehen immer dann, wenn die Transkription nicht korrekt terminiert wird. Dies ist ein relevantes Problem für *S. cerevisiae*. Ähnlich wie wir das für das Entfernen von *Intron*-Sequenzen bereits besprochen haben, ist auch die Transkriptions-Termination sehr spezifisch für diesen Organismus. Transkriptions-Terminationssignale aus anderen Organismen funktionieren in Hefe nur bedingt und ineffektiv. Daher sollten Expressions-Kassetten an ihrem Ende immer ein Transkriptions-Terminationssignal aus Hefe enthalten.

Promotor	Gen	Beispiel für heterologe Genexpression
PGK	3-Phosphoglycerat-Kinase	Humanes IFN-α
ADH 1	Alkoholdehydrogenase 1	Humanes IFN-α
GAPDH	Glycerinaldehyd-3-Phosphat-Dehydrogenase	Humaner EGF
PHO 5	Saure Phosphatase	Hepatitis-B-Oberflächenantigen
TRP 1	N(5'-Phosphoribosyl)-Anthranylatisomerase	Humanes IFN-α
GAL 1,10	Galactokinase	Kälber-Chymosin
MF-alpha 1	Mating-Faktor α	Humaner EGF
CUP 1	Kupferthionin	Kappa-Kette eines murinen Immunglobulins

Tabelle 3.2.2 Induzierbare Promotoren für das Hefesystem und Beispiele für den praktischen Einsatz dieser Promotoren

Anders als bei Prokaryonten gibt es in Eukaryonten in der Regel kein Äquivalent zur „Shine-Dalgarno-Sequenz", also keine ribosomale Bindungsstelle. Eine derartige Kontrollregion ist daher auch nicht bei der heterologen Expression in Hefe relevant. Vielmehr wird in 95 % aller Fälle das erste AUG-Codon als Initiationscodon benutzt. Deshalb sollten vor dem relevanten AUG-Initiationscodon keine weiteren AUG-Tripletts – auch nicht in anderen Leserahmen – vorhanden sein, um keine Konkurrenz-Initiationsstellen zu generieren.

Wie steht es mit der Stabilität der heterolog synthetisierten Proteine? Diese werden leider sehr häufig intrazellulär degradiert, was sich negativ auf die Produktausbeute auswirkt. Um diesen Effekt so gering wie möglich zu halten, werden heute als Wirtszellen in der Regel Stämme verwendet, deren Proteinase-Aktivität deutlich eingeschränkt ist. Eine dieser Mutanten wird als PEP 4–3 bezeichnet. Diese Mutation verhindert die Aktivierung einer Reihe von Proteasen, was zur deutlichen Stabilisierung und damit zur erhöhten Ausbeute heterolog exprimierter Proteine führt.

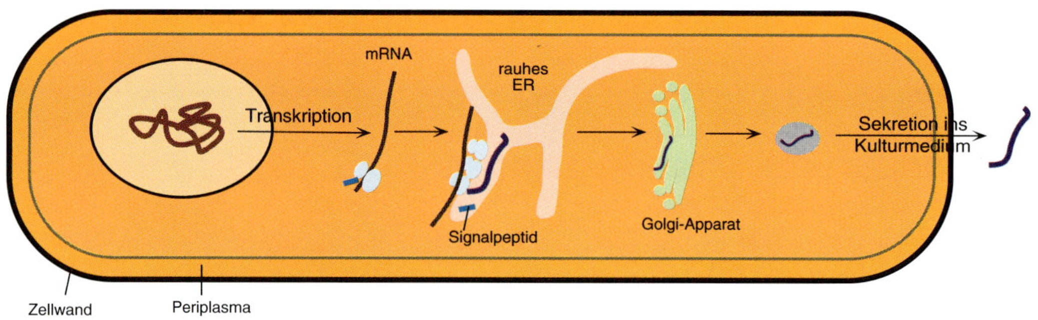

Abb. 3.2.19 Protein-Sekretion in Hefe. Enthält das Gen für ein rekombinantes Protein den Bereich für ein geeignetes Signalpeptid, wird die Translation an das rauhe endoplasmatische Retikulum (rauhes ER) verlagert und das Protein über den Golgi-Apparat schließlich ins Kulturmedium sezerniert.

Eine Steigerung der Ausbeute und damit eine Erhöhung der Produktionseffizienz heterologer Proteine können wir auch dadurch erzielen, daß die Expressions-Kassetten Sekretions-Signale tragen (Abb. 3.2.19). Diese sorgen dafür, daß das exprimierte Protein sezerniert wird. Ein derartiges Sekretions-Signal ist eine kurze, hydrophobe Peptidsequenz am N-Terminus des zu sezernierenden Proteins. Diese Signalsequenz dirigiert die mRNA an das rauhe endoplasmatische Retikulum (ER), wo das synthetisierte Protein meist noch während des Translations-Prozesses in das ER-Lumen überführt wird. Dabei wird das Signalpeptid durch eine Signalpeptidase, die luminal am ER lokalisiert ist, abhydrolysiert. Das Protein wird über den Golgi-Apparat schließlich ins Kulturmedium sezerniert.

Gut charakterisiert sind die Signalsequenzen von vier bedeutenden sezernierten Proteinen aus *S. cerevisiae* (siehe Tabelle 3.2.3). Sie werden heute mit unterschiedlichem Erfolg verwendet, um heterologe Proteine aus den Wirtszellen auszuschleusen. Bei der Verwendung der Signalsequenzen für die Hefe-Enzyme Invertase und Saure-Phosphatase akkumuliert das Genprodukt im Periplasma, also zwischen Plasmamembran und Zellwand. Dagegen akkumulieren die Produkte bei Verwendung der Signalsequenzen der Hefeproteine für den *mating*-Faktor-α und für das Killertoxin im Kulturmedium.

Signal-sequenzen	Ort der Produkt-Akkumulation	Beispiel für heterolog exprimiertes Protein
Invertase	Periplasma	α-1-Antitrypsin
saure Phosphatase	Periplasma	IFN-α
Mating-Faktor α	Kulturmedium	EGF
Killertoxin	Kulturmedium	Zellulase

Tabelle 3.2.3 Hefe-Signalsequenzen für die Proteinsekretion und konkrete Beispiele für den praktischen Einsatz

3.2.6 Proteinmodifikation in Hefe

Die biologische Aktivität und/oder Stabilität heterolog exprimierter Proteine kann durch die posttranslationale Anheftung von Zuckerketten an spezifische Aminosäuren beeinflußt werden. In Hefe ist sowohl N-Glycosylierung (über eine Asparagin-Amidbindung) als auch O-Glycosylierung (über Serin- oder Tryosin-Hydroxylreste) möglich. Glycosyliert werden jedoch nur Proteine, die auch sezerniert werden. Soll ein Protein daher glycosyliert werden, muß sichergestellt sein, daß ein Signalpeptid für die Ausschleusung des Proteins aus der Zelle sorgt. Wir werden die Mechanismen der Glycosylierung noch ausführlicher in Kapitel 4.1 besprechen.

An dieser Stelle müssen wir jedoch einräumen, daß sich häufig die Glycosylierung in Hefe von der Glycosylierung in anderen Eukaryonten unterscheidet. Das bedeutet, daß in Hefe produzierte Glycoproteine meist nicht identisch sind mit den authentischen Proteinen. Nicht selten sind die Proteine hyperglycosyliert, wobei die Oligosaccharidseitenketten an Asparaginresten oft mehr als 100 Mannosereste enthalten (*high-mannose*-Glycosylierung). Dagegen tragen in höheren Eukaryonten natürlich vorkommende N-glycosidisch gebundene Zuckerreste vom sogenannten *high-mannose*-Typ gewöhnlich nicht mehr als 8 bis 13 Mannosereste (siehe Abb. 4.1.12).

Wenn daher eine authentische Glycosylierung für die Funktion des Proteins kritisch ist – beispielsweise beim Erythropoetin – oder wenn die Gefahr besteht, daß falsch glycosylierte Proteine die Bildung von Antikörpern induzieren, ist Hefe als Expressions-System ungeeignet!

Das Problem einer erhöhten Antigenität falsch glycosylierter Proteine läßt sich manchmal dadurch überkommen, daß man die Glycosylierungsstelle auf DNA-Ebene so modifiziert, daß eine Glycosylierung nicht mehr möglich ist. Diese Strategie wurde erfolgreich angewendet, um den Plasminogenaktivator Urokinase in Hefe zu exprimieren.

Hefe ist vor allem dann ein bevorzugtes Expressions-System, wenn das zu exprimierende Protein nicht Methionin, sondern eine andere Aminosäure am N-Terminus besitzt. Bei der Sekretion des Proteins wird das aus Hefe stammende Signalpeptid proteolytisch abgespalten. Dadurch kann ein authentischer N-Terminus in dem heterolog exprimierten Protein erzeugt werden. Am effizientesten scheint das Signalpeptid des *mating*-Faktors-α zu funktionieren. Allerdings lassen sich auch diesbezüglich keine generellen Aussagen machen, so daß das beste System immer empirisch ermittelt werden muß.

Nicht immer liefern sezernierte Proteine die höchsten Ausbeuten. Im Falle der humanen Superoxid-Dismutase ließ sich das intrazelluär exprimierte Protein als lösliches Protein in sehr hoher Ausbeute isolieren. Hier war das heterolog exprimierte Protein auch an seinem N-Terminus acetyliert und war damit identisch mit dem in menschlichem Gewebe produzierten Protein. Die rekombinante Hepatitis-B-Vakzine wird ebenfalls in hohen Ausbeuten als intrazelluläres Protein erhalten. Allerdings fällt dieses Protein in der Zelle aus, so daß es nach der Rohisolierung disaggregiert und renaturiert werden muß.

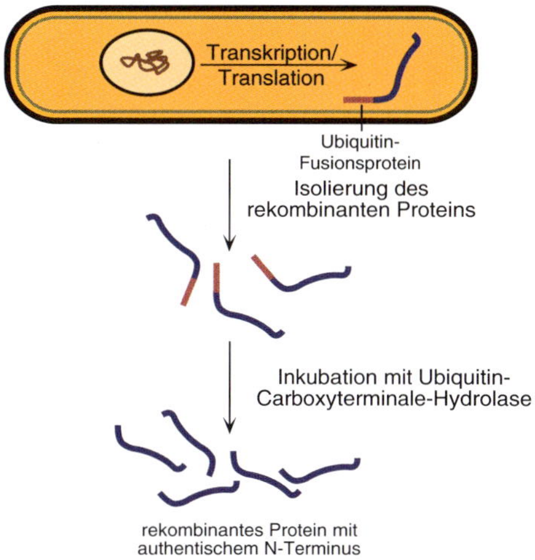

Abb. 3.2.20 Ubiquitin-Fusionsproteine. Das aus 76 Aminosäuren bestehende Polypeptid Ubiquitin kann aus entsprechenden Fusionsproteinen mit Hilfe des Enzyms Ubiquitin-Carboxyterminale-Hydrolase exakt entfernt werden, so daß sich so rekombinante Proteine herstellen lassen, die an ihrem N-Terminus kein Methionin tragen.

Eine weitere Möglichkeit, ein Protein mit einem authentischen N-terminalen Ende zu erzeugen, besteht darin, ein Fusionsgen mit Ubiquitin als N-terminalem Fusionsanteil zu konstruieren (Abb. 3.2.20). Das entsprechende Fusionsprotein wird dann isoliert und *in vitro* mit dem Enzym Ubiquitin-Carboxyterminale-Hydrolase inkubiert. Dieses Enzym schneidet exakt den Ubiquitin-Teil des Fusionsproteins ab und erzeugt so einen authentischen N-Terminus des rekombinanten Proteins. Mit dieser Methode wurden humanes Interferon α und der Protease-Inhibitor α in Hefe produziert.

3.2.7 Andere Hefe-Expressions-Systeme

Obwohl sich *S. cerevisiae* als Wirtssystem für die Expression heterologer Proteine vielfach bewährt hat, hat dieses System – wie wir gesehen haben – auch seine Schwächen und Grenzen. Deshalb werden alternative Hefen als Expressions-Systeme entwickelt.

Alternativen zu *S. cerevisiae* sind

- *Klyveromyces lactis*, die verwendet wird, um kommerziell ß-Galactosidase zu produzieren.
- *Yarrowia lipolytica*, eine Hefe, die Alkane als Wachstumssubstrat verwendet.
- *Schizosaccharomyces pombe*, eine Hefe, die sich nicht wie *S. cerevisiae* durch Knospung sondern durch Teilung vermehrt. *S. pombe* verhält sich im übrigen auch in vielerlei Hinsicht viel ähnlicher wie höhere Eukaryonten als *S. cerevisiae*.
- *Pichia pastoris*, die weniger zur Hyperglycosylierung neigt als *S. cerevisiae* und mit der höhere Expressions-Raten erreicht werden.
- *Hansenula polymorpha*, die ebenfalls wie *P. pastoris* zu den sogenannten methylotropen Hefe-Spezies gehört. Das Enzym Alkoholoxidase katalysiert in diesen Hefen die Oxidation von Methanol zu Wasserstoffperoxid und Formaldehyd. Dies ist der erste Schritt bei der Methanolverwertung. Während des Wachstums auf Methanol repräsentiert die Alkoholoxidase ca. 30 bis 40 % des Gesamtproteins. Wir können uns also leicht vorstellen, daß das Gen von einem sehr starken Promotor kontrolliert wird. Die Alkoholoxidase befindet sich in den Peroxisomen, die ihrerseits bis zu 80 % des Zellvolumens ausmachen können. Konsequenterweise werden für die Expression heterologer Proteine in diesen Organismen häufig der Alkoholoxidase-Promotor und Alkoholoxidase-Transkriptions-Terminator als Kontrollregionen verwendet (Abb. 3.2.21). Die Zellen werden dann auf Glycerol als Kohlenstoffquelle gezüchtet, wo zum einen die Aktivität der Alkoholoxidase reprimiert ist, zum anderen Zelldichten von mehr als 100 g Trockengewicht/Liter erreicht werden. Die heterologe Genexpression wird dann durch die Zugabe von Methanol induziert.

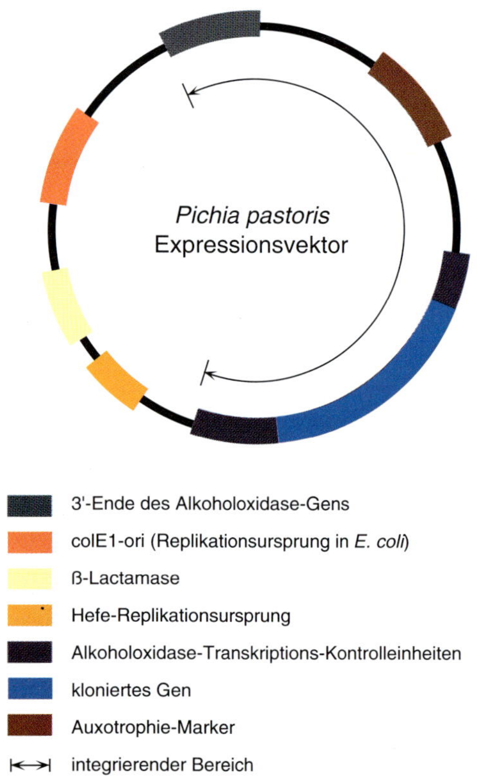

Abb. 3.2.21 ***Pichia-pastoris*-Expressionsplasmid.** Das rekombinante Protein wird von einem Gen codiert (hellblau), das unter der Kontrolle von Promotor und Transkriptions-Terminator (dunkelblau) der Alkoholoxidase steht. Über das Alkoholoxidase-Gen kann ein Teil des Plasmids auch durch homologe Rekombination in das *P.-pastoris*-Genom integrieren. Die Selektion erfolgt über einen Auxotrophie-Marker (dunkelrot).

Im Falle des Hepatitis-B-Oberflächenantigens (HBsAg) waren die Ausbeuten in *P. pastoris* 50- bis 100-fach höher als die Ausbeuten in *S. cerevisiae*. Die Antigene aggregierten zu den natürlicherweise vorkommenden 22 nm großen, virusähnlichen Partikeln, wie sie für eine effiziente Immunisierung erforderlich sind. Je nach Expressions-Vektor akkumulieren die Partikel im Zellinneren oder sie werden sezerniert, wenn das Plasmid eine Signalsequenz der Invertase oder des alpha-Faktors aus *S. cerevisiae* enthält. Glycosylierung geschieht während der Sekretion. Es werden meist deutlich weniger Zuckerreste angeheftet als in *S. cerevisiae*, so daß die Glycoproteine bezüglich ihrer Größe deutlich einheitlicher sind als in *S. cerevisiae* exprimierte und sezernierte Proteine.

Zusammenfassung

Die Bäckerhefe *Saccharomyces cerevisiae* ist aus der angewandten Gentechnik nicht mehr wegzudenken. Hierbei handelt es sich um einen einfach zu handhabenden, eukaryontischen Organismus, bei dem vor allem gentechnische Methoden mit Methoden der klassischen Genetik effizient kombiniert werden können. In *S. cerevisiae* wurden erstmals intakte Gene durch gezieltes Ansteuern mit Plasmid-DNA zerstört oder defekte Gene in analoger Weise repariert. Ferner lassen sich in Hefe mit Hilfe der *yeast artificial chromosomes* (YACs) Fremd-DNA-Fragmente von bis zu 1.000 kBp klonieren. Diesbezüglich ist die Hefe derzeit noch einmalig unter den Eukaryonten. Ein großes Spektrum regulierter Promotoren erlaubt die gezielte Kontrolle der Expression fremder genetischer Information, und geleitet von verschiedenen Signalsequenzen lassen sich heterolog exprimierte Proteine auch effizient aus der Hefe ausschleusen. Einschränkungen zeigen sich dann, wenn eine authentische Glycosylierung gefordert wird. Obwohl auch *S. cerevisiae* prinzipiell in der Lage ist, Proteine durch Glycosylierung posttranslational zu modifizieren, so weicht das Glycosylierungsmuster signifikant von dem Muster höherer Eukaryonten ab.

Schließlich soll betont werden, daß *S. cerevisiae* auch einen beträchtlichen Beitrag zur medizinischen Grundlagenforschung liefert. Viele menschliche Gene haben ein Analogon in der Hefe. Durch die sehr leistungsfähige Genetik ist die Hefe daher eine reichhaltige Quelle für sogenannte Kandidatengene bei der Aufklärung der Ursachen für Erbkrankheiten (siehe Kapitel 7.3). Die Relevanz der Hefe in dieser Hinsicht wird dadurch unterstrichen, daß das komplette Hefe-Genom seit einiger Zeit bekannt ist.

Methoden in der Gentechnik (M7)

Protein-Transfer auf Membranen

Zum Nachweis elektrophoretisch getrennter Proteine ist es manchmal von Vorteil, die Proteine nach erfolgter Elektrophorese aus einem SDS-Polyacrylamidgel zu eluieren und auf eine Membran zu übertragen.

In der Regel übertragen wir die Proteine auf Nitrozellulose-Membranen. Allerdings eignen sich auch verschiedenartige Kunststoffe, um Proteine aus Gelen aufzunehmen. Der Transfer erfolgt meist elektrophoretisch, da die Diffusion von Proteinen in Polyacrylamidgelen nur sehr ineffizient ist.

Das Verfahren wird allgemein als „Western-*Blotting*" bezeichnet (Abb. M7.1). Dazu bringen wir Membran und Polyacrylamidgel in direkten Kontakt zwischen zwei Plattenelektroden und legen ein elektrisches Feld an. Die noch mit SDS beladenen Proteine wandern dann zur Anode, wo sie von der Membran unspezifisch gebunden werden.

Wir kennen verschiedene Techniken, Proteine auf Membranen sichtbar zu machen. Die Wahl des Farbstoffs richtet sich nach der Art der Membran sowie der Menge der nachzuweisenden Proteine. Eine schnelle und einfache Standardmethode benutzt den Farbstoff Ponceau S, der Proteine rötlich anfärbt (Abb. M7.1). Im Gegensatz zu Coomassie Blau, das an Proteine praktisch irreversibel bindet, ist die Färbung mit Ponceau S sehr leicht auswaschbar und stört daher nachfolgende, spezifischere Färbungen – z. B. Färbungen mit Antikörpern – nicht.

Proteine können auch nicht-elektrophoretisch auf Membranen übertragen werden. Im einfachsten Fall wird die Proteinlösung auf die Membran aufgetropft („*dot-blotting*"). Ferner lassen sich Bakterienkolonien oder Phagen-Plaques von einer Agarplatte direkt auf eine Membran transferieren, um ein rekombinantes Protein mit Hilfe geeigneter Antikörper nachzuweisen. Dazu legen wir die Membran auf die Agar-Platte. Nach wenigen Sekunden können wir die Membran bereits wieder abziehen („*colony-blotting*"), waschen und für den immunologischen Nachweis vorbereiten.

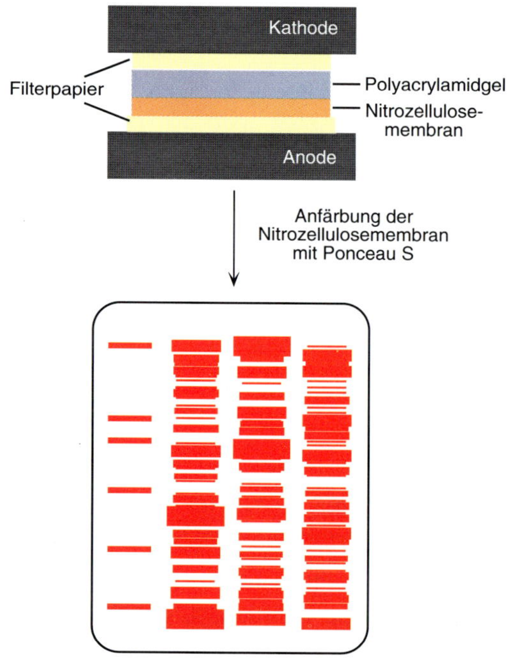

Abb. M7.1 Der Western-Blot. Unter einem Western-Blot verstehen wir das Übertragen größenfraktionierter Proteine aus einer Gelmatrix auf eine Filtermembran. Dieser Transfer erfolgt in der Regel gelelektrophoretisch. Dazu legen wir das Gel und die Filtermembran zwischen zwei Graphit-Plattenelektroden, die mit puffergetränktem Filterpapier abgedeckt sind. Den Transfer kontrollieren wir durch Färben der Filtermembran mit dem Farbstoff Ponceau S. Dieser Farbstoff bindet reversibel und unspezifisch und färbt die übertragenen Proteinmoleküle rot. Anschließend können wir das Filter durch ausgiebiges Wässern wieder komplett entfärben und mit spezifischen Antikörpern – weiter analysieren.

Klonierung in höheren Systemen

4

4.1 Genexpression in Zell-Linien aus Säugetieren

Es gibt „anspruchsvolle Proteine", die sich nicht mehr funktionsfähig in Prokaryonten oder in niederen Eukaryonten exprimieren lassen. Was können wir uns unter einem „anspruchsvollen Protein" vorstellen? Was charakterisiert derartige Proteine?

Wie wir schon mehrfach gehört haben, ist die Aminosäuresequenz eines der wichtigsten aber nicht das einzige, wichtige Charakteristikum eines Proteins. Nach der Synthese der Polypeptidkette – also posttranslational – werden Proteine häufig noch mehr oder weniger stark modifiziert. Diese Modifikationen umfassen

- die Ausbildung von Disulfidbrücken zwischen zwei Cystein-Resten,
- die Anheftungen komplexer Zuckerstrukturen an Asparagin-, Serin- oder Tyrosin-Resten,
- die Blockierung des N-Terminus, z.B. durch N-Formyl-, N-Acetyl- oder N-Acylreste,
- das Anheften eines Glycolipid-Ankers zur Fixierung der Proteine in die Zellmembran (Abb. 4.1.1),
- Modifikation durch Farnesylierung oder Myristinylierung (Abb. 4.1.2), um Proteine mit der Membran zu assoziieren oder
- spezielle Hydrolyse-Prozesse zur Ausbildung von heterogenen Molekülpopulationen, die alle zusammen eine aktive Molekülfraktion darstellen.

Einige dieser posttranslationalen Modifikationen können – wie wir gehört haben – auch von Mikroorganismen oder von niederen Eukaryonten eingeführt werden. Es gibt aber auch Modifikationen, mit denen solche Wirtssysteme überfordert sind.

Hinzu kommt, daß keine der posttranslationalen Modifikationen in der DNA festgeschrieben ist. Vielmehr ist es Aufgabe der Zelle, in der diese Proteine synthetisiert werden, zu erkennen, ob eine synthetisierte Polypeptidkette nachträglich zu modifizieren ist.

Daher wundert es nicht, daß Proteine dann, wenn sie in einer „falschen" Zelle oder gar in einem „falschen" Organismus synthetisiert werden, kaum korrekt posttranslational modifiziert werden. Dies ist oft auch dann nicht möglich, wenn prinzipiell die Enzyme zum Einführen der Modifikation in der Wirtszelle vorhanden sind.

Ein Beispiel für ein derart anspruchsvolles Protein ist der Blut-Gerinnungsfaktor VIII:

- Dieses Protein ist mit 330.000 Dalton ca. 40 mal größer als Insulin.
- Der Faktor VIII ist ein Glycoprotein, dessen Zuckeranteil ca. 20 % des Molekulargewichts beträgt.
- Das Protein besitzt 25 mögliche Glycosylierungsstellen, die aber nicht alle modifiziert sind.
- 23 der 2332 Aminosäuren sind Cysteine. Von diesen sind aber nur 14 paarweise zu 7 Disulfidbrücken miteinander verknüpft.

Wollen wir ein solches „anspruchsvolles" Protein gentechnisch herstellen, müssen wir nach anderen Zellen Ausschau halten als die, die wir bisher besprochen haben. Offensichtlich müssen diese Zellen den Zellen, in denen die Proteine natürlicherweise synthetisiert werden, sehr ähnlich sein.

Dies trifft für Zell-Linien aus Säugetieren zu. Solche Zellen sollten folgende grundsätzlichen Voraussetzungen erfüllen, um als Wirtszellen für die heterologe Genexpression geeignet zu sein:

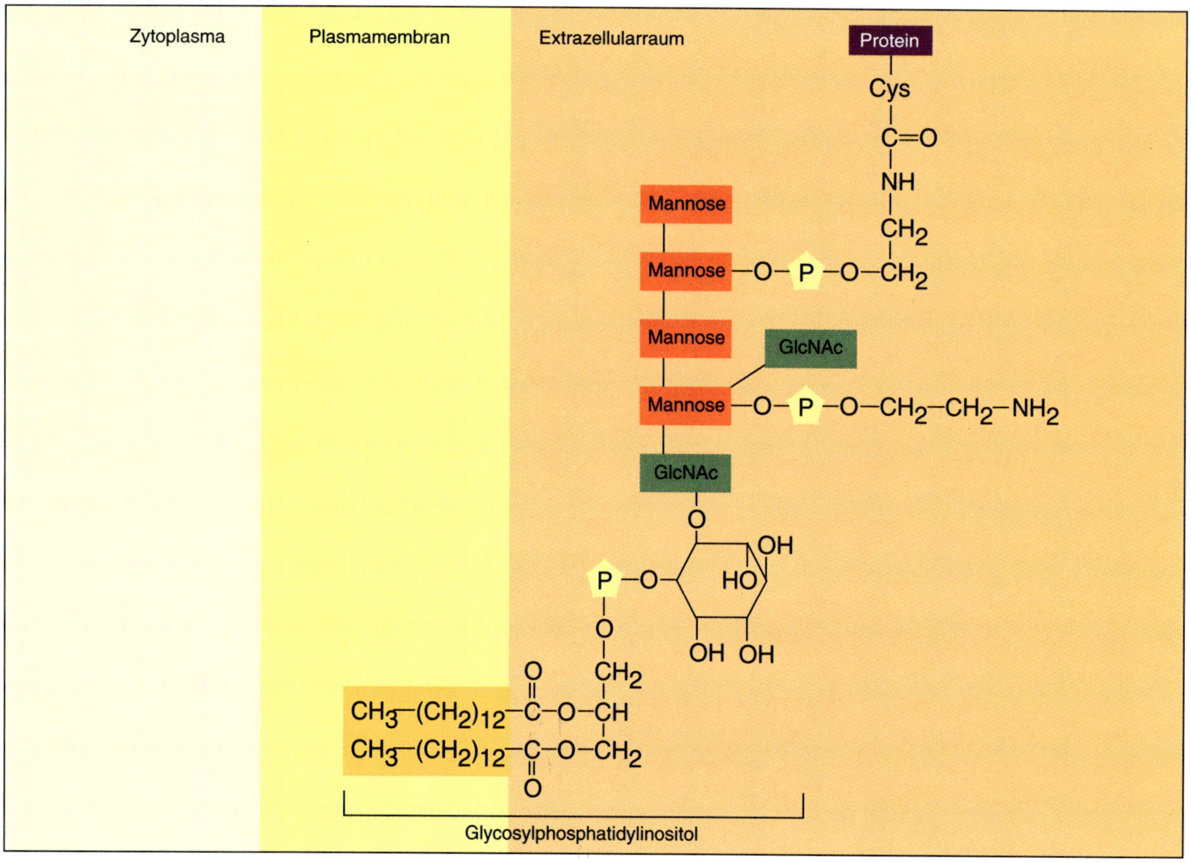

Abb. 4.1.1 Glycolipid-Anker. Extrazelluläre Proteine können über ein komplex gebautes Glycosylphosphatidylinositol-Derivat in der Zellmembran verankert werden.

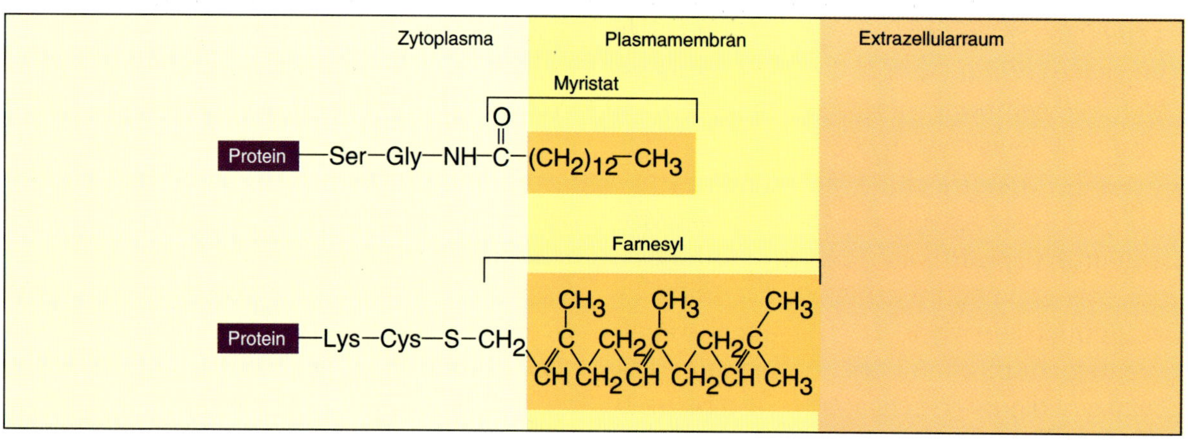

Abb. 4.1.2 Proteinfarnesylierung bzw. Proteinmyristinylierung. Intrazelluläre Proteine werden häufig über Farnesyl- bzw. Myristinyl-Reste in der Zytoplasmamembran fixiert. Der Myristinsäure-Rest ist als Säureamid an den N-Terminus des Proteins geheftet. Dagegen ist der Farnesyl-Rest als Thioether an ein Cystein gebunden.

- Zum einen müssen sie die geforderten posttranslationalen Modifikationen prinzipiell durchführen können.
- Zum anderen müssen sie in Kultur wachsen können, d. h. sie sollten unsterblich sein.

Darüber hinaus müssen sie eine Vielzahl weiterer Anforderungen erfüllen. Eine kleine Auswahl dieser Anforderungen wollen wir kurz andiskutieren:

- Die Zellen müssen die fremde genetische Information effizient exprimieren. Dazu gehört eine effiziente Transkription ebenso wie ein korrektes posttranskriptionelles Prozessieren der Primärtranskripte, eine effiziente Translation und die Fähigkeit, ein synthetisiertes Protein ins Medium zu sezernieren.
- Sie müssen in der Lage sein, synthetisierte Proteine posttranslational zu modifizieren. Dazu gehört das korrekte Falten der Proteine in ihre typische Sekundär- und Tertiärstruktur, die Knüpfung der erforderlichen Disulfidbrücken, das Anheften verschiedener Zucker als N- und O-Glycoside, die Modifikation der Proteine mit Phosphat-, Sulfat- oder Acetyl-Resten und die Anheftung verschiedener Lipidreste wie Farnesyl-, Myristinyl- oder Glycophosphatidylinositol-Reste (siehe Abb. 4.1.1–4.1.2).
- Die Stabilität der transgenen Expression muß gewährleistet sein. Dies betrifft zum einen die genotypische Stabilität. Darunter verstehen wir, daß die DNA stabil über viele Generationen im Genom erhalten bleibt. Es betrifft aber auch die phänotypische Stabilität. Das bedeutet, daß die integrierte DNA auch über viele Generationen exprimiert bleibt. Expression kann beispielsweise verloren gehen, wenn CpG-Dinukleotide am Cytidin zu m^{5}C methyliert werden (Abb. 4.1.3). Eine derartige Modifikation, die nicht selten beobachtet wird, kann den Verlust der Transkriptionsaktivität bedeuten.
- Die Zellen müssen sicher frei sein von kontaminierenden Agenzien. Hierzu zählen in erster Linie Viren und Mykoplasmen. Der Nachweis ist nicht immer leicht zu führen. Dies gilt vor allem für Retroviren, die ja ihr eigenes Genom ins Genom der Wirtszelle einbauen und sich dort über lange Zeit „stumm" und unauffällig verhalten können.
- Die Wachstumsansprüche müssen bekannt sein. Muß dem Medium Serum zugesetzt werden? Wenn ja, wieviel? Werden Wachstumsfaktoren benötigt? Wenn ja, welche? Müssen stabilisierende Proteine im Medium vorhanden sein? Wenn ja, welche? Können die Zellen auch in definierten, serumfreien Medien wachsen?
- Die Fermentationseigenschaften sollten bekannt sein. Dazu zählt das Wachstumsverhalten bei hohen und bei geringen Zelldichten, die Fähigkeit in Suspension wachsen zu können oder auf eine Oberfläche angewiesen zu sein und das Verhalten gegenüber Scherkräften. Dazu zählen aber auch Kenntnisse über die physiologische Aktivität der Zellen bei hohen und geringen Zelldichten, so daß die Zelldichte während des Fermentationsprozesses so eingestellt werden kann, daß eine maximale Produktausbeute erzielt wird.

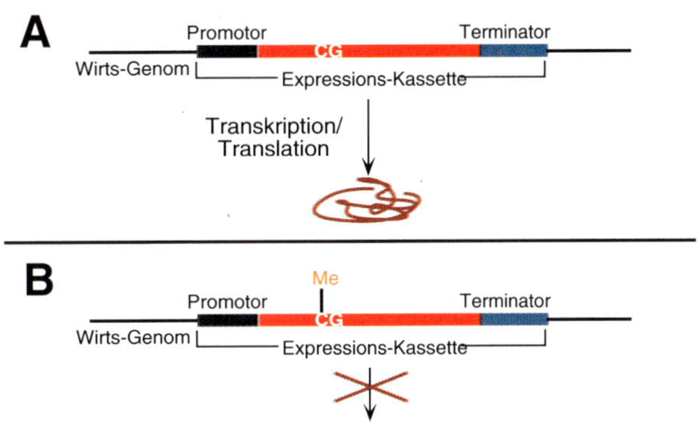

Abb. 4.1.3 Transkriptionsinaktivierung durch C-Methylierung in CpG-Dinukleotiden. Die Expression fremder genetischer Information kann durch Methylierung an der Position 5 von Cytidin in CpG-Dinukleotiden inaktiviert werden.

4.1.1 Heterologe Genexpression in Säugerzellen

Die Expression fremder genetischer Information in Zell-Linien aus Säugetieren kann entweder transient oder stabil erfolgen. Was verstehen wir darunter?

4.1.1.1 Transiente Expression

Bei der transienten Expression (Abb. 4.1.4) wird die eingeschleuste fremde DNA weder als Plasmid (episomal) repliziert, noch wird sie stabil ins Genom integriert. Vielmehr liegt sie über einen begrenzten Zeitraum als freie DNA in der Zelle vor. Während dieser Zeit wird die DNA meist sehr effizient transkribiert, und es werden binnen kurzem größere Mengen Protein gebildet. Nach und nach wird die DNA dann aber abgebaut und verschwindet aus der Wirtszelle.

Die transiente Expression ist also eine Methode, bei der sehr schnell hohe Konzentrationen des zu exprimierenden Produktes erhalten werden. Daher setzen wir transient exprimierende Systeme bevorzugt ein, um die Funktionsfähigkeit des Expressions-Plasmids zu testen, seltener um einzelne Funktionen des exprimierten Proteins zu analysieren.

Somit ist die transiente Expression eine vielfach genutzte Methode in der experimentellen Gentechnik. Auch bestimmte gentherapeutische Ansätze nutzen die transiente Expression. In der Biotechnik hingegen spielt die transiente Expression eine deutlich untergeordnete Rolle.

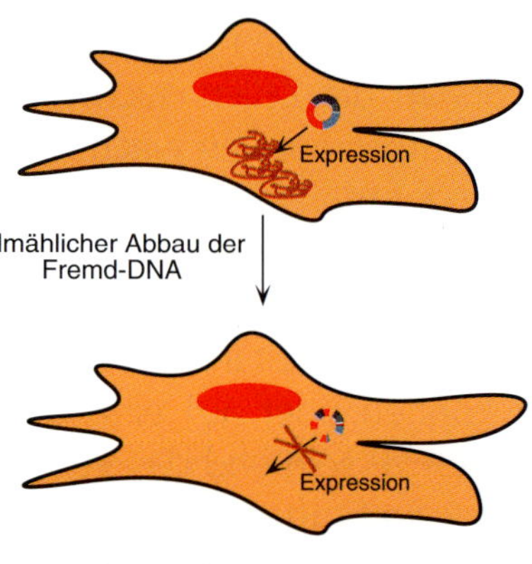

Abb. 4.1.4 Transiente Expression. Bei der transienten Expression trägt der Vektor keine Determinanten, die eine stabile Persistenz des Plasmids erlauben würden. Somit wird die Plasmid-DNA nach und nach abgebaut, und die Expression geht allmählich verloren. Allerdings können bestimmte Zell-/Plasmidkombinationen über einen gewissen Zeitraum (= transient) sehr effizient ein rekombinantes Protein produzieren.

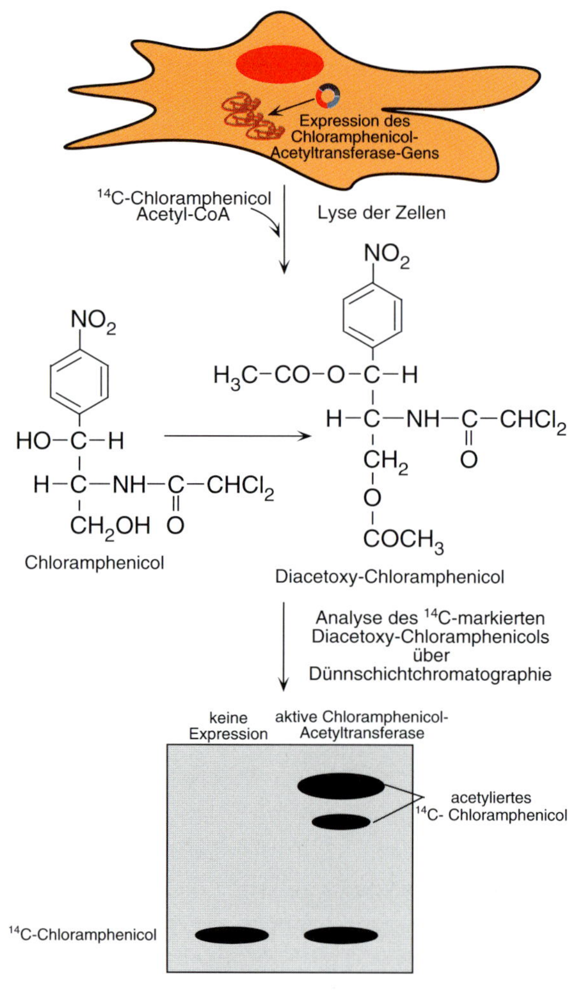

Abb. 4.1.5 Der CAT-Assay. Das Enzym Chloramphenicol-Acetyltransferase (CAT) ist ein wichtiges Reporter-Enzym, um Kontrollelemente zu testen. Hierzu klonieren wir das CAT-Gen hinter das zu testende Kontrollelement. Nach Transfektion in eine eukaryontische Zelle wird entsprechend der Stärke des Kontrollelements Chloramphenicol-Acetyltransferase synthetisiert. Um diese zu quantifizieren, inkubieren wir einen aus den transfizierten Zellen präparierten Extrakt mit ^{14}C-markiertem Chloramphenicol und Acetyl-Coenzym-A. Acetyliertes Chloramphenicol wird dann dünnschichtchromatographisch von nicht acetyliertem Chloramphenicol getrennt, autoradiographisch detektiert und quantifiziert.

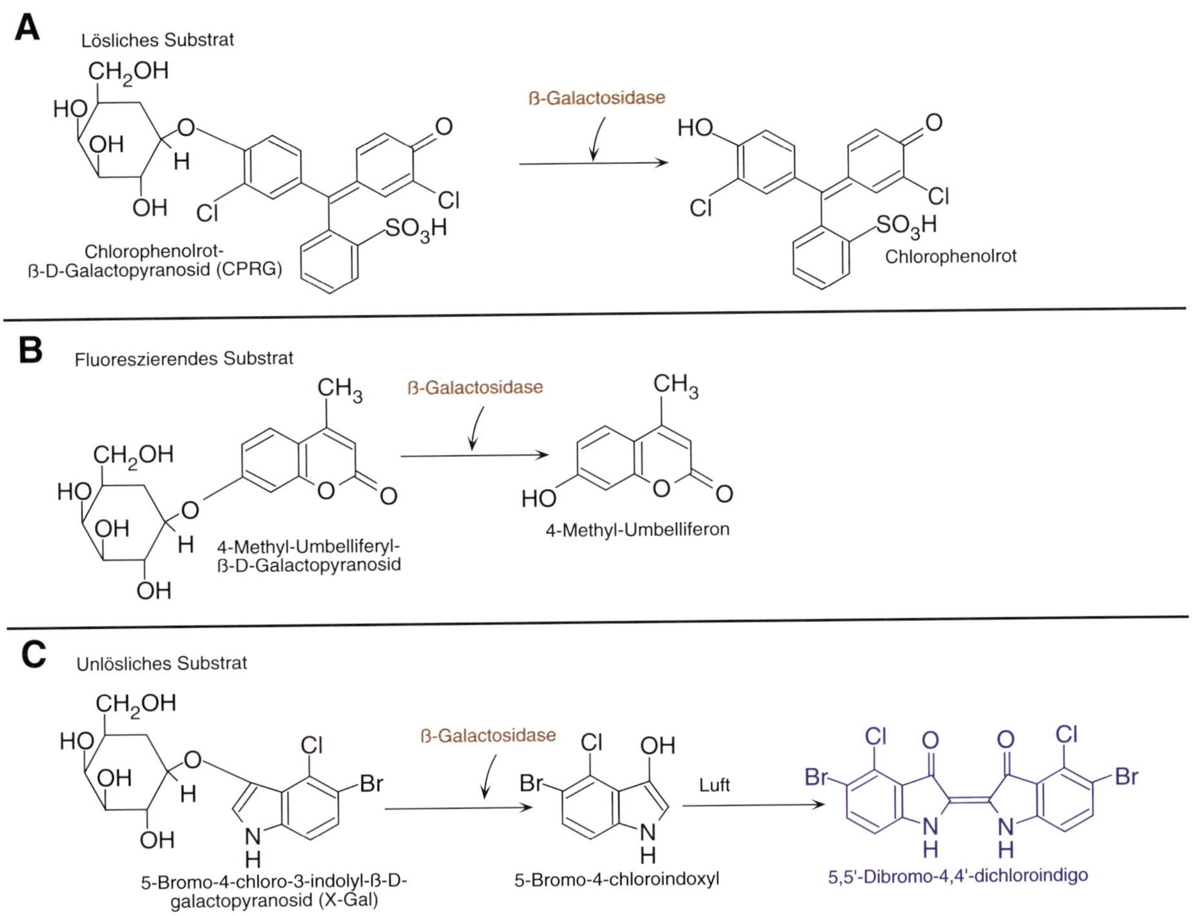

Abb. 4.1.6 Indikatorsubstrate für die ß-Galactosidase. **A.** Chlorophenolrot ist löslich und kann photometrisch quantifiziert werden. **B.** 4-Methyl-Umbelliferin fluoresziert und eignet sich besonders zum Nachweis der ß-Galactosidase in Gelmatrices. **C.** 5,5'-Dibromo–4,4'-Dichloroindigo ist unlöslich und wird in der Zytologie verwendet, um in Zellverbänden oder Geweben die Synthese von ß-Galactosidase nachzuweisen.

Vielfach verwenden wir sogenannte „Reporter-Gene". Mit Hilfe derartiger Reporter-Gene läßt sich die heterologe Expression einfach und gut quantifizieren. Was ist ein Reporter-Gen?

Unter einem Reporter-Gen verstehen wir ein Gen, dessen Produkt leicht detektierbar und leicht quantifizierbar ist. Ein vielgenutztes Reporter-Gen für die transiente Expression ist beispielsweise das Gen für die Chloramphenicol-Acetyltransferase (CAT). Dieses Gen kommt in Eukaryonten nicht vor, so daß der Nachweis der enzymatischen Aktivität auch nicht durch ähnliche Wirtsaktivitäten gestört wird. Das Enym katalysiert die Acetylierung von Chloramphenicol. Zur Bestimmung der Enzymaktivität inkubieren wir Extrakte transient transfizierter Zellen mit ^{14}C-markiertem Chloramphenicol und Acetyl-Coenzym-A. Dann tragen wir ein Aliquot des Ansatzes auf eine DC-Platte auf und entwickeln in einem geeigneten Lösungsmittel. Die Menge der acetylierten Chloramphenicolderivate (Abb. 4.1.5) können wir bestimmen, indem wir die entsprechenden Bereiche auf der DC-Platte auskratzen und im Flüssigkeits-Scintillationszähler messen. Alternativ können wir auch das Autoradiogramm densitometrisch auswerten.

Ein anderes wichtiges Reporter-Gen ist das Gen für die bakterielle ß-Galactosidase (*lacZ*).

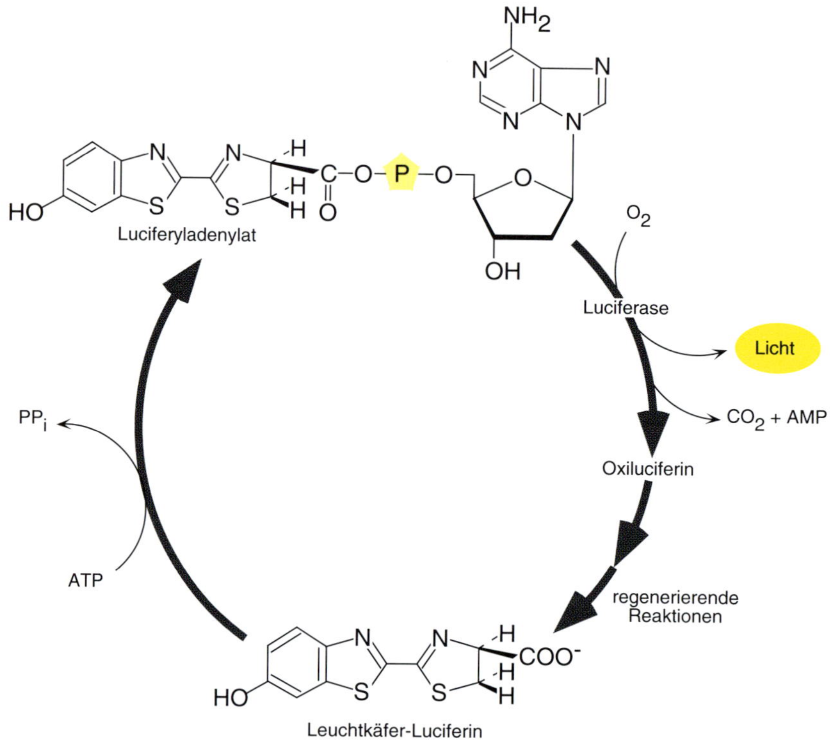

Abb. 4.1.7 Das Luciferin/Luciferase-Nachweissystem. Das Reporter-Enzym Luciferase kann mit Hilfe seines Substrats Luciferyladenylat durch Chemolumineszenz quantifiziert werden. Luciferyladenylat wird durch Luciferase und Sauerstoff gespalten und oxidiert. Dabei entstehen Lichtquanten, die in einem Luminometer „gezählt" werden können. Dieses System eignet sich im übrigen auch zur eleganten Messung von ATP, da Luciferin durch Adenylierung in das Substrat der Luciferase, Luciferyladenylat, umgewandelt wird.

Dieses Enzym ist sehr robust, und es läßt sich leicht nachweisen. Zum Nachweis und zur Quantifizierung können wir verschiedene Substrate verwenden (Abb. 4.1.6), deren Produkte farbig sind, so daß sich ihre Konzentrationen photometrisch bestimmen lassen. Andere Produkte fluoreszieren nach Anregung (siehe Abb. 4.1.6) und lassen sich daher gut in Gelmatrices nachweisen. Wieder andere Produkte sind unlöslich (siehe Abb. 4.1.6) und präzipitieren sofort nach ihrer Bildung. Diese Substrate verwenden wir, um das Zellkompartiment zu bestimmen, in dem das Reporter-Enzym gebildet wird.

Ganz ähnlich wie das ß-Galactosidase-Gen läßt sich auch das ß-Glucuronidase-Gen (GUS) als Reporter-Gen verwenden. Das GUS-Gen ist das Reporter-Gen der Wahl für die transiente Expression bei Pflanzen-Zellen, da das Enzym auf Vertebraten und Mikroorganismen beschränkt ist.

Ein viertes Reporter-Gen soll an dieser Stelle auch kurz besprochen werden, da es häufig für die transiente Expression – auch bei Säugerzellen – verwendet wird. Es ist das Gen für die Luciferase aus dem Feuerkäfer. Luciferase katalysiert eine Reaktion, bei der Luciferin in Gegenwart von ATP oxidiert wird (Abb. 4.1.7). Dabei entstehen AMP, CO_2 und Licht. Die Lichtemission können wir in einem Luminometer messen. Alternativ können wir die enzymatische Reaktion auch durch die Schwärzung eines Röntgenfilms nachweisen und quantifizieren.

Fassen wir zusammen: Die transiente Expression ist ein wichtiges Werkzeug der Gentechnologen, um sehr schnell genetische Kontrollelemente *in vivo* zu identifizieren und zu charakterisieren. Bei diesen Experimenten können wir auf Selektionsverfahren verzichten und sparen daher sehr viel Zeit. Die transiente Expression läßt sich immer dann einsetzen, wenn es unwichtig ist, mit einer genetisch einheitlichen Zell-Linie zu arbeiten. Eine transient transfizierte Zellpopulation enthält nämlich immer einen großen Anteil nicht-transfizierter Zellen. Dieser Anteil schwankt oft sehr stark von Experiment zu Experiment, da die Transfektionseffizienzen nicht sehr reproduzierbar sind. Daher müssen wir bei diesen Experimenten auch immer erforderliche Kontrollen mitführen, um Variationen in der Transfektionseffizienz korrigieren zu können.

4.1.1.2 Stabile Expression

Im Gegensatz dazu wird bei der stabilen Expression die eingeschleuste DNA ins Genom integriert. Normalerweise haben wir nur wenig Einfluß darauf, wo im Genom die fremde genetische Information tatsächlich integriert. So besteht auch immer die Gefahr, daß durch die Integration der Fremd-DNA ein chromosomales Gen getroffen und damit inaktiviert wird. Dies ist eine signifikante mögliche Komplikation bei der Gentherapie, bei der ebenfalls Zellen „stabil" transfiziert werden. Es gibt allerdings auch die Möglichkeit, die Integration der Fremd-DNA ins Genom durch homologe Rekombination an bestimmte Stellen zu dirigieren. Dies haben wir ja bereits bei der heterologen Expression in Hefe kennengelernt. Allerdings müssen die Methoden noch weiter optimiert werden, um die Effizienz der homologen Integration deutlich zu verbessern.

In seltenen Fällen kann die DNA auch in Säugerzellen episomal repliziert werden. Dies ist zum Beispiel dann der Fall, wenn wir bestimmte Wirtszellen mit einem Vektor transfizieren, der Teile des Bovinen-Papillomavirus (BPV) enthält. Allerdings ist dies eher die Ausnahme.

Bei der stabilen Expression geht also die fremde genetische Information nicht wie bei der transienten Expression mit der Zeit verloren. Wir erhalten vielmehr ein stabiles Wirt-Vektor-System. Dieses besteht aus einer Population genetisch identischer Zellen – auch und vor allem in Bezug auf die fremde genetische Information.

Allerdings müssen wir nach einem solchen definierten Wirt-Vektor-System suchen, denn wie wir dies bereits wiederholt gehört haben, ist die Transfektionseffizienz sehr niedrig. Wir benötigen also Selektionssysteme, die wir weiter unten noch ausführlich diskutieren werden.

Stabile Expressions-Systeme streben wir an, wenn es erforderlich ist, die fremde genetische Information über einen längeren Zeitraum zu exprimieren. Somit sollten für die Produktion rekombinanter Proteine immer stabile Expressions-Systeme verwendet werden. Denn eine Prozeßoptimierung läßt sich nur mit stabilen Expressions-Systemen durchführen.

4.1.2 Zell-Linien aus Säugetieren

Es gibt mittlerweile eine Vielzahl von Zell-Linien, die von Organen verschiedener Säugetiere abgeleitet sind. Eine Auswahl dieser Zell-Linien und einige ihrer charakteristischen Eigenschaften sind in der nachstehenden Tabelle 4.1.1 zusammengestellt.

Im Internet finden wir folgende Quellen:

http://www.gbf-braunschweig.de/DSMZ/dsmzhome.htm (Deutsche Sammlung von Mikroorganismen und Zellkulturen GMbH (DSMZ))

http://www.atcc.org/(American Type culture collection (ATTC))

Wie wir sehen, handelt es sich nur bei einer Zelle um eine menschliche Zelle. Dies hat Gründe:

- Zwar möchte man mit dem Wirtssystem so nahe wie möglich an dem Zellsystem sein, in dem das Produkt physiologisch syntheti-

Zell-Linie	Spezies	spezifische Eigenschaften	Voraussetzung für hohe Expression	Langzeit-produktion
CHO dhfr⁻	Hamster	dhfr⁻	Genamplifikation	+
BHK-21	Hamster	effiziente, transiente u. stabile Expression	Genamplifikation nicht erforderlich	+
C127	Maus	Replikation von BPV-Vektoren ist möglich	BPV-abhängige episomal replizierende Vektoren	+
Myeloma, z.B. SP2/0, 3558L, P3-X63-Ag8.653	Maus		Immunglobulin-Promotoren und *Enhancer* sind zu bevorzugen	+
293	Mensch	Konstitutive Expression des E1a-Gens von Adenovirus, extrem hohe transiente Expression, hohe Expression in stabilen Transfektanden	Promotoren, die sich effizient durch das E1a transaktivieren lassen	+
MEL	Erythroleukämie der Maus		nur nach Differenzierung und einer Kombination von Beta-Globinkontrollregionen mit geeigneten Promotoren	+
COS	Affen	konstitutive Expression des SV40-T-Antigens, nur transiente Expression ist effizient	zirkuläre Plasmide, die einen SV40-Replikationsursprung enthalten	–
Sf9	*Spodoptera frugiperda*		P10 oder Polyhydrin-Promotoren des Baculo-Virus sind zu bevorzugen	–
Schneider 2	*Drosophila*		starke *Drosophila*-Promotoren	+

Tabelle 4.1.1 Einige Säugetier-Zell-Linien und ihre charakteristischen Eigenschaften.

siert wird. Dadurch kann man relativ sicher sein, daß posttranslationale Modifikationen korrekt eingeführt werden.

- Andererseits ist es aber auch vorteilhaft, wenn wir nicht im humanen System arbeiten. Das wohl signifikanteste Argument für diese Strategie ist ein Sicherheitsaspekt. So vermindert sich das Risiko der Kontamination mit einem humanpathogenen Keim um so mehr, je weiter das Wirtssystem vom Humansystem entfernt ist.

Es wurde also nachvollziehbar nach Kompromissen gesucht, die der geforderten Problematik am besten gerecht werden.

Zwei extreme Beispiele befinden sich am Ende der Tabelle. Offensichtlich handelt es sich bei diesen Zellsystemen nicht um Säugerzellen sondern um Insektenzellen. Sie erfüllen aber erstaunlicherweise eine ganze Reihe von Forderungen, die an Säugerzellen gestellt werden und sollen daher in diesem Kapitel mitbesprochen werden.

Im folgenden werden wir Einzelheiten der Wirtssysteme erörtern und auf die Stärken und Schwächen unterschiedlicher Wirtssysteme eingehen. Selektions-Marker für Säugerzellen werden wir ebenso diskutieren, wie die Möglichkeit, durch Amplifikation der Expressions-Kassette Hochleistungsstämme zu etablieren. Ferner werden wir nochmals detailliert auf die komplexen Fragen der posttranslationalen Modifikation heterolog exprimierter Proteine eingehen.

4.1.3 Selektions-Marker

Wegen der geringen Transfektionseffizienz müssen auch erfolgreich transfizierte Säugerzellen über entsprechende Selektions-Marker identifiziert werden. Diese Selektions-Marker werden zusammen mit dem zu exprimierenden Gen in der Regel auf dem gleichen Transfektionsplasmid in die Zelle eingeschleust.

Wie wir dies schon für das Hefe-System kennengelernt haben, ist es oft auch für Zell-Linien aus Säugern erforderlich, daß die zu transfizierende Zelle einen Mutanten-Phänotyp trägt. Dieser Mutanten-Phänotyp kann dann durch einen entsprechenden Selektions-

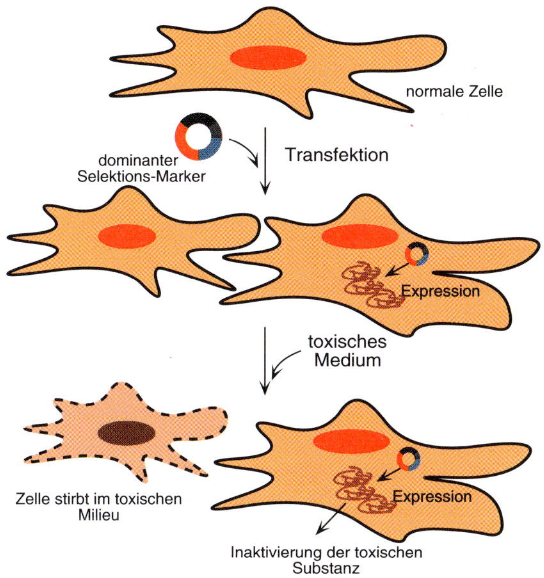

Abb. 4.1.8 Dominante Selektions-Marker. Dominante Selektions-Marker sind Proteine, die in der Lage sind, eine dem Medium zugesetzte toxische Komponente zu inaktivieren. Aus diesem Grund können transfizierte Zellen in einem solchen Medium überleben. Nicht-transfizierte Zellen sterben hingegen unter diesen Selektionsbedingungen.

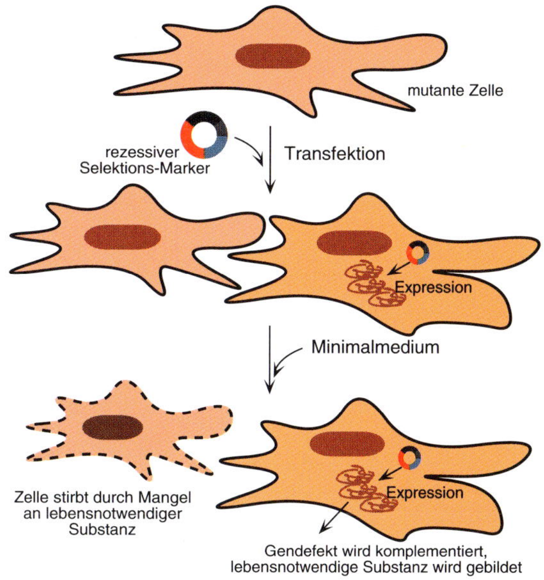

Abb. 4.1.9 Rezessive Selektions-Marker. Rezessive Selektions-Marker komplementieren in einer Mutantenzelle die Mutation, so daß diese Zellen nun in einem Minimalmedium wachsen, in dem die nicht-transfizierten Mutanten nicht wachsen können.

Marker komplementiert werden. Dies wollen wir uns an einem Beispiel verdeutlichen.

In der Tabelle 4.1.1 ist die CHO-dhfr⁻-Zell-Linie aufgeführt. Sie ist von Ovarialzellen des chinesischen Hamsters abgeleitet. Der Name CHO ist die Abkürzung von „*chinese hamster ovary*" cells. Der Namenszusatz dhfr⁻ deutet an, daß diese Zell-Linie ein defektes Dihydrofolat-Reduktase-Gen (*dhfr*) besitzt. Aus diesem Grund ist die Zell-Linie Thymidin-auxotroph, d. h. Thymidin muß dem Medium zugesetzt werden. Verwenden wir nun auf einem Expressions-Plasmid das Dihydrofolat-Reduktase-Gen als Selektions-Marker, so erkennen wir transfizierte Zellen daran, daß sie Thymidin-prototroph geworden sind. Diese Zellen sind nicht mehr auf Thymidin im Medium angewiesen, sondern können diesen DNA-Baustein mit Hilfe der eingeschleusten Dihydrofolat-Reduktase eigenständig synthetisieren.

Wir können Selektions-Marker aufgrund der unterschiedlichen Prinzipien der Selektion in zwei Gruppen aufteilen.

- In der ersten Gruppe befinden sich Gene, deren Produkte (Proteine) toxische Substanzen inaktivieren (Abb. 4.1.8). Sie verleihen damit der Zelle die Eigenschaft, in einem ansonsten toxischen Milieu zu wachsen. In diesen Fällen sind keine Mutanten-Stämme erforderlich. Es handelt sich bei diesen Selektions-Markern um dominante Marker. Zum Beispiel verwenden wir häufig die prokaryontischen Gene für Aminoglycosid-Phosphotransferasen. Diese inaktivieren Antibiotika wie G418 oder Hygromycin B durch Phosphorylierung. Oder wir verwenden spezielle Acetyltransferasen, wie die Puromycin-Acetyltransferase, die Puromycin durch Acetylierung inaktiviert.
- In der zweiten Gruppe befinden sich Gene, deren Produkte genetische Defekte in Mutanten komplementieren (Abb. 4.1.9). Wir nennen diese Marker daher auch rezessive

Marker. Um mit Hilfe rezessiver Marker eine erfolgreich transfizierte Zelle erkennen zu können, müssen wir zur Transfektion also eine Mutante verwenden. Meistens verursachen die Mutationen in der Wirtszelle eine bestimmte Auxotrophie. Dies trifft beispielsweise auch für die oben besprochene CHO dhfr⁻Zelle zu. Der Selektions-Marker komplementiert diese Mutation und erlaubt damit der transfizierten Zelle, in einem entsprechenden Minimalmedium zu wachsen.

4.1.4 Genamplifikation

Einige der Selektions-Marker verursachen zusammen mit der selektiven Substanz eine Amplifikation der Expressions-Kassette. Dies müssen wir uns so vorstellen: Wenn die Zelle mit der toxischen Substanz konfrontiert wird, muß sie die Wirkung dieser Substanz mit Hilfe des Selektions-Markers neutralisieren. Steigern wir nun langsam die Konzentration der toxischen Substanz im Medium, so kann die Zelle nur überleben, wenn sie gleichzeitig auch die Menge an Protein erhöht, die die toxische Substanz inaktiviert. Dies gelingt in der Regel nur, wenn die Gendosis erhöht wird, d. h. wenn das Gen für den Selektions-Marker amplifiziert wird (Abb. 4.1.10). Meist beschränkt sich die Amplifikation nicht scharf auf das Marker-Gen. Vielmehr wird ein mehr oder weniger großer Bereich um das Marker-Gen amplifiziert. So können wir in aller Regel davon ausgehen, daß bei einer solchen Strategie auch unsere Expressions-Kassette mit amplifiziert wird (Abb. 4.1.10).

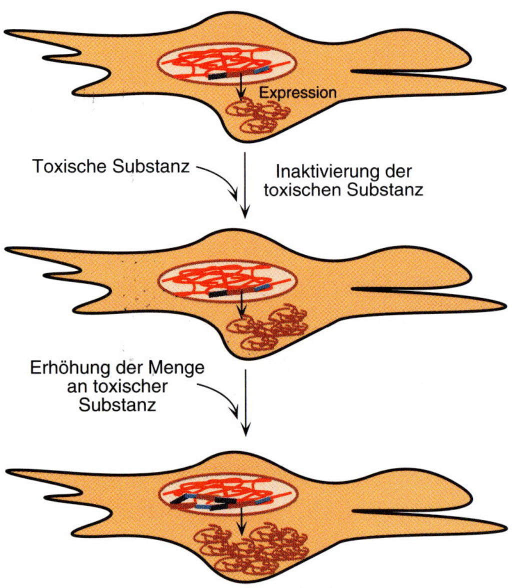

Abb. 4.1.10 Genamplifikation als Selektions-Mechanismus. Unter bestimmten Bedingungen reicht ein einzelnes Resistenz-Gen in einer Zelle nicht aus, um ein Überleben der Zelle zu gewährleisten. Sind die Zellen aber in der Lage, die genetische Information für das Resistenz-Gen zu amplifizieren, werden die Zellen resistent. Dieses Prinzip können wir ausnutzen, um mit einem Resistenz-Gen auch die Expressions-Kassette für ein rekombinantes Protein zu amplifizieren. Häufig verwenden wir hierzu steigende Konzentrationen von Methotrexat im Medium, da sich das Dihydrofolat-Reduktase-Gen besonders gut amplifizieren läßt.

Am häufigsten wird eine solche Strategie mit dem Dihydrofolat-Reduktase-Gen eingeschlagen. Zunächst dient das Dihydrofolat-Reduktase-Gen als Selektions-Marker, um eine dhfr⁻-Zelle zu komplementieren. Dann mischen wir dem Kulturmedium Methotrexat zu. Diese Substanz hemmt bekanntlich die Dihydrofolat-Reduktase, und die Zelle würde sterben. Viele Zellen reagieren aber mit einer Amplifikation des Dihydrofolat-Reduktase-Gens. Dabei wird auch die in der Nachbarschaft liegende Expressions-Kassette mit amplifiziert.

Diese Strategie der Genamplifikation kann auch gewählt werden, wenn das Dihydrofolat-Reduktase-Gen gar nicht als Selektions-Marker verwendet wurde – also beispielsweise bei Einsatz eines dominanten Selektions-Markers. Dann wird das Dihydrofolat-Reduktase-Gen zusätzlich mit in das Expressions-Plasmid integriert, um in einem zweiten Schritt nach der Selektion auf Transfektanden die Expressions-Kassette in Gegenwart steigender Konzentrationen von Methotrexat zu amplifizieren.

Wir müssen jedoch beachten, daß teilamplifizierte Genome abhängig von dem Ort

Gen	Selektive Substanz	Amplifikation	Dominant/Rezessiv
Thymidinkinase (TK)	Hypoxanthin, Aminopterin, Thymidin (HAT)	±	Rezessiv
Xanthin-Guanin-Phosphoribosyl-transferase (XGPRT)	Xanthin	–	Rezessiv
Dihydrofolatreduktase (DHFR)	Methotrexat	+	Dominant/ Rezessiv
Adenosin-Phosphoribosyl-transferase (APRT)	Adenin, Aminopterin, Thymidin	–	Rezessiv
Hypoxanthin-Guanin-Phosphoribosyl-transferase (HGPRT)	Hypoxanthin, Aminopterin, Thymidin (HAT)	±	Rezessiv
Neomycin-Phosphotransferase	G418	–	Dominant
Hygromycin-Phosphotransferase	Hygromycin	–	Dominant
Puromycin-Acetyltransferase	Puromycin	–	Dominant
Bleomycinresistenz	Bleomycin	–	Dominant
Tryptophan-Synthase	Trp^--Medium, Indol	–	Rezessiv
Metallothionin I	Cadmium	+	Dominant
UMP-Synthase	Pirazofurin, 6-Aza-Uridin	+	Rezessiv
Ornithin-Decarboxylase	Difluoromethyl-Ornithin	+	Dominant
Adenylat-Deaminase	Adenin, Aza-Serin, Coformycin	+	Rezessiv
P-Glycoprotein 170	ein Drogengemisch aus Colchicin, Puromycin, Vincristin, Cytochalasin B	+	Dominant

Tabelle 4.1.2 Häufig als Selektions-Marker verwendete Gene und ihre spezifischen Eigenschaften.

der Amplifikation unterschiedliche Stabilitäten zeigen. Es ist daher wichtig, zu testen, ob die Zelle nach einer solchen Amplifikations-Selektion auch ohne Selektionsdruck, d. h. auch nach Entfernen des Methotrexats, „stabil" bleibt. Prinzipiell streben wir nämlich an, zur Produktion des Fremdproteins möglichst keinen Selektionsdruck durch die Zugabe toxischer Substanzen zum Kulturmedium auszuüben. Daher ist es erforderlich, aus den Zell-Linien, in denen Genamplifikation induziert wurde, stabile Linien zu selektionieren. Das Resultat derartiger Selektionszyklen sind Hochleistungsstämme von erheblichem Wert, die portioniert bei sehr niedrigen Temperaturen gelagert werden und als Quelle für Produktionszell-Linien verwendet werden.

Gene, die häufig als Selektions-Marker eingesetzt werden, sind in Tabelle 4.1.2 zusammengestellt. Ferner enthält die Tabelle die zu jedem Selektions-Marker passende selektive Substanz, und es ist angedeutet, ob im Laufe der Selektion mit einer Amplifikation der Expressions-Kassette gerechnet werden kann.

4.1.5 Co- und posttranslationale Modifikationen

Proteine können auf unterschiedlichste Weise co- oder posttranslational modifiziert werden. Dabei ist der Einfluß dieser Modifikationen auf die Eigenschaften eines bestimmten Proteins sehr häufig nur rudimentär verstanden. Posttranslationale Modifikationen können die Tertiärstruktur des erhaltenen Proteins ändern. Sie können sich auch auf die Ladung oder auf die Hydrophobizität auswirken. Es gibt keine allgemein gültigen Regeln, nach denen wir die Effekte posttranslationaler Modifikationen auf die Funktion des Proteins abschätzen könnten. Im folgenden wollen wir die wichtigsten Proteinmodifikationen näher betrachten.

Die häufigste und vielleicht auch wichtigste aller co- bzw. posttranslationalen Modifikationen ist die Glycosylierung. Wir unterscheidet zwei Typen von Glycosylierungen in Bezug auf die Kohlenhydrat-Reste, den Zeitpunkt der Glycosylierung, die Verknüpfung mit dem Protein und die modifizierte Aminosäure.

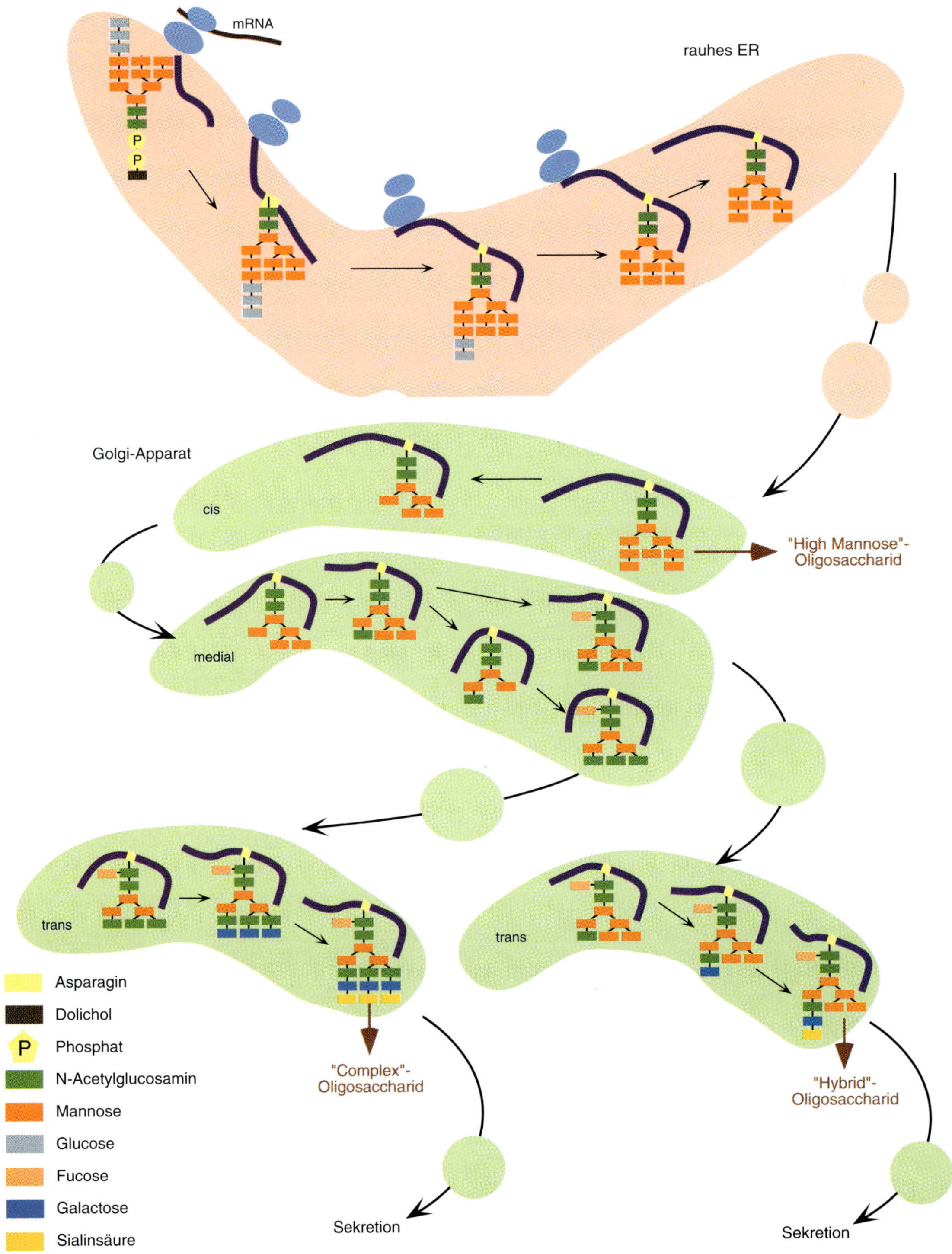

Abb. 4.1.11 N-Glycosylierung. Bei der N-Glycosylierung werden komplexe Zuckerstrukturen an Asparagin-Reste in Proteinen angeheftet. Der Prozeß beginnt im rauhen Endoplasmatischen-Retikulum (rauhes ER, orange), wo auch die Proteinsynthese stattfindet. Bei ihrem Transport vom ER über den *cis*-, *medial*- und *trans*-Golgi-Apparat (grün) werden Zuckerketten komplex durch Anheften, Entfernen und erneutes Anheften verschiedener Kohlenhydratbausteine modifiziert, bis das Glycoprotein schließlich von der Zelle sezerniert wird.

Bei der N-Glycosylierung wird ein Asparagin-Rest in einer N-glycosidischen Bindung mit N-Acetylglucosamin modifiziert. Der Asparagin-Rest ist Teil der Sequenz, die von dem modifizierenden Enzym erkannt wird. Die Erkennungssequenz lautet Asn-X-Ser(Thr), wobei diese Sequenz für das modifizierende Enzym frei zugängig sein muß. Im Laufe des Proteintransports vom Endoplasmatischen-Retikulum (ER) über den Golgi-Apparat hin zur Zellmembran werden die Zuckerketten mehrfach modifiziert (Abb. 4.1.11). Diese Prozesse beinhalten die Entfernung von Glucose, das „Trimmen" Mannose-reicher, im ER lokalisierter Vorläuferstrukturen und die Anheftung von Zuckern an die Grundstruktur. Obwohl N-Glycane in ihrer endgültigen Struktur stark divergieren können, enthalten alle N-Glycane eine $Man_3GlcNAc_2$-Grundstruktur (Abb. 4.1.12 grau-unterlegt).

Funktionell kann sich eine N-Glycosylierung auswirkungen auf die

- Proteinstruktur,
- auf die biologische Aktivität des Proteins,
- auf den Transport aus dem Endoplasmatischen-Retikulum,
- auf die Löslichkeit des Proteins,
- auf die Blut-*Clearance*,
- auf die Antigenität des Proteins.

Im Gegensatz zu der Anheftung von N-Glycanen erfolgt die O-Glycosylierung von Proteinen relativ spät im ER und Golgi-Apparat. O-Glycane finden wir häufig als *Cluster*, wobei zunächst N-Acetylgalactosamin (GalNAc) über eine O-glycosidische Bindung an Serine oder Threonine geheftet wird. Ferner finden wir auch O-Glycoside, in denen Galactose als erster Zuckerbaustein an Hydroxylysin gebunden ist (Abb. 4.1.13). Oft bestehen O-Glycane nur aus ein bis vier Zuckern. Es gibt aber auch Ausnahmen. Beispielsweise sind die Blutgruppenantigene des AB0-Systems äußerst komplex (Abb. 4.1.14). Diese Zuckerstrukturen modifizieren entweder Proteine oder Lipide.

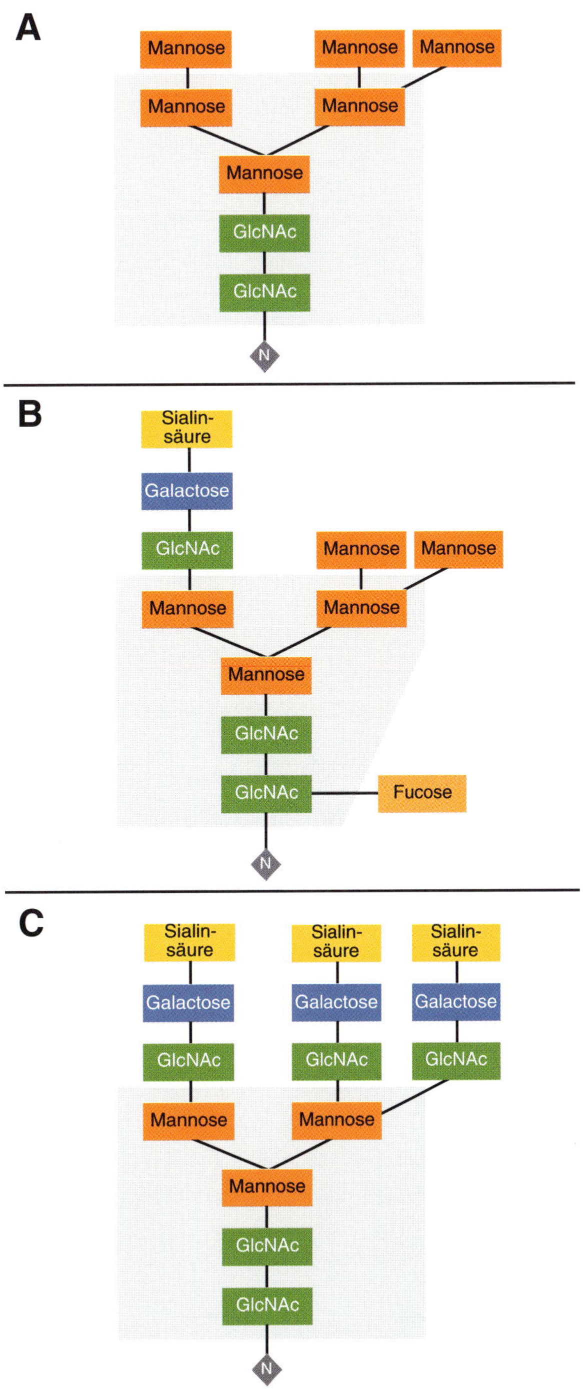

Abb. 4.1.12 N-Glycosylierungstypen.
A. Der „*High*-Mannose"-Typ;
B. Der „*Hybrid*-Oligosaccharid"-Typ;
C. Der „*Complex*-Oligosacharid"-Typ.
Grau-unterlegt ist die $Man_3GlcNAc_2$-Grundstruktur

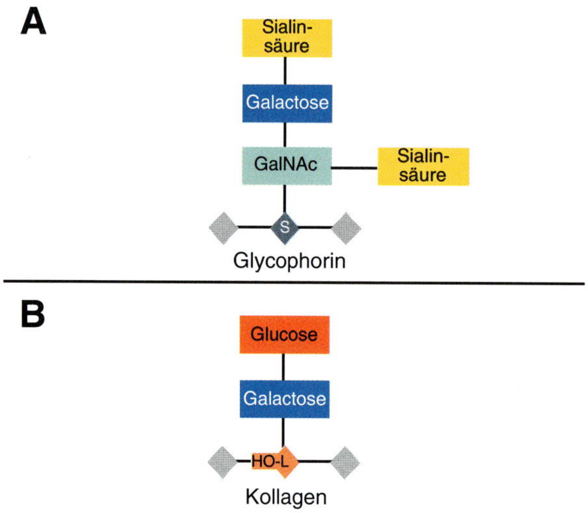

Abb. 4.1.13 O-Glycosylierung. O-Glycosylierungen erfolgen an Serin- oder Threonin- (**A**) aber auch an Hydroxylysin-Resten (**B**). O-Glycoside sind weniger komplex aufgebaut als N-Glycoside.

O-Glycosylierungen beeinflussen

- die Proteinkonformation
- die Stabilität des Proteins
- die Löslichkeit
- die *Clearance*.

O-Glycosylierungen unterscheiden sich von N-Glycosylierungen durch ihre Sensitivität gegenüber Alkali und O-Glycosylasen. Ferner sind O-Glycane divergenter in ihrer Struktur. Die einzige Gemeinsamkeit in den unterschiedlichen Strukturen bildet ein N-Acetylgalactosamin-Rest (GalNAc). Die Sequenzdiversität in den Zuckertypen resultiert aus der Anheftung von Gal-ß(1,4)-GlucNAc-ß(1,3)-Blöcken an die eigentliche Grundstruktur und die Modifikation dieser Einheiten mit verschiedenen terminalen Zuckern. Von diesen ist N-Acetyl-Neuraminsäure (Sialinsäure) die meist verwendete Zuckereinheit.

Sialinsäurereste als terminale Einheiten einer Glycanstruktur sind besonders für therapeutisch eingesetzte Proteine wichtig. Diese Reste verhindern, daß die Proteine durch Asialo- und Asialogalacto-Proteinrezeptoren aus der Zirkulation eliminiert werden. Sie verlängern somit die Verweilzeit der therapeutischen Proteine im Serum.

Alle rekombinanten Proteine, die derart modifiziert sein sollen, müssen in Säugerkulturen exprimiert werden und können nicht durch Produktion in Insektenzellen oder in Hefezellen erhalten werden, da diese biologischen Systeme die entsprechenden enzymatischen Aktivitäten nicht besitzen.

Glycosylierungen tragen sicher zur Stabilität der Proteine bei. Sie können aber auch für die Funktion der Proteine entweder *in vitro* und/oder *in vivo* essentiell sein. Beispielsweise hat man für den hämatopoetischen Wachstumsfaktor Erythropoetin (EPO) gefunden, daß er in unglycosylierter Form *in vitro* voll aktiv ist. Für eine *in vivo*-Wirkung ist allerdings eine Glycosylierung erforderlich.

Für bestimmte Glycosylierungsreaktionen wurden Zell-Linien neu etabliert, denen zusätzliche Informationseinheiten für spezifisch modifizierende Proteine eingesetzt wurden. Es sind aber auch mittlerweile Zell-Linien verfügbar, in denen bestimmte modifizierende Enzyme inaktiviert wurden. Dies führt zu Produkten, die in ihrem Glycosylierungsmuster deutlich homogener sind. Ein Beispiel ist die CHO-Mutante Lec 3.2.8.1, die benutzt wird, um das Glycoprotein Erythropoetin (EPO) zu exprimieren. EPO ist an drei Stellen mit Lactosamin-Einheiten N-glycosidisch modifiziert und trägt eine O-verknüpfte Zuckereinheit. Alle diese Modifizierungen sind für die Bioaktivität essentiell. EPO, das in Lec 3.2.8.1-Zellen erzeugt wurde, trägt $Man_5GlcNAc_2$-Einheiten an den drei N-Glycosylierungsstellen und eine GalNAc-Einheit an der einzigen O-Glycosylierungsstelle und ist dadurch wesentlich homogener als natürliches EPO.

Eine weitere Modifikation ist die Mannose-Phosphorylierung. Sie beeinflußt hauptsächlich den Transport in Lysosomen.

Wird ein Protein posttranslational proteolytisch modifiziert, d. h. werden Teile des Proteins durch Endopeptidasen entfernt, so kann dies die biologische Aktivität und die

Fähigkeit zur Ausbildung komplexerer Strukturen beeinflussen. Dies trifft auch zu für Protein-Acylierungen. Bei der Acylierung werden Fettsäuren an bestimmte Aminosäuren eines Proteins geheftet. Je nach Fettsäure unterscheiden wir distinkte Klassen acylierter Proteine. Die C_{16}-Fettsäure Palmitinsäure wird in der Regel über einen Thioester an einen Cystein-Rest gebunden. Die C_{14}-Fettsäure Myristinsäure wird dagegen exklusiv über eine Amid-Bindung an N-terminale Glycin-Reste gekoppelt. Durch Acylierung erwerben die Proteine meist die Fähigkeit, mit Membranen zu interagieren. Oft ist diese Fähigkeit essentiell für die Funktionsfähigkeit des entsprechenden Proteins. Hieraus ergeben sich attraktive Ansätze für eine Pharmakotherapie. Durch Hemmung der Acylierung lassen sich fehlregulierte Varianten derartiger Proteine in ihrer Funktion inhibieren. Interessante Beispiele für einen solchen Therapieansatz sind die Proteine P_{60}^{src} und P_{21}^{ras}. In beiden Fällen handelt es sich um Onkogen-Produkte, d. h. um Proteine, die an der Krebsentstehung beteiligt sind. Sie fungieren normalerweise als Teilstationen innerhalb einer Signaltransduktionskette, an deren Ende ein Signal zur Zellteilung in den Kern gelangt. Sind die betreffenden Gene mutiert, lassen sich die Proteine nicht mehr inaktivieren und senden ständig Proliferationssignale aus. Beide Proteine sind in ihrer aktiven Form obligat acyliert. Es wird daher versucht Inhibitoren zu entwickeln, die die Acylierung dieser Proteine verhindern, um damit die gestörte Funktion der Proteine zu neutralisieren. Damit wäre der unphysiologische Teilungsreiz der betroffenen Zelle abgestellt. Die Zelle würde wieder einer geregelten Wachstumskontrolle unterliegen und sich nicht permanent teilen. Dies ist eines von vielen attraktiven neuen Konzepten, Tumore kausal zu behandeln.

Ein Protein kann auch mit einem GPI-Anker ausgestattet werden (siehe Abb. 4.1.1). Dies ist eine Oligosaccharidkette, die mit einem Phosphatidylinositol verknüpft ist und

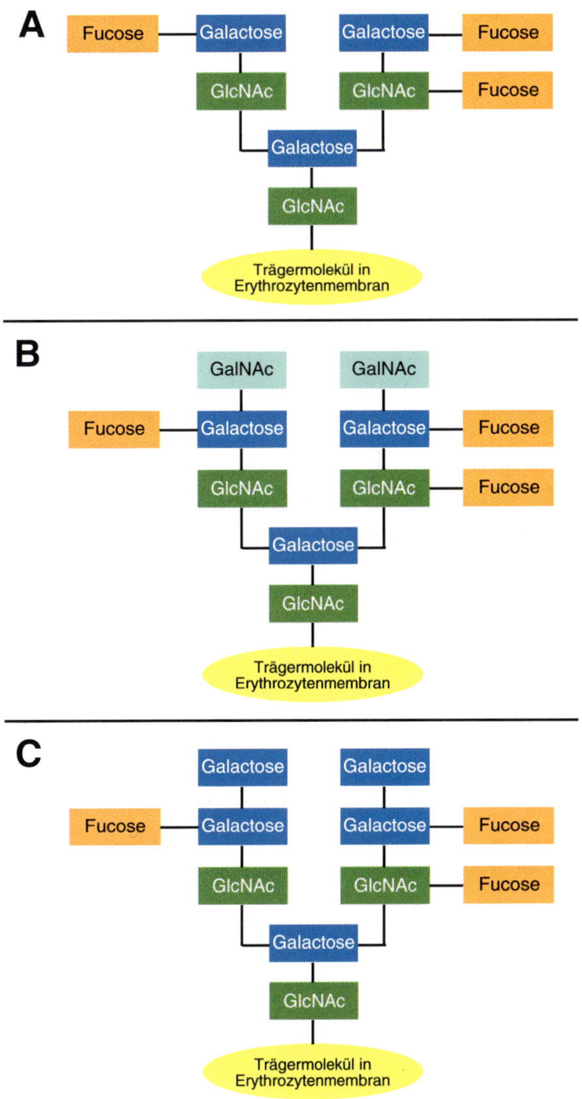

Abb. 4.1.14 Struktur der Blutgruppenantigene. Bei den Blutgruppenantigenen befindet sich ein Kern von Zuckermolekülen an einem Trägerprotein oder einem Trägerlipid in der Membran fast aller Körperzellen (außer Nerven-, Knorpel-, Plazentazellen), also auch der Erythrozyten. Der einfache Kern (**A**) determiniert die Blutgruppe 0. Eine Modifikation des Kerns mit N-Acetyl-Galactosamin (GalNAc) führt zur Blutgruppe A (**B**). Dagegen liegt bei der Modifikation des Kerns mit Galactose die Blutgruppe B vor (**C**).

über diesen Rest das Protein in der Membran fixiert. Die Anheftung eines GPI-Ankers führt aber nicht nur zur Verankerung des Proteins in der Membran. Vielmehr beeinflußt eine solche Modifikation auch den gerichteten Transport in polarisierten Zellen. Beispielsweise wandern die modifizierten Proteine in Epithelzellen nicht einfach nur zu einer Zellmembran, sondern gezielt zur Zellmembran der luminalen Seite.

Sulfatierung oder γ-Carboxylierungen ermöglichen Calciumbindung und können sich ebenso wie eine ß-Hydroxylierung auf die biologische Aktivität des entsprechenden Proteins auswirken.

Innerhalb der Gerinnungskaskade gibt es verschiedene Proteine, wie die Faktoren II, VIII, IX und das Protein C, die umfassend posttranslational modifiziert werden. Generell verlieren diese Proteine ihre biologische Aktivität, wenn typische Modifikationen ausbleiben. Dazu zählt beispielsweise die γ-Carboxylierung an Glutamat-Resten durch eine Vitamin K-abhängige mikrosomale Carboxylase (Abb. 4.1.15). Auch eine ß-Hydroxylierung – in der Regel an Aspartat- bzw. Asparagin-Resten – oder bestimmte proteolytische Modifikationen sind essentiell für die Funktion. Da die entsprechenden Enzyme nur in ganz bestimmten Zellen vorkommen, müssen unter Umständen Produktionszellen mit den entsprechenden Enzymen gentechnisch ausgestattet werden, um korrekt modifizierte heterolog exprimierte Proteine zu erhalten.

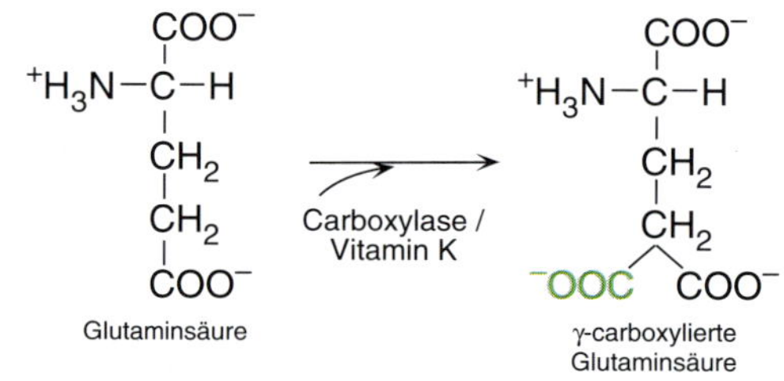

Abb. 4.1.15 Gamma-Carboxylierung. Bei der γ-Carboxylierung werden Glutaminsäure-Reste in einem Vitamin K-abhängigen Schritt durch das Enzym Carboxylase am γ-C-Atom carboxyliert.

Zusammenfassung

Säugerzell-Systeme sind für die Expression rekombinanter Proteine, die zu Therapiezwecken eingesetzt werden sollen, von großer Wichtigkeit. Nahezu alle derzeit verfügbaren therapierelevanten Proteine sind extrazelluläre Proteine. In aller Regel sind solche Proteine natürlicherweise Glycoproteine. Allein diese Tatsache ist Grund genug, die Produktion derartiger Proteine in Säugerzell-Linien ernsthaft zu erwägen. Denn fast nur diese Zellen sind in der Lage, derartige Modifikationen einzuführen. Darüber hinaus kennen wir aber auch noch eine Vielzahl anderer Proteinmodifikationen, die bakterielle Systeme oder niedere Eukaryonten nicht einführen können. Zwar stellen Zell-Linien aus Säugetieren höhere technologische Ansprüche als bakterielle Systeme. Es läßt sich jedoch absehen, daß aus Gründen der Authentizität therapierelevante Proteine in Zukunft in aller Regel in Säugerkulturen produziert werden. Als Alternative kommen bestenfalls noch Insektenzell-Systeme in Betracht, die ebenfalls in der Lage sind, Proteine umfangreich posttranslational zu modifizieren. Bakterielle- und Hefesysteme werden aber auch weiterhin ihren Platz in der Biotechnik behalten. Sie werden zur Produktion technischer Proteine und zur Produktion der vielen rekombinanten Proteinen eingesetzt, die für diagnostische Zwecke benötigt werden.

Methoden in der Gentechnik (M8)

Autoradiographie und Luminographie

Die Schwärzung eines Röntgenfilms dient häufig zum Nachweis von radioaktiv markierten Substanzen oder von Substanzen, die über einen Enzym-gekoppelten Immunkomplex Chemilumineszenz erzeugen. In der Molekularbiologie ist es meistens DNA, die durch Autoradiographie detektiert wird. Aber auch Proteine, Kohlenhydrate und andere Biomoleküle lassen sich durch Autoradiographie bzw. Luminographie nachweisen. Selbst einzelne Chromosomen bzw. chromosomale Regionen können nach Hybridisation mit einer radioaktiv markierten Probe durch Autoradiographie sichtbar gemacht werden. Meist sind es energiearme bis mittelenergetische β-Partikel oder Röntgenstrahler, die in der Autoradiographie eingesetzt werden.

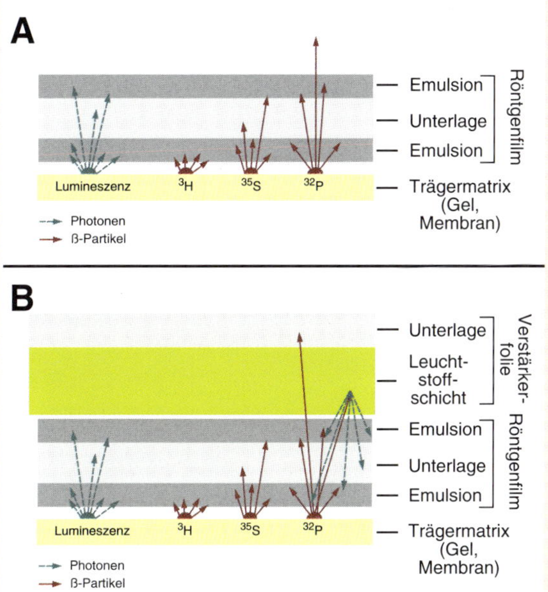

Abb. M8.1
A. Autoradiographie. Bei der Autoradiographie schwärzt das ß-Partikel oder ein Photon, das von einer Lumineszenzquelle ausgesandt wird, den Film direkt.
B. Fluorographie. Bei der Fluorographie erfolgt die Schwärzung des Films sowohl direkt als auch indirekt durch Photonen, die durch Anregung einer Verstärkerfolie ausgesendet werden. Bei energiereichen Strahlern wie ^{32}P kann man die Verstärkerfolie auf den Röntgenfilm legen, da die ß-Partikel den Film durchdringen und die Folie dann zur Fluoreszenz anregen. Verwendet man hingegen energiearme Strahler wie ^{3}H, muß man die Trägermatrix mit einem Szintillatormaterial imprägnieren.

Wenn die eingesetzte radioaktive Verbindung den Film selbst schwärzt, bezeichnen wir dies als **direkte Autoradiographie**. Durch direkte Autoradiographie weisen wir meist schwache bis mittelstarke β-Strahler (^{3}H, ^{35}S u.s.w.) nach, die sich in relativ hoher, lokaler Konzentration in einem Gel oder auf einer Membran befinden (Abb. M8.1 A). Der Vorteil dieser Methode liegt in einer relativ geringen Streuung und damit in einer besseren Auflösung.

Energiereichere β-Strahler, wie beispielsweise ^{32}P und vor allem Röntgenstrahler können wir alternativ oder sogar bevorzugt durch **indirekte Autoradiographie** nachweisen. Bei dieser Methode schwärzt nicht die primäre energiereiche Strahlung den Röntgenfilm. Vielmehr regt die Strahlung einen geeigneten chemischen Stoff (*Szintillator*) zur Abgabe eines Lichtquants an, der dann den Röntgenfilm schwärzt. Wir bezeichnen diese Art der indirekten Autoradiographie auch als **Fluorographie**.

Meist befinden sich die zur Fluoreszenz anregbaren Chemikalien auf sog. Verstärkerfolien („*intensifying screens*"). Diese Folien werden auf den Film gelegt, so daß das β-Partikel oder die Röntgenstrahlung zunächst den Film durchdringt, dann auf die Verstärkerfolie trifft und dort einen Lichtquant freisetzt, der schließlich den Röntgenfilm schwärzt (Abb. M8.2 B).

Durch Fluorographie läßt sich die Nachweisgrenze – und damit auch die Expositionszeit – deutlich senken. Allerdings müssen wir in der Regel in Kauf nehmen, daß entsprechende Fluorogramme diffusere Signale aufweisen als Autoradiogramme.

Eine Schwärzung eines Röntgenfilms kann auch durch direkt chemilumineszierende Substrate erfolgen. Dies sind Chemikalien, die nach Einwirken eines Enzyms Photonen abstrahlen. Beispiele sind eine auf Luminol basierende, Peroxidase-abhängige Reaktion im ECL-System („*enhanced chemiluminescence*") oder substituierte 1,2-Dioxetane wie AMPPD (3-(2'-Spiroadamantyl)-4-methoxy-4-(3"-phosphoryloxy)-phenyl-1,2-dioxetan) zum luminometrischen Nachweis von Alkalischer-Phosphatase (Abb. M8.1 A).

4.2 Expressions-Vektoren für Tierzell-Systeme

Die Information für das fremde Protein wird wie bei Prokaryonten und niederen Eukaryonten über Vektoren in die Tierzellen eingebracht. Auch diese Vektoren basieren im wesentlichen auf prokaryontischen Plasmiden (Abb. 4.2.1), da prinzipiell der schrittweise Zusammenbau derartiger Expressions-Vektoren in *E. coli* erfolgt. Allerdings besitzen die Expressions-Vektoren auch Signale, die die Expression in der Tierzelle kontrollieren. Diese Signale, zu denen sowohl Transkriptions- als auch Regulationselemente gehören, sind natürlich eukaryontischen Ursprungs.

Da sich alle eukaryontischen Expressions-Vektoren auch in Bakterien propagieren lassen, enthalten sie auch einen bakteriellen Replikationsursprung (*ori*) und ein in Bakterien aktives Resistenz-Gen. Die eukaryontischen Funktionselemente der Vektoren sind Promotoren, *Enhancer*-Elemente, eine MCS (*multiple cloning site*) und Transkriptions-Terminations-Sequenzen. Weil derartige Vektoren prinzipiell in zwei Organismen propagiert werden können, bezeichnen wir auch sie – ähnlich wie die in Kapitel 3.2 besprochenen Hefe-Vektoren – als *Shuttle*-Vektoren.

4.2.1 Transkriptions-Kontrollelemente höherer Eukaryonten

4.2.1.1 Promotoren

Promotoren in Eukaryonten unterscheiden sich grundlegend von Promotoren in Prokaryonten. Das liegt in erster Linie daran, daß eukaryontische RNA-Polymerasen nicht wie prokaryontische RNA-Polymerasen den Promotor selbst erkennen.

Die Erkennung wird vielmehr durch einen sogenannten „Prä-Initiationskomplex" vermittelt . Das ist ein Multi-Protein-Komplex, der aus verschiedenen Transkriptionsfaktoren besteht und der an dem Promotor sequenziell aufgebaut wird (Abb. 4.2.2). Oft ist die Erkennungssequenz – ähnlich wie das –10-Element prokaryontischer Promotoren – eine TATAA-Box. Sie liegt ca. 25–30 Bp oberhalb

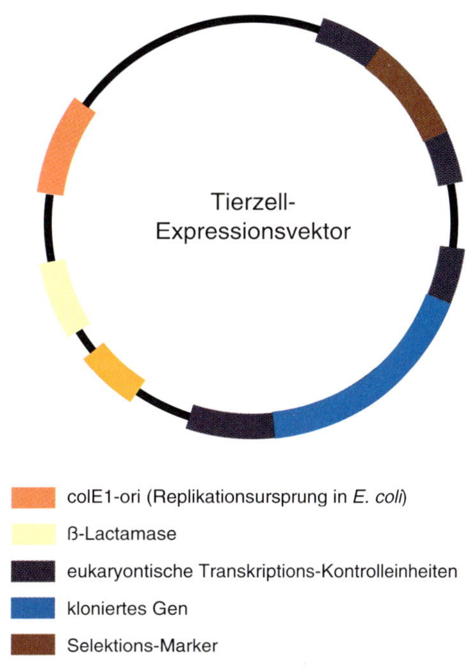

Abb. 4.2.1 Tierzell-Expressions-Vektoren. Ähnlich wie Hefe-Vektoren sind auch Tierzell-Expressions-Vektoren *Shuttle*-Vektoren. Sie besitzen also Funktionselemente für die Persistenz und Selektion in *E. coli* (colE1-ori, ß-Lactamase-Gen) und Funktionselemente für die Selektion in Tierzellen (Selektions-Marker; braun). Ferner besitzen sie eine Stelle, in die wir fremde, in der Tierzelle zu exprimierende DNA integrieren können (hellblau). Diese Stelle wird flankiert von Transkriptions-Kontrollelementen, die auf die Wirtszelle abgestimmt sind.

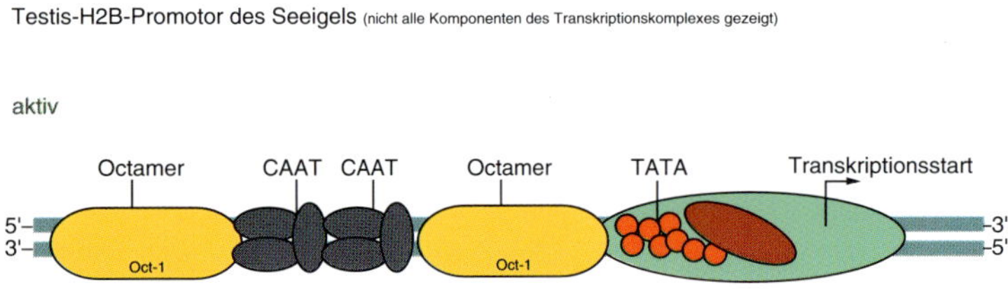

Modul	Konsensus-Sequenz	gebundener DNA-Bereich	gebundener Faktor
TATA-Box	**TATAAAA**	~10 Bp	TBP
CAAT-Box	**GGCCAATCT**	~22 Bp	CTF/NF1
GC-Box	**GGGCGG**	~20 Bp	SP1
Octamer	**ATTTGCAT**	~20 Bp	Oct-1
Octamer	**ATTTGCAT**	23 Bp	Oct-2
κB	**GGGACTTTCC**	~10 Bp	NFκB
κB	**GGGACTTTCC**	~10 Bp	H2-TF1
ATF	**GTGACGT**	~20 Bp	ATF

Abb. 4.2.2 Promotor höherer Zellen. Promotoren höherer Zellen sind stark modular aufgebaut. Dies ist exemplarisch am Testis-H2B-Promotor des Seeigels dargestellt. Innerhalb der Promotorregion befinden sich mehrere Sequenz-Motive (Module), die teilweise sogar redundant vorhanden sind. Diese sind charakterisiert durch eine ganz spezielle Konsensussequenz. An diese Sequenzmotive binden spezifische Transkriptionsfaktoren (TBP, NF-1, Oct-1, NFκB usw.). Denn anders als prokaryontische RNA-Polymerasen interagieren eukaryontische RNA-Polymerasen nicht direkt mit der DNA. Vielmehr werden sie über Transkriptionsfaktoren an die korrekte Position vor dem Gen geleitet. Die Position der Module ist sehr variabel. Ferner sind die einzelnen Kernsequenzen kürzer als die Bereiche, die tatsächlich von den Transkriptionsfaktoren abgedeckt werden. Die spezifische Zusammensetzung der eukaryontischen Promotoren mit verschiedenen Modulen verleiht den einzelnen Promotoren eine z. T. sehr hohe Spezifität. Ein Promotor ist nämlich nur dann aktiv, wenn die Transkriptionsfaktoren gebunden haben. Fehlt in einem bestimmten Zelltyp ein Transkriptionsfaktor, ist der Promotor in dieser Zelle nicht aktiv.

der Initiationsstelle für die Transkription und kann auch als „*core*-Promotor" bezeichnet werden. Zwei weitere typische Promotor-Elemente, die sogenannte CCAAT-Box und die GGGCG-Box (auch „GC-Box" genannt), finden wir häufig oberhalb der TATAA-Box. Ihre Position relativ zur TATAA-Box ist allerdings variabel. Eukaryontische Promotoren sind bei weitem nicht so klar aufgebaut wie prokaryontische Promotoren. So kennen wir mittlerweile eine ganze Reihe eukaryontischer Promotoren, die beispielsweise keine TATAA-Box besitzen.

4.2.1.2 „Enhancer" bzw. „Silencer"

Oft wird die Aktivität eukaryontischer Promotoren durch Sequenz-Motive auf der DNA beeinflußt, die zum Teil sehr weit vom Transkriptionsstart entfernt liegen. Noch überraschender war es, als man feststellte, daß derartige Elemente auch in *Introns,* d. h. mitten

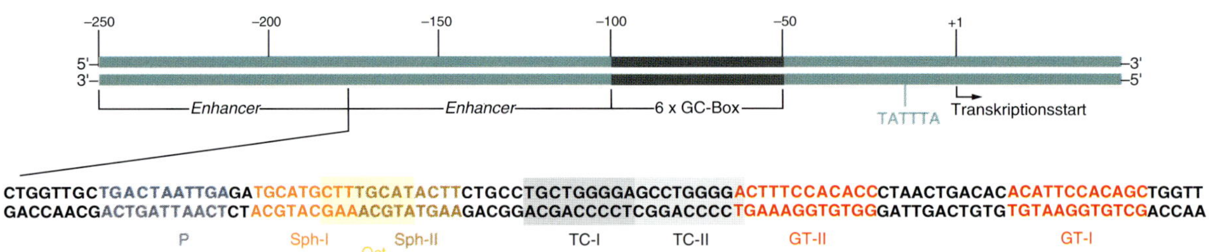

Abb. 4.2.3 Detailausschnitt aus der SV40-Promotor-/*Enhancer*-Region. Unmittelbar vor dem Transkriptionsstart befindet sich das TATA-Box-Motiv, an dem über entsprechende Faktoren die RNA-Polymerase II bindet. Zwischen den Basen –50 und –100 befinden sich sechs G/C-Boxen. Noch weiter oberhalb (*upstream*) liegen die beiden eigentlichen SV40-*Enhancer*. Auch sie sind wieder modular aufgebaut. Dabei tragen die fünf Module P, Sph-I, Sph-II, GT-I und GT-II ganz besonders zur Aktivität des *Enhancers* bei. Eine Besonderheit von *Enhancer*-Elementen besteht darin, daß sie ihre verstärkenden Eigenschaften auf die Transkription eines Gens von verschiedenen Positionen aus ausüben können. Sie können nämlich vor, hinter oder sogar irgendwo innerhalb des Gens in einem *Intron* lokalisiert sein. Ferner sind sie unabhängig von ihrer Orientierung relativ zum benachbarten Gen aktiv.

in einem Gen, oder gar unterhalb des Gens lokalisiert sein können. Diese Elemente bezeichnen wir heute als *Enhancer*-Elemente, wenn sie die Stärke des Promotors positiv beeinflussen. Wir bezeichnen sie als *Silencer*-Elementes, wenn sie einen negativen Einfluß auf die Aktivität des Promotors ausüben.

Enhancer sind ganz wichtige Regulatorbereiche auf eukaryontischen Expressions-Vektoren. Vielfach benutzt wird beispielsweise der SV40-*Enhancer* (Abb. 4.2.3). Er ist modular aufgebaut. Das bedeutet, daß wir innerhalb des *Enhancers* wiederum Sequenz-Motive definieren können, die zum Teil als eigenständige *Enhancer* fungieren können, zum Teil im *Enhancer* selbst redundant vorhanden sind oder die wir auch in anderen *Enhancern* finden. An sie binden Faktoren, die mit dem Präinitiationskomplex am *Core*-Promotor wechselwirken und auf diese Weise die Transkription verstärken. Dazu muß jedoch die Sequenz zwischen dem *Core*-Promotor und dem *Enhancer* *ausloopen* (Abb. 4.2.4), um die weit voneinander entfernt liegenden DNA-Bereiche in eine Nachbarschaft zueinander zu bringen.

Die Interaktion zwischen *Core*-Promotor und *Enhancer* erfolgt dann über Wechselwirkungen der Proteine, die an die Regulator-Bereiche gebunden haben.

An dieser Stelle wollen wir kurz die Möglichkeiten diskutieren, wie es die Transkriptionsfaktoren schaffen, einerseits mit der DNA und andererseits mit anderen Proteinen wechselwirken zu können. Denn diese Interaktionspunkte sind wichtige Zielpunkte für innovative Pharmaka, die die Wechselwirkung zwischen den Proteinen stören sollen. Beispielsweise könnten wir durch einen entsprechenden medikamentösen Ansatz eine fehlgeschaltete Signalkette blockieren, oder wir könnten – wie im vorliegenden Fall – verhindern, daß falsche genetische Informationseinheiten abgelesen werden.

Da Transkriptionsfaktoren sowohl mit der DNA als auch mit anderen Proteinen wechselwirken müssen, ist es nicht verwunderlich,

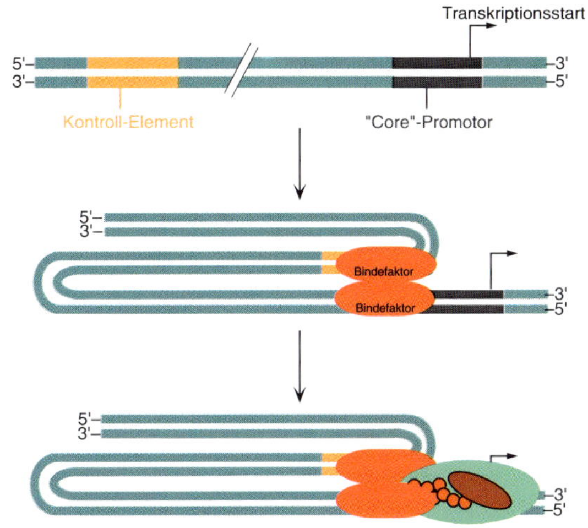

Abb. 4.2.4 Interaktion zwischen *Core*-Promotor und entfernt liegenden *Enhancer*-Elementen. *Enhancer* vermitteln ihre transkriptionsaktivierende Funktion über die an sie gebundenen Proteine, die mit den Proteinen, die an den *Core*-Promotor gebunden haben, wechselwirken. Dazu müssen die z. T. großen DNA-Bereiche zwischen dem *Core*-Promotor und der *Enhancer*-Region *ausloopen*.

daß diese Proteine im allgemeinen zwei funktionelle Domänen enthalten (Abb. 4.2.5).

- Mit der einen Domäne binden Transkriptionsfaktoren an spezifische Sequenzen auf der DNA.
- Mit der anderen Domäne aktivieren sie über die Interaktion mit anderen Protein-Komponenten des Transkriptionskomplexes die Transkription.

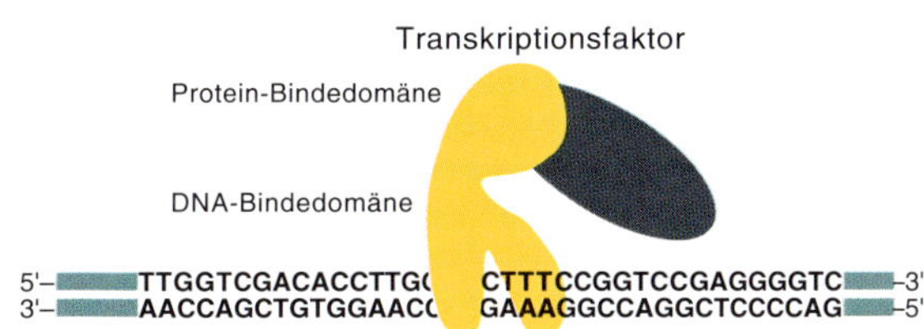

Abb. 4.2.5 Transkriptionsfaktoren sind bifunktionelle Proteine. Eukaryontische Transkriptionsfaktoren enthalten zwei Funktionsdomänen. Die eine Domäne (gelb) interferiert spezifisch mit der DNA, wobei je nach Transkriptionsfaktor ein bestimmtes Sequenzmodul auf der DNA erkannt und gebunden wird. Die zweite Domäne (türkis) ist eine Protein-Bindedomäne. Sie interagiert mit Komponenten des RNA-Polymerase-II-Komplexes und erhöht damit zum Teil erheblich die Aktivität dieses Komplexes. Diese Domäne bezeichnen wir daher auch als Aktivatordomäne.

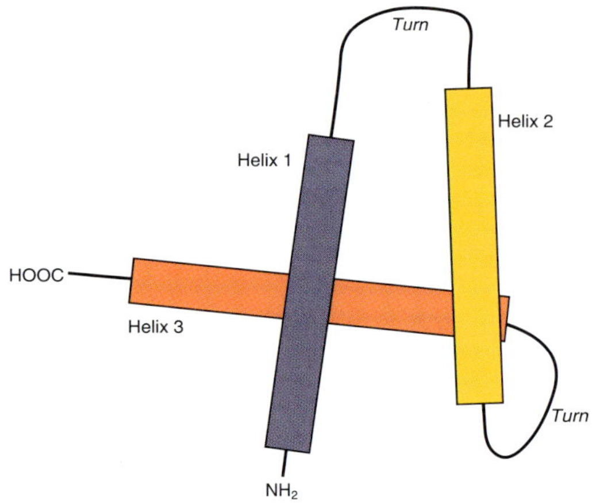

Abb. 4.2.6 Das Helix-Turn-Helix-Motiv. Drei helikale Proteinbereiche bilden eine typische Tertiärstruktur, die mit der DNA interagieren kann.

Das systematische Studium der Transkriptionsfaktoren hat gezeigt, daß sich diese Proteine in vier Gruppen einteilen lassen.

- Die erste Gruppe umfaßt Proteine mit einer sogenannten *„Helix-Turn-Helix"*-Domäne. Diese Domäne besteht aus drei Proteinhelices (Abb. 4.2.6). Die Helix 3 ist die sogenannte „Erkennungshelix", die sich quer über die große Furche der DNA-Helix legt. Die Helices 1 und 2 liegen über der Helix 3 und können mit anderen Proteinen in Kontakt treten.

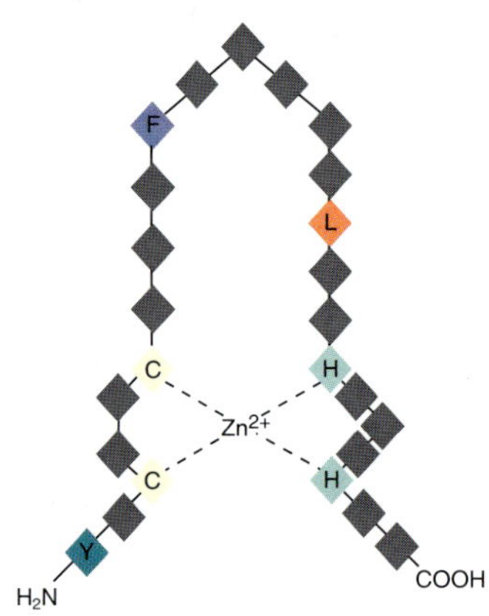

Abb. 4.2.7 Das Zinkfinger-Motiv. Über Histidin- und Cystein-Reste, die in einem ganz charakteristischen Abstand in einer weitgehend variablen Peptidsequenz angeordnet sind, wird ein Zn^{2+}-Ion komplexiert. Dadurch bildet sich ein fingerartiger Peptidbereich aus, der mit der DNA interagieren kann.

- Die zweite Gruppe beinhaltet die sogenannten „Zinkfinger-Proteine". In diesen Proteinen sind Histidin-Reste und Cystein-Reste relativ zueinander so angeordnet, daß sie ein Zink-Ion komplexieren können. Dabei faltet sich die Proteinkette so, daß eine Art „Protein-Finger" gebildet wird (Abb. 4.2.7). Dieser Zinkfinger spürt auf der DNA bestimmte Sequenzen auf und bindet an diese Sequenzen. Zu den Zinkfinger-Proteinen gehören ein als „Sp1" bezeichneter Transkriptionsfaktor und die Familie der Steroid-Rezeptoren, die ja bekanntlich auch Transkriptionsfaktoren sind.
- In der dritten Gruppe werden Proteine zusammengefaßt, die miteinander in der Art eines Reißverschlusses interagieren können. Wir bezeichnen diese Proteine daher auch als Leucin-Reißverschluß-Protein oder englisch als *„leucin-zippers"*. Offensichtlich spielt die Aminosäure Leucin in diesen Proteinen eine besondere Rolle. Am C-Terminus dieser Proteine finden wir vier oder fünf Leucin-Reste in einem Abstand von jeweils genau sieben Aminosäuren. Dieser Abstand gewährleistet, daß in einer Proteinhelix die Leucin-Reste alle auf der gleichen Seite stehen (Abb. 4.2.8). Daher ist diese Teilfläche der Proteinhelix relativ hydrophob. Über hydrophobe Wechselwirkungen können nun zwei Proteinuntereinheiten wechselwirken und einen funktionsfähigen Transkriptionsfaktor bilden (Abb. 4.2.8). Den DNA-Kontakt bewerkstelligen diese Proteine über einen relativ positiv geladenen Teil am N-terminalen Ende. Die beiden Untereinheiten können identisch sein (Homodimere). Sie können sich aber auch unterscheiden (Heterodimere). Zu den Leucin-Reißverschluß-Proteinen gehören auch die Produkte der Proto-Onkogene *c-fos* und *c-jun*. Wenn diese beiden Proteine sich zu einem Heterodimer vereinigen, entsteht der wichtige Transkriptionsfaktor AP-1.
- In der vierten Gruppe befinden sich die so-

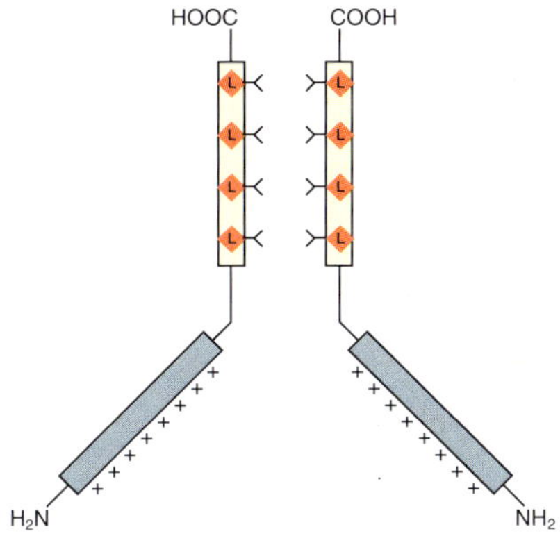

Abb. 4.2.8 Das Leucin-Reißverschluß-Motiv. Durch eine regelmäßige Anordnung der hydrophoben Aminosäure Leucin in einem Proteinbereich entsteht eine hydrophobe Teilfläche der entsprechenden Helix. Dies ist immer dann der Fall, wenn jede siebte Aminosäure ein Leucin ist. Über derartige hydrophobe Teilflächen können zwei Proteine miteinander wechselwirken.
In einem anderen Bereich der Proteine, die *leucin-zipper*-Motive aufweisen, befinden sich häufig *Cluster* basischer, d.h. positiv geladener, Aminosäuren, über die die Proteine dann an DNA binden können.

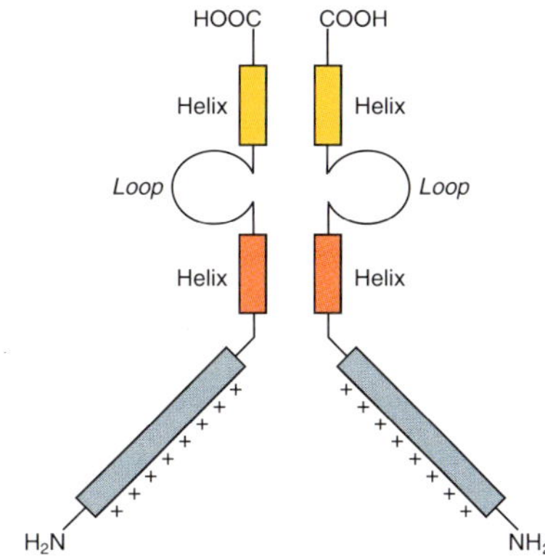

Abb. 4.2.9 Das *Helix-Loop-Helix*-Motiv. Das *Helix-Loop-Helix*-Motiv besteht aus zwei Helices, die durch einen Protein-*Loop* miteinander verbunden sind. Über derartige Motive können zwei Proteine in Wechselwirkung treten. Die Verbindung mit der DNA stellen *Helix-Loop-Helix*-Motiv-Proteine, ebenso wie Proteine mit *leucin-zipper*-Motiven (siehe Abb. 4.2.8), über einen Bereich basischer Aminosäuren her.

genannten „*Helix-Loop-Helix*"-Proteine. Ähnlich wie bei den Leucin-Reißverschluß-Proteinen handelt es sich um Proteine, die aus zwei Untereinheiten bestehen. Auch diese Proteine erkennen die DNA und wechselwirken mit ihr über einen positiv geladenen N-Terminus. Die Erkennung der beiden Proteinuntereinheiten erfolgt über je zwei Helices in beiden Proteinuntereinheiten, die durch je eine Proteinschleife (*loop*) voneinander getrennt sind (Abb. 4.2.9). Zu den *Helix-Loop-Helix*-Proteinen gehört beispielsweise der Transkriptionsfaktor *MyoD*, der die bemerkenswerte Eigenschaft besitzt, in vielen Zelltypen das genetische Progranm so umzupolen, daß sie zur Muskelzelle differenzieren. Auch das Produkt des bekannten Proto-Onkogens *c-myc* gehört zu dieser Klasse von Transkriptionsfaktoren.

Neben allgemeinen *Enhancern* gibt es auch einige Spezialformen, die manchmal auch in Expressions-Plasmide integriert werden. Derartige Spezialformen sind beispielsweise

- „*Glucocorticoid responsive elements*" (GRE). Die Konsensussequenz dieser Elemente lautet 5'-TGGTACAAATGTTCT-3'. Sie werden von Steroid-Rezeptoren erkannt, wenn diese mit einem Steroid beladen sind. Wir erinnern uns: Steroid-Rezeptoren gehören zu einer Gruppe sogenannter zytoplasmatischer Rezeptoren. Ist der Rezeptor nicht mit einem Steroid beladen, so ist er mit dem Hitze-Schock-Protein Hsp90 assoziiert. Gelangt jedoch ein Steroid-Molekül in die Zelle, dissoziiert das Hitze-Schock-Protein von dem Rezeptor ab und das Steroid bindet an seine Stelle. Nun wandert der Steroid-Rezeptor-Komplex in den Zellkern und bindet an ein GRE. Dadurch werden ganz bestimmte Gene aktiviert und die Information in mRNA übersetzt. Wir können diese Charakteristika nutzen, um einen Promotor auf einem Expressions-Plasmid durch die Zugabe eines Steroids zum Kulturmedium zu aktivieren. Voraussetzung ist allerdings, daß in der Produktionszelle ein Steroid-Rezeptor exprimiert wird.
- Das „*Serum response element*" (SRE). Dessen Konsensussequenz lautet ‚5'-CCATAT-

Transkriptions-faktor	Konsensus-sequenz	Funktion bei zellulären Genen
AP1 (Jun-/Fos-Dimer)	**TTAGTCA**	Induktion TPA-regulierbarer Gene
Octamer-Bindeproteine:		
• Oct-1; OTF-I; OBP 100	**ATGCAAA(T)**	*trans*-aktivierendes Protein
• Oct-2; OTF-II		spezifisch für B-Lymphozyten
AP2	**CCCCAGGC**	auch für TPA-induzierbare Gene, Hitze-Schock-Gene, MHC-Gene
AP3	**GGGTGTGGGAA**	in HeLa-Zellen, in Leberzellen
AP4	**CAGCTGTGG**	für einige spezifische Gene
AP5	**CTGTGGAATG**	in HeLa-Zellen, nicht in Lymphozyten

Abb. 4.2.10 Transkriptionsfaktoren. Verschiedene Transkriptionsfaktoren, die entsprechende Konsensussequenz, an die sie binden, sowie Beispiele für ihr Vorkommen oder für die Funktionen, die diese Transkriptionsfaktoren vermitteln.

TAGG-3'. SREs werden von Wachstumsfaktoren erkannt, die im Serum vorhanden sind. Man bezeichnet diese Wachstumsfaktoren auch als SRFs. Diese aktivieren dann ihrerseits die Expression der Gene, die mit einem SRE assoziiert sind.

- Der Transkriptionsfaktor AP1 (*activating protein 1*), der – wie wir gehört haben – aus den Proto-Onkogenprodukten *c-fos* und *c-jun* aufgebaut wird, bindet an die Erkennungsregion 5'-TTAGTCA-3'. Dieses Regulatorprotein wird durch Serum- und Wachstumsfaktoren, aber auch durch Phorbolester (TPA) aktiviert. Weitere Transkriptionsfaktioren und ihre Erkennungssequenzen sind in Abb. 4.2.10 zusammengestellt.
- Ein sehr interessantes *Enhancer*-Element, das allerdings für Hefe spezifisch ist, wollen wir auch an dieser Stelle besprechen. Es ist eine kurze palindromische DNA-Sequenz, an die der Hefetranskriptionsfaktor GAL4 bindet (Abb. 4.2.11). Wie wir das schon von anderen Transkriptionsfaktoren kennengelernt haben, besitzt auch das GAL4-Protein eine DNA-Bindungs- und eine Aktivierungsdomäne. Richtig auf der DNA positioniert, aktiviert GAL4 über seine Aktivierungsdomäne die Expression des benachbarten Gens. Besonders interessant ist dieser Regulationsmechanismus deshalb, da sich Aktivierungsdomäne und DNA-Bindedomäne voneinander trennen lassen (Abb. 4.2.12). Befinden sich beide Teilproteine in der gleichen Zelle, so können sie miteinander wechselwirken und sich zu einem funktionsfähigen Transkriptionsfaktor rekonstituieren. Auf dieser Eigenschaft wurden Experimentalsysteme entwickelt, die als *„one hybrid system"* und *„two hybrid system"* bezeichnet werden (siehe Kapitel 8). Mit diesen Experimentalsystemen ist es möglich, Gene für Proteine zu identifizieren, die an DNA binden. Auch können Gene für Proteine identifiziert werden, die mit einem bestimmten anderen Protein wechselwirken. Ganz besonders interessant für den Arzneimittelfachmann sind diese Experimentalsysteme, da wir mit ihrer Hilfe Substanzen aufspüren können, die mit einer spezifischen Wechselwirkung – seien es DNA-/Protein-Wechselwirkungen oder Protein-/Protein-Wechselwirkungen – interferieren.

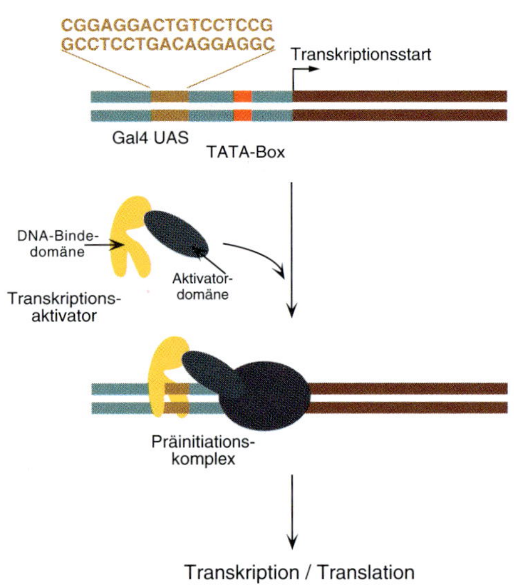

Abb. 4.2.11 Der Hefetranskriptionsfaktor GAL4. GAL4 bindet an die spezifische Kernsequenz der GAL4-UAS (*upstream activating sequence*). Als typischer Transkriptionsfaktor besitzt das Protein eine DNA-Bindedomäne und eine Transaktivatordomäne (siehe Abb. 4.2.5).

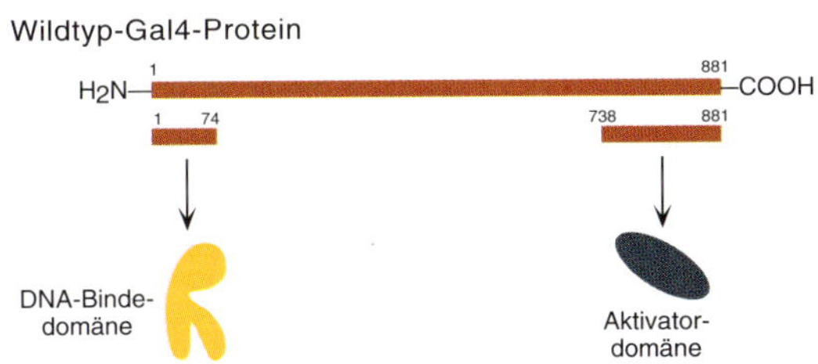

Abb. 4.2.12 Anordnung der DNA-Bindedomäne und der Aktivatordomäne auf dem GAL4-Protein. Auf der linearen Proteinsequenz des GAL4-Proteins sind die Bereiche, die die DNA-Bindedomäne bzw. die Transaktivatordomäne repräsentieren, deutlich voneinander getrennt. Diese ermöglicht es, beide Domänen als kleinere, individuelle Proteine zu exprimieren. Sind diese beiden Proteine in einer Zelle vorhanden, können sie miteinander wechselwirken, wodurch die Funktion des GAL4-Transkriptionsfaktors rekonstituiert wird. Die können wir nutzen, um die beiden Funktionsdomänen über „artifizielle Proteindomänen" zusammenzuführen. Den Einsatz derartiger Proteinchimären werden wir in Kapitel 8 ausführlich besprechen.

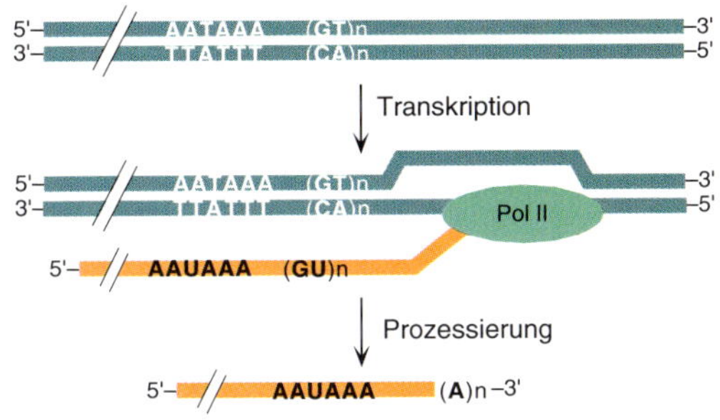

Abb. 4.2.13 Eukaryontische Transkriptions-Termination. Als Transkriptions-Terminations-Signal scheint bei Eukaryonten die Sequenz AATAAA zu fungieren, wenn danach ein G/T-reicher Sequenzabschnitt folgt. Das AAUAAA-Sequenzmotiv auf der RNA dient gleichzeitig auch als Polyadenylierungssignal. Bekanntlich tragen fast alle eukaryontischen mRNAs ein Homo-(A)-Polymer an ihrem 3'-Ende, das posttranskriptional noch im Kern angefügt wird.

4.2.1.3 Transkriptions-Terminatoren

Bei Eukaryonten wird die Transkription anders terminiert als bei den Prokaryonten. Oft ist die eukaryontische mRNA viel länger als der eigentliche codierende Bereich. Wir sprechen in diesem Fall von „nicht-translatierten mRNA-Bereichen".

Der genaue Mechanismus der Transkriptions-Termination bei Eukaryonten ist noch nicht verstanden. Daher ist es wichtig, erprobte und bewährte Transkriptions-Terminations-Signale in einen Expressions-Vektor zu integrieren.

Wahrscheinlich stoppt die Transkription in der Nachbarschaft der Konsensus-Sequenz 5'-AATAAA-3'. In einem Abstand von 12 bis 16 Nukleotiden folgt dann meist eine Sequenz, die deutlich schlechter charakterisiert ist. Sie enthält eine Reihe von GT- bzw. TT-Blöcken (Abb. 4.2.13).

Sollte die Konsensussequenz 5'-AATAAA-3' bei der Transkriptions-Termination nicht die entscheidende Rolle spielen, so hat sie sicher noch eine wichtige andere Funktion. Eukaryontische mRNA sind nämlich „polyadenyliert". Darunter verstehen wir, daß die eukaryontischen mRNAs an ihren 3'-Enden 150 bis 200 Adenosinreste tragen. Dieser poly(A)-Schwanz wird nach der Transkription matrizenunabhängig an das 3'-Ende der mRNAs angeheftet. Das Signal hierfür ist die oben erwähnte 5'-AATAAA-3'-Konsensussequenz.

4.2.1.4 Spezialelemente

Neben den besprochenen Kontrollelementen können Expressions-Vektoren für Zellen aus Säugern noch zusätzliche, spezielle Elemente enthalten. Die sind erforderlich, um in Kombination mit bestimmten Wirtszellen, ganz spezielle Leistungen zu erbringen.

4.2.2 Das SV40-COS-Expressions-System

Ein viel verwendetes Wirts-Vektor-System mit einer besonders hohen Expressions-Rate ist das SV40-COS-Expressions-System. Hierbei handelt es sich um die Kombination eines Vektors, der einen Replikationsursprung des

Affenvirus „*Simian Virus* 40" (SV40) enthält, mit sogenannten COS-Zellen.

Die Replikation von SV40 wird von einem Protein kontrolliert, das wir als T-Antigen bezeichnen. Das T-Antigen ist ein vom Virus codiertes Protein, das an den Replikationsursprung (*ori*) des SV40-Genoms bindet und dann die Replikation der viralen DNA initiiert.

Das Wirts-Vektor-System (Abb. 4.2.14) besteht aus

- den COS-Zellen. Dies ist eine spezielle Zell-Linie, deren Zellen in ihrem Genom das Gen für das große T-Antigen des SV40-Virus tragen und dieses T-Antigen permanent (konstitutiv) exprimieren.
- einem speziellen Vektor. Dies ist ein beliebiges Plasmid, in das allerdings ein ca. 300 Basenpaaren großes DNA-Fragment integriert wurde, auf dem der Replikationsursprung (*ori*) des SV40-Virus enthalten ist.

Nach Transformation eines solchen Vektors in COS-Zellen bindet das T-Antigen an den SV40-*ori* und initiiert die Replikation des Plasmids. Dadurch wird das Plasmid – und damit die Gendosis in einer Expressions-Kassette – in der Zelle sehr stark amplifiziert. Simultan zu dieser Amplifikation können dann Expressions-Kassetten auf dem Plasmid effektiv exprimiert werden, so daß wir wegen der großen Gendosis ungewöhnlich hohe Ausbeuten an Fremd-Protein erhalten.

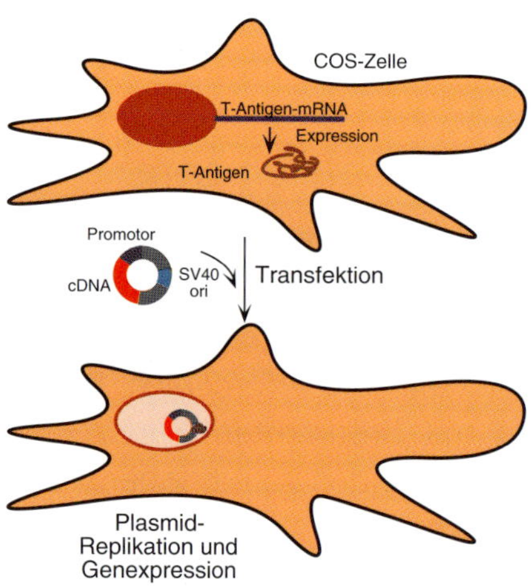

Abb. 4.2.14 Das SV40-COS-Expressions-System. Vektorsysteme, die einen SV40-*origin of replication* (ori) tragen, können sehr effizient in Zellen amplifiziert werden, die das große T-Antigen des SV40-Virus exprimieren. Dies trifft beispielsweise für sogenannte COS-Zellen zu. In diesen Zellen werden die eingeführten Plasmide sehr stark vermehrt, so daß folglich Funktionskassetten auf dem Plasmid wegen der enorm großen Kopienzahl stark exprimiert werden. Allerdings lassen sich auf dieser Basis keine stabilen Wirt-Vektor-Systeme etablieren. Die Expression ist transient.

Nachteilig am SV40-COS-System ist, daß sich keine stabilen Produktionszell-Linien etablieren lassen. Die Expression der fremden genetischen Information erfolgt ausschließlich transient, d. h. über einen begrenzten Zeitraum.

4.2.3 BPV-Vektoren

Das Rinder-Papilloma-Virus 1 (BPV–1) ist Mitglied der Papova-Virus-Familie, einer Gruppe von Viren, die ein doppelsträngiges DNA-Genom enthält. Das Virus ist in der Lage, auch bestimmte Nagerzellen zu transformieren. Dabei persistiert das Virus in der Zelle episomal, d. h. die DNA bleibt als Plasmid (Episom) erhalten und wird nicht ins Wirtsgenom integriert.

Bestimmte Zell-Linien, z. B. die Mäusezell-Linie C127 (siehe Kapitel 4.1), werden von BPV-Viren morphologisch transformiert, so daß wir die Transformanden aufgrund ihrer veränderten Struktur auf der Kulturschale leicht erkennen können. Einen derartigen Bereich morphologisch veränderter Zellen nennen wir „Focus".

Andere Nagerzellen zeigen nach Transformation jedoch keinen Phänotyp. Derartige Transformanden können wir somit nur durch die Expression dominanter Marker erkennen.

Die stabile Expression von BPV-Vektoren ist relativ hoch. Allerdings besitzen diese Vektoren auch Nachteile: Einige Gene können in diesen Vektoren nicht exprimiert werden, da sie offensichtlich rearrangieren. Ein weiterer Nachteil besteht darin, daß ein kleiner Teil der BPV-Plasmide ins Wirtsgenom integriert, obwohl das Plasmidsystem eigentlich episomal persistieren sollte. Darüber hinaus sind die Vektoren relativ groß, was das Einbringen von Fremd-DNA in diese Vektoren erschwert.

4.2.4 *Das Vaccinia-System*

Vaccinia-Viren sind die Erreger der Pocken, die heute nach WHO als ausgerottet gelten. Diese Viren zählen zur Gruppe der Pox-Viren, die wie BPV ein großes doppelsträngiges DNA-Genom enthalten. Sie besitzen ein extrem weites Wirtsspektrum und können Vertebraten, wie auch einige Invertebraten infizieren. Das Virus repliziert im Zytoplasma infizierter Zellen und nicht – wie die meisten anderen Viren – im Zellkern. Nach Infektion wird ein Teil des viralen Genoms – die sogenannten frühen viralen Gene – aktiviert und von einem Virus-eigenen Transkriptionskomplex transkribiert.

Da das Vaccinia-Virus-Genom mit 185 kBb sehr groß ist, können wir das komplette Virus-Genom nicht als Klonierungsvektor verwenden. Aus diesem Grund wurden Transfervektoren konstruiert. Diese enthalten selektierbare Marker, eine *Multiple-cloning-site* (MCS) und Vaccinia-Virus-DNA, über die der Transfervektor mit dem Vaccinia-Virus-Genom homolog rekombinieren kann (Abb. 4.2.15). Einer der selektierbaren Marker in diesen Vektoren ist gewöhnlich das Thymidinkinase-(TK)-Gen des Vaccinia-Virus selbst. Transfervektor-DNA und Wildtyp-Vaccinia-Virus werden zusammen in die Wirtszelle transfiziert. Dort findet während der Replikation der Virus-DNA eine homologe Rekombination zwischen Virus-DNA und Transfervektor statt. Die resultierende rekombinante Vaccinia-DNA kann repliziert und zu infektiösen Vaccinia-Viruspartikeln verpackt werden.

Wie können wir aber rekombinante Vaccinia-Viren von Wildtyp-Vaccinia-Viren unterscheiden? Dazu wurde die *Multiple-cloning-site* (MCS) des Transfervektors innerhalb des viralen TK-Gens positioniert. Bei der homologen

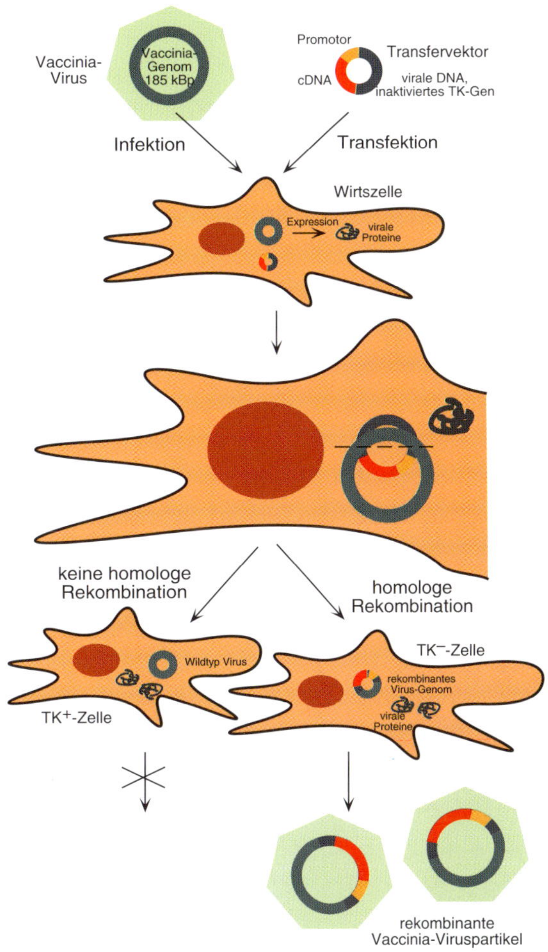

Abb. 4.2.15 Das Vaccinia-Virus-System. Vaccinia-Viren lassen sich als Expressions-System mit einem sehr breiten Vertebraten-Wirtsspektrum verwenden. Anders als die meisten anderen Viren, repliziert Vaccinia nicht im Zellkern, sondern im Zytoplasma. Da das Vaccinia-Genom sehr groß ist, eignet es sich nicht als Klonierungsvektor. Vielmehr wurden leichter handhabbare Klonierungsvektoren hergestellt, die zusammen mit dem Vaccinia-Virus in die Wirtszelle transformiert werden. Dort kommt es dann zur homologen Rekombination als deren Resultat rekombinante Vaccinia-Varianten entstehen, die über eine Thymidinkinase-Selektion erkannt werden können.

Rekombination zwischen Transfervektor und Wildtyp-Vaccinia-Virus-DNA wird das aktive TK-Gen des Wildtyp-Vaccinia-Virus durch das inaktivierte TK-Gen des Transfervektors inaktiviert. So können rekombinante Viren auf der Basis eines TK^--Phänotyps selektioniert werden.

Eine Reihe weiterer Vektorvarianten wurden entwickelt. Diese enthalten beispielsweise zusätzliche selektionierbarer Marker,

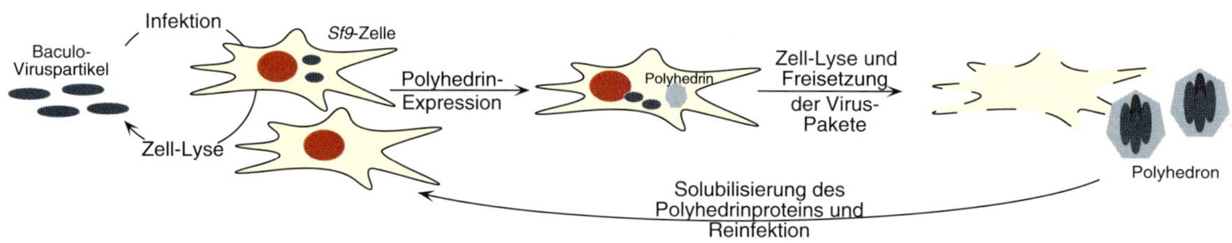

Abb. 4.2.16 Das Baculo-Virus-System. Baculo-Viren infizieren Insektenzellen. Ein etabliertes Zellkultursystem für diese Viren sind die sogenannten *Sf9*-Zellen. Sie werden als Konsequenz der viralen Infektion lysiert. Dabei werden Viruspakete freigesetzt, die zu großen Teilen aus einem speziellen Protein – dem Polyhedrinprotein – bestehen. Diese Viruspakete können dann weitere Zellen infizieren.

einen T7-Promotor in unmittelbarer Nachbarschaft zur *Multiple-cloning-site* oder einen regulierbaren *lac*-Promotor. Weil sich das Vaccinia-Virussystem so vielfältig variieren läßt, erfreut es sich besonderer Beliebtheit als effizientes Expressions-System.

Allerdings gibt es auch Bedenken gegen die Nutzung dieses Vektorsystems. Eines der größten Probleme ist, daß Vaccinia-Viren ein extrem breites Wirtsspektrum zu infizieren vermögen. Daher sind beim Arbeiten mit Vaccinia-Virusvektoren besondere Sicherheitsvorschriften zu beachten. Dazu kommt, daß jüngere Menschen wegen der Ausrottung der Pocken nicht mehr gegen Vaccinia geimpft sind.

Obwohl das Expressions-System sehr effizient ist, muß bedacht werden, daß auch dieses System – ähnlich wie das SV40-COS-Zellensystem – nur für transiente Expression zu nutzen ist. Stabile Produktionslinien lassen sich also auch hier nicht etablieren. Schließlich schaltet das Vaccinia-Virus im Laufe seiner Replikation eine Reihe zellulärer Funktionen ab, so daß unter Umständen posttranskriptionale Modifizierungssysteme in Vaccinia-infizierten Zellen nicht mehr aktiv sind.

4.2.5 Das Baculo-Virus-System

Baculo-Viren infizieren ausschließlich Insekten. Dies macht ein solches Virussystem extrem attraktiv, da es im Vergleich zu anderen viralen Systemen einen sehr hohen biologischen Sicherheitsstandard bietet. Eine Infektion höherer Organismen ist ausgeschlossen.

Es konnten Insekten-Zellkultursysteme – sogenannte *Sf9*-Zellen – etabliert werden, die sich mit Baculo-Viren infizieren lassen und in denen diese Viren propagiert werden können (Abb. 4.2.16).

Während eines Infektionszyklus werden zwei Formen des Baculo-Virus produziert. Eine Form besteht aus einzelnen Viren, die von der infizierten Zelle entlassen werden. Diese sind in der Lage, andere Wirtszellen direkt zu infizieren. Die zweite Form besteht aus einer Vielzahl von Viren, die in einer Proteinmatrix eingeschlossen sind. Das Protein dieser Matrix wird „Polyhedrin" genannt, ein Paket verpackter Virionen ist ein „Polyhedron". Eine Vielzahl dieser Pakete wird nach der Lyse infizierter Zellen in die Umgebung entlassen. Auf diese Weise werden die Viren vor Umwelteinflüssen geschützt. Nimmt ein Insekt ein derartiges Paket auf, wird das Polyhedrinprotein solubilisiert, und die freiwerdenden Viren beginnen einen neuen Infektionszyklus.

Das Polyhedrinprotein wird in ungewöhnlich großen Mengen produziert, da das Gen von einem außerordentlich starken Promotor kontrolliert wird. Dieser Promotor wird heute in entsprechenden Vektorsystemen genutzt, um fremdes genetisches Material sehr effizient zu exprimieren. Das gebräuchlichste Baculo-Virus ist das *Autographa californica*

Multiple Nuclea Polyhedrosis Virus (AcMNPV). Dieses Virus kann mehr als 30 Insektenspezies infizieren. Auch Insekten-Zell-Linien können infiziert werden, wobei die gebräuchlichste Zell-Linie sich von *Spodoptera frugiperda* (sf) ableitet.

4.2.5.1 Baculo-Virus Transfer-Vektoren

Das Genom des Baculo-Virus ist ähnlich groß wie das Genom des Vaccinia-Virus. Daher können wir auch das Baculo-Virus-Genom nicht direkt als Klonierungs-Vektor verwenden. Ähnlich wie im Fall des Vaccinia-Systems sind wir also auch hier auf Transfer-Vektoren angewiesen, um Fremd-DNA in ein Baculo-Virus einzuschleusen. Der Transfer-Vektor ist ein bakterielles Plasmid, das neben den bakteriellen Selektions-Markern auch ein Segment der AcMNPV-DNA enthält (Abb. 4.2.17). Auf dieser DNA sind der Polyhedrinpromotor, eine *Multiple-cloning-site* (MCS), der Polyhedrin-Terminator, ein Polyadenylierungs-Signal und DNA-Bereiche enthalten, über die homologe Rekombination mit der Helfervirus-DNA stattfinden kann. Rekombinante Transfer-Vektoren werden zusammen mit intakter Wildtyp AcMNPV-DNA (Helfervirus) in eine Wirtszelle transfiziert. Durch homologe Rekombination wird das Polyhedrin-Gen in der Wildtyp-DNA durch die Expressions-Kassette im Transfer-Vektor ausgetauscht. Wir erhalten somit rekombinante Viren, die kein Polyhedrin-Gen mehr enthalten, die dafür aber eine Expressions-Kassette tragen, die von dem sehr starken Promotor des Polyhedrin-Gens kontrolliert werden. Da die rekombinanten Viren kein intaktes Polyhedrin-Gen enthalten, produzieren sie distinkte, gut erkennbare Zell-Lyse-Zonen, aus denen rekombinantes Baculo-Virus isoliert werden kann.

Mit diesem rekombinanten Virus können Zellen sehr effizient infiziert werden, und das rekombinante Protein kann nach 4 bis 5 Tagen

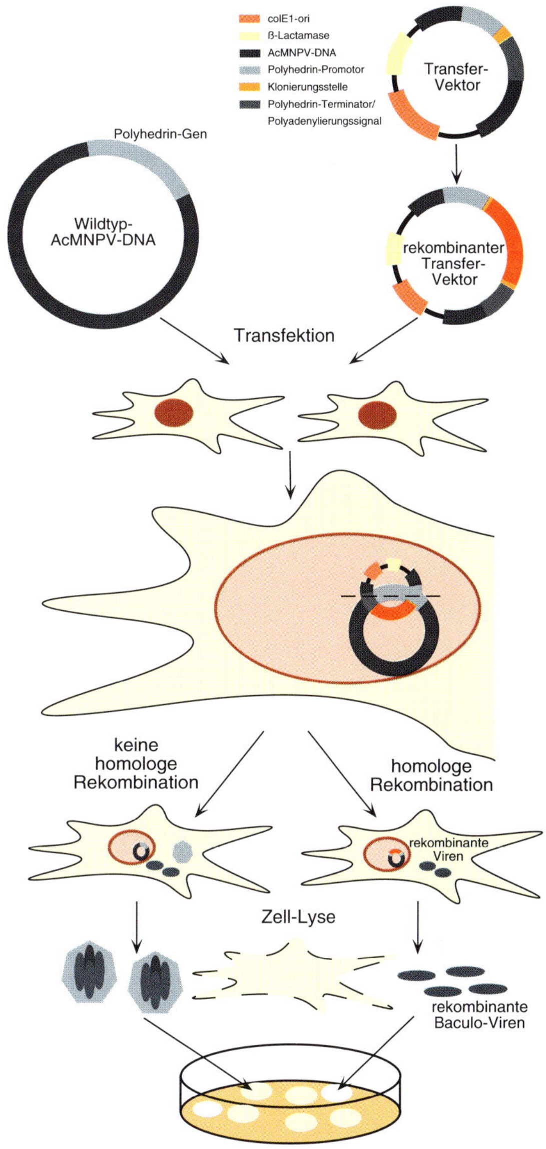

Abb. 4.2.17 Das Baculo-Virus-Expressions-System. Ähnlich wie bei den Vaccinia-Viren (siehe Abb 4.2.15) ist auch das Baculo-Virus-Genom zu groß, um es direkt als Klonierungs-System zu verwenden. Statt dessen setzen wir auch hier spezielle Klonierungs-Vektoren ein, die dann in der transfizierten Zelle mit dem Virus-Genom homolog rekombinieren. Die Fremd-DNA wird in eine Multiple Klonierungs-Stelle (orange) integriert, die von Kontroll-Elementen des Polyhedrin-Gens flankiert ist. Dieser Sequenzbereich ist eingebettet in eine Region, die aus dem Genom des *Autographa californica Multiple Nuclea Polyhedrosis Virus* (AcMNPV) stammt. Über diesen Bereich findet dann auch in der cotransfizierten Zelle die homologe Rekombination statt. Zellen, in denen keine homologe Rekombination stattgefunden hat, produzieren Polyhedrons, wohingegen Zellen, in denen die Viren mit dem Klonierungs-Vektor rekombiniert haben, rekombinante Viren produzieren. Diese Zellen erkennen wir daran, daß sie auf der Kulturplatte distinkte Zell-Lyse-Zonen bilden.

in hohen Ausbeuten isoliert werden. Der Vorteil dieses Systems besteht darin, daß viele Proteine in aktiver Form produziert werden. Das heißt, diese Proteine weisen die korrekten posttranslationalen Modifikationen auf. Darüber hinaus werden in dem Insektensystem auf der Fremd-DNA enthaltene Signale für die Sekretion von Proteinen erkannt, so daß extrazelluläre Proteine auch in diesem System im Medium akkumulieren. Dies ist bei der Aufarbeitung des gewonnenen Proteins von Vorteil, wie wir das früher bereits diskutiert haben.

Als Alternative zur Zellkultur mit *Sf9*-Zellen können wir das rekombinante Protein auch in intakten Larven produzieren. Um diese Möglichkeit auszutesten, wurde in 22 Larven von *Trichoplusia* NI ein rekombinantes AcMNPV-Virus injiziert, das die cDNA für humane Adenosindeaminase enthielt. Nach 4 Tagen bestand das Gesamtlarven-Protein zu ca. 2 bis 5 % aus humaner Adenosindeaminase. Aus den 22 Larven konnten ungefähr 9 mg homogenes Protein isoliert werden. Die Produktion von Fremdprotein in intakten Larven ist eine interessante Alternative zur Zellkultur, da sie deutlich weniger arbeitsintensiv und kostspielig ist, als die von der Ausstattung und vom Medium eher aufwendige Zellkultur.

Produkte, die bisher erfolgreich im Baculo-Virussystem exprimiert wurden, sind in der Tabelle 4.2.1 aufgeführt.

Produkte aus Baculo-Virusexpressionssystem
α-Interferon
Adenosindeaminase
β-Ameloid-Vorläuferprotein (β-APP)
β-Interferon
Erythropoetin
HIV1-Hüllprotein
Influenza-Virus
Hämagglutinin
Interleukin 2
Lasalvirus-Protein
Monoklonaler Antikörper aus der Maus
Poliovirus-Proteine
Pseudorabiesvirus-Glycoprotein 50
Herpesvirus-Glycoprotein
Plasminogenaktivator (tPA)

Tabelle 4.2.1 Produkte, die im Baculo-Virussystem hergestellt wurden.

Zusammenfassung

Spezielle Probleme erfordern spezielle Lösungen. Eukaryonten bieten eine Vielzahl von Kontrollelementen und Expressions-Systemen, um nahezu jedes Problem adäquat zu lösen. Zelltyp-spezifische Promotoren, *Enhancer* und *Silencer* sind nicht nur die Voraussetzung dafür, fremde genetische Information in speziellen Zellkultursystemen zu exprimieren. Sie sind Voraussetzung dafür, physiologisch hochaktive Proteine in einem komplexen Organismus zu erzeugen, ohne den Organismus durch die Expression dieses fremden Produkts zu belasten. Bestimmte hocheffiziente Expressions-Systeme stellen ganz bestimmte Anforderungen: So lassen sich Vektoren, die einen SV40-Replikationsursprung tragen, in Zellen amplifizieren, in denen das große T-Antigen synthetisiert wird. BPV-Vektoren gehören ebenso wie die Vaccinia-Virus-Vektoren zu den wenigen Vektoren, die in Eukaryonten episomal persistieren und nicht ins Genom integrieren. Schließlich ist das Baculo-Virussystem eine bemerkenswerte Wirt-Vektor-Kombination. Sie leistet in vielerlei Hinsicht – beispielsweise im Bezug auf posttranslationale Modifikation – Ähnliches, wie viele der wesentlich anspruchsvolleren Säugersysteme. Bezüglich der Expressions-Effizienz ist dieses Wirt-Vektor-System fast allen Säugersystemen deutlich überlegen.

Methoden in der Gentechnik (M9)

Der ELISA

Die Abkürzung ELISA steht für *„Enzyme Linked Immuno Sorbent Assay"*. Es handelt sich dabei um ein immunologisches Nachweisverfahren, das an einer festen Phase ausgeführt wird. In der Regel ist die feste Phase die Plastikoberfläche einer Mikrotiterplatte, denn Plastik bindet Proteine unspezifisch und fest.

Der einfache ELISA beinhaltet folgende Schritte (Abb. M9.1):

- Zunächst adsorbieren wir das Antigen in einer Analysenlösung an die Plastikoberfläche einer Mikrotiterplatte. Dies geschieht durch einfache Diffusion innerhalb einiger Stunden bei 4° bis 20 °C je nach Stabilität des Antigens.
- Zur Sättigung freier Valenzen auf der Plastikoberfläche inkubieren wir mit einer Gelatine-Lösung oder mit einer Lösung aus Milcheiweiß.
- Die Mikrotiterplatte wird danach ausgiebig mit Pufferlösung gewaschen.
- Nun pipettieren wir eine Lösung eines spezifischen Antikörpers in die Vertiefungen der Mikrotiterplatte. Da alle unspezifischen Valenzen auf der Plastikober-

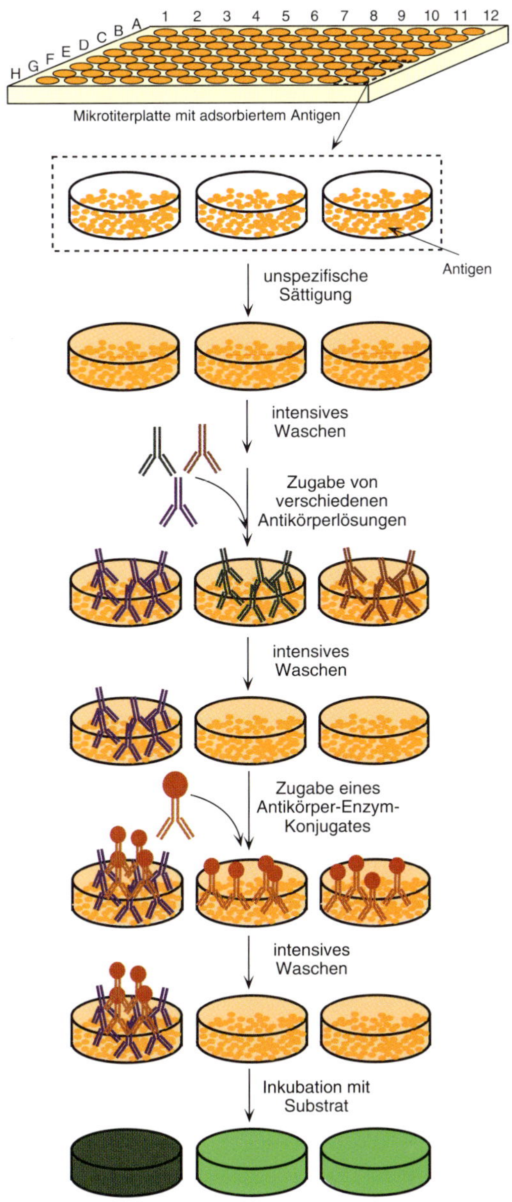

Abb. M9.1 Teilschritte bei der Durchführung eines ELISAs. Im ersten Schritt wird das Antigen an die Plastikoberfläche einer Mikrotiterplatte adsorbiert. Anschließend müssen freie Valenzen auf der Plastikoberfläche durch eine indifferente Proteinlösung abgesättigt werden, um ein unspezifisches Binden von Antikörpern zu verhindern. Die Mikrotiterplatte wird danach ausgiebig mit Pufferlösung gewaschen. Im nächsten Schritt wird das fixierte Antigen mit einer Lösung eines spezifischen Antikörpers inkubiert. Es wird wiederum ausgiebig gewaschen. Um den gebundenen Antikörper zu identifizieren und damit das Antigen in der Analysenlösung zu quantifizieren, fügt man eine Lösung mit einem zweiten Antikörper zu. Dieser Antikörper erkennt die konstante Region des ersten Antikörpers. Außerdem ist dieser Antikörper kovalent mit einem Enzym gekoppelt. Meist handelt es sich dabei um Alkalische-Phosphatase oder Meerrettich-Peroxidase. Es wird erneut sehr sorgfältig gewaschen. Im letzten Schritt inkubiert man den Komplex mit einem spezifischen Substrat für das gekoppelte Enzym und quantifiziert das gebildete Reaktionsprodukt photometrisch.

fläche abgesättigt sind, kann der Antikörper nur an das fixierte Antigen binden.

- Es wird wiederum ausgiebig gewaschen.
- Um den gebundenen Antikörper zu identifizieren und damit das Antigen in der Analysenlösung zu quantifizieren, inkubieren wir mit einer zweiten Antikörperlösung. Diese enthält einen Antikörper, der gegen die konstante Region des ersten Antikörpers gerichtet ist. Außerdem ist dieser Antikörper mit einem Enzym gekoppelt. Meist handelt es sich dabei um Alkalische-Phosphatase oder Meerrettich-Peroxidase.
- Es wird erneut gewaschen. Dieser Waschschritt ist besonders wichtig und muß sehr sorgfältig durchgeführt werden, da ansonsten das Ergebnis stark verfälscht wird.
- Schließlich inkubieren wir mit einem Substrat für das jeweils verwendete Enzym. Das gebildete Reaktionsprodukt kann dann photometrisch vermessen werden.

Neben diesem einfachen ELISA gibt es mehrere Varianten. Bei einer dieser Varianten beschichten wir die ELISA-Platten zunächst mit einem Antikörper (Abb. M9.2). Erst dann wird die Analysenlösung zupipettiert. Somit bindet das Antigen nicht an der Plastikoberfläche, sondern an dem fixierten Antikörper. Dies ist beispielsweise dann erforderlich, wenn das Antigen nicht an Plastik bindet. Im nächsten Schritt inkubieren wir dann mit einem zweiten Antikörper, der wiederum das Antigen erkennt. Die nächsten Schritte bei diesem „*Sandwich*-ELISA"-Verfahren entsprechen dem einfachen ELISA.

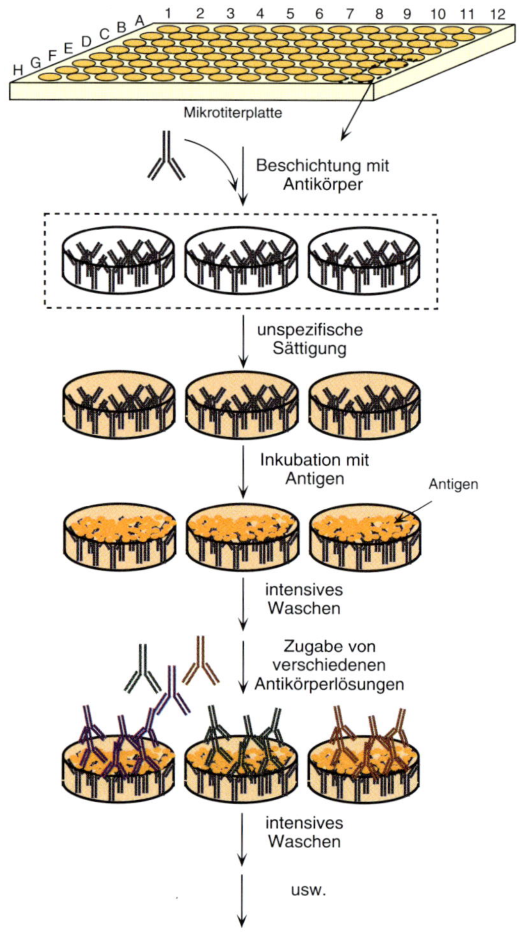

Abb. M9.2 Der „Sandwich-ELISA". Bei dieser Variante wird die Mikrotiterplatte zunächst mit einem spezifischen Antikörper beschickt. Nach Absättigung der freien Valenzen auf der Plastikoberfläche fügt man die Lösung mit dem zu analysierenden Antigen hinzu. Das Antigen bindet proportional zur Konzentration in der Lösung an die fixierten Antikörper. Nach intensivem Waschen fügt man einen zweiten Antikörper hinzu, der ebenfalls das Antigen bindet, so daß sich das Antigen „sandwichartig" zwischen zwei spezifischen Antikörpern befindet. Dieser Komplex kann nun wie beim einfachen ELISA (siehe Abb. M9.1) nachgewiesen und quantifiziert werden.

4.3 Transgenesis

Unter Transgenesis verstehen wir das Einführen fremder genetischer Information in das Genom tierischer Keimbahnzellen. Die fremde DNA wird stabil ins Genom der Keimbahnzellen integriert, so daß sie auf die nächste Generation vererbt werden kann.

http://www.bis.med.jhmi.edu/Dan/tbase/tbase.html (TBASE: The Transgenic/Targeted Mutation Database)

Was verstehen wir unter Keimbahnzellen? Keimbahnzellen sind im Gegensatz zu somatischen Zellen die einzigen Zellen in einem Organismus, die ihr genetisches Material auf Nachkommen weitergeben können. Im ausdifferenzierten Zustand sind Spermien die Keimbahnzellen männlicher Tiere, und die Eier sind die Keimbahnzellen der weiblichen Tiere.

Transgenesis wurde in den achtziger Jahren etabliert. Die Methode ist heute routinemäßig durchführbar und gewinnt ständig an Bedeutung, sowohl in der molekularbiologischen Grundlagenforschung als auch in der biotechnischen Industrie.

Was ist das übergeordnete Prinzip?

- Ein kloniertes Gen wird in den Kern eines befruchteten Eies injiziert (Abb. 4.3.1).
- Dieses Ei wird dann in ein scheinschwangeres Tier implantiert. Ein scheinschwangeres Weibchen ist ein Tier, das künstlich in einen hormonellen Zustand versetzt wurde, der sich in einer Schwangerschaft einstellt.
- Bei den Nachkommen wird überprüft, ob das fremde genetische Material ins Genom integriert wurde.
- Schließlich wird mit Hilfe derartig modifizierter Tiere durch Inzucht eine neue genetische Linie etabliert.

Wir bezeichnen solche Organismen als transgene Tiere. Die eingeschleuste fremde genetische Informationen bezeichnen wir als das Transgen, und die Methode wird Transgenesis genannt.

Transgene Tiere haben für Wissenschaft und Praxis inzwischen erhebliche Bedeutung.

- Es läßt sich der Einfluß einer fremden genetischen Information auf einen Organismus studieren.
- Wir können durch Transgenesis genetische Informationen in einem Organismus gezielt zerstören.
- Anschließend lassen sich die Konsequenzen dieses Informationsverlustes analysieren.
- Auch lassen sich durch Transgenesis therapierelevante Proteine in Tieren als Bioreaktoren erzeugen.
- Transgene Tiere als Bioreaktoren produzieren oft sehr effizient Proteine, die den Originalprodukten – beispielsweise bezüglich

Proteine	Kühe (g/l Milch)	Schafe (g/l Milch)
Caseine		
αS1-Casein	10,0	12,0
αS2-Casein	3,4	3,8
κ-Casein	3,9	4,6
β-Casein	10,0	16,0
Haupt-Molke-Proteine		
α-Lactalbumin	1,0	0,8
β-Lactalbumin	3,0	2,8
Weiter Proteine		
Serum-Albumin	0,4	unbekannt
Lysozym	Spuren	unbekannt
Lactoferrin	0,1	unbekannt
Immunglobuline	0,7	unbekannt

Tabelle 4.3.1 Proteinogene Bestandteile der Milch.

des Glycosylierungsmusters – sehr viel ähnlicher sind, als Analogprodukte, die in anderen biologischen Systemen produziert wurden. Als Produktionsorgan für die Expression fremden genetischen Materials hat sich in den letzten Jahren die laktierende Milchdrüse bewährt. Milch ist eine erneuerbare, sezernierte und relativ unkompliziert zusammengesetzte (Tabelle 4.3.1) Körperflüssigkeit, die bei größeren Tieren in signifikanten Mengen produziert wird und die regelmäßig und einfach gesammelt werden kann, ohne den Tieren ein Leid zuzufügen. Ferner wird ein neues Molekül, das ausschließlich in der laktierenden Milchdrüse produziert wird, keine Effekte auf die normalen physiologischen Prozesse des transgenen Tieres haben. Schließlich läßt sich ein solches Molekül aus der Milch recht einfach reinigen, da Milch aus einer sehr begrenzten Zahl verschiedener Proteine besteht.

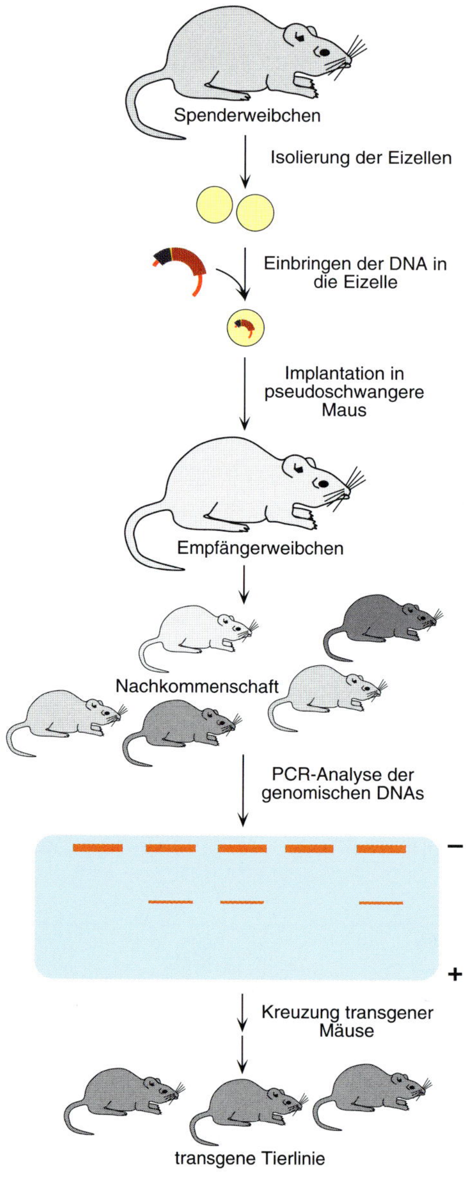

Abb. 4.3.1 Das Prinzip der Keimbahn-Transfektion. Aus einem Spenderweibchen werden Eizellen isoliert. In diese Zellen wird rekombinante DNA injiziert. Danach werden die behandelten Eizellen einer scheinschwangeren Maus implantiert. In der DNA der Jungtiere wird dann mit Hilfe der PCR-Methode nach Sequenzbereichen gesucht, die von der Fremd-DNA abstammen. Mäuse, die derartige Bereiche enthalten, werden gekreuzt, um homozygote, transgene Tiere zu erhalten.

4.3.1 Methodenspektrum

Transgene Tiere lassen sich heute durch drei verschiedene Verfahren herstellen:

- Durch Gentransfer mittels retroviraler Vektoren
- Durch Mikroinjektion von DNA
- Durch Transfektion embryonaler Stammzellen

Jede einzelne Methode hat offensichtlich ihre Vorteile aber auch ihre Nachteile.

4.3.1.1 Gentransfer mittels retroviraler Vektoren

Retroviren eignen sich ganz besonders als Vektoren für das Einschleusen fremder genetischer Information in ein Säugergenom. Dies hat zwei Gründe:

- Wie wir bereits mehrfach gehört haben, ist Infektion immer wesentlich effektiver als Transfektion.
- Um eine Zelle erfolgreich zu infizieren, müssen Retroviren ihr genetisches Material immer ins Genom der infizierten Zelle integrieren, nachdem sie die in den Viruspartikeln enthaltene RNA in der infizierten Zelle in DNA umgeschrieben haben. Aus diesem

Grund besitzen die Viren ein besonders effizientes System, um ihre DNA ins Wirtsgenom zu integrieren.

Daher bieten sich retrovirale Vektoren für den Gentransfer zur Erzeugung transgener Tiere an. Effiziente Transfertechniken sind nämlich außerordentlich wichtig. Denn im Vergleich zu mikrobiellen Systemen oder Zellkultursystemen ist die Zahl der Zellen, in die die fremde genetische Information eingeschleust wird, extrem gering. Wir erinnern uns, es sind Eizellen oder sehr junge Embryonen, die genetisch modifiziert werden sollen.

Obwohl der Gentransfer mittels retroviraler Vektoren zur Herstellung transgener Tiere in letzter Zeit an Bedeutung verloren hat, soll dieses Verfahren hier ausführlich besprochen werden. In der Gentherapie spielt dieses Verfahren nämlich derzeit eine bedeutende Rolle. Es wurde aber im Zusammenhang mit Transgenesis etabliert und perfektioniert.

Als Vektor-System verwenden wir ein „defektes Virus-Genom". Dieses besitzt zwar noch ein Signal für die Verpackung der RNA in eine virale Hülle. Es fehlen auf dem Virus-Genom allerdings essentielle Strukturgene zur Ausbildung einer viralen Hülle (Abb. 4.3.2). Das hat Konsequenzen:

- Die virale RNA eines defekten Virus kann in der infizierten Zelle nicht von einer Hülle umschlossen werden.
- Daher kann diese Zelle, obwohl virale RNA in der Zelle vorhanden ist, kein infektiöses Virus produzieren.

Wir wollen aber doch Infektiosität, denn darauf beruht doch schließlich der Vorteil dieses Transfer-Verfahrens. Haben wir es somit hier mit Widersprüchen zu tun?

Wir müssen also präzisieren:

- Infektiosität ist erwünscht, denn darin liegt eine entscheidende Stärke des Transfer-Systems.
- Allerdings darf das Transfer-System nur ein einziges Mal infektiös sein. Ist die fremde genetische Information in der Zelle, darf Infektiosität nicht mehr möglich sein. Ansonsten würde sich der Einsatz eines derartigen Transfer-Systems aus Sicherheitsgründen verbieten.

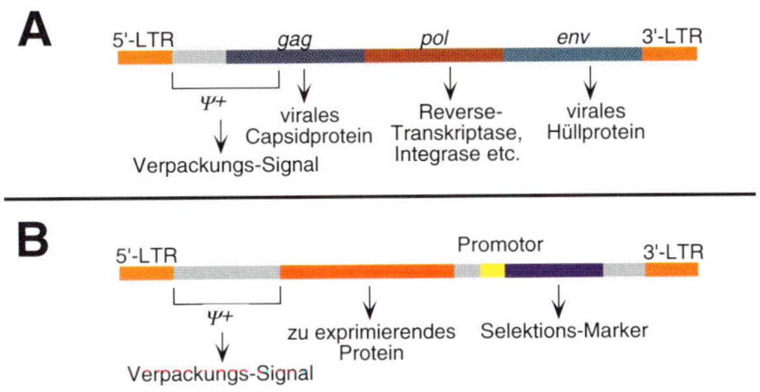

Abb. 4.3.2 Vergleich eines retroviralen Genoms (A) mit dem Genom eines hiervon abgeleiteten Klonierungs-Vektors (B).

A. Retrovirale Genome werden an den Enden von sogenannten *long terminal repeats* (5'-LTR und 3'-LTR) begrenzt. Diese Sequenzen sind für eine effiziente Integration der cDNA-Kopien der viralen Genome in das Wirts-Genom verantwortlich. Die LTRs schließen in der Regel drei Strukturgene ein. Diese codieren für das virale Capsidprotein (*gag*), für die virale Reverse-Transkriptase und Integrase (*pol*) und für die viralen Hüllproteine (*env*). Ferner trägt das virale Genom noch eine Sequenz (ψ^+), die als Verpackungs-Signal fungiert und die damit dafür sorgt, daß infektiöse Virus-Partikel zusammengebaut werden können.

B. Dagegen fehlen retroviralen Klonierungs-Vektoren in der Regel die drei viralen Gene. Statt dessen enthalten sie ein beliebiges zu exprimierendes Gen sowie einen Selektions-Marker. Ferner ist das Verpackungs-Signal ψ enthalten, so daß die von diesen Genomen abgeleiteten RNAs in Verpackungs-Zell-Linien in Virus-Hüllen verpackt werden können. Über die LTRs an den Enden des Klonierungs-Vektors können die DNAs in das Genom der Wirtszelle integrieren.

Um die geforderte initiale Infektiosität zu erlangen, werden die Vektoren zunächst in eine „Verpackungs-Zell-Linie" („*packaging line*") transfiziert (Abb. 4.3.3).

Eine solche Verpackungs-Zell-Linie ist selbst eine gentechnisch modifizierte Zell-Linie. Sie trägt in ihrem Genom eine oder zwei Kopien eines ebenfalls defekten Retrovirus-Genoms (Abb. 4.3.4). Was ist das Besondere an dieser viralen DNA?

- Das virale Genom in der Verpackungs-Zell-Linie trägt sämtliche Information für die viralen Hüllproteine, die nicht nur die virale RNA schützen, sondern die auch – und ausschließlich – für die Infektiosität der Viren verantwortlich ist.

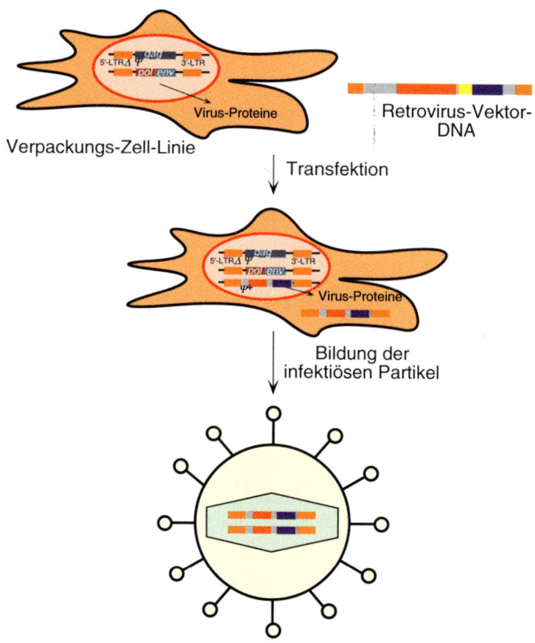

Abb. 4.3.3 Verpackungs-Zell-Linie (*packaging line*). Verpackungs-Zell-Linien tragen ein oder zwei modifizierte virale Genome (siehe Abb. 4.3.4) integriert in ihrem eigenen Genom. In dem hier dargestellten Beispiel trägt die Zell-Linie die beiden viralen Teilgenome, die in Abb. 4.3.4 C vergrößert dargestellt und besprochen sind. Dadurch ist die Zelle in der Lage, alle drei typischen viralen Proteine – die Capsid-Proteine (*gag*), die Hüllproteine (*env*) und die Reverse-Transkriptase (*pol*) – herzustellen. Jedoch werden von der Verpackungs-Zelle keine Viren produziert, da die Zelle keine typischen viralen RNAs synthetisieren kann. Es fehlen nämlich die LTR-Sequenzen und das Verpackungs-Signal. Allerdings können wir diese Zellen nutzen, um gezielt hergestellte, rekombinante virale Genome zu infektiösen Partikeln zu verpacken. Derartige rekombinante Virus-Genome tragen keine viralen Gene mehr (siehe Abb. 4.3.2 B). Statt dessen wurden zwischen den beiden LTRs ein beliebiges zu exprimierendes Gen und ein Selektions-Marker integriert. Ferner enthalten diese Genome im Gegensatz zu den Teilgenomen in der Verpackungs-Zelle ein Verpackungs-Signal ψ. Transfizieren wir das rekombinante virale Teilgenom in die Verpackungs-Zelle, so wird dieses zunächst über die LTRs in das Zell-Genom integriert. Anschließend wird die von der rekombinanten DNA abgelesene RNA dank ihres Verpackungs-Signals ψ mit Hilfe der von der Zelle produzierten viralen Proteine zu infektiösen Virus-Partikeln verpackt.

- Der viralen DNA in der Verpackungs-Zell-Linie fehlt allerdings das „Verpackungs-Signal". Dabei handelt es sich um ein Sequenzelement auf dem viralen Genom, das die synthetisierten Hüllproteine anlockt und den Aufbau der Virushülle initiiert.

Transfizieren wir also die oben beschriebene virale Vektor-DNA in die Verpackungs-Zell-Linie, erhalten wir ein komplementäres System:

- Dem retroviralen Genom in der Verpackungs-Zell-Linie fehlt das Verpackungssignal (Abb. 4.3.4). RNA, die von diesem Genom abgelesen wird, kann also niemals in eine Virushülle verpackt werden. Allerdings liefert das defekte Virus-Genom der Verpackungs-Zell-Linie die Information für die Hüllproteine, die mit hoher Effizienz von der Zelle synthetisiert werden.
- Der Vektor-DNA fehlt die Information für die Hüllproteine. Sie trägt aber ein Verpackungssignal. Zunächst wird die DNA ins Wirts-Genom der Verpackungs-Zell-Linie integriert. Die RNA, die von dieser Vektor-DNA dann synthetisiert wird, lockt die von der Verpackungs-Zell-Linie produzierten Hüllproteine an und wird zu infektiösen Partikeln verpackt.

Das Prinzip eines derartigen Systems ist also das Zusammenbringen zweier getrennter defekter Teilsysteme, die sich aber gegenseitig ergänzen.

Was passiert nun, wenn diese Viren eine Zelle infizieren (Abb. 4.3.5)?

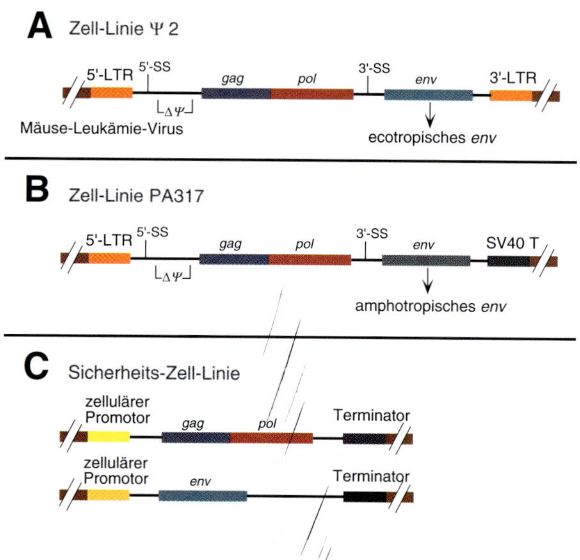

Abb. 4.3.4 Virale Teilgenome zur Etablierung verschiedener Verpackungs-Zell-Linien.

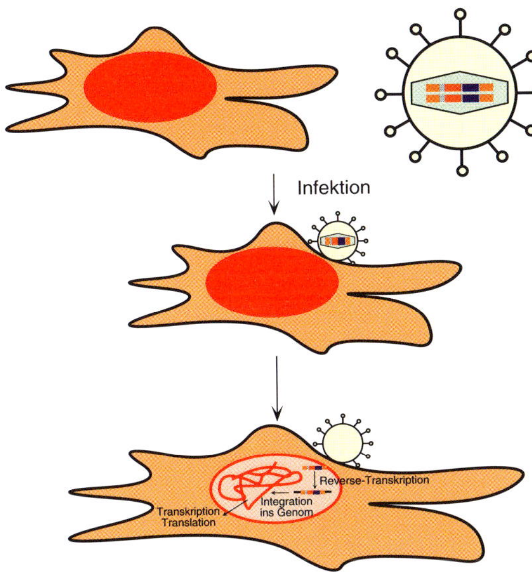

Abb. 4.3.5 Infektion einer Verpackungs-Zelle mit einem rekombinanten Virus. Infizieren wir eine Zelle mit einem in einer Verpackungs-Zell-Linie hergestellten rekombinanten Virus, so wird die virale RNA in der Zelle durch die in die Virushülle mitverpackte Reverse-Transkriptase in eine DNA-Kopie umgeschrieben und über die LTRs ins Genom der infizierten Zelle integriert. Hier kann nun zum einen das integrierte Fremdgen in Protein übersetzt werden. Zum anderen wird das Selektions-Gen exprimiert, so daß die transfizierten Zellen leicht zu erkennen sind. Allerdings ist es nicht möglich, neue Viren zu bilden, denn dem rekombinanten Virus-Genom fehlen alle Gene für die viralen Proteine.

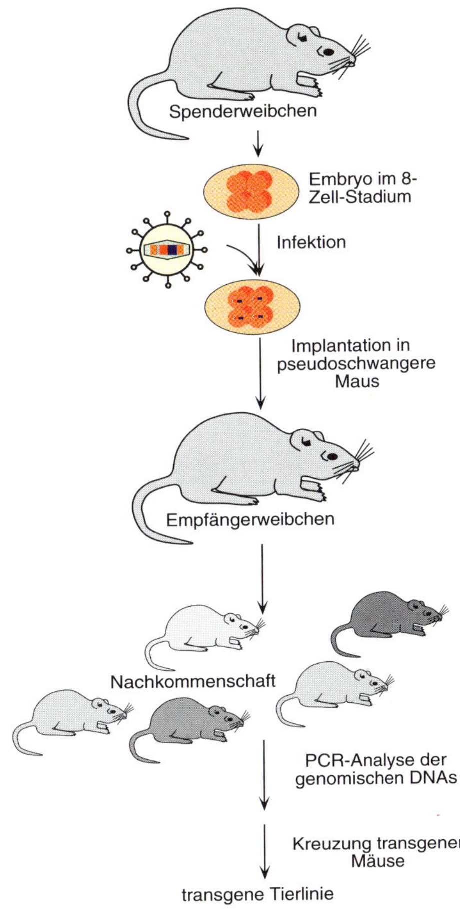

Abb. 4.3.6 Stamm-Zell-Infektion mit Hilfe defekter Virusgenome. In Zellembryos des Acht-Zell-Stadiums lassen sich sehr effizient rekombinante retrovirale Genome integrieren, die zuvor in Verpackungs-Zellen zu infektiösen Partikeln verpackt wurden.

- Die virale RNA verläßt die Virushülle.
- Sie wird durch die retrovirale Reverse-Transkriptase in DNA umgeschrieben, die sofort ins Genom der infizierten Zelle integriert wird.
- Die DNA kann transkribiert werden, und codierende Bereiche der gebildeten RNA können auch translatiert werden.
- Allerdings kann die gebildete RNA nicht wieder zu infektiösen Partikeln verpackt werden, obwohl auf der RNA ein Verpackungs-Signal vorhanden ist. Es fehlen in den infizierten Zellen die viralen Hüllproteine. So bleibt die RNA nicht-infektiös und das Transfer-System biologisch sicher.

Die in der Verpackungs-Zell-Linie gebildeten Virus-Partikel werden geerntet und dienen zur Infektion von Zellembryonen im Acht-Zell-Stadium (Abb. 4.3.6). Die infizierten Embryonen werden dann einer scheinschwangeren Maus in den Uterus implantiert. Mit einer gewissen Wahrscheinlichkeit handelt es sich bei den Nachkommen um transgene Tiere.

Obwohl dieses System sehr effizient ist, besitzt es auch einige entscheidende Nachteile.

- Zum einen nehmen retrovirale Vektoren in der Regel nicht mehr als 8 kBp Fremd-DNA auf.

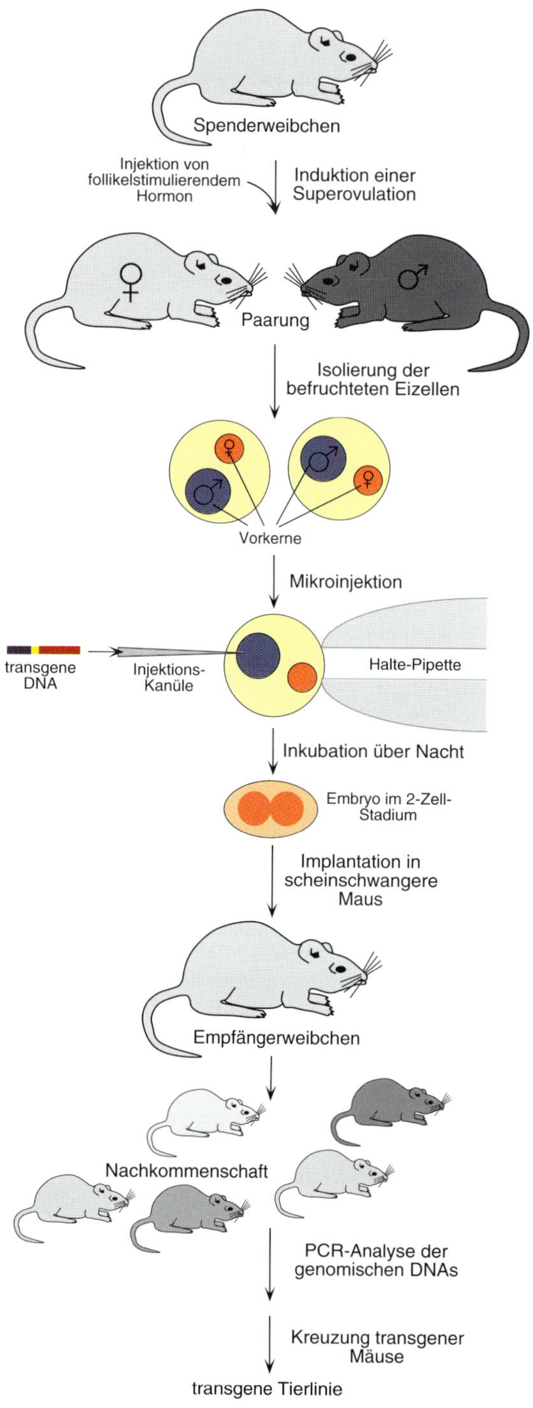

Abb. 4.3.7 Mikroinjektion transgener DNA in den männlichen Vorkern befruchteter Eizellen. Die rekombinante DNA wird über eine sehr feine Kapillare in den männlichen Vorkern der befruchteten Eizelle injiziert, die mit Hilfe einer Halte-Pipette in Position gehalten wird. Nach einer kurzen Inkubationsphase in einer Nährlösung werden die mikroinjizierten Embryonen scheinschwangeren Ammen-Mäusen implantiert und von diesen ausgetragen.

- Zum anderen besteht trotz der erheblichen Vorsichtsmaßnahmen in Form zweier sich komplementierender defekter Genome die Gefahr, daß durch Rekombination im transgenen Tier autonome – d. h. virulente – Viren entstehen.

Diese Gefahr stellt äußerst hohe Ansprüche an die Aufarbeitung des gewünschten Produkts, wo absolut sicherzustellen ist, daß ein derartiges Produkt keinerlei genetisches Informationsmaterial enthält. Somit wird diese Technologie trotz ihrer hohen Effizienz vor allem dann nicht mehr angewendet, wenn mit Hilfe der zu etablierenden transgenen Organismen Produkte produziert werden sollen, die entweder als Lebensmittel oder als Pharmaka eingesetzt werden.

4.3.1.2 DNA-Mikroinjektionsmethode

Bei dieser Methode wird linearisierte DNA, die in der Regel keine Vektoranteile besitzt, in den männlichen Vorkern eines befruchteten Eies injiziert (Abb. 4.3.7).

Zur Isolation befruchteter Eier werden jungfräuliche, weibliche Tiere, die ca. vier bis fünf Wochen alt sind, durch Behandlung mit follikelstimulierendem Hormon zur Zyklus-Ovulation angeregt. Hierzu behandelt man die Tiere mit Serum-Gonadotropin einer schwangeren Stute. 48 Stunden nach der Gonadotropin-Injektion wird den Mäusen eine Dosis menschlichen Chorion-Gonadotropins appliziert. Anschließend werden die so vorbehandelten Weibchen mit männlichen Tieren gepaart. Am folgenden Tag werden die Weibchen, die erfolgreich befruchtet wurden, getötet, um ihnen die befruchteten Eier aus den Ovidukten zu entnehmen.

Abhängig vom verwendeten Mäusestamm können bis zu 30 Zygoten pro Weibchen isoliert werden. Die Zygoten werden durch kurze Inkubation mit Hyaluronidase von den anhaftenden Zellen befreit, anschließend in ein geeignetes Medium transferiert und bis zur Mikroinjektion in einem Inkubator für Säugerzellen bei 37 °C inkubiert.

Durch vorsichtiges Ansaugen an eine Halte-Pipette werden die Eier fixiert. Anschließend wird mit Hilfe einer Mikroinjektionspipette und einem Mikromanipulator eine geringe Menge DNA in den männlichen Vorkern injiziert. Die Spitze der Mikroinjektionsnadel besitzt einen Durchmesser von ungefähr 1 µm und enthält DNA in einer Konzentration von ungefähr 1 µg/ml. Zwei Membranen – die Kernmembran und die Membran des männlichen Vorkerns – müssen durchstochen werden. Dabei muß man darauf achten, daß der Nukleolus nicht berührt wird, da sonst die Nadel verstopft bzw. das Ei beschädigt wird.

Eine erfolgreiche Injektion von DNA in den männlichen Vorkern können wir daran erkennen, daß sich der Embryo leicht aufbläht. Danach wird die Mikroinjektionsnadel zurückgezogen, und das injizierte Ei wird bis zum Zwei-Zell-Stadium über Nacht weiter inkubiert. Anschließend werden die Eier in das Ovidukt anästhesierter scheinschwangerer Weibchen transplantiert.

Bei diesen Ammen-Müttern handelt es sich um Weibchen, die bereits einmal Junge geboren haben. Diese werden vor der Implantation der mikroinjizierten Eier mit vasektomierten Männchen gepaart. Bei Mäusen lassen sich befruchtete Eier nur nach einer Kopulation in das Ovidukt eines Weibchens implantieren.

Nach etwa drei Wochen werden die jungen Tiere geboren. Durch PCR-Analyse an DNA, die aus einer Gewebeprobe isoliert wurde oder durch *Southern-Blot*-Analyse von DNA, die aus einer Schwanz-Biopsie präpariert wurde, kann getestet werden, ob die injizierte DNA in das Genom eines jungen Tieres integriert wurde. Ist dies der Fall, so kann durch Kreuzungsversuche ermittelt werden, ob die Fremd-DNA auch in den Keimzellen vorhanden ist und somit auf weitere Generationen übertragen werden kann. Durch entsprechende Züchtungs-Strategien zwischen transgenen Tieren können dann homozygote Tierstämme etabliert werden.

4.3.1.3 Transfektion embryonaler Stammzellen

Das heute bedeutendste Verfahren zur Herstellung transgener Tiere ist die Transfektion embryonaler Stammzellen. Voraussetzung hierzu war es, eine Technologie zu entwickeln, mit der es möglich war, embryonale Stammzellen zu kultivieren und zu transfizieren.

Embryonale Stammzellen werden aus dem Inneren einer Blastozyste isoliert (Abb. 4.3.8). Diese Zellen sind sogenannte „omnipotente Zellen". Das heißt, obwohl diese Zellen bereits aus mehreren Zellteilungen hervorgegangen sind, kann sich jede dieser Zellen unter geeigneten Bedingungen zu einem kompletten Organismus entwickeln.

Damit die Zellen dieses Potential behalten und nicht in Kultur differenzieren, müssen sie auf einer Schicht von Nährzellen aus Fibroblasten kultiviert werden. Dadurch werden sie daran gehindert, in ein Differenzierungsprogramm einzutreten und ihre „Omnipotenz" zu verlieren. Alternativ können wir auch den Leukämie-inhibierenden-Faktor (LIF) zum Kulturmedium zusetzen, wodurch ebenfalls eine Differenzierung der embryonalen Stammzellen verhindert wird. Auf diese Art ist es möglich, embryonale Stammzellen viele Wochen lang *in vitro* zu kultivieren, ohne daß das Differenzierungspotential dieser Zellen verloren geht.

Fremd-DNA kann durch gängige Verfahren, wie Calciumphosphat-Präzipitation oder Elektroporation in die Zellen transfiziert werden. Der große Vorteil dieses Verfahrens besteht darin, daß im Anschluß an die Transfektion ein Selektionsprozeß angeschlossen werden kann, wodurch transfizierte Zellen angereichert werden. Hierzu werden die Zellen in Gegenwart des Neomycin-Analogen G418 inkubiert, wobei nur Zellen überleben können, die ein Neomycinresistenzgen tragen, das Teil der transfizierten Fremd-DNA ist. Anschließend werden die transfizierten Zellen zurück in eine Blastozyste transferiert, die dann einer scheinschwangeren Maus implantiert wird.

Da die Blastozyste sowohl transfizierte wie nicht-transfizierte Zellen enthält, sind die Jungtiere Chimären. Das heißt, nur ein Teil der Zellen dieser Tiere tragen fremde genetische Information. In der zweiten Generation erhalten wir allerdings transgene Tiere, die in allen Zellen die fremde genetische Information enthalten. Durch weiteres Kreuzen können schließlich homozygote transgene Linien etabliert werden.

Der große Vorteil der Transfektion embryonaler Stammzellen besteht zum einen darin, daß wir Zellen anreichern können, die erfolgreich transfiziert wurden. Zum anderen können wir die Integration der Fremd-DNA in das Zellgenom bereits auf der Ebene dieser Kulturzellen und nicht etwa erst am transgenen Tier sehr genau charakterisieren. Daher ist es möglich, ausschließlich solche Zellen zur Erzeugung eines transgenen Tieres zu verwenden, bei dem das gewünschte Integrationsereignis auch tatsächlich eingetreten ist. Leider läßt sich diese Technologie bisher ausschließlich an Mauszellen anwenden.

Für die Herstellung anderer transgener Organismen ist daher die Mikroinjektionsmethode die Methode der ersten Wahl, wie wir im folgenden sehen werden. Obwohl auch diese Methode prinzipiell relativ einfach und

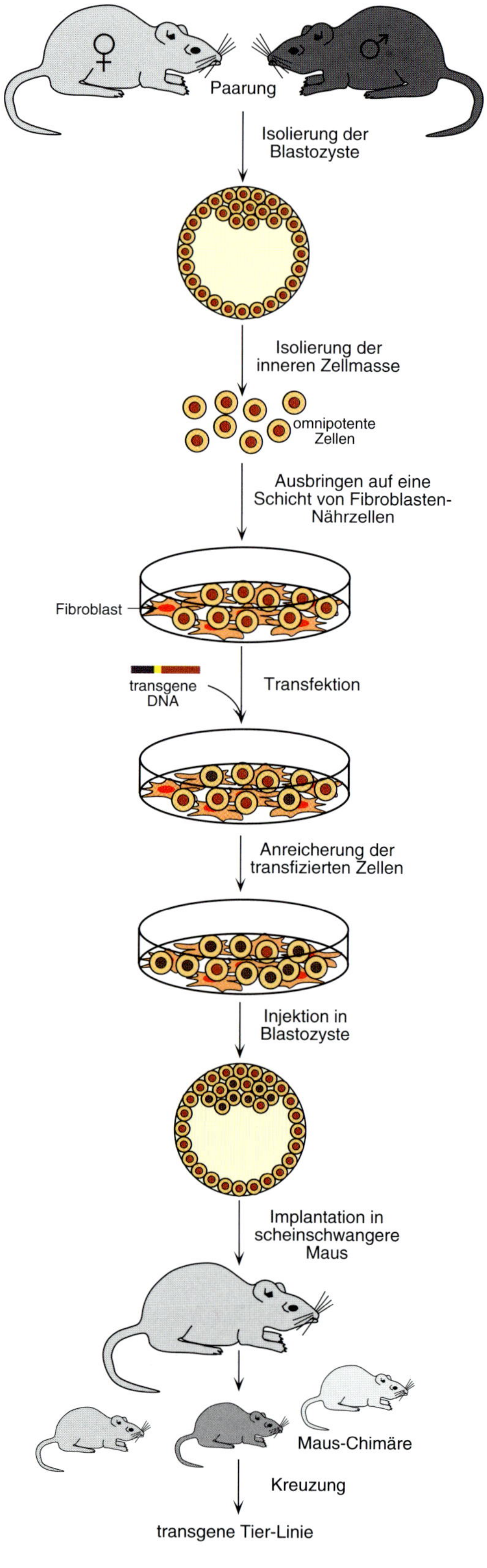

Abb. 4.3.8 Transfektion embryonaler Stammzellen. Embryonale Stammzellen können aus Blastozysten isoliert werden. Werden sie mit Fibroblasten cokultiviert, behalten sie über eine lange Zeit ihre entwicklungsbezogene Omnipotenz. Dies ist eine ideale Situation, um fremdes genetisches Material einzubringen. Die Klone können noch auf zellulärer Ebene analysiert und charakterisiert werden, bevor sie dann in eine Blastozyste zurückgesetzt werden. Da in der Blastozyste nichttransfizierte und transfizierte Zellen nebeneinander vorliegen, erhalten wir Mäuse-Chimäre. Ein Teil der Zellen dieser Tiere tragen das Transgen, ein anderer nicht. Befinden sich Transgene in der Keimbahn, wird diese fremde genetische Information auf die Nachkommen übertragen, und wir erhalten transgene Tiere.

gut etabliert ist, erfordert sie eine gute Koordination einer Vielzahl unabhängiger experimenteller Schritte. Versuchsplanung ist hier ganz besonders wichtig. Selbst bei routinierten Experimentatoren liegt die Erfolgsrate kaum höher als 5 %. Keiner der einzelnen Schritte besitzt eine Effizienz von annähernd 100 %. Aus diesem Grund muß eine große Anzahl fertilisierter Eizellen injiziert werden, um das gewünschte Resultat zu erhalten. Im Maussystem überleben ca. 65 % der fertilisierten Eier die Injektionsprozedur, aber nur etwa 25 % der implantierten Eier entwickeln sich zu lebensfähigen Nachkommen. Von diesen sind wiederum etwa nur ca. 25 % transgen. Es müssen also ca. 1000 fertilisierte Eier mikroinjiziert werden, um letztendlich 30–50 transgene Nachkommen zu erhalten.

Protein	Konzentration (μg/ml)
Maus	
Plasminogen-Aktivator (tPA)	< 0,4
CD4-Rezeptor	0,001 - 0,2
Wachstumshormon	0,06 - 410
Protein C	0,2
α1-Antitrypsin	7.000
Urokinase	1.000 - 2.000
Trophoblasten-Interferon	1.000
Kaninchen	
Interleukin 2	0,051 - 0,430
Wachstumshormon	< 3,7
Pro-Chymosin	< 10.000
IGF-I	2.500
Schwein	
Wachstumshormon	0,04
Schaf	
α1-Antitrypsin	5 - 35.000
Faktor X	0,025
Ziege	
Plasminogen-Aktivator	3

Tabelle 4.3.2 Beispiele für rekombinante Proteine, die durch transgene Tiere in der Milch produziert werden

4.3.2 Transgene Ratten

Transgene Ratten lassen sich durch die Mikroinjektionstechnik in ähnlicher Weise erzeugen, wie transgene Mäuse. Wichtig ist, daß jungfräuliche Weibchen (ca. 30 Tage alt) gewählt werden, da sie am besten auf die Induktion einer Super-Ovulation reagieren. Nach Kopulation mit einem Männchen können zwischen 50 und 100 befruchtete Eier von einem einzigen Weibchen isoliert werden. Die Entwicklung der männlichen Vorkerne dauert einige Stunden länger als bei Mäusen und die *Zona pellucida* sowie die Vorkernmembranen sind etwas elastischer, was die Injektion selbst geringfügig erschwert.

4.3.3 Mikroinjektionstechniken bei anderen Tieren

Die Technologie, transgene Tiere zu erzeugen, wurde auf eine Vielzahl landwirtschaftlich wichtiger Tiere ausgedehnt. Das konkrete Vorgehen, eine Super-Ovulation herbeizuführen, variiert stark von Spezies zu Spezies und muß individuell erarbeitet werden. Erfolgreich wurden transgene Schafe, transgene Ziegen, transgene Schweine und transgene Rinder erzeugt. Bei manchen Spezies ist es erforderlich, den Pronukleus durch Zentrifugation der fertilisierten Embryonen sichtbar zu machen, um gezielter in den Pronukleus injizieren zu können.

Da bei größeren Tieren die Techniken immer aufwendiger und die Erfolgsraten immer geringer werden, ist es erforderlich, die zu injizierenden DNA-Konstrukte in Vorversuchen an Zellkulturen genau auszutesten zu haben. Selbst dann kann ein Erfolg wegen der nicht steuerbaren Integration der Fremd-DNA in das Genom des Zielorganismus nicht mit Sicherheit vorhergesagt werden, so daß auch hier trotz des hohen Aufwandes sehr viele Mikroinjektionen erforderlich sind, um letztlich zum Ziel zu kommen.

Trotz dieser Schwierigkeiten, ist es gelungen, auch größere Säugetiere (Nutztiere) mit transgenen Eigenschaften auszustatten. Die transgenen Tiere produzieren wichtige therapeutische Proteine in akzeptablen Ausbeuten und mit hoher Authentizität in ihren laktierenden Milchdrüsen. Obwohl die Ausbeuten heterologer Proteine zum Teil extrem schwanken, ist es möglich, Tiere zu erzeugen, die einen signifikanten Anteil an Fremd-Protein in der Milch produzieren (Tabelle 4.3.2). Das bisher beste Beispiel ist ein transgenes Schaf, das unter der Kontrolle eines β-Lactoglobulin-Promotors 35 g glycosyliertes humanes α1-Antitrypsin pro Liter Milch herstellt. Dies entspricht 50 Prozent der gesamten Milchproteine.

4.3.4 *Auswirkungen fremden genetischen Materials auf den Wirtsorganismus*

Die Integration fremder genetischer Information kann für den Wirtsorganismus ein tiefgreifender Eingriff sein. Welche Auswirkungen haben derartige Eingriffe auf den Organismus?

In der Regel ist die Integration der fremden genetischen Information in das Genom der Ziel-Zelle ungerichtet. Sehr oft wird die DNA bei der Integration auch amplifiziert, so daß sich Kopf-zu-Schwanz Konkatamere bilden. Die Expression der Transgene ist nicht unbedingt proportional zur Anzahl der amplifizierten Kopien. Wird etwa die DNA in Heterochromatin-Bereiche integriert, so ist sehr häufig der Nachweis der Expression der fremden genetischen Information trotz einer hohen Kopienzahl nicht möglich.

Andererseits kann sich durch eine sehr starke Expression des Transgens der Phänotyp der Zelle im transgenen Organismus in überraschender Art und Weise verändern. Im Extremfall können sogar bestimmte Zellen durch die Überexpression eines Transgens abgetötet werden. Integrieren fremde genetische Informationseinheiten in ein Gen der Ziel-Zelle, so führt dies in der Regel zur Inaktivierung des „getroffenen" Gens. Handelt es sich dabei um ein essentielles Gen, so sind die homozygoten Nachkommen in der F_2-Generation nicht mehr lebensfähig.

Durch Kopplung einer bestimmten genetischen Informationseinheit mit einem zelltypspezifisch regulierten Promotor ist es möglich, die Expression des Transgens auf bestimmte Zelltypen zu begrenzen. So können wir die Auswirkungen der Expression eines Transgens auf diesen Zelltyp studieren. Oder wir können – wie wir das bereits diskutiert haben – in bestimmten Zelltypen ein Transgen zur Isolierung des entsprechenden Produktes überexprimieren.

4.3.5 *Konstitutive Expression fremder genetischer Information*

Wichtige Informationen über die Funktion eines bestimmten Genproduktes erhalten wir, wenn wir durch einen entsprechenden Promotor dafür sorgen, daß dieses Gen konstitutiv exprimiert wird. Ein derartiger Promotor ist z. B. die Kontrolleinheit eines sogenannten *housekeeping*-Gens wie beispielsweise das Gen für die Phosphoglycerat-Kinase. Je nach Funktion des Genproduktes lassen sich zum Teil dramatische Effekte erkennen. Dies ist immer dann besonders deutlich, wenn es sich bei den Gen-Produkten um regulatorische Proteine handelt. Durch das nun artifiziell vermehrte Vorkommen eines Regulatorproteins in einer Zelle wird das Gleichgewicht zwischen verschiedenen Regulatorproteinen durch Abtitrieren eines bestimmten Moleküls gestört. Sehr häufig sind diese Effekte so ausgeprägt, daß sich ein derartiges transgenes Tier erst gar nicht etablieren läßt, sondern die Foeten bereits im Laufe ihrer Entwicklung absterben.

4.3.6 Regulierte Expression fremder genetischer Information

Die geschilderten Probleme können wir umgehen, indem wir die fremde genetische Information unter die Kontrolle eines nichtzelltypspezifischen, aber regulierten Promotors stellen. Ein solcher Promotor ist beispielsweise der Metallothionin-Promotor, der sich durch Zugabe von Schwermetallen induzieren läßt.

Auch intelligent modifizierte, bakterielle Kontrollelemente, wie beispielsweise der Tetracyclin-Operator, lassen sich in Kombination mit eukaryontischen Promotoren als gut steuerbare Kontrollelemente einsetzen. Der Vorteil einer derartigen Kontrolle besteht darin, daß man die fremde genetische Information gezielt zur Expression bringen kann, so daß sich das Tier ohne Komplikationen entwickeln kann.

Umgekehrt kann die Funktion von Kontrollelementen dadurch analysiert werden, daß man den zu untersuchenden Kontrollbereich mit einem Reporter-Gen kombiniert. Durch schrittweises Deletieren von Bereichen dieser Kontrollregion oder durch gezielten Ersatz von Nukleotidkassetten innerhalb dieses Kontrollbereiches können Funktionseinheiten identifiziert und deren Bedeutung für die Genexpressions-Kontrolle charakterisiert werden (Abb. 4.3.9). Derartige sogenannte dominante – oder locusspezifische – Kontrollregionen wurden beispielsweise für den menschlichen Globingenlocus oder für die Rotgrünen Sehpigment-Gene entdeckt.

4.3.7 Zerstörung der Genfunktion

Nicht weniger informativ ist ein Ansatz, bei dem durch die Integration von Fremd-DNA in eine bestimmte Informationseinheit dieses Gen in seiner Funktion zerstört wird (Abb. 4.3.10). Auf diese Weise können wir Erkenntnisse über die Funktion des Gens bzw. des Genprodukts erhalten. Nach einer Transfektion werden Zellen selektioniert, die aufgrund eines Integrationsereignisses einen bestimmten Phänotyp entwickeln. Auf der Basis dieses Phänotyps kann dann versucht werden, die Mutation zu identifizieren und somit die Funktion des entsprechenden Genprodukts zu verstehen.

Wir können auch versuchen, ein Gen gezielt anzusteuern und durch homologe Rekombination zu inaktivieren. Dies geschieht dadurch,

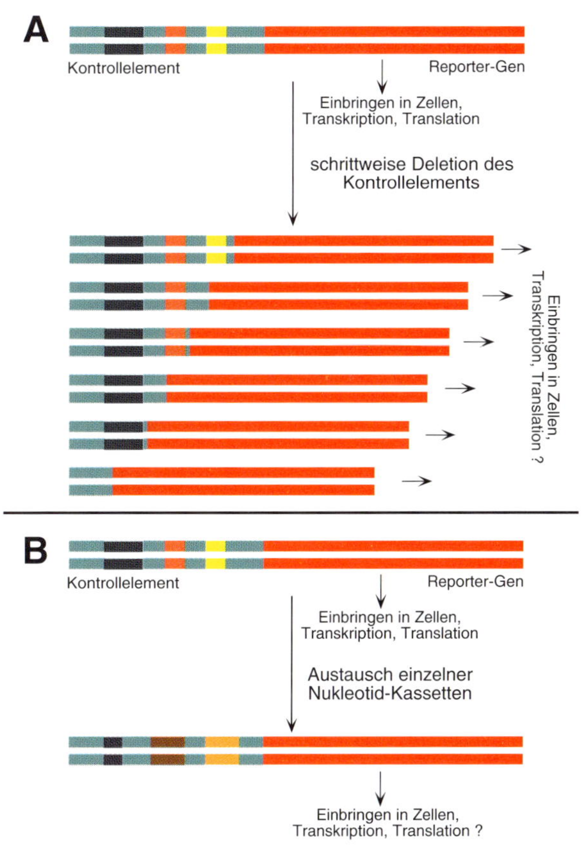

Abb. 4.3.9 Analyse von Kontrollregionen mit Hilfe von Reporter-Gen-Konstrukten.
A. Zur Analyse von Transkriptions-Kontrollregionen verkürzen wir den entsprechenden DNA-Bereich sukzessive, beispielsweise vom 3'-Ende her. Die DNA-Fragmente verknüpfen wir mit einem Reporter-Gen, dessen Aktivität wir *in vivo* sehr gut verfolgen können. **B.** Alternativ können wir auch ganze Motive in Kontrollelementbereichen einführen, eliminieren oder austauschen, um dann die Konsequenzen auf die Funktion mit Hilfe eines Reporter-Gens zu ermitteln.

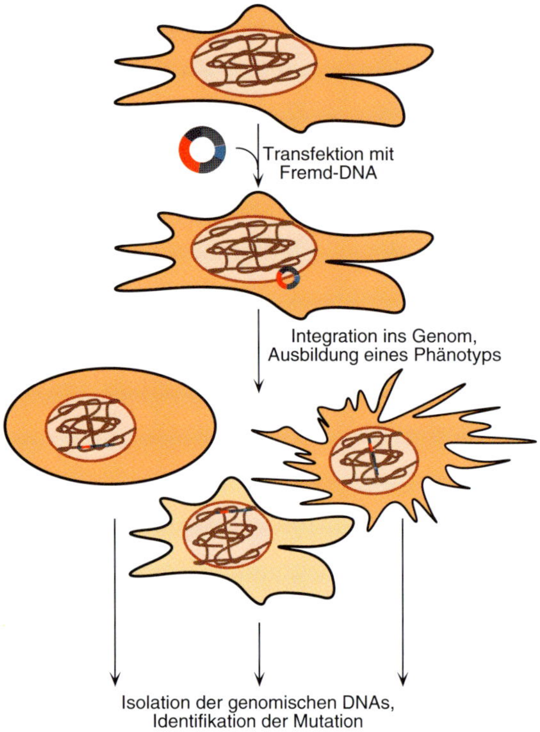

Abb. 4.3.10 Konsequenzen von Transfektionen mit Fremd-DNA auf den Zellphänotyp. Durch Transfektion von Plasmid-DNA können Gene getroffen und deren Funktion zerstört werden. Dies erkennen wir z. B. daran, daß sich der Phänotyp der Zelle oder des transgenen Organismus ändert. Wir können nun versuchen, das zerstörte Gen zu identifizieren und dessen Funktion zu entschlüsseln.

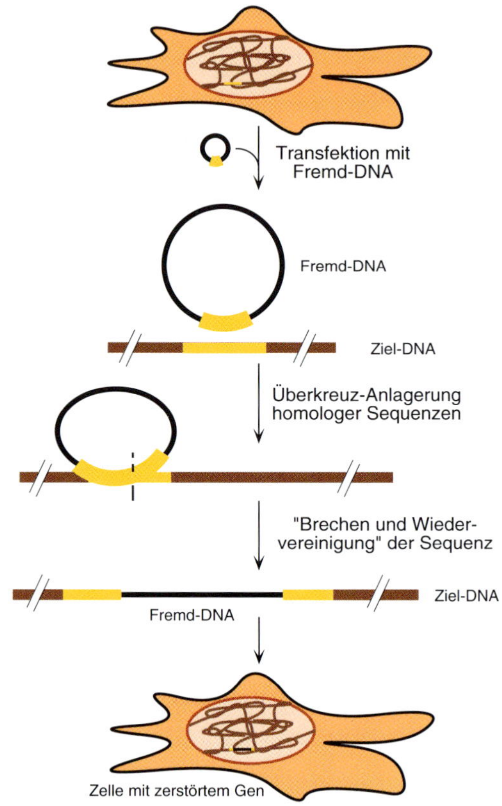

Abb. 4.3.11 Gen-Inaktivierung durch homologe Rekombination. Wollen wir ein bestimmtes Gen durch Integration eines Plasmids inaktivieren, muß dieser Vektor Teilbereiche des anzusteuernden Gens tragen. Über homologe Rekombination wird die gesamte Vektor-DNA dann in das Ziel-Gen integriert und dieses dadurch inaktiviert (siehe auch Abb. 3.2.13).

daß das gezielt angesteuerte Gen durch Integration von Fremd-DNA in seiner Funktion zerstört wird (Abb. 4.3.11). In einem solchen Fall enthält der zu transfizierende Vektor Teile des entsprechenden Gens, so daß die Integration der Fremd-DNA über homologe Rekombination, das heißt über Rekombination zwischen der klonierten Gensequenz einerseits und dem entsprechenden chromosomalen Gen andererseits erfolgt. Durch Integration des gesamten Transfektionsvektors wird die Funktion des angesteuerten Gens zerstört.

Alternativ können Teile des Gens durch Vektorbereiche ersetzt werden, wobei derartige Vektorbereiche dann ihrerseits meist für eine andere Funktion – wie beispielsweise eine Antibiotika-Resistenz – codieren (Abb. 4.3.12). Hierzu ist es erforderlich, daß zwei Rekombinationsereignisse an unterschiedlichen Stellen im Plasmid und am Ziel-Gen erfolgen. Wir haben dies bereits prinzipiell im Kapitel 3.2 „Klonieren in Hefe" kennengelernt.

Derartige *gene-replacement*-Ereignisse sind in höheren Eukaryonten deutlich seltener als in Hefe, auch dann, wenn die homologen Bereiche, über die die Rekombination ablaufen, von erheblicher Größe sind. Aus diesem Grund ist es vorteilhaft, wenn auf ein derartig seltenes Ereignis selektioniert werden kann. Dies erreichen wir durch eine sogenannte

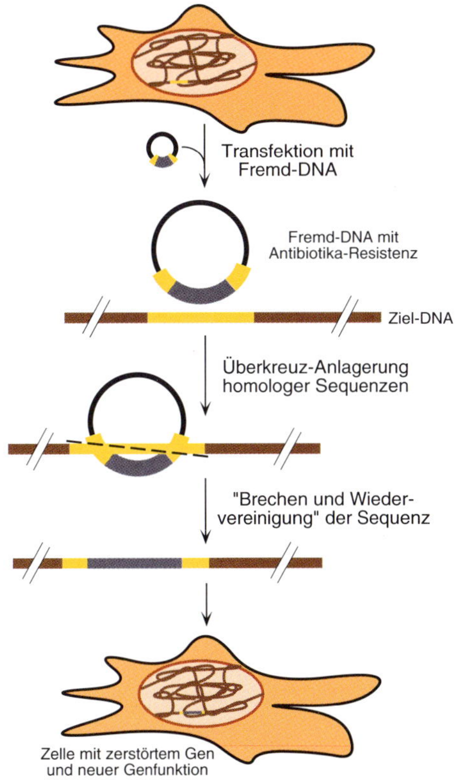

Abb. 4.3.12 Selektion auf Geninaktivierung nach *gene-replacement*. Durch einen *gene-replacement*-Vektor können wir ein Gen im Genom gezielt zerstören, indem wir einen Bereich des Ziel-Gens durch eine andere Funktionseinheit, beispielsweise eine Antibiotika-Resistenz, ersetzen. Dazu muß das Antibiotika-Resistenz-Gen in dem *gene-replacement*-Vektor an beiden Seiten von Teilen des Ziel-Gens flankiert sein, und es müssen im Genom zwei Rekombinationsereignisse über beide Homologiebereiche stattfinden (siehe auch Abb. 3.2.15)

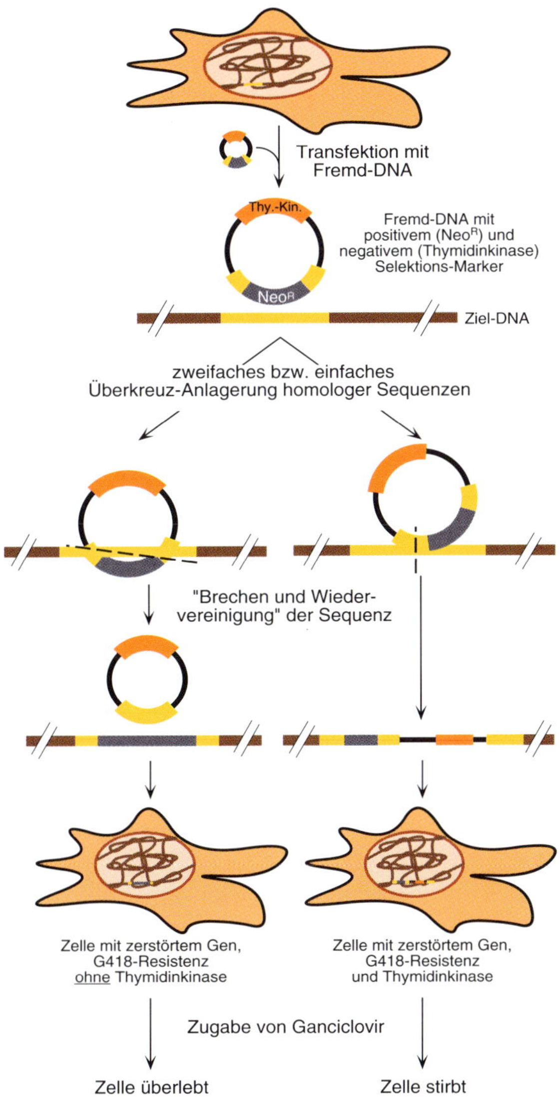

Abb. 4.3.13 Positiv-/Negativ-Selektion in Gegenwart von Ganciclovir. Bei der Positiv-/Negativ-Selektion verwenden wir ein Plasmid mit zwei relevanten Funktionselementen. Das eine Funktionselement erlaubt es, transgene Zellen z. B. über eine Antibiotika-Resistenz positiv zu selektionieren. Im vorliegenden Beispiel ist es das Neo^R-Gen, das der Zelle eine Resistenz gegen das Antibiotikum G418 verleiht. Das zweite Funktionselement ist für die Zelle unter ganz bestimmten Umständen tödlich. Es handelt sich also hier um ein negatives Selektions-Element. Im dargestellten Beispiel übernimmt diese Funktion ein Gen für eine virale Thymidinkinase. Wird dieses Gen in die transgene Zelle integriert, so sind die Zellen zunächst vital. Setzen wir allerdings dem Medium den Antimetaboliten Ganciclovir zu, so wird dieses Prodrug durch die Thymidinkinase phosphoryliert und damit in die aktive Form überführt. Als Konsequenz sterben die transgenen Zellen ab.
Der große Nutzen einer Positv-/Negativ-Selektion besteht darin, Zellen zu selektionieren, die einerseits G418-resistent sind und die andererseits in Gegenwart von Ganciclovir wachsen können. Diese Zellen müssen die fremde genetische Information über die beiden gelben Bereiche im Vektor ins Genom der Zelle integriert haben und somit einen Teil des Zielgens durch das Neo^R-Gen ersetzt haben.

Positiv-/Negativ-Selektion. Hierbei wird ein Plasmid verwendet, das zwei selektionierbare Marker enthält (Abb. 4.3.13).

- Der Marker für die Positiv-Selektion ist in der Regel ein Neomycin-Phosphotransferase-Gen, das sich zwischen den Sequenzbereichen befindet, über die die homologen Rekombinationen stattfinden sollen. Wird dieses Gen eingebaut, das heißt ersetzt dieses Gen einen integralen Teil des Zielgens, so kann positiv auf G418-Resistenz selektioniert werden.
- Der zweite Funktionsteil auf einem derartigen *gene-replacement*-Vektor liegt außerhalb der Regionen, über die die homologe Rekombination stattfinden soll. Dieser Teil

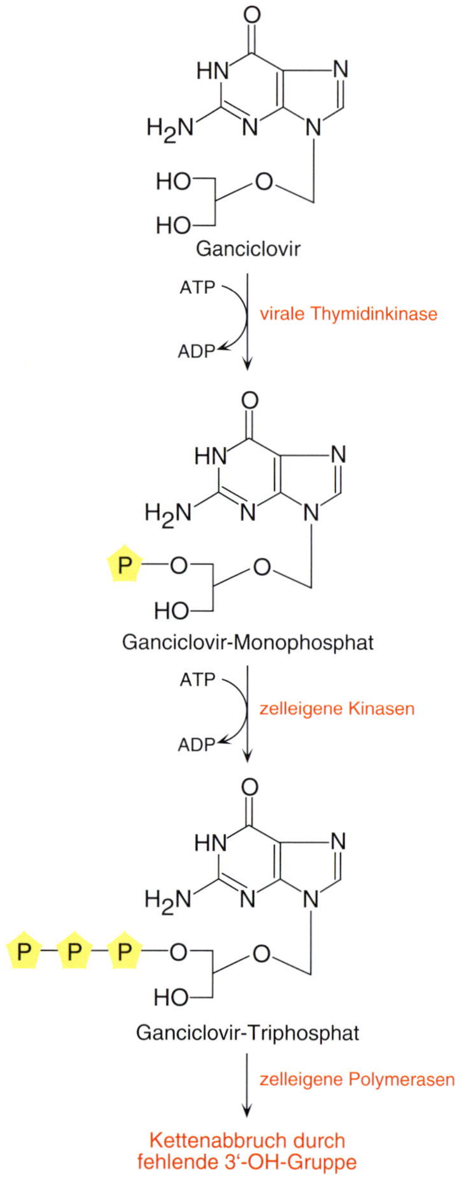

Abb. 4.3.14 Die Rolle der viralen Thymidinkinase bei der Ganciclovir-Giftung. Das Nukleosid-Analogon Ganciclovir wird durch die Thymidinkinase aus Herpesviren in das Monophosphat überführt, das dann durch zelleigene Kinasen zum Triphosphat weitermodifiziert wird. In dieser Form ist Ganciclovir hochgiftig für alle Zellen, da es als Substrat zelleigener Polymerasen fungiert und damit Kettenabbruchreaktionen bei der DNA-Synthese induziert.

ist für die Negativ-Selektion verantwortlich. Er trägt beispielsweise ein oder zwei Thymidinkinase-Gene aus Herpesviren.

Wie funktioniert eine derartige Positv-/Negativ-Selektion? Wir erinnern uns: Ziel einer *gene-replacement*-Transfektion ist es, nur einen bestimmten Teil, aber nicht den kompletten Transfektionsvektor, an einer definierten Stelle im Genom zu integrieren. Wird der komplette Transfektionsvektor und damit auch das virale Thymidinkinase-Gen in das Zielgenom eingebaut, so können die Zellen in Gegenwart des Prodrugs Ganciclovir nicht überleben (Abb. 4.3.14). Ganciclovir wird in einer solchen Zelle durch die virale Thymidinkinase phosphoryliert und somit gegiftet. Dies kann dazu genutzt werden, gegen die Integration eines kompletten Transfektionsvektors zu selektionieren.

Andererseits können wir positiv auf den Bereich des Transfektionsvektors selektionieren, der ins Genom integrieren soll. Dieser Bereich trägt das Neomycin-Resistenz-Gen, und es können nur Zellen überleben, die das entsprechende Vektorsegment in ihr Genom integriert haben.

Somit können in Gegenwart von Ganciclovir und G418 nur Zellen überleben, bei denen tatsächlich ein *gene-replacement*-Ereignis stattgefunden hat. Das bedeutet, daß DNA über zwei Rekombinationsstellen integriert wurde, die das Neomycin-Resistenz-Gen einschließen und die das virale Thymidinkinase-Gen ausschließen (Abb. 4.3.13).

Ein anderes genetisches Hilfskonzept ist das sogenannte *cre/loxP*-Rekombinationssystem aus dem Bakteriophagen P1 (Abb. 4.3.15). Das Protein *Cre* ist ein Rekombinationsenzym, eine Rekombinase. Es erkennt und bindet an 34 Bp lange DNA-Abschnitte einer ganz bestimmten Sequenz, die man als *loxP*-Stellen bezeichnet. Die *Cre*-Rekombinase vermittelt dann eine Rekombination zwischen zwei *loxP*-Stellen. Befinden sich diese beiden *loxP*-Stellen auf einem DNA-Molekül und sind sie zudem noch gleichsinnig orientiert, wird durch das Rekombinationsereignis die Sequenz zwischen den loxP-Stellen spezifisch entfernt.

Solche Verfahren führen zu den berühmten *knock-out*-Mäusen, die in erheblichem Maße dazu beigetragen haben und weiterhin

Krankheit	Ausgeschaltetes Maus-Gen oder Genprodukt
Kardiologie	
Atherosklerose	Apolipoprotein E, LDL-Rezeptor
salzsensitiver Bluthochdruck	"*Atrial natriuretic peptide*"
Endokrinologie	
Familiäre hypocalciuride Hypercalcämie	Calcium-Rezeptor
Glycogenspeicher-Krankheit-Typ1	Glucose-6-Phosphatase
Intrauterine Wachstumsverzögerung	"*Insuline-like growth factor* II"
Fettsucht	β_3-Adrenerger-Rezeptor
Gastroenterologie	
Morbus Hirschsprung	Endothelin-Rezeptor
Colitis ulcerosa	Interleukin 2
Hämatologie	
α-Thalassämie	α-Globin
Hämophilie A	Faktor VIII
chronische Granulomatose	Cytochrom b-245
Immunologie	
autoimmunes lymphoproliferatives Syndrom	FAS
Bruton's Agammaglobinämie	Bruton's Tyrosinkinase
Hyper-IgM-Syndrom	CD40-Ligand
SCID	
- autosomal rezessiv	Janus-Kinase (JAK)-3
- X-gekoppelt	IL-2-Rezeptor (Gamma-Kette)
Metabolismus	
Gaucher-Krankheit	β-Glucocerebrosidase
Homocysteinämie	Cystathionin-β-Synthase
Lesch-Nyhan-Syndrom	Hypoxanthin-Phosphoribosyl-Transferase
Niemann-Pick-Krankheit	Saure-Sphingomyelinase
Tay-Sachs-Krankheit	α-Hexosaminidase A
Neurologie	
schlechtes Kurzzeitgedächtnis	Calmodulin-Kinase-II
Onkologie	
Li-Fraumeni-Syndrom	p53
Neurofibromatose	NF-1
Retinoblastom	RB
Pulmonologie	
Mucoviszidose	"*Cystic fibrosis transmembrane conductance regulator*" (CFTR)
Psychische Erkrankungen	
Alkoholismus	5-HT_{1B}Serotonin-Rezeptor
Aggressivität, Schreckhaftigkeit	Monoaminooxidase A
aggressives Sexualverhalten, Angriffslust	Neuronale-NO-Synthase

Abb. 4.3.3 Beispiele für *knock-out*-Tiermodelle für menschliche Krankheiten

beitragen werden, die Funktion bestimmter Gene verstehen zu lernen, um Therapiestrategien für bestimmte Erkrankungen zu etablieren (Tabelle 4.3.3).

4.3.8 Gezielte Zerstörung von Zellen durch fremde genetische Information

Ein weiterer Einsatz der Technologie, fremde genetische Information in Tieren zu exprimieren, besteht darin, ganz bestimmte Zellen durch die Expression des heterologen genetischen Materials zu zerstören. Beispielsweise können wir durch diesen Ansatz in einem ganzen Organ einen Zelltyp komplett entfernen, um zu studieren, welche Konsequenzen das hat und um zu lernen, ob und wie solche Defekte zu korrigieren sind.

Wir koppeln dazu einen zelltypspezifisch aktiven Promotor beispielsweise an das Gen für ein Toxin, wie das Diphterie-Toxin. Toxine sind Proteine, die meist aus zwei Ketten bestehen, einer A-Kette und einer B-Kette. Die B-Kette des Toxins bindet an bestimmte Zuckerstrukturen auf der Oberfläche von Zellen. Da-

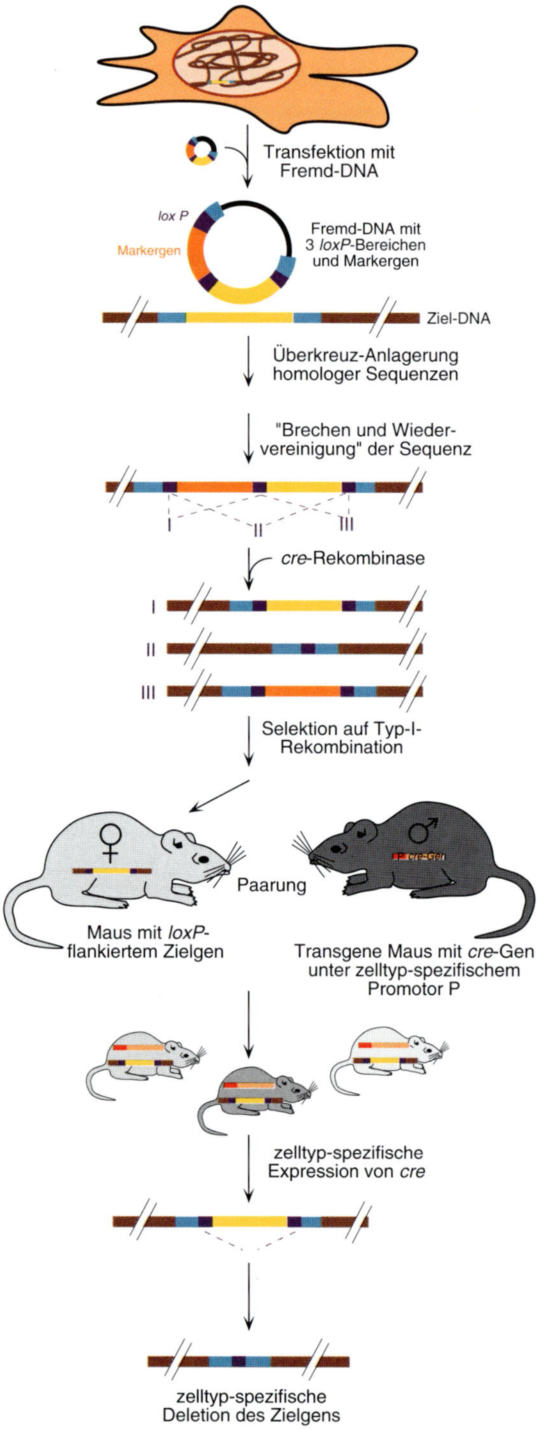

durch kann die A-Kette dann in die Zelle eindringen. Die A-Kette ist ein Enzym, das wichtige intrazelluläre Proteine wie G-Proteine oder Translation-Elongations-Faktoren modifiziert und damit inaktiviert. Für einen transgenen Einsatz wird die B-Kette nicht benötigt.

Konkret wurde dieser Ansatz gewählt, um die exokrinen Zellen im Pankreas kontrolliert zu zerstören. Hierzu wurde der Promotor des Elastase-I-Gens mit dem Gen für die A-Kette des Diphterie-Toxins gekoppelt. Elastase I wird nur im Gewebe des exokrinen Pankreas synthetisiert, da der Promotor nur in diesen Zellen aktiv ist. Wie vorhergesagt, enthielten die entsprechenden transgenen Mäuse keinen normalen Pankreas mehr.

Dieser Ansatz führt dann zu Komplikationen, wenn auch hier die zelltypspezifische Expression so früh beginnt, daß eine normale Entwicklung einer lebensfähigen Maus nicht mehr möglich ist. Dieses Problem ließ sich durch eine Modifikation des geschilderten Ansatzes lösen. Hierzu wurde die *Enhancer*-Promotor-Sequenz des Elastase-I-Gens nicht mit der A-Kette des Diphterie-Toxins sondern mit dem Thymidinkinase-Gen aus Herpesvirus I gekoppelt. Die transgenen Tiere exprimierten also virale Thymidinkinase nur in ihrem Pankreas und dort auch nur in den exokrinen Zellen. Wurde den normal ent-

Abb. 4.3.15 Das *cre/loxP*-Rekombinationssystem. Zunächst wird durch homologe Rekombination eine Zell-Linie erzeugt, die anstelle eines bestimmten Zielgens (gelb) eine Kombination des Zielgens mit einem Markergen (orange) trägt. In dieser Kombination sind Ziel- und Marker-Gen von zwei *loxP*-Sequenzen flankiert und durch eine *loxP*-Sequenz voneinander getrennt. Wird in dieser Zelle die *cre*-Rekombinase exprimiert, kommt es zu verschiedenen Rekombinationsereignissen (I, II und III). Die Zellen, in denen es zu einer Typ I-Rekombination gekommen ist (durch diese Rekombination wurde das Markergen entfernt), verwendet man, um eine transgene Maus zu erzeugen. Diese Maus trägt dann in ihrem Genom das von *loxP*-Sequenzen flankierte Zielgen. Diese Maus wird mit einer zweiten transgenen Maus gekreuzt, die ein *cre*-Gen trägt, das von einen zelltypspezifischen Promotor kontrolliert wird. Werden in einem doppelt-transgenen Tier das *cre*-Gen zu einem bestimmten Zeitpunkt und in einem bestimmten Zelltyp aktiviert, findet Rekombination statt und das Zielgen wird deletiert. Alle anderen Zellen behalten das von den *loxP*-Sequenzen flankierte DNA-Stück, da in diesen Zellen ja die *cre*-Rekombinase nicht synthetisiert wird.

wickelten Tieren Ganciclovir verabreicht, so wurde dieses Prodrug nur in den Pankreaszellen von der dort aktiven viralen Thymidinkinase gegiftet.

Eine weitere Möglichkeit zur gezielten Zerstörung eines Genlokus in einem bestimmten Zelltyp bietet auch das weiter oben beschriebene *cre/loxP*-Rekombinationssystem (Abb. 4.3.15). Zunächst erzeugen wir durch homologe Rekombination eine transgene Maus, in der das zu deletierende Gen von *loxP*-Sequenzen flankiert ist. Dann erzeugen wir eine zweite transgene Maus, die ein *cre*-Gen trägt, das von einen zelltypspezifischen Promotor kontrolliert wird. Werden nun die beiden transgenen Mäuse gekreuzt, so wird in einem doppelt-transgenen Tier das *cre*-Gen zu einem bestimmten Zeitpunkt und in einem bestimmten Zelltyp aktiviert, in dem dann die Rekombination stattfindet und eine Deletion erzeugt wird. Alle anderen Zellen behalten das von den *loxP*-Sequenzen flankierte DNA-Stück, da in diesen Zellen ja die *cre*-Rekombinase nicht synthetisiert wird.

Zusammenfassung

Transgenesis ist Keimbahnmutagenese, die zum Ziel hat, einen Tierstamm zu etablieren, der in allen seinen Zellen eine gezielte genetische Veränderung im Vergleich zum Ausgangsstamm enthält. Wir können Tieren entweder ein zusätzliches Gen einsetzen, ein Gen gezielt verändern oder ein Gen komplett entfernen. Das Methodenspektrum zur Erzeugung transgener Tiere reicht vom Gentransfer mittels viraler Vektoren, über die Mikroinjektion von DNA, bis hin zur Transfektion embryonaler Stammzellen. Am besten etabliert ist Transgenesis bei Mäusen, aber viele andere Tierarten lassen sich gleichermaßen – wenn auch mit deutlich mehr Aufwand – genetisch verändern. Für die medizinische Forschung hat Transgenesis eine sehr große Bedeutung, da mit ihrer Hilfe nicht nur therapierelevante Proteine in „großen" Tieren produziert werden können. Auch können bisher nicht molekular verstandene Krankheiten studiert und neue Zielstrukturen für eine medikamentöse Interventionsstrategie identifiziert und genutzt werden.

4.4 Gentherapie

Noch vor wenigen Jahren waren sich die meisten Fachleute einig, daß Gentherapie beim Menschen ein experimentelles, noch weitgehend unerforschtes Gebiet sei – eine Technologie des nächsten Jahrtausends aber sicherlich nicht eine Technologie der neunziger Jahre. Heute wird dies ganz anders gesehen.

Der erste experimentelle Beleg für das Konzept „Gentherapie" datiert in das Jahr 1981. Damals gelang die Korrektur eines Defekts in der Augenfarbe der Fruchtfliege *Drosophila melanogaster*. Durch Einführen einer Wildtyp-Kopie des Gens *rosy* in das *Drosophila*-Genom mit Hilfe des transposablen Elements P wurde der Farbdefekt stabil korrigiert. Da das manipulierte P-Element in eine *Drosophila*-Eizelle injiziert wurde, handelte es sich bei diesem Experiment um eine Keimbahntherapie, die zur Folge hatte, daß die Korrektur auch auf die Nachkommen der behandelten Fruchtfliege übertragen wurde. Im vorangegangenen Kapitel haben wir ausführlich besprochen, wie diese Technologie auch für Säugetiere perfektioniert wurde.

Natürlich lassen sich diese Erfahrungen prinzipiell auch auf den Menschen übertragen. Dies birgt ein enormes ethisches Konfliktpotential in sich. Daher gehört die Gentherapie zu einer der umstrittensten Anwendungsgebiete der Gentechnik.

Derzeit sind die theoretischen Möglichkeiten von Transgenesis beim Menschen gesetzlich stark eingeschränkt. Es ist nämlich in Deutschland durch das Embryonen-Schutz-Gesetz untersagt, fremdes genetisches Material in die menschliche Keimbahn einzubringen. Erlaubt ist nur, das Erbmaterial somatischer menschlicher Zellen gentechnisch zu korrigieren.

Dies entspricht auch einem klassischen Therapieansatz, bei dem ausnahmslos versucht wird, das betroffene Individuum von der Krankheit zu heilen. Nie ist bisher versucht worden, eine fehlerhafte genetische Anlage zu korrigieren, um zu verhindern, daß diese fehlerhafte genetische Anlage auf mögliche Nachkommen übertragen wird.

Sprechen wir also von Gentherapie, so meinen wir immer die somatische Gentherapie. Derzeit herrscht noch ein weltweiter Konsens, daß nur diese Art der Gentherapie beim Menschen eingesetzt werden darf. Ob diese Einschätzung auf Dauer Bestand hat, bleibt abzuwarten.

4.4.1 Die erste gentherapeutische Studie

1990 wurde eine erste gentherapeutische Studie an einem Menschen – einem vierjährigen Mädchen mit Adenindeaminase-Defizienz (ADA-Defizienz) – genehmigt und durchgeführt. Diese Studie war eindrucksvoll erfolgreich. Das Immunsystem der kleinen Patientin war wegen des Fehlens einer aktiven Adenindeaminase praktisch nicht existent. Deshalb mußte sie von Umwelteinflüssen hermetisch abgeschirmt leben, um nicht an der kleinsten Bagatellinfektion tödlich zu erkranken. Heute läßt sie sich von Zeit zu Zeit gentherapeutisch behandeln, lebt ein fast normales Leben und besucht eine öffentliche Schule.

4.4.2 Die Gentherapie als Spezialform der Arzneimitteltherapie

In klassischen Therapiekonzepten gibt es verschiedene Ansatzpunkte.

- Erste Möglichkeit ist die Elimination des krankmachenden Agens oder der krankmachenden Zelle. Als Beispiele seien Infektionskrankheiten oder Tumoren genannt.
- Zweite Möglichkeit ist die Substitution fehlender oder inaktiver Biomoleküle. Dies kennen wir von der Behandlung des Diabetes mit Insulin, der Behandlung der Hämophilie A mit Faktor VIII oder der Behandlung des Zwergwuchses durch Somatotropin.
- Eine dritte Möglichkeit ist die Korrektur biochemischer Fehlaktivitäten durch Inhibitoren oder Stimulatoren. Diese dritte Möglichkeit repräsentiert die große Mehrzahl aller Therapiekonzepte. Denn mehr als 90 % aller zugelassenen Medikamente blockieren oder stimulieren bestimmte physiologische Prozesse, indem sie mit Enzymen, Rezeptoren oder Signalmolekülen positiv oder negativ interferieren.

Das Therapiekonzept „Gentherapie" besteht darin, eine Krankheit durch Übertragung fremden genetischen Materials in bestimmte Zellen eines Patienten zu korrigieren. Das fremde genetische Material erfüllt dabei ähnliche Funktionen wie klassische Medikamente. Auch hier sind prinzipiell alle drei der oben geschilderten Möglichkeiten von Therapiekonzepten denkbar.

- Die übertragene Nukleinsäure kann für ein Protein codieren, das eine infizierte Zelle oder eine Tumorzelle abtötet. Derartige Ansätze werden bereits in der experimentellen Tumor- und AIDS-Therapie erprobt.
- Die übertragene Nukleinsäure kann für Proteine codieren, die fehlende oder inaktive essentielle Proteine substituieren. Ein Beispiel für ein solches Therapiekonzept ist die geschilderte Behandlung der ADA-Defizienz.
- Schließlich kann die übertragene Nukleinsäure auch selbst als Inhibitor fungieren. Oder sie kann für ein Produkt (RNA oder Protein) codieren, das in der Zelle eine Inhibitorfunktion übernimmt. Beispiele für ein solches Therapiekonzept sind *„Antisense"*-Oligonukleotide und katalytische RNAs, die wir weiter unten noch ausführlich besprechen werden (siehe Kapitel 6.11).

Somit erfüllt das übertragene, fremde genetische Informationsmaterial eine analoge Aufgabe wie klassische Medikamente. Eine Nukleinsäure, die zum Einsatz in der Gentherapie bestimmt ist, ist ein Medikament. So wundert es nicht, daß sich bald, nachdem

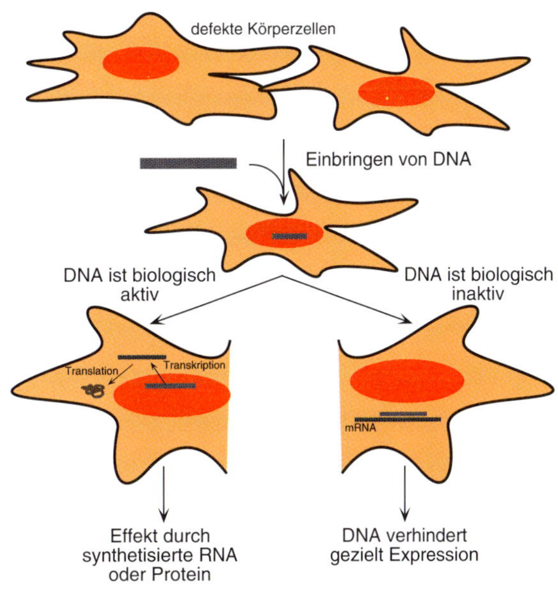

Abb. 4.4.1 „Biologisch aktive" und „biologisch inaktive" DNA. „Biologisch aktive" DNA wird von der Zelle, in die diese DNA eingebracht wurde, als Informationsspeicher erkannt und benutzt. D.h. diese DNA wird in der Zielzelle mindestens in mRNA transkribiert, eventuell sogar zu einem Protein translatiert. Wir erwarten daher, daß ein biologischer Effekt durch die Produkte der eingeführten DNA und nicht durch die eingeführte DNA *per se* verursacht wird.
„Biologisch inaktive" DNA fungiert nicht als Informationsträger. Sie vermittelt unmittelbar einen Effekt auf die Zellen, indem sie beispielsweise an einen Funktionsabschnitt einer zellulären DNA oder RNA hybridisiert und damit deren Funktion stört.

sich die Möglichkeiten der Gentherapie abzeichneten, Spezialfirmen etablierten, die sich ausschließlich auf die Planung und Durchführung von Gentherapie-Studien konzentrierten. Darüber hinaus haben auch einige der größeren pharmazeutischen Firmen begonnen, sich auf diesem Gebiet zu engagieren, indem sie Forschungsaktivitäten in Richtung Gentherapie großzügig fördern.

Prinzipiell sind zwei Ansätze zur Behandlung von Krankheiten mit Nukleinsäuren möglich (Abb. 4.4.1):

- Die Behandlung mit biologisch aktiver DNA. Diese ist mindestens transkribierbar, häufig auch translatierbar. Damit ist die transferierte DNA nicht selbst das Therapeutikum. Sie ist vielmehr der Informationsträger für ein Therapeutikum (RNA oder Protein), das in der behandelten Zelle von dem Informationsträger abgelesen und synthetisiert wird.
- Die Behandlung mit biologisch inaktiver Nukleinsäure. Hierbei fungiert die transferierte DNA nicht als Informationsträger, sondern als Wirkstoff. Dieser wird aufgrund seiner physikalischen und nicht seiner biologischen Eigenschaften bestimmte Effekte verursachen. Beispielsweise kann die transferierte DNA durch Hybridisation an einen bestimmten Kontrollbereich im Genom der Zielzelle binden. Dadurch wird die nachfolgende Region auf dem Genom blockiert und ein Produkt kann nicht mehr gebildet werden.

Unter einer Gentherapie im strengen Sinn verstehen wir den ersten der beiden geschilderten Ansätze, also die Behandlung mit biologisch aktiver DNA, d. h. die Behandlung mit „Genen". Die Behandlung mit nicht transkribierbarer Nukleinsäure können wir hingegen als eine neuere Spezialform der konventionellen Arzneimitteltherapie betrachten.

Bei der Behandlung mit aktiver Nukleinsäure gilt es, die ganze Komplexität von Genen zu berücksichtigen, die wir in vorangegangenen Kapiteln kennengelernt und besprochen haben. Für die Funktionsfähigkeit auf der Transkriptionsebene sind Transkriptions-Kontrollelemente essentiell, die unter Umständen so spezifisch sein können, daß sie nur in ganz bestimmten Zellen aktiv sind. Für die Translation ist wichtig, daß der codierende Bereich ununterbrochen vorliegt. Aus diesem Grund werden heute zur Gentherapie praktisch ausschließlich cDNAs, d. h. DNA-Kopien der entsprechenden mRNA verwendet.

4.4.3 Gentherapeutisch behandelbare Krankheiten

Durch Gentherapie lassen sich keine Krankheiten heilen, die durch eine Kombination einer Vielzahl von Fehlern im Genom des Patienten verursacht werden, wie dies beispielsweise bei einer Trisomie 21 der Fall ist. Diese Krankheit wird dadurch verursacht, daß in den Zellen der betroffenen Person ein ganzes Chromosom mit hunderten von Genen zuviel vorhanden ist.

Idealerweise lassen sich Erbkrankheiten behandeln, die sich auf einen einzelnen Gendefekt zurückführen lassen. Dies setzt natürlich voraus, daß die beteiligten Gene bekannt und verfügbar sind.

Beispiele für Erbkrankheiten sind:

- **SCID, die „schwere, kombinierte Immundefizienz" *(severe combined immune deficiency)*.**
  Sie geht mit dem Verlust von T- und B-Zellen einher und wird durch einen Mangel an dem Enzym Adenosindeaminase verursacht.
- Die **Familiäre Hypercholesterinämie.**
  Diese Krankheit wird durch das Fehlen der LDL-Rezeptoren verursacht. Extrem erhöhte Serumcholesterin-Werte führen zu Herzinfarkten bereits im Kindesalter.
- Die **Gaucher Krankheit.**

Diese bei Juden mit einer Häufigkeit von 1:2.500 auftretende Erbkrankheit beruht auf dem Fehlen der Glucocerebrosidase und einer dadurch verursachten Akkumulation von Cerebrosiden in den Makrophagen, was wiederum zu Leber-, Milz- und Knochenschäden führt.

- Die **Hämophilie A.**
  Aufgrund des Fehlens von funktionsfähigem Gerinnungsfaktor VIII kommt es zu chronischen inneren Blutungen und zu massiven Blutungen nach Verletzungen. Diese Krankheit wird X-chromosomal rezessiv übertragen und kommt demzufolge praktisch nur bei Männern vor.
- Die **Phenylketonurie.**
  Sie führt aufgrund eines genetisch bedingten Mangels an Phenylalanin-Hydroxylase zu erhöhten Phenylalanin-Konzentrationen im Blut, was unbehandelt bei Neugeborenen zur geistiger Demenz führt.
- Die vererbte Veranlagung zum **Lungenemphysem**.
  Diese wird durch einen genetisch bedingten Mangel an α1-Antitrypsin verursacht. Dies führt zu Lungenschäden und zur Leberzirrhose.
- Die **Cystische Fibrose.**
  Bei dieser Erbkrankheit fehlt in der Zellmembran ein Chlorid-Kanal, der sogenannte *„Cystic Fibrosis Transmembrane Conductance Regulator"* (CFTCR). Dies wiederum führt zur Pankreas-Insuffizienz und zur erhöhten Schleimsekretion in die Lungen.
- Die **familiäre Hyperammoniämie**
  Sie wird durch das Fehlen einer funktionsfähigen Ornithin-Transcarbamylase verursacht. Die Folge ist ein gestörter Harnstoffzyklus. Als Konsequenz kommt es zu gefährlichen Akkumulationen von Ammoniak.
- Die **Duchenne'sche Muskeldystrophie**.
  Diese Krankheit tritt bei Männern mit einer Frequenz von 1 : 7.500 auf und wird durch einen genetisch bedingten Mangel an Dystrophin verursacht.
- Die **Sichel-Zell-Anämie.**
  Sie ist eine Form der chronischen Anämie, die durch Mutationen im ß-Globin verursacht wird und unter Schwarzafrikanern in der heterozygoten Form in einer Häufigkeit von 1 : 500 auftritt.

Neben solchen Erbkrankheiten wird in jüngster Zeit auch immer intensiver versucht, erworbene Krankheiten mit Hilfe der Gentherapie zu kurieren. Als erworbene Krankheiten, für die heute gentherapeutische Protokolle erarbeitet werden, sind zu nennen:

- Alle Arten von Tumor-Erkrankungen
- AIDS
- Herz-, Kreislauf-Erkrankungen.

4.4.4 Gentherapeutische Konzepte

4.4.4.1 Genersatztherapie

Das zunächst einleuchtendste Konzept ist die Substitution einer funktionsfähigen Genkopie im Falle eines Gendefektes (Abb. 4.4.2). Dieses Konzept liegt all den Beispielen zugrunde, die im vorhergehenden Abschnitt unter dem Stichwort Erbkrankheiten aufgezählt wurden.

4.4.4.2 Tumor-Vakzinierung

Bei diesem Konzept werden Fibroblasten, bestimmte T-Zellen oder gar Tumorzellen gentechnisch verändert. Man führt in diese Zellen zusätzliche, aktive Genkopien für Zytokine (IL 2, TNF-α) oder Koloniestimulierende Faktoren (G-CSF, GM-CSF) ein. Die sezernierten Produkte dieser zusätzlichen Genkopien sollen T-Zellen an den Ort einer Entzündung oder in die Nähe eines Tumors locken, um dort für die Erkennung von Tumorzellen „trainiert" zu werden (Abb. 4.4.3).

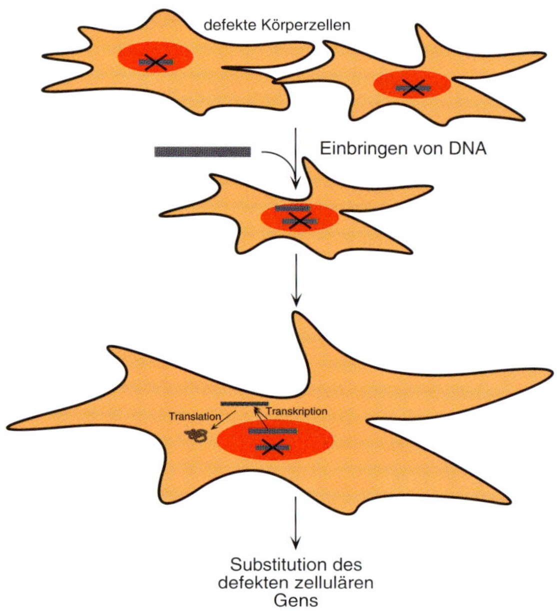

Abb. 4.4.2 Genersatztherapie. Bei der Genersatztherapie, substituiert das Produkt des eingebrachten Gens die ausgefallene Funktion eines defekten zellulären Gens.

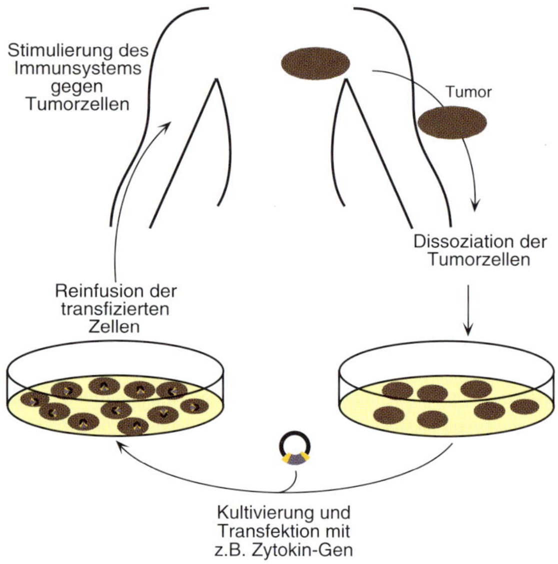

Abb. 4.4.3 Tumor-Vakzinierung. Zellen eines Patienten (z. B. T-Zellen oder Tumorzellen) werden *ex vivo* beispielsweise mit einem Gen für ein Zytokin oder einen hämatopoetischen Wachstumsfaktor transfiziert. Diese Zellen werden dann dem Patienten wieder reinfundiert, in der Hoffnung, daß diese Zellen Komponenten des Immunsystems anlocken und so das Immunsystem effektiv beispielsweise für die Erkennung von Tumorzellen im Körper „trainieren".

4.4.4.3 Sensibilisierung von Zellen für eine Sekundärtherapie

Unter diesem Stichwort gibt es zwei unterschiedliche Ansätze.

- Der eine Ansatz besteht darin, Zellen mit einer Genkopie der Thymidinkinase aus *Herpes simplex Virus* (HSV) auszustatten. Wie wir bereits mehrfach gehört haben, reagieren solche Zellen dann besonders sensitiv auf eine Ganciclovir-Behandlung. Denn die HSV-Thymidinkinase phosphoryliert das *Prodrug* Ganciclovir und wandelt es so in einen funktionsfähigen Antimetaboliten um.
- Beim zweiten Ansatz wird versucht, Stammzellen des hämatopoetischen Systems mit einer funktionsfähigen Genkopie für die sogenannte „*Multidrug*-Resistenz" – das P-Glycoprotein – auszustatten. Diese Zellen wären dann wesentlich stärker vor den Auswirkungen einer Che-

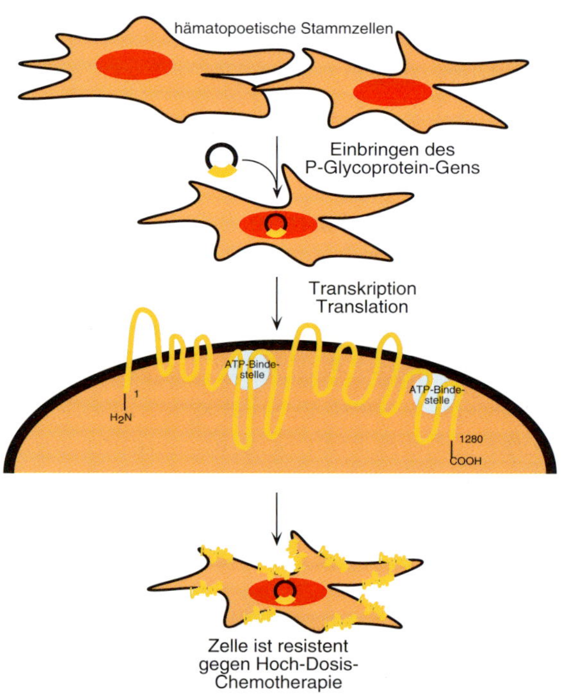

Abb. 4.4.4 Transfektion hämatopoetischer Zellen mit einer Multidrug-Resistenz. Zellen, die zusätzliche Kopien für das P-Glycoprotein tragen, sind sehr resistent gegenüber einer ganzen Gruppe von Zytostatika und Antimetabolite. Tragen Patienten derart modifizierte hämotopoetische Stammzellen, können sie mit sehr hohen chemotherapeutischen Dosen behandelt werden, ohne daß das hämatopoetische System völlig zerstört wird.

motherapie geschützt als normale bzw. „kranke" Zellen (Abb. 4.4.4). Dieses Konzept wird heute als möglicher gentherapeutischer Ansatz zur Behandlung der Immunschwäche AIDS diskutiert. Die Ratio hinter diesem Konzept besteht darin, noch gesunde hämatopoetische Stammzellen vor einer hochdosierten Zytostatika-Therapie zu schützen, infizierte Zellen hingegen durch eine solche Zytostatika-Therapie zu eliminieren.

Bei all diesen Gentherapie-Strategien, besteht die Aufgabe darin, ein voll funktionsfähiges Gen in eine Zielzelle einzuschleusen, um die Krankheit möglichst endgültig für den jeweiligen Patienten zu kurieren.

Dieses einfach zu formulierende Ziel wirft allerdings eine ganze Reihe von Problemen auf, die sorgsam bedacht werden müssen:

- Welche Zellen sind das Ziel für eine Gentherapie?
- Wie soll die funktionsfähige Genkopie in diese Zellen gelangen?
- Wieviele Zellen muß man modifizieren, damit die Krankheit auch tatsächlich kuriert wird?
- Muß die Transkription des eingeschleusten Gens reguliert sein, um die Krankheit zu korrigieren oder kann man auf eine Regulation verzichten?
- Kann eine Überexpression des Gens Probleme bereiten?
- Bleibt das eingeschleuste Gen oder die Zelle lebenslänglich funktionsfähig oder muß die Therapie von Zeit zu Zeit wiederholt werden?

4.4.5 Möglichkeiten der Aufnahme von DNA in Zellen

Prinzipiell stehen uns alle bereits diskutierten Möglichkeiten, DNA in eine Zelle einzuschleusen, auch für gentherapeutische Strategien zur Verfügung. Obwohl wir die meisten Methoden von ihrem Prinzip her bereits kennengelernt haben, wollen wir an dieser Stelle die Methoden doch noch einmal unter der besonderen Problematik einer Gentherapie beleuchten.

4.4.5.1 Direkte Aufnahme nackter DNA

Eine verblüffend einfache Methode des Gentransfers, die wir bei einer Gentherapie einsetzen könnten, wurde bisher noch nicht vorgestellt.

Man konnte zeigen, daß Plasmid-DNA, die intramuskulär injiziert wurde, von Zellen aufgenommen und anschließend exprimiert wurde. Muskeln scheinen dabei besonders geeignet zu sein, nackte DNA aufzunehmen, obwohl auch andere Gewebe bzw. Organe wie Leber und Schilddrüse ebenfalls nackte DNA aufnehmen und exprimieren können.

Dieses offensichtlich faszinierend einfache Verfahren des Gentransfers muß zunächst einmal noch näher studiert werden, um endgültige Aussagen über Effizienz und eventuelle Risiken machen zu können. Daher wird der Gentransfer in Form nackter DNA wohl noch nicht in unmittelbarer Zukunft im Rahmen von Gentherapie-Studien eingesetzt werden. Sind allerdings die noch offenen Fragen befriedigend beantwortet, so könnte dieses Verfahren den Beginn einer völlig neuen Anwendung der „Gentherapie" ermöglichen. Es ist nämlich vorstellbar, den Organismus mit Hilfe gentechnischer Methoden zu „immunisieren". Hierbei würde der Organismus nicht direkt mit dem Antigen behandelt, sondern er würde die genetische Informationseinheit für ein Antigen übertragen bekommen. Nach Einbau in das Genom einiger Zellen würde der Organismus das Antigen selbst produzieren. Dies hätte viele Vorteile und würde die Immunantwort wahrscheinlich wesentlich effizienter machen.

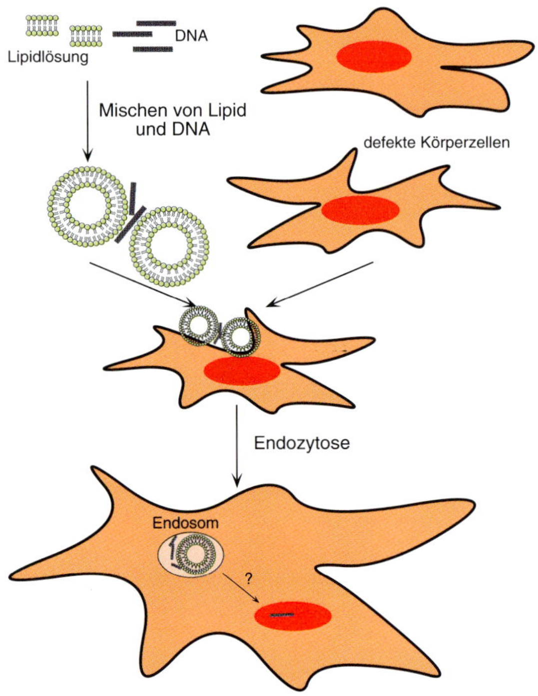

Abb. 4.4.5 Transfektion mit Hilfe kationischer Liposomen. Bei Einsatz kationischer Liposomen zur Transfektion wird die DNA nicht in die Liposomen verpackt, sondern sie lagert sich außen an die Liposomen an. Beim Kontakt der Liposomen mit der Zellmembran wird die DNA in die Zelle aufgenommen. Der genaue Mechanismus ist nicht bekannt.

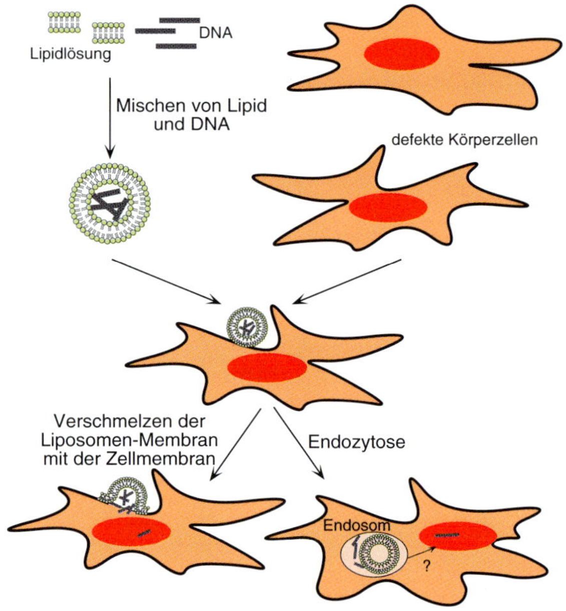

Abb. 4.4.6 Transfektion mit Hilfe anionischer Liposomen. Bei der Herstellung anionischer Liposomen wird die DNA in die Liposomen aufgenommen. Sie gelangt entweder beim Verschmelzen der Liposomen mit der Zellmembran in die Zelle oder sie wird zusammen mit den Liposomen durch Endozytose in die Zelle aufgenommen. Dabei besteht die Gefahr, daß sie in den Endosomen durch die dort in hohen Konzentrationen vorhandenen Nukleasen degradiert wird.

4.4.5.2 Ca-Phosphat-vermittelte-Transfektion

Diese Methode des Gentransfers gehört zu den *ex-vivo*-Ansätzen und folgt den Protokollen, wie seit eh und je in der Gentechnik DNA in Zellen eingeschleust wird. Das Prinzip dieser Methode haben wir bereits mehrfach kennengelernt. Es beruht darauf, daß das Polyphosphat-Anion „DNA" durch Ca^{2+}-Ionen mikrodispers auf der Oberfläche der zu transformierenden Zelle präzipitiert wird. Anschließend wird das Präzipitat wahrscheinlich durch ATP-abhängige Endozytose aufgenommen, gelangt dann in das endosomale Kompartiment, von wo aus es dann über unbekannte Mechanismen in den Kern gelangt.

Der Vorteil besteht darin, daß nahezu alle Zelltypen auf diese Weise transformierbar sind und daß die Methode lange erprobt und somit in ihren Auswirkungen gut verstanden ist. Nachteilig ist, daß die Transfektionseffizienz in einer Größenordnung von ca. 10^{-3} bis 10^{-5} äußerst gering ist. Wir müssen daher unbedingt ein Selektionsverfahren an die Transfektion anschließen, mit dessen Hilfe es möglich ist, transfizierte Zellen von nicht transfizierten Zellen zu unterscheiden.

4.4.5.3 Elektroporation

Eine deutliche Effizienzsteigerung erreichen wir durch die ebenfalls bereits besprochene Elektroporation. Da diese Methode praktisch ausnahmslos auf physikalische und nicht auf biologische Prinzipien beruht, ist das Zelltypspektrum, das mit Hilfe dieser Methode transfiziert werden kann, nochmals größer als bei der Ca-Phosphat-vermittelten-Transfektion. Durch plötzliche Entladung eines Plattenkondensators, zwischen dem sich eine Zellsuspension und die zu transfizierende DNA befinden, wird die DNA praktisch in die Zellen gezogen. Auch diese Methode gilt als relativ unbedenklich und wird daher im Rahmen von Gentherapie-Studien häufig angewendet, obwohl auch hier die Effizienz der Transfektion bei weitem nicht optimal ist.

4.4.5.4 Liposomen

Die Transfektion durch Liposomen markiert die Grenze zwischen der reinen *in-vitro-* und der *in-vivo-*Transfektion. Ursprünglich als *in-vitro-*Transfektionsmethode entwickelt, wird heute versucht, DNA mit Hilfe von Liposomen beispielsweise in Lungengewebe oder in Tumore einzuschleusen. Dabei bieten Liposomen den Vorteil, daß sie die DNA vor Degradation schützen und daß DNA beliebiger Größe in Liposomen verpackt werden kann.

Wir unterscheiden posiv-geladene (kationische Liposomen) und negativ-geladene (anionische Liposomen). Bei den kationischen Liposomen wird die DNA mit den Liposomen gemischt und bildet mit ihnen einen stabilen Komplex aufgrund der entgegengesetzten Ladungen. Die DNA wird in diesem Fall nicht in den Liposomen verpackt (Abb. 4.4.5). Anionische Liposomen enthalten die DNA in ihrem Inneren (Abb. 4.4.6). Effizienter scheinen jedoch die kationischen Liposomen zu sein. Durch spezielle Modifikationen der Liposomen, beispielsweise durch das Anheften von Antikörperfragmenten oder Rezeptorliganden, ist eine Art Targeting denkbar.

Sicher ist, daß Liposomen durch Endozytose aufgenommen werden und dann zunächst in ein endosomales Kompartiment gelangen. Dies ist ein Nachteil der Methode, da die Gefahr besteht, daß die DNA in den Endosomen durch Nukleasen degradiert wird. Wie die DNA dann in den Kern gelangt, ist auch für die Liposomen-vermittelte-Transfektion nicht verstanden.

4.4.5.5 Rezeptor-vermittelte Aufnahme von Adenovirus-Polylysin-DNA-Komplexen

Bei den bisher besprochenen Transfektionsmechanismen, die endosomale Wege beinhalten, ist der post-endosomale Weg nicht verstanden. Mit großer Wahrscheinlichkeit geht sehr viel DNA bei einer Transfektion dadurch verloren, daß sich die DNA zu lange in

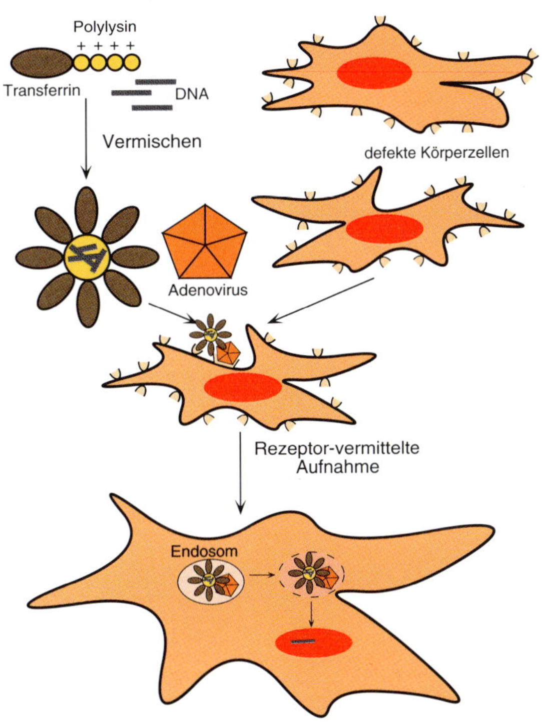

Abb. 4.4.7 Rezeptor-vermittelte-Transfektion. Eine Variante dieses Transfektionssystems besteht darin, DNA mit Polylysin-gekoppeltem Transferrin und mit Adenovirus-Kapsiden zu mischen. Die DNA bindet als Polyanion an die positiv geladene Polylysin-Kette. Über Transferrin-Rezeptoren wird der ganze Komplex durch Endozytose in die Zelle aufgenommen und gelangt dabei in Endosomen. Hier entfaltet nun das Adenovirus-Kapsid seine besonderen Eigenschaften. Es sorgt für ein schnelles Platzen der Endosomen, so daß die DNA sehr schnell aus diesem „gefährlichen Zellkompartiment" freigesetzt wird und in den Kern diffundieren kann.

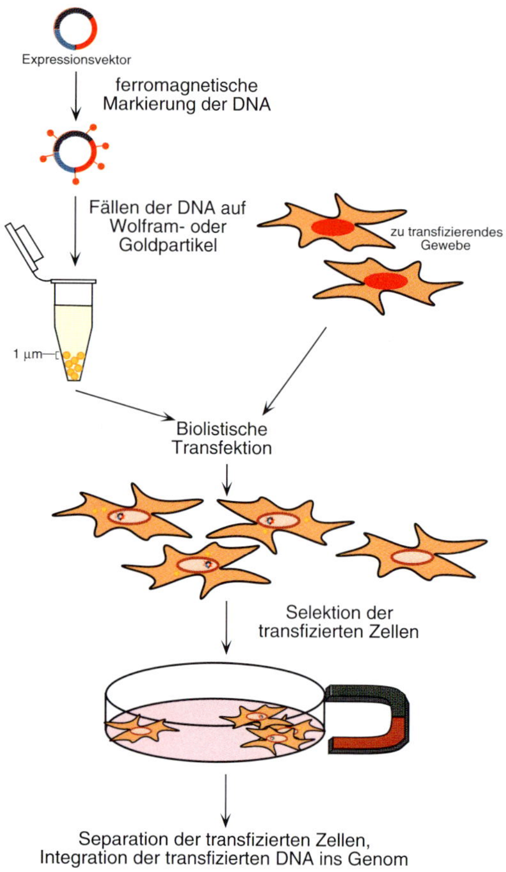

Abb. 4.4.8 Selektion transgener Zellen nach Transfektion mit ferromagnetisch markierter DNA. Ähnlich wie wir DNA radioaktiv markieren können oder mit Epitopen versehen können, die von Antikörpern erkannt werden, können wir DNA auch ferromagnetisch markieren. Mit dieser DNA können wir dann Zellen oder Gewebe beispielsweise biolistisch transfizieren (siehe Abb. 4.5.5). Die Selektion transfizierter Zellen erfolgt dann nicht über dominante oder rezessive genetische Selektions-Marker sondern mit Hilfe von Magneten, die diejenigen Zellen anziehen, die die Fremd-DNA aufgenommen haben.

den Endosomen aufhält oder in Lysosomen gelangt, wo sie degradiert wird.

Man hat nach Auswegen und Verbesserungen gesucht. Dabei ist die Gruppe um Max Birnstiel auf das Adenovirus gestoßen und hat einen sehr intelligentes Alternativverfahren entwickelt.

Adenoviren haben es nämlich verstanden, eine Strategie zu finden, die den gefährlichen Aufenthalt in endosomalen Kompartimenten deutlich verkürzt. Die Viren gelangen über einen bisher nicht näher charakterisierten Rezeptor durch Endozytose in die Zellen. In dem Endosom wird das Viruskapsid durch die pH-Erniedrigung derart verändert, daß es seinerseits die Endosomenmembran zum Platzen bringt. Dadurch ist der Aufenthalt der DNA in den Endosomen sehr kurz und die DNA kann intakt und effektiv den Kern erreichen.

Die Wiener Wissenschaftler um Max Birnstiel haben diese biologischen Eigenschaften für ein DNA-Transfer-System genutzt. Um die Effektivität weiter zu erhöhen, haben sie in dieses Transfersystem zusätzlich ein Transferrin-Polylysin-Konjugat integriert (Abb. 4.4.7). Dieses Transferrin-Polylysin-Konjugat wird mit Adenovirus-Kapsid, an das die zu transformierende DNA bindet, kombiniert. So wird der Komplex zunächst rezeptorvermittelt durch den Transferrin-Rezeptor aufgenommen. Dann wird aber die DNA durch die Spezifität des Viruskapsids sehr schnell aus dem endosomalen Kompartiment wieder entlassen und so vor Degradation geschützt.

4.4.5.6 *Biolistik*

Eine weitere Methode, DNA in Zellen einzuschleusen, bietet die Biolistik. Dieses Prinzip wurde zunächst für Pflanzenzellen entwickelt, wie wir dies weiter unten genauer besprechen werden. Heute wird die Biolistik aber auch für eine Vielzahl anderer Zellen angewendet.

Dabei wird DNA zunächst auf kleinste Gold- oder Wolframkügelchen aufgezogen (siehe Abb. 4.5.5). Diese werden quasi auf das zu transfizierende Gewebe geschossen, wobei die DNA in der Zelle bzw. im Zellkern von dem Trägerpartikel abgestreift wird und dann ins Genom integrieren kann.

Eine interessante Variante dieser Methode besteht darin, die DNA ferromagnetisch zu markieren (Abb. 4.4.8). Ähnlich wie bei der radioaktiven Markierung können wir auch Vorläufermoleküle verwenden, um DNA enzymatisch ferromagnetisch zu markieren. Dadurch ist es möglich, unmittelbar nach dem DNA-Transfer die Zellen, die DNA tatsächlich aufgenommen haben, mit Hilfe eines Magneten zu sammeln. Wir erhalten so eine Zellpopulation, die zu 100 % transfiziert ist. Für bestimmte gentechnische Ansätze ist dies sehr wichtig, und somit ist diese neue Methode äußerst attraktiv.

4.4.5.7 *Virus-vermittelter Gentransfer*

Besonders effizient ist der Gentransfer, wenn er durch Viren oder Retroviren vermittelt wird. Das beruht einerseits darauf, daß eine Infektion generell die effektivste Transfermethode darstellt. Andererseits wird die Effizienz aber auch dadurch gesteigert, daß sich viele Viren natürlicherweise in die DNA integrieren.

Allerdings muß sichergestellt sein, daß die Viren die transfizierten Zelle nicht wieder verlassen können. Daher verwendet man defekte Virusgenome als Vektoren und päpariert die infektiösen Partikel in sogenannten Verpackungs-Linien. Das Verfahren haben wir bereits ausführlich im Kapitel 4.3 „Transgenesis" besprochen, so daß hier nur noch einmal die wichtigsten Schritte aufgezählt werden sollen.

Dem defekten Virus-Genom fehlen die Strukturgene zur Ausbildung einer Virus-Hülle. Es besitzt jedoch noch das Signal für die Verpackung der RNA in die virale Hülle. Daher transfizieren wir zunächst die Vektor-DNA in eine „Verpackungs-Zell-Linie" (*packaging line*), die virale Hüllproteine synthetisieren kann. In dieser Zelle werden nun infektiöse Partikel hergestellt, die isoliert und für die Gentherapie eingesetzt werden können.

In der Zielzelle verläßt die virale RNA die Virus-Hülle, wird in DNA umgeschrieben und sofort ins Genom der infizierten Zelle integriert. Hier kann die DNA nun transkribiert werden, und codierende Bereiche der gebildeten RNA können auch translatiert werden. Allerdings kann die gebildete RNA nicht wieder zu infektiösen Partikeln verpackt werden, obwohl auf der RNA ein Verpackungssignal vorhanden ist. Denn es fehlen in diesen infizierten Zellen die viralen Hüllproteine. So bleibt die RNA nicht-infektiös und das Transfersystem biologisch sicher.

	ex vivo	*in vivo*	stabile-/transiente-Transfektion
Virale Vektoren			
Retroviren	+	?	stabil
Adenovirus	±	+	transient
Adeno-assoziiertes-Virus (AAV)	+	?	stabil
Herpesvirus	±	+	?
Vaccinia-Virus	±	+	transient
Polio-Virus	±	+	transient
Nicht-virale Vektoren			
Liganden/DNA-Konjugate	–	+	transient
Adenovirus/DNA-Konjugate	–	+	transient
Liposomen	±	+	transient
Ca-Phosphat-Präzipitation	±	–	stabil
DNA-Injektion	–	+	transient

Tabelle 4.4.1 Transfermethoden in der Gentherapie

Eine Übersicht über verschiedene Transfermethoden und entsprechende Leistungsmerkmale sind in Tabelle 4.4.1 zusammengestellt.

4.4.6 *Kritische Fragen und zu lösende Probleme*

Nach wie vor gehört die Gentherapie zu den experimentellen Therapieformen. Klinische Studien sind derzeit über die Phase I noch nicht hinaus gekommen. In diesen Studien müssen zunächst weitere kritische Fragen beantwortet werden. Einige dieser Fragen lauten:

- Welche Zellen eignen sich als Target für eine Gentherapie?
- Wie gelangt die funktionsfähige Genkopie für den Patienten in diese Zellen?
- Wieviele Zellen müssen modifiziert werden, um die Krankheit zu kurieren?
- Muß die Transkription des eingeschleusten Gens reguliert sein?
- Kann eine Überexpression des Gens Probleme bereiten?

- Bleibt das eingeschleuste Gen oder die Zelle lebenslang funktionsfähig?
- Bleibt die eingeschleuste DNA sicher in der Zelle, oder kann sie nachträglich auf andere Zellen übertragen werden?

Zu den vielen noch zu lösenden Problemen gehören unter anderem:

- Die Erhöhung der Transfektionsraten. Derzeit werden Transfektionsraten zwischen 10 und 75 % erzielt.
- Die Möglichkeit zur Transfektion differenzierter Zellen. Derzeit verfügbare retrovirale Vektoren inserieren nur in sich teilende Zellen. Adenovirus infiziert auch Zellen, die sich nicht teilen, inseriert die DNA aber nicht ins Genom dieser Zellen.
- Die Sicherstellung einer stabilen Expression. Zu klären ist, über wieviele Zellteilungen die Expression kontrolliert und zelltypspezifisch bleibt.
- Die Entwicklung gewebespezifischer Vektoren beispielsweise durch Rezeptor-/Liganden-Kombinationen.

Zusammenfassung

Wir haben die Gentherapie als eine Spezialform der Arzneimitteltherapie kennengelernt. Das Arzneimittel ist in diesem Fall eine Nukleinsäure. Bei der Gentherapie im eigentlichen Sinne trägt diese Nukleinsäure ein Gen, das in der behandelten Zelle abgelesen und in ein Protein translatiert wird, um seinerseits einen Defekt zu komplementieren.

Darüber hinaus haben wir aber auch Varianten der Gentherapie kennengelernt. So können auch Gene in eine Zelle eingeschleust werden, die diese Zelle beispielsweise besonders resistent (im Falle des P-Glycoproteins) oder besonders empfindlich (im Falle der HSV-Thymidinkinase) gegen eine Zytostatika-Therapie machen.

Schließlich haben wir Varianten der Gentherapie besprochen, wo die Nukleinsäure selbst als Wirkstoff fungiert. Als *Antisense*-Oligonukleotide können diese Nukleinsäuren durch Hybridisation gezielt Funktionen auf DNA- oder RNA-Ebene inhibieren.

Derzeit wird die Gentherapie weltweit ausschließlich als somatische Gentherapie praktiziert. Eine Keimbahntherapie ist in Deutschland durch das Embryonenschutz-Gesetz verboten.

Nach wie vor handelt es sich bei der Gentherapie um eine experimentelle medizinische Maßnahme. Alle Studien befinden sich in der Phase I oder in der Phase II, so daß die Effektivität dieser Methode noch nicht hinterfragt wurde. Es ist aber absehbar, daß sich die Gentherapie als wichtiges Therapiekonzept in der Medizin etablieren wird.

4.5 Pflanzen-Gentechnik

Die Pflanzenzucht ist eine uralte Kunst, die sich zunächst aus einem sehr alten Erfahrungsschatz, dann aber immer stärker rationalisiert zu einem hochkomplexen Zweig der Genetik entwickelt hat. Das Problem der Genetik besteht darin, daß ein komplexes Zusammenspiel unterschiedlicher genetischer Informationseinheiten bestimmte Eigenschaften wie beispielsweise Form und Farbe determinieren. Wollen wir daher eine bestimmte Merkmals-Kombination durch Rückkreuzung eines Individuums einer F_1-Hybridgeneration mit einem Individuum der Elterngeneration herauskreuzen, so müssen wir unter Umständen lange suchen, bis wir durch zufällige Kombination der Erbanlagen der beiden Kreuzungspartner eine Pflanze mit dieser Merkmals-Kombination erhalten. Ziel der Pflanzenzucht ist es, durch Kreuzung von Pflanzen erwünschte Merkmale in eine Sorte einzubringen und diese Merkmale durch Inzuchtlinien zu erhalten, um beispielsweise den Ertrag zu steigern oder zu verbessern, das Aussehen zu variieren oder um die Pflanze widerstandsfähiger zu machen.

Dieser Prozeß ist langwierig – acht oder auch mehr Jahre sind keine Ausnahmen – denn der Prozeß ist schlecht steuerbar. Er beschränkt sich im wesentlichen auf Pflanzen, die sich sexuell vermehren lassen – eine Fähigkeit, die im übrigen die meisten Kulturpflanzen aufgrund exzessiver genetischer „Veredelung" verloren haben. Schließlich wird immer eine Vielzahl von Genen übertragen, wodurch zusätzlich zu einem erwünschten Merkmal fast immer unerwünschte Merkmale miterworben werden. Diese unerwünschten Merkmale offenbaren sehr häufig erst sehr viel später ihr negatives Potential, da sie ja zunächst einmal nicht bekannt sind und sie somit auch nicht gezielt aufgespürt werden können.

4.5.1 Der Beginn der Pflanzen-Gentechnik

Durch Einführung der Gentechnik haben sich auch die Möglichkeiten in der Pflanzenzucht dramatisch erweitert. Im Jahre 1983 stellten unabhängig voneinander die Wissenschaftler Marc Van Montagu und Jeff Schell in Gent sowie Rob Fraley bei der Fa. Monsanto Co. in St. Louis eine Routinemethode für die Pflanzentransformation vor. Dies war bemerkenswert, denn die ausgiebigen Erfahrungen, die zwischenzeitlich für Mikroorganismen gesammelt worden waren, konnten nur ganz bedingt auf Pflanzen übertragen werden.

4.5.2 Agrobakterium

Virulente Stämme der gram-negativen Bakterien *Agrobacterium tumefaciens* und *A. rhizogenes* können ein tumorähnliches Wachstum bei Pflanzen induzieren. Dieses pathogene Wachstum wird durch einen Transfer bakterieller DNA in die Pflanzenzelle induziert (Abb. 4.5.1). Die durch *A. tumefaciens* ausgelöste Krankeit bezeichnet man als Wurzelhals-Gallen, während *A. rhizogenes* die Krankheit *„hairy roots"* induziert. Die molekularen Auslöser für die beiden Krankheiten sind große Plasmide, die im Falle von *A. tu-*

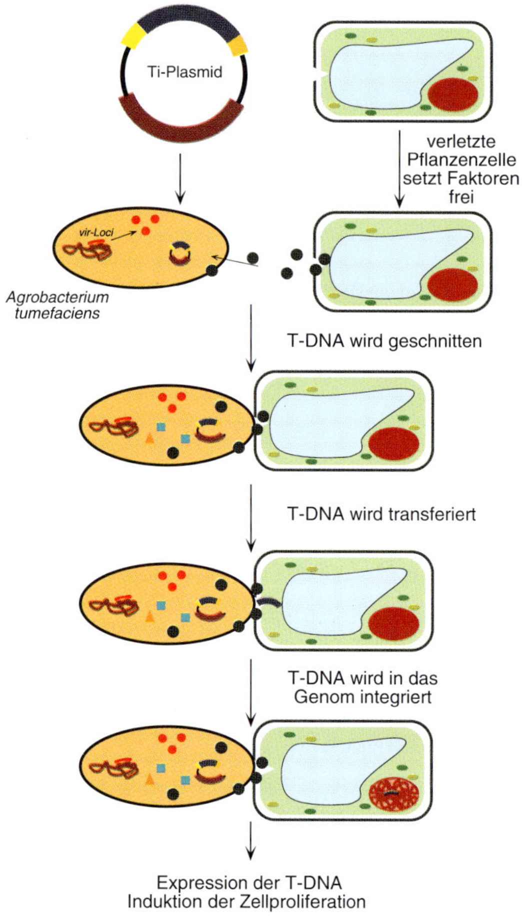

Abb. 4.5.1 Pflanzenzell-Transformation durch *Agrobacterium tumefaciens*. Das Bodenbakterium *Agrobacterium tumefaciens* enthält das sogenannte Ti-Plasmid, das entscheidend an der Transformation von Pflanzenzellen beteiligt ist. Induziert durch sekundäre Pflanzenstoffe, die beispielsweise nach einer Verletzung der Pflanze gebildet werden, werden in der Bakterienzelle regulatorische Prozesse in Gang gesetzt, die zum Transfer eines Teils des Ti-Plasmids – der sogenannten T-DNA – in die Pflanzenzelle und weiter zur Integration dieser T-DNA in das Pflanzengenom führen. Als Konsequenz wird die transfizierte Pflanzenzelle u. a. zur Proliferation angeregt und damit tumorähnlich transformiert.

mefaciens als Ti-Plasmid (*tumor inducing plasmid*), im Falle von *A. rhizogenes* als Ri-Plasmid (*root inducing plasmid*) bezeichnet werden.

Angelockt durch Moleküle, die von der Pflanze in Folge einer Verwundung produziert werden (sogenannte Elicitatoren), docken die Bakterien an der Wundstelle an und beginnen einen komplexen Transfer genetischen Materials aus den Plasmiden. Den übertragenen Bereich des Plasmids bezeichnen wir als T-DNA (transferierte DNA). Diese T-DNA integriert irgendwo im Genom der infizierten Zelle und verursacht in dieser Zelle eine dramatische Veränderung der Zellphysiologie.

4.5.3 Ti- und Ri-Plasmide

Das Ti-Plasmid aus *A. tumefaciens* und das Ri-Plasmid aus *A. rhizogenes* sind in vielerlei Hinsicht analog, so daß wir uns hier in erster Linie auf die Besprechung des Ti-Plasmids beschränken wollen. Dieses enthält zwei wichtige Komponenten für den DNA-Transfer.

- Die eine Komponente ist ein komplexer Satz verschiedener Gene, den wir als *vir*-Region (Virulenz-Region) bezeichnen (Abb. 4.5.2). Diese Gene codieren für unterschiedliche Funktionen, die teils für die Tumorentstehung, teils für den DNA-Transfer und für die Wirtsspezifität verantwortlich sind. Alle diese Gene sind durch eine Reihe phenolischer Moleküle und Monosaccharide induzierbar. Diese werden im Wundbereich von der verletzten Pflanze produziert, so daß die verletzte Pflanze letztlich selbst den Pathogenitätsmechanismus startet.
- Die zweite Komponente auf dem Ti-Plasmid ist die T-DNA selbst. Sie trägt sämtliche Pathogenitäts-Gene, die sogenannten *onc*-Gene. Diese sind allerdings nur für die Auslösung des tumorähnlichen Wachstums verantwortlich, nicht jedoch für den DNA-Transfer und für den Einbau in das Pflanzen-Genom. Die hierfür erforderlichen Elemente auf der T-DNA umfassen lediglich zwei ca. 25 Bp lange identische Sequenzmotive an den beiden Enden der T-DNA, die wir als LB (*left border sequence*) und als RB (*right border sequence*) bezeichnen.

Schließlich sind auch noch einige Bereiche auf dem Bakterien-Genom – die chromosomalen *vir*-Loci – an dem Pathogenitätsmechanismus beteiligt. Sie sind unter anderem verantwortlich für die chemotaktische Annäherung der Bakterien an die Wundstelle, für das Andocken der Bakterien und für die Induktion der *vir*-Region durch Monosaccharide.

Sobald *vir*-Proteine in der Bakterienzelle akkumulieren, beginnt der Prozeß des T-DNA-Transfers. Hierzu wird der obere Strang der Plasmid-DNA innerhalb des 25 Bp langen RB-Elements hydrolysiert. Die hierfür verantwortliche Endonuklease arbeitet positionsspezifisch und spaltet den DNA-Strang zwischen der dritten und der vierten Base des 25 Bp langen RB-Elements (Abb. 4.5.3). Dann hydrolysiert die Endonuklease den DNA-Strang innerhalb der LB-Region und die freigesetzte Einzelstrang-DNA wird wie bei der bakteriellen Konjugation – wahrscheinlich in Form eines DNA-/Proteinkomplexes – in die Pflanzenzelle geschoben. Dort gelangt sie in den Zellkern und wird als einzelne Kopie oder in Form mehrerer tandemartig hintereinander angeordneter Kopien ins Pflanzengenom integriert.

In der Pflanze wird die T-DNA aktiv transkribiert und die mRNA in Proteine translatiert. Ein Teil der Gene auf dem Ti-Plasmid codiert für Enzyme, die an der Auxin- und Zytokin-Biosynthese beteiligt sind. Diese wiederum stimulieren effektiv eine lokale Zellproliferation und damit die Ausbildung der Tumoren.

Ri-T-DNA enthält sogenannte *rol*-Gene (*root loci*), deren Genprodukte in erster Linie für die unphysiologische Bildung von Wurzelhaaren verantwortlich sind.

In beiden Pflanzentumoren werden T-DNA-codierte Enzyme exprimiert, die die Synthese ungewöhnlicher Aminosäuren oder Zucker – die sogenannten Opine – katalysieren. Diese Opine (Abb. 4.5.4), deren wichtigste Vertreter Octopin, Nopalin und Agropin sind, akkumulieren in den transformierten Zellen, wo sie allerdings nicht meta-

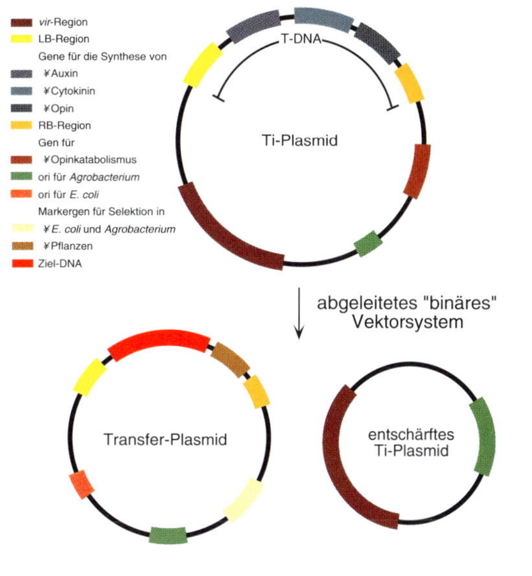

Abb. 4.5.2 Ti-Plasmide. Das Ti-Plasmid ist sehr komplex aufgebaut und besteht im wesentlichen aus der sogenannten T-DNA, der *vir*-Region, einem Gensatz für den Opin-Katabolismus und aus einem spezifischen *origin of replication* (grün).
Von diesem Ti-Plasmid wurde ein „binäres" Vektorsystem für die Klonierung von Fremdgenen und den Gentransfer durch *A. tumefaciens* abgeleitet.

- Das Transferplasmid enthält die LB- und RB-Regionen des T-DNA-Bereiches. Die Originalgene innerhalb der T-DNA, die letztlich für das Tumorwachstum verantwortlich sind, wurden deletiert und können durch Fremd-DNA und Marker-DNA ersetzt werden. Ferner sind auf dem Plasmid ein Selektions-Gen (hellgelb) und *ori*-Sequenzen für *E. coli* (rosa) sowie für *A. tumenfaciens* (grün) enthalten.
- Das „entschärfte Ti-Plasmid" trägt noch die *ori*-Sequenz sowie die *vir*-Region, deren Genprodukte den DNA-Transfer steuern.

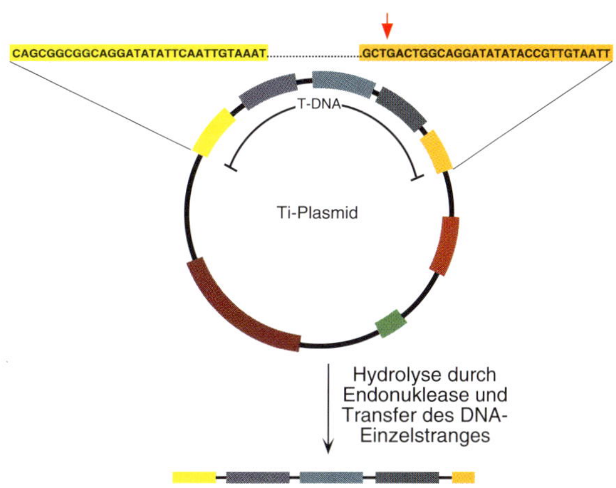

Abb. 4.5.3 Linearisierung als Ti-Plasmid, durch Hydrolyse in der RB-Region als erster Schritt des T-DNA-Transfers. Zunächst wird die RB-Region sequenzspezifisch von einer bakteriellen Endoprotease gespalten und das Ti-Plasmid dadurch linearisiert.

Gen	Enzym	Resistenz
nptII	Neomycin-Phosphotransferase	Neomycin, G418, Kanamycin
nptI	Neomycin-Phosphotransferase	Neomycin, G418, Kanamycin
hpt	Hygromycin-Phosphotransferase	Hygromycin
pat	Phosphinothricin-Acetyltranspherase	Phosphinothricin
dhfr	Dihydrofolat-Reduktase	Methotrexat
bsr	Blasticidin S-Desaminase	Blasticidin
AAC (3)	Gentamycin-Acetyltransferase	Gentamycin
SPT	Streptomycin-Phosphotransferase	Streptomycin

Tabelle 4.5.1 In der Pflanzen-Gentechnik eingesetzte Resistenzgene

bolisiert werden können. Stattdessen werden sie sekretiert und dienen ausschließlich *A. tumefaciens* als Stickstoff-, Kohlenstoff- und Energiequelle.

Die Enzyme, die für die Katabolisierung der Opine erforderlich sind, sind ebenfalls auf dem Ti-Plasmid codiert. So ist die Kooperation Opin-synthetisierender und Opin-katabolisierender Gene Teil eines Parasitismus, der mit dem Transfer der T-DNA-Region in die Pflanze beginnt.

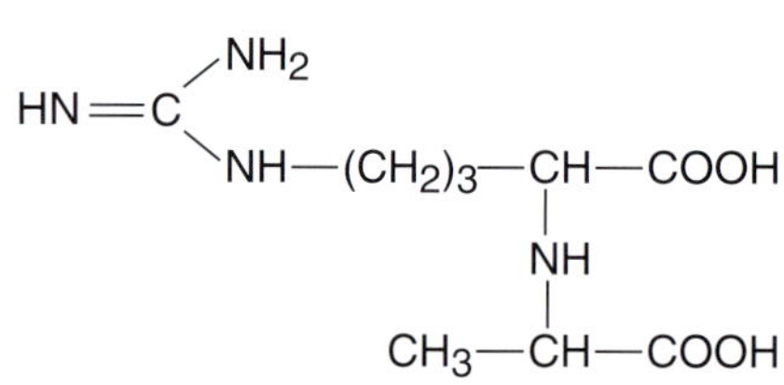

Octopin

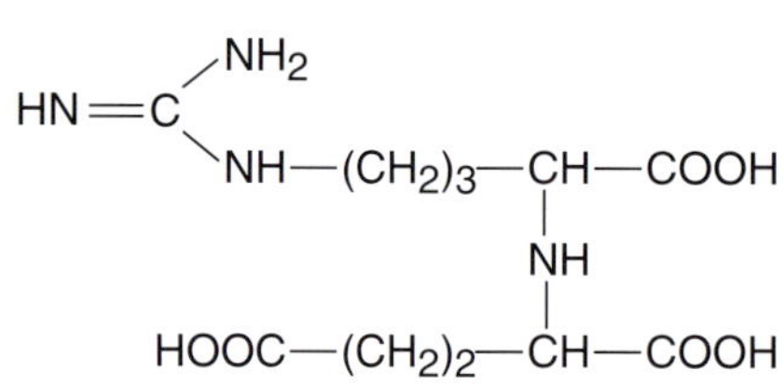

Nopalin

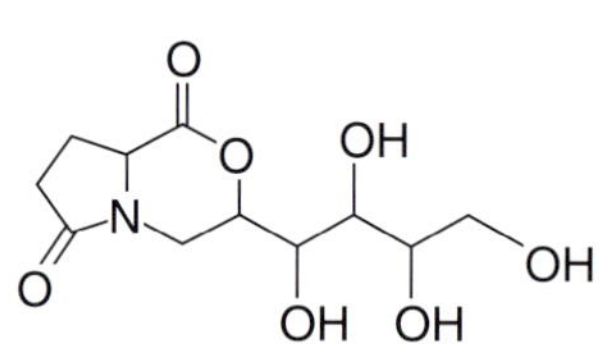

Agropin

Abb. 4.5.4 Beispiele für Opine.

4.5.4 Vektoren für die Pflanzenzell-Transformation

Der Durchbruch in der Pflanzen-Gentechnik war geschafft, nachdem es 1983 Van Montagu, Schell und Fraley gelungen war, das Ti-Plasmid zu „entwaffnen". Denn da für den DNA Transfer auf der T-DNA nur die identischen Sequenzmotive an den beiden Enden der T-DNA erforderlich sind, konnten die Pathogenitäts-Gene entfernt werden und an ihrer Stelle beliebige Fremd-DNA integriert werden (siehe Abb. 4.5.2). Vorteilhaft war ferner, daß sich Pflanzenzellen, die durch entwaffnete Ti-Plasmide transformiert worden waren, zu normalen, fertilen Pflanzen regenerieren ließen. Allerdings mußten Maßnahmen getroffen werden, um die transformierten Zellen als solche zu identifizieren. Dies gelang durch die Expression verschiedene Antibiotika-Resistenz-Gene unter der Kontrolle pflanzlicher oder viraler Transkriptions- und Translations-Kontrollelemente.

Der am häufigsten verwendete Selektions-Marker ist zweifellos das Neomycin-Phosphotransferase-Gen (*npt*II). Auch transformierte Pflanzen können – wie wir das ja nun wiederholt für andere eukaryontische Organismen gehört haben (siehe Kapitel 3.2, 4.1 und 4.3) – in Gegenwart des synthetischen Antibiotikums G418 selektioniert werden. Allerdings sind die vielen anderen, in den letzten Jahren entwickelten Selektions-Systeme sehr nützlich, um beispielsweise bereits transformierte Pflanzen ein weiteres Mal zu transformieren. Ferner lassen sich Transformanden durch G418 nicht bei allen Pflanzen gleich gut selektionieren, so daß in solchen Fällen auch auf alternative Selektions-Systeme ausgewichen werden muß.

Heute verwenden wir sogenannte „binäre Vektor-Systeme" (siehe Abb. 4.5.2). Darunter verstehen wir ein Vektorpaar. Beide Vektoren können in *Agrobacterium* replizieren. Einer der beiden Vektoren ist ein modifiziertes Ti-

Plasmid, das die *vir*-Region trägt und das entsprechenden Genprodukte für den T-DNA-Transfer bereitstellt. Der zweite Vektor enthält die zu transferierende T-DNA, bzw. die für den Tranfer erforderlichen identischen Sequenzmotive an den beiden Enden der T-DNA. Dieser Vektor enthält auch einen in *E. coli* aktiven Replikationsursprung und einen Selektions-Marker für die *E.-coli*-Transformation. Ein typischer Pflanzen-Transformationsvektor ist in Abb. 4.5.2 skizziert.

4.5.5 Transformation von Pflanzenzellen

Zur Transformation von Pflanzenzellen inkubieren wir Blattstücke mit einer Suspension rekombinanter *Agrobacterium*-Zellen. Die Blattstücke werden dann auf einem Medium kultiviert, das durch geeignete Hormonzusätze Sproßbildung induziert. Die Bakterien werden durch ein Antibiotikum abgetötet, wohingegen die transformierten Pflanzen in Gegenwart eines geeigneten Antibiotikums positiv selektioniert werden. Anschließend wird die Wurzelbildung induziert, und Pflanzen werden regeneriert.

4.5.6 Monokotyle vs. dikotyle Pflanzen

Nicht alle Pflanzen lassen sich mit *A. tumefaciens* transformieren, da dieses Bakterium zwar ein großes, aber nicht ein uneingeschränktes Wirtsspektrum besitzt. Es gestattet zwar Infektion und damit Gentransfer in Dikotyledonen; monokotyle Pflanzen werden aber von *A. tumefaciens* nur äußerst ineffektiv oder gar nicht infiziert. Allerdings stellen monokotyle Pflanzen ein riesiges Potential für gentechnische Manipulationen, denn Getreide, Mais, Reis und andere Monokotyledonen besitzen eine beträchtliche ökonomische Bedeutung.

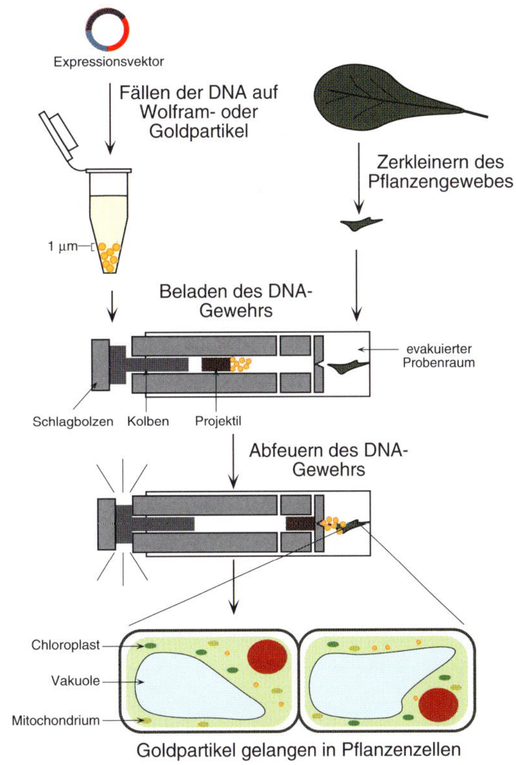

Abb. 4.5.5 Biolistischer Gentransfer. DNA kann in eine Zelle „geschossen" werden. Dazu wird die Plasmid-DNA zunächst auf kleinste Gold- oder Wolframpartikel durch Fällung aufgezogen. Diese Partikel geben wir dann in eine Vorrichtung, die es erlaubt, die Partkel mit großer Schnellkraft auf ein Gewebe zu schießen. Beim Durchtritt der Projektile durch das Gewebe wird die DNA von den Trägerpartikeln „abgestreift" und verbleibt in der Zelle. Dort wird sie in seltenen Fällen – aber ausreichend oft – in die genomische DNA der Zelle integriert. Durch biolistische Transfektion kann die Fremd-DNA sowohl in die Kern-DNA als auch in die DNA der Mitchondrien oder Chloroplasten eingebaut werden.

Die Lösung dieses Problems war der direkte Gentransfer, allerdings nicht – wie man lange geglaubt hatte – in Protoplasten, also in Pflanzenzellen, denen man die Zellwand entfernt hatte, sondern in intakte Pflanzenzellen (Abb. 4.5.5). Wissenschaftler an der Cornell-University in Ithaca, New York, hatten ein Gerät gebaut, das wie eine Miniaturkanone funktionierte. Kleinste, mit DNA imprägnierte Gold- oder Wolfram-Partikel wurden direkt in die Pflanzenzellen „geschossen". Die Mikroprojektile durchdringen die Zellwand und deponieren die DNA in der

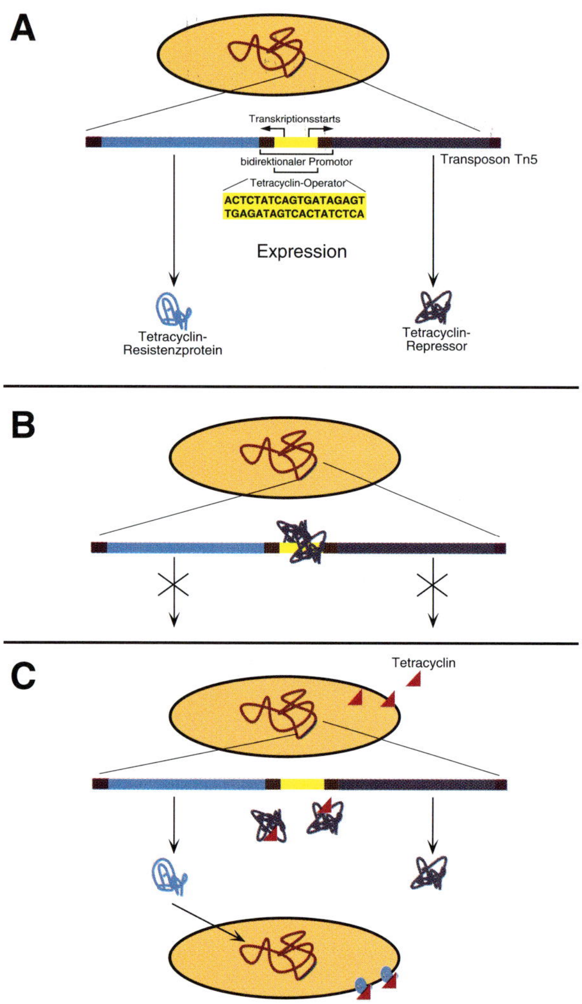

Abb. 4.5.6 Das bakterielle Tetracyclin-Regulationssystem.

A. Das Regulationssystem, das wir beispielsweise auf dem bakteriellen Transposon Tn5 finden, besteht aus zwei Genen, die nebeneinander angeordnet sind und deren Expression von einer zentral gelegenen Kontrollregion gesteuert wird. Die beiden Gene codieren für den Tetracyclin-Repressor (dunkelblau) und für das Tetracyclin-Resistenz-Protein (hellblau).

B. Normalerweise bindet das Repressor-Protein an die Operatorregion (gelb) der zentralen Kontrolleinheit und verhindert dadurch, daß die RNA-Polymerase an die beiden Promotoren (braun) binden und die Gene ablesen kann.

C. Ist jedoch Tetracyclin in der Zelle vorhanden, so bindet das Tetracyclin an das Repressor-Protein, das dadurch in seiner Konformation so geändert wird, daß es die Affinität zum *tet*-Operator verliert und abdiffundiert. Nun können sowohl neues Repressor-Protein als auch Tetracyclin-Resistenz-Protein synthetisiert werden. Solange Tetracyclin vorhanden ist, bleibt diese Situation bestehen. Erst wenn kein Tetracyclin mehr in der Zelle verfügbar ist, bindet der *tet*-Repressor wieder an den Operator und schaltet das Operon dadurch ab.

Zelle, wo sie mit einer geringen Wahrscheinlichkeit in das Pflanzengenom integriert wird.

Biolistische Methoden haben wir bereits in Kapitel 4.4 „Gentherapie" besprochen. Fairerweise wollen wir aber an dieser Stelle festhalten, daß der Einsatz der Biolistik in der Gentherapie der Pflanzen-Gentechnik entliehen wurde.

Durch biolistische Methoden ist es heute möglich, auch Chloroplasten oder Mitochondrien zu transformieren. Diese Organellen besitzen ja bekanntlich eigenständige Genome. Auch diese Genome stellen heute wichtige Ziele für gentechnische Manipulationen dar.

4.5.7 Regulierte Genexpression in Pflanzen

Ebenso wie in mikrobiellen und in tierischen Zellen kann eine regulierte Genexpression in Pflanzen sehr nützlich sein. Ein elegantes System auf der Basis eines bakteriellen Regulationsprinzips wurde vor einigen Jahren auch für Pflanzen etabliert.

Das Regulationssystem beruht auf der Kontrolle der durch das bakterielle Transposon Tn5 codierten Tetracyclin-Resistenz. An dieser Resistenz sind zwei Proteine beteiligt:

- das Tetracyclin-Resistenz-Protein, ein Transportprotein, das Tetracyclin aus der Zelle hinaustransportiert,
- der Tetracyclin-Repressor (*tet*-Repressor), der die Expression des Tetracyclin-Resistenz-Proteins kontrolliert.

Die Gene beider Proteine sind nebeneinander angeordnet. Sie werden von einem bidirektionalen Promotor getrennt, der die Expression beider Gene steuert (Abb. 4.5.6 A). Mit dem Promotor überlappt der *tet*-Operator. Hierbei handelt es sich um eine kurze, palindromische Sequenz, an die der *tet*-Repressor mit hoher Affinität bindet und so den Promotor blockiert (Abb. 4.5.6 B). In dieser Situation können weder Tetracyclin-Resistenz-Proteine noch neue *tet*-Repressor-Proteine gebildet werden. Erst wenn Tetracyclin in die Zelle gelangt, bindet dieses an den *tet*-Repressor, der dadurch seine Konformation ändert und folglich seine Affinität zum *tet*-Operator verliert (Abb. 4.5.6 C). Tetracyclin ist also der Induktor für einen Resistenzmechanismus gegen Tetracyclin.

Dieses System wurde für Pflanzen derart adaptiert, daß drei Kopien des *tet*-Operators um den Promotor- und Transkriptions-Initiations-Bereich des Blumenkohl-Mosaikvirus (*cauliflower mosaicvirus*) inseriert wurden (Abb. 4.5.7 A). Wird in einer Pflanzenzelle das *tet*-Repressor-Protein gebildet, bindet der Repressor an die Operatoren und blockiert damit die Funktion des Blumenkohl-Mosaikvirus-Promotors (Abb. 4.5.7 B). Erst, wenn die Pflanzen auf einem Medium wachsen, das Tetracyclin enthält, wird der Promotor aktiv, da Tetracyclin an den Repressor bindet, worauf dieser die Promotorregion frei gibt (Abb. 4.5.7 C).

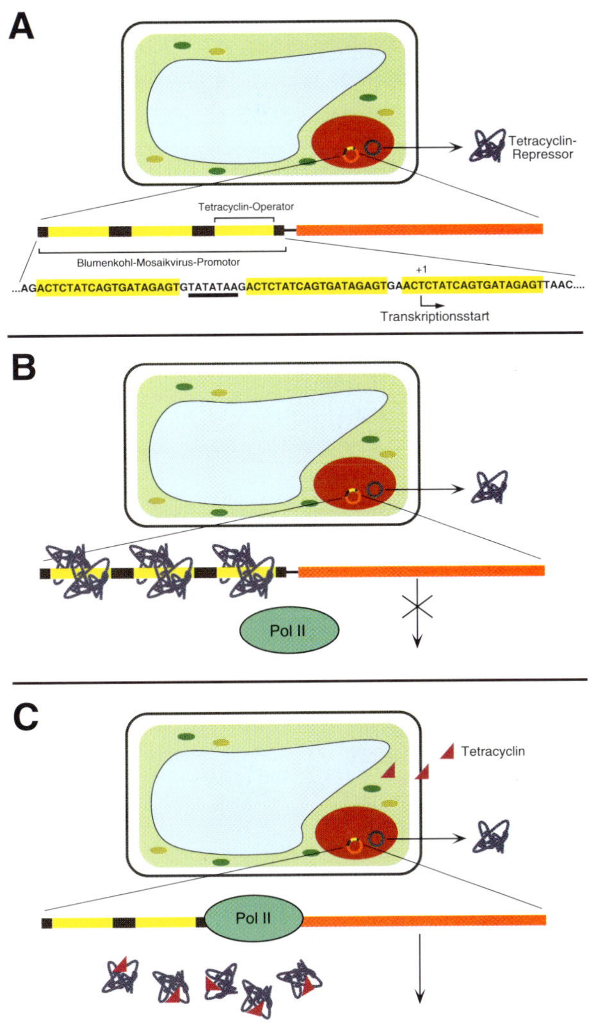

Abb. 4.5.7 Funktionelle Adaptation des bakteriellen Tetracyclin-Regulationssystems an Pflanzenzellen.
A. Zur Adaptation des bakteriellen Tetracyclin-Regulationssystems an die Pflanzenzelle wurde der Operator (gelb-unterlegter Sequenzbereich) in drei Kopien in den Promotor-Bereich des Blumenkohl-Mosaikvirus-Promotors integriert. Gleichzeitig wurde das Gen für das Repressor-Protein mit einem Pflanzen-Promotor gekoppelt, so daß dieses bakterielle Gen in der Pflanze synthetisiert werden kann (blaues Plasmid und blaues Protein).
B. Unter normalen Bedingungen wird nun in der Pflanzenzelle permanent Repressor synthetisiert, der an die Operatorregion im Blumenkohl-Mosaikvirus-Promotor bindet und damit die Transkription des nachfolgenden Gens (orange) verhindert, da die RNA-Polymerase II (Pol II; türkis) nicht binden kann.
C. Bieten wir allerdings der Zelle Tetracyclin an, so bindet das Tetracyclin an das Repressor-Protein, das damit vom Operator abdiffundiert und den Promotor für die Bindung der RNA-Polymerase II freigibt.

4.5.8 Was wird verändert?

Nahezu alle Pflanzen werden heute gentechnisch bearbeitet. Auch Freisetzungsversuche wurden bisher für eine Vielzahl gentechnisch veränderter Pflanzen (Abb. 4.5.8) durchgeführt. Wie sich die freigesetzten transgenen Pflanzen auf verschiedene konzeptionelle Ansätze verteilen, ist in Abb. 4.5.9 aufgezeigt.

http://www.aphis.usda.gov/bbep/bp/(Daten zu Freisetzungsversuchen)

http://www.rki.de/GENTEC/GENTEC.HTM (Freisetzungen in Deutschland und Europa)

Die anfänglichen Aktivitäten in der Pflanzen-Gentechnik waren bestimmt durch die agrochemische Industrie und konzentrierten sich folglich auf die Verbesserung der agronomischen Eigenschaften von Pflanzen mit hohem ökonomischem Potential. Der Herbizid-Markt, auf dem Umsätze um 6 Milliarden

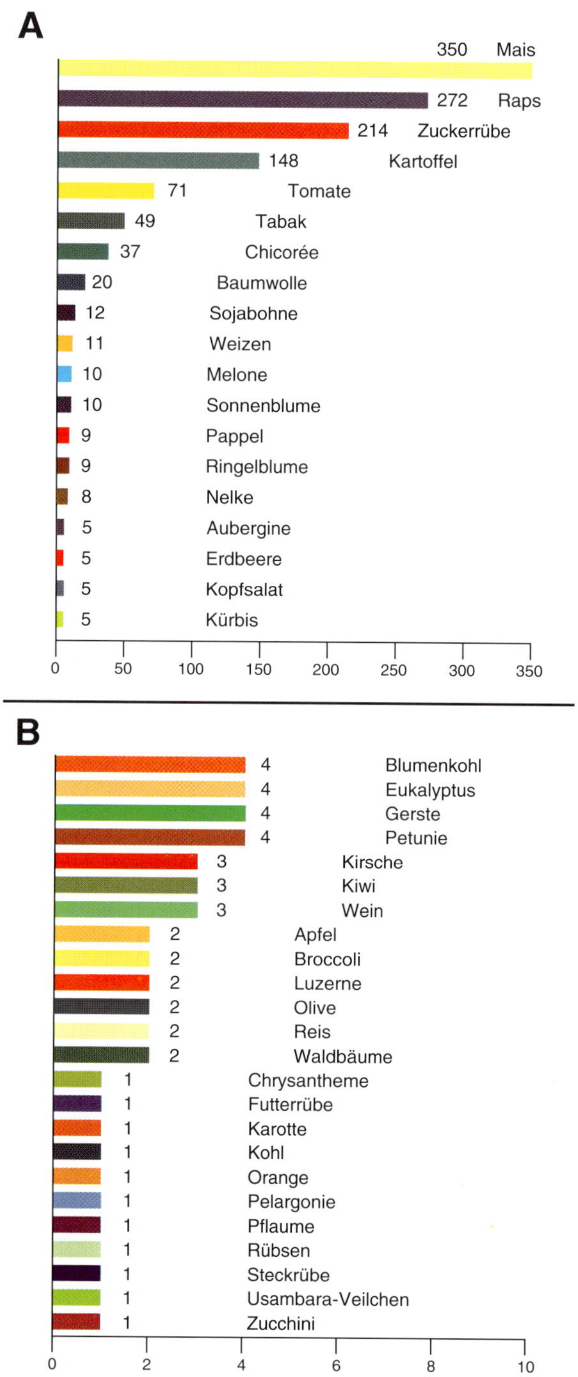

Abb. 4.5.8 Zahl der Freisetzungen bezogen auf die verschiedenen Arten.

Dollar erzielt werden, zog zunächst einmal das Interesse auf sich. Herbizid-Resistenz wurde zum fragwürdigen Schlagwort, versehen von der einen Seite mit positiven, von der anderen Seite mit negativen Attributen.

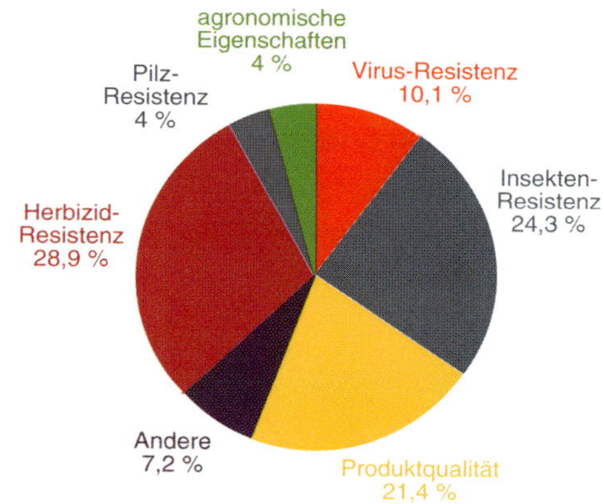

Abb. 4.5.9 Verteilung der Freisetzungen bezogen auf die verschiedenen Pflanzenmodifikationen.

Zwei Ansätze wurden verfolgt (siehe Tabelle 4.5.2):

- Einmal wurden Herbizidresistenzen gegen Gluphosinat, Phosphinotricin (Gluphosinat bzw. Bialaphos), Bromoxynitril und Glyphosat dadurch erzeugt, daß bakterielle Gene in den entsprechenden Pflanzen exprimiert wurden, die für Enzyme codieren, die Herbizide durch Modifikationen wie Acetylierung oder Hydrolyse inaktivieren können (Abb. 4.5.10).
- Zum anderen gelang es, Pflanzen zu erhalten, die gegen Glyphosat und Sulfonylharnstoff resistent waren. Hierzu wurde ein Gen in die Pflanze integriert, dessen Produkt die Aufgabe des Pflanzenproteins übernimmt, das von dem Herbizid inaktiviert wird. Das Fremdprotein selbst wird von dem Herbizid nicht inaktiviert.

Auch Pflanzenpathogene wurden mit Hilfe der Gentechnik attackiert. Eine bemerkenswerte Entwicklung ist das Einbringen der genetischen Information für ein Virus-Hüllprotein in die zu schützende Pflanze. Dadurch täuscht die Pflanzenzelle eine Virus-Infektion vor und entkommt so einer Neuinfektion. Dieser Ansatz, der heute über ein weites Virus-/Pflanzenspektrum etabliert ist, hat zwei relevante Auswirkungen:

- Transformierte – da gesunde – Pflanzen sind deutlich ertragreicher als infizierte Pflanzen.

Herbizid	Ziel-Enzym	Problem	Resistenzstrategie
Glyphosat [N-(phosphono-methyl)-Glycin]	EPSP-Synthase (5-Enolpyruvat-Shikimat-3-Phosphat-Synthase)	Hemmung des Shikimisäurewegs und dadurch Hemmung der Biosynthese aromatischer Aminosäuren (Phe, Tyr, Trp)	1.) Überexpression von natürlicher EPSP-Synthase 2.) Expression einer Glyphosat-resistenten EPSP-Synthase aus *Salmonella*, aus *E. coli* oder aus *Agrobacterium* sp. im Zytoplasma oder in den Chloroplasten. 3.) Degradation von Glyphosat durch Glyphosat-Oxidoreduktase (GOX) aus *Achromobacter* sp. zu Aminomethyl-Phosphonsäure (AMPA und Glyoxylat)
Sulfonylharnstoff, Imidazolinone, Triazolopyrimidine, Pyrimidinyl-Thiobenzoate	ALS (Acetolactat-Synthase)	Hemmung der Biosynthese verzweigt-kettiger Aminosäuren (Leu, Ile, Val)	Expression einer resistenten ALS-Variante z.B. aus *Arabidopsis thaliana*, Tabak oder Raps
Basta®, L-Phos-phinothricin (PPT), Glufosinat, Bialaphos	GS (Glutamin-Synthase)	Hemmung der Detoxifikation von Ammoniak	1.) Amplifikation des endogenen GS-Gens 2.) Expression einer PPT-Acetyl-Transferase (*pat*, siehe Tabelle 4.5.1) zur Inaktivierung von PPT
Atrazin®	QB-Protein des Photosystems II	Hemmung der Photosynthese	1.) Expression eines resistenten *psb*A-Gens in den Chloroplasten 2.) Expression von Glutathion-S-Transferase zur Entgiftung
Bromoxynitril	Hemmung des Photosytems II	Hemmung der Photosynthese, Entkoppler der oxidativen und photosynthetischen Phosphorylierung	Expression einer Nitrilase (*bxn*) zur Entgiftung

Tabelle 4.5.2 Herbizid-Resistenzen

- Durch die Resistenz läßt sich die chemische Bekämpfung von Insekten-Vektoren für Virusinfektionen deutlich reduzieren.

Weitere Ansätze, die zur Erzeugung Virus-resistenter Pflanzen erprobt werden, sind in Tabelle 4.5.3 zusammengestellt und erläutert:

Um Toleranz gegen Pilzinfektionen zu erzielen, wurden ebenfalls unterschiedliche Ansätze gewählt, die sich teilweise noch im Experimentierstadium befinden (siehe Tabelle 4.5.4).

Die Reduktion chemischer Insektizide ist ein anderes wichtiges Ziel der Pflanzen-Gentechnik. Ein bemerkenswerter Ansatz zum Erreichen dieses Ziels war die Expression insektizider Proteine von *Bacillus thuringiensis* in Pflanzen. Bei diesen insektiziden Proteinen handelt es sich um Endotoxine (*Bt*-Toxine), die an verschiedene Rezeptoren im Mitteldarm der Insekten binden. Es gibt ein ganzes Spektrum dieser als *cry* (Crystallin) bezeichneten Proteine. Beispielsweise sind *cry* I und *cry* II toxisch für *Lepidoptera* (Schmetterlinge), *cry* III ist toxisch für *Coleoptera* (Käfer), und *cry* II und *cry* IV töten *Diptera* (Zweiflügler). Für andere Tiere – darunter auch Bienen und Fische – sind diese Proteine nicht giftig. Durch Verzehr der Pflanzen neh-

A

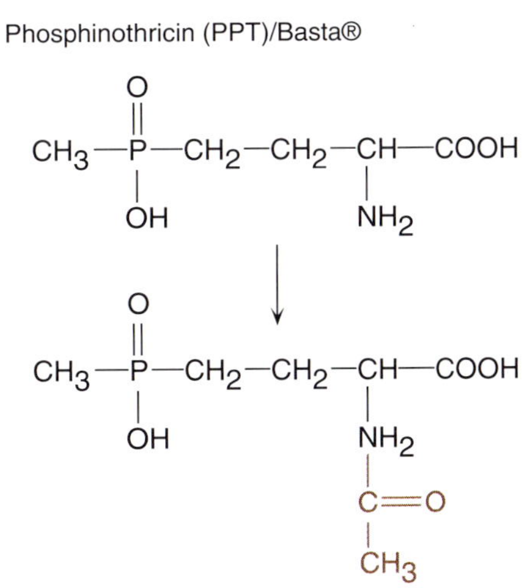

B

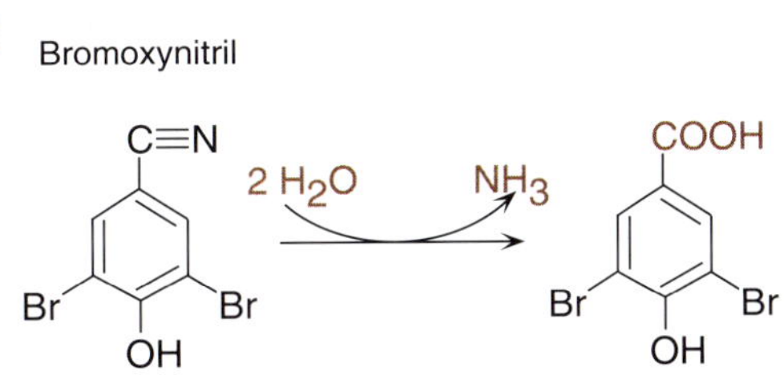

Abb. 4.5.10 Inaktivierung von Herbiziden durch Modifikationsreaktionen.
A. Das Herbizid Phosphinothricin (PPT)/Basta® kann durch Acetylierung an der α-Aminogruppe inaktiviert werden.
B. Das Herbizid Bomoxynitril kann enzymatisch zur Carbonsäure hydrolysiert und dadurch inaktiviert werden.

Ansatz	Prinzip
Virus-Satelliten und Satelliten-RNAs	Mechanismus unbekannt
Replikase	Expression einer viralen RNA-abhängigen RNA-Polymerase. Diese soll mit der viralen Replikation kompetieren und dadurch die Virus-Replikation hemmen.
Antisense-Inhibitoren	Speziell konstruierte *Antisense*-Oligonukleotide blockieren verschiedene virale Funktionen
RNA- oder DNA-Varianten (defekte Viren)	Durch Einschleusen defekter Virus-Genome wird die Replikation intakter Viren gehemmt
Cis-aktive Elemente	Darunter verstehen wir Moleküle, die Komponenten des viralen Replikations-Apparates "abziehen"
Transportproteine	Varianten von Transportproteinen können die Ausbreitung der viralen Infektion in der Pflanze verhindern. Da die Transportsysteme für Viren relativ unspezifisch sind, d.h. viele unterschiedliche Viren nutzen das gleiche Transportsystem, könnte dies ein Ansatz für einen Breitbandschutz gegen verschiedene Viren sein.
Antivirale Proteine	Antivirale Proteine können z.B. Antikörper sein, die in der transgenen Pflanze exprimiert werden und eine Ausbreitung der viralen Infektion verhindern.
Ribozyme	Katalytische RNAs, die virale RNAs intrazellulär degradieren (siehe Kapitel 6.11 "Inhibitorische Nukleinsäuren")

Tabelle 4.5.3 Ansätze zur Erzeugung von Virus-Toleranz in Pflanzen.

Ansatz	Prinzip
Phytoalexine	Phytoalexine sind bekanntlich niedermolekulare, antimikrobiell wirksame Sekundärmetaboliten, die sehr schnell als Antwort auf eine Infektion gebildet werden. Dies hat man genutzt, um beispielsweise aus Weintrauben ein Gen zu isolieren, das für eine Stilben-Synthase codiert, die bei der Bildung des Phytoalexins Resveratrol eine Rolle spielt. In der Tat erwiesen sich Tabak, Tomate und Kartoffel deutlich toleranter gegen verschiedene Pilzinfektionen, wenn das genannte Gen in den Pflanzen exprimiert wurde.
Ribosomen-inaktivierende Proteine	In Pflanzen gibt es Ribosomen-inaktivierende Proteine. Diese wirken zwar nicht auf die "eigenen" Ribosomen, wohl aber auf Ribosomen phylogenetisch weit entfernter Organismen, wie beispielsweise Pilze. So führte die Expression eines Gens aus Gerste in Tabak zur Verbesserung der Pilz-Toleranz gegen *Rhizoctonia solani*.
Chitinasen und Glucanasen	Diese Enzyme katalysieren die Hydrolyse von Chitin und β-1,3-Glucanen, beides Hauptbestandteile der Zellwände von Pilzen. Entsprechend der Theorie, erwies sich die Coexpression entsprechender Gene bei Tabak, Tomate, Reis und andere als wirksam.

Tabelle 4.5.4 Ansätze zur Erzeugung von Toleranz gegen pathogene Pilze bei Pflanzen.

men die Insektenlarven auch die nur für sie giftigen Proteine auf und verenden kurze Zeit später. Leider beobachten wir seit einiger Zeit einen deutlichen Anstieg der natürlichen Resistenz gegen *Bt*-Toxine. Es ist nicht auszuschließen, daß diese Resistenzentwicklung dramatisch ansteigt, wenn mehr und mehr tolerante Pflanzen angebaut werden.

Weitere Ansätze, die zur Erzeugung Insekten-toleranter Pflanzen erprobt werden, sind in Tabelle 4.5.5 zusammengestellt und erläutert.

4.5.9 Männliche Sterilität

Eine weitere erstaunliche Entwicklung im Bereich der Pflanzen-Gentechnik ist die Etablierung von Pflanzen mit männlicher Sterilität.

Lange ist der Effekt der Heterosis bekannt. Darunter verstehen wir die Eigenschaft einer aus zwei Inzuchtstämmen hervorgegangenen Hybridpflanze, im ersten Jahr signifikant erhöhte Erträge zu liefern, deutlich weniger anfällig gegen Krankheiten zu sein, ja generell unkomplizierter zu sein, als die Elternstämme. Bei der Herstellung solcher Hybridsorten versuchen die Züchter die Bestäubung möglichst gut zu kontrollieren, um eine entsprechende Samenqualität zu garantieren. Dabei muß streng darauf geachtet werden, daß sich die Pflanzen nicht selbst bestäuben. Dies wird teilweise dadurch erreicht, daß die Antheren maschinell oder sogar manuell entfernt werden.

Kürzlich ist es gelungen, Pflanzen gentechnisch zu sterilisieren. Durch die Expression ei-

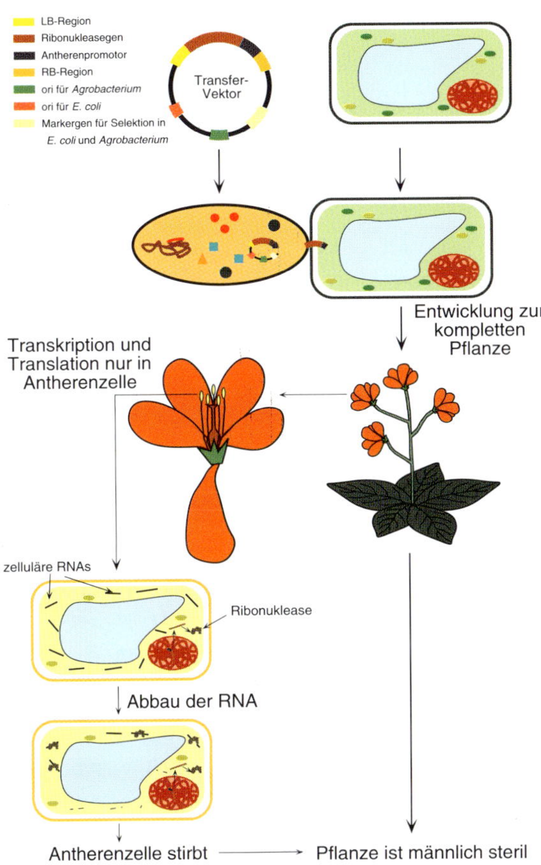

Abb. 4.5.11 Erzeugung männlicher Sterilität. Durch Expression des Gens für die Ribonuklease Barnase aus *Bacillus amyloliquefaciens* ist es gelungen, Pflanzen zu sterilisieren. Hierzu wurde das bakterielle Gen zwischen die LB- und RB-Regionen eines Ti-Transfer-Plasmids (siehe Abb. 4.5.2) kloniert, wobei als Kontrollregion ein Promotor verwendet wurde, der ausschließlich in den Antheren aktiv ist. Nach Gentransfer erhielt man erwartungsgemäß eine transgene Pflanze, die männliche Sterilität zeigte, da die zelltypspezifische Expression der Barnase die Ausbildung intakter Antheren verhinderte.

Ansatz	Prinzip
Protease-Inhibitoren	Die Expression von Protease-Inhibitoren in transgenen Pflanzen zielt nicht primär darauf ab, Insekten zu töten. Vielmehr soll durch diese antimetabolischen Enzyme die normale Insekten-Physiologie beeinträchtigt werden. Folgen sind erhöhte Mortalität, verringerte Wachstumsraten, verlängertes Larvenstadium. Die genauen Mechanismen, wie die von den Insekten aufgenommenen Proteasen diese Effekte erzielen, verstehen wir derzeit noch nicht so recht. Getestet wurden bisher u.a. der Trypsin-Inhibitor *CpTI* aus *Vigna unguiculata* und Vertreter der wundinduzierten Protease-Inhibitor-Familien *PI-I* und *PI-II* aus Kartoffel und Tomate.
α-Amylase-Inhibitoren	Derartige Moleküle sollen die α-Amylase im Mitteldarm der Insekten inhibieren. Dadurch kommt es zu Resorptionsstörungen und zur Verlangsamung von Wachstum und Entwicklung.
Lectine	Lectine sind Kohlenhydrat-bindende Proteine, die Glycane, Glycoproteine, Glycolipide und Polysaccharide mit hoher Affinität binden. Wahrscheinlich sind die Wirkmechanismen ganz ähnlich, wie wir sie bereits für die α-Amylase-Inhibitoren besprochen haben. D.h. die in den Darm der Insekten gelangten Lectine binden Nahrungskomponenten oder besetzen Rezeptoren, so daß die normale Resorption gestört wird. Getestet wurden bisher u.a. das Lectin *GNA* aus *Galanthus nivalis* und *P-Lec* aus *Pisum sativum*. Einen besonders effizienten Schutz konnte man erzielen, wenn man den Protease-Inhibitor *CpTI* und das Lectin *P-Lec* zusammen in einer Pflanze exprimierte.

Tabelle 4.5.5 Ansätze zur Erzeugung von Insekten-toleranter Pflanzen.

nes Gens für eine Ribonuklease (Barnase) aus *Bacillus amyloliquefaciens*, das in der Pflanze von einem Promotor kontrolliert wird, der ausschließlich in Antheren aktiv ist, wird in den Antheren praktisch die gesamte RNA degradiert. Dadurch kann sich dieses für die sexuelle Vermehrung wichtige Pflanzenorgan nicht entwickeln (Abb. 4.5.11). Alle anderen Teile der Pflanze – auch die weiblichen Sexualorgane – können sich allerdings normal entwickeln. Diese Pflanzen haben somit eine männliche Sterilität erworben und können sich daher nicht mehr selbst bestäuben.

Damit dies nicht zur genetischen Einbahnstraße wird, hat man andere Pflanzen der gleichen Art geschaffen, die statt des Ribonuklease-Gens das *Bacillus amyloliquefaciens*-Gen für den Ribonukleaseinhibitor Bastar, einem Protein von 89 Aminosäuren, in ihren Antheren exprimieren. Kreuzt man beide Pflanzen, so sind die männlichen Sexualorgane der Nachkommen wieder fertil, da das Bastar-

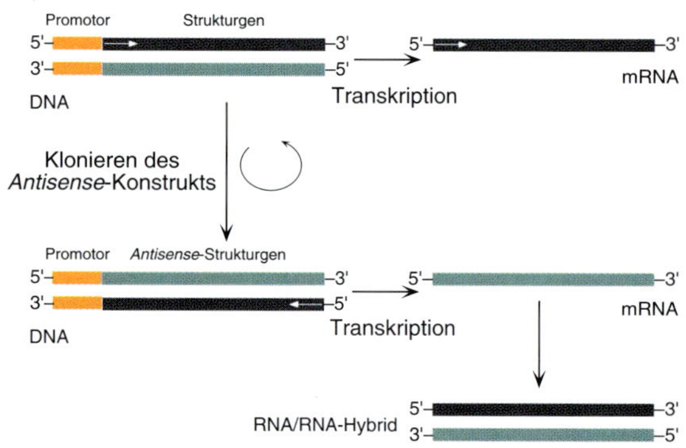

Abb. 4.5.12 ***Antisense*-Inhibition.** Bei der *Antisense*-Inhibition exprimieren wir in der Pflanzenzelle ein Teil eines Gens, dessen Produktbildung wir hemmen wollen, in falscher (*antisense*-) Orientierung. Hierzu wird das Genfragment derart hinter einen Promotor kloniert, daß nicht der *sense*-Strang, sondern der *antisense*-Strang abgelesen und in RNA kopiert wird. Damit liegt in der transgenen Zelle eine RNA vor, die normalerweise in der Zelle nicht vorkommt. Diese RNA ist komplementär zu der mRNA, in der die Information für das Ziel-Protein zwischengespeichert ist, dessen Synthese wir hemmen wollen. Es bildet sich nun zwischen diesen beiden RNAs ein RNA/RNA-Doppelstrang. Dadurch wird die Möglichkeit zur Translation der mRNA verhindert und somit die Synthese des Ziel-Proteins inhibiert. Ziel der *Antisense*-Inhibition ist also das Ausschalten einer Genfunktion. Dieser Ansatz unterscheidet sich aber von der klassischen Mutagenese, in der das Gen zerstört wird, dadurch, daß die *Antisense*-Inhibition bis zu einem gewissen Grade *leaky*, d. h. „undicht" ist. Die Inhibition ist also nie ganz vollständig, was meistens sogar erwünscht ist.

Protein ein dominanter Suppressor der Barnase ist und somit die Ribonuklease inaktiviert.

Ein alternativer Ansatz zur Erzeugung männlicher Sterilität ist die Expression einer *endo*-β-1,3-Glucanase aus Soja unter der Kontrolle des sogenannten *Osg6B*-Promotors aus Reis. In transgenen Tabakpflanzen, die dieses Genkonstrukt exprimieren, wird die Callosewand, die den Mikrosporozyt umgibt, während der Meiose hydrolysiert. Die Konsequenz ist männliche Sterilität.

4.5.10 Verbesserung der Pflanzenqualität

Mehr und mehr beginnt man sich Gedanken über die Qualität pflanzlicher Produkte zu machen und versucht diese durch gentechnische Methoden zu beeinflussen.

Das wohl bekannteste Beispiel einer Qualitätsänderung bei einer Pflanze ist die *Antisense*-Inhibition (Abb. 4.5.12) der Polygalacturonase in Tomaten (Abb. 4.5.13).

Bei der *Antisense*-Inhibition schleusen wir ein Gen in die Zelle ein, das nicht für ein Protein, sondern nur für eine RNA codiert (Abb. 4.5.12). Diese RNA ist komplementär zu der mRNA, deren Proteinprodukt wir inhibieren wollen. Dadurch formt sich in der Zelle ein RNA-Doppelstrang, wo normalerweise kein Doppelstrang vorliegt. So wird verhindert, daß die mRNA am Ribosom zum Protein translatiert wird.

Im Fall der Flavr savr® Tomate wurde ein Teil des isolierten Gens für die Polygalacturonase einfach umgedreht und falschherum hinter einen Promotor inseriert (Abb. 4.5.13). Das Produkt dieses Konstruktes ist nicht informativ und kann daher nicht in ein Protein übersetzt werden. Allerdings kann das Transkriptionsprodukt – also die RNA – mit dem Transkriptionsprodukt des richtigen Gens hybridisieren und blockiert somit das Übersetzen der mRNA für die Polygalacturonase in das entsprechende Protein (Abb. 4.5.13). Die Tomate enthält demzufolge weniger Polygalacturonase als eine normale Tomate und fault daher langsamer. Die Aufgabe der Polygalacturonase ist es nämlich, die Zellwände der Frucht abzubauen, was sich als Faulen bemerkbar macht.

Ein anderer Ansatz zielt auf Interferenz mit der intrazellulären Ethylen-Produktion, die den Reifungsprozeß normalerweise beschleunigt. Ethylen wird aus S-Adenosylmethionin (SAM) über Aminocyclopropan-1-Carbonsäure (ACC) gebildet (Abb. 4.5.14 A). Die Gene für die beiden erforderlichen Enzyme – ACC-Synthase und EFE (*ethylene forming enzyme*) – sind kloniert. Es können also *Antisense*-Gene konstruiert werden, die die Bildung der Enzyme verhindern, wodurch der Reifungsprozeß verlangsamt wird (Abb. 4.5.14 B). Alternativ kann man auch das bakterielle Gen für das Enzym ACC-Deaminase in Pflanzen exprimieren, das mit EFE um das Substrat ACC konkurriert und ACC zu α-Ketobutyrat umsetzt (Abb. 4.5.14 C). Beide Arten transgener Tomaten reifen deutlich verzögert.

In anderen, weniger bekannten Beispielen ist es gelungen, durch Einführung neuer enzymatischer Aktivitäten oder durch die Inhibierung bestimmter Schlüsselenzyme das Spektrum der Fettsäuren und damit das Spektrum der Pflanzenfette zu variieren. Dadurch können Pflanzen kreiert werden, die MCTs (mittelkettige Triacylglyceride) produzieren und somit für Patienten mit eingeschränkter Verdauungsfunktion wesentlich besser verträglich sein könnten. Beispielsweise akkumulierten in *Umbellularia californica* mittelkettige, gesättigte Fettsäuren wie Capronsäure (10:0) und Laurinsäure (12:0). Der Grund hierfür ist das Vorkommen eines Acyl-*Carrier*-Proteins, das die Acyl-Thioester an der wachsenden Fettsäurekette bevorzugt hydrolysiert, wenn die Fettsäureketten 12 bis 14 C-Atome lang sind. Transferiert man das entsprechende Gen funktionsfähig in eine andere Pflanze (beispielsweise *Arabidopsis thaliana*), so ändert sich deren Fettsäuremuster dramatisch (Abb. 4.5.15).

Ebenfalls dramatisch änderte sich das Fettsäurespektrum in *Brassica rapa* oder *Brassica napus*, nachdem man ein *Antisense*-Konstrukt des Gens für die Stearyl-Acyl-*Carrier*-Desaturase integrierte. Durch Hemmung der Biosynthese dieses Enzyms, das die Umwandlung von Stearinsäure (18:0) in Ölsäure (18:1) durch Einführung einer Doppelbindung katalysiert, änderte sich das Fettsäurespektrum wie erwartet: Stearinsäure akkumulierte auf Kosten der Ölsäure-Konzentration (Abb. 4.5.16).

Ähnliche Ansätze haben zu Pflanzen mit verändertem Kohlenhydrat-Spektrum und Kohlenhydrat-Gehalt geführt. So wurde z. B. einer Kartoffelpflanze ein variiertes Gen für eine ADP-Glucose-Pyrophosphorylase aus *E. coli* inseriert. ADP-Glucose ist der molekulare Vorläufer der Stärke. Die entsprechenden Kartoffeln enthielten einen deutlich erhöhten

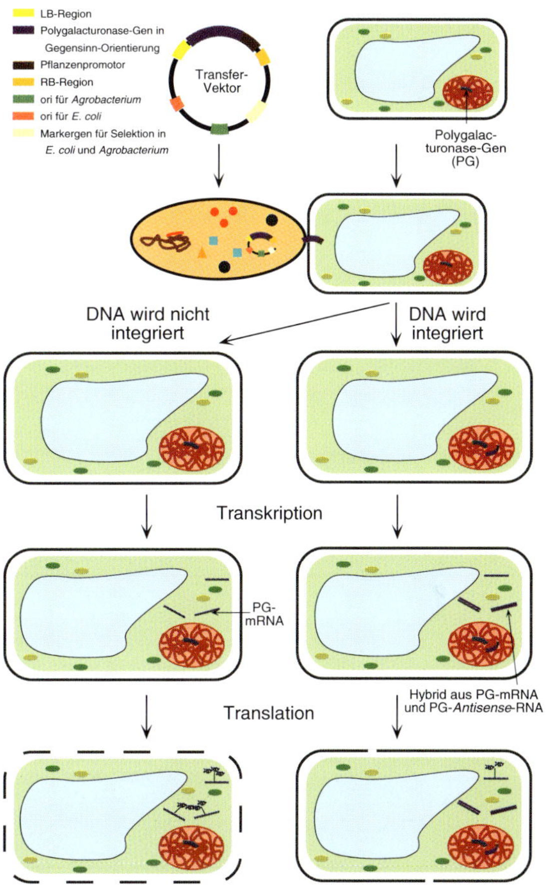

Abb. 4.5.13 Das biologische Prinzip zur Herstellung der „Antimatsch-Tomate". Das Prinzip zur Herstellung der „Antimatsch-Tomate" Flavr savr® ist die „*antisense*-Inhibition" (siehe Abb. 4.5.12 und Kapitel 7.10). Hierzu wird ein Teil des Gens, für das Enzym Polygalacturonase in Gegensinn-Orientierung (dunkelblau) hinter einen Pflanzenpromotor (braun) kloniert. Dadurch wird in der transgenen Zelle eine zweite RNA von diesem DNA-Abschnitt synthetisiert. Von dem Gen im Genom der Pflanzen wird die normale mRNA gebildet; von dem *Antisense*-Konstrukt wird hingegen eine komplementäre RNA gebildet. Diese beiden RNAs formen einen RNA/RNA-Doppelstrang, so daß die eigentliche mRNA für die Polygalacturonase nicht mehr effizient translatiert werden kann und die transgene Zelle einen erheblichen Mangel an diesem Enzym aufweist. Die Konsequenz besteht darin, daß die transgenen Früchte sehr viel später faulen, als die nicht modifizierten Früchte.

Stärkegehalt, was sich bespielsweise durch ein erhöhtes spezifisches Gewicht nachweisen ließ (Abb. 4.5.17).

Weitere gentechnische Eingriffe in den Kohlenhydratstoffwechsel sind:

- Durch *Antisense*-Inhibition der Stärke-Synthase wurde eine Kartoffel enthalten, die

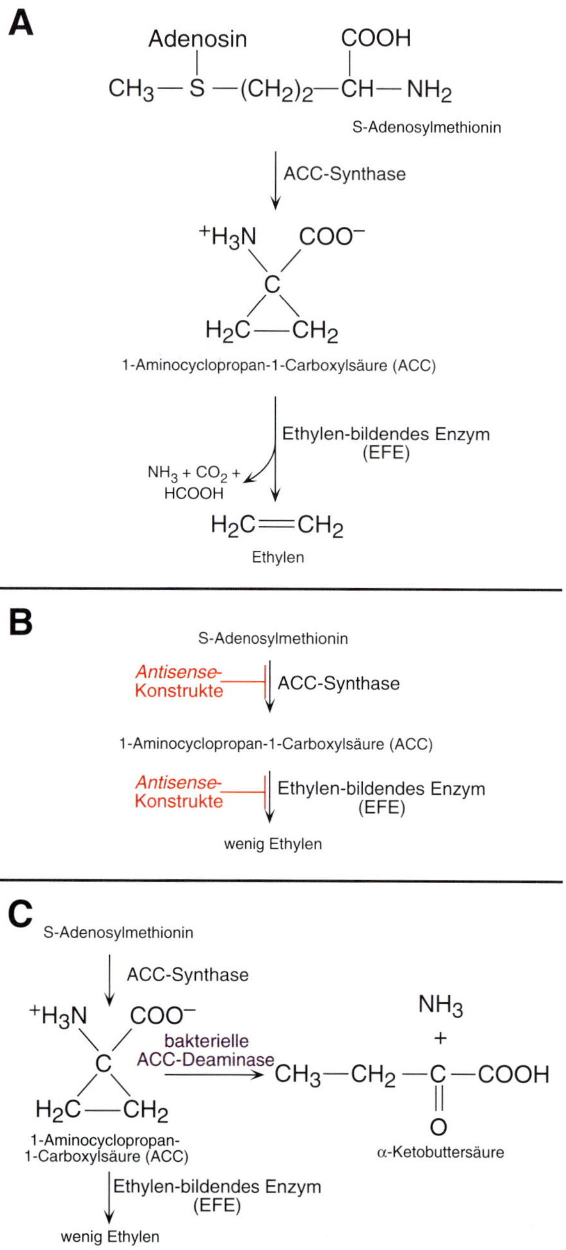

Abb. 4.5.14 Inhibition des Reifeprozesses durch Hemmung der Ethylen-Produktion.
A. Ethylen wird in der Pflanze aus S-Adenosylmethionin (SAM) mit Hilfe der Enzyme Aminocyclopropan–1-Carbonsäure-Synthase (ACC-Synthase) und des Ethylen-bildenden-Enzyms (*ethylene forming enzyme*; EFE) gebildet.
B. *Antisense*-Konstrukte gegen die beiden korrespondierenden Gene belegten, daß die Ethylenbildung, und damit der Reifeprozeß, tatsächlich gehemmt werden konnten.
C. Eine weitere Möglichkeit, in den Ethylen-Bildungsprozeß einzugreifen, besteht darin, das bakterielle Gen für eine ACC-Deaminase in der Pflanze zu exprimieren. Auch derartig veränderte Pflanzen produzieren weniger Ethylen, da das bakterielle Enzym mit dem pflanzlichen Ethylen-bildenden Enzym (EFE) in Konkurrenz tritt und die Zwischenstufe 1-Aminocyclopropan–1-Carbonsäure zu α-Ketobuttersäure umwandelt.

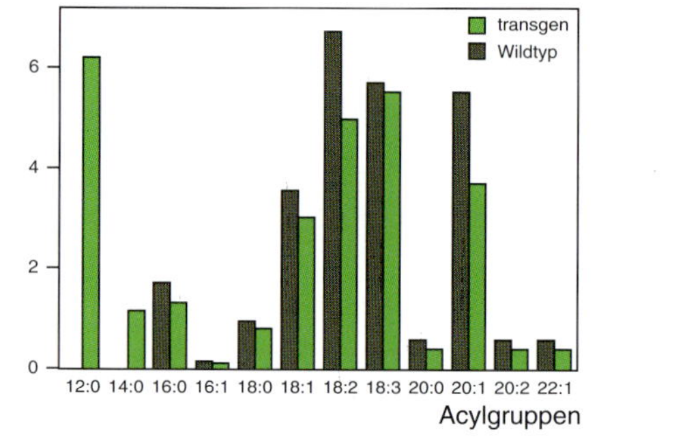

Abb. 4.5.15 Modifizierung der Fettsäurezusammensetzung durch Expression eines Acyl-*Carrier*-Proteins aus *Umbellularia californica*. In *Umbellularia californica* existiert ein Acyl-Carrier-Protein, das Fettsäuren von nur 10 bis 12 C-Atomen aus dem Fettsäuresynthetase-Komplex entläßt. Exprimiert man das Gen für dieses spezielle Acyl-*Carrier*-Protein in *Arabidopsis thaliana*, werden in der transgenen Pflanzen (hellgrüne Balken) zusätzlich zum normalen Fettsäurespektrum auch deutlich kürzere Fettsäuren synthetisiert als in der Wildtyp-Pflanze (dunkelgrüne Balken).

keine Amylose sondern nur noch Amylopektin enthält.

- Neue Kohlenhydrate konnten durch die funktionelle Einführung einer bakteriellen Cyclodextrin-Glycosyltransferase erzeugt werden.

Auch die Proteinzusammensetzung läßt sich mit Hilfe der modernen Pflanzen-Gentechnik ändern. Die Aminosäurezusammensetzung der Pflanzenproteine ist oft nicht ausgeglichen genug, um als vollwertige Proteinquelle zu dienen. Beispielsweise sind in Soja-Bohnen die schwefelhaltigen Aminosäuren Cystein und Methionin stark unterrepräsentiert, wohingegen in Mais ein unausgeglichenes Verhältnis der essentiellen Aminosäuren Lysin und Tryptophan problematisch ist. Lysin-arm sind auch Weizen-, Gerste-, und Hirseproteine. Darüber hinaus enthalten Hirse- und Gersteproteine zu wenig Threonin.

Schließlich werden Pflanzen auch zur technischen Produktion völlig artfremder Moleküle, sozusagen als Bioreaktoren, benutzt. Beispiele sind die Expression von Leu-Enkephalin, von Albumin und von funktionsfähigen Antikörpern.

Ein attraktiver Ansatz besteht darin, Pflanzen – beispielsweise Bananen – gentechnisch mit bestimmten Antigenen auszustatten, um sie als billige und einfach anzuwendende orale Impfstoffe in Entwicklungsländern einzusetzen.

Eine weitere Aktivität der Pflanzen-Biotechnik konzentriert sich auf das sogenannte molekulare Züchten. Mit Hilfe gentechnischer Analysemethoden können Züchtungserfolge besser kontrolliert und deutlich früher erkannt werden, so daß der konventionelle Züchtungsansatz stark beschleunigt wird.

Neuerdings wird auch versucht, das Spektrum interessanter und pharmazeutisch relevanter Pflanzeninhaltsstoffe zu verschieben. Ein Beispiel ist *Atropa belladonna*, wo durch Einbringen zusätzlicher Kopien des Gens für Hyoscyamin–6-ß-Hydroxylase das Inhaltsspektrum zugunsten von Scopolamin verschoben wurde (Abb. 4.5.18).

Weitere Ansätze werden sich mit der Inhibierung von Biosynthesewegen von sekundären Pflanzeninhaltsstoffen befassen. Hierbei wird angestrebt, unerwünschte Produktbildung zu unterdrücken und die Bildung erwünschter Produkte zu fördern. Beispielsweise lassen sich Strategien entwickeln, die Biosynthese unerwünschter Pyrrolizidin-Alkaloide in gewissen Arzneipflanzen zu unterdrücken. Durch die Blockierung von Nebenwegen, die zu minderwertigen Produkten führen, lassen sich andererseits erwünschte Sekundärstoffe in der Arzneipflanze anreichern.

Schließlich werden heute auch Pflanzen gezüchtet, die Polyhydroxyalkanoat-Polymere produzieren. Ein Beispiel ist eine *Arabidopsis-thaliana*-Variante, der ein entsprechendes Gen aus *Alcaligenes eutrophus* funktionell inseriert wurde. Diese Polyhydroxyalkanoat-Polymere können zu biodegradierbarem „Plastik" verarbeitet werden.

Viele dieser Ansätze sind so ausgereift, daß bereits eine Reihe von Pflanzen existieren, die zumindest in den USA von der APHIS (*Animal and Plant Health Inspection Service*) als

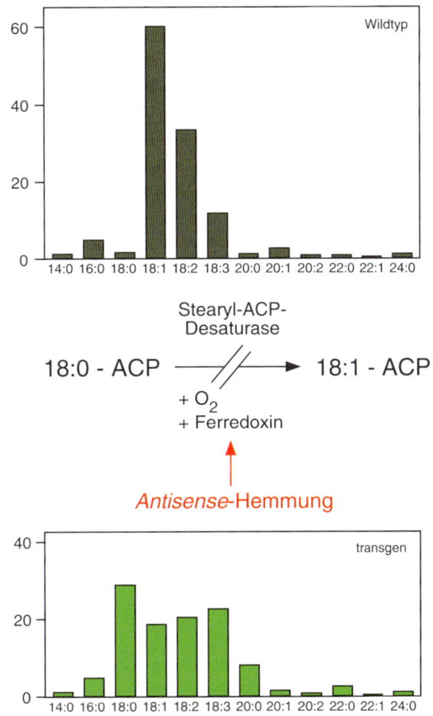

Abb. 4.5.16 *Antisense*-Inhibition der Stearyl-ACP-Desaturase. Hemmung der Bildung der Stearyl-ACP-Desaturase durch *Antisense*-Konstrukte führt in der transgenen Pflanze (hellgrüne Balken; unten) zur deutlichen Akkumulation von Stearinsäure (18:0) gegenüber der Wildtyp-Pflanze (dunkelgrüne Balken; oben), in der die Ölsäure (18:1) dominiert.

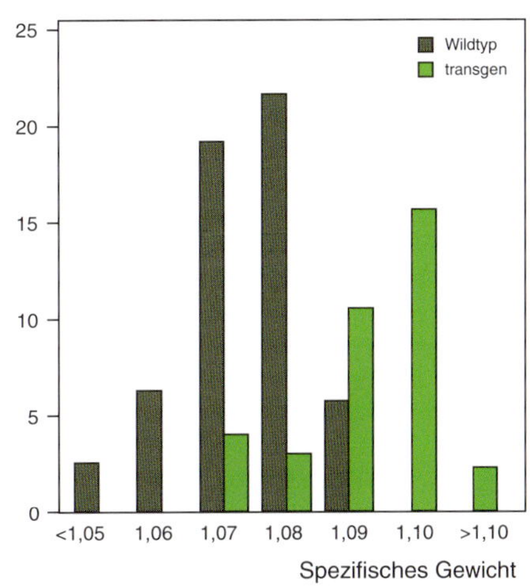

Abb. 4.5.17 Steigerung des Stärkegehaltes in der Kartoffel durch Expression einer bakteriellen ADP-Glucose-Pyrophosphorylase. Die Expression einer bakteriellen ADP-Glucose-Pyrophosphorylase in der Kartoffel führt zu einem deutlichen Anstieg des spezifischen Gewichts der transgenen Kartoffeln (hellgrün) im Vergleich zu den nicht modifizierten Kartoffeln (dunkelgrün).

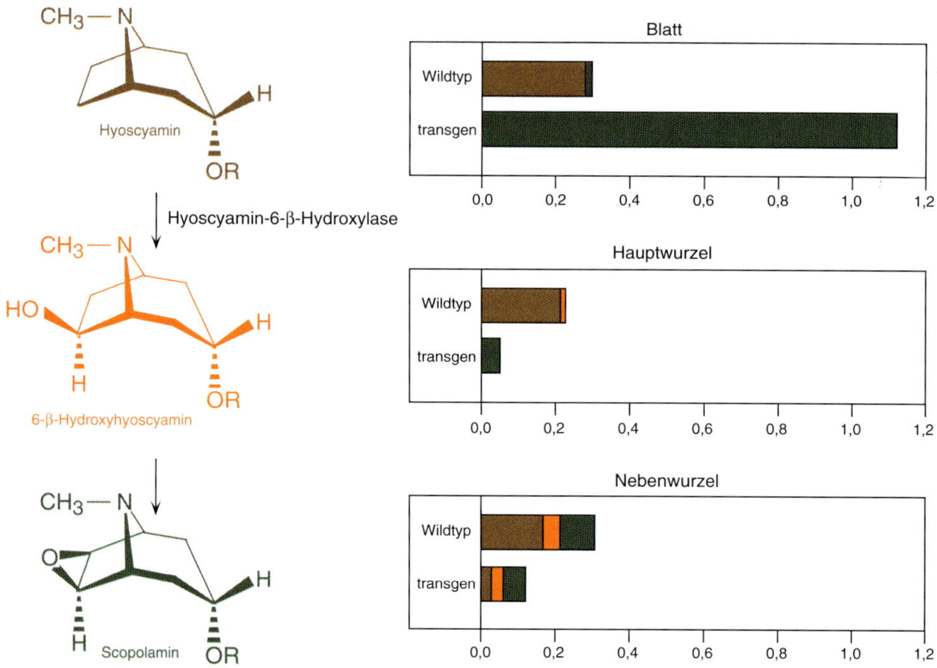

Abb. 4.5.18 Überexpression der Hyoscyamin–6-β-Hydroxylase in *Atropa belladonna*. Die Überexpression der Hyoscyamin–6-β-Hydroxylase in *Atropa belladonne* führt zur Verschiebung des Inhaltsstoffspektrums in der transgenen Pflanze von Hyoscyamin (braune Balken) zu Scopolamin (grüne Balken).

Unternehmen	Pflanze	Neue Eigenschaften	Datum der Genehmigung
Calgene	Baumwolle	Herbizid-Toleranz gegen Bromoxynitril	15.2.94
Monsanto	Soja	Herbizid-Toleranz gegen Glyphosat	19.5.94
Calgene	Tomate	Verzögerte Fruchtreife (Flavr Savr®)	19.10.94
Calgene	Raps	Verändertes Ölprofil	31.10.94
Upjohn	Squash	Virus-Resistenz gegen WMV2 und ZYMV	7.12.94
DNA Plant Technology	Tomate	Verzögerte Fruchtreife	17.1.95
Monsanto	Kartoffel	Insekten-Resistenz gegen Coleoptera	2.3.95
Ciba-Geigy	Mais	Insekten-Resistenz gegen Lepidoptera	17.5.95
Zeneca & Petoseed	Tomate	Verzögerte Fruchtreife; Gehalt an Polygalacturonase verringert	6.6.95
AgrEvo	Mais	Herbizid-Toleranz gegen Phosphinothricin	22.6.95
Monsanto	Baumwolle	Insekten-Resistenz gegen Lepidoptera	22.6.95
Monsanto	Baumwolle	Herbizid-Toleranz gegen Glyphosat	11.7.95
Monsanto	Mais	Insekten-Resistenz gegen Lepidoptera	22.8.95
Monsanto	Tomate	Verzögerte Fruchtreife	27.9.95
DeKalb	Mais	Herbizid-Toleranz gegen Phosphinothricin	19.12.95
Northrup King	Mais	Insekten-Resistenz gegen Lepidoptera	18.1.96
DuPont	Baumwolle	Männliche Sterilität, Herbizid-Toleranz gegen Sulfonylharnstoff	25.1.96
Plant Genetic Systems	Mais	Männliche Sterilität, Herbizid-Toleranz gegen Phosphinothricin	22.2.96
Agritope	Tomate	Verzögerte Fruchtreife	27.3.96
Monsanto	Kartoffel	Resistenz gegen den Colorado-Kartoffelkäfer	3.5.96
AgrEvo	Soja	Herbizid-Toleranz gegen Phosphinothricin	31.7.96
Cornell Universität	Papaya	Virus-Resistenz gegen PRV	5.9.96
Dekalb Genetics	Mais	Insekten-Resistenz gegen Lepidoptera	28.3.97
Calgene	Baumwolle	Herbizd-Toleranz gegen Bromoxynitril, Insekten-Resistenz gegen Lepidoptera	30.4.97
DuPont	Soja	Verändertes Fettsäuremuster	7.5.97
Monsanto	Mais	Herbizd-Toleranz gegen Glyphosat, Insekten-Resistenz gegen Lepidoptera	27.05.97
Asgrow	Squash	Virus-Resistenz gegen CMV, WMV2, ZYMV	14.6.97

Tabelle 4.5.6 Gentechnisch-modifizierte Kulturpflanzen, die in den USA freizügig angebaut werden dürfen.

Kulturpflanzen freigegeben wurden und deren Anbau nicht mehr genehmigungspflichtig ist (Tabelle 4.5.6).

http://www.aphis.usda.gov/bbep/bp (Für den Anbau freigegebene gentechnisch modifizierte Kulturpflanzen)

In Europa sind derartige Genehmigungen noch nicht erteilt, so daß die Pflanzen hier nicht unkontrolliert angebaut werden dürfen. Allerdings sind die Produkte dieser Pflanzen unter den Bedingungen der *„Novel food"*-Verordnung auch in Europa zugelassen. Die *„Novel food"*-Verordnung ist am 15. Mai 1997 in Kraft getreten und wurde unmittelbar in nationales Recht transformiert. Diese Verordnung fordert wie das bis dahin geltende Recht den Nachweis der Unschädlichkeit der Produkte. Hierfür werden phänotypische Eigenschaften und die Zusammensetzung der Inhaltsstoffe geprüft, wobei auch die Toxizität und die Allergenität zu beachten sind. Außerdem dürfen die Produkte die Verbraucher nicht irre führen, und der Verzehr – anstelle der vergleichbaren konventionellen Lebensmittel – darf nicht zu Ernährungsmängeln führen. Das Zulassungsverfahren betrifft jedoch nicht die Verarbeitungsprodukte aus gentechnisch veränderten Organismen, die selbst keine DNA mehr enthalten und mit den konventionellen Produkten identische sind. Für das Inverkehrbringen reicht hier eine Anzeige durch den Hersteller.

4.5.11 Gentechnisch veränderte Organismen und Allergien

Ein großes Reizthema im Bezug auf gentechnisch veränderte Organismen ist das Problem der „Allergien". Da dieses Problem natürlich Gesundheits-Relevanz besitzt, wollen wir es hier andiskutieren.

In Pflanzen sind bis zu 100.000 verschiedene Proteine nachweisbar. Es ist unumstritten, daß einige dieser Proteine bei einem kleinen Teil der Bevölkerung Allergien auslöst. Unumstritten ist auch, daß ca. 1–2 % der Erwachsenen und ca. 2–5 % der Kinder unter sechs Jahren reproduzierbar gegen bestimmte Lebensmittel allergisch reagieren.

Allergen	Nahrungsmittel	Proteintyp bzw. Homologie
Ara h 1	Erdnuß	Vicilin
Ara h 2	Erdnuß	
Bra j 1	Serepta-Senf	
Gal d 1	Eiweiß	Ovomucoid
Gal d 2	Eiweiß	Ovalbumin
Gal d 3	Eiweiß	Ovotransferin
Gal d 4	Eiweiß	Lysozym
Gly m 1	Sojabohne	Lipid-assoziiertes Protein
Hor v 1	Gerste	Tropomyosin
Met e 1	Garnele	Tropomyosin
Sin a 1	Weißer Senf	
Rinderserumalbumin	Milch	
β-Lactoglobin	Milch	
Casein	Milch	
KSTI	Sojabohne	Trypsin-Inhibitor
68 kDa-Protein	Sojabohne	β-Conglycinin-α-Untereinheit

Tabelle 4.5.7 Bekannte Allergene in Lebensmitteln

Zu den Lebensmitteln, die am häufigsten allergische Reaktionen hervorrufen können, gehören Kuhmilch, Hühnereier, Fische, Krebse, Muscheln, Walnüsse, Erdnüsse, Sojabohnen und etliche Getreidesorten. Aber nur ganz bestimmte Proteine in diesen Lebensmitteln kommen als Auslöser für allergische Reaktionen in Frage, und das auch nur bei sehr wenigen Menschen, die hierfür eine genetische Prädisposition tragen.

Was zeichnet derartige Proteine aus, die als Allergene in Frage kommen? Finden wir Gemeinsamkeiten, die dann helfen könnten, Risiken rational abzuschätzen? Charakteristika solcher Proteine sind:

- Molekulargewichte zwischen 10 und 70 kDa,
- Strukturmerkmale, die die Induktion von IgE-Antikörpern auslösen können,
- Resorbierbarkeit im Magen-Darmtrakt oder über die Schleimhäute der Atemwege,
- Resistenz gegen verdauende Enzyme,
- relative Beständigkeit bezüglich der allergenen Eigenschaften gegenüber Hitze-

Protein	Herkunft	Anteil am Gesamtprotein (%)	Stabilität im "Verdauungsversuch"
A Bekannte Allergene			
Ara h 2	Erdnuß	6	60 Minuten
Bra j 1	Serepta-Senf	20	60 Minuten
Gal d 1	Eiweiß	11	8 Minuten
Gal d 2	Eiweiß	54	60 Minuten
Sin a 1	Weißer Senf	20	60 Minuten
Rinderserumalbumin	Milch	1	30 Sekunden
β-Lactoglobin	Milch	9	60 Minuten
Casein	Milch	80	2 Minuten
KSTI	Sojabohne	2 - 4	60 Minuten
68 kDa-Protein	Sojabohne	19	2 Minuten
B nicht allergene Proteine			
Glycolatreduktase	Spinat	< 1	< 15 Sekunden
Lipoxygenase	Sojabohne	< 1	< 15 Sekunden
β-Amylase	Mais	< 1	< 15 Sekunden
Saccharose-Synthase	Gerste	< 1	< 15 Sekunden
Carboxydismutase	Spinat	25	< 15 Sekunden
C artifiziell exprimierte Proteine in transgenen Pflanzen			
EPSP-Synthase	*Agrobacterium sp.*	< 0,1	< 15 Sekunden
Glyphosatoxido-reduktase (GOX)	*Achromobacter sp.*	< 0,01	< 15 Sekunden
β-D-Glucuronidase (GUS)	*E. coli*	< 0,01	< 15 Sekunden
Neomycinphospho-transferase (*npt* II)	*E. coli*	< 0,01	< 10 Sekunden
Bt. Endotoxin	*B. thuringiensis*	< 0,01	< 30 Sekunden

Tabelle 4.5.8 Charakteristika bekannter Allergene (Teil A), nicht allergener Proteine (Teil B) und artifizell exprimierter Proteine in transgenen Pflanzen (Teil C)

und Säurebehandlung, wie sie in Verfahren der Lebensmittelherstellung angewendet werden,
- relativ hoher prozentuale Anteil im betroffenen Lebensmittel.

Eine Auswahl bekannter Allergene ist in Tabelle 4.5.7 zusammengestellt. Tabelle 4.5.8 zeigt den prozentualen Anteil in bestimmten Lebensmitteln und die Stabilität in Verdauungsversuchen von bekannten Allergenen (A), von Proteinen ohne allergenes Potential (B) und von Proteinen, die „artifiziell" in transgenen Pflanzen exprimiert werden (C).

Natürlich ist es wichtig, bekannte Allergene nicht in Pflanzen einzuschleusen. Wie verhält es sich aber mit Proteinen, die nicht als Allergene aufgefallen sind?

Tatsache ist, daß durch die Möglichkeit des artübergreifenden Gentransfers neue „unnatürliche Kombinationen" erzeugt werden. Allerdings hat eine über zwanzigjährige Erfahrung mit der Gentechnik gezeigt, daß ein Risiko, das aus einer derartigen „unnatürlichen Kombination" erwächst, vernachlässigbar klein ist. Denn bisher wurden solche theoretischen Inkompatibilitäten nie beobachtet, obwohl zum Teil – unter streng kontrollierten Bedingungen – gezielt danach gesucht wurde. Auch steigen die Gefahren einer Allergisierung nicht etwa durch neue Kombinationen. Sie resultieren aus den individuellen Allergenen selbst und nicht aus der molekularen Umgebung in der sich derartige Allergene aufhalten. Daher ist es wichtig, komplexe Molekülgemische, in denen sich rekombinante Produkte befinden, korrekt – aber auch relevant – zu kennzeichnen. Man sollte differenzieren, wie die folgenden Beispiele verdeutlichen sollen:

- Für überflüssig halten wir es, Zucker zu kennzeichnen, der aus gentechnisch veränderten Zuckerrüben gewonnen wurde, weil nur noch die reinen Zuckerkristalle und keine Nukleinsäuren oder von den Nukleinsäuren abgeschriebene Proteine enthalten sind. Dieser Zucker ist völlig identisch mit jedem anderen Zucker. Man kennzeichnet ja in der Regel auch nicht Zucker, der aus Zuckerrüben bzw. aus Zuckerrohr gewonnen wurde.
- Auch ein Öl, das aus herbizidresistentem Soja gewonnen wurde, sollte nicht gekennzeichnet werden. Dieses Öl unterscheidet sich in seiner Zusammensetzung nicht von einem Öl aus nicht herbizidresistentem Soja. Denn aufgrund ihrer physikochemischen Eigenschaften können in dem Öl weder DNA noch Resistenz-Proteine enthalten sein.
- Anders verhält es sich mit einem Sojaöl, dessen Fettsäuremuster in den Triacylglyceriden durch gentechnische Maßnahmen modifiziert wurde. In diesem Fall sollte unseres Erachtens gekennzeichnet werden, obwohl auch in diesem Produkt weder Spuren der Fremd-DNA noch irgendwelche

Fremdproteine enthalten sind. Als Konsequenz der gentechnischen Modifikation hat sich aber das Produkt selbst geändert, und das sollte deklariert werden.
- Dies gilt auch für Ketchup, der aus einer gentechnisch modifizierten Tomate gewonnen wurde. In diesem Produkt sind sowohl die Fremd-DNA als auch die von dieser DNA codierten Proteine enthalten. Ohne Zweifel bedarf dies der Kennzeichnung
- Wiederum anders verhält es sich mit Käse, der mit gentechnisch produziertem Chymosin hergestellt wurde (siehe Kapitel 5.1.5). Dieses Chymosin ist ein hochgereinigtes rekombinantes Protein, das sich nicht von natürlichem Chymosin unterscheidet. Daher besteht auch keine zusätzliche Gefährdung einer Allergisierung durch Käse, der statt mit Labferment, das neben vielen anderen Stoffen als wirksame Komponente auch Chymosin enthält, mit rekombinantem Chymosin hergestellt wurde.

Im wesentlichen entspricht dies auch dem, was die am 1. November 1997 in Kraft getretene Ergänzungsverordnung zur EU-Kennzeichnungsrichtlinie für Produkte mit einer veränderten Eigenschaft oder einem veränderten Merkmal vorschreibt.

4.5.12 Akzeptanzprobleme

Der Erfolg der Pflanzen-Gentechnik steht und fällt mit ihrer Akzeptanz in der Bevölkerung. Offensichtlich sind wir weit davon entfernt, daß gentechnisch veränderte Nahrungsmittel akzeptiert sind.

Zweifellos ist es nicht einfach nachzuvollziehen, warum wir in einer Überflußgesellschaft mit gentechnischen Methoden Erträge weiter verbessern sollen. Ertragssteigerung kann aber auch Qualitätsverbesserung bedeuten, beispielsweise dann, wenn eine Virusinfektion unterbunden wird.

Viele Bedenken, die wir auf der Basis eines

Land	Stoff
Schweiz	• Chymosine aus *E. coli*, *Kluyveromyces lactis* und *Aspergillus niger*
Frankreich	• Amylasen und Glucoamylasen für Stärkeverzuckerung, Bier- und Brotherstellung
Großbritannien	• Rapsöl aus gentechnisch modifiziertem Raps • Tomaten-Ketchup aus gentechnisch modifizierten Tomaten • Gärungsoptimierte Bäckerhefe • Stärkeabbauende Bierhefe
USA	• Chymosine für die Milchgerinnung • Glucoamylasen für die Stärkeverzuckerung • Rinderwachstumshormon (BST) für die Milchproduktion

Tabelle 4.5.9 Beispiele für gentechnisch hergestellte und zugelassene Lebensmittel-Grundstoffe, Lebensmittel-Zusatzstoffe (Enzyme) und Wachstumshormone (ohne Kennzeichnungspflicht)

Wohlstandsdenkens und einer Überflußgesellschaft entwickeln, sind für Entwicklungsländer nicht so leicht nachvollziehbar. Es wundert daher nicht, daß diese Länder die Pflanzen-Gentechnik für sich vehement adaptieren. Beispielsweise ist in China bereits seit einigen Jahren eine gentechnisch veränderte Tomate auf dem Markt. Denn in diesen Ländern sind Ertragsverbesserungen von signifikantem Nutzen und Ertragsausfälle, beispielsweise durch Schädlingsbefall, eine riesige Katastrophe.

Es bleibt die Aufgabe derer, die diese Produkte herstellen und vermarkten wollen, Motive zu vermitteln, warum man diesen Weg wählt. Anzustreben ist, daß der Bedarf so veredelter Pflanzen durch den Markt geregelt wird. Um dies zu erreichen, muß vorbehaltlos gefordert werden, daß alle Produkte, die gentechnisch hergestellt wurden, entsprechend gekennzeichnet werden. Allerdings muß es auch gelingen, die Behörden davon zu überzeugen, daß Informationen ohne bedrohliche Reizworte formuliert werden, um den Verbraucher nicht unangemessen zu beunruhigen. Erst dann kann der Verbraucher wirklich entscheiden, ob er ein entsprechendes Produkt erwerben will oder nicht. Leider besteht diesbezüglich nach wie vor nur ein bedingter Konsens zwischen der Lebensmittelindustrie, den europäischen Politikern und den Politikern und Behörden der einzelnen Deutschen Bundesländer. Aus diesem Grund ist das Spektrum der in unterschiedlichen Ländern zugelassenen gentechnisch hergestellten Lebensmittel-Grund- und Zusatzstoffe sehr unübersichtlich (siehe Tabelle 4.5.9).

Zusammenfassung

Wir haben gelernt, daß es heute möglich ist, auch Pflanzen gentechnisch zu modifizieren. Hierzu mußten spezielle Methoden entwickelt werden. Die Gentransfermethoden der mikrobiellen Gentechnik ließen sich nämlich nicht unmittelbar bei Pflanzen anwenden. Transformationen mit *Agrobacterium tumefaciens* und die Biolistik werden heute standardmäßig in der Pflanzengentechnik verwendet.

Die Ziele der Pflanzengentechnik sind vielfältig:

- Zum einen werden Pflanzen mit Genen ausgestattet, die sie resistent machen gegen Herbizide, Viren oder Schädlinge.
- Zum anderen wird versucht, die Qualität der Pflanzen zu verbessern. Dies wird beispielsweise dadurch erreicht, daß der Reifungsprozeß verzögert wird. In einem anderen Ansatz werden die Pflanzen mit zusätzlichen Biosyntheseleistungen ausgestattet, die eine ausgewogenere Nährstoffproduktion garantieren.
- Schließlich werden Pflanzen auch als Bioreaktoren eingesetzt, in denen nach gentechnischer Modifikation technisch oder pharmazeutisch relevante Produkte produziert werden.

Im Gegensatz zur mikrobiellen Gentechnik leidet die Pflanzen-Gentechnik noch unter einer sehr geringen Akzeptanz in der Bevölkerung. Nicht zuletzt deshalb muß nachdrücklich gefordert werden, daß gentechnisch modifizierte Nahrungsmittel deutlich, aber emotionslos, gekennzeichnet werden.

Zellkultur und Fermentation

5

5.1 Biologische Wirkstoffproduktion

5.1.1 Einleitung

Moderne Verfahren zur biologischen Wirkstoffproduktion sind häufig Kombinationen von Biotechnik und Molekularbiologie. Oft lassen sich die Begriffe nicht mehr sauber trennen, da im Laufe der Produktentwicklung beide Technologien zum Einsatz kommen (siehe Kapitel 1.3).

Voraussetzung für die effiziente Gewinnung biologischer Wirkstoffe sind bestimmte Produktionsstämme, die wir durch biotechnische und genetische Verfahren selektionieren. Normalerweise produzieren Mikroorganismen Metaboliten nicht im Überschuß. Die physiologischen Konzentrationen an Metaboliten bewegen sich vielmehr meist in einer Größenordnung, die eine fermentative Produktion nicht rentabel gestalten würde. Produktionsstämme sind dagegen für die biotechnische Gewinnung eines Metaboliten optimiert. Die Optimierung legen wir so an, daß Kontrollmechanismen zerstört werden, die in normalen Zellen gewährleisten, daß bestimmte Produkte des Primär- oder des Sekundärstoffwechsels nur in der für den Organismus erforderlichen und optimalen Menge hergestellt werden. Der Produktionsstamm sollte dann ein gewünschtes Produkt in rentablen Mengen synthetisieren. Ferner sollte er genetisch stabil sein, schnell und problemlos wachsen und nicht pathogen sein.

Heute werden nicht mehr ausschließlich Mikroorganismen auf der Basis der vorhandenen genetischen Information für die Wirkstoffproduktion optimiert. Vielmehr werden immer häufiger interessante Produktionsstämme dahingehend modifiziert, daß sie durch gentechnische Verfahren mit zusätzlichen genetischen Informationseinheiten in Kombination mit neuen Kontrolleinheiten ausgestattet werden. Dadurch wird die Syntheseleistung der Produktionsstämme um eine Qualität erweitert, wie sie natürlicherweise niemals möglich wäre, da beispielsweise innerhalb der Art eine solche genetische Information nicht vorhanden ist.

Die Grundlagen gentechnischer Prozesse haben wir in vorangegangenen Kapiteln ausführlich erörtert. Hier wollen wir uns mit den biotechnischen Aspekten der Wirkstoffproduktion etwas näher auseinandersetzen.

Im Mittelpunkt der Wirkstoff-Gewinnung stehen Fermentationsverfahren. Dies sind typische biotechnische Verfahren. Sie gewährleisten zum einen eine optimale Wirkstoffausbeute. Zum anderen garantieren sie die hohe Sicherheit, die wir für therapeutisch genutzte Wirkstoffe fordern müssen.

5.1.2 Biotechnik/Fermentationstechnik

Der Begriff Fermentation stammt von dem lateinischen Wort *fervere*, kochen. Darin spiegelt sich die Beobachtung der alkoholischen Gärung durch die Bierhefe *Saccharomyces cerevisiae* wider. Vor den Römern kannten bereits die Ägypter das Geheimnis der Bierherstellung. Früheste Zeugnisse gehen auf das 7. vorchristliche Jahrhundert zurück, wo auf assyrischen Keilschriftdokumenten die Bierherstellung erwähnt ist.

Fermentation hat allerdings nichts mit Kochen zu tun, denn durch Kochen würden die

Gattung	Produkt/Verwendung
Bakterien	
Acetobacter	Essigsäure Biotransformation
Arthrobacter	Aminosäuren
Bacillus	Antibiotika, Nukleotide, Enzyme, Produktionsstamm für rekombinante Produkte
Brevibacterium ssp.	Glutaminsäure
Clostridium	Butanol, Buttersäure, Aceton, Enzyme
Corynebacterium	Aminosäuren
Escherichia coli	wichtigster bakterieller Produktionsstamm für rekombinante Produkte
Glyconobacter	Dihydroxyaceton, Sorbose, 5-Ketogluconsäure
Lactobacillus	Milchsäure, Polysaccharide, Starterkulturen
Leuconostoc	Dextran
Micrococcus	Enzyme, Lysin
Mycobacterium	Steroidtransformation
Propionibacterium	Vitamin B12, Aromastoffe
Pseudomonas spp.	Steroidoxidation, Ethanol, 2-Ketogluconsäure
Serratia	Enzyme
Streptococcus	Dextran, Enzyme, Starterkulturen
Streptomyces	Vitamin B12, Antibiotika
Thiobacillus	Metall-Laugung
Hefen	
Candida	Futterhefe, Lipide, organische Säuren
Eremothecium	Riboflavin
Saccharomyces	Ethanol, Enzyme, wichtiger Produktionsstamm für rekombinante Produkte
Pilze	
Aspergillus	Enzyme, Antibiotika, Zitronensäure, Gluconsäure
Cephalosporium	Antibiotika
Claviceps	Mutterkornalkaloide
Fusarium	Gibberellinsäure
Mucor	organische Säuren, mikrobielles Lab
Penicillium	Enzyme, Antibiotika
Rhizopus	Enzyme, Fumarsäure, Milchsäure, 11-γ-Hydroxyprogesteron

Tabelle 5.1.1 Eine Auswahl biotechnisch genutzter Mikroorganismen

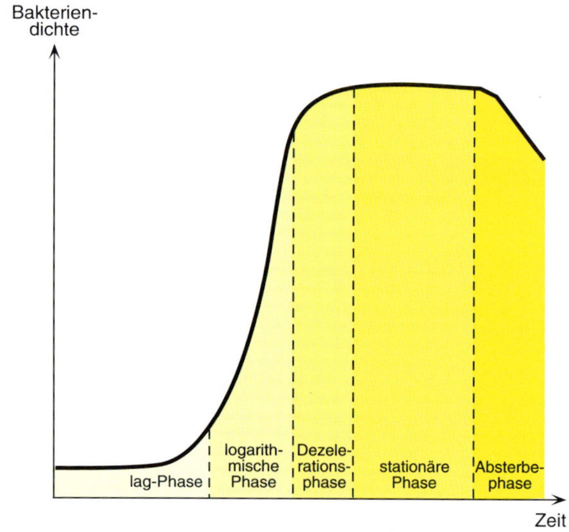

Abb. 5.1.1 Wachstumskurve einer bakteriellen Massenkultur. Das Wachtumsverhalten einer bakteriellen Massenkultur können wir in fünf Phasen einteilen: die *lag*-Phase, in der die Wachstumsrate kontinuierlich zunimmt; die logarithmische Phase, in der die Wachstumsrate konstant bleibt, die Zellmasse dabei aber exponentiell zunimmt; die Dezelerationsphase, in der die Wachstumsgeschwindigkeit langsam abnimmt; die stationäre Phase, in der die Kultur nicht mehr wächst und die Zellzahl somit konstant bleibt; die Absterbephase, in der aufgrund von Nährstoffmangel und toxischer Stoffwechselprodukte im Medium mehr Zellen absterben als neue gebildet werden. Weitere Erklärungen siehe Text.

Hauptbeteiligten an den Fermentationsprozessen, die Enzyme, ihre biologische Funktion verlieren, d. h. sie würden denaturieren.

Von Mikrobiologen und Biochemikern wird Fermentation unterschiedlich definiert.

- Die Mikrobiologen subsummieren unter dem Begriff Fermentation alle Prozesse, die zur Produktion eines definierten Produktes durch Massenkulturen von Mikroorganismen führen.
- Biochemiker verstehen unter Fermentation Prozesse, bei denen unter anaeroben Bedingungen – also unter Ausschluß von Sauerstoff – Energie gewonnen wird, wobei organische Substanzen als Elektronendonatoren oder -akzeptoren fungieren.

In diesem Kapitel wollen wir ausschließlich die mikrobiologische Sicht der Fermentation betrachten, da sie für die Herstellung pharmazeutisch relevanter Wirkstoffe eine wichtige Rolle spielt.

Warum dies so ist, wird deutlich, wenn wir uns die Möglichkeiten der mikrobiellen Fermentation vor Augen führen. Mit mikrobiologischen Prozessen können wir folgende Produkte gewinnen:

- Mikrobielle Zellen (= Biomasse; *single cell protein*), beispielsweise für die Futterherstellung.
- Mikrobielle Metaboliten (Primärmetabolite und Sekundärmetabolite), beispielsweise als wichtige Quelle für Wirk- und Hilfsstoffe.
- Mikrobielle Enzyme als Katalysatoren für

die biotechnische Wirkstoff- und Substratproduktion.
- Modifizierte Varianten von Substanzen, die einer mikrobiellen Kultur (Fermentationsansatz) als Substrate beigemengt wurden. Dieses Verfahren bezeichnen wir auch als mikrobiologische Transformation.
- Rekombinante Proteine.

Für die industrielle Fermentation werden hauptsächlich Bakterien-, Hefe- oder Pilzarten verwendet (Tabelle 5.1.1). In jüngster Zeit erlangen jedoch Insekten-, Säuger- und Pflanzen-Kulturen mehr und mehr an Bedeutung. Wie wir bereits in vorangegangenen Kapiteln erarbeitet haben, fordern anspruchsvollere Produkte, wie rekombinante Proteine, biosynthetische Leistungen, die von Prokaryonten und niederen Eukaryonten nicht mehr erbracht werden können.

5.1.3 Kulturverfahren

Bei der vegetativen Vermehrung von Mikroorganismen entsteht eine Population identischer (= klonaler) Zellen. Unter Wachstum einer solcher Kultur verstehen wir die Zunahme an Biomasse pro Zeiteinheit was bei Mikroorganismen in erster Näherung der Zellteilungsrate entspricht. Das Wachstum der Zellen in Massenkulturen (*Batch-Kulturen*) können wir in fünf Abschnitte unterteilen (Abb. 5.1.1):

- In der sogenannten *lag*-Phase nimmt das Wachstum kontinuierlich zu.
- Die *log*-Phase ist gekennzeichnet durch eine konstante Wachstumsrate, wobei die Zellmasse exponentiell zunimmt.
- Ab einer gewissen Zelldichte nimmt die Wachstumsgeschwindigkeit langsam ab. Die Kultur geht in eine Dezelerationsphase über.
- Schließlich stellt die Kultur ihr Nettowachstum ein. Sich neu bildende Zellen und absterbende Zellen halten sich das Gleichgewicht. Dieses Stadium bezeichnen wir als stationäre Phase.

$$dx/dt = \mu x \quad \text{oder} \quad dN/dt = \mu N \qquad (1)$$

$$x_t = x_o \bullet e^{\mu t} \quad \text{oder} \quad N_t = N_o \bullet e^{\mu t} \qquad (2)$$

$$\nu = \frac{\text{ld } N_2 - \text{ld } N_1}{(t_2 - t_1)} \bullet h^{-1} \quad \text{oder} \quad \nu = \frac{\lg N_2 - \lg N_1}{\lg 2(t_2 - t_1)} \bullet h^{-1} \qquad (3)$$

$$\mu = \frac{\ln x_2 - \ln x_1}{(t_2 - t_1)} \bullet h^{-1} \quad \text{oder} \quad \mu = \frac{\lg x_2 - \lg x_1}{\lg e(t_2 - t_1)} \bullet h^{-1} \qquad (4)$$

$$g = \frac{1}{\nu} \bullet h \qquad (5)$$

$$t_d = \frac{\ln 2}{\mu} \bullet h \qquad (6)$$

$$D = F \bullet V^{-1} \bullet h^{-1} \qquad (7)$$

$$dx/dt = \text{Wachstum} - \text{Überlauf} \quad \text{oder} \quad dx/dt = \mu x - Dx \qquad (8)$$

Abb. 5.1.2 Quantitative Zusammenhänge in einer Massenkultur. x entspricht der Zellkonzentration (g/cm^3), N ist die Zellzahl, t die Inkubationszeit (h) und μ entspricht der spezifischen Wachstumsrate (h^{-1}). x_0 und N_0 sind Zellkonzentration bzw. die Zellzahl zum Zeitpunkt 0 und x_t sowie N_t sind die Zellkonzentration bzw. die Zellzahl nach t Stunden. ν ist die Teilungsrate, μ die spezifische Wachstumsrate, g die Generationszeit und t_d die Verdopplungszeit. In Gleichung (7) ist D die Verdünnungsrate, F die Rate des neu hinzuzufügenden Mediums und V das Arbeitsvolumen des Fermenters.

- Werden die Zellen weiter kultiviert, ohne daß altes Nährmedium durch neues ersetzt wird, geht die Kultur in die Absterbephase über. Nährstoffmangel und ausgeschiedene Stoffwechselprodukte sind die Ursache dafür, daß mehr Zellen absterben als neu gebildet werden. So nimmt die Biomasse vitaler Zellen langsam ab.

Das Wachstum während der *log* Phase läßt sich durch die Formel (1) beschreiben (Abb. 5.1.2). Nach Integration von (1) ergibt sich (2).

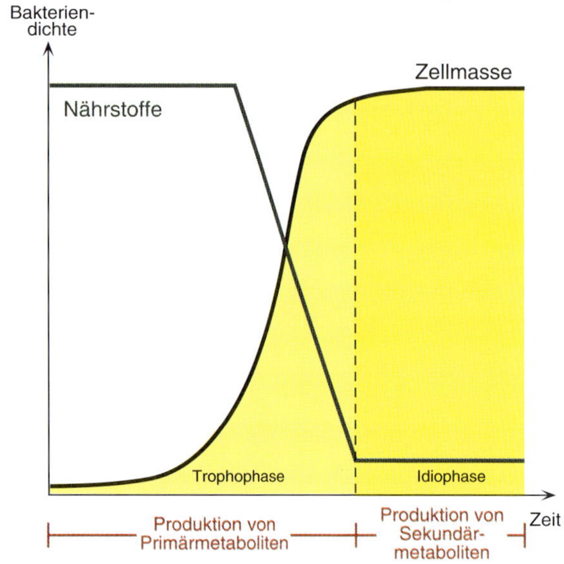

Abb. 5.1.3 Biosynthetische Leistungen einer Massenkultur während der Tropho- und Idiophase. Während des Wachstums – also bei hohem Nährstoffangebot – synthetisieren die Zellen in erster Linie Primärmetaboliten, um Biomasse produzieren zu können. Gehen dagegen die Nährstoffe zur Neige und wechselt die Kultur von der logarithmischen Wachstumsphase zur Dezelerations- und dann in die stationäre Phase, stellt sich der Metabolismus auf Sekundärstoffwechsel um. Wir bezeichnen diese Phase als Idiophase.

Diese Gesetzmäßigkeit gilt in gleichem Maße für einzellige wie für filamentöse, mycelbildende Organismen.

Die Teilungsrate ν bzw. die spezifische Wachstumsrate μ errechnen sich aus (3) und (4). Für die Generationszeit g bzw. für die Verdopplungszeit t_d ergeben sich (5) und (6).

Die für einen Fermentationsprozeß optimale Wachstumsphase können wir bei mikrobiellen Kulturen dadurch kontinuierlich aufrecht erhalten, daß wir zum einen verbrauchtes Medium sowie Biomasse abziehen und gleichzeitig frisches Medium zuführen. Das Zellwachstum in einer solchen kontinuierlichen Kultur wird somit durch die Verfügbarkeit wachstumslimitierender Substanzen (z. B. Nährstoffe oder Sauerstoff) im Medium kontrolliert. Wir können das System als Chemostat betrachten. Ein solcher Chemostat ist dann optimal eingestellt, wenn der Überlauf an Biomasse durch die Wachstumsrate der Kultur voll komplementiert wird. Der Mediendurchsatz durch ein solches System wird durch die Verdünnungsrate D beschrieben, die der Rate des neu hinzuzufügenden Mediums F, dividiert durch das Arbeitsvolumen des Fermenters V, entspricht (7).

Das Gleichgewicht zwischen Zellzuwachs und Zellabzug aus dem System können wir mit der Gleichung (8) beschreiben (Abb. 5.1.2). Im Gleichgewicht gilt $dx/dt = 0$, so daß unter diesen Bedingungen $\mu x = Dx$ und $\mu = D$ ist. Somit wird die Wachstumsrate eines bestimmten Organismus durch die experimentelle Variable D kontrolliert. Dabei liegt die Wachstumsrate in einem kontinuierlichen Kultursystem immer niedriger als die maximale Wachstumsrate in einem *Batch*-System. Das Wachstum einer kontinuierlichen Kultur paßt sich der Flußrate des Frischmediums an. Dies können wir uns an folgendem Beispiel verdeutlichen. Dabei gehen wir davon aus, daß der Nachschub an Frischmedium in einem Chemostaten erhöht wird:

- Zunächst ist die Wachstumsrate der Zellen geringer als die Verdünnungsrate durch das nachströmende Medium. Dadurch werden Zellen mit einer höheren Rate ausgewaschen, als sie nachwachsen. Die Konsequenz ist eine Netto-Abnahme an Biomasse.
- In dem Maße wie die Biomasse abnimmt, steigt die relative Nährstoffkonzentration im Fermenter an.
- Dies erlaubt eine Zunahme der Wachstumsrate der Kulturzellen.
- Es stellt sich ein neues Gleichgewicht ein, wobei nun die Wachstumsrate wegen des erhöhten Nahrungsnachschubes über der Wachstumsrate der Ausgangskultur liegt.

Neben den beiden Extremen – dem *Batch*-Verfahren (diskontinuierliches Verfahren) auf der einen Seite und dem kontinuierlichen Fermentationsverfahren auf der anderen Seite – gibt es auch sogenannte *Fedbatch*-Verfahren. Hierbei handelt es sich um semidiskontinuierliche Verfahren, bei denen wir die Zellkonzentration dadurch konstant halten, daß parallel zur Wachstumsrate neues Medium zugepumpt wird. Anders als beim kontinuierlichen Fermentationsverfahren und beim *Batch*-Verfahren erhöht sich beim *Fedbatch*-Verfahren das Kulturvolumen mit der Akkumulation von Biomasse.

In *Fedbatch*-Verfahren ist es möglich, ein- oder mehrmalig bestimmte Nährstoffkomponenten hinzuzufügen. Dadurch können wir nicht nur Substratkonzentrationen variieren, sondern wir können auch zusätzliche Medienkomponenten hinzufügen. Diese neu hinzugefügten Medienzusätze können Regulationsvorgänge auslösen, wodurch sich die Produktbildung steuern läßt. Da häufig für eine optimale Produktausbeute die Umstellung stoffwechselphysiologischer Gleichgewichte erforderlich ist, gewinnen *Fedbatch*-Fermentationsverfahren immer mehr an Bedeutung.

Bisher haben wir eine mikrobielle Kultur auf der Basis ihrer kinetischen Wachstumskriterien betrachtet. Wir können eine solche Kultur aber auch unter dem Aspekt ihrer biosynthetischen Leistungen, d. h. ihrer Stoffwechselphysiologie, betrachten. Dabei unterscheiden wir die Trophophase und die Idiophase (Abb. 5.1.3).

- Während des logarithmischen Wachstums befindet sich eine Kultur in der Regel in der Trophophase, d. h. die Zellen konzentrieren ihr biosynthetisches Potential in erster Linie darauf, Produkte des Primärmetabolismus zu bilden. Hierzu gehören Aminosäuren, Nukleotide, Proteine, Nukleinsäuren, Lipide, Kohlenhydrate usw. aber auch Beiprodukte energieliefernder Prozesse wie Ethanol, Aceton, Butanol usw. Viele dieser Stoffe sind auch von kommerziellem Interesse und daher Zielprodukte verschiedenster Fermentationsansätze.
- Läßt der natürliche Wachstumsdruck aufgrund schlechter werdender äußerer Bedingungen nach, gehen viele Organismen in die Idiophase über. In dieser Phase beschränkt sich die Biosyntheseleistung der einzelnen Zelle nicht mehr ausschließlich auf Produkte des Primärstoffwechsels. Zusätzlich werden andere Produkte produziert, die dem Sekundärstoffwechsel zugerechnet werden.

Sekundärmetabolit	Kommerzieller Einsatz
Penicillin	Antibiotikum
Cephalosporin	Antibiotikum
Tetracycline	Antibiotikum
Streptomycin	Antibiotikum
Griseofulvin	Antibiotikum/Antimykotikum
Actinomycin	Zytostatikum
Pepstatin	Ulkus-Mittel
Ciclosporin A	Immunsuppressivum
Krestin	Tumormittel
Bestatin	Tumormittel
Gibberellin	Pflanzen-Wachstumshormon

Tabelle 5.1.2 Beispiele für Sekundärmetabolite und deren kommerzielle Bedeutung

Sekundärprodukte werden aus Zwischenprodukten des Primärstoffwechsels gebildet. Welche Bedeutung diese sehr zahlreichen Verbindungen von überaus vielfältiger struktureller Varianz für die Zelle oder für die Kultur haben, ist in den meisten Fällen nicht bekannt. Diese Produkte jedoch als biosynthetischen Abfall zu klassifizieren, ist keinesfalls gerechtfertigt. So kennen wir viele Beispiele, wo Sekundärmetaboliten der Zelle einen evolutionären Vorteil gewähren, da sie beispielsweise auf andere Organismen toxisch wirken. Andere Sekundärmetabolite haben sich als wichtige metabolische Regulatoren für primäre Stoffwechselwege erwiesen.

Unabhängig von ihrer physiologischen Bedeutung besitzen viele Sekundärstoffe ein erhebliches praktisches und damit auch kommerzielles Potential. Dies wird deutlich, wenn wir uns die Beispiele für Sekundärmetaboliten aus Tabelle 5.1.2 betrachten.

Die Produktion solcher kommerziell bedeutender Sekundärstoffe erfolgt sowohl aus *Batch*- als auch aus kontinuierlichen Kulturen.

Große Anstrengungen müssen in die Etablierung optimaler Kulturbedingungen investiert werden. Da Medienzusätze und die

Medienzusatz	Reprimierter Sekundärmetabolit
Glucose	Penicillin
Glucose	Actinomycin
Glucose	Neomycin
Glucose	Streptomycin
Phosphate	Candicidin
Phosphate	Streptomycin
Phosphate	Tetracyclin
Stickstoff-Quellen	Penicillin

Tabelle 5.1.3 Inhibierende Medienzusätze bei der Produktion von Sekundärmetaboliten.

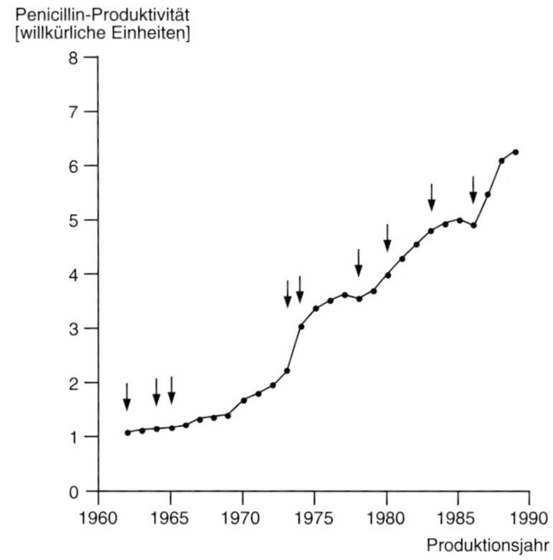

Abb. 5.1.4 Produktionsoptimierung bei der Penicillin-Gewinnung.

$$dx/dt = \mu x \quad \text{oder} \quad dN/dt = \mu N \qquad (1)$$

$$dP/dt = \alpha\mu x + \beta x \qquad (9)$$

$$P(t) = (\alpha + \frac{\beta}{\mu}) \cdot x(t_0) \cdot e^{\mu t} \qquad (10)$$

$$P(t) = \alpha \cdot x(t_0) \cdot e^{\mu t} \qquad (11)$$

Abb. 5.1.5 Quantitative Beschreibung der Produktproduktion. α ist ein wachstumsabhängiger, β ein wachstumsunabhängiger Proportionalitätsfaktor.

Wachstumsgeschwindigkeit die Produktion gewünschter Sekundärstoffe sowohl fördern als auch unterdrücken können, spielen für optimal eingestellte Fermentationsprozesse *Fedbatch*-Verfahren eine immer wichtigere Rolle. Beispielsweise kann der Zusatz von Tryptophan zum Kulturmedium die Biosynthese solcher Alkaloide stimulieren, bei deren Biosynthese Tryptophan als biogenetische Vorstufe verwendet wird. In analoger Weise läßt sich die Biosynthese von Cephalosporin durch Methioninzusatz stimulieren. Andererseits ist lange bekannt, daß beispielsweise der Zusatz von Glucose die Produktion von Benzylpenicillin inhibiert.

Meist wirken sich wachstumsfördernde Stoffe wie Glucose, Phosphat-Salze oder Stickstoffquellen hemmend auf die Sekundärstoffbildung aus. Dies leuchtet ein, denn die Idiophase zeichnet sich eher durch suboptimale Wachstumsbedingungen aus. Beispiele für Nährstoffzusätze, die die Bildung eines Sekundärmetaboliten inhibieren, sind in Tabelle 5.1.3 zusammengestellt.

Wie sehr die Weiterentwicklung von Kulturbedingungen die Produktausbeute verbessern kann, läßt sich an der Entwicklung der Penicillinproduktion eindrucksvoll dokumentieren (Abb. 5.1.4). Zu dieser bemerkenswerten Entwicklung trugen bei:

- die Optimierung der Medienzusammensetzung,
- der Austausch von ursprünglich *Penicillium notatum* durch *Penicillium chrysogenum*,
- die Entwicklung von Submerskulturverfahren,
- die Optimierung des Produktionsstammes durch Mutagenese,
- die „Zufütterung" von Vorläufermolekülen,
- die Optimierung des Isolierungs- und Aufreinigungsverfahrens.

Wollen wir in einem Fermentationsprozeß Biomasse erzeugen, so sollten wir die Kulturbedingungen so einstellen, daß die Zellen mit einer möglichst kurzen Generationszeit wachsen. Medienzusätze dienen in diesem Fall in erster Linie der Optimierung der Wachstumsrate.

Soll in einem Fermentationsprozeß nicht nur Zellmasse produziert werden, sondern auch ein Produkt des Primär- bzw. Sekundärstoffwechsels, so können wir die Gleichung (1) nach (9) bzw. (10) abwandeln (Abb. 5.1.5). Dabei ist α ein wachstumsabhängiger und β ein wachstumsunabhängiger Proportionalitätsfaktor. Bei ausschließlich wachstumsabhängiger Produktbildung können wir die Gleichung entsprechend (11) vereinfachen (Abb. 5.1.5). Hieraus wird deutlich, daß die Produktkonzentration zu einer willkürlich gewählten Zeit t gleich der zur gleichen Zeit erreichten Konzentration der Zellmasse, multipliziert mit α ist ($P(t) = \alpha \bullet xt$). In Abbildung 5.1.6 B. ist dieser Zusammenhang durch die dunkelrote Kurve dargestellt. Das Produkt wird also während der Wachstumsphase gebildet, und zwar mit der gleichen Rate wie die Zellwachstumsrate. Nach Abklingen der Wachstumsrate nimmt folglich auch die Produktbildungsrate ab.

Bei wachstumsunabhängiger Produktbildung wird $\alpha = 0$, und der Klammerinhalt in Gleichung (10) reduziert sich zu β/μ. In diesem Fall steigt die Produktbildungskurve erst an, wenn die spezifische Wachstumsrate wieder abgefallen ist, wenn also die Trophophase beendet ist. Das Produkt wird ausschließlich in der Idiophase gebildet. Im Gegensatz zu einer Produktbildung in der Trophophase fällt die Produktbildung in der Idiophase nicht wieder ab (Abb. 5.1.6 B. blaue Kurve), jedenfalls solange nicht, wie für die Produktbildung genügend Substrat vorhanden ist.

In aller Regel sind die Verhältnisse nicht so klar wie in den beiden geschilderten Extremfällen. In der Realität gilt meist $\alpha > 0$ und $\beta > 0$, woraus sich gemischte Produktbildungskurven ergeben.

Immer mehr Fermentationsprozesse werden dahingehend optimiert, daß aus Mikroorganismen Enzyme isoliert werden können (Tabelle 5.1.4). Der Bedarf an isolierten Enzymen steigt derzeit stetig, da wir Enzyme in einer Vielzahl von Biokonversionsprozessen einsetzen können. Zur Enzymisolierung werden die Kulturbedingungen meist so eingestellt, daß die Mikroorganismen möglichst

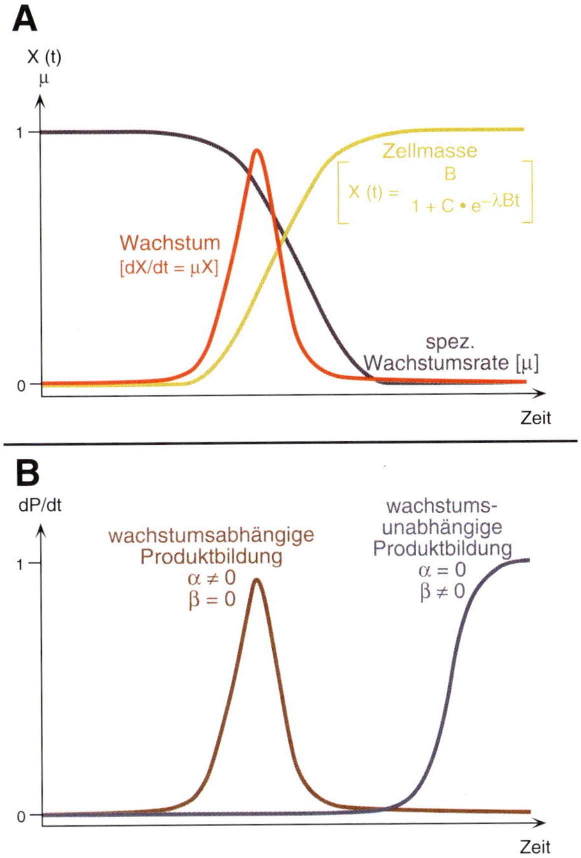

Abb. 5.1.6 Zusammenhang zwischen Wachstumsrate und Zellmasse, sowie zwischen wachstumsabhängiger und wachstumsunabhängiger Produktbildung.
Teil **A.** der Abbildung zeigt den Zusammenhang zwischen Zellwachstumsrate (rote Kurve), spezifischer Wachstumsrate (dunkelblaue Kurve) und Zellmasse (gelbe Kurve). Während die Zellmasse zunimmt, nimmt die spezifische Wachstumsrate μ analog ab. Die Zellwachstumsrate erreicht während der logarithmischen Wachstumsphase ein Maximum.
B. Wird ein Produkt wachstumsabhängig gebildet, folgt die Produktbildung (dunkelrote Kurve) dem Zellwachstum. Denn da in diesem Extremfall $\beta = 0$ ist, können wir die Gleichung (10) aus Abb. 5.1.5 in Gleichung (11) umwandeln. Wird hingegen ein Produkt wachstumsunabhängig gebildet (blaue Kurve), akkumuliert das Produkt erst, wenn die spezifische Wachstumsrate abnimmt. Es gilt wieder Gleichung (10), wobei sich allerdings im Extremfall der Klammerinhalt auf β/μ reduziert, da in diesem Fall $\alpha = 0$ ist.

Enzym	Quelle	Funktion	Anwendung
α-Amylase	*Bacillus subtilis* *Bacillus licheniformis* *Aspergillus oryzae*	Hydrolysiert als Endoglycosidase α-1,4-glycosidische Bindungen	Stärke-Produktion
Glucoamylase	*Aspergillus oryzae* *Aspergillus niger* *Rhizopus oryzae*	Entfernt Glucose vom nichtreduzierenden Ende der Stärke; Hydrolysiert auch α-1,6-Bindungen an den Verzweigungspunkten — aber langsamer	Stärke-Verarbeitung; Brauen
Pullulanase	*Klebsiella aerogenes*	Hydrolysiert α-1,6-glycosidische Bindungen in Pullulan und Amylopectin	Stärke-Produktion
Glucose-Isomerase	*Bacillus coagulans* *Streptomyces albus*	Konvertiert D-Glucose in D-Fructose. Eigentlich handelt es sich um eine Xylose-Isomerase, die D-Xylose in D-Xylulose konvertiert	Produktion von Fructose-Sirup
β-Glucanase	*Bacillus subtilis* *Aspergillus niger* *Penicillium emersonii*	Degradiert β-Glucan durch Hydrolyse von β-1,3 (4)-glycosidischen Bindungen	Brauen
Invertase	*Saccharomyces cerevisiae*	Hydrolysiert Saccharose zu Glucose und Fructose	Süßwarenindustrie; Backen
Lactase	*Saccharomyces lactis* *Aspergillus oryzae* *Aspergillus niger* *Rhizopus oryzae*	Hydrolysiert Lactose zu Galactose und Glucose	Milchindustrie
Pectinase	*Aspergillus oryzae* *Aspergillus niger* *Rhizopus oryzae*	Degradiert Pectin	Klärung von Fruchtsäften und Weinen
Neutrale-Protease	*Bacillus subtilis* *Aspergillus oryzae*	Hydrolysiert Peptidbindungen in Proteinen	Backen; Geschmacks-korrektur bei Fleisch und Käse
Alkalische-Protease	*Bacillus licheniformis*	Hydrolysiert Peptidbindungen in Proteinen	Waschdetergens
Rennin	*Mucor miehei* spp.	Hydrolysiert eine spezifische Bindung in κ-Casein	Käseherstellung
Lipase	*Aspergillus oryzae* *Aspergillus niger* *Rhizopus oryzae*	Hydrolysiert Esterbindungen in Fetten	Milchindustrie; Detergens

Tabelle 5.1.4 Beispiele für industriell genutzte Enzyme

optimal wachsen können. In den meisten Fällen ist nämlich während der *log*-Phase die Enzymkonzentration am höchsten, und die Enzyme liegen in dieser Phase in der höchsten Aktivität vor. Es gibt aber auch bemerkenswerte Ausnahmen. So werden beispielsweise Amylasen aus *Bacillus stearothermophilus* am effektivsten aus Idiophase-Kulturen isoliert. Dies kann auch für viele Enzyme gelten, die an der Biosynthese verschiedener Sekundärmetabolite beteiligt sind. Nicht zuletzt sind es diese Enzyme, deren technische Relevanz ständig steigt, da sie mehr und mehr in Synthesestrategien komplizierter Wirkstoffe eingebunden werden.

Es ist nicht erforderlich, ein Enzym, das eine bestimmte chemische Reaktion an einem Substrat katalysieren soll, zu isolieren. Häufig können wir das zu modifizierende Substrat einer mikrobiellen Kultur „zufüttern". Am Ende des Fermentationsprozesses wird dann das modifizierte Produkt aus der Kultur zurückgewonnen. Solche Fermentationsansätze bezeichnen wir als Biokonversions-, Biotransformations- oder als Transformationsprozesse. Dabei ist der auch in anderem Zusammenhang benutzte Begriff Transformation (siehe z. B. Kapitel 2.4, 3.2, 4.1 u.a) hier so zu verstehen, daß als Folge der Transformation ein einzelnes Molekül modifiziert wird. Biotransformationen umfassen praktisch die ganze Palette chemischer Reaktionen wie Dehydratation, Kondensation, Oxidation, Hydroxylierung, Dehydrierung, Decarboxylierung, Deaminierung, Aminierung und Isomerisierung.

Die Fermentationstechnik hat nicht zuletzt durch die Erfolge der Gentechnik einen deutlichen Aufschwung erfahren. In der Gentechnik werden Zellen fermentiert, die fremde genetische Information enthalten und diese Information in wertvolle Produkte umsetzen. Als Produktionszellen werden im Gegensatz zu den klassischen biotechnischen Verfahren vermehrt auch Zellsysteme verwendet, die sich von Insekten oder Säugetieren ableiten. Die Etablierung von Fermentationprozessen für solche Zellsysteme ist eine der großen aktuellen Herausforderungen an die moderne Fermentationstechnik.

5.1.4 Der Fermentationsprozeß

Der schematische Ablauf eines Fermentationsprozesses ist in Abbildung 5.1.7 dargestellt. Neben der eigentlichen Fermentation spielen vor- und nachgeschaltete Prozesse eine wichtige Rolle im Gesamtablauf. Je nach Verwendung des Fermentationsproduktes sind diese Prozesse von unterschiedlicher Komplexität. Ist das Fermentationsprodukt Biomasse, sogenanntes *single cell protein* (SCP), das beispielsweise als Tierfutter verwendet wird, so sind die technologischen Anforderungen an den Gesamtprozeß weniger komplex, als wenn es sich bei dem Fermentationsprodukt beispielsweise um ein rekombinantes Protein handelt, das als Therapeutikum beim Menschen eingesetzt werden soll.

In jedem Fall muß Sterilität garantiert sein. Dies erfordern nicht nur die Regeln der *good manufacturing practices*, sondern auch die zur Fermentation verwendeten Mikroorganismen oder Kulturzellen. Diese wurden durch langwierige Mutations- und Selektionsprozesse optimiert und stellen somit einen großen Wert dar. Auch manche Medienzusätze sind kostspielig. Somit würde der Verlust einer Fermenterproduktion durch Kontamination teuer zu Buche schlagen.

Eine Kontaminationsgefahr ist auch dadurch gegeben, daß es sich bei den meisten

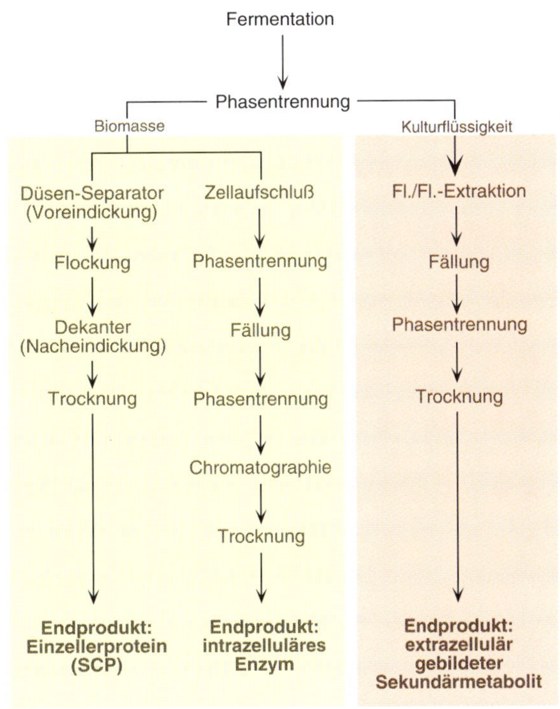

Abb. 5.1.7 Schematischer Ablauf eines Fermentationsprozesses. Zunächst erfolgt Phasentrennung in Biomasse und Kulturflüssigkeit. Ist das Endprodukt *single cell protein* (SCP), wird die Biomasse sukzessive eingedickt und getrocknet. Handelt es sich bei dem Endprodukt um einen Zellbestandteil, müssen die Zellen zunächst aufgeschlossen werden. Dann wird das Produkt über verschiedene Trennschritte gereinigt und getrocknet. Häufig befindet sich das Endprodukt auch im Medium. In diesem Fall wird die Biomasse verworfen und die Aufreinigung des Produktes erfolgt aus der Kulturflüssigkeit.

Hochleistungsstämmen um Organismen handelt, die nicht etwa auf Wachstum sondern auf die Produktion eines Metaboliten optimiert sind. Dies wird oft dadurch erkauft, daß derartige Hochleistungsstämme deutlich schlechter wachsen als der entsprechende Wildtyp-Stamm. Würde daher die Hochleistungskultur durch einen anderen Stamm kontaminiert, so würde dieser mit großer Wahrscheinlichkeit nach kurzer Zeit den Hochleistungsstamm überwachsen.

Im Folgenden wollen wir vier Beispiele für Fermentationsprozesse besprechen, die exemplarisch die Probleme aber auch die Erfolge der biologischen Wirkstoffproduktion beleuchten.

- Das erste Beispiel beschreibt die biotechnische Herstellung eines Enzyms – dem Chy-

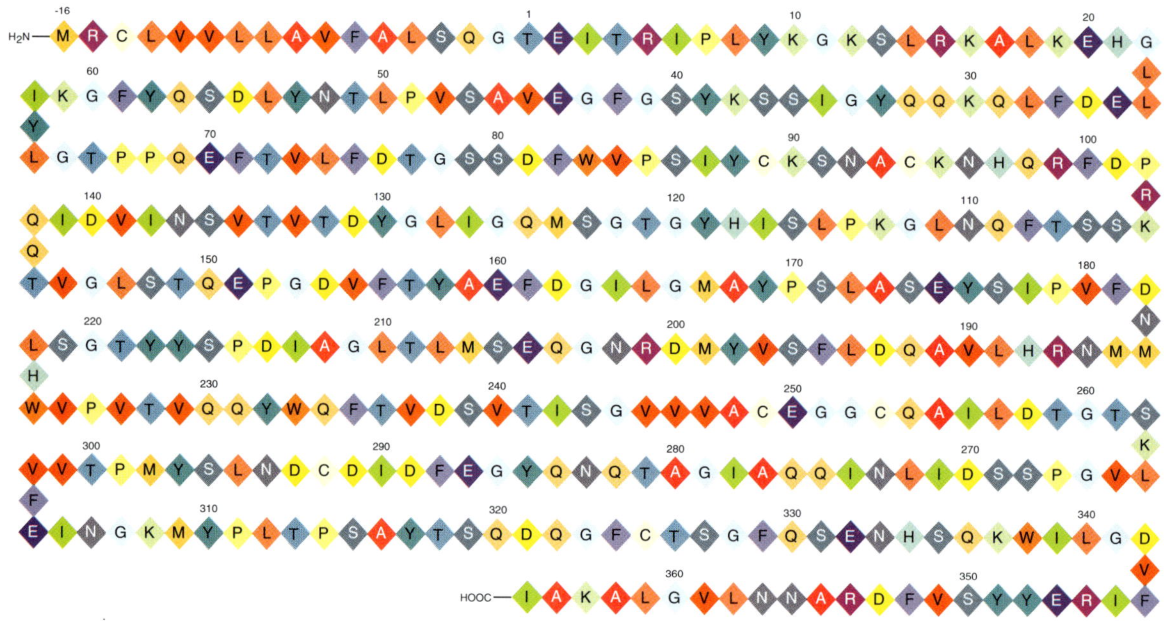

AS -16 – -1	Signalpeptid	AS 76	Aktives Zentrum	Disulfidbrücken zwischen:
AS 1 – 42	Propeptid, Aktivierung	AS 258	Aktives Zentrum	
AS 43 – 365	Chymosin B	AS 286	G—>D in Chymosin A	AS 89 – 94
				AS 249 – 253
AS 76 – 86	Wiederholungseinheit			AS 292 – 325
AS 258 – 268	Wiederholungseinheit			

Abb. 5.1.8 Aminosäuresequenz des Präprochymosins. Das Protein enthält 381 Aminosäuren. Die ersten 16 Aminosäuren dienen als Signalpeptid. Das sezernierte Prochymosin ist demzufolge 365 Aminosäuren lang. Durch Abspalten der Aminosäuren 1 bis 42 wird Prochymosin in das aktive Chymosin überführt.

mosin –, das in der Käseherstellung eine große Rolle spielt.

- Das zweite Beispiel beschreibt die Shikominproduktion durch Pflanzenzellkulturen.
- Das dritte Beispiel zeigt die Entwicklung der Ascorbinsäure-Herstellung auf, die bereits seit langer Zeit biotechnisch erfolgt.
- Schließlich wollen wir uns am Beispiel der biotechnischen Tryptophan-Herstellung Probleme vor Augen führen, denen man dann begegnet, wenn man die Effektivität eines Prozesses an seine Grenzen treibt.

5.1.5 Chymosin und Käseherstellung

Chymosin ist eines der wichtigsten biotechnisch verwendeten Enzyme und wohl der erste Lebensmittelzusatz, der sowohl in „natürlicher Form" als auch als rekombinantes Molekül vorliegt.

Der erste Schritt bei der Käsebereitung ist die Einleitung der Milchgerinnung durch Zusatz von Calcium-Ionen und Lab-Ferment. Lab ist ein wässriger Extrakt aus dem vierten Magen säugender Kälber. Die für die Gerinnung entscheidende Komponente in dem komplexen Gemisch „Lab" ist die Protease Chymosin, die auch Rennin genannt wird.

Chymosin wird als sogenanntes Präproprotein von 381 Aminosäuren synthetisiert (Abb. 5.1.8) und dann als 365 Aminosäure langes Prochymosin sezerniert. Diese Variante besitzt immer noch keine enzymatische Aktivität. Erst bei niedrigen pH-Werten wird Prochymosin autokatalytisch in die 323 Aminosäure lange Protease Chymosin überführt. Im Lab-Ferment liegen neben vielen anderen Komponenten sowohl Prochymosin als auch Chymosin vor.

Um die Funktion des Chymosins zu verstehen, müssen wir uns zunächst klar machen, wie eine Casein-Mizelle aufgebaut ist (Abb. 5.1.9). Der Begriff Casein steht für eine ganze Proteinfamilie, die in Milch zu ca. 25 Gramm pro Liter enthalten ist. Hauptvertreter sind α_s1- (ca. 36 %), α_s2- (ca. 12 %), β- (ca. 36 %) und κ-Casein (ca. 12 %). Die Molekulargewichte betragen für α-Casein (Abb. 5.1.10) und β-Casein ca. 24 kDa und für κ-Casein (Abb. 5.1.11) ca. 19 kDa. α_s1-Casein enthält acht, β-Casein fünf Phosphoserin-Reste. κ-Casein enthält nur einen Phosphoserin-Rest an der Position Serin_{149}. Dafür ist es aber zusätzlich an Threonin_{131} glycosyliert ([N-acetylneuraminyl-(2→3(6))-galactosyl-(1→6)-N-acetylgalactosaminyl→Thr].

Caseine bilden Komplexe, die wir als Casein-Submizellen bezeichnen. In der Milch sind diese Submizellen über Calcium-Ionen zu Gruppen verbunden, die wir Casein-Mizellen nennen. Die Calcium-Phosphat-*Cluster* interagieren mit den Phosphoserin-Resten. Die hydrophoben Aminosäuren des aminoterminalen Bereichs des κ-Caseins liegen im Innern der Mizelle, wohingegen die hydrophilen Bereiche nach außen projizieren und dadurch verhindern, daß die Mizellen weiter aggregieren.

Reifes κ-Casein ist ein Protein mit 169 Aminosäuren (Aminosäuren 1–169 in Abb. 5.1.11). Bei pH 6,6, dem pH der Milch, spaltet Chymosin κ-Casein exakt zwischen den Aminosäuren $\text{Phenylalanin}_{105}$ und Methionin_{106} und entfernt dadurch den glycosylierten und daher hydrophileren C-Terminus des Proteins (Aminosäurepositionen 106 bis 169). In Gegenwart von Calcium-Ionen aggregieren dann die so modifizierten Mizellen zu einem dreidimensionalen Netzwerk, das wir als Paracasein bezeichnen. Dieses Phänomen wird gemeinhin als Gerinnung verstanden, und es ist der erste wichtige Schritt bei der Käseherstellung.

Der weltweite Bedarf an Casein ist immens. Pro Jahr gibt die Milchindustrie Summen von mehr als 100 Millionen Dollar für Casein aus. Auf dieser Basis hat man nach Alternativen gesucht. Zum Beispiel hat man versucht, Aspartylproteasen aus *Endothia parasitica*, *Mucor miehei* und *Mucor pusillus* als Casein-Substitute zu verwenden. Allerdings änderte sich dadurch der Geschmack des Käse derart, daß sich diese Proteasen nicht durchsetzen konnten.

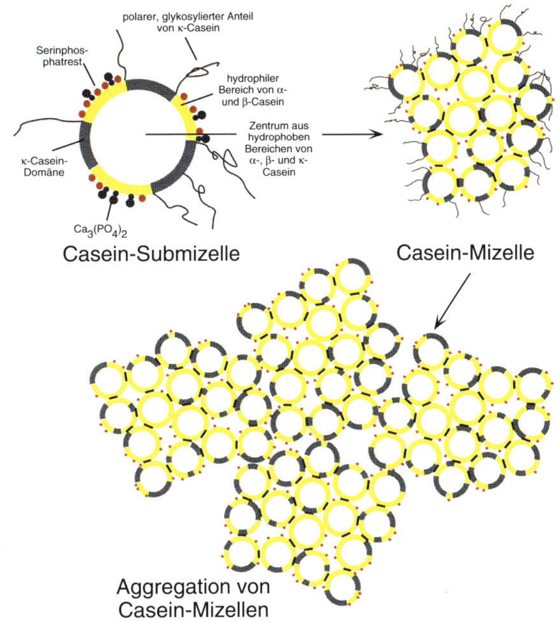

Abb. 5.1.9 Aufbau einer Casein-Mizelle. Eine Casein-Submizelle (oben links) besteht aus einem Kernbereich, in dem sich hydrophobe Abschnitte von α–, β- und κ-Casein befinden. Die blau-gezeichneten Abschnitte der Mizelle sind κ-Casein-Domänen, die gelb-gezeichneten Abschnitte stellen hydrophile Regionen aus α- und β-Casein dar. Diese tragen eine Reihe von Phosphoserinen (als rote Punkte gekennzeichnet), die die Hydrophilizität deutlich erhöhen und die Submizellen dadurch stabilisieren. Ebenso tragen Zuckermodifikationen am κ-Casein zur Erhöhung der Hydrophilizität bei. Die einzelnen Submizellen aggregieren zu Casein-Mizellen die über Calcium-Phosphat-*Cluster* (blaue Punkte) zwischen den Phosphoserinen zusammengehalten werden. Chymosin spaltet κ-Casein zwischen den Aminosäuren Phe_{126} und Met_{127} (siehe Abb. 5.1.11). Dadurch wird der glycosylierte, hydrophile C-Terminus des κ-Caseins entfernt und die Casein-Mizellen aggregieren zu großen, vernetzten Gebilden, dem Paracasein.

Am 23. März 1990 wurde dann von der FDA ein rekombinantes Enzym für den Einsatz bei der Käseherstellung zugelassen. Dieses rekombinante Casein war mit Kälber-Casein identisch und wurde in *E. coli* hergestellt. Allerdings fiel es in *E. coli* als Einschlußkörper (*inclusion body*) an und mußte daher in aufwendigen Prozessen solubilisiert und renaturiert werden. Somit hatte man die optimale Lösung noch nicht gefunden. Konsequenterweise wurden andere Expressions-Systeme etabliert, bei denen Chymosin sezerniert wird und als native Protease aus dem Medium isoliert werden kann. Wirtszellen sind *S. cerevisiae*, *Kluyveromyces*, *Aspergillus nidulans* und *Trichoderma reesei*. Die besten Ausbeuten werden aus *T. reesei* erhalten.

Die rekombinanten Präparate enthalten nur Chymosin, das identisch ist mit dem Chymosin aus dem Lab-Ferment. Damit verhält es sich auch identisch mit Lab-Ferment, und ist sicherlich deutlich „hygienischer" als Lab.

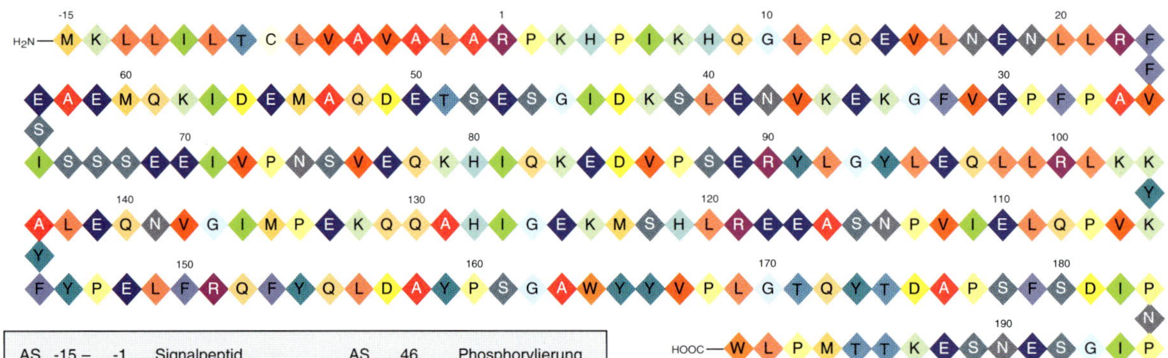

AS -15 – -1	Signalpeptid	AS 46	Phosphorylierung
AS 1 – 199	α_S1–Casein	AS 48	Phosphorylierung
		AS 53	Phosphorylierung
AS 70 – 84	Wiederholungseinheit	AS 64	Phosphorylierung
AS 110 – 125	Wiederholungseinheit	AS 66	Phosphorylierung
		AS 68	Phosphorylierung
		AS 75	Phosphorylierung
		AS 115	Phosphorylierung

Abb. 5.1.10 Aminosäuresequenz des α_s1-Caseins. Das Primärprodukt enthält 214 Aminosäuren. Die Aminosäuren –15 bis –1 bilden ein Signalpeptid und sind in der extrazellulären Form nicht mehr vorhanden. An diversen Serinen ist Casein phosphoryliert.

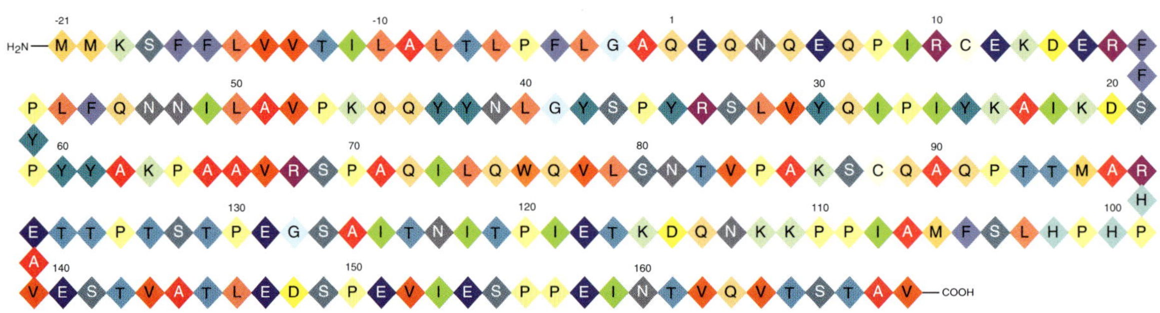

AS -21 – -1	Signalpeptid	AS 121	Kohlenhydratseitenkette	Disulfidbrücken zwischen:	
AS 1 – 169	κ–Casein	AS 131	Kohlenhydratseitenkette		
		AS 133	Kohlenhydratseitenkette	AS 11 – 11/88	intermolekular
AS 105 – 106	Schnittstelle	AS 136	Kohlenhydratseitenkette	AS 88 – 88/11	Intermolekular
		AS 142	Kohlenhydratseitenkette		
AS 1	Pyrrolidoncarboxylsäure	AS 165	Kohlenhydratseitenkette		
AS 149	Phosphorylierung				

Abb. 5.1.11 Aminosäuresequenz des κ-Caseins. Das Primärprodukt enthält 190 Aminosäuren. Die Aminosäuren –21 bis –1 bilden ein Signalpeptid und sind in der extrazellulären Form nicht mehr vorhanden. Im Gegensatz zu den anderen Casein-Isoformen ist κ-Casein an sechs Stellen glycosyliert.

5.1.6 *Shikonin-Produktion durch Pflanzenzellkulturen*

Die anfangs optimistischen Erwartungen an Produktionverfahren von Pflanzensekundärstoffen durch pflanzliche Zellkultursysteme, die in aller Regel nicht gentechnisch modifiziert sind, wurden trotz vieler Versuche weitestgehend enttäuscht. Das liegt wohl in der Hauptsache daran, daß bekanntlich Pflanzen einen bestimmten Differenzierungszustand aufweisen müssen, um eine bestimmte Syntheseleistung zu erbringen. Zwar lassen sich heute auch pflanzliche Organkulturen anlegen. Allerdings werden auch in diesen Spezialkulturen keine rentablen Ausbeuten an Sekundärmetaboliten erzielt. Eine Ausnahme bildet die Shikonin-Produktion, die wir kurz an dieser Stelle betrachten wollen.

Shikonin und seine Derivate (Abb. 5.1.12) kommen in der Wurzel von *Lithospermum erythrorhizon* vor. In Japan hat diese Pflanze eine lange Tradition als Arzneipflanze. Dem darin enthaltenen Shikonin sagt man eine entzündungshemmende und antibakterielle Wirkung nach. Shikonin ist ein hellroter Naphthochinon-Farbstoff, der auch in Kosmetika, beispielweise in Seifen, enthalten ist.

Zur Herstellung von Shikonin konnte ohne gentechnische Modifikation eine Zell-Linie entwickelt werden, die bis zu 15 % ihrer Biomasse in Form von Shikonin akkumulieren kann. Weiterhin wurde die Produktivität der Zell-Linie durch systematische Optimierung der Kulturbedingen gesteigert.

Die Produktion verläuft heute in einem zweistufigen Verfahren. In der ersten Stufe wird Biomasse produziert. Hierzu werden die Zellen in einem 200 l-Fermenter etwa neun Tage gezüchtet. Anschließend wird geerntet, und die Zellen werden in einen 750 l-Produktionskessel überführt, in dem sie 14 Tage inkubiert werden. Die jeweilige Ausbeute an Shikonin-Derivaten hängt sehr stark von den Kulturbedingungen (Sauerstoffversorgung, Volumen des Inoculums, Konzentration der Medien-Bestandteile) ab. Die Sekundärmetaboliten werden nicht ins Medium abgegeben, sondern akkumulieren in der Vakuole und in Organellen. Sie werden durch Extraktion mit Ethanol aus den Zellen gewonnen. Das optimierte Verfahren liefert Ausbeuten von ca. 2,3 Gramm Shikonin-Derivate pro Liter Kulturmedium.

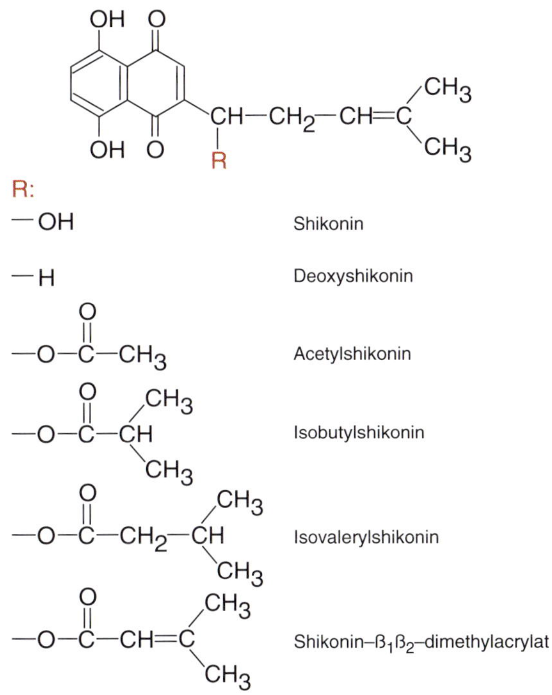

Abb. 5.1.12 Struktur von Shikonin und Shikonin-Derivate.

5.1.7 *Synthese von L-Ascorbinsäure*

Auch die Ascorbinsäure (Vitamin C) läßt sich mit biotechnischen Verfahren herstellen. Derzeit wird sie durch ein recht aufwendiges Verfahren (Reichstein-Synthese) produziert (Abb. 5.1.13), das mikrobiologische Fermentationsschritte, aber auch eine Reihe chemischer Modifikationen beinhaltet.

Das Ausgangsmolekül ist D-Glucose. Diese wird katalytisch zu D-Sorbitol reduziert.

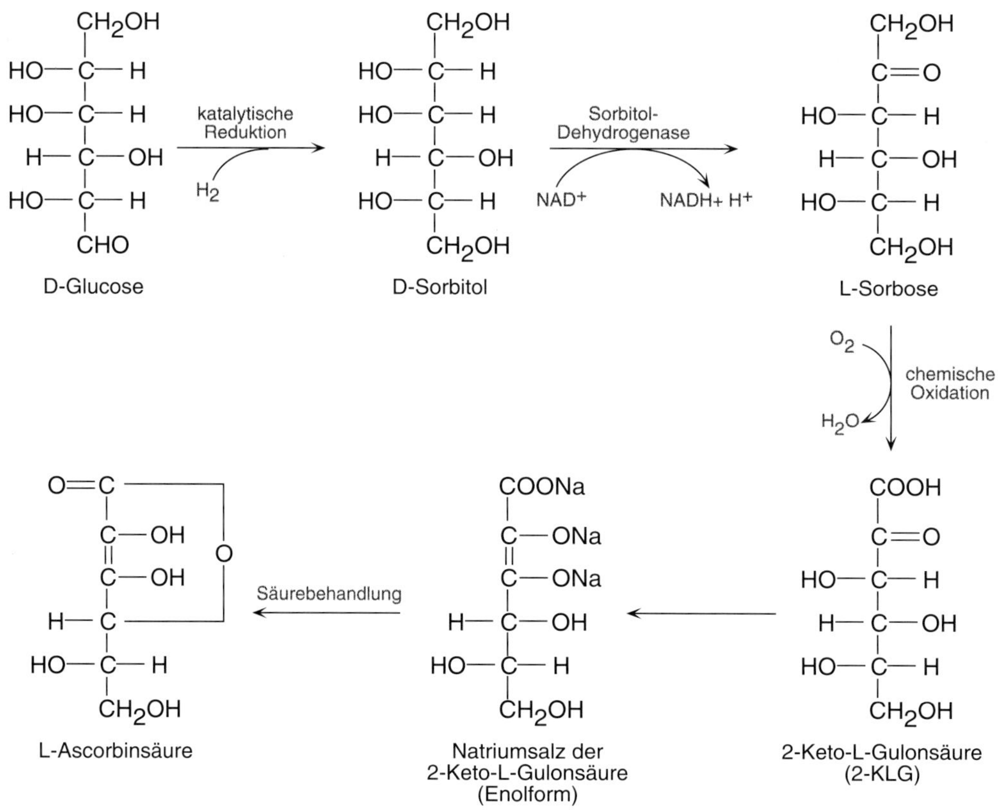

Abb. 5.1.13 Das Reichsteinverfahren zur Herstellung von Ascorbinsäure.

Anschließend wird D-Sorbitol in einem biotechnischen Schritt durch das Enzym Sorbitol-Dehydrogenase aus *Acetobacter suboxidans* oder *A. xylinum* regioselektiv zu L-Sorbose oxidiert. Die Umsetzung erfolgt als submerse Fermentation in 20–30 %iger Sorbitlösung innerhalb von 1 bis 2 Tagen nahezu quantitativ. L-Sorbose wird dann nach Einführung geeigneter Schutzgruppen chemisch zu 2-Keto-L-Gulonsäure oxidiert, die dann ihrerseits zu Ascorbinsäure umgesetzt wird (Abb. 5.1.13).

Biochemische Studien metabolischer Biosynthesewege einer Reihe verschiedener Mikroorganismen haben ergeben, daß es möglich ist, 2-Keto-L-Gulonsäure auch mikrobiologisch zu synthetisieren. Zum Beispiel können Bakterien, wie *Acetobacter*, *Glyconobacter* und *Erwinia* Glucose über die Zwischenstufen Gluconsäure und 2-Keto-D-Gluconsäure in 2,5-Diketo-D-Gluconsäure umwandeln (Abb. 5.1.14 A). Andere Bakterien, wie *Corynebacterium*, *Brevibacterium* oder *Arthrobacter* besitzen eine 2,5-Diketo-D-Gluconsäure-Reduktase, die NADPH-abhängig 2,5-Diketo-D-Gluconsäure zu 2-Keto-L-Gulonsäure umwandelt (Abb. 5.1.14 B).

Es war also vorstellbar, Ascorbinsäure aus Glucose über 2,5-Diketo-D-Gluconsäure und 2-Keto-L-Gulonsäure durch Kofermentation mit einer Kombination geeigneter Bakterien zu produzieren. Unglücklicherweise bringen Kokultivierungen verschiedener Bakterien eine Reihe Probleme mit sich.

- Oft wachsen verschiedene Organismen bei unterschiedlichen Temperaturen.
- Ferner benötigen verschiedene Mikroorganismen für optimales Wachstum meist unterschiedliche pH-Werte.

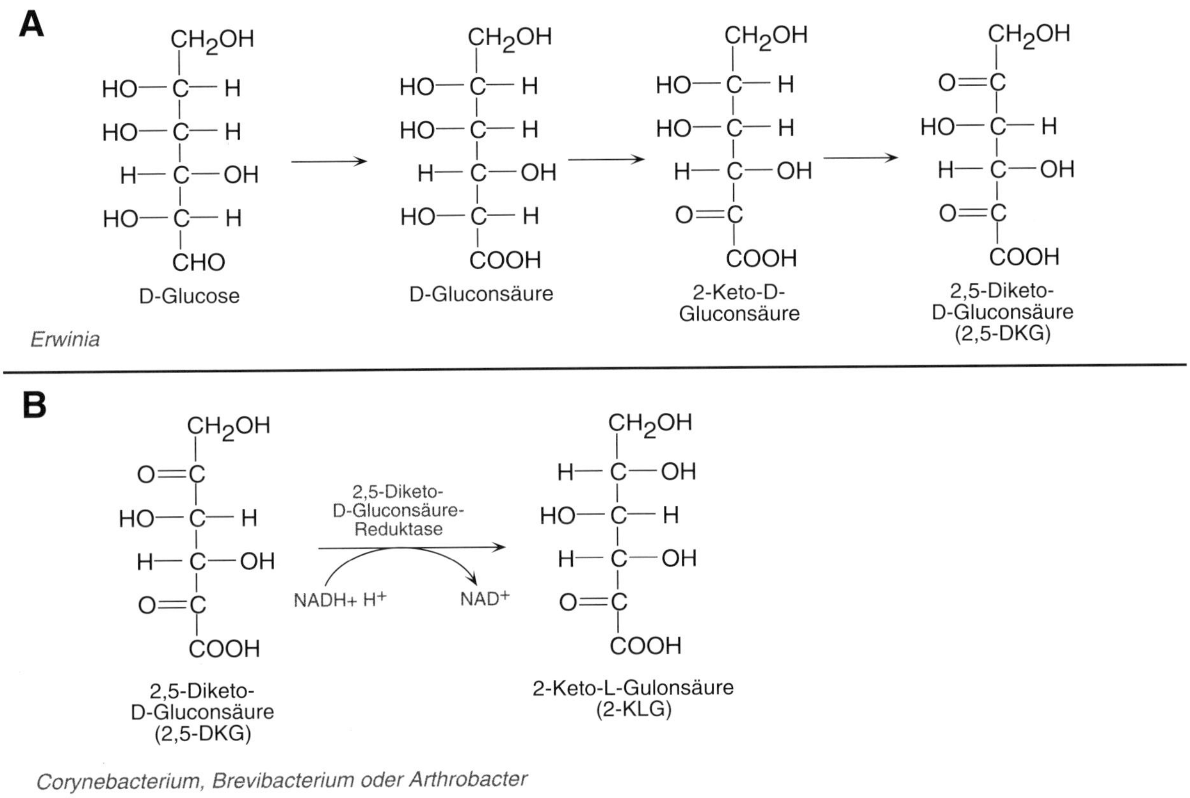

Abb. 5.1.14 Biologische Ascorbinsäuregewinnung. A. *Erwinia* kann D-Glucose über D-Gluconsäure und 2-Keto-D-Gluconsäure in 2,5-Diketo-D-Gluconsäure umwandeln. **B.** *Corynebacterium*, *Brevibacterium* oder *Arthrobacter* können ihrerseits 2,5-Diketo-D-Gluconsäure in 2-Keto-L-Gulonsäure metabolisieren.

- Schließlich können auch die Medienanforderungen und die Wachstumsraten derart variieren, daß in einer Kofermentation nach kurzer Zeit der eine Bakterienstamm den anderen überwachsen hat.

Ein alternativer Ansatz zur Kofermentation wäre eine Fermentation in zwei hintereinander geschalteten Prozessen. Diese Variante ist aber auch problematisch und meist großtechnisch nicht durchführbar. Es ist nämlich meist nicht möglich, die beiden Fermentationsprozesse zu synchronisieren. Meist sind die Wachstumsraten der beiden Mikroorganismen so unterschiedlich, daß die beiden Fermenteransätze nicht zur gleichen Zeit fertig werden.

Einen Ausweg aus diesem Dilemma bietet die Gentechnik. Wir können uns leicht vorstellen, einen der beteiligten Organismen mit der fehlenden Biosyntheseleistung durch gentechnische Methoden auszustatten.

Wie geht man vor?

- Die Umwandlung von D-Glucose zu 2,5-Diketo-D-Gluconsäure in *Erwinia herbicola* beinhaltet drei verschiedene enzymatische Schritte, nämlich Oxidationen an C_1, C_2 und C_5. Wollten wir diese Biosyntheseleistung in einen anderen Stamm integrieren, müßten wir drei Gene übertragen.
- Dagegen wird die Umwandlung von 2,5-Diketo-D-Gluconsäure zu 2-Keto-L-Gulonsäure in *Corynebacterium* in nur einem Schritt katalysiert.
- Es war daher sinnvoll, *Erwinia herbicola* mit dem entsprechenden Enzym aus *Corynebacterium* auszustatten und nicht umgekehrt die drei in *Corynebacterium* fehlenden Gene aus *Erwinia herbicola* zu übertragen.

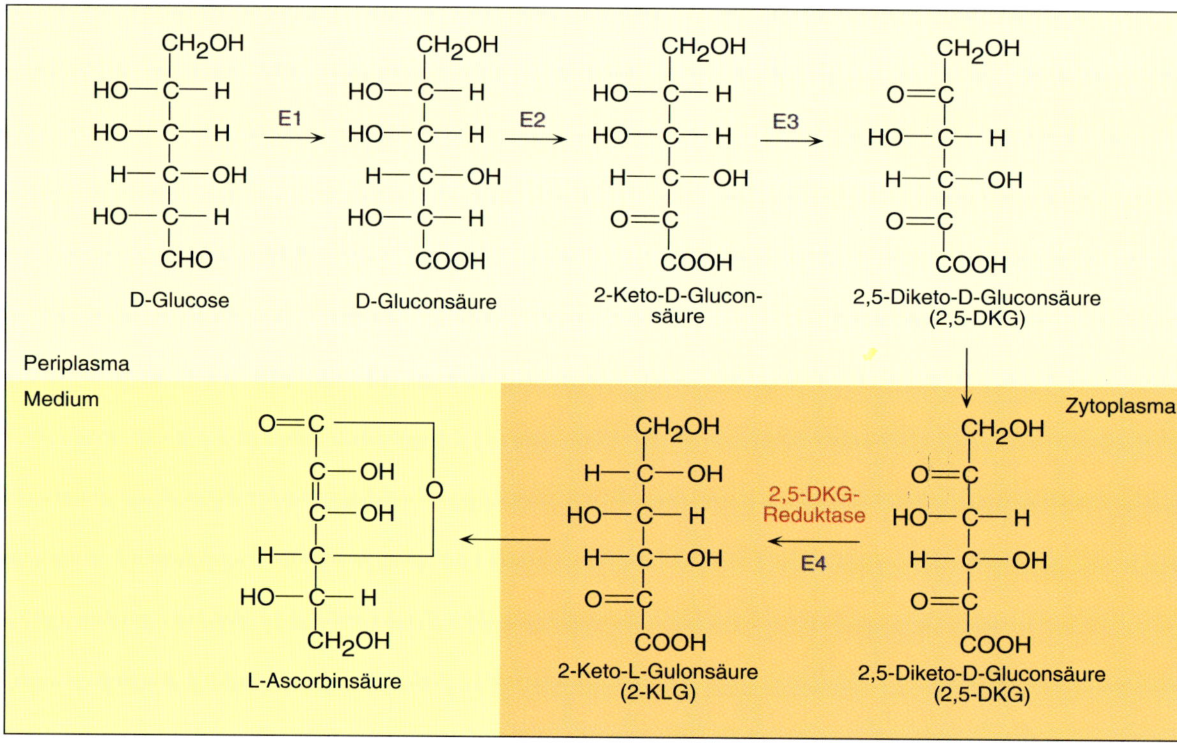

Abb. 5.1.15 Optimierte Ascorbinsäuregewinnung mit Hilfe einer rekombinanten *Erwinia*-Zelle. Die ersten drei enzymatischen Konversionsschritte der D-Glucose zu 2,5-Diketo-D-Gluconsäure (E1 – E3) werden durch *Erwinia*-Enzyme im Periplasma katalysiert. Der vierte enzymatische Schritt (E4) erfolgt im Zytoplasma durch das gentechnisch eingeführte Enzym aus *Corynebacterium*. Das Produkt (2-KLG) diffundiert ins Medium, aus dem es isoliert und durch Säurebehandlung zur L-Ascorbinsäure kondensiert werden kann.

In der Tat stehen jetzt rekombinante *Erwinia*-Zellen zur Verfügung, die in der Lage sind, Glucose direkt in 2-Keto-L-Gulonsäure umzuwandeln. Die homologen *Erwinia*-Enzyme sind nicht im Zytoplasma gelöst, sondern an der inneren Membran des Bakteriums gebunden. Sie setzen Glucose zunächst zu 2,5-Diketo-D-Gluconsäure um. Die klonierte 2,5-Diketo-D-Gluconsäure-Reduktase aus *Corynebacterium* befindet sich im Zytoplasma der *Erwinia*-Zellen, wo sie die Umwandlung von 2,5-Diketo-D-Gluconsäure zu 2-Keto-L-Gulonsäure katalysiert (Abb. 5.1.15). Auf diese Art und Weise ist es gelungen, durch genetische Manipulation die metabolische Kapazität zweier sehr verschiedener Mikroorganismen zu kombinieren und so einen rekombinanten Organismus zu schaffen, der als Endprodukt 2-Keto-L-Gulonsäure liefert, das dann durch Säurebehandlung zu Ascorbinsäure umgesetzt werden kann.

Nach Optimierung der Kulturbedingungen produzieren die rekombinanten *Erwinia*-Zellen in 120 Stunden ca. 120 g 2-Keto-L-Gulonsäure pro Liter Fermentationsbrühe. Dabei werden ca. 60 % der Glucose zu 2-Keto-L-Gulonsäure umgesetzt.

5.1.8 *Tryptophan-Produktion durch rekombinante E.-coli-Zellen*

Als Beispiel für die Entwicklung eines optimierten Wirts-Vektor-Systems wollen wir die Entwicklung eines Hochleistungsstammes zur Überproduktion von L-Tryptophan in *E.-coli*-Zellen betrachten.

5.1.8.1 *Biosynthese von Tryptophan in E. coli*

Der Hauptbiosyntheseweg von L-Tryptophan ist in Abb. 5.1.16 gezeigt. Die Biosynthese wird komplex reguliert.

- Zum einen greift die Regulation des *trp*-Operons. Auch dieses Operon (Abb. 5.1.17) wird – ähnlich wie das bereits besprochene *lac*-Operon – durch einen Repressor negativ reguliert. Der *trp*-Repressor bindet zusammen mit L-Tryptophan fest an den *trp*-Operator (siehe auch Abb. 3.1.17). Dieser überlappt mit dem Promotor des Operons, so daß die RNA-Polymerase nicht binden kann, wenn der Repressor gebunden ist (Abb. 5.1.17 A). Erst, wenn die Konzentration an freiem Tryptophan in der Zelle

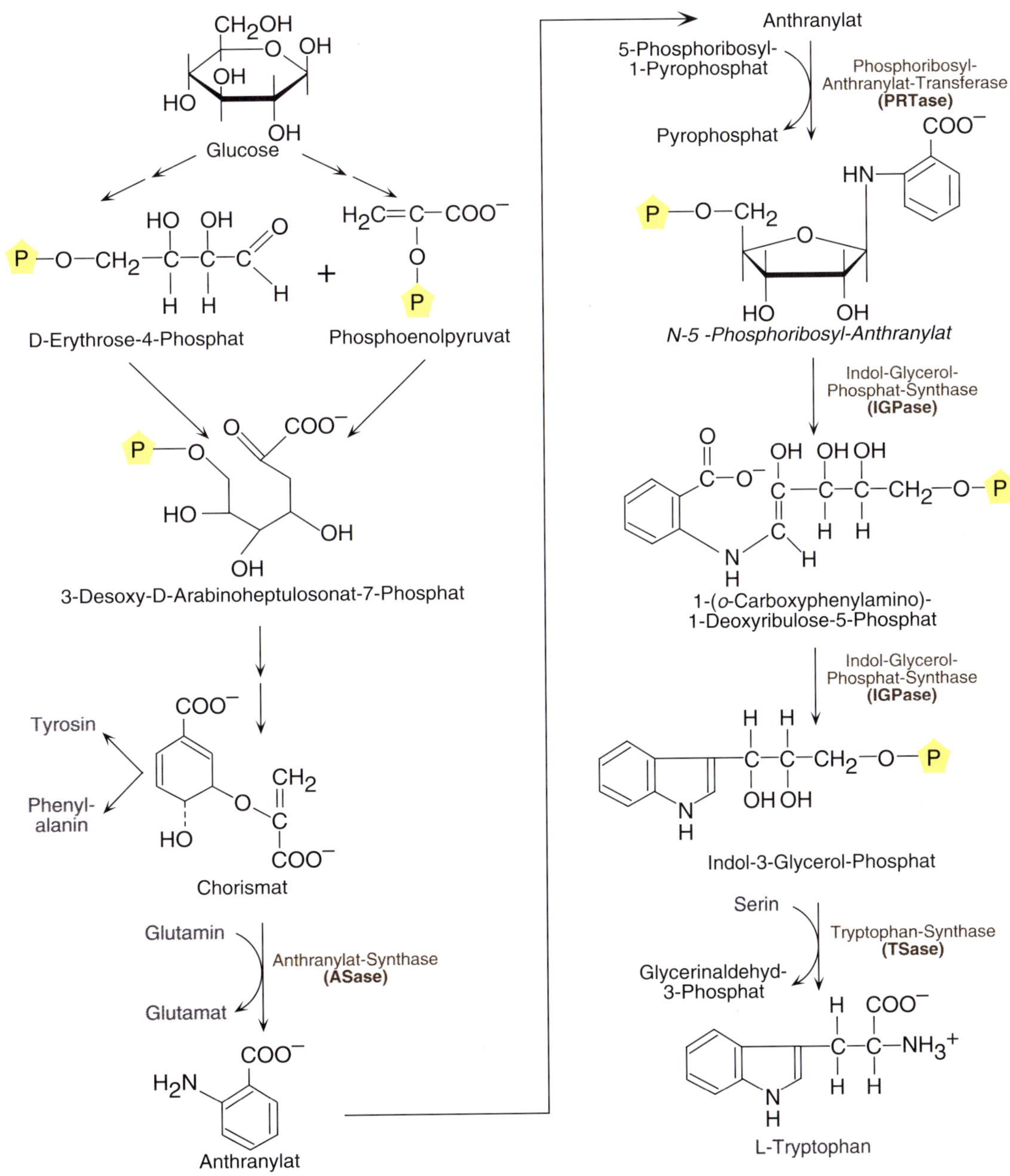

Abb. 5.1.16 Biosyntheseweg zur Herstellung von Tryptophan.

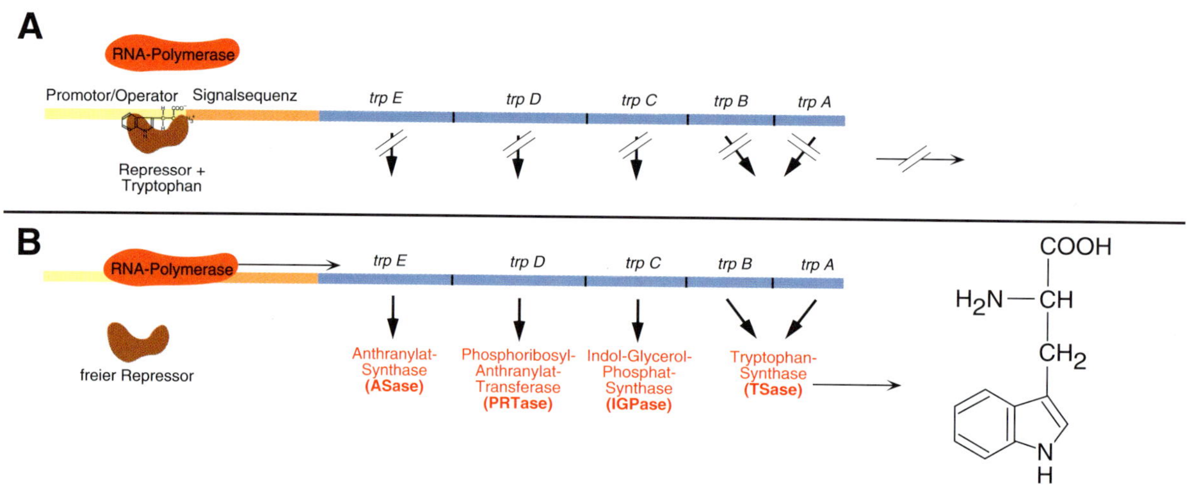

Abb. 5.1.17 Regulation des trp-Operons.
A. Der Tryptophan-Repressor bindet als Corepressor die Aminosäure Trypotophan. In dieser Form besitzt der Repressor eine hohe Affinität zum *trp*-Operator, der unterhalb des *trp*-Promotors liegt. Daher kann die RNA-Polymerase nicht binden und die nachfolgenden Gene des Operons können nicht abgelesen werden.
B. Verarmt die Zelle an Tryptophan, kann sich auch kein Tryptophan/*trp*-Repressor-Komplex mehr bilden und der *trp*-Repressor verliert seine Affinität zum Operator, so daß die Transkription initiiert und nachfolgend Tryptophan synthetisiert werden kann.

so stark abgesunken ist, daß auch das an den Repressor gebundene Tryptophan abdissoziiert, verliert der Repressor seine Affinität zum Operator und gibt den Promotor frei (Abb. 5.1.17 B).

- Zum anderen wird die Tryptophan-Biosynthese durch Rückkopplungs-Inhibition von Tryptophan reguliert. Dabei werden die Enzyme 3-Desoxy-D-Arabinoheptulosonat-7-Phosphat-Synthase (DAHP-Synthase), Anthranylat-Synthase (ASase) und 5-Phosphoribosyl-Anthranylat-Transferase (PRTase) gehemmt (Abb. 5.1.18).

5.1.8.2 Inaktivierung von Regulationsmechanismen

Um möglichst gezielt in die Regulation der Tryptophan-Biosynthese eingreifen zu können, wurde zunächst ein *E.-coli*-Stamm isoliert, aus dem mit Hilfe gentechnischer Methoden das gesamte Tryptophan-Operon entfernt worden war. Dieser *E.-coli*-Stamm wurde mit einem Plasmid transformiert, auf dem seinerseits das gesamte Tryptophan-Operon enthalten war. Allerdings hatte man zusätzlich das Gen für die Anthranylat-Synthase auf diesem Plasmid derart mutiert, daß das Enzym durch Tryptophan nicht mehr inhibiert werden konnte. Somit war bereits ein Faktor, der die Tryptophan-Biosynthese in *E.-coli*-Zellen negativ kontrolliert, ausgeschaltet.

Der nächste Schritt zur Verbesserung der Tryptophan-Produktion wurde an den Wirtszellen vorgenommen. Es wurde mit klassischen genetischen Methoden ein Wirtsstamm isoliert, der zum einen Mutationen im Tryptophan-Repressor-Gen (*trpR)* und zum anderen Mutationen im Gen für die Tryptophanase (*tnaA*) enthielt. Dadurch waren beide Funktionen in dieser Wirtszelle zerstört. Die Konsequenzen waren, daß zum einen kein Repressor mehr gebildet werden konnte, um das *trp*-Operon zu reprimieren, und daß zum anderen Tryptophan nicht mehr durch das Enzym Tryptophanase abgebaut werden konnte. Die Kombination aus diesem Mutanten-Stamm und dem Plasmid mit dem *trp*-Operon (Abb. 5.1.19) produzierte fast 50mal mehr Tryptophan als ein normaler *E.-coli*-Stamm.

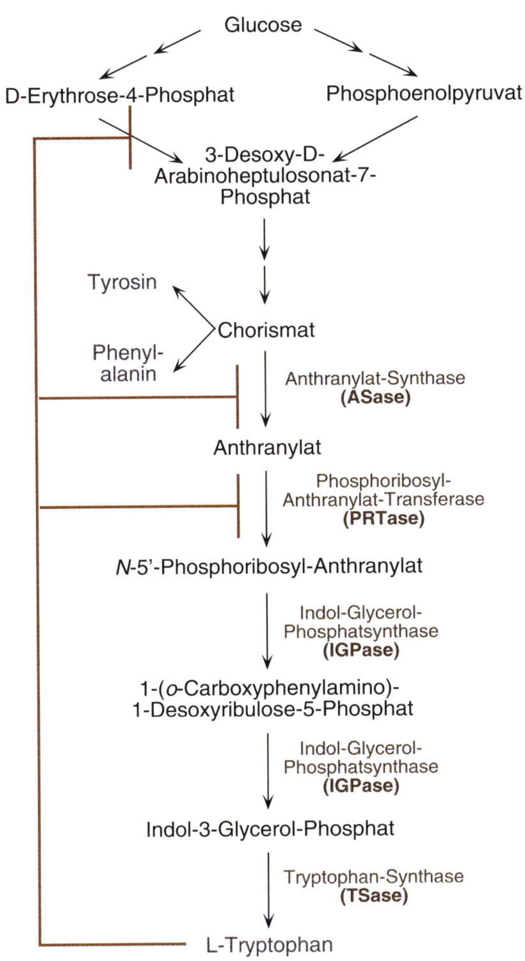

Abb. 5.1.18 Rückkopplungsinhibition bei der Tryptophan-Biosynthese. Durch das Endprodukt L-Tryptophan werden die Enzyme 3-Desoxy-D-Arabinoheptulosonat-7-Phosphat-Synthase (DAHP-Synthase), Anthranylat-Synthase (ASase) und 5-Phosphoribosyl-Anthranylat-Transferase (PRTase) in ihrer Aktivität gehemmt.

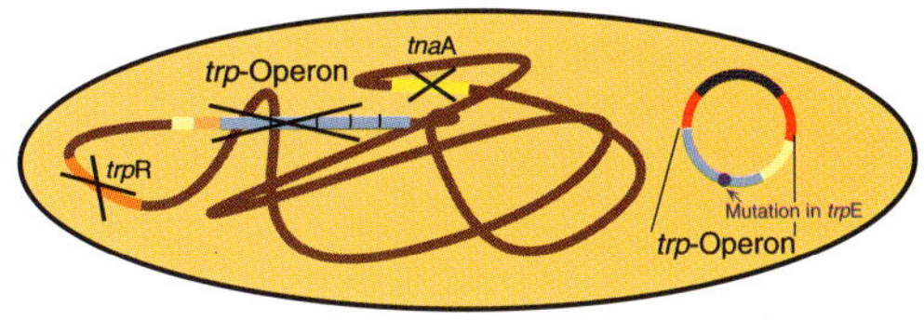

Abb. 5.1.19 Produktionsstamm der 1. Generation. Diese *E.-coli*-Variante enthält in ihrem Genom kein *trp*-Operon mehr. Stattdessen befindet sich das *trp*-Operon auf einem Plasmid. Dieses Operon trägt im *trp*E-Gen eine Mutation, die verhindert, daß die Anthranylat-Synthase durch Tryptophan inhibiert werden kann. Ferner besitzt die Zelle chromosomale Mutationen im *trpR*-Gen und im *tnaA*-Gen, so daß weder ein *trp*-Repressor noch eine Tryptophanase gebildet werden können.

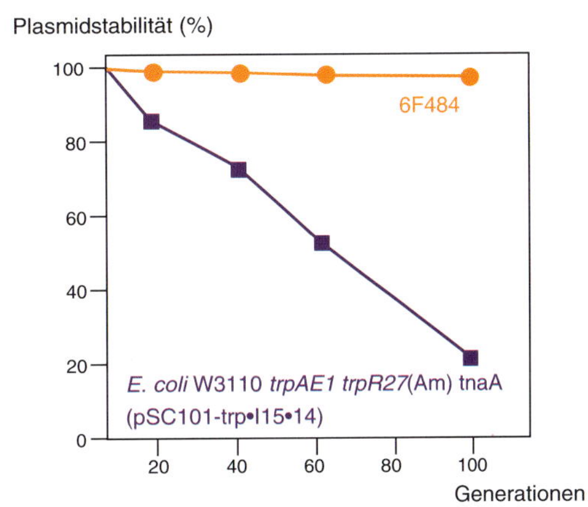

Abb. 5.1.20 Plasmidstabilität zweier Produktionsstämme. Der Stamm W3110 *trpAE1 trpR tnaA* (pSC101trpl15.14) zeigte zwar eine sehr gute Tryptophan-Produktionsleistung, besaß aber eine sehr schlechte Plasmidstabilität von ca. 35 %. Dagegen erwies sich die Plasmidstabilität bei dem weiterentwicklelten Stamm 6F484 als hervorragend.

5.1.8.3 Plasmidstabilität

Allerdings wurde diese Produktionssteigerung mit einer deutlichen Einbuße der Plasmidstabilität erkauft. Im Vergleich zur Ausgangskombination war die Plasmidstabilität von 100 % auf 85 % abgesunken. Dies ist im Hinblick auf Fermentationsprozesse ein großer Nachteil, da während der Fermentation der Anteil an Bakterien ohne Plasmid immer weiter ansteigt. Parallel dazu nimmt die Produktivität entsprechend ab.

Eine weitere Steigerung der Tryptophan-Produktion ließ sich durch Selektion von *E. coli*-Stämmen erreichen, die eine erhöhte Plasmid-Kopienzahl enthielten. Dies führte allerdings zu einer noch dramatischeren Plasmid-Instabilität auf Werte von 35 %, verglichen mit dem Ausgangsstamm (Abb. 5.1.20).

Der neu konstruierte Hochleistungsstamm *E. coli* W3110 *trpAE1 trpR tnaA* (pSC101trpl15.14) war so effektiv in der Tryptophan-Produktion wie kein anderer bis dahin beschriebener *E.-coli*-Stamm. Er produzierte in 24 Stunden 6,2 g Tryptophan pro

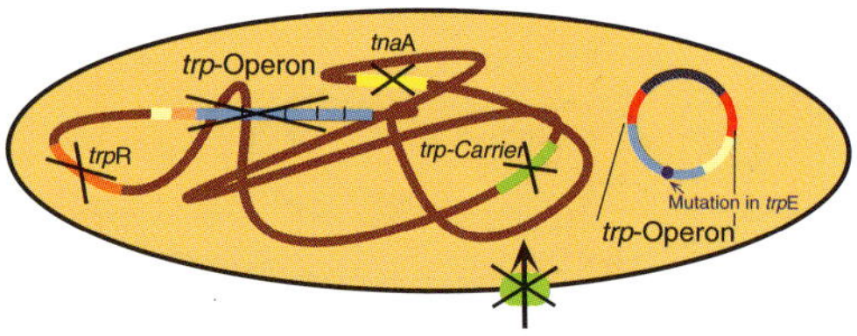

Abb. 5.1.21 Produktionsstamm der 2. Generation. Diese *E.-coli*-Variante enthält zusätzlich zu den Modifikationen des Produktionsstammes der 1. Generation (siehe Abb. 5.1.18) eine weitere chromosomale Mutation, durch die der Tryptophan-*Carrier* inaktiviert wurde, so daß die Zelle nicht (oder kaum) auf exogen vorliegendes Tryptophan zugreifen kann.

Liter Kulturmedium. Das entspricht einer Stundenleistung von 0,23 g Tryptophan pro Liter.

Trotz dieser hohen Syntheseleistung war dieser Stamm wegen seiner Plasmid-Instabilität für die Tryptophanproduktion in kontinuierlichen Kulturen völlig ungeeignet. Dies zeigt deutlich wie wichtig Plasmidstabilität wird, wenn ein Hochleistungsstamm in ein Produktionsverfahren von industriellem Ausmaß eingesetzt werden soll.

5.1.8.4 Verbesserung der Plasmidstabilität

Als nächster Schritt zur industriellen Produktion von Tryptophan mit Hilfe eines rekombinanten Organismus mußte demnach die Plasmidstabilität verbessert werden.

Mögliche Ansatzpunkte für die Optimierung boten:

- die genetischen Charakteristika der Wirtszellen,
- die Kopienzahl des Plasmids,
- die Kulturbedingungen,
- die auf dem Plasmid enthaltenen Gene.

Um einen stabileren Stamm zu erhalten, wurde der *E.-coli*-Stamm Tna(pSC101-trpI15.14) mit dem Mutagen N-Methyl-N'-Nitro-N-Nitrosoguanidin behandelt. Es wurden Mutanten selektioniert, die gegenüber dem Tryptophan-Analogon 6-Fluoro-Tryptophan (1000 µg/l) resistent waren. Nur Zellen, die das Tryptophan-Analogon nicht aufnehmen bzw. nicht in ihr Protein einbauen, können diese Selektion überleben und in Gegenwart von 6-Fluoro-Tryptophan wachsen.

Eine nach diesem Mutations-/Selektionsverfahren erhaltene Mutante zeichnete sich durch eine extreme Plasmidstabilität aus. Bei diesem Stamm, 6F484, war selbst nach 100 Generationen noch kein nennenswerter Plasmidverlust beobachtet worden (Abb. 5.1.19).

Genauere Untersuchungen ergaben, daß nicht etwa eine Mutation auf dem Plasmid die extreme Plasmidstabilität verursachte. Vielmehr schienen Mutationen in der chromosomalen DNA der Wirtszelle sowohl für die Resistenz gegen 6-Fluoro-Tryptophan als auch für die Plasmidstabilität verantwortlich zu sein.

Ein zweites erstaunliches Phänomen fiel bei dieser Mutanten auf:

- Kurierte man nämlich den Stamm von seinem Plasmid, so wuchsen diese plasmidfreien Zellen deutlich langsamer als die Ausgangszellen, die das Expressionsplasmid trugen. Das ist deshalb erstaunlich, da erfahrungsgemäß plasmidhaltige Zellen langsamer wachsen als Zellen, die kein Plasmid tragen.
- Noch erstaunlicher war, daß selbst in einem Maximalmedium die plasmidfreien Zellen langsamer wuchsen als die plasmidhaltigen Zellen.

Wie genauere Analysen dieses Phänomens ergaben, hatte der mutierte Stamm die Fähigkeit eingebüßt, Tryptophan effizient aus dem Kulturmedium aufzunehmen. Es half ihm also gar nichts, wenn im Medium Tryptophan vorhanden war. Um effizient wachsen zu können, war er auf eine endogene Tryptophan-Synthese – und somit auf die Anwesenheit des Expressions-Plasmids – angewiesen.

Jetzt verstehen wir auch das Prinzip der Selektion dieses Mutanten-Stammes: Da

Tryptophan nicht mehr aus dem Medium aufgenommen werden konnte, konnte auch das toxische Analogon 6-Fluoro-Tryptophan nicht aufgenommen werden.

Zu diesem Zeitpunkt der Studien besaß das Expressionssystem folgende Charakteristika (Abb. 5.1.21):

- In den Wirtszellen war das Tryptophan-Operon komplett aus den Chromosomen entfernt worden.
- Durch Mutationen waren in den Wirtszellen sowohl der Tryptophan-Repressor als auch das Enzym Tryptophanase inaktiviert worden.
- Die Wirtszellen konnten aufgrund einer chromosomalen Mutation exogen vorhandenes Tryptophan nicht mehr in die Zellen aufnehmen.
- Die Zellen enthielten ein Plasmid, auf dem das gesamte Tryptophan-Operon lokalisiert war. In diesem Operon war allerdings das Gen für die Anthranylat-Synthase mutiert worden. Durch diese Mutation war zwar die enzymatische Aktivität des Genprodukts nicht beeinträchtigt. Allerdings ließ sich das Enzym nicht mehr durch negative Rückkopplung von Tryptophan in seiner Aktivität inhibieren.

Alle diese Charakteristika tragen zu den zwei wichtigen Forderungen an einen guten Produktionsstamm bei:

- eine hohe Tryptophan-Biosyntheseleistung,
- eine extrem hohe Plasmidstabilität.

5.1.8.5 *Überproduktion von Tryptophan durch rekombinante E.-coli-Zellen*

Um große Mengen an Tryptophan in einem *Fedbatch*-Fermentationsprozeß zu erzielen, reicht es nicht aus, nur das Wirt-Vektor-System zu optimieren. Wie sehr sich auch optimierte Kulturbedingungen auf die Ausbeute auswirken, wollen wir im Folgenden betrachten.

Als ersten Schritt der Fermentationsoptimierung wurde zunächst einmal dem Kulturmedium Anthranylsäure als eine wichtige Vorstufe für die Tryptophan-Biosynthese beigemischt. Unter den getesteten Kulturbedingungen wurden in einem 30-Liter-Fermenter nach 70 Stunden 30 g Tryptophan pro Liter Medium produziert. Bei dieser Konzentration beobachtete man einen deutlichen Anstieg der Indolkonzentration in den Zellen. Dadurch wird die Tryptophan-Synthase immer stärker gehemmt, und die Tryptophan-Biosynthese kommt zum Erliegen.

Der Grund für die Indol-Akkumulation war die hohe Tryptophan-Konzentration, die ihrerseits auch die Tryptophan-Synthase-Aktivität negativ beeinflußt. Ziel einer weiteren Optimierungs-Strategie mußte es demnach sein, die Konzentration an Tryptophan in der Lösung möglichst gering zu halten.

Als hydrophobe Aminosäure liegt die Löslichkeit von Tryptophan in Wasser bei ungefähr 15 g/l. Die Löslichkeit in der Fermentationsbrühe nach 80 Stunden betrug allerdings ca. 32 g/l. Durch Zugabe von 1 % eines nichtionischen Detergens (Polyoxyethylen-polyoxypropylenether, Pluronic L-61) ließ sich die Löslichkeit von Tryptophan in der Kulturbrühe auf ungefähr 20 g/l senken. Weiter synthetisiertes Tryptophan fiel somit kristallin in der Lösung aus. Eine Konzentration von 20 g/l führte weder zur Hemmung der Tryptophan-Synthase noch zu einer Indol-Akkumulation.

Unter den optimierten Kulturbedingungen wurden Tryptophan-Gehalte von mehr als 50 g/l erreicht. Da das Fermentationsprodukt im Laufe des Prozesses kristallin ausfällt, handelt es sich folglich bei der Tryptophan-Produktion durch rekombinante *E.-coli*-Zellen um eine typische kristalline Fermentation (siehe auch Acrylamid-Synthese in Kapitel 5.3.2.3).

Die entscheidenden Schritte zur Optimierung dieses Verfahrens sind in den Tabelle 5.1.5 A und B zusammengefaßt.

A Regulation / Funktion	Wirts-Chromosom	Plasmid	Effekt	Gesamteffekt
Repression	Mutation im *trp*-Repressor (*trpR*)	—	verstärkte Produktion von Enzymen, die durch das *trp*-Operon codiert werden	hohe Akkumulation von Tryptophan
Inhibition	—	Insensitivität der Anthranyl-Synthase gegenüber Feedback-Inhibition (I- für ASase)	hohe Tryptophan-Syntheserate	hohe Trytophan-Akkumulation
Degradation von Tryptophan	Mutation der Tryptophanase (*tnaA*)	—	keine Tryptophan-Degradation	hohe Tryptophan-Akkumulation
Rekombination	Deletion des kompletten *trp*-Operons (*trp*AE1)	—	keine Rekombination zwischen Chromosom und Plasmid	extreme Stabilität des rekombinanten Plasmids
Tryptophansynthese	—	das gesamte Tryptophan-Operon	Tryptophan-Synthese	extreme Stabilität des rekombinanten Plasmids
aktiver Transport	Mutation im System für die aktive Aufnahme von Tryptophan	—	langsames Wachstum auch in Anwesenheit von exogenem Tryptophan	extreme Stabilität des rekombinanten Plasmids

B Kultivierungsbedingungen	Grund	Effekt	Gesamteffekt
exogene Zufuhr von Anthranilsäure	Zufuhr eines Intermediats, das keine Inhibition verursacht	hohe Effizienz der Tryptophansynthese	hohe Tryptophanproduktion
Zusatz von nicht-ionischem Detergens	Herabsetzen der Tryptophan-Löslichkeit	Reduktion der feedback-Inhibition für Tryptophansynthase	hohe Tryptophanproduktion

Tabelle 5.1.5 Genetische Variationen am Wirt-Vektor-System (**A.**) und Anpassung der Fermentationsbedingungen zur Optimierung der Tryptophanproduktion (**B.**).

Zusammenfassung

Fermentationsverfahren zur Gewinnung von Wirk- oder Hilfsstoffen spielen seit langem eine bedeutende Rolle in der Biotechnik. Immer besser hat man gelernt, die verwendeten Produktionsstämme zu optimieren, beispielsweise indem man ganz bestimmte Kontrollmechanismen durch Mutation inaktivierte. Derartige Stämme produzieren biologische Wirkstoffe, die sich entweder vom Primär- oder Sekundärstoffwechsel ableiten.

Heute werden nicht mehr ausschließlich Mikroorganismen auf der Basis der vorhandenen genetischen Information für die Wirkstoffproduktion optimiert. Vielmehr werden immer häufiger interessante Produktionsstämme dahingehend modifiziert, daß sie durch gentechnische Verfahren mit zusätzlichen genetischen Informationseinheiten ausgestattet werden.

Produkte biotechnischer Prozesse sind mikrobielle Zellen (*single cell protein*), mikrobielle Metaboliten, mikrobielle Enzyme, modifizierte Varianten von Substanzen, die einer mikrobiellen Kultur als Substrate beigemengt wurden und rekombinante Proteine.

Neben *Batch*-Verfahren (diskontinuierliches Verfahren) und dem kontinuierlichen Fermentationsverfahren gewinnen *Fedbatch*-Verfahren ständig an Bedeutung. Hierbei handelt es sich um semidiskontinuierliche Verfahren, bei denen wir die Zellkonzentration dadurch konstant halten, daß parallel zur Wachstumsrate neues Medium zugepumpt wird. In *Fedbatch*-Verfahren ist es auch möglich, ein- oder mehrmalig bestimmte Nährstoffkomponenten hinzuzufügen. Dadurch können wir nicht nur Substratkonzentrationen variieren, sondern auch zusätzliche Medienkomponenten hinzufügen. Diese neu hinzugefügten Medienzusätze können Regulationsvorgänge auslösen, wodurch sich die Produktbildung steuern läßt.

Große Anstrengungen müssen in die Etablierung optimaler Kulturbedingungen investiert werden. Da Medienzusätze und die Wachstumsgeschwindigkeit die Produktion gewünschter Sekundärstoffe sowohl fördern als auch unterdrücken können, sind *Fedbatch*-Verfahren besonders interessant.

Immer mehr Fermentationsprozesse werden dahingehend optimiert, daß aus Mikroorganismen Enzyme isoliert werden können. Der Bedarf an isolierten Enzymen steigt stetig, da wir diese in einer Vielzahl von Biokonversionsprozessen einsetzen können.

Die Fermentationstechnik hat nicht zuletzt durch die Erfolge der Gentechnik einen deutlichen Aufschwung erfahren. Die Herausforderungen sind hier deshalb so groß, da zunehmend „höhere Zellen" in Fermentationsprozesse eingesetzt werden müssen und da die Sicherheitsanforderungen immens sind, denn die Mehrzahl der Produkte sollen ja als Wirkstoffe beim Menschen eingesetzt werden.

Durch Kenntnis der Biosynthesewege und der Regulationsmechanismen lassen sich nicht nur neue Stämme konstruieren, die „alleine" ein bestimmtes Produkt produzieren (siehe Vitamin-C-Synthese), sondern es läßt sich auch gezielt die Ausbeute von Primär- und Sekundärstoffen erheblich steigern. Allerdings müssen wir bei der Umsetzung theoretischer Überlegungen darauf gefaßt sein, mit neuen Problemen konfrontiert zu werden. Im beschriebenen Beispiel der Konstruktion eines Hochleistungsstammes für Tryptophan war es die mangelnde Plasmidstabilität, die unerwartete Probleme bereitete. Aber auch solche Probleme lassen sich lösen. In dem beschriebenen Beispiel wurde ein konventionell genetischer Ansatz gewählt. Ergebnis dieser Selektion war ein Stamm, der Tryptophan nicht mehr aufnehmen konnte. Dies führte zu einem echten Hochleistungsstamm, der genetisch so stabil war, daß er sich in Fermentern kultivieren ließ. Die Tryptophanausbeuten ließen sich dann nochmals steigern, indem durch Additive die Konzentration an gelöstem Tryptophan so niedrig gehalten wurde, daß Rückkopplungsschleifen – und damit Ausbeuteverlust – unterbunden wurden.

5.2 Bioreaktoren

Bioreaktoren – oder Fermenter – stellen die technische Voraussetzung für die Produktion von Biotechnologika. Wir unterscheiden:

- Reaktoren zum Züchten freier Zellen,
- Reaktoren für immobilisierte Zellen oder immobilisierte Katalysatoren.

Bezüglich ihres Fassungsvermögens teilen wir die Reaktoren ein in:

- Laborreaktoren (< 50 Liter),
- Versuchsreaktoren (50 – 5000 Liter),
- Betriebsreaktoren (> 5000 Liter).

Ein kritischer Punkt beim Züchten freier Zellen in Bioreaktoren ist die Gewährleistung einer kontinuierlichen Durchmischung des Fermentationsguts. Ferner müssen wir in aller Regel für eine ausreichend gute Belüftung sorgen, da die meisten fermentativen Prozesse unter aeroben Bedingungen ablaufen. Die Durchmischung kann auf dreierlei Art und Weise erfolgen (Abb. 5.2.1):

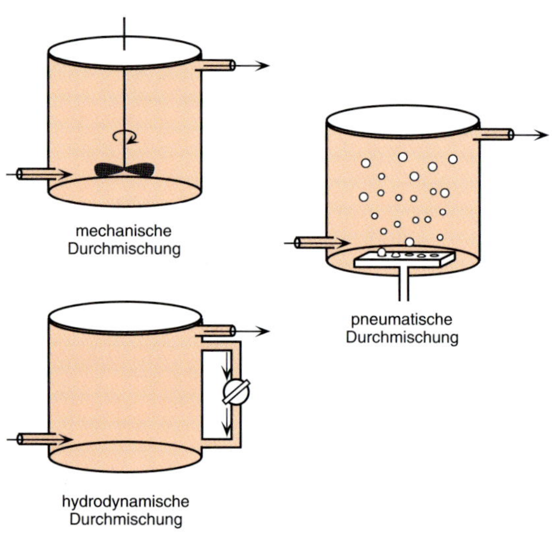

Abb. 5.2.1 Prinzipien des Durchmischens von Fermentationsgut. Das Fermentationsgut kann mechanisch, hydromechanisch (durch Pumpen) oder pneumatisch durchmischt werden.

- mechanisch
- pneumatisch
- hydrodynamisch

Bei den Turbinenrührern erfolgt die Durchmischung und Belüftung mechanisch. Dieser Reaktortyp ist meist so konstruiert, daß das Verhältnis von Füllhöhe zum Reaktordurchmesser 1 ist. Für eine ausreichende Luftzufuhr sorgen Luftverteiler, die unter dem Rührer angebracht sind.

Eine Variante des Turbinenrührers ist der Propellerrührer. Diesen Reaktortyp können wir auch für größere Anlagen einsetzen, denn die Scherkräfte sind geringer und die Pumpeffizienz ist deutlich größer.

Noch effizienter ist es, wenn Turbinen- und Pumprührwerke kombiniert werden. Dann sorgt der Propeller für eine optimale Homogenität des Reaktorinhaltes, die Turbine gewährleistet eine optimale Luftblasendispergierung. Solche Reaktortypen erreichen Volumina von bis zu 800.000 Liter. Durch die optimierten Verteilungsprinzipien können ferner Reaktoren gebaut werden, bei denen das Verhältnis von Höhe zu Durchmesser > 1 ist.

Wird das Verhältnis von Höhe zu Durchmesser > 1,4 ausgelegt, müssen die Reaktoren mit mehrfachen Rührern ausgestattet werden. Oft handelt es sich um Turbinenrührer, da hierbei wiederum die hohe Dispergierfähigkeit dieses Rührsystems ausgenutzt werden kann.

Für „grobtechnische Fermentationsprozesse", wie beispielsweise bei Submersverfahren zur Herstellung von Essig oder Hefe, aber auch in Kläranlagen, sind Reaktoren ohne aktive Luftverteilung verbreitet. Bei diesem Reaktortyp stellen wir die Luftversorgung dadurch sicher, daß das Rührwerk (entweder ein Propeller- oder ein Turbinenrührer) im Turbulenzbereich arbeitet. Die Luft wird dabei von oben über einen Zentralwirbel angesaugt. Für fragile Zellen – wie beispielsweise Säugetierzellen – lassen sich derartige Fermentatoren allerdings nicht einsetzen.

Ein ganz anderes Verfahren ist bei horizontalen Rohrreaktoren realisiert. Bei diesen Systemen sind die Scherkräfte äußerst gering, und der Mischvorgang verläuft deshalb besonders schonend. Eine ausreichende Belüftung können wir in der Regel dadurch sicherstellen, daß diese Reaktoren nur sehr gering beladen werden und daß Walzen verwendet werden, die mit Schikanen ausgestattet sind. Dieser Reaktortyp eignet sich besonders gut zum Züchten tierischer oder pflanzlicher Zellen.

Ohne Rührwerke arbeiten sogenannte pneumatisch rührende Bioreaktoren. Wir unterscheiden Zylinder-Kegel-Reaktoren, Gärbottiche mit Strahlrohrbelüftung, mehrstufige Turmreaktoren, *Airlift*-Reaktoren u.a. Derartige Systeme werden beispielsweise dann verwendet, wenn das Fermentationsgut selbst ein Gas (z.B. CO_2) produziert. Daher finden wir dieses Reaktorprinzip unter anderem bei der Bierherstellung oder bei der Hefeproduktion.

Während im Falle pneumatisch rührender Bioreaktoren das Fermentationsgut durch die produzierte oder eingeleitete Luft durchmischt wird, wird bei hydraulisch rührenden Reaktoren das Fermentationsgut durch Pumpen durchmischt.

Bisher haben wir Fermentatoren besprochen, bei denen Medium und Produktionszellen in homogener Mischung vorliegen. Das muß aber nicht sein. Zum Beispiel wird bei Membranreaktoren der Katalysator, d.h. eine Produktionszelle oder das Enzym, vom Produkt dadurch getrennt, daß die Membran für das Produkt nicht aber für den Katalysator durchlässig ist. Allerdings sind dies keine problemlosen Systeme. Wird das Medium nämlich durch den Produktionsraum gedrückt, kommt es leicht zur Verschlammung und Verstopfung der Membran, so daß der Mediendurchsatz bei konstantem Filtrationsdruck kontinuierlich sinkt. Dieses Problem ist bei modernen Membranreaktoren dadurch gelöst, daß das Medium tangential an der Membran vorbeiströmt.

Eine Weiterentwicklung des Membranreaktors ist der Hohlfaser-Reaktor (Abb. 5.2.2). Die Enzyme bzw. Zellen sind auf der äußeren Oberfläche der Hohlfaser gebunden. Das Substrat (Medium) strömt durch die Hohlfa-

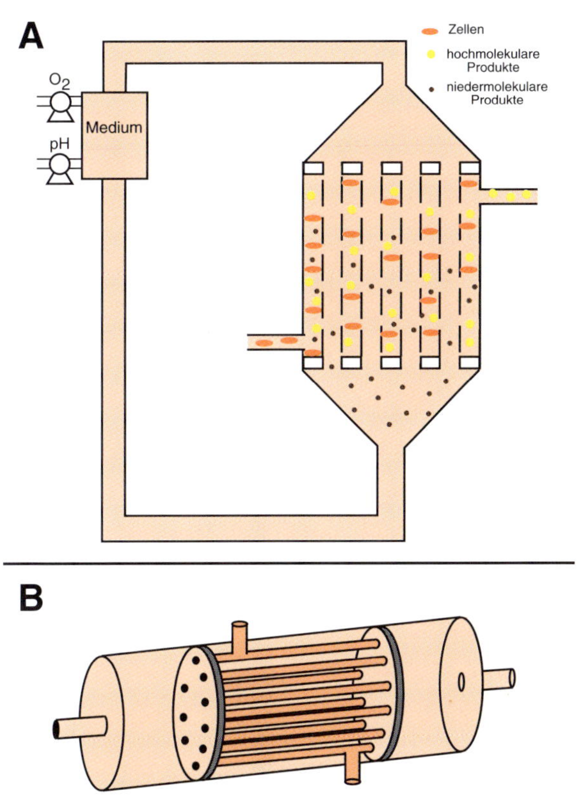

Abb. 5.2.2 Hohlfaser-Bioreaktoren. Hohlfaser-Reaktoren haben zwei Kompartimente, die durch sehr feinmaschige „Membranen" getrennt sind. Diese Membranen besitzen Poren, die Moleküle von 10 bis 100 kDa zurückhalten. Sie sind damit so dimensioniert, daß zwar niedermolekulare Produkte, nicht aber der Katalysator (Enzym oder Zelle) oder hochmolekulare Proteine durch die Faser diffundieren können. **A.** Schematische Darstellung. **B.** Räumliche Darstellung.

5

Zellkultur und Fermentation

ser und gelangt durch die Membran zum Biokatalysator. Nach Konversion wird das Produkt durch die Membran wieder dem Medium zugeführt. Meist werden ganze Hohlfaserbündel eingesetzt, so daß der Durchsatz und damit auch die Produktivität sehr hoch ist.

Pilzmycel wird in Oberflächenreaktoren fermentiert (Abb. 5.2.3). Die Oberfläche in solchen Reaktoren muß groß sein, um rentable Ausbeuten zu erzielen. In Gärtassen-Reaktoren erreichen wir eine ausreichende Größe der Oberfläche bei gleichzeitiger kontinuierlicher Fermentation. Die um eine zentrale Achse herumreichenden einzelnen Schalen („Gärtassen") sind mit Überläufen ausgestattet, über die ein von oben als Lösung eingeleitetes Substrat von Schale zu Schale abläuft. Dabei wird das Substrat allmählich in Produkt umgewandelt und aus der untersten Schale abgeleitet.

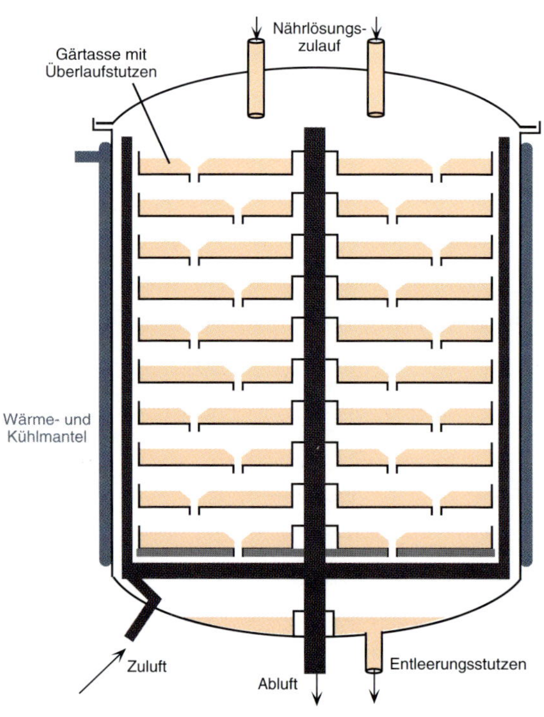

Abb. 5.2.3 Gärtassen-Reaktor zur Fermentation von Mycelkulturen. Die Organismen wachsen in „Schalen" über die von oben nach unten Nährmedium geleitet wird.

5.2.1 *Kultivierung höherer Zellen*

Für die Produktion anspruchsvoller humaner Serumproteine in Säugerkulturen ist eine spezielle Reaktortechnik erforderlich. Diese Zellen, die im Gegensatz zu Mikroorganismen keine Zellwände besitzen, sind wesentlich anfälliger gegenüber Scherkräften.

Viele dieser Zellen können nicht einmal ohne weiteres in Suspension kultiviert werden, da sie nur adhärent, das heißt an einer geeigneten Oberfläche, wachsen. Diese Anheftung geschieht über Adhäsionsmoleküle, die entweder durch das Medium bereitgestellt (z. B. Fibronectin im Serum) oder von den Zellen selbst produziert werden. Nahezu alle primären Säugerzellen sind auf adhärentes Wachstum angewiesen. Permanente Zell-Linien, die sich meist von Tumoren ableiten, können hingegen häufig auch in Suspension wachsen.

Sowohl Suspensions-Zellen als auch adhärent wachsende Zellen können wir in porösen Polymeren oder in Keramikmatrices immobilisieren und so kultivieren. Dies kann sich auf das Wachstum, den Zellmetabolismus und auf die Expression bestimmter Zelleigenschaften positiv auswirken. Außerdem können immobilisierte, adhärent wachsende Zellen dann auch in einer Art „Pseudosuspensionskultur" gezüchtet werden.

5.2.2 *Feste Mikrocarrier*

Mikrocarrier für die Zellkultur bestehen aus vernetzten, oberflächenderivatisierten Dextran-Matrices oder aus anderen Materialien wie Polystyrol, Zellulose, Gelatine oder Glas. Die Durchmesser dieser *Mikrocarrier* reichen von 100 bis 240 µm. Kleinere Partikel lassen sich in der Regel nicht verwenden, da sie Oberflächenkrümmungen aufweisen, die zu groß sind, um eine effiziente Spreizung der

Zellen zu ermöglichen. Größere Partikel lassen sich dagegen nur noch bedingt in Suspension halten. Damit die Trägerpartikel nicht aufschwimmen, sollte deren Dichte etwas größer sein, als die Dichte des Mediums. *Mikrocarrier* auf Dextranbasis sind deutlich teurer als *Mikrocarrier* auf Polystyrol-, Glas- oder Keramik-Basis. Darüber hinaus brauchen letztere im Gegensatz zu *Mikrocarriern* auf Dextranbasis nicht hydratisiert zu werden.

Eine *Mikrocarrier*-Kultur wird mit Zellen beimpft, die nach „Trypsinisierung" aus einer Starterkultur entnommen wurden. Vorsichtige Trypsin-Behandlung löst die festsitzenden Zellen von der Oberfläche der *Carrier* ab. Nun müssen wir sicherstellen, daß sich die Zellen effizient anlagern können. Ist die Anlagerung zu ineffizient oder erfordert sie zuviel Zeit, besteht die Gefahr, daß die Zellen in der Suspension absterben. Die meisten Zellen bilden einen *Monolayer*, d. h. eine einlagige Zellschicht. Es gibt aber auch Zellen, die auf *Mikrocarriern* in übereinandergelagerten Schichten wachsen. Ein Beispiel hierfür sind die *„chinese hamster ovary cells"* (CHO-Zellen), eine häufig verwendete Zell-Linie.

Das Ablösen der Zellen von den *Mikrocarriern* gelingt – wie bereits erwähnt – durch Behandlung mit proteolytischen Enzymen (Trypsinisierung), aber auch durch Einwirken von Calciumchelatoren wie EDTA oder durch eine Kombination beider Behandlungen.

Die Mehrzahl der *Mikrocarrier*-Kulturen werden in Rührtank-Bioreaktoren gehalten. Dabei können drei verschiedene Verfahren zur Anwendung kommen:

- *Batch*-Kulturen,
- halbkontinuierliche Kulturen, in denen nach bestimmten Zeitintervallen Teile des Mediums abgezogen und durch frisches Medium ersetzt werden,
- kontinuierliche Kulturen, in denen permanent ein Mediumaustausch stattfindet.

5.2.3 Makroporöse Mikrocarrier

Makroporöse *Mikrocarrier* erlauben Zellwachstum nicht nur auf der äußeren Oberfläche des Trägers, sondern auch auf inneren Oberflächen. Dies hat den Vorteil, daß Zellen, die im Innern eines derartigen makroporösen *Mikrocarriers* wachsen, vor eventuell auftretenden hydrodynamischen Kräften geschützt sind. Außerdem ist die Aufnahmekapazität wegen der größeren Oberfläche dieser *Carrier*-Systeme deutlich höher, als die Aufnahmekapazität fester *Mikrocarrier*.

Als Materialien für makroporöse *Mikrocarrier* kommen Gelatine, Kollagen-Glucosaminoglycano-Polymere, Glas, Polyethylen, Polystyrol, Zellulose und Keramik in Frage. Beim Starten der Kulturen heften sich die Zellen zunächst an die äußere Oberfläche an und wandern dann in den *Mikrocarrier* ein.

Poröse *Mikrocarrier* können in unterschiedlichen Bioreaktoren verwendet werden.

5.2.4 Aggregatkulturen

Einige adhärent wachsende Zellen besitzen die Tendenz, Spontanaggregate zu bilden, die wir auch als Sphäroide bezeichnen. Derartige Sphäroide können sich beispielsweise bilden, wenn trypsinisierte Zellen zu einem Medium gegeben werden, in dem nicht ausreichend Oberflächen vorhanden sind, an denen sich die Zellen anheften können.

Wir können Aggregatbildung allerdings auch induzieren, beispielsweise durch Änderung der Calcium-Konzentration im Medium, durch Schütteln der Kultur mit unterschiedlicher Frequenz oder durch Zugabe von 10 bis 60 µm Microsphären als Nukleationskeime. Die Sphäroide können Größen von 100 µm bis 4000 µm im Durchmesser erreichen.

Bei größeren Aggregaten bildet sich ein signifikanter Diffusionsgradient innerhalb

Abb. 5.2.4 ***Roller bottles.*** In einer *Roller bottle* wird eine Kultur durch horizontales Drehen des Kulturgefäßes in Suspension gehalten und mit Sauerstoff und CO_2 versorgt. Adhärent wachsende Zellen werden durch das Drehen des Gefäßes immer wieder mit Medium befeuchtet.

eines einzelnen Aggregats aus, so daß innenliegende Zellen schlechter mit Nährstoffen und Metaboliten versorgt werden, als außenliegende Zellen. So befinden sich proliferierende Zellen an der Oberfläche des Aggregats, wohingegen die Zellen im Zentrum meist bereits abgestorben sind.

In manchen Fällen verhalten sich Zellaggregate wie Mikrogewebe, d. h. die Zellaggregate sind partiell differenziert und erbringen biochemische und physiologische Leistungen, die sie als Suspensions-Zellen nicht erbringen würden. Beispielsweise differenzieren Sphäroide menschlicher Colon-Adenokarzinoma-Zellen, in Kultur zu pseudoglandulären Strukturen, die Eigenschaften bestimmter Tumoren *in vivo* besitzen.

5.2.5 Zelleinschluß

Suspensions-Zellen oder Aggregate adhärent wachsender Zellen können in biokompatible Polymere eingeschlossen werden. Sie werden entweder mit dünnen Membranen (Verkapselung) überzogen, oder sie werden in polymere Gele eingebettet. Derartige Zellen sind vor möglichen hydrodynamischen Kräften geschützt, was sich auf Zelldichte und Produktivität in den Bioreaktoren positiv auswirken kann. Häufig verwendete Polymere für Säugerkulturen sind Agarose, Chitosan, Polyacrylate und vor allem Calciumalginat. Zelleinschlüsse in Calciumalginat erreichen wir durch Zutropfen einer Zellsuspension in Natriumalginat zu einer Calciumchlorid-Lösung. Calciumionen führen zu einer augenblicklichen Vernetzung des Polymers unter Einschluß der Kulturzellen. Alginat-Einschlüsse sind deshalb so weit verbreitet, weil sie sich bei physiologischen Temperaturen und physiologischem pH bilden. Der Einsatz potentiell toxischer organischer Lösungsmittel ist nicht erforderlich. Zelleinschlüsse können in unterschiedlichen Fermentern eingesetzt werden.

5.2.6 Bioreaktoren für Säugerkulturen

5.2.6.1 Roller bottles

Roller bottles (Abb. 5.2.4) sind zylindrische Gefäße, die gewöhnlich aus Plastikmaterial zum einmaligen Gebrauch bestehen. Sie können für Suspensions-Kulturen wie für adhärent wachsende Zellen eingesetzt werden. Adhärente Zellen wachsen auf der Innenseite der zylindrischen Oberflächen. Die Flaschen werden auf einen horizontalen „Roller" gesetzt, wo sie bei konstanter Geschwindigkeit von ca. 1 Umdrehung pro Minute rotieren. So werden Suspensions-Zellen ständig durchmischt und adhärent wachsende Zellen periodisch entweder mit Medium bedeckt oder der Luft ausgesetzt. *Roller-bottle*-Kulturen sind zwar relativ preiswert, aber auch arbeitsintensiv und nicht optimal kontrollierbar. Andererseits können *Roller-bottle*-Kulturen sehr flexibel eingesetzt werden.

5.2.6.2 Reaktoren mit mechanischen Rührern

Reaktoren mit mechanischen Rührern oder „*stirred tank bioreactors* (STB)" (Abb. 5.2.5) werden häufig für die Kultivierung von Suspensions-Kulturen verwendet. Neben Zellen, die als Einzelzellen in Suspension wachsen können, werden in STBs auch Zellen gezüchtet, die beispielsweise in Polymere eingeschlossen sind oder die auf festen oder porösen *Mikrocarriern* wachsen.

Gewöhnliche STBs sind Gefäße aus V2A-Stahl mit einem Verhältnis von Höhe zu Durchmesser von 1 zu 1 bis ungefähr 3 zu 1. Beim Durchmischen der Zellen muß darauf geachtet werden, daß durch die auftretenden hydrodynamischen Kräfte keine zu großen Zellschädigungen auftreten. Am besten geschützt gegen derartige Kräfte sind Zellen, die im Inneren von *Mikrocarriern* wachsen.

Bei STBs müssen wir für eine ausreichende Belüftung sorgen. Dies kann bei kleineren Kulturen allein durch das Rühren gewährleistet sein. Bei größeren Kulturen müssen wir allerdings Sauerstoff durch das Medium pumpen.

STBs können in Form von *Batch-*, *Semibatch-* oder Perfusionsverfahren betrieben werden. Typischerweise erreichen wir Zelldichten von 1 bis 3 × 10^6 Zellen/ml für Suspensions-Zellen und 1 bis 5 × 10^6 Zellen/ml für *Mikrocarrier*-Kulturen. Diese Zelldichten können noch um ungefähr eine Größenordnung gesteigert werden, wenn wir Zellrückhaltesysteme einsetzen. Das ist dann sinnvoll, wenn im *Semibatch*-Verfahren oder im Perfusionsverfahren gearbeitet wird. Derartige Systeme können entweder im Bioreaktor selbst oder außerhalb des Bioreaktorgefäßes angebracht sein.

- Im ersten Fall ist der Bioreaktor in zwei Reaktionsräume geteilt, wobei der eine Reaktionsraum Medium und Zellen und der andere Reaktionsraum praktisch zellfreies Medium enthält.
- Ein außen angebrachtes Rückhaltesystem dient dazu, einen Teil der Zellen zu entfernen und einen Teil des Mediums durch neues Medium zu ersetzen.

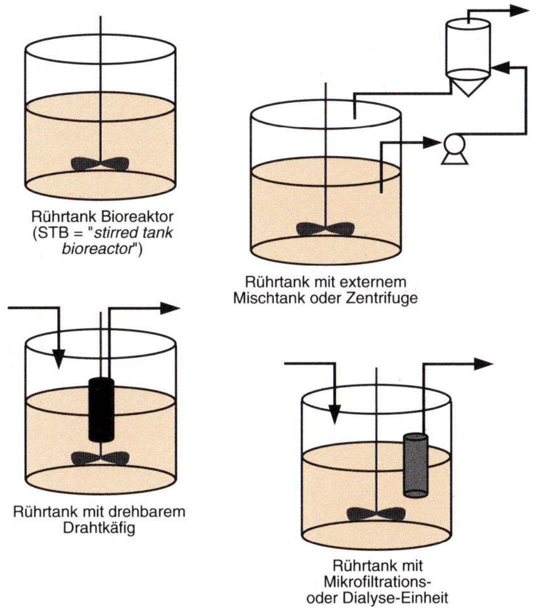

Abb. 5.2.5 Verschiedene Ausführungen von Rührtank-Bioreaktoren.

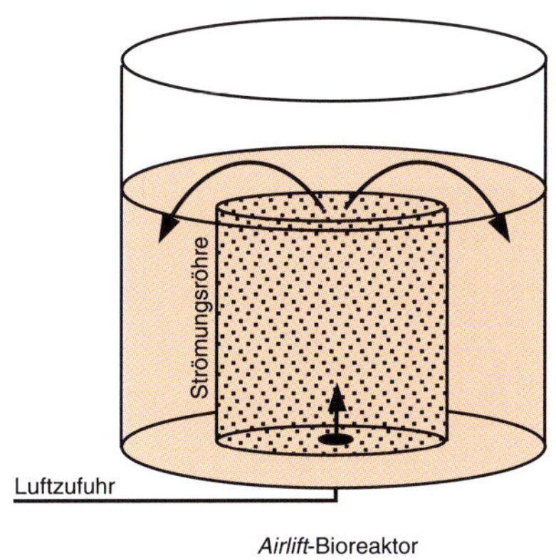

Abb. 5.2.6 *Airlift*-Reaktor. Beim *Airlift*-Reaktor sorgt ein durch konzentrisch angeordnete Zylinder geleiteter Luftstrom für die Durchmischung und gleichzeitige Belüftung des Kulturguts.

5.2.6.3 Airlift-Reaktoren

Einfache *Airlift*-Reaktoren (Abb. 5.2.6) bestehen aus konzentrisch angeordneten Zylindern, wobei Luft in den zentralen Zylinder gepumpt wird und so das Medium über den inneren Zylinder (*riser*) und den äußeren Zylinder (*downcomer*) zirkuliert.

Airlift-Reaktoren wurden erfolgreich für Suspensions-Kulturen von BHK21-Zellen, CHO-Zellen, Hybridomas und Insektenzellen eingesetzt.

5.2.6.4 Flüssigbett-Reaktoren

Flüssigbett-Bioreaktoren sind Varianten von Rührtank-Reaktoren, wobei jedoch der Anteil an *Mikrocarriern* mit mehr als 50 % des Bettvolumens deutlich höher ist als bei Rührtank-Bioreaktoren, in denen maximal ein Festanteil von 25 % des Zellvolumens genutzt werden kann.

5.2.6.5 Hohlfaser-Bioreaktoren

Eine Hohlfasereinheit (siehe Abb. 5.2.2) besteht aus einem Bündel von Hunderten bis Tausenden von Kapillarfasern. Das Medium fließt dabei in der Regel durch die Kapillarfasern, wohingegen die Zellen im extrakapillären Raum des Bioreaktors wachsen. Die Fasern werden meist aus Polysulfon, aus mikroporösem Polypropylen, aus PVC/Acrylnitril oder aus einer Kombination von Polyvinylalkohol und Zelluloseacetat hergestellt. Der innere Durchmesser der Fasern beträgt etwa 400 μm, der äußere etwa 500 bis 900 μm. Hohlfasereinheiten simulieren vaskularisiertes Gewebe und können hohe Zelldichten bis zu 10^8 Zellen/ml enthalten. Die Durchlässigkeit der Hohlfasermembranen liegt in der Größenordnung von 10 bis 100 kDa. So können niedermolekulare Nährstoffe – inklusive Sauerstoff – durch die Membran diffundieren, hochmolekulare Wachstumsfaktoren hingegen werden durch die Membran zurückgehalten und müssen, falls erforderlich, separat dem Extrakapillarraum zugeführt werden. Auch hochmolekulare sezernierte Proteine, wie beispielsweise monoklonale Antikörper, akkumulieren im Extrakapillarraum und werden dort unter Umständen stark ankonzentriert. Der größte Teil des Mediums befindet sich in einem externen Reservoir und wird kontinuierlich durch die Bioreaktoreinheit gepumpt, Sauerstoffgehalt und pH-Wert können in dieser externen Reservoir-Einheit kontrolliert werden.

Hohlfaser-Bioreaktoren werden sowohl für Suspensions-Zellen als auch für adhärent-wachsende Zellen benutzt. Je nach Zell-Linie und Medienzusammensetzung können adhärent-wachsende Zellen entweder auf der Membranwand, als Aggregate oder in den Faserporen wachsen.

Beim Eintritt des Mediums in den Hohlfaser-Bioreaktor entsteht ein Druckverlust vom Lumen in den Extrakapillarraum, der dazu führt, daß das Medium durch die Membran in den Extrakapillarraum diffundiert. Diese Druckdifferenz wird am Ausgang des Bioreaktors umgekehrt, wo dann das Medium wieder zurück in das Lumen fließt. Auf diese Weise wird eine ausreichende Versorgung der Zellen mit Medium sichergestellt.

Die maximale Länge von Hohlfaser-Reaktoren wird durch die Nahrungsversorgungsansprüche der Zellen bestimmt. Der limitierende Faktor ist in der Regel die Konzentration an gelöstem Sauerstoff im Medium. Es muß sichergestellt werden, daß auch die Zellen am Ende des Reaktors noch mit ausreichenden Mengen an Nährstoffen und Sauerstoff versorgt werden.

5.2.6.6 Festbett-Reaktoren

Festbett-Reaktoren enthalten eine Füllung von Trägermaterial, das eine große Oberfläche zur Zellfixation enthält. Festbett-Reaktoren sind Teil eines Perfusions-*loops*, wie er in ähnlicher Weise für Hohlfaser-Bioreaktoren oder Flüssigbetteinheiten eingesetzt wird. Der Vorteil von Festbett-Reaktoren besteht darin, daß hier höhere Zelldichten erreicht werden können als beispielsweise mit Flüssigbett-, *Airlift*- oder mit Rührtank-Bioreaktoren. Als

Trägermaterialien werden auf dem Markt unter anderem makroporöse Glaskugeln sowie makroporöse Zellulosepartikel angeboten. Beide Materialien haben ihre Tauglichkeit für verschiedene Zell-Linien (z. B. nicht-adhärente Hybridoma-Zellen, adhärente CHO-Zellen oder Tumorzellen) unter Beweis gestellt.

Die Anforderungen an derartige Trägermaterialien zur Immobilisierung von tierischen Zellen sind:

- eine hohe Aufnahmekapazität für Zellen,
- die Möglichkeit zur einfachen und nicht toxischen Immobilisierung,
- ein hohes Oberflächen- zu Volumenverhältnis,
- optimale Diffusionswege vom fließenden Medium bis zum Zentrum der Träger,
- eine hohe mechanische Stabilität,
- Autoklavierbarkeit,
- möglichst Wiederverwendbarkeit,
- und die Möglichkeit zur Kultivierung adhärenter und nicht-adhärenter Zellen.

Sowohl Festbett-Reaktoren als auch Membran-Reaktoren haben beide Vor- und Nachteile.

- Durch die chemischen Modifikationen, die erforderlich sind, um den Biokatalysator zu immobilisieren, kann die Aktivität und Stabilität des Katalysators in Mitleidenschaft gezogen werden. Diesbezüglich zeigen sich also Membran-Reaktoren vielfach überlegen. Allerdings kennen wir auch Beispiele, wo Biokatalysatoren deutlich stabiler sind, wenn sie an einer Oberfläche fixiert sind.
- Ein besonderer Vorteil der Membran-Reaktoren besteht darin, daß in der Regel die Produkte wesentlich reiner sind, als Produkte, die in Festbett-Reaktoren hergestellt wurden. Dies liegt daran, daß durch die Membran eine unerwünschte Kontamination mit dem Biokatalysator effizient verhindert wird.
- Festbett-Reaktoren hingegen verlieren permanent geringe Mengen des gebundenen Katalysators. Dieser muß dann in nachfolgenden, validierten Prozeßschritten zuverlässig entfernt werden, besonders dann, wenn das Produkt als Wirkstoff in Arzneimitteln eingesetzt werden soll.

Zusammenfassung

Für unterschiedliche Fermentationsgut und für die verschiedene Fermentationsprodukte stehen eine Vielzahl unterschiedlicher Reaktortypen zur Verfügung. Alle diese Reaktortypen haben ihre Vor- und Nachteile.

Die Kultivierung von Säugerzellen erfordert eine besonders anspruchsvolle Technologie, denn die in diesen Reaktoren eingesetzten Zellsysteme sind physikalisch sehr labil. Ferner wachsen die Zellen sehr langsam, und die sezernierten Produkte liegen in der Regel nur in geringer Konzentration vor. Schließlich ist ein Teil der Zellsysteme auf adhärentes Wachstum angewiesen. Da der Fermentationsprozeß bezüglich aller relevanter Phasen und Parameter validiert werden muß, haben sich bisher meist *Batch*-Verfahren durchgesetzt, da sich in diesen Verfahren die Reproduzierbarkeit relativ leicht dokumentieren läßt. Die Charakteristika, sowie die Vor- und Nachteile der unterschiedlichen Reaktortypen sind in der nachfolgenden Tabelle 5.2.1 zusammengestellt.

Bioreaktor-Typ	typische Zelldichten	Belüftungsmethode	Reaktorvolumen	Verfahrenstyp	Vorteile / Nachteile
Rührtank ohne Rückhalte-System	Suspensions-Zellen: 1-3 x 10^6 Zellen/ml; feste Mikroträger: 1-5 x 10^6 Zellen/ml; poröse Mikroträger: 5-20 x 10^6 Zellen/ml	Oberflächenbelüftung, direkte Begasung, Silikonröhren	Suspensions-Zellen: bis einige Tausend Liter; Mikroträger: bis 1000 l	*Batch*, Semi-*Batch*, kontinuierlich	einfacher Aufbau, verschiedene Volumina, großes *Know-how* durch Bakterienfermentation / relativ geringe Zelldichte Mikroträger für adhärente Zellen nötig
Rührtank mit Rückhalte-System	1-3 x 10^7 Zellen/ml	Oberflächenbelüftung, direkte Begasung, Silikonröhren	bis 1000 l	Durchfluß	hohe Zelldichten, verlängerte Produktionsphase, verringerter Ausrüstungsverbrauch / große Komplexität, Probleme bei Langzeiteinsatz des Rückhalte-Systems
Airlift	1-3 x 10^6 Zellen/ml	direkte Begasung	bis 2000 l	meist *Batch*, Semi-*Batch* und kontinuierlich möglich	einfacher Aufbau, verschiedene Volumina / geringe Zelldichte, mögliche Probleme mit adhärenten Zellen
Flüssigbett	1-3 x 10^8 Zellen/ml *beads* 3-5 x 10^7 Zellen/ml Flüßigbett	externe Belüftung	bis 84 l Flüssigbett-Volumen	*Batch*, Semi-*Batch*, kontinuierlich	hohe Zelldichte, gute Flüssigkeits-/Biomasse-Austausch Koeffizienten, für Suspensions- und adhärente Zellen / Mikroträger mit großer Sedimentationsgeschwindigkeit nötig
Festbett	feste Mikroträger: 1 x 10^6 Zellen/ml; poröse Mikroträger: 1-4 x 10^7 Zellen/ml	externe Belüftung	bis 100 l, auf über 200 l erweiterbar	*Batch*, Semi-*Batch*, kontinuierlich	einfacher Aufbau und Handhabung, für Suspensions- und adhärente Zellen / schlechter Austausch-Koeffizient, Gradient im Reaktor
Hohlfaser	1 x 10^8 Zellen/ml	externe Belüftung	30 ml bis wenige Liter	*Batch*, Semi-*Batch*, kontinuierlich	hohe Zelldichten, einfache Handhabung, reines und konzentriertes Produkt, für Suspensions- und adhärente Zellen / Gradient im Reaktor
Keramik-Matrix	1 x 10^7-5 x 10^8 Zellen/ml Keramik-Matrix (Opticell System)	externe Belüftung	wenige ml bis 39 l (Opticell System)	*Batch*, Semi-*Batch*, kontinuierlich	für Suspensions- und adhärente Zellen, wiederverwendbare Matrix / teueres Matrixmaterial, Gradient im Reaktor

Tabelle 5.2.1 Charakteristika unterschiedlicher Reaktortypen.

5.3 Biotransformationen und Enzymreaktoren

Unter Biotransformation verstehen wir die Modifizierung eines Substrates durch Mikroorganismen oder durch immobilisierte Enzyme.

Die Zahl der für biotechnische Prozesse verfügbaren Mikroorganismen und Enzyme mit den unterschiedlichsten Spezifitäten steigt permanent. Da auch die technischen Voraussetzungen für die Nutzung dieses biokatalytischen Potentials ständig weiterentwickelt wurden (siehe Kapitel 5.2), gewinnt die Biotransformation zunehmend an Bedeutung. Dies gilt vor allem auch für organische Synthesen. Immer häufiger werden schwierige stereo- und regiospezifische Reaktionen innerhalb einer Synthese-Strategie mit Hilfe von Biokatalysatoren durchgeführt. Warum ist das so?

Biokatalysatoren besitzen eine Reihe relevanter Vorteilen.

- Mit ihrer Hilfe lassen sich Molekül-Modifikationen unter milden Temperatur- und pH-Bedingungen durchführen.
- Sie katalysieren eine Vielzahl von Reaktionstypen.
- Sie besitzen eine nahezu unübertroffene Selektivität.

Biokatalysatoren besitzen aber auch Nachteile. Als Mikroorganismen oder isolierte Enzyme sind sie teilweise relativ labil und beanspruchen oft eng eingestellte pH- und Temperaturfenster. Diese Nachteile werden aber nach und nach überkommen, denn immer mehr Enzyme werden aus Archaebakterien isoliert, die zum Teil unter extremen äußeren Bedingugen wachsen. Daher sind auch die aus diesen Organismen isolierten Enzyme erheblich stabiler als die entsprechenden Enzyme aus mesophilen Mikroorganismen.

Für biokatalytische Prozesse können wir fast alle bekannten Reaktortypen (Abb. 5.3.1) einsetzen. Meist verwenden wir aber Festbett-Reaktoren. In diesem Reaktortyp sind die Biokatalysatoren – also Mikroorganismen oder Enzyme – an einer festen Oberfläche immobilisiert. Die feste Phase in den Reaktoren besteht häufig aus kleinen Kugeln unterschiedlicher Materialien (siehe Kapitel 5.2), die sich in den Bioreaktoren sehr dicht packen lassen und die dennoch einen guten Fluß gewährleisten.

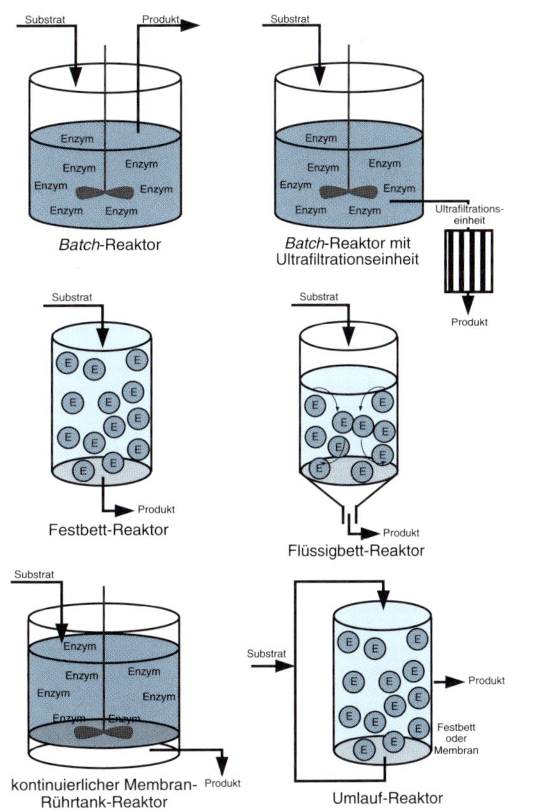

Abb. 5.3.1 Verschiedene Reaktortypen für biokatalytische Prozesse.

5.3.1 Immobilisierung von Enzymen und Zellen

Viele Bakterien, Pilze oder höhere Zellen können von sich aus schon an einer festen Oberfläche wachsen. Fermentatoren mit immobilisierten Zellen kennen wir deshalb schon recht lange. Das älteste Verfahren dieser Art ist das Fesselverfahren der Essigsäurefermentation (Abb. 5.3.2). In diesem Verfahren wird die Substratlösung in einem Tropfkörper-Reaktor an Essigsäurebakterien vorbeigeführt. Diese wachsen auf der Oberfläche von Buchenholzspänen und sind damit immobilisiert.

Bei der Immobilisierung von Zellen und Enzymen gibt es prinzipielle Unterschiede (Abb. 5.3.3):

- eine Immobilisierung durch chemische Bindung und
- eine Immobilisierung durch physikalischen Einschluß.

Chemisch können wir Biokatalysatoren durch adsorptive, ionische oder kovalente Bindungen an Trägern immobilisieren. Wir können die Biokatalysatoren aber auch untereinander oder mit anderen Polymeren vernetzen, wobei wir allerdings bedenken müssen, daß unter Umständen viele Enzyme im Innern des Netzwerkes liegen und für Substrat und Cosubstrat nur bedingt zu erreichen sind.

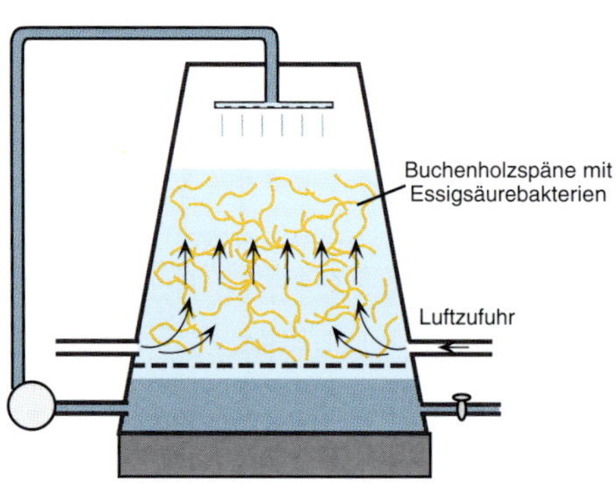

Abb. 5.3.2 Essigsäurefermentation. In einem Tropfkörper-Reaktor rieselt Substratlösung über Buchenholzspäne, auf denen Essigsäurebakterien wachsen. Der Reaktor wird von unten nach oben belüftet.

Physikalisch lassen sich Proteine oder Zellen in Matrices oder durch Membranen einschließen. Eine Matrix können wir beispielsweise aus Alginsäure in Gegenwart von Ca^{2+}-Ionen aufbauen, in dessen Molekülnetz Zellen oder Zellfragmente eingeschlossen werden können. Dazu suspendieren wir die Zellen in einer Na-Alginatlösung und bringen diese Suspension tropfenweise in eine $CaCl_2$-Lösung ein (siehe auch Kapitel 5.2). Jeder Tropfen erstarrt in der $CaCl_2$-Lösung sofort zu einer Gelperle.

Eine andere Art der physikalischen Immobilisierung ist das Umschließen des Bioreaktors mit einer Membran. Hierzu können wir Zellen oder Enzyme mikroverkapseln oder in Liposomen einschließen. In Membranreaktoren hingegen werden die Bioreaktoren, wie wir das bereits besprochen haben (Kapitel 5.2), durch Ultrafiltriermembranen zurückgehalten.

Die am häufigsten verwendeten chemischen Methoden zur Immobilisierung von Enzymen durch kovalente Bindungen sind (Abb. 5.3.4):

- die Azid-Methode
- die Carbodiimid-Methode
- die Isothiocyanat-Methode
- die Cyanogenbromid-Methode
- die Azo-Methode.

5.3.2 Biotransformationen in Enzymreaktoren

Enzyme werden nach ihrer Aktivität in sechs Klassen eingeteilt (Abb. 5.3.5). Die größte Klasse bilden die Hydrolasen, gefolgt von den Oxidoreduktasen, Transferasen, Lyasen, Ligasen und Isomerasen. Wir können davon ausgehen, daß die Mehrzahl der in der Natur vorkommenden Enzyme noch nicht entdeckt ist. Somit ist auch eine Vielzahl möglicher Reaktionstypen noch völlig unbekannt. Dies trifft ganz besonders für die Enzyme zu, die in den vielfältigen Sekundärstoffwechselwegen von Pflanzen und Bakterien aktiv sind.

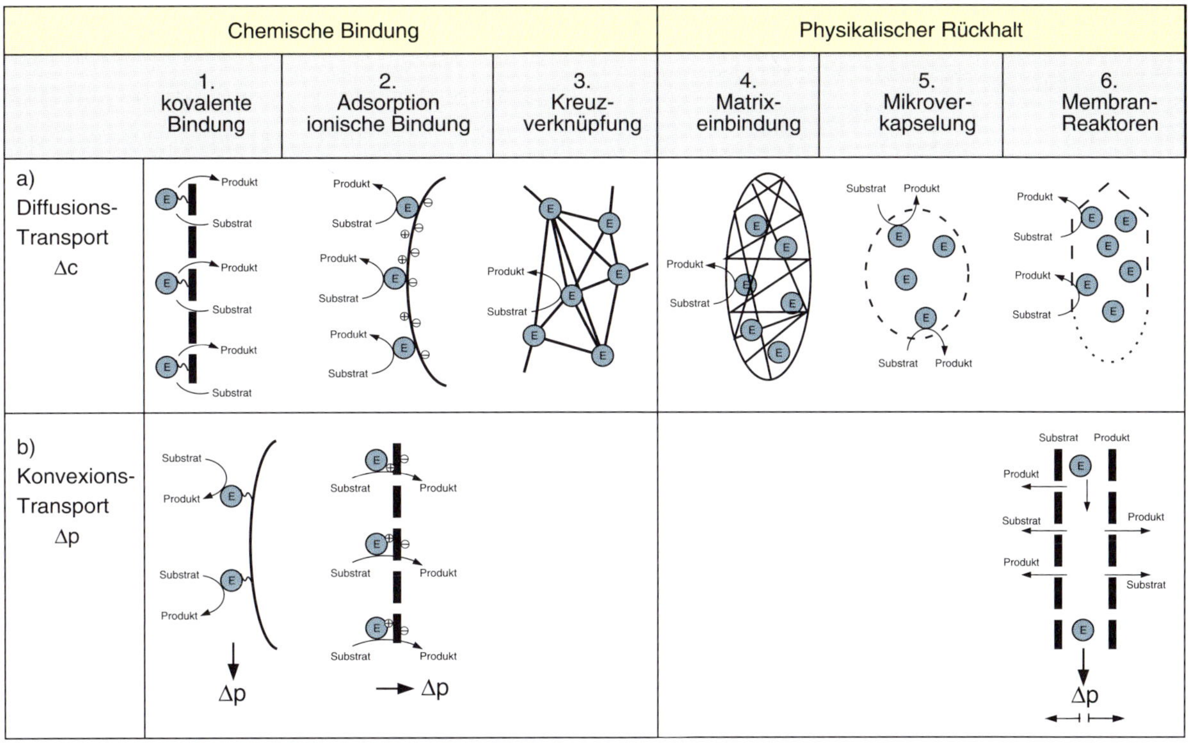

Abb. 5.3.3 Prinzipien der Immobilisierung. Beim Diffusions-Transport ist die treibende Kraft der Konzentrationsgradient (Δc). Beim Konvexions-Transport ist die treibende Kraft der Druckgradient (Δp).

Um Enzyme für Synthesezwecke einsetzen zu können, müssen folgende Kriterien erfüllt sein:

- Die nötige Biomasse muß sich leicht und in genügenden Mengen produzieren lassen.
- In der Biomasse sollte möglichst viel des gewünschten Enzyms vorhanden sein.
- Die Reinigung des Enzyms sollte möglichst einfach sein.
- Das Enzym sollte eine gute operative Stabilität aufweisen (Temperatur, pH, Lösungsmittelverträglichkeit usw.).
- Die spezifische Aktivität sollte möglichst hoch sein.
- Die Spezifität sollte möglichst hoch sein (keine Nebenreaktionen, hohe Chemo- bzw. Regio- bzw. Enantioselektivität).

Um diese Anforderungen zu erreichen und um Biokonversionsverfahren noch breiter einsetzen zu können, bedarf es eines permanenten „Enzym-*Screenings*" auf verschiedenen Ebenen:

- Wir müssen ständig nach neuen geeigneten Mikroorganismen und Pflanzenzellen sowie Enzymen mit den gewünschten katalytischen Aktivitäten suchen.
- Die isolierten Stämme müssen durch klassische Mutagenese-/Selektionsstrategien, aber auch mit Hilfe gentechnischer Verfahren, optimiert werden.
- Die Züchtungsbedingungen für die Mikroorganismen und die Produktionsstrategien für die gewünschten Enzyme müssen permanent verfeinert werden.
- Wir müssen optimale Reaktionsbedingungen für ganze Zellen oder für rohe bzw. gereinigte Enzymen finden, und wir müssen Lösungen für technische Aspekte, wie Cofaktor-Regenerierung, Immobilisierung, Reaktortypen usw., entwickeln.

Im folgenden wollen wir einige Beispiele besprechen, wie heute durch Biokonversionsverfahren Substrate zu hochwertigen Produkten umgesetzt werden.

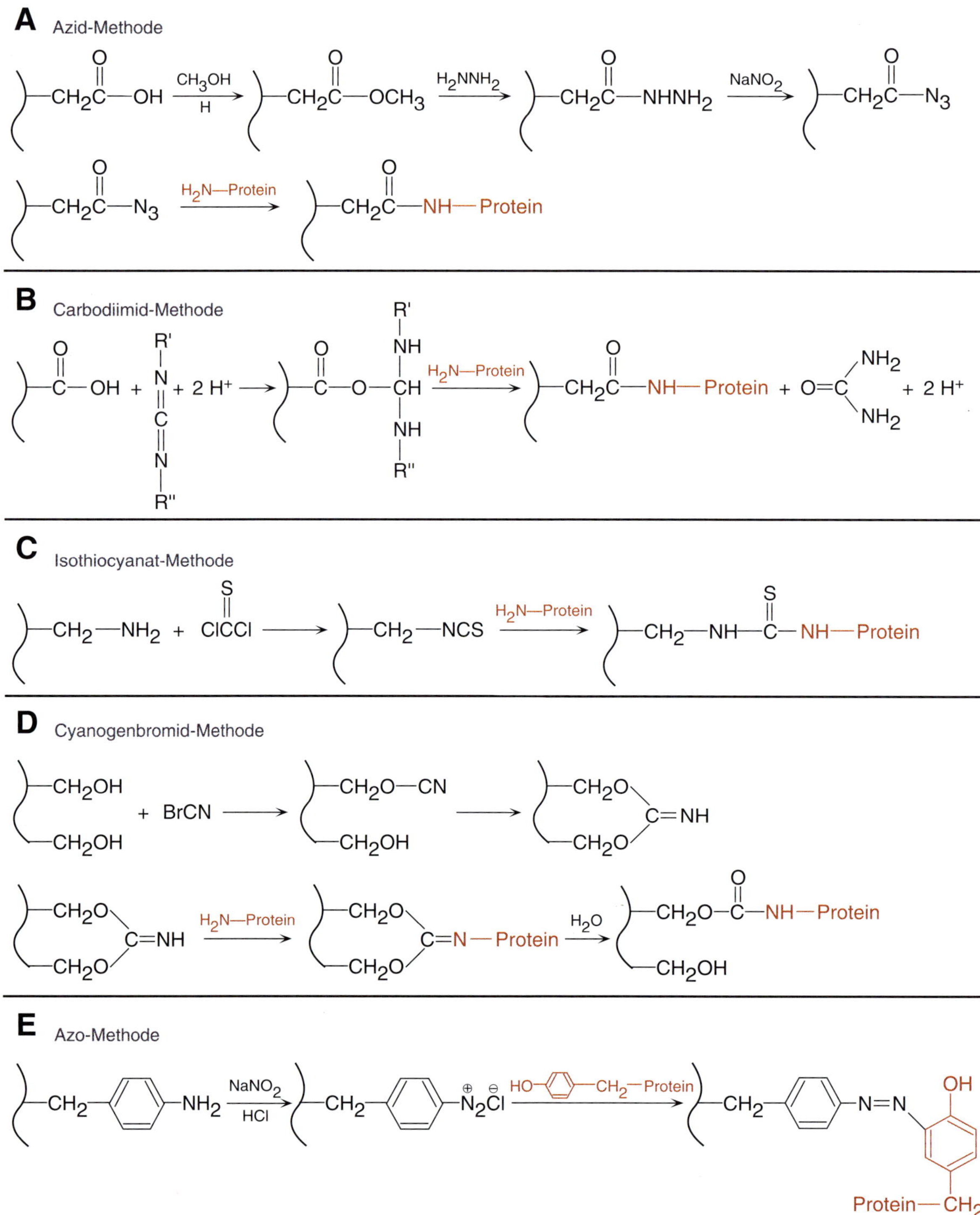

Abb. 5.3.4 Chemische Verfahren zur Immobilisierung.

5.3.2.1 Oxidoreduktasen

Oxidoreduktasen entfernen Wasserstoffatome aus einem (oxidierten) Donormolekül und übertragen gleichzeitig Wasserstoffatome auf ein (reduziertes) Akzeptormolekül. Sie katalysieren Reaktionen, wie sie beispielhaft in Abb. 5.3.5 A dargestellt sind.

Modifikation von Steroiden. Sehr gut untersucht sind mikrobielle Transformationen an Steroiden. Nahezu jede Position in dem Kohlenstoffgerüst eines Steroids kann stereospezifisch durch Enzyme aus unterschiedlichen Mikroorganismen hydroxyliert werden. Steroid-Hydroxylasen werden nach der Position benannt, die sie modifizieren.

Um biologisch aktive Steroide zu erhalten, kombinieren wir häufig chemische und mikrobiologische Modifikationsschritte (siehe Beispiele in Abb. 5.3.6). Oft sind dabei auch Oxidoreduktasen involviert.

Die erste pharmazeutisch-industriell wichtige Reaktion an Steroiden wurde 1952 gefunden. Es war die 11-α-Hydroxylierung von Progesteron (Progesteron-11-α-Monooxygenase, E.C.1.14.99.14), einer Schlüsselsubstanz in der Steroidchemie. Technisch wichtige Steroid-Hydroxylierungen sind in Tabelle 5.3.1 zusammengestellt. Weitere mikrobielle Modifizierungen von Steroidgerüsten sind

Hydroxylierungsposition	Substrat	Produkt	Mikroorganismus
1α	Androst-4-en-3,17-dion	1α-Hydroxyandrost-4-en-3,17-dion	*Penicillium* sp.
1β	Androst-4-en-3,17-dion	1β-Hydroxyandrost-4-en-3,17-dion	*Xylaria* sp.
3α	Androstan-7,17-dion	3α-Hydroxyandrostan-7,17-dion	*Diaporthe celastrinia*
3β	17β-Hydroxy-androstan-11-on	3β,17β-Hydroxyandrostan-11-on	*Wojnowicia graminis*
11α	Progesteron	11α-Hydroxy-progesteron	*Rhizopus* sp.
11β	11-Deoxycortison	Hydrocortison	*Curvularia lunata*
12β	17β-Hydroxy-ester-4-en-3-on	12β,17β-Dihydroxy-ester-4-en-3-on	*Collectotrichum derridis*

Tabelle 5.3.1 Beispiele von Steroid-Hydroxylierungen durch verschiedene Pilze

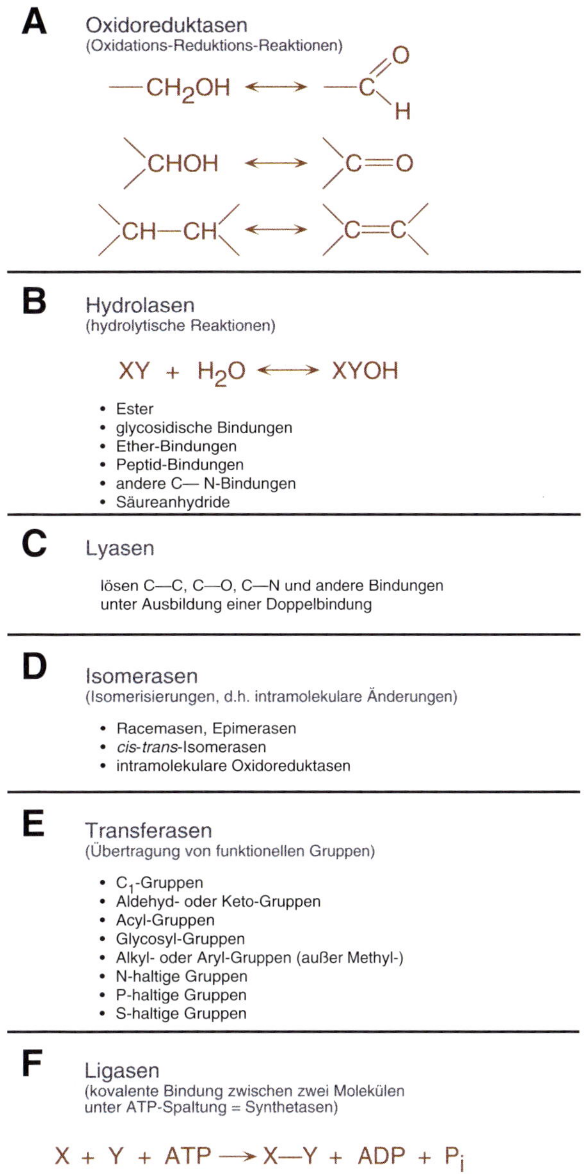

Abb. 5.3.5 Systematische Einteilung von Enzymen.

der oxidative Seitenkettenabbau, Dehydrierungen, Aromatisierungen, Einführung von Ketogruppen, Hydrierung von Doppelbindungen und die Reduktion von Carbonyl- zu Hydroxylgruppen sowie Esterverseifungen.

Aminosäure-Dehydrogenasen. Alpha-Aminosäuren lassen sich durch reduktive Aminierung von α-Ketosäuren mit Hilfe von L-Aminosäure-Dehydrogenasen (E.C.1.4.1.) erhalten. Diese Enzyme benötigen NADH als

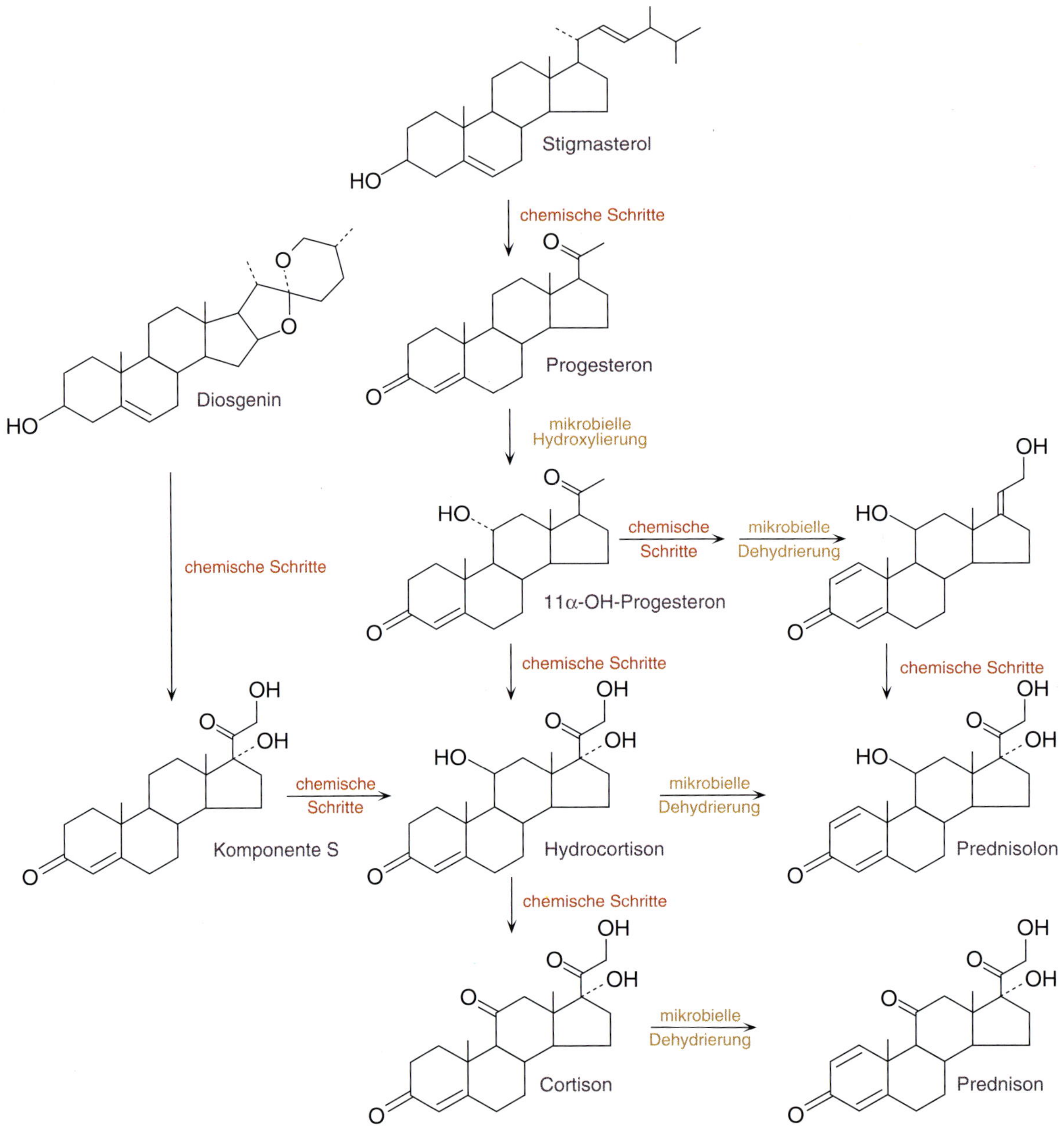

Abb. 5.3.6 Mikrobielle Transformationen an Steroiden.

Cofaktor. Da NADH sehr teuer ist, ist es aus wirtschaftlichen Erwägungen erforderlich, den Cofaktor im Laufe des Biotransformations-Prozesses zurückzugewinnen. Nur so läßt sich das Verfahren ökonomisch durchführen.

Die Rückgewinnung von NADH gelingt beispielsweise dadurch, daß wir das Enzym Formiat-Dehydrogenase (FDH; E.C.1.2.1.2.) in den Biotransformations-Prozeß einbinden (Abb. 5.3.7). FDH oxidiert Ameisensäure oder Ammoniumformiat zu CO_2 und reduziert dabei das bei der reduktiven Aminierung anfallende NAD^+ zu NADH. Da CO_2 aus dem

System entweicht, wird die Reaktion in die gewünschte Richtung getrieben.

Während Enzyme in Membran-Reaktoren durch die Membran effektiv zurückgehalten werden können, war dies für den Cofaktor zunächst nicht möglich. Denn es gibt keine Membranen, deren Poren so beschaffen sind, daß sie zwar die Cosubstrate NAD^+ bzw. NADH zurückhalten, die Substrate α-Ketosäuren bzw. α-Aminosäuren aber passieren lassen. Dieses Problem wurde gelöst, als es gelang, NAD^+ kovalent über einen *Spacer* an wasserlösliche Polymere wie Polyethylenglycol (PEG, MB 20.000) zu koppeln. Dadurch wurde das Molekulargewicht so stark erhöht, daß nun der Cofaktor von der Ultrafiltrationsmembran zurückgehalten wurde.

Ein Beispiel für eine derartige Biotransformation ist die Synthese von L-*tert*-Leucin aus Trimethyl-Pyruvat (Abb. 5.3.8). Diese artifizielle Aminosäure können wir durch fermentative Prozesse nicht erzeugen. Daher wird heute der relativ große Bedarf an L-*tert*-Leucin durch Biokonversions-Verfahren gedeckt. Dabei werden in kontinuierlich arbeitenden Membran-Reaktoren Ausbeuten von durchschnittlich 85 % und Gehalte von ca. 0,65 kg/l/Tag erreicht.

Obwohl analog auch proteinogene Aminosäuren – beispielsweise L-Phenylalanin mit Hilfe von Phenylalanin-Dehydrogenase – erzeugt werden könnten, kann ein solches Verfahren jedoch mit konventionellen Fermentationsprozessen nicht konkurrieren. Dazu sind die heute verfügbaren Produktionsstämme zu leistungsfähig und die Fermentationsprozesse deutlich weniger aufwendig als ein Biokonversions-Verfahren.

Ein weiteres Beispiel für den Einsatz von L-Aminosäure-Dehydrogenasen ist die Herstellung von Kaffeesäure aus 3,4-Dihydroxyphenyl-Brenztraubensäure. Dieses Substrat wird durch das Enzym D-Hydroxyisocaproat-Dehydrogenase enantio-spezifisch zu (*R*)-(+)-3-(3,4-Dihydroxyphenyl)-Milchsäure (= Kaffeesäure) reduziert (Abb. 5.3.9).

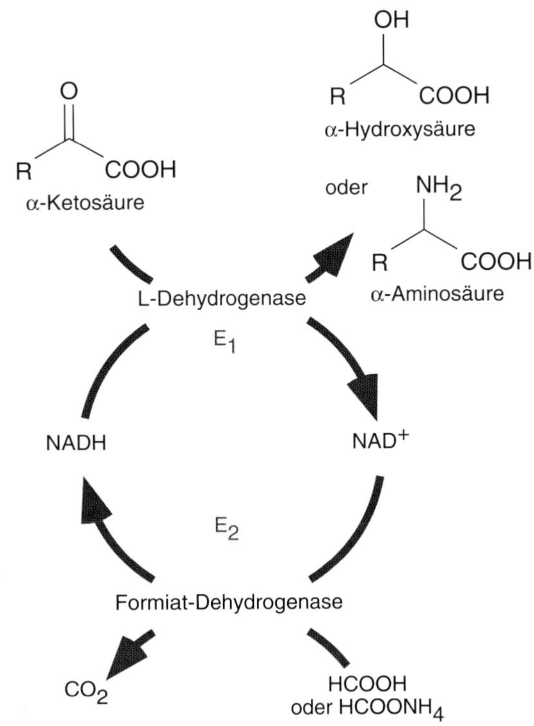

Abb. 5.3.7 Reduktive Aminierung von α-Ketosäuren zur Gewinnung von Aminosäuren unter gleichzeitiger Rückgewinnung des Cofactors NADH. L-Dehydrogenasen konvertieren α-Ketosäuren zu α-Aminosäuren. Das dabei anfallende NAD^+ wird mit Hilfe des Enzyms Formiat-Dehydrogenase in NADH zurückgewandelt, wobei dem Reaktor zugesetzte Ameisensäure (HCOOH) zu CO_2 oxidiert wird.

5.3.2.2 *Hydrolasen*

Hydrolasen spalten kovalente Bindungen wie Ester-, Ether-, Peptid-, Glycosid-, Säureanhydrid-, C-C- oder P-N-Bindungen hydrolytisch, d. h. unter Verbrauch eines Wassermoleküls (siehe Abb. 5.3.5 B).

Aminoacylase. Die verbreitetste Methode zur enzymatischen Synthese von L-Ami-

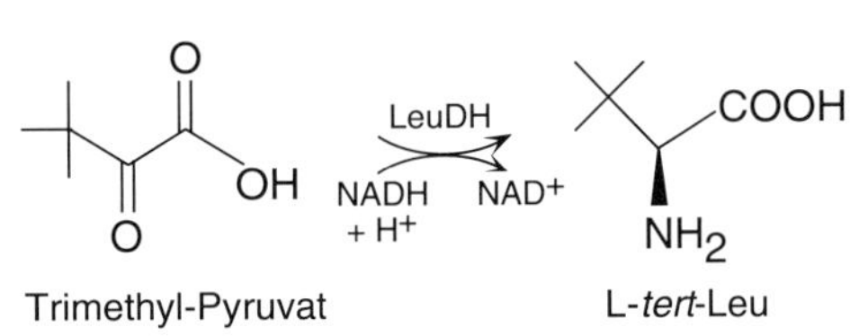

Abb. 5.3.8 Biokonversion von Trimethyl-Pyruvat zu L-*tert*-Leucin.

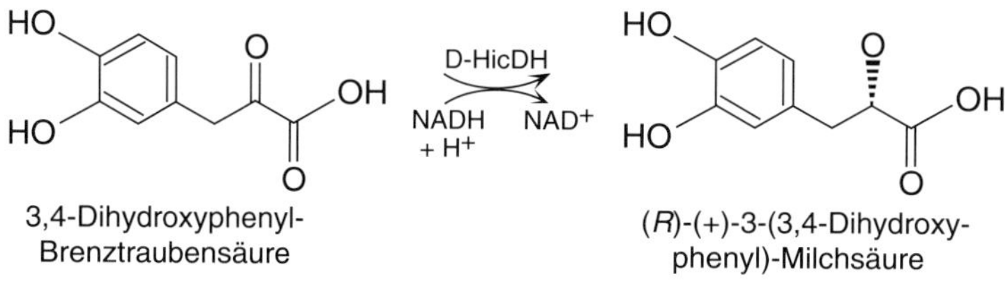

Abb. 5.3.9 Herstellung von Kaffeesäure aus 3,4-Dihydroxyphenyl-Brenztraubensäure.

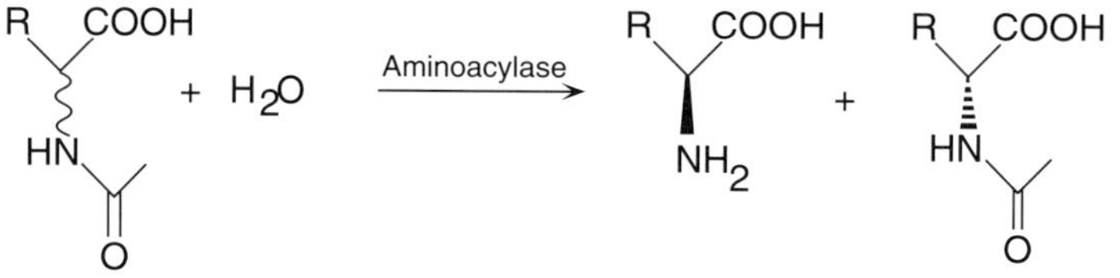

Abb. 5.3.10 Herstellung von L-Aminosäuren durch Hydrolyse racemischer N-Acyl-DL-Aminosäuren mit Hilfe von Aminoacylasen.

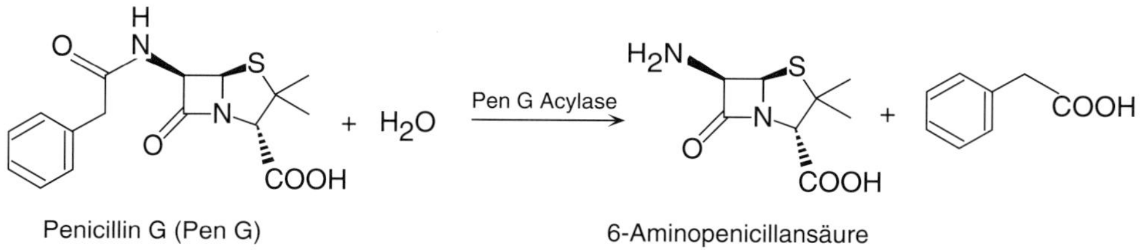

Abb. 5.3.11 Biokonversion von Penicillin G zu 6-Aminopenicillansäure durch Penicillin-G-Acylase.

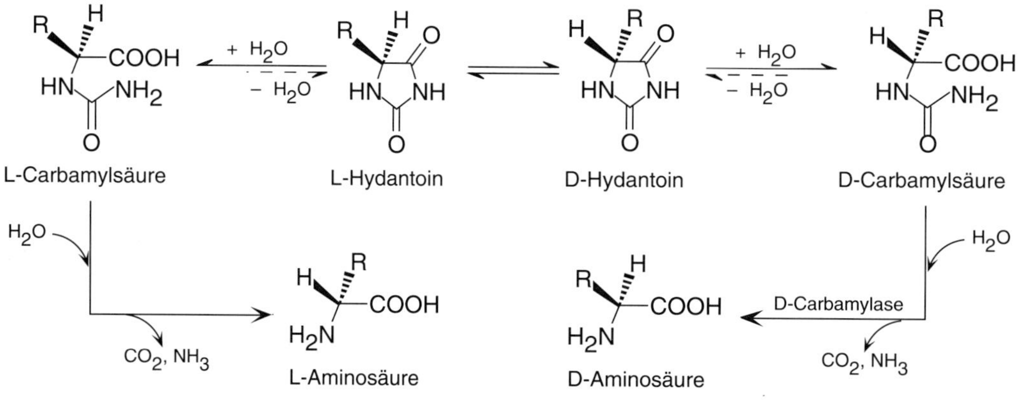

Abb. 5.3.12 Konversion von L- bzw. D-Hydantoinen zu L- bzw. D-Aminosäuren mit Hilfe von Hydantoidasen plus Carbamoylasen.

nosäuren ist die Hydrolyse racemischer N-Acetyl-DL-Aminosäuren durch das Enzym Acylase I (E.C.3.5.1.14.). Das Enzym hydrolysiert N-Acetyl-L-Aminosäuren zu L-Aminosäuren (Abb. 5.3.10). Die N-Acetyl-D-Aminosäuren werden von der Acylase I nicht umgesetzt. Nachdem die gebildeten L-Aminosäuren über einen Ionenaustauscher abgetrennt wurden, können wir die aus dem Ausgangs-Racemat verbliebenen N-Acetyl-D-Aminosäuren durch Zugabe von Essigsäureanhydrid in organischer Lösung wieder racemisieren und dem Prozeß erneut zuleiten.

Meist wird Acylase I aus *Aspergillus oryzae* verwendet. Dieses Enzym ist kommerziell erhältlich, und das Substratspektrum ist ungewöhnlich groß. Zwar werden Aminosäuren mit langen, unverzweigten Ketten bevorzugt erkannt, aber auch hydrophobe, aromatische, und verzweigtkettige Substrate werden erkannt und umgesetzt.

Für die meisten Biokonversions-Verfahren mit Aminoacylase haben sich Enzym-Membran-Reaktoren bewährt. Ausnahmen sind allerdings L-Methionin, L-Valin und L-Phenylalanin, die in Festbett-Reaktoren bei erhöhter Temperatur gewonnen werden.

Penicillin-G-Acylase. Die meisten kommerziell verwendeten Penicilline werden semisynthetisch hergestellt. Als Ausgangsprodukt wird fast ausschließlich die 6-Aminopenicillansäure verwendet, die enzymatisch aus Penicillin G mit Hilfe der Penicillin-G-Acylase (E.C.3.5.1.11.) gewonnen wird (Abb. 5.3.11). Dies geschieht in Fließbett-Reaktoren.

Penicillin-G-Acylase ist eines der ersten Enzyme, die mit überaus großem Erfolg immobilisiert wurden. Es wird heute in Größenordnungen von 6.000 t/Jahr produziert. Bei der Gewinnung der 6-Aminopenicillansäure durch Penicillin-G-Acylase ist eine exakte Einstellung des pH-Wertes wichtig, um eine Hydrolyse des ß-Lactamrings zu verhindern. Außerdem muß die Penicillin-G-Acylase völlig frei von Verunreinigungen mit ß-Lactamase sein .

Enzymatische Konversion von Hydantoinen zu Aminosäuren. Hydantoine sind zyklisch geschützte α-Aminosäuren. Diese lassen sich in einer Zweischrittreaktion mit Hilfe der Enzyme Hydantoinase (E.C.3.5.2.2.) und Carbamoylase zu α-Aminosäuren umsetzen. Die verfügbaren Enzyme besitzen unterschiedliche Stereoselektivitäten. Abhängig davon erhalten wir entweder D- oder L-Aminosäuren. Da Hydantoine unter geeigneten Bedingungen racemisieren können, läßt sich der Konversions-Prozeß zu 100 % Prozent in Richtung des gewünschten Produkts lenken (Abb. 5.3.12).

Mit diesem Verfahren werden beispielsweise derzeit pro Jahr mehr als 1.000 t D-*p*-Hydroxyphenyl-Glycin – die Seitenkette des Antibiotikums Ampicillin – hergestellt.

Enzymatische Aspartam-Synthese. Aspartam – α-L-Asp-L-Phe-OMe – ist ein Dipeptidester, der 200mal süßer ist als Zucker. Dieser Süßstoff wird heute in großen Mengen als Niedrigkalorien-Süßstoff in der Nahrungsmittelindustrie eingesetzt. Ein großer Teil des Aspartams wird mit Hilfe von Thermolysin (E.C.3.4.24.4.), einer neutralen Zinkprotease, aus L-Asparaginsäure und DL-Phenylalanin-O-Methylester gewonnen (Abb. 5.3.13). Das Enzym ist noch bei 80 °C stabil. Aber auch andere positive Eigenschaften dieses Enzyms sind erwähnenswert:

- So können wegen der enormen Enantio-Spezifität als Ausgangsmaterial sowohl L-Phenylalanin-O-Methylester als auch DL-Phenylalanin-O-Methylester verwendet werden.
- Eine hohe Regio-Spezifität garantiert, daß keine ß-Asparagin-Bindungen geknüpft werden.
- Wegen der hohen Thermostabilität lassen sich die Konversionsprozesse bei Reaktions-

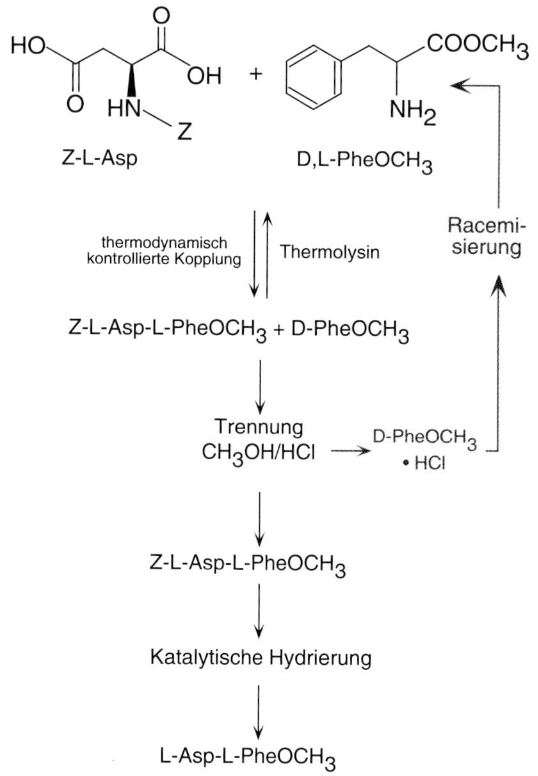

Abb. 5.3.13 Herstellung von Aspartam durch Biotransformation. An L-Asparaginsäure, die an das Zink-Atom der Zinkprotease Thermolysin gebunden ist, wird L-Phenylalanin-Methylester gekoppelt, wobei das Thermolysin aus dem Racemat D,L-$PheOCH_3$ nur das L-Enantiomer verwendet. Das D-Enantiomer wird dem Prozeß nach Racemisierung wieder zugeführt. Anschließend wird das Produkt durch katalytische Hydrierung von dem Enzym gelöst.

temperaturen von 50° bis 60 °C durchführen.

- Jegliche Esterase-Aktivitäten fehlen.

Enzymatische Tyrosyl-Arginin-Synthese. Das Dipeptid L-Tyr-L-Arg ist ein starkes Analgetikum. Dieses kann in Enzym-Membran-Reaktoren mit Hilfe des Enzyms α-Chymotrypsin (E.C.3.4.4.5.) gewonnen werden (Abb. 5.3.14). Dabei werden Maleyl-L-Tyrosin-Ethylester mit L-Arginin-Ethylester in großen *Batch*-Reaktoren inkubiert. Das Produkt präzipitiert beim Abkühlen. Nach Abspalten der Schutzgruppen und nach Reinigen erhalten wir das Produkt mit ca. 50 % Ausbeute.

5.3.2.3 Lyasen

Lyasen spalten von einem Substrat Gruppen über einen nicht-hydrolytischen Mechanismus ab, wobei sie eine Doppelbindung hinterlassen. Oder sie katalysieren in der Umkehrreaktion die Anlagerung einer Gruppe (z. B. H_2O, NH_3 u. a.) an eine Doppelbindung (siehe Abb. 5.3.5 C).

Aspartase. Wegen des hohen kommerziellen Bedarfs an Aspartam, ist die Nachfrage nach L-Asparaginsäure stark gestiegen. Diese Aminosäure können wir enantio-selektiv durch Addition von Ammoniak an Fumarsäure – katalysiert durch das Enzym Aspartase (E.C.4.3.1.1.) – gewinnen (Abb. 5.3.15).

An diesem Beispiel läßt sich sehr eindrucksvoll eine Prozeß-Optimierung demonstrieren.

- Zunächst wurde L-Asp in *Batch*-Reaktoren mit Hilfe intakter *E.-coli*-Zellen gewonnen.
- Danach ging man dazu über, immobilisiertes Enzym zu verwenden. Als Substratlösung verwendete man dabei eine 1 M Ammoniumfumarat-Lösung. Nachteilig war, daß durch diese Substratlösung das aus *E. coli* gewonnene Enzym relativ schnell inaktiviert wurde. Bei einer Prozeß-Temperatur von 30 °C verlor das Enzym binnen 30 Tagen ca. 50 % seiner Aktivität.
- Der Prozeß wurde deshalb dahingehend optimiert, daß *E.-coli*-Zellen in eine Polyacrylamid-Gelmatrix einbettet wurden und in einen Festbett-Reaktor gefüllt wurden. Derartige Reaktoren besaßen bei einer Betriebstemperatur von 37 °C eine Halblebensdauer von ca. 120 Tagen.
- Eine weitere Optimierung wurde dadurch erzielt, daß die Zellen statt in einer Polyacrylamid-Gelmatrix in κ-Carrageenan-Gele eingebettet wurden, die man durch Behandlung mit Glutaraldehyd und Hexamethylendiamin gehärtet hatte. Dadurch verlängerte sich die Halblebensdauer der Reaktoren auf ca. 2 Jahre.

$$\text{Mal-L-Tyr-OEt} + \text{L-Arg-OEt} + H_2O \xrightarrow{\alpha\text{-CT}} \text{Mal-L-Tyr-L-Arg-OEt} + \text{EtOH}$$

Abb. 5.3.14 Herstellung des Dipeptid-Analgetikums L-Tyr-L-Arg durch Biotransformation mit Hilfe von α-Chymotrypsin (a-CT).

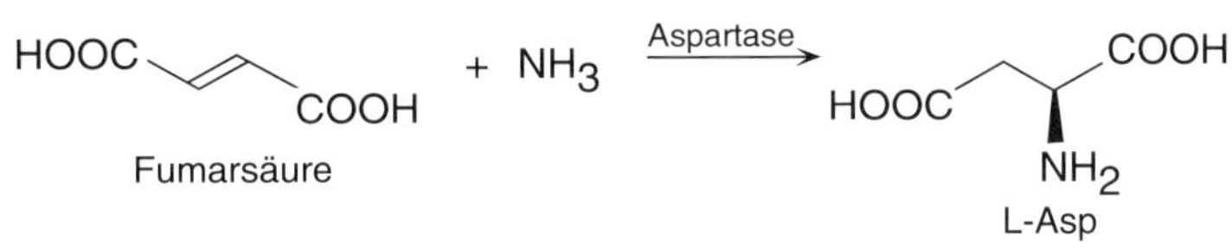

Abb. 5.3.15 Herstellung von L-Asparaginsäure aus Fumarsäure mit Hilfe von Aspartase.

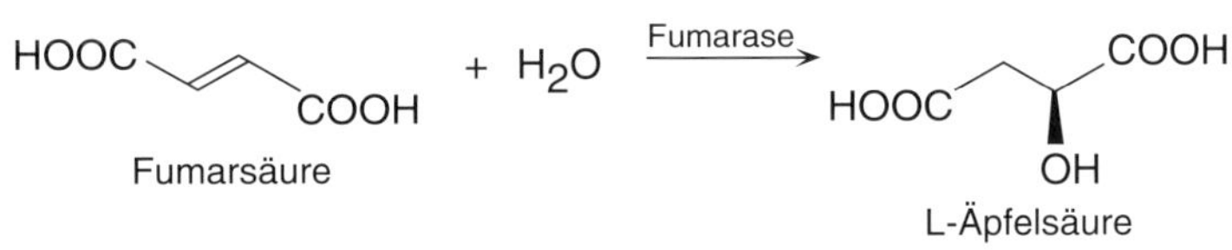

Abb. 5.3.16 Herstellung von L-Äpfelsäure aus Fumarsäure mit Hilfe von Fumarase.

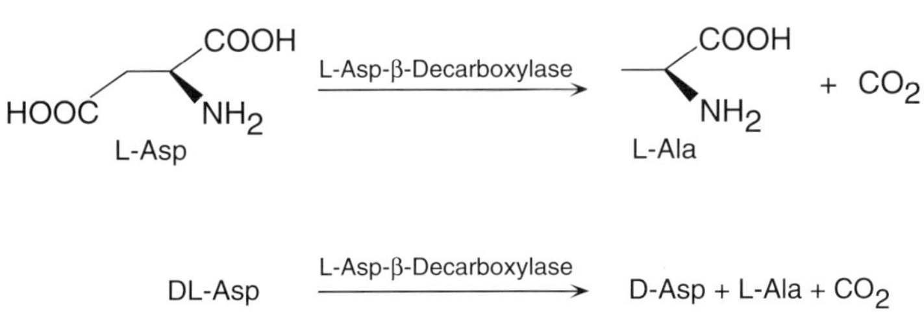

Abb. 5.3.17 Herstellung von L-Alanin aus L-Asparaginsäure mit Hilfe von A-Aspartat-β-Decarboxylase. Das Enzym besitzt eine solch hohe Enantioselektivität, daß preiswertes DL-Aspartat in den Prozeß eingebracht werden kann, aus dem dann sowohl L-Alanin als auch D-Asparaginsäure hervorgehen.

- Schließlich wurde noch ein gentechnisch veränderter *E.-coli*-Stamm mit einer wesentlich höheren Enzymaktivität in den Prozeß eingebracht, so daß heute durch dieses Verfahren ca. 4.000 t L-Asparagin pro Jahr produziert werden.

Fumarase. L-Äpfelsäure kann aus Fumarsäure mit Hilfe des Enzyms Fumarase (E.C.4.2.1.2.) durch Biokonversion gewonnen werden (Abb. 5.3.16). Dabei wird ebenfalls nicht das reine Enzym eingesetzt, sondern es wird das Bakterium *Brevibacterium flavum* in Carrageenan-Gelen zusammen mit Polyethylenimin immobilisiert. Derartige Reaktoren besitzen bei einer Betriebstemperatur von 37 °C eine Halblebensdauer von ca. 300 Tagen.

L-Aspartat-ß-Decarboxylase. L-Alanin kann aus L-Aspartat durch Decarboxylierung mit L-Aspartat-ß-Decarboxylase (E.C.4.1.1.12.) aus dem Bakterium *Pseudomonas dacunhae* gewonnen werden (Abb. 5.3.17).

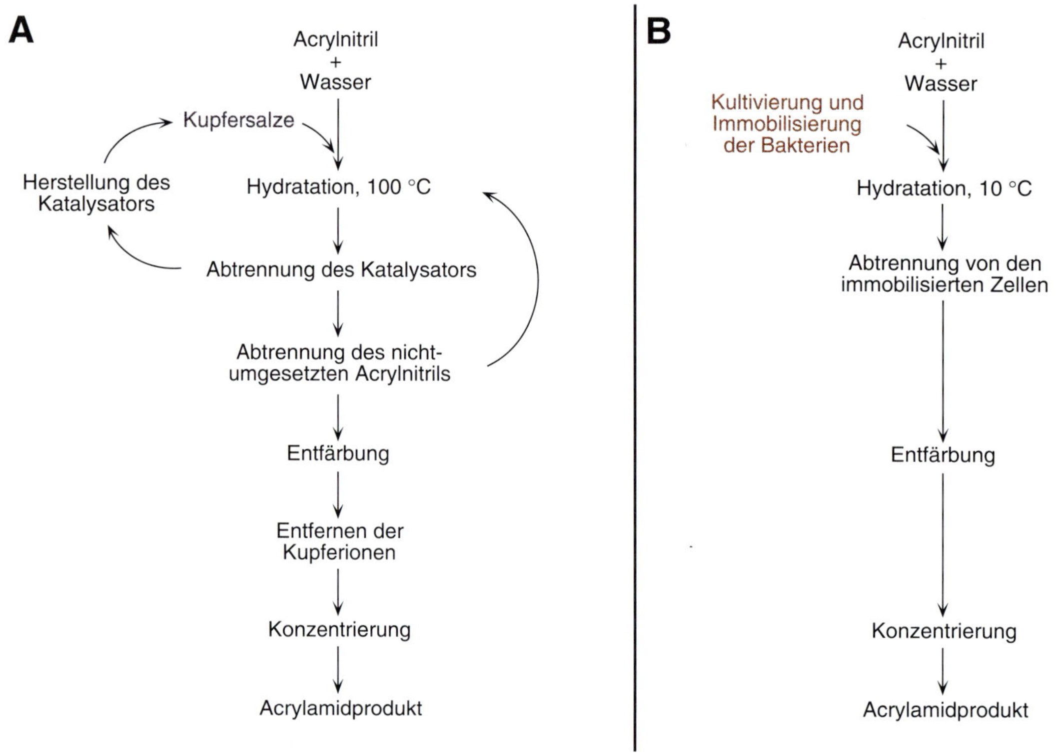

Abb. 5.3.18 Vergleichende Darstellung der chemischen (A) und biotechnischen (B) Herstellung von Acrylamid.

$$R{-}CN + H_2O \xrightarrow{\text{Nitrilhydratase}} R{-}CONH_2$$

$$R{-}CONH_2 + H_2O \xrightarrow{\text{Amidase}} R{-}COOH + NH_3$$

Abb. 5.3.19 Umsetzung von Nitrilen zunächst mit Hilfe von Nitrilhydratasen zu den entsprechenden Säureamiden und dann mit Hilfe von Amidasen zu den Carbonsäuren.

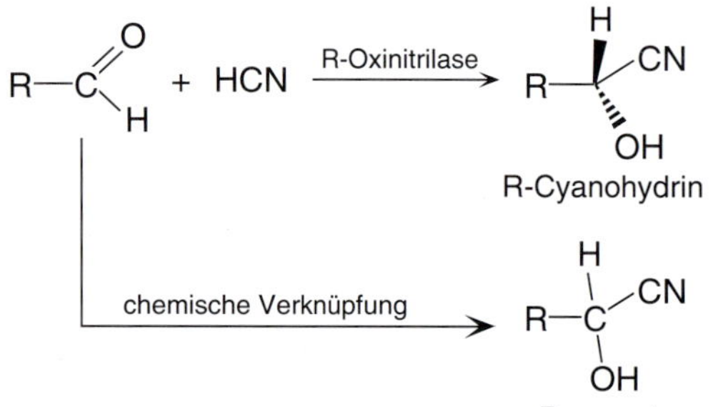

Abb. 5.3.20 Stereospezifische Herstellung von Cyanhydrinen mit Hilfe von Oxinitrilasen.

Wegen der sehr guten Enantioselektivität der L-Aspartat-ß-Decarboxylase wurde ein Biotransformations-Prozeß entwickelt, in dem preiswertes DL-Aspartat sowohl zu L-Alanin als auch zu D-Asparaginsäure umgewandelt wurde. Die D-Asparaginsäure wird für bestimmte synthetische Penicilline benötigt.

Nitrilhydratasen. Auch Amide lassen sich biotechnisch herstellen. Ein interessantes Beispiel dafür ist die biotechnische Herstellung von Acrylamid mit Hilfe von Nitrilhydrolasen.

Acrylamid ist ein Baustein für verschiedene Polymere, die in großem Maßstab eingesetzt werden. Jährlich werden ca. 200.000 Tonnen Acrylamid produziert. Die chemische Synthese von Acrylamid ist nicht unproblematisch. Kupfersalze werden als Katalysatoren für die Hydratation von Acrylnitril verwendet, die in Folgeprozessen mühsam abgetrennt werden müssen, um sie dann nach Regeneration des

Katalysators dem Prozeß wieder zuzuführen. Ferner muß der Prozeß sehr engmaschig kontrolliert werden, um eine Polymerisation der gebildeten Monomere zu vermeiden.

Es zeigte sich, daß ein biotechnisches Verfahren mit diesem chemischen Prozeß sehr gut konkurrieren konnte (Abb. 5.3.18). Nitrile sind nämlich in der Natur nicht selten und können von verschiedenen Organismen (Pflanzen, Pilze und Mikroorganismen) in großer Vielfalt produziert werden. In der Regel werden Nitrile über zwei Schritte zu Carbonsäuren verstoffwechselt (Abb. 5.3.19). Zur Herstellung von Acrylamid müssen wir daher ein System einsetzen, das nur die erste Reaktion katalysiert und nicht zur Carbonsäure „abreagiert".

Ursprünglich wurde ein Enzym aus *Arthrobacter sp.* eingesetzt. Ganze Zellen ließen sich aber nicht verwenden, denn wegen der in den Zellen vorhandenen Amidasen war der Prozeß nicht auf der Stufe der Säureamide zu stoppen, sondern lief bis zu den Carbonsäuren weiter.

Nach einem umfangreichen *Screening* fand man mit *Pseudomonas chloroaphis* einen Mikroorganismus, der praktisch keine Amidase-Aktivität besaß. Das rührt daher, daß in diesem Organismus die Nitrilhydratase fast 4.000mal schneller arbeitet als die nachfolgende Amidase, die Acrylamid zu Acrylsäure und Ammoniak umwandelt (siehe Abb. 5.3.19). Ferner wird die Nitrilhydratase aus *P. chlororaphis* nicht durch akkumulierendes Produkt (Acrylamid) inhibiert. Und schließlich ist Acrylnitril ein effektives Nukleophil, das die geringe Amidase-Aktivität in den Zellen durch Reaktion mit katalytisch relevanten SH-Gruppen inaktiviert. Die Nitrilhydratase ist diesbezüglich sehr viel weniger sensitiv und bleibt aktiv, solange die Substratkonzentration unterhalb 2 % gehalten wird. Entsprechend ist der Biotransformations-Prozeß angepaßt (Abb. 5.3.18).

Darüber hinaus ließ sich die Nitrilhydratase-Aktivität stark induzieren, wenn man die *Pseudomonas-chloroaphis*-Zellen auf Isobutyronitril züchtete. Die Biotransformation von Acrylonitril zu Acrylamid gelang bei 5 °C –10 °C in praktisch quantitativer Ausbeute, und das Produkt war qualitativ besser als das chemisch produzierte Acrylamid.

Rhodococcus rhodochrous besitzt eine Nitrilhydratase, mit der sich aromatische Nitrile mit höchster Effizienz umsetzen lassen. So läßt sich Nicotinamid zu 1.465 g/l, Isonicotinamid zu 1.099 g/l und das Tuberkulostatikum Pyrazinamid zu 995 g/l erhalten.

Oxinitrilase. Oxinitrilase (E.C.4.1.2.10.), beispielsweise aus Bittermandeln (*Prunus amygdalus*), katalysiert (*R*)-enantiospezifisch die Addition von HCN an verschiedene Aldehyde (Abb. 5.3.20). Diese enantioreinen Cyanhydrine können dann weiter zu α-Aminosäuren oder zu α-Hydroxysäuren umgesetzt werden.

Allerdings konkurriert die enzymatische Reaktion mit der chemischen Addition von HCN. In dieser Konkurrenzreaktion erhalten wir nicht Enantiomeren-reine Cyanhydrine, sondern Racemate. Aus diesem Grund müssen Maßnahmen getroffen werden, um möglichst die chemische Addition zu unterbinden. Dazu werden die Reaktionsbedingungen so eingestellt, daß die Reaktion entweder bei niedrigem pH-Wert (> pH 4,5) abläuft oder in organischen Lösungsmitteln durchgeführt wird.

5.3.2.4 Isomerasen

Isomerasen katalysieren die Umlagerung optischer, geometrischer oder sonstiger isomerer Verbindungen (siehe Abb. 5.3.5.D).

Glucose-Isomerase. Durch Glucose-Isomerase läßt sich Glucose zu Fructose isomerisieren. Da die Glucose-Isomerase (E.C.5.3.1.5.) natürlicherweise Xylose zu Xylulose isomerisiert, müßten wir das Enzym korrekter als Xylose-Isomerase bezeichnen. Heute wird die-

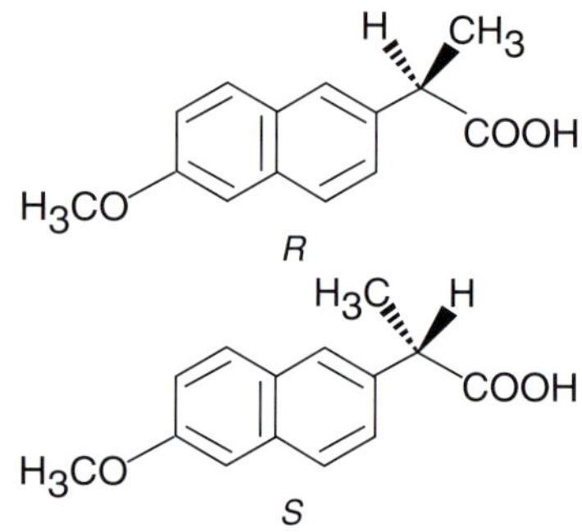

Naproxen
(6-Methoxy-α-methyl-2-naphthalenessigsäure)

Abb. 5.3.21 Naproxen-Enantiomere

ses Enzym in Festbett-Reaktoren eingesetzt, um sehr schonend Glucose zu isomerisieren. Da als Ausgangsmaterial ein 50 %iger Glucose-Sirup eingesetzt wird, muß wegen der hohen Viskosität bei erhöhten Temperaturen (55 °C – 60 °C) gearbeitet werden. Allerdings „altert" die Glucose-Isomerase bei diesen erhöhten Temperaturen relativ schnell, so daß die Prozeßdauer ständig dem Alterungsgrad des Enzyms angepaßt werden muß. Diese Festbett-Reaktoren sind über 2–4 Monate bis zu einer Restaktivität von bis zu 10 % einsetzbar. Die Produktivität beträgt in dieser Zeit je nach Aktivität 2.000 bis 22.000 kg Trockensubstanz/kg Träger. Als Additiv wird 1g/l $MgSO_4 \times 7\ H_2O$ eingesetzt. Ca-Ionen wirken inhibierend.

Naproxen-Isomerisierung. Bestimmte Pilze sind in der Lage, (*R*)-Naproxen zu (*S*)-Naproxen zu isomerisieren (Abb. 5.3.21). Beispiele sind in Tabelle 5.3.2 gezeigt. Danach isomerisieren *Cordyceps militaris*, *Beauvaria bassiana* und *Exophiala wilhansii* alle das *R*-Enantiomer zu 100 % in das *S*-Enantiomer – allerdings mit zum Teil erheblichen Unterschieden in der Ausbeute. Die Produktausbeuten sind abhängig von den relativen Isomerisierungsraten und von der Degradation des Substrats und/oder des Produkts. Mit anderen Worten, diese Pilze isomerisieren nicht nur *R*- zu *S*-Naproxen, sondern sie konvertieren in der Regel das *R*-Enantiomer zu anderen Produkten. Darin liegt wahrscheinlich auch der Grund, daß die Isomerisierungsreaktion nicht reversibel ist.

Mikroorganismus	Zugesetztes Enantiomer	Enantiomerenverhältnis im Produkt (S : R)	Ausbeute (%)
Cordyceps	*R*	100 : 0	39
militaris	*S*	100 : 0	
Cladosporium	*R*	74 : 26	15
resinae	*S*	100 : 0	
Beauvaria	*R*	100 : 0	6
bassiana	*S*	100 : 0	
Exophiala	*RS*	100 : 0	92
wilhansii	*R*	100 : 0	80

Tabelle 5.3.2 Isomerisierung von Naproxen durch verschiedene Pilze

5.3.2.5 Mikroorganismen bei der Aufbereitung von Erzen.

Zum Schluß dieses Kapitels wollen wir einen weiteren Einsatz von Mikroorganismen kennenlernen, der ständig an Bedeutung gewinnt: Mikroorganismen bei der Aufbereitung von Erzen. Sie werden beispielsweise zum biologischen Auslaugen von Kupfer-, Uran- und Golderzen eingesetzt.

Wir kennen zwei Verfahren:

- Beim direkten Auslaugen wird ein Erz durch physiologische Stoffwechselvorgänge eines Mikroorganismus direkt oxidiert oder reduziert und damit in eine besser lösliche Form überführt.
- Beim indirekten Auslaugen wird durch die Mikroorganismen zunächst nicht der Redoxzustand des gewünschten Erzes geändert. Vielmehr oxidieren bzw. reduzieren die Mikroorganismen andere Metall-Ionen. Diese wiederum überführen dann das eigentliche Hauptprodukt durch Änderung des Redoxzustandes in eine lösliche Form.

Weiterhin werden Bakterien zur Entgiftung von Cyanidabfällen bei der Goldgewinnung oder zur Bindung von Mineral-Kationen eingesetzt.

Bioleaching. Bestimmte Mikroorganismen sind in der Lage, unlösliche Metall-Ablagerungen – normalerweise Metallsulfide oder Metalloxide – in lösliche Metallsulfate umzuwandeln. Diesen Umwandlungsprozeß bezeichnen wir als „*Bioleaching*" oder „biologisches Auslaugen". Das *Bioleaching* und die dazu befähigten Bakterien gewinnen in der Erzindustrie in zunehmendem Maße an Bedeutung. Denn in vielen Fällen sind hoch angereicherte Erzvorkommen inzwischen abgebaut. Konventioneller Bergbau ist dann nicht mehr rentabel. Mit Hilfe bestimmter Bakterien lassen sich aber auch dann noch Metalle effektiv aus Erzen lösen, wenn diese nur noch zu 0,3 % bis 0,03 % im Erz enthalten sind.

Bioleaching kann darüber hinaus zur Dekontamination von Problemabfällen oder zur Abreicherung von Sulfat in minderwertiger Kohle eingesetzt werden.

Bioleaching und Bakterien. Die für das *Bioleaching* eingesetzten Bakterien werden in Gruppen eingeteilt, wobei die optimale Wachstumstemperatur die Gruppenzugehörigkeit bestimmt.

- Die wichtigste Gruppe sind die mesophilen, chemolithotrophen Bakterien *Thiobacillus ferrooxidans*, *Thiobacillus thiooxidans* und *Leptospirillum ferrooxidans*. Alle drei Spezies sind ausgesprochen acidophil, denn sie wachsen optimal bei pH-Werten von 1,5 bis 2,0. Sie sind außerdem obligat autotroph, d. h. sie können keine organischen Moleküle aufnehmen, sondern müssen all diese Moleküle selbst synthetisieren. Die optimale Wachstumstemperatur beträgt für diese Bakterien 25–27 °C.
T. ferrooxidans bezieht seine Energie entweder aus der Oxidation von Eisenionen oder aus der Oxidation reduzierter Schwefelverbindungen.
T. thiooxidans hingegen kann nur reduzierte Schwefelverbindungen nutzen.
L. ferrooxidans oxidiert Eisenionen und deckt so seinen Energiebedarf.
Wegen der beschriebenen Einschränkungen werden *T. thiooxidans* und *L. ferrooxidans* meist gemeinsam eingesetzt, um beispielsweise Pyrit (FeS_2) zu degradieren (siehe Formel 1 in Abb. 5.3.22).

$$4\ FeS_2 + 15\ O_2 + 2\ H_2O \longrightarrow 2\ Fe_2(SO_4)_3 + 2\ H_2SO_4 \qquad (1)$$

$$4\ CuFeS_2 + 17\ O_2 + 2\ H_2SO_4 \longrightarrow 4\ CuSO_4 + 2\ Fe_2(SO_4)_3 + 2\ H_2O \qquad (2)$$
(Chalco-Pyrit)

$$CuS + 2\ O_2 \longrightarrow CuSO_4 \qquad (3)$$
(Covellit)

$$UO_2 + Fe_2(SO_4)_3 \longrightarrow UO_2SO_4 + 2\ FeSO_4 \qquad (4)$$

$$UO_3 + H_2SO_4 \longrightarrow UO_2SO_4 + H_2O \qquad (5)$$

$$2\ FeSO_4 + H_2SO_4 + 0{,}5\ O_2 \longrightarrow Fe_2(SO_4)_3 + H_2O \qquad (6)$$

$$2\ FeAsS + 7\ O_2 + 2\ H_2O \longrightarrow 2\ FeAsO_4 + 2\ H_2SO_4 \qquad (7)$$
(Arseno-Pyrit)

Abb. 5.3.22 Chemische Umsetzung anorganischer Verbindungen durch *Bioleaching*.

- Die moderat thermophilen Bakterien werden als *Thiobacillus*-TH-Stämme bezeichnet. Sie wachsen auf Pyrit, Chalco-Pyrit ($CuFeS_2$) und ähnlichen Erzen bei Temperaturen um 50 °C (siehe Formel 2 in Abb. 5.3.22).
  Zu den moderat thermophilen Bakterien gehört außerdem die Gattung *Sulfo-Bacillus*. Die meisten moderat thermophilen Bakterien benötigen zum Wachsen Hefeextrakt oder andere organische Substrate. Ferner ist für schnelles Wachstum eine gute Belüftung mit CO_2 angereicherter Luft erforderlich. Aus diesem Grund spielen derartige Bakterien bei industriellen Laugungsprozessen keine große Rolle.
- Zu den extrem Thermophilen gehört die Gattung *Sulfolobus*, die ursprünglich aus heißen Quellen isoliert wurde. Diese Bakterien sind in der Lage, reduzierte Eisen- oder Schwefelionen zu oxidieren. Bei Temperaturen um 60–70 °C können *Sulfolobus*-Arten Pyrit, Chalco-Pyrit und Pyrrhotit-(FeS)-Erze sogar effektiver metabolisieren als *T. ferrooxidans*. Viele Arten der Gattung *Sulfolobus* benötigen zum Wachsen Zusätze organischer Moleküle. Allerdings wurden auch Stämme isoliert, die autotroph wachsen und eine ähnliche pH-Toleranz aufweisen, wie *T. ferrooxidans*. Alle *Sulfolobus*-Arten gehören zu den Archaebakterien, die im Gegensatz zu Prokaryonten keine Zellwände besitzen. Deshalb sind die thermophilen Bakterien deutlich empfindlicher als mesophile Bakterien, weshalb sich wohl auch die Archaebakterien in industriellen Prozessen noch nicht so recht etabliert haben.

Daher ist das wohl wichtigste Bakterium in *Bioleaching*-Prozessen *T. ferrooxidans*. Dieses Bakterium kommt ubiquitär in der Natur vor und hat bemerkenswerte physiologische Eigenschaften. *T. ferrooxidans* ist autotroph und bezieht seine Kohlenstoffverbindungen ausschließlich aus Eigensynthese, die durch CO_2 aus der Atmosphäre gespeist wird. In dieser Hinsicht verhält sich *T. ferrooxidans* ähnlich wie Pflanzen. Anders als Pflanzen nutzt *T. ferrooxidans* hingegen nicht etwa das Sonnenlicht, um die für die Synthese-Prozesse erforderliche Energie bereitzustellen, sondern chemische Energie aus Redoxreaktionen, an denen Eisenionen und reduzierte Schwefelverbindungen beteiligt sind. Der bevorzugte Elektronenakzeptor ist Sauerstoff. Eisen-Pyrit ist für dieses Bakterium eine typische Energiequelle.

Der chemische Nettoprozeß ist in Abb. 5.3.22, Gleichung 1, dargestellt. Die großen Mengen an Schwefelsäure, die bei diesem Prozeß anfallen, gestatten es den meisten anderen Organismen nicht mehr, in einer derartigen Umgebung zu wachsen. *T. ferrooxidans* hingegen ist ausgezeichnet adaptiert an hohe Konzentrationen von Schwefelsäure, denn für optimales Wachstum sind pH-Werte von 1,5–2,5 erforderlich. Zusätzlich zu der Fähigkeit, CO_2 zu fixieren, sind alle *T.-ferrooxidans*-Stämme auch in der Lage, Stickstoff zu fixieren, so daß diese Organismen ihren Stickstoffbedarf aus der Reduktion des atomaren atmosphärischen Stickstoffs beziehen können. Alles, was *T. ferrooxidans* benötigt, ist Wasser, Luft, Spurenelemente und eine oxidierbare Eisen- oder Schwefelquelle. Die benötigten Spurenelemente sind als Verunreinigungen im Wasser oder im Erz enthalten.

Bioleaching von Kupfererzen. Circa 15 % der Weltproduktion an Kupfer ($1{,}1 \times 10^6$ t jährlich) werden durch *Bioleaching* gewonnen. Dieser Anteil wird sicherlich steigen, da mit Hilfe dieser Technologie auch Restvorkommen in Abfallhalden von Kupferminen aufgearbeitet werden können. Als chemolithotrophes Bakterium wird in der Regel *T. ferrooxidans* eingesetzt. Dieses wandelt Chalco-Pyrit oder Covellit in Kupfersulfat um (Abb. 5.3.22, Gleichungen 2 und 3). Das Auslaugen von Kupferabfällen ist ein biotechnisch einfacher Prozeß. Er erstreckt sich über ca. 20 Tage, wobei in der ersten Periode von 7 bis 10 Tagen der Abfall gerührt wird. In einer anschließenden Ruhephase wird der Prozeß dann zu Ende gebracht.

Auslaugen von Uranerzen. Seit den 70er Jahren werden Mikroorganismen verwendet, um Uran aus Uranerzen zu solubilisieren. Es gibt zwei Möglichkeiten, unlösliche tetravalente Uranverbindungen in lösliche hexavalente Uranylionen umzuwandeln.

- Die erste Möglichkeit ist die direkte mikrobiologische Oxidation von U^{4+} nach U^{6+}. *T. ferrooxidans* ist in Gegenwart von Sauerstoff und CO_2 in der Lage, diese direkte Oxidation durchzuführen.
- Bei der zweiten Methode wird Uran indirekt solubilisiert. *T. ferrooxidans* und verwandte Bakterien sind in der Lage, Pyrit, das oft in Assoziation mit Uranerzen vorkommt, zu Eisen-III-Ionen und Schwefelsäure umzuwandeln. Sowohl die 3-wertigen Eisenionen, als auch die Schwefelsäure können mit unlöslichen Uranoxiden reagieren und lösliche Uransulfate bilden (Abb. 5.3.22, Gleichungen 4 und 5). Die bei diesem Prozeß verbrauchten Eisenionen können durch Luftsauerstoff in Gegenwart von *T. ferrooxidans* wieder aufoxidiert werden und dem Prozeß wieder zugeführt werden (Abb. 5.3.22, Gleichung 6). Besonders interessant bei dieser indirekten Methode ist die Tatsache, daß zur eigentlichen Solubilisierung der Uranerze kein Sauerstoff erforderlich ist, so daß derartige Prozesse auch tief unter Tage in sauerstoffarmem Milieu stattfinden können.

Auslaugen von goldhaltigen Arseno-Pyriterzen. Häufig wird Gold eingekapselt in einer Matrix von Pyrit oder Arseno-Pyrit gefunden. Diese Goldvorkommen können durch gewöhnliche Cyanidierungsprozesse nicht solubilisiert werden. Um auch dieses eingeschlossene Gold gewinnen zu können, bieten sich *Bioleaching*-Prozesse mit Hilfe von *T. ferrooxidans* an.

Die Matrix, die gewöhnlich aus Arseno-Pyrit besteht, wird durch *T. ferrooxidans* nach Gleichung 7 in Abb. 5.3.22 aufgelöst. Anschließend wird das Gold durch gängige Cyanidierungsprozesse gewonnen. Ohne die Vorbehandlung durch *Bioleaching* sind die Goldausbeuten meist nicht höher als 50 %, wohingegen nach Vorbehandlung durch *Bioleaching* Ausbeuten bis zu 95 % erzielt werden.

Cyanid-Dekontamination durch Mikroorganismen. Bei der Komplexierung von Goldionen mit Cyanid fallen erhebliche Cyanidmengen als Abfall an. Diese Abfälle können biologisch entsorgt werden, indem durch Mikroorganismen das Cyanid zunächst zu CO_2 und Harnstoff und dann der Harnstoff zu Nitrat metabolisiert wird. Die Kosten für die biologische Entsorgung sind dabei niedriger als die Kosten für eine chemische Dekontamination.

Verbesserung von Leaching-Bakterien. Sicherlich wird die Anwendung der *Bioleaching*-Technologie an Bedeutung gewinnen. Deshalb wird an einer Verbesserung der verwendeten Bakterien gearbeitet. Hierzu werden sowohl Mutations- und Selektions-Verfahren, als auch gentechnische Verfahren eingesetzt. Angestrebt werden höhere metabolische Effizienzen, geringere Empfindlichkeit gegenüber toxischen Begleitprodukten und Adaptationen an bestimmte lokale Besonderheiten des Einsatzgebietes. Durch gentechnische Methoden lassen sich zudem zusätzliche physiologische Programme in einen geeigneten Mikroorganismus einführen, um das Leistungsspektrum weiter zu erhöhen.

Zusammenfassung

Biokonversions-Verfahren spielen in der chemischen Industrie eine zunehmend wichtige Rolle. Ihr großer Vorteil liegt in der Spezifität des jeweiligen Reaktionsschrittes. Nachteilig ist, daß die Enzyme oder Mikroorganismen im Vergleich zu chemischen Katalysatoren relativ labil sind. Allerdings werden heute immer mehr Enzyme aus thermophilen Archaebakterien isoliert, die aufgrund der extremeren Lebensbedingungen dieser Organismen auch technologisch robuster sind.

Das Potential an Biokatalysatoren ist bei weitem noch nicht ausgeschöpft. In umfangreichen *Screening*-Verfahren wird ständig nach neuen Spezifitäten gesucht. Mikroorganismen – aber in letzter Zeit auch Pflanzen – dienen dabei als primäre Fundquellen. Besonders durch die schnell wachsenden molekularen Kenntnisse der Sekundärstoffwechselwege bei Pflanzen ist in absehbarer Zeit mit vielen neuen Ansätzen für Biotransformations-Prozesse zu rechnen.

Zum Schluß des Kapitels hat ein kleiner Ausflug in die technische Mikrobiologie gezeigt, wie effektiv Mikroorganismen für Zwecke eingesetzt werden können, die für den Laien zunächst überraschend sind. Dieser Sektor der Biotechnik wird aber sicherlich an Bedeutung gewinnen, denn bei knapper werdenden Resourcen werden in Zukunft Verfahren verstärkt gefragt sein, die Materialien noch aufschließen, deren Aufarbeitung mit herkömmlichen Verfahren nicht lohnend ist. Ein weiterer Einsatz in dieser Richtung ist die Verwendung von Mikroorganismen bei der Abfallbewältigung.

5.4 Isolierung und Aufschluß von Zellen

Der erste Schritt bei der Produktisolierung besteht in der Phasentrennung, d.h. in der Abtrennung der Zellen vom Medium. Dies erreichen wir entweder durch Zentrifugation oder Filtration. Je nach Endprodukt werden die entsprechenden Fraktionen weiter aufgearbeitet (Abb. 5.4.1). Das Endprodukt kann sein:

- *single cell protein* (SCP), d.h. Biomasse,
- ein intrazelluläres Protein bzw. Enzym,
- ein Molekül, das sich im Medium anreichert.

5.4.1 Zellernte

Große Volumina werden entweder durch Hochgeschwindigkeitszentrifugation oder durch Ultrafiltration an Membranen aufgearbeitet. Diese Verfahren dienen nicht ausschließlich der Trennung von Zellen und Kulturmedium. Sie werden auch immer wieder an verschiedenen Stellen des Reinigungsprozesses eingesetzt,

- um Zellbruchstücke nach einem Zellaufschluß zu entfernen,
- um Niederschläge nach Fällungen zu sammeln,
- um immobilisierte Zellen von einem Produkt zu trennen,
- um Absorber (Aktivkohle, Ionenaustauscher usw.) zurückzugewinnen.

Während wir Filtrationsverfahren praktisch immer einsetzen können, um einen Feststoff von einer Flüssigkeit zu trennen, muß beim Einsatz von Zentrifugationsmethoden eine Dichtedifferenz zwischen dem abzutrennenden Feststoff und der umgebenden Flüssigkeit von mindestens 2–5 % vorliegen.

Bei der Zentrifugation, die im Produktionsmaßstab die Methode der Wahl darstellt, wird die Zellsuspension kontinuierlich in den laufenden Rotor gepumpt und das geklärte Medium in einem externen Behälter aufgefangen. Handelt es sich nicht um eine kontinuierlich arbeitende Zentrifuge, müssen wir von Zeit zu Zeit den Prozeß stoppen, um Zellen aus dem Rotor zu entfernen. Dies ist einer der größten Nachteile der Zentrifugationsmethode, besonders dann, wenn wir große Volumina ernten müssen. Ebenso nachteilig sind die recht hohen Investitions- und Betriebskosten sowie die mögliche Freisetzung von Mikroorganismen durch Aerosolbildung während des Ernteprozesses. Besonders dann, wenn mit hohem Durchsatz

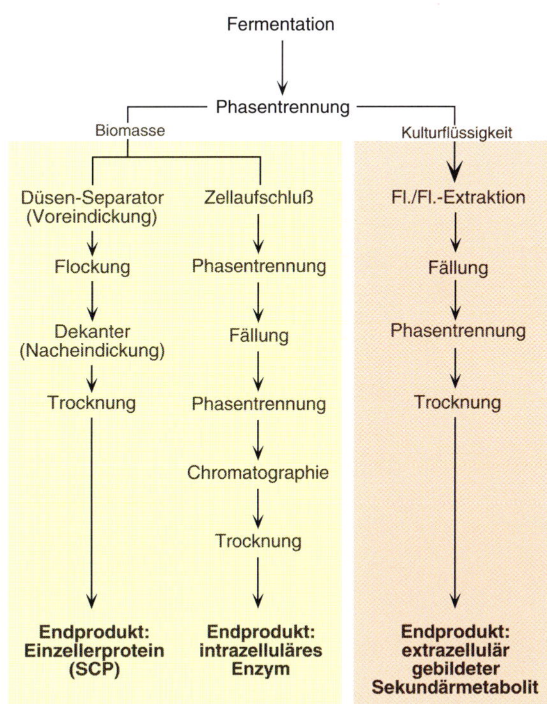

Abb. 5.4.1 Schematische Darstellung von Strategien zur Isolierung verschiedener Produkte.

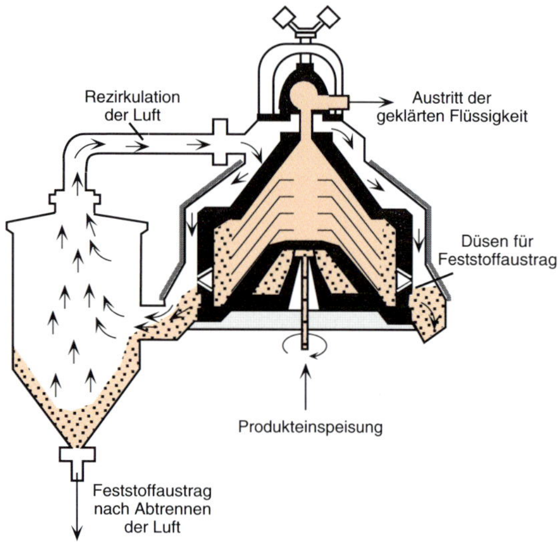

Abb. 5.4.2 Entkeimungsseparator. Hermetisch abgeschlossene, kontinuierlich arbeitende Zentrifuge.

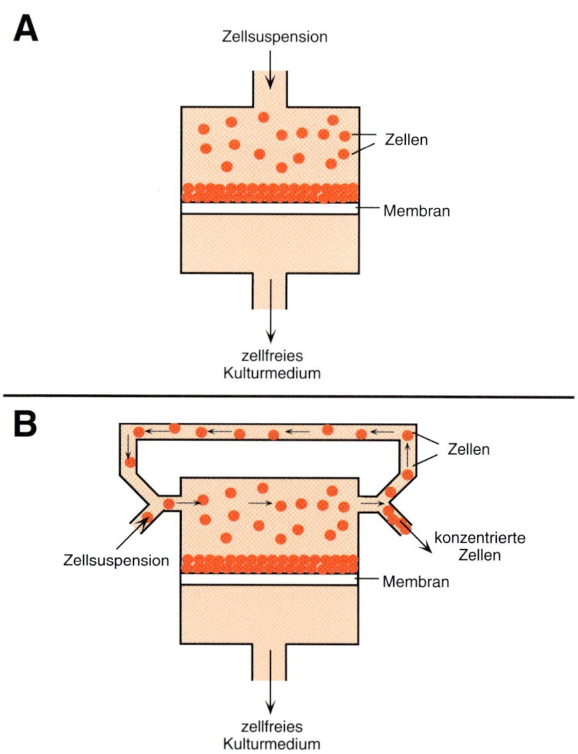

Abb. 5.4.3 Membranfiltrationseinheiten.
A. *Dead-end*-Filtrationseinheit. Hier wird das Medium durch Überdruck von oben oder durch Unterduck von unten durch die Membran getrieben.
B. *Cross-flow*-Filtrationseinheit. Das Filtrationsgut passiert tangential die Filtermembran. Vorteilhaft ist, daß die Membran deutlich länger durchlässig bleibt als bei der *dead-end*-Filtration.

zentrifugiert wird, ist es sehr schwierig, alle Zellen aus dem Medium zu entfernen.

In der Biotechnik werden sowohl Sedimentierzentrifugen als auch Filterzentrifugen eingesetzt. Bewährt haben sich Tellerseparatoren mit selbstentleerender Trommel, Düsenseparatoren und Schneckenzentrifugen (Dekanter).

- Tellerseparatoren sind quasi-kontinuierlich arbeitende Maschinen, die den Feststoff durch kurzzeitiges Öffnen eines Ringspaltes auswerfen. Der Arbeitsbereich beträgt 1–10 Vol.-% Feststoff im Zulauf.
- Bei den Düsenseparatoren verläßt das Feststoffkonzentrat die Trommel durch Düsen, die meist an der Peripherie – gelegentlich aber auch an der Unterseite der Trommel – angeordnet sind. Der Arbeitsbereich liegt bei 6–25 Vol.-% Feststoff im Zulauf und der Durchsatz erreicht 200 m^3/h.

Entkeimungsseparatoren sind Düsenseparatoren spezieller Bauart (Abb. 5.4.2), die hermetisch abgeschlossen arbeiten. Bei einer Reihenschaltung von zwei Maschinen lassen sich Bakterien bis zu 99 % abscheiden.

- Dekanter sind horizontal gelagerte Schneckenzentrifugen mit zylindrisch-konischer Vollmanteltrommel. Im Innern der Trommel befindet sich eine Schnecke, die sich mit einer etwas größeren Drehzahl als die Trommel dreht und den sedimentierten Feststoff kontinuierlich austrägt.
- Diskontinuierliche Zentrifugen werden bevorzugt bei der Flüssigkeitsklärung bzw. der Gewinnung sehr wertvoller Feststoffe eingesetzt. Sie sind als Röhrenzentrifugen, feststoffspeichernde Tellerseparatoren oder als Kammerzentrifugen konzipiert, wobei in aller Regel derartige Zentrifugen aus Gründen des Produktschutzes auch kühlbar sind.
- Filterzentrifugen werden zur Entfeuchtung von grobkörnigem kristallinem Material – meist in Kombination mit Dekantern – eingesetzt. Die Zulaufkonzentration liegt mit 50–60 Vol.-% sehr hoch.

Die Membranfiltration ist ein alternatives Verfahren mit deutlichen Limitationen. Wir unterscheiden *dead-end*-Filtrationen und *cross-flow*-Filtrationen (CFF oder TFF = *tangential flow filtration*) (Abb. 5.4.3).

- Bei der *dead-end*-Filtration (Abb. 5.4.3 A) erreichen wir die notwendige Triebkraft entweder durch Zentrifugation oder durch Überdruck (Druckfilterapparate) bzw. Unterdruck (Vakuumfiltration). Allerdings nimmt die Flußrate des Mediums durch die Membran sehr schnell ab. Denn die auf der Membran akkumulierten Zellen verstopfen die Poren, so daß der Druck permanent erhöht werden muß.
- Bei der *cross-flow*-Filtration, die wir auch als dynamische Filtration bezeichnen, wird das Medium tangential an der Filtermembran vorbeigeführt (Abb. 5.4.3 B). Dabei wird pro Passage nur relativ wenig Medium abgezogen. Allerdings sorgt der permanente Fluß dafür, daß die Zellen nicht auf der Membran akkumulieren und die Membran für den Mediumfluß durchlässig bleibt. Bereits nach einigen Zyklen lassen sich Mikroorganismen von 2 – 3 % auf ca. 40 % aufkonzentrieren. Nach vielen Zyklen in einem *cross-flow*-Filtrationssystem hat fast das komplette Kulturmedium die Membran passiert.

In beiden Filtrationsverfahren beträgt die durchschnittliche Porengröße 0,2–0,45 µm. Der Gebrauch einer *cross-flow*-Filtration ist derzeit nur im Laboratoriums-Maßstab anwendbar. Bei industriellen Massenproduktions-Verfahren wird fast immer zentrifugiert. Allerdings werden derartige Verfahren gerne zur Feinfiltration von Lösungen nach Biomasseabtrennung eingesetzt. Es besteht die Möglichkeit, die Feinfiltration durch Klärschichten mit einer Entkeimungsfiltration zu koppeln (Abb. 5.4.4)

5.4.2 Zellaufschluß

Mikroorganismen oder tierische Zellen können mechanisch oder durch nichtmechanische Methoden aufgeschlossen werden.

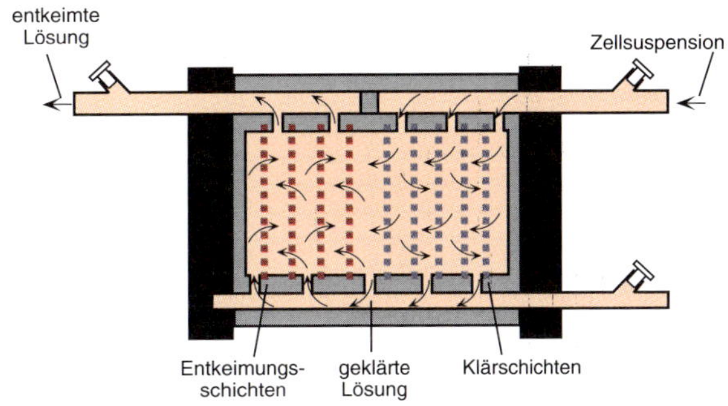

Abb. 5.4.4 Kombination von Klär- und Entkeimungsfiltration. Zunächst passiert das Medium Klärschichten. Danach wird es nochmals durch Entkeimungsfilter gepreßt.

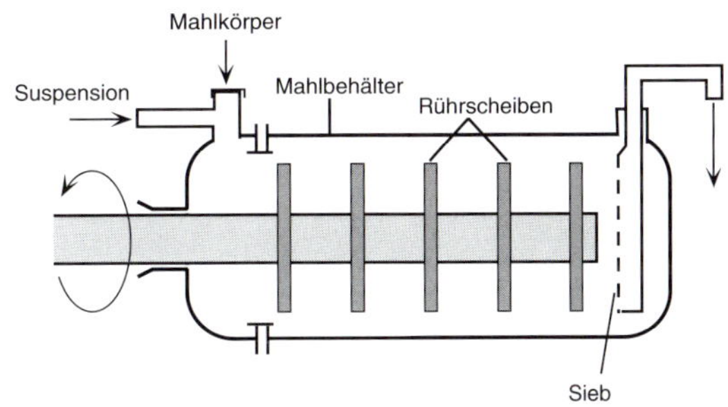

Abb. 5.4.5 Rührwerkskugelmühle. Die in Form einer Suspension eingebrachten Zellen werden mit Hilfe von Mahlkörpern, die durch Rührscheiben ständig bewegt werden, mechanisch aufgeschlossen.

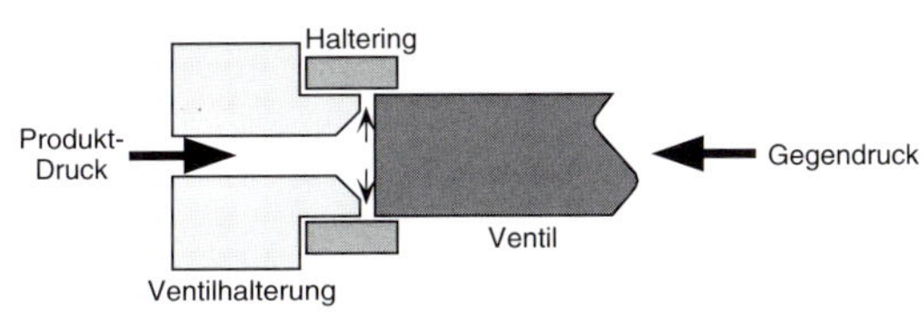

Abb. 5.4.6 Schematischer Querschnitt durch ein Ventil eines Hochdruckhomogenisators. Die Zellen zerplatzen nach Dekompression beim Austritt aus dem Ventil des Hochdruckhomogenisators.

Zu den mechanischen Verfahren zählen:

- das Naßmahlen mit abrasiven Körpern in Rührwerkskugelmühlen (Abb. 5.4.5),
- Dekompression in Hochdruckhomogenisatoren (Abb. 5.4.6),
- Gefrierdispersion,
- Ultraschall,
- Trocknung.

Es sind vor allem Scherkräfte oder Kavitationen, die zum Aufschluß des Zellmaterials führen. In großtechnischen Verfahren werden die Zellen meist durch Naßmahlen (Abb. 5.4.5) oder mit Hilfe von Hochdruckhomogenisatoren (Abb. 5.4.6) aufgeschlossen. Zwar sind diese Verfahren effizienter als die Gefrierdispersion, der Ultraschallaufschluß und die Trocknung. Allerdings reicht in aller Regel auch hier ein einzelner Durchgang durch einen Homogenisator nicht aus, um alle Zellen aufzubrechen. Daher sollte eine Zellaufschluß-Anlage so konzipiert sein, daß eine Rückführung und somit ein wiederholter Durchsatz des Zellmaterials möglich sind.

Für nichtmechanische Aufschlußverfahren werden verwendet

- Laugen,
- Säuren,
- Detergenzien,
- Enzyme, die die Zellmembranen und Zellwände durch Hydrolyse oder Solubilisierung aufschließen,
- chaotrope Reagenzien (z. B. Guanidiniumhydrochlorid oder Harnstoff).

Weitere Möglichkeiten zum nichtmechanischen Aufschluß sind

- wiederholtes Gefrieren und Auftauen,
- osmotische Behandlung.

Für technische Anwendungen haben sich sowohl die Hochdruckhomogenisation als auch die chemische Zell-Lyse in Gegenwart von 6–10 M Harnstoff oder 2–6 M Guanidiniumhydrochlorid und Zugabe membranaktiver Substanzen (0–2,0 % Triton X-100) bewährt.

Häufig werden dem Aufschlußpuffer auch Reduktionsmittel wie Mercaptoethanol oder Dithioerythrol zugesetzt. Dies hat zwei Effekte:

- Erstens werden unter Umständen Proteinaggregate entfaltet,
- zweitens wird eine Oxidation durch Luftsauerstoff verhindert.

Die internationalen Richtlinien für gentechnisch veränderte Organismen verlangen, daß kein lebender Organismus die Produktionseinheit – das *containment* – verlassen darf. Daher müssen in diesem Fall Maßnahmen getroffen werden, die das Auftreten von Aerosolen verhindern. Ferner muß in diesem Fall der Produktionsstamm nach Beendigung der Fermentation bereits im Bioreaktor oder spätestens während der Primäraufarbeitung inaktiviert werden. Diese Maßnahmen können mit erheblichen Verlusten an biologischer Aktivität des Zielproduktes verbunden sein.

Zusammenfassung

Zellernte und Zellaufschluß sind wichtige Verfahren im Rahmen biotechnischer Produktionsprozesse. Es gibt eine Vielzahl von Alternativ-Verfahren, deren Einsatz dem Problem anzupassen ist. Wichtige Entscheidungsparameter sind zum einen der Zelltyp, zum anderen aber auch der Produktionsmaßstab. Darüber hinaus ist es wichtig, ob das Medium oder die Produktionszelle den Wirkstoff enthält. Schließlich beeinflußen auch die chemischen und biochemischen Eigenschaften des Produktes die Wahl des Isolierungs- und Aufschlußverfahrens.

5.5 Isolierung biologischer Wirkstoffe

Die Isolierung des biologisch aktiven Moleküls ist der wichtigste Schritt bei der Herstellung biologischer Wirkstoffe. Wir müssen es entweder aus der Zellmasse oder aus dem zellfreien Überstand der Kulturlösung einer Fermentation von Hochleistungsstämmen gewinnen. Dieser Teil verursacht meist den größten Anteil der Produktionskosten.

5.5.1 Extraktion/Fällung

Niedermolekulare Produkte werden häufig durch Extraktion angereichert. Hierzu verwenden wir ein Extraktionsmittel (Lösungsmittel), das das Produkt möglichst selektiv aus dem Medium oder aus dem Zell-Lysat herauslöst.

Makromoleküle wie Nukleinsäuren oder Proteine konzentrieren wir in der Regel zunächst durch Fällung an.

- Nukleinsäuren präzipitieren wir durch Zugabe von Polykationen wie Polyethylenimin oder quartären Ammoniumsalzen.
- Proteine können wir durch Aussalzen (*salting out*) fällen. Hierzu stehen eine ganze Reihe negativ bzw. positiv geladener chaotroper Ionen zur Verfügung (Abb. 5.5.1). Besonders bewährt haben sich Neutralsalze wie Na_2SO_4 und $(NH_4)_2SO_4$. Proteine lassen sich aus wässriger Lösung auch durch Zugabe kalter Lösungsmittel wie Ethanol, Aceton oder Isopropanol fällen, da sich durch Zugabe dieser Lösungsmittel die Dielektrizitätskonstante der Lösung, und damit die Löslichkeit der Proteine, ändert. Schließlich können wir Proteine auch durch starke Säuren wie Trichloressigsäure fällen. Allerdings denaturieren die Proteine in dem sauren Millieu, so daß wir in anschließenden Schritten wieder renaturieren müssen.

Im Vergleich zu klassischen Produkten biotechnischer Verfahren gibt es bei rekombinanten Produkten einige Besonderheiten zu beachten, die die Strategie zu deren Isolierung entscheidend beeinflussen. So ist die Ausgangskonzentration der Produkte häufig relativ niedrig. Dies gilt besonders dann, wenn das Produkt in die Kulturlösung sezerniert wird und nicht in der Zelle akkumuliert. Dagegen liegen intrazellulär akkumulierte Produkte oft in Form unlöslicher Aggregate (*inclusion bodies*) vor und befinden sich daher nicht im Lysat der Zellen, sondern unten im Zell-Debris.

Sehr häufig besitzen die Produkte wegen ihres proteinogenen Charakters eine ausgesprochen geringe Stabilität und sind in hohem Maße durch proteolytische Aktivitäten der Wirtsorganismen gefährdet. Da nahezu alle rekombinanten Produkte, die medizinische Verwendung finden, parenteral appliziert werden müssen, sind die Anforderungen an die Reinheit der Produkte extrem hoch. Diese

A

SCN^-, I^-, ClO_4^-, NO_3^-, Br^-, Cl^-, CH_3COO^-, PO_4^{3-}, SO_4^{2-}

B

Ba^{2+}, Ca^{2+}, Mg^{2+}, Li^+, Cs^+, Na^+, K^+, Rb^+, NH_4^+

Abb. 5.5.1 Chaotrope Anionen (A) und Kationen (B) zum Aussalzen von Proteinen. Das Aussalzpotential der verschiedenen Salze nimmt jeweils von links nach rechts zu.

Reinheitsanforderungen erstrecken sich nicht nur auf eventuelle Begleitproteine, sondern in ganz besonderem Maße auch auf Abwesenheit jeglicher Nukleinsäure oder potentiell infektiöser Agenzien.

5.5.2 Reinigung

Zur weiteren Aufreinigung biotechnisch produzierter Produkte können wir eine Vielzahl unterschiedlicher Chromatographie- und Elektrophorese-Verfahren, sowie membranvermittelte- und Phasenseparations-Prozesse einsetzen. Eine Übersicht dieser Verfahren zeigt Tabelle 5.5.1.

Separationstechnik	Physikalisches Trennprinzip	Kapazität
Chromatographie		
Ionenaustausch-	Ionenladung	hoch
Größenausschluß-	hydrodynamisches Volumen	niedrig
Hydrophobe-	Hydrophobizität	hoch
Hydrophile-	Hydrophobizität	hoch
Chromatofokussierungs-	isoelektrischer Punkt	mittel
Adsorptions-	Oberflächeneigenschaften	mittel
Affinitätschromatographie		
— Metallionen	Koordination (Histidin)	mittel
— Thiophilie	Koordination (Cystein)	hoch
— Farbstoffe	spezifische Bindung	hoch
— Substratanaloge	Bindungskonformation	hoch
— Immun-	Antigen-Antikörper-Reaktion	hoch
— Rezeptor-	native Proteinkonformation	hoch
Elektrophoretische Methoden		
Gelelektrophorese	hydrodynamisches Volumen	niedrig
Isoelektrische Fokussierung	isoelektrischer Punkt	mittel
Isotachophorese	Ionenbeweglichkeit	niedrig
Autofokussierung	isoelektrischer Punkt	niedrig
Freie Elektrophorese	Ionenbeweglichkeit	hoch
Membranvermittelte Prozesse		
Reverse Osmose	hydrodynamisches Volumen	hoch
Mikrofiltration/Ultrafiltration	hydrodynamisches Volumen	hoch
Elektrodialyse	Ionenbeweglichkeit	hoch
Phasenseparationsprozesse		
Sedimentation	Sedimentationsgeschwindigkeit	hoch
Zentrifugation	Dichte	hoch
Extraktion	Löslichkeit, Verteilung	hoch
Flockulation	Oberflächeneigenschaften	hoch
Fraktionierte Fällung	Löslichkeit	hoch
Wässrige Zweiphasenverteilung	Verteilungskoeffizient	hoch

Tabelle 5.5.1 Prinzipien und Verfahren zur Produktreinigung

Das Problem der Proteinreinigung besteht darin, eine einzelne Proteinspezies in seiner nativen, wirksamen Konformation aus einer Vielzahl von Makromolekülen, die alle in ihren Eigenschaften sehr ähnlich sind, abzutrennen. In einer *E.-coli*-Zelle können beispielsweise ca. 3.000 bis 4.000 verschiedene Proteine synthetisiert werden. Nur eines dieser Proteine wollen wir zur Homogenität aufreinigen.

Proteine sind aber nicht die einzigen Biomoleküle, die abgetrennt werden müssen. Im Durchschnitt setzen sich die unterschiedlichen Molekülspezies anteilsmäßig an der Biotrockenmasse wie folgt zusammen:

- Protein 55 %,
- RNA 20 %,
- DNA 3 %,
- Lipide 9 %,
- Lipopolysaccharide 3,5 %,
- Peptidoglycan 2,5 %,
- Metabolite, Cofaktoren und Ionen ca. 3 %.

Hochleistungs-Produktionsstämme synthetisieren zum Teil erstaunliche Mengen des gewünschten Produkts. Dies ist nicht nur ökonomisch von Bedeutung, sondern erleichtert auch deutlich die Reindarstellung. Für rekombinante Proteine ist dies oft die entscheidende Voraussetzung, um das Protein überhaupt als Wirkstoff in der Medizin einsetzen zu können. Denn in „natürlichen Quellen" sind die Konzentrationen oft so gering, daß eine Reindarstellung nicht möglich wäre. Versuche, diese Wirkstoffe dennoch in Form von Konzentraten einzusetzen, haben in der Vergangenheit zu den bekannten Katastrophen geführt. So infizierten sich z. B. durch Faktor VIII-Konzentrate tausende von Blutern mit dem tödlichen HI-Virus und hunderte von Kindern starben nach einer Substitutionstherapie mit Wachstumshormon-Konzentraten an der Creuzfeldt-Jakob-Krankheit.

Handelt es sich jedoch nicht um einen Hochleistungs-Produktionsstamm, so beträgt der Anteil von Zielprodukt am Gesamtprotein in der Regel deutlich weniger als 1 %. Demnach müssen Reinigungsschemata erstellt werden, in deren Ergebnis Anreicherungsfaktoren von 100 bis 10.000 erreicht werden.

Wir können das Reinigungsregime in drei Phasen einteilen:

- Primäraufarbeitung,
- Feinreinigung,
- Endreinigung.

Für rekombinante Proteine unterscheiden sich die Primäraufarbeitung und Feinreinigung kaum von entsprechenden Verfahren zur Isolierung nicht rekombinationstechnisch hergestellter Proteine. Hingegen hat die Endreinigung des Wirkstoffs eine ganz besondere Bedeutung für das Verfahren. Spezielle Richtlinien für die Zulassung gentechnisch hergestellter Arzneimittel müssen beachtet werden, um für diese Wirkstoffe ein besonders hohes Maß an biologischer Sicherheit zu gewährleisten.

5.5.2.1 Primäraufarbeitung

Ziel der Primäraufarbeitung ist die Gewinnung einer angereicherten Wirkstoffsuspension, entweder aus der Kulturlösung oder nach Zellaufschluß. Bereits in diesem ersten Schritt sollten wir eine entscheidende Volumen- und Massereduktion anstreben.

Die Entfernung der Zellbruchstücke, d.h. die Klärung der Suspension erfolgt durch hochtourige Zentrifugation bei 10.000–20.000 × g. Als Alternative zur hochtourigen Zentrifugation können auch andere Verfahren eingesetzt werden. Hierzu zählen

- die Tangentialfluß-Zentrifugation,
- die Elektrodialyse,
- die Flockulation,
- die Verteilung in wässrigen Zweiphasensystemen.

Besonders häufig werden wässrige Zweiphasenverteilungssysteme verwendet. Diese beruhen auf unterschiedlichen Verteilungskoeffizienten von Proteinen in phasenunverträglichen Polymerensystemen (z.B. Polyethylenglycol und Dextran). Ein Teil der Proteine reichert sich in der einen, der andere Teil in der anderen Phase an. Oft werden durch dieses Verfahren schon Anreicherungsfaktoren von 2–10 für das gewünschte Protein erzielt.

Nach Entfernen der Zellen bzw. Zellreste wird das Klarlysat weiter konzentriert. Als Verfahren stehen unter anderem zur Verfügung:

- selektive Fällung durch Zugabe von Salzen, durch pH-Änderungen, durch Beimischen organischer Lösungsmittel, durch Polyethylenimin oder andere Flockungsmittel,
- die Ultra- bzw. Diafiltration,
- die Verteilung in alternativen wässrigen Zweiphasensystemen.

Alle diese Verfahren sollten wir so auslegen, daß bereits im Rahmen der Primäraufarbeitung nicht nur eine hohe Wirkstoffausbeute gewährleistet ist, sondern daß so weit wie möglich auch Störfaktoren wie Trübstoffe, Nukleinsäuren, Lipide, Bestandteile des Kulturmediums und Prozeßhilfsstoffe entfernt werden.

5.5.2.2 Feinreinigung

Während der Feinreinigung wird der Wirkstoff durch hochselektive Separationsschritte weiter stark angereichert. Wichtig sind eine schnelle Volumenreduktion, da die Wirkstoffe in verdünnten Lösungen meistens ausgesprochen labil sind. Ferner sollten auch in dieser Phase störende Komponenten effektiv entfernt werden.

Besonders effektiv sind Affinitätstechniken (Abb. 5.5.2). Die Basis dieser Trennverfahren bilden nicht mehr allgemeine Eigenschaften wie Polarität, Nettoladung oder Molekülgröße. Vielmehr kommt bei Affinitätstechniken meist eine sehr spezifische Eigenschaft zum Tragen. Die Vorteile solcher Verfahren bestehen darin, daß wir sehr hohe Anreicherungsfaktoren erzielen, daß die Trennmedien in der Regel eine hohe Kapazität und Durch-

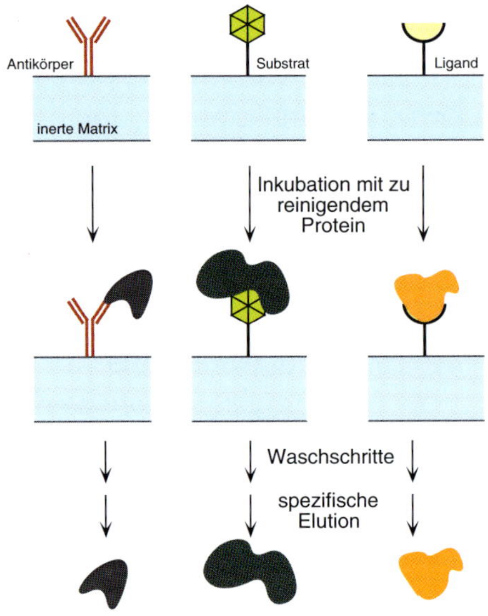

Abb. 5.5.2 Affinitätsmatrices zur Produktanreicherung. An eine inerte Matrix werden Moleküle gekoppelt, die spezifisch mit dem aufzureinigenden Produkt interagieren. Dies können monoklonale Antikörper sein, die gegen das Produkt gerichtet sind. Es können Substrate sein, die zum einen spezifisch für das aufzureinigende Produkt sind, die allerdings nicht von dem Produkt umgesetzt werden. Und es können Liganden sein, die mit dem Produkt interagieren.

satzrate aufweisen und daß die Trennprinzipien ausgesprochen selektiv sind. Ferner lassen sich diese Reinigungsschritte sehr leicht vom Laboratoriums-Maßstab auf einen Technikums- bzw. Produktionsmaßstab *upscalen*.

Affinitätsreinigungsverfahren haben aber auch Nachteile. So sind beispielsweise die Kosten für die Affinitätsmatrices oft sehr hoch. Diese werden für jedes zu isolierende Protein individuell hergestellt. Dazu koppeln wir kovalent einen Liganden, ein Substrat oder einen spezifischen Antikörper an eine inerte Matrix.

- Als Liganden können wir zum Teil spezielle Farbstoffe oder Metallionen einsetzen.
- Substrate müssen natürlich stabil sein und dürfen nicht durch das Protein umgesetzt werden.
- Als Antikörper werden fast ausschließlich monoklonale Antikörper verwendet.

Ferner müssen wir bedenken, daß nicht sicher ausgeschlossen werden kann, daß die Liganden (Antikörper, Farbstoffe, Metallionen) während der Elution abgespalten werden. Diese kontaminieren dann – wenn auch im geringen Maße – das Produkt. Aus diesem Grund muß sich ein validiertes Verfahren anschließen, in dem wir eventuelle Ligandenkontamination sicher entfernen können. Oft handelt es sich dabei um eine Ionenaustausch-Chromatographie.

5.5.2.3 Endreinigung

Aufgabe der Endreinigung ist die Gewinnung des Produktes in einer stabilen, lagerfähigen Form gemäß den speziellen Qualitäts- und Reinheitsanforderungen. In dieser Phase des Reinigungsprozesses müssen potentiell vorhandene Reste von Toxinen, Immunogenen, Pyrogenen, Nukleinsäuren, Proteinen des Wirts- und des Kulturmediums, Viren und Bakterien, sowie Hilfssubstanzen des Aufarbeitungsprozesses (Metallionen, Detergenzien usw.) endgültig und garantiert entfernt werden.

Meist erfolgt an dieser Stelle eine Größenausschluß-Chromatographie. Dies hat zwei Vorteile:

- Zum einen werden Restkontaminationen abgetrennt, jedenfalls dann, wenn sie sich in ihrer Größe von dem Wirkstoff unterscheiden.
- Zum anderen kann der Wirkstoff in ein anderes, für die Formulierung bevorzugtes, Puffermilieu überführt werden, da Gelfiltrationssäulen nicht auf besondere Pufferbedingungen angewiesen sind.

Generell sollte während dieser letzten Aufarbeitungsstufe unter sterilen Bedingungen gearbeitet werden. Es sollte hochreines pyrogenfreies Wasser verwendet werden, und es sollten nur solche Hilfsstoffe eingesetzt werden, die für den Verwendungszweck des Endproduktes zugelassen sind.

Zusammenfassung

Extraktion und Reinigung bilden die zentralen Verfahren der Wirkstoffherstellung. Sie müssen effektiv, ökonomisch und schonend sein. Jeder einzelne Schritt ist ein validierter Teilprozeß. Nicht selten müssen Anreicherungsfaktoren von 100 bis 10.000 erreicht werden. Die Reindarstellung des Wirkstoffs erfolgt in drei Phase:

- der Primäraufarbeitung,
- der Feinreinigung und
- der Endreinigung.

Während der Primärreinigung sollte vor allem eine signifikante Volumen- und Massereduktion erzielt werden. Außerdem sollten Zellbruchstücke komplett entfernt werden und die Suspension möglichst vollständig geklärt werden.

Während der Feinreinigung wird der Wirkstoff durch hochselektive Separationsschritte weiter stark angereichert. Besonderer effektiv sind dabei Affinitätstechniken, bei denen der Ansatz an einer Matrix aufgereinigt wird, an die ein Ligand, ein Substrat oder ein spezifischer monoklonaler Antikörper kovalent gekoppelt ist.

Im Rahmen der Endreinigung wird das Produkt in eine stabile, lagerfähige Form überführt und von potentiellen Restverunreinigungen oder Restkontaminationen befreit. Dabei sollten nur solche Hilfsstoffe eingesetzt werden, die auch für den Verwendungszweck des Endproduktes zugelassen sind.

5.6 Renaturierung von Proteinen

Bekanntlich werden Proteine aus den 20 verschiedenen proteinogenen Aminosäuren aufgebaut (Abb. 5.6.1). Die spezielle sequentielle Abfolge von durchschnittlich 300 Aminosäuren determiniert eine bestimmte Funktion des Proteins. Diese als Primärstruktur bezeichnete Sequenz reicht jedoch für die Funktionsfähigkeit eines Proteins nicht aus. Erst durch höhere Organisationszustände, die wir als Sekundär-, Tertiär- und Quartärstruk-

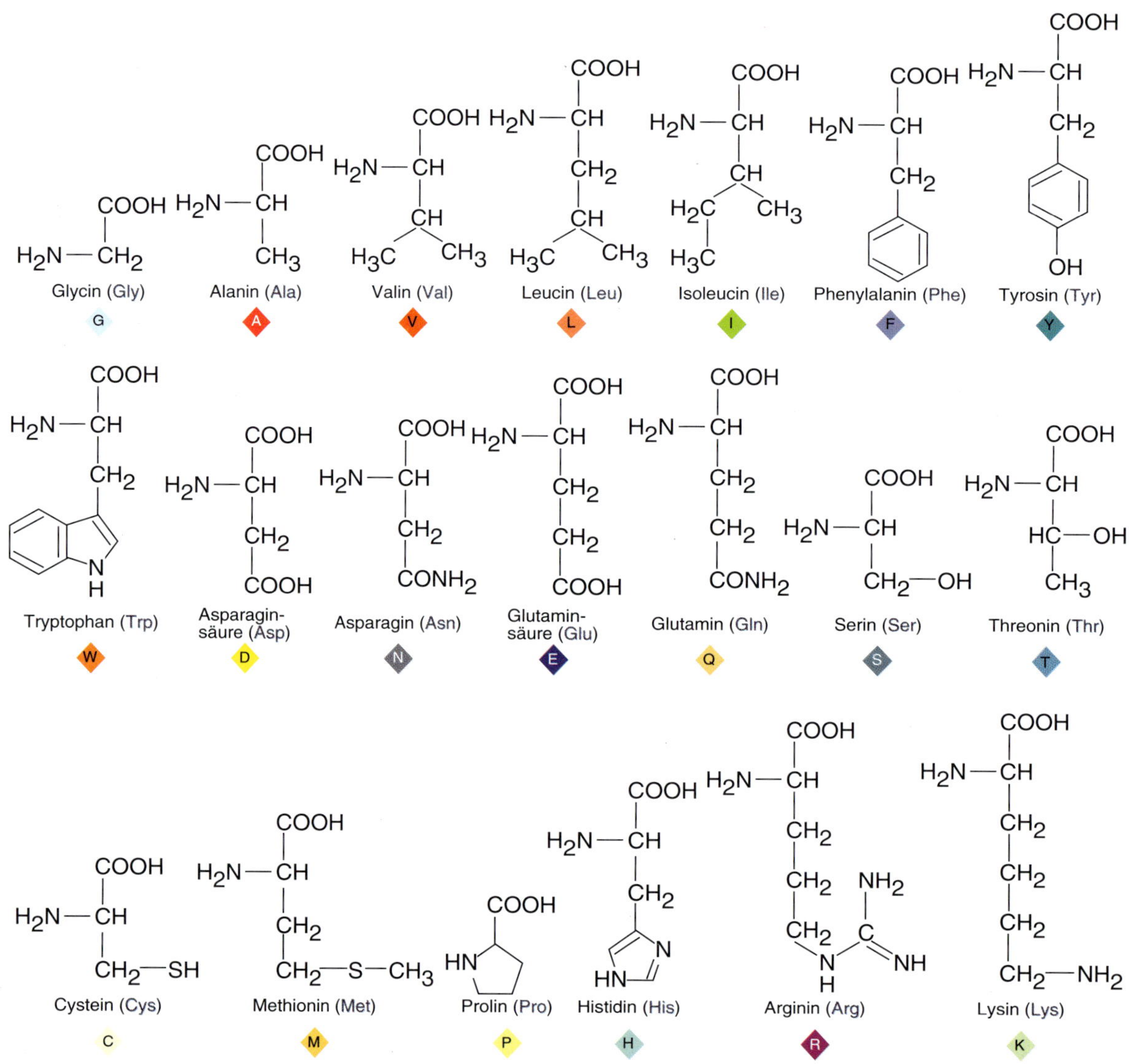

Abb. 5.6.1 Struktur und Symbole der proteinogenen Aminosäuren. In diesem Buch verwenden wir meist den Einbuchstabencode für die verschiedenen Aminosäuren.

tur bezeichnen, kann die determinierte biologische Funktion des Proteins auch realisiert werden.

Die Strukturelemente der Sekundärstruktur sind die sog. α-Helix (Abb. 5.6.2) und das β-Faltblatt (Abb. 5.6.3). Diese Sekundärstrukturelemente organisieren sich untereinander zu einer Tertiärstruktur, deren korrekte Ausbildung Voraussetzung für die „native Struktur" und damit für die Funktionsfähigkeit der Proteine ist. Schließlich können sich mehrere Proteine – sogenannte Proteinuntereinheiten – zu einer Quartärstruktur zusammenlagern.

Neben kovalenten Bindungen zwischen zwei intramolekular gelegenen Cystein-Aminosäureresten – den sogenannten Disulfidbrücken – sind es „schwache Wechselwirkungen", die für die Ausbildung von Sekundär-, Tertiär- und Quartärstruktur verantwortlich sind (Abb. 5.6.4). Diese schwachen Wechselwirkungen bilden sich zwischen den Seitenketten verschiedener Aminosäuren im Protein aus und stabilisieren die native (aktive) Konformation. Da es also vornehmlich schwache Wechselwirkungen sind, die Proteine „in Form" halten, lassen sich Proteine in ihrer Funktion sehr leicht durch Agenzien stören, die die schwachen Wechselwirkungen aufzuheben vermögen. Diese Faktoren sind in erster Linie erhöhte Temperatur, aber auch verschiedene Salze oder Lösungsmittel.

In ihrer natürlichen Umgebung werden die Proteine in der Regel sehr effizient korrekt geformt. Dies ist für Proteine, die in einem fremden Organismus zum Teil sehr stark überexprimiert werden, oft nicht mehr der Fall. Obwohl ein solches heterolog synthetisiertes Protein bezüglich seiner Primärstruktur mit dem authentischen Protein identisch ist, wird es in der heterologen Wirtszelle falsch gefaltet. Als Konsequenz ist das Protein biologisch inaktiv, d.h. es liegt denaturiert vor. Nicht zuletzt aufgrund der falschen dreidimensionalen Struktur fal-

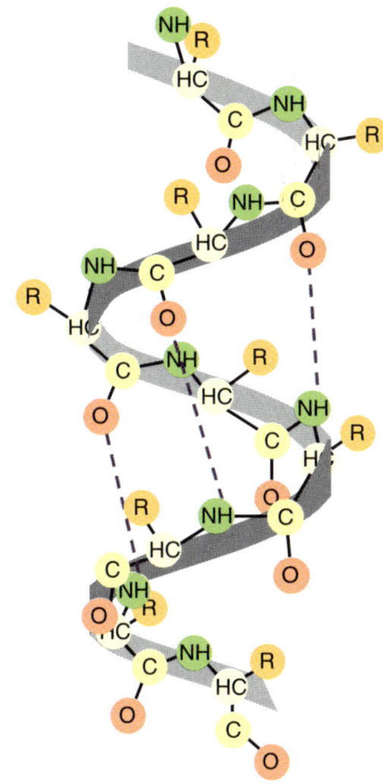

Abb. 5.6.2 Das Sekundärstrukturelement α-Helix. Sequenzbereiche, die bestimmte Aminosäuren enthalten, bilden spontan α-Helices aus. Diese werden durch Wasserstoffbrückenbindungen stabilisiert.

len die Proteine dann meist als unlösliche Präzipitate in der Zelle aus. Wir bezeichnen diese Präzipitate als Einschlußkörper oder *inclusion bodies*. Dies betrifft besonders häufig Proteine, die in *E. coli* exprimiert werden, so daß wir diese Proteine dann relativ aufwendig biochemisch aufbereiten müssen, um sie in die aktive Konformation zu überführen.

Es wurden verschiedene Methoden zur Protein-Renaturierung entwickelt. Zunächst müssen wir die Protein-Aggregate isolieren und solubilisieren. Hierzu verwenden wir denaturierende Agenzien wie Harnstoff, Guanidiniumhydrochlorid oder Natrium-Dodecyl-Sulfat (SDS). Ferner werden noch reduzierende Agenzien wie Glutathion, β-Mercaptoethanol oder Dithiothreithol (DTT) zugesetzt. Die Denaturierungs- und Reduktionsagenzien werden dann langsam wieder entfernt, um so ein Zurückfalten des Proteins

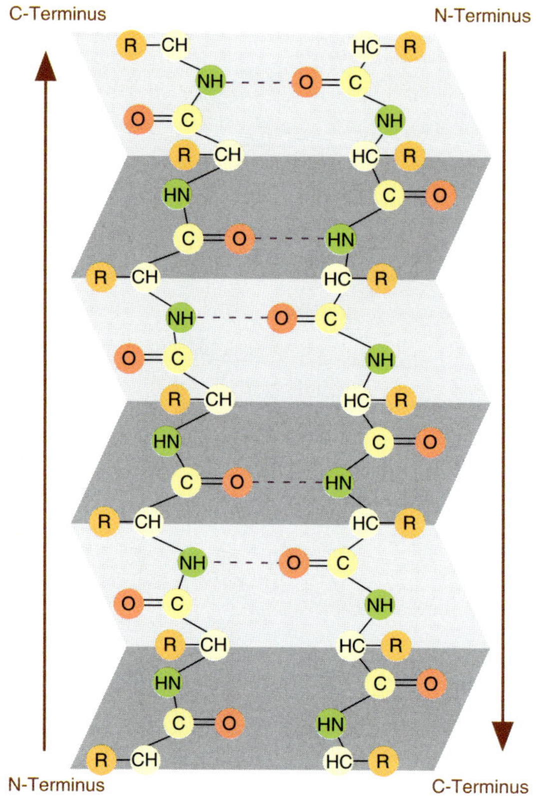

Abb. 5.6.3 Das Sekundärstrukturelement β-Faltblatt. Sequenzbereiche, die bestimmte Aminosäuren enthalten, bilden spontan ein β-Faltblatt aus. Antiparallel verlaufende β-Faltblattbereiche stabilisieren sich über Wasserstoffbrückenbindungen zu einem Tertiärstrukturbereich.

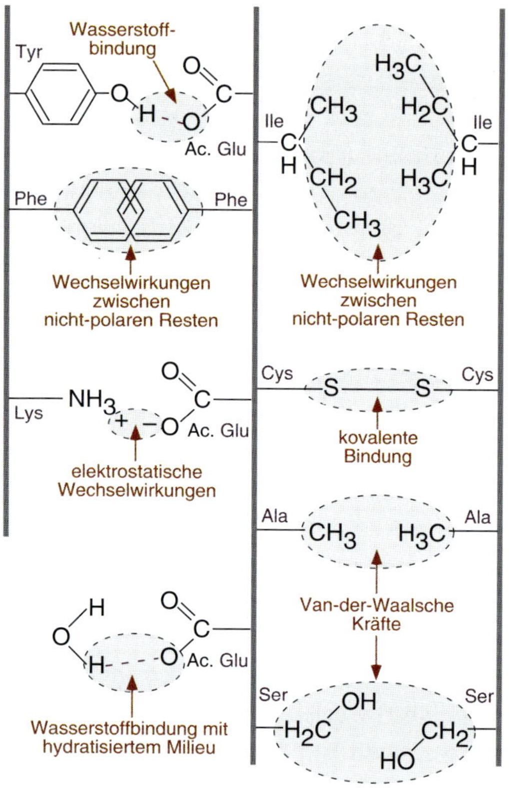

Abb. 5.6.4 Wechselwirkungen zwischen Aminosäureresten. Bis auf die Disulfidbrücke zwischen zwei Cysteinresten handelt es sich bei allen dargestellten Interaktionen zwischen den Seitenketten der Aminosäuren um „schwache Wechselwirkungen".

in die native Struktur zu ermöglichen. Das Entfernen dieser Agenzien erreichen wir durch Verdünnen oder durch Dialysieren mit bzw. gegen einen stabilisierenden Puffer. In der Regel ist eine Protein-Renaturierung nur bei geringer Proteinkonzentration (µg/ml) und bei hoher Konzentration des Denaturierungs- und Reduktionsmittels möglich.

5.6.1 *Die Ausbildung von „inclusion bodies"*

Prokaryonten als Wirtsorganismen geben nur sehr wenige Proteine ins Medium ab. Daher akkumulieren häufig die mit hoher Effizienz gebildeten rekombinanten Proteine in Form inaktiver oder aggregierter Proteine im Zellinnern oder im Periplasma. Wegen der hohen Expressionsrate fehlt es in den Zellen meist an Hilfskomponenten (sogenannte *Chaperone*), die ein korrektes Falten der entstehenden Proteinkette garantieren. Daher werden falsche Sekundärstrukturen ausgebildet, die als *inclusion bodies* präzipitieren. Die Tendenz, *inclusion bodies* zu bilden, wird oft durch die Wachstumstemperatur beeinflußt. Wollen wir die Ausbildung von *inclusion bodies* vermeiden, können wir versuchen, die Wachstumstemperatur zu erniedrigen. Dies geht selbstverständlich mit einer Reduktion der Wachstumsrate einher. Läßt sich jedoch so die Ausbildung von *inclusion bodies* verhindern oder verringern, so wird die geringere Wachstumsrate durch den Verzicht eines aufwendigen Renaturierungsverfahrens leicht kompensiert. Auch können bestimmte Zusätze zum Medium die Bildung von *inclusion bodies* zurückdrängen. Beispielsweise konnte das Ausfallen von β-Lactamase in Form von *inclusion bodies* im Periplasma von *E.-coli*-Zellen dadurch reduziert werden, daß dem Medium nicht metabolisierbare Zucker, wie Saccharose und Raffinose, zugesetzt wurden.

Gelingt es nicht, durch Modifikationen der Wachstumsbedingungen die Bildung von *inclusion bodies* zu verhindern, so können wir versuchen, die Proteine nicht in ihrer maturen Form, sondern als Vorläufermoleküle zu exprimieren. Vorläuferproteine besitzen meist zusätzliche Aminosäuren an ihrem N-Terminus. Durch diese kurzen *Leader*-Sequenzen wird manchmal die Bildung von *inclusion bodies* unterdrückt. Generelle Regeln lassen sich jedoch nicht aufstellen, so daß wir optimale Bedingungen von Fall zu Fall erarbeiten müssen.

5.6.2 In-vitro-Neufaltung von Proteinen (Renaturierung)

Die Renaturierung unlöslicher, inaktiver Proteine beinhaltet drei Schritte:
- Zunächst denaturieren wir durch Zugabe starker Denaturierungsmittel.
- Dann verdünnen wir die Lösung und spülen nach und nach das Denaturierungsmittel aus.
- Simultan mit dem Ausspülen des Denaturierungsmittels faltet sich das Protein in seine native Konformation.

Wie effektiv die Renaturierung von Proteinen *in vitro* ist, hängt von verschiedenen Faktoren ab. Hierzu zählen
- die Konzentration des Denaturierungsmittels,
- die Viskosität der Lösung,
- die Temperatur,
- die Ionenstärke,
- die Eigenschaften des Lösungsmittels.

Die Konzentration des Denaturierungsmittels ist einer der bedeutendsten Faktoren bei der Protein-Renaturierung. Denaturierungs-Agenzien wie Harnstoff und Guanidiniumhydrochlorid binden an Proteine. Durch Störung hydrophober Interaktionen werden die Proteine entfaltet und hydrophobe Bereiche exponiert. Anschließendes Entfernen der Denaturierungsmittel von der Proteinoberfläche gestattet ein Neufalten der Proteine. Dieses Ablösen geschieht durch kontinuierliches Verdünnen des Denaturierungsmittels.

Während des Renaturierungsvorganges bilden sich stabile Konformationsintermediate, die schließlich in das native Protein übergehen. Neben dem Einfluß des Lösungsmittels und damit der Konzentration des Denaturierungsmittels hat die Temperatur einen deutlichen Einfluß auf Rate und Ausmaß der Renaturierung. Niedrige Temperaturen begünstigen meist ein befriedigendes Renaturierungsresultat. Dabei beeinflußt die Temperatur in hohem Maße die Kompetition zwischen der intramolekularen Renaturierung auf der einen Seite und der intermolekularen Aggregatbildung auf der anderen Seite. In jedem Fall muß für ein bestimmtes Protein in einem bestimmten Lösungsmittel die optimale Temperatur für die Renaturierung experimentell ermittelt werden. Manchmal helfen auch Cosolventien wie Polyethylenglycol.

Wie dramatisch sich zum Teil die einzelnen Parameter auf das Resultat auswirken können, zeigt eine 1991 publizierte Studie, in der sehr systematisch das Renaturierungsverhalten eines in *E. coli* produzierten F_{ab}-Fragmentes gegen eine Kreatinkinase untersucht wurde (Buchner und Rudolph. Bio/Technology 9, 157–162, 1991). Dieses Antikörper-Fragment bindet nur die aktiven Dimere der Kreatinkinase und inhibiert dadurch die Aktivität dieses Enzyms.

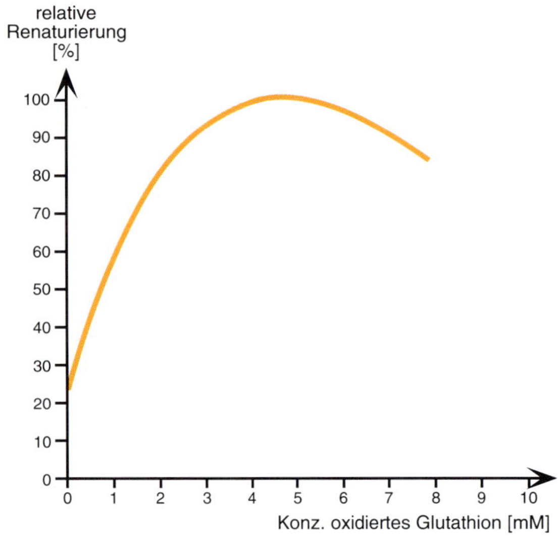

Abb. 5.6.5 Effekt der GSSG-Konzentration auf das Ausmaß der Renaturierung. Die Lösung enthielt 0,1 M Tris HCl, 0,4 M L-Arginin, pH 8,2, 2 mM EDTA. Die Konzentration an DTE betrug 3 mM. Das F_{ab}-Fragment wurde in einer Konzentration von 60 µg/ml eingesetzt, und die Renaturierung erfolgte über 150 Stunden bei 10 °C. Die maximale Konzentration an renaturiertem F_{ab}-Fragment betrug 24 µg/ml.

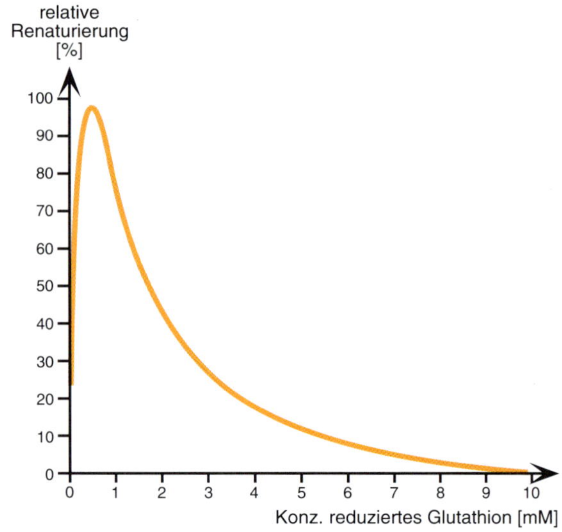

Abb. 5.6.6 Effekt der GSH-Konzentration auf gemischte Disulfide. Die Lösung enthielt 0,1 M Tris HCl, 0,5 M L-Arginin, pH 7,8, 2 mM EDTA. Das F_{ab}-Fragment wurde in einer Konzentration von 50 µg/ml eingesetzt, und die Renaturierung erfolgte über 150 Stunden bei 10 °C. Die maximale Konzentration an renaturiertem F_{ab}-Fragment betrug 19 µg/ml.

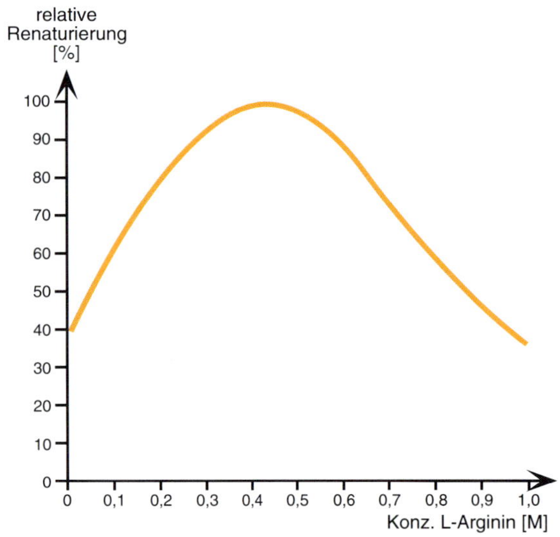

Abb. 5.6.7 Effekt der L-Arginin-Konzentration auf das Ausmaß der Renaturierung. Die Lösung enthielt 0,1 M Tris HCl, pH 8,0, 4 mM GSSG, 2 mM EDTA. Die Konzentration an DTE betrug 3 mM. Das F_{ab}-Fragment wurde in einer Konzentration von 60 µg/ml eingesetzt, und die Renaturierung erfolgte über 150 Stunden bei 10 °C. Die maximale Konzentration an renaturiertem F_{ab}-Fragment betrug 23,4 µg/ml.

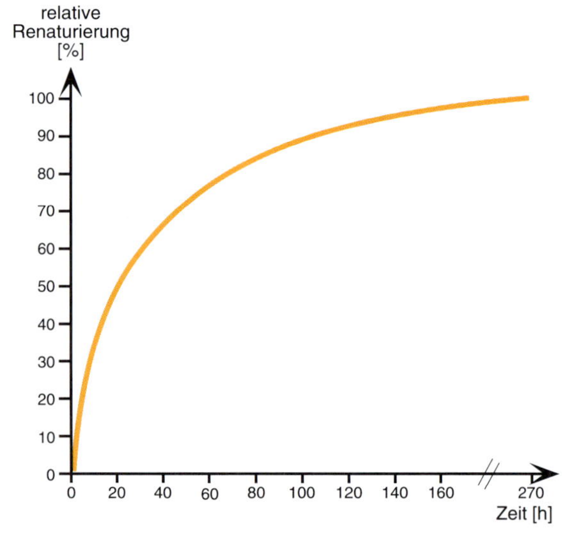

Abb. 5.6.8 Ausmaß der Protein-Renaturierung in Abhängigkeit von der Zeit. Die Lösung enthielt 0,1 M Tris HCl, 0,5 M L-Arginin, pH 7,8, 4 mM GSSG, 2 mM EDTA. Die Konzentration an DTE betrug 3 mM. Das F_{ab}-Fragment wurde in einer Konzentration von 30 µg/ml eingesetzt, und die Renaturierung erfolgte über 150 Stunden bei 20 °C. Die maximale Konzentration an renaturiertem F_{ab}-Fragment betrug 6 µg/ml.

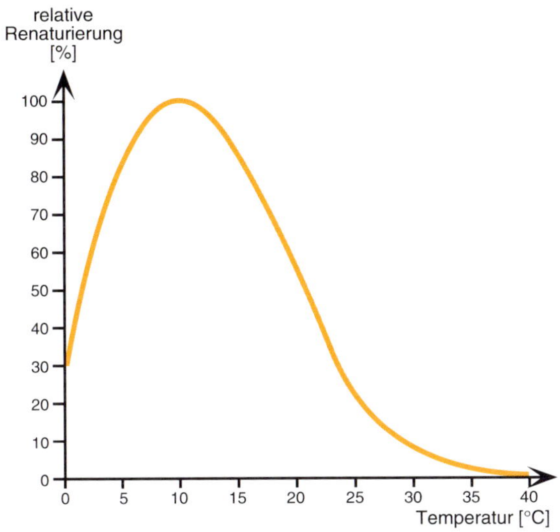

Abb. 5.6.9 Ausmaß der Protein-Renaturierung in Abhängigkeit von der Temperatur. Die Lösung enthielt 0,1 M Tris HCl, 0,4 M L-Arginin, pH 7,8, 4 mM GSSG, 2 mM EDTA. Die Konzentration an DTE betrug 3 mM. Das F_{ab}-Fragment wurde in einer Konzentration von 40 µg/ml eingesetzt. Die maximale Konzentration an renaturiertem F_{ab}-Fragment betrug 14 µg/ml.

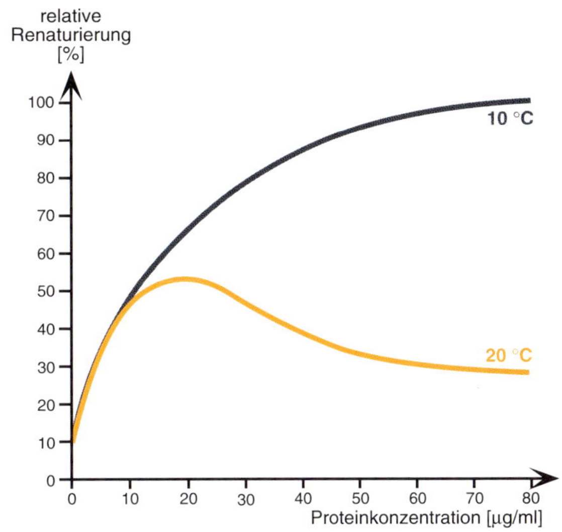

Abb. 5.6.10 Abhängigkeit der Protein-Renaturierung von der Proteinkonzentration. Die Lösung enthielt 0,1 M Tris HCl, 0,5 M L-Arginin, pH 8,2, 4 mM GSSG, 2 mM EDTA. Die Konzentration an DTE betrug 3 mM. Das Ausmaß der Renaturierung wurde nach 170 Stunden (10 °C) oder nach 130 Stunden (20 °C) ermittelt.

Zunächst wurden optimale Bedingungen für die Ausbildung korrekter Disulfidbindungen gesucht. Dabei ist es wichtig Bedingungen einzustellen, die sowohl die Bildung korrekter als auch das Lösen falscher Disulfidbindungen erlauben. Hierzu müssen niedermolekulare Thiolkomponenten sowohl in der reduzierten als auch in der oxidierten Form vorhanden sein. In der Studie wurden Dithioerythrol (DTE) und oxidiertes Gluthathion (GSSG) eingesetzt. Dabei stellt sich sekundenschnell ein ganz bestimmtes Verhältnis zwischen den jeweiligen oxidierten und reduzierten Formen der zugesetzten Komponenten ein. GSSG wird durch DTE teilweise zu Gluthathion (GSH) reduziert, so daß sich ein GSH/GSSG-Redoxsystem bildet. DTE liegt in einem solchen System hauptsächlich in der oxidierten Form vor.

Die relative Renaturierung des F_{ab}-Fragmentes in Abhängigkeit von der GSSG-Konzentration ist in Abb. 5.6.5 dargestellt. Offensichtlich sind GSSG-Konzentration von 4 – 5 mM erforderlich um optimale Renaturierungsbedingungen einzustellen. Bemerkenswert ist die Zeit, die erforderlich ist, um eine effiziente Renaturierung zu erhalten. In der vorliegenden Arbei, wurde die Renaturierung nach ca. 150 Stunden quantifiziert.

Eine Alternative besteht darin, zunächst die SH-Gruppen des Proteins mit GSSG zu gemischten Disulfiden abreagieren zu lassen. Entfernt man dann überschüssiges GSSG, so sind nur noch katalytische Konzentrationen von GSH erforderlich um langsam renaturiertes Protein zu erhalten (Abb. 5.6.6).

Oft hilft ein Zusatz von L-Arginin, die Renaturierungseffizienz zu steigern. L-Arginin gehört, ähnlich wie Guanidiniumhydrochlorid oder Harnstoff, zu destabilisierenden Substanzen. In geeigneten Konzentrationen helfen diese Substanzen, Moleküle wieder in den Renaturierungsprozeß einzuschleusen, die sich in einer falschen Struktur verfangen haben und somit in einer nichtproduktiven Konformation „festsitzen“. In Abb. 5.6.7 ist aufgezeigt, daß es sich lohnen kann, die optimale L-Arginin-Konzentration für einen Renaturierungsansatz zu ermitteln.

Daß die Renaturierungszeit (Abb. 5.6.8) und Renaturierungstemperatur (Abb. 5.6.9) eine ausschlaggebende Rolle spielen, ist nach dem, was wir bisher gehört haben, nicht mehr verwunderlich.

Schließlich wirkt sich auch die Proteinkonzentration im Renaturierungsansatz auf die Ausbeute an renaturiertem Protein aus (Abb. 5.6.10). Im vorliegenden Fall beobachteten die Wissenschaftler ein Optimum bei einer Proteinkonzentration um 20 µg/ml, wenn die Renaturierung bei 20 °C durchgeführt wurde. Stellte man eine Renaturierungstemperatur von 10 °C ein, ließ sich die Proteinkonzentration auf bis zu 80 µg/ml steigern.

Zusammenfassung

Die Funktion eines Proteins wird nicht nur durch die jeweilige Aminosäuresequenz, die sogenannte Primärstruktur, bestimmt, sondern in ganz besonderem Maße auch durch die Sekundär-, Tertiär- und gegebenenfalls durch die Quartärstruktur. Bis auf die kovalenten Bindungen zwischen Cystein-Seitenketten, den sogenannten Disulfidbrücken, sind alle anderen Kräfte, die die native Struktur eines Proteins stabilisieren, schwache Wechselwirkungen. Werden diese Interaktionen gestört, geht das Protein von der nativen, aktiven Konformation in eine denaturierte, inaktive Struktur über und fällt dabei auch häufig in Form von *inclusion bodies* aus. Dies ist besonders dann der Fall, wenn die Proteine in *E. coli* exprimiert werden. Man hat mittlerweile gelernt, diese *inclusion bodies* durch biochemische Verfahren wieder zu renaturieren. Obwohl für jedes Protein individuelle Strategien erarbeitet werden müssen, beginnt man fast immer mit einer kompletten Entfaltung des Proteins durch hohe Harnstoffkonzentrationen oder durch Solubilisierung der *inclusion bodies* mit Hilfe von Guanidiniumhydrochlorid. Ferner setzt man auch reduzierende Agenzien zu, um zufällig – und damit falsch – geformte Disulfidbindungen zu reduzieren. Durch langsames Verdünnen des Denaturierungsansatzes oder durch Dialysieren gegen einen für das spezielle Problem optimierten Renaturierungspuffer, geben wir dem Protein die Chance, eine native Konformation auszubilden.

Methoden in der Gentechnik (M10)

Sequenzieren von Proteinen

Dazu wird das Protein 24 Stunden bei 110 °C in 6 N HCl gekocht und die einzelnen Aminosäuren über Ionenaustauschchromatographie separiert. Die verschiedenen Fraktionen können dann über die Zugabe von Ninhydrin quantifiziert werden: alle Aminosäuren außer Prolin ergeben mit Ninhydrin (Abb. M10.1 A) eine blaue Farbe. Prolin mit seiner sekundären Aminogruppe dagegen liefert mit Ninhydrin eine gelbe Färbung.

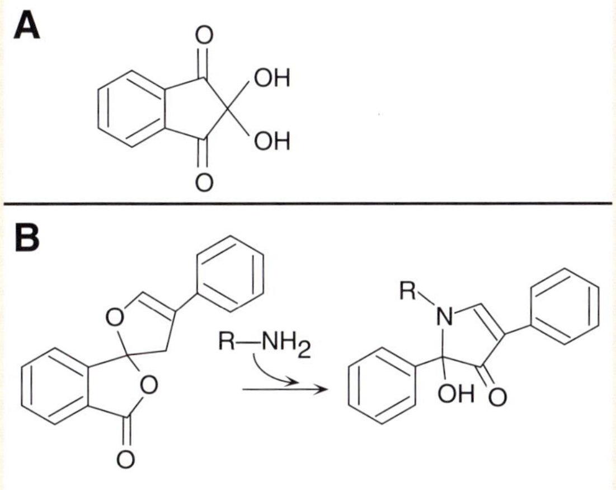

Abb. M10.1 Reagenzien für die Proteinsequenzierung. A Ninhydrin. **B** Fluorescamin.

Ein ähnliches Prinzip, allerdings deutlich sensitiver, ist die Quantifizierung der Aminosäuren über Fluorescamin, das mit der α-Aminogruppe zu einem stark fluoreszierenden Produkt reagiert (Abb. M10.1 B).

Im nächsten Schritt bestimmen wir die Aminosäuren, die den N-Terminus bzw. den C-Terminus unseres Proteins bilden.

Für die Identifizierung der C-terminalen Aminosäuren existieren nur wenige brauchbare Methoden. Wir können hier vor allem wählen zwischen

- dem chemischen Abbau durch Hydrazinolyse und
- dem proteolytischen Abbau durch Carboxypeptidase A oder Y.

Bei der Hydrazinolyse wird das gesamte

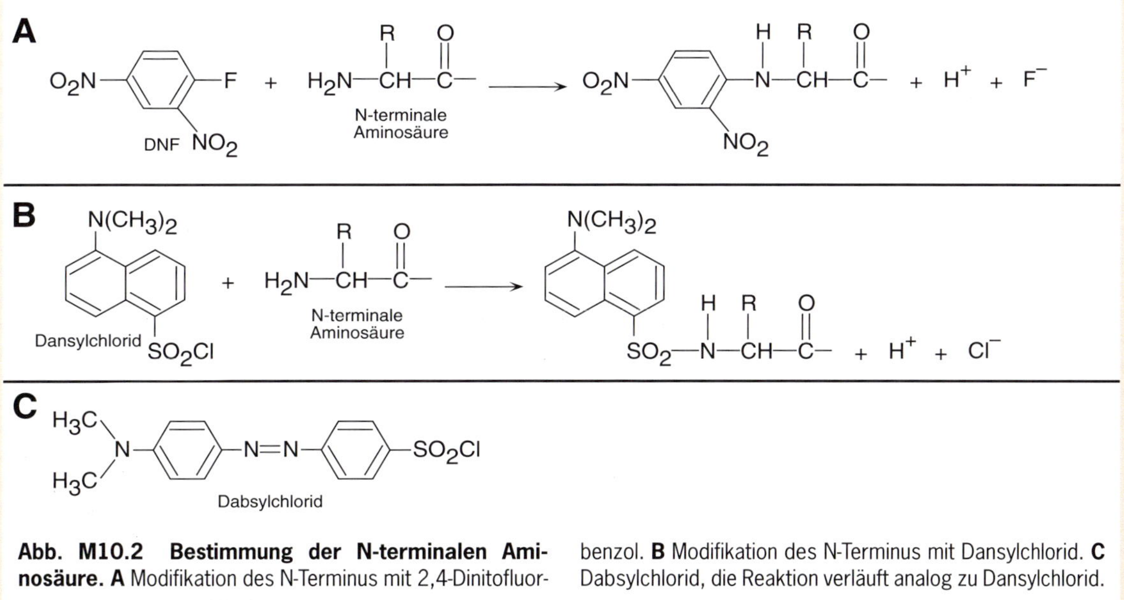

Abb. M10.2 Bestimmung der N-terminalen Aminosäure. A Modifikation des N-Terminus mit 2,4-Dinitofluorbenzol. **B** Modifikation des N-Terminus mit Dansylchlorid. **C** Dabsylchlorid, die Reaktion verläuft analog zu Dansylchlorid.

Protein in die Aminosäuren zerlegt, wobei alle Aminosäuren des Proteins mit Ausnahme der C-terminalen Aminosäure durch Hydrazin modifiziert werden. Die unmodifizierte Aminosäure können wir dann wieder chromatographisch identifizieren. Carboxypeptidasen hingegen spalten gezielt eine einzelne Aminosäure vom C-Terminus des Proteins ab, die wiederum charakterisiert werden kann.

Zur Identifizierung der N-terminalen Aminosäure existieren dagegen mehrere Methoden. Diesen Methoden ist gemeinsam, daß man die N-terminale Aminosäure derivatisiert. Sanger verwendete für diesen Zweck 2,4-Dinitrofluorobenzol (Abb. M10.2 A). Nach vollständiger Hydrolyse des Proteins kann die modifizierte Aminosäure chromatographisch identifiziert werden. Eine deutliche Steigerung der Sensitivität bringt die Verwendung von Dansylchlorid (Abb. M10.2 B) oder Dabsylchlorid (Abb. M10.2 C). Ebenfalls an der N-terminalen Aminosäure greift Phenylisothiocyanat an, das auch als Edmans-Reagenz bezeichnet wird. Phenylisothiocyanat reagiert im Alkalischen mit der N-terminalen Aminogruppe zu einem Phenylthiocarbamylderivat, das dann durch Behandlung mit einer starken Säure abgespalten wird und sich zu einem Phenylthiohydantoinderivat umlagert. Die derart modifizierte abgespaltene Aminosäure können wir nun wieder identifizieren (Abb. M10.3). Nun können wir die um eine Aminosäure verkürzte Kette erneut mit Phenylisothiocyanat behandeln und somit sukzessive die Aminosäurekette abbauen. Große Proteine werden zunächst mit Peptidasen fragmentiert. Die gebildeten Peptide werden isoliert und dann über den Edman-Abbau sequenziert. Als Resultat erhalten wir einzelne Peptidsequenzen, die sich partiell überlappen. Aus den Sequenzen und den Überlappungen läßt sich dann die Abfolge der Aminosäuren ablesen.

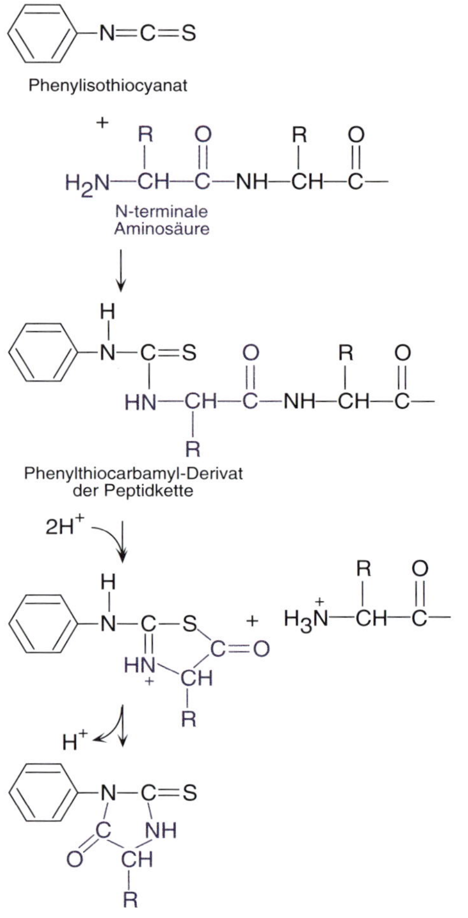

Abb. M10.3 Der Edman-Abbau. Die N-terminale Aminosäure wird mit Phenylisothiocyanat modifiziert. Im Sauren wird das Phenylthiocarbamoyl-Derivat von der Restkette abgespalten, das sich danach zu einem Phenylthiohydantoin-Derivat umlagert. Dieses kann chromatographisch identifiziert werden.

5.7 Monoklonale Antikörper

Antikörpermoleküle bestehen aus vier Proteinketten: Zwei leichte L-Ketten und zwei schwere H-Ketten. Die leichten Ketten besitzen ein Molekulargewicht von ca. 25 kDa, wohingegen die schweren Ketten ein Molekulargewicht von ca. 55 kDa besitzen. Durch intermolekulare Disulfidbrücken werden diese Proteinuntereinheiten zusammengehalten. Neben den intermolekularen Disulfidbrücken findet man auch intramolekulare Disulfidbrücken, die einzelne Domänen innerhalb der Antikörpermoleküle verbinden (Abb. 5.7.1).

Es gibt 5 Klassen von H-Ketten – μ, δ, γ, ε und α – sowie 2 Klassen von L-Ketten – κ und λ. An der Sequenz der H-Kette eines Antikörpermoleküls erkennen wir, ob es sich um ein Immunglobulin vom Typ IgM, IgD, IgG, IgE oder IgA handelt.

Um die Biosynthese von Antikörpermolekülen aufzuklären, erwiesen sich Myelome, also Tumore des Immunsystems, als äußerst hilfreich. Bei Myelomen handelt es sich um B-Zell-Tumoren. Diese sezernieren große Mengen eines bestimmten Antikörpermoleküls. Jeder Tumor produziert ein bestimmtes Immunglobulin, und jeder Tumor produziert eine anderes Immunglobulin. Durch die Analyse der Proteinsequenz der unterschiedlichen Immunglobuline stellte man fest, daß die Immunglobuline in bestimmten Bereichen sehr ähnlich waren, in anderen Bereichen jedoch deutliche Sequenzunterschiede aufwiesen. Schließlich ließen sich Antikörperketten in variable und konstante Region unterteilen. Die variablen Regionen finden wir an den jeweiligen N-Termini der vier Proteinketten eines Antikörpers. Sie sind weiter aufgeteilt in sogenannte *framework*-Regionen (FR) und in sogenannte hypervariable Regionen oder CDR (*complementarity-determining regions*). Dabei bilden immer zwei *framework*-Regionen eine Art Rahmen für eine CDR-Region (Abb. 5.7.1). Innerhalb der CDR-Regionen unterschiedlicher Antikörper finden wir die größten Sequenz-Heterogenitäten, da durch diese Regionen der größte Teil der Antikörperspezifität determiniert wird.

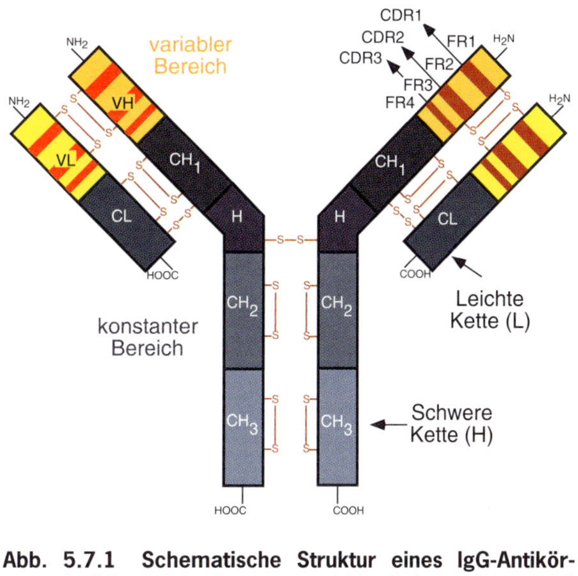

Abb. 5.7.1 Schematische Struktur eines IgG-Antikörpers. Antikörper bestehen aus zwei identischen schweren (H) und zwei identischen leichten (L) Ketten, die über verschiedene Disulfidbrücken kovalent miteinander zu einem Molekül verknüpft sind. In den C-terminalen Bereichen, den sogenannten konstanten Regionen, befinden sich konservierte Sequenzen. Schwere Ketten besitzen drei Struktur-Domänen (CH_1, CH_2 und CH_3) innerhalb der konstanten Region. Die N-terminalen Bereiche der vier Proteinketten enthalten hochvariable Sequenzen und bilden die Antigen-Erkennungsstelle, das Idiotop. Innerhalb dieser Bereiche gibt es vier kurze Sequenzabschnitte, die als *framework*-Regionen (FR1 – FR4) bezeichnet werden. Diese flankieren drei Sequenzabschnitte, die *complementarity determining regions* (CDR1 – CDR3) genannt werden. Dies sind die Bereiche innerhalb eines Antikörpers, die sich in ihrer Aminosäuresequenz am stärksten von anderen Antikörpermolekülen unterscheiden.

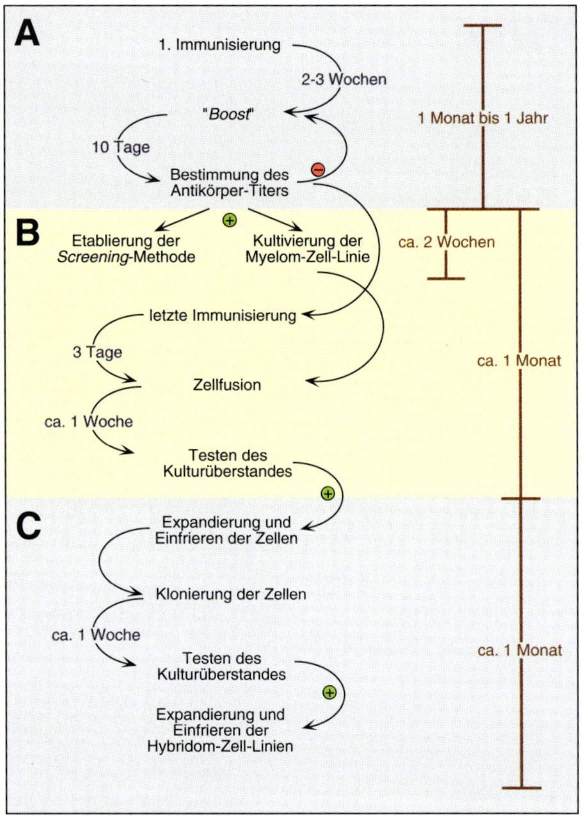

Abb. 5.7.2 Teilschritte zur Herstellung monoklonaler Antikörper.
A. Der erste Abschnitt beinhaltet die Immunisierung der Maus. Dieser Abschnitt dauert je nach Antigen ca. einen Monat bis ein Jahr.
B. In den zweiten Abschnitt fallen die letzten Vorbereitungen zur Fusionierung und die eigentliche Herstellung der monoklonalen Antikörper. Für diesen Abschnitt ist ca. ein Monat zu veranschlagen.
C. Im letzten Teilschritt werden die vorselektionierten Hybridoma-Zellen expandiert, kloniert und konserviert. Auch für diese Phase muß ein Zeitaufwand von ca. einem Monat veranschlagt werden.

Wir kennen alle die große Spezifität und Variabilität von Antikörpern. Trotz dieser Spezifität und Variabilität sind Antikörper untereinander strukturell unglaublich ähnlich. Aus diesem Grund ist es auch undenkbar, einen einzelnen Antikörper aus der Immunglobulin-Fraktion des Serums rein darzustellen.

Für die Reindarstellung eines Antikörpers waren über lange Jahre bestimmte B-Zell-Tumoren die einzige Quelle. Dennoch waren B-Zell-Lymphome eine unbefriedigende Quelle für reine Antikörper, da man auf die Spezifität keinen Einfluß nehmen konnte. Dieses Dilemma lösten der Amerikaner Caesar Milstein und der Deutsche Georg Köhler durch die Entwicklung einer genialen Technologie zur Herstellung monoklonaler Antikörper.

5.7.1 Das Problem

Was war das Problem? Es war bekannt, daß eine einzelne B-Zelle einen einzelnen Antikörper produziert. Wollen wir also einen reinen Antikörper erhalten, müssen wir eine einzelne B-Zelle kultivieren und klonal expandieren. Allerdings besitzen B-Zellen nur eine begrenzte und dazu noch recht kurze Lebensdauer, so daß die Überlegung zwar richtig ist, aber die Lösung des Problems durch diese Überlegung noch nicht vorgezeigt ist.

Wir haben bereits mehrfach gehört, daß Kultur-Zellen in der Regel unsterblich sind. Kultur-Zellen sind meist von Tumor-Zellen abgeleitet, die die normale Zellteilungskontrolle durch Mutationen verloren haben. Könnten wir daher die beiden Eigenschaften „Antikörperproduktion" und „Unsterblichkeit" miteinander kombinieren, sollten wir das geschilderte Problem gelöst haben. Wir hätten eine Kultur-Zelle, die einen bestimmten Antikörper produzieren würde. Genau dies war auch der Lösungsansatz von Milstein und Köhler.

5.7.2 Die Herstellung monoklonaler Antikörper

Die Herstellung muriner monoklonaler Antikörper ist heute Routine. Da diese Moleküle in der medizinischen Praxis ebenso wie in der Grundlagenforschung eine so überragende Rolle spielen, wollen wir das Verfahren zur Herstellung monoklonaler Antikörper hier ausführlich besprechen. Dieses Verfahren umfaßt folgende Schritte (Abb. 5.7.2):

- Immunisierung einer Maus mit dem gewünschten Antigen.

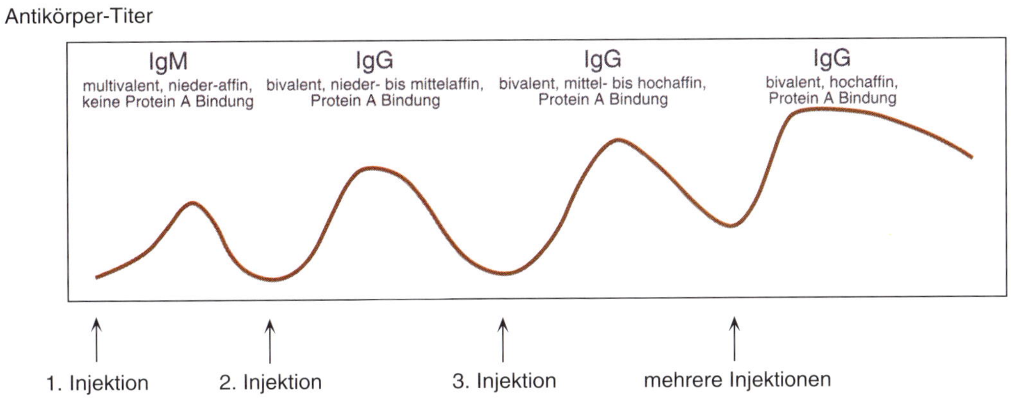

Abb. 5.7.3 Ausbildung eines Antikörper-Titers in Abhängigkeit von den erfolgten Immunisierungsschritten. Die initiale Immunantwort ist immer die Bildung von IgM-Antikörpern. Diese sind noch nicht sehr spezifisch, d. h. multivalent, und weisen auch nur geringe Affinitäten zum Antigen auf. Sie binden auch nicht an Protein A, einem Protein aus *Staphylococcus aureus*, an das beispielsweise alle IgG-Antikörper binden können. Mit jeder Antigen-Injektion steigen die Affinität, die Spezifität und die Menge der Antikörper.

- Kultivierung einer Mäuse-Myelom-Zell-Linie.
- Isolierung der Milz-Zellen aus der Maus.
- Fusion der Milz-Zellen mit den Myelom-Zellen.
- Selektion fusionierter „Hybridoma-Zellen".
- Primäres *Screening* antikörperproduzierender Hybridoma-Zellen.
- Klonierung der vorselektionierten Zellen.
- Identifizierung antikörperproduzierender Klone.
- Charakterisierung der produzierten Antikörper.

5.7.2.1 *Immunisierung*

Die Immunisierung ist einer der wichtigsten Schritte bei der Herstellung monoklonaler Antikörper. Sie erfordert viel Erfahrung, und Patentrezepte können hier nicht gegeben werden. Wir wollen daher nur das Prinzip beleuchten.

Wichtig ist es, daß sich zum Zeitpunkt der Fusion – also zu Beginn der Herstellung monoklonaler Antikörper – ein möglichst hoher Antikörper-Titer eingestellt hat. Aus diesem Grund darf die applizierte Antigenmenge nicht zu gering sein. Üblicherweise werden Größenordnungen von 5–100 µg Antigen pro Immunisierung und pro Maus appliziert. Die Kinetik einer typischen Immunantwort ist in Abb. 5.7.3 dargestellt. Hieraus wird auch deutlich, daß mehrere Antigen-Applikationen nötig sind, bis wir einen hohen Serumtiter an hochaffinen Antikörpern erhalten.

Zu Bedenken ist, daß Antigene mit einem Molekulargewicht von weniger als 10 kDa in der Regel nur schwach immunogen wirken. Noch kleinere Moleküle von weniger als 1.000 Dalton sind selbst gar nicht mehr immunogen, und wir müssen dieses „Hapten" an einen hochmolekularen Träger koppeln, um die Bildung spezifischer Antikörper induzieren zu können. Hierzu können wir Serumalbumin, Transferrin und andere leicht zugängliche Proteine verwenden. Wir können das Hapten aber auch an künstliche Proteine wie beispielsweise Poly-Lysin koppeln.

In jedem Fall benötigen wir zwei verschiedene makromolekulare Träger für das Hapten:
- Ein Konjugat benutzen wir zur Immunisierung.
- Das andere Konjugat benötigen wir zur Titer-Bestimmung und zum *Screening* antikörperproduzierender Hybridoma-Zellen.

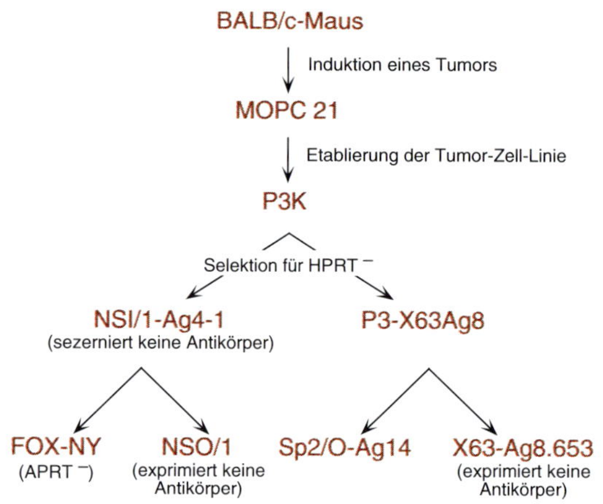

Abb. 5.7.4 Selektion verschiedener Myelom-Zell-Linien.

Damit verhindern wir, daß wir bei dem *Screening* Antikörper identifizieren, die gegen das wesentlich größere Trägermolekül gerichtet sind.

Zur Kopplung des Haptens an den makromolekularen Träger können bifunktionelle Reagenzien wie Glutardialdehyd und andere eingesetzt werden. Wir können aber auch die Methoden nutzen, die wir bereits bei der Kopplung von Enzymen an feste Träger in Kapitel 5.3 besprochen haben. Voraussetzung ist natürlich, daß das Hapten eine geeignete funktionelle Gruppe für die Kopplungsreaktion besitzt.

Den Antikörper-Titer bestimmen wir mit Hilfe eines ELISA-Tests (siehe Methode M9). Je höher der Antikörper-Titer ist, um so größer sind die Chancen, einen oder mehrere gute monoklonale Antikörper zu isolieren.

5.7.2.2 Fusion der Milz-Zellen mit Myelom-Zellen

Zeichnet sich ein hoher, stabiler Antikörper-Titer bei der immunisierten Maus ab, ist es Zeit, die für die Fusion benötigte Myelom-Zell-Linie in Kultur zu bringen und zu expandieren.

Bei dieser Myelom-Zell-Linie handelt es sich um entartete „frühe" B-Zellen (Abb. 5.7.4). Diese produzieren selbst keine Antikörper. Allerdings sind sie genetisch so programmiert, daß in ihnen prinzipiell Antikörper produziert werden können.

Zur Fusion mit der Myellom-Zell-Linie verwenden wir die Milz-Zellen der immunisierten Maus. Denn in der Milz befinden sich große Mengen von Lymphozyten, in denen Antikörper produziert werden.

Das Tier wird zunächst narkotisiert und dann getötet. Sofort entnehmen wir die Milz und spülen behutsam die Milz-Zellen mit Hilfe einer Pipette aus. Die Zellen werden in Medium gewaschen und gezählt.

Anschließend mischen wir Myelom-Zellen und Milz-Zellen in einem Verhältnis von 1:1 bis 1:10 miteinander und pipettieren langsam eine Polyethylenglycol-Lösung zu. Das oberflächenaktive Polyethylenglycol vermittelt die Fusion unterschiedlicher Zellen. Verschmilzt dabei eine Myelom-Zelle mit einer Milz-Zelle, erhalten wir eine Hybrid-Zelle oder ein *Hybridom*.

Genetisch betrachtet ist dies zunächst ein sehr labiler Zustand. Denn es sind ja zwei Zellen zu einer Zelle verschmolzen. Das bedeutet, es liegen zwei Kerne vor, und alle Chromosomen sind in vierfacher Ausführung vorhanden. Diesen Zustand können die Zellen nicht lange überleben. Langsam müssen sie in einen stabilen Zustand zurückkehren. Auf dem Weg dorthin verschmelzen zunächst die Kerne. Danach verlieren die Zellen nach und nach einzelne Chromosomen, bis schließlich wieder ein stabiler diploider oder annähernd diploider Zustand erreicht ist.

5.7.2.3 Selektion fusionierter „Hybridom-Zellen"

Natürlich verschmelzen nicht nur Milz-Zellen mit Myelom-Zellen. Es verschmelzen auch Milz-Zellen mit Milz-Zellen oder Myelom-Zellen mit Myelom-Zellen. Und eine große Zahl von Zellen fusioniert gar nicht. So stellt sich

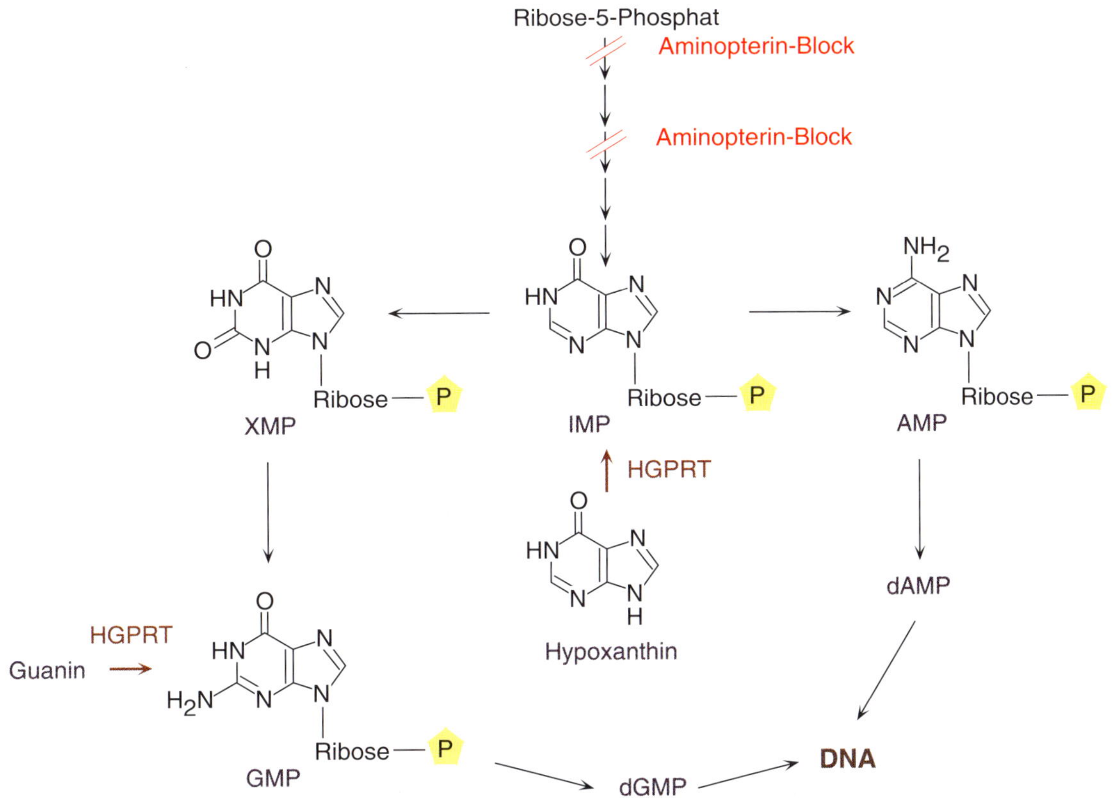

Abb. 5.7.5 Purin-Biosynthese. Im Laufe der Purin-Biosynthese erfolgt zweimal ein C_1-Gruppentransfer über Tetrahydrofolat als Cosubstrat. Diesen C_1-Gruppentransfer kann man durch die Gabe von Aminopterin unterbinden, so daß damit eine *de-novo*-Purin-Biosynthese nicht mehr möglich ist. Allerdings können die Nukleobasen Hypoxanthin bzw. Guanin mit Hilfe des Enzyms Hypoxanthin-Guanin-Phosphoribosyltransferase (HGPRT) in den Purin-Biosyntheseweg eingeschleust werden.

die Frage, wie wir die Hybridom-Zellen herausselektionieren können?

Das Selektionsverfahren nennen wir „HAT-Selektion". Dabei steht die Abkürzung HAT für die Substanzen „Hypoxanthin", „Aminopterin" und „Thymidin". Was verbirgt sich hinter diesen Verbindungen? Um dies zu verstehen, müssen wir einen kurzen Exkurs in die Biochemie machen und uns die Biosynthesewege der Purine und Pyrimidine zurück ins Gedächnis rufen.

Wie in Abb. 5.7.5 verkürzt dargestellt, werden die Purine ausgehend von Ribose-5-Phosphat synthetisiert. Das erste Purin-Nukleotid in diesem Biosyntheseweg ist Inosin-Monophosphat (IMP). Die Purinbase heißt Hypoxanthin. Wichtig für die hier zu besprechende Problematik sind zwei C_1-Transfer-Reaktionen in diesem Biosyntheseweg, bei denen jeweils Tetrahydrofolsäure als C_1-Gruppendonator fungiert. Wie wir wissen, lassen sich diese Reaktionen durch Aminopterin (Abb. 5.7.6) hemmen. Somit können wir dem Aminopterin in unserem HAT-Selektions-Medium eine erste Funktion zuerkennen: die Hemmung der Purinbiosynthese.

Inosin-Monophosphat (IMP) wird in weiteren Reaktionen zu AMP und GMP umgewandelt. Die Purin-Nukleosid-Monophosphate werden dann zunächst zu den Nukleosid-Diphosphaten und dann zu Desoxynukleosid-Diphosphaten konvertiert. Diese werden schließlich in die Desoxynukleosid-Triphosphate überführt, die dann der DNA-Polyme-

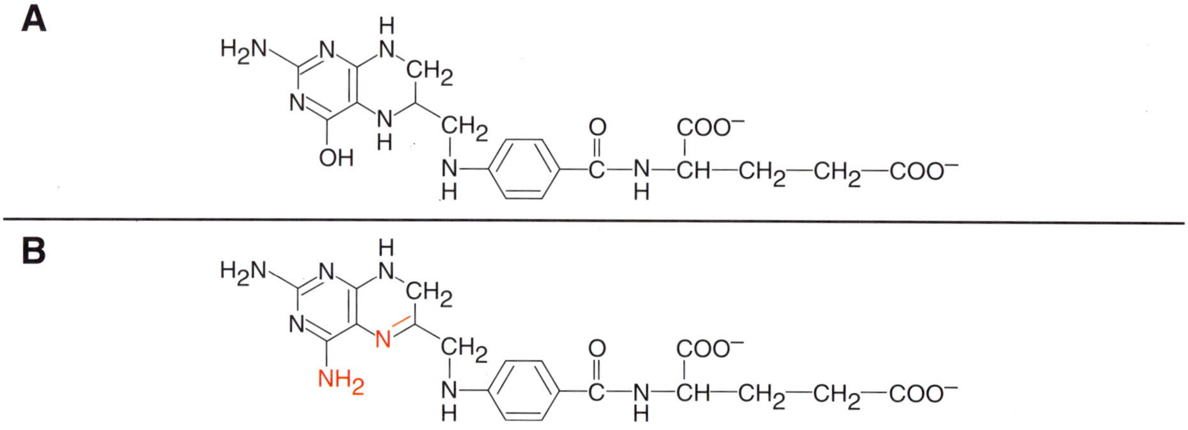

Abb. 5.7.6 Vergleich der Strukturen von Tetrahydrofolsäure (A) und Aminopterin (B).

rase als Substrate für die DNA-Synthese dienen.

Im Laufe der Pyrimidin-Biosynthese wird zunächst eine Base synthetisiert (vergleiche Abb. 3.2.3), an die dann der Ribosephosphatrest angeheftet wird (Abb. 5.7.7). Ausgehend von Asparaginsäure und Carbamoylphosphat entsteht zunächst die Dihydroorotsäure, dann Orotsäure und schließlich Uridin-Monophosphat (UMP). UMP wird dann zum einen durch Aminogruppen-Transfer zu CMP umgewandelt, das über CDP zu dCDP und schließlich zu dCTP weiter umgewandelt wird. Zum anderen wird UMP in UDP, in dUDP und schließlich durch Dephosphorylierung in dUMP umgewandelt. Auf dieser Stufe erfolgt dann wieder ein C_1-Gruppen-Transfer zum 5-Methyl-dUMP (dTMP). Als Cosubstrat fungiert auch hier wieder Tetrahydrofolsäure, so daß auch dieser Prozeß durch Aminopterin gehemmt wird.

Somit ist klar:

- Aminopterin hemmt zum einen die Synthese der Purin-Nukleotide
- Aminopterin hemmt zum anderen die Synthese des Pyrimidin-Nukleotids dTMP.
- Daher kann in Gegenwart von Aminopterin zunächst auch keine DNA neu synthetisiert werden.

Kommt aber dann nicht auch das Wachstum zum Stillstand? Prinzipiell stimmt das. Setzen wir allerdings dem Medium die Base Hypoxanthin und das Nukleosid Thymidin zu, so bietet sich für eine normale Zelle die Möglichkeit, den Aminopterin-Block zu umgehen. Zwei Enzyme ermöglichen dies:

- Zum einen wandelt das Enzym Hypoxanthin-Guanin-Phosphoribosyltransferase (HGPRT) die Base Hypoxanthin in das Nukleotid IMP um (siehe Abb. 5.7.6). Aus dem können dann nach dem besprochenen Schema auch in Gegenwart von Aminopterin dATP und dGTP synthetisiert werden.
- Zum anderen wandelt das Enzym Thymidinkinase (TK) das Nukleosid Thymidin in das Nukleotid dTMP um, wodurch auch das bei Anwesenheit von Aminopterin fehlende Pyrimidin-Nukleotid zur DNA-Synthese bereitgestellt ist.

Eine normale Zelle kann also auch in Gegenwart von Aminopterin DNA synthetisieren und wachsen, wenn ihr die Vorstufen Hypoxanthin und Thymidin angeboten werden. Normale Zellen können also in HAT-Medium wachsen.

Warum dann der Umstand? Warum lassen wir die Zellen nach der Fusion nicht einfach in einem normalen Medium wachsen?

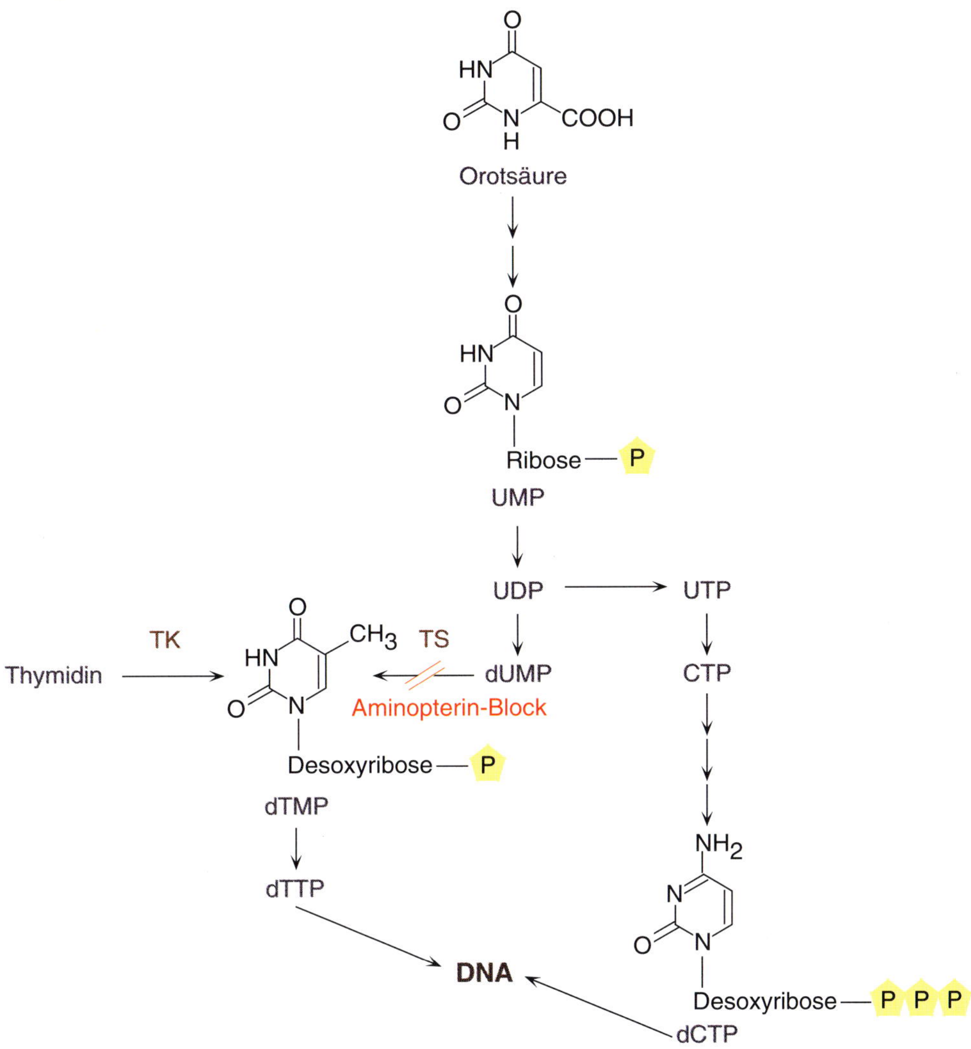

Abb. 5.7.7 Pyrimidin-Biosynthese. Die Methylierung von dUMP zu dTMP erfolgt auch wieder mit Tetrahydrofolsäure als Cofaktor. Daher kann dieser Schritt ebenfalls durch Aminopterin blockiert werden. Somit sind Zellen, die in Gegenwart von Aminopterin wachsen sollen, auf exogenes Thymidin angewiesen, das mit Hilfe der Thymidinkinase (TK) zu dTMP umgesetzt wird.

Warum bieten wir ihnen das komplexe HAT-Medium an, durch das sie gezwungen werden, ihre Nukleotide nicht etwa *de novo* zu synthetisieren, sondern die angebotenen Vorstufen Hypoxanthin und Thymidin zu nutzen?

Der Grund liegt darin, daß es sich bei den Myelom-Zellen nicht um „normale Zellen" handelt. Es sind vielmehr Mutanten, die nicht nur ihre Wachstumskontrolle verloren haben, sondern die mindestens einen weiteren Defekt besitzen. Entweder besitzen diese Zellen keine aktive Thymidinkinase (TK), oder sie besitzen keine aktive Hyoxanthin-Guanin-Phosphoribosyltransferase (HGPRT), oder es sind gar beide Enzyme defekt. Aus diesem Grund können die Myelom-Zellen auch nicht in HAT-Medium wachsen. Sie können weder die Nukleotide *de novo* synthetisieren, da Aminopterin dies verhindert. Noch können sie die durch das HAT-Medium angebotenen Vorstufen Hypoxanthin und Thymidin nutzen, da mindestens eines der erforderlichen Enzyme defekt ist.

Was passiert nun in unserem HAT-Selektions-Medium?

- In diesem Medium können offensichtlich keine Myelom-Zellen wachsen, wie wir eben ausführlich besprochen haben.
- Nicht fusionierte Milz-Zellen werden ebenfalls nach kurzer Zeit sterben, da sie zwar prinzipiell in dem Medium wachsen können, jedoch natürlicherweise nur eine recht kurze Lebensdauer besitzen.
- Überleben können nur Hybridome. Diese Zellen besitzen die „Unsterblichkeit" der Myelom-Zellen und die Fähigkeit zur Nutzung der Vorstufen Hypoxanthin und Thymidin der Milz-Zellen.

Somit ist die HAT-Selektion eine positive Selektion auf Hybridome. Schauen wir uns daher die fusionierten Zellen nach einigen Tagen Kultivierung in HAT-Medium an, so sehen wir, daß die meisten Zellen abgestorben sind. Hier und da erkennen wir aber kleine Zellhaufen. Dabei handelt es sich um Klone, d. h. Haufen identischer Zellen, die jeweils aus einer Hybridom-Zelle entstanden sind.

5.7.2.4 *Primäres Screening antikörperproduzierender Hybridom-Zellen*

Antikörper sind bekanntlich extrazelluläre Moleküle. Das ist auch so, wenn die antikörperproduzierenden Zellen in Kultur gehalten werden.

Um zu testen, ob in einer der Kulturschalen Hybridome vorhanden sind, die einen Antikörper gegen unser Antigen produzieren, entnehmen wir Kulturüberstand und pipettieren ihn in die Reaktionskompartimente einer Mikrotiterplatte. Diese wurde zuvor mit unserem Antigen beschichtet. Ist das Antigen ein Hapten, das nicht an Plastik bindet, müssen wir wieder ein Konjugat verwenden. Dabei ist allerdings zu beachten, daß wir die Platten nicht mit dem gleichen Konjugat beschichten, das wir auch zur Immunisierung verwendet haben. Die Maus bildet nämlich auch gegen den makromolekularen Träger Antikörper. Diese Antikörper interessieren uns aber nicht.

Es wird nun ein einfacher ELISA durchgeführt (siehe Methode M9), und es werden die Kulturen markiert, in denen spezifische Antikörper nachweisbar waren. Schauen wir uns die markierten Kulturplatten unter dem Mikroskop an, so sehen wir in der Regel mehrere Klone pro Platte. Somit können wir nicht sagen, welcher der Klone den nachgewiesenen Antikörper produziert. Aus diesem Grund müssen die Zellen in den markierten Kulturschalen kloniert werden.

5.7.2.5 *Klonierung der vorselektionierten Zellen*

Um die vorselektionierten Zellen zu klonieren, werden sie von der Kulturschale abgespült und gezählt. Nun füllen wir die Zellsuspension mit so viel Medium auf, daß statistisch eine Zelle in 200 µl Medium enthalten ist. Nachdem wir die Zellen in diesem Medium gut suspendiert haben, füllen wir je 200 µl der Suspension in ein Reaktionskompartiment einer Mikrotiterplatte. Nicht selten sind hier bis zu zehn Platten, d. h. nahezu 1.000 Reaktionskompartimente erforderlich. Wir sehen hier zum ersten Mal, daß die Herstellung monoklonaler Antikörper ein sehr aufwendiges und nicht ganz billiges Verfahren ist.

Nachdem alle Zellen statistisch vereinzelt sind, müssen wir überprüfen, ob das auch tatsächlich der Fall ist. Dazu müssen wir jedes Reaktionskompartiment aller Mikrotiterplatten mikroskopisch durchmustern. Es werden diejenigen Positionen markiert, in denen sich entweder keine oder mehr als eine Zelle befinden. Letztere können, wenn sie einen antikörperproduzierenden Klon enthalten, zu einem späteren Zeitpunkt erneut kloniert werden.

5.7.2.6 *Identifizierung antikörperproduzierender Klone*

Nach einigen Tagen sind die vereinzelten Zellen angewachsen und haben sich zu kleinen Klonen expandiert. Nicht alle Zellen, die zunächst zu wachsen scheinen, überleben letztlich die Selektion. Zu diesem Zeitpunkt sind die Zellen immer noch recht labil, da sie häufig noch immer keinen stabilen Genotyp ausgebildet haben. Aus dem gleichen Grund kann es auch passieren, daß vormals antikörperproduzierende Zellen die Synthese des Antikörpers einstellen, da sie im Laufe der genotypischen Stabilisierung das entsprechende Chromosom verloren haben.

Wenn sich das Medium verfärbt und daher erneuert werden muß, sollten wir einen weiteren Test auf Antikörper-Produktion durchführen. Produzierende Klone markieren wir, und sollte die Antikörper-Produktion stabil bleiben, ist es gelungen, eine Hybridom-Zell-Linie zu etablieren, die einen spezifischen monoklonalen Antikörper produziert. Diese Zell-Linie wird weiter expandiert und dann in Aliquots in einem speziellen Medium in flüssigem Stickstoff konserviert.

5.7.2.7 *Charakterisierung der produzierten Antikörper*

Damit ist das Verfahren zur Herstellung monoklonaler Antikörper aber noch nicht abgeschlossen. Es gilt nun, die Antikörper zu charakterisieren. Folgende Parameter sollten bestimmt werden:

- Der Allotyp des Antikörpers. D.h. wir testen, ob es sich um einen IgM-, IgD-, IgG, IgE- oder um einen IgA-Antikörper handelt. Der Allotyp wird also durch die jeweilige konstante Region der schweren Kette bestimmt, und so verwenden wir zur Charakterisierung des Allotyps in einem ELISA käufliche Antikörper, die gegen die unterschiedlichen konstanten Regionen der schweren Ketten erzeugt wurden.
- Die Avidität des Antikörpers. Sie beschreibt das Bindevermögen des Antikörpers.
- Die Bindung des Antikörpers am Antigen. Je nach Größe des Antigens können gegen mehrere Epitope auf dem Antigen Antikörper gebildet werden. Ob zwei verschiedene monoklonale Antikörper das gleiche Epitop oder verschiedene Epitope erkennen, läßt sich in einem Kompetitions-ELISA feststellen. Es ist in jedem Fall wünschenswert, Antikörper mit unterschiedlichen Spezifitäten zu isolieren. Wollen wir einen *Sandwich*-ELISA aufbauen, ist dies eine wichtige Voraussetzung (siehe Methode M9).
- Wurden Antikörper gegen Viren isoliert, so ist es wichtig zu testen, ob unter den isolierten Antikörpern auch neutralisierende – d.h. virusinaktivierende – Antikörper enthalten sind.
- Mit Hilfe molekularbiologischer Methoden ist es möglich, die Gene für die Antikörperketten zu isolieren und zu charakterisieren. Die Methode wird ausführlich in Kapitel 8.2 besprochen. Dies ist die Voraussetzung zur Konstruktion rekombinanter Antikörper, die wir im folgenden Absatz kurz beleuchten wollen.

5.7.3 *Rekombinante Antikörper*

Die Gentechnik bietet nun die Möglichkeit, monoklonale Antikörper auch als rekombinante Moleküle herzustellen. Ausgangspunkt ist dabei idealerweise die isolierte und charakterisierte Hybridom-Zell-Linie. Es ist aber heute auch möglich, eine heterogene Population von Milz-Zellen als Ausgangspunkt für die Klonierung von Antikörper-Genen zu verwenden und so komplexe Banken zu etablieren, aus denen dann die gewünschten Antikörper-Fragmente herausselektioniert

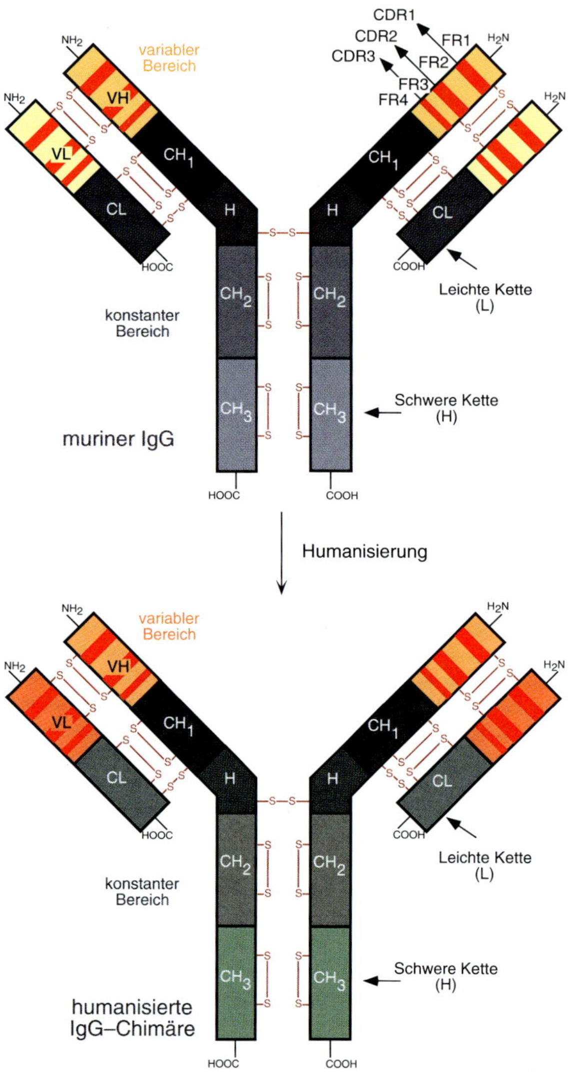

Abb. 5.7.8 „Humanisierung" muriner monoklonaler Antikörper. Die Genabschnitte der hochvariablen CDR-Regionen (rote Felder) eines spezifischen murinen Antikörpers werden an entsprechender Stelle in das Gen eines humanen Antikörpers eingesetzt. Ein Beispiel für einen humanisierten monoklonalen Antikörper unter den zugelassenen Wirkstoffen ist abciximab in dem Präparat ReoPro® (siehe Kapitel 6.10.3).

werden können. Dieses Prinzip werden wir genauer in Kapitel 8.2 kennenlernen und besprechen.

An dieser Stelle wollen wir uns überlegen, wie wir therapeutisch genutzte monoklonale Antikörper so modifizieren können, daß sie für den Patienten verträglicher werden. Die meisten derzeit verfügbaren monoklonalen Antikörper stammen nämlich nach wie vor aus der Maus. Das liegt daran, daß die Technologie zur Herstellung monoklonaler Antikörper für das Mausmodell mit Abstand am ausgefeiltesten ist. Andererseits sind in der Maus hergestellte Antikörper für den Menschen Fremdproteine und werden demzufolge entsprechend schlecht vertragen. Sie sind erheblich antigen, so daß vorbehandelte Patienten eine zweite Therapie meist nicht vertragen.

Dem können wir abhelfen, indem wir die für die Spezifität der Antikörper verantwortlichen variablen Regionen in eine molekulare Umgebung einfügen, die die konstanten Bereiche eines humanen Antikörpers enthält (Abb. 5.7.8). Auf Proteinebene ist dies natürlich nicht möglich. Mit Hilfe der Gentechnik bereitet ein derartiges Konzept keine Schwierigkeiten.

Es sind verschiedene Vektoren verfügbar, in denen die Genbereiche für die konstanten Regionen der schweren und leichten Ketten enthalten sind. Vor diese Genteile können wir die Regionen für variablen Bereiche aus dem spezifischen monoklonalen Antikörper aus der Maus einfügen. Diese Bereiche isolieren wir mit Hilfe der PCR-Technologie, wobei wir von der mRNA ausgehen, die wir aus unserer Hybridom-Zell-Linie isoliert haben. Das genaue Vorgehen werden wir in Kapitel 8.2 besprechen.

Eine weitere Verfeinerung des Verfahrens besteht darin, nicht den kompletten variablen Bereich in den molekularen Kontext eines humanen Antikörpers zu „transplantieren", sondern nur die hypervariablen Regionen, die CDRs, aus dem Maus-Molekül zu kopieren und zu transferieren (Abb. 5.7.8). Die *framework*-Regionen, die für die Spezifität der Antikörper nicht so wichtig sind, stammen dann auch wieder von einem humanen Antikörper.

Durch „Humanisierung" monoklonaler Maus-Antikörper werden diese deutlich besser verträglich, was vor allem dann wichtig ist, wenn die Antikörper über längere Zeiträume und/oder wiederholt eingesetzt werden müssen.

Zusammenfassung

Monoklonale Antikörper spielen seit langem eine herausragende Bedeutung in der Grundlagenforschung und in der Diagnostik. Seit einiger Zeit werden sie auch als Therapeutika eingesetzt. Monoklonale Antikörper werden von Hybridom-Zell-Klonen produziert, die durch Fusion einer Milz-Zelle aus einer mit einem bestimmten Antigen immunisierten Maus mit einer unsterblichen Myelom-Zelle erzeugt werden. Zur Selektion von Hybridoma-Zellen verwendet man ein HAT-Medium, das als besondere Zusätze Hypoxanthin, Aminopterin und Thymidin enthält. Das Aminopterin unterbindet sowohl die *de-novo*-Purin- als auch die Pyrimidin-Biosynthese. Myelom-Zellen können die Purin- bezw. Pyrimidinvorstufen Hypoxanthin bzw. Thymidin nicht verwenden, da die Enzyme, die erforderlich sind, um diese Vorstufen in den Biosyntheseprozeß einzuschleusen, in der Myelom-Zelle defekt sind. Diese Eigenschaft steuert dagegen die Milz-Zelle bei. Andererseits verleiht die Myelom-Zelle der Hybridoma-Zelle die Eigenschaft der Unsterblichkeit, die erforderlich ist, um eine Zell-Linie zu etablieren. Obwohl die Herstellung von Hybridoma-Zellen zur Produktion spezifischer monoklonaler Antikörper heute routinemäßig betrieben werden kann, ist der Prozeß selbst doch aufwendig und nicht billig. Allerdings sind die Eigenschaften guter monoklonaler Antikörper so herausragend, daß sich in aller Regel die Herstellung lohnt.

Heute ist es durch molekularbiologische Methoden möglich, die Gene monoklonaler Antikörper zu klonieren und spezifisch zu verändern. Besonders bemerkenswert ist die „Humanisierung" muriner monoklonaler Antikörper. Enweder werden hierzu die konstanten Regionen durch entsprechende Regionen aus humanen Antikörpern ersetzt. Das Verfahren kann dahingehend noch weiter verfeinert werden, daß auch die *framework*-Regionen durch analoge humane Sequenzen ersetzt werden. Derartig modifizierte Antikörper sind deutlich besser verträglich als die unveränderten murinen Antikörper.

Rekombinante Wirkstoffe

6

6.1 Die Anforderungen des Europäischen Arzneibuchs an gentechnisch hergestellte Produkte

Alle Produkte, die durch gentechnische Methoden hergestellt werden, müssen heute der Monographie des Europäischen Arzneibuchs „DNA-rekombinationstechnisch hergestellte Produkte" genügen.

6.1.1 Definition

Das Europäische Arzneibuch gibt für diese Produkte folgende Definition:

„DNA-rekombinationstechnisch hergestellte Produkte werden durch genetische Modifikation hergestellt, bei der die codierende DNA für das benötigte Produkt gewöhnlich mit Hilfe eines Plasmids oder viralen Vektors in einen geeigneten Mikroorganismus oder eine geeignete Zell-Linie eingeführt wird, in denen diese DNA exprimiert und in Protein translatiert wird. Das gewünschte Produkt wird dann durch Extraktion und Reinigung gewonnen. Die vor der Aufnahme des Vektors vorliegende Zelle oder der Mikroorganismus wird als Wirtszelle bezeichnet, die im Herstellungsprozeß verwendete stabile Verbindung der beiden als Wirt-Vektor-System."

Damit bezieht das Europäische Arzneibuch in die Definition des Produktes den Herstellungsprozeß und den Begriff des Wirt-Vektor-Systems mit ein. Dies hat weitreichende Konsequenzen. Nicht nur die chemische Natur des Endproduktes ist ausschlaggebend für die Identität des Produktes, sondern auch der Herstellungsprozeß und das biologische System, in dem das Produkt produziert wurde, sind identitätsrelevant. Konkret bedeutet dies, daß identische Proteine, wenn sie in unterschiedlichen Wirten produziert wurden oder wenn sie durch unterschiedliche Reinigungsverfahren angereichert wurden, nach der Definition des Arzneibuchs unterschiedliche Produkte darstellen.

Die Erweiterung der Definition eines Produktes um das Produktionssytem und um den Extraktions- und Reinigungsprozeß bedeutet einen erheblichen Sicherheitsgewinn. Mit dieser Maßnahme wird negativen Erfahrungen in der Biotechnik Rechnung getragen, wo es nach Änderung von Produktionsstämmen und nach Modifizierung von Aufbereitungsverfahren – beispielsweise im Fall von Tryptophan – zu schwersten, nicht vorhersehbaren Zwischenfällen mit Todesfolge kam.

6.1.2 Herstellung

DNA-rekombinationstechnisch hergestellte Produkte sind in der Regel Proteine. Die Basis für ihre Gewinnung sind Wirt-Vektor-Kombinationen, die als Saatgutsysteme (*seedlot system*) validiert und vom Institut für Arzneimittel im Bundesinstitut für Arzneimittel und Medizinalprodukte (BfArM) bzw. von der *European Medical Evaluation Agency* (EMEA) genehmigt worden sind.

Zur Herstellung dieser Organismen benötigen wir einen gentechnisch veränderten Vektor, der die zu exprimierende genetische Information trägt. Ferner benötigen wir einen Wirtsorganismus, der zum einen die genetische Information möglichst authentisch und in möglichst hoher Ausbeute in ein Protein übersetzt, der andererseits aber auch den hohen Sicherheitsanforderungen genügt, die an ein biologisches System zu stellen sind, aus dem ein pharmazeutisches Produkt isoliert werden soll.

Ein Saatgutsystem besteht aus einer *Master*-Zellbank und einer – von der *Master*-Zellbank abgeleiteten – Arbeitszellbank. Das Europäische Arzneibuch verlangt eine ausführliche Beschreibung aller relevanten Schritte, die zum Produkt führen und den Nachweis, daß das Wirt-Vektor-System für die Herstellung des jeweiligen Proteins geeignet ist.

Leider ist diese Information sehr häufig nur den Zulassungsbehörden bekannt. Dies ist bedauerlich und sollte geändert werden. Dabei geht es nicht darum, Betriebsgeheimnisse offenzulegen. Vielmehr sollten jedem Arzneimittelfachmann Kenntnisse über die Herstellung des Wirkstoffs zugänglich sein. Dazu gehören der prinzipielle (nicht detaillierte) Aufbau der Expressionsplasmide ebenso wie das verwendete Zellsystem. Dieser Forderung wird im weiteren Verlauf dieses Kapitels Rechnung getragen. In den folgenden Unterkapiteln werden überall dort, wo Informationen zur Konzeption und Herstellung der in Deutschland zugelassenen rekombinanten Wirkstoffe verfügbar sind, diese Informationen dargelegt und erläutert.

6.1.3 Nachweis der Eignung eines Wirt-Vektor-Systems zur Herstellung DNA-rekombinanter Produkte

Der Nachweis der Eignung eines Wirt-Vektor-Systems zur Herstellung DNA-rekombinanter Produkte umfaßt

- die dokumentierte Charakterisierung der Wirtszelle einschließlich der Zellkulturmedien, die zur Anzucht der Zellen erforderlich sind,
- die exakte Beschreibung der Klonierungsstrategie und die genaue Charakterisierung des rekombinanten Vektors,
- die Darstellung, sowie die physikalischen und biologischen Eigenschaften und Möglichkeiten des Wirt-Vektor-Systems.

6.1.3.1 Charakterisierung der Wirtszelle einschließlich der Herkunft, des Phänotyps und des Genotyps sowie der Zellkulturmedien

Das Gentechnik-Gesetz verlangt über den Wirt folgende Angaben:

- die eindeutige taxonomische Charakterisierung,
- ob natürlicherweise Plasmide oder endogene Viren vorkommen,
- ob der Wirtsorganismus gentechnisch verändert ist,
- ob eine toxische, mutagene, karzinogene oder allergene Wirkung des Wirtsorganismus zu erwarten ist und
- ob wir mit einer pathogenen Wirkung des Organismus für abwehrgesunde Menschen, Tiere oder Pflanzen zu rechnen haben.

Ferner muß dargelegt werden,

- ob und wie der Wirtsorganismus übertragen werden kann und – wenn dies möglich ist –
- ob die Mindestinfektionsdosis bei Applikation des Organismus bekannt ist,
- ob Therapeutika und/oder Impfstoffe und/oder andere wirksame Methoden zur Verhütung und Behandlung von Infektionen mit dem Organismus verfügbar sind und
- ob mit einem Gefährdungspotential des Wirtsorganismus für die Umwelt zu rechnen ist.

Des weiteren sind Angaben zum Überleben des Organismus unter den vorgesehenen Bedingungen und zur Kolonisierungskapazität zu machen. Sicherheitsrelevante physiologische und genetische Merkmale des Wirtsorganismus müssen beschrieben werden. Es muß dargelegt werden, ob mit einer Beteiligung des Organismus an Umweltprozessen (wie Stickstoff-Fixierung oder pH-Regulierung) zu rechnen ist bzw. ob Wechselwirkungen zu anderen und Auswirkungen auf andere Organismen in der Umwelt (einschließlich voraussichtlicher konkurrierender oder symbiotischer Eigenschaften) bekannt sind.

Da DNA-rekombinationstechnisch hergestellte Produkte von biologischen Systemen produziert werden, ist besonderer Wert auf die Abwesenheit von mikrobiellen Kontaminationen (Bakterien, Pilze, Mykoplasmen) oder von infektiösen Agenzien (Phagen oder Viren) zu legen. Daher sollten nach Möglichkeit alle Ausgangsstoffe sterilisiert sein, wobei die Sterilisation möglichst durch Hitze erfolgen sollte. Falls Wirts-Systeme auf spezielle Serumfaktoren angewiesen sind, ist bei der Prüfung dieser nicht autoklavierbaren Zusätze besonderer Wert zu legen.

6.1.3.2 *Dokumentation der Klonierungsstrategie für das Gen und Charakterisierung des rekombinanten Vektors*

Die Klonierungsstrategie und die genaue Charakterisierung des rekombinanten, d. h. durch Insertion einer fremden Informationseinheit erzeugten Vektors (= Expressions-Vektor), müssen detailliert beschrieben werden. Aus diesen Beschreibungen kann man erkennen, ob – wie gefordert – nur die für eine kontrollierte Synthese des Produktes unbedingt erforderlichen Sequenzen auf dem rekombinanten Vektor vorhanden sind. Aufgrund dieser Forderung unterscheiden sich meist auch die exprimierten Sequenzen des rekombinanten Vektors vom Ursprungs-Gen. Mit sehr wenigen Ausnahmen werden nämlich heute sogenannte cDNA-Sequenzen in Expressions-Vektoren integriert. Wir haben mehrfach gehört, daß es sich bei einer cDNA (complementäre DNA) um eine exakte Kopie der *messenger* RNA (mRNA) des Gens handelt, die demzufolge nicht mehr die in genomischen Genkopien eukaryontischer Zellen häufig vorkommenden nicht-informativen Teilbereiche, die sogenannten *Introns*, trägt.

Bei der Beschreibung des zur Klonierung verwendeten Vektors müssen Angaben gemacht werden über

- die Herkunft des/der Kontrollelemente, die für die Replikation verantwortlichen sind (*Replikons*),
- die Elemente, die das Abrufen (Expression) der integrierten genetischen Informationseinheit kontrollieren (Promotoren) oder die das Abrufen der genetischen Informationseinheiten verstärken (*Enhancer*),
- die Herkunft der Gene, die für Selektionszwecke benutzt werden können,
- die Herkunft weiterer vorhandener Leserahmen,
- die Stabilität des Klonierungsvektors in einem Wirts-System,
- eine eventuelle eigenständige Infektiosität oder ein mögliches tumorigenes Potential des Vektors.

Es wird gefordert, daß nicht nur das rekombinante Plasmid in seiner Sequenz genau bekannt ist, sondern daß auch die von diesem Plasmid exprimierten RNAs durch Sequenzanalyse charakterisiert sind. Diese Prüfungen sind nicht nur für die Saatgut-Zellen durchzuführen. Sie müssen nach einem und nach weiteren Fermentationsprozessen im Produktionsmaßstab erneut durchgeführt werden. Dadurch wird überprüft, ob die zu exprimierende genetische Information qualitativ stabil vorliegt.

Liegt der Expressions-Vektor in der Wirtszelle nicht mehr als extrachromosomales Plasmid vor, sondern wurde er – wie bei eukaryontischen Wirts-Systemen oft üblich – stabil in das Wirts-Genom integriert und dort eventuell auch noch amplifiziert, so kann die Sequenz nur noch unter unverhältnismäßig großem Aufwand und – wegen der hohen Kopienzahl – nur noch bedingt zuverlässig ermittelt werden. In diesen Fällen kann die Analyse der DNA durch Alternativmethoden – wie z. B. der *Southern-Blot*-Analyse – erfolgen.

6.1.3.3 Charakterisierung des Wirt-Vektor-Systems

Zur Etablierung eines Wirt-Vektor-Systems muß der Expressions-Vektor in die Wirtszelle eingebracht werden. Dies geschieht entweder durch Infektion oder durch Transfektion bzw. Transformation.

Bei der Infektion ist der Expressions-Vektor in ein infektiöses Partikel – entweder als Phage oder als Virus – verpackt. Dadurch wird ein sehr effizientes Einschleusen der Fremd-DNA in die Wirtszelle gewährleistet. Voraussetzung ist allerdings, daß der Wirt einen mit dem infektiösen Agens kompatiblen Rezeptor trägt.

Deutlich ineffizienter ist die Transfektion bzw. Transformation. Beide Verfahren sind methodisch prinzipiell ähnlich, da in beiden Fällen der Expressions-Vektor passiv in die Wirtszelle eingeschleust wird. Von Transfektion sprechen wir bei höheren eukaryontischen Zellen, da der Begriff „Transformation" bei diesen Zellen anderweitig belegt ist. Transformation bei höheren eukaryontischen Zellen bedeutet die durch bestimmte genetische Veränderungen erworbene Unsterblichkeit der üblicherweise endlich lebensfähigen Zelle. Praktisch alle Säuger-Zell-Linien, die als Wirtszelle zur Produktion DNA-rekombinationstechnischer Produkte verwendet werden, sind transformiert, d. h. unsterblich.

Bei Bakterien oder bei niederen Eukaryonten bezeichnen wir als Transformation das passive Einbringen von Fremd-DNA in diese Zellen.

Viele prokaryontische Expressions-Systeme sind so effektiv, daß die Akkumulation des Produktes in der Zelle mit deren Wachstum interferiert. Daher wird angestrebt, durch die Integration bekannter Kontrollsysteme die Synthese des gewünschten Produktes kontrollierbar zu machen. So ausgestattete Wirt-Vektor-Systeme können zunächst wachsen, ohne daß das fremde genetische Material synthetisiert wird. Nach ausreichender Akkumulation von Biomasse kurz vor Eintritt in die stationäre Phase der Kultur wird erst nach Zusatz bestimmter Induktoren die Synthese des gewünschten Produktes in Gang gesetzt.

Die Arzneibuchmonographie fordert ferner Angaben über die Kopienzahl, über den physikalischen Zustand des Expressions-Vektors – entweder extrachromosomal oder integriert – und über die Kontroll- und Induktionselemente.

6.1.4 Zellbanksysteme: Validierung und Kontrolle

Hohe Anforderungen werden an die Zellen gestellt, die die Basis für das Produktionsverfahren darstellen. Man bezeichnet die Sammlung solcher Zellen als Zellbank, wenn es sich um Zellkultur-Zellen handelt, als Saatkulturen, wenn es sich um mikrobielle Kulturen handelt. Zellbänke und Saatkulturen müssen in vielen Einzelheiten charakterisiert und validiert sein.

Prinzipiell soll durch Validierung die Zuverlässigkeit eines Produktionsprozesses demonstriert und eine vorgegebene Qualität eines Produktes reproduzierbar garantiert werden. Dies ist besonders wichtig bei Produktionsprozessen für pharmazeutisch relevante Proteine, von denen wir hier sprechen.

Zugelassene Produkte dürfen nur aus dem von der Zulassungsbehörde genehmigten Saatgutsystem isoliert werden. Geht das Saatgutsystem verloren oder ist sein Vorrat erschöpft, muß ein neues Saatgutsystem erstellt, validiert und genehmigt werden. Aus diesem Grund sind validierte und zugelassene Saatgutsysteme von erheblichem Wert.

Dieser Tatsache Rechnung tragend unterteilt man Saatgutsysteme in eine primäre *Master*-Zellbank (*master seed lot*) und in davon abgeleitete sekundäre Arbeitszellbänke (*working seed lot*).

Die Saatgutsysteme und Zellbänke sollten so etabliert, gelagert und verwendet werden, daß die Risiken einer Kontamination oder Veränderung so gering wie möglich bleiben. Sie sollten in einer entsprechend kontrollierten Umgebung etabliert werden, damit sie selbst und das Personal geschützt werden. Gleichzeitig mit der Etablierung eines Saatgutsystems oder einer Zellbank darf nach den GMP-Leitlinien im selben Bereich oder durch dieselben Personen mit keinem anderen lebenden oder infektiösen Material (z. B. Viren, Zell-Linien oder Zellstämme) umgegangen werden.

Die Lagerbehälter sollen hermetisch verschlossen, eindeutig gekennzeichnet und bei einer geeigneten Temperatur (in der Regel in flüssigem Stickstoff) aufbewahrt werden. Dabei ist mit größter Sorgfalt ein Inventar zu führen und die Lagertemperatur kontinuierlich aufzuzeichnen. Unterschiedliche Saatgutsysteme und Zellbänke müssen so gelagert werden, daß Verwechslungen oder Kreuzkontaminationen vermieden werden.

Da ein Produktionsstamm eine Kombination eines Wirtes und eines Expressions-Vektors darstellt, genügt als Maß für die Stabilität der Zellen nicht nur die Bestimmung der Lebensrate, sondern auch der Vektor-Retention. Zur groben Identifizierung des Wirt-Vektor-Systems sollten daher phänotypische Eigenschaften beschrieben werden. Darüber hinaus müssen aber auch von Zeit zu Zeit genotypische Merkmale durch molekularbiologische Methoden nachgeprüft werden. Besonders wichtig ist der Ausschluß onkogener oder infektiöser Kontaminationen. Sollte die Zellbank selbst ein onkogenes Potential besitzen, so ist dies genau zu definieren, um bei der Aufarbeitung der Produkte entsprechende Vorsichtsmaßnahmen ergreifen zu können.

Ein besonderes Problem stellen Viren – besonders endogene Retroviren – dar. Hier wird verlangt, daß die Expression dieser Genombereiche genau analysiert wird. Zudem muß sichergestellt sein, daß endogene retrovirale Sequenzen nicht durch den Produktionsprozeß induziert werden. Ein wichtiger Test dafür ist die Messung von Reverser-Transkriptase. Hierbei handelt es sich um eine DNA-Polymerase-Aktivität, die nicht eine DNA, sondern eine RNA als Matrize verwendet. Dieses Enzym ist essentiell – und damit indikativ – für Retroviren, die zunächst ihr als RNA vorliegendes Erbmaterial in DNA umschreiben müssen, bevor es durch den Replikationsapparat der infizierten Zelle vermehrt werden kann. Ferner sollten die Zellen auf Abwesenheit sogenannter virus-ähnlicher Partikel elektronenmikroskopisch geprüft sein.

Sämtliche Kriterien sind nicht nur an der *Master*-Zellbank sondern auch an der Arbeitszellbank nach Ablauf der größten zulässigen Zahl der Zellverdopplungen zu überprüfen. Neue Zellbänke müssen vollständig validiert sein.

Saatgutsysteme und Zellbänke können sowohl in Kultivierungsverfahren mit begrenzter Passage als auch in kontinuierlichen Kultivierungsverfahren eingesetzt werden. Sie müssen entsprechend getestet sein und dürfen dann nur in dem entsprechenden Verfahren eingesetzt werden. Bei Kultivierungsverfahren mit begrenzter Passage ist die Zahl der Verdopplungen der Population festgelegt. Sie muß angegeben werden und darf nicht überschritten werden. Bei kontinuierlichen Kultivierungsverfahren ist hingegen die Zahl der Verdopplungen nicht begrenzt. In diesem Fall muß der Prozeß sehr intensiv überwacht werden, wobei die Überwachungskriterien und die Häufigkeit der Überwachung vom

Produkt und von der Art des Herstellungsverfahrens abhängen und vor Beginn des Verfahrens definiert sein müssen.

6.1.5 Validierung des Herstellungsprozesses

6.1.5.1 Extraktion und Reinigung

Ähnlich wie die Zellbanksysteme müssen auch alle Teilschritte des Herstellungsprozesses validiert werden. Besonders wichtig bei der Extraktion und Reinigung DNA-rekombinationstechnisch hergestellter Produkte ist die exakte Ermittlung und Festlegung sogenannter Abreicherungs- und Inaktivierungsfaktoren. Unter einem Abreicherungsfaktor (Reduktionsvermögen) verstehen wir den negativen Logarithmus des Faktors, um den bei einem gegebenen Reinigungsschritt ein bestimmtes Molekül (Nukleinsäuren, Proteine oder Zusätze wie beispielsweise Antibiotika) oder ein Erreger (Bakterien, Pilze oder Viren) entfernt werden. Analog ist der Inaktivierungsfaktor zu definieren.

Beispiel: Ein Abreicherungsfaktor von 2 bedeutet, daß nach einem Reinigungsschritt 100mal (10^2mal) weniger Erreger oder einer anderen Verunreinigung in der Probe enthalten sind als vor dem Reinigungsschritt. Bei mehreren aufeinander folgenden Reinigungsschritten addieren sich die Abreicherungsfaktoren. Wurden z. B. in drei aufeinander folgenden Aufreinigungsschritten eines Produktes Abreicherungsfaktoren von 2, 4 und 6 erzielt, so ist der kulminative Abreicherungsfaktor für den Gesamtprozeß 12. Das bedeutet, daß in dem Produkt 10^{12} mal weniger einer theoretischen Kontamination enthalten sind als in dem Rohprodukt vor der Aufreinigung.

Die Abreicherungsfaktoren werden durch „*spiking*" ermittelt. Dazu setzen wir das entsprechende Molekül oder den Erreger in bekannter Menge dem Reinigungsansatz zu und bestimmen dann den noch vorhandenen bzw. noch aktiven Anteil nach dem Reinigungsschritt. Dadurch soll auch gewährleistet werden, daß unbekannte oder unentdeckte Kontaminationen oder aktivierte endogene Viren keine Chance haben, mit dem Produkt angereichert zu werden. Da es unmöglich ist, eine solche Kontamination im Verlauf des Herstellungsprozesses sicher zu identifizieren, muß durch Validierung eine Abreicherung garantiert werden.

Während die Validierung der Einzelverfahren in einem Herstellungsprozeß generell unter Produktionsbedingungen zu erfolgen hat, gilt dies für die Validierung der Virusabreicherung nicht. Die für das *spiking* erforderlichen Virusmengen würden das Aufreinigungsequipment in nicht vertretbarem Maße mit infektiösem Material kontaminieren; eine absolut sichere Entfernung dieses infektiösen Materials könnte nicht garantiert werden. Wollen wir dennoch eine Validierung unter Produktionsbedingungen etablieren, so bietet es sich an, eine Replika-Anlage zu verwenden, die nur Experimentierzwecken dient, nicht jedoch für die Produktion eingesetzt wird.

Die Auswahl der für das *spiking* verwendeten Viren ist kritisch. Zu berücksichtigen ist vor allem die Art der Wirtszelle. Die Modellviren sollen möglichst nahe verwandt zu den Viren sein, die sich entweder als endogene Retroviren bereits in der Zelle als Teil der genomischen DNA befinden oder – was häufiger der Fall ist – die im Verdacht stehen, die Wirtszelle infizieren zu können.

Schließlich kann das Produkt auch durch prozeßbedingte Komponenten kontaminiert werden, so daß auch für diese Moleküle Abreicherungsfaktoren ermittelt werden sollten. Dies betrifft vor allem Proteine (Protein A oder Antikörper), die als Matrices von Affinitätssäulen verwendet werden.

Es werden auch typische Produktionsausbeuten festgelegt, wodurch ebenfalls sichergestellt wird, daß Produkte nur aus kontrollierten und reproduzierbaren Produktionsprozessen gewonnen werden.

6.1.5.2 *Charakterisierung des Bulkprodukts und Gleichförmigkeit der Produktion*

DNA-rekombinationstechnisch hergestellte Produkte werden heute durchweg nach einem Standard geprüft, der weit über dem Prüfstandard traditioneller biologischer Produkte liegt. Die Identität und Qualität wird durch detaillierte molekulare Analyse des Produktes, durch Charakterisierung der Produktionszelle nach dem Produktionsprozeß und durch sorgfältige Bestimmung von möglichen Begleitstoffen gewährleistet. Bedingt durch die besonderen Eigenschaften der zu prüfenden Moleküle ist ein analytisches Methodenspektrum erforderlich, das bei der Prüfung herkömmlicher Arzneimittel bisher noch nicht oder nur äußerst selten angewendet wurde.

Ein wichtiger Aspekt für die Zukunft wird die Entwicklung und Bereitstellung geeigneten Referenzmaterials und behördlich zugelassener Standards sein. Da dieses Arbeitsgebiet noch relativ jung ist, besteht eine große Chance zur internationalen Harmonisierung. Derzeit sind bereits etliche Referenzstandards für Proteine von WHO, FDA, NIH oder NIBC erhältlich. Von den Herstellern werden diese Standards zur Etablierung sogenannter Sekundärstandards (*working standards*) genutzt, um sie dann im Rahmen der Analytik als Referenzsubstanzen einzusetzen.

6.1.6 *Identitätsprüfung*

Zur Identitätsbestimmung eines Produktes aus einem validierten Produktionsprozeß werden verschiedene Analysenmethoden angewendet. Die wichtigsten sind

- eine Aminosäureanalyse,
- die Sequenzanalyse des N-Terminus und des C-Terminus,
- eine Peptidkartierung nach chemischer oder enzymatischer Spaltung des Proteins (Tabelle 6.1.1).

Typ	Spaltungsagens	Spaltungsspezifität
Enzymatisch		
	Trypsin	C-terminal nach Arginin und Lysin
	Chymotrypsin	C-terminal nach hydrophoben Aminosäuren (z.B. Leucin, Methionin, Alanin, aromatische Aminosäuren)
	Pepsin	unspezifisch
	Endoproteinase Lys-C	C-terminal nach Lysin
	V8-Protease aus *Staphylococcus aureus*	C-terminal nach Glutaminsäure und Asparaginsäure
	Endoproteinase Asp-N	N-terminal vor Asparaginsäure
	Endoproteinase Arg-C (Clostripain)	C-terminal nach Arginin
Chemisch		
	Cyanbromid	C-terminal nach Methionin
	2-Nitro-5-thio-cyano-benzoesäure	N-terminal vor Cystein
	Ameisensäure	zwischen Asparaginsäure und Prolin
	Hydroxylamin bei pH 9	zwischen Asparagin und Glycin

Tabelle 6.1.1 Beispiele für Spaltungsreagenzien zur Erzeugung von Peptidkarten.

Derartige Analysen können mit Proteinkonzentrationen im Mikrogramm-Bereich und zum Teil in automatisierten Prozessen durchgeführt werden.

Häufig ist es erforderlich, auch Modifikationen im Proteinprodukt zu analysieren, die erst nach der Translation eingeführt wurden. Diese Modifikationen sind nicht zwingend durch die genetische Information bestimmt, sondern werden von Enzymen eingeführt, die für die jeweilige Wirtszelle spezifisch sind. So kann man unter geeigneten Bedingungen aus der Peptidkartierung ablesen, ob eventuelle Disulfidbrücken in den Proteinen korrekt geknüpft sind. Komplexer gestaltet sich der Nachweis einer Proteinglycosylierung. Hierzu wird das Protein enzymatisch gespalten und dann die kohlenhydrathaltigen Peptide über Affinitätschromatographie, beispielsweise an Lektin-Säulen, isoliert. Durch Sequenzanalyse wird dann das Peptid und in dem Peptid die Aminosäure ermittelt, die mit einer Zuckerstruktur modifiziert ist. Durch zuckerchemische Analytik kann ferner die genaue Struktur einer Kohlenhydratmodifikation ermittelt werden. Auf der Basis der ermittelten Daten sind Aussagen über die Identität und damit eventuell auch über die Funktion und Stabilität des Produktes zu machen. Ebenso können die Analyse-Ergebnisse zur Abschätzung des immunologischen Potentials des Produktes von Bedeutung sein.

Schließlich erhält man Informationen über Sekundär- oder Tertiärmodifikationen in Proteinen durch optische Methoden wie Circulardichroismus (CD) oder durch immunologische Methoden durch den Einsatz von monoklonalen Antikörpern, die Strukturepitope erkennen. Strukturepitope sind Bereiche in einem Protein, die sich nicht direkt aus der Primärsequenz ergeben. Vielmehr bilden sich derartige Epitope, wenn sie die für das Protein charakteristische Sekundär- oder Tertiärstruktur ausbildet. Bekanntlich nimmt die richtige Faltung eines Proteins eine Schlüsselstellung für die biologische Wirkung ein.

6.1.7 Reinheitsprüfung

Die Bestimmung der Reinheit DNA-rekombinationstechnisch hergestellter Produkte gestaltet sich weitaus komplexer als bei traditionell hergestellten Biologika oder niedermolekularen Substanzen. Bei den traditionell hergestellten Biologika handelte es sich nicht selten um komplexe Gemische, in denen der eigentliche Wirkstoff nur einen Bruchteil der applizierten Substanz ausmachte. Von gentechnisch hergestellten Produkten verlangt man hingegen, daß sie rein isoliert werden und gegebenenfalls durch definierte Zusätze stabilisiert werden.

6.1.7.1 Chemische Reinheit

Die chemische Reinheit der Produkte wird durch klassische Methoden wie Flüssigkeitschromatographie, Kapillarelektrophorese oder Polyacrylamid-Gelelektrophorese durch Vergleich mit Referenzsubstanzen ermittelt. Vor allem werden jedoch zum Nachweis der Reinheit immunologische und molekularbiologische Methoden eingesetzt. Hierdurch wird der Grad der Kontamination mit den von den Wirtszellen stammenden Proteinen oder Nukleinsäuren ermittelt.

6.1.7.2 Von Wirtszellen stammende Proteine

Zum immunologischen Nachweis der Kontaminationsfreiheit mit Wirtszellproteinen wird ein spezielles Antiserum verwendet. Dieses wird wie folgt hergestellt:

- Zunächst wird ein analoges Wirt-Vektor-System hergestellt, das alle Komponenten enthält außer derjenigen genetischen Information, die das eigentliche Produkt codiert.
- Dieses Wirt-Vektor-System wird unter gleichen Bedingungen kultiviert, wie die Zellen, die das Produkt produzieren.
- Aus den kultivierten Zellen wird ein Gesamt-Proteinextrakt hergestellt.
- Dieser Proteinextrakt dient dann als Antigen für die Immunisierung eines Tieres.

Für den Test wird das polyklonale Antiserum eingesetzt.

6.1.7.3 Aus Wirtszelle oder Vektor stammende DNA

Das Endprodukt darf nicht mit Nukleinsäuren verunreinigt sein. Um dies zu belegen, kommen Hybridisationsverfahren oder immunologische Verfahren nach Modifikation der potentiell vorhandenen Nukleinsäure zur Anwendung. Eine besonders empfindliche Methode zum Nachweis von Nukleinsäure ist die Polymerase-Ketten-Reaktion.

In allen Fällen sind ausreichende Mengen an Standards zu präparieren, die in die Validierung des Nachweisverfahrens miteinbezogen werden.

Die nordamerikanische Arzneimittelbehörde FDA hat eine Obergrenze von 10 pg DNA pro Einzeldosis für rekombinante Arzneimittel und Impfstoffe festgelegt

6.1.8 Gehalt und Wirksamkeit

Bevorzugt werden biochemische Testsysteme verwendet. Diese Methoden sind vergleichsweise schnell, einfach, präzise und gut reproduzierbar. Bezogen werden die ermittelten Parameter in der Regel auf eine bestimmte Proteinmenge. Somit kommt der Proteinbestimmung eine große Bedeutung zu. Die meisten gängigen Proteinbestimmungen variieren stark mit der Aminosäurezusammensetzung des Proteins. Ferner können sie durch bestimmte Puffersubstanzen gestört werden. Deshalb sollten vorzugsweise Absolutmethoden wie die Aminosäureanalyse oder die Stickstoff-Bestimmung nach Kjeldahl durchgeführt werden. In der Praxis würde dies jedoch meist einen zu großen Aufwand bedeuten. Deshalb können Alternativmethoden wie beispielsweise die Proteinbestimmung nach Lowry oder die Methode nach Bradford verwendet werden, wenn diese Methoden gegen die Absolutmethoden validiert wurden.

Das Europäische Arzneibuch beschreibt nur ein relativ kleines Spektrum an möglichen analytischen Methoden, die zur Charakterisierung des Produktes genutzt werden. In den einzelnen Spezialmonographien können weitere Tests gefordert werden.

Mit den neuen Produkten hat sich auch das Methodenspektrum stark erweitert, mit dessen Hilfe diese Produkte analysiert werden. Um die Spezialmonographien nicht mit immer wiederkehrenden Methoden zu überladen, wird es erforderlich sein, den Methodenteil der Arzneibücher um diese Analyseverfahren kontinuierlich zu erweitern.

6.2 Biotechnische und gentechnische Herstellung von Insulin

Insulin ist das einzige endokrine Hormon, mit dem bei einem Gesunden der Blutzuckergehalt auf den Normalwert von 70–120 mg/100 ml eingestellt wird. Dieses wichtige Hormon und seine biologische Wirksamkeit wurden im Jahre 1921 durch die kanadischen Forscher Benting und Best entdeckt und beschrieben.

Insulin ist aber auch ein Wachstumsfaktor. In der Gentechnik ist dies u. a. deshalb von Bedeutung, da Insulin häufig definierten Medien zugesetzt werden muß, damit bestimmte Zell-Linien wachsen können.

6.2.1 Struktur

Insulin ist ein Protein, das aus zwei Peptidketten besteht (Abb. 6.2.1). Die A-Kette besteht aus 21 Aminosäuren, während die B-Kette 30 Aminosäuren enthält. Alle sechs in den beiden Ketten vorhandenen Cystein-Aminosäuren sind in Disulfidbindungen eingebunden. Dabei werden zwei Disulfidbrücken zwischen den beiden Ketten ausgebildet und verbinden diese beiden Ketten somit zu einem Molekül. Die dritte Disulfidbindung wird intramolekular innerhalb der A-Kette geknüpft.

Abhängig von pH-Wert, Ionisierungsgrad und Proteinkonzentration assoziieren Insulin-Monomere zu Dimeren und Hexameren. In Form der Hexamere wird Insulin auch in den Granula der Beta-Zellen des Pankreas gespeichert, um dann bei Bedarf sezerniert zu werden.

6.2.2 Insuline aus verschiedenen Tierspezies

Im Gegensatz zu anderen Proteinen, wie beispielsweise das menschliche Wachstumshormon oder verschiedene Blutgerinnungsfaktoren, ist Insulin nicht ausschließlich artspezifisch wirksam. Auch Insuline aus verschiedenen Tierspezies sind beim Menschen aktiv. Diese Insuline sind dem Human-Insulin sehr ähnlich und unterscheiden sich nur in wenigen Aminosäure-Positionen (Abb. 6.2.2)

Auf Grund der Tatsache, daß auch tierische Insuline im Menschen aktiv sind, wurde Insulin bereits sehr früh, d. h. nur zwei Jahre nach seiner Entdeckung, in die Therapie eingeführt. Während früher aus verschiedenen Tierarten gewonnene Insuline verwendet wurden, sind heute vor allem Präparate im Handel, die nur noch Insu-

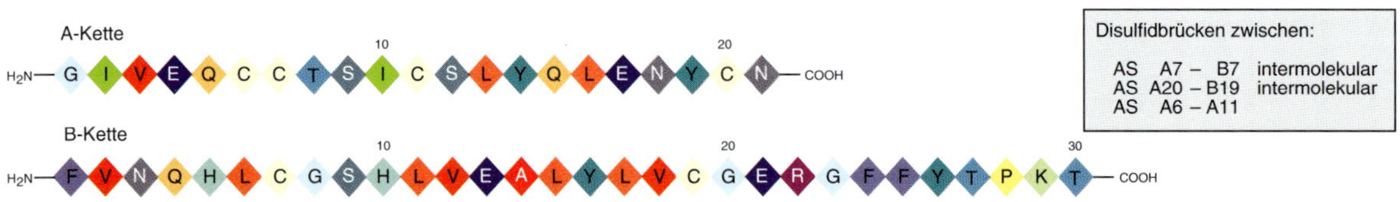

Abb. 6.2.1 Primärsequenz des aktiven Insulins. Die A-Kette enthält 21 Aminosäuren, die B-Kette 30 Aminosäuren. Intermolekulare Disulfidbrücken bilden sich zwischen Aminosäuren A_7 und B_7 sowie zwischen A_{20} und B_{19}. Ferner enthält Insulin eine intramolekulare Disulfidbrücke zwischen den Aminosäuren A_6 und A_{11}.

Abb. 6.2.2 Vergleich der Primärstrukturen von Insulinen aus verschiedenen Spezies. Aminosäuren-Unterschiede im Vergleich zum Human-Insulin sind farbig unterlegt und mit Pfeilen markiert.

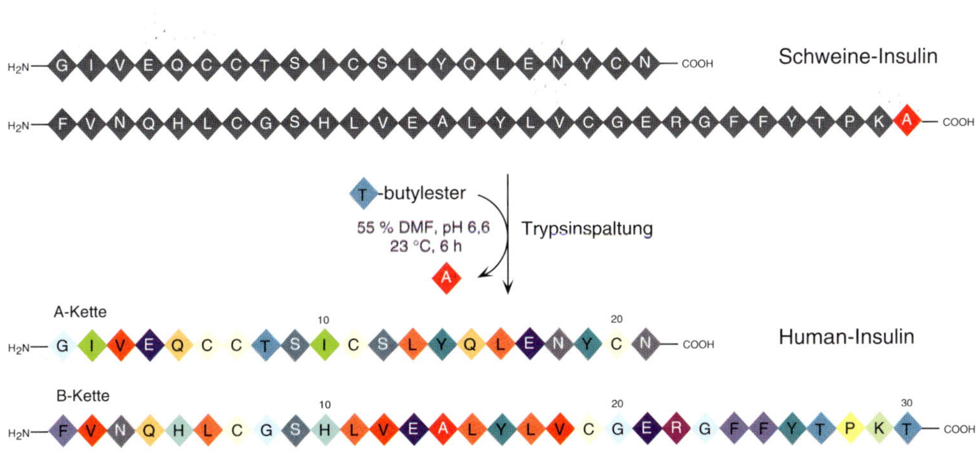

Abb. 6.2.3 Humanisierung von Schweine-Insulin durch Transpeptidierung mit Hilfe von Trypsin in Gegenwart von Threonin-Tertiärbutylester. Bei exakt eingestellten Reaktionsbedingungen (55 % DMF, pH 6,6, 23 °C) wird mit Hilfe von Trypsin die terminale Aminosäure $Alanin_{30}$ der B-Kette gegen Threonin ausgetauscht.

lin einer Tierart enthalten (Monospezies-Insuline). Ferner wurde der Reinheitsgrad der Präparate im Laufe der Zeit stark verbessert, da man schon bald erkannte, daß häufig beobachtete allergische Reaktionen in erster Linie durch Verunreinigungen hervorgerufen wurden.

6.2.3 Umwandlung von Schweine-Insulin in Human-Insulin der Firma Hoechst

Da es sich bei den tierischen Insulinen zwar um wirksame aber dennoch um Fremdproteine handelt, die somit ein nicht unerhebliches immunogenes Potential besitzen, wurde verstärkt daran gearbeitet, authentisches, humanes Insulin bereitzustellen. Vollsynthetisch läßt sich Insulin nicht ökonomisch herstellen.

Ein etabliertes Verfahren ist die Herstellung von Human-Insulin aus Schweine-Insulin. Human- und Schweine-Insulin unterscheiden sich nur in einer Aminosäure, nämlich in der letzten Aminosäure der B-Kette (siehe Abb. 6.2.2). An dieser Stelle befindet sich im Human-Insulin eine Threonin, wohingegen das Schweine-Insulin dort die Aminosäure Alanin trägt.

Bei der Humanisierung von Schweine-Insulin wird zunächst die letzte Aminosäure Alanin der B-Kette durch die Endoprotease Trypsin abgespalten. Trypsin hydrolysiert Peptidbindungen immer nach basischen Aminosäuren (Lysin und Arginin, siehe Tabelle 6.1.1 in Kapitel 6.1) und damit auch nach der Aminosäure Lys_{29} in der B-Kette (siehe Abb. 6.2.1). Insulin enthält aber noch eine zweite basische Aminosäure, das $Arginin_{22}$ in der B-Kette. Das bei der Firma Hoechst entwickelte Verfahren wurde durch ein feines Ausloten der Reaktionsbedingungen so eingestellt, daß nur die Peptidbindung nach dem Lys_{29}, nicht aber die Peptidbindung nach dem Arg_{22} von Trypsin hydrolysiert wird. Gleichzeitig wird dem Ansatz Threonin-Tertiärbutylester zugesetzt, so daß unter den eingestellten Bedingungen (wasserarmes Reaktionsmilieu) die Rückreaktion der Trypsin-Hydrolyse unter Verwendung des Threonin-Tertiärbutylesters als Substrat in Form einer Transpeptidierung abläuft (Abb. 6.2.3). Anschließend wird dann der Ester zu biologisch voll aktivem Human-Insulin hydrolysiert.

Der Bedarf an Human-Insulin ist sehr hoch. Für einen Diabetiker müssen zur Deckung seines Jahresbedarfs ca. 50 Bauchspeicheldrüsen von Schweinen aufgearbeitet werden. Der Insulinverbrauch liegt heute weltweit bei rund fünf bis sechs Tonnen pro Jahr. Um diesen Bedarf zu decken, werden beispielsweise bei der Firma Hoechst täglich elf Tonnen Schweine-Bauchspeicheldrüsen verarbeitet, die von mehr als 100.000 Schlachttieren stammen.

6.2.4 Die Alternative: Gentechnisch hergestelltes Insulin

Nach übereinstimmenden Studien ist der Weltbedarf an Human-Insulin durch natürlich produziertes und dann modifiziertes Insulin in Zukunft nicht mehr zu decken. Deshalb mußten Alternativ-Methoden entwickelt werden. Die Zukunft der Insulinproduktion wird zweifelsohne der gentechnischen Herstellung gehören.

Derzeit sind drei Verfahren etabliert, nach denen rekombinantes Human-Insulin hergestellt wird oder hergestellt wurde. Bevor wir diese Verfahren diskutieren, wollen wir noch einmal kurz auf die Biosynthese des Insulins eingehen, da ja die gentechnische Produktion von Wirkstoffen immer auf einer Biosynthese basiert.

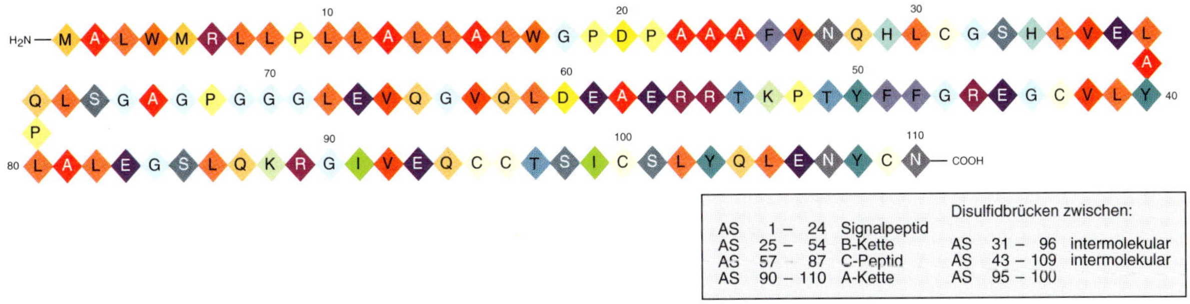

Abb. 6.2.4 Primärsequenz des Prä-Proinsulins. Die Aminosäuren 1–24 bilden ein Signalpeptid, das die relevante Information zum Ausschleusen des Insulins beinhaltet. Es folgen die Aminosäuren für die B-Kette (25–54), für das C-Peptid (57–87) und für die A-Kette (90–110). Die Disulfidbrücken werden bereits auf der Stufe des Prä-Proinsulins geknüpft und zwar zwischen den Cysteinpaaren der Positionen 31 und 96, 43 und 109 sowie 95 und 100. Die beiden erstgenannten Disulfidbrücken ergeben später die intermolekularen Disulfidbrücken, die letztgenannte ergibt die intramolekulare Disulfidbrücke in der A-Kette.

6.2.5 Insulin-Biosynthese

Insulin wird ausschließlich in den B-Zellen der Langerhans'schen Inseln des Pankreas produziert, d. h. die Expression dieses Hormons erfolgt streng zelltypspezifisch. Das Primärprodukt ist das Prä-Proinsulin, das aus einem Signalpeptid, aus der B-Kette, dem C-Peptid und der A-Kette (Abb. 6.2.4) besteht. Das Signalpeptid aus 24 N-terminalen Aminosäuren sorgt für die Sekretion des Insulins in die Zisternen des endoplasmatischen Retikulums und wird bei diesem Sekretionsprozeß abgespalten. Das resultierende Produkt Proinsulin wird dann in den Golgi-Apparat aufgenommen und dort gespeichert. Hier erfolgt dann auch die Abspaltung des C-Peptids durch membranständige Proteasen, und reifes Insulin wird aus den Vesikeln durch Exozytose freigesetzt.

Obwohl also Insulin als heterodimeres Peptidhormon in seiner maturen Form aus zwei Polypeptidketten besteht, wird es zunächst als eine einzige fortlaufende Polypeptidkette synthetisiert und wird folglich auch von einem einzigen Gen codiert. Da die Reifung zum aktiven Insulin durch spezielle, membranständige Proteasen erfolgt, sind Mikroorganismen nicht in der Lage, ausgehend von dem authentischen Insulin-Gen, aktives Insulin zu synthetisieren. Um daher Human-Insulin in Bakterien herstellen zu können, boten sich zwei Alternativ-Strategien an:

- Entweder man verwendet das natürliche Gen als Informationsspeicher. In diesem Fall erhält man allerdings das Vorläuferprotein, das dann in nachgeschalteten biochemischen/biotechnischen Verfahren zum funktionellen Protein konvertiert werden muß.
- Oder man verwendet zwei Teilgene, die jeweils für die A- und für die B-Kette codieren. Aber auch in diesem Fall können wir nicht damit rechnen, daß wir ein aktives Insulin erhalten. Es müssen bekanntlich drei Disulfidbindungen richtig geknüpft werden. Dies ist innerhalb der Bakterienzellen nicht so leicht möglich (siehe Kapitel 3.1), so daß auch in diesem Fall das rekombinante Produkt in nachgeschalteten biochemischen/biotechnischen Verfahren weiter aufbereitet werden muß.

Zusätzlich zur Etablierung transgener Produktionsstämme mußten deshalb proteinchemische Verfahren erarbeitet werden, durch die die gentechnisch hergestellten Vorstufen des Insulins in das funktionelle Endprodukt umgewandelt werden konnten.

6.2.6 Drei Ansätze zur gentechnischen Insulinherstellung

6.2.6.1 Expression der beiden Insulinketten in unterschiedlichen E.-coli-Stämmen

Da aktives Insulin aus zwei Proteinketten besteht, bot es sich zunächst an, die beiden Ketten getrennt zu synthetisieren. Hierzu wurden die beiden Teilgene zunächst voll synthetisiert (siehe Methode M3), um die Aminosäure-Codons für *E. coli* zu optimieren. Diese Teilgene wurden jeweils unmittelbar hinter einem Methionin-Codon des ß-Galactosidase-Gens oder hinter einem Methionin-Codon des Tryptophan-Synthase-Gens inseriert (Abb. 6.2.5). Die beiden resultierenden Plasmide wurden in zwei getrennte Bakterienstämme transformiert, von denen dann A- und B-Insulinketten als Fusionsproteine mit Teilen der bakteriellen ß-Galactosidase oder der bakteriellen Tryptophan-Synthase mit hoher Effizienz synthetisiert wurden.

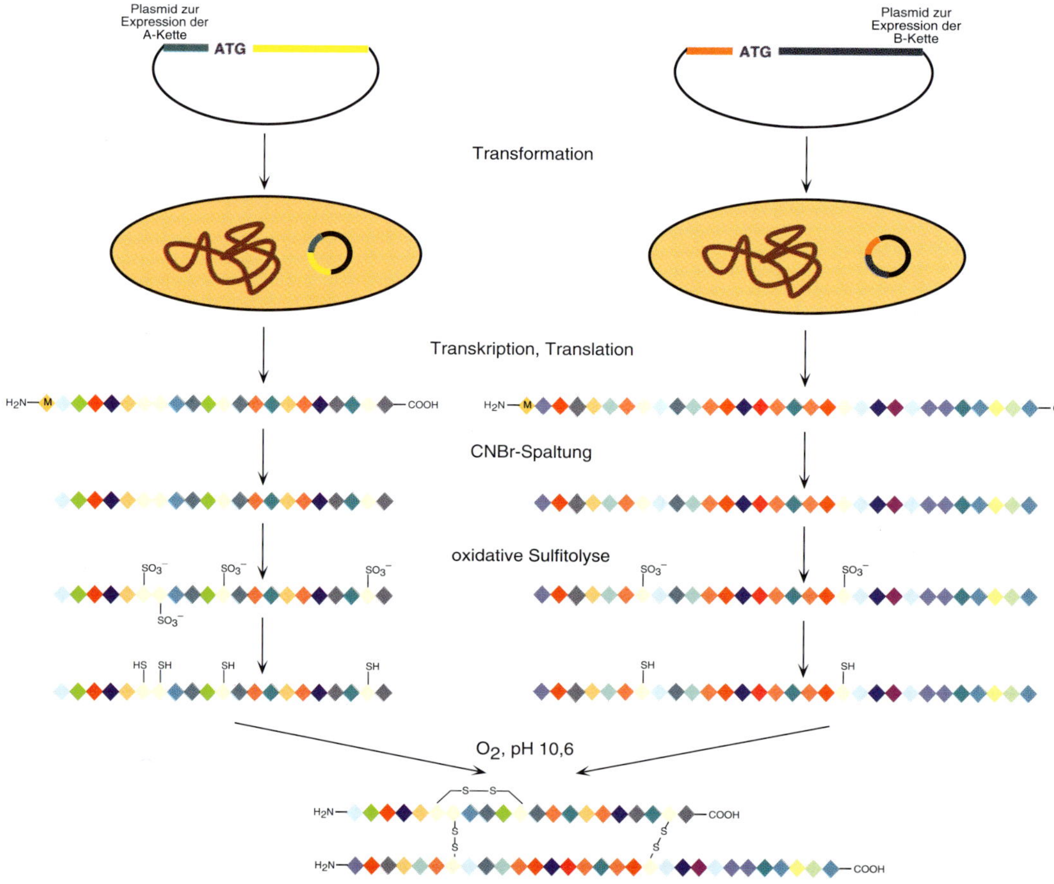

Abb. 6.2.5 Synthese der beiden Insulinketten in zwei *E.-coli*-Stämmen. Ein synthetisches Gen der A-Kette (gelb) und ein synthetisches Gen der B-Kette (blau) wurden jeweils auf einem bakteriellen Plasmid unmittelbar an das ATG-Initiations-Codon des bakteriellen β-Galactosidase-Gens oder des Tryptophan-Synthase-Gens inseriert. Beide Plasmide wurden in zwei verschiedene *E.-coli*-Stämme transformiert, die daraufhin „Fusionsproteine" synthetisieren, die aus der jeweiligen Insulinkette plus einem N-terminalen Methionin als Fusionsanteil bestehen. Nach Isolierung der Insulinketten werden die Methioninreste durch CNBr-Behandlung abgespalten und somit korrekte N-terminale Enden produziert. In den weiteren Schritten werden die Untereinheiten gemeinsam einer oxidativen Sulfitolyse unterzogen, wobei die Cysteinreste zunächst zu S-Sulfonaten aufoxidiert, dann zu den Thiolen reduziert und schließlich durch Luftsauerstoff bei pH 10,6 zu Disulfiden verknüpft werden. Anschließend folgt ein aufwendiger Reinigungsprozeß, in dem inaktive Insulinderivate mit falschen intra- und intermolekularen Disulfidbindungen von aktivem Insulin sicher getrennt werden.

Nach Isolation der chimären Proteine müssen dann in einer komplexen chemisch/enzymatischen Nachbehandlung die Teilproteine zu aktivem Insulin umgesetzt werden. Zunächst werden die Fusionsproteine durch Behandlung mit CNBr fragmentiert. CNBr spaltet Peptidbindungen ausschließlich nach Methioninresten (siehe Tabelle 6.1.1 in Kapitel 6.1). Da einerseits weder die A-Kette noch die B-Kette des Insulins Methioninreste enthalten, andererseits die Gene unmittelbar und exakt hinter einem Methioninrest des bakteriellen Genanteils inseriert wurden, erhält man durch CNBr-Behandlung intakte Insulin-Ketten ohne fremde Aminosäuren.

In diesen „Rohproteinen" sind allerdings die Disulfidbrücken noch nicht – oder nicht korrekt – geknüpft. Durch oxidative Sulfitolyse werden die A- und B-Ketten in die S-Sulfonatderivate überführt. Diese werden dann miteinander kombiniert und dann zunächst in die Thiolderivate umgewandelt. Schließlich bilden sich durch Luftoxidation die drei Disulfidbindungen des aktiven Insulins aus.

Der Nachteil dieser Methode ist eine relativ geringe Ausbeute an aktivem Insulin, denn durch die Ausbildung falscher intra- und intermolekularer Disulfidbindungen kann eine Vielzahl von Nebenprodukten gebildet werden. Diese Nebenprodukte verringern nicht nur die Ausbeute an aktivem Insulin, sondern komplizieren das Verfahren auch dadurch, daß sie sehr sorgfältig abgereichert werden müssen.

6.2.6.2 *Expression von Proinsulin in E. coli*

Human-Insuline der Firmen Berlin-Chemie, Hoechst und Lilly

Eine Verbesserung des ersten Verfahrens war die Expression von Proinsulin in *E. coli*. Im Prinzip unterscheidet sich dieses Verfahren vom ersten Verfahren zunächst darin, daß nur ein einziges Plasmid und nur ein transgener *E.*-

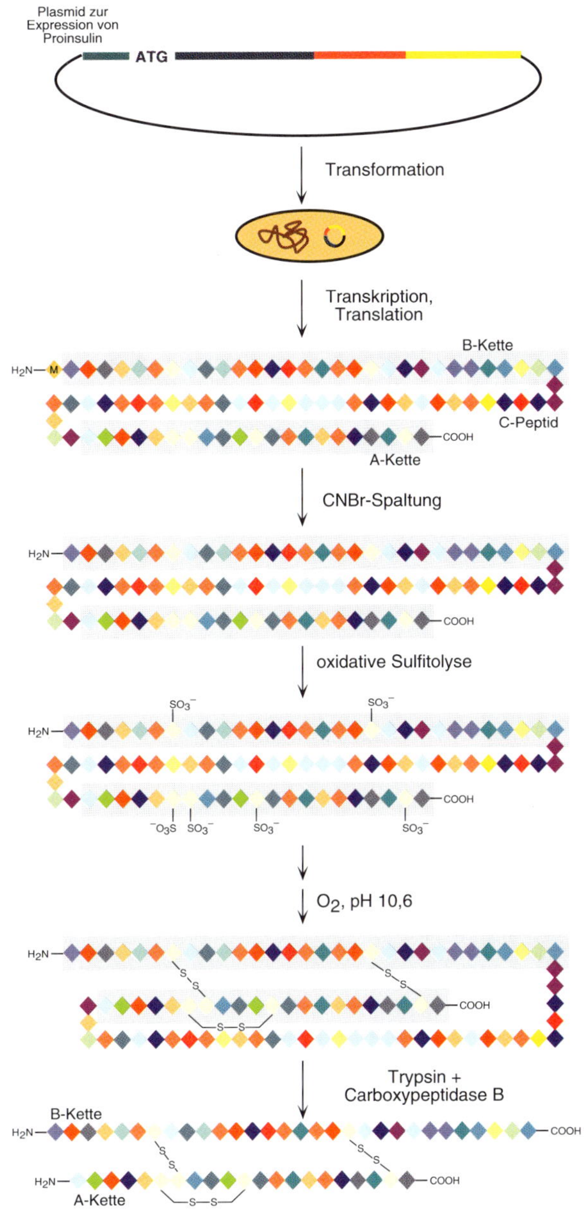

Abb. 6.2.6 Synthese von Proinsulin in *E. coli*. Ein synthetisches Insulin-Gen, das für die B-Kette (blau), das C-Peptid (rot) und die A-Kette (gelb) codiert, wurde auf einem bakteriellen Plasmid unmittelbar hinter dem ATG-Initiations-Codon des bakteriellen Tryptophan-Synthase-Gens inseriert. Das Plasmid wurde in einen *E.-coli*-Stamm transformiert, der daraufhin ein „Fusionsprotein" synthetisiert, das aus dem Proinsulin plus einem N-terminalen Methionin als Fusionsanteil besteht. Nach Isolierung des Fusionsproteins wird der N-terminale Methioninrest durch CNBr-Behandlung abgespalten und somit ein korrektes N-terminales Ende an der B-Kette produziert. In den weiteren Schritten wird das Proinsulin einer oxidativen Sulfitolyse unterzogen, wobei die Cysteinreste zunächst zu S-Sulfonaten aufoxidiert, dann zu den Thiolen reduziert und schließlich durch Luftsauerstoff bei pH 10,6 zu Disulfiden verknüpft werden. Anschließend folgt eine Behandlung mit den Proteinasen Trypsin und Carboxypeptidase B, um das C-Peptid exakt zu entfernen und somit aktives Insulin zu erhalten.

6

Rekombinante Wirkstoffe

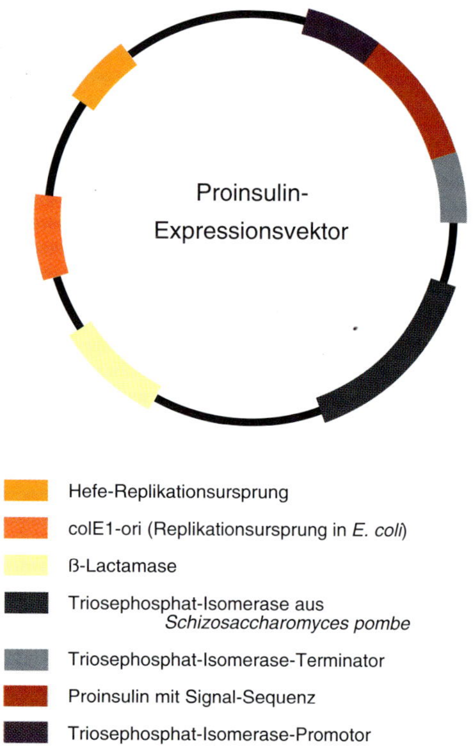

Abb. 6.2.7 Testplasmid zur Expression von authentischem Proinsulin in *S. cerevisiae*. Das Plasmid enthält neben den typischen Elementen eines Hefe-*shuttle*-Vektors (siehe Kapitel 3.2) ein synthetisches Proinsulin-Gen mit optimierten Codons für die Expression in *S. cerevisiae*. Vor das Gen wurde eine Signalsequenz inseriert, die für das Ausschleusen des Proinsulin-Proteins sorgen sollte. Das Gen stand unter der Transkriptionskontrolle des Hefe Triosephosphat-Isomerase-Promotors und des Triosephosphat-Isomerase-Terminators. Als Selektions-Marker für das Hefesystem wurde das Triosephosphat-Isomerase-Gen aus der Hefe verwendet. Mit Hilfe dieses Plasmids konnte praktisch kein aktives Insulin gewonnen werden.

coli-Stamm für die Produktion verwendet wird. Das Plasmid trägt das komplette Insulin-Gen, also die genetische Information für die Insulin-A-, B- und C-Kette. Ähnlich wie bei der unter a) geschilderten Methode wurde auch in diesem Fall das Gen exakt hinter einem Methionin-Codon des Tryptophan-Synthase-Gens inseriert, so daß wiederum ein Fusionsprotein synthetisiert wird. (Abb. 6.2.6)

Das Proinsulin wird aus dem Fusionsprotein durch CNBr-Behandlung freigesetzt und durch oxidative Sulfitolyse in das Sulfonatderivat überführt. Die Ausbildung der korrekten Disulfidbindungen erfolgt in diesem Fall wesentlich effektiver als im Falle einzelner Teilketten. Das verdeutlicht, daß im Proinsulin die aktive Struktur bereits vorgeformt zu sein scheint. Durch Behandlung von Proinsulin mit Carboxypeptidase B und Trypsin wird das C-Peptid entfernt, und man erhält aktives Insulin in guter Ausbeute.

6.2.6.3 Expression von Mini-Proinsulin in S. cerevisiae

Human-Insulin der Firma Novo Nordisk

Die Fa. Novo Nordisk wählte eine weitere Variante der gentechnischen Insulinproduktion. Statt das Protein von Bakterien synthetisieren zu lassen, wird hierbei die Bäckerhefe *S. cerevisiae* als Wirts-System verwendet. Ferner sollte das rekombinante Protein von dem Hefe-Produktionsstamm sezerniert werden, um das Rohprodukt bereits soweit wie möglich frei von Wirts-Proteinen isolieren zu können.

Das Gen zur Produktion des Proinsulins bestand aus folgenden Komponenten (Abb. 6.2.7):

- dem Promotor des Triosephosphat-Isomerase-Gens aus *S. cerevisiae*,
- der Sequenz für ein Signalpeptid, das für die Ausschleusung des Proteins aus der Zelle sorgt,
- einem synthetischen Insulin-Gen, dessen Sequenz diesmal an den optimalen Codon-Gebrauch der Hefe angepaßt ist,
- einem Transkriptions-Terminator, durch den gewährleistet wird, daß die Transkription nach dem Insulin-Gen abbricht.

Dieser Ansatz, der auf dem Papier so klar aussah, erwies sich als Fehlschlag. Es wurde nämlich kaum intaktes Proinsulin von den Hefezellen sezerniert. Der größte Teil des sezernierten Proteins war C-Peptid, und obendrein waren die Disulfidbrücken des geringen Insulinanteils größtenteils falsch geknüpft.

Man folgerte aus diesen Resultaten, daß offensichtlich das Primärprodukt so schnell

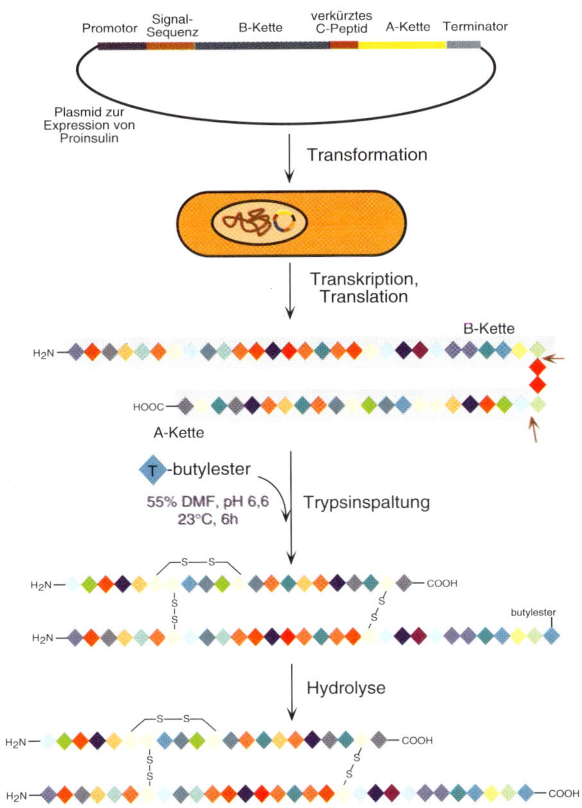

Abb. 6.2.8 Strategie zur Expression von aktivem Insulin in *S. cerevisiae* über ein Mini-Proinsulin-Gen. Das Plasmid aus Abb. 6.2.7 wurde derart abgewandelt, daß das Proinsulin-Gen durch ein „Mini-Proinsulin-Gen" ersetzt wurde. Dieses Mini-Proinsulin-Gen enthält als C-Peptidanteil nur noch die Codons für Ala, Ala, Lys. Hefezellen, die mit diesem Plasmid transformiert wurden, sezernieren eine Mini-Proinsulin-Variante, die einen korrekten N-Terminus trägt, da das Signalpeptid durch Hefe-eigene Proteasen bei der Sekretion des Proteins abhydrolysiert wird. Nach Aufreinigung wird das Mini-Proinsulin nach einem ganz ähnlichen Verfahren aufgearbeitet, wie das Schweine-Insulin bei der Konvertierung zum Human-Insulin (siehe Abb. 6.2.3). Dabei spaltet Trypsin das Mini-Proinsulin nach den beiden Lysin-Resten am Ende der B-Kette und nach dem C-Peptidanteil unmittelbar vor der A-Kette. Gleichzeitig wird an die B-Kette durch Transpeptidierung die noch fehlende C-terminale Aminosäure Threonin in Form von Threonin-Tertiärbutylester angeheftet. In einem abschließenden Hydrolyseverfahren ensteht aktives Human-Insulin.

von Hefeproteasen hydrolysiert wurde, daß keine Zeit für die richtige Knüpfung der Disulfidbrücken bestand. Offensichtlich eignet sich Proinsulin nicht als Vorläufermolekül für die Insulin-Synthese in Hefe.

Als Konsequenz wurde das Gen für natürliches Proinsulin in verschiedenster Weise gentechnisch abgewandelt. Das Resultat war ein „Mini-Proinsulin-Gen" (Abb. 6.2.8). Die markante Änderung in diesem Kunst-Gen bestand darin, daß das Kunst-Gen nur einen sehr kurzen C-Peptid-Anteil enthält. Dieser Teilgenbereich umfaßt nur neun Nukleotide und codiert damit für drei Aminosäuren: Alanin, Alanin, Lysin. Hefeproteasen können dieses kurze C-Peptid nicht hydrolysieren. Andererseits ist das C-Peptid aber offensichtlich noch flexibel genug, um eine Faltung des Proteins zu ermöglichen, die eine korrekte Ausbildung der Disulfidbindungen garantiert.

Die rekombinanten Hefezellen sezernieren eine Proinsulin-Variante, die einen korrekten N-Terminus besitzen und in denen alle Disulfidbrücken korrekt geknüpft sind (Abb. 6.2.8). Demnach entfallen bei der Aufarbeitung zum aktiven Insulin des in Hefe synthetisierten Proinsulins im Vergleich zum *E.-coli*-Wirts-System die CNBr-Behandlung und die oxidative Sulfitolyse.

Zur Entfernung des Mini-C-Peptids wird die gleiche Technologie angewendet, wie sie bereits für die Umwandlung von Schweine-Insulin in Human-Insulin etabliert ist. In wasserarmem Milieu wird in Gegenwart von Threoninester mit Trypsin behandelt (Abb. 6.2.8). Trypsin spaltet dabei zunächst hinter den beiden Lysinresten dieses artifiziellen Proinsulins und verlängert dann in der Rückreaktion durch Transpeptidierung die B-Kette um einen Threoninester-Rest. Nach Hydrolyse des Esters enthält man aktives Humaninsulin.

6.2.7 *Insulinvarianten als Alternative herkömmlicher Depotzubereitungen*

Die Gentechnik bietet zusätzlich zur Herstellung authentischer Proteine die Möglichkeit, Wirkstoffvarianten zu erzeugen, die sich beispielsweise durch bessere Verträglichkeit,

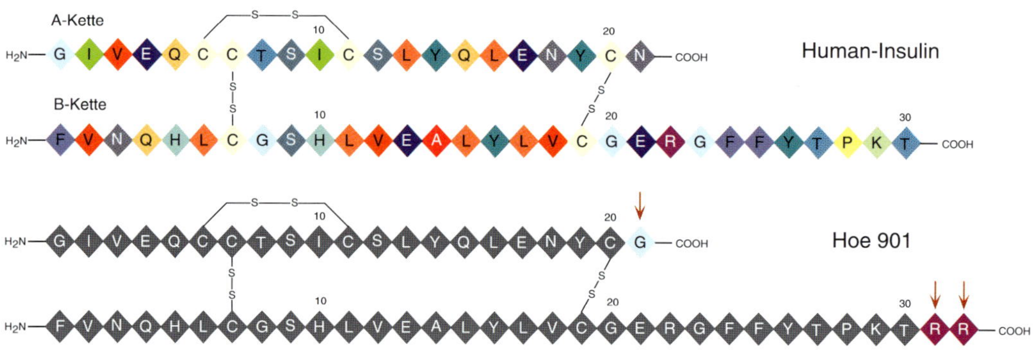

Abb. 6.2.9 Hoe 901, eine Insulinvariante mit protrahierten Freisetzungseigenschaften. Im Vergleich zum natürlichen Insulin wurde die Hoe 901-Variante an drei Positionen modifiziert (farbig unterlegte und mit einem Pfeil markierte Aminosäuren): Die C-terminale Aminosäure Asparagin (N) wurde durch Glycin (G) ersetzt. Ferner wurden an den C-Terminus der B-Kette zwei Arginine (R) angeheftet. Dadurch verschiebt sich der pI der Insulin-Varianten zu einem deutlich basischeren pH-Wert, so daß das Protein bei physiologischem pH ausfällt. Es bildet sich also an der Einstichstelle ein Depot, aus dem Insulin langsam freigesetzt wird.

schnellen Wirkungseintritt oder durch bessere bzw. länger andauernde Wirksamkeit auszeichnen. Auch im Falle des Insulins wird an solchen Varianten gearbeitet.

Ein Ansatz basiert auf der Eigenschaft von Proteinen, am isoelektrischen Punkt (pI), d. h. bei dem pH-Wert, bei dem das Protein als elektrisch neutrales Molekül vorliegt, die geringste Löslichkeit aufzuweisen. Natürliches Insulin besitzt einen pI von 5.5 und präzipitiert aus wäßrigen Lösungen bei pH-Werten zwischen 4.5 und 6.5. Bei physiologischem pH hingegen ist Insulin recht gut löslich. Heute werden Depotpräparate dadurch erhalten, daß man Insulin durch Zusätze von Zinksalzen oder Protamin ausfällt und als Suspensionen appliziert. Es wäre jedoch auch denkbar, durch leichte Änderung der Primärsequenz des Insulins den pI zum Neutralen hin zu verschieben, so daß bei subcutaner Applikation einer klaren, leicht sauren Insulinlösung das Insulin ausfällt, wodurch es zu einer verzögerten Auflösung und Verteilung und somit zu einer längeren Wirkung des Insulin-Analogen aus diesem Depot kommt.

Solche protrahiert wirkenden Insuline kann man erhalten, indem man beispielsweise

- basische Aminosäuren an die A- und/oder B-Kette anheftet,
- saure Gruppen im Protein blockiert oder
- saure Aminosäuren durch basische Aminosäuren ersetzt.

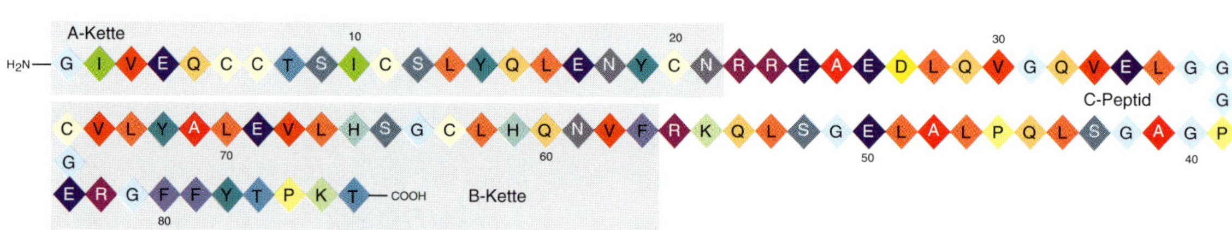

Abb. 6.2.10 A-C-B-Proinsulin. A-C-B-Proinsulin ist eine Proinsulin-Variante, bei der die A- und B-Ketten in dem Molekül vertauscht wurden. Denn anders als bei natürlichem Proinsulin beginnt das Molekül nicht etwa mit der B-Kette (siehe Abb. 6.2.4), sondern mit der A-Kette. Diese Variante enthält zwar noch das C-Peptid, das im Organismus entfernt werden muß und daher seine Wirksamkeit langsam entfaltet. Gleichzeitig enthält es aber, anders als natürliches Proinsulin, ein freies Gly(A1), das für die Wirksamkeit sehr wichtig zu sein scheint und dem A-C-B-Proinsulin bereits eine initiale Wirksamkeit verleiht.

Ein fortgeschrittenes Präparat dieser Zielrichtung ist das sogenannte Hoe 901 oder Gly(A21), Arg(B31), Arg(B32)-Insulin (Abb. 6.2.9). Dieses Insulin enthält im Vergleich zum Human-Insulin zwei zusätzliche Aminosäuren [Arg(B31) und Arg(B32)] und eine Substitution der Aminosäure Asn(A21) durch Glycin. In der Tat sind die Mono- bzw. Di-Arginin-Derivate Intermediate der Proinsulin/Insulin-Biokonversion. Diese Intermediate werden dann zu Insulin umgewandelt. Sie können aber auch direkt als Depot-Präparationen eingesetzt werden.

Hoe 901 zeigt *in vitro* wie *in vivo* nahezu 100 %ige Insulinaktivität, obwohl die Rezeptorbindung im Vergleich zum Human-Insulin um 40 % erniedrigt ist. Offensichtlich ist es auch nicht immunogen. Das Löslichkeitsminimum liegt ungefähr bei neutralem pH, und hier fällt es in schönen Kristallen aus. Im Vergleich zu NPH-Insulin zeigt Hoe 901 eine zweifach protrahierte und verlängerte Wirkung, ohne daß der klaren, leicht sauren Lösung irgendein Depotadditiv zugesetzt wurde.

Der zweite Ansatz zu länger wirkenden Insulinvarianten basiert auf der Beobachtung, daß partiell prozessiertes Proinsulin bereits deutliche Insulinaktivität verglichen mit Proinsulin aufweist. Es wird vermutet, daß das Gly(A1) für die biologische Aktivität eine sehr wichtige Rolle spielt. Im Proinsulin, dessen Ketten in der Reihenfolge B-C-A angeordnet sind, ist das Gly(A1) maskiert.

Forscher der Firma Lilly haben daher ein neues, „invertiertes" Proinsulin-Gen konstruiert, in dem die Ketten in der Reihenfolge A-C-B angeordnet sind (Abb. 6.2.10). Dieses Molekül trägt ein freies N-terminales Gly(A1), und der C-Terminus der A-Kette wird über das C-Peptid mit dem N-Terminus der B-Kette verknüpft. Wie sich herausstellte, ließen sich in dem A-C-B-Proinsulin nach oxidativer Sulfitolyse effizient die korrekten Disulfidbindungen knüpfen.

In verschiedenen Testsystemen zeigte A-C-B-Proinsulin eine Aktivität, die zwischen der des natürlichen Proinsulins und des maturen Insulins lag. Obwohl es sich beim A-C-B-Proinsulin sicherlich noch nicht um einen therapeutisch einsetzbaren Wirkstoff handelt, so ist damit doch ein interessanter Weg hin zu länger wirkenden Insulinen gezeigt, die durch gentechnische Manipulationen leicht verfügbar werden. Insulin wird auch hier wieder eine Vorreiterrolle übernehmen. Für andere, wesentlich komplexere Proteine, wie beispielsweise der Gewebe-Plasminogenaktivator tPA, wurde bereits ein analoger Weg eingeschlagen (siehe Kapitel 6.3), wodurch neue Therapieschemata verfügbar werden, von denen sehr viele Patienten profitieren werden.

6.2.8 Das erste zugelassene Insulin-Mutein

HUMALOG®: Human-Insulin lispro der Firma Lilly

Insulin lispro ist ein gentechnisch in *E. coli* hergestelltes Human-Insulin-Derivat, bei dem im Vergleich zu authentischem Insulin die Aminosäuren 28 und 29 in der B-Kette vertauscht sind (Abb. 6.2.11). Während im authentischen Human-Insulin an Position B28 die Aminosäure Prolin und an Position B29 die Aminosäure Lysin stehen, sind diese Positionen im Insulin lispro vertauscht.

Durch diese Modifikation verringert sich die Fähigkeit von Insulin, sich zu Dimeren oder Hexameren zu assoziieren, um den Faktor 300. Somit ist die lispro-Insulin-Variante deutlich schneller bioverfügbar als herkömmliches Human-(Alt-)Insulin. Das Zeit-Wirk-Profil von Insulin lispro zeichnet sich im Vergleich zu herkömmlichem Normal-Insulin durch einen schnelleren Wirkungsbeginn und eine kurze Wirkdauer aus (Abb. 6.2.12). Maximale Insulinkonzentrationen im Plasma werden mit Insulin lispro bereits nach 60 Minuten erzielt, wohingegen die maximale Plas-

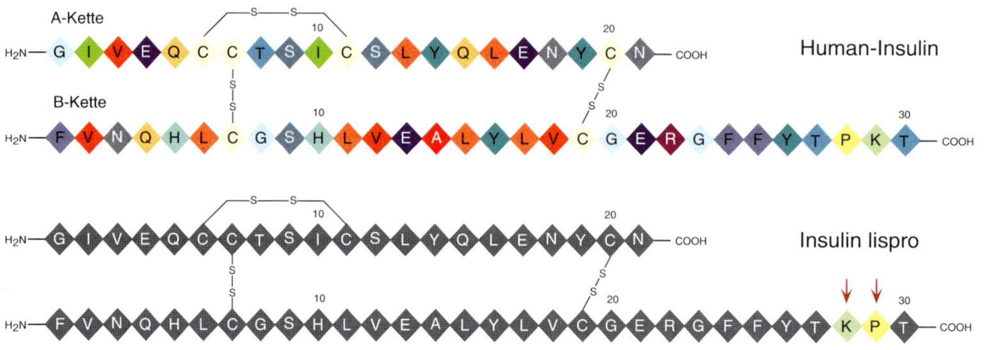

Abb. 6.2.11 Lispro-Insulin. Bei der Insulin-Varianten lispro wurden die beiden Aminosäuren Pro(B28) und Lys(B29) des Human-Insulins vertauscht. Dieses Aminosäurepaar ist maßgeblich an der Ausbildung von Insulin-Hexameren beteiligt. Durch den Austausch der beiden Aminosäuren können sich Hexamere wesentlich ineffektiver bilden, wodurch der Wirkungseintritt des lispro-Insulins deutlich schneller erfolgt.

makonzentration mit herkömmlichem Normal-(Alt-)Insulin bei gleicher Dosierung erst nach 90 Minuten erreicht wird. Auch der Abfall der Insulinkonzentration ist bei dem schnell wirkenden Insulin lispro vergleichsweise steiler. Bereits nach zwei bis drei Stunden erreicht der Insulinspiegel wieder seinen Ausgangswert, wohingegen der Insulinspiegel nach Injektion von Normal-Insulin auch nach sechs Stunden noch erhöht ist.

Dies bedeutet für den Patienten, daß er

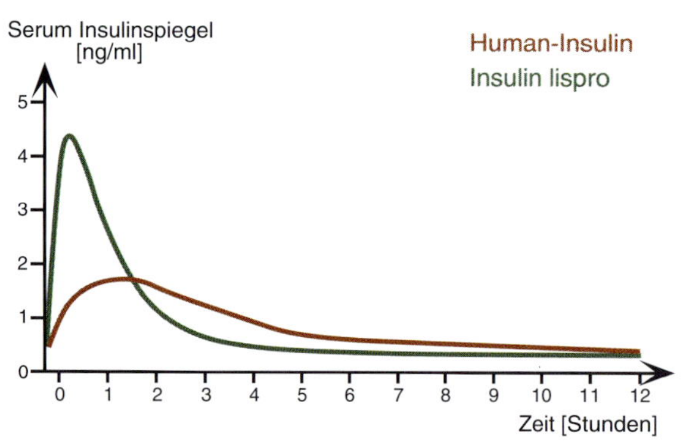

Abb. 6.2.12 Zeit-Wirk-Profile von lispro-Insulin und Human-(Alt-)Insulin. Maximale Insulinkonzentrationen im Plasma werden mit Insulin lispro bereits nach 60 Minuten erzielt, wohingegen die maximale Plasmakonzentration mit herkömmlichem Normal-(Alt-)Insulin bei gleicher Dosierung erst nach 90 Minuten erreicht wird. Auch der Abfall der Insulinkonzentration ist bei dem schnell wirkenden Insulin lispro vergleichsweise steiler.

seine Mahlzeiten nicht mehr im voraus planen muß, um eine postprandiale Erhöhung des Blutglucosespiegels zu vermeiden und daß auf die Einnahme von Zwischenmahlzeiten verzichtet werden kann, um einem postprandialen Abfall des Blutglucosespiegels vorzubeugen.

Insulin lispro wird in *E.-coli*-K12-Zellen zunächst als Proinsulin-Variante produziert und entsprechend Abb. 6.2.6 weiterverarbeitet. Nach der Aufreinigung liegt es in Form von Zink-Insulin-lispro-Kristallen vor. Durch die Modifikationen in der B-Kette ändert sich die Bindungsfähigkeit an den Insulinrezeptor nicht. Ferner konnte in entsprechenden toxikologischen Studien belegt werden, daß das für alle Insuline typische wachstumsaktivierende und mitogene Potential nicht durch die Modifikationen im Insulin lispro im Vergleich zu authentischem Insulin in unerwünschter Weise verändert wurde. Allerdings existieren bislang leider noch keine statistisch zu verwertenden Daten über Insulin lispro beim Einsatz bei Schwangeren, Stillenden oder Kindern.

Das Auftreten von Insulin-Antikörpern während der Behandlung des Diabetes mit humanem Insulin stellt heute kaum noch ein Problem dar. Kommt es jedoch zu Insulin-Antikörperbildung, gelingt eine befriedigende Stoffwechseleinstellung meist nicht, und es werden extrem hohe Insulindosen benötigt. Einzelne Fallberichte geben Anlaß zur Hoffnung, daß solche nahezu resistenten Patienten von einer Therapie mit Insulin lispro profitieren könnten. In diesen Kasuistiken wird berichtet, daß nicht nur die notwendigen Insulindosen um ein Vielfaches gesenkt werden konnten, sondern sich auch die Antikörpertiter reduzierten. Klinische Studien an bisher 360 Diabetikern (Typ I und Typ II) zeigten keinen signifikanten Unterschied zwischen Insulin lispro und Normal-Insulin bezüglich der Entwicklung von spezifischen Antikörpern.

Zusammenfassung/Schlußbewertung

Wie in vielen anderen Bereichen, so hat auch bei der gentechnischen Herstellung von therapierelevanten Proteinen das Insulin eine entscheidende Vorreiterrolle gespielt. Das ist erstaunlich, denn formal betrachtet handelt es sich beim Insulin sicherlich nicht um ein ideales Versuchsmolekül, da aktives Insulin aus zwei Proteinketten besteht, die über Disulfidbrücken miteinander zu einem Molekül verknüpft sind. Konsequenterweise waren zur Herstellung der ersten rekombinanten Insuline auch zwei verschiedene *E.-coli*-Stämme erforderlich, die jeweils entweder die A- oder die B-Kette synthetisierten, die dann in einem nachfolgenden biotechnischen Prozeß zu dem aktiven Insulin kombiniert werden mußten.

Bekanntlich wird Insulin aber natürlicherweise von einem einzelnen Gen codiert. Die heute verfügbaren rekombinanten Produkte werden alle als Proinsulin synthetisiert. Die in *E. coli* hergestellten Moleküle stammen von natürlichem Proinsulin ab, das allerdings in seiner Codon-Zusammensetzung an die optimalen Codons in *E. coli* angepaßt wurde. Das in Hefe produzierte Präparat wird hingegen von einem Kunst-Gen mit einem artifiziellen C-Peptid exprimiert. In jedem Fall schließen sich biotechnische Schritte an, um aktives Insulin herzustellen. Dieser Schritt ist allerdings für das in Hefe gebildete Proinsulin wesentlich einfacher als für das in *E. coli* produzierte Proinsulin.

Durch Variationen innerhalb der Gensequenz wird derzeit versucht, Muteine herzustellen, die besondere Eigenschaften besitzen. Eine dieser Varianten, ein besonders schnell wirkendes Insulin, ist bereits in Form des HUMALOG® (Insulin lispro) der Firma Lilly zugelassen.

6.3 Gentechnisch hergestellte Fibrinolytika und Antikoagulanzien

6.3.1 Fibrinolytika

Biochemische und pharmakologische Grundlagen

Fibrinolyse (Abb. 6.3.1), also das Auflösen von Fibringerinnseln nach einem Gefäßverschluß, geschieht physiologisch durch eine Gruppe von Proteinen, die wir als Plasminogenaktivatoren bezeichnen. Diese Substanzen wandeln Plasminogen in das aktive Enzym Plasmin um. Aktives Plasmin ist eine Serinprotease, die ihrerseits Fibrin zu Fibrinspaltprodukten degradiert. Fibrin ist die Hauptkomponente von Gerinnseln, die die Gefäße bei Thrombosen und Embolien verstopfen.

Humanes Plasminogen wird zunächst als Prä-Protein von 810 Aminosäuren synthetisiert (Abb. 6.3.2). Beim Ausschleusen aus der Zelle wird ein Signalpeptid von 19 Aminosäuren abhydrolysiert, so daß ein einkettiges Glycoprotein aus 790 Aminosäuren im Plasma zirkuliert. Plasminogen enthält 24 Disulfidbrücken und 5 homologe Dreifachschleifen, sog. „Kringel" (siehe Abb, 6.3.3). Die N-terminale Aminosäure des nativen Plasminogens ist Glutaminsäure (Glu-Plasminogen). Dieses wird durch limitierte hydrolytische Spaltung der $Arg_{67} - Met_{68}$, $Lys_{76} - Lys_{77}$ oder $Lys_{77} - Val_{78}$ - Peptidbindung unter Verlust eines sogenannten Aktivierungspeptids (siehe Abb. 6.3.2) in eine modifizierte Form umgewandelt. Diese modifizierte Form des Plasminogens bezeichnen wir als „Lys-Plasminogen".

Lys-Plasminogen wird durch Spaltung einer einzigen Arg-Val-Peptid-Bindung ($Arg_{560} - Val_{561}$) in Plasmin überführt (Abb. 6.3.3). Das daraus resultierende Plasminmolekül besteht aus einer schweren A-Kette (N-terminale Hälfte des Plasminogens) und einer leichten B-Kette (C-terminale Hälfte des Plasmino-

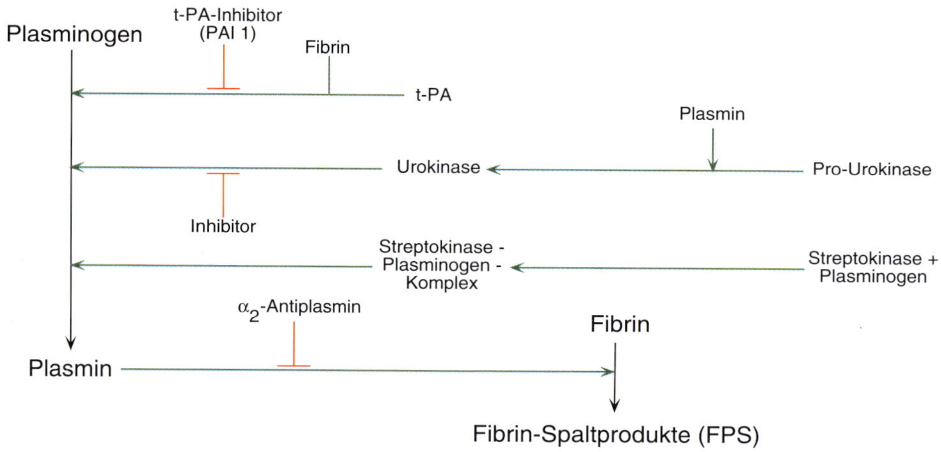

Abb. 6.3.1 Fibrinolyse. Zur Fibrinolyse wird inaktives Plasminogen durch Plasminogenaktivatoren in die Serinprotease Plasmin überführt. Plasmin seinerseits hydrolysiert Fibrin zu Fibrinspaltprodukten und löst damit Blutgerinnsel auf. Plasmin läßt sich durch Antiplasmine (z. B. α_2-Antiplasmin) physiologisch inaktivieren. Als Plasminogenaktivatoren stehen derzeit zur Verfügung: der Gewebe-Plasminogenaktivator (t-PA, Alteplase) und eine gentechnisch modifizierte Variante (Reteplase), die Pro-Urokinase, die durch Plasmin zur aktiven Urokinase überführt wird und ein Streptokinase/Plasminogen-Komplex.

AS	-19 – -1	Signalpeptid
AS	1 – 561	Schwere A-Kette
AS	1 – 77	Aktivierungspeptid
AS	78 – 561	Kurze A-Kette
AS	562 – 791	Leichte B-Kette
AS	84 – 162	Kringel 1
AS	165 – 243	Kringel 2
AS	256 – 333	Kringel 3
AS	358 – 435	Kringel 4
AS	462 – 541	Kringel 5
AS	562 – 791	Katalytische Domäne
AS	117	omega-Aminocarboxylsäure
AS	139	omega-Aminocarboxylsäure
AS	153	omega-Aminocarboxylsäure
AS	413	omega-Aminocarboxylsäure
AS	426	omega-Aminocarboxylsäure
AS	115	Fibrin
AS	117	Fibrin

AS	289	Kohlenhydratseitenkette (in 50 % der Moleküle)
AS	346	Kohlenhydratseitenkette
AS	578	Phosphorylierung

Disulfidbrücken zwischen:

AS	30 – 54		AS	358 – 435	
AS	34 – 42		AS	379 – 418	
AS	84 – 162		AS	407 – 430	
AS	105 – 145		AS	462 – 541	
AS	133 – 157		AS	483 – 524	
AS	166 – 243	möglich	AS	512 – 536	
AS	169 – 297		AS	548 – 666	intermolekular
AS	187 – 226		AS	558 – 566	intermolekular
AS	215 – 238		AS	588 – 604	
AS	256 – 333	möglich	AS	680 – 747	möglich
AS	277 – 316		AS	710 – 726	
AS	305 – 328		AS	737 – 765	möglich

Abb. 6.3.2 Primärsequenz des humanen Plasminogens.

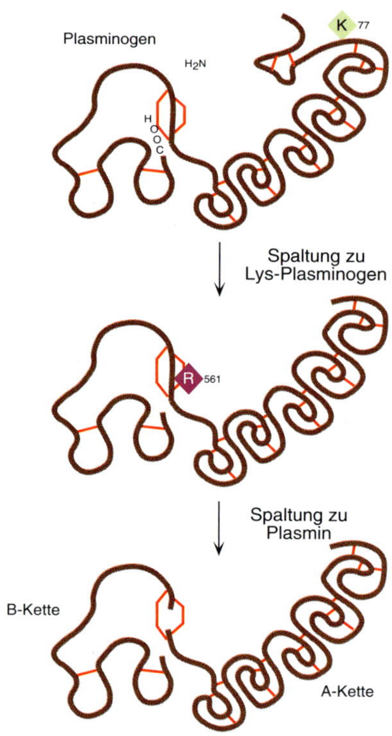

Abb. 6.3.3 Aktivierung von Plasminogen zu Lys-Plasminogen und weiter zu Plasmin. Zunächst wird Glu-Plasminogen durch limitierte hydrolytische Spaltung der Arg_{68} – Met_{69}, Lys_{77} – Lys_{78} oder Lys_{78} – Val_{79} – Peptidbindung in Lys-Plasminogen umgewandelt. Danach wird das Molekül durch Hydrolyse der Arg_{561} – Val_{562}-Peptidbindung in Plasmin überführt. Das aktive Zentrum des Plasmins befindet sich auf der leichten B-Kette.

gens). Die B-Kette enthält ein aktives Zentrum, ähnlich wie beim Trypsin, welches von den Aminosäuren His_{602}, Asp_{645} und Ser_{740} gebildet wird.

Um dieses System beispielsweise bei akutem Herzinfarkt aber auch bei anderen Erkrankungen wie tiefen Venenthrombosen oder schweren Lungenembolien zu aktivieren, können wir verschiedene Wirkstoffe einsetzen (Abb. 6.3.1).

6.3.1.1 Streptokinase

Die Substanz, die als Thrombolytikum am längsten in der Therapie eingesetzt wird, ist die Streptokinase. Obwohl es derzeit keine rekombinante Streptokinase gibt, soll die Substanz hier auch kurz betrachtet werden.

Streptokinase ist nicht etwa ein Enzym, wie es vielleicht die Endung -ase suggerieren könnte. Es ist ein nicht-enzymatisches Protein mit einen Molekulargewicht von 47 kDa (Abb. 6.3.4), das von β-hämolysierenden Streptokokken der Gruppe C-Lancefield gebildet wird und das fibrinolytische System indirekt aktiviert.

Streptokinase bildet zuerst einen stöchiometrischen 1 : 1-Komplex mit Plasminogen. Dadurch ändert sich die Struktur des Plasminogens derart, daß ein aktives Zentrum entsteht (Abb. 6.3.5). Erst hierdurch wird der Komplex zu einem wirkungsvollen Plasminogen-Aktivator.

Obwohl die Wirksamkeit von Streptokinase durch große Studien vielfach gesichert ist, ist ihr Einsatz mit wesentlichen Nachteilen behaftet. So ist es vor allem die mangelnde Fibrinselektivität, die sich beim Streptokinase-Einsatz störend bemerkbar macht. Es treten massiv Fibrinogen-Spaltprodukte auf, die als nicht antagonisierbare, lange wirksame, hochpotente Antikoagulantien über mindestens 24 bis 48 Stunden in der Zirkulation nachweisbar sind. Darüber hinaus verursacht Streptokinase in hohen Dosen einen starken hypotensiven Effekt und ist als nichthumanes Protein signifikant allergen. Dies kann nicht nur zu akuten allergischen Reaktionen führen, sondern die gebildeten Antikörper verhindern auch die Wirksamkeit der Substanz bei einer Zweitapplikation oder nach einer frischen Streptokokken-Exposition.

Sobald Streptokinase in das Blut eingebracht wird, bildet sich mit dem zirkulierenden Plasminogen ein 1 : 1-Aktivatorkomplex. Dieser aktiviert weitere zirkulierende Plasminogenmoleküle. Um eine zu hohe systemische Plasminämie zu vermeiden, hat man den Streptokinase-Plasminogen-Aktivatorkomplex durch Acylierung im aktiven Zentrum des Plasminogens so modifiziert, daß erst nach Abspaltung einer p-Anisoyl-Gruppe der Aktivatorkomplex zur Aktivierung von zirkulierendem Plasminogen zur Verfügung steht. Gleichzeitig soll durch Verwendung

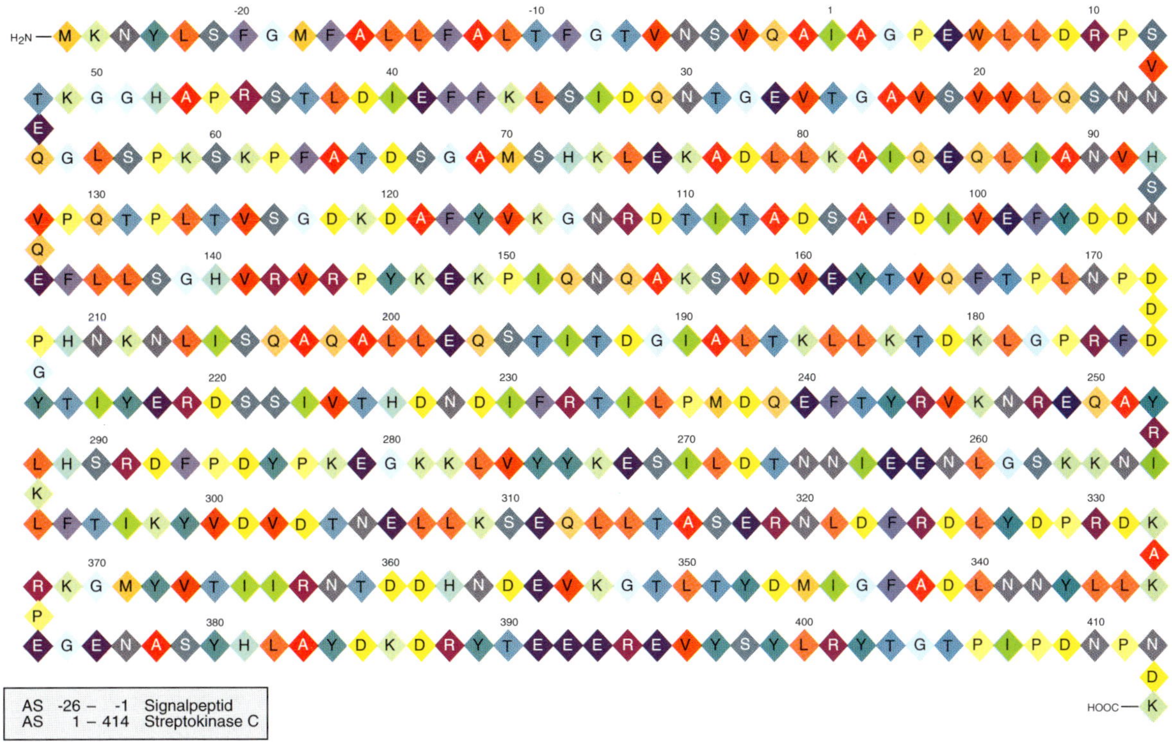

Abb. 6.3.4 Primärsequenz der Streptokinase.

von Lys-Plasminogen, das – wie wir weiter oben gehört haben – durch limitierte Proteolyse aus Glu-Plasminogen (natives Plasminogen) entsteht und das 20-fach stärker an Fibrin bindet als Glu-Plasminogen, eine gewisse Anreicherung des Aktivatorkomplexes an Fibringerinnsel erreicht werden. Dieses chemisch und enzymatisch modifizierte Naturprodukt bezeichnen wir als anisoylierter Lys-Plasminogen/Streptokinase-Aktivatorkomplex (APSAC-Antistreplase; Eminase®).

6.3.1.2 Urokinase

Der Plasminogen-Aktivator vom Urokinasetyp ist ein Polypeptid von 411 Aminosäuren und einem Molekulargewicht von ca. 54 kDa. Wie alle sezernierten Proteine wird auch die Urokinase in Form eines Vorläufers synthetisiert (Prä-Pro-Urokinase, Abb. 6.3.6). Bei der Sekretion wird ein Signalpeptid von 20 Aminosäuren abhydrolysiert, so daß ein

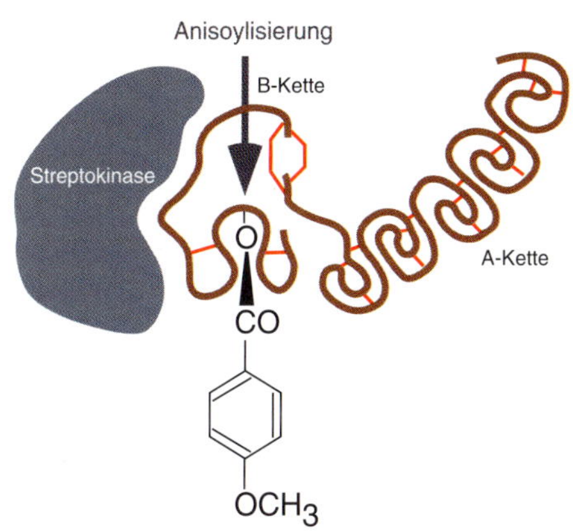

Abb. 6.3.5 Streptokinase/Plasminogen-Komplex. Streptokinase bildet mit Plasminogen einen 1 : 1-Komplex. Dadurch entsteht im Plasminogen-Molekül ein aktives Zentrum, das Plasminogen zu einem effektiven Plasminogen-Aktivator umwandelt. Wegen der hohen und unkontrollierbaren Aktivität dieses artifiziellen Plasminogen-Aktivators hat man eine Aminosäure im aktiven Zentrum mit einer p-Anisoyl-Gruppe acyliert. Ferner verwendet man Lys-Plasminogen und nicht Glu-Plasminogen. Dieses chemisch und enzymatisch modifizierte Naturprodukt ist als „anisoylierter Lys-Plasminogen/Streptokinase-Aktivatorkomplex“ (APSAC-Antistreplase) zugelassen.

AS	-20 – -1	Signalpeptid
AS	1 – 157	Lange A-Kette
AS	136 – 157	Kurze A-Kette
AS	159 – 411	B-Kette
AS	7 – 43	EGF-ähnliche Domäne
AS	50 – 131	Kringel
AS	132 – 157	Verbindungspeptid
AS	157 – 158	Schnittstelle bei Zymogenaktivierung
AS	159 – 411	katalytische Domäne
AS	305	Kohlenhydratseitenkette

Disulfidbrücken zwischen:

AS	11 – 19	
AS	13 – 31	
AS	33 – 42	
AS	50 – 131	
AS	71 – 113	
AS	102 – 126	
AS	148 – 279	(intermolekular)
AS	189 – 205	
AS	197 – 268	
AS	293 – 362	
AS	325 – 341	
AS	352 – 380	

Abb. 6.3.6 Primärsequenz der Prä-Pro-Urokinase. Das primär gebildete Protein besteht aus 431 Aminosäuren. Die ersten 20 Aminosäuren (Position –20 – –1) bilden das Signalpeptid, das für die Sekretion des Proteins verantwortlich ist und bei diesem Prozeß abhydrolysiert wird. Das reife Protein enthält demnach zunächst 411 Aminosäuren. Durch partielle Hydrolyse hinter der Aminosäure 135 entsteht eine niedermolekulare Variante mit 276 Aminosäuren (LUK). Durch Spaltung der Peptidbindungen zwischen Phe_{157}, Lys_{158} und Ile_{159} wird Pro-Urokinase zu Urokinase aktiviert (Zymogenaktivierung). Dabei entstehen A-Ketten (entweder eine lange A-Kette von Position 1–157 oder eine kurze A-Kette von Position 136–157) und eine B-Kette (Position 159–411). Das Molekül besitzt eine EGF-ähnliche Domäne (*epidermal growth factor*) und eine Kringeldomäne, wie wir sie bereits in der Struktur des Plasminogens kennengelernt haben. Das aktive Zentrum liegt innerhalb der Aminosäuren 159–411.

Molekül mit 411 Aminosäuren ins Plasma gelangt. An Position 302 ist die Urokinase glycosyliert.

Neben der hochmolekularen Form (HUK) existiert zusätzlich noch eine niedermolekulare Form (LUK) mit einer Kettenlänge von 276 Aminosäuren und einem Molekulargewicht von 32 kDa. Dieses niedermolekulare Molekül entsteht durch limitierte Proteolyse an der Peptidbindung Lys_{135}-Lys_{136}. Die genaue physiologische Rolle des Plasminogen-Aktivators vom Urokinasetyp ist bisher nicht voll verstanden. Wahrscheinlich spielt er nicht nur eine Rolle bei der Kontrolle der Hämostase, sondern auch bei Entzündungsprozessen, Gewebeproliferation, Neoangiogenese und bei der Tumormetastasierung. Urokinase selbst wird heute in der thrombolytischen Therapie nicht mehr eingesetzt. Dagegen steht die gentechnisch hergestellte Pro-Urokinase (scu-pa = *single-chain*-Urokinase-Plasminogen-Aktivator = Saruplase) kurz vor der Zulassung.

Als Pro-Urokinase ist die Substanz im Plasma weitgehend inaktiv. Durch limitierte Proteolyse, katalysiert durch Plasmin oder

Kallikrein, wird das Molekül aktiviert, wobei die Bindung zwischen Phe_{157}, Lys_{158} und Ile_{159} gespalten wird. Auch Thrombin kann die Substanz spalten, allerdings zwischen den Aminosäuren Arg_{156} und Phe_{157}, also unmittelbar in der Nachbarschaft zur Konversionsstelle zu Urokinase (Abb. 6.3.7). Durch Thrombinspaltung wird das Molekül weitgehend inaktiviert (Inaktivierungs-Spaltung).

In vivo wird Pro-Urokinase wahrscheinlich durch Lys-Plasminogen, das selbst an ein Fibringerinnsel gebunden ist, in Urokinase überführt. Dies erklärt die Latenzphase, die beobachtet wird, bevor die volle lytische Aktivität erreicht ist. Diese lag-Phase kann dabei *in vivo* durch Erhöhung der Dosis oder durch Prä-Aktivierung mit geringen Dosen Urokinase oder t-PA wesentlich verkürzt werden.

Pro-Urokinase wird durch die Leber rasch metabolisiert und ausgeschieden. Die relevante Halbwertszeit beträgt bei Patienten mit akutem Infarkt 7 bis 8 Minuten. Die hohe Abhängigkeit der Substanz von der Metabolisierung und der Elimination durch die Leber läßt eine Kumulation bei Patienten mit schwerer Leberinsuffizienz erwarten.

Heute kann gentechnisch hergestellte Pro-Urokinase (Saruplase) bei einem akuten Herzinfarkt in einer Dosis von 20 mg als Bolus und weiteren 60 mg über 60 Minuten kontinuierlich infundiert werden. Durch dieses Dosisregime werden günstigere Offenheitsraten als mit Streptokinase erreicht. Allerdings muß dabei ein zwar verzögert einsetzender, jedoch nicht weniger vollständiger Verbrauch von $Plasminogen_{\alpha 2}$-Antiplasmin und Fibrinogen in Kauf genommen werden. Dies rührt daher, daß die Pro-Urokinase nach Infusion langsam in Urokinase überführt wird. Die Konversionsraten liegen dabei zwischen 30 und 50 % der eingesetzten Substanzmengen. Bei einer Infusion von 14 Millionen latenten Einheiten (davon 3,5 Millionen Einheiten als Bolus) ist somit mit der systemischen Freisetzung von zwischen 4,5 und 7 Millionen Einheiten Urokinase zu rechnen. Dies

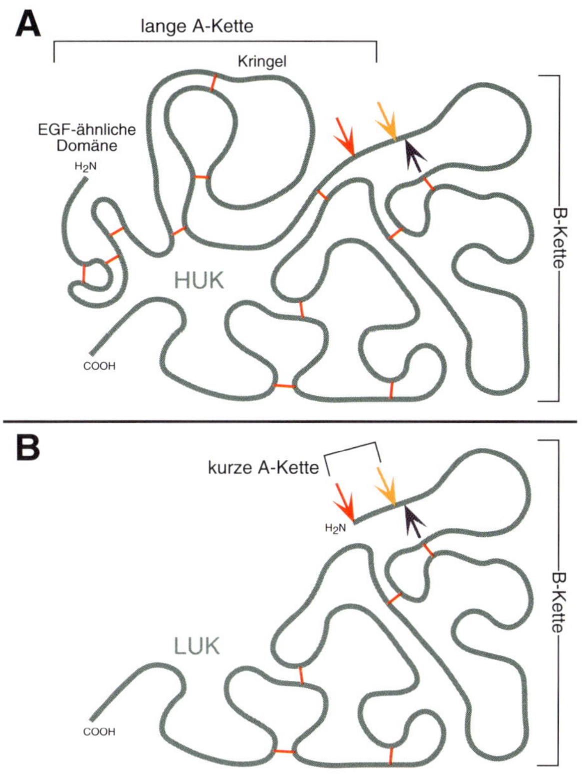

Abb. 6.3.7 Schematisch gezeichnete Sekundärstruktur der Pro-Urokinase. Pro-Urokinase ist ein Protein mit 411 Aminosäuren (HUK). Durch Proteolyse an der Peptidbindung Lys_{135}-Lys_{136} (roter Pfeil) entsteht eine niedermolekulare Variante mit 276 Aminosäuren (LUK). Durch Spaltung der Peptidbindungen zwischen Phe_{157}, Lys_{158} und Ile_{159} wird Pro-Urokinase zu Urokinase aktiviert (blauer Pfeil). Bei dieser Spaltung wird die Aminosäure Lys_{158} herausgeschnitten und ist in der aktiven Urokinase nicht mehr vorhanden. Physiologisch kann diese Spaltung durch Plasmin oder Kallikrein geschehen. Wenn Thrombin das Molekül hydrolysiert, wird die Peptidbindung zwischen den Aminosäuren Arg_{156} und Phe_{157} gespalten (gelber Pfeil). Dies führt zur Inaktivierung der Urokinase. Das Molekül besitzt eine EGF-ähnliche Domäne (*epidermal growth factor*) und eine Kringeldomäne, wie wir sie bereits in der Struktur des Plasminogens kennengelernt haben.

wirft die Frage auf, ob die Pro-Urokinase-Therapie nicht doch als hochdosierte Urokinase-Therapie anzusehen ist.

Saruplase: Rekombinante Pro-Urokinase

Die Struktur der Pro-Urokinase

Wie wir gehört haben, kommt die Urokinase als niedrig-molekulare (*low molecular*) Urokinase (LUK) und als hoch-molekulare (*high molecular*) Urokinase (HUK) vor. HUK besteht aus zwei Proteinketten, die über eine Disulfidbrücke miteinander verbunden sind. Die lange A-Kette besitzt sechs weitere intramolekulare Disulfidbrücken. Darüber hinaus besitzt die A-Kette eine sog. „Kringel"-Struktur, wie sie auch in anderen Gerinnungsproteinen gefunden wird, und eine als „Epidermale-Wachstumsfaktordomäne" (EGF-Domäne) bezeichnete Substruktur. Die schwere B-Kette enthält fünf intramolekulare Disulfidbrücken sowie eine N-Glycosylierungsstelle (Abb. 6.3.7).

Expressionsplasmid und das Wirt-Vektor-System

Die zur gentechnischen Herstellung des Wirkstoffs verwendete cDNA hatte man mit Hilfe degenerierter *Primer* isoliert, die man auf der Basis der bekannten Proteinstruktur entworfen hatte (siehe Kapitel 2.3). Diese cDNA codiert für die Prä-Pro-Urokinase. Prä-Pro-Urokinase trägt am N-terminalen Ende ein Signalpeptid von 20 Aminosäuren, das in der Pro-Urokinase und in der aktiven Urokinase nicht mehr vorhanden ist, da es beim Ausschleusen der Urokinase aus der Zelle abhydrolysiert wird. Auf der cDNA folgt nach der Information für das Signalpeptid die Information für die leichte Kette der HUK. Daran schließt sich ein einzelnes Triplett an, das für ein Lysin codiert. Diese Aminosäure ist nicht in der aktiven Urokinase vorhanden. Schließlich folgt die Sequenz für die schwere B-Kette der HUK.

Pro-Urokinase – also A-Kette, Lysin und B-Kette – besteht insgesamt aus 411 Aminosäuren (siehe Abb. 6.3.6). Durch limitierte Proteolyse am Übergang Lys_{158} zu Ile_{159} und unter Verlust von Lys_{158} wird das reife HUK gebildet. Durch anschließende N-terminale Degradation der A-Kette entsteht LUK.

Um eine Pro-Urokinase in Bakterien herzustellen, wurde die cDNA ohne den Bereich, der für das Signalpeptid codiert, in ein bakterielles Plasmid inseriert und unter die Kontrolle des bakteriellen *trp*-Promotors exprimiert (siehe Abb. 3.1.17 und 5.1.16).

Reinigungsverfahren und Maßnahmen zur biologischen Sicherheit

Das in den *E.-coli*-Zellen produzierte Produkt ist unlöslich und biologisch inaktiv und kann nur über seine immunologischen Charakteristika nachgewiesen werden. Durch Behandlung der ausgefallenen Einschlußkörper mit reduzierenden Agenzien und chaotropen Salzen gelingt es jedoch, nicht glycosylierte, aber aktive Urokinase zu isolieren.

Erstaunlicherweise handelte es sich bei der aktiven Form zunächst nicht etwa um Pro-Urokinase oder HUK, sondern um unglycosylierte LUK. Offensichtlich war die Pro-Urokinase durch bakterielle Proteasen zu LUK umgewandelt worden. Durch Austesten verschiedener *E.-coli*-Stämme gelang es schließlich, ein Wirt-Vektor-System zu etablieren, das anstelle von LUK Pro-Urokinase produzierte.

Da die in *E. coli* produzierte Pro-Urokinase wegen des Fehlens der Zuckermodifikation am $Asparagin_{302}$ kein natürliches Protein ist, wurde ihr von der Welt-Gesundheitsorganisation (WHO) der Name Saruplase verliehen. Saruplase ist kein aktives Enzym. Wird dieses Protein allerdings mit Plasmin – einem Enzym, von dem bekannt ist, daß es Pro-Urokinase aktiviert – vorbehandelt, zeigt Saruplase eine von HUK nicht unterscheidbare Aktivität.

Andererseits zeigt Saruplase auch ohne vorhergehende Plasmin-Aktivierung eine fibrinolytische Aktivität, wenn es auf Fibrin-Agar-Platten oder in einem Fibrinolyse-Test untersucht wird. Auch konnte Saruplase artifiziell erzeugte venöse Embolien bei Kaninchen, koronare Thromben bei Affen und zerebrale Thromben bei Hunden auflösen. Die beobachtete Effektivität war jeweils mit den Effekten vergleichbar, die mit authentischer Urokinase erzielt werden können.

Anwendungsgebiete/Zulassung

Zur Zeit der Fertigstellung diese Buches war Saruplase noch nicht zugelassen.

Zusammenfassung/Schlußbewertung

Auf der Basis zweier Dosisfindungsstudien und vorläufiger pharmakokinetischer Arbeiten wurde eine große *Multicenter*-Studie aufgelegt, um den therapeutischen Wert von Saruplase beim akuten Myocard-Infarkt aufzuklären. In dieser – als PRIMI bezeichneten – Studie wurde den Patienten 80 mg Saruplase intravenös verabreicht, und zwar 20 mg als Bolus und 60 mg als Infusion über eine Stunde. Verglichen wurde diese Therapie mit einer Standard-Streptokinase-Therapie an insgesamt 401 Myocard-Infarkt-Patienten.

Die Ergebnisse können wie folgt zusammengefaßt werden:

A. Saruplase-Gruppe:

- Mit Saruplase wurde bereits sehr bald nach Beginn der Therapie eine hohe Koronar-Durchlässigkeit (72 % nach 60 Minuten) infarktbetroffener Gefäße erzielt.
- Saruplase induzierte eine verzögerte, aber substantielle Fibrinogen-Degradation und einen α_2-Antiplasmin-Verbrauch bei Myocardinfarkt-Patienten, wohingegen es aber nur in 4 % der Fälle zu Blutungskomplikationen kam, die eine Transfusion erforderten.
- Spontane Reokklusionen reperfundierter Koronar-Arterien innerhalb der ersten zwei Tage wurden nur in 0,9 % der mit Saruplase behandelten Patienten beobachtet.
- Die Hospitalsterblichkeit in der Saruplase-Gruppe lag bei 3,5 % und war somit die niedrigste, die jemals für eine Myocardinfarktstudie ähnlicher Größe beobachtet wurde.

B. Streptokinase-Gruppe

- Im Vergleich dazu, war in der Streptokinase-Gruppe die Durchlässigkeit der Coronargefäße nach 60 Minuten mit 48 % und nach 90 Minuten mit 64 % signifikant geringer.
- Fibrinogen-Degradation und α_2-Antiplasmin-Verbrauch setzten schneller ein und waren stärker ausgeprägt.
- Als Folge davon kam es häufiger (11,3 %) zu Blutungskomplikationen.
- Allerdings war auch in der Streptokinase-Gruppe die Hospitalsterblichkeit mit 5 % erstaunlich gering, so daß die beobachteten 3,5 % Sterblichkeit in der Saruplase-Gruppe wohl nicht auf ein erfolgreicheres Therapieschema, sondern wohl auf eine besonders intensive ärztliche Betreuung während der Studie zurückzuführen ist.

6.3.1.3 Der Gewebe-Plasminogen-Aktivator

Biochemische und pharmakologische Grundlagen

Den Gewebe-Plasminogen-Aktivator (Abb. 6.3.8) können wir aus vielen verschiedenen Geweben isolieren. Im Uterus und in der Lunge sind die Konzentrationen besonders hoch, der Hauptsyntheseort scheint jedoch das Endothel zu sein, das auf verschiedene Stimuli hin Plasminogen-Aktivator ins Blut freisetzen kann. Physiologischerweise finden wir im Blut Konzentrationen von ca. 5 µg/l. Lokal können die Konzentrationen jedoch, insbesondere nach entsprechender thrombotischer Stimulierung, beträchtlich höher sein.

Der Gewebe-Plasminogen-Aktivator aktiviert Plasminogen zu Plasmin. Allerdings ist die katalytische Aktivität der Plasminogen-Aktivierung auf zirkulierendes Plasminogen nur sehr gering ausgeprägt. Erst durch die Anwesenheit von Fibrin werden die thrombo-

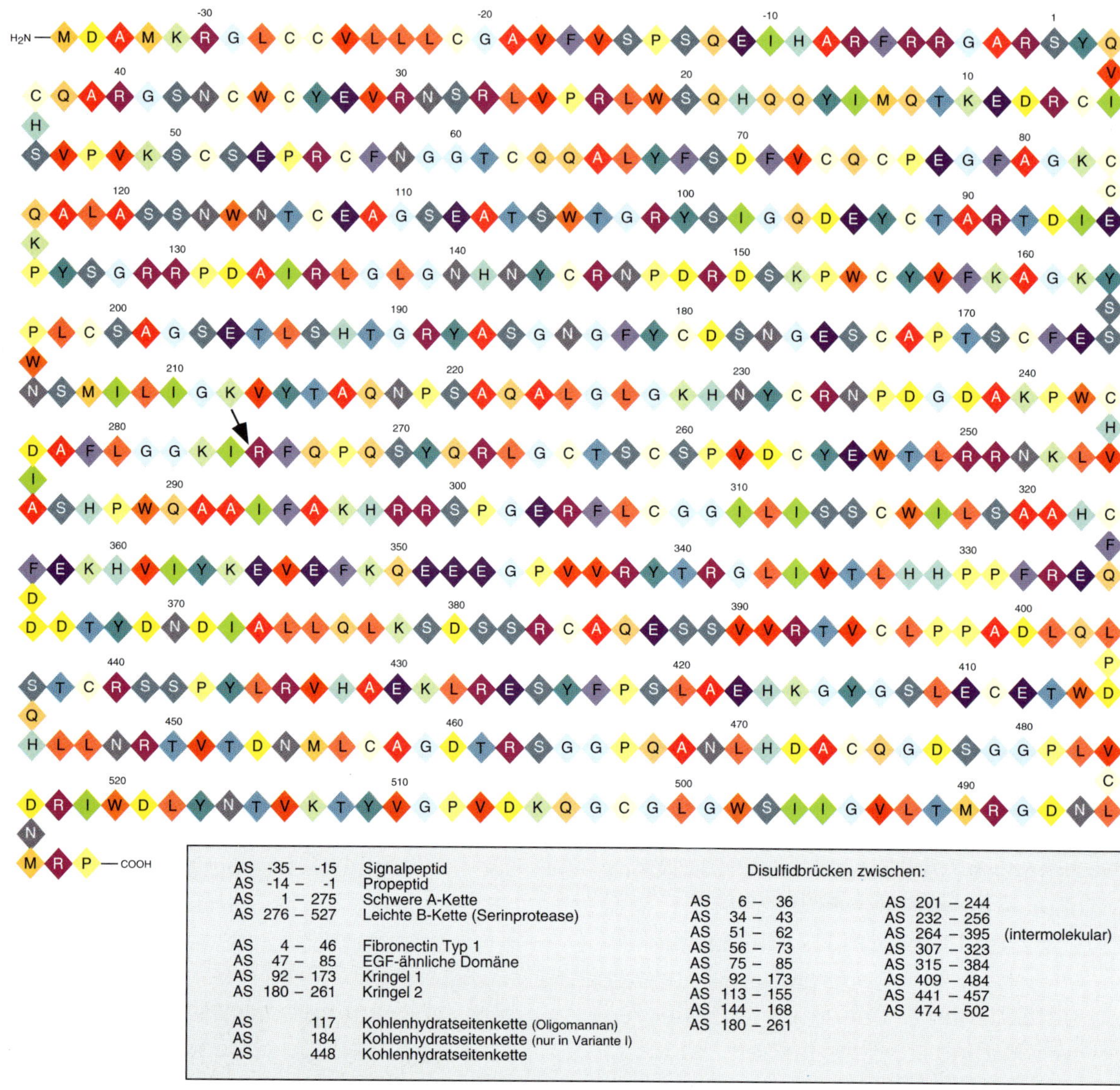

AS	-35 – -15	Signalpeptid
AS	-14 – -1	Propeptid
AS	1 – 275	Schwere A-Kette
AS	276 – 527	Leichte B-Kette (Serinprotease)
AS	4 – 46	Fibronectin Typ 1
AS	47 – 85	EGF-ähnliche Domäne
AS	92 – 173	Kringel 1
AS	180 – 261	Kringel 2
AS	117	Kohlenhydratseitenkette (Oligomannan)
AS	184	Kohlenhydratseitenkette (nur in Variante I)
AS	448	Kohlenhydratseitenkette

Disulfidbrücken zwischen:

AS 6 – 36	AS 201 – 244		
AS 34 – 43	AS 232 – 256		
AS 51 – 62	AS 264 – 395	(intermolekular)	
AS 56 – 73	AS 307 – 323		
AS 75 – 85	AS 315 – 384		
AS 92 – 173	AS 409 – 484		
AS 113 – 155	AS 441 – 457		
AS 144 – 168	AS 474 – 502		
AS 180 – 261			

Abb. 6.3.8 Primärsequenz des Gewebe-Plasminogen-Aktivators (t-PA). Das primär gebildete Protein besteht aus 562 Aminosäuren. Das Signalpeptid wird von den ersten 21 Aminosäuren (Position –35 – –15) gebildet, die für die Sekretion des Proteins verantwortlich sind und bei diesem Prozeß abhydrolysiert werden. Die nächsten elf Aminosäuren (Position –14 – –1) fungieren als Propeptid und werden bei der Reifung des Proteins abhydrolysiert. Durch partielle Hydrolyse hinter der Aminosäure 275 wird das Protein in eine schwere A-Kette und eine leichte B-Kette gespalten (Pfeil). t-PA ist ein Glycoprotein, das an den Positionen Asn_{117} und Asn_{448} obligat und an der Position Asn_{184} fakultativ (Variante I) N-glycosyliert ist.

lytischen Eigenschaften des Plasminogen-Aktivators außerordentlich verstärkt. Wir können von einer relativen Fibrinselektivität um den Faktor 550 bis 1000 ausgehen. Grund für diese relativ fibrinspezifische Thrombolyse ist die Ausbildung eines ternären Komplexes zwischen drei Partnern (Abb. 6.3.9):

- Fibrin,
- Gewebe-Plasminogen-Aktivator,
- Plasminogen

Durch die spezifische Bindung von Plasminogen und dem Gewebe-Plasminogen-Aktivator in sterischer Nachbarschaft an der Oberfläche des Fibrinmoleküls, wird die Aktivierung von Plasminogen in der Nachbarschaft eines Gerinnsels stark begünstigt.

Die Struktur des Gewebe-Plasminogen-Aktivators

Als extrazelluläres Protein wird der Gewebe-Plasminogen-Aktivator in Form eines Vorläuferproteins in der Zelle synthetisiert. Dieses Protein besteht aus 562 Aminosäuren (Abb. 6.3.8). Die ersten 21 Aminosäuren (Positionen –35 bis –15) fungieren als Signalpeptid. Sie sorgen dafür, daß das Protein am rauhen endoplasmatischen Retikulum (ER) synthetisiert wird. Die folgenden 14 Aminosäuren (Positionen –14 bis –1) tauchen im maturen Protein auch nicht auf. Wir bezeichnen diesen Bereich als Propeptid.

Der mature Gewebe-Plasminogen-Aktivator ist ein einkettiges Glycoprotein mit 527 Aminosäuren und einem Molekulargewicht von ca. 70 kDa. Das Protein ist ähnlich wie Plasminogen (siehe Abb. 6.3.3) und Pro-Urokinase (siehe Abb. 6.3.7) ein Domänen-Protein. Es besitzt eine Fibronectin-Typ-1-ähnliche Domäne, eine EGF-ähnliche Domäne, zwei Kringel-Domänen und eine Serinprotease-Domäne mit dem aktiven Zentrum (Abb. 6.3.10). Das einkettige Molekül ist entweder an 2 oder 3 Stellen glycolysiert.

Der Gewebe-Plasminogen-Aktivator ist eine Serinprotease. Diese kann – durch Plasmin katalysiert – an der Position Arg_{275}/Ile_{276} durch limitierte Proteolyse in eine zweikettige Form gespalten werden (siehe Abb. 6.3.8 und 6.3.10). Diese natürlich vorkommende Variante bezeichnen wir als „Zweiketten-t-PA". Der C-terminale Teil des Ausgangsmoleküls befindet sich auf der leichteren Kette (Leichte B-Kette), die ein Molekulargewicht von 28 kDa besitzt. Die schwerere Kette (Schwere A-Kette) besitzt ein Molekulargewicht von 31 kDa. Beide Molekülhälften sind allerdings noch durch eine Disulfidbrücke zwischen den Aminosäuren C_{264} und C_{395} miteinander verknüpft. Das katalytische Zentrum wird von His_{322}, Asp_{371} und Ser_{478} gebildet und befindet sich auf der leichten Kette (Abb. 6.3.10). Dieser Bereich weist hohe Homologien mit anderen Serinproteasen, wie z. B. Trypsin, Thrombin, Plasmin u. a. auf.

Sowohl Einketten- als auch Zweiketten-t-PA zeigen Plasminogen-aktivierende Eigenschaften. Auf der Fibrinoberfläche wird die einkettige Form des t-PA rasch in die zweikettige Form aufgespalten. Dies läßt vermuten, daß die Fibrinolyse zunächst durch natives Einketten-t-PA induziert wird, dann aber durch die zweikettige Form in Gang gehalten wird.

t-PA-Inhibierung

Die Wirkung des Plasminogen-Aktivators wird physiologisch durch Inhibitoren kontrolliert. Der Plasminogen-Aktivator-Inhibitor-I (PAI-I) stellt dabei den wesentlichen Gegenspieler des Gewebe-Plasminogen-Aktivators dar (siehe Abb. 6.3.1). Der Plasminogen-Aktivator-Inhibitor bindet in der Inhibitorreaktion irreversibel an die Aminosäurereste KHRR (Positionen 296-299 der leichten Kette des t-PA-Moleküls, die auch das aktive Zentrum trägt. Durch diese Reaktion wird die Struktur

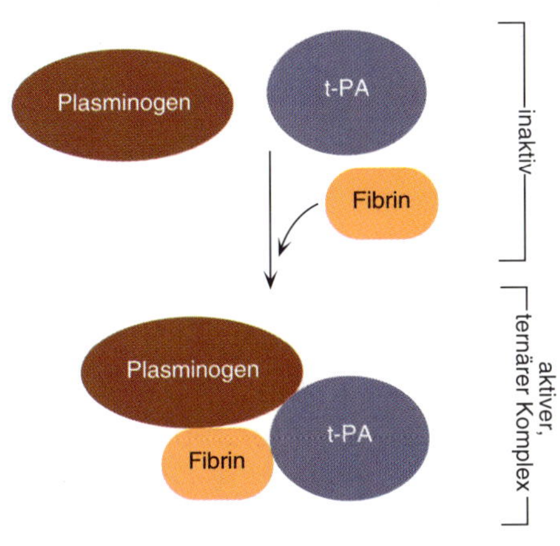

Abb. 6.3.9 Ternärer Komplex aus Fibrin, t-PA und Plasminogen. t-PA zirkuliert nicht wie Pro-Urokinase als inaktive Vorstufe, die durch eine hydrolytische Spaltung aktiviert wird. Vielmehr wirkt t-PA nur in Form eines ternären Komplexes zusammen mit Plasminogen und Fibrin als Plasminogenaktivator und zeigt somit von allen Plasminogenaktivatoren die ausgeprägteste Fibrin-Selektivität.

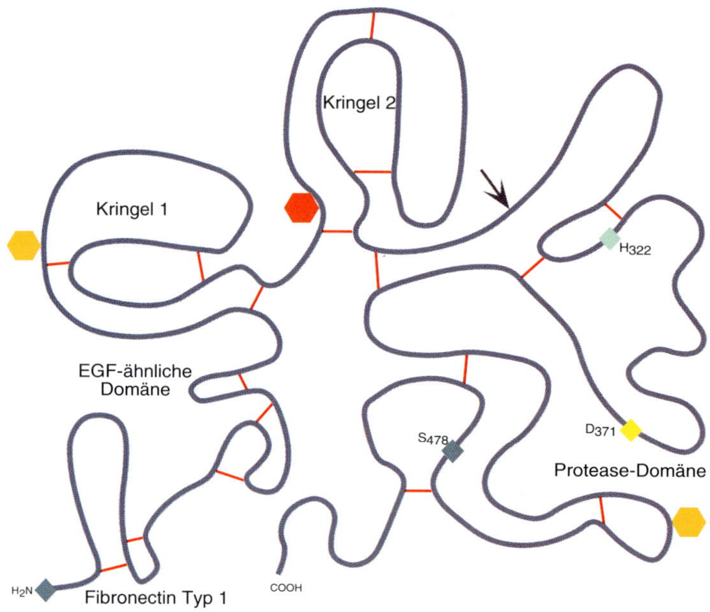

Abb. 6.3.10 Schematisch gezeichnete Sekundärstruktur des Gewebe-Plasminogen-Aktivators (t-PA). t-PA ist ähnlich wie Plasminogen (siehe Abb. 6.3.3) und Pro-Urokinase (siehe Abb. 6.3.7) ein Domänen-Protein. Es besitzt eine Fibronectin-Typ–1-ähnliche Domäne, eine EGF-ähnliche Domäne, zwei Kringel-Domänen und eine Protease-Domäne mit dem aktiven Zentrum. t-PA ist obligat an zwei Stellen (gelbe Symbole) und fakultativ an einer Stelle (rotes Symbol) N-glycosyliert. Die Aminosäuren His_{322}, Asp_{371} und Ser_{478} sind an der Ausbildung des katalytischen Zentrums beteiligt.

des katalytischen Zentrums so verändert, daß keine Aktivierungsreaktion mit dem Plasminogen mehr erfolgen kann.

Aktilyse®: Ein rekombinanter humaner Plasminogenaktivator der Fa. Dr. Karl Thomae

Aktilyse® enthält als Wirkstoff Alteplase, einen gentechnisch hergestellten Gewebe-Plasminogen-Aktivator. Als Stabilisatoren sind Arginin, Phosphorsäure und Polysorbat 80 enthalten. Der Wirkstoff wird zusammen mit einer Lösungsmittelampulle ausgeliefert, die Wasser zu Injektionszwecken enthält.

Expressionsplasmid und das Wirt-Vektor-System

Das t-PA-Gen wurde über folgende Schritte isoliert (Abb. 6.3.11):

- Ausgangspunkt war eine humane Melanom-Zell-Linie, die t-PA-Moleküle sezernierte. Diese t-PA-Moleküle unterschieden sich weder immunologisch noch strukturell von authentischem t-PA.
- Aus dieser einheitlichen Quelle wurde dann polyadenylierte mRNA (poly(A)$^+$-RNA) isoliert.
- Um die t-PA-spezifische mRNA anzureichern, wurde die poly(A)$^+$-RNA zunächst über Gelelektrophorese nach Größe fraktioniert. Die mRNAs in den einzelnen Fraktionen wurden dann *in vitro* in Protein translatiert. Hierzu wird die mRNA mit einem Extrakt inkubiert, den man durch Lyse von Kaninchen-Retikulozyten herstellt. Um die geringen Mengen des *in vitro* synthetisierten Proteins nachweisen zu können, wird in solchen Versuchen die radioaktiv markierte Aminosäure ^{35}S-Methionin angeboten, so daß alle neusynthetisierten Proteine radioaktiv markiert werden. Diejenige Fraktion, in der die t-PA-mRNA vorhanden war, wurde mit Hilfe eines spezifischen Antikörpers identifiziert.

Bildet sich ein spezifischer Antigen-/Antikörperkomplex, so läßt sich dieser ausfällen. Aus dem Präzipitat kann man dann das radioaktiv markierte Protein durch Gelelektrophorese und Autoradiographie nachweisen. Die Fraktion, in der durch diesen speziellen Ansatz die t-PA-spezifische mRNA nachgewiesen werden konnte, enthielt RNA-Moleküle mit 2.400–2.700 Nukleotiden.

- Von dieser mRNA-Fraktion wurden dann cDNAs hergestellt und kloniert. Man erhielt ca. 4.600 Klone, von denen einige wenige die genetische Information des t-PA-Proteins tragen sollten.
- Diese Klone wurden mit einem Oligonukleotid (dTCA/GCAA/GTAC/TTCCCA) hybridisiert, das von einem internen Peptid (Trp-Glu-Tyr-Cys-Asp) des t-PA-Proteins abgeleitet war. Zwölf der ca 4.600 Klone hybridisierten mit diesem Oligonukleotid unter den gewählten Bedingungen.
- Nach Sequenzanalyse wurde ein Klon identifiziert, der für das t-PA-Protein codierte. Die cDNA auf diesem Klon war 2.304 Bp lang. Sie enthielt einen offenen Leserahmen für 508 Aminosäuren und einen 3'-nichttranslatierten Bereich von 745 Bp.
- Mit Hilfe dieses Klons wurde aus einer cDNA-Bank ein zweiter Klon isoliert, auf dem der N-terminale Bereich codiert war.
- Beide Klone wurden dann über eine gemeinsame Restriktionsschnittstelle zu einem einzigen Klon fusioniert.
- Diese cDNA wurde dann in ein bakterielles Expressionsplasmid integriert. Aus den Bakterien konnte ein Extrakt mit t-PA-Aktivität isoliert werden.

Für die Produktion von Alteplase wurde ein Expressionsplasmid konstruiert, das in CHO-Zellen aktiv ist. Dieses Plasmid enthält folgende Funktionselemente (Abb. 6.3.12):

A. Bakterielle Funktionselemente

- Das *E.-coli*-Plasmid pML mit einem colE1-*ori* (Replikationsursprung) und einem Ampicillin-Resistenz-Gen.

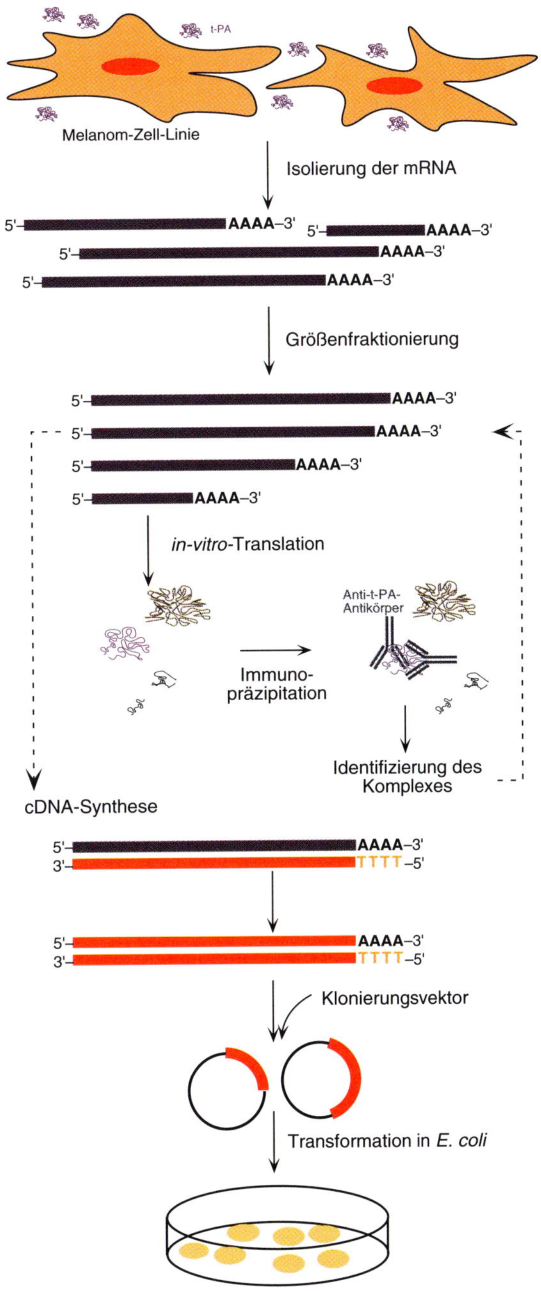

Abb. 6.3.11 Isolierung der cDNA für den Gewebe-Plasminogen-Aktivator. Aus einer Melanom-Zell-Linie wurde poly(A)+-RNA isoliert. Die mRNA-Moleküle wurden grob nach Größe aufgetrennt und die erhaltenen Fraktionen mit Hilfe eines Kaninchen-Retikulozyten-Lysats *in vitro* translatiert. In einer Fraktion wurden t-PA-Transkripte mit einem spezifischen Antikörper identifiziert. Aus dieser Fraktion, die RNA-Moleküle von 2.400–2.700 Nukleotiden enthielt, wurde eine cDNA-Bank hergestellt. Diese cDNA-Bank wurde dann wiederum mit einem degenerierten Oligonukleotid durchsucht, das von einem internen Peptid des Gewebe-Plasminogen-Aktivators abgeleitet war.

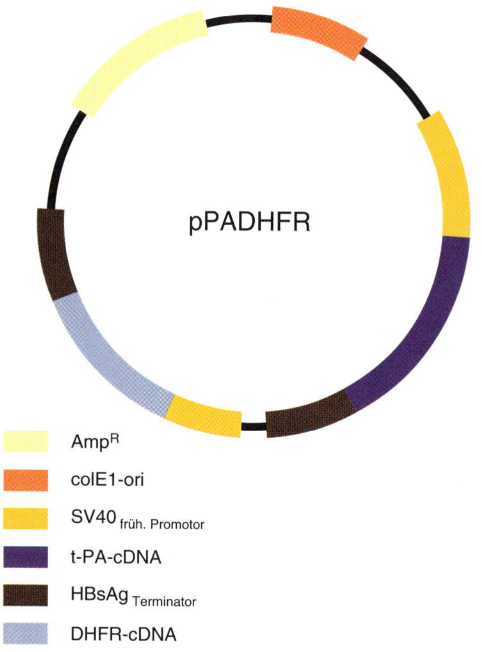

Abb. 6.3.12 Expressionsplasmid zur Synthese von rekombinantem t-PA in CHO-Zellen. Das Expressionsplasmid pPADHFR trägt einen colE1-Replikationsursprung und ein Ampicillin-Resistenz-Gen als *E.-coli*-spezifische Funktionselemente. Die cDNA für das t-PA-Protein steht unter der Kontrolle des frühen SV40-Promotors und eines Terminators aus dem Hepatitis-B-Virus ($HBsAg_{Terminator}$). Die gleichen Transkriptions-Kontrollelemente steuern auch eine zweite cDNA, die für die Dihydrofolat-Reduktase (DHFR) codiert. Diese Informationseinheit hat zwei Funktionen: Zum einen dient sie als Selektionseinheit, da sie einen Defekt in der Wirtszelle (CHO dhfr⁻) komplementiert. Zum anderen kann bei Expression dieses Enzyms das Plasmid in der CHO-Zelle in Gegenwart von Methotrexat stark amplifiziert werden.

B. Eukaryontische Funktionselemente

- Eine Expressionseinheit für das t-PA-Protein mit dem Promotor des frühen SV40-Proteins, der t-PA-cDNA und dem Transkriptions-Terminator des Hepatitis-B-Oberflächenantigens (HBsAg).
- Eine Expressionseinheit für die Dihydrofolat-Reduktase mit dem Promotor des frühen SV40-Proteins, der cDNA für die Dihydrofolat-Reduktase (DHFR) und dem Transkriptions-Terminator des Hepatitis-B-Oberflächenantigens (HBsAg).

Dieser Expressions-Vektor wurde in CHO-dhfr⁻-Zellen transfiziert. (siehe Kapitel 4.1). Die CHO-dhfr⁻-Zell-Linie besitzt keine funktionsfähige Dihydrofolat-Reduktase, so daß keine *de-novo*-Purin- und Pyrimidin-Biosynthese möglich ist. Um wachsen zu können, benötigen diese Wirtszellen daher exogen zugefügtes Adenosin/Desoxyadenosin und Thymin. Transformanden benötigen hingegen keine Nukleotidsupplemente. Sie können die Nukleotide mit Hilfe der durch das Expressionsplasmid eingeführten Dihydrofolat-Reduktase selbst synthetisieren. Zusätzlich läßt sich die integrierte DNA in Gegenwart von Methotrexat amplifizieren, wodurch sich die Syntheseleistung des Produktionsstammes deutlich steigern läßt (siehe Kapitel 4.1).

Der so selektionierte Hochleistungsstamm zur Produktion von Alteplase trägt die Bezeichnung CHO-A1-15-C2B.

Reinigungsverfahren und Maßnahmen zur biologischen Sicherheit

Die großtechnische Fermentation der Zellkulturen für die Herstellung von Alteplase erfolgt in Fermentations-Tanks verschiedener Größe. Da sich die gentechnische Information für die Produktion von Gewebe-Plasminogen-Aktivator in einer Massenkultur proportional zur Zellzahl verhält, korreliert die Ausbeute an Gewebe-Plasminogen-Aktivator eng mit der Zellmasse.

Die Herstellung von Alteplase wird in serumfreiem Medium durchgeführt. Dies ist nicht nur eine Maßnahme zur Steigerung der biologischen Sicherheit. Dadurch wird ferner erreicht, daß eine unerwünschte Spaltung des Gewebe-Plasminogen-Aktivators minimiert wird. Darüber hinaus wird die Reinigung des rekombinanten Produkts erleichtert.

Da der Gewebe-Plasminogen-Aktivator von den Produktionszellen ins Kulturmedium sezerniert wird, muß das rekombinante Protein zunächst von Zellen und Verunreinigungen aus dem Medium befreit werden. Entsprechend der physiko-chemischen Parameter wird der Gewebe-Plasminogen-Aktivator dann über verschiedene Affinitäts- und Ionen-chromatographische Schritte, sowie durch verschiedene Ultrafiltrationsprozesse gereinigt.

Der dabei erhaltene Gewebe-Plasminogen-Aktivator ist überwiegend einkettig und besitzt einen Reinheitsgrad von mehr als 99,9 %. Der für die Herstellung von Alteplase entwickelte Reinigungsprozeß garantiert die Entfernung von DNA aus den Produktionszellen, sowie mögliche virale Kontaminationen und Proteine aus dem Nährmedium oder zellulären Ursprungs.

Die Identität und Konstanz der Produktion von Alteplase wird durch eine Reihe proteinchemischer Methoden sowie durch immunologische und fibrinolytische Untersuchungen überwacht.

- Aminosäureanalyse, Bestimmung der aminoterminalen Sequenz und Peptidkartierung demonstrieren eine konstante Aminosäurezusammensetzung von Charge zu Charge.
- Die SDS-Gelelektrophorese dient zur Bestimmung des Molekulargewichts und des Verhältnis von einkettigem zu zweikettigem Gewebe-Plasminogen-Aktivator sowie zur Detektion potentieller Verunreinigungen.
- Durch die isoelektrische Fokussierung kann die durch die Zuckerseitenketten bedingte Mikroheterogenität von Charge zu Charge in ihrer Reproduzierbarkeit belegt werden.
- Über ELISA-Tests mit spezifischen monoklonalen Antikörpern läßt sich die von Charge zu Charge produzierte Proteinmenge sowie deren Identität bestimmen.
- Verschiedene enzymatische Tests geben Auskunft über die proteolytische Aktivität des Wirkstoffs.
- Von größter Relevanz für die physiologische Wirkung des Gewebe-Plasminogen-Aktivators ist jedoch die Bestimmung der fibrinolytischen Aktivität. Dabei wird ein *in vitro* hergestelltes Fibringerinnsel durch Zufügen von Plasminogen und Gewebe-Plasminogen-Aktivator aufgelöst. Alternativ hierzu kann der thrombolytische Effekt von Gewebe-Plasminogen-Aktivator in einem sogenannten „*hanging-clot*"-Test bestimmt werden. Hierbei wird ein humaner Vollblut-Thrombus *in vitro* gebildet und in humanem Plasma bei 37 °C inkubiert. Die Auflösung dieses Thrombus ist dann abhängig von der Konzentration des zugesetzten Gewebe-Plasminogen-Aktivators.

Anwendungsgebiete/Zulassung

Aktilyse® ist zugelassen

- zur fibrinolytischen Therapie bei akutem Herzinfarkt innerhalb von 6 Stunden nach Beginn der Symptome,
- zur fibrinolytischen Therapie bei akuter massiver Lungenembolie mit hämodynamischer Instabilität. Die Diagnose sollte möglichst mittels Pulmonalis-Angiographie oder durch nichtinvasive Verfahren wie eine Lungen-Szintigraphie gesichert werden.

Zusammenfassung/Schlußbewertung

Dem rekombinanten Gewebe-Plasminogen-Aktivator (rt-PA) wurde von der WHO der Name Alteplase zugeteilt. Alteplase entspricht weitestgehend dem natürlich vorkommenden humanen Gewebe-Plasminogen-Aktivator. Erst durch Fibrin wird das Proenzym zur aktiven Serinprotease umgewandelt, die dann ihrerseits Plasminogen in einem Blutgerinnsel aktiviert. Damit wird im wesentlichen eine lokale und gezielte Fibrinolyse durch Aktivierung des im Thrombus gebundenen Plasminogens sichergestellt. Eine Aktivierung auch des systemisch verfügbaren Plasminogens führt zur Bildung von Plasmin im Plasma und damit zur Abnahme seines Hemmstoffes α_2-Antiplasmin. Durch das somit frei zirkulierende Plasmin kommt es schließlich zum Abbau von Fibrinogen und der Gerinnungsfaktoren V und VIII. Man bezeichnet diese Situation als lytischen Zustand.

Trotz dieser theoretischen Überlegungen wurde in der Praxis unter dem Einfluß von rt-PA-Infusion (40–60 mg) über 10 Minuten an gesunden Probanden eine Abnahme von Plasminogen um ungefähr 50 %, von α_2-Antiplasmin um etwa 80 % und von Fibrinogen um 25 bis 40 % gefunden. Dies könnte daran liegen, daß bei den hohen Infusionsraten (40 bis 80 mg/Stunde), die zur schnellen Reperfusion bei Patienten mit akutem Herzinfarkt notwendig sind, die physiologischen Konzentrationen nahezu um den Faktor 1000 überschritten werden. Unter diesen Bedingungen ist eine Aktivierung auch des systemischen fibrinolytischen Systems nicht ausgeschlossen.

Der im Vergleich zu anderen Fibrinolytika höhere Thrombus-Selektivität von rt-PA steht prinzipiell die rasche Elimination des Plasminogen-Aktivators aus dem Plasma entgegen, wodurch zur Vermeidung eines Wiederverschlusses offensichtlich eine gleichzeitige Heparingabe notwendig wird.

Die Elimination von Actilyse® erfolgt nach Proteolyse überwiegend über die Leber. Daher ist auch eine Beeinflussung der Pharmakokinetik bei Niereninsuffizienz nicht zu erwarten.

6.3.1.4 r-PA (Reteplase), ein gentechnisch hergestelltes Derivat des Gewebe-Plasminogen-Aktivators

Die Struktur der Reteplase

Reteplase ist eine Deletionsvariante des Gewebe-Plasminogen-Aktivators, bei der die Aminosäuren 4 bis 175 des reifen Muttermoleküls deletiert wurden. Daraus resultiert ein artifizielles Protein (ein Mutein) mit einer Kettenlänge von 355 Aminosäuren und einem Molekulargewicht von ca. 39 kDa. Gegenüber dem nativen Gewebe-Plasminogen-Aktivator fehlt der Reteplase neben dem Kringel 1 auch die Finger- und die epidermale Wachstumsfaktor-Domäne. Das Molekül besteht also nur noch aus der Kringel-2- und der Protease-Domäne des t-PA (Abb. 6.3.10; Abb. 6.3.13).

Biochemische und pharmakologische Grundlagen

Die Motivation zu einer derart drastischen Änderung des t-PA-Moleküls ergab sich aus Überlegungen, die Elimination des Moleküls zu verlangsamen. Die rasche Elimination des Gewebe-Plasminogen-Aktivators aus dem Blut erfolgt vornehmlich durch Metabolisierung in der Leber. Zwar vermutet man, daß mehrere Mechanismen hierzu beitragen. Einer der wichtigsten Mechanismen setzt jedoch eine Rezeptorbindung des t-PAs an der EGF-Domäne und am Kringel 1 voraus. Die Deletion dieser Domäne sollte also die Elimination verlangsamen.

Andererseits sollte durch die Modifikation des t-PA-Moleküls möglichst nicht die Fibrin-Spezifität verloren gehen. Diese Fibrin-Spezifität wird im wesentlichen durch das Kringel-2-Motiv vermittelt. In der Tat bestätigten sich diese Überlegungen: Reteplase erkennt trotz der großen Deletion bevorzugt fibringebundenes Plasminogen. Die Deletion der Finger-, EGF- und der Kringel-1-Domäne eröffnete somit die Möglichkeit,

- die Plasmahalbwertszeit der Substanz wesentlich zu verlängern,
- ohne daß dabei gleichzeitig die Fibrinselektivität vollständig verloren geht.

In Abwesenheit von Fibrin oder Fibrinfragmenten weisen Reteplase und der unveränderte humane Gewebe-Plasminogen-Aktivator ungefähr vergleichbare kinetische Konstanten auf. *In vivo* beobachtet man jedoch für Reteplase gegenüber Alteplase eine 5,3- bis 11,5-fache erhöhte lytische Aktivität. Diese scheint im wesentlichen auf die erhöhte Halbwertszeit der Reteplase zurückzuführen zu sein. Die Wirksamkeit der Substanz wird dabei nicht unerheblich von der gleichzeitigen Gabe von gerinnungshemmenden Substanzen (Heparin) beeinflußt.

Im Vergleich zu t-PA öffnet Reteplase verschlossene Koronararterien rascher und verweilt länger im Plasma. Warum?

- Über die Kringel-1-Domäne und die Domäne für den epidermalen Wachstumsfaktor scheint t-PA an Leberrezeptoren zu binden und wird hierdurch rasch aus dem Plasma eliminiert. Beide Domänen fehlen in der Reteplase.
- Die Elimination von t-PA aus dem Plasma wird stark durch Oligosaccharid-Seitenketten beeinflußt, die für die Rezeptorbindung mitverantwortlich sind. Auch diese Modifikationen besitzt Reteplase nicht, da der Wirkstoff in *E. coli* produziert wird.

Die resultierende Verlängerung der Halbwertszeit von Reteplase hat zwei bedeutende Folgen:

- Es wird weniger Substanzmenge benötigt, um therapeutische Konzentrationen zu erreichen.
- Reteplase kann als intravenöser Doppelbolus (im Abstand von 30 Minuten) über einen Zeitraum von jeweils 1 bis 2 Minuten appliziert werden.

Reteplase unterscheidet sich von t-PA auch dadurch, daß es keine Finger-Domäne besitzt, ein fibronectin-ähnliches Strukturelement, das eine hohe Affinität zu Fibrin besitzt. Obwohl eine Fibrinspezifität wünschenswert ist, da hierdurch die Plasminämie minimiert wird, kann eine hochaffine Fibrinbindung zu einer starken Konzentration des

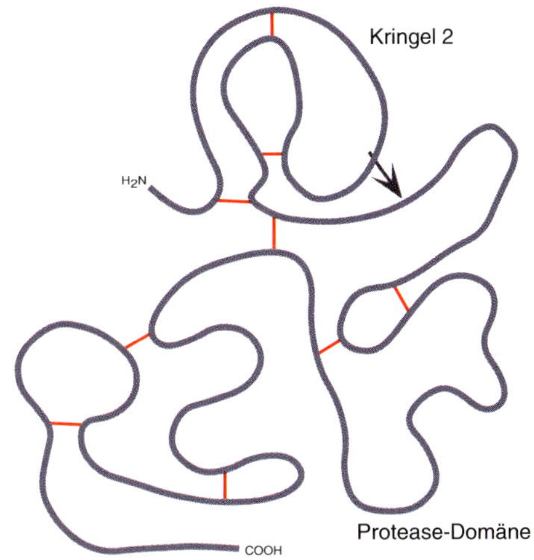

Abb. 6.3.13 Schematisch gezeichnete Sekundärstruktur der Reteplase. Die Deletionsvariante Reteplase besitzt im Vergleich zum Gewebe-Plasminogen-Aktivator nur noch die Aminosäuren 1–3 und 176–527. Damit fehlen der Reteplase die Finger-, die EGF- und die Kringel-1-Domäne. Da Reteplase in *E. coli* hergestellt wird, ist das rekombinate Protein auch nicht glycosyliert.

Plasminogen-Aktivators auf der Thrombusoberfläche führen. Dies verhindert ein Eindringen des Plasminogenaktivators in den Thrombus, so daß dieser nur von der Oberfläche her abgebaut werden kann.

Trotz des Fehlens der hochaffinen Fibrinbindungsstelle in der Finger-Domäne ist auch Reteplase durch Fibrin stimulierbar. Allerdings könnte die geringere Affinität zum Fibrin zu einer besseren Durchdringung des Thrombus führen.

Unter *in-vitro*-Bedingungen besitzt Reteplase nur etwa 20 bis 30 % der plasminogenolytischen Wirkung von t-PA, wenn man diese in einem Standard-Testsystem quantifiziert. In präklinischen Untersuchungen zeigte sich aber, daß Reteplase trotz relativ geringer *in-vitro*-Wirksamkeit *in vivo* sowohl auf Dosis- als auch auf molekularer Ebene starke thrombolytische Aktivität entfaltet.

Reteplase bewirkt eine rasche Reperfusion im Tiermodell einer Koronarthrombose. Eine Reperfusion wird signifikant rascher nach einer Bolus-Injektion erreicht als während einer Infusion. Ein Doppelbolus besitzt auch eine

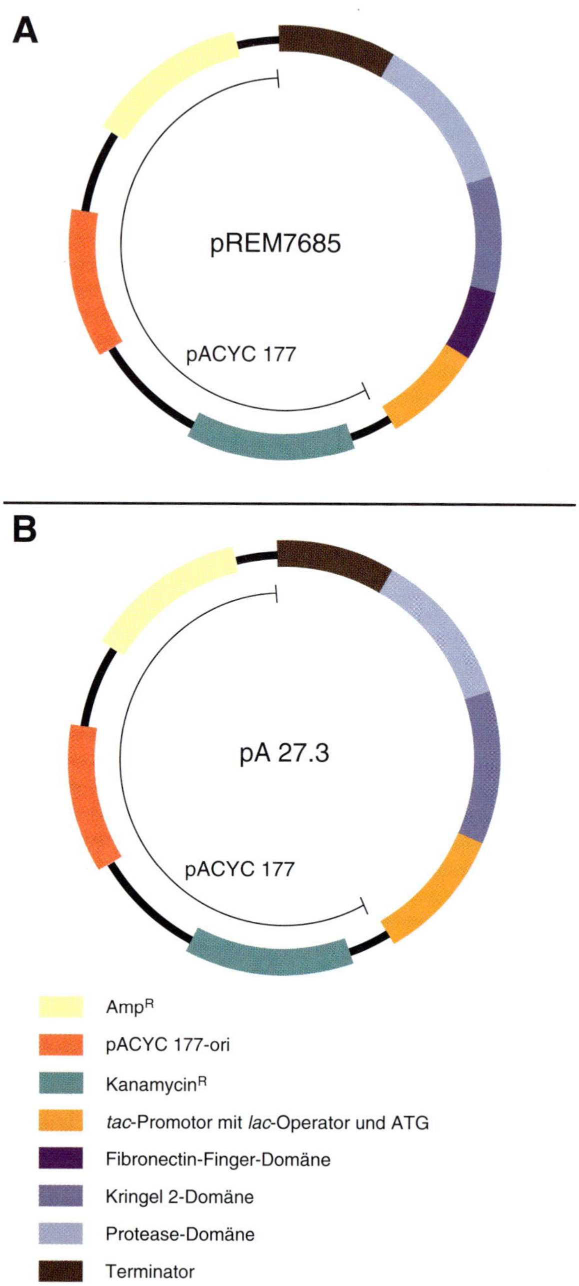

Abb. 6.3.14 Das Expressionsplasmid zur Herstellung von Reteplase. (**A**) Als Ausgangsplasmid wurde pREM7685 verwendet, das neben einem colE1-Replikationsursprung, einem Ampicillin-Resistenz-Gen und einem Kanamycin-Resistenz-Gen, die alle in *E. coli* aktiv sind, auch eine Expressionskassette für eine t-PA-Variante trägt. Diese cDNA-Variante trägt eine große interne Deletion, so daß die EGF- und Kringel-1- Domänen nicht mehr vorhanden sind. Aus dieser Kassette wurde nun auch noch die Fibronectin-Finger-Domäne (dunkelblauer Bereich) durch *Primer*-gerichtete Mutagenese deletiert, um das Plasmid pA 27.3 zu erhalten (**B**). Auf dem Plasmid pA 27.3 ist eine cDNA enthalten, die für die Codons 1–3 und 176–527 des natürlichen Gewebe-Plasminogen-Aktivators codiert. Diese cDNA wird von einem *tac*-Promotor (siehe Kapitel 3.1) kontrolliert, und das resultierende Protein entspricht der Struktur, die in Abb. 6.3.13 skizziert ist.

signifikant höhere Effektivität bezüglich der Aufrechterhaltung des koronararteriellen Blutflusses und der Verhinderung einer Reokklusion.

Reteplase wird wie t-PA durch Plasmin spezifisch zwischen den beiden Aminosäuren Arg_{275} und Ile_{276} (t-PA-Positionen, siehe Abb. 6.3.8 und 6.3.13) gespalten, was darauf hinweist, daß Protease- und Kringel-2-Domäne die gleiche Struktur haben, wie beim nativen t-PA. Sowohl Reteplase als auch t-PA verlieren gleichermaßen ihre Aktivität, wenn sie mit steigenden Konzentrationen von PAI-1 inkubiert werden.

Rapilysin® (Reteplase): Ein Mutein mit Plasminogen-Aktivator-Aktivität der Firma Boehringer Mannheim

Rapilysin® enthält Reteplase, ein gentechnisch hergestelltes Derivat des humanen Gewebe-Plasminogen-Aktivators. Der Wirkstoff wird in *E. coli* produziert. Als Hilfsstoffe sind Arginin, Phosphorsäure und Polysorbat 20 enthalten.

Expressionsplasmid und das Wirt-Vektor-System

Reteplase ist die erste verfügbare Substanz einer neuen Generation Thrombolytika und besitzt nur noch ausgewählte Domänen des nativen t-PA-Moleküls. Der Wirkstoff besteht aus einer einzigen Kette von 355 Aminosäuren, die aus den Aminosäuren 1 bis 3 und 176 bis 527 des nativen t-PAs besteht (Abb. 6.2.13).

Reteplase wird in *E. coli* hergestellt. Damit ist klar, daß der rekombinante Wirkstoff nicht glycosyliert vorliegt. Als Ausgangsplasmid für die Herstellung eines Expressions-Vektors nahm man das Plasmid pREM7685, das folgende Funktionselemente enthält (Abb. 6.3.14 A):

- einen *tac*-Promotor,
- eine *lac*-Operator-Region, mit dem ATG-Initiationscodon,

- eine cDNA für ein t-PA-Derivat (FK2P) mit einer großen internen Deletion, die sich über die Bereiche der EGF-ähnlichen Domäne und Kringel-1-Domäne erstreckt,
- einen bakteriellen Transkriptions-Terminator,
- ein ß-Lactamase-Gen,
- ein Kanamycin-Resistenz-Gen,
- einen Replikationsursprung (*ori*) aus dem Plasmid pACYC177, der die besondere Eigenschaft besitzt, daß er die Kopienzahl der Plasmide in einer *E.-coli*-Zelle sehr niedrig hält (siehe Kapitel 2.4).

Aus diesem Plasmid deletierte man auch noch den cDNA-Anteil, der für die Fibronectin-Finger-Domäne codierte. Nur die ersten drei Codons beließ man in dem Plasmid. Diese exakte Deletion der Codons 4–175 wurde nach dem Prinzip der *Primer*-gerichteten Mutagenese durchgeführt (siehe Abb. 2.4.34). Es resultierte das Expressionsplasmid pA 27.3 mit der cDNA für das t-PA-Derivat K2P (= Reteplase) (Abb. 6.3.14 B). Um die Proteinausbeute zu erhöhen, wurde die cDNA in ein anderes Plasmid umkloniert, das in höherer Kopienzahl in *E.-coli*-Zellen persistiert.

Reinigungsverfahren und Maßnahmen zur biologischen Sicherheit

Da Reteplase in *E. coli* hergestellt wird, fehlen nicht nur die Zuckermodifikationen. Das rekombinante Protein akkumuliert auch innerhalb der Bakterienzelle als Einschlußkörper (*inclusion bodies*), und muß daher in einem anschließenden *in-vitro*-Prozeß strukturell neu gefaltet werden, um ein aktives Enzym zu erhalten. Biotechnisch betrachtet könnte man daher im Vergleich zur Herstellung der bereits seit längerem zugelassenen Alteplase (siehe weiter oben) von einem Rückschritt sprechen. Allerdings scheint Reteplase ein Wirkprofil aufzuweisen, das eine Zulassung rechtfertigte.

Zumindest vom Standpunkt der biologischen Sicherheit aus betrachtet ist es gewiß vorteilhaft, ein rekombinantes Protein in *E. coli* zu produzieren. Beispielsweise kommen virale Kontaminationen in diesem Fall praktisch gar nicht in Betracht.

Andererseits ist die Renaturierung des Wirkstoffs aus den Einschlußkörpern und das korrekte Knüpfen der Disulfidbrücken ein echtes Problem. Dabei müssen erhebliche Ausbeuteverluste in Kauf genommen werden, und durch eine ausgefeilte anschließende Analytik muß sichergestellt werden, daß nur natives Produkt aufgereinigt wird.

Das renaturierte Protein wird unter anderem durch Affinitätschromatographie an einer ETI-Sepharose-Säule gereinigt. Diese Säule trägt als Affinitätspartner den Erythrina-Trypsin-Inhibitor (ETI), an den die rekombinante Reteplase sehr spezifisch bindet, so daß in diesem Schritt eine hohe Anreicherung der Aktivität erzielt wird.

Durch umfangreiche proteinchemische und biochemische Analyseverfahren wird ein extrem hoher Reinheitsgrad, molekulare Authentizität und biologische Aktivität des rekombinanten Wirkstoffs gewährleistet.

Anwendungsgebiete/Zulassung

Rapilysin® ist zugelassen zur thrombolytischen Therapie bei akutem Herzinfarkt (innerhalb von 12 Stunden nach Beginn der Herzinfarkt-Symptome). Der Wirkstoff wird als zweimalige Bolus-Injektion verabreicht, wobei langsam intravenös injiziert wird. Die zweite Bolus-Injektion erfolgt 30 Minuten nach Gabe der ersten Injektion.

Während bzw. nach der Therapie mit Rapilysin® sollte eine Begleittherapie mit Heparin und Acetylsalicylsäure durchgeführt werden, um das Risiko einer Rethrombosierung zu vermindern.

Zusammenfassung/Schlußbewertung

In angiographischen klinischen Untersuchungen konnte gezeigt werden, daß durch Reteplase eine rasche Thrombolyse und bei den meisten Patienten nach 90 Minuten eine vollständige Reperfusion erzielt wird. In einer Mortalitätsstudie, in der die Äquivalenz gegenüber Streptokinase untersucht wurde, konnte gezeigt werden, daß Reteplase die Sterblichkeit nach einem akuten Myokardinfarkt wirksam senkt.

Durch gezielte Molekülvariationen wurde die Plasmahalbwertszeit der Reteplase auf ca. 18 Minuten verlängert. Dazu trägt auch bei, daß Reteplase wegen der Herstellung in prokaryontischen Zellen nicht glycosyliert ist. Denn im Falle des t-PAs tragen die Kohlenhydratseitenketten zur rezeptorvermittelten Elimination bei.

Reteplase wird überwiegend durch die Niere ausgeschieden, während der Lebermetabolismus nur eine untergeordnete Rolle zu spielen scheint. Die Plasmahalbwertszeit wurde bei gesunden Probanden mit 11 bis 14 Minuten bestimmt. Damit besitzt Reteplase eine etwa 3- bis 3,5-fache Plasmahalbwertszeit verglichen zum nativen Gewebe-Plasminogen-Aktivator.

6.3.2 Antikoagulanzien

Das einzig derzeit verfügbare gentechnisch hergestelltes Antikoagulanz ist ein Hirudin-Derivat (Lepirudin). Hirudin ist ein aus dem Blutegel (*Hirudo medicinalis*) isoliertes Polypeptid mit 65 Aminosäuren und einem Molekulargewicht von ca. 8 kDa (Abb. 6.3.15).

Biochemische und pharmakologische Grundlagen

Hirudin entfaltet seine Wirkung dadurch, daß es eine besondere Affinität zu Thrombin besitzt und mit Thrombin einen stöchiometrischen 1:1 Komplex bildet. Dadurch kann Thrombin Fibrinogen nicht mehr in Fibrin umwandeln, so daß die Bildung von Gerinnseln unterbleibt (Abb. 6.3.16).

Im Gegensatz zu Heparin kann Hirudin Thrombin direkt inhibieren und benötigt kein Antithrombin III. In verschiedenen *in-vitro*-Modellen hat sich Hirudin im Vergleich zu dem Heparin-Antithrombin-III-Komplex als wirksamer erwiesen, die Aktivität von Fibrin-gebundenem Thrombin zu inhibieren. Diese Eigenschaft ist besonders wichtig, da auch das an Fibrin gebundene Thrombin noch Plättchen aktivieren und Fibrin erzeugen kann.

Hirudin wirkt im Plasma auf freies und auf fibringebundenes Thrombin. Eine pharmakodynamische Wirkung zeigt sich in einer Verlängerung der Thrombinzeit und der aPTT (aktivierte partielle Thromboplastinzeit). Klinisch

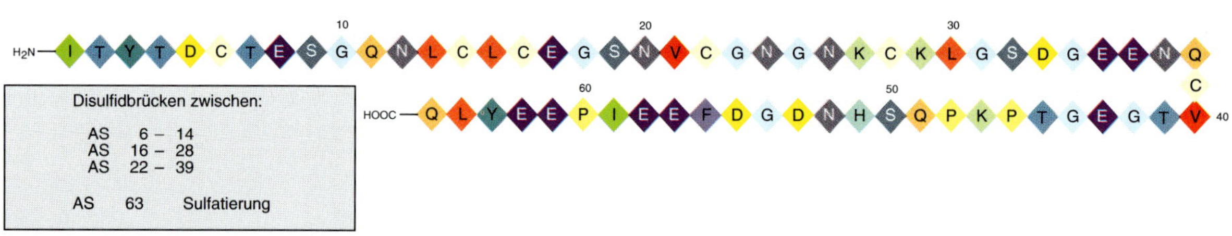

Abb. 6.3.15 Primärsequenz von Hirudin.

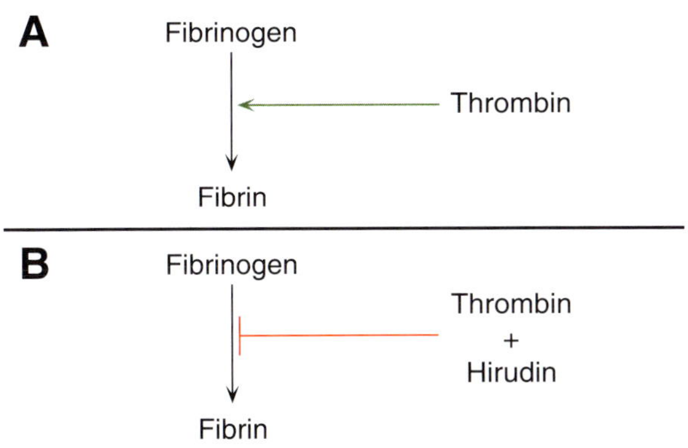

Abb. 6.3.16 Mechanismus der Hirudinwirkung. Hirudin bildet mit Thrombin einen 1 : 1 Komplex. Dadurch kann Thrombin Fibrinogen nicht mehr zu Fibrin spalten. Als Folge davon unterbleibt die Bildung eines Fibringerinnsels.

haben sich aPTT-Verlängerungen vom 1,5- bis 3,0-fachen des Referenzwertes als optimal erwiesen. Der Vermeidung neuer thromboembolischer Komplikationen steht dann ein vertretbares Blutungsrisiko entgegen.

Hirudin wirkt synergistisch mit oralen Antikoagulanzien, Heparin, Thrombozyten-Aggregationshemmern und Fibrinolytika. Antagonisten sind nicht bekannt.

Der gentechnisch hergestellte Wirkstoff Lepirudin wird intravenös appliziert. Eine Eiweißbindung findet nicht statt, und die Verteilung des Wirkstoffs beschränkt sich im wesentlichen auf den Extrazellularraum.

Die Steuerung der Therapie erfolgt über die aPTT. Es besteht eine lineare Beziehung zwischen applizierter Dosis und Plasmakonzentration.

Lepirudin wird über die Niere in aktiver Form ausgeschieden. Nach intravenöser Injektion werden etwa 45 % der Aktivität im Urin gefunden. Mit einem Molekulargewicht von 7 kDa findet eine komplette glomeruläre Filtration statt. Die Niere spielt somit eine Schlüsselrolle bei der Elimination von Lepirudin. Daher ist bei Patienten mit Nieren-Insuffizienz eine sorgfältige Überwachung und eine Anpassung der Erhaltungsdosis in Abhängigkeit von der Kreatinin-Clearence erforderlich.

Bei Patienten mit terminaler Nieren-Insuffizienz wurde eine auf 50 Stunden verlängerte Halbwertszeit von Lepirudin beobachtet. In älteren Patienten und bei Frauen ist die systemische Clearence um ca. 25 % niedriger als bei jungen Männern.

Refludan® (Lepirudin): Ein rekombinantes Antikoagulanz der Firma Hoechst Marion Roussel Deutschland GmbH

Refludan® enthält den Wirkstoff Lepirudin. Ferner ist als Stabilisator Mannitol und zur Einstellung des pH-Wertes auf 7,0 Natriumhydroxid enthalten.

Expressionsplasmid und das Wirt-Vektor-System

Lepirudin ist ein Hirudin-Analogon aus 65 Aminosäuren (Abb. 6.3.17), das sich von natürlichen Hirudin dahingehend unterscheidet, daß es in der Position 1 Leucin anstelle von Isoleucin enthält. Das Molekulargewicht beträgt 6,979 kDa.

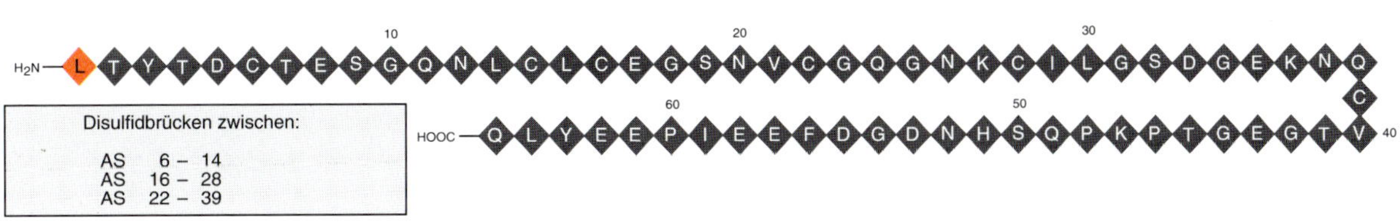

Abb. 6.3.17 Primärsequenz von Lepirudin. Lepirudin unterscheidet sich von Hirudin durch die N-terminale Aminosäure. Die Aminosäure Isoleucin im Hirudin ist bei Lepirudin gegen Leucin ausgetauscht.

Lepirudin wird als rekombinantes Protein in transformierten Hefezellen (*Saccharomyces cerevisiae*) exprimiert.

Reinigungsverfahren und Maßnahmen zur biologischen Sicherheit

Der Gehalt an Lepirudin-Protein beträgt mindestens 94 % des Gesamtproteins. Verunreinigungen aus der Hefe liegen bei < 50 µg/g Lepirudin. Endotoxine sind < 2,3 EU/mg Lepirudin vorhanden.

Die Identität von Lepirudin kann über die Inaktivierung von Thrombin mit Hilfe eines chromogenen Substrats bestimmt werden. Alternativ wird ein spezifischer ELISA eingesetzt.

Anwendungsgebiete/Zulassung

Lepirudin ist zugelassen zur Gerinnungshemmung bei Erwachsenen mit Heparin-assoziierter Thrombozytopenie (HAT) Typ II und bei thromboembolischen Erkrankungen, die eine parenterale antithrombotische Therapie erfordern.

Zusammenfassung/Schlußbewertung

In zwei klinischen Studien zur Gerinnungshemmung bei Erwachsenen mit Heparin-assoziierter Thrombozytopenie (HAT) Typ II und bei thromboembolischen Erkrankungen, die eine parenterale antithrombotische Therapie erfordern, führte Refludan® zur signifikanten Reduktion der Letalität und Amputationsrate im Vergleich zu einer historischen Kontrolle.

Lepirudin wird in aktiver Form über die Niere ausgeschieden. Es sind weder Inhibitoren bekannt noch existieren Antidote zur Behandlung einer Überdosierung.

Bei 40 % der mit Lepirudin behandelten Patienten wurden die Bildung spezifischer Antikörper induziert. Derartige Antikörper können möglicherweise eine erhöhte antikoagulatorische Wirkung von Lepirudin verursachen. Daher ist eine strenge Überwachung der aPTT auch während einer längeren Therapie notwendig.

6.4 Blutgerinnungsfaktoren

6.4.1 Gentechnisch hergestellte Faktor-VIII-Präparate

Biochemische und pharmakologische Grundlagen

Die Behandlung der Hämophilie A, die durch das Fehlen des Blutgerinnungsfaktor VIII verursacht wird, hat eine lange Geschichte. Im Jahre 1906 konnte P. Weil zeigen, daß eine Transfusion von Vollblut zu einer Reduktion der Blutungszeit führte. Verbessert wurde dieses Konzept, als es 1924 R. Feissly gelang, durch Zitratbehandlung Vollblut in Erythrozyten und Plasma zu trennen. 1959 machte Judith Pool die Beobachtung, daß das kälteunlösliche Proteinpräzipitat (Kryopräzipitat), welches sich beim langsamen Auftauen von gefrorenem Plasma bildet, eine erhöhte Konzentration von Faktor VIII enthielt. Ab 1964 war es möglich, Patienten mit gefrorenen, angereicherten Kryopräzipitaten zu behandeln. Allerdings führte diese Behandlung oft zu Komplikationen, da Kryopräzipitate nur sehr wenig Faktor VIII, aber sehr viele Begleitproteine enthielten. Durch kontinuierliche Anreicherung von Faktor VIII in diesen Kryopräzipitaten wurden die Behandlungsmöglichkeiten stetig verbessert. Aber auch diese angereicherten Präzipitate enthielten immer noch große Mengen an Fibrinogen, Fibronectin, Immunglobulinen und Immunkomplexen, die zur Belastung des Immunsystems der Patienten und zu Nebenwirkungen führten.

Mit Entsetzen – aber auch mit schweren Vorwürfen – reagierten Betroffene und behandelnde Ärzte, als in den achtziger Jahren das große Risiko einer Übertragung von Hepatitisviren und HI-Viren durch Faktor VIII-Präparate immer deutlicher wurde. Diese Gefahren machten es erforderlich, effiziente Verfahren zur Virusinaktivierung zu entwickeln und einzuführen. Parallel dazu wurde die Faktor-VIII-Anreicherung, durch die Verfügbarkeit monoklonaler Antikörper und durch entsprechende Affinitätschromatographie-Verfahren weiter verbessert.

Trotz der sehr hohen Virussicherheit dieser neueren Faktor-VIII-Präparate ließ sich ein nach wie vor sehr konkretes Restrisiko einer Virusinfektion durch Behandlung mit Faktor-VIII-Präparaten nie ausschließen. So war es offensichtlich, daß durch die Zulassung rekombinanter Faktor-VIII-Präparate die Substitutionstherapie der Hämophilie A einen positiven Sicherheitsschub erhalten würde.

Die Struktur des Faktor-VIII-Moleküls

Faktor VIII ist ein extrazelluläres Glycoprotein. Es nimmt eine zentrale Stellung im endogenen Weg der Blutgerinnungskaskade ein (Abb. 6.4.1). Nach Aktivierung – in erster Linie durch Thrombin – beschleunigt Faktor VIII die Rate der Faktor-X-Aktivierung durch Faktor IX_a um ein Vielfaches.

Das Gen für den Faktor VIII ist 186 kBp lang. Weit über 90 % des Gens bestehen aus nicht-codierenden *Intron*-Bereichen. Der codierende Bereich besteht aus 26 *Exons* und ist ingesamt 9 kBp lang (Abb. 6.4.2).

Die mRNA für den Faktor VIII codiert für ein Protein von 2351 Aminosäuren. Die ersten 19 Aminosäuren dienen als Signalpeptid

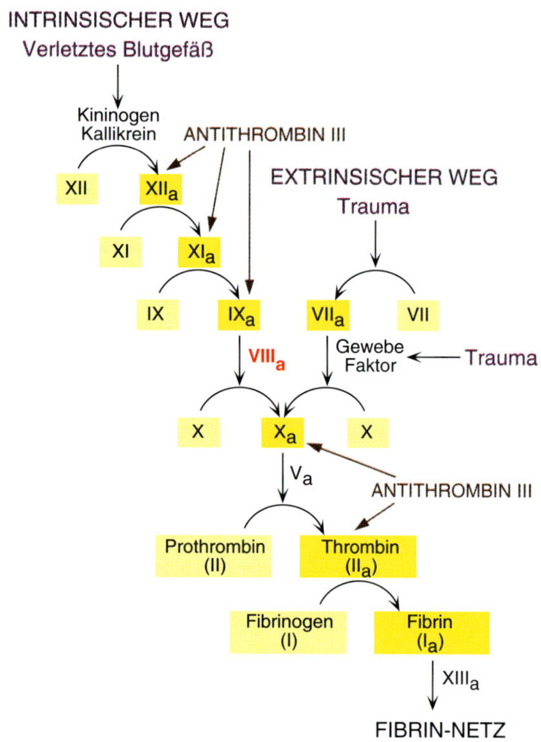

Abb. 6.4.1 Blutgerinnungskaskade. Bei der Blutgerinnung unterscheiden wir einen intrinsischen Weg, der durch intravasale plasmatische Faktoren induziert wird, und einen extrinsischen Weg, der durch extravasale Gewebefaktoren initiiert wird. Das Prinzip beruht auf der Aktivierung inaktiver Vorstufen meist durch Proteolyse, d.h. durch Abspaltung kleiner Peptidreste aus der inaktiven Vorstufe. Die aktiven Varianten der Gerinnungsfaktoren tragen das Suffix a und wirken als aktive und spezifische Proteasen auf den nachfolgenden inaktiven Gerinnungsfaktor. Eine zentrale Rolle nimmt der Faktor VIII_a ein, der die Rate der Faktor-X-Aktivierung durch Faktor IX_a um ein Vielfaches beschleunigt. Antithrombin III inhibiert die Kaskade an verschiedenen Stellen.

für die Ausschleusung des Proteins ins Plasma. Das kalkulierte Molekulargewicht des Faktor-VIII-Proteins beträgt ca. 127 kDa. An 25 möglichen Glycosylierungsstellen sind Kohlenhydratseitenketten an das Molekül angeheftet (Abb. 6.4.3). Einschließlich dieser Kohlenhydratreste beträgt das relative Molekulargewicht des nativen Proteins ca. 300 kDa.

Das Faktor-VIII-Molekül besteht aus drei verschiedenen Domänen, die aufgrund von Homologien in der Aminosäuresequenz definiert werden. Die Domäne A kommt dreimal, die Domäne B einmal und die Domäne C zweimal vor (Abb. 7.4.3). Diese Domänen sind in der Reihenfolge A1-A2-B-A3-C1-C2 angeordnet. Die A-Domänen sind dem Ceruloplasmin, einem im Plasma vorkommenden Kupfer bindenden Protein homolog. Die singuläre B-Domäne weist die meisten Bindungsstellen für Kohlenhydrate auf. Die beiden C-Domänen in der leichten Kette sind homolog zu Phospholipid-bindenden Stellen anderer Proteine.

Im Plasma liegt Faktor VIII hauptsächlich in Form zweier Polypeptidketten vor, die über Ca^{2+}-Ionen komplexiert sind. Die beiden Ketten entstehen durch proteolytische Spaltung des Primärpeptids, wobei sich eine N-terminale schwere Kette mit den Domänen A1, A2 und B mit einem Molekulargewicht von 90 bis 200 kDa und eine C-terminale leichte Kette mit der dritten A-Domäne und den beiden C-Domänen sowie einem Molekulargewicht von 80 kDa bilden.

Die Aktivierung des Faktor-VIII-Moleküls erfolgt durch Thrombin. Dabei werden sowohl die schwere als auch die leichte Kette an speziellen Stellen proteolytisch gespalten. Zunächst wird die B-Domäne von der schweren Kette entfernt. Es bleibt ein ca. 90 kDa Polypeptid zurück. Dieses wird weiter in Fragmente von 50 und 43 kDa gespalten. Von der leichten Kette wird ebenfalls ein Fragment abhydrolysiert, so daß ein 73 kDa Polypeptid übrigbleibt. Der Faktor VIII besitzt seine maximale Gerinnungsaktivität, wenn die 50, 43 und 73 kDa großen Polypeptide vorliegen. Durch weitere Spaltungen werden die aktiven Moleküle inaktiviert (Abb. 6.4.3).

Im Humanplasma ist Faktor VIII an den „von-Willebrand-Faktor" (vWF) in einem Verhältnis von einem Molekül Faktor VIII zu ca. 100 Molekülen von-Willebrand-Faktor gebunden. Der von-Willebrand-Faktor scheint dabei den Faktor VIII im Plasma zu stabilisieren.

Derzeit sind vier rekombinante Faktor-VIII-Präparate zugelassen, die sich in zwei Gruppen unterteilen lassen. Hierbei handelt es

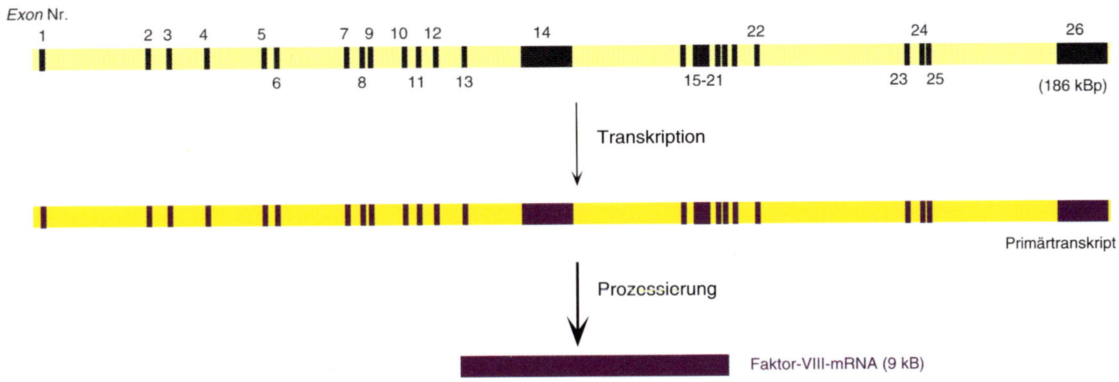

Abb. 6.4.2 Schematische Darstellung der Organisation des Faktor-VIII-Gens. Das Gen umfaßt 186 kBp. Alle gelben Bereiche repräsentieren *Introns*, also nicht-informative Sequenzen. Nur die blauen Bereiche codieren für *Exons*, die nach der Transkription zu einer maturen mRNA von ca. 9 kBp zusammengespleißt werden.

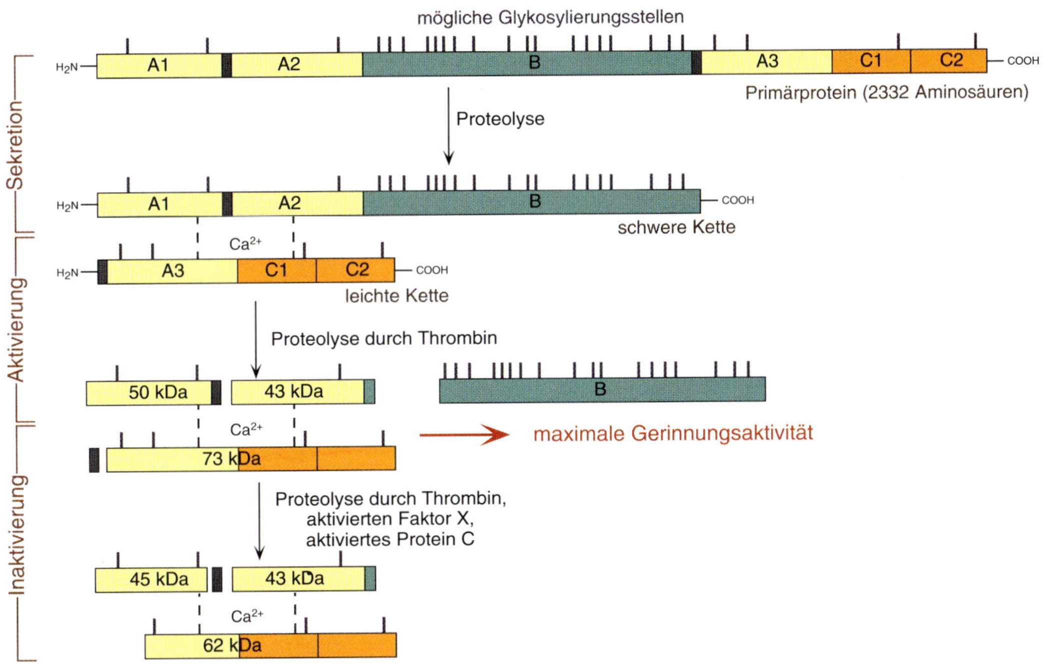

Abb. 6.4.3 Aktivierung und Inaktivierung des Faktor VIII-Moleküls. Der Faktor VIII ist ein Domänenprotein, das aus den Abschnitten A1–A3 (gelb), B (grün) sowie C1–C2 (orange) besteht. In dem Protein gibt es 25 mögliche N-Glycosylierungsstellen (angedeutet durch vertikale Striche). Bei der Sekretion ins Plasma wird das Protein proteolytisch modifiziert. Zunächst wird ein Signalpeptid von 19 Aminosäuren abgespalten. Anschließend wird das Protein hinter der B-Domäne in eine schwere und eine leichte Kette getrennt, wobei allerdings die Proteinketten durch Ca^{2+}-Ionen komplexiert bleiben.
Im nächsten Schritt aktiviert Thrombin den Gerinnungsfaktor, in dem es sowohl in der schweren wie der leichten Kette bestimmte Peptidbindungen hydrolysiert. Aus der schweren Kette wird der größte Teil der B-Domäne abhydrolysiert und die beiden A-Domänen werden getrennt. Dabei resultieren ein ca. 50 kDa und ein ca. 43 kDa großes Fragment. Von der leichten Kette wird ein kleiner Teil des N-Terminus entfernt, und es bleibt ein Restfragment von ca. 73 kDa. Die drei entstandenen Fragmente des nun aktiven Gerinnungsfaktors sind nach wie vor über Ca^{2+}-Ionen miteinander komplexiert.
Inaktiviert wird der Faktor VIII über Proteolyse, katalysiert durch Thrombin, Faktor X_a und aktiviertes Protein C.

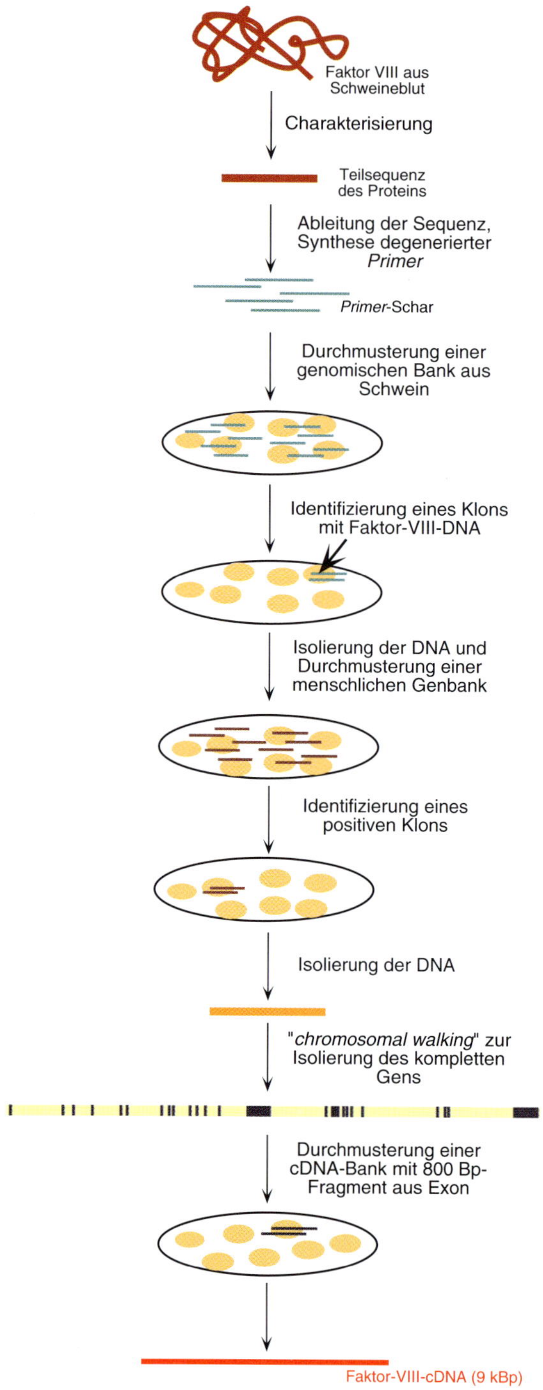

Abb. 6.4.4 Strategie zur Isolierung einer cDNA für den humanen Gerinnungsfaktor VIII. Ausgangspunkt war das analoge Protein aus dem Schwein. Von einer Teilsequenz wurde eine Schar degenerierter *Primer* abgeleitet (siehe Abb. 2.4.28). Mit diesen *Primern* wurde dann eine genomische Genbank aus dem Schwein durchmustert. Die DNA eines positiven Klons wurde benutzt, um eine humane genomische Genbank zu durchmustern. Mit Hilfe des isolierten Klons wurde ein *chromosomal walking* durchgeführt (siehe Abb. 2.2.6) und das komplette Gen isoliert. Schließlich wurde ein Fragment dieses Gens verwendet, um aus einer Leber cDNA-Bank die cDNA für den Faktor VIII zu isolieren.

sich zum einen um die Präparate Rekombinate® der Firma Baxter und Bioclate® der Firma Centeon Pharma, zum anderen um Kogenate® der Firma Bayer und Helixate® der Firma Centeon Pharma.

Recombinate®, ein rekombinantes Faktor-VIII-Präparat der Firma Baxter; Bioclate® der Firma Centeon Pharma

Recombinate® und Bioclate® sind äquivalente Präparate, die beide einen rekombinanten Blutgerinnungsfaktor VIII enthalten, der in einer Ovarialzell-Linie des Chinesischen Hamsters (CHO-Zellen) hergestellt wird.

Neben dem Wirkstoff sind Albumin vom Menschen, Natriumchlorid, Histidin, Macrocel 3350, Calciumchlorid, Natriumhydroxid und Salzsäure enthalten.

Expressionsplasmid und das Wirt-Vektor-System

Um die cDNA für Faktor VIII zu isolieren, mußte ein großer Umweg eingeschlagen werden (Abb. 6.4.4). In den frühen achtziger Jahren, als diese Arbeiten durchgeführt wurden, war zuwenig reines humanes Faktor-VIII-Protein verfügbar, um hieraus die Aminosäuresequenz ableiten zu können. Daher ging man folgendermaßen vor:

- Zunächst sequenzierte man ein Teilpeptid einer hoch gereinigten Faktor-VIII-Präparation aus Schweineplasma.
- Ausgehend von dieser Aminosäuresequenz wurden DNA-Sonden synthetisiert, mit deren Hilfe eine Genbank aus dem Schweinegenom durchmustert wurde.
- Ein positiver Klon diente dann als Sonde, um eine humane DNA-Bibliothek zu durchmustern.
- Es wurde ein 16 kBp großes DNA-Fragment isoliert.
- Dieses DNA-Fragment war der Ausgangspunkt für die Isolierung und Charakterisierung des kompletten humanen Faktor-VIII-

Gens. Das isolierte Gen umfaßte mehr als 200 kBp und lag auf vier überlappenden Klonen vor.

- Ein Abschnitt von ca. 800 Nukleotiden aus einem Exon des Gens wurde benutzt, um eine cDNA-Bank aus Leber zu durchsuchen.
- Man fand einen cDNA-Klon von 9009 Bp, der das gesamte Faktor-VIII-Protein codiert.
- Diese cDNA wurde in einen Expressions-Vektor inseriert.

Der Expressionsvektor für die Produktion von Recombinate®/Bioclate® enthält die folgenden Funktionselemente (Abb. 6.4.5):

A. Bakterielle Funktionselemente

- Einen colE1*ori* (Replikationsursprung) und ein Tetracyclin-Resistenzgen.

B. Eukaryontische Funktionselemente

- Den Replikationsursprung des Polyomavirus.
- Eine Expressionseinheit sowohl für den Faktor VIII als auch für die Dihydrofolat-Reduktase (DHFR). Die Expression dieser Genkassette wird verstärkt durch einen Polyomavirus-Transkriptions-*Enhancer*. Die Kontrolle der Expressionseinheit erfolgt durch den Hauptpromotor der späten Adenovirus-Gene und nachfolgender codierender Sequenzen aus dem Adenovirus-Genom. Diese Adenovirus-Sequenzen beinhalten den ersten *Leader* der späten Adenovirus-mRNA und das erste *Intron* inklusive einer 5′ und einer 3′ Erkennungsstelle für das mRNA-Spleißen. Der Transkriptions-Terminator und das Polyadenylierungs-Signal stammen von den frühen Genen des SV40-Genoms.

Dieser Expressions-Vektor wurde in CHO-dhfr⁻-Zellen transfiziert (siehe Kapitel 4.1). Diese Zell-Linie besitzt keine funktionsfähige Dihydrofolat-Reduktase. Um wachsen zu können, benötigen diese Wirtszellen daher exogen zugefügtes Adenosin/Desoxyadenosie und Thymin. Transformanden benötigen hingegen keine Nukleotidsupplemente. Sie können die Nukleotide mit Hilfe der durch das Expressionsplasmid eingeführten Dihydrofolat-Reduktase selbst synthetisieren.

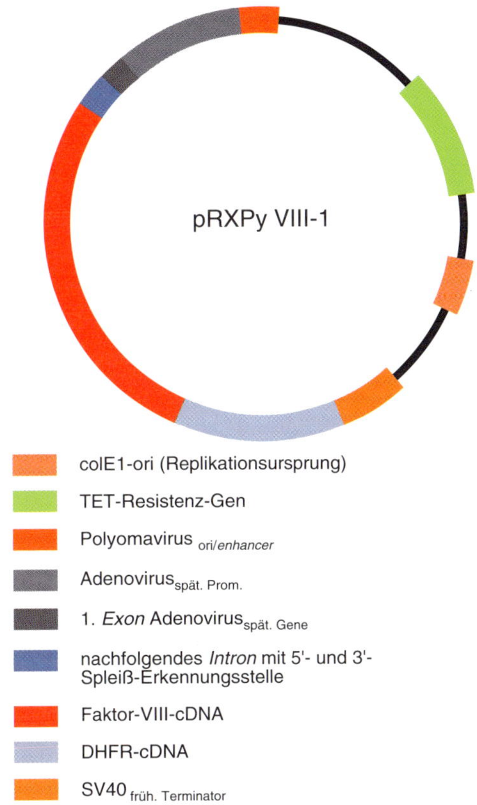

Abb. 6.4.5 Expressionsplasmid pRXPy VIII–1 zur Herstellung von Faktor VIII in CHO-Zellen. Als bakterielle Funktionselemente enthält das Plasmid einen colE1-Replikationsursprung und ein Tetracyclin (TET) Resistenz-Gen. Die Expression der Faktor-VIII-cDNA wird kontrolliert von dem späten Promotor des Adenovirus, dessen Aktivität durch einen *Enhancer* aus dem Polyoma-Virus verstärkt wird. Zwischen cDNA und Promotor befindet sich noch die *Leader*-Sequenz der späten Adenovirus-mRNA und das erste *Intron* inklusive einer 5' und einer 3' Erkennungsstelle für das mRNA-Spleißen. An die cDNA für den Faktor VIII ist eine zweite cDNA, in diesem Fall die cDNA für die Dihydrofolat-Reduktase (DHFR) anfusioniert. Die Transkription beider Gene wird durch den Transkriptions-Terminator und das Polyadenylierungs-Signal der frühen Gene des SV40-Genoms terminiert.

Die primäre Selektion auf Transformanden erfolgte also in einem Medium, dem keine Nukleotide zugesetzt wurden. In einem zweiten Selektionsschritt wurden transgene Zellen dann in Gegenwart allmählich steigender Konzentrationen von Methotrexat gezüchtet. Dies führte zu einer Amplifikation des Expressionsplasmids. Für Zellen, die an 20 μM Methotrexat adaptiert waren, bedeutete dies einen Anstieg der Faktor-VIII-Produktion ca. um den Faktor 10.000. Die resultierende Hochleistungs-Zell-Linie sezerniert aktiven Faktor VIII und produzierte 1.000 mU/ml/Tag/10^6 Zellen.

Coexpression von vWF und Faktor VIII

Bei der Charakterisierung der Hochleistungs-Zell-Linie stellte man fest, daß hohe Faktor-VIII-Aktivitäten nur dann erhalten wurden, wenn die Zellen in einem Medium wuchsen, das Serum enthielt. Dies war zunächst eine enttäuschende Beobachtung, da aus Gründen der Produktsicherheit angestrebt wird, Produktionszellen in definierten Medien ohne Serumzusatz zu kultivieren.

Es wurde vermútet, daß die deutlich höhere Faktor-VIII-Aktivität in serumhaltigen Medium dadurch zu erklären war, daß in dem Serum vorhandener von-Willebrand-Faktor den sezernierten Faktor VIII stabilisierte. Diese Vermutung konnte dadurch erhärtet werden, daß der Zusatz von gereinigtem von-Willebrand-Faktor aus dem Schwein zum definierten Kulturmedium zu einer deutlichen Akkumulationssteigerung von aktivem Faktor VIII im Medium führte.

Die Konsequenz dieser Beobachtung war die Konstruktion eines neuen Expressionsplasmids. Dieses Plasmid trägt zwei Transkriptionseinheiten (Abb. 6.4.6). Die erste Transkriptionseinheit enthält

- den SV40-*Enhancer*,
- den Promotor der späten Adenovirus-Gene. Ferner ist hier auch der Adenovirus-*Leader* sowie ein *Intron* enthalten.
- Die cDNA für den humanen von-Willebrand-Faktor,
- die cDNA für die Dihydrofolat-Reduktase,
- den Transkriptions-Terminator und das Polyadenylierungs-Signal der frühen SV40-Gene.

Die zweite Transkriptionseinheit enthält

- den SV40-Promotor für die frühen Gene,
- die cDNA für die humane Adenosindeaminase (ADA)
- den Transkriptions-Terminator und das Polyadenylierungs-Signal der späten SV40-Gene.

Dieses neu konstruierte Plasmid wurde in den Faktor-VIII-produzierenden Hochleistungsstamm transfiziert. Positive Transformanden ließen sich in Gegenwart von zunächst 0,1 µM 2'-Desoxycoformycin (dCF) selektionieren. Es folgte eine schrittweise Adaptation der Zellen an 2,0 µM dCF und 1 mM Methotrexat. Das Ergebnis war ein Hochleistungsstamm (10A1C6), der mehr als 1 U Faktor VIII pro 1×10^6 Zellen/Tag in serumfreies Medium sezerniert. Die Produktion an von-Willebrand-Faktor betrug 4 µg/10^6 Zellen/Tag.

Reinigungsverfahren und Maßnahmen zur biologischen Sicherheit

Entsprechend den Anforderungen des Europäischen Arzneibuchs war es erforderlich, die Integrität des rekombinanten Faktor-VIII-Gens in der Hochleistungs-Zelle zu prüfen. Hierzu wurde die cDNA für den Faktor VIII aus den CHO-Zellen isoliert und anschließend sequenziert. Es konnte gezeigt werden, daß die cDNA in dem Hochleistungsstamm vollständig mit der authentischen cDNA aus der entsprechenden Genbank übereinstimmte.

Die wichtigsten Kriterien bei der Validierung der CHO-Zell-Linie waren Infektionssicherheit – und hier speziell Virussicherheit – und die Stabilität der Faktor-VIII-Expression. Ferner wurde intensiv auf Mykoplasmen, Bakterien, Hefen, Pilze und Viren getestet. Keiner der Tests deutete auf eine Kontamination mit einem der genannten Infektionserregern hin.

Ein weiteres Kriterium zur Sicherheit des produzierten rekombinanten Faktor VIII war der Nachweis, daß das Molekül sowohl strukturell als auch funktionell dem Faktor VIII aus Plasma identisch sein mußte. Hierzu wurden folgende Tests durchgeführt:

- Gerinnungstest im Vergleich zum Plasma-Faktor VIII,

- Kinetik der Faktor-Xa-Bindung,
- Inhibierung durch spezifische Antikörper,
- Inaktivierung durch aktiviertes Protein C,
- Bindung an von-Willebrand-Faktor,
- Analyse der Thrombin-Spaltprodukte mittels SDS-Elektrophorese,
- Western-Blot-Analyse,
- Aminosäureanalyse,
- N-terminale Sequenzanalyse,
- C-terminale Sequenzanalyse,
- Peptidkartierung,
- Kohlenhydratkartierung.

Ausgewählte Analyseverfahren dienten dazu, die Chargenkonformität für Faktor-VIII-Präparate zu dokumentieren.

Um auch die immunologische Identität von rekombinantem (rFVIII) und Plasma-Faktor VIII (pdFVIII) zu demonstrieren, wurde ein Mausmodell benutzt. Hierzu wurden neugeborene Mäuse in zwei Gruppen aufgeteilt, die eine Gruppe wurde gegen rFVIII, die andere Gruppe gegen pdFVIII immunologisch „tolerant" gemacht.

Während der Prozeßvalidierung wurde in erster Linie darauf geachtet, daß die Stabilität der CHO-Zellen anhand phänotypischer und genotypischer Charakteristika gewährleistet war. Zahlreiche Produktions-Testläufe wurden analysiert, in denen die Lebensfähigkeit der Zellen, die Verdopplungszeit und die Produktion von rFVIII aufgezeichnet und ausgewertet wurden.

Der Produktionsprozeß von Recombinate® erfolgt durch das sogenannte *Batch-Refeed*-System (Abb. 6.4.7). Dieses bietet folgende Vorteile:

- Die CHO-Zellen werden kontinuierlich in der Wachstumsphase gehalten, da nur während des Wachstums maximale Faktor-VIII-Produktion erfolgt.
- Eine Lyse der Zellen und damit eine Zerstörung des produzierten Faktor VIII wird weitgehend vermieden.
- Die Ausbeute an Faktor VIII kann durch regelmäßiges Entfernen von rFVIII-haltigem Medium optimiert werden.

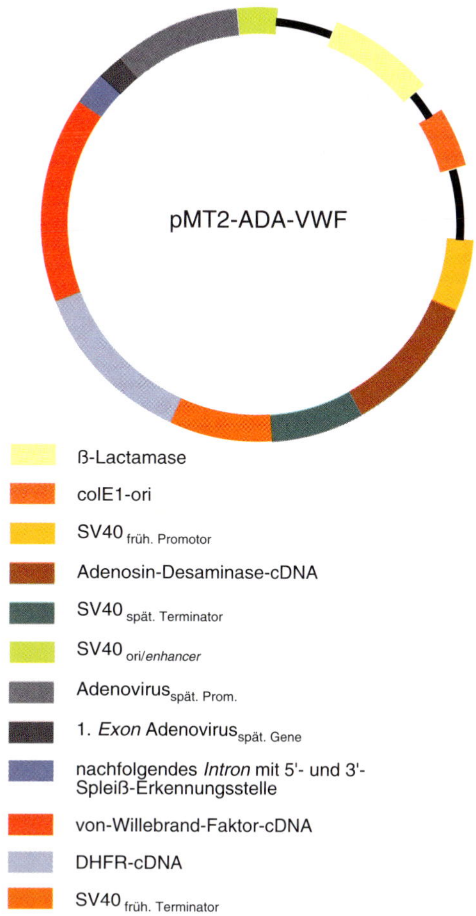

Abb. 6.4.6 Expressionsplasmid pMT2-ADA-VWF für den von-Willebrand-Faktor. Als bakterielle Funktionselemente enthält das Plasmid einen colE1-Replikationsursprung und ein ß-Lactamase-Gen. Die Expression der cDNA für den von-Willebrand-Faktor wird kontrolliert von dem späten Promotor des Adenovirus, dessen Aktivität durch einen *Enhancer* aus SV40 verstärkt wird. Zwischen cDNA und Promotor befindet sich noch die *Leader*-Sequenz der späten Adenovirus-mRNA und das erste *Intron* inklusive einer 5' und einer 3' Erkennungsstelle für das mRNA-Spleißen. An die cDNA für den von-Willebrand-Faktor ist eine zweite cDNA, in diesem Fall die cDNA für die Dihydrofolat-Reduktase (DHFR) anfusioniert. Die Transkription beider Gene wird durch den Transkriptions-Terminator und das Polyadenylierungs-Signal der frühen Genen des SV40-Genoms terminiert.
An diese Expressionskassette schließt mit umgekehrter Polarität eine zweite Expressionskassette an, die aus dem frühen SV40-Promotor, der cDNA für die Adenosin-Deaminase und dem späten SV40-Terminator besteht. Diese Expressionskassette dient zur positiven Selektion von Zellen, die das Plasmid aufgenommen haben.

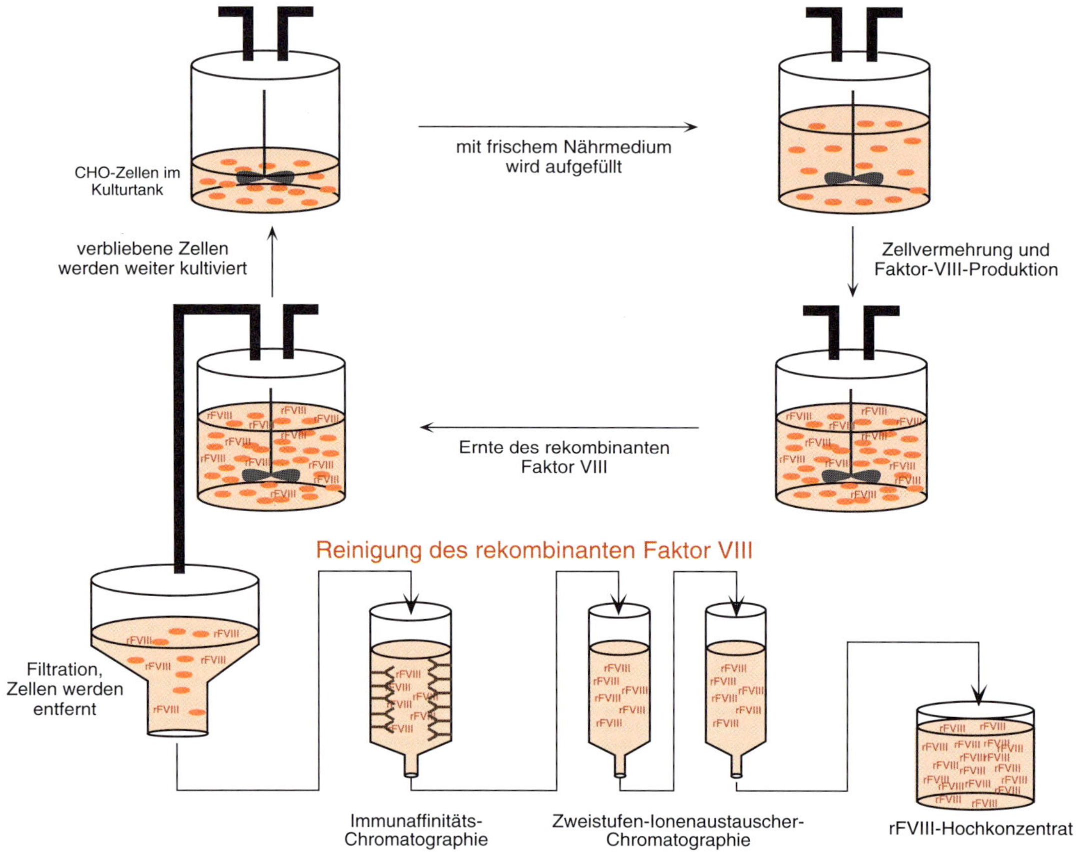

Abb. 6.4.7 Schematische Darstellung zum Fermentationsprozeß. Recombinate® wird in einem *Batch-Refeed*-Verfahren hergestellt, d. h. ein Teil der Zellen und des Kulturüberstandes werden geerntet, wohingegen ein Restteil als Starter für die nächste Fermentationsrunde dient. Nach Trennung von Zellen und Kulturüberstand wird der Faktor VIII aus dem Medium über verschiedene säulenchromatographische Verfahren rein und in konzentrierter Form dargestellt.

Für die Herstellung von rekombinantem Faktor VIII wurde ein Kultivierungsverfahren mit begrenzter Passage gewählt. Dies garantiert am ehesten eine konstante Protein-Expression und minimiert das Risiko von Zufallsmutationen, die zu einer Veränderung bzw. Minimierung der Ausbeute an rekombinantem Protein führt. Nach Erreichen der festgelegten Anzahl von Generationen wird der Produktionsprozeß abgebrochen und ein neues *Batch-Refeed*-Verfahren gestartet.

Ein Produktionsverfahren für Recombinate® beginnt mit der Entnahme eines Fläschchens aus der *Master*-Arbeitszellbank. Dieses wird aufgetaut, die Zellen zu größeren Kulturen angezogen und nochmals ausgiebig getestet. Dann wird die Starterkultur in einen Zellkulturtank mit frischem serumfreien Medium gegeben. Nach Erreichen der optimalen Zelldichte im Tank wird der größte Teil der Zellen mit dem rFVIII-haltigen Medium abgezogen. Ein Teil der Zellen bleibt im Tank zurück und dient als Inokulat für die Produktion der nächsten Charge, in dem mit frischem Medium aufgefüllt wird („*batch-refeed*"). Dieser leicht zu kontrollierende Prozeß gestattet es, die CHO-Zellen immer in der Wachstumsphase zu halten und auf diese Weise günstige Verhältnisse für die Produktion von rFVIII aufrechtzuerhalten. Ständige *Online*-Kontrollen und laufende mikrobiologische Überwachungen garantieren maximale Qualitäts- und Sicherheitsstandards. Nach einer festgelegten Zahl von Chargen wird der Produktionsablauf ab-

Rückstand	Immunaffinitäts-Chromatographie	Anionenaustauscher-Chromatographie	Kationenaustauscher-Chromatographie	Gesamtreduktion
CHO-Zellprotein	5	1	1	7
CHO-DNA	5	1	2	8
Medienbestandteile	5	1 - 2	1 - 2	7 - 8
Modellviren	5 - > 6	1 - 4	1 - 3	7 - >13

Tabelle 6.4.1 Abreicherung (log-Stufen) möglicher Kontaminationen während der Herstellung von Recombinate®

gebrochen, der Tank wird sterilisiert und ein neuer Produktionsprozeß wird mit dem Auftauen einer frischen Ampulle aus der *Master*-Arbeitszellbank initiiert.

Der Reinigungsprozeß beginnt mit einer unter sterilen Bedingungen durchgeführten Filtration des Mediums, um Zellen und Zellbestandteile zu entfernen. Dann wird das filtrierte rFVIII-haltige Medium auf eine Immunaffinitätssäule gegeben, an die ein monoklonaler Antikörper gegen Faktor VIII gekoppelt wurde. Danach wird die Säule mehrfach gewaschen, um verbliebene Reste des Nährmediums zu entfernen. Die schonende Ablösung des rekombinanten Faktor VIII von der Affinitätssäule erfolgt durch Ethylenglycol.

Es folgen zwei chromatographische Reinigungsschritte an Ionenaustauschmaterial, wobei eventuell von der Säule freigesetzte monoklonale Antikörper sowie restliche Spuren von Zellproteinen und Zell-DNA entfernt werden.

Dieses Reinigungsverfahren garantiert die Anreicherung von rekombinantem Faktor-VIII-Protein mit hoher spezifischer Aktivität, die nahezu quantitative Entfernung von Rückständen aus der Zellkultur und aus der Immunaffinitäts-Chromatographie. Zugleich erfolgt eine sichere Abreicherung potentiell vorhandener unbekannter Viren um hohe log-Stufen und eine komplette Entfernung von Medienbestandteilen.

Für jeden einzelnen Reinigungsschritt wurden Validierungsstudien durchgeführt, wobei zur Ermittlung der Abreicherungsfaktoren radioaktiv markierte Zellproteine, radioaktiv markierte DNA sowie radioaktiv markierte Medienbestandteile eingesetzt wurden. Für Komponenten des Mediums sowie für Zellbestandteile konnten Reduktionen von 7 bis 9 log-Stufen gemessen werden (Tab. 6.4.1).

Um eine Virusfreiheit von Recombinate® zu garantieren, wurden Abreicherungs- bzw. Inaktivierungsfaktoren für verschiedene Modellviren ermittelt. Diese Modellviren werden während der Reinigung von Recombinate® um mindestens das zehnmillionenfache ($> 10^7$) reduziert. Da in diesen Abreicherungsstudien sehr hohe Reduktionsraten unabhängig vom Virustyp erreicht wurden, ist es realistisch anzunehmen, daß der Reinigungsprozeß von Recombinate® jegliche denkbare Viruskontamination eliminiert (Tab. 6.4.2).

Auch die murine Zell-Linie, die den zur Reinigung von Recombinate® verwendeten monoklonalen Antikörper produziert, wurde auf eventuelle Viruskontamination analysiert und vollständig charakterisiert. Dies ge-

Virus	Familie	Hülle	Gesamtreduktion
BVD, *Bovine viral diarrhoe*	Papovaviridae	nein	$> 2{,}3 \times 10^{13}$
PI 3, Parainfluenzavirus 3	Paramyxoviridae	ja	$2{,}5 \times 10^{8}$
Retro, murines xenotropes Retrovirus	Retroviridae	ja	$> 1{,}7 \times 10^{13}$
Rheo 3, Rheovirus	Rheoviridae	nein	$1{,}2 \times 10^{7}$
SV 40, Simianpolyoma 40	Papovaviridae	nein	$3{,}3 \times 10^{8}$

Tabelle 6.4.2 Reduzierung experimentell zugegebener Modellviren während der Recombinate®-Herstellung

schieht unter anderem auch durch biochemische Testverfahren, beispielsweise durch Messungen eventuell verhandener Reverse-Transkriptase-Aktivität.

Schließlich werden auch Additiva, die für das Kulturverfahren erforderlich sind, auf Unbedenklichkeit getestet. Besonderes Interesse gilt hier proteinogenen Additiva, die aus Rindern stammen. Hierzu zählen die als Wachstumsfaktoren eingesetzten Proteine Rinderalbumin und Rinder-Insulin und das während der Aufbereitung als Proteolyseschutz eingesetzte Rinderaprotenin. Höchstmöglicher Schutz vor einer wenn auch nur theoretisch vorhandenen BSE-Kontamination wird dadurch gewährleistet, daß das Material nur von Rindern aus Ländern hergestellt wird, in denen BSE bisher niemals oder nur ganz vereinzelt aufgetreten ist. So werden für die Herstellung von Recombinate® nur Proteine verwendet, die von Tieren aus USA und Kanada stammen und von US-amerikanischen bzw. kanadischen Behörden freigegeben wurden. Ferner wird von den Lieferanten eine entsprechende Dokumentation gefordert, aus der hervorgeht, daß die Tiere einer stetigen Überwachung durch zugelassene Tierärzte unterworfen sind. Schließlich werden Aprotenin und Rinderalbumin bei Temperaturen von mehr als 55 °C pasteurisiert und darüberhinaus einer Ethanolextraktion, einer Behandlung bei pH-Werten > 4 sowie einer Submikrofiltration unterzogen. Die Herstellung von Rinderinsulin schließt eine Behandlung bei pH-Werten von > 3, ebenfalls eine Ethanolextraktion und eine Submikrofiltration ein.

Nach der Reinigung müssen noch verschiedene Hilfsstoffe dem rFVIII-Protein zugegeben werden, um die Faktor-VIII-Aktivität in Recombinate® zu stabilisieren. Da während des Reinigungsprozesses von Recombinate®, der in der Zellkultur stabilisierende rekombinante vWF nahezu quantitativ entfernt wird, wird dem Endprodukt pasteurisiertes Humanalbumin zugesetzt. Dieser Stabilisator wurde gezielt ausgesucht, da er sich bereits in anderen Faktor-VIII-Präparaten aus Plasma sowie in einer Reihe rekombinanter Produkte, wie Erythropoetin, γ-Interferon und Interleukin 2 bewährt hat. Albumin eignet sich darüberhinaus besonders gut aufgrund seiner Reinheit, Stabilität und nicht zuletzt aufgrund seiner seit über vierzig Jahren belegten Virussicherheit als Stabilisator. Die Virussicherheit ist insbesondere darauf zurückzuführen, daß Albumin bei der Pasteurisierung im Gegensatz zu Faktor VIII nicht durch Zugabe stabilisierender Substanzen (z. B. hohe Konzentration von Zuckern, die auch Viren stabilisieren) vor Hitze geschützt werden muß. Pasteurisierung von Albumin ist daher wesentlich effektiver als die anderer Plasmaproteine. Das für Recombinate® verwendete Humanalbumin stammt aus der Humanproduktion von Baxter Biotech, Hyland Division.

Das wichtigste Kriterium der Reinheit von Faktor-VIII-Präparaten ist die spezifische Aktivität. Traditionell ist diese als Einheit Faktor-VIII-Aktivität/ml Protein definiert. Legt man ein Molekulargewicht für Faktor VIII von ca. 270 kDa zugrunde, sowie die Konzentration in Plasma (ca. 0,2 mg/l), so errechnet sich ein theoretischer Maximalwert von ca. 5000 I. E./mg Protein, d. h. 100 % des Proteins einer Präparation besteht aus Faktor VIII (dieser Wert gilt nur für das intakte Molekül mit kompletter B-Domäne). Für moderne Faktor-VIII-Präparate wird der Begriff „spezifische Aktivität" jedoch zunehmend theoretischer, da der Faktor VIII in Präparaten höherer Reinheit (besonders bei Verwendung monoklonaler Antikörper) durch Zugabe von Albumin stabilisiert werden muß. Zum besseren Vergleich sollte zur Beschreibung der Präparateeinheit daher immer der Wert vor Zugabe des Stabilisators angegeben werden.

Recombinate® weist vor Zugabe von Albumin eine spezifische Aktivität von > 4000 I. E./mg Protein auf. Basierend auf der oben angeführten Berechnung liefert damit der Reinigungsprozeß eine mehr als 80 % reine Faktor-VIII-Präparation, in der lediglich Spuren anderer Proteine vorkommen, wobei hier der größte Anteil auf rvWF entfällt. Die biologische Aktivität von Recombinate® wird in einem *in-vitro*-Test ermittelt, in dem der internationale Standard für Faktor VIII der WHO als Referenz verwendet wird.

Die folgenden Rückstände können in Recombinate® enthalten sein: CHO-Zell-DNA: maximal 0,01 pg/IU rFVIII, CHO-Zell-Protein: max. 1,0 ng/IU rFVIII, monoklonale Antikörper: weniger als 0,1 ng/IU rFVIII, Rinderalbumin: maximal 0,8 ng/IU rFVIII, rvWF: maximal 2,0 ng/IU rFVIII.

Anwendungsgebiete/Zulassung

Recombinate® ist indiziert für die Behandlung und Prophylaxe von Blutungen bei Hämophilie A-Patienten (angeborener Faktor-VIII-Mangel). Des weiteren kann Recombinate® bei der perioperativen Behandlung von Patienten mit Hämophilie A eingesetzt werden.

Das Produkt eignet sich nicht für den Einsatz bei Patienten mit von-Willebrand-Jürgens-Syndrom.

Zusammenfassung/Schlußbewertung

Große, auf der Basis moderner Kriterien durchgeführte klinische Studien belegen die Wirksamkeit und die Unbedenklichkeit von Recombinate®. Alle Ergebnisse deuten darauf hin, daß sich Recombinate® sehr gut zur Behandlung akuter Blutungsereignisse, zur Aufrechterhaltung der Hämostase während Operationen und zur Prophylaxe eignet. Alle Tests auf Viren inkl. HIV, Hepatitis A-, B- und C-Viren, CMF und EBV zeigten negative Ergebnisse. Die wenigen Nebenwirkungen waren ausschließlich leichter Natur. Die Inzidenz von Inhibitoren bei zuvor unbehandelten Patienten entspricht den Resultaten anderer moderner prospektiver Studien.

KOGENATE®, ein rekombinantes Faktor-VIII-Präparat der Firma Bayer; Helixate®, ein rekombinantes Faktor-VIII-Präparat der Firma Centeon Pharma

Kogenate®/Helixate® enthält einen rekombinanten Blutgerinnungsfaktor VIII, der in einer Hamster-Nierenzell-Linie (BHK) hergestellt wird. Ferner sind in dem Präparat Glycin, Natriumchlorid, Calciumchlorid und Human-Albumin enthalten.

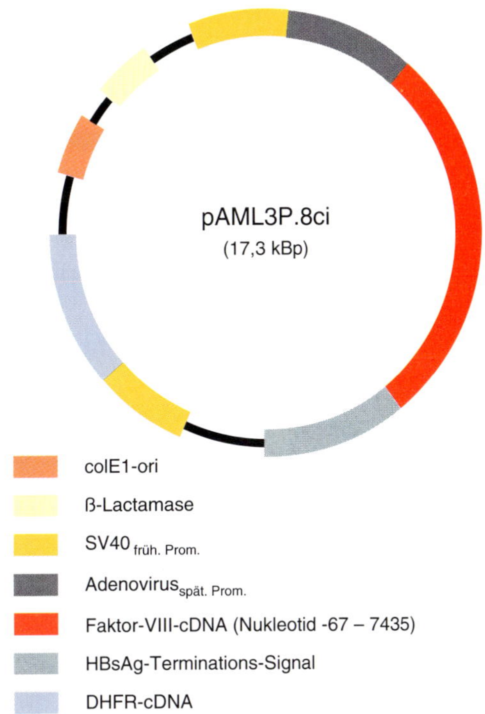

Abb. 6.4.8 Expressionsplasmid pAML3P.8ci zur Herstellung von Faktor VIII in BHK-Zellen. Als bakterielle Funktionselemente enthält das Plasmid einen colE1-Replikationsursprung und ein ß-Lactamase-Gen. Die cDNA für den Faktor VIII enthält nicht nur alle translatierten Nukleotide, sondern auch die nichttranslatierten Nukleotide –1 bis –67. Die Transkription dieser cDNA wird kontrolliert von einem Doppelpromotor: dem frühen SV40-Promotor und dem späten Promotor des Adenovirus. Das Terminations-Signal wurde aus dem Hepatitis B-Virus entnommen (HBsAg-Terminations-Signal).
Als zweite Expressionskassette enthält das Plasmid eine cDNA für die Dihydrofolat-Reduktase, deren Transkription ebenfalls durch den frühen SV40-Promotor kontrolliert wird.
Positiv transfizierte Zellen wurden durch Selektion in Gegenwart des Neomycinanalogen G418 identifiziert, da das Plasmid pAML3P.8ci mit dem Standard-Selektionsplasmid pSV2neo cotransfiziert wurde.

Expressionsplasmid und das Wirt-Vektor-System

Bei der Firma Miles/Bayer wurde der Expressions-Vektor pSAT.8c1 (pAML3P.8ci) für die Faktor-VIII-Produktion konstruiert. Dieser Vektor enthält folgende Funktionselemente (Abb. 6.4.8):

A. Bakterielle Funktionselemente

- Einen colE1-*ori* (Replikationsursprung aus pBR322),
- ein Ampicillin-Resistenz-Gen.

B. Eukaryontische Funktionselemente

- Den Promotor für die frühen SV40-Gene,
- den Hauptpromotor der späten Adenovirus-Gene,
- die Faktor-VIII-cDNA (Nukleotide –67 – 7435),
- die 3'-nichttranslatierte Region des Oberflächenantigens des Hepatitis B-Virus (HBsAg). Diese enthält einen Transkriptions-Terminator und ein Polyadenylierungs-Signal.
- Einen weiteren Promotor für die frühen SV40-Gene,
- die cDNA für die murine Dihydrofolat-Reduktase (DHFR)

Die Transkription der Faktor-VIII-cDNA wird durch einen „Tandem-Promotor" kontrolliert, der aus dem Promotor für die frühen SV40-Gene und aus dem Hauptpromotor der späten Adenovirus-Gene besteht. Die DHFR-cDNA wird durch den Promotor für die frühen SV40-Gene kontrolliert.

Der pAML3P.8ci Expressions-Vektor wurde durch Calcium-Phosphat-Präzipitation zusammen mit dem Plasmid pSV2neo in BHK–21-Zellen (siehe Kapitel 4.1) cotransfiziert. Das „Hilfsplasmid" pSV2neo enthält ein in Eukaryonten exprimierbares Neomycin-Phosphotransferase-Gen (neo^R). Dadurch können erfolgreich transfizierte Zellen durch Zugabe des Neomycin-Analogons G418 zum Medium positiv selektioniert werden. In aller Regel werden bei einer Cotransfektion alle Plasmide aufgenommen. Daher enthalten die G418-resistenten Zellen nicht nur das pSV2neo-Hilfsplasmid, sondern mit großer Wahrscheinlichkeit auch das pAML3P.8ci Expressionsplasmid.

Nach Selektion von Transfektanden wurden diese zur Amplifikation des Expressionsplasmids an steigende Konzentrationen von Methotrexat adaptiert. Aus Zellen, die in Gegenwart von 10 µM Methotrexat wachsen konnten wurde die Zell-Linie 31A3B-R10 zur Weiterentwicklung ausgewählt.

In einem weiteren Schritt wurden die Zellen an Wachstum in einer Suspensionskultur unter nicht selektiven Bedingungen (d. h. ohne Zusatz von Antibiotika) gewöhnt. Schließlich wurde der Zellklon 31A3BS-R3 als Produktions-Zell-Linie ausgewählt und in Gegenwart von 3 µM Methotrexat kultiviert, um eine *„Manufacturers Working Cell Bank"* (MWCB) zu etablieren. Für die Produktion von Kogenate® wird ein serumfreies Medium verwendet.

Die 31A3BS-R3-Zellen enthalten ca. 150 Kopien des Expressionsplasmids und nur eine Kopie des Selektionsplasmids pSVneo. Alle Kopien des Expressionsplasmids sind stabil ins Genom der Wirtszelle integriert. Mindestens 7 verschiedene Integrationsstellen konnten identifiziert werden. Mehr als 90 % der integrierten Plasmidkopien enthalten eine intakte Faktor-VIII-Transkriptionseinheit. Auch nach einem kompletten Fermentations-Prozeß wurden keine Abweichungen von diesen Analyseresultaten beobachtet, so daß man davon ausgehen kann, daß die Zellen sich während dieser Zeitspanne nicht verändern.

Reinigungsverfahren und Maßnahmen zur biologischen Sicherheit

Kogenate® wird in 500-Liter-Kulturen in einem kontinuierlichen Fermentations-Prozeß von den R3-Produktionszellen synthetisiert (Abb. 6.4.9). Für die Kultur wird ein genau definiertes Nährmedium verwendet, das neben Nährstoffen, Vitaminen und Salzen auch

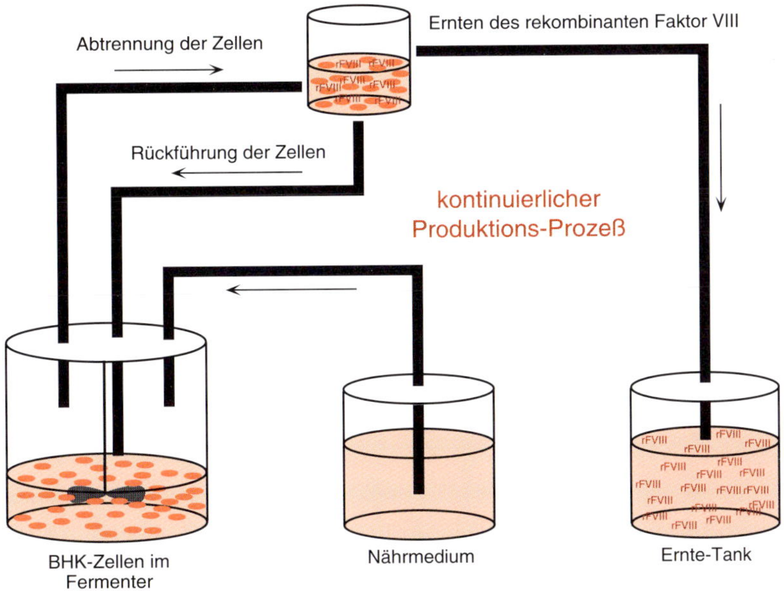

Abb. 6.4.9 Schematische Darstellung zum Fermentations-Prozeß. Kogenate® wird in 500-Liter-Kulturen in einem über mehr als sechs Monate laufenden kontinuierlichen Fermentations-Prozeß gewonnen.

Humanalbumin, humanes Transferrin und Rinder-Insulin enthält.

Im Laufe des kontinuierlichen Prozesses werden dem Fermenter im gleichen Verhältnis frisches Nährmedium hinzugefügt wie ihm produkthaltige Lösung entnommen wird. Zellen werden von der entnommenen Lösung abgetrennt und teilweise in den Fermenter zurückgeführt. Dieser kontinuierliche Prozeß ermöglicht eine rFVIII-Produktion über sechs Monate unter optimierten konstanten physiologischen Bedingungen, da sich die Zellen praktisch immer in der gleichen Wachstumsphase befinden.

Während des Fermentations-Prozesses werden umfangreiche Kontrollen durchgeführt. Wichtige Kontrollparameter für die In-Prozeß-Kontrolle sind

- Sauerstoffkonzentration,
- pH-Wert,
- Temperatur,
- Rührgeschwindigkeit,
- Glucosekonzentration,
- Mykoplasmen- und Virusfreiheit,

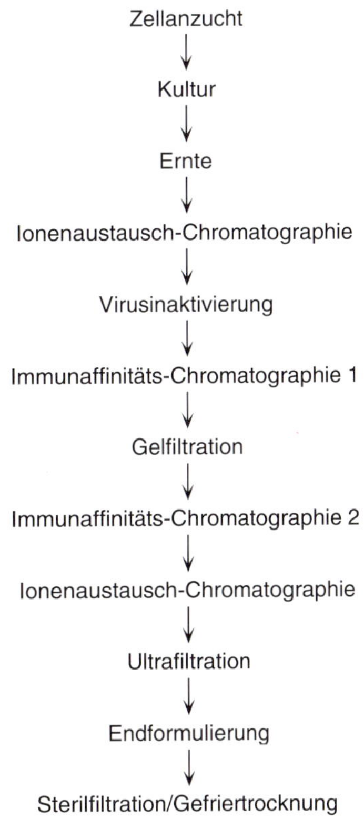

Abb. 6.4.10 Schema zur Aufreinigung von Kogenate®.

6

Rekombinante Wirkstoffe

Virus	Familie	Genom	Hülle	Gesamtreduktion
MuLV, Mäuseleukämie-Virus	retro	ssRNA	ja	$>6{,}3 \cdot 10^{12}$
Visna	retro	ssRNA	ja	$>4{,}0 \cdot 10^{9}$
VSV, *Vesicular stomatitis* Virus	rhabdo	ssRNA	ja	$3{,}2 \cdot 10^{10}$
Polio Virus Typ 1	picorna	ssRNA	nein	$4{,}0 \cdot 10^{8}$
HSV, Herpes simplex Virus Typ 1	herpes	dsDNA	ja	$>2{,}0 \cdot 10^{9}$
SV40 Simianvirus 40	papo	dsDNA	nein	$3{,}2 \cdot 10^{6}$

Tabelle 6.4.3 Reduzierung experimentell zugegebener Modellviren während der Kogenate®-Herstellung

- rFVIII-Konzentration,
- Durchflußgeschwindigkeit,
- Zelldichte,
- Zellvitalität,
- Sterilität.

Nach der Abtrennung der Zellen wird der rFVIII aus dem Kulturmedium isoliert (Abb. 6.4.10). Dazu werden neben Ionenaustausch-Chromatographie und Gelfiltration auch die Chromatographie an Immunaffinitätssäulen eingesetzt. Diese werden durch kovalente Kopplung eines monoklonalen Mausantikörpers (C7F7) an eine feste Matrix hergestellt. Der Antikörper bindet spezifisch die 80 kDa-Untereinheit des Faktor-VIII-Proteins. Nach der Immunaffinitätsreinigung wird das Produkt ein weiteres Mal über eine Ionenaustauscher-Säule gegeben, um eventuell von der Immunaffinitätssäule abgelöste murine Antikörper aus der Wirkstofflösung zu entfernen.

Durch diese effiziente Aufreinigung werden spezifische Faktor-VIII:C-Aktivitäten von 6000 I. E./mg Protein erzielt. Nach der Konzentrierung des rFVIII-Proteins durch Ultrafiltration wird Humanalbumin als Stabilisator zugesetzt. Das Konzentrat wird dann sterilfiltriert, abgefüllt und gefriergetrocknet.

Sämtliche Stoffe, die in Produktionsverfahren eingesetzt werden, unterliegen strengsten Sicherheits- und Qualitätsanforderungen. Die beiden bei der Fermentation eingesetzten Proteine – humanes Transferrin und Humanalbumin – werden vor der Zugabe pasteurisiert um virale Kontaminationen zu inaktivieren. Das eingesetzte Rinder-Insulin wird aus Beständen nordamerikanischer Rinder isoliert. Diese sind nachweislich frei von BSE-Erkrankungen. Dennoch werden auch bei der Insulin-Herstellung Schritte zur Inaktivierung und Eliminierung von Viren integriert. Das Fermentations-Medium enthält keinerlei Rinderseren oder Rinderalbumin.

Die Produktion und anschließende Aufreinigung von Kogenate® unterliegen einer ständigen Überwachung. Neben den bereits geschilderten Kontrollparametern garantieren eine Vielzahl von Tests einen standardisierten Produktions-Prozeß und damit ein sicheres Endprodukt. Hierzu zählen unter anderem:

A. Funktionelle und strukturelle Tests

- Bestimmung der FVIII:C-Aktivität
- Analyse des FVIII-Proteins
- Bestimmung der spezifischen Aktivität
- Erstellung eines Peptid-Fingerprints
- Analyse der Kohlenhydratreste
- Qualitative Strukturanalyse

B. Tests auf Verunreinigung

- durch Proteine aus der Zellkultur
- durch DNA aus der Zellkultur
- durch murine Antikörper

Die Maßnahmen zur Virussicherheit der Kogenate®-Herstellung laufen auf drei Ebenen.

- Zunächst wird sichergestellt, daß die Zellbank virusfrei ist.
- Auf der zweiten Ebene wird überprüft, ob die Zellkultur am Ende einer Herstellungskampagne nach wie vor virusfrei ist.
- Schließlich beinhaltet der Reinigungsprozeß mehrere Schritte zur Virusinaktivierung und Viruseliminierung.

Die Sicherheit der R3-BHK-Zellen und der C7F7-Zellen, in denen die monoklonalen Antikörper produziert werden, wird nach international anerkannten Verfahren und nach den Richtlinien amerikanischer, japanischer und europäischer Behörden getestet. Neben Stabilität und Infektiosität wird auch auf Onkogenität getestet, und Zellen wie Kulturmedien werden umfangreich elektronenoptisch untersucht.

Alle durchgeführten Tests erbrachten die erwarteten Ergebnisse. Es wurden keine Resultate erhalten, die Sicherheitsbedenken gegen den Einsatz der beiden Zell-Linien rechtfertigten.

Obgleich sowohl die Ausgangsmaterialien als auch die Zellkultur umfangreichen Tests unterzogen werden, werden während der Aufreinigung mehrere Verfahren kombiniert, um theoretisch vorkommende Viren zu inaktivieren und zu eliminieren.

Zur Validierung der Effizienz des Herstellungsverfahrens wurden Modellviren experimentell zugegeben (*spiking*). Es wurden Viren mit und ohne Hülle sowie RNA- und DNA-haltige Viren eingesetzt. Die Untersuchungen ergaben, daß der Reinigungsprozeß Viren mindestens um 6 Logstufen, einige um mehr als 12 Logstufen abreichern kann.

Um auszuschließen, daß Kogenate® bei Säugern eine andere Immunantwort induziert als pdFVIII wurde ein spezielles Modell entwickelt (Abb. 6.4.11). Antikörper gegen - rFVIII, deren Bildung in Kaninchen induziert wurde, werden auf ihre Fähigkeit hin untersucht, spezifisch rFVIII und nicht pdFVIII zu binden. Dies wäre ein eindeutiger Hinweis auf unterschiedliche antigene Strukturen der beiden Proteine. Die gegen rFVIII in Kaninchen gebildeten Antikörper wurden isoliert und chromatographisch gereinigt. Anschließend wurden die Antikörper mehrfach über eine Chromatographiesäule gegeben, an die Plasmafaktor VIII gebunden war. Es konnten keine Antikörper entdeckt werden, die nicht an das Plasma-Faktor-VIII-Protein gebunden hatten, so daß davon ausgegangen werden kann, daß beide Proteine eine vergleichbare Immunogenität besitzen.

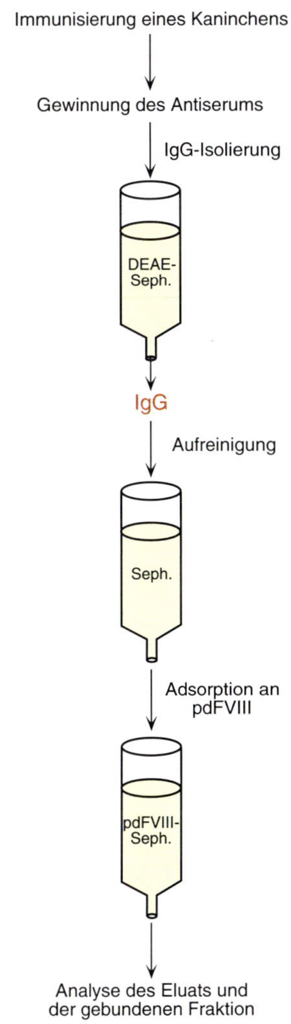

Abb. 6.4.11 Versuchsaufbau zum Nachweis der immunologischen Identität von rFVIII und pdFVIII. Zunächst wurden Antikörper gegen rFVIII im Kaninchen induziert. Diese Antikörper wurden säulenchromatographisch über eine DEAE-Sephadex-Säule und eine Sepharose-Säule gereinigt. Anschließend wurden die gereinigten Antikörper über eine Säule passiert, an die pdFVIII kovalent fixiert war (pdFVIII-Sepharose). Die im Kaninchen erzeugten Antikörper gegen rFVIII wurden an der pdFVIII-Sepharose quantitativ gebunden, was die immunologische Identität beider Proteine nahelegt.

Anwendungsgebiete/Zulassung

Das Präparat wird eingesetzt bei angeborenem Mangel an Blutgerinnungsfaktor VIII (Hämophilie A), zur Therapie und Prophylaxe

Zusammenfassung/Schlußbewertung

Im Juni 1988 wurde der erste Hämophilie-A-Patient im Rahmen einer klinischen Prüfung mit Kogenate® behandelt. Seit Januar 1989 werden auch Patienten, die zuvor noch nie Faktor VIII oder Blutprodukte erhalten haben (sog. PUPs = *Previously Untreated Patients*) mit Kogenate® behandelt. Studien mit HIV-positiven Patienten belegen, daß auch für diese Patientengruppe das Präparat gut verträglich ist.

In Studien zur Wirksamkeit von Kogenate® wurde belegt, daß der Wirkstoff in Kogenate® wirkäquivalent zu Plasma-Faktor VIII (pdFVIII) ist. In pharmakodynamischen Studien, die an Ratten, Mäusen und Kaninchen durchgeführt wurden, wurden keine Hinweise auf akute physiologische Reaktionen gegen rFVIII beobachtet.

Nach Gabe von Kogenate® und eines Plasma-Faktor-VIII-Konzentrats wird eine vergleichbare Normalisierung der aPTT beobachtet. Der aPTT-Verlauf nach Infusion belegt die Vergleichbarkeit beider Präparate.

In-vivo-recovery-Daten von vorbehandelten Patienten zeigen, daß mit 1 I. E. Kogenate® pro kg Körpergewicht ein linearer Anstieg der Faktor-VIII-Aktivität von im Mittel 2,3 % erreicht wird. Dieser ist vergleichbar mit dem Anstieg nach Gabe von Plasma-Faktor VIII.

von Blutungen bei nicht vorbehandelten Patienten und bei behandelten Patienten ohne Faktor-VIII-Hemmkörper.

Die Therapie kann fortgeführt werden, wenn die Patienten zwar neutralisierende Faktor-VIII-Antikörper (< 10 Bethesda Einheiten) entwickelt haben, aber dennoch auf eine Behandlung mit Kogenate® ansprechen.

Kogenate® enthält keinen von-Willebrand-Faktor und ist deshalb bei von-Willebrand-Jürgens-Syndrom nicht angezeigt.

6.4.2 Gentechnisch hergestellte Faktor-VII-Präparate

Biochemische und pharmakologische Grundlagen

Der Blutgerinnungsfaktor VII wird Vitamin-K-abhängig in der Leber gebildet. Er steht am Anfang des extrinsischen Blutgerinnungssystems und wird durch Gewebe-Thrombokinase zum Faktor VIIa aktiviert (siehe Abb. 6.4.1). Dieser aktiviert seinerseits zusammen mit Ca^{2+}-Ionen und Phospholip(oprote)id den Faktor X. Nach Aktivierung von Prothrombin zu Thrombin und Fibrinogen zu Fibrin werden schließlich Fibrin-Gerinnsel gebildet und die Blutung gestillt.

Die Bedeutung des Faktors VII liegt unter anderem darin, daß über ihn ein Blutgerinnungs-Mechanismus induziert wird, der unabhängig von den Faktoren VIII und IX verläuft (siehe Abb. 6.4.1). Somit kann der Faktor VII an Patienten gegeben werden, die keine funktionsfähigen Gerinnungsfaktoren VIII und IX bilden können und die zudem gegen diese beiden Gerinnungsfaktoren inaktivierende Antikörper entwickelt haben, so daß eine Substitution mit den Gerinnungsfaktoren VIII und IX weitgehend ohne Effekt bleibt.

Die Struktur des Blutgerinnungsfaktors VII

Der Blutgerinnungsfaktor VII wird als 466 Aminosäure langes Primärprotein synthetisiert. Im Plasma befindet sich dann ein Glycoprotein mit 406 Aminosäuren (Abb. 6.4.12). Bei der Aktivierung wird das Molekül an der

AS	-60 – ?	Signalpeptid
AS	? – -1	Propeptid
AS	1 – 152	Leichte Kette
AS	153 – 406	Schwere Kette
AS	6 – 35	GLA-reiche Domäne
AS	46 – 82	EGF-ähnliche Domäne 1, (evtl. Calciumbindung)
AS	87 – 128	EGF-ähnliche Domäne 2
AS	153 – 406	katalytische Domäne
AS	152 / 153	Schnittstelle für Faktor Xa, XIIa, IXa oder Thrombin
AS	193	aktives Zentrum
AS	242	aktives Zentrum
AS	344	aktives Zentrum
AS	338	Substratbindung

AS	6	γ-Carboxyglutaminsäure
AS	7	γ-Carboxyglutaminsäure
AS	14	γ-Carboxyglutaminsäure
AS	16	γ-Carboxyglutaminsäure
AS	19	γ-Carboxyglutaminsäure
AS	20	γ-Carboxyglutaminsäure
AS	25	γ-Carboxyglutaminsäure
AS	26	γ-Carboxyglutaminsäure
AS	29	γ-Carboxyglutaminsäure
AS	35	γ-Carboxyglutaminsäure
AS	63	Hydroxylierung
AS	52	Kohlenhydratseitenkette (Xylose(2)–Glucose)
AS	60	Kohlenhydratseitenkette
AS	145	Kohlenhydratseitenkette
AS	322	Kohlenhydratseitenkette

Disulfidbrücken zwischen:	
AS	17 – 22
AS	50 – 61
AS	55 – 70
AS	72 – 81
AS	91 – 102
AS	98 – 112
AS	114 – 127
AS	135 – 262
AS	159 – 164
AS	178 – 194
AS	310 – 329
AS	340 – 368

Abb. 6.4.12 Primärsequenz des humanen Gerinnungsfaktors VII. Natürlicherweise wird auch der Faktor VII als extrazelluläres Protein in Form eines Vorläufers synthetisiert. Die genaue Grenze des Signalpeptids kennt man allerdings nicht. Das mature Protein beginnt mit Aminosäure $Alanin_1$. Aktiviert wird der Faktor durch Hydrolyse am Übergang von Arg_{152} zu Ile_{153} (Schnittstelle für Faktor Xa, XIIa, IXa oder Thrombin). Dabei entsteht eine N-terminale leichte Kette und eine C-terminale schwere Kette. An verschiedenen Positionen ist der Faktor VII durch Kohlenhydratseitenketten, durch Hydroxylierung und durch γ-Carboxylierung modifizert.

Peptidbindung Arg_{152}/Ile_{153} in eine N-terminale leichte Kette und eine C-terminale schwere Kette gespalten. Allerdings bleiben die beiden Ketten über die Disulfidbrücke zwischen Cys_{135} und Cys_{262} kovalent miteinander verbunden. Ähnlich wie andere Gerinnungsfaktoren wird auch der Faktor VII Vitamin-K-abhängig an verschiedenen Glutaminsäure-Resten γ-carboxyliert.

NovoSeven®, ein rekombinanter Faktor VII der Firma Novo Nordisk

NovoSeven® enthält den Wirkstoff Eptsacog alfa (aktiviert). Aus Stabilitätsgründen werden dem Wirkstoff Natriumchlorid, Calciumchlorid, Glycylglycin als Puffersubstanz, Polysorbat 80 und Mannitol zugesetzt. In dieser Formulierung und in gefriergetrockneter Form ist der Wirkstoff mindestens zwei Jahre stabil.

Expressionsplasmid und das Wirt-Vektor-System

Der rekombinante Gerinnungsfaktor VII (rFVIIa), wird in Baby-Hamster-Kidney-Zellen (BHK-Zellen) hergestellt. Informationen zur Konzeption und Zusammensetzung des Expressions-Vektors liegen leider nicht vor.

Faktor VIIa ist in seiner Aminosäuresequenz identisch mit humanem Faktor VII. Allerdings differieren die beiden Molekülspezies in ihrem Glycosylierungsmuster. Das Molekulargewicht des rekombinanten Glycoproteins beträgt 50 kDa. Es wird zunächst als ein einzelnes Polypeptid mit einer Kettenlänge von 406 Aminosäuren gebildet. Während der Aufreinigung wird das Protein jedoch in die aktivierte Zweikettenform gespalten.

Reinigungsverfahren und Maßnahmen zur biologischen Sicherheit

Die Produktionszellen werden in einem konventionellen Rührtankfermenter in einem *Feed-Batch*-Prozeß gezüchtet. Das bedeutet, daß jeweils nach 24 Stunden ein Teil des Kulturmediums, in das das rekombinante Protein sezerniert wird, entnommen und durch frisches Medium ersetzt wird.

Die Zellen müssen in einem Medium gezüchtet werden, das Rinderserum-Albumin (BSA) enthält. Dies birgt die Gefahr in sich, daß das Produkt durch Viren kontaminiert wird, die aus dem BSA stammen könnten. Dies wurde tatsächlich auch wiederholt beobachtet. Allerdings wird dies von den Zulassungsbehörden toleriert, da die Viren offensichtlich keine humanpathogene Relevanz besitzen. Ferner wurde die Auflage erteilt, daß nur nachweislich virusfreie Fermentations-Chargen aufgereinigt werden dürfen. Schließlich wurde durch einen sorgfältig validierten Herstellungsprozeß sichergestellt, daß unerkannte Viruskontaminationen abgereichert werden. Zur Validierung wurde eine breite Palette relevanter und Modellviren (RNA- und DNA-Viren, nackte und umhüllte Viren) eingesetzt.

Die Aufreinigung des rekombinanten Wirkstoffs erfolgt u. a. durch Affinitätschromatographie an einer Matrix, an die monoklonale Antikörper gegen Faktor VII fixiert wurden.

Der rekombinante Gerinnungsfaktor VIIa NovoSeven® kann Spuren von Maus-IgG (maximal 1,2 ng/mg rFVIIa), Rinder-IgG (maximal 45 ng/mg rFVIIa) und Hamster- und andere Rinderproteine (maximal 23 ng BHK-Protein/mg rFVIIa) enthalten.

Anwendungsgebiete/Zulassung

NovoSeven® ist indiziert bei Patienten mit Inhibitoren gegen die Blutgerinnungsfaktoren VIII und IX bei Auftreten schwerer Blutungen und im Rahmen von Operationen. Damit ist die Indikation dieses Wirkstoffs auf eine sehr kleine Patientengruppe beschränkt. Von den weltweit ca. 50.000 Patienten mit einem Faktor-VIII- oder Faktor-IX-Mangel entwickeln ca. 3.500 Inhibitoren gegen einen substituierten Gerinnungsfaktor. Der Wirkstoff Eptsacog alfa wird intravenös appliziert.

Zusammenfassung/Schlußbewertung

Der rekombinante Faktor VIIa induziert Blutgerinnung in hämophilen Hunden (Hämophilie A und B) sowie in Ratten, die mit Warfarin vorbehandelt wurden. Pharmakologische Effekte zeigt der rekombinante Wirkstoff nur lokal an Wunden. Eine systemische Induktion der Blutgerinnung erfolgt nur bei sehr hoher Dosierung. Akute kardiovaskuläre Effekte wurden weder bei Katzen, noch bei Schweinen oder bei Ratten beobachtet. In Kaninchen wirkt der rF-VIIa synergistisch mit FEIBA (*factor eight inhibitor bypassing activity*), zeigt aber keine Interaktionen mit Tranexamsäure, einem Inhibitor der Fibrinolyse.

Die Indikation von NovoSeven® ist sehr stark eingeschränkt. Das Präparat ist nur zugelassen für die Behandlung von starken Blutungen bei Patienten mit Antikörpern gegen Faktor VIII und Faktor IX. Dies betrifft ca. 3–25 % der Hämophilie-A-Patienten und ca. 5 % der Hämophilie-B-Patienten. In aller Regel benötigen nur solche Patienten eine NovoSeven®-Therapie, die an einer sehr ausgeprägten Hämophilie leiden. Alternativ können Faktor-VIII-Präparate aus dem Schwein oder FEIBA oder Autoplex® gegeben werden. Ob dies allerdings eine sichere Behandlung ist, kann bezweifelt werden. Generell sind zugelassene rekombinante Präparate als sehr sicher einzustufen. Auch entwickelte bisher keiner der mit NovoSeven® behandelten Patienten Antikörper gegen den Wirkstoff.

Zusammenfassend kann geschlossen werden, daß der Wirkstoff sicher und mit einer ausreichenden Effizienz zur Behandlung schwerer Blutungen und bei chirurgischen Eingriffen bei Patienten mit Faktor-VIII/IX-Inhibitoren eingesetzt werden kann. In einer Studie mit 61 Patienten (Hämophilie A und B) erwies sich rFVIIa als wirksam bei

- 57 Patienten mit schweren Blutungen (84 %) und
- bei 38 Patienten, die sich einer Operation unterzogen (59 %).

Aus den vorliegenden Daten kann geschlossen werden, daß das thrombotische Potential sehr gering ist. Allerdings können Komplikationen nicht ausgeschlossen werden, denn bisher ist ein Patient an einer disseminierenden intravaskulären Koagulation gestorben.

6.5 Gentechnisch hergestellte Erythropoetin-Präparate

Erythropoetin ist ein Glycoprotein, das in der Niere synthetisiert wird. Als mitoseanregender Faktor stimuliert es die Proliferation und als Differenzierungshormon fördert es die Differenzierung von Erythrozyten aus Vorläuferzellen des Stammzell-Kompartiments in Säugern.

Biochemische und pharmakologische Grundlagen

Das hämatopoetische Zellsystem leitet sich von der sogenannten pluripotenten Stammzelle ab. Die pluripotente Stammzelle kann zum einen proliferieren, zum anderen kann sie unterschiedlich differenzieren: Nach einer initialen Weichenstellung entwickeln sie sich entweder zu lymphoiden Stammzellen (LSC) oder zu Stammzellen, aus denen sich Granulozyten, Monozyten, Megakaryozyten und erythroide Zellen entwickeln (Abb. 6.5.1).

Die verschiedenen Proliferations- und Differenzierungsschritte werden durch hämatopoetische Faktoren und verwandte Zytokine reguliert (Abb. 6.5.1). Die Differenzierung zu roten Blutzellen erfolgt hauptsächlich durch die Kontrolle von Erythropoetin (EPO).

Im Fötus und im neugeborenen Kind ist der Hauptbildungsort von Erythropoetin die Leber. Kurz nach der Geburt wechselt der Bildungsort dann zur Niere. Dabei sind es vor allem die Zellen des proximalen Tubulus der Niere, die hauptsächlich Erythropoetin synthetisieren. Kleinere Mengen werden beim Erwachsenen jedoch auch in der Leber und in der Milz gebildet.

Wird im Nierengewebe beispielsweise durch eine starke Anämie oder Anoxie ein Sauerstoffmangel registriert, reagieren die Zellen mit einer exponentiell verlaufenden Freisetzung und mit der Neusynthese von Erythropoetin (Abb. 6.5.2). EPO gelangt dann ins Knochenmark, wo es seine Wirkung entfaltet: Es initiiert und fördert die Differenzierung erythroider Vorläuferzellen zu reifen Erythrozyten.

Anämische Zustände, die beispielsweise durch Bluten oder eine verminderte Knochenmarksfunktion hervorgerufen werden, sind die stärksten Reize für einen Anstieg von Erythropoetin im Serum. Auch Kohlenmonoxid in der Atemluft führt über die Reduktion der Sauerstoffkapazität des Blutes zu einem starken Erythropoetin-Anstieg.

Vor allem bei chronischer Niereninsuffizienz entwickelt sich mit dem Fortschreiten der Krankheit eine Anämie, die durch eine ungenügende Bildung von Erythropoetin in der Niere verursacht wird. Dialysepatienten und auch Patienten im Prädialysestadium sind nicht in der Lage, die vermehrten Blutverluste und die gesteigerte Hämolyse-Neigung mit einer verstärkten Neubildung von Erythrozyten zu kompensieren. Aus diesem Grund sind es vor allem Patienten mit einer Niereninsuffizienz, die auf die Substitution von Erythropoetin angewiesen sind.

Die normale Variationsbreite für die endogenen Serum-Erythropoetin-Konzentrationen beträgt beim Menschen 13 bis 28 mU/ml, wobei Männer leicht höhere EPO-Spiegel besitzen als Frauen. Bei der chronischen Niereninsuffizienz sind die endogenen Erythropoetin-Konzentrationen in Abhängigkeit vom Grad der Anämie erniedrigt. Auch die Anämie bei Tumorpatienten geht zumeist

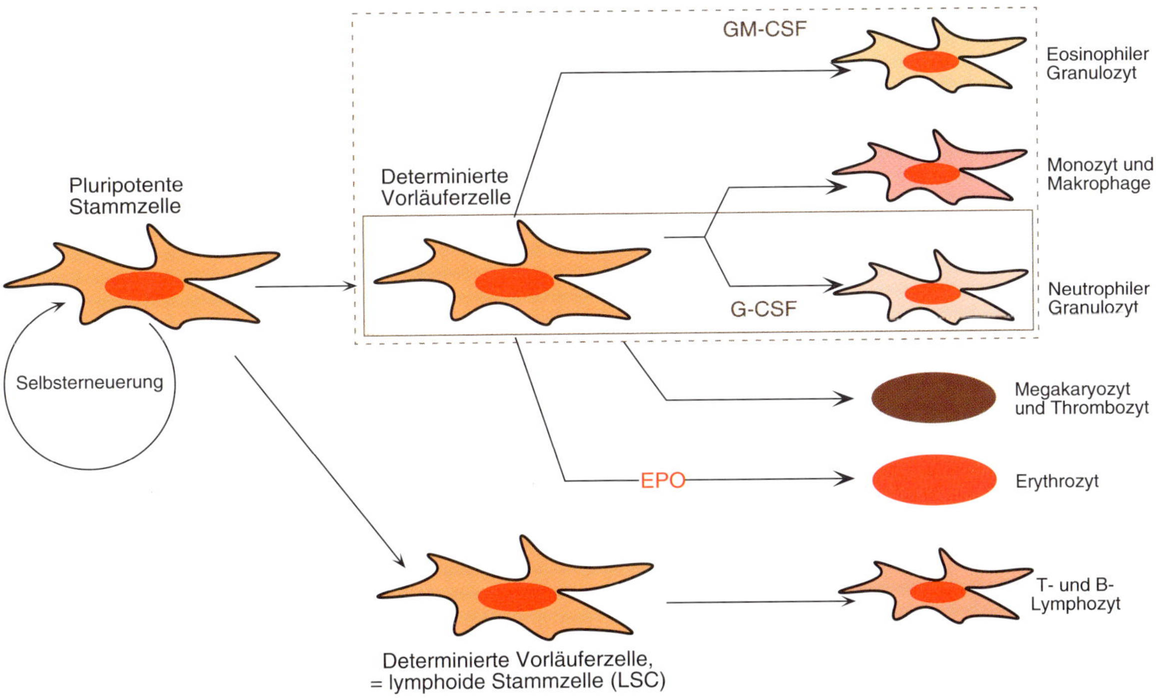

Abb. 6.5.1 Vereinfachtes Schema der Hämatopoese. Aus einer pluripotenten Stammzelle, die sowohl zur Selbsterneuerung als auch zur Differenzierung befähigt ist, entwickeln sich die zellulären Komponenten des hämatopoetischen Systems. Relativ früh kommt es dabei zur Determinierung entweder in die lymphoide Reihe oder zur Determinierung in Richtung Granulozyten, Monozyten, Megakaryozyten und erythroide Zellen. Hämatopoetische Wachstumsfaktoren spielen bei der Kontrolle dieser Prozesse eine bedeutende Rolle. Erythropoetin (EPO) induziert die Erythropoese, der Granulozyten-Kolonie-stimulierende Faktor (G-CSF) wirkt hauptsächlich in Richtung neutrophile Granulozyten, wohingegen der Granulozyten/Makrophagen-Kolonie-stimulierende Faktor (GM-CSF) sowohl die Bildung von eosinophilen Granulozyten als auch neutrophilen Granulozyten und von Monozyten und Makrophagen induziert.

mit einer verminderten endogenen Erythropoetinbildung einher.

Erythropoetin entfaltet nach der Synthese in der Niere und Freisetzung in das Blut seine direkte Wirkung als Wachstumshormon auf die Erythropoese im Knochenmark. Es stimuliert die Entwicklung von erythroiden Vorläuferzellen in reife Erythrozyten.

Erythropoetin fördert aber nicht nur die Proliferation der Vorläuferzellen der roten Blutreihe, sondern auch deren Differenzierung. Damit verbunden ist auch eine Steigerung der Hämoglobinsynthese. Weiterhin wird die Zellreifung der Erythroblasten beschleunigt und die Retikulozyten-Freisetzung in das zirkulierende Blut gesteigert.

Erythropoetin-sensitive Zellen tragen an der Oberfläche Rezeptoren für Erythropoetin, an die das Hormon bindet. Die Bindung an den Rezeptor bewirkt in der Zelle eine Zunahme der RNA-Polymerase-II-Aktivität, gefolgt von einer gesteigerten DNA- und RNA-Synthese. Die Transkription der Globin-mRNA wird induziert, und bereits 5 Stunden nach Bindung an die Erythropoetin-Rezeptoren kann in den Zellen das erste neusynthetisierte Hämoglobin nachgewiesen werden.

Die Struktur des menschlichen Erythropoetins

Im Jahre 1977 gelang es, genügend humanes Erythropoetin aus dem Urin von Patienten mit aplastischer Anämie zu isolieren, um die Aminosäuresequenz aufzuklären. Das gereinigte Protein erwies sich als ein Glyco-

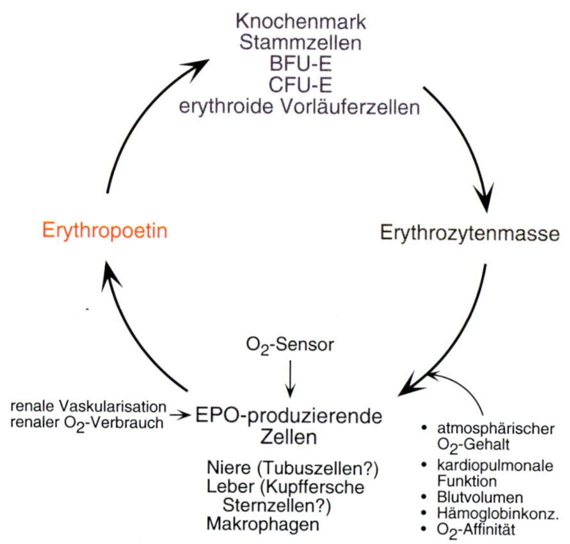

Abb. 6.5.2 Stimulationskreislauf für Erythropoetin (EPO) und Erythrozyten. EPO-produzierende Zellen in der Niere und Leber, aber auch Makrophagen, besitzen einen O_2-Sensor, der bei Sauerstoffmangel eine starke Synthese von Erythropoetin induziert. Das EPO gelangt dann ins Knochenmark und wirkt dort auf Stammzellen, *burst forming units* der Erythropoese (BFU-E), *colony forming units* der Erythropoese (CFU-E) und erythroide Vorläuferzellen und stimuliert diese zur Erythropoese. Dadurch steigt die Zahl der Erythrozyten und damit die Sauerstoffversorgung des Organismus.

protein mit einem Molekulargewicht von 34 kDa (Abb. 6.5.3). Es enthält als extrazelluläres Protein 165 Aminosäuren. Wie alle sezernierten Proteine wird es jedoch in Form eines Vorläufermoleküls synthetisiert, das aus 193 Aminosäuren besteht. Die ersten 27 Aminosäuren fungieren als Signalpeptid und werden bei der Sekretion des Proteins von membranständigen Proteasen abhydrolysiert. Zusätzlich wird die C-terminale Aminosäure (Arg_{166}) abhydrolysiert und taucht im maturen Protein nicht mehr auf. Die spezifische Aktivität des Erythropoetins betrug 70.000 U/mg Protein. Es konnte gezeigt werden, daß die Glycosylierung essentiell für die Aktivität des Proteins *in vivo* war, obwohl für *in-vitro*-Aktivitätsbestimmungen eine Glycosylierung nicht erforderlich zu sein schien.

Um Erythropoetin als rekombinantes Molekül herstellen zu können, mußte zunächst die cDNA isoliert und in ihrer Struktur geklärt werden. Hierzu wurde eine DNA-Sonde aus der bekannten Proteinsequenz abgeleitet, mit deren Hilfe über viele Schritte das Gen für humanes Erythropoetin isoliert wurde (vergleiche Abb 6.4.4). Teile dieser Sequenz wurden wiederum verwendet, um in einer cDNA-Bank aus fötalen humanen Leberzellen nach der spezifischen cDNA zu suchen. Diese cDNA war mit ca. 1.400 Bp unerwartet lang (Abb. 6.5.4). Sie codierte nämlich nur für 193 Aminosäuren, von denen einige im reifen Protein gar nicht mehr vorhanden sind. Die ersten 27 Aminosäuren dienen als Signalpeptid. Dieses Signalpeptid dirigiert die Proteinsynthese an das rauhe endoplasmatische Retikulum und sorgt dafür, daß das fertige Protein ins Plasma sezerniert wird. Bei diesem Prozeß wird das Signalpeptid dann auch ab-

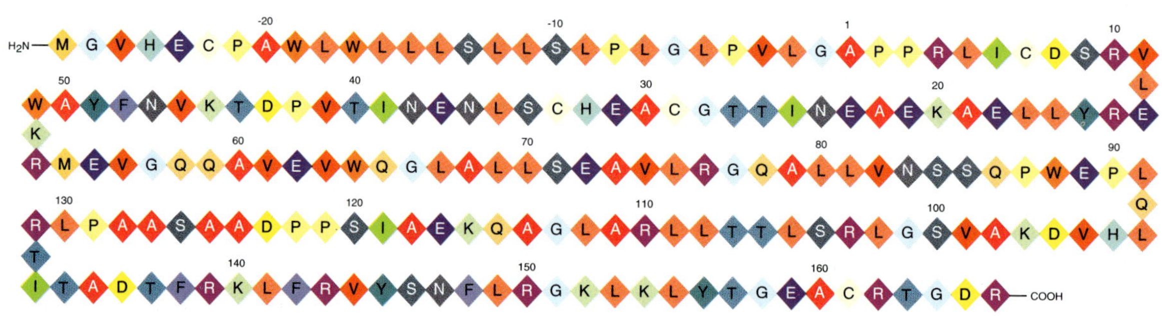

AS -27 – -1	Signalpeptid	AS 24	Kohlenhydratseitenkette	Disulfidbrücken zwischen:
AS 1 – 166	Erythropoetin	AS 38	Kohlenhydratseitenkette	
AS 163 – 166	kann in prozessiertem Protein entfernt sein	AS 83	Kohlenhydratseitenkette	AS 7 – 161
		AS 126	Kohlenhydratseitenkette	AS 29 – 33

Abb. 6.5.3 Primärsequenz des humanen Erythropoetins.

geschnitten. Auch die letzte translatierte Aminosäure (Arg_{166}) taucht im aktiven Protein nicht mehr auf.

Als man erkannte, daß *in vivo* für die biologische Aktivität von Erythropoetin nicht nur eine korrekte Aminosäuresequenz und eine entsprechende Tertiärstruktur, sondern auch die Modifikation des Proteins mit Zuckerresten erforderlich ist, schied eine Herstellung des Proteins in *E. coli* aus. Statt dessen mußte zur Expression des Proteins eine Zell-Linie aus einem höheren Eukaryonten gewählt werden.

Beide derzeit auf dem Markt befindlichen rekombinanten Erythropoetin-Präparate, Erypo® (Epoetin alpha) und Recormon® (Epoetin beta), werden in Ovarialzellen des Chinesischen Hamsters (CHO-Zellen) synthetisiert.

Bei der Glycosylierung sind besonders die terminalen Sialinsäuren wichtig, da sie das Erythropoetin vor einem raschen Abbau in der Leber schützen. Spaltet man die Sialinsäurereste durch Behandlung mit Sialidase ab, so verliert Erythropoetin *in vivo* vollständig seine Wirkung.

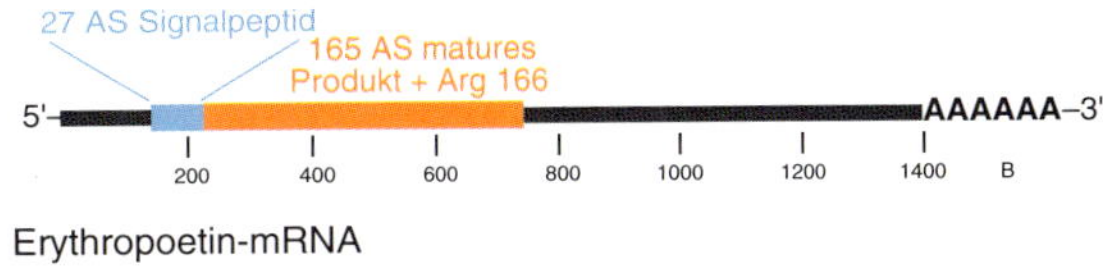

Abb. 6.5.4 Schematische Darstellung der Struktur der Erythropoetin-cDNA. Erythropoetin wird als Protein von 193 Aminosäuren synthetisiert. Dies entspricht 579 Nukleotiden. Allerdings ist die isolierte cDNA mit ca. 1.400 Bp erheblich größer. Das liegt vor allem daran, daß die korrespondierende mRNA einen ungewöhnlich langen 3'-nicht-translatierten Bereich von deutlich über 600 Nukleotiden aufweist. Auch am 5'-Ende der mRNA befinden sich mehr als 100 nicht-translatierte Nukleotide. Es folgen dann 27 Codons für ein Signalpeptid, das dafür sorgt, daß die Proteinbiosynthese am rauhen endoplasmatischen Retikulum (ER) abläuft und daß das Protein sezerniert wird. Im maturen Protein tritt dieses Signalpeptid dann nicht mehr auf. Auch die letzte translatierte Aminosäure (Arg_{166}) ist im aktiven Erythropoetin nicht mehr vorhanden.

ERYPO®: Rekombinantes Erythropoetin-Alfa der Firma Cilag

Erypo® enthält rekombinantes Erythropoetin (Epoetin-alfa, rHuEPO), das in einer Ovarialzell-Linie des Chinesischen Hamsters (CHO-K1-Zellen) hergestellt wird. Ferner sind in dem Präparat Humanalbumin, Natriumchlorid, Natriumcitrat, wasserfreie Citronensäure und Wasser für Injektionszwecke enthalten.

Expressionsplasmid und das Wirt-Vektor-System

Leider waren Informationen zur Konzeption und Zusammensetzung des Expressionsplasmids vom Hersteller nicht zu erhalten.

Bezüglich der Aminosäuresequenz ist Erypo® völlig identisch mit dem Erythropoetin, das aus dem Urin anämischer Patienten isoliert wurde. Bezüglich des Kohlenhydratanteils sind das rekombinante und das natürliche weitgehend aber nicht völlig identisch. Das Molekulargewicht des Erythropoetins beträgt 30,4 kDa. Der Proteinanteil des Moleküls beträgt 58 % und besteht aus 165 Aminosäuren. An vier Stellen ist das Protein durch Kohlenhydratketten modifiziert (siehe Abb. 6.5.3), von denen drei N-glycosidisch (Asn_{24}, Asn_{38}, Asn_{83}) und eine O-glycosidisch gebunden ist (Ser_{126}).

Reinigungsverfahren und Maßnahmen zur biologischen Sicherheit

Das rekombinante Protein wird von den CHO-Zellen in das Medium sezerniert. Zunächst wird das Medium über Tiefen- und Membranfiltern von den Zellen abgetrennt. Anschließend wird das rekombinante Erythropoetin über verschiedene Schritte rein dargestellt.

Während des gesamten Herstellungsverfahrens werden sowohl das Zellkultursystem als auch das Endprodukt besonders unter dem Aspekt viraler und anderer Kontaminationen durch aufwendige Qualitätskontrollen überwacht. Somit besitzt der rekombinante Wirkstoff einen nach dem gegenwärtigen Stand der Wissenschaft höchstmöglichen Reinheitsgrad. Insbesondere sind keine Rückstände aus der für die Herstellung eingesetzten Zell-Linie bei den therapeutisch angewendeten Konzentrationen nachweisbar.

Natürliches und rekombinantes Erythropoetin sind hinsichtlich der Zusammensetzung der Aminosäuren und der Sequenz dieser Aminosäuren identisch. Auch die Disulfidbrücken und die Zuckermodifikationen befinden sich an identischen Positionen. Die Molekulargewichte, die nach SDS-PAGE oder Gelfiltration gemessen wurden, sind für endogenes und rekombinantes Erythropoetin sehr ähnlich. Bezüglich der Sekundär- bzw. Tertiärstruktur zeigen natürliches und rekombinantes Erythropoetin keine signifikanten Unterschiede. Kleinere Variationen ergeben sich in der Detailstruktur der Glycosylierung der beiden Proteine. So fand man, daß die N-glycosidisch gebundenen Oligosaccharid-Seitenketten bei rekombinantem Erythropoetin dem nativen Erythropoetin zwar sehr ähnlich sind, sich aber in Typ und Ausmaß der Sialinisierung unterscheiden: Rekombinantes Erythropoetin enthält z. B. ausschließlich NeuAc-$\alpha 2 \rightarrow 3$-Gal-Verbindungen, während endogenes Erythropoetin zusätzlich bis zu 40 % NeuAc-$\alpha 2 \rightarrow 6$-Gal-Verbindungen enthält.

Zur Bestimmung der *in-vivo*-Aktivität verwendet man den Bioassay an der polyzythämischen Maus. Hierzu werden üblicherweise Mäuse zunächst 2 bis 3 Wochen in einer Unterdruckkammer unter hyperbarer Hypoxie gehalten. Es entwickelt sich eine Erythrozytose (Hämatokritwert > 0,5), und die Erythropoetinproduktion wird bei der Hypoxie unterdrückt. Diesen Mäusen werden dann die Erythropoetinproben sowie ein Standardpräparat parenteral appliziert. Zur Bestimmung der Erythropoetinfunktion bestimmt man entweder die Einbaurate von mitinjiziertem radioaktiven Eisen oder die Hämatokrit-Zunahme.

In vitro läßt sich die biologische Aktivität von Erythropoetin über die Proliferationsrate oder die Häm-Synthese erythrozytärer Vorläufer in Gewebekulturen aus tierischer Milz, Knochenmark oder fetaler Leber untersuchen. Dieser *in-vitro*-Test erlaubt allerdings keine effektive Diskriminierung zwischen vollständig glycosyliertem und deglycosyliertem Erythropoetin. Denn anders als *in vitro* ist deglycosyliertes Erythropoetin *in vivo* nicht signifikant wirksam, da der nicht-glycosylierte Faktor nur eine sehr kurze Halbwertszeit besitzt. Immunologische Verfahren werden verwendet, um die Menge an Erythropoetin zu quantifizieren.

Anwendungsgebiete/Zulassung

Erypo® ist zugelassen:

A. Zur Substitution von Erythropoetin
- bei hämodialysierten Patienten (Erwachsene und Kinder) mit schwerer renaler Anämie,
- bei peritoneal-dialysierten Patienten (Erwachsene) mit schwerer renaler Anämie,
- bei noch nicht dialysierten Patienten (Erwachsene), sog. Prädialyse-Patienten, mit schwerer renaler Anämie, die von klinischen Symptomen begleitet wird.

B. Zur Behandlung der Anämie bei Krebs-Patienten (Erwachsene), die eine platinhaltige Chemotherapie erhalten.

C. Zur Unterstützung der autologen Blutgewinnung.
- Die Stimulation der Erythrozytenproduktion mit Erypo® unterstützt die Gewinnung von autologen Blutkonserven bei Patienten, die an einem Spendeprogramm zur Reduktion oder Vermeidung von Fremdblutkonserven teilnehmen.

D. Der Einsatz von Erypo® ist indiziert bei Patienten mit mittelschwerer Anämie (Hämatokrit ca. 33–39 %, kein Eisenmangel), falls blutgewinnende Maßnahmen nicht verfügbar oder insuffizient sind:
- bei größeren operativen Eingriffen, die einen großen Blutvolumenersatz fordern

(4 oder mehr Einheiten Blut bei Frauen oder 5 oder mehr Einheiten bei Männern), oder

- wenn nicht ausreichend Zeit zur Gewinnung des benötigten autologen Blutvolumens zur Verfügung steht.

Zusammenfassung/Schlußbewertung

Qualitativ ist die biologische Wirksamkeit des rekombinanten Erythropoetins identisch mit der des natürlichen Erythropoetins. In quantitativer Hinsicht beobachtet man allerdings Unterschiede, die sich bisher nicht erklären lassen. Für endogenes Erythropoetin wird eine spezifische Aktivität von über 70 bis 80 U/µg angegeben, wohingegen die spezifischen Aktivitätswerte für das rekombinante Erythropoetin bei über 200 U/µg liegen.

Neben der Induktion der Erythropoese stimuliert rekombinantes Erythropoetin auch dosis-proportional die Thrombozytenbildung, ein Effekt, der sowohl *in vitro* als auch *in vivo*, bei normalen und anämischen Tieren nachweisbar ist.

Patienten mit chronischer Niereninsuffizienz und schwerer Anämie weisen oft leichte Blutungen mit verlängerten Blutungszeiten auf. Die Substitution mit rekombinantem Erythropoetin kann neben der Zunahme des Hämatokritwertes auf ca. 30 % auch zu verkürzten Blutungszeiten und zu einer verbesserten Thrombozytenadhäsion an das arterielle Subendothel führen. Die Thrombozytenaggregation scheint an diesem Vorgang nicht beteiligt zu sein, obwohl bei substituierten Patienten vorübergehend eine verstärkte Thrombozytenaggregation beobachtet wird.

rHuEPO-spezifische Antikörper sind bisher während und nach Behandlung mit rekombinantem Erythropoetin bei keinem Patienten nachgewiesen worden. Daraus kann man schließen, daß das rekombinante Erythropoetin immunologisch mit dem nativen Erythropoetin übereinstimmt.

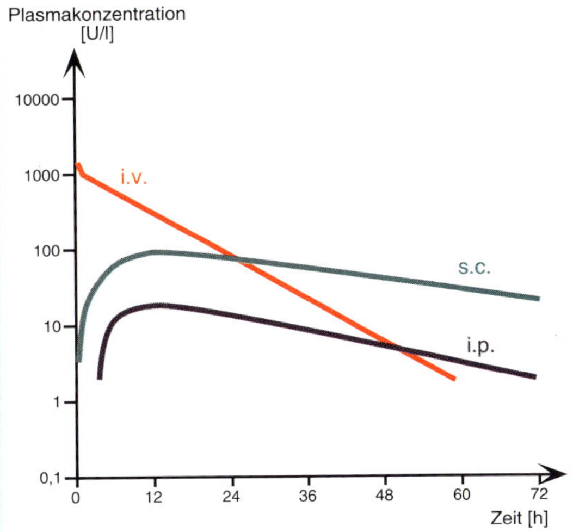

Abb. 6.5.5 Pharmakokinetische Charakteristika für Erypo® nach i.v.-, s.c.- und i.p.-Applikation. Je nach Applikationsart unterscheiden sich die pharmakokinetischen Parameter für Erypo® deutlich. Bei s.c.- und i.p.-Gabe ist die Resorption des Wirkstoffes und das Erreichen der maximalen Serumkonzentration gegenüber der i.v.-Applikation vermindert und zeitlich verzögert. Gleichzeitig ist die Resorption nach subcutaner oder intraperitonealer Gabe im Verhältnis zur intravenösen Gabe mit 20 bis 30 % bzw. 1,2 bis 10 % deutlich unvollständig.

Ein Vergleich zwischen der intravenösen, subcutanen und intraperitonealen Anwendung zeigte, daß beträchtliche pharmakokinetische Unterschiede zwischen den Verabreichungsformen bestehen (Abb. 6.5.5). Bei subcutaner und intraperitonealer Gabe von rekombinantem Erythropoetin ist die Resorption des Wirkstoffes und das Erreichen der maximalen Serumkonzentration gegenüber der intravenösen Applikation vermindert bzw. zeitlich verzögert. Gleichzeitig ist die Resorption nach subcutaner oder intraperitonaler Applikation im Verhältnis zur intravenösen Gabe mit 20 bis 30% bzw. 1,2 bis 10 % deutlich unvollständig.

Nach wiederholter intravenöser Verabreichung zeigte rHuEPO eine Halbwertszeit von etwa 4 Stunden bei gesunden Probanden und eine etwas verlängerte Halbwertszeit von etwa 5 Stunden bei Patienten mit Niereninsuffizienz. Die Halbwertszeit bei Kindern beträgt annähernd 6 Stunden.

Nach subcutaner Injektion waren die Serumspiegel niedriger als nach intravenöser Injektion. Die Spiegel steigen langsam an und erreichen ein Maximum nach 12 bis 18 Stunden. Das Maximum liegt deutlich unter demjenigen, das nach intravenöser Applikation erreicht wird (etwa 1/20 des Wertes). Es gibt keine Kumulation. Die Serumspiegel bleiben gleich, unabhängig davon ob sie 24 Stunden nach der ersten Gabe oder 24 Stunden nach der letzten Gabe bestimmt werden. Für die subcutane Anwendung ist die Halbwertszeit schwer zu bestimmen. Sie wird auf etwa 24 Stunden geschätzt.

Ein spezifischer metabolischer Abbauweg des Erythropoetins ist bisher nicht identifiziert worden. Man vermutet, daß die Metabolisierung in der Leber erfolgt. Der Einfluß einer geminderten Leberfunktion oder des Alters auf das pharmokokinetische Verhalten von Erythropoetin ist bisher nicht an größeren Kollektiven untersucht worden. Eine vom Grad der Niereninsuffizienz abhängige Pharmakokinetik konnte nicht festgestellt werden.

Recormon®: Rekombinantes Erythropoetin-beta der Firma Boehringer Mannheim

Recormon® enthält rekombinantes Erythropoetin (Epoetin-beta), das in einer Ovarialzell-Linie des Chinesischen Hamsters (CHO-Zellen) hergestellt wird. Ferner sind in dem Präparat Harnstoff, NaCl, Polysorbat 20, Natriumdihydrogenphosphat, Dinatriumhydrogenphosphat, Calciumchlorid, Glycin, Leucin, Isoleucin, Threonin, Glutaminsäure und Phenylalanin enthalten.

Expressionsplasmid und das Wirt-Vektor-System

Epoetin-beta ist ein Glycoprotein mit einem apparenten Molekulargewicht von 34 kDa. Es besteht aus 165 Aminosäuren (siehe Abb. 6.5.3) und besitzt einen Kohlenhydratanteil von etwa 40 %.

Der Expressions-Vektor, mit dem die CHO-Zellen transformiert wurden, enthält folgende Funktionselemente (Abb. 6.5.6):

- **A. Bakterielle Funktionselemente**
  Einen colE1*ori* (Replikationsursprung) und ein Tetracyclin-Resistenzgen.
- **B. Eukaryonte Funktionselemente**
  Eine einzelne Expressionseinheit sowohl für humanes Erythropoetin als auch für die Dihydrofolat-Reduktase (DHFR) aus der Maus. Die Expression dieser Genkassette wird kontrolliert durch den Hauptpromotor der späten Adenovirusgene und nachfolgender codierenden Sequenzen aus dem Adenovirus-Genom. Diese Adenovirussequenzen beinhalten Gene für sogenannte Virus-assoziierte RNAs (VA-Gene), den dreifachen *Leader* der späten Adenovirus-mRNA und das erste *Intron* inclusive einer 5'-Erkennungsstelle für das mRNA-Spleißen. Die 3'-Erkennungsstelle für das mRNA-Spleißen stammt aus einem Immunglobulin-Gen. Zwischen die VA-Gene und dem dreifachen *Leader* der späten Adenovirus-mRNA wurde noch ein *SV40-Enhancer* inseriert. Transkriptionsterminator und Polyadenylierungssignal stammen von den frühen Genen des SV40-Genoms.

Dieses Expressionsplasmid wurde in COS-dhfr-Zellen transfiziert (siehe Kapitel 4.1). Da diese Zell-Linie keine funktionsfähige Dihydrofolat-Reduktase besitzt, benötigt sie für ihr Wachstum exogen zugefügtes Adenosin/Desoxyadenosin und Thymin. Transfektanden können hingegen ohne Nukleotidsupplemente wachsen, da sie die Nukleotide mit Hilfe der durch das Expressionsplasmid eingeführten Dihydrofolat-Reduktase selbst synthetisieren können.

In einem zweiten Selektionsschritt wurden transgene Zellen dann in Gegenwart allmählich steigender Konzentrationen von Methotrexat gezüchtet. Dies führte zu einer Amplifikation des Expressionsplasmids.

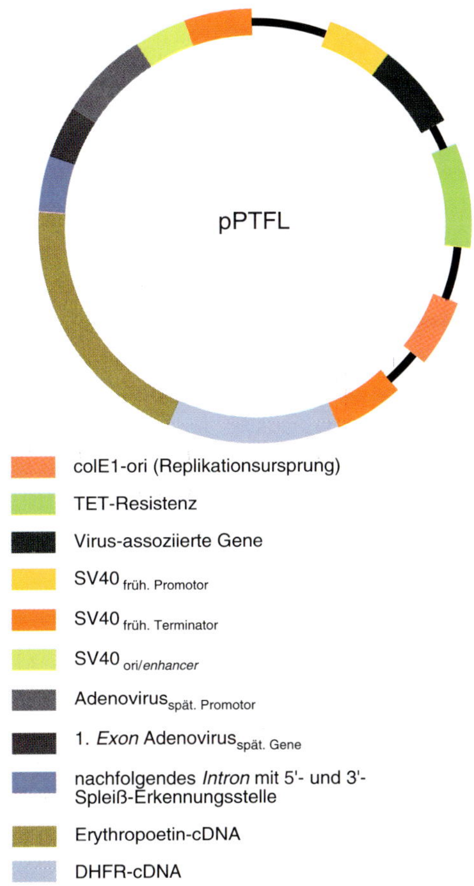

Abb. 6.5.6 Expressionsplasmid pPTFL zur Herstellung von Erythropoetin-beta in CHO-dhfr⁻-Zellen. Als bakterielle Funktionselemente enthält das Plasmid einen colE1-Replikationsursprung und ein Tetracyclin (TET) Resistenz-Gen. Die Expression der Erythropoetin-cDNA und einer unmittelbar folgenden cDNA für die Dehydrofolat-Reduktase aus der Maus wird von dem späten Promotor des Adenovirus kontrolliert. Dessen Aktivität wird noch durch einen *Enhancer* aus SV40 verstärkt. Zwischen cDNA und Promotor befindet sich auch noch ein Teil des Adenovirus-Genoms, der für den dreifachen *Leader* der späten Adenovirus-mRNA und für das erste *Intron* inklusive einer 5'-Erkennungsstelle für das mRNA-Spleißen codiert. Die 3'-Erkennungsstelle für das mRNA-Spleißen kommt aus einem Immunglobulin-Gen. Der Transkriptions-Terminator und das Polyadenylierungs-Signal stammen von den frühen Genen des SV40-Genoms.

Reinigungsverfahren und Maßnahmen zur biologischen Sicherheit

Nach einer umfassenden Aufreinigung des rekombinanten Proteins erhält man ein Molekül, das bezüglich der Aminosäuresequenz exakt dem natürlichen Erythropoetin entspricht.

Bezüglich des Kohlenhydratanteils sind weder das natürliche Erythropoetin noch Erythropoetin-beta einheitliche Moleküle. Drei der vier Kohlenhydratketten sind N-glycosidisch verknüpft (Aminosäurepositionen 51, 65 und 110). Die vierte Zuckerkette ist O-glycosidisch an Ser_{153} geknüpft. Das Kohlenhydratmuster von Epoetin-beta ist in Tabelle 6.5.1 zusammengestellt.

Die Firma Boehringer Mannheim testet die Aktivität ihres rekombinanten Erythropoetin-beta nicht an der polyzythämischen Maus, sondern im Bioassay an der normozythämischen Maus. Bei diesem Verfahren werden die Mäuse nicht in einer Unterdruckkammer konditioniert, und es wird auch nicht der Einbau von ^{59}Fe gemessen. Statt dessen wird nach der Applikation einer definierten Dosis von rekombinantem Erythropoetin-beta die Zunahme an Retikulozyten bestimmt.

Zucker	Mol Zucker/ Mol Protein
Fucose	3,7 ± 1,9
Mannose	9,6 ± 1,6
Galactose	13,8 ± 2,2
N-Acetyl-Galactosamin	0,8 ± 0,3
N-Acetyl-Glucosamin	18,8 ± 2,8
Sialinsäure (N-Acetyl-Neuraminsäure)	15,0 ± 2,8

Tabelle 6.5.1 Kohlenhydratzusammensetzung in Epoetin-beta

Anwendungsgebiete/Zulassung

Recormon® ist zugelassen

A. zur Behandlung der Anämie infolge chronischer Nierenerkrankung (renale Anämie) bei Dialyse-Patienten.
B. zur Behandlung der symptomatischen renalen Anämie bei noch nicht dialysierten Patienten mit chronischer Nierenerkrankung.
C. zur Steigerung der Menge an Eigenblut bei Patienten, die in ein Eigenblutspende-Programm zur Vermeidung von Fremdblut-Transfusionen einbezogen sind. Die Behandlung ist bei Patienten mit mäßiggradiger Anämie (Hämatokrit ca. 33–39 %, kein Eisenmangel) indiziert, falls blutsparende Verfahren nicht verfügbar oder unzureichend sind, sofern der geplante chirurgische Eingriff große Mengen an Blut erfordert (4 oder mehr Blutkonserven bei Frauen bzw. 5 oder mehr bei Männern) oder die Zeitspanne zu kurz ist, um die benötigte Eigenblutmenge zu gewinnen.

Zusammenfassung/Schlußbewertung

Die biologische Wirksamkeit von Epoetin-beta wurde nach intravenöser und subcutaner Gabe an verschiedenen Tiermodellen *in vivo* (normale und anämische Ratten, polyzythämische Mäuse, Hunde) nachgewiesen. Nach Epoetin-beta-Gabe steigen die Zahl der Erythrozyten, die Hb-Werte bzw. Retikulozytenzahlen ebenso an wie die ^{59}Fe-Einbaurate.

Mit Hilfe von Zellkulturen menschlicher Knochenmarkszellen konnte gezeigt werden, daß Epoetin-beta spezifisch die Erythropoese stimuliert und die Leukopoese nicht beeinflußt. Zytotoxische Wirkungen von Epoetin-beta auf die Knochenmarkszellen oder auf menschliche Hautzellen konnten nicht festgestellt werden.

Bisher gibt es beim Menschen keine Hinweise für eine Antikörperentwicklung gegen Epoetin-beta.

Pharmakokinetische Untersuchungen an Gesunden und urämischen Patienten zeigen, daß die Halbwertszeit von intravenös verabreichtem Epoetin-beta zwischen 4 und 12 Stunden liegt, und daß der Verteilungsraum etwa dem Ein- bis Zweifachen des Plasmavolumens entspricht. Analoge Ergebnisse wurden auch im Tierversuch bei urämischen und normalen Ratten gefunden.

Nach subcutaner Gabe von Epoetin-beta bei urämischen Patienten führte die verzögerte Aufnahme aus dem Gewebe zu einem plateau-artigen Verlauf der Serumkonzentration. Maximale Konzentrationen wurden im Mittel nach 12 bis 28 Stunden erreicht. Die terminale Halbwertszeit ist länger als nach intravenöser Gabe und beträgt durchschnittlich 13 bis 28 Stunden.

Die Bioverfügbarkeit von Epoetin-beta nach subcutaner Gabe im Vergleich zur intravenösen Gabe liegt zwischen 23 und 42 %.

6.6 Rekombinante Hypophysenhormon-Präparate

6.6.1 Somatropin

Biochemische und pharmakologische Grundlagen

Menschliches Wachstumshormon (Somatotropin, Somatropin oder *human growth hormone* = hGH) wird seit mehr als drei Jahrzehnten zur Behandlung von Kindern mit Minderwuchs aufgrund einer ungenügenden Sekretion von körpereigenem Wachstumshormon eingesetzt.

Physiologisch wird hGH von den somatotropen Zellen des Hypophysen-Vorderlappens in den Kreislauf sezerniert (Abb. 6.6.1). Diese Sekretion steuert der *„growth hormone releasing factor"* (GRF) im Hypothalamus.

Somatropin hat nur eine Halbwertszeit von ca. 20 Minuten. Es stimuliert die Synthese der Insulin-ähnlichen-Wachstumsfaktoren (*insulin like growth factor* = IGF) in der Leber und in den entsprechenden Gewebezellen. Diese Wachstumsfaktoren kontrollieren dann das Längenwachstum der Knochen und vermitteln somit die eigentliche hGH-Wirkung. Allerdings ist die Korrelation des IGF-1-Serumspiegels mit der Wachstumsgeschwindigkeit nicht sehr eng, so daß IGF–1-Spiegel zur Wirksamkeitsbeurteilung nur bedingt tauglich sind.

IGFs besitzen eine deutlich längere Halbwertszeit als hGH. Über negative Rückkopplungseffekte beeinflussen sie die Synthese und die Freisetzung von hGH (Abb. 6.6.1).

Wachstumshormon induziert eine Insulin-Resistenz auf der Postrezeptorseite und hemmt dadurch die Glucose-Aufnahme in die Zelle (anti-insulinerger Effekt) bei gleichzeitig erhöhter Insulin-Sekretion. Bei wiederholter Applikation beobachten wir daher nach oraler Glucosegabe einen höheren Anstieg der Blutglucose und eine höhere Insulin-Sekretion. Obwohl es unwahrscheinlich ist, daß eine Behandlung mit Wachstumshormon einen insulinpflichtigen *Diabetes mellitus* auslösen kann, sollte der Blutzuckerspiegel während der Therapie mit r-hGH regelmäßig kontrolliert werden.

Infolge direkter Aktivierungen hormonsensitiver Lipasen des Fettgewebes führt die parenterale Applikation von Wachstumshormon zu einem Anstieg der freien Fettsäuren im Serum. Dies hat einen proteinsparenden Effekt und trägt zur anabolen Wirkung des Wachstumshormons bei.

Proteinstoffwechsel und Wachstum sind eng miteinander verknüpft. Wachstumshormon stimuliert die Proteinsynthese und inhibiert über IGF-1 den Protein-Abbau. Durch die vermehrte Lipolyse und die gesteigerte Oxidation der freien Fettsäuren wird mehr Energie für den wachsenden Organismus zur Verfügung gestellt. Im Gegensatz zur Wirkung anaboler Steroide fördert hGH nicht nur das Muskelzellwachstum, sondern auch das proportionierte Wachstum der inneren Organe.

Bis zur Einführung rekombinanter Präparate mußte die Substitutions-Therapie mit Präparaten durchgeführt werden, die natürliches hGH enthielten. Hierbei handelte es sich um angereicherte Extrakte aus den Hypophysen von Verstorbenen (pituitäres Wachstumshormon = pit-hGH). Diese Therapie hatte zwei große Nachteile:

- Zum einen war wegen der beschränkten Verfügbarkeit von Spender-Hypophysen eine ausreichende Versorgung der Patienten mit pit-hGH zu keiner Zeit gewährleistet.

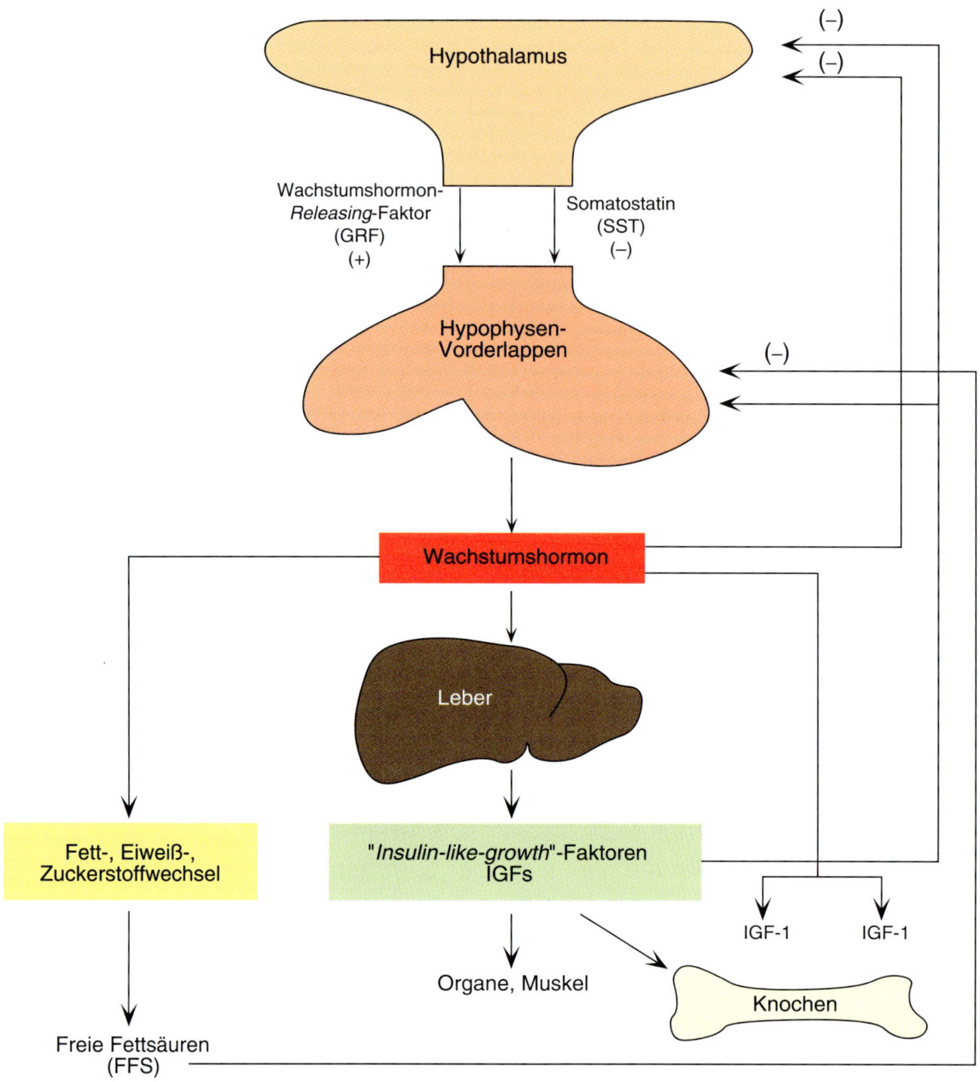

Abb. 6.6.1 Regelmechanismen bei der Sekretion von Wachstumshormon. Wachstumshormon (STH bzw. hGH) wird vom Hypophysen-Vorderlappen nach Stimulation durch den Wachstumshormon-*Releasing*-Faktor (GRF = *growth hormone releasing factor*) produziert und sezerniert. Der Gegenspieler des GRF ist das ebenfalls vom Hypothalamus ausgeschüttete Somatostatin (SST). Wachstumshormon beeinflußt die Aktivität und den Stoffwechsel nahezu aller Körperzellen. Es fördert das Wachstum aufgrund seiner Wirkung auf den Kohlenhydrat-, Fett- und Eiweißstoffwechsel. Die Wirkung des Wachstumshormons wird durch den *insulin like growth factor* (IGF–1 bzw. Somatomedin C) vermittelt. Die Synthese von IGF–1 erfolgt hGH-abhängig hauptsächlich in der Leber, aber auch in anderen Geweben wie Niere und Muskulatur. IGF–1 hemmt sowohl die hGH- als auch die GRF-Produktion.

- Zum anderen zeigte sich, daß mit der Applikation von pit-hGH ein überdurchschnittliches Risiko verbunden war, an der Creuzfeldt-Jakob-Krankheit zu erkranken.

Beide Probleme konnten durch Einführung rekombinanter Wachstumshormon-Präparate behoben werden. Seitdem ist eine ausreichende und sichere Versorgung der Patienten mit Wachstumshormon gewährleistet.

Die Wachstumshormon-Produktion hängt sehr stark vom Entwicklungszustand des Heranwachsenden ab. Bei Erwachsenen sinkt die hGH-Produktion um ca. 10–15 % je Altersdekade. Ferner variiert die hGH-Produktion in

Abhängigkeit vom Geschlecht, vom Ernährungsstatus, von der physischen Beschaffenheit und vom Gesundheitsstatus. Wachstumshormon ist ein zirkadian-reguliertes Hormon, das hauptsächlich während der Nacht sezerniert wird.

Die Behandlung mit Wachstumshormon sollte grundsätzlich durch einen pädiatrischen Endokrinologen erfolgen. Sie ist nur dann erfolgreich, wenn sie rechtzeitig begonnen wird und wenn die Dosis laufend an den Bedarf des sich entwickelnden Kindes angepaßt wird. So benötigen Kinder während der Phasen des schnellen Körperwachstums (1.–3. Lebensjahr und Pubertät) eine entsprechend höhere Wachstumshormon-Dosis, die individuell angepaßt werden muß (Abb. 6.6.2). Hinzu kommt, daß Kinder mit hGH-Mangel oft zusätzliche hormonelle Defizite haben. Auch diese Substitution, z. B. mit Schilddrüsenhormonen oder mit Sexualhormonen, muß sehr sorgfältig durchgeführt und an den Entwicklungsprozeß angepaßt werden (Pubertät), um einen in jedem Entwicklungsalter physiologischen Wachstumsprozeß zu gewährleisten.

Die Struktur des menschlichen Wachstumshormons

Das menschliche Wachstumshormon ist ein 22 kDa großes Peptidhormon, das als matures Protein aus 191 Aminosäuren besteht. Synthetisiert wird es als Prä-Hormon von 217 Aminosäuren (Abb. 6.6.3). Das reife Protein besitzt zwei Disulfidbrücken, aber keine Zuckerketten. Neben der 22 kDa großen monomeren Form, die in natürlichen Präparationen zu ca. 85 % vertreten ist, finden wir noch ein 20 kDa großes Monomer (5–10 %), in dem die Aminosäuren 32–46 fehlen. Ferner kann man eine Mischung aus über Disulfidbrücken verknüpfter Dimere und Oligomere sowie anderer modifizierter Formen (ca. 5 %) isolieren, die durch alternatives Spleißen und andere posttranslationale Modifikationen entstehen.

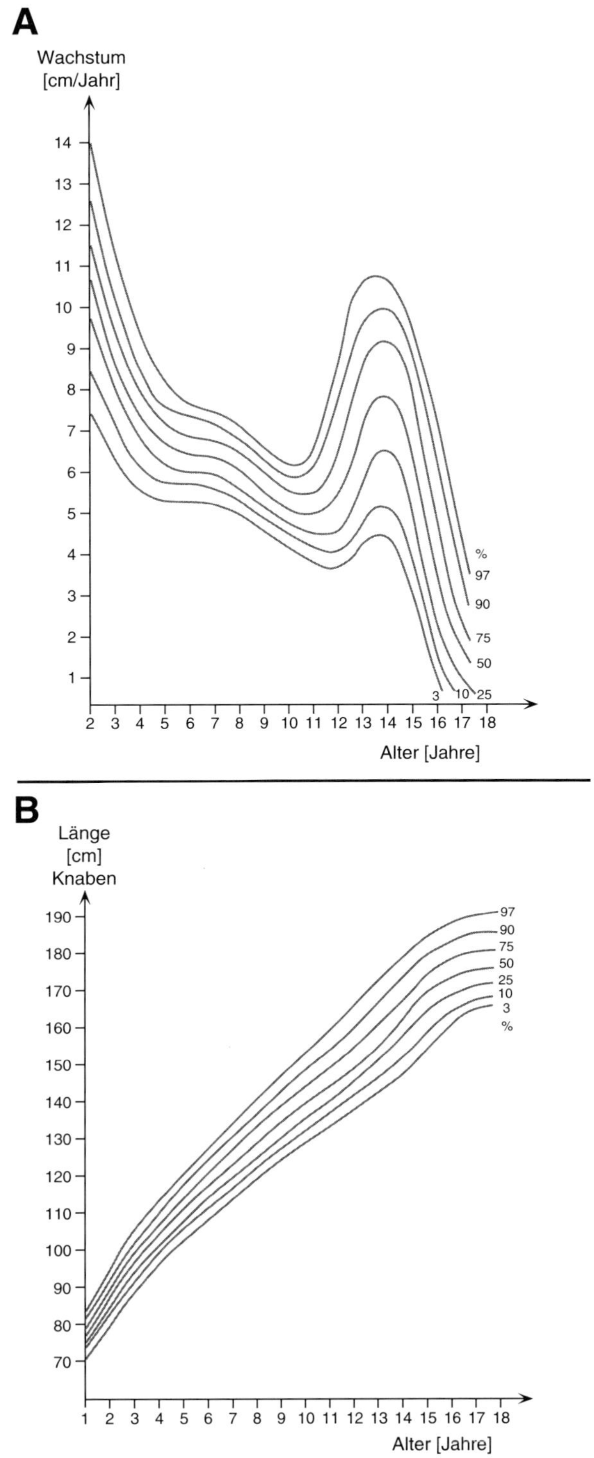

Abb. 6.6.2 Verteilung der Wachstumsgeschwindigkeit (A) und der Körpergröße (B) Jugendlicher.

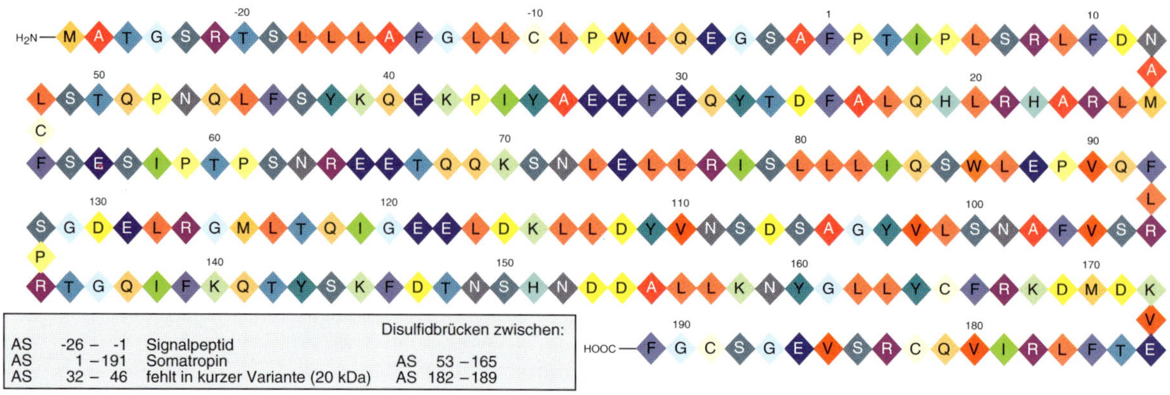

Abb. 6.6.3 Primärsequenz des humanen Wachstumshormons.

Weil Somatropin natürlicherweise nicht glycosyliert ist, muß rekombinantes Wachstumshormon auch nicht unbedingt in Säugerzellen hergestellt werden. Auch *E. coli* kann nach geeigneter gentechnischer Modifikation authentisches Wachstumshormon produzieren. Dies ist der Grund dafür, daß alle heute verfügbaren rekombinanten Präparate – gleich in welchem Expressionssystem sie produziert werden – identisch und authentisch sind. Alle zugelassenen Präparate enthalten als Wirkstoff Somatropin.

Das war nicht immer so. Die ersten in *E. coli* produzierten rekombinanten Produkte enthielten sogenanntes met-hGH (Abb. 6.6.4). Dieses Protein ist nicht mit dem natürlichen Wachstumshormon identisch, denn es trägt an seinem N-Terminus die Aminosäure Methionin. Natürliches Wachstumshormon beginnt aber mit der Aminosäure Phenylalanin (siehe Abb. 6.6.3), da es in Form einer Vorstufe synthetisiert wird und ein Teil des N-Terminus beim Ausschleusen aus der Zelle entfernt wird. Das artifizielle met-hGH erwies sich als immunogen und damit für eine lang angelegte Substitutions-Therapie als zu schlecht verträglich.

Die heute in Deutschland zugelassenen Präparate der zweiten bis fünften Generation enthalten ein Protein, das mit pituitärem Wachstumshormon identisch ist. Allerdings werden die Produkte unterschiedlich hergestellt (Abb. 6.6.4).

Humatrope®: Rekombinantes Wachstumshormon der Firma Lilly

Humatrope® enthält ein rekombinantes Wachstumshormon, das in *E. coli* produziert wird. Zusätzlich enthält eine Injektionsflasche Mannitol, Glycin und zweibasisches Natriumphosphat. Zur Einstellung des pH-Wertes kann auch ein Zusatz von Phosphorsäure und/oder Natriumhydroxid enthalten sein. In einer zusätzlich gelieferten Injektionsflasche befindet sich als Lösungsmittel Wasser zu Injektionszwecken mit einem Zusatz von 0,3 % Metacresol als Konservierungsmittel. Zur Rekonstitution des Wirkstoffs wird das in der Injektionsflasche enthaltene Somatropin in 2 ml (4 I.E.) bzw. 8 ml (16 I.E.) des mitgelieferten Lösungsmittels aufgelöst. Die so gewonnene Lösung hat einen pH-Wert von etwa 7,5. Sie darf nur injiziert werden, wenn sie klar und absolut frei von Schwebteilchen ist.

Expressionsplasmid und das Wirt-Vektor-System

Leider waren von der Firma keine Angaben zur exakten Zusammensetzung des Expressi-

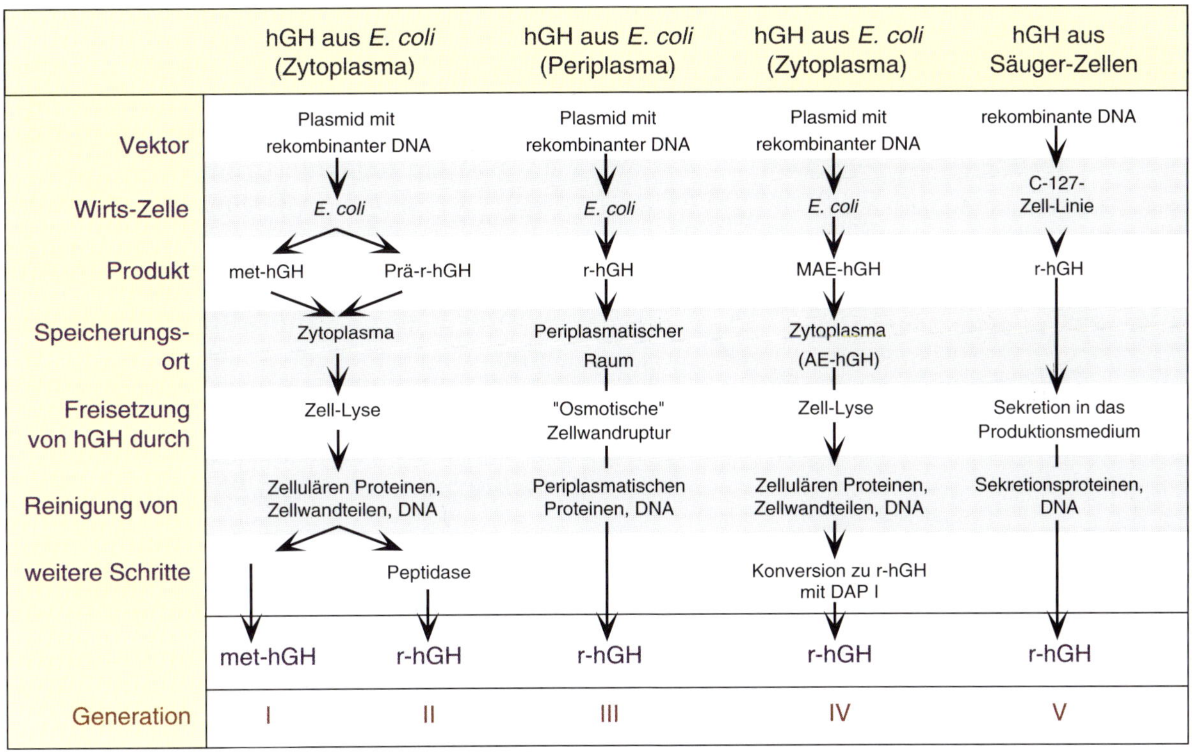

Abb. 6.6.4 Verschiedene Strategien zur Herstellung von rekombinantem hGH. Abgesehen von den hGH-Präparaten der ersten Generation (met-hGH) führen alle anderen Strategien zu r-hGH-Molekülen, die mit pituitärem hGH identisch sind.

onsplasmids zu erhalten. Es scheint sich aber bei Humatrope® um ein Präparat zu handeln, das bezüglich des Herstellungs-Prozesses zu den Somatropin-Präparaten der zweiten Generation zu zählen ist (siehe Abb. 6.6.4). Das heißt, der Wirkstoff wird von *E. coli* zunächst so produziert, daß an seinem N-Terminus die Aminosäure Methionin steht. Allerdings enthält auch Humatrope® ein Somatropin, das mit dem humanen Protein identisch ist. Dazu muß das Methionin – vermutlich zusammen mit einem Fusionspeptidanteil – durch enzymatische Behandlung entfernt werden. Das genaue Verfahren wurde von der Firma Lilly nicht mitgeteilt.

Reinigungsverfahren und Maßnahmen zur biologischen Sicherheit

Auch zum Reinigungsverfahren liegen keine detaillierteren Informationen vor. Es wurde lediglich mitgeteilt, daß die Reinheit des produzierten Wachstumshormons mit Hilfe der Hochdruckflüssigkeits-Chromatographie (HPLC) überprüft wird.

Das Somatropin der Firma Lilly ist eine sterile, weiße Trockensubstanz, die durch Gefriertrocknung hergestellt wird und in Pufferlösungen oberhalb pH 7 und unterhalb pH 4 sehr leicht löslich ist.

Anwendungsgebiete/Zulassung

Humatrope® ist angezeigt
- zur Langzeitbehandlung von Kindern mit Minderwuchs infolge einer unzureichenden endogenen Wachstumshormon-Produktion.
- zur Behandlung von Mädchen mit Minderwuchs aufgrund eines Ullrich-Turner-Syndroms, gesichert durch Chromosomenanalyse.

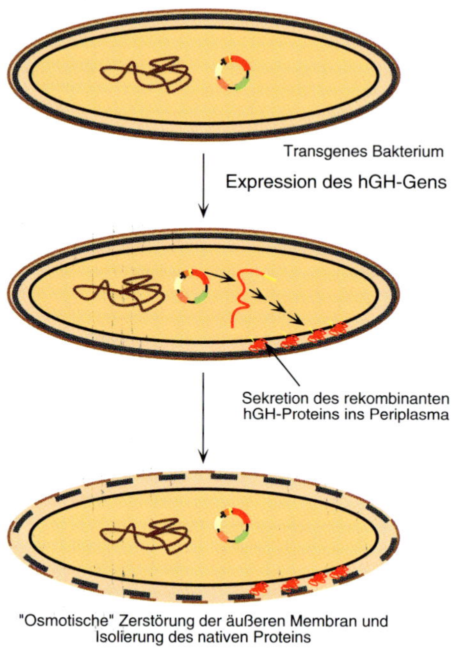

Abb. 6.6.5 Strategie zur Herstellung von Genotropin®. Das Expressionsplasmid, auf dem der in Genotropin® enthaltene Wirkstoff codiert ist (siehe Abb. 6.6.6), ist so konstruiert, daß das rekombinante Protein zunächst als artifizielles Fusionsprotein synthetisiert und dann in den periplasmatischen Raum der Bakterien-Zelle sezerniert wird. Dabei wird der Fusionsanteil von einer membranständigen Protease abhydrolysiert, so daß authentisches hGH mit der N-terminalen Aminosäure Phenylalanin entsteht. Zur Isolierung des Wirkstoffs ist es nicht erforderlich, die *E.-coli*-Zelle komplett zu lysieren. Vielmehr reicht es, die äußere Membran durch osmotische Behandlung zu lysieren. Dies hat zwei Vorteile: Zum einen wird der Wirkstoff in viel geringerem Maße mit bakterieller DNA und bakteriellen Proteinen kontaminiert, als wenn die Zellen komplett lysiert werden müßten. Zum anderen kann das Protein in gelöster Form und nicht in Form von *inclusion bodies* isoliert werden. Damit entfällt eine ansonsten erforderliche Renaturierung des Wirkstoffs.

Bei Erwachsenen ist Humatrope® angezeigt

- zur Substitutionstherapie bei ausgeprägtem Wachstumshormon-Mangel, der mit zwei verschiedenen Funktionstests diagnostiziert wurde. Die Patienten müssen zusätzlich die folgenden Kriterien erfüllen:
- Patienten mit einem seit der Kindheit bestehenden Wachstumshormon-Mangel müssen erneut untersucht und der Wachstumshormon-Mangel bestätigt werden, bevor die Substitutionstherapie mit Humatrope® begonnen wird.
- Die Patienten müssen einen Wachstumshormon-Mangel als Resultat einer Erkrankung des Hypothalamus oder der Hypophyse aufweisen. Der Mangel an mindestens einem weiteren Hormon (ausgenommen Prolaktin) muß diagnostiziert und eine angemessene Substitutionstherapie aufgenommen sein, bevor die Substitutionstherapie mit Humatrope® begonnen wird.

GENOTROPIN®: Rekombinantes Wachstumshormon der Firma Pharmacia

Genotropin® enthält rekombinantes Somatropin, das in einem *E.-coli*-K12-Stamm hergestellt wird. Ferner sind Glycin, Dinatriumhydrogenphosphat und Natriumdihydrogenphosphat enthalten.

Expressionsplasmid und das Wirt-Vektor-System

Genotropin® enthält ein rekombinantes Wachstumshormon der dritten Generation. Es wird in *E. coli* produziert.

Die Strategie zur Herstellung dieses Wirkstoffs besteht darin, das menschliche Wachstumshormon in Form eines artifiziellen Fusionsproteins zu synthetisieren. Der artifizielle Fusionsanteil ist so konstruiert, daß das rekombinante Produkt zur bakteriellen Zytoplasmamembran dirigiert wird und dann in den periplasmatischen Raum sezerniert wird (Abb. 6.6.5). Am Ende dieses Prozesses wird das Signalpeptid von einer membranständigen Protease abhydrolysiert, und authentisches hGH akkumuliert im Periplasma-Raum der Bakterien-Zelle.

Das Expressionsplasmid pAP ST II hGH-3 ist ein Derivat des bekannten Plasmids pBR322 und enthält neben einem colE1-Replikationsursprung, einer Tetracyclin- und einer Ampicillinresistenz noch folgende Funktionselemente (Abb. 6.6.6):

- einen Teil der Promotor-/Operatorregion

des Gens für die Alkalische-Phosphatase aus *E. coli*,

- den vorderen Teil des Promotors für das Tryptophan-Operon aus *E. coli*,
- einige Basenpaare, die für die Signalsequenz von Enterotoxin II aus *E. coli* codieren,
- die komplette cDNA für das reife humane Wachstumshormon.

Diese komplexe Funktionskassette wurde in die *Eco*R I-Schnittstelle des pBR322-Plasmids inseriert. Der Doppelpromotor, der sich aus den Promotoren für die Alkalische-Phosphatase und für das Tryptophan-Operon zusammensetzt, sorgt für eine effiziente Transkription des Fusionsgens. Das bakterielle Signalpeptid dirigiert das Fusionsprotein zur Zytoplasmamembran der Wirtszelle und sorgt für die Ausschleusung des Proteins in den periplasmatischen Raum. Danach wird es durch eine membranständige Peptidase abgespalten, so daß natürliches Wachstumshormon entsteht.

Neben dem beschriebenen Expressionsplasmid wurde zur Etablierung eines Wirt-Vektor-Systems eine spezielle *E.-coli*-Mutante verwendet. Diese Mutante trägt die Bezeichnung W3110 und besitzt den Genotyp *ton*A*pho*AΔE15Δ(argF-*lac*)169. Damit haben diese Zellen folgende sicherheitsrelevanten Eigenschaften:

- Aufgrund einer Deletion im ß-Galactosidase-Gen [Δ(argF-*lac*)169] kann die Mutante Laktose als Kohlenstoffquelle nicht verwerten.
- Wegen der Mutation *pho*AΔE15 können die Zellen ein Phospho-Chromogen nur bedingt aufnehmen und lassen sich so von Wildtyp-Zellen leicht unterscheiden.
- Wie alle *E.-coli*-Zellen, so sind auch die W3110-Zellen sensitiv gegenüber dem Antibiotikum Streptomycin. Dagegen sind die rekombinanten Zellen, die mit dem beschriebenen Expressionsplasmid transformiert wurden, resistent gegenüber Ampicillin und Tetracyclin.

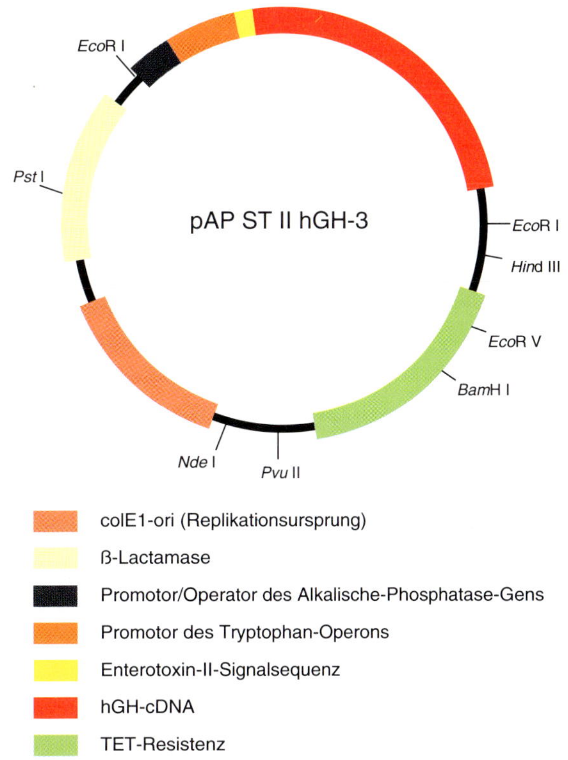

Abb. 6.6.6 Expressionsplasmid pAP ST II hGH–3 zur Herstellung von rhGH in *E.-coli*-K12-Zellen. Das Plasmid enthält als pBR322-Derivat einen colE1-Replikationsursprung, ein ß-Lactamase- und ein TET-Resistenz-Gen. Diese beiden Gene verleihen den transformierten Zellen eine Ampicillin-und eine Tetracyclin-Resistenz. Die Expression der hGH-cDNA wird kontrolliert durch einen Doppelpromotor, der aus einem Teil der Promotor/Operator-Region des Gens für die Alkalische-Phosphatase und aus dem vorderen Teil des Promotors des Tryptophan-Operons besteht. Zwischen dem Doppelpromotor und der cDNA wurde ein DNA-Bereich für die Signalsequenz des Enterotoxin II inseriert. Dieser Bereich sorgt dafür, daß die wachsende Peptidkette ins Periplasma der Bakterien-Zellen sezerniert wird.

Das Wirt-Vektor-System wurde durch Calciumchlorid-Transformation hergestellt (siehe Kapitel 2.4). Ausgehend von einem einzigen positiven Klon wurde die *Master*-Zellbank etabliert.

Reinigungsverfahren und Maßnahmen zur biologischen Sicherheit

Von der *Master*-Zellbank wurde eine Arbeits-Zell-Bank hergestellt (siehe Kapitel 6.1). Mit einem Aliquot der Arbeits-Zell-Bank wird eine

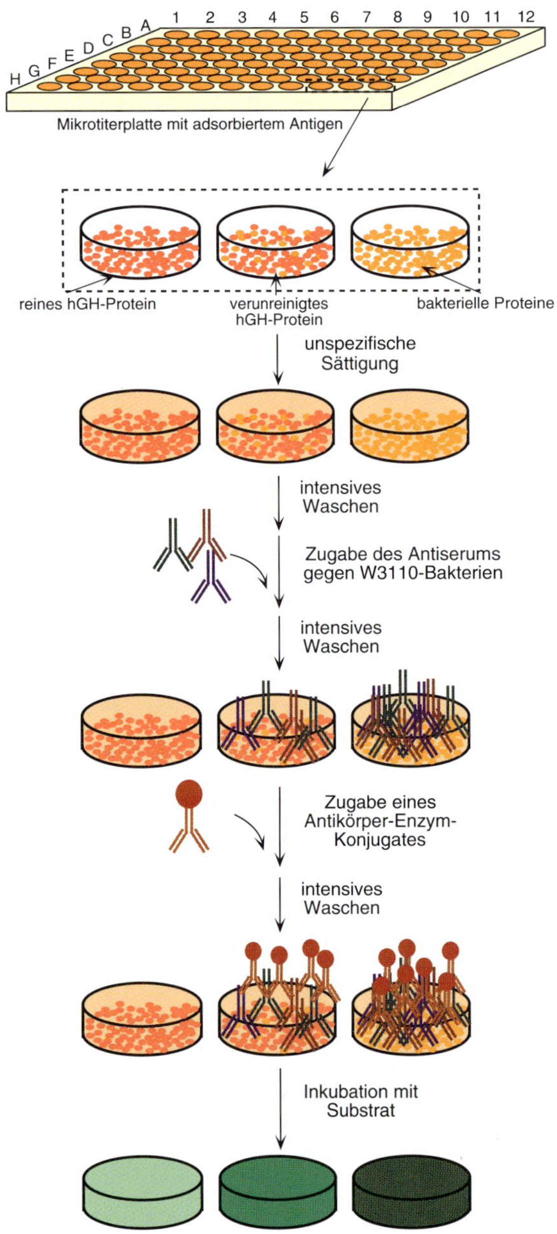

Abb. 6.6.7 ELISA zur Überprüfung einer möglichen Verunreinigung des rekombinanten hGHs durch bakterielle Proteine. Für den ELISA wird ein Antiserum verwendet, das nach Immunisierung mit einem Gesamtzellextrakt aus *E.-coli*-W3110-Zellen gewonnen wurde, die kein Expressionsplasmid trugen.
Nach Adsorption eines Aliquots des gereinigten rekombinanten Proteins und einer Kontrollprobe mit bakteriellen Proteinen werden die Oberflächen der Kavitäten der ELISA-Platte mit einem indifferenten Protein abgesättigt. Es wird intensiv gewaschen, mit dem Antiserum gegen Proteine aus den W3110-Bakterien inkubiert und mögliche Kontaminationen mit einem Antikörper-Enzym-Konjugat gegen die konstanten Ketten des Testserums nachgewiesen.

Schüttelkultur inokkuliert. Diese wird über eine Saat-Kultur expandiert, mit der dann schließlich der Produktions-Fermenter beimpft wird.

Am Ende des Fermentationsprozesses wird die Kultur erhitzt, und die Zellen werden durch *cross-flow*-Filtration (CFF, siehe Kapitel 5.4) ankonzentriert. Danach werden die Zellen bei Temperaturen von –20 °C und darunter eingefroren. Beim Auftauen zerbricht in erster Linie die äußere Zellmembran der *E.-coli*-Bakterien, so daß das im Periplasma akkumulierte Somatropin extrahiert werden kann, ohne daß das Produkt durch signifikante Mengen intrazellulärer Proteine oder Nukleinsäuren kontaminiert wird.

Der Periplasma-Extrakt wird nach folgendem Schema aufgereinigt:

- Ionenaustausch-Chromatographie an DEAE-Sepharose,
- Präzipitation der aktiven Fraktionen mit Ammoniumsulfat,
- Chromatographie auf der Basis hydrophober Interaktionen,
- Präzipitation der aktiven Fraktionen mit Ammoniumsulfat,
- Ionenaustausch-Chromatographie an DEAE-Sepharose,
- Ionenaustausch-Chromatographie an DEAE-Sepharose,
- Gelfiltration an Sephadex G25

Die resultierende sehr reine Somatropin-Lösung wird durch Zusätze stabilisiert und formuliert.

Um im Zuge des Reinigungsprozesses mögliche Kontaminationen mit zellulären, bakteriellen Komponenten zu detektieren und deren Abreicherung zu verfolgen, wurde ein spezieller ELISA etabliert (Abb. 6.6.7). In diesem ELISA wird ein Antiserum eingesetzt, das nach Immunisierung mit einem Gesamtzellextrakt aus *E.-coli*-W3110-Zellen gewonnen wurde, die kein Expressionsplasmid trugen.

Kontaminationen mit bakterieller DNA werden durch empfindliche Hybridisierungstechniken nachgewiesen.

Das Endprodukt ist sehr rein und enthält maximal einige pg/mg DNA und wenige ppm bakterielle Proteine.

Anwendungsgebiete/Zulassung

Genotropin® ist zugelassen für die Indikationen:

- Kleinwuchs durch fehlende oder unzureichende Ausschüttung von Wachstumshormon oder infolge eines Ullrich-Turner-Syndroms. Beim Ullrich-Turner-Syndrom ist die Auswirkung auf die Endkörpergröße noch nicht bekannt.
- Kleinwuchs bei präpubertären Kindern mit chronischer Niereninsuffizienz,
- Substitution von Wachstumshormon bei Erwachsenen mit ausgeprägtem Wachstumshormon-Mangel, nachgewiesen durch 2 verschiedene dynamische Tests auf Wachstumshormon-Mangel. Die Patienten müssen folgende Kriterien erfüllen:
- Seit der Kindheit bestehender Wachstumshormon-Mangel: Patienten, bei denen der Wachstumshormon-Mangel bereits während der Kindheit festgestellt wurde, sollten erneut getestet und die Diagnose bestätigt werden, bevor die Substitutionstherapie mit Genotropin® beginnt.
- Im Erwachsenenalter aufgetretener Wachstumshormon-Mangel: Patienten müssen einen Wachstumshormon-Mangel als Folge einer Erkrankung der hypothalamo/hypophysären Achse haben und wenigstens einen weiteren Hormonausfall (außer Prolaktin) aufweisen, der mit einer entsprechenden Substitutionstherapie behandelt wird, bevor die Behandlung mit Genotropin® beginnt.

Zomacton®: Rekombinantes Wachstumshormon der Firma Ferring

Zomacton® enthält gentechnisch hergestelltes Somatropin sowie 10,8 mg Mannitol. Die mitgelieferte Lösungsmittelampulle enthält isotonische Kochsalzlösung.

Expressionsplasmid und das Wirt-Vektor-System

Der in Zomacton® enthaltene Wirkstoff wird in dem *E.-coli*-Stamm-A4255/A4600 hergestellt. Obwohl keine detaillierten Angaben über das Expressionsplasmid mitgeteilt wurden, ist doch klar, daß das Plasmid ein Fusions-Gen trägt, dessen Produkt von den *E.-coli*-Zellen ins Periplasma sezerniert wird (siehe Abb. 6.6.5).

Reinigungsverfahren und Maßnahmen zur biologischen Sicherheit

Detailinformationen zum Reinigungsverfahren und zu Maßnahmen zur biologischen Sicherheit wurden nicht mitgeteilt.

Der Wirkstoff enthält wie humanes Wachstumshormon 191 Aminosäuren und beginnt mit der Aminosäure Phenylalanin (siehe Abb. 6.6.3). Das Molekulargewicht beträgt ca. 22,1 kDa. Damit ist der in Zomacton® enthaltene Wirkstoff mit menschlichem Wachstumshormon identisch.

Anwendungsgebiete/Zulassung

Das Präparat ist zugelassen zur Langzeitbehandlung des hypophysären Minderwuchses bei Kindern, deren körpereigene Wachstumshormon-Produktion und/oder -ausschüttung unzureichend ist.

Norditropin®: Rekombinantes Wachstumshormon der Firma Novo Nordisk

Norditropin® enthält rekombinantes Somatropin, das in dem *E.-coli*-Stamm-MC1061 produziert wird. Ferner enthält Norditropin® Glycin, Mannitol und Natriumhydrogencarbonat. Das Lösungsmittel ist Wasser zu Injektionszwecken, das mit Benzylalkohol konserviert ist.

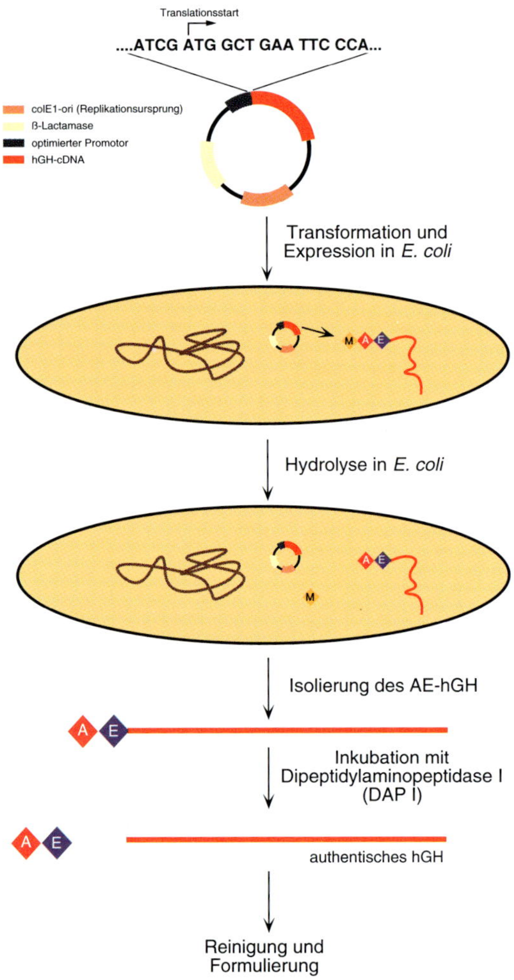

Abb. 6.6.8 Klonierungs- und Aufreinigungsstrategie zur Herstellung des in Norditropin® enthaltenen rhGHs in *E.-coli*-Zellen. Das Plasmid enhält einen colE1-Replikationsursprung und ein ß-Lactamase-Gen. Das hGH wird von einem DNA-Fragment codiert, das zunächst alle Codons für die Aminosäuren 1–191 des hGH enthält. Am 5'-Ende wurde dieses DNA-Fragment um ein kleines Stück DNA verlängert, das für die Aminosäuren Met (ATG), Ala (GCT) und Glu (GAA) codiert. Die Expression dieses artifiziellen Gens wird von einer optimierten Promotor-/*Shine-Dalgarno*-Kombination kontrolliert. Das synthetisierte Protein (MAE-hGH) fällt in löslicher Form an, so daß sich eine Renaturierung des Proteins wie im Falle des met-hGH erübrigt. Noch in der *E.-coli*-Zelle wird die N-terminale Aminosäure Methionin abhydrolysiert, und es entsteht sogenanntes AE-hGH. Zunächst wird dieses Protein durch drei chromatographische Schritte aufgereinigt (siehe Abb. 6.6.9). Danach erfolgt die Abspaltung der beiden N-terminalen artifiziellen Aminosäuren Alanin und Glutaminsäure durch Inkubation mit dem Enzym Dipeptidylaminopeptidase I (DAP I), und man erhält authentisches hGH.

Expressionsplasmid und das Wirt-Vektor-System

Der in Norditropin® enthaltene Wirkstoff wird in *E. coli* hergestellt. Die Wahl und Zusammenstellung des Expressionsplasmids (Abb. 6.6.8) ist sehr interessant und verdient eine nähere Betrachtung. Sie ist das Ergebnis theoretischer Überlegungen und ausgedehnter Expressionsstudien.

Die Expressionskassette enthält ein DNA-Fragment, das die Codons der Aminosäuren 1 bis 191 des hGH-Proteins (Abb. 6.6.3) enthält. Dieses DNA-Fragment wurde am vorderen Ende durch eine kleines Stück synthetischer DNA verlängert, so daß der ersten Aminosäure des reifen humanen Wachstumshormons (Phe_1) noch die Aminosäuren Met_{-3}, Ala_{-2} und Glu_{-1} vorangestellt wurden. Das resultierende artifizielle Protein wurde als MAE-hGH bezeichnet, wobei MAE die drei eingeführten Aminosäuren (M = Methionin, A = Alanin und E = Glutaminsäure) symbolisiert.

Diese Kassette wurde hinter eine artifizielle, optimierte Promotor-/*Shine-Dalgarno*-Kombination kloniert, die für eine effektive, konstitutive Expression des „Kunst-Gens" sorgt (Abb. 6.6.8). Das synthetisierte Produkt weist zwei Besonderheiten auf:

- Zum einen akkumuliert es in den Bakterien-Zellen als lösliches Protein und nicht als Einschlußkörper.
- Zum anderen fehlt dem Protein die N-terminale Aminosäure Methionin. Diese wird sehr effizient *in vivo* von einem *E.-coli*-Enzym abgespalten. Dies ist bemerkenswert und nicht voll verstanden, denn von met-hGH wird die störende Aminosäure Methionin nicht entfernt.

Das erhaltene Protein kann also als AE-hGH bezeichnet werden. Dieses Protein wird in einem sich anschließenden biotechnischen Prozeß mit dem Enzym Dipeptidylaminopeptidase I (DAP I) versetzt. Dieses Enzym spaltet vom N-Terminus her Dipeptide ab. Allerdings kann das Enzym keine Peptidbindungen hydrolysieren, in denen die Aminosäure Prolin involviert ist. Auch Dipeptide, die an ihrem N-Terminus die basischen Aminosäuren Arginin oder Lysin tragen, werden nicht abhydrolysiert. Im Falle des AE-hGHs wird daher durch die Behandlung mit DAP I authenisches hGH produziert, das ja bekanntlich mit der Aminosäure Phe_1 beginnt.

Die Wissenschaftler bei Novo Nordisk haben sehr bewußt die Aminosäure Glutaminsäure an die Stelle –1 positioniert. Es ist nämlich möglich, daß ein Teil der in den *E.-coli*-Zellen akkumulierten Vorläuferproteine noch die N-terminale Aminosäure Methionin trägt. Werden solche Proteine mit DAP I behandelt, entstehen hGH-Varianten, die nicht mit Phenylalanin, sondern mit Glutaminsäure beginnen. Diese lassen sich jedoch wegen der zusätzlichen negativen Lagung im Vergleich zum authentischen hGH sehr leicht durch einen Reinigungsschritt an einer Ionenaustausch-Säule von dem maturen Produkt abtrennen (siehe Abb. 6.6.9).

Neben der MAE-hGH-Variante wurden eine ganze Reihe anderer Expressions-Vektoren getestet. Zum Teil wurden diese Gene noch sehr viel effizienter transkribiert als die MAE-hGH-Variante. Allerdings wird diese Steigerung in der Expressioneffizienz mit einer deutlichen Einbuße in der Plasmidstabilität und der Wachstumsrate erkauft.

Dies erkennen wir, wenn wir die Charakteristika der Varianten MTEE-hGH und MAE-hGH in Tabelle 6.6.1 vergleichen. MTEE-hGH produziert initial fast viermal so viel rekombinantes Protein (4,1 mg/A_{525} • h • l) wie MAE-hGH. Dies wird allerdings mit einem deutlich langsamerem Wachstum (spezifische Wachstumsrate 0,69 vs. 0,82 h^{-1}), aber vor allem mit einer deutlich geringeren Plasmidstabilität erkauft. Bereits nach 10 Generationen sinkt die Expressionsrate der MTEE-hGH-Varianten unter 90 % des Ausgangswertes, wohingegen die MAE-Variante über 85 Generationen praktisch unverändert rekombinantes Protein produziert.

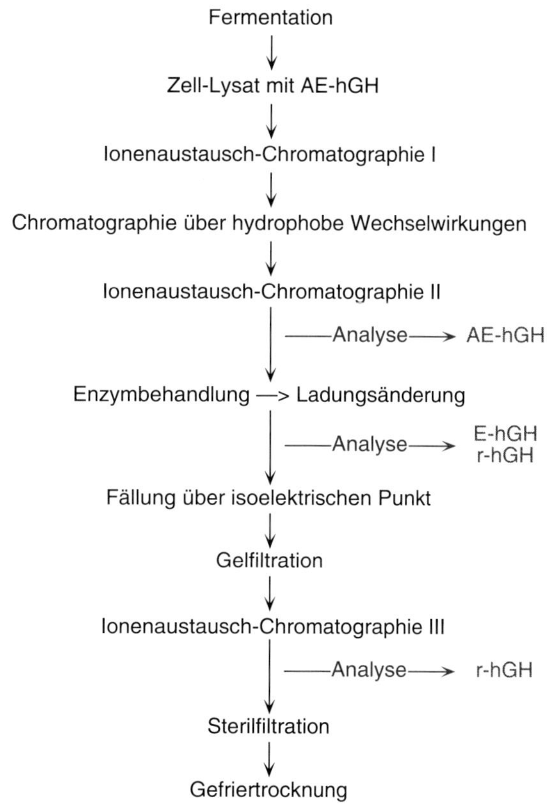

Abb. 6.6.9 Aufreinigungsschema für das in Norditropin® enthaltene r-hGH. Zunächst wird AE-hGH durch drei chromatographische Schritte aufgereinigt. Zwei dieser Schritte beinhalten ionenaustausch-chromatographische Trennverfahren. Danach erfolgt die Behandlung mit der Dipeptidylaminopeptidase I. Dadurch wird auch die negativ geladene Aminosäure Glutaminsäure abgespalten, was zu einer Änderung der Nettoladung des Proteins führt. Im weiteren Verlauf der Aufreinung erfolgt dann eine dritte Ionenaustausch-Chromatographie. Dies hat zwei wesentliche Konsequenzen: Zum einen wird das Elutionsprofil des rekombinanten Proteins in einen Bereich verschoben, der in den *cut-off*-Bereich der beiden vorangegangenen Ionenaustausch-Chromatographieschritte fällt. Zum anderen läßt sich hier sehr effizient authentisches hGH von E-hGH trennen, das eventuell von MAE-hGH stammen könnte. Zwar wird die N-terminale Aminosäure Methionin, wie wir gehört haben, sehr effizient in der *E.-coli*-Zelle abhydrolysiert. Eine quantitative Hydrolyse kann aber nicht garantiert werden. MAE-hGH resultiert nach DAP-I-Behandlung in E-hGH, das sich auf einer Ionenaustausch-Chromatographiesäule wegen der zusätzlichen negativen Ladung deutlich von hGH trennt.

Reinigungsverfahren und Maßnahmen zur biologischen Sicherheit

Das Aufreinigungsprotokoll für Norditropin® beinhaltet fünf Reinigungsprinzipien (Abb. 6.6.9):

N-terminale Aminosäuren in X-hGH-Derivaten	Maximale Wachstumsrate (h^{-1})	Spezifische Expressionsrate (mg X-hGH/ A_{525} • h • l)	Zahl der Generationen mit Expressionsraten von > 90 %)	% Expressionsabnahme pro Generation
MTEE	0,69	4,1	≤ 10	11,5
MFEE	0,70	3,9	≤ 10	11,0
MAE	**0,82**	**1,1**	**85**	**2,8**
MEAE	0,79	1,2	70	6,8
MEEE	0,82	1,0	80	4,6
MLE	0,80	1,4	110	2,6

Tabelle 6.6.1 Charakteristika von Wirt-Vektor-Systemen mit hGH-Varianten, die an ihren N-Termini verschiedene artifizielle Peptidverlängerungen tragen.

- Reinigung auf der Basis von Ladungen (Ionenaustausch-Chromatographie),
- Reinigung auf der Basis hydrophober Wechselwirkungen,
- Reinigung auf der Basis des isoelektrischen Punktes,
- Reinigung nach Molekülgröße,
- Reinigung auf der Basis eines Ladungswechsels.

Schon nach dem ersten Aufreinigungsschritt durch Ionenaustausch-Chromatographie ist das Produkt fast zu 95 % rein. Alle anderen Reinigungsschritte wurden so optimiert, daß praktisch Grundlinientrennungen erreicht werden, so daß Ausbeuteverluste extrem minimiert sind.

Bemerkenswert ist der Schritt „Reinigung auf der Basis von Ladungswechsel". Dies ist so zu verstehen, daß zunächst das N-terminal verlängerte Produkt über eine Ionenaustausch-Säule aufgereinigt wird. Kontaminationen, die mit anderen Salzkonzentrationen eluieren, werden natürlich verworfen. Wird nun das vorgereinigte Produkt nach der Behandlung mit DAP I erneut über die gleiche Ionenaustausch-Säule gereinigt, so verschiebt sich der Produkt-*Peak* in einen „sauberen" Elutionsbereich, aus dem Begleitproteine im ersten Schritt bereits eliminiert worden waren.

Eine Vielzahl chemischer, biochemischer und pharmakologischer Tests (Tabelle 6.6.2) belegt, daß der Wirkstoff in Norditropin® mit natürlichem Somatropin identisch ist und daß mögliche Verunreinigungen und Kontaminationen unter der Nachweisgrenze liegen.

Anwendungsgebiete/Zulassung

Das Präparat ist zugelassen
Bei Kindern:

- Kleinwuchs aufgrund einer Wachstumshormon-Insuffizienz,
- Ullrich-Turner-Syndrom,
- Kleinwuchs bei präpubertären Kindern aufgrund chronischer Nierenerkrankungen.

Bei Erwachsenen:

- Substitutions-Therapie bei Erwachsenen mit Wachstumshormon-Mangel infolge einer bekannten hypothalamisch-hypophysären Erkrankung. Mindestens eine weitere Hypothalamus-Hypophysenachse (ausgenommen Prolaktin) muß betroffen sein. In zwei verschiedenen Wachstumshormon-Funktionstests muß ein ausgeprägter Wachstumshormon-Mangel nachgewiesen werden. Die Wachstumshormon-Funktionstests sollen unter angemessener Substitutions-Therapie der anderen Hormonachsen durchgeführt werden. Bei Patienten mit Wachstumshormon-Insuffizienz seit der Kindheit sollte nach Beendigung der Behandlung des Minderwuchses der Wachstumshormon-Mangel in zwei verschiedenen Wachstumshormon-Funktionstests bestätigt werden.

SAIZEN®: Rekombinantes Wachstumshormon der Firma Serono

Nach den natürlichen hGH-Präparaten und den in *E. coli* exprimierten rekombinanten Präparaten der zweiten, dritten und vierten Generation, wurde mit dem Produkt SAIZEN®

im Jahre 1989 erstmals ein rekombinantes Wachstumshormon-Präparat der fünften Generation zugelassen. Dieses Wachstumshormon wird in Säuger-Zellen produziert und ist ebenfalls mit humanem Wachstumshormon völlig identisch.

Als Hilfsstoffe sind enthalten: Mannitol, Dinatriumhydrogensulfat, Natriumdihydrogensulfat und Natriumchlorid.

Technik	Aussage
Analyse des N-Terminus	Korrekter N-Terminus
Analyse des C-Terminus	Korrekter C-Terminus
SDS-Gelelektrophorese	Korrektes Molekulargewicht
Isoelektrische HPLC	Korrekte Nettoladung
Enzymatische *Fingerprint*-Analyse	Korrekt gebildete Disulfid-Brücken
Aminosäure-Analyse	Korrekte Aminosäure-Zusammensetzung
Sequenzanalyse (Edman-Abbau)	Korrekte Primärstruktur
UV-Scanning	Korrekte Sekundärstruktur
CD-Scanning	Korrekte Sekundärstruktur
NMR-Spektroskopie	Korrekte Tertiärstruktur
RIA mit konformationsspezifischen monoklonalen Antikörpern	Korrekte Konformation
ELISA	Korrekte immunologische Identität
Radio-Rezeptor-Assay	Korrektes Bindungsverhalten
PAGE	Identität mit pit-hGH

Tabelle 6.6.2 Verfahren zum Nachweis von Identität und Reinheit des r-hGHs in Norditropin®

Expressionsplasmid und das Wirt-Vektor-System

Menschliches Wachstumshormon kann optional in *E. coli* oder in Säugetier-Zellen erzeugt werden. Denn wie wir bereits gehört haben, ist hGH kein glycosyliertes Protein. Dennoch bieten Säugetier-Zellen zur Produktion von rekombinantem hGH einige Vorteile, so daß es nicht verwundert, daß auch dieses System etabliert wurde.

- Säugetier-Zellen besitzen das richtige, nicht reduzierende biochemische Milieu, um ein natives Molekül mit richtiger Tertiärstruktur und mit korrekt geknüpften Disulfidbrücken zu erhalten.
- Das r-hGH-Protein wird als biologisch aktives Molekül über das endoplasmatische Retikulum durch die Zellmembran in das Produktionsmedium sezerniert. Auch ist es nicht erforderlich, ein vorhandenes Signalpeptid enzymatisch abzuspalten, um einen korrekten N-Terminus zu erhalten.
- Da das Protein ins Kulturmedium sezerniert wird, müssen wir die Zellen nicht lysieren. Daher wird bei der Isolierung von r-hGH die Freisetzung größerer Mengen zellulärer Bestandteile bzw. DNA vermieden.

Zur Expression des menschlichen Wachstumsfaktors in Säuger-Zellen wird ein Vektor verwendet, der sich vom Rinderpapillomvirus-1 (BPV-1) ableitet (Abb. 6.6.10). Dazu wurden alle die Teile aus dem BPV-1 Genom deletiert, die für Kapselproteine codieren und die für die Virusvermehrung verantwortlich sind. Übrig bleiben noch 69 % des BPV-1-Genoms. Durch diese Maßnahmen ist sichergestellt, daß in der Produktionszelle keine Virusreplikation erfolgen kann und somit auch keine infektiösen Viren übertragen werden können. Die verbliebenen 69 % des Virusgenoms sind dafür verantwortlich, daß die Zellen transformiert werden. Sie lassen sich somit auch ohne weitere Selektion identifizieren. Ferner sorgt das virale Restgenom dafür, daß der Expressions-Vektor nicht etwa ins Genom integriert, wie das bei der überwiegenden Mehrzahl aller Wirt-Vektor-Systeme der Fall ist. Stattdessen bleibt der Expressions-Vektor als Plasmid erhalten, d. h. er persistiert episomal.

Die Expressions-Kontrolle des menschlichen Wachstumshormons erfolgt durch den Kontrollbereich des Metallothionin-Gens-I (MT-I) der Maus. Metallothionine sind kleine cysteinreiche Proteine, die Schwermetalle binden können. Man findet sie in allen Eukaryonten, wo sie zum Teil in unterschiedlichen Organen und Zelltypen kontrolliert exprimiert werden. Die Expression dieser Gene ist induzierbar sowohl durch Schwermetalle, wie beispielsweise Cadmium, als auch durch Glucocorticoide, wie zum Beispiel Dexamethason. Der Expressions-Vektor enthält 1.900 Basenpaare der 5'-flankierenden Sequenz und zusätzlich 68 Basenpaare der nichttrans-

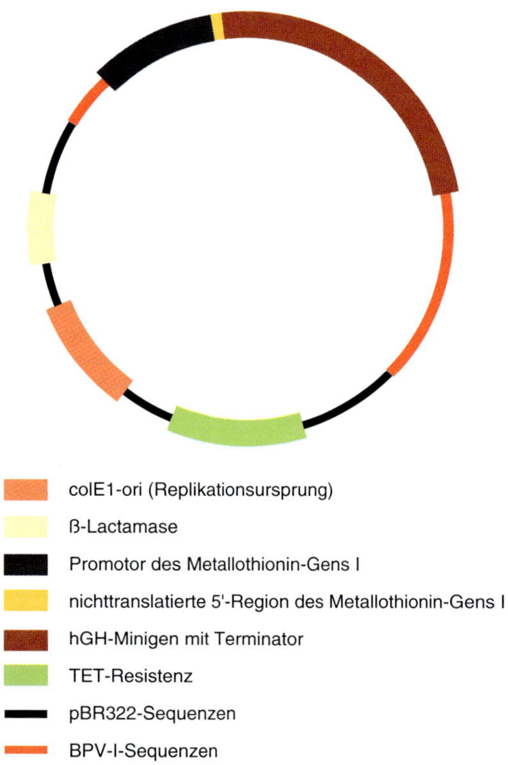

Abb. 6.6.10 Expressionsplasmid zur Herstellung von rhGH in der Maus-Zell-Linie C127. Das Expressionsplasmid ist eine Kombination aus einem Teil des Rinderpapillomvirus–1 (BPV–1)-Genoms und pBR322. Als bakterielle Kontrollelemente trägt das Plasmid einen colE1-Replikationsursprung, ein ß-Lactamase-Gen und ein Tetracyclin-(TET)-Resistenz-Gen. Aus dem BPV–1-Genom wurden alle Bereiche deletiert, die für Kapselproteine codieren und die für die Virus-Vermehrung verantwortlich sind. Allerdings sind die Bereiche noch enthalten, die suszeptible Zellen „transformieren", so daß transfizierte Zellen an einem transformierten Phänotyp erkennbar sind und nicht über einen Resistenz- oder Auxotrophie-Marker selektioniert werden. Ferner sorgt das virale Restgenom dafür, daß der Expressions-Vektor episomal persistiert. Das hGH-Protein wird nicht etwa, wie bei den zuvor besprochenen Ansätzen, durch die cDNA, sondern durch ein sogenanntes hGH-Minigen codiert. Dieses Gen besteht aus den 70 Basenpaaren des ersten *Exons*, auf dem auch das *leader*-Peptid codiert ist, das für die Sekretion der wachsenden Polypeptidkette verantwortlich ist. Es folgt das 250 Basenpaar große erste *Intron* sowie die restlichen 750 codierenden Nukleotide der hGH-Sequenz als cDNA. Daran schließen sich 450 Basenpaare der 3'-flankierenden Sequenz des hGH-Gens an, die sowohl das Polyadenylierungs-Signal als auch den Transkriptions-Terminator enthalten. Die Expression dieses hGH-Minigens wird durch den Promotor des Metallothionin-Gens-I (MT-I) der Maus kontrolliert. Insgesamt besteht dieser Kontrollbereich aus 1.900 Basenpaare der 5'-flankierenden Sequenz des MT-I-Gens und zusätzlich 68 Basenpaare der nichttranslatierten 5'-Region des MT-I-Gens.

latierten 5'-Region des MT-I-Gens. An diese nichttranslatierte 5'-Region wurde das sog. hGH-Minigen anfusioniert. Dieses besteht aus den 70 Basenpaaren des ersten *Exons,* dem 250 Basenpaar großen ersten *Intron* sowie den restlichen 750 codierenden Nukleotiden der hGH-Sequenz. Im menschlichen Genom befinden sich in diesem Bereich noch weitere *Introns,* die allerdings in dem rekombinanten Gen nicht mehr enthalten sind. Denn der C-terminal codierende Bereich wurde als cDNA in den Expressions-Vektor integriert. An dem codierenden Bereich schließen sich 450 Basenpaare der 3'-flankierenden Sequenz des hGH-Gens an, die sowohl das Polyadenylierungs-Signal als auch den Transkriptions-Terminator enthalten. Dieses Fusions-Gen wurde in einen Vektor integriert, der neben den bereits erwähnten 69 % des BPV-I-Genoms auch pBR322-Vektorbereiche enthält. Diese pBR322-Sequenzen waren erforderlich, um das Plasmid auch in *E. coli* propagieren zu können.

Um ein Wirt-Vektor-System zu etablieren ging man wie folgt vor (Abb. 6.6.11):

- Zunächst wurde der komplette pBR322-Bereich durch Restriktionshydrolyse entfernt.
- Der verbleibende Expressions-Vektorteil wurde danach zu einem DNA-Zirkel religiert.
- Diese Moleküle wurden dann in die Maus-Zell-Linie C127 (siehe Kapitel 4.1) transfiziert. In dieser Zell-Linie, die am *National Institute of Health* (NIH) in Bethesda entwickelt wurde, können Plasmide, die einen BPV-Replikationsursprung tragen, episomal replizieren.
- Transfizierte Zellen konnten auf der Basis ihrer veränderten Morphologie erkannt werden. Denn trotz der Deletionen, die eine Verpackung viraler Partikel – und damit eine Virusvermehrung – unmöglich machen, besitzt der Vektor nach wie vor die BPV-typischen Transformations-Eigenschaften.

Die C127-Zellen wurden vor ihrer Verwendung als Expressions-System für Saizen® eingehend mit allen von der WHO vorgeschriebenen Nachweismethoden auf die Anwesenheit von vermehrungsfähigen, endogenen Viren und Retroviren untersucht. Anschließende Untersuchungen individueller Zellklone zeigten, daß die rekombinanten DNA-Moleküle in der Mehrzahl oder sogar ausschließlich episomal, d. h. nicht in die genomische DNA integriert vorliegen. Transfektanden enthalten pro Zelle zwischen 10 bis 100 Kopien der rekombinanten Moleküle.

Die Kontrollregion in ausgewählten Transfektanden hatte zumindest teilweise ihre Regulierbarkeit behalten. So konnte in Gegenwart von Cadmium die Expressionsrate um den Faktor 2 bis 7 induziert werden. Allerdings war eine Induktion mit Dexamethason nicht mehr reproduzierbar möglich. Aufgrund seiner besonderen Struktur am N-terminalen Bereich wird das Protein als Prähormon synthetisiert und dann von den Zellen sezerniert. Ausgewählte Zellklone produzieren ca. 2 bis 6×10^8 Moleküle pro Tag und Zelle.

Reinigungsverfahren und Maßnahmen zur biologischen Sicherheit

Die Identität des rekombinanten Wirkstoffs wird belegt durch
- die Analyse der Aminosäuresequenz,
- ein Peptidmapping,
- unterschiedliche Elektrophorese-Verfahren.

Bezüglich der Reinheit des rekombinanten Produktes testet der Hersteller
- auf fremde Proteine,
- auf Rest-DNA,
- auf infektiöse Agenzien aus dem Ausgangsmaterial.

Zum Nachweis geringster Mengen Fremdprotein stehen Antisera zur Verfügung, die mit möglichen Kontaminationen aus der Produktions-Zelle kreuzreagierten. Hierzu wurden zunächst C127-Zellen mit einem Expressions-Vektor transfiziert, der keine Sequenzen für das hGH-Gen enthielt. Die Transfektanden wurden unter identischen Bedingungen kultiviert wie die Produktions-Zellen. Das Zellmedium wurde über drei chromatographische Schritte aufgereinigt, wobei die erhaltenen Fraktionen als Antigene Kaninchen injiziert wurden. Die resultierenden Antiseren erkennen zwischen 6 und 1,1 ppm Protein, das in Kulturüberständen vorhanden ist. Saizen® wird von den Antiseren nicht erkannt, woraus geschlossen werden kann, daß in dem Präparat keine detektierbaren Fremdproteine enthalten sind.

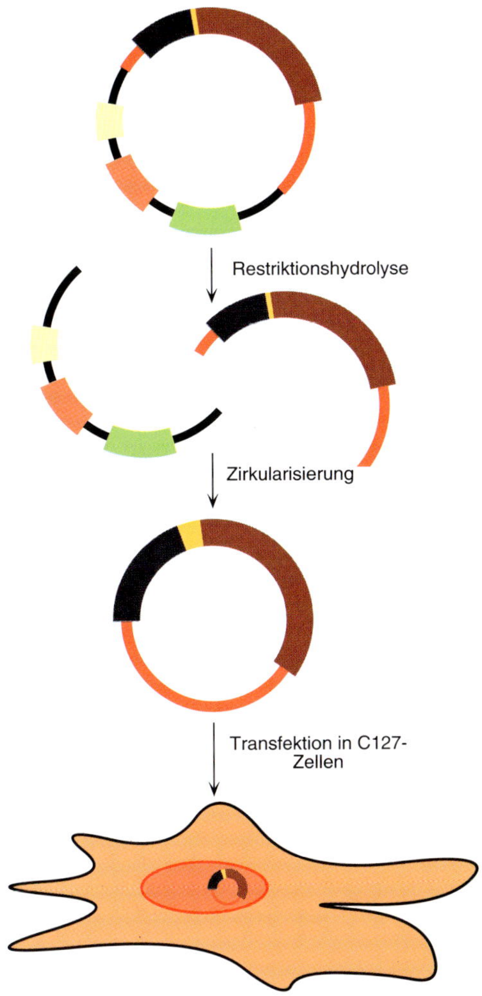

Abb. 6.6.11 Transfektions-Strategie zur Etablierung eines Wirt-Vektor-Systems für die r-hGH-Produktion in C127-Zellen. Vor der Transfektion wurde der komplette pBR322-Anteil eliminiert. Nach Zirkularisierung der Rest-DNA wurden C127-Zellen transfiziert. Erfolgreich transfizierte Zellen wurden auf der Basis eines transformierten Phänotyps selektioniert. Diese Zellen enthalten die Fremd-DNA als extrachromosomal persistierendes Episom in 10 bis 100 Kopien.

Zum Nachweis der DNA-Freiheit werden Hybridisationsverfahren eingesetzt, mit denen es möglich ist, DNA in der Größenordnung von 10 pg oder weniger in 4 I.E. Saizen® zu erkennen.

Um auch eine theoretische Kontamination mit Fremd-DNA auszuschließen, wurde der Abreicherungsfaktor für den Produktions-Prozeß durch *Spiking* sowohl mit zellulärer DNA als auch mit Vektor-DNA ermittelt. Die kulminativen Abreicherungsfaktoren liegen in der Größenordnung von 10^9 für zelluläre DNA und 10^8 für Vektor-DNA. Aus diesen Abreicherungsfaktoren läßt sich der theoretische DNA-Gehalt in Saizen® errechnen. Geht man davon aus, daß im Kulturüberstand ungefähr 30 ng DNA pro ml enthalten sind, so kann man unter Berücksichtigung des Abreicherungsfaktors und bei einer Ausbeuteannahme von 50 % den theoretischen DNA-Gehalt pro 4 I.E. Saizen® mit $2{,}5 \times 10^{-3}$ pg Wirtszell-DNA und mit $1{,}5 \times 10^{-6}$ pg Vektor-DNA errechnen. Diese theoretischen DNA-Kontaminationen liegen um Größenordnungen unter den von den Zulassungsbehörden geforderten Höchstmengen. Die nordamerikanische Arzneimittelbehörde FDA hat eine Obergrenze von 10 pg DNA pro Einzeldosis für rekombinante Arzneimittel und Impfstoffe festgelegt.

Die zur Produktion von Saizen® verwendete Zellbank ist nachgewiesenermaßen frei von vermehrungsfähigen Viren. Die davon abgeleiteten Arbeits-Zell-Banken werden vor und während der Biosynthese von Saizen® regelmäßig mit dem von der WHO und der FDA vorgeschriebenen Untersuchungsmethoden auf eine mögliche virale Kontamination überprüft. Nach den Angaben des Paul-Ehrlich-Instituts kann ein biosynthetisches Arzneimittel oder ein Impfstoff dann als frei von Viren (Retroviren) angesehen werden, wenn das Herstellungsverfahren eine Titerreduktion von 10^{-12} gewährleistet. Der kulminative Reinigungsfaktor zur Elimination von Viren für das eingesetzte Verfahren bei der Herstellung von Saizen® wurde mit 10^{-14} bestimmt, so daß sichergestellt ist, daß keine infektiösen Viren in das Arzneimittel gelangen können.

Anwendungsgebiete/Zulassung

Die Zulassung wurde zunächst beschränkt auf die Behandlung von minderwüchsigen Kindern mit ungenügender Sekretion von

Zusammenfassung/Schlußbewertung

Es stehen unterschiedliche Präparate zur Verfügung, die als Wirkstoff rekombinantes humanes Wachstumshormon enthalten. Obwohl die Wirkstoffe in den verschiedenen Präparaten nach sehr unterschiedlichen Verfahren hergestellt werden, sind die Wirkstoffe – ähnlich wie im Fall der Human-Insulin-Präparate – alle identisch. Das liegt nicht zuletzt daran, daß Somatropin natürlicherweise ein nichtglycosyliertes Protein ist. Allerdings ist Somatropin natürlich ein extrazelluläres Protein, das physiologisch im Laufe der Sekretion einen Teil des N-terminalen Proteinbereiches verliert. In manchen Herstellungsverfahren leistet dies die Produktions-Zell-Linie selbst. Ist das jedoch nicht der Fall, muß in einem nachgeschalteten biotechnischen Prozeß der korrekte N-Terminus hergestellt werden. Ein hoher Aufwand bei der Überprüfung von Identität und Reinheit gewährleistet, daß rekombinante Somatropin-Präparate auch in der Langzeit-Therapie sicher eingesetzt werden können. Die Gefahr einer Kontamination mit Erregern der Creutzfeldt-Jakob-Krankheit, wie sie bei „natürlichen Wachstumshormon-Präparaten" leider in hohem Maße bestand, kann bei rekombinanten Präparaten völlig ausgeschlossen werden.

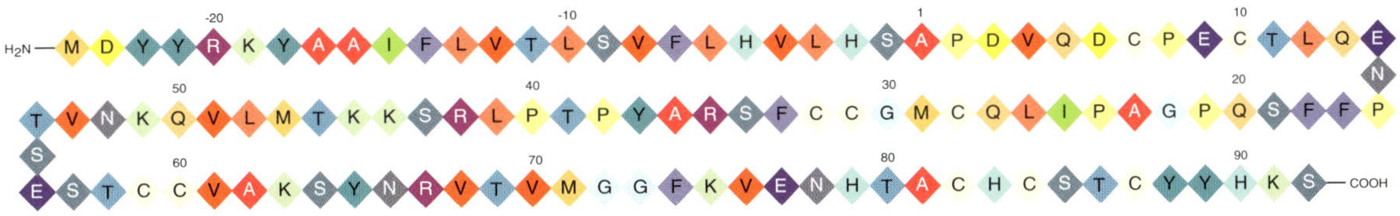

AS	-24 – -1	Signalpeptid
AS	1 – 92	Alpha-Kette der Glycoproteinhormone
AS	39	Kohlenhydratseitenkette
AS	52	Kohlenhydratseitenkette
AS	78	Kohlenhydratseitenkette

Disulfidbrücken zwischen:

AS	7 – 31
AS	10 – 60
AS	28 – 82
AS	32 – 84
AS	59 – 87

Abb. 6.6.12 Primärsequenz der alpha-Untereinheit des humanen FSH.

körpereigenem Wachstumshormon. Im Jahre 1991 wurde das Präparat auch für die Behandlung des Minderwuchses bei Patienten mit Ullrich-Turner-Syndrom zugelassen.

6.6.2 *Präparate mit Follikel-stimulierendem Hormon (FSH)*

Biochemische und pharmakologische Grundlagen

Das Follikel-stimulierende Hormon (FSH) wird physiologischerweise von den endokrinen Zellen des Hypophysen-Vorderlappens ins Blut sezerniert. Bei der Frau stimuliert FSH die Follikelreifung und die Oestrogen-Biosynthese. Beim Mann regt es die Spermatogenese an.

Seit langem wird FSH therapeutisch eingesetzt

- bei hypo- oder normogonadotropischer Infertilität zur kontrollierten ovariellen Überstimulation,
- zur Induktion multipler Follikel für die künstliche Befruchtung,
- bei Anovulation,
- beim männlichen zentralen Hypogonadismus.
- in einigen Fällen von Oligoastenospermie.

Bei der *in-vitro*-Fertilisation wird FSH zusammen mit Gonadotropin-*Releasing*-Hormon-Agonisten und HCG (*human chorionic* Gonadotropin) eingesetzt.

Bis vor kurzem konnte FSH ausschließlich aus dem Urin postmenopausaler Frauen gewonnen werden, in dem das Hormon in relativ hohen Konzentrationen vorkommt. Durch die steigende Nachfrage in den letzten 10 Jahren ergaben sich jedoch erhebliche Versorgungsprobleme, da die natürlichen Ressourcen angesichts der begrenzten Verfügbarkeit des Ausgangsproduktes knapp wurden. Um den Bedarf bis zur Jahrtausendwende zu decken, müßten jährlich ca. 50 Millionen Liter Urin verarbeitet werden.

Zusätzlich zu dem Nachschubproblem sind mit Einsatz urinärer FSH-Präparate auch andere Nachteile verbunden. So bietet menschlicher Urin aufgrund seiner variierenden Zusammensetzung keine gleichförmige Wirkstoffquelle. Daher waren Chargenschwankungen bei den urinären Präparaten unumgänglich, und auch nach den verschiedenen Reinigungsschritten enthielt das Endprodukt immer auch eine bestimmte Menge an luteinisierendem Hormon (LH) und eine Reihe von begleitenden Glycoproteinen aus dem Urin. Insgesamt machten die Begleitsubstanzen über 90 % des Ampulleninhaltes aus.

Die Struktur des menschlichen Follikel-stimulierenden Hormons

Follikel-stimulierendes Hormon (Follitropin, FSH) ist ein heterodimeres Protein, das aus einer alpha-Untereinheit mit 92 Aminosäuren (Abb. 6.6.12) und einer beta-Untereinheit mit

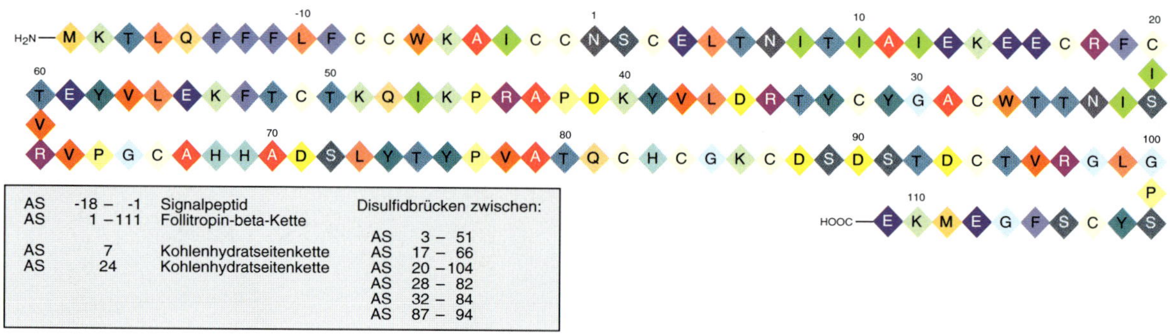

Abb. 6.6.13 Primärsequenz der beta-Untereinheit des humanen FSH.

111 Aminosäuren besteht (Abb. 6.6.13). Beide Proteine werden in Form eines Vorläufers synthetisiert, wobei die alpha-Untereinheit ein Signalpeptid von 24 (Abb. 6.6.12) und die beta-Untereinheit ein Signalpeptid von 18 Aminosäuren (Abb. 6.6.13) enthält. Während die alpha-Untereinheit auch in dem humanen luteinisierenden Hormon (Lutropin, LH) und in Choriongonadotropin (*human chorionic* Gonadotropin, HCG) vorkommt, ist die beta-Untereinheit für FSH spezifisch. Sowohl die alpha- als auch die beta-Kette enthalten je zwei Asparaginsäurereste, an die N-glycosidisch komplexe Zuckerstrukturen angeheftet sind. Diese Kohlenhydratketten verleihen FSH ein äußerst charakteristisches Isohormonprofil, das als Mikroheterogenität bekannt ist.

Beide derzeit auf dem Markt befindlichen rekombinanten FSH-Produkte werden daher in CHO-Zellen produziert.

Puregon® – ein rekombinantes Follikel-stimulierendes Hormon (FSH) der Firma Organon

Puregon® enthält Follitropin beta (INN), ein rekombinantes Follikel-stimulierendes Hormon. Ferner sind als Hilfsstoffe Saccharose, Natriumcitrat und Polysorbat 20 enthalten. Zur pH-Einstellung wird Salzsäure und/oder Natronlauge verwendet. Das Lösungsmittel enthält Natriumchlorid (4,5 mg) und Wasser für Injektionszwecke (1 ml).

Expressionsplasmid und das Wirt-Vektor-System

Zu Beginn der Arbeiten war es das Hauptproblem, das Gen für das menschliche FSH zu isolieren. Mitte der achtziger Jahre wurde man in mehreren Labors, darunter auch bei Organon, fündig. Da FSH aus zwei Untereinheiten – einer alpha- und einer beta-Untereinheit – besteht, mußte nicht nur ein Gen, sondern es mußten zwei verschiedene Gene identifiziert werden.

FSH ist ein Glycoprotein mit je zwei Kohlenhydratseitenketten pro Untereinheit. Da diese Zuckermodifikationen für die Funktion des Hormons erforderlich sind, läßt sich FSH nicht in Bakterien exprimieren. Stattdessen wird Puregon® in einer Ovarial-Zell-Linie des Chinesischen Hamsters (CHO) exprimiert.

Das Gen für die alpha-Untereinheit ist mehr als 10 kBp groß und enthält drei *Introns*. Die Kassette zur Expression dieser alpha-Untereinheit auf dem Expressionsplasmid besteht aus drei Teilbereichen (Abb. 6.6.14).

- Zum einen enthält diese Kassette den C-terminalen codierenden Bereich mit dem kompletten vierten *Exon* und einen Teil des dritten *Exons*, der die natürlichen Spleißstellen des dritten *Introns* enthält.
- Der weiter N-terminal gelegene codierende Bereich wurde in Form der cDNA ankloniert.

- Schließlich wurde die Initiator-Konsensus-Sequenz als synthetische DNA eingefügt.

Diese drei Gen-Teilstrukturen (synthetische Initiator-Sequenz, cDNA und genomische DNA) umspannen einen Bereich von 2,6 kBp. Die Expressionseinheit steht unter der Kontrolle des SV40-Promotors.

Die cDNA für die beta-FSH-Untereinheit wurde mit Hilfe degenerierter *Primer,* die von der bekannten Proteinstruktur abgeleitet waren, isoliert. Das Expressionsplasmid enthält das Gen für die beta-Untereinheit auf zwei *Exons,* die durch einen relativ großen *Intron*-Bereich (ca. 1,4 kBp) voneinander getrennt sind (Abb. 6.6.14). Dieses Gen wird durch den humanen Metallothionin-II-A-Promotor ($MT\text{-}II_A$) kontrolliert.

Beide Gene wurden in ein einzelnes Expressionsplasmid kloniert, das zusätzlich *Enhancer*-Sequenzen aus SV40 und aus dem murinen Leukämievirus (MuLV) enthält, um die Transkriptionsrate der alpha- und beta-FSH-Untereinheiten zu verstärken. Das Expressionsplasmid trägt den Namen pKMS.FSH $alpha_g beta_g$.

Das Expressionsplasmid trägt selbst keine Selektions-Marker für die Selektion in Eukaryonten. Aus diesem Grund mußte eine Cotransfektion mit einem Selektorplasmid (pAG60/NT-IIa) vorgenommen werden. Dieses Selektorplasmid trägt eine Neomycin-Resistenz und das menschliche Metallothionin-Gen ($MT\text{-}II_A$). Erfolgreich transfizierte Zellen wurden in Gegenwart des Antibiotikums G418 isoliert. Da das Metallothionin-Gen auf dem Selektorplasmid eine Cadmium-Resistenz vermittelt, konnte damit auf eine hohe Kopienzahl selektioniert werden.

Schließlich wurde ein CHO-Klon mit dem Codenamen CHO.FSH.30 für die Weiterentwicklung ausgewählt. Dieser Klon zeigte zum einen gute Expressionsleistung, zum anderen zeichnete er sich durch eine gute genetische Stabilität aus. Wie nachfolgende Analysen zeigten, waren beide Plasmide an einer einzigen Position im CHO-Genom integriert. Durch Hybridisationsanalysen konnte die Genkopienzahl auf 150 bis 450 abgeschätzt werden, wobei die Gene als Kopf- zu Schwanz-Tandems im CHO-Genom vorliegen.

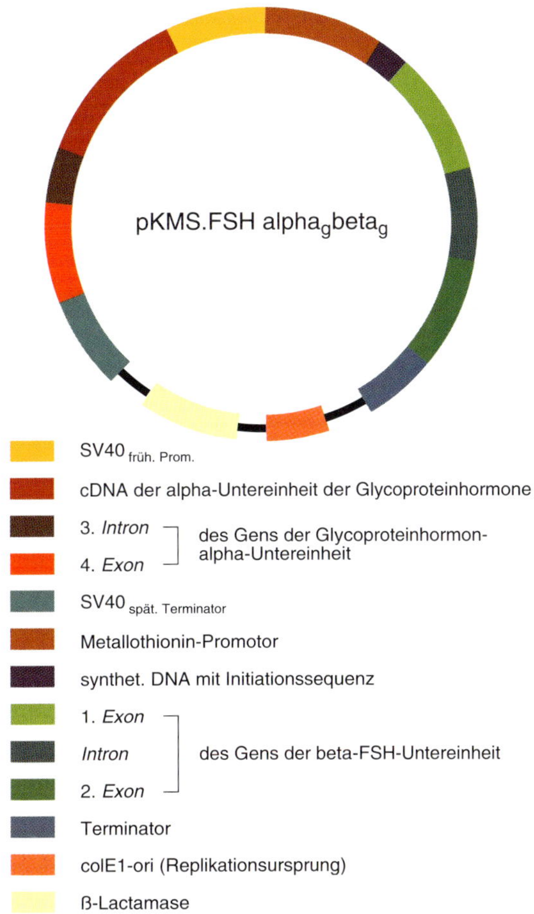

Abb. 6.6.14 Expressionsplasmid zur Herstellung des in Puregon® enthaltenen rekombinanten FSHs. Das Plasmid enthält die codierenden Regionen für beide Untereinheiten. Die alpha-Untereinheit wird von einem „Kunst-Gen" codiert, das zusammengesetzt ist aus einer synthetisch hergestellten Initiator-Konsensus-Sequenz, aus einem cDNA-Abschnitt, der den N-terminalen Bereich codiert und aus einem Stück der genomischen Genkopie, der aus dem C-terminalen codierenden Bereich mit dem kompletten vierten *Exon* und einen Teil des dritten *Exons* besteht. Kontrolliert wird dieses Gen von dem frühen SV40-Promotor und dem späten SV40-Terminator. Die beta-Untereinheit wird von dem genomischen Gen codiert, dessen zwei *Exons* durch ein relativ großes *Intron* voneinander getrennt sind. Dieses Gen wird durch den humanen Metallothionin-II-A-Promotor ($MT\text{-}II_A$) kontrolliert. Als bakterielle Funktionseinheiten sind auf dem Plasmid ein colE1-Replikationsursprung und ein ß-Lactamase-Gen enthalten.

Die verwendete CHO-Zell-Linie wächst auf festen Oberflächen und ist nicht in der Lage, in Suspension zu wachsen. Aus diesem Grund werden der Kultur ungefähr 0,2 mm große Kügelchen zugegeben, die als *Microcarrier* für die Zellen dienen. Anderseits sind aber die Kügelchen so klein, daß sich die Zellen in einer „quasi Suspensionskultur" fermentieren lassen. Es wurde ein Produktions-Prozeß etabliert, der als kontinuierlich laufender Perfusions-Fermentations-Prozeß einzustufen ist.

Reinigungsverfahren und Maßnahmen zur biologischen Sicherheit

Der Produktionsklon (CHO.FSH.30) wird unter aseptischen Bedingungen zunächst in serumhaltigem Medium auf Zellkonzentrationen von ca. 10^7 pro ml angezüchtet. Die Perfusionsrate beträgt bei der maximalen Zellkonzentration ungefähr ein Fermenter-Volumen pro Tag.

Wenn diese Bedingungen erreicht sind, wird das Medium gegen ein definiertes, serumfreies Medium ausgetauscht. Unter diesen Bedingungen kann eine kontinuierliche Kultur mindestens drei Monate lang aufrecht erhalten werden, ohne daß es zu Produktions-Verlusten kommt. Rekombinantes FSH wird aus dem gesammelten Kulturüberstand in einer Reihe von chromatographischen Aufreinigungsschritten isoliert. Die chromatographische Aufreinigung beinhaltet

- Anionen- und Kationen-Austausch-Chromatographie,
- hydrophobe Interaktions-Chromatographie,
- Molekularsieb-Chromatographie.

Die Ausbeute beträgt mehr als 50 %. Das Endprodukt kommt als lyophilisiertes Protein in den Handel.

Wird das Produkt unter nichtreduzierenden Bedingungen auf einem SDS-Gel untersucht, so läuft das Protein als intaktes alpha/beta-Dimer. Nur Spuren (weniger als 1 %) einzelner Untereinheiten sind in dem Produkt nachweisbar. Der CHO-Protein-Anteil bzw. der Protein-Anteil aus dem Kulturmedium liegt unterhalb von 1 bis 20 ppm. Die Konzentration an kontaminierender DNA liegt für das gereinigte rhFSH unter 10 pg DNA pro 500 I.U.

Das rekombinante FSH ist glycosyliert. Bei den Polysacchariden handelt es sich um typische Vertreter N-verknüpfter komplexer Oligosaccharide. Ungefähr 50 % der Oligosaccharide des r-hFSH enthalten Fucose-Einheiten. Diese kommen allerdings nur in der beta-Untereinheit nicht aber in der alpha-Untereinheit vor. Der Gehalt an N-Acetylglucosamin und Galactose deutet an, daß ein Durchschnitts-Oligosaccharid ca. 2,5 Antennen enthält, von denen ca. 80 % Sialinsäurereste enthalten. Im Durchschnitt tragen die alpha- und beta-Untereinheit zwei bis drei Antennen-Oligosaccharide.

Eine genauere Sequenzanalyse der Oligosaccharide ergab, daß die Unterschiede zwischen dem natürlichen, hypophysären FSH und dem rekombinanten FSH gering sind, wobei allerdings auffällt, daß verzweigte N-Acetylglucosamine im rekombinanten FSH fehlen. Ferner ist die N-Acetylneuraminsäure in einer alpha2→3-Konformation angeordnet, wohingegen sie im natürlichen FSH sowohl in alpha2→3- als auch in alpha1→6-Konformation vorkommt.

Das rekombinante FSH ist nicht nur bioaktiv, sondern bezüglich seiner Bioaktivität auch praktisch nicht unterscheidbar von natürlichem FSH aus dem Urin postmenopausaler Frauen. Auch ist das Hormon-Muster des rekombinanten Präparats dem von natürlichem FSH sehr ähnlich. Dieses FSH-Isohormon-Muster ist ein wichtiges Identifikationsmerkmal, denn je nach Kulturbedingungen kann das Isohormon-Muster unterschiedlich ausgeprägt sein.

Zusammenfassung/Schlußbewertung

In klinischen Studien erwies sich Puregon® als äußerst wirksam, da im Vergleich zu natürlichem FSH mehr Eizellen für den Transfer gewonnen werden konnten. Infolge dessen verbesserten sich auch die Chancen auf eine Schwangerschaft – unter Einbeziehung der kryokonservierten befruchteten Eizellen – von 20 auf rund 25 %.

Puregon® enthält vergleichsweise mehr basische Isoformen des FSHs als urinäres FSH. Ob hierin der Grund für die bessere Wirksamkeit zu suchen ist, ist nicht bewiesen. Allerdings binden die basischen Isoformen stärker an die Rezeptoren und sind damit anscheinend weniger bioverfügbar, was durch niedrigere Plasmaspiegel angezeigt wird. Sie sind aber bioaktiver und werden schneller aus dem Körper eliminiert als die sauren Isoformen.

Rekombinantes FSH scheint eine Reihe von besonderen Vorteilen in sich zu vereinigen:
- Das Präparat enthält keine humanen urinären Proteine.
- Es bietet Sicherheit durch eine mehr als 90 %ige Reinheit (keine Verunreinigungen, hohe Chargenkonsistenz).
- Es besitzt ein natürliches Isohormonprofil.
- Es bietet Therapiekomfort (größere Flexibilität durch eine neue Dosierung), höhere Effizienz (niedrigere Gesamtdosis, kürzere Behandlungszeiten) und höhere Effektivität (mehr Oozyten, mehr Schwangerschaften).

Anwendungsgebiete/Zulassung

Puregon® ist zur Behandlung der weiblichen Unfruchtbarkeit bei folgenden klinischen Erscheinungsbildern angezeigt:
- Anovulation bei Frauen, die auf eine Behandlung mit Clomifencitrat nicht ansprechen.
- Kontrollierte ovarielle Überstimulation zur Induktion multipler Follikel für die künstliche Befruchtung. Dazu gehören die *in-vitro*-Fertilisation/Embryotransfer (IVF/ET), der intratubare Gametentransfer (GIFT) und die intrazytoplasmatische Spermieninjektion (ICSI).

Gonal-F®, ein rekombinantes Follikel-stimulierendes Hormon (FSH) der Firma Serono

Gonal-F® enthält rekombinantes, humanes, Follikel-stimulierendes Hormon (r-hFSH, Follitropin-alpha), das in einer Ovarial-Zell-Linie des Chinesischen Hamsters (CHO) produziert wird.

Expressionsplasmid und das Wirt-Vektor-System

Bei Serono entschied man sich, konsequent die kompletten genomischen Kopien der Gene für die alpha- und beta-Untereinheit des Follikel-stimulierenden Hormons (FSH) in Expressions-Vektoren zu integrieren.
- Das Gen für die alpha-Untereinheit wurde mit Fragmenten aus der cDNA isoliert. Dieses Gen besteht aus vier *Exons,* die durch drei *Introns* voneinander getrennt sind. Innerhalb der *Introns* befinden sich Sequenzbereiche, die die Expression des Gens zu steigern scheinen. Das war der Grund, weshalb man von dem gängigen Konzept abwich, eine cDNA als Gen für ein rekombinationstechnisch hergestelltes Produkt zu verwenden, und weshalb man statt des-

A

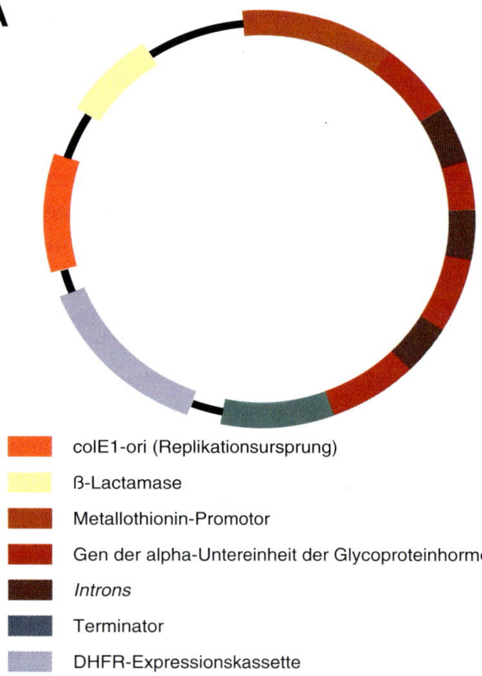

B

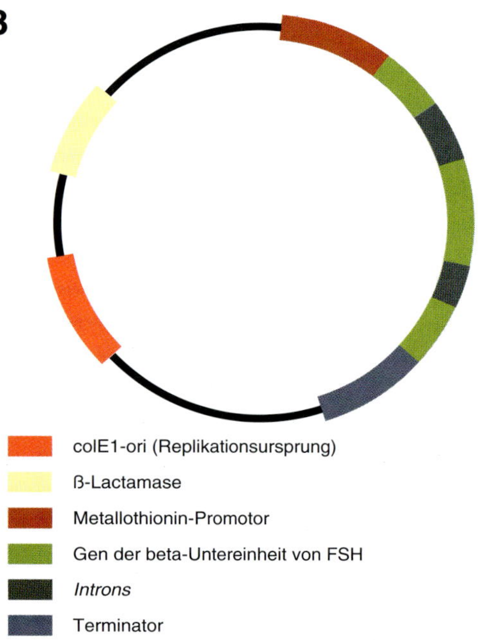

Abb. 6.6.15 Expressionsplasmide zur Herstellung des in Gonal-F® enthaltenen rekombinanten FSHs.
A. Das Gen für die alpha-Untereinheit wurde als genomische Kopie in das Expressionsplasmid integriert. Dieses Gen wird durch einen murinen Metallothionin-Promotor kontrolliert. Zusätzlich enthält das Plasmid eine Expressionskassette für eine Dihydrofolat-Reduktase.
B. Die beta-Untereinheit wird ebenfalls durch die genomische Kopie codiert und von einem murinen Metallothionin-Promotor kontrolliert. Dieses Plasmid trägt keinen Selektions-Marker für eukaryontische Zellen.
Als bakterielle Funktionseinheiten enthalten beide Plasmide einen colE1-Replikationsursprung und ein ß-Lactamase-Gen.

sen die genomische Kopie in einen Expressions-Vektor integrierte.

- Die beta-Untereinheit wurde mit degenerierten *Primern* identifiziert (siehe Kapitel 2.4, Abb. 2.4.29), die man von der bekannten Proteinstruktur abgeleitet hatte. Dieses Gen besteht aus drei *Exons,* die durch zwei *Introns* voneinander getrennt sind.

Die beiden Gene wurden in zwei verschiedene Expressions-Vektoren integriert (Abb. 6.6.15 A und 6.6.15 B). In beiden Fällen wurden die natürlichen Promotoren entfernt und jeweils durch den Metallothionin-Promotor aus der Maus ersetzt. Zusätzlich enthält das Expressionsplasmid für die alpha-Untereinheit ein in Säugern exprimierbares Dihydrofolat-Reduktase-Gen (DHFR-Gen).

Beide Plasmide wurden durch Calciumphosphat-Präzipitation in eine CHO-DUKX-Zell-Linie cotransfiziert. Diese Zell-Linie besitzt kein funktionsfähiges Dihydrofolat-Reduktase-Gen (dhfr$^-$), so daß nicht-transfizierte Zellen auf exogen zugeführte Nukleotide angewiesen sind. Bei transfizierten Zellen wird dieser Defekt jedoch durch einen der beiden Expressions-Vektoren komplementiert, so daß die Zellen in einem Medium wachsen können, das nicht mit Nukleotiden supplementiert ist.

In einer zweiten Selektionsphase wurden Hochleistungszellen nach Zusatz steigender Konzentrationen von Methotrexat zum Medium selektioniert. Schließlich wurde eine Zell-Linie isoliert, die auch ohne Methotrexat genetisch stabil war und mit hoher Effizienz biologisch aktives FSH produzierte. Dieser Klon wurde expandiert, und es wurde von dieser klonalen Kultur eine *Master*-Zellbank und eine *Working*-Zellbank angelegt, die in Aliquoten kryokonserviert wurde.

Reinigungsverfahren und Maßnahmen zur biologischen Sicherheit

Der Produktions-Prozeß, in dessen Verlauf die transfizierten CHO-Zellen aktives FSH ins Medium sezernieren, beginnt mit einer *skaling-*

up-Phase. In dieser Phase werden die aus der *Working*-Zellbank entnommenen Zellen zunächst in Kulturflaschen angezüchtet und dann in *Roller-bottles* (siehe Kapitel 5.2) expandiert. Danach mischt man *Mikrocarrier* zu, an die sich die Zellen anheften und transferiert den Fermentationsansatz in einen Bioreaktor. Der Reaktor wird kontinuierlich mit Medium perfundiert. Dabei werden Bedingungen eingestellt, die es einerseits erlauben, daß sich die Zellen auf den *Mikrocarriern* festsetzen, andererseits sich aber auch vermehren können. Nach dieser Adaptationsphase wird das erste Medium langsam durch ein Medium ersetzt, das für die r-hFSH-Produktion optimiert ist. Dieses Medium wird gesammelt, um aus ihm das rekombinante FSH aufzureinigen.

Der Aufreinigungsprozeß besteht aus 6 Schritten, einem Ultrafiltrationsschritt und fünf chromatographischen Verfahren. Alle diese Reinigungsschritte wurden validiert, wodurch sichergestellt wurde, daß der Wirkstoff weder durch virale Kontaminationen noch durch Zell-Protein oder zelluläre DNA verunreinigt ist. Eine zentrale Stellung nimmt in diesem Prozeß ein Immunaffinitäts-Verfahren ein, bei dem der Wirkstoff spezifisch an einen immobilisierten monoklonalen Antikörper gegen FSH gebunden wird.

Bezogen auf die Reinheit sind die rekombinanten FSH-Wirkstoffe allen natürlichen Präparaten weit überlegen. Während letztere Präparate pro Ampulle ca. 500 µg Protein enthalten, von denen nur 5–9 µg bioaktives FSH repräsentieren, sind rekombinante Präparate viel reiner und enthalten 5–9 µg Protein, das zu mehr als 99 % aktives FSH repräsentiert. Es liegt auf der Hand, daß dies ein großer Vorteil ist. Denn durch die hohe Reinheit werden Irritationen an der Einstichstelle und unerwünschte immunologische Reaktionen weitestgehend vermieden. Schließlich ist rekombinantes FSH frei von LH-Aktivitäten, so daß man nur bei solchen Präparaten von wirklichen Monotherapeutika sprechen kann. Auch degradierte Moleküle, die selbst in hochaufgereinigten natürlichen Präparaten immer nachzuweisen sind, fehlen bei den rekombinanten Präparaten (Abb. 6.6.16 und 6.6.17).

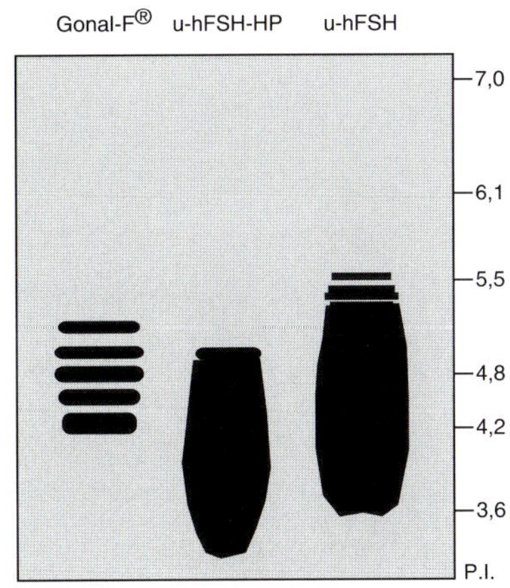

Abb. 6.6.16 HPLC-Chromatogramm von rekombinantem und hochaufgereinigtem natürlichem FSH. Selbst hochaufgereinigtes natürliches FSH (u-hFSH-HP) enthält signifikante Mengen an FSH-Degradationsprodukten, die bei rekombinanten Präparaten praktisch völlig fehlen.

In der Aminosäuresequenz stimmt das rekombinante FSH mit urinärem oder hypophysärem FSH völlig überein. Die gleichen Asparaginreste sind glycosyliert, und die Rezeptorbindungsaktivitäten sind für die unterschiedlichen Präparate identisch. Nicht identisch aber dennoch sehr ähnlich sind das Isoformmuster und die genaue Zusammensetzung der Zuckerseitenketten. Verglichen mit u-hFSH enthält r-hFSH geringfügig mehr ba-

Präparation	FSH-Quelle	FSH-Aktivität (IU/Ampulle)	LH-Aktivität (IU/Ampulle)	Spezifische Aktivität (IU FSH/mg Protein)	Anteil humaner nicht-FSH-Proteine
HMG	Urin	75	75	75 - 150	> 95 %
u-hFSH	Urin	75	< 0,7	100 - 150	> 95 %
u-hFSH-HP	Urin	75 - 150	< 0,001	10.000	< 1 %
r-hFSH	CHO-Zellen	75 - 150	keine	10.000	keine

Tabelle 6.6.3 Pharmazeutische FSH-Präparationen

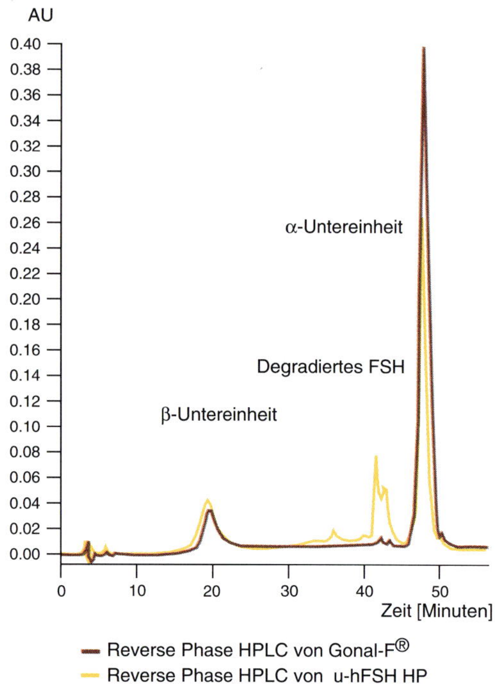

Abb. 6.6.17 HPLC-Analyse von Gonal-F® (braun) und einer u-FSH-HP-Kontrolle (gelb).

sische Isoformen, so daß in der isoelektrischen Fokussierung für r-hFSH Isoformen in einem pH-Bereich von 3,5–6,1 detektierbar sind. Unter gleichen Bedingungen detektiert man für u-hFSH Isoformen in einem pH-Bereich von 3–5,5.

Anwendungsgebiete/Zulassung

Gonal-F® ist zugelassen

- zur Stimulation einer multifollikulären Entwicklung (Superovulation) bei Frauen zur Vorbereitung auf eine Technik der assistierten Konzeption wie die *in-vitro*-Fertilisation (IVF) oder des intratubaren Gametentransfers (GIFT).

Zusammenfassung/Schlußbewertung

In einer prospektiven, randomisierten, doppelblinden, bizentrischen Vergleichsstudie mit rekombinantem FSH (r-hFSH) und einem hochreinen urinären FSH (u-hFSH-HP) konnte eine klare Überlegenheit des rekombinanten Produktes demonstriert werden. Bei kürzerer Stimulationsdauer und geringerer Anzahl von Ampullen konnten unter Gonal-F® mehr Oozyten gewonnen werden und bei mehr Patientinnen ein Embryonentransfer durchgeführt werden. Die höhere Wirksamkeit des rekombinanten FSH könnte nach Ansicht der Autoren dieser Studie durch Unterschiede im Isoformenprofil begründet sein. Es könnte aber auch die höhere Reinheit eine Rolle spielen, beispielsweise dadurch, daß FSH-hemmende Substanzen in dem rekombinanten Präparat fehlen. Außerdem enthält das urinäre Präparat einen erheblichen Prozentsatz an degradierten Formen, die beim rekombinanten Präparat praktisch fehlen.

Die gute Wirksamkeit von Gonal-F® wurde in dieser ersten prospektiven Studie belegt durch:

- weniger Stimulationsabbrüche,
- mehr Oozyten,
- mehr Patientinnen mit Embryonentransfer,
- kürzerer Stimulationsdauer und damit weniger applizierten Dosen.

6.7 Desoxyribonuklease

Biochemische und pharmakologische Grundlagen

Es mag verwundern, unter der Präparategruppe „Expektorantien“ in der Roten Liste einen rekombinanten Wirkstoff zu finden. In der Tat handelt es sich hierbei um eine Substanz, die symptomatisch das Abhusten von Schleim bei einer ganz bestimmten Patientengruppe – hier allerdings signifikant – verbessert. Der Wirkstoff ist DNase I, also ein DNA-degradierendes Enzym, das bei lokaler Anwendung die DNA im Pulmonalschleim von Mukoviszidose-Patienten degradiert und damit die Viskosität dieses zähen Schleims deutlich herabsetzt. Dadurch wird den Patienten das Abhusten des Schleims stark erleichtert.

Die Mukoviszidose oder Cystische-Fibrose (CF) ist die häufigste, tödlich verlaufende Erbkrankheit bei Kaukasiern. Ungefähr 30.000 Personen in Nordamerika und über 20.000 Europäer leiden an CF. In Deutschland gibt es ca. 6.000 CF-Patienten.

Die Cystische-Fibrose ist eine autosomal rezessive Erkrankung. Die Krankheit wird also dann manifest, wenn ein Kind von seinen Eltern zwei defekte Kopien des auf dem Chromosom 7 gelegenen CF-*Transmembrane-Conductance*-Regulator-Gens (CFTR) geerbt hat. Defekte CFTR-Gene sind in der Gesamtbevölkerung sehr weit verbreitet. Nahezu jeder 25. in der Bevölkerung ist Träger eines defekten CFTR-Gens. Da der Gendefekt jedoch rezessiv ist, wird die Krankheit nur dann ausgeprägt, wenn eine Person zwei defekte Gene auf den beiden homologen Chromosomen besitzt. Die Wahrscheinlichkeit, daß beide Eltern Träger eines defekten Gens sind, beträgt 1:625. Im statistischen Durchschnitt leidet eines von vier Kindern eines solchen Ehepaares an CF. Dies entspricht der bei Lebendgeborenen beobachteten Häufigkeit von 1:2.500.

Die Erkrankung beruht primär auf einer ausgedehnten Funktionsstörung der exokrinen Drüsen, die zu einer breiten Palette von Symptomen und Komplikationen führt. Die Sekrete der Schleimdrüsen in den Lungen und im Verdauungstrakt sind gewöhnlich dick und zähflüssig. Diese Veränderungen führen zu verschiedenen klinischen Komplikationen, beispielsweise zur Entwicklung einer chronisch, eitrigen Bronchitis mit Zerstörung von Lungengewebe, einer zur Malabsorption führenden Pankreas-Insuffizienz, *Diabetes mellitus*, Lebererkrankungen und Unfruchtbarkeit bei Männern. Wegen der Malabsorption tritt bei 85 % der CF-Patienten eine Mangelernährung auf. Die mittlere Überlebenszeit von CF-Patienten beträgt zur Zeit rund 29 Jahre.

Mehr als 90 % der CF-Patienten sterben an respiratorischen Komplikationen bzw. an den Folgen pathologischer Lungenveränderungen. Typisch für die Lungenveränderungen sind Verlegungen der Atemwege durch Ansammlung dicker, eitriger Sekrete, wiederholte Infektionen der Atemwege sowie eine fortschreitende Veränderung der Lungenfunktion. Wegen der mangelnden Selbstreinigung durch effizientes Abhusten der sich ständig bildenden Sekrete kommt es zu einer dauernden Besiedlung der Atemwege mit Bakterien. Oft findet schon vor dem dritten Lebensjahr eine Besiedlung mit *Staphylococcus aureus* und *Pseudomonas aeruginosa* statt. Aus diesem Grund ist eine der wichtigsten Behandlungsmethoden eine agressive Antibiotika-Therapie, die in manchen Zentren unabhängig von Symptomen regelmäßig alle drei Monate verabreicht wird.

Als Ursache für die Ansammlung des trockenen und zähen Schleims vermutet man, daß den Epithelzellen infolge des defekten CFTR-Proteins Natrium- und Chloridionen sowie Wasser entzogen wird. Gleichzeitig sammeln sich Leukozyten – vorwiegend Neutrophile – in großer Zahl als Folge der Infektionen in den Atemwegen an. Diese Neutrophilen zerfallen mit der Zeit, wodurch die DNA dieser Zellen freigesetzt wird und die Viskosität des Schleims nochmals deutlich erhöht. Die DNA-Konzentration beträgt in dem eitrigen Lungensekret ungefähr 3 bis 14 mg/ml und macht ungefähr 3 bis 4 % der festen Bestandteile im CF-Sputum aus. Reine DNA-Lösungen dieser Konzentration sind bereits sehr viskös.

Die Ratio einer lokalen DNase-Behandlung beruht somit darauf, diese extrazelluläre DNA enzymatisch zu hydrolysieren und damit die Viskosität des Schleims zu verringern. Dadurch wird das Abhusten des sich ständig neubildenden Schleims deutlich erleichtert.

Auf der Basis dieser Überlegungen wurde Rinder-Pankreas-DNase I bereits 1958 in der USA zur Therapie beim Menschen zugelassen. Sehr bald wurden allerdings unerwünschte Nebenerscheinungen beobachtet. Aus diesem Grund wurde die Behandlung mit Rinder-Pankreas-DNase wieder verlassen.

Erst durch die Verfügbarkeit rekombinanter humaner DNase I (Dornase α) wurde es möglich, diesen rationalen Therapieansatz nochmals neu zu überprüfen. DNase I (Abb. 6.7.1) ist eine Endonuklease, die man normalerweise in Speichel, Urin, Pankreas-Sekret und im Blut findet, wo sie extrazelluläre DNA zu Oligonukleotiden hydrolysiert. Nach umfangreichen klinischen Studien wurde humane Dornase α als Pulmozyme® 1995 für die Therapie beim Menschen zugelassen.

Rekombinante humane DNase (rhDNase) verringert rasch die Viskosität von eitrigem CF-Sputum und wandelt dieses von einem unbeweglichen Gel in ein flüssiges Sekret um. Die pharmakologische Wirkung besteht in der Spaltung der im eitrigen Sekret vorhandenen DNA mit hohem Molekulargewicht. Der genaue Mechanismus, durch welchen die Hydrolyse der extrazellulären DNA bei der CF die Elimination der Atemwegssekrete erleichtert, ist jedoch noch unbekannt. Man konnte jedoch zeigen, daß nach der Behandlung entnommenes Sputum weniger DNA mit hohem Molekulargewicht enthält als die vor der Behandlung entnommene Probe. In Bezug auf das totale Sputumvolumen besteht jedoch zwischen einer Placebogruppe und einer Gruppe, die den Wirkstoff erhalten hatte, kein signifikanter Unterschied.

Die Struktur der menschlichen Desoxyribonuklease I

Dornase α ist ein Glycoprotein aus 260 Aminosäuren, das als Prä-Protein mit 282 Aminosäure synthetisiert wird. Das Molekulargewicht der DNase I liegt zwischen 30 bis 40 kDa (Abb. 6.7.1). Der relativ große Molekulargewichtsbereich ergibt sich durch einen stark variierenden Glycosylierungsgrad innerhalb einzelner Moleküle. Zwar sind in dem Molekül nur zwei Asparagin-Reste durch Zuckerketten modifiziert. Allerdings sind die Detailstrukturen der beiden Ketten relativ variabel.

Pulmozyme®, Dornase alfa (DNase) der Firma Hoffmann-La Roche

Pulmozyme® enthält rekombinante humane Desoxyribonuklease I (Dornase alfa, DNase). Das Präparat ist als sterile, klare, farblose Lösung in einer Konzentration von 1,0 mg/ml im Handel. Zusätzlich sind enthalten 0,15 mg/ml Calciumchlorid-Dihydrat und

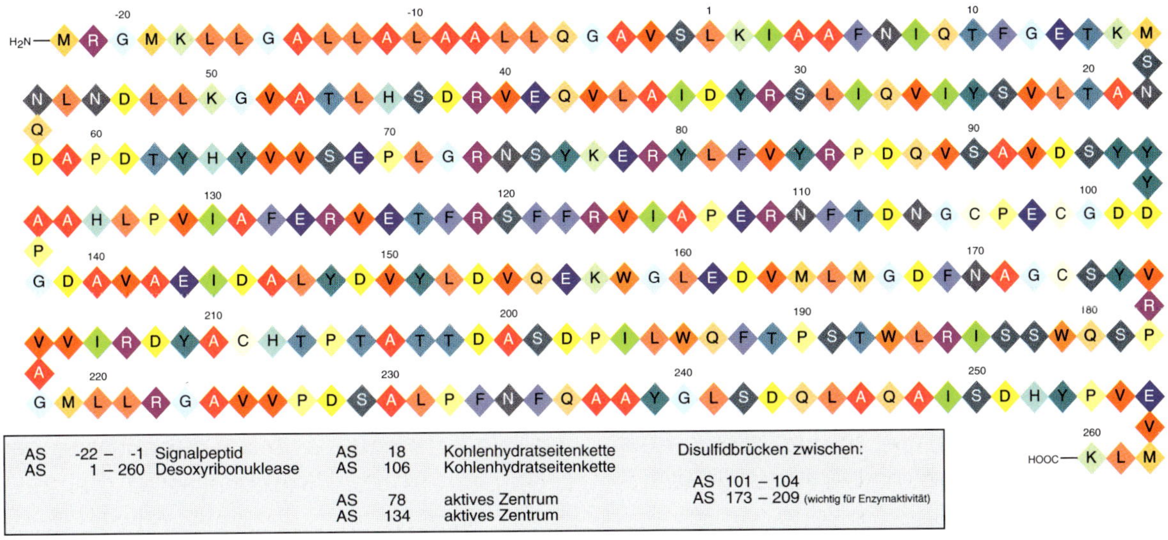

Abb. 6.7.1 Primärsequenz der humanen extrazellulären DNase I.

8,77 mg/ml Natriumchlorid. Calcium-Ionen sind erforderlich, damit das Enzym seine volle Aktivität entfalten kann. Natriumchlorid in der eingesetzten Konzentration sorgt für Isotonie. Ansonsten wurden keine weiteren Zusätze verwendet, da die lokale pulmonale Anwendung möglichst reizfrei erfolgen sollte. Das Protein besitzt in der eingesetzten Konzentration eine ausreichende Pufferkapazität, um einen konstanten pH von > 5.0 zu gewährleisten.

Pulmozyme® kommt als Eindosen-Vernebler in den Handel, aus dem 2,5 ml Lösung mit einer Tröpfchengröße von 1–6 µm appliziert werden. Obwohl Pulmozyme® nicht konserviert ist, ist das Präparat 1–2 Jahre stabil.

Expressionsplasmid und das Wirt-Vektor-System

Die cDNA des humanen Gens umfaßt 1039 Basenpaare. Auf dieser cDNA liegt ein langer offener Leserahmen, welcher für ein matures Polypeptid aus 260 Aminosäuren codiert. Weitere 22 Aminosäuren am N-Terminus markieren ein Signalpeptid (Abb. 6.7.1), das dafür sorgt, daß die Translation am rauhen endoplasmatischen Retikulum erfolgt und daß das Protein nach Fertigstellung sezerniert wird. Diese 22 Aminosäuren werden durch eine membranständige Protease abhydrolysiert, so daß sie in der reifen DNase nicht mehr vorhanden sind und die reife DNase auch nicht mit Methionin, sondern mit einem Leucin beginnt. An den Aminosäurepositionen 18 und 106 (40 bzw. 128 im Prä-Protein) befinden sich zwei Asparagin-Aminosäuren, die als potentielle N-Glycosylierungsstellen fungieren können.

Dornase α wird in der Ovarial-Zell-Linie des Chinesischen Hamsters CHO-DP7 exprimiert. Hierzu wurde vor der humanen cDNA eine Promotor/*Enhancer*-Region inseriert, die aus SV40 isoliert wurde. Das resultierende Plasmid pSV16B.DNase wurde dann zusammen mit einem zweiten Plasmid in die CHO-Zell-Linie transfiziert. Dieses zweite Plasmid (pFDII) trägt ein Dihydrofolat-Reduktase-Gen (DHFR). Mit dessen Hilfe gelang es, die Fremd-DNA im Genom der CHO-Zellen stark aufzuamplifizieren. Dazu wurden die transgenen Zellen in Gegenwart steigender Konzentrationen Methotrexat kultiviert und resistente Klone selektioniert.

Reinigungsverfahren und Maßnahmen zur biologischen Sicherheit

Die selektionierte Hochleistungs-Zell-Linie wurde zunächst in einem Produktions-Prozeß mittlerer Größenordnung kultiviert. Mit Hilfe der gewonnenen Dornase α wurden die ersten Phase-I- und Phase-II-Prüfungen sowie die präklinischen pharmakologischen Untersuchungen und Toxizitätsstudien im Tiermodell durchgeführt. Dieser Produktions-Prozeß mußte dann aber verlassen werden, um ausreichende Substanzmengen für die Studien der Phase III sowie für die Bestätigung der Phase-II-Studien zu erhalten. Durch verschiedene Modifikationen konnte eine Erhöhung der Ausbeute auf das Fünf- bis Zehnfache erreicht werden.

Bei der Herstellung der Dornase α kommt es zu einer Desaminierung der Asparaginreste im Enzym. Vollständig desaminierte Dornase α ist etwa halb so aktiv wie ein nicht desaminiertes Enzym. Das Fertigarzneimittel ist zu ungefähr 65 ± 17 % desaminiert.

Anwendungsgebiete/Zulassung

Die tägliche Anwendung von Pulmozyme® führt zu einer Verbesserung der Lungenfunktion und ist angezeigt zur Behandlung der Cystischen-Fibrose (Mukoviszidose) bei Patienten, die älter als 5 Jahre alt sind und deren forcierte Vitalkapazität (FVC) mehr als 40 % des Normalwertes beträgt.

Zusammenfassung/Schlußbewertung

Insgesamt zeigen die Daten aller kontrollierten klinischen Kurz- und Langzeitstudien, daß Pulmozyme® gut verträglich ist und zu einer signifikanten und anhaltenden Verbesserung der Lungenfunktion führt. Es wurde nachgewiesen, daß das Risiko von Exazerbationen von Atemwegsinfektionen abnimmt und die Lebensqualität verbessert wird. Die langzeitige Verabreichung von Pulmozyme® (bis zu 48 Wochen) ist – kombiniert mit einer üblichen Behandlung der CF – in zahlreichen Untersuchungen klinisch stabiler Patienten gut verträglich und wirksam. Die empfohlene Dosis beträgt, soweit nicht anders verordnet, zweimal täglich 2.500 I. E. (= 2,5 mg) Dornase α. Dies entspricht dem Inhalt einer Ampulle zu 2,5 ml Lösung, der unverdünnt inhaliert wird.

Für Patienten, deren FVC-Wert (forcierte Vitalkapazität) ≥ 40 % beträgt und die mindestens 5 Jahre alt sind, können bezüglich einer Dauertherapie mit Pulmozyme®, kombiniert mit der Standardbehandlung der CF, folgende Schlüsse gezogen werden:

- Pulmozyme® vermindert das Risiko symptomatischer Exazerbationen von Atemwegsinfektionen, die einer parenteralen Behandlung mit Antibiotika bedürfen, auch bei Fehlen einer initialen Verbesserung des FEV_1-Wertes (Ein-Sekunden-Kapazität).
- Pulmozyme® verbessert die Lungenfunktion, beurteilt anhand der Werte für FEV_1 und FVC.
- Pulmozyme® vermindert die Morbidität im Zusammenhang mit CF und führt zu einer Verbesserung der Atemnot, des allgemeinen Wohlbefindens und der Symptome im Zusammenhang mit CF.
- Pulmozyme® senkt die Zahl der im Krankenhaus verbrachten Tage, der Tage, an denen parenteral Antibiotika verabreicht werden, sowie der Tage, die wegen einer Erkrankung im Zusammenhang mit CF zu Hause verbracht werden.
- Pulmozyme® ist gut verträglich.

Abschließend läßt sich sagen, daß eine Dauertherapie mit Pulmozyme® in Verbindung mit der Standardtherapie der CF zur Behandlung von Patienten mit CF angezeigt ist.

6.8 Gentechnisch hergestellte ß-Glucocerebrosidase zur Behandlung der Gaucher-Krankheit

Biochemische und pharmakologische Grundlagen

Die Gaucher-Krankheit ist eine meist autosomal rezessiv vererbte Sphingolipidose, die auf einen Mangel an dem Enzym ß-Glucocerebrosidase (EC 3.2.1.21) beruht. Man schätzt die Zahl der Betroffenen in den USA auf > 20.000. Mehr als 2/3 dieser Patienten gehören zu der Gruppe der Ashkenazi-Juden. Jede 13. Person in dieser Gruppe ist heterozygoter Träger eines „defekten" Allels.

Das Enzym ß-Glucocerebrosidase ist ein intrazelluläres Protein, das in den Lysosomen der Makrophagen und anderer phagozytierender Zellen lokalisiert ist und dort für den Katabolismus des im Stoffwechsel anfallenden Glucocerebrosids (Abb. 6.8.1) zuständig ist. Beim Morbus-Gaucher-Typ-I kommt es wegen des Enzymdefekts zur Akkumulation von Glucocerebrosiden, vor allem in den Zellen des retikuloendothelialen Systems. Besonders Gewebemakrophagen reichern Cerebroside in starkem Maße an. Diese Makrophagen finden sich typischerweise in der Leber, in der Milz, im Knochenmark und gelegentlich auch in der Lunge, Niere und im Verdauungstrakt. Primäre Symptome sind Hepatosplenomegalie, Veränderungen im Knochenmark, Anämie und Thrombozytopenie sowie Veränderungen in der Knochenstruktur. Vereinzelt kann es auch zur Beteiligung der Lungen und Nieren kommen. Beim Morbus-Gaucher-Typ-II und -III ist außerdem das Nervensystem betroffen.

Erste Versuche, die Symptome durch eine Substitution mit dem fehlenden Enzym zu lindern, wurden bereits Ende der siebziger Jahre unternommen. Die Behandlungsversuche scheiterten jedoch daran, daß das Enzym vorwiegend in die Leberzellen, nicht jedoch in die phagozytierenden Zellen aufgenommen wurde, so daß kaum eine Besserung der klinischen Symptomatik erreicht werden konnte.

Der Arbeitsgruppe um Norman Barton und Roscoe Bardy vom NIH gelang Anfang der neunziger Jahre der Durchbruch. Sie setzten zur Substitution des defekten Enzyms eine modifizierte Glucocerebrosidase ein. Dazu muß man zunächst einmal wissen, daß ß-Glucocerebrosidase ein Glycoprotein ist, das N-glycosidische Modifikationen sowohl vom Mannose-reichen Typ (*high-mannose*-Typ) als auch vom komplexen Typ enthält (Abb. 6.8.2). Die Rationale des Ansatzes von Barton und Dardy bestand darin, daß man konsequent die Entdeckung umsetzte, daß Makrophagen an ihrer Oberfläche Rezeptoren für einen Mannoserest tragen, der als Erkennungsmarker für eine zielgerichtete Endozytose der ß-Glucocerebrosidase geeignet sein sollte. Aus diesem Grund wurde das Enzym derart modifiziert, daß durch enzy-

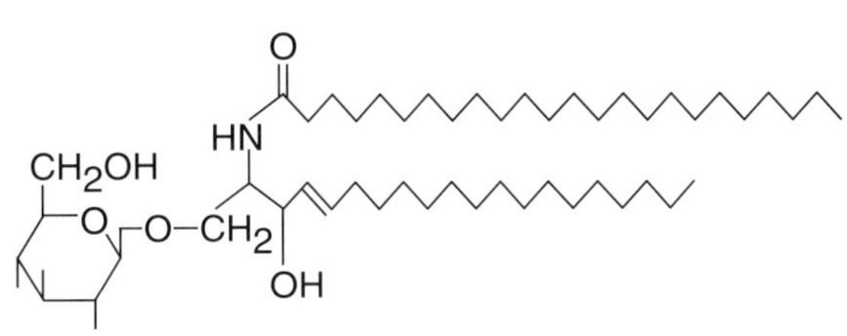

Abb. 6.8.1 Glucocerebrosid Patienten, die an Morbus-Gaucher leiden, können Glucocerebrosid nicht zu Glucose und Sphingosin abbauen, da ihnen das Enzym ß-Glucocerebrosidase fehlt.

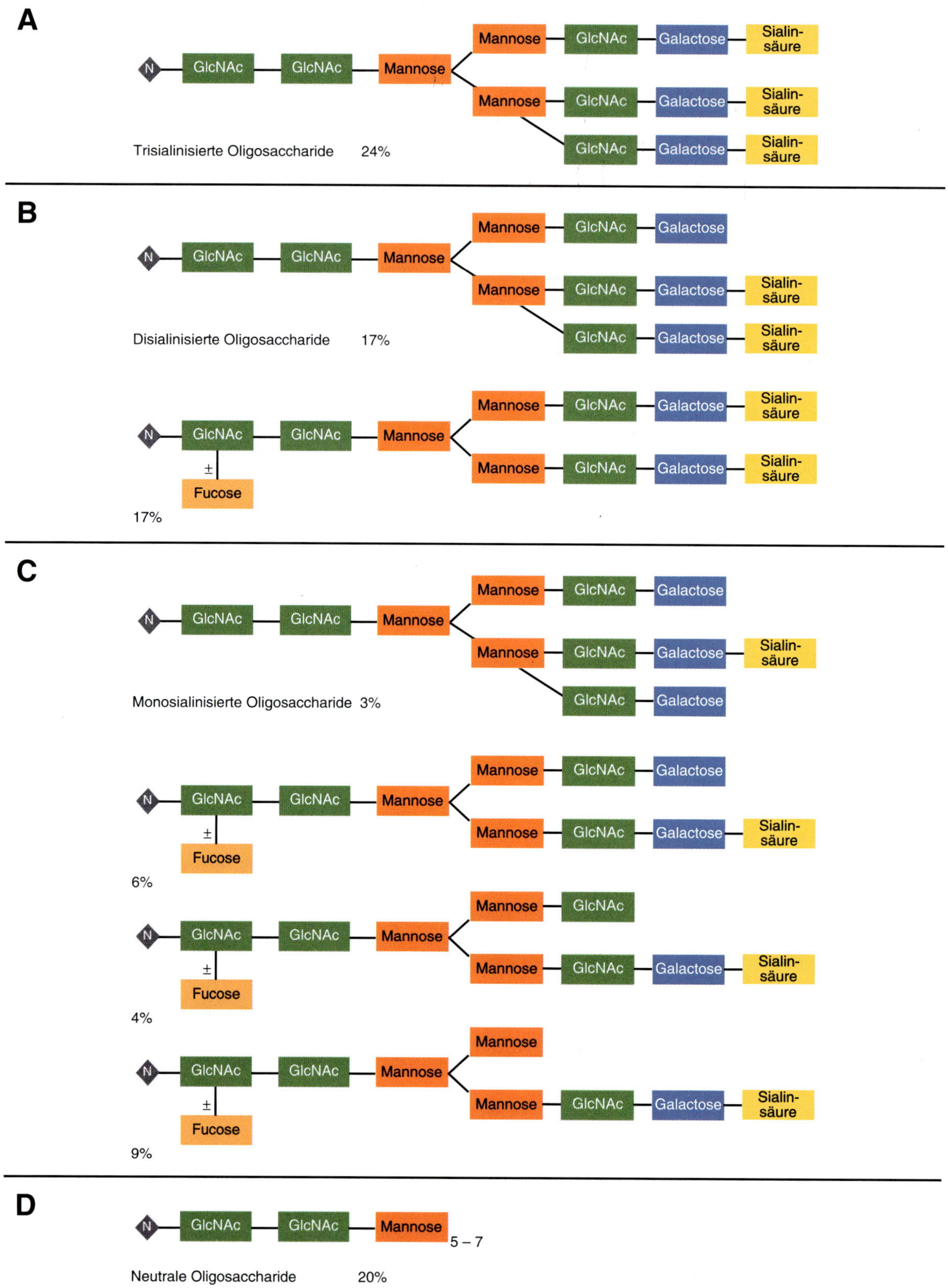

Abb. 6.8.2 Zucker-Modifikationen der ß-Glucocerebrosidase. Das humane Enzym besteht zu ca. 12 % seines Molekulargewichts aus Zuckermodifikationen. Alle Modifikationen sind N-glycosidisch an Asparaginreste angehängt. 20 % der Modifikationen repräsentieren neutrale Oligosaccharide vom Mannose-reichen Typ (*high-mannose*-Typ) (**D**). Die restlichen 80 % sind komplexe Zwei- und Dreiantennen-Oligosaccharide mit drei (**A**), zwei (**B**) oder einem (**C**) endständigen Sialinresten.

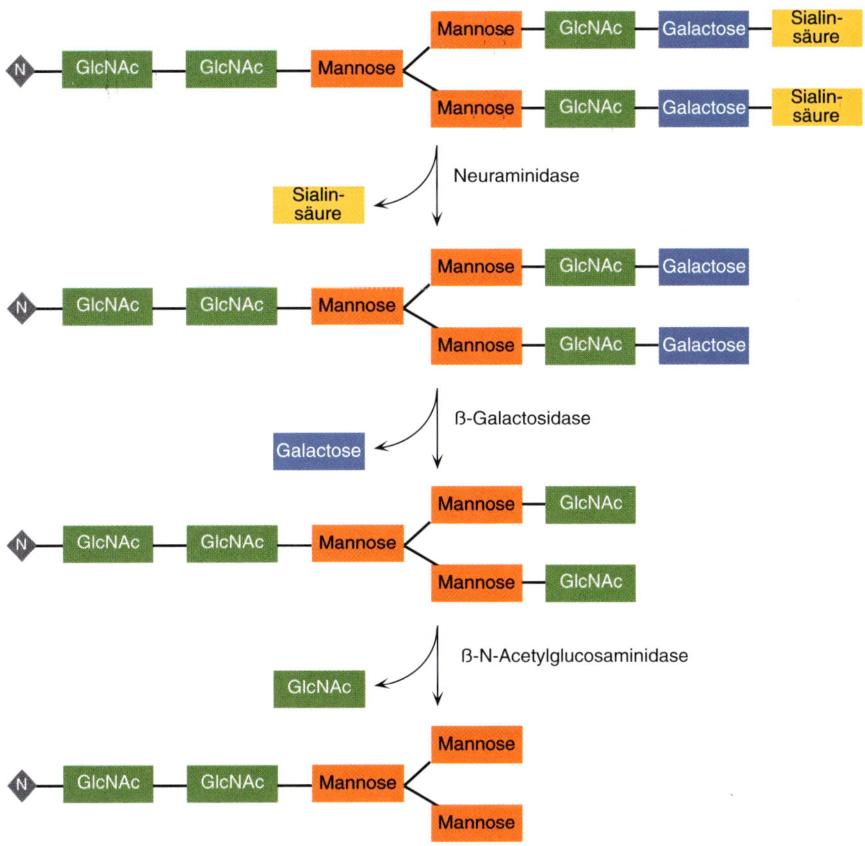

Abb. 6.8.3 Sequenzieller enzymatischer Abbau der Zuckermodifikationen auf humaner plazentarer Glucocerebrosidase. Die Zuckermodifikationen der ß-Glucocerebrosidase werden durch drei Enzyme (Neuraminidase, ß-Galactosidase und ß-N-Acetylglucosaminidase) bis zu den Mannose-Resten abgebaut.

matische Behandlung die terminalen Zuckermodifikationen bis zur Mannose abhydrolysiert wurden (Abb. 6.8.3). Tatsächlich gelang es dadurch, die Inkorporation des systemisch zugeführten Enzyms in die Makrophagen um ein Vielfaches zu steigern.

Bisher stand zur symptomatischen Behandlung des Morbus-Gaucher der Wirkstoff Aglucerase in Form des Arzneimittels Ceredase® zur Verfügung. Dabei handelt es sich um ein ß-Glucocerebrosidase-Konzentrat, das aus humaner Plazenta isoliert wurde.

Seit kurzem ist mit dem Wirkstoff Imiglucerase (Handelsname Cerezyme®) ein rekombinantes Produkt zur Behandlung der Gaucher-Krankheit zugelassen.

Cerezyme®: Eine rekombinante, modifizierte ß-Glucocerebrosidase der Firma Genzyme

Cerezyme® enthält als Wirkstoff Imiglucerase. Dies ist ein Analogon der humanen ß-Glucocerebrosidase (ß-D-Glycosyl-N-Acylsphingosin-Glycohydrolase, E.C. 3.2.1.45), die in Ovarial-Zellen des Chinesischen Hamsters (CHO-Zellen) produziert wird. Das rekombinante Protein wird mit mehreren zuckerspaltenden Enzymen behandelt, um ein Derivat zu erhalten, dessen Zuckermodifikationen vornehmlich mit einer Mannose enden.

Pro Ampulle sind ferner 155 mg Mannitol, 70 mg Natriumcitrat, und 0,53 mg Polysorbat 80 (NF) enthalten.

Eine Enzymeinheit (U) ist definiert als die Menge Enzym, die bei 37 °C pro Minute die Hydrolyse von 1 µg des synthetischen Substrats para-Nitrophenyl-ß-D-Glycopyranosid (pNP-Glc) katalysiert.

Cerezyme® wird bei 2–8 °C gelagert. In einer Ampulle sind 212 U enthalten, die mit 5,1 ml sterilem Wasser zur Injektion rekonstituiert werden. Es resultieren 5,3 ml einer Lösung mit 40 U/ml. Die rekonstituierte Lösung besitzt einen pH von ca. 6,1.

Die Struktur der humanen ß-Glucocerebrosidase

Die humane ß-Glucocerebrosidase (EC 3.2.1.21) ist ein monomeres Glycoprotein mit 497 Aminosäuren (Abb. 6.8.4). 12 % des Molekulargewichts von ca. 67 kDa repräsentieren Zuckermodifikationen (siehe Abb. 6.8.2), die N-glycosidisch an Asparaginsäurereste gebunden sind.

Das Gen für die ß-Glucocerebrosidase enthält elf *Exons* (Abb. 6.8.5). Es wurde auf

AS	-39 – -1	Signalpeptid	AS	19	Kohlenhydratseitenkette
AS	1 – 497	Glucocerebrosidase	AS	59	Kohlenhydratseitenkette
			AS	146	Kohlenhydratseitenkette
AS	235	möglicher Protonendonor	AS	270	Kohlenhydratseitenkette
AS	340	Nucleophil	AS	462	Kohlenhydratseitenkette

Abb. 6.8.4 Aminosäuresequenz der humanen ß-Glucocerebrosidase. ß-Glucocerebrosidase wird als Vorläuferprotein von 536 Aminosäuren synthetisiert. Das reife Protein besteht allerdings nur aus 497 Aminosäuren. Die ersten 39 Aminosäuren des Primärtranskriptes dienen dazu, die Biosynthese an das endoplasmatische Retikulum und dann das Protein in die Lysosomen zu dirigieren. Dort baut die ß-Glucocerebrosidase dann die anfallenden Glucocerebroside zu Glucose und Ceramid ab. An fünf Stellen ist das Protein N-glycosyliert.

Chromosom 1 in der Region q31 lokalisiert. Eine Vielzahl alleler Varianten dieses Proteins (Abb. 6.8.6) sind bisher beschrieben worden. Alle dieser Varianten führen zu einer mehr oder weniger starken Ausprägung der Gaucher-Krankheit. Dies ist zunächst einmal erstaunlich, da es sich ja bei der Gaucher-Krankheit um eine Erbkrankheit handelt, die sehr stark in bestimmten ethnischen Gruppen – vor allem unter den osteuropäischen Juden – vorkommt. Allerdings dominieren unter den vielen Varianten zwei Allele:

- die N370S-Mutation, die eine schwer verlaufende Form der Gaucher-Krankheit verursacht und
- die L444P-Mutation, die einen milder verlaufenden Krankheitstyp verursacht.

Die cDNA für die ß-Glucocerebrosidase wurde aus einer cDNA-Bank isoliert, die man ausgehend von der mRNA einer fötalen, humanen Lungenfibroblasten-Zell-Linie (WI 38) etabliert hatte.

Imiglucerase unterscheidet sich von plazentaler Glucocerebrosidase durch eine Aminosäuresubstitution an der Position 495. Im Gegensatz zum authentischen humanen Enzym befindet sich an dieser Position nicht die Aminosäure Histidin, sondern die Aminosäure Arginin.

Expressionsplasmid und das Wirt-Vektor-System

Die Firma Genzyme Corporation in den USA begann 1987 mit der Entwicklung von rekombinanter ß-Glucocerebrosidase.

- Einerseits war der Bedarf durch das plazentale Enzym nicht zu decken.
- Andererseits wollte man aber auch ein qualitativ besseres Präparat entwickeln. Das Konzentrat aus plazentaler ß-Glucocerebrosidase enthielt beispielsweise signifikante Mengen an Chorion-Gonadotropin (hCG), die zwar im Laufe der Zeit durch verbesserte Produktion stark reduziert aber nie vollständig entfernt werden konnten. Ferner besteht bei Konzentraten aus humanen Gewebequellen immer die Gefahr, daß sie viral kontaminiert sein könnten.

Nach initialen Versuchen mit Hefe-, Insektenzell- und Säuger-Expressions-Systemen entschloß man sich schließlich, das rekombinante Protein in Ovar-Zellen des chinesischen Hamsters (CHO-dhfr$^-$-Zellen, siehe Kapitel 4.1) zu exprimieren. Die Entwicklung des Expressions-Systems basierte auf der Annahme, daß es sich bei der sauren ß-Glucocerebrosidase um ein intrazelluläres, lysosomales Enzym handelt, das nicht sezerniert wird.

Das Expressionsplasmid (pGB20) ist ein pBR322-Derivat (siehe Abb. 2.4.3) und umfaßt ca. 6,85 kBp (Abb. 6.8.7). Die Expressionskassette enthält in bicistronischer Anordnung sowohl die cDNA-Kopie des humanen ß-Glucocerebrosidase-Gens als auch ein Dihydrofolat-Reduktase-Gen (DHFR-Gen). Beide Informationseinheiten werden also von einem einzelnen Promotor gesteuert. Hierbei handelt es sich um den SV40-Promotor plus *Enhancer*. Am Ende der bicistronischen Expressionskassette befindet sich das SV40 *Enhancer-Intron* und das Polyadenylierungs-Signal.

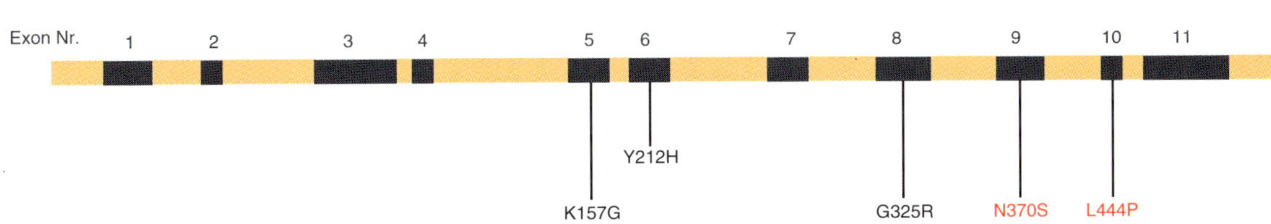

Abb. 6.8.5 Schematische Darstellung des ß-Glucocerebrosidase-Gens. Das Gen besteht aus elf *Exons*. Einige der in Abb. 6.8.6 aufgezeigten Mutationen sind eingezeichnet, darunter auch die N370S- und die L444P-Mutationen, die 80 % aller Allele repräsentieren.

Das Plasmid wurde in CHO-dhfr$^-$-Zellen transfiziert. Diese Zell-Linie besitzt keine funktionsfähige Dihydrofolat-Reduktase (dhfr$^-$). Um wachsen zu können, benötigen die nicht transfizierten Wirts-Zellen daher exogen zugefügtes Adenosin/Desoxyadenosin und Thymin. Transfektanden benötigen hingegen keine Nukleotid-Supplemente. Sie können die Nukleotide mit Hilfe der durch das Expressionsplasmid eingeführten Dihydrofolat-Reduktase selbst synthetisieren. Positive Transfektanden wurden in einem Medium ohne Zusatz von Nukleotiden selektioniert. Anschließend wurden ausgewählte Klone in einem Medium kultiviert, dem langsam steigende Mengen an Methotrexat zugesetzt wurde. Dadurch ließen sich Hochleistungsstämme isolieren, in denen die Expressionskassette in hoher Kopienzahl vorlag.

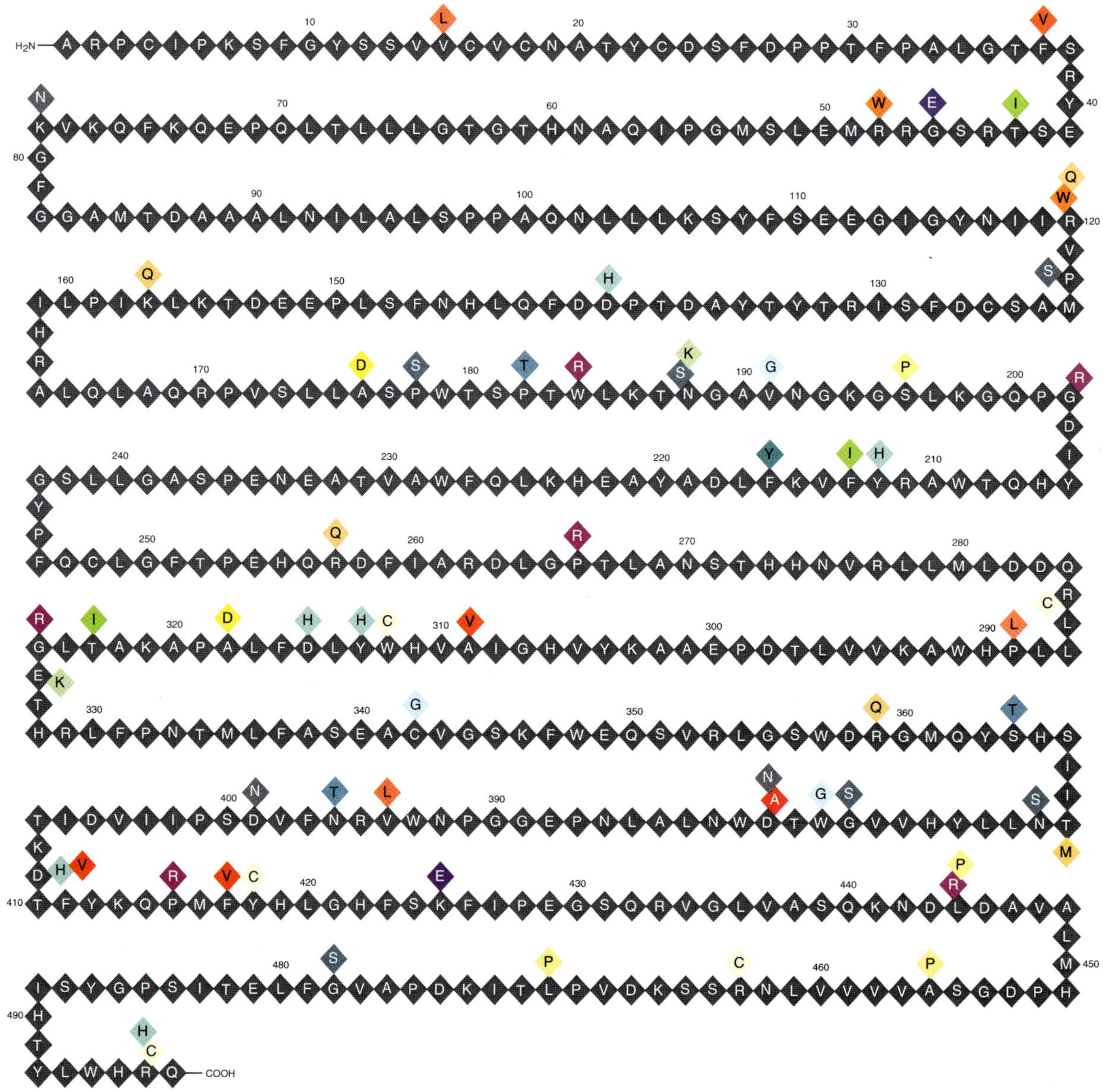

Abb. 6.8.6 Allele Varianten der humanen ß-Glucocerebrosidase. Mutationen in der ß-Glucocerebrosidase sind über der Wildtyp-Sequenz farbig eingezeichnet. Die meisten dieser Mutationen sind sehr selten. 80 % aller Mutationen werden durch die N370S- und durch die L444P-Varianten repräsentiert.

Überraschend stellte man fest, daß das rekombinante Protein teilweise ins Medium sezerniert wurde, obwohl im Rahmen der Klonierungs-Strategie keine besonderen Maßnahmen getroffen worden waren, um die Sekretion des Proteins zu ermöglichen.

Reinigungsverfahren und Maßnahmen zur biologischen Sicherheit

Zur Produktion von Cerezyme® (Imiglucerase) werden zunächst die rekombinanten Zellen aus einer Ampulle (1,5 ml) der *Master*-Arbeits-Zellbank in 250 ml Medium angezogen (Abb. 6.8.8). Nach Erreichen der gewünschten Zelldichte werden die Zellen sukzessive in größere Kulturflaschen, dann in einen 5-l-Fermenter und schließlich in einem 200-l-Anzucht-Bioreaktor überführt. Die eigentliche Produktion des rekombinanten Proteins erfolgt dann in einem 2.000-l-Produktions-Bioreaktor. Dieser Fermenter wird in einem kontinuierlichen Durchflußverfahren betrieben. Die Kultivierung der Zellen erfolgt dabei auf Mikropartikeln, so daß sehr hohe Zelldichten erreicht werden. Ständig wird Medium abgezogen und neues Produktionsmedium zugeführt. Ein kompletter Fermentations-Prozeß zur Herstellung von Imiglucerase dauert 67 Tage. Dann wird das Medium in einen Ernte-Tank abgepumpt und in einem angeschlossenen Mikrofiltrations-Tank von Zellen und Mikropartikeln gereinigt.

Die Aufreinigung erfolgt durch mehrere Mikrofiltrationen und Chromatographiesäulen (Abb. 6.8.8).

Anschließend erfolgt dann die enzymatische Modifikation des rekombinanten Enzyms, in deren Verlauf die vier Kohlenhydratseitenketten sequentiell mit Neuraminidase (Sialidase), ß-Galactosidase und ß-N-Acetylglucosaminidase bis zu den Mannoseresten verkürzt werden (siehe Abb. 6.8.3).

Nach einer weiteren Aufreinigung wird das modifizierte Enzym dann auf die gewünschte

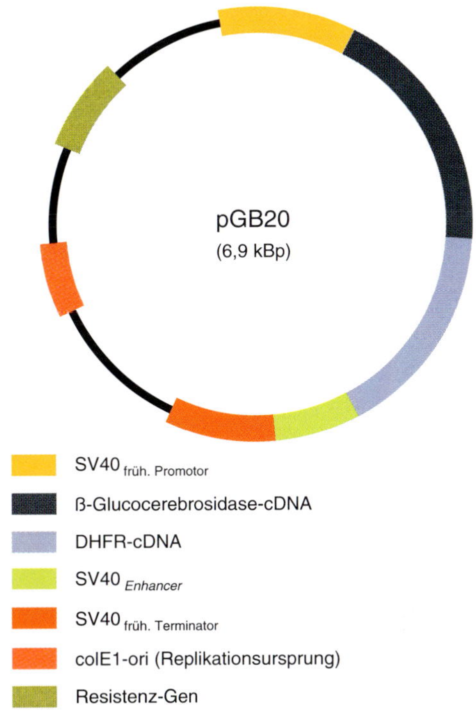

6.8.7 Prinzipieller Aufbau des Expressionsplasmids pGB20. Das Plasmid pGB20 ist eine pBR322-Variante. Es trägt also einen colE1-Replikationsursprung und ein Ampicillin-Resistenz-Gen. Die cDNA für die ß-Glucocerebrosidase wird in bicistronischer Anordnung zusammen mit einer cDNA für eine Dihydrofolat-Reduktase von einem SV40-Promotor kontrolliert.

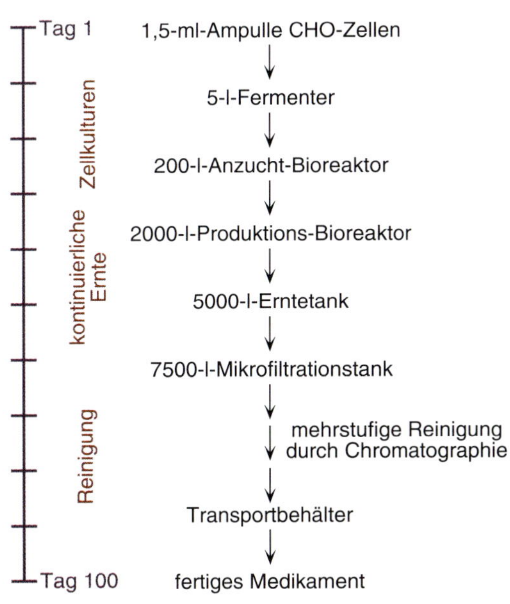

6.8.8 Herstellung der Imiglucerase. Der Prozeß vom Auftauen einer Ampulle aus der Arbeits-Zellbank bis hin zum fertigen Medikament dauert über drei Monate.

Konzentration eingestellt, zweimal steril filtriert und in Flaschen abgefüllt. Nach Lyophilisation werden die Behältnisse mit Stickstoff aufgefüllt. Die Qualität jeder Charge wird durch insgesamt 30 Tests gesichert.

Anwendungsgebiete/Zulassung

In den USA ist Cerezyme® bereits seit 1994 zugelassen. Am 17. November 1997 wurde das Produkt auch durch die EMEA zugelassen und ist jetzt auf dem deutschen Markt verfügbar.

Das Präparat ist indiziert zur Langzeitbehandlung von Patienten mit einer bestätigten Diagnose einer Typ-I-Gaucher-Krankheit und klinisch signifikant manifester Symptomatik. Es sollten mindestens eines der folgenden Symptome beobachtet werden:

- Anämie,
- Thrombozytopenie,
- Knochenleiden,
- Hepato- oder Splenomegalie.

Ungefähr 15 % der behandelten Patienten entwickeln während des ersten Jahres der Therapie IgG-Antikörper gegen Cerezyme®. Diese Patienten besitzen ein besonders hohes Risiko, gegen das Präparat allergisch zu reagieren. Aus diesem Grund sollte vor allem im ersten Behandlungsjahr wiederholt nach entsprechenden IgG-Antikörpern gesucht werden.

Zusammenfassung/Schlußbewertung

Cerezyme® ist ein bemerkenswertes Präparat. Es enthält nicht nur einen rekombinanten Wirkstoff, sondern dieser Wirkstoff wird nach der biologischen Produktion enzymatisch modifiziert. Bei dieser Modifikation werden Teilstrukturen der N-glycosidisch gebundenen Oligosaccharide des Glycoproteins entfernt, um eine gezieltere Aufnahme in Makrophagen und in andere phagozytierende Zellen zu erreichen. Auf diesen Zellen befinden sich nämlich vermehrt Mannose-Rezeptoren, die den parenteral applizierten Wirkstoff abfangen und durch Endozytose aufnehmen. Das nichtmodifizierte, natürliche Enzym wird hingegen bevorzugt in die Leber aufgenommen und kann somit nicht an den Wirkort in den Zellen des retikuloendothelialen Systems gelangen.

Cerezyme® wird intravenös über einen Zeitraum von ein bis zwei Stunden appliziert. Die erforderliche Dosis sollte individuell ermittelt und angepaßt werden. Gewöhnlich beginnt man mit sehr kleinen Dosen von 2,5 Einheiten pro kg Körpergewicht dreimal pro Woche. Diese Dosis kann auf 60 Einheiten pro kg Körpergewicht gesteigert werden, wobei einmal wöchentlich bis einmal alle vier Wochen substituiert werden muß. Eine häufig eingesetzte Dosis sind 60 Einheiten pro kg Körpergewicht einmal alle zwei Wochen.

Diese erste kausale Therapie führte bei allen bisher behandelten Patienten (weltweit ca. 1.700 Personen) zur drastischen Besserung des Krankheitsbildes mit Umkehrung der Symptomatik. Nach Beginn der Therapie kommt es zuerst zu einer Verbesserung der hämatologischen Parameter und der Organomegalie. Besonders die häufig vergrößerte Milz reagiert rasch auf die Substitutionstherapie. Eine Besserung der Symptomatik im Skelett ist ebenfalls durch die Enzymsubstitution zu erreichen. Allerdings nimmt die Normalisierung der Knochenstruktur verständlicherweise einen etwas längeren Zeitraum in Anspruch.

1995 wurde eine Studie vorgelegt, die Wirkgleichheit und Effizienz rekombinanter Glucocerebrosidase zu humaner Glucocerebrosidase plazentalen Ursprungs belegte. In dieser Studie wurden randomisiert und doppelblind insgesamt 30 Patienten eingeschlossen, die entweder mit Ceredase® (Aglucerase) oder mit Cerezyme® (Imiglucerase) über einen Zeitraum von 9 Monaten behandelt wurden. Die erhaltenen Daten zeigten den identischen therapeutischen Einfluß mit Umkehrung der Symptomatik bei Patienten mit Morbus-Gaucher unabhängig von der Art der Gewinnung der Glucocerebrosidase.

Man kann daher schließen, daß die Enzymsubstitution mit modifizierter, humaner Glucocerebrosidase zu einer drastischen Besserung der klinischen Symptomatik bei Morbus-Gaucher führt. Die Einführung eines rekombinanten Wirkstoffs ist ein echter Fortschritt, da er dem Präparat plazentalen Ursprungs in seiner Wirksamkeit ebenbürtig ist. Im Gegensatz zu dem Präparat aus humaner Plazenta zeichnet sich der rekombinante Wirkstoff durch einen wesentlich höheren Reinheitsgrad und damit durch einen deutlich höheren Sicherheitsstandard aus.

6.9 Zytokine

Biochemische und pharmakologische Grundlagen

Zytokine sind Polypeptide (meist Glycoproteine), die von aktivierten Zellen des Immunsystems, des hämatologischen Systems und des Nervensystems gebildet werden und als physiologische Mediatoren unterschiedliche regulatorische Funktionen wahrnehmen. Zu den Zytokinen zählen die Interleukine, Interferone, Kolonie-stimulierende Faktoren (hämatopoetische Wachstumsfaktoren), Chemokine, inflammatorische Zytokine und antiinflammatorische Faktoren (Abb. 6.9.1).

Den Begriff „Zytokin" sollten wir als Oberbegriff für diese Molekülklasse verwenden, da

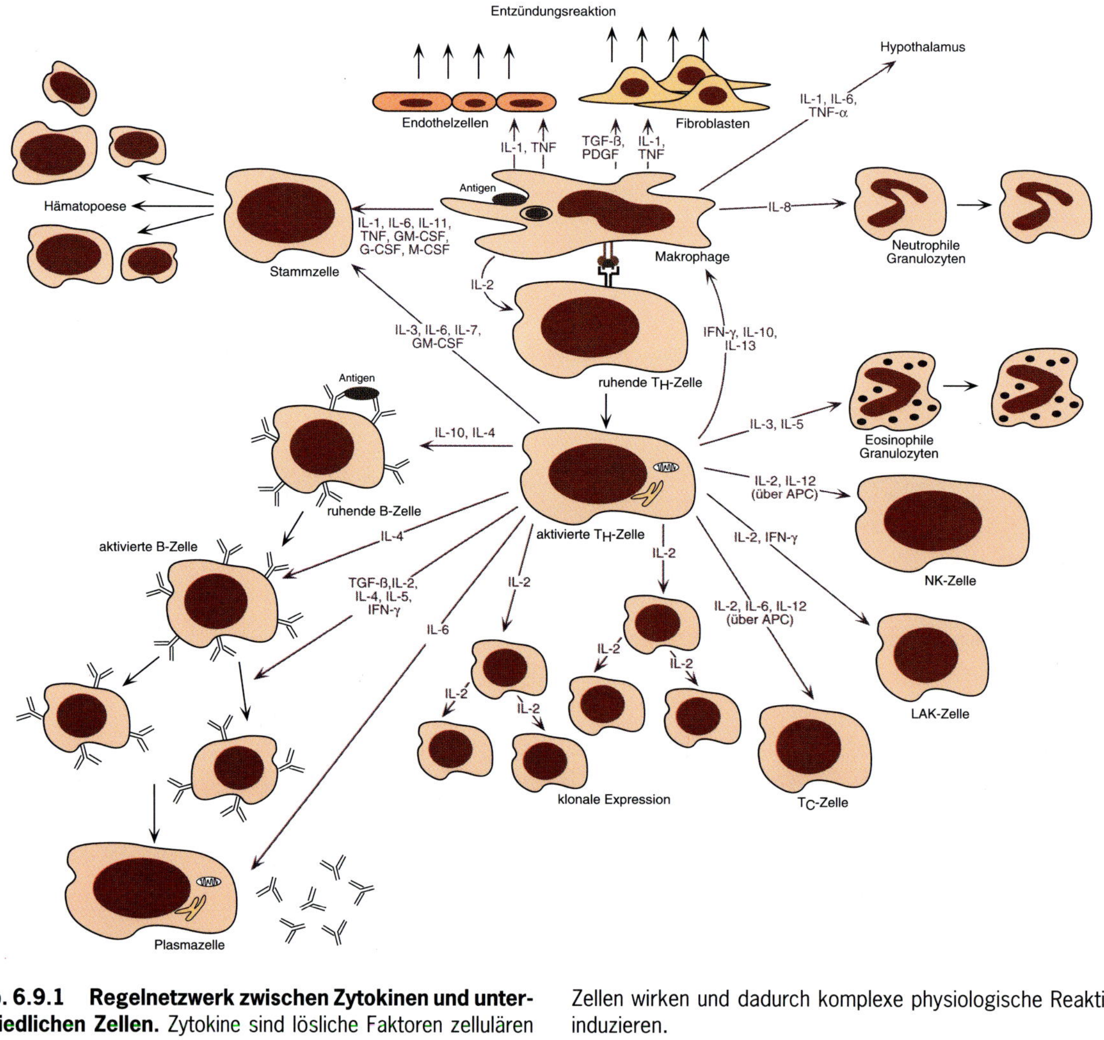

Abb. 6.9.1 Regelnetzwerk zwischen Zytokinen und unterschiedlichen Zellen. Zytokine sind lösliche Faktoren zellulären Ursprungs, die ihrerseits wieder über spezifische Rezeptoren auf Zellen wirken und dadurch komplexe physiologische Reaktionen induzieren.

hier zum Ausdruck kommt, daß die löslichen Mediatoren „zellulären" Ursprungs sind. Bei der großen strukturellen und funktionellen Vielfalt sowie bei den vielen unterschiedlichen Bildungsorten der Zytokine ist dies der sinnvollste kleinste Nenner. Der Begriff „Interleukin" ist dagegen abgeleitet von „inter Leukozyten", wohingegen der Begriff „Interferon" andeutet, daß die Mediatoren mit der Virusreplikation „interferieren". Auch andere Namen bestimmter Zytokine deuten Funktionen an (z. B. Tumornekrose-Faktor, Koloniestimulierender Faktor usw.). Es gibt mindestens 60 verschiedene Zytokine, und es ist damit zu rechnen, daß weitere identifiziert werden.

Die Zahl derjenigen Zytokine, die bisher Eingang in eine Pharmakotherapie gefunden haben – und nur die sollen in diesem Kapitel besprochen werden –, ist momentan noch klein. Wie komplex das Netzwerk sein kann, das von Zytokinen aufrecht erhalten wird, zeigt beispielhaft die Abbildung 6.9.1.

Im Organismus werden Zytokine immer neu synthetisiert und nie – wie andere Mediatoren – gespeichert. Von den Hormonen unterscheiden sie sich u. a. dadurch, daß Zytokine in aller Regel von verschiedenen Zelltypen produziert und sezerniert werden, wohingegen Hormone in aller Regel nur von ein oder zwei sehr spezialisierten Zelltypen produziert werden. Auch wirken Zytokine auf eine ganze Reihe unterschiedlicher Zellen, allerdings immer – wie auch die Hormone – über spezifische Rezeptoren.

Zytokine entfalten ihre Wirkung in den allermeisten Fällen autokrin (auf die produzierende Zelle zurück) oder parakrin (auf benachbarte Zellen), und ganz selten nur wirken sie physiologischerweise endokrin (auf weiter entfernt liegende Zellen). Hieraus ergeben sich therapeutisch große Probleme, da rekombinante Zytokine oft in unphysiologisch hohen Dosen appliziert werden müssen, damit ausreichend hohe Dosen den eigentlichen Wirkort erreichen. Durch die erforderliche Überdosierung dominieren dann oft in unangenehmer Weise unerwünschte Wirkungen, die äußerst vielfältig sind und die zum Teil eine Anwendung der Zytokine bei bestimmten Patienten verbieten. Wir wollen daher in diesem Kapitel nicht nur die wichtigsten Nebenwirkungen, sondern auch die wichtigsten Gegenanzeigen bei den einzelnen Präparaten erwähnen.

6.9.1 Interleukine

Biochemische und pharmakologische Grundlagen

Die Interleukine bilden eine große Gruppe immun- und entzündungsmodulatorischer Glycoproteine, deren Zahl stetig wächst. Da auch bei diesen Proteinen in aller Regel die Glycosylierung für die Wirksamkeit nicht essentiell ist, sind die meisten derzeit verfügbaren, rekombinanten Interleukine als in *E. coli* produzierte, unglycosylierte Varianten im Handel.

Die verschiedenen Interleukine werden als IL-(Zahl) abgekürzt. Die WHO und die *International Union of Immunological Societies* (IUIS) vergeben dann einen IL-Namen für ein neues Molekül, wenn

- das Molekül gereinigt, kloniert und exprimiert vorliegt, so daß man eindeutig sagen kann, daß es sich von bisher charakterisierten Interleukinen unterscheidet,
- wenn es von einer Zelle des Immunsystems natürlicherweise produziert wird,
- wenn das Molekül nicht Mitglied einer Wirkstoff-Familie ist, die eine Hauptfunktion außerhalb des Immunsystems wahrnimmt,
- wenn das Molekül anders nicht besser beschrieben werden kann.

Obwohl es eine große Zahl von Interleukinen gibt (bisher IL-1 bis IL-17), ist derzeit nur das Interleukin 2 (IL-2) als Wirkstoff zugelassen. Dies liegt wohl auch daran, daß Interleukine

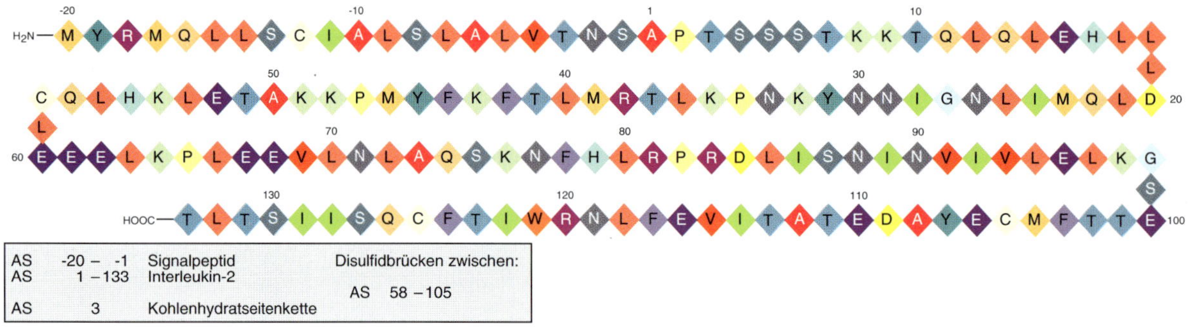

Abb. 6.9.2 Primärsequenz von humanem Interleukin 2 (IL–2). IL–2 wird als Vorläuferprotein von 153 Aminosäuren synthetisiert. Die ersten 20 Aminosäuren bilden ein Signalpeptid und werden beim Ausschleusen des Proteins aus der Zelle abgespalten. An Threonin$_3$ ist IL–2 glycosyliert.

zwar sehr potente Wirkstoffe sind, die allerdings sehr pleiotrope Effekte verursachen und – wie bereits besprochen – natürlicherweise autokrin und parakrin, nicht aber endokrin wirken. Aus diesem Grund sind die Wirkstoffe schlecht zu dosieren, und neben erwünschten Effekten treten sehr gravierende unerwünschte Effekte auf.

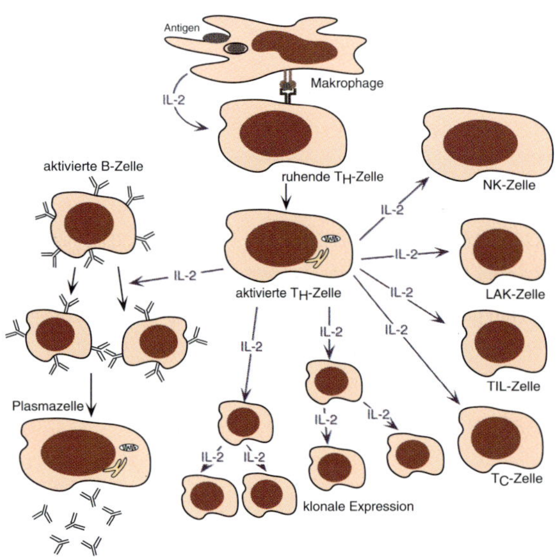

Abb. 6.9.3 IL–2-Funktionen innerhalb des Immunsystems. Initial wird IL–2 von Makrophagen gebildet, die ein Antigen aufgenommen haben und dieses dem Immunsystem „präsentieren". Dieses IL–2 bindet an Rezeptoren auf der T-Helferzelle (T_H-Zelle), die das präsentierte Antigen erkennt und bindet. Die T_H-Zelle wird dadurch „aktiviert" und produziert dann ihrerseits effektiv IL–2, das verschiedene Zellen des natürlichen und des spezifischen Immunsystems anlockt und aktiviert.

IL-2 (Abb. 6.9.2) ist ein Glycoprotein mit 133 Aminosäuren. Eine einzelne Zuckerkette befindet sich O-glycosidisch gebunden an Threonin$_3$. IL-2 wird als Vorläuferprotein mit einem Signalpeptid von 20 Aminosäuren synthetisiert, die beim Ausschleusen des Proteins aus der Zelle abhydrolysiert werden. Das mature Protein bindet an spezifische Rezeptoren und reguliert über eine komplexe Kaskade die Immunantwort (Abb. 6.9.3). So wird die Proliferation und Differenzierung von B-Zellen und besonders von verschiedenen T-Zell-Subpopulationen induziert, und es wird die Bildung verschiedener Interleukine, Interferone und Tumornekrose-Faktoren induziert. Eine antitumorale Wirkung entfaltet IL-2 beispielsweise über seinen Einfluß auf zytotoxische T-Zellen (T_C-Zellen), natürliche Killerzellen (NK-Zellen), Lymphokin-aktivierte Killerzellen (LAK-Zellen) und Tumor-infiltrierende Lymphozyten (TIL-Zellen) (Abb. 6.9.3).

Proleukin®: Rekombinantes Interleukin 2 (Aldesleukin) der Firma Chiron

Proleukin® enthält als Wirkstoff eine nicht glycosylierte Variante von humanem IL-2 (Aldesleukin). Neben dem Wirkstoff Aldesleukin

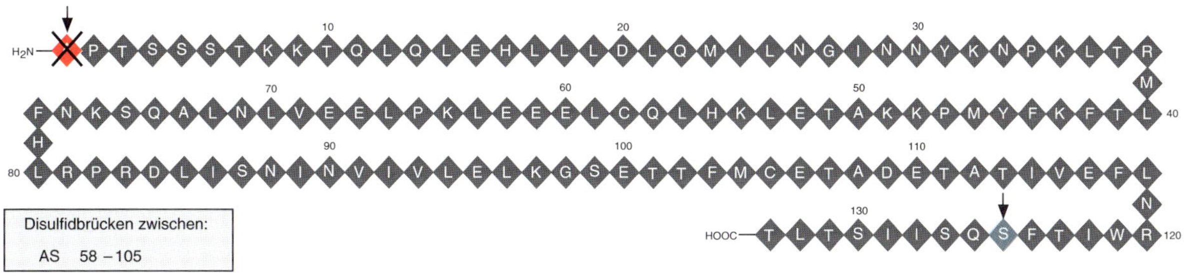

AAbb. 6.9.4 Aminosäuresequenz des Wirkstoffs Aldesleukin. Im Vergleich zu maturem IL–2 ist Aldesleukin an zwei Positionen verändert: Es fehlt die N-terminale Aminosäure $Alanin_1$, und das $Cystein_{125}$ wurde durch ein Serin ersetzt. Dadurch wird verhindert, daß sich falsche Disulfidbrücken ausbilden können.

enthält Proleukin® noch Natriumdodecylsulfat (SDS), Mannitol, Natriumdihydrogenphosphat und Dinatriumhydrogenphosphat.

Eine Cetus-Einheit entspricht der Menge an IL-2 in einem Milliliter, durch die IL-2-abhängige murine T-Zellen dazu veranlaßt werden, ^{3}H-markiertes Thymidin nach 24stündiger Inkubation zu 50 % ihrer Maximalkonzentration zu inkorporieren. 1988 entwickelten die WHO und das *National Cancer Institute* (NCI) Referenzstandards. Danach entspricht eine Cetus-Einheit sechs internationalen Einheiten (I.E.) oder $2{,}3 \times 10^6$ „*biological response modifiers program*"-Einheiten (BRMO-Einheiten). Die spezifische Aktivität von 1mg Proleukin® entspricht demnach 18×10^6 I.E.

Expressionsplasmid und das Wirt-Vektor-System

Zur Herstellung von rekombinantem IL-2 wurde zunächst aus einer Zell-Linie (*Jurkat*-Zellen) die spezifische IL-2-mRNA isoliert, deren Synthese durch Stimulation mit einem Mitogen induziert werden kann. Von dieser mRNA wurde mit Hilfe der Reversen-Transkriptase eine cDNA-Kopie hergestellt, die dann noch an zwei Positionen verändert wurde (Abb. 6.9.4). Zum einen wurde die erste Aminosäure ($Alanin_1$) entfernt. Zum anderen wurde das Codon für die Aminosäure $Cystein_{125}$ in ein Codon für die Aminosäure Serin umgewandelt. Durch den Aminosäureaustausch an Position 125 wird sichergestellt, daß nur die beiden dann noch vorhandenen Cysteinreste an den Positionen 58 und 105 eine gemeinsame Disulfidbrücke ausbilden können und daß es nicht zu artifiziellen Disulfidbrücken unter Einschluß von Cys_{125} kommt. Auf die biologische Wirksamkeit scheint sich der Aminosäureaustausch $Cys_{125} \rightarrow Ser_{125}$ nicht auszuwirken (Abb. 6.9.4).

Die derart modifizierte cDNA wurde in ein bakterielles Expressionsplasmid auf der Basis des Plasmids pBR322 integriert. Den genauen Aufbau dieses Plasmids teilte der Hersteller nicht mit. Das Plasmid wurde in eine *E.-coli*-K12-Zelle transformiert, und es wurde ein entsprechendes Wirt-Vektor-System etabliert.

Reinigungsverfahren und Maßnahmen zur biologischen Sicherheit

Da der Wirkstoff (Des-Alanyl-1, Serin-125, Humaninterleukin 2) in *E.-coli*-K12 hergestellt wird, ist das rekombinante Protein im Gegensatz zum natürlichen IL-2 nicht glycosyliert. Dies hat aber auch zur Folge, daß das rekombinante IL-2 wesentlich einheitlicher ist

ECOG (*Eastern Cooperative Oncology Group*)	
0	normale Aktivität
1	Symptome, aber nicht ständig
2	bettlägerig weniger als 50 % der Wachphasen
3	bettlägerig mehr als 50 % der Wachphasen

Tabelle 6.9.1 ECOG-Klassifikation

als authentisches humanes IL-2, da glycosylierte Proteine niemals zu 100 % modifiziert sind.

Die Bakterienzellen werden in 1.000 Liter-Fermentern unter Zusatz von Tetracyclin kultiviert, und diese Zellen akkumulieren das Protein intrazellulär in Form von Einschlußkörpern (*inclusion bodies*). Aus den Zellen werden zunächst die Einschlußkörper isoliert, aus denen dann Aldesleukin extrahiert wird und über eine erste Gelfiltrations-Chromatographie aufgereinigt wird. Danach wird das denaturierte Protein renaturiert, wobei auch die wichtige Disulfidbrücke zwischen Cys_{58} und Cys_{105} geknüpft wird. Es folgen weitere Reinigungsschritte über HPLC, Präzipitation und Gelfiltration. Tetracyclin ist im Endprodukt nicht mehr nachweisbar.

Das Molekulargewicht des rekombinanten Proteins beträgt ca. 15,6 kDa.

Anwendungsgebiete/Zulassung

Proleukin® ist zugelassen zur Behandlung des metastasierenden Nierenkarzinoms ausschließlich durch erfahrene Onkologen in onkologischen Abteilungen von Kliniken mit Möglichkeiten der intensiv-medizinischen Überwachung.

Risikofaktoren, die zu reduziertem Ansprechen und mittlerem Überleben führen, sind:

- Ein reduzierter Allgemeinzustand (ECOG 1 oder mehr, siehe Tabelle 6.9.1).
- Metastatischer Befall in mehr als einem Organ.
- Ein Intervall von weniger als 24 Monaten zwischen Primärdiagnose und Beginn der Proleukin®-Therapie.

Ansprechraten und mittlere Überlebenszeit werden mit zunehmender Anzahl vorhandener Risikofaktoren immer geringer. Patienten mit allen drei Risikofaktoren sollten nicht mit Proleukin® behandelt werden.

Gegenanzeigen

Die Therapie mit Proleukin® ist bei folgenden Patienten kontraindiziert:

1. Patienten mit einem Allgemeinzustand von ECOG 2 oder mehr.
2. Patienten, die gleichzeitig folgende Risikofaktoren aufweisen:
   - Ein Allgemeinzustand von ECOG 1 oder mehr und
   - metastatischer Befall in mehr als einem Organ und
   - ein Intervall von weniger als 24 Monaten zwischen Primärdiagnose und Indikationsstellung zur Proleukin®-Therapie.
3. Patienten mit bestehender oder anamnetisch bekannter schwerer Herzkrankheit. Bei fraglichen Fällen sollte ein Belastungstest durchgeführt werden.
4. Patienten mit einer akuten schweren Infektion, die eine antibiotische Behandlung erfordert.
5. Patienten mit einem $pO_2 < 60$ mm in Ruhe.
6. Patienten mit einem schweren Organleiden.
7. Patienten mit Metastasierung im ZNS oder mit Anfallsleiden, ausgenommen Patienten mit erfolgreich behandelter ZNS-Metastasierung (unauffälliges CT, unauffälliger neurologischer Befund).
8. Patienten mit bekannter Hypersensitivität gegen humanes rekombinantes Interleukin-2.

Nebenwirkungen

Das zugelassene Behandlungsprotokoll muß als Hochdosistherapie angesehen werden. Daher ist es nicht verwunderlich, daß eine Behandlung mit Proleukin® zum Teil erhebliche Nebenwirkungen verursacht. Der Schweregrad und die Frequenz dieser Nebenwirkungen sind

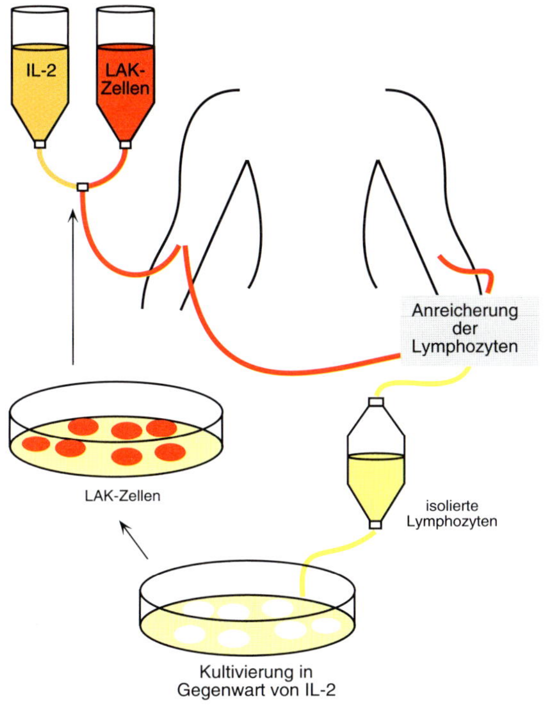

Abb. 6.9.5 Prinzip einer Therapie mit LAK-Zellen. Patienten-eigene Lymphozyten werden *in vitro* mit hohen Dosen rekombinantem IL–2 inkubiert. Dabei werden die Zellen zu „Lymphokin-aktivierten-Killerzellen (LAK-Zellen)" aktiviert. Diese Zellen werden dann dem Patienten zusammen mit verträglichen Dosen IL–2 reinfundiert.

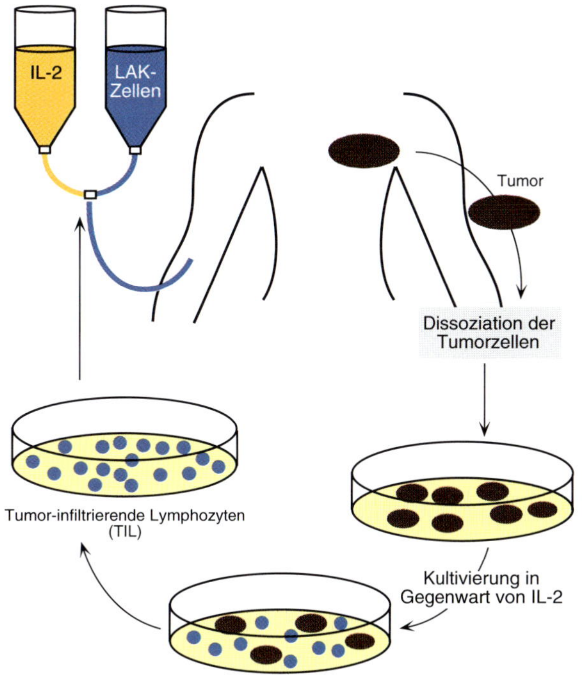

Abb. 6.9.6 Prinzip einer Therapie mit TILs. Solide Tumoren des Patienten werden desintegriert und zusammen mit hohen Dosen rekombinantem IL–2 *in vitro* kultiviert. Das IL–2 regt die in den Tumor eingewanderten „Tumor-infiltrierenden-Lymphozyten (TIL)" zur Proliferation an. Gleichzeitig töten diese Lymphozyten einen großen Teil der Tumorzellen ab. Schließlich werden die *in vitro* kultivierten Zellen dem Patienten mit verträglichen IL–2-Dosen reinfundiert.

abhängig von dem angewandten Therapieschema und korrelieren mit der applizierten Dosis von Proleukin®. Obwohl unerwünschte Arzneimittelwirkungen manchmal schwer und lebensbedrohlich sind, können sie doch normalerweise kontrolliert werden und sind meist innerhalb von 1–2 Tagen nach Beendigung der Proleukin®-Therapie vollständig reversibel.

Wegen der zum Teil beträchtlichen Nebenwirkungen wurde versucht, einen Teil der Behandlung *ex vivo* durchzuführen. Hierzu werden dem Patienten periphere Lymphozyten

Zusammenfassung/Schlußbewertung

Zahlreiche klinische Studien haben gezeigt, daß Proleukin® bei 20–30 % der sorgfältig ausgesuchten Patienten mit Nierenzellkarzinom, die mit einer optimalen oder nahezu optimalen Dosis behandelt wurden, zu Remissionen führen kann, von denen ca. 1/3 lang anhaltende Vollremissionen sind.

Es gibt wenig Hinweise dafür, daß der zunächst sehr plausibel klingende Ansatz einer zusätzlichen Behandlung mit LAK-Zellen keinen weiteren günstigen Einfluß auf die Remissions- oder Überlebensrate hat. Unerwünschte Arzneimittelwirkungen sind vorhersehbar und beträchtlich, aber sie lassen sich in der Regel mit Routinemaßnahmen akzeptabel beherrschen.

entnommen, die dann in Gegenwart hoher Dosen IL-2 zu lymphokin-aktivierten Killerzellen (LAK-Zellen) aktiviert werden (Abb. 6.9.5). Diese werden dann dem Patienten zusammen mit verträglichen IL-2-Dosen reinfundiert. Ähnlich wurden aus soliden Tumoren mit IL-2 auch tumorinfiltrierende Lymphozyten (TIL) stimuliert, die dann ebenfalls dem Patienten reinfundiert wurden (Abb. 6.9.6). Dieser rational nachvollziehbare Therapieansatz hat sich in der Klinik aber nicht durchsetzen können.

6.9.2 Interferone

Biochemische und pharmakologische Grundlagen

Der Name Interferone beschreibt die Beobachtung, daß diese Proteine mit der viralen Replikation „interferieren". Interferone werden heute in drei Gruppen eingeteilt (Tabelle 6.9.2), die ihrerseits wieder mehrere Subtypen aufweisen können. Für alle drei Interferongruppen sind zugelassene rekombinante Wirkstoffe verfügbar.

6.9.2.1 Alpha-Interferone

Alpha-Interferone werden von einer ganzen Genfamilie codiert. Alle Vertreter dieser Familie sind sehr ähnlich (Abb. 6.9.7). Biochemisch lassen sie sich praktisch nicht trennen. Aus diesem Grund sind „natürliche Alpha-Interferon-Präparate" immer Mischungen all dieser Proteine, wohingegen die rekombinanten Präparate jeweils nur eine einzelne Molekülspezies enthalten.

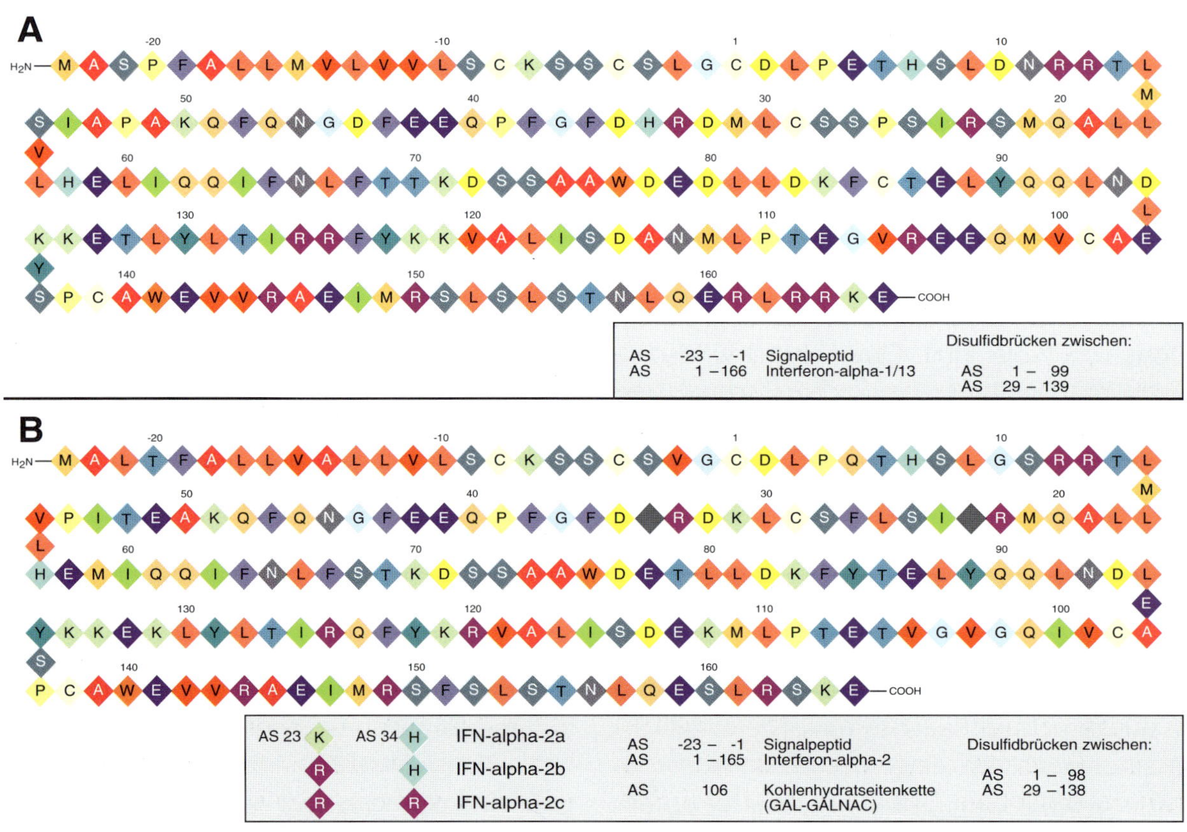

Abb. 6.9.7 Primärsequenzen der Interferone IFN-alpha 1 (A) und IFN-alpha 2a, b und c (B). Ein Vergleich der Aminosäuresequenzen der Interferone-alpha 1 (**A**) und -alpha 2 (**B**) zeigt, daß diese Proteine sehr nahe verwandt sind und zu Recht zu einer Familie zusammengefaßt werden. Noch größer ist die Homologie zwischen den Interferonen-alpha 2a, -alpha 2b und -alpha 2c, die sich maximal an zwei Positionen (Aminosäuren 23 und 34) voneinander unterscheiden.

Alpha-Interferone versetzen die Zelle in einen „antiviralen Zustand", d. h. viele Zellfunktionen werden so umfunktioniert, daß eine Virusreplikation nicht mehr oder nicht mehr effizient möglich ist. Diese Eigenschaft erklärt den Einsatz von Alpha-Interferon-Präparaten bei bestimmten viralen Erkrankungen, wie Hepatitiden oder Genital-Warzen, die durch Papillomaviren verursacht werden. Darüber hinaus wirken Alpha-Interferone aber auch immunstimulierend, weshalb sie beispielsweise beim AIDS-assoziierten Kaposi-Sarkom, bei Blasen-, Cervix- oder Nierenkarzinomen oder beim Non-Hodgkin-Lymphom, beim malignen Melanom bzw. beim multiplen Myelom experimentell eingesetzt werden.

Im Gegensatz zu anderen menschlichen Proteinen werden viele Wirkungen von Alpha-Interferonen teilweise oder vollständig aufgehoben, wenn sie an anderen Tierspezies erprobt werden. Interferone besitzen also eine Spezies-Spezifität, d. h. menschliches Interferon schützt vorwiegend humane Zellen und entfaltet nur geringe Aktivität in anderen Organismen. Darum wurden toxikologische Studien mit rekombinanten Alpha-Interferonen nur begrenzt durchgeführt.

Die Alpha-Interferone werden bei der tubulären Rückresorption und – in geringerem Umfang – auch in der Leber rasch proteolytisch abgebaut. Der renale Katabolismus ist der wichtigste Eliminationsweg für Alpha-Interferon. Der hepatische Metabolismus mit anschließender Ausscheidung durch die Galle ist für die Elimination der Alpha-Interferone nur von untergeordneter Bedeutung.

Derzeit sind zwei rekombinante Wirkstoffe in Deutschland zugelassen. Hierbei handelt es sich um Interferon-alfa-2a (Roferon A®) und Interferon-alfa-2b (Intron A®). Zu beachten ist, daß beide Wirkstoffe für unterschiedliche Indikationen zugelassen sind und zum Teil sehr unterschiedlich dosiert werden. Inwieweit die Wirkstoffe äquivalent sind, ist nicht bekannt, da praktisch keine vergleichenden Studien durchgeführt wurden.

	Interferon-α	Interferon-β	Interferon-γ
primäre Herkunft	Leukozyten	Fibroblasten	T-Lymphozyten
Molekulargewicht (kDa)	18 - 20	23	20 - 25
Anzahl der Aminosäuren	165	166	146
Anzahl der Gene	mehr als 16	1	1
Wirkungen	antiproliferativ > antiviral > immunmodulatorisch	antiviral > antiproliferativ > immunmodulatorisch	immunmodulatorisch > antiproliferativ > antiviral
Anwendung	Haarzell-Leukämie, chronische Hepatitis B, Kaposi-Sarkom, Herpes keratitis	Virusinfektionen (z.B. Herpes zoster), Multiple Sklerose	chronische Polyarthritis, chronische Granulomatose

Tabelle 6.9.2 Interferone

Roferon A®: Rekombinantes Interferon-alfa-2a (Lys–23; His–34) der Firma Roche

Roferon A® enthält Interferon-alfa-2a, ein in *E.-coli*-K12-Zellen hergestelltes Derivat des natürlichen Interferon-alpha-2a. Der Unterschied in der Nomenklatur – „Interferon al**f**a" im Gegensatz zu „Interferon al**ph**a" – deutet immer an, daß es sich um rekombinante Wirkstoffe handelt. Ferner sind Natriumchlorid (9 mg/ml) und Humanalbumin (5 mg/ml) enthalten.

Expressionsplasmid und das Wirt-Vektor-System

Das humane Interferon-alpha-2a ist ein Glycoprotein mit einem Molekulargewicht von ca. 19,6 kDa. Das Protein besteht aus 165 Aminosäuren, und es enthält zwei Disulfidbrücken zwischen den Aminosäuren in Position 1 und 98 sowie 29 und 138 (Abb. 6.9.7 B).

Interferon-alpha-2a unterscheidet sich von Interferon-alpha-2b nur durch einen Aminosäureaustausch an Position 23. Dort steht im Interferon-alpha-2a die Aminosäure Lys_{23}, wohingegen wir im Interferon-alpha-2b dort die Aminosäure Arg_{23} finden. Diese Stelle im Protein ist nicht an der Rezeptorbindung be-

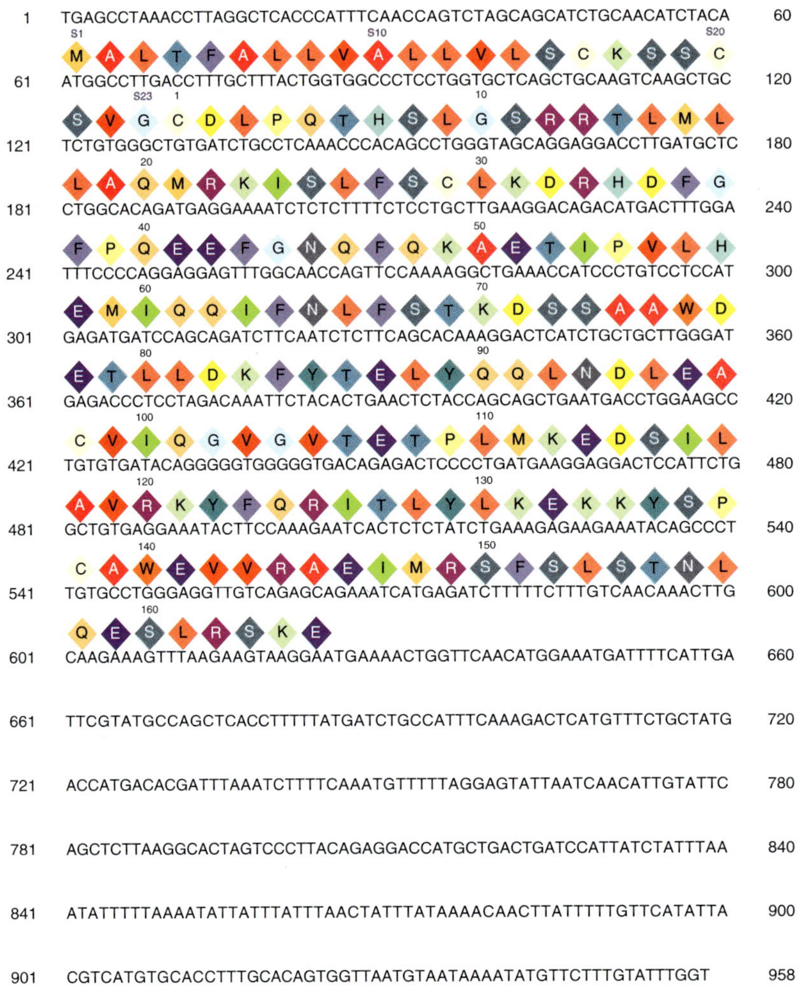

Abb. 6.9.8 Sequenz des humanen Interferon-alpha-2a-Gens. Die ersten 60 Nukleotide werden nicht translatiert. Danach folgt das Initiations-Codon Methionin. Die darauf folgenden 23 Aminosäuren repräsentieren ein Signalpeptid, das dafür sorgt, daß die Proteinsynthese am endoplasmatischen Retikulum abläuft und daß das Protein schließlich von der Zelle sezerniert wird. Im reifen Interferon-alpha-2a – und damit auch im rekombinanten Protein – sind diese Aminosäuren somit nicht mehr vorhanden. Die N-terminale Aminosäure des natürlichen Interferon-alpha-2a ist daher Cystein. Nach dem Translations-Stopp-Codon folgt in der mRNA noch eine sehr lange nicht-translatierte 3'-Sequenz.

teiligt, so daß der Aminosäureaustausch toleriert wird. Interferon-alpha-2c besitzt an Position 23 ebenfalls ein Arginin. Zusätzlich unterscheidet sich Interferon-alpha-2c von Interferon-alpha-2a und Interferon-alpha-2b noch durch einen Aminosäureaustausch His → Arg an Position 34 (Abb. 6.9.7). Basierend auf diesen Unterschieden wurde für den Wirkstoff in Roferon A® auch der Name Interferon-alfa-2a (Lys–23; His–34) geprägt. Wie wir weiter unten sehen werden unterscheidet sich allerdings Interferon-alfa-2a von natürlichem Interferon-alpha-2a durch ein zusätzliches N-terminales Methionin (siehe Abb. 6.9.9).

Interferon-alpha-2a wird von einem Gen mit 958 Nukleotiden codiert (Abb. 6.9.8). Da das Gen keine *Introns* besitzt, entspricht die Gensequenz exakt der cDNA-Sequenz. Die ersten 60 Nukleotide werden nicht translatiert. Danach folgt das Initiations-Codon Methionin. Die ersten 23 Aminosäuren (S_1–S_{23} in Abb. 6.9.8) repräsentieren ein Signalpeptid, das dafür sorgt, daß die Proteinsynthese am endoplasmatischen Retikulum abläuft und

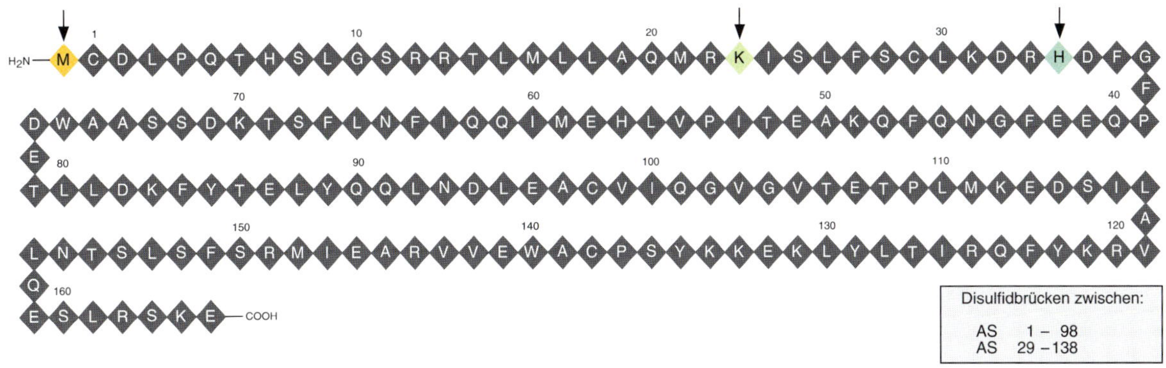

Abb. 6.9.9 Aminosäuresequenz des in Roferon A® enthaltenen Wirkstoffs Interferon-alfa-2a (Lys–23; His–34). Die beiden Positionen, an denen sich die drei Interferon-alpha-2-Isoproteine unterscheiden, sind durch Pfeile gekennzeichnet (vergl. Abb. 6.9.7). Darüber hinaus enthält der Wirkstoff in Roferon A® aus klonierungstechnischen Gründen noch ein zusätzliches, N-terminales Methionin. Da das rekombinante Protein in *E. coli* hergestellt wird, ist die Aminosäure $Threonin_{106}$ in dem rekombinanten Protein nicht glycosyliert.

daß das Protein schließlich von der Zelle sezerniert wird. Im reifen Interferon-alpha-2a – und damit auch im rekombinanten Protein – sind diese Aminosäuren somit nicht mehr vorhanden. Der codierende Genbereich erstreckt sich bis zum Nukleotid 624, so daß die Nukleotide 625–958 am 3'-Ende des Gens wiederum nicht translatiert werden (Abb. 6.9.8).

Die N-terminale Aminosäure des natürlichen Interferon-alpha-2a ist Cystein (Abb. 6.9.7). Roferon A® enthält allerdings aus klonierungstechnischen Gründen vor dem Cys_1 noch die Aminosäure Methionin und ist somit um eine Aminosäure länger als das natürliche Interferon-alpha-2a (Abb. 6.9.9). Es wird als Fusionsprotein in *E.-coli*-Zellen hergestellt. Daher ist das rekombinante Protein auch nicht glycosyliert.

Leider war die genaue Zusammensetzung des Expressionsplasmids nicht zu erfahren.

Reinigungsverfahren und Maßnahmen zur biologischen Sicherheit

Produktionsfermenter zur Herstellung von Roferon A® haben ein Volumen von 1.000 Litern. Nach 24 Stunden werden die Bakterienzellen durch Ansäuern mit konzentrierter Schwefelsäure bis auf einen pH-Wert von 2 zerstört und abzentrifugiert. Das Interferon-alfa-2a liegt in diesen Bakterien in Form von „*inclusion bodies*" vor. Die Bakterienmasse wird dann durch Tiefgefrieren in flüssigem Stickstoff in Pellets verwandelt, die bis zur weiteren Aufarbeitung gelagert werden können.

Das Roh-Interferon wird durch Rühren der Pellets in einer Pufferlösung (pH 6 für 12 Stunden) freigesetzt. Diese Pufferlösung wird durch erneute Zentrifugation gereinigt, um Bakterientrümmer zu entfernen. Anschließend wird das Gemisch durch aufeinanderfolgende Chromatographie-Verfahren hochrein dargestellt (Abb. 6.9.10). Der Reinheitsgrad von rekombinantem Interferon-alfa-2a beträgt schließlich mindestens 99,5 %.

Roferon A® wurde von der WHO-Sachverständigenkommission für biologische Standardisierung als Referenzstandard für rekombinante Alfa-Interferone eingeführt. Danach entsprechen 1 mg Roferon A® 200×10^6 I. E., oder 1 I. E. Alfa-Interferon entspricht 0,005 ng Roferon A®. Biologisch wird eine I. E. als die Interferon-Menge definiert, die erforderlich ist, um 50 % der Zellen in einer Indikatorkultur vor Lyse durch das *Vesikular-stomatitis-Virus* zu schützen.

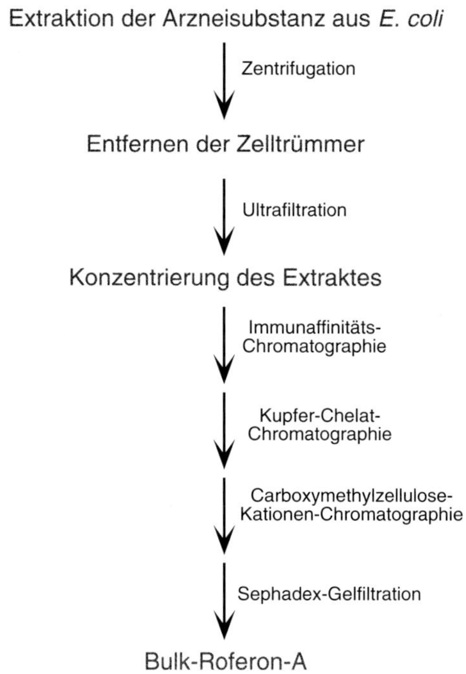

Abb. 6.9.10 Fließdiagramm zur Reindarstellung von Interferon-alfa-2a.

Anwendungsgebiete/Zulassung

Roferon A® ist zugelassen:

- Zur Behandlung der Haarzell-Leukämie (leukämische Retikuloendotheliose).
- Zur Behandlung von Patienten über 18 Jahren mit chronisch-aktiver Hepatitis B, bei denen Marker für die Virusreplikation, z. B. positive Nachweise von HBV-DNA, DNA-Polymerase oder HBsAg, vorliegen.
- Zur Behandlung der Philadelphia-Chromosom-positiven chronisch-myeloischen Leukämie (CML) in der chronischen Phase. Dabei ist noch offen, inwieweit eine Behandlung mit Roferon A® als Therapie mit kurativem Potential angesehen werden kann.
- Zur Behandlung des kutanen T-Zell-Lymphoms. Interferon-alfa-2a (Roferon-A®) könnte in der Behandlung von Patienten aktiv sein, die an einer fortschreitenden Erkrankung leiden und auf eine konventionelle Behandlung nicht ansprechen oder einer solchen unzugänglich sind.
- Zur Behandlung von Patienten mit einem fortgeschrittenen follikulären Non-Hodgkin-Lymphom (hohe Tumorbelastung) als Begleittherapie zur CHOP-Chemotherapie (Kombination von Cyclophosphamid, Doxorubicin, Vincristin und Prednison), um das erkrankungsfreie und progressionsfreie Intervall zu verlängern. Die Wirksamkeit einer Begleittherapie mit Interferon auf die langfristige Überlebensrate dieser Patienten wurde noch nicht belegt.
- Zur Behandlung des Kaposi-Sarkoms bei AIDS-Patienten ohne vorangegangene oder bestehende opportunistische Infektion.
- Zur Behandlung von Patienten über 18 Jahren mit chronischer Hepatitis C, bei denen HCV-Antikörper und erhöhte Serumspiegel der SGPT ohne Leberdekompensation vorliegen. Auf der Basis der klinischen und histologischen Befunde kann der langfristige Nutzen der Therapie noch nicht abschließend beurteilt werden.

Gegenanzeige

Roferon A® ist kontraindiziert

- bei Patienten mit bekannter Überempfindlichkeit gegen rekombinantes Interferon-alfa-2a oder weitere Bestandteile des Präparates.
- Bei bestehenden, schwerwiegenden Herzerkrankungen oder mit Herzerkrankungen jedweder Art in der Vorgeschichte. Obwohl keine direkte herzschädigende Wirkung nachgewiesen wurde, muß damit gerechnet werden, daß akute Nebenwirkungen wie Fieber oder Schüttelfrost, die oft mit der Verabreichung von Roferon A® einhergehen, eine vorher bestehende Herzkrankheit verschlimmern.
- Bei schwerer Nieren- oder Leberinsuffizienz oder schweren Funktionsstörungen des Knochenmarks.
- Bei Epilepsie und/oder sonstigen zentralnervösen Funktionsstörungen.
- Bei chronischer Hepatitis mit fortgeschrit-

Zusammenfassung/Schlußbewertung

Roferon A® wird heute bei verschiedenen hämatologischen Tumorerkrankungen sowie bei Hepatitiden eingesetzt. Der genaue Wirkmechanismus ist nicht bekannt. Die erforderliche Dosierung hängt sehr von der jeweiligen Erkrankung ab, so daß die Behandlung eines Patienten mit Roferon A® eine große ärztliche Erfahrung erfordert.

Nachgewiesenermaßen besitzt Interferon-alfa-2a viele Eigenschaften der sogenannten natürlichen Human-alpha-Interferone.

Die antivirale Wirkung von Interferon-alfa-2a kommt dadurch zustande, daß das Präparat in den Zellen eine Resistenz gegen virale Infektionen induziert und den Effektorteil des Immunsystems so moduliert, daß er Viren neutralisiert oder virusinfizierte Zellen eliminiert.

Der genaue Mechanismus der antitumoralen Wirkung von Interferon-alfa-2a ist noch nicht vollständig bekannt. Es konnte aber gezeigt werden, daß Interferon-alfa-2a eine antiproliferative Wirkung gegen eine Vielzahl menschlicher Tumoren *in vitro* ausübt und das Wachstum einiger, in Nacktmäuse transplantierter menschlicher Tumoren hemmt. *In vivo* ist der wachstumshemmende Effekt von Interferon-alfa-2a auf einige Tumoren, einschließlich Mammakarzinom, Adenokarzinom des Dickdarms, Kolonkarzinom und Prostatakarzinom, untersucht worden. Das Ausmaß der antiproliferativen Aktivität ist unterschiedlich stark ausgeprägt.

tener dekompensierter Leberzirrhose und bei Patienten mit chronischer Hepatitis, die kürzlich Immunsuppressiva erhalten haben oder noch erhalten; ausgenommen ist eine kurzzeitige Vorbehandlung mit Steroiden.
- Bei Patienten mit CML, die einen HLA-identischen Verwandten haben und bei denen eine allogene Knochenmark-Transplantation in nächster Zukunft vorgesehen ist oder möglich erscheint.

Nebenwirkungen

Die Nebenwirkungen sind vielfältig und zum Teil schwer. Unter der Behandlung mit Alfa-Interferonen wurde über das Auftreten verschiedener Autoantikörper berichtet. Die Bildung von neutralisierenden Antikörpern gegen Roferon A® wurde bei etwa einem Fünftel der Patienten festgestellt. Aus dem Vorhandensein dieser Antikörper haben sich bis jetzt noch keine eindeutigen klinischen Konsequenzen ableiten lassen.

Intron A®: Rekombinantes Interferon-alfa-2b (Arg–23; His–34) der Firma Essex Pharma

Intron A® enthält Interferon-alfa-2b, das gentechnisch in *E.-coli*-K12 hergestellt wird. Als Hilfsstoffe sind Dinatriumhydrogenphosphat, Natriumdihydrogenphosphat, Glycin, Humanalbumin, Methyl-4-hydroxybenzoat und Propyl-4-hydroxybenzoat enthalten.

Expressionsplasmid und das Wirt-Vektor-System

Das rekombinante Protein besteht aus 166 Aminosäuren und ist demnach ebenso wie das rekombinante Interferon-alfa-2a um eine Aminosäure länger als das natürliche Protein. Dies rührt auch hier daher, daß Interferon-alfa-2b – ebenso wie das rekombinante Interferon-alfa-2a – am N-Terminus ein zusätzliches Methionin trägt (vergl. Abb. 6.9.7 und 6.9.9). Interferon-alfa-2b enthält zwei Disulfidbrücken zwischen den Aminosäuren 1 und 98 sowie 29 und 138 (Abb. 6.9.7). An den kritischen Positionen 23 und 34, die die unterschiedlichen Interferon-alfa-2-Varianten charakterisieren, befinden sich die Aminosäuren Arginin und Histidin. Da das Protein in *E. coli* produziert wird, ist es nicht glycosyliert. Das Molekulargewicht von Interferon-alfa-2b beträgt ca. 19,3 kDa.

Leider wurden von der Firma Essex Pharma keine konkreten Informationen zum Expressions-Vektor und zum Wirt-Vektor-System zur Verfügung gestellt.

Reinigungsverfahren und Maßnahmen zur biologischen Sicherheit

Auch zum Reinigungsverfahren und zu Maßnahmen zur biologischen Sicherheit von Interferon-alfa-2b wurden keine Informationen bereitgestellt.

Anwendungsgebiete/Zulassung

Intron A® wird angewendet bei:

- Haarzell-Leukämie,
- Chronischer Hepatitis B erwachsener Patienten mit Merkmalen aktiver Virusreplikation wie HBsAg oder HBV-DNA oder HBV-DNA-Polymerase.
- Zur kurzfristigen Verringerung der Krankheitsaktivität bei erwachsenen Patienten mit chronischer aktiver Hepatitis C und erhöhten Leberenzymwerten bei kompensierter Lebererkrankung. Die langfristige Besserung klinischer und histologischer Parameter ist noch nicht nachgewiesen.
- Zur Behandlung des Kaposi-Sarkoms bei Patienten mit erworbener Immunschwäche (AIDS) ohne vorangegangene oder bestehende opportunistische Infektion.
- Zur remissionserhaltenden Therapie von Patienten mit follikulären bzw. zentroplastisch-zentrozystischen Non-Hodgkin-Lymphomen hoher Tumormasse in Verbindung mit geeigneten, CHOP-ähnlichen Kombinations-Chemotherapien.

Gegenanzeige

- Bekannte Überempfindlichkeit gegenüber Interferon-alfa-2b oder einem anderen Bestandteil von Intron A®.
- Vorbestehende schwere Herzkrankheiten.
- Schwere Funktionsstörungen der Leber und Nieren.
- Epilepsie und andere Beeinträchtigungen des zentralen Nervensystems.
- Fortgeschrittene, nicht kompensierte Lebererkrankung oder Leberzirrhose bei chronischer Hepatitis.
- Gleichzeitige oder kurz zuvor beendete immunsuppressive Behandlung bei chronischer Hepatitis. Nicht kontraindiziert ist eine kurzzeitige Steroidvorbehandlung.
- Autoimmune Hepatitis oder Autoimmunerkrankung in der Vorgeschichte; immunsupprimierte Patienten nach Transplantation.
- Bereits bestehende Schilddrüsenerkrankung, sofern sie sich nicht durch herkömmliche Therapiemaßnahmen beherrschen läßt.

Zusammenfassung/Schlußbewertung

Intron A® wird heute bei verschiedenen Tumorerkrankungen sowie bei Hepatitis B und Hepatitis C eingesetzt. Der genaue Wirkmechanismus ist nicht bekannt. Auch lassen sich z. T. keine genauen Dosierungen festlegen. Die erforderliche Dosierung hängt sehr von der jeweiligen Erkrankung ab und wird nach oben meist durch das Auftreten von Nebenwirkungen begrenzt. Eindeutige Daten zur Korrelation zwischen Plasmakonzentration und Wirkung liegen nicht vor. Daher erfordert die Behandlung eines Patienten mit Intron A® eine große ärztliche Erfahrung.

Nebenwirkungen

Als Nebenwirkungen treten gelegentlich Schwindel, Reizbarkeit, Schlaf- und Konzentrationsstörungen auf. Selten beobachtet man Veränderungen an der Injektionsstelle, *Herpes simplex,* Pneumonitis und Pneumonie. Bei Dosierung von mehr als 10 Millionen I.E. pro Tag sind Veränderungen der LDH möglich.

6.9.2.2 Beta-Interferon zur Behandlung der Multiplen Sklerose

Biochemische und pharmakologische Grundlagen

Unter allen Interferonen ist heute Beta-Interferon zur Behandlung der schubförmig verlaufenden Multiplen Sklerose das Interferon mit der am besten definierten Indikation.

Die Multiple Sklerose (MS) ist eine relativ häufige, nicht traumatische Ursache neurologischer Funktionsstörungen bei Erwachsenen vorwiegend im Alter von 20–50 Jahren. In Europa werden mehr als 10.000 neue MS-Erkrankungen pro Jahr diagnostiziert. Charakteristisch ist eine Entmarkung des Zentralnervensystems. Auf der Basis der klinischen Manifestation unterscheiden wir drei Formen:

- eine benigne Form (15–20 % der Fälle),
- eine primär progrediente Form (10–20 % der Fälle) und
- eine schubweise verlaufende Form mit Remissionen, die erst sekundär progredient wird (60–75 % der Fälle). Typisch für diese Form sind Attacken mit neurologischer Dysfunktion (Exazerbationen), von denen sich die Patienten immer wieder erholen.

Die Therapie der MS läßt sich in drei Kategorien unterteilen:

- die symptomatische Therapie,
- die Behandlung der akuten Attacke,
- der Versuch, einen positiven Einfluß auf den Verlauf der Krankheit zu nehmen, indem die Häufigkeit der akuten Attacken reduziert und damit die Progredienz der Erkrankung verlangsamt wird.

Auf der Basis der letzten Behandlungskategorie ist auch der Einsatz von Beta-Interferon-Präparaten bei der MS zu verstehen. Die theoretische Basis des Einsatzes von Interferonen zur Behandlung der Multiplen Sklerose basiert auf den antiviralen und immunmodulierenden Wirkungen von Beta-Interferon. Zwar ist eine virale Genese der Multiplen Sklerose nicht sehr wahrscheinlich. Es wurde jedoch vermutet, daß Virusinfektionen und damit verbundene immunologische Reaktionen zum Ausbruch einer Multiplen Sklerose führen können. Aus diesem Grund scheint auch die antivirale Wirkkomponente einer Interferon-Behandlung bei der MS nachvollziehbar zu sein.

Alle drei Interferon-Klassen (IFN-alpha, IFN-beta und IFN-gamma) zeigen Antitumor- und Antiproliferations-Aktivitäten. IFN-gamma scheint für die Behandlung der MS ungeeignet zu sein, da es zum einen von T-Zellen synthetisiert wird und zum anderen die Klasse-II-HLA-Expression in Astrozyten induziert, die dann eine lokale Immunantwort verstärken können. Auf der anderen Seite zeigen IFN-alpha und IFN-beta immunsuppressive Effekte. Diese beiden Interferone können die durch IFN-gamma verursachte Klasse-II-Antigen-Induktion wieder herunterregulieren. Darüber hinaus aktiviert IFN-beta Suppressorzellen und natürliche Killerzellen.

Man beschreibt heute die MS als eine Autoimmun-Krankheit, die durch die Demyelinierung von Nervenfasern im Gehirn und im Rückenmark verursacht wird. Aktivierte T-Lymphozyten und Makrophagen werden in den Entzündungsbereichen, aber auch im peripheren Blut vieler MS-Patienten gefunden. Man nimmt an, daß endogenes IFN-gamma, das von antigenstimulierten T-Zellen produziert wird, die unerwünschte Immunantwort durch die Stimulation der Synthese und Expression von HLA („*human leucocyte antigen*") und antigenpräsentierenden Zellen

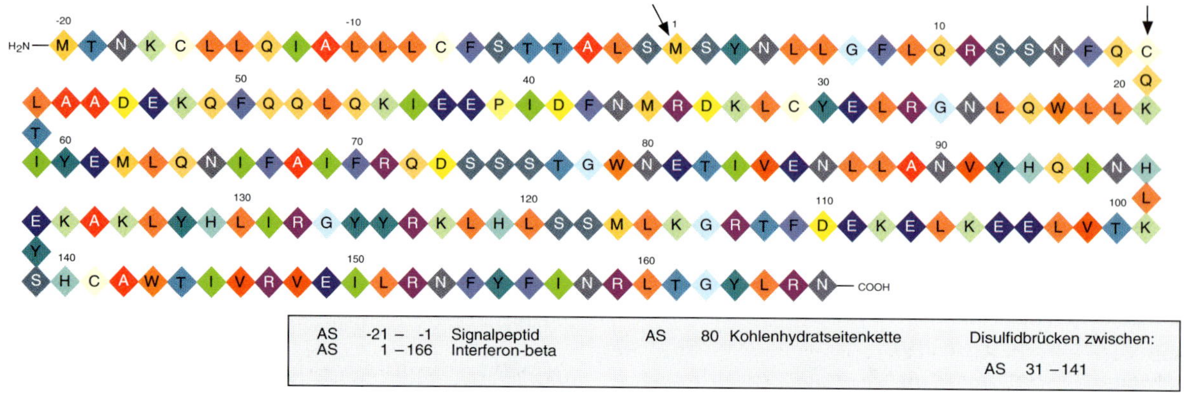

Abb. 6.9.11 Primärsequenz von humanem Interferon-beta. Interferon-beta wird als Protein von 187 Aminosäuren synthetisiert. Die ersten 21 Aminosäuren repräsentieren ein Signalpeptid, das bei der Sekretion des Proteins abhydrolysiert wird. Somit ist das reife Interferon-beta 166 Aminosäuren lang. An Position 80 ist das Protein N-glycosyliert.

verstärkt. Dies wird durch den Befund unterstützt, daß hohe Interferon-gamma-Konzentrationen bei MS-Patienten gefunden werden und daß die Verabreichung von Interferon-gamma die Symptomatik und den Krankheitsverlauf eher steigern.

Andererseits konnte gezeigt werden, daß natürliches Interferon-beta die HLA-Induzierung und Effekte von IFN-gamma in Kulturen muriner Makrophagen und in adulten humanen Astrozyten herunterreguliert.

Betaferon®: Rekombinantes Interferon beta–1b der Firma Schering

Betaferon® enthält Interferon-beta-1b, ein hoch gereinigtes rekombinantes Protein zur subkutanen Injektion.

Betaferon® kommt als lyophylisiertes, steriles weißes Pulver in den Handel, das nach Rekonstitution mit einer 0,54 %igen Natriumchloridlösung zur subkutanen Injektion bestimmt ist. Die spezifische Aktivität von Betaferon® beträgt ca. 180 × 10^6 I. E. pro mg IFN-beta, gemessen an dem nativen Standard des NIH. Gemessen an dem WHO-Referenzstandard für rekombinantes humanes Interferon-beta beträgt die spezifische Aktivität von Betaferon® ca. 32 × 10^6 I. E. pro mg IFN-beta.

Expressionsplasmid und das Wirt-Vektor-System

Interferon-beta-1b ist ein rekombinationstechnisch hergestelltes Derivat des humanen Interferon-beta (Abb. 6.9.11). Es besteht aus 165 Aminosäuren und besitzt ein Molekulargewicht von 18,5 kDa (Abb. 6.9.12). Das Protein wird in *E. coli* produziert und ist infolgedessen im Gegensatz zum natürlichen Interferon-beta nicht glycosyliert. Außerdem wurde die Gensequenz so modifiziert, daß anders als beim natürlichen Interferon-beta an der Aminosäureposition 17 nicht Cystein sondern Serin steht. Schließlich fehlt dem rekombinanten Interferon-beta-1b die N-terminale Aminosäure Methionin.

Leider wurden von der Firma Schering keine Informationen zur Zusammensetzung des Expressionsplasmids zur Verfügung gestellt.

Reinigungsverfahren und Maßnahmen zur biologischen Sicherheit

Auch zur biotechnischen Herstellung von Interferon-beta-1b wurden keine näheren Informationen gegeben. Bekannt ist, daß die *E.-coli*-Zellen in einem Minimalmedium (Salze und Glucose) unter Standardfermentationsbedingungen kultiviert werden. Nach der Ernte wer-

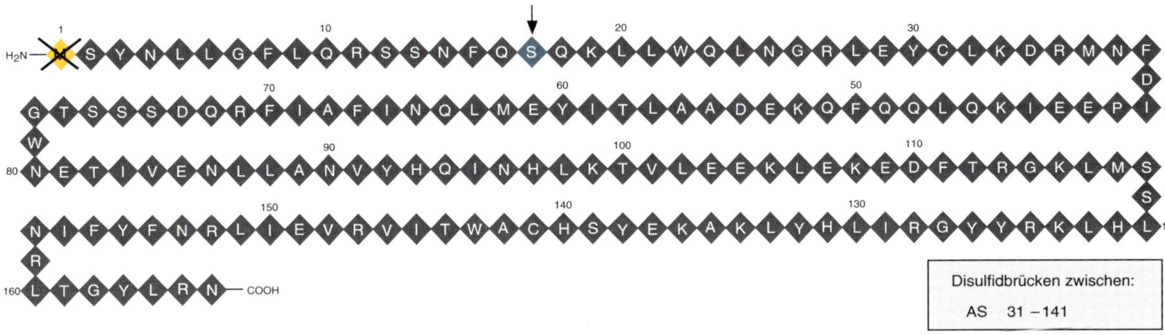

Abb. 6.9.12 Aminosäuresequenz des in Betaferon® enthaltenen Wirkstoffs Interferon-beta-1b. Der im Betaferon® enthaltene Wirkstoff (Interferon-beta-1b) unterscheidet sich von dieser authentischen Sequenz durch das Fehlen der N-terminalen Aminosäure Methionin. Somit enthält das rekombinante Protein nur 165 Aminosäuren. Ferner unterscheidet sich Interferon-beta-1b von authentischem ß-Interferon durch einen Aminosäureaustausch an Position 17, wo anstelle des Cysteins im rekombinanten Produkt ein Serin steht. Schließlich ist das rekombinante Protein auch nicht glycosyliert, da es in *E. coli* produziert wird.

den die Zellen aufgeschlossen, und das rekombinante Interferon-beta–1b wird durch Extraktion mit Butanol aus Einschlußkörpern (*inclusion bodies*) isoliert. Es folgt eine zweimalige Aufreinigung an Molekularsiebsäulen. Danach wird der rekombinante Wirkstoff mit humanem Serumalbumin und Dextrose formuliert.

Anwendungsgebiete/Zulassung

Betaferon® ist zugelassen zur Behandlung der schubförmig verlaufenden Multiplen Sklerose bei Patienten, die älter als 18 Jahre sind. Diese Behandlung soll zur Reduktion der Frequenz und der Heftigkeit klinischer Exazerbationen der Patienten führen.

Gegenanzeige

Betaferon® ist kontraindiziert bei Schwangeren, bei Patienten mit einer bekannten Überempfindlichkeit gegen Interferon-beta oder Humanalbumin, bei Patienten mit Depressionen, bei Patienten mit Leberschäden und bei schlecht einstellbaren Epileptikern.

Nebenwirkungen

Relativ häufig treten lokale Reaktionen an der Einstichstelle auf, deren Häufigkeit allerdings mit Fortschreiten der Therapie deutlich nachläßt. Auch grippeähnliche Symptome treten immer wieder auf. Zwar selten, dann aber heftig, beobachtet man Hypersensitivitäts-Symptome wie Bronchospasmus, Anaphylaxie und Urticaria. Auch wurden zentralnervöse Störun-

Zusammenfassung/Schlußbewertung

Als Ergebnis einer großen Phase-III-Studie für den Einsatz von Betaferon® bei Patienten mit schubförmig verlaufender Multiplen Sklerose konnte gezeigt werden, daß durch die Medikation zum einen die Inzidenz von Exazerbationen gesenkt wird. Zum anderen dokumentierte die Studie, daß die Population, die einen gewissen Zeitraum exazerbationsfrei blieb, durch die Behandlung mit Betaferon® deutlich vergrößert wurde. In nahezu allen gemessenen Parametern profitierten die behandelten Patienten von einer Betaferon®-Medikation.

Ein eindeutiger Effekt auf die Exazerbationsrate konnte bei einer Gabe von dreimal wöchentlich 8×10^6 I. E. Betaferon® gezeigt werden. Diese Dosierung war der niedrigeren Dosierung von $1{,}6 \times 10^6$ I. E. Betaferon® deutlich überlegen.

gen (z. B. Depressionen, Angst, Konfusion) bis hin zu Selbstmordversuchen registriert.

Avonex®: Rekombinantes Interferon-beta-1a der Firma Biogen

Avonex® enthält rekombinantes Interferon-beta-1a (r-hIFN beta-1a), das in CHO-Zellen hergestellt wird. Ferner enthält das Präparat Humanalbumin, Dinatriumhydrogenphosphat, Natriumdihydrogenphosphat und Natriumchlorid.

Expressionsplasmid und das Wirt-Vektor-System

Leider teilt die Firma Biogen keine Einzelheiten über die Charakteristika des Expressionsplasmids und über dessen Herstellungsmodalitäten mit. Dies hat nicht zuletzt damit zu tun, daß das Präparat nach dem Scheitern eines *Joint ventures* mit der Firma Rentschler teilweise neu entwickelt werden mußte. Durch diesen Streit verlor die Firma Biogen nämlich die Patentrechte an der für die Herstellung verwendeten Zell-Linie. Es mußte also eine neue Zell-Linie entwickelt werden, deren Details Biogen jetzt wohl nicht preisgeben will.

Im Gegensatz zu Betaferon® (Interferon-beta-1b) handelt es sich bei Avonex® (Interferon-beta-1a) um einen Wirkstoff, der mit humanem Interferon-beta identisch ist. Das Protein besteht aus 166 Aminosäuren (siehe Abb. 6.9.11). Es enthält eine Disulfidbrücke zwischen den Cysteinresten an den Positionen 31 und 141, und es ist an der Position 80 N-glycosyliert.

Reinigungsverfahren und Maßnahmen zur biologischen Sicherheit

Auch zum Reinigungsverfahren wurden keine Informationen mitgeteilt. Das r-hIFN-beta-1a wird von den CHO-Zellen ins Kulturmedium sezerniert, aus dem es dann aufgereinigt wird.

Anwendungsgebiete/Zulassung

Avonex® ist zugelassen für die ambulante Behandlung von Patienten mit schubweise verlaufender Multiplen-Sklerose (MS), bei der in den vorangegangenen drei Jahren mindestens zwei neurologische Attacken aufgetreten sind, ohne daß Anzeichen für einen chronischen Verlauf vorliegen. Avonex® verzögert den Verlauf der Erkrankung und reduziert die Häufigkeit akuter Attacken. Da bisher keine klinischen Daten für Patienten mit chronisch progredient verlaufender MS vorliegen, sollte das Medikament bei diesen Patienten derzeit nicht eingesetzt werden.

Gegenanzeigen

Avonex® ist kontraindiziert bei Patienten mit einer bekannten Überempfindlichkeit gegen Interferon-beta oder Humanalbumin, bei Schwangeren und bei Patienten mit schweren Depressionen und/oder Suizidgefährdung, sowie bei Patienten mit Epilepsie, deren Anfälle therapeutisch nicht ausreichend kontrollierbar sind.

Nebenwirkungen

Häufig treten grippeähnliche Symptome auf. Bei 22 % der Patienten bilden sich innerhalb eines zweijährigen Behandlungszeitraums neutralisierende Antikörper, die z. T. bei besonders hohen Titern den Wirkstoff inaktivieren. Allerdings ist diesbezüglich Avonex® dem Schering-Präparat Betaferon® überlegen, bei dem im gleichen Zeitraum bei 43 % der Patienten die Bildung neutralisierender Antikörper beobachtet worden war. Dies könnte damit erklärt werden, daß sich die Struktur des Wirkstoffes im Betaferon® (veränderte Aminosäuresequenz, fehlende Glycosylierung) doch deutlich stärker von authentischem Beta-Interferon unterscheidet als die Struktur des Wirkstoffs im Avonex®.

Zusammenfassung/Schlußbewertung

Interferon-beta-1a (Avonex®) kommt streng genommen ohne klinische Prüfung auf den Markt, weil aus patentrechtlichen Gründen das in der Erprobungsphase verwendete Interferon durch eine andere Zell-Linie produziert wurde, als der im Handel befindliche Wirkstoff. Damit wich erstmals die FDA von dem Prinzip ab, daß für neue biologische Stoffe vollständige klinische Daten vorliegen müssen („*Lex Avonex*"). Die europäische Arzneimittelbehörde ist der FDA in diesem Punkt gefolgt und akzeptierte ebenfalls die mit dem ursprünglichen Wirkstoff (BG 9015) erzielten klinischen Daten als Grundlage für die Zulassung von Avonex® mit dem Wirkstoff BG 9418.

Aus theoretischen Überlegungen ist es unwahrscheinlich, daß sich die beiden Wirkstoffe signifikant unterscheiden, so daß man von einer gleichen Wirksamkeit ausgehen kann. Signifikanter sind die Unterschiede zu Betaferon®, das sich an zwei Aminosäurepositionen und durch das Fehlen der Glycosylierung nicht nur von Avonex®, sondern auch von humanem IFN-beta unterscheidet. Dies manifestiert sich sehr wahrscheinlich auch durch eine im Vergleich zu Avonex® (22 %) doppelt so hohen Antikörperbildung (43 % bei Betaferon®).

In einer klinischen Studie mit BG 9015 wurden MS-Patienten aufgenommen, die seit mindestens zwölf Monaten erkrankt, höchstens mäßiggradig behindert waren und während der letzten drei Jahre wenigstens zwei Schübe hatten. Bei Studienabschluß hatten 172 Patienten zwei Jahre lang an der Studie teilgenommen. Gemessen an der KURTZKE-Skala (= EDSS: *expanded disability status score*) zur Überprüfung des klinischen Verlaufes nahmen mäßiggradige Behinderungen bei einer einmal wöchentlich applizierten Dosis von 30 µg (6×10^6 I.E.) nur bei 22 % zu. In der Placebogruppe wurde eine entsprechende Zunahme von 35 % registriert. Das bedeutet, daß von 100 IFN-beta-1a-Anwendern 13 hinsichtlich einer Verzögerung des Krankheitsverlaufes profitieren konnten.

6.9.2.3 Gamma-Interferon

Biochemische und pharmakologische Grundlagen

Beim Gamma-Interferon tritt die antivirale Wirkung eher in den Hintergrund. Statt dessen wirkt Gamma-Interferon aktivierend auf phagozytierende Zellen (Abb. 6.9.13). Natürlicherweise wird Gamma-Interferon primär von aktivierten T-Zellen produziert. Von diesen Zellen wird es zusammen mit IL-2 freigesetzt. Das freigesetzte Gamma-Interferon bindet dann an spezifische Rezeptoren auf der Oberfläche von Makrophagen und Monozyten, die so für die Abwehr von Pathogenen und für die Elimination von entarteten Zellen aktiviert werden.

In dieser Funktion liegt auch die Ratio für den Einsatz von rekombinantem Gamma-Interferon bei der Chronischen-Granulomatose. Hierbei handelt es sich um eine Erbkrankheit, die durch einen Defekt des phagozytotischen, oxidativen Metabolismus charakterisiert ist.

Die Indikation von Gamma-Interferon bei der Chronischen-Granulomatose basiert auf folgenden Überlegungen: Interferon-gamma entfaltet seine Hauptwirkung aufgrund der immunmodulatorischen Eigenschaften dieses Proteins. So stimuliert Interferon-gamma Makrophagen und Monozyten zur Produktion von Proteasen, Interleukin 1, Tumornekrose-Faktor und Plättchenaktivierenden-Faktor (PAF). Darüber hinaus steigert Interferon-gamma die Phagozytoseleistung von Monozyten und Ma-

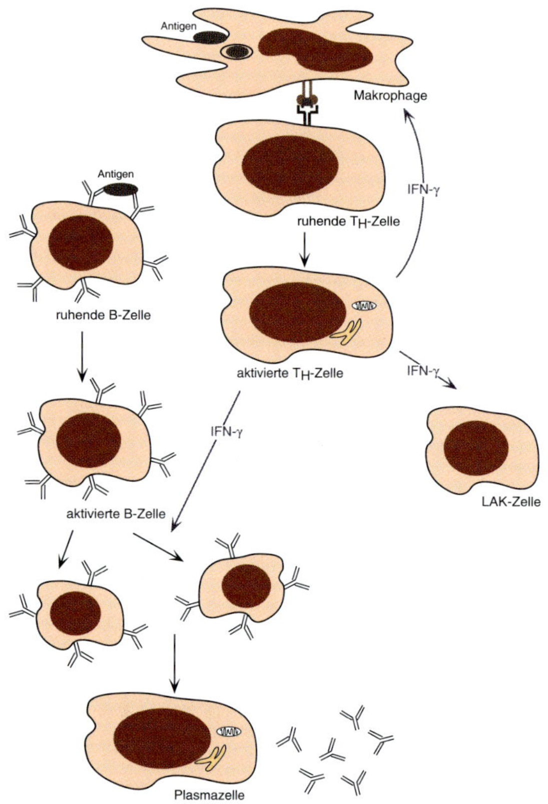

Abb. 6.9.13 Verstärkung der lokalen Immunantwort durch IFN-Gamma. Interferon-gamma wird primär von aktivierten T-Zellen gebildet. In erster Linie wirkt dieses dann aktivierend auf phagozytierende Zellen, wie Makrophagen und Monozyten. Darüber hinaus steigert Interferon-gamma die Expression von MHC-Molekülen der Klassen I und II sowie die Aktivität natürlicher Killerzellen (NK-Zellen) und Lymphokin-aktivierter Killerzellen (LAK-Zellen). Ferner fördert Interferon-gamma die Reifung und Differenzierung aktivierter B-Zellen.

krophagen durch Induktion des sog. *„respiratory burst"*, bei dem toxische Sauerstoffspezies ausgeschüttet werden und die Makrophagen dadurch eine besondere bakterizide, fungizide und protozoizide Wirkung entfalten.

Ferner induziert und steigert Gamma-Interferon die Expression von MHC-Molekülen der Klassen I und II, die Aktivität natürlicher Killerzellen (NK-Zellen) und die antikörperabhängige zellvermittelte Zytotoxizität. Schließlich ist dieses Zytokin auch an der Bildung zytotoxischer T-Lymphozyten sowie an der Reifung und Differenzierung von B-Lymphozyten beteiligt (vergleiche Abb. 6.9.13).

Obwohl der Wirkungsmechanismus von Gamma-Interferon bei Patienten mit Chronischer-Granulomatose bisher nicht genau bekannt ist, geht man davon aus, daß die Aktivierung der Makrophagen – und damit die Erhöhung der antimikrobiellen Aktivität dieser Zellen – im Vordergrund steht.

Natürliches Gamma-Interferon ist ein Glycoprotein, das aus 146 Aminosäuren besteht und ein Molekulargewicht von ca. 22 kDa besitzt (Abb. 6.9.14). Zwei identische Proteinketten assoziieren *in vivo* zu einem aktiven Dimer.

Imukin®: Rekombinantes humanes Interferon-gamma-1b der Firma Karl Thomae

Imukin® enthält als Wirkstoff Interferon-gamma-1b, das gentechnisch in dem *E.-coli*-K12-Stamm W3110 hergestellt wird. Zusätzlich sind in Imukin® Mannitol, Natriumsuccinat, Bernsteinsäure, Polysorbat 20 und Wasser für Injektionszwecke enthalten.

Expressionsplasmid und das Wirt-Vektor-System

Das Molekulargewicht des rekombinanten Interferon-gamma-1b beträgt 16,4 kDa. Während natürliches Interferon-gamma aus 146 Aminosäuren besteht, enthält der Wirkstoff in Imukin® nur 140 Aminosäuren (Abb. 6.9.15). Es fehlen die drei natürlichen N-terminalen Aminosäuren Cystein, Tyrosin und Cystein sowie die vier C-terminalen Aminosäuren Arginin, Alanin, Serin und Glutamin. Stattdessen besitzt das rekombinante humane Interferon-gamma-1b am N-Terminus die zusätzliche Aminosäure Methionin. Dies ergibt sich aus der Expressions-Strategie: Das rekombinante humane Interferon-gamma-1b wird in *E.-coli*-Zellen produziert. Fast alle Proteine, die in *E. coli* hergestellt werden, starten mit der Aminosäure Methionin. Ferner ist klar, daß ein in *E. coli* produziertes Protein nicht glycosyliert ist.

Leider teilt die Firma Karl Thomae keine Einzelheiten über die Charakteristika des Expressionsplasmids mit.

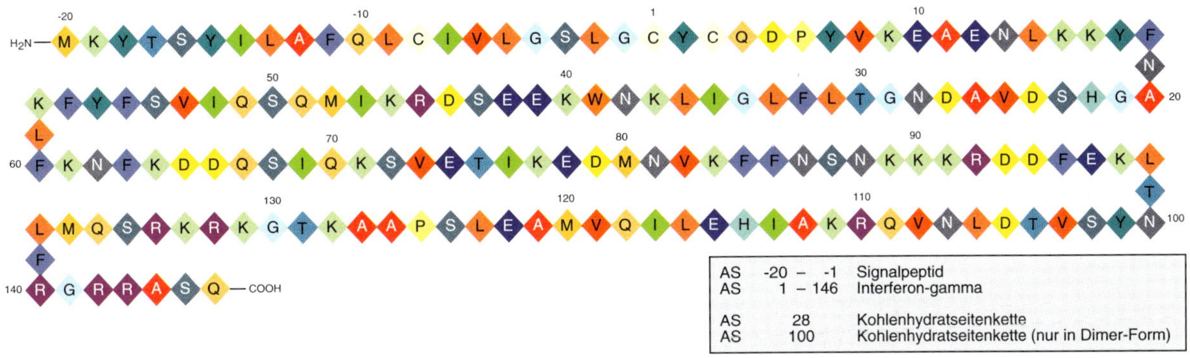

Abb. 6.9.14 Primärsequenz von natürlichem Interferon-γ. Interferon-gamma wird als Protein von 166 Aminosäuren synthetisiert. Die ersten 20 Aminosäuren dienen als Signalpeptid, die beim Ausschleusen des Proteins aus der Zelle abhydrolysiert werden. An zwei Stellen (Positionen 28 und 100) ist Interferon-gamma N-glycosyliert. Allerdings ist Asn_{100} nur modifiziert, wenn sich zwei Interferon-gamma Moleküle zu einem Dimer zusammengeschlossen haben.

Reinigungsverfahren und Maßnahmen zur biologischen Sicherheit

Auch zum Reinigungsverfahren wurden keine Informationen gegeben.

Anwendungsgebiete/Zulassung

Imukin® ist zugelassen im Rahmen einer Zusatztherapie zur Verringerung der Häufigkeit von schwerwiegenden Infektionen bei Patienten mit Chronischer-Granulomatose (auch als septische Granulomatose bezeichnet).

Gegenanzeigen

Imukin® soll nicht bei Patienten angewendet werden, bei denen eine akute Überempfindlichkeit gegenüber Interferon-gamma–1b, eng verwandten Interferonen oder einer anderen Komponente des Präparates bekannt ist, bzw. die eine entsprechende Überempfindlichkeit voraussichtlich entwickeln.

Nebenwirkungen

Sowohl die klinische als auch die mit Laboruntersuchungen ermittelte Toxizität nach einmaliger oder wiederholter Anwendung von Imukin® ist abhängig von der Höhe der Dosis, der Art des Applikationsweges und dem zeitlichen Dosierungsschema.

Bei der empfohlenen subkutanen Applikation von 50 mg/m^2 Körperoberfläche wurden keine gravierenden, die Patienten belastenden Nebenwirkungen beobachtet.

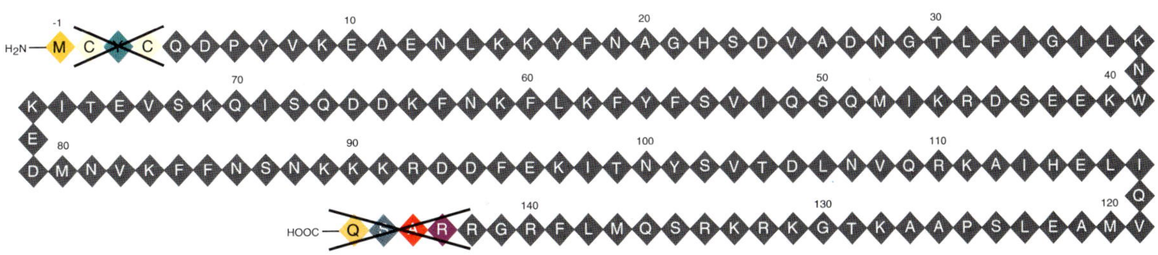

Abb. 6.9.15 Primärsequenz des im Imukin® enthaltenen Wirkstoffs Interferon-gamma–1b. Im Vergleich zu natürlichem Interferon-γ (siehe Abb. 6.9.13), fehlen dem rekombinanten Wirkstoff die Aminosäuren 1–3 und 143–146. Statt dessen trägt das rekombinante Protein am N-Terminus ein artifizielles Methionin. Da Interferon-gamma–1b in *E. coli* produziert wird, ist es nicht glycosyliert.

Wachstums-faktor	Molekular-gewicht (kDa)	Zelluläre Herkunft	Funktionen
G-CSF	18 - 22	Monozyten, Fibroblasten, Endothelzellen	Proliferation und Differenzierung von Granulozyten
M-CSF	70 - 90	Monozyten, Fibroblasten, Endothelzellen	Proliferation und Differenzierung von Monozyten
GM-CSF	14 - 35	T-Lymphozyten, Fibroblasten, Endothelzellen	Proliferation und Differenzierung von Granulozyten, Eosinophilen und Monozyten
IL-3	14 - 28	T-Lymphozyten	Proliferation und Differenzierung von hämatopoetischen Vorläuferzellen, Eosinophilen und Monozyten
EPO	34 - 39	peritubuläre Zellen der Niere	Stimulation der Erythropoese Vor allem die hämatopoetischen Wachstumsfaktoren

Tabelle 6.9.3 Haematopoetische Wachstumsfaktoren

Zusammenfassung/Schlußbewertung

Die Imukin®-Therapie ist ein bedeutender Beitrag zur Behandlung von Patienten mit Chronischer-Granulomatose, auch wenn der genaue Wirkmechanismus nicht bekannt ist. Klinische Studien haben aber gezeigt, daß Imukin® nicht nur die Lebensqualität der Patienten verbessert, sondern auch die Häufigkeit sowie den Schweregrad klinischer Komplikationen bei Chronischer-Granulomatose zu senken vermag. Dabei kann Imukin® in Kombination mit den anderen derzeit verfügbaren Therapieformen eingesetzt werden.

Neben der anerkannten Indikation bei der Chronischen-Granulomatose könnte sich eine Imukin®-Therapie potentiell auch bei anderen Infektionskrankheiten bewähren. So ließ sich eine Wirksamkeit in der Prophylaxe traumatisch bedingter Infektionen, der Lepra, der kutanen bzw. systemischen Leishmaniasis sowie der Toxoplasmose bei AIDS-Patienten zeigen. Aus diesem Grund kam die *„International CGD Cooperative Study Group"* zu folgendem Schluß: „Der potentiell wirksame Einsatz von Interferon-gamma bei anderen Infektionskrankheiten wie Lepra oder Leishmaniasis, sowie die Erkenntnis, daß außer der Zunahme der Superoxid-Bildung wahrscheinlich noch weitere Mechanismen zur Wirksamkeit dieser Substanz beitragen, sprechen dafür, daß dieses Zytokin als Adjuvans zu den herkömmlichen Antibiotika einen weitgespannten Anwendungsbereich bei zahlreichen verschiedenartigen Infektionskrankheiten haben könnten".

Nach intravenöser Applikation wird Imukin® rasch ausgeschieden. Nach intramuskulärer oder subkutaner Verabreichung wird Imukin® langsam und gut absorbiert.

Die häufigsten bei der Imukin®-Therapie auftretenden unerwünschten Wirkungen sind grippeähnliche Symptome wie Fieber, Kopfschmerzen, Schüttelfrost, Muskelschmerzen oder Müdigkeit, deren Schweregrad im Verlauf der Behandlung meist nachläßt.

Antikörper werden gegen Imukin® vermutlich nicht gebildet.

6.9.3 Hämatopoetische Wachstumsfaktoren

Biochemische und pharmakologische Grundlagen

Die hämostatischen Wachstumsfaktoren (Tabelle 6.9.3) haben sich bisher am besten in der Klinik etabliert. Dies rührt sicher daher, daß einige dieser Proteine auch endokrin ihre Wirkung entfalten, so daß sie in den erfor-

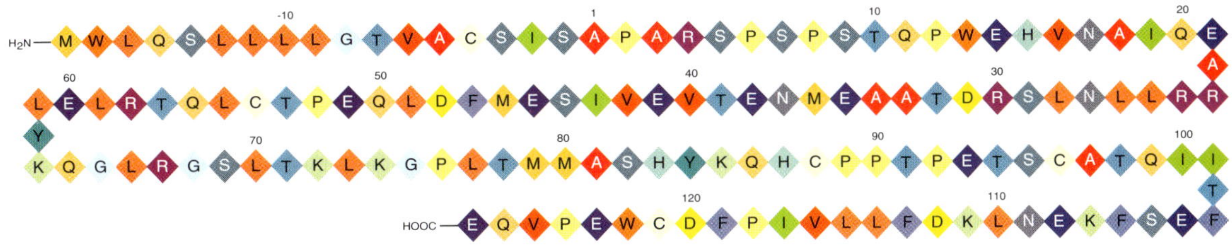

AS -17 – -1	Signalpeptid	AS	5	Kohlenhydratseitenkette	Disulfidbrücken zwischen:
AS 1 – 127	GM-CSF	AS	7	Kohlenhydratseitenkette	
		AS	9	Kohlenhydratseitenkette	AS 54 – 96
		AS	10	Kohlenhydratseitenkette (partiell)	AS 88 – 121
		AS	27	Kohlenhydratseitenkette	
		AS	37	Kohlenhydratseitenkette	

Abb. 6.9.16 Primärsequenz des Granulozyten-Makrophagen-Kolonie-stimulierenden-Faktors. Bezüglich der Primärsequenz sind der authentische GM-CSF und Molgramostim identisch. Allerdings ist der rekombinante Wirkstoff nicht glycosyliert, da er von *E. coli* synthetisiert wird.

derlichen Dosierungen meist viel besser vertragen werden als die anderen Zytokine.

Der jeweilige Name eines hämatopoetischen Wachstumsfaktors leitet sich meist von der Zielzelle ab, auf die der Faktor hauptsächlich wirkt (siehe Abb. 6.5.1). Allerdings handelt es sich auch bei den hämatopoetischen Wachstumsfaktoren um Zytokine, so daß durch den Namen – wie wir weiter oben in der allgemeinen Definition zu Zytokinen gehört haben – nicht alle Funktionen abgedeckt werden.

Vor allem die hämatopoetischen Wachstumsfaktoren Granulozyten-Kolonie-stimulierender-Faktor (G-CSF), Granulozyten/Makrophagen-Kolonie-stimulierender-Faktor (GM-CSF) und Erythropoetin (EPO) spielen heute in der Klinik eine große Rolle. EPO wurde bereits in Kapitel 6.5 besprochen. Hier werden wir die rekombinanten G-CSF- und GM-CSF-Präparate kennenlernen. Ihr Einsatz hat die Möglichkeiten der Knochenmarks-Transplantation sowie der Zytostatika-Therapie zum Teil dramatisch erweitert.

Leucomax®: Rekombinanter GM-CSF (Molgramostim) der Firma Sandoz KG/Essex Pharma GmbH

Leukomax® enthält eine nicht-glycosylierte Variante des Granulozyten-Makrophagen-Kolonie-stimulierenden-Faktors (Molgramostim oder rhuGM-CSF), die in *E. coli* hergestellt wird. Ferner sind in Leucomax® Humanalbumin, Macrogol 4000, Mannitol, Dinatriumhydrogenphosphat und wasserfreie Citronensäure enthalten.

100 µg Molgramostim entsprechen 1,11 × 10^6 I.E.

Expressionsplasmid und das Wirt-Vektor-System

Das Gen für GM-CSF befindet sich auf dem langen Arm des humanen Chromosoms 5. Das natürliche Protein enthält 127 Aminosäuren und ist sowohl N- als auch O-glycosyliert (Abb. 6.9.16). Das Molekulargewicht variiert je nach Glycosylierungsgrad zwischen 18 und 30 kDa.

Zur rekombinationstechnischen Herstellung von GM-CSF wurde mRNA aus der humanen Monozyten-Zell-Linie U937 isoliert und an ihr eine cDNA synthetisiert. Diese cDNA wurde in ein bakterielles Expressionsplasmid integriert, um in *E.-coli*-K12 exprimiert zu werden. Das rekombinante Protein enthält 127 Aminosäuren und trägt an der Position 100 die Aminosäure Isoleucin. Damit entspricht Molgramostim in seiner Aminosäuresequenz dem authentischen GM-CSF. Allerdings ist Molgramostim nicht glycosyliert, da es in *E. coli* hergestellt wird.

Molgramostim ist ein globuläres Protein. Die Sekundärstruktur wird aus vier alpha-Helices (42 % der Gesamtstruktur) und zwei beta-Faltblättern gebildet. Zwei Disulfidbrücken verbinden die Aminosäurepositionen 54 und 96 sowie 88 und 121 (siehe Abb. 6.9.15). Das Molekulargewicht von Molgramostim beträgt 16,1 kDa.

Die genaue Zusammensetzung des Expressionsplasmids wurde nicht mitgeteilt.

Reinigungsverfahren und Maßnahmen zur biologischen Sicherheit

Nach bakterieller Fermentation wird das rekombinante Protein durch ein mehrstufiges Hochreinigungsverfahren von bakteriellen Zellbestandteilen abgetrennt. Die biologische Aktivität des rekombinanten Proteins wird im klonalen AML-Test standardisiert.

Anwendungsgebiete/Zulassung

Leucomax® ist angezeigt zur Reduktion des Infektionsrisikos durch Verringerung des Schweregrades von Neutropenien bei Patienten, die mit üblichen Dosen einer myelotoxischen Chemotherapie behandelt werden.

Gegenanzeigen

Leucomax® ist bei Patienten mit anamnetisch bekannter Überempfindlichkeit gegenüber Molgramostim oder einem der Inhaltsstoffe der Injektionslösung kontraindiziert. Leucomax® darf bei Patienten mit malignen myeloischen Grunderkrankungen (myelodysplastisches Syndrom, akute myeloische Leukämie, chronisch myeloische Leukämie) nicht angewendet werden.

Leucomax® ist nicht dazu angezeigt, die Dosisintensität zytotoxischer Arzneimittel zu erhöhen, da dieses Arzneimittel die Myelotoxizität, nicht jedoch die Gesamttoxizität zytotoxischer Arzneimittel reduzieren kann.

Nebenwirkungen

Da viele unerwünschte Ereignisse, von denen während der klinischen Prüfung von Leucomax® berichtet wurde, regelmäßig mit der Grunderkrankung oder der Begleiterkrankung bzw. deren Behandlung in Verbindung standen, kann der Kausalzusammenhang dieser Ereignisse mit der Anwendung von Leucomax® nicht abschließend bestimmt werden.

Die meisten Nebenwirkungen von Leucomax® waren in der Regel leichten oder mäßigen Schweregrades. Selten waren sie schwerwiegend oder lebensbedrohlich.

Die am häufigsten beobachteten Nebenwirkungen waren – wie zu erwarten – Fieber, Übelkeit, Erbrechen, Diarrhoe, Dyspnoe, Schüttelfrost, Exantheme, allergische Reaktionen an der Injektionsstelle, Müdigkeit, Anorexie, Knochenschmerzen und Asthenie.

Schwindel, periphere Ödeme, Parästhesien und Myalgien zählten zu den weniger häufig geschilderten Nebenwirkungen.

Dosisabhängig führt Leucomax® zu einer erhöhten Zahl von neutrophilen Granulozyten und Monozyten sowie eosinophilen Granulozyten. Darüber hinaus sind Lymphozytosen und Thrombozytosen beobachtet worden. Als unerwünschte Änderungen der Laborwerte wurden beobachtet:

- Abfall des Hämoglobinspiegels,
- Thrombozytenabfall,
- verminderte Serumalbuminspiegel.

Die Häufigkeit der an Molgramostim bindenden Antikörper, gemessen mit Hilfe eines ELISA-Tests und im Bioassay, wurde mit 1 % nach der Behandlung bestimmt. Es wurde

Zusammenfassung/Schlußbewertung

Der Granulozyten-Makrophagen-Koloniestimulierende-Faktor ist ein Protein, das mehrere hämatopoetische Zell-Linien reguliert und darüber hinaus auch reife myeloische Zellen aktiviert. Er spielt eine Schlüsselrolle bei der Bildung von Phagozyten, die für die Abwehr von eingedrungenen Mikroorganismen und Tumorzellen benötigt werden.

In vitro stimuliert Molgramostim die Proliferation und Differenzierung von hämatopoetischen Vorläuferzellen, die zur Produktion von Granulozyten, Monozyten/Makrophagen und T-Lymphozyten führen.

Darüber hinaus zeigt Molgramostim deutliche Effekte auf die funktionelle Aktivität von reifen Neutrophilen, wie z. B. eine verstärkte Phagozytose von Bakterien, eine verstärkte Zytotoxizität gegenüber malignen Zellen und, ebenfalls bedeutsam im Rahmen von Abwehrmechanismen, eine Verstärkung des oxidativen Stoffwechsels der Neutrophilen.

Molgramostim kann die Expression von MHC-Klasse-II-Antigenen auf humanen Monozyten sowie die Produktion von Antikörpern erhöhen. Studien mit frischen Tumor-Explantaten im humanen tumorklonogenen Assay haben gezeigt, daß Molgramostim das Wachstum von Tumorzellen weder stimuliert noch inhibiert.

Vermittelt wird die Wirkung von Molgramostim über die Bindung an den membranständigen GM-CSF-Rezeptor, der auf hämatopoetischen Vorläuferzellen und auf reifen Phagozyten exprimiert wird.

Nach Applikation von Leucomax® kommt es zunächst zu einem kurzfristigen, vollständig reversiblen Leukozytenabfall. Allerdings handelt es sich hierbei nur um einen scheinbaren Leukozytenabfall, da die Leukozyten nicht etwa eliminiert werden, sondern vorübergehend an die Gefäßwand adhärieren. Bereits einen Tag nach Applikation von Leucomax® ist eine signifikante – über die Ausgangswerte hinausgehende – Erhöhung der Anzahl reifer Neutrophiler und Monozyten im peripheren Blut nachweisbar.

Die maximale Serumkonzentration an Molgramostim wird innerhalb von drei bis vier Stunden nach subkutaner Injektion erreicht. Die Eliminations-Halbwertzeit beträgt nach intravenöser Gabe 1–2 Stunden und nach subkutaner Injektion 2–3 Stunden. Die etwas längere Halbwertzeit nach subkutaner Verabreichung ist wahrscheinlich bedingt durch die verlängerte Resorptionszeit aus der Injektionsstelle.

Zugelassen ist der Wirkstoff für die Behandlung einer Chemotherapie-induzierten Myelosuppression. Sein interessantes Wirkspektrum, das zum einen durch die Stimulation der Hämatopoese, zum anderen aber auch durch die Aktivierung von Effektorzellen geprägt ist, legt aber nahe, den Wirkstoff auch bei anderen Indikationen einzusetzen.

kein Wirkungsverlust von Leucomax® bei diesen Patienten beobachtet.

Neupogen®: Rekombinanter G-CSF (Filgrastim) der Firma Amgen, Roche

Neupogen® enthält Filgrastim, eine nichtglycosylierte Variante (r-metHuG-CSF) des humanen Granulozyten-Kolonie-stimulierenden Faktors (G-CSF), die an ihrem N-Terminus zusätzlich die Aminosäure Methionin trägt (Abb. 6.9.17 B). Filgrastim wird in *E.-coli*-Zellen produziert. Als weitere wesentliche Bestandteile (Hilfsstoffe) enthält Neupogen® Essigsäure, Natriumhydroxid, Mannitol, Polysorbat 80 und Wasser für Injektionszwecke.

100 μg Neupogen® entsprechen 10×10^6 Einheiten.

Expressionsplasmid und das Wirt-Vektor-System

Das Gen für G-CSF liegt auf dem humanen Chromosom 17. Das authentische Protein

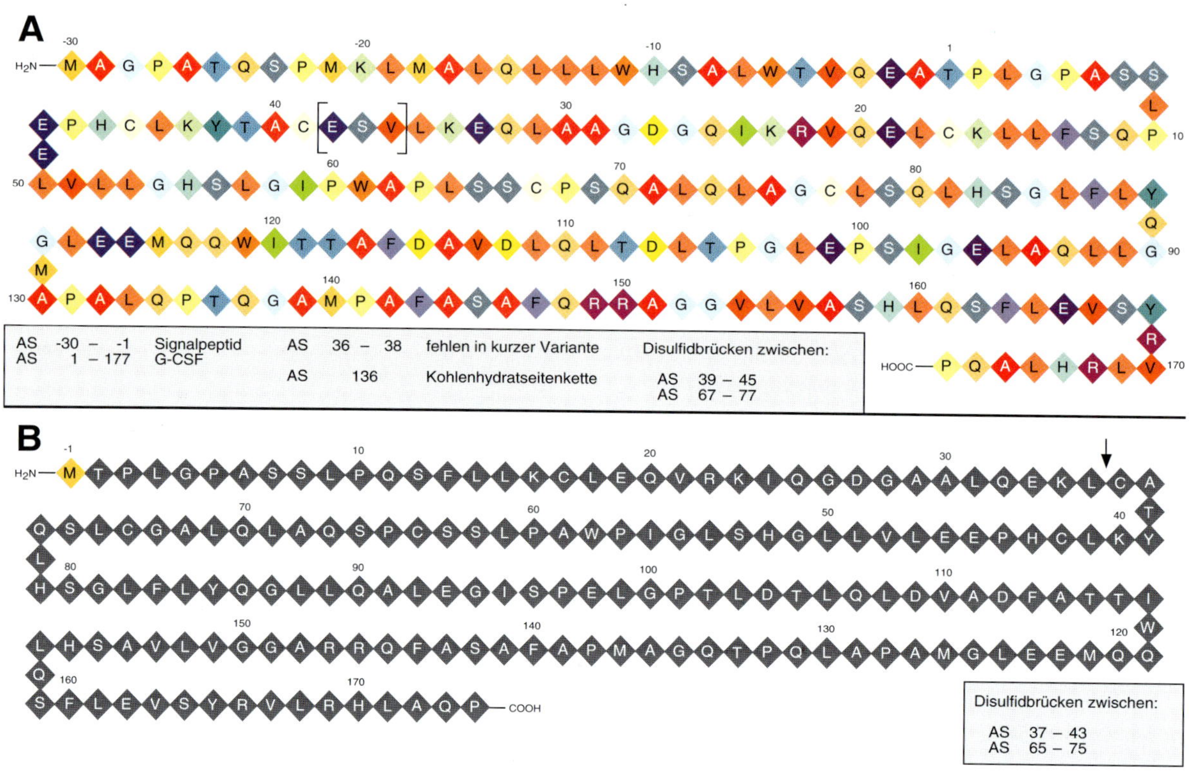

Abb. 6.9.17 Primärsequenz des Granulozyten-Kolonie-stimulierenden-Faktors (A) und des rekombinanten Wirkstoffs Filgrastim (B). Die in eckigen Klammern gesetzten Aminosäuren sind in der kurzen Variante des G-CSFs nicht vorhanden. Bei dem rekombinanten Wirkstoff handelt es somit um die kurze Variante (siehe Pfeil).

besteht aus 174 Aminosäuren und ist O-glycosyliert. Das Molekulargewicht beträgt ca. 19,6 kDa (Abb. 6.9.17 A).

Das rekombinante Protein trägt aus klonierungstechnischen Gründen die zusätzliche Aminosäure Methionin an seinem N-Terminus, ist also 175 Aminsäuren lang (Abb. 6.9.17 B). Wegen des Fehlens der Zuckermodifikationen besitzt es ein etwas geringeres Molekulargewicht von 18,8 kDa. Zwei Disulfidbrücken zwischen den Aminosäuren 36 und 42 sowie 64 und 74 (Positionen im authentischen G-CSF) stabilisieren die Sekundärstruktur des Proteins. An Position 18 (bzw. 17 im authentischen G-CSF) trägt der r-metHuG-CSF einen freien Cystein-Rest.

Informationen zur Konzeption und zum Aufbau des Expressionsplasmids wurden nicht mitgeteilt.

Reinigungsverfahren und Maßnahmen zur biologischen Sicherheit

Das Expressions-System zur Herstellung von Filgrastim ist so effektiv, daß das rekombinante Protein als Einschlußkörper (*inclusion bodies*) anfällt. Aus diesen Einschlußkörpern muß Filgrastim gelöst und anschließend renaturiert werden. Durch Filtration und Ionenaustausch-Chromatographie wird ein hochreines Produkt hergestellt, dessen Identität und Reinheit umfassend überprüft wird.

Anwendungsgebiete/Zulassung

Neupogen® ist angezeigt zur Verkürzung der Dauer von Neutropenien sowie zur Verminderung der Häufigkeit neutropenischen Fiebers bei Patienten (Erwachsene), die wegen einer nicht-myeloischen malignen Erkrankung mit üblicher myelosuppressiver Chemotherapie behandelt werden.

Neupogen® ist weiterhin angezeigt zur Verkürzung der Dauer von Neutropenien und ihren klinischen Folgen bei Patienten (Erwachsene), die eine myeloablative Behandlung mit anschließender Knochenmark-Transplantation erhalten.

Bei Patienten (Kinder und Erwachsene) mit schwerer kongenitaler, zyklischer oder idiopathischer Neutropenie mit einer Gesamtanzahl an neutrophilen Granulozyten von $<0{,}5 \times 10^9$/l sowie einer Vorgeschichte von schwerwiegenden oder wiederkehrenden Infektionen ist die Langzeitbehandlung mit Neupogen® angezeigt, um die Anzahl von neutrophilen Granulozyten zu erhöhen und Inzidenz und Dauer von Symptomen von Infektionen zu vermindern.

Gegenanzeigen

Neupogen® darf nicht angewendet werden bei Patienten mit bekannter Überempfindlichkeit gegen den Wirkstoff oder andere Bestandteile des Präparates. Auch bei Patienten mit schwerer kongenitaler Neutropenie (Kostmann-Syndrom) mit zytogenetischen Abnormalitäten ist Neupogen® kontraindiziert. Da keine Erfahrungen bei Patienten mit schweren Leber- und/oder Nierenfunktionsstörungen vorliegen, sollte Neupogen® hier nicht angewendet werden. Die Wirksamkeit und Unbedenklichkeit der Anwendung von Neupogen® bei Patienten mit akuter myeloischer Leukämie, chronisch-myeloischer Leukämie oder myelodysplastischen Syndromen ist nicht belegt. Da die Möglichkeit eines Tumorwachstums z. Zt. noch nicht ausgeschlossen werden kann, sollte Neupogen® nur mit besonderer Vorsicht bei malignen Erkrankungen myeloischen Ursprungs eingesetzt werden. Neupogen® sollte nur mit Vorsicht bei Vorliegen von Vorstadien einer malignen myeloischen Erkrankung angewendet werden.

Nebenwirkungen

Bei Gabe von Neupogen® in der empfohlenen Dosierung treten häufig Knochen- und Muskelschmerzen auf, die in der Regel mit einem Standard-Analgetikum beherrscht werden können. Häufig können reversible, dosisabhängige Erhöhungen des Harnsäurespiegels sowie der Lactatdehydrogenase, der Alkalischen-Phosphatase und der γ-Glutamyltransferase auftreten. Auch Milzvergrößerung wurden beobachtet. Gelegentlich kam es zu einem Anstieg von eosinophilen Granulozyten und Monozyten sowie einer geringgradigen Anämie. In klinischen Studien bei fortgeschrittenen Stadien des myelodysplastischen Syndroms kam es in mehreren Fällen zum Übergang in eine akute myeloische Leukämie.

Zusammenfassung/Schlußbewertung

Der humane Granulozyten-Kolonie-stimulierende Faktor (G-CSF) ist ein Glycoprotein, das die Entstehung funktionsfähiger neutrophiler Granulozyten und deren Freisetzung aus dem Knochenmark reguliert. Innerhalb von 24 Stunden nach Applikation kommt es zu einer deutlichen Steigerung der Anzahl neutrophiler Granulozyten im strömenden Blut, begleitet von einer gering ausgeprägten Erhöhung der Anzahl von Monozyten. Bei manchen Patienten mit schwerer chronischer Neutropenie kann Neupogen® einen geringen Anstieg der Anzahl der zirkulierenden Eosinophilen und Basophilen gegenüber den Ausgangswerten hervorrufen.

Sowohl nach subkutaner als auch intravenöser Gabe von Neupogen® wurde ein linearer Zusammenhang zwischen Dosis und Serumkonzentration von Filgrastim festgestellt. Das Verteilungsvolumen beträgt ca. 150 ml/kg. Sowohl nach *s.c.* als auch nach *i.v.*-Applikation folgt die *Clearance* von Filgrastim einer Kinetik erster Ordnung. Die Gesamtkörper-*Clearance* wurde mit 0,6 ml pro Minute und kg bestimmt. Die durchschnittliche Halbwertszeit betrug ca. 3,5 Stunden. Unter Dauerinfusion mit Neupogen® von bis zu 28 Tagen bei Patienten nach Knochenmark-Transplantation ergaben sich vergleichbare Halbwertszeiten ohne Anzeichen einer Kumulation.

Die Therapie mit Neupogen® führt zu einer signifikanten Verringerung von Auftreten, Schweregrad und Dauer einer Neutropenie bzw. eines neutropenischen Fiebers, wie sie nach Durchführung einer zytostatischen Chemotherapie häufig beobachtet werden.

Granulozyten-Kolonie-stimulierende-Faktoren können neben dem Wachstum von Zellen myeloischen Ursprungs in ähnlicher Weise auch das Wachstum von Zellen nicht-myeloischen Ursprungs *in vitro* fördern. Die klinische Bedeutung dieser Beobachtungen ist noch unklar. Der Einsatz von Neupogen® bei Patienten, Kindern oder Erwachsenen, mit schwerer chronischer Neutropenie (schwerer kongenitaler Neutropenie, zyklischer Neutropenie und idiopathischer Neutropenie) ruft einen anhaltenden Anstieg der absoluten Zahl der Neutrophilen im peripheren Blut und einen Rückgang von Infektionen und davon abhängigen Symptomen hervor.

Granocyte®: Rekombinanter G-CSF (Lenograstim) der Firma Rhône-Polenc Rorer

Granocyte® enthält einen rekombinationstechnisch hergestellten, human-identischen Granulozyten-Kolonie-stimulierenden-Faktor (G-CSF). Ferner sind enthalten: Humanalbumin, Mannitol, Polysorbat 20, Dinatriumhydrogenphosphat, Natriumdihydrogenphosphat und Natriumchlorid.

Expressionsplasmid und das Wirt-/Vektor-System

Das rekombinante Produkt (Lenograstim) wird aus Ovarial-Zellen des chinesischen Hamsters (CHO-Zellen) gewonnen, in die die cDNA für den humanen G-CSF stabil integriert wurde. Im Gegensatz zu Filgrastim handelt es sich bei Lenograstim um ein Glycoprotein (siehe Abb. 6.9.17 A). Über die genaue Zusammensetzung des Expressionsplasmids und über die Herstellung des Wirkstoffs liegen leider keine Informationen vor.

Anwendungsgebiete/Zulassung

Granocyte® wird eingesetzt zur Verkürzung der Dauer schwerwiegender Neutropenien und zur Reduktion der sich daraus ergebenden Komplikationen bei Patienten mit nichtmyeloischen malignen Erkrankungen, die sich einer Behandlung mit einem üblichen, zytotoxischen Chemotherapieschema, das mit einer erheblichen Inzidenz an neutropenischem Fieber verknüpft ist, unterziehen.

Gegenanzeigen

Granocyte® darf nicht angewendet werden bei Patienten mit einer bekannten Überempfindlichkeit gegen den Wirkstoff oder andere Bestandteile des Präparates.

Granocyte® darf nicht benutzt werden, um die Dosis einer zytotoxischen Chemotherapie über allgemein akzeptierte Dosierungen und Dosierungsschemata hinaus zu steigern, da das Arzneimittel möglicherweise die Myelotoxizität, nicht aber die allgemeine Toxizität der zytotoxischen Präparate vermindert.

Granocyte® soll nicht gleichzeitig mit einer zytotoxischen Chemotherapie angewendet werden und darf Patienten mit einer myeloischen malignen Erkrankung nicht verabreicht werden.

Wirksamkeit und Verträglichkeit von Granocyte® sind im Zusammenhang mit einer intensivierten Chemotherapie nicht beurteilt worden. Granocyte® darf nicht benutzt werden, um die Intervalle zwischen den chemotherapeutischen Zyklen unter die allgemein akzeptierte Dauer hinaus zu verkürzen und/oder die Dosis eines Chemotherapeutikums zu steigern. In einer Phase-II-Studie zur Intensivierung der Chemotherapie mit Granocyte® waren nichtmyeloische toxische Wirkungen die limitierenden Faktoren.

Nebenwirkungen

In Placebo-kontrollierten Studien erwies sich Granocyte® als sicher, mit gleicher Nebenwirkungsinzidenz bei Patienten, die mit Granocyte® oder Placebo behandelt wurden. Die häufigsten beobachteten Nebenwirkungen waren Alopezie, Übelkeit, Erbrechen, Fieber und Kopfschmerzen, ähnlich denjenigen, die bei chemotherapeutisch behandelten Krebspatienten auftraten.

Bei den mit Granocyte® behandelten Patienten traten etwas mehr Knochenschmerzen (ca. 10 % häufiger) und lokale Reaktionen an der Einstichstelle (ca. 5 % häufiger) als in der Kontrollgruppe auf.

Zusammenfassung/Schlußbewertung

Granocyte® (rHuG-CSF) stimuliert die neutrophilen *Precursor*-Zellen. Dieses zeigt sich am Anstieg der Anzahl der CFU-G- und CFU-GM-Zellzahlen im peripheren Blut.

Granocyte® induziert innerhalb von 24 Stunden einen deutlichen Anstieg der Neutrophilenzahl im peripheren Blut. Die Erhöhung der Neutrophilenzahl ist im Bereich von 1–10 mg/kg/Tag dosisabhängig. Bei der empfohlenen Dosierung von 5 mg/kg/Tag induziert eine wiederholte Gabe eine stärkere Neutrophilenantwort.

Nach wiederholter intravenöser oder subkutaner Gabe sind die maximalen Serumkonzentrationen direkt proportional zur applizierten Dosis.

Bei der empfohlenen Dosis beträgt die absolute Bioverfügbarkeit von Granocyte® 30 %. Nach subkutaner Applikation von Granocyte® beträgt die apparente Serum-Eliminations-Halbwertzeit etwa 3 bis 4 Stunden im *steady state* (nach wiederholter Gabe). Nach wiederholter intravenöser Infusion ist sie mit 1–1,5 Stunden deutlich kürzer.

Während wiederholter subkutaner Gabe steigt die Plasma-*Clearance* von rHuG-CSF um den Faktor 3 von 50 auf 150 ml/min an.

Weniger als 1 % der verabreichten Dosis von Granocyte® wird unverändert renal ausgeschieden. Während wiederholter subkutaner Gabe der empfohlenen Dosis betragen die maximalen Serumspiegel von Granocyte® etwa 100 pg/ml/kg Körpergewicht.

Die Dosis korreliert positiv mit der Granocyte®-Serumkonzentration, ebenso die Bildung von Neutrophilen mit der Gesamtmenge Granocyte® im Serum.

Granocyte® ist indiziert zur Verringerung der Neutropenie-Dauer und der damit verbundenen Komplikationen bei Patienten nach autologer oder allogener Transplantation. Ferner kann es zur Verringerung der Neutropenie-Dauer und der damit verbundenen Komplikationen bei Patienten nach einer zytotoxischen Chemotherapie eingesetzt werden.

Experimentell wird Granocyte® eingesetzt zur Behandlung der Agranulozytose, der Mobilisierung, Gewinnung und Transfusion peripherer Blut-Vorläuferzellen, der Dosisintensivierung von Chemotherapien, beim myeloischen Malignom, zur Erhöhung der Granulozyten-Zahl und -Funktion bei AIDS-Patienten, zur Stärkung der körpereigenen Abwehr gegen potentielle Infektionen nach schweren Verletzungen sowie Verbrennungen und zur Behandlung bestehender bakterieller oder mykotischer Infektionen bei nicht-neutropenischen Patienten.

6.10 Monoklonale und rekombinante Antikörper

Biochemische und pharmakologische Grundlagen

Monoklonale Antikörper sind nicht nur unverzichtbare Hilfsstoffe in der Grundlagenforschung und in der Diagnostik, sondern seit einiger Zeit erhalten mehr und mehr monoklonale Antikörper auch eine Zulassung als Therapeutika bzw. als *in-vivo*-Diagnostika. Der Grund liegt auf der Hand: Wegen ihrer hohen Selektivität sind sie in idealer Weise geeignet, gezielt bestimmte Strukturen anzusteuern, um dort unterschiedliche Wirkungen zu entfalten.

So können monoklonale Antikörper Rezeptoren blockieren, oder sie können ganz bestimmte Zellen „markieren" und damit der Vernichtung durch das Immunsystem zuführen. Ferner lassen sich monoklonale Antikörper mit anderen Komponenten wie radioaktiven Isotopen, Toxinen oder Enzymen modifizieren und dienen dann als Vehikel, um eine spezifische Funktion an einen bestimmten Ort im Organismus zu transportieren.

Zum Teil gehören die zugelassenen monoklonalen Antikörper zur Gruppe der biotechnisch hergestellten Wirkstoffe – nämlich dann, wenn sie klassisch von Hybridom-Zellen produziert und sezerniert werden. Neuerdings reihen sich aber auch immer mehr monoklonale Antikörper in die Gruppe der gentechnisch hergestellten Wirkstoffe ein. Das ist dann der Fall, wenn die genetische Information für das Antikörper-Molekül in das Genom einer Produktions-Zelle integriert wird. Der Vorteil dieser Strategie besteht darin, daß sich die Antikörper gezielt in ihrer Aminosäure-Zusammensetzung modifizieren lassen. So ist es möglich, murine Antikörper zu „humanisieren", indem bestimmte, für die Antigenerkennung weniger wichtige Bereiche durch Sequenzen ersetzt werden, die in humanen Antikörpern vorkommen. Zu diesen Bereichen gehören alle „konstanten Regionen" der schweren und leichten Ketten. Dazu gehören aber auch die sogenannten *„framework"*-Regionen innerhalb der variablen Bereiche (Abb. 6.10.1).

Die Grundlagen der Herstellung monoklonaler und rekombinanter Antikörper haben wir in Kapitel 5.7 kennengelernt. Hier sollen in Deutschland zugelassene Spezialitäten auf der Basis monoklonaler Antikörper besprochen werden.

6.10.1 Orthoclone® OKT3, ein muriner monoklonaler Antikörper

Orthoclone® OKT3 (Cilag) enthält als Wirkstoff Muromonab-CD3, ein muriner monoklonaler Antikörper, der gegen das T_3-Antigen humaner T-Zellen gerichtet ist. Ferner enthält das Präparat Polysorbat 80, Natriumdihydrogenphosphat, Dinatriumhydrogenphosphat und Natriumchlorid.

6.10.1.1 Transplantations-Immunologie und Ansatz der immunsuppressiven Therapie

Bei der therapeutischen Übertragung solider Organe handelt es sich in der Regel um allogene Transplantationen, da Spender und Empfänger genetisch unterschiedliche Individuen sind. Die Konsequenz ist eine mehr oder weniger ausgeprägte Gewebe-Unverträglichkeit (Histo-Inkompatibilität), und alle allogenen Organtransplantate sind durch eine immunologische Abstoßung bedroht. Das ist auch dann der Fall, wenn durch eine gezielte Spender-/Empfängerauswahl nach dem HLA-System („*human leucocyte antigen*") der Grad der Unverträglichkeit so klein wie möglich gehalten wird.

Die Abstoßung beruht auf der Erkennung fremder Antigene des Transplantats durch das Immunsystem des Empfängers („*host-versus-graft-reaction*"). Vier Phasen der Abwehr sind von Bedeutung:

- Die hyperakute Abstoßungsreaktion setzt innerhalb von Minuten bis Stunden nach der Transplantation ein und wird von präformierten Antikörpern im Serum des Empfängers verursacht.
- Nach 2 bis 5 Tagen kommt es zu einer beschleunigten Abstoßungsreaktion.
- Akute Abstoßungsreaktionen treten nach 7 bis 21 Tage auf.
- Schließlich kann es auch noch nach 3 Monaten und mehr zu Abstoßungsreaktionen kommen. Diese bezeichnen wir als chronische Abstoßung.

An der beschleunigten, der akuten und der chronischen Abstoßung sind neben Antikörpern vor allem T-Lymphozyten ausschlaggebend beteiligt. Zirkulierende T-Lymphozyten des Organempfängers erkennen die fremden Gewebeantigene (Histokompatibilitäts-Antigene oder Antigene des HLA-Systems) auf den Endothelzellen des Transplantats. Danach kommt es zu einer T-Zellaktivierung mit nachfolgender Differenzierung der T-Lymphozyten in Effektorzellen. Diese sind entweder zytotoxisch aktiv und/oder sie sezernieren verschiedene Mediatoren (Zytokine).

6.10.1.2 Das HLA-System („human leucocyte antigens")

Die Histokompatibilitäts-Antigene sind Glycoproteine auf Zellmembranen, die entscheidend für eine Abstoßungsreaktion mitverantwortlich sind. Diese Gene für die Histokompatibilitäts-Antigene liegen in einem Genverband (dem HLA-Genkomplex) auf dem kurzen Arm von Chromosom 6 (Abb. 6.10.2). Dieser Genkomplex läßt sich nochmals in zwei Klassen mit unterschiedlichen Gruppen unterteilen:

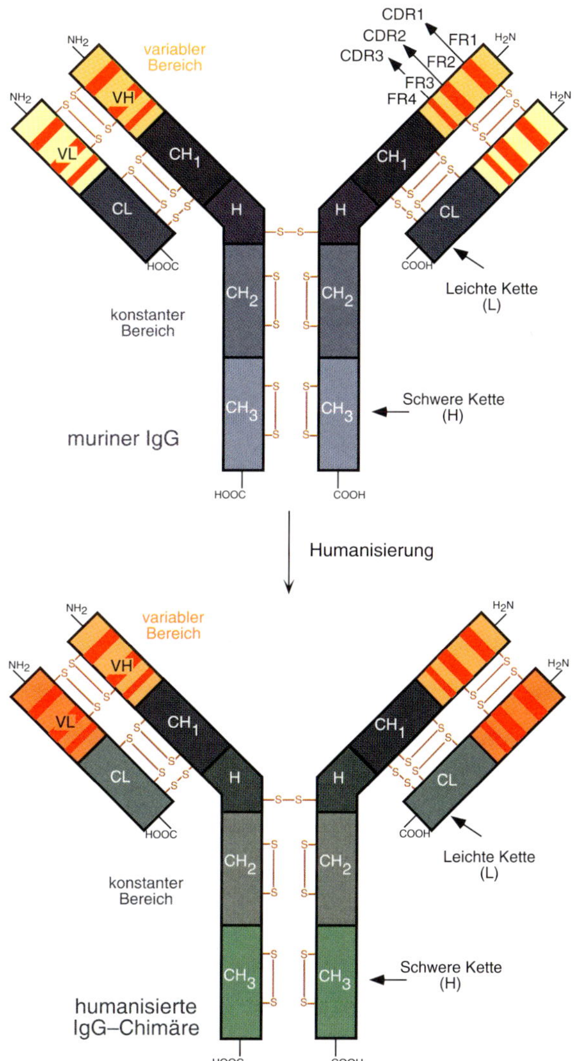

Abb. 6.10.1 „Humanisierung" von Antikörpern. In murinen Antikörpern (obere Bildhälfte) lassen sich auf der Genebene die konstanten Regionen (blau unterlegte Bereiche) und in den variablen Regionen die „*framework*-Regionen" (gelb unterlegte Bereiche) durch entsprechende Sequenzen aus humanen Antikörpern ersetzen. Wir erhalten dann sogenannte „humanisierte Antikörper" (untere Bildhälfte), in denen nur noch die hochvariablen „*complementarity determining regions*" (rot unterlegte Bereiche) von der Maus stammen.

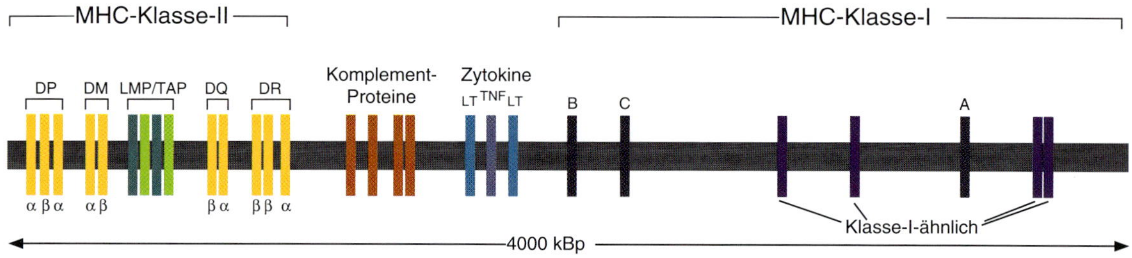

Abb. 6.10.2 Genetische Organisation der Histokompatibilitäts-Antigene. Auf einem Genombereich von ca. 4.000 kBp auf dem menschlichen Chromosom 6 liegen u. a. die Gene für die Histokompatibilitäts-Antigene. Auf der rechten Seite befinden sich die MHC-I-Gene mit den HLA-A-, HLA-B- und HLA-C-Allelen. Links befinden sich die MHC-II-Gene, die u. a. durch die HLA-DP-, HLA-DM-, HLA-DQ- und HLA-DR-Allele repräsentiert sind. Zwischen diesen beiden Genombereichen befinden sich noch weitere Gene für Komponenten des Immunsystems. Dazu zählen Gene für Komplement-Proteine und Gene für bestimmte Zytokine.

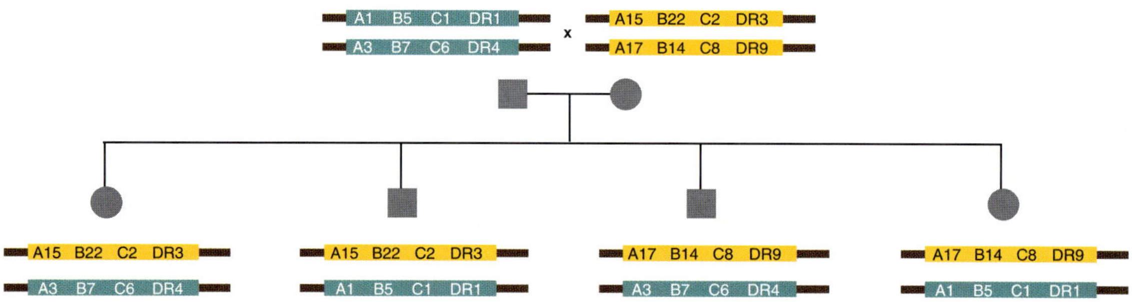

Abb. 6.10.3 HLA-Typisierung einer Familie. Wir bezeichnen das HLA-Gen-*Cluster* auf einem einzelnen Chromosom 6 als „Haplotyp". Die Kinder erben je einen Haplotyp vom Vater und einen von der Mutter. Bereits an diesem Beispiel erkennen wir, wie schwierig es ist, kompatible Haplotypen für eine Transplantation zu finden.

- die Klasse-I-Antigene HLA-A, -B und -C
- die Klasse-II-Antigene HLA-DP, -DM, -DQ und -DR.

Alle beteiligten Gene sind extrem polymorph, d. h. es gibt eine Vielzahl von Varianten (Allele). Man geht derzeit davon aus, daß mindestens 23 HLA-A-Allele, 47 HLA-B-Allele, 8 HLA-C-Allele, 14 HLA-DR-Allele, 3 HLA-DQ-Allele und 6 HLA-DP-Allele existieren. Diese Variabilität erstreckt sich nicht nur auf verschiedene Individuen. Auch ein einzelnes Individuum besitzt oft zwei verschiedene Allele der jeweiligen HLA-Antigene auf den beiden homologen Chromosomen. Daraus resultieren Proteinkombinationen, die in die Millionen gehen.

Eine Typisierung der HLA-Antigene wird derzeit meist mit Hilfe bestimmter Antiseren an Spender- und Empfängerlymphozyten durchgeführt. Für die klinische Routine werden heute die Antigene von vier HLA-Genorten erfaßt: HLA-A, -B, -C und -DR. Da jeder Mensch zweimal diese vier Genorte besitzt, kann er bis zu acht Antigen-Spezifitäten besitzen (Abb. 6.10.3). Bei Homozygotie ist die Zahl der verschiedenen Antigene entsprechend geringer. Jedes Allel wird mit einem Buchstaben und einer Zahl gekennzeichnet. Zum Beispiel bezeichnen wir das Allel 6 des HLA-A-Gens mit dem Code A6 oder das Allel 2 des HLA-B-Gens mit dem Code B2 usw.

Die Funktion der HLA-Antigene als starke Transplantations-Antigene ist ein Nebeneffekt der biologischen Hauptfunktion der HLA-Antigene, die in der Restriktion der Erkennung von Antigenen durch T-Zellen besteht. Der Antigenrezeptor von T-Lymphozyten kann mit Fremdantigenen nur reagieren, wenn ihm diese gleichzeitig mit autologen oder allogenen HLA-Antigenen präsentiert werden oder wenn sie selbst allogene HLA-Antigene darstellen (Abb. 6.10.4).

HLA-Antigene (Abb. 6.10.5) der Klasse I (MHC-I) kommen auf allen kernhaltigen Zellen und Thrombozyten vor, wohingegen HLA-Antigene der Klasse II (MHC-II) nur auf B-Zellen, Makrophagen, dendritischen Zellen und Langerhans-Zellen vorkommen. HLA-Klasse-II-Antigene sind die Zielantigene für CD4⁺-Lymphozyten, welche nach Aktivierung vor allem Zytokine wie TNF-α, Interferon-γ und Interleukin–2 sezernieren.

6.10.1.3 *T-Zellaktivierung und Abstoßung*

Der initiale Ablauf einer klinischen Abstoßungsreaktion ist in erster Linie über eine Aktivierung von T-Zellen und eine sich anschließende Proliferation bestimmter T-Zellklone beschreibbar (Abb. 6.10.6). Um die T-Lymphozyten zu aktivieren, sind zumeist zwei Ereignisse notwendig.

- die Erkennung des Fremdantigens und
- der Kontakt mit einer akzessorischen Zelle (Monozyt oder Makrophage), der auch über Zytokine wie Interleukin-1 und Interleukin–6 und andere vermittelt werden kann.

Letztlich wird die Abstoßung von einer kleinen Population von T-Zellen verursacht, die Erkennungseinheiten bzw. Rezeptoren für die Histokompatibilitäts-Antigene des Spenderorgans aufweisen. Die T-Helferzellen (CD4⁺-Zellen) erkennen das Antigen vorwiegend über die Verbindung mit HLA-Klasse-II-Molekülen, die zytotoxischen T-Zellen (CD8⁺-Zellen) in Verbindung mit den HLA-Klasse-I-Molekülen (Abb. 6.10.4). Die aktivierte T-Zelle bildet dann unter anderem Interleukin-2, das zur Proliferation und Differenzierung der T-Zellen

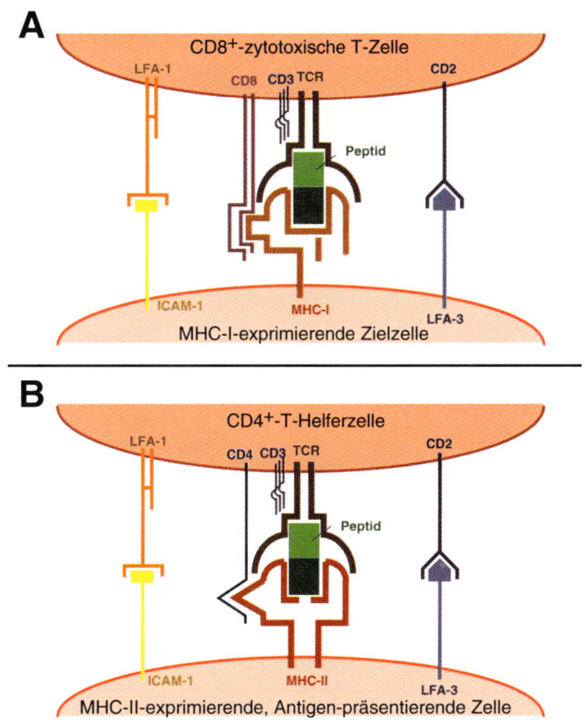

Abb. 6.10.4 T-Zell-/Antigen-Erkennung. T-Zellen können Antigene nur erkennen, wenn sie über MHC-Komplexe „präsentiert" werden. Die Rezeptoren der CD8⁺-Zellen (TCR) erkennen Antigene, die durch MHC-I-Moleküle präsentiert werden (**A**). Die Rezeptoren der CD4⁺-Zellen (TCR) hingegen erkennen Antigene, die über MHC-II-Moleküle präsentiert werden (**B**). An der Komplexbildung sind noch eine ganze Reihe anderer Oberflächenproteine beteiligt, u. a. CD3, CD2, LFA–1, LFA–3 (*leucocyte function associated antigen*) und ICAM–1 (*intercellular activation molecule*).

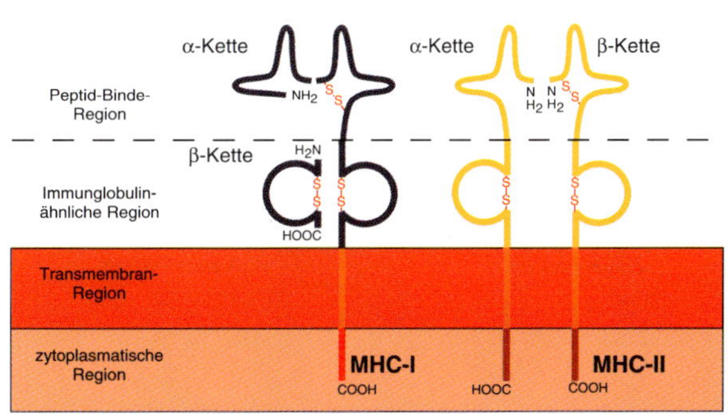

Abb. 6.10.5 Schematische Darstellung der MHC-I- (A) und MHC-II-Proteine (B). Beide Proteine bestehen aus zwei Untereinheiten, einer α- und einer β-Kette.

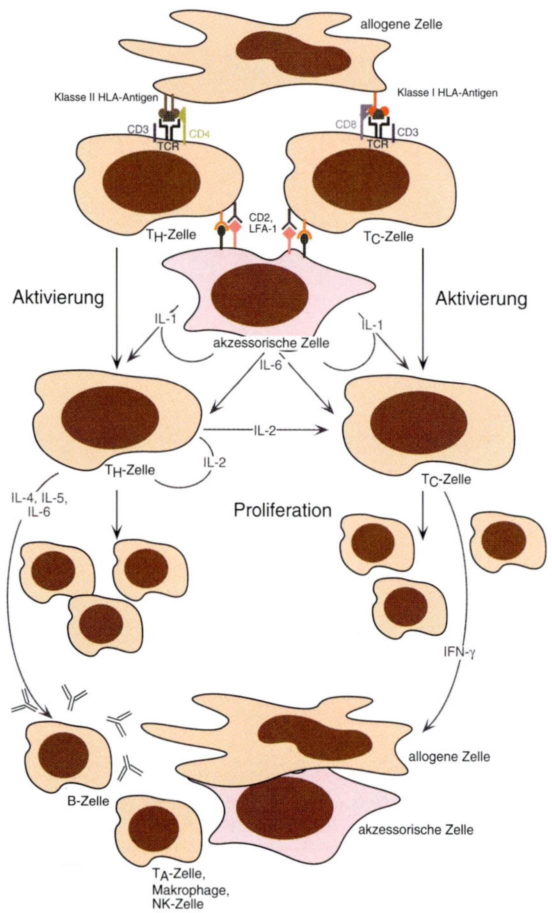

Abb. 6.10.6 Aktivierungskaskade bei einer Abstoßungsreaktion. Eine allogene Zelle wird von bestimmten T-Zellen erkannt, die passende Rezeptoren für die fremden Histokompatibilitäts-Antigene besitzen. Zusätzlich binden akzessorische Zellen über Interaktionspartner (siehe Tabelle 6.10.1) an die angedockten T-Zellen. Derart aktiviert beginnen die T-Zellen Interleukine zu sezernieren. Dadurch werden B-Zellen und weitere T-Zellen mit in den pathologischen Prozeß eingebunden.

Rezeptor auf dem Empfänger-Lymphozyt	Ligand auf der Spenderzelle
T-Zell-Rezeptor	HLA plus Peptid
CD4	HLA-DR (-DP, -DQ)
CD8	HLA-A, -B, -C
CD11a, 18 (LFA'-1)	ICAM''-1, ICAM-2
CD2 (LFA-2)	LFA-3
CD44 (Hermes)	Addressin

'LFA = mit der Leukozyten-Funktion assoziiertes Antigen;
''ICAM = intrazelluläres Adhäsionsmolekül

Tabelle 6.10.1 Interaktionspartner bei der Bindung von Spenderzellen und Empfänger-Lymphozyten

führt, weiterhin aber auch B-Zellen und Makrophagen aktiviert.

Die Interaktion der Lymphozyten des Empfängers mit den Spenderzellen ist nicht auf die antigenspezifischen Komplexe der T-Zell-Rezeptoren und HLA-Moleküle beschränkt. Mindestens fünf zusätzliche Paare von akzessorischen Molekülen sind nach derzeitiger Kenntnis an dieser Interaktion beteiligt (Tabelle 6.10.1). Diese antigenunabhängigen Rezeptorliganden sind in unterschiedlichem Ausmaß an den Vorgängen der Zelladhäsion, Aktivierung und spezifischen Effektorfunktionen beteiligt.

Die Alloantigenerkennung erfolgt wie jede andere Antigenerkennung auch über den T-Zell-Rezeptorkomplex. Dieser hat vor allem zwei Funktionen:

- Der eigentlich T-Zell-Rezeptor (alpha- und beta-Kette) erkennt das Antigen,
- der CD3-Komplex vermittelt eine transmembranäre Signalübertragung in die Zelle.

Der eigentliche T-Zell-Rezeptor besteht aus einer achtkettigen Proteinstruktur (Abb. 6.10.7). Die Antigenspezifität der T-Lymphozyten wird durch zwei Polypeptidketten (α- und β-Kette) festgelegt, die durch Disulfidbrücken miteinander verbunden sind. Die sechs anderen CD3-Polypeptide (γ, δ, ε, ζ) sind nicht kovalent mit den α- und β-Ketten des T-Zell-Rezeptors verbunden. Sie sind für die Signalübertragung ins Zellinnere verantwortlich.

Bei der T-Zellaktivierung spielt das Zytokin Interleukin–2 eine Schlüsselrolle (siehe Abb. 6.10.6). Nach Stimulation durch das Antigen wird IL-2 durch die $CD4^+$-Helferzellen gebildet und sezerniert. Zellen, die einen IL-2-Rezeptor exprimieren, können das IL-2-Signal empfangen und verarbeiten. Interleukin-2 gilt nicht nur als ein Wachstumsfaktor der T-Zellen, sondern stimuliert auch antigenaktivierte T-Zellen zur Freisetzung zahlreicher anderer Lymphokine. So werden auch natürliche Killerzellen (NK-Zellen) stimuliert, die etwa 10 % der zirkulierenden Lymphozyten ausmachen.

6.10.1.4 Drei Phasen der Abstoßungsreaktion

Die T-Zellaktivierung bis hin zur Abstoßungsreaktion können wir in drei Phasen unterteilen:

- eine afferente Phase (Erkennung der fremden Antigene),
- eine zentrale Phase (Verarbeitung des antigenen Stimulus im emphatischen System) und
- eine efferente Phase (Destruktion des Transplantats).

Während der afferenten Phase gelangen die inkompatiblen Transplantations-Antigene auf dem Lymph- oder Blutweg in das lymphatische Gewebe und aktivieren dort T-Zellen und B-Zellen, die spezifische Rezeptoren für die fremden Antigene besitzen. Der Antigentransport kann in Form von freien Membranpartikeln nach Aufnahme durch Empfängermakrophagen oder durch mit dem Transplantat übertragene mobile Zellen des Spenders (Monozyten oder Makrophagen) erfolgen.

Während der zentralen Phase kommt es im Rahmen komplexer Interaktionen verschiedener antigenaktivierter Lymphozytengruppen (T-Helferzellen, zytotoxische T-Zellen, T-Suppressorzellen und B-Zellen) zur Bildung von T-Effektorzellen und von Antikörper bildenden Plasmazellen. Die vielfältigen Proliferations- und Aktivierungsprozesse entsprechen den Abläufen bei anderen Immunreaktionen.

In der efferenten Phase werden als Ergebnis der Immunreaktion im lymphatischen Gewebe Antikörper in die Zirkulation abgegeben und sensibilisierte T-Lymphozyten aus dem Immunsystem ausgeschleust. Die sensibilisierten T-Zellen und die Antikörper erreichen das Transplantat auf dem Blutweg und werden dort durch die Reaktion mit den Antigenen des Transplantats festgehalten. Sensibilisierte T-Zellen können entweder eine direkte zytotoxische Wirkung auf die Transplantat-Zellen ausüben oder durch Freisetzung von Zytokinen wie Interferon-γ oder Makrophagen-Inhibitionsfaktor andere Entzündungszellen (Makrophagen, Granulozyten und nicht aktivierte Lymphozyten) im Transplantat festhalten und aktivieren. Das Komplementsystem wird aktiviert, und als Folge davon kommt es wiederum zur Einwanderung von Makrophagen und Granulozyten, die im Rahmen einer Entzündungsreaktion das Transplantat zusätzlich schädigen.

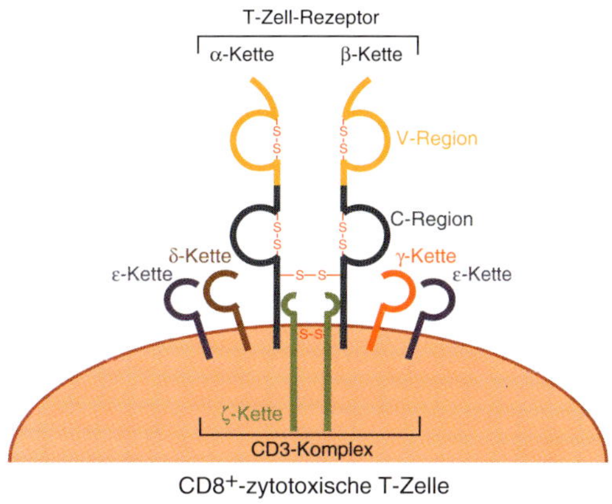

Abb. 6.10.7 Schematische Struktur eines T-Zell-Rezeptors. Die Kernstruktur des T-Zell-Rezeptors bilden die α- und die β-Untereinheit. Diese Proteine sind ganz ähnlich aufgebaut wie Antikörper. Sie bestehen aus variablen und konstanten Domänen. Ferner gehören zu einem T-Zell-Rezeptor noch eine γ-, eine δ-, zwei ε- und zwei ζ-Ketten. Diese Untereinheiten werden auch als CD3-Komplex bezeichnet.

6.10.1.5 Monoklonale Antikörper bei der Organtransplantation

Die Rationale für die Entwicklung von Muromonab-CD3 beruht auf der teilweise erfolgreichen Anwendung von Anti-Lymphozyten- und Anti-Thrombozytenglobulin-Präparationen, die zur Verzögerung oder zur Umkehr von Transplantat-Abstoßungen wirksam angewendet worden waren. Allerdings besitzen polyklonale Antikörper-Präparationen prinzipiell einige zum Teil gravierende Nachteile. Dazu gehören Variationen der Zusammensetzung von Charge zu Charge, die Verabreichung von großen und zum Teil sehr variablen Dosen, deutlich unterschiedliche Reinigungsqualitäten, Reaktionen mit anderen Blutbestandteilen und das Vorhandensein von externen Antikörpern, die die vorausgegangene immunologische Aktivität der für die Produktion eingesetzten Tiere widerspiegelt.

Von monoklonalen Antikörpern wie OKT3 wird dagegen erwartet, daß sie eine höhere Spezifität mit weniger unerwünschten Wirkungen besitzen, zumal die Wirkung des monoklonalen CD3-Antikörpers auf die T-Zellen begrenzt ist.

Muromonab-CD3 ist der erste monoklonale Antikörper mit Zulassung zur immunsuppressiven Therapie am Menschen. Der Begriff Muromonab-CD3 wurde aus dem deskriptiven Terminus Muromonab (*Murine-monoclonal-antibody*) gerichtet gegen das CD3-Antigen abgeleitet.

Der für die interzelluläre Signalwirkung verantwortliche CD3-Komplex enthält neben den zwei ζ-Ketten (16 kDa) eine γ- (25 kDa), eine δ-(20 kDa)- und zwei ε-(20 kDa)-Ketten (Abb. 6.10.7). Muromonab-CD3 richtet sich gegen die ε-Ketten und blockiert nachfolgend die CD3-Funktion.

Beim OKT3 handelt es sich um ein biochemisch gereinigtes IgG_{2A}-Immunglobulin der Maus, welches aus zwei schweren Ketten mit einem Molekulargewicht von je etwa 50 kDa sowie zwei leichten Ketten von etwa 25 kDa besteht.

Da OKT3 ein monoklonaler Antikörper ist, gilt die Substanz als ein homogenes reproduzierbares Produkt mit konsistenter meßbarer Wirksamkeit gegenüber menschlichen T-Zellen, aber ohne Reaktivität gegenüber anderen Körperzellen. Die immunsuppressive Substanz wird ausschließlich intravenös angewendet.

Pharmakodynamik

Die Bindung von OKT3 an T-Lymphozyten wurde erstmals 1979 nachgewiesen. Die CD3-Stuktur, die von OKT3 erkannt wird, liegt bei allen T-Zell-Rezeptoren vor. Da über die CD3-Struktur, die an den T-Zell-Rezeptorkomplex nicht konvalent gebunden ist, transmembranäre Signale während der Aktivierung der T-Zellen vermittelt werden, blockiert die OKT3-Bindung eine derartige Signaltransduktion und damit eine Aktivierung der T-Zelle. OKT3 blockiert sowohl die Induktions- als auch die Effektorphase der zellvermittelten Lympholyse. Der Antikörper hemmt die T-Zellproliferation durch Klasse I und Klasse-II-MHC-Antigene und scheint auf T-Zellen mitogen zu wirken. Während des Eintritts der mitogenen Wirkung, wird die Aktivierung der T-Zellen von einer Freisetzung der verschiedenen Lymphokine, z. B. Interleukin-2 oder Interferon-γ begleitet.

OKT3 besitzt *in vitro* eine mitogene Wirkung nur in Gegenwart von Kälberserum. Die Mitogenität kann durch humanes Serum stark reduziert werden und ist klinisch ohne Bedeutung.

OKT3 obsonisiert zumindest teilweise zirkulierende T-Lymphozyten, die anschließend durch das retikuloendotheliale System (hauptsächlich der Leber und der Milz) entfernt werden. Innerhalb von wenigen Minuten nach intravenöser Anwendung von OKT3 kommt es zu einer schnellen Elimination von $CD3^+$-Zellen aus dem zirkulierenden Blut. Die Elimination ist innerhalb von einer Stunde vollständig abgeschlossen.

Nach Absetzen von OKT3 kommt es zu einem schnellen Wiederauftreten von $CD3^+$-Zellen im Blutkompartiment. Normale Zellzahlen werden innerhalb von einer Woche wieder erreicht.

Relativ schnell nach Beginn der OKT3-Therapie treten zunehmend $CD4^+$- und $CD8^+$-Zellen im Blut auf. Allerdings sind diese Zellen funktionslos, da sie kein CD3-Antigen tragen.

Toleranz gegenüber OKT3

Circa 40 bis 50 % der Patienten entwickeln Antikörper gegen OKT3. Diese Antikörperentwicklung im behandelten Patienten stellt ein Problem dar, das die Möglichkeit eingrenzt, OKT3 länger anzuwenden. Zwei Typen von Anti-OKT3-Antikörpern können sich als Reaktion auf die Therapie entwickeln (Abb. 6.10.8):

- Ein Antimaus-Isotyp-Antikörper. Dieser seltener auftretende Antikörpertyp erkennt und bindet an die konstante Region der OKT3-Antikörpermoleküle, verhindert aber nicht die Wirkung der Substanz (Abb. 6.10.8 A).
- Ein Anti-Idiotyp-Antikörper. Die anti-idiotypischen Determinanten sind im variablen Teil des Antikörpers lokalisiert, der mit der hypervariablen Region assoziiert ist. Die Bildung anti-idiotypischer OKT3-Antikörper, die die Bindung von OKT3 an den CD3-Komplex der T-Zellen blockieren, wird relativ häufig induziert. Hohe Serumtiter (> 1 : 1000) der anti-idiotypischen Antikörper können die Wirkung des OKT3 neutralisieren und somit eine wirksame Wiederbehandlung der Patienten verhindern (Abb. 6.10.8 B).

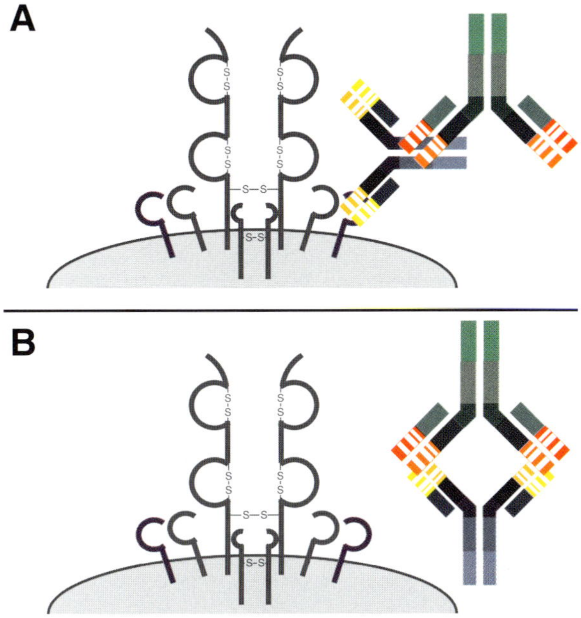

Abb. 6.10.8 Antimaus-Isotyp-Antikörper (A) und Anti-Idiotyp-Antikörper (B). Isotypantikörper (**A**) richten sich gegen die konstanten Regionen, wohingegen Anti-Idiotyp-Antikörper (**B**) gegen die variablen Regionen gerichtet sind.

Anwendungsgebiete

Orthoclone® OKT3 ist zugelassen für die Behandlung der akuten Abstoßungen von allogenen Nieren-, Herz- und Lebertransplantaten.

Gegenanzeigen

Orthoclone® OKT3 darf nicht eingesetzt werden bei Patienten, die überempfindlich gegenüber Orthoclone® OKT3 oder anderen Produkten murinen Ursprungs reagieren oder die Antimaus-Antikörpertiter ≥ 1 : 1000 aufweisen. Auch eine (nicht kompensierte) Herzinsuffizienz oder eine vermehrte Flüssigkeitsretention, die sich im Röntgenbild oder durch eine Gewichtszunahme ≥ 3 % in der Woche vor Beginn der Behandlung mit Orthoclone® OKT3 zeigt, gelten als Kontraindikation. Ferner sollten keine Patienten behandelt werden, die in ihrer Krankengeschichte Krampfanfälle bzw. epileptische Anfälle aufweisen oder bei denen eine Disposition dazu bekannt ist. Auch Frauen, die schwanger sind oder stillen oder bei denen ein Verdacht auf Schwangerschaft besteht, sollten nicht mit Orthoclone® behandelt werden.

Nebenwirkungen

Im zeitlichen Zusammenhang mit der Verabreichung der ersten Dosen OKT3 entwickeln die meisten Patienten ein akutes klinisches Syndrom, das auf die Freisetzung von Zytokinen durch aktivierte Lymphozyten oder Monozyten zurückgeführt wird. Das Syndrom beginnt typischerweise 30 bis 60 Minuten nach Verabreichung einer Dosis Orthoclone® OKT3 und kann möglicherweise über mehrere Stunden dauern. Weitere Nebenwirkungen beinhalten neuro-psychiatrische Reaktionen, anaphylaktische und andere Überempfindlichkeits-Reaktionen, intravaskuläre Thrombosen, hämatopoetische Effekte und natürlich die Folgen der Immunsuppression.

Zusammenfassung/Schlußbewertung

In-vitro- und *in-vivo*-Untersuchungen haben gezeigt, daß OKT3 sowohl die Induktions- als auch die Effektorphase der zellvermittelten Lympholyse blockiert und die T-Zellproliferation durch Klasse-I und Klasse-II-MHC-Antigene hemmt.

Erwartungsgemäß wird nach Anwendung von OKT3 eine vollständige Depletion von $CD4^+$-, $CD8^+$- und $CD11^+$-Zellen beobachtet. Während der fortgesetzten Anwendung gewöhnlicher therapeutischer Dosen (5 mg OKT3 einmal täglich) sind $CD3^+$-Zellen im allgemeinen nicht meßbar, so daß eine Abstoßungsreaktion wirksam unterdrückt wird.

6.10.2 Panorex® – ein monoklonaler Antikörper zur Behandlung von Kolon-/Rektalkarzinomen

Kolon-/Rektalkarzinome gehören in der westlichen Welt zu den häufigsten Todesursachen. In den USA liegt diese Gruppe von Malignomen bezüglich der Häufigkeit an dritter Stelle. Bei der Karzinomsterblichkeit nehmen diese Tumoren den zweiten Rang ein.

Die Prognose der Karzinom-Erkrankung kann heute über pathologische Parameter ermittelt werden. Leider erfolgt die Klassifizierung noch immer nicht nach einheitlichen Kriterien. So ist es nicht immer einfach, unterschiedliche Studien miteinander zu vergleichen. Die am häufigsten genutzten Klassifikationen nach Dukes, nach Einteilung in UICC-Stadien und nach dem TNM-Schema sind in Tabelle 6.10.2 gegenübergestellt.

Trotz der stetigen Behandlungsfortschritte ist die Prognose beim Vorliegen von Metastasen nicht zufriedenstellend.

- Im Stadium Dukes B liegt die Fünfjahresüberlebensrate bei etwa 80 %.
- In den Dukes-Stadien B2 und B3 ist die Fünfjahresüberlebensrate bereits auf 30 % bis 70 % reduziert.
- Im Dukes Stadium C vermindert sich die Überlebensrate nach chirurgischer Intervention weiter auf etwa 50 %.

Aus diesen Daten ergibt sich die Notwendigkeit einer adjuvanten Therapie.

6.10.2.1 Adjuvante und palliative Therapieschemata zur Behandlung kolorektaler Karzinome

In den letzten Jahren konnte durch mehrere randomisierte Studien belegt werden, daß die postoperative adjuvante Chemotherapie im Stadium B und C nach Dukes zu einer statistisch signifikanten Abnahme der Rezidivhäufigkeit und der Sterblichkeit führt. Bemerkenswerte Erfolge wurden unter anderem mit der postoperativ angewandten Kombination Fluorouracil/Levamisol im Stadium C nach Dukes erreicht. Die Sterblichkeits- und Rezidivraten nach dieser kombinierten Therapie konnten um 31 bzw. 39 % (nach einer 5-jährigen Nachbeobachtungszeit) reduziert werden.

In den letzten Jahren hat sich die kombinierte Anwendung von Fluorouracil und Folinsäure als wirksame Therapieform bei metastasierten Kolorektalkarzinomen herausgestellt. Bei Patienten mit Tumoren der Stadien B und C nach Dukes nahm die Sterblichkeit um 32 % ab.

Allerdings scheint das optimale Behandlungsschema noch nicht gefunden zu sein.

Dukes	UICC-Stadien	TNM			Primäre Tumorausdehnung
A	I	Tis	N0	M0	Nur innerhalb der Mukosa
B1	II	T1-2	N0	M0	Innerhalb der Darmwand
B2 (m)	II	T3	N0	M0	Mikroskopisch durch die Darmwand
B2 (g)	II	T4a	N0	M0	Makroskopisch durch die Darmwand
B3	II	T4b	N0	M0	Umgebung involviert
C1	III	T1-3	N1-3	M0	Innerhalb der Darmwand
C2(m)	III	T3	N1-3	M0	Mikroskopisch durch die Darmwand + Lymphknotenbefall
C3(g)	III	T4a	N1-3	M0	Makroskopisch durch die Darmwand + Lymphknotenbefall
C3	III	T4b	N1-3	M0	Umgebung involviert + Lymphknotenbefall
D	IV	jedes T	jedes N	M1	Fernmetastasen

Tabelle 6.10.2 Vergleich zwischen der Dukes-, TNM- und UICC-Klassifikation kolorektaler Karzinome

Über Alternativen und neue Kombinationen wird derzeit intensiv nachgedacht, und entsprechende Studien werden aufgelegt bzw. sind bereits initiiert.

Seit vielen Jahren nimmt das Interesse deutlich zu, das Immunsystem des Karzinomträgers in die Behandlungsstrategie mit einzubeziehen. Ziel verschiedener Studien ist es, die Heilungsmöglichkeiten von Malignomen über diesen alternativen Therapieansatz zu überprüfen und zu optimieren.

- Rosenberg und Mitarbeiter berichteten, daß die systematische Anwendung von autologen, lymphokin-aktivierten Killerzellen (LAK) und von hochdosiertem Interleukin-2 (IL-2) zu einer objektiven Regression von fortgeschrittenen metastasierten Kolorektalkarzinomen führt. Allerdings ist dieser Ansatz heute eher umstritten (siehe Kapitel 6.8).
- Die Gruppe um Moertel demonstrierte, daß die kombinierte Anwendung von Levamisol (ein Immunmodulator mit limitierter Toxizität) und von 5-Fluorouracil (5-FU) die Fünfjahresüberlebensrate von lokal fortgeschrittenen vollständig resezierten Kolonkarzinomen steigert. Die Sterblichkeits- und Rezidivrate war um 31 bzw. 39% bei Patienten im Stadium C nach Dukes reduziert worden (dokumentiert nach fünfjähriger Nachbeobachtung). Diese positiven Ergebnisse veranlaßten das amerikanische *National Cancer Institute* im Jahre 1990 die adjuvante Therapie mit Fluorouracil/Levamisol im Stadium C4 nach Dukes auch außerhalb von klinischen Prüfungen zu empfehlen. Auch diese Studie wird nicht von allen so positiv eingeschätzt, da man eine wichtige Kontrollgruppe nicht miteingeschlossen hatte.
- Hoover und Kollegen demonstrierten, daß die Überlebensrate von Patienten mit kolorektalen Karzinomen der Stadien B2 und C nach Dukes durch eine postoperative Immunisierung mit autologen Karzinomzellen in Kombination mit BCG (*Bacille Calmette-Guerin*) verlängert werden kann. Allerdings wird diese Studie wegen methodischer Mängel und wegen einer sehr kleinen Fallzahl skeptisch beurteilt.
- Ragnhammer und Mitarbeiter berichteten, daß die adjuvante Therapie metastasierter kolorektaler Karzinome mit dem monoklonalen Antikörper MoAb17-1A (CO17-1A) in Kombination mit den Zytokinen GM-CSF (Granulozyten-/Makrophagen-Kolonie stimulierender Faktor) in Einzelfällen zu langanhaltenden, kompletten Remissionen führte. Der eingesetzte monoklonale Antikörper ist gegen ein membranständiges Epitop gerichtet, das sich häufig auf kolorektalen Tumorzellen befindet.
- Riethmüller et al. behandelten ebenfalls im Rahmen einer umfangreichen klinischen Studie Patienten mit kolorektalen Karzinomen des Stadiums C nach Dukes mit dem monoklonalen Antikörper MoAb17-1A-(CO17-1A). Durch die Antikörpertherapie

wurde die Sterblichkeit um knapp 30 % reduziert und eine Verminderung der Rezidivrate um 27 % erreicht. Besonders auffällig war die hochsignifikante Reduktion der vorhandenen Metastasen.

Diese letzte Studie führte zur Zulassung des monoklonalen Antikörpers MoAb17-1A (CO17-1A) zur Behandlung von Kolorektalkarzinomen und zur Einführung der entsprechenden Spezialität Panorex®.

6.10.2.2 Der Antikörper MoAb17–1A

Der monoklonale Antikörper MoAb17-1A erkennt das sogenannte 17-1A-Antigen (Abb. 6.10.9). Hierbei handelt es sich um ein Glycoprotein mit einem Molekulargewicht von ca. 40 kDa. Es findet sich auf der Oberfläche von Epithelzellen und wird von normalen Zellen, besonders aber von Tumorzellen (z. B. bei Karzinomen des Kolons, Rektums und Magens, aber auch bei Brust- und Prostata-Tumoren) exprimiert. Die genaue Funktion und Bedeutung des 17-1A-Membranglycoproteins ist nicht bekannt. Allerdings lassen Sequenzvergleiche dieses Proteins mit anderen Proteinen in Datenbanken vermuten, daß das 17-1A-Antigen an der Adhäsion von Zellen an die extrazelluläre Matrix beteiligt ist. Das Antigen wird von der Zellmembran nicht freigesetzt und ist deshalb im Serum nicht nachweisbar.

Der Antikörper MoAb17-1A ist ein muriner monoklonaler IgG_{2A}-Antikörper, der das 17-1A-Antigen spezifisch erkennt. Der Antikörper wurde nach folgendem Schema gewonnen (siehe auch Kapitel 5.7):

- Balb/C-Mäuse wurden durch eine einmalige intravenöse Gabe von ein- bis zweimal 10^6 Zellen eines kolorektalen Adenokarzinoms von Menschen immunisiert.
- Bei der zur Immunisierung verwendeten Zell-Linie handelt es sich um SW1083-Zellen.
- Nach 5 Tagen wurde den Mäusen die Milz entnommen.
- Als Fusionspartner für die Milz-Zellen der immunisierten Maus dienten P3-X63-Ag8-Zellen. Hierbei handelte es sich um eine Myelomzell-Linie der Maus, die IgG_1-Antikörper sekretiert.
- Hybridom-Zellen, die einen Antikörper gegen das 17-1A-Antigen produzierten, wurden mit Hilfe eines Radioimmunoassays mit lebenden SW1083-Zellen in Suspension detektiert. Als negative Kontrolle dienten Melanoma-SW691-Zellen.
- Aus 25 positiven Kolonien wurde die Kolonie 1083–17 ausgewählt und in Weichagar subkloniert.
- Aus den erhaltenen Subklonen wurde der Klon 1A ausgewählt. Dieser Klon wies eine bemerkenswerte, stabile Immunglobulinproduktion auf und sekretierte durchschnittlich 15 bis 18 µg/ml Immunglobulin-Moleküle in den Überstand der Gewebekultur. Initial wurden IgG_{2A} und IgG_{1A} produziert. Allerdings kam es nach fortwährender Kultivierung zu einem Verlust der IgG_1-Produktion.
- Die isolierte Hybridoma-Zelle wurde in Balb/C-Mäusen in Form von Aszitesflüssigkeit expandiert. Dabei konnte die Immunglobulin-Bildung um den Faktor 1000 pro ml gesteigert werden.
- Die IgG_{1A}-Sekretion der Myeloma-Zelle P3-X63-Ag8 ging nach etwa einjähriger Kulturzeit spontan verloren.

An SW948-Kolonkarzinom-Zellen besetzt der MoAb17-1A-Antikörper durchschnittlich 1×10^6 Bindungsstellen mit einer Affinität von $0{,}7 \times 10^8$ Mol^{-1}.

Pharmazeutische und pharmakologische Daten

Die pharmakodynamischen Wirkungen von Panorex® können wie folgt zusammengefaßt werden (siehe Abb. 6.10.9).

- Zunächst interagiert der monoklonale Antikörper mit dem CO17-1A-Antigen auf den Tumorzellen und vermittelt dadurch eine Antikörper-abhängige, zellvermittelte Zytotoxizität (ADCC) gegen die malignen Zellen, die das Antigen exprimieren. Dieses Antigen kommt zwar auch auf normalen Epithelzellen vor, allerdings in deutlich geringerer Konzentration.

- Auf der Grundlage von *in-vitro-* und *in-vivo-*Untersuchungen kann davon ausgegangen werden, daß die beobachtete Hemmung des Karzinomwachstums überwiegend durch die ADCC vermittelt wird. Dabei wird der Fc-Anteil des Antikörpers durch Lymphozyten und Makrophagen erkannt.
- Als zweitwichtigster Mechanismus bei der Entfaltung der pharmakodynamischen Wirkungen von Panorex® muß wohl die Komplement-abhängige, zellvermittelte Zytotoxizität (CDCC) genannt werden. Der Immunkomplex zwischen der Tumorzelle und dem gebundenen Antikörper wird von den frühen Komponenten des Komplementsystems erkannt und die Aktivierungskaskade induziert (Abb. 6.10.10).
- Schließlich könnte auch die Bildung antiidiotypischer Antikörper bzw. die Bildung antianti-idiotypischer Antikörper an der pharmakodynamischen Wirkung von Panorex® beteiligt sein.

Panorex® wird ausschließlich in Form einer intravenösen Infusion verabreicht. Als Infusionszeit werden derzeit 120 Minuten empfohlen. Die Serum-Halbwertszeit liegt bei 15 bis 20 Stunden, so daß nach etwa drei Tagen ca. 90 % des Antikörpers nicht mehr nachweisbar sind.

Die Serum-(Plasma-)Halbwertszeit des murinen monoklonalen Antikörpers im Menschen ist deutlich kürzer (um Tage) als die von humanem IgG. Außerdem beobachtet man für die pharmakokinetischen Meßgrößen von MoAb17-1A große interindividuelle Schwankungen.

Viele Patienten entwickeln gegen den murinen monoklonalen Antikörper eine Antikörperreaktion (HAMA = *Human-Anti-Mouse-Antibody*). Einige Autoren werten dies nicht negativ, sondern spekulieren, daß dadurch der Immunkomplex noch auffälliger für das Immunsystem wird und somit die Effektorreaktionen noch effizienter werden.

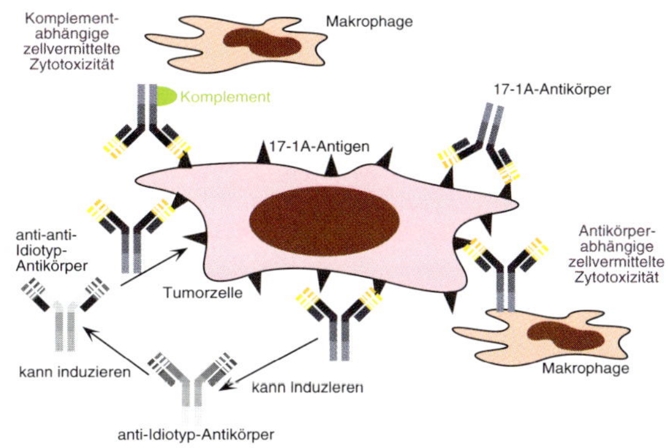

Abb. 6.10.9 Das Antigen 17–1A, das von dem monoklonalen Antikörper MoAb17–1A erkannt wird. Das 17–1A-Antigen wird auf verschiedenen Tumorzellen überdurchschnittlich stark exprimiert. Dieses Antigen wird von einem monoklonalen Antikörper (MoAb17–1A) gebunden, wodurch die Tumorzelle für das Immunsystem markiert wird. Sowohl Antikörper-abhängige, zellvermittelte Zytotoxizität (ADCC) als auch Komplement-abhängige, zellvermittelte Zytotoxizität (CDCC) werden dadurch induziert. Auch die Bildung von Anti-Anti-Idiotypantikörper kann den Abwehreffekt verstärken.

Klinische Studien zur Wirksamkeit

Eine große, prospektive, randomisierte Multicenterstudie mit 189 Patienten, die an kolo-

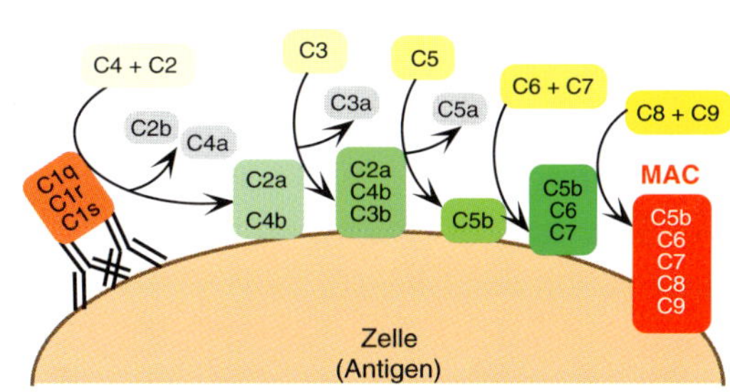

Abb. 6.10.10 Komplementkaskade. Das Komplementsystem besteht aus einer Reihe inaktiver Vorstufen die proteolytisch, ähnlich wie die Komponenten des Gerinnungssystems, aktiviert werden. Die kleineren Spaltprodukte bezeichnen wir als Anaphylatoxine, die sich ebenfalls an der Aktivierung des Immunsystems beteiligen. Am Schluß der Kaskade bildet sich der sogenannte *membrane attack complex* (MAC), der quasi ein Loch in die Zellmembran stanzt und so den Tod der Zelle induziert.

rektalem Karzinom erkrankt waren, führte schließlich im Dezember 1994 zur Zulassung des monoklonalen Antikörpers MoA17-1A. Seitdem ist dieser monoklonale Antikörper als Wirkstoff in dem Präparat Panorex® (Firma Glaxo Wellcome) zur postoperativen, adjuvanten Therapie des kolorektalen Karzinoms im Stadium Dukes C zugelassen.

- Das primäre Studienziel war die Überprüfung und Dokumentation der Wirksamkeit einer intravenösen Applikation von Panorex® als adjuvante Therapie in der Behandlung von Patienten mit kolorektalem Karzinom, die ein hohes Rezidivrisiko nach kurativer Tumorresektion aufwiesen.
- Das sekundäre Studienziel war die Überprüfung und Dokumentation, daß wiederholte Dosen von Panorex® sicher und ohne größere Probleme durch Toxizität oder Nebenwirkungen verabreicht werden können.
- Der primäre Endpunkt war die Verlängerung des erkrankungsfreien Intervalls und der Gesamtüberlebenszeit.
- Als sekundärer Endpunkt wurde das Zeitintervall bis zum Auftreten von Fernmetastasen und Veränderung der Metastasierungsausprägung im Rezidivfall formuliert.

Die Studie wurde im Zeitraum zwischen Mai 1985 und April 1990 mit 189 Patienten mit kolorektalen Karzinomen des Stadiums Dukes C nach Resektion des Tumors durchgeführt. Die Daten von 166 Patienten waren auswertbar. Die klinische Studie wurde im Dezember 1992 beendet. Die endgültige Analyse der Studie erfolgte nach einer medianen Nachbeobachtungszeit von fünf Jahren (Bereich 2,7–7,5 Jahre).

Nach initialer chirurgischer Resektion des Primärtumors und histologischer Bestätigung der Lymphknotenmetastasen wurden die Patienten in zwei Gruppen randomisiert.

- Die eine Gruppe erhielt Panorex®.
- Die Kontrollgruppe erhielt keine adjuvante Therapie.

Alle Patienten wurden nach folgenden Parametern stratifiziert:

- Prüfzentrum,
- Geschlecht,
- Tumorlokalisation,
- Metastasierungsstadium,
- Anzahl der befallenen Lymphknoten und
- CEA-Werte vor der Operation.

Die Anwendung von Panorex® erfolgte ambulant. Zwei Wochen nach der Karzinomresektion wurden 500 mg des Antikörpers intravenös infundiert, anschließend wurden vier weitere 100 mg Dosen von Panorex® in vierwöchigen Abständen ambulant verabreicht.

Die Nachbeobachtung der Patienten erfolgte für beide Studienarme gleichzeitig. Insgesamt wurden 14 *follow-up*-Visiten geplant, zunächst nach vierteljährlichen und später nach halbjährlichen Abständen. Nach fünf Jahren wurde die Nachbeobachtung in jährlichen Abständen fortgesetzt.

Als wichtigste Ergebnisse der Studie kann geschlossen werden, daß die Gesamt-Todesrate der Patienten verglichen zur unbehandelten Kontrollgruppe um 30 % gesenkt werden konnte, wobei die mittlere Beobachtungszeit (Median) fünf Jahre betrug. Die Sechsjahresrate zeigten jedoch noch bessere Ergebnisse als die Fünfjahresanalyse.

Die kalkulierte Rezidivrate betrug in der Beobachtungsgruppe 66,5 % und in der Panorex®-Therapiegruppe 48,7 %. Damit ergibt sich eine 25 %ige Reduktion der Rückfallrate.

Hauptgrund der Lebensverlängerung war offensichtlich ein signifikant vermindertes Auftreten von Fernmetastasen in der Therapiegruppe. Das Auftreten von Lokalrezidiven wurde dagegen nicht erkennbar reduziert oder verzögert.

Nebenwirkungen

Am häufigsten wurden gastrointestinale Symptome, Überempfindlichkeitsreaktionen und in vier Fällen anaphylaktische Reaktionen registriert. Letztere ließen sich jedoch durch geeignete Gegenmaßnahmen wie die Gabe von Corticosteroiden und Antihistaminika ohne

Zusammenfassung/Schlußbewertung

Die Ergebnisse klinischer Studien zeigen, daß die Behandlung mit Panorex® ähnlich wirksam ist, wie weitläufig praktizierte Chemotherapieschemata. Bei etwa vergleichbarer tumorfreier Überlebenszeit wies Panorex® allerdings ein deutlich besseres Nebenwirkungsprofil auf. So traten keine behandlungsbedingten lebensbedrohlichen Zustände oder Todesfälle ein. Ebenso wurden keine Langzeit-Nebeneffekte festgestellt.

Derzeit sind Kombinationstherapien – beispielsweise zusammen mit der Gabe von Zytostatika oder in Kombination mit GM-CSF – noch nicht in angemessenen klinischen Studien untersucht. Für eine kombinierte Gabe von Panorex® mit Zytostatika könnte das Argument sprechen, daß der Antikörper im Gegensatz zu Zytostatika eine zytotoxische Wirkung entfaltet, unabhängig von der Phase des Zellzyklus, in der sich die Karzinomzelle gerade befindet. Dies ist wichtig, da viele mikrometastasierte Zellen zunächst nicht zu proliferieren scheinen, sondern sich im Stadium der Ruhe (G_0-Phase) befinden. In diesem Stadium sind Zellen durch eine Zytostatikatherapie in der Regel refraktär.

Da das Immunsystem des Patienten mit dem Antikörper kooperiert, scheint es sinnvoll zu sein, parallel zur Antikörpertherapie auch das Immunsystem zu stimulieren. Dieser Ansatz hat sich bei Patienten mit Fernmetastasen bereits als wirkungsvoll erwiesen. Durch die Zugabe von GM-CSF zu einer Panorex®-Therapie kann es selbst bei Patienten in fortgeschrittenen Krankheitsstadien zu einem Anstieg der Remissionsrate und zu langanhaltenden vollständigen Remissionen kommen.

Hospitalisierung innerhalb einer Stunde gut beherrschen.

80 % der mit Panorex® behandelten Patienten entwickelten nach der zweiten oder dritten Infusion eine distinkte HAMA-Reaktion (Humane Antikörper gegen Mausantikörper). Die Antimaus-Immunglobulin-Antikörper blieben bis zu zwei Jahre nach der Panorex®-Therapie nachweisbar. Wie bereits erwähnt, wird diese Reaktion nicht unbedingt negativ für den Therapieverlauf gewertet.

6.10.3 ReoPro® (abciximab) – ein monoklonaler Antikörper zur Vermeidung ischämischer Komplikationen

ReoPro® (Beiersdorf/Lilly), das Fab-Fragment des chimären monoklonalen Antikörpers 7E3, ist ein neuer pharmazeutischer Wirkstoff zur selektiven Hemmung der Thrombozyten-Aggregation und Thrombusbildung. ReoPro® ist indiziert zur Vermeidung kardialer ischämischer Komplikationen während oder nach perkutaner transluminaler Koronarangioplastie (PTCA) bei Patienten mit hohem Risiko für einen akuten Verschluß des behandelten Gefäßes. Bei diesen Patienten ist die Thrombozyten-vermittelte Koronarthrombose eine gefürchtete Komplikation der PTCA. Die Thromben bilden sich, wenn sich aktivierte Thrombozyten über adhäsive Moleküle miteinander vernetzen, die sich an den Glycoprotein-Rezeptor GPIIb/IIIa auf ihren Zelloberflächen anlagern. ReoPro® bindet mit hoher Affinität und Selektivität an GPIIb/IIIa und verhindert dadurch die Thrombozyten-Aggregation sowie die nachfolgende Thrombose.

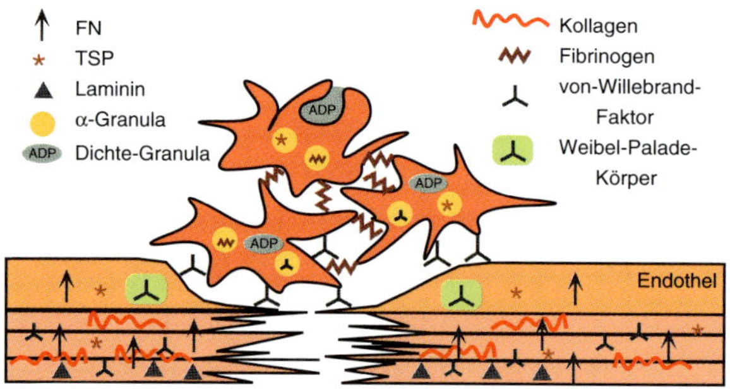

Abb. 6.10.11 Schema der Thrombusbildung. Wird das Endothel eines Blutgefäßes zerstört, kommen vorbeiströmende Thrombozyten mit Glycoproteinen in Kontakt, die an spezifische Rezeptoren binden und die Thrombozyten so am Ort der Gefäßläsion fixieren. Dieser Prozeß ist umso ausgeprägter, je stärker die Läsion ist. Durch Aktivierung der gebundenen Thrombozyten kommt es schließlich zur Thrombozyten-Aggregation. Zwei adhäsive Proteine sind für die Aggregation von entscheidender Bedeutung: Fibrinogen und der von-Willebrand-Faktor. Diese Proteine binden an GPIIb/IIIa auf zwei oder mehr Thrombozyten und bilden dadurch eine Brücke, die die Thrombozyten miteinander vernetzt.

6.10.3.1 Biologie der Thrombozyten

Thrombozyten sind kleine (Durchmesser 2 μm), kernlose Zellen. Ihre Konzentration im Blut von Säugetieren liegt ungefähr bei 2 bis 4 × 10^8 Thrombozyten pro ml. Ihre Aufgabe besteht darin, den Blutverlust zu kontrollieren, indem sie an der Thrombusbildung am Ort der Gefäßverletzung beteiligt sind. Bedingt durch die Mechanik der Blutströmung befinden sich die Thrombozyten immer in der Nähe der Gefäßwand. Es ist deshalb nicht überraschend, daß bei der koronaren Herzkrankheit die Ruptur arteriosklerotischer Plaques in den Blutgefäßen die Thrombozyten veranlassen kann, die Thrombusbildung in Gang zu setzen. Diese Thromben können das Gefäß verschließen und dadurch lebensbedrohlich werden. Deshalb ist die Regulation der Thrombozyten-Aktivität ein primäres therapeutisches Ziel bei der Behandlung kardiovaskulärer Erkrankungen.

Direkt nach einer Verletzung der Gefäßwand beginnen die Thrombozyten, sich an die Plaqueruptur anzulagern (Abb. 6.10.11). Denn an diesen Stellen sind die vorbeifließenden Blutplättchen adhäsiven Glycoproteinen ausgesetzt, für die das intakte Endothel normalerweise eine Barriere bildet. Wir bezeichnen diesen Prozeß als Adhäsion. Dabei binden die Glycoproteine, zu denen Fibrinogen, Kollagen, von-Willebrand-Faktor, Fibronektin und Vitronektin zählen, an spezifische Rezeptoren auf der Oberfläche der Thrombozyten (GPa/b, GPIa/IIa, GPIc/IIa und andere) zu denen sie eine hohe Affinität haben. Bei dieser hämostatischen Reaktion heftet sich eine einzelne Schicht von Thrombozyten durch die Interaktion der Thrombozytenmembran-Rezeptoren mit den adhäsiven Glycoproteinen an die Zellmembran. Diese Schicht ist jedoch nicht ausreichend, um selbst das kleinste Gefäß zu verschließen und hat daher keine Bedeutung bei Gefäß-okklusiven Ereignissen.

Wenn es jedoch zu einer Verletzung tieferer Wandanteile der Arterie kommt, bei der die Media freigesetzt wird, ist die Reaktion der Thrombozyten sehr viel ausgeprägter. Sie kann bis zur Thrombozyten-Aggregation führen, einem Prozeß, bei dem sich zusätzliche Thrombozytenschichten an die ursprüngliche anlagern (Abb. 6.10.11).

Die Thrombozyten-Aggregation wird ausgelöst durch die Aktivierung der Thrombozyten als Reaktion auf die Adhäsion selbst oder als Reaktion auf Agonisten, die am Ort der Verletzung freigesetzt oder sezerniert werden. Die aktivierten Thrombozyten produzieren selbst eine Reihe von Botenstoffen, wie z. B. Thromboxan A_2, und sie setzen aus den Granula ADP, ATP, Calcium, Serotonin, *platelet derived growth factor* (PDGF) und Thrombozyten-Faktor IV frei. Alle diese Faktoren können die Thrombozyten zusätzlich aktivieren. Darüber hinaus katalysiert die Thrombozyten-Aktivierung die Umwandlung von Prothrombin zu Thrombin auf der Thrombozytenoberfläche. Diese Reaktionen greifen alle ineinander, um die Thrombozyten-Aggregation in dem Gebiet der Gefäßverletzung zu stimulieren.

Die Aktivierung der Thrombozyten initiiert auch eine strukturelle Veränderung, die den Zugang zu den primär für die Thrombozyten-Aggregation verantwortlichen Rezeptor GPIIb/IIIa auf der Thrombozytenoberfläche erleichtert. Diese strukturelle Veränderung erlaubt adhäsiven Proteinen, an diese Rezeptoren zu binden. Zwei adhäsive Proteine sind für die Aggregation von entscheidender Bedeutung: Fibrinogen und der von-Willebrand-Faktor. Diese Proteine binden an GPIIb/IIIa auf zwei oder mehr Thrombozyten und bilden dadurch eine Brücke, die die Thrombozyten miteinander vernetzt (Abb. 6.10.11). Zwar sind mehrere Thrombozytenmembran-Rezeptoren an der Adhäsion beteiligt, jedoch wird die Thrombozyten-Aggregation ausschließlich durch GPIIb/IIIa vermittelt.

Sobald die Thrombozyten miteinander vernetzt und aggregiert sind, wird der sich bildende Plättchenthrombus durch Fibrin verfestigt. Wenn er groß genug ist, kann der entstandene Thrombus das arterielle Lumen vollständig verschließen und dadurch zum thrombotischen Ereignis der instabilen Angina pectoris, des akuten Myokardinfarkts oder des Gefäßverschlusses nach PTCA oder Thrombolyse führen.

6.10.3.2 Der GPIIb/IIIa-Rezeptor

GPIIb/IIIa, der erste Zelloberflächen-Adhäsions-Rezeptor, bzw. das erste Integrin, das identifiziert wurde, ist ein calciumabhängiges Heterodimer (Abb. 6.10.12), das nur auf der Oberfläche von Thrombozyten und Zellen mit megakaryozytischem Potential vorkommt. Integrin-Rezeptoren sind aus zwei nichtkovalent verknüpften alpha- und beta-strängigen Polypeptiden zusammengesetzt, deren Funktion primär darin besteht, zelluläre Kontakte mit der extrazellulären Matrix oder anderen Zellen herzustellen und aufrechtzuerhalten. Jeder Thrombozyt hat mindestens 80.000 bis zu 100.000 dieser Rezeptoren. Diese Dichte ist größer als die aller bekannten Rezeptoren auf allen anderen Zelltypen.

Die über den Rezeptor GPIIb/IIIa ablaufende Thrombozyten-Aggregation ist genau reguliert. GPIIb/IIIa ist einer von den wenigen Integrin-Rezeptoren, die nur nach ihrer Aktivierung an natürliche Liganden binden können. Auf nicht-aktivierten Thrombozyten sind die GPIIb/IIIa-Rezeptoren zufällig verteilt und können nur an immobilisiertes Fibrinogen binden. Die Thrombozyten-Aktivierung stimuliert jedoch GPIIb/IIIa, initiiert die Bindung von Rezeptoren auf der Thrombozytenoberfläche und ermöglicht die Bindung der Rezeptoren an verschiedene lösliche adhäsive Proteine, einschließlich Fibrinogen, den von-Willebrand-Faktor, Fibronektin und Vitronektin.

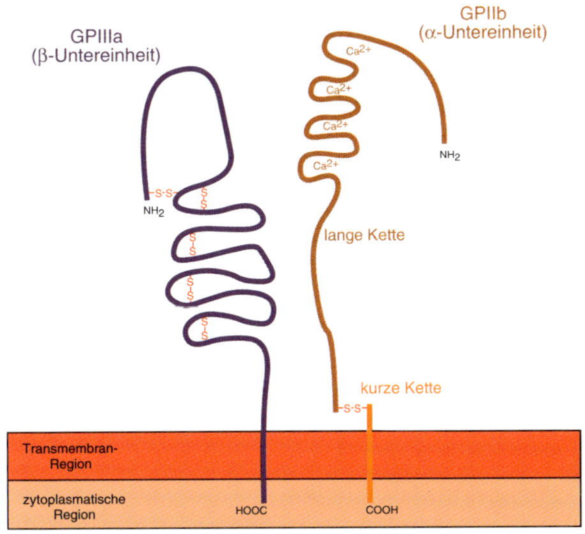

Abb. 6.10.12 Schematische Struktur von GPIIb/IIIa.

Wie andere Integrine erkennt GPIIb/IIIa die Aminosäuresequenz Arg-Gly-Asp (RGD-Motiv). Diese Sequenz ist das adhäsive Substrat der zirkulierenden adhäsiven Proteine Fibrinogen, von-Willebrand-Faktor, Fibronektin und Vitronektin. RGD-enthaltende adhäsive Proteine binden reversibel an GPIIb/IIIa in einem stöchiometrischen Verhältnis von 1 : 1. Die strukturelle Veränderung von GPIIb/IIIa nach Thrombozyten-Aktivierung ist eine absolute Voraussetzung für die Thrombozyten-Aggregation. Deshalb ist dieser Prozeß der letzte Schritt im Ablauf der Thrombozyten-Aggregation.

6 Rekombinante Wirkstoffe

6.10.3.3 Aktuelle medikamentöse Therapie zur Verhütung thrombotischer Komplikationen der PTCA und ihre Grenzen

Acetylsalicylsäure (ASS)

Die Standardtherapie zur Verhütung thrombotischer Komplikationen der PTCA ist die Gabe von ASS und Heparin. ASS alleine oder in Kombination mit Dipyridamol senkt signifikant die Inzidenz der Thrombusbildung. Die Wirksamkeit von ASS als Aggregationshemmer ist jedoch durch seinen Wirkungsmechanismus begrenzt. ASS hemmt das Thromboxan A_2 der Thrombozyten und nachfolgend die Thrombozyten-Aktivierung durch irreversible Hemmung des Enzyms Cyclooxigenase. Cyclooxigenase wandelt Arachidonsäure zu Prostaglandin G_2 um, das wiederum zu Thromboxan A_2, einem potenten Agonisten der Thrombozyten-Aggregation umgewandelt wird. Trotzdem ist ASS ein relativ schwacher Aggregationshemmer, da es nur minimale Wirkungen auf die anderen Schritte der Thrombozyten-Aktivierung hat. So

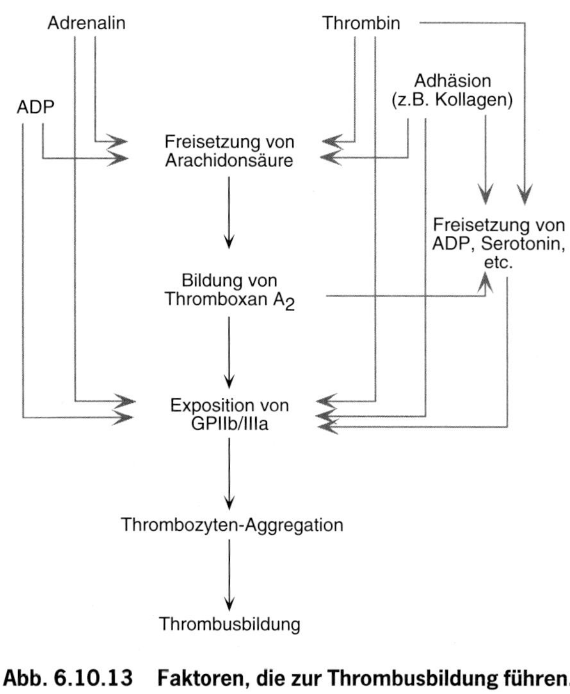

Abb. 6.10.13 Faktoren, die zur Thrombusbildung führen.

können Kollagen, ADP, Thrombin und Serotonin die Thrombozyten aktivieren und dadurch eine Thrombozyten-Aggregation und Thrombusbildung auslösen, unabhängig davon, ob der Arachidonsäurestoffwechsel inhibiert wird (Abb. 6.10.13).

Heparin

Das neben ASS am weitesten eingesetzte Antikoagulanz/Antithrombotikum zur Verhütung ischämischer Komplikationen der PTCA ist Heparin. Heparin hemmt indirekt Thrombin durch reversible Bindung mit dem Antikoagulanz Antithrombin III, einem natürlich vorkommenden Hemmer aktivierter Blutgerinnungsfaktoren. Der Heparin-Antithrombin-III-Komplex inaktiviert Thrombin und die Gerinnungsfaktoren XIIa, XIa, IXa und Xa. Obwohl Thrombin ein potenter Agonist der Thrombozyten-Aggregation ist, hat Heparin wie ASS – bedingt durch seinen Wirkungsmechanismus – nur einen schwachen aggregationshemmenden Effekt. Thrombin ist nur einer von mehreren Aktivatoren der Thrombozyten-Aggregation, wobei die anderen Agonisten die Thrombozyten unabhängig von Thrombin aktivieren können. Außerdem neigt Heparin zur Bindung an die Oberfläche der Thrombozyten, was ihre Reaktivität erhöht. Thrombin katalysiert auch die Bildung eines Thrombingerüsts um den Thrombus. Die Hemmung des Thrombins kann daher sowohl die Bildung eines Fibringerinnsels als auch die Thrombusbildung potentiell blockieren. Unter bestimmten Bedingungen kann die Hemmung des Thrombins durch Heparin und anderen Thrombinhemmern jedoch die Gerinnung sogar fördern, indem es in der Gerinnungskaskade Protein C/Protein S blockiert. Verschiedene neuere Studien weisen außerdem darauf hin, daß Heparin und andere Thrombinhemmer nicht in der Lage sind, die Thrombose am Ort der Gefäßverletzung zu verhindern, wenn sie nicht zusammen mit einer spezifischer wirksamen antiaggregatorischen Substanz eingesetzt werden.

6.10.3.4 ReoPro® zur Prävention der Thrombosen

Die letzte Stufe im Ablauf der Thrombozyten-Aggregation – der Rezeptor GPIIb/IIIa – ist der logische Angriffspunkt um ischämische Komplikationen während und nach PTCA zu verhüten. Ein Arzneimittel, das an diesen Rezeptor bindet, würde die Thrombozyten-Aggregation und Thrombusbildung reduzieren und damit sowohl die akute als auch die späten ischämischen Komplikationen der PTCA potentiell verringern. ReoPro® ist ein solches Arzneimittel, das als Antikörper spezifisch an GPIIb/IIIa bindet und somit dieses Integrin für die Thrombozyten-Aggregation inaktiviert.

Entwicklung und Herstellung von ReoPro®

In den frühen achtziger Jahren wiesen eine Reihe von Berichten darauf hin, daß die Bindung von Fibrinogen an Thrombozyten eine Schlüsselrolle bei der Thrombozyten-Aggregation spielt. Weitere Daten unterstützten die Theorie, daß die Glycoproteine GPIIb und/oder GPIIIa auf der Oberfläche der Thrombozyten für diesen Prozeß von wesentlicher Bedeutung sind.

Koller und Mitarbeiter isolierten erfolgreich mehrere unterschiedliche murine Hybridomklone, von denen jeder einen monoklonalen Antikörper bildete, der in der Lage war, die Interaktionen von Thrombozyten und Fibrinogen zu hemmen. Es konnte schließlich der Beweis erbracht werden, daß diese Antikörper mit GPIIb und/oder mit GPIIIa reagierten. Von den verschiedenen identifizierten Klonen wurde die 7E3-Zell-Linie für weitere Untersuchungen ausgewählt, da der von ihr produzierte monoklonale Antikörper gegen GPIIb/IIIa wirksam war und mit Thrombozyten vom Hund und Affen eine Kreuzreaktion zeigte. Dies ermöglichte die Verwendung von Tiermodellen zur Untersuchung der Rolle von GPIIb/IIIa bei der Thrombose.

Der murine Antikörper 7E3 war anfänglich charakterisiert durch seine potente Wirksamkeit gegen Thrombozyten beim Menschen, Affen und Hunden sowie durch seine Fähigkeit an GPIIb/IIIa-Rezeptoren sowohl ruhender als auch aktivierter Thrombozyten zu binden.

Der ursprüngliche Antikörper 7E3 wurde einer Reihe von Modifikationen unterzogen, bevor er zu der sicheren, wirksamen pharmazeutischen Substanz wurde, die heute als Wirkstoff in ReoPro® enthalten ist. Das native murine 7E3-Protein gehört zur Klasse der IgG-Antikörper. Es war niemals daran gedacht, den kompletten Antikörper 7E3 *in vivo* einzusetzen, da die Bindung von IgG-Molekülen auf der Thrombozytenoberfläche zur Zelldestruktion und deren Entfernung führen kann.

Bei frühen Tier- und Humanversuchen wurden zwei Fragmente des murinen 7E3-IgG, das $F(ab)_2$ und das Fab-Fragment verwendet. Injektionen intravenöser Zubereitungen dieser Fragmente zeigten bei Affen eine vergleichbare Bindung an Thrombozyten und eine vergleichbare Hemmung der Thrombozyten-Aggregation. Obwohl sich zwischen dem murinen 7E3-$F(ab)_2$- und dem murinen 7E3-Fab-Fragment bei Tieren oder bei Menschen keine deutlichen Unterschiede im Sicherheitsprofil oder in der Pharmakodynamik ergaben, ließen vorläufige Ergebnisse darauf schließen, daß das Fab-Fragment weniger immunogen war. Um das immunogene Potential weiter zu senken, wurde gentechnisch eine human-murine chimäre 7E3-Zell-Linie hergestellt. Diese Zell-Linie produziert einen chimären Antikörper, der humane konstante Regionen und murine variable Regionen enthält. Von diesem chimären Antikörper ist kaum zu erwarten, daß er das Immunsystem des Patienten zur Bildung von Antikörpern anregt. Bei seiner Verwendung wird nur eine extrem niedrige Rate humaner anti-chimäre Antikörper (HACA) gebildet.

Heute wird ReoPro® durch kontinuierliche Perfusionsfermentationen in Zellkulturen von Säugetieren hergestellt. Anschließend wird es gereinigt und durch eine Reihe von Schritten, wie spezifische virale Inaktivierungsmaßnahmen, proteolytische Spaltung mit Papain, Säulenchromatographie und Gelfiltration aus dem Zellüberstand gewonnen. Die Reinheit und Sicherheit des Endprodukts wird durch ein konsequentes 15-stufiges Produktions- und Prüfverfahren gewährleistet, dem jede Charge von ReoPro® vom ersten Stadium der Entwicklung bis hin zur Etikettierung und Verpackung unterzogen wird.

Eigenschaften von ReoPro®

In-vitro-Studien

Verschiedene Studien wurden durchgeführt, um die relative Bindungsfähigkeit des 7E3-Antikörpers und seiner Fragmente an nicht aktivierten menschlichen Thrombozyten zu bestimmen. Die Ergebnisse zeigten, daß sowohl der Antikörper 7E3 als auch das chimäre Fab-Fragment c7E3-Fab (ReoPro® bzw. abciximab) mit hoher Affinität an GPIIb/IIIa binden. Die Bindung von c7E3 vollzieht sich rasch und intensiv, d.h. innerhalb von Minuten und führt zu einer dosisabhängigen Hemmung der Thrombozyten-Aggregation.

In-vitro-Studien haben gezeigt, daß c7E3-Fab die GPIIb/IIIa-abhängige Thrombozyten-Aggregation dosisabhängig hemmt, wobei diese Hemmung unabhängig davon war, welcher Stimulus für die Plättchen-Aggregation (ADP, Kollagen, Thrombin, Adrenalin, Arachidonsäure, siehe Abb. 6.10.13) verwendet wurde. Sowohl die Rate als auch das Ausmaß der Thrombozyten-Aggregationshemmung korrelierten mit der Konzentration von c7E3-Fab (Abb. 6.10.14).

Die Ergebnisse der Bindungsstudien zeigten durchweg, daß sich die Hemmung der Thrombozyten-Aggregation durch den Antikörper proportional zum Ausmaß der Rezeptorblockade verhält. Bei einer c7E3-Fab-Konzentration von etwa 1µg/ml waren in einer Probe von 250.000 Thrombozyten/µl etwa die Hälfte der Rezeptoren blockiert, bei einer Konzentration von 2µg/ml waren es 80 % und bei einer Konzentration von über 4µg/ml waren alle Rezeptoren besetzt. Da jedoch eine 80 %ige Blockade ausreicht, um *in vitro* die ADP-induzierte Thrombozyten-Aggregation vollständig zu hemmen, ist eine 100 %ige Blockade für eine komplette Thrombozyten-Aggregation nicht unbedingt erforderlich. Diese Tatsache erwies sich in späteren Untersuchungen zur *in-vivo*-Dosis von ReoPro® als nützlich. In den Dosisfindungsstudien mit ReoPro® wurde eine Rezeptorblockade von 80 % als Ziel vorgegeben.

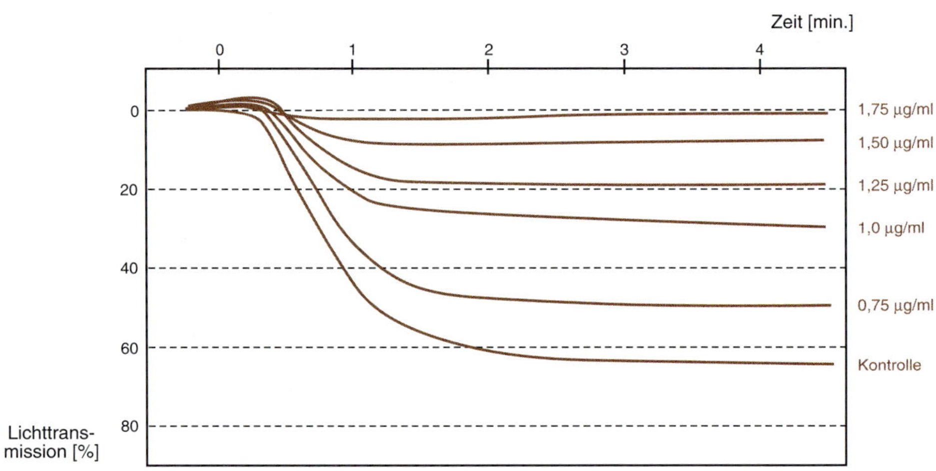

Abb. 6.10.14 Thrombozyten-Aggregationshemmung durch c7E3-Fab.

In-vitro-Untersuchungen weisen darauf hin, daß die 7E3-Antikörperfragmente keine nachweisbare Wirkung auf irgendeine andere bekannte Thrombozytenfunktion als die GPIIb/IIIa-vermittelte Thrombozyten-Aggregation haben. Die Sättigungsbindung von GPIIb/IIIa mit ReoPro® führt weder zur Degranulation noch zu einer Veränderung der Thrombozytenform. Darüber hinaus wurde gezeigt, daß die Blockade von GPIIb/IIIa durch murines 7E3-IgG nicht die Freisetzung des Granulatinhalts verhindert, wenn die Thrombozyten starken Agonisten, wie z. B. einem Thrombin-Rezeptor-aktivierenden Peptid ausgesetzt sind. Schließlich gibt es keine Hinweise dafür, daß ReoPro® außergewöhnliche Transkriptionen induziert oder in die Ristozetin-induzierte Thrombozyten-Aggregation über eine Bindung an GPIb, statt an GPIIb/IIIa eingreift.

In-vivo-Studien

Da ReoPro® an Thrombozyten von Affen und Pavianen mit ähnlicher Affinität bindet wie an menschliche Thrombozyten, konnten umfangreiche experimental-pharmakologische Daten *in vivo* erarbeitet werden.

Bei Primaten ist ReoPro® ein effektiver Thrombozytenhemmer. ReoPro®-Gaben von 0,25 mg/kg Körpergewicht führen zu einer mehr als 80 %igen Rezeptorblockade und zu einer effektiven Thrombozyten-Aggregationshemmung. Eine Blockade von mindestens 80 % wurde sofort (innerhalb von 2 Min. nach Bolusinjektion) erzielt. Obwohl die Rezeptorblockade nach Gabe dieser Dosis von ReoPro® für mehrere Stunden auf einem hohem Niveau blieb, war die Bindung eindeutig reversibel. Zwei Stunden nach der Injektion war die Thrombozyten-Aggregation um mehr als 85 % gehemmt. Obwohl die Rezeptorblockade für einige Stunden nach dem Bolus auf einem hohen Niveau blieb, nahm sie allmählich ab und war nach 24 Stunden um etwa 50 % verringert.

Die Dauer der durch die Bolusgabe von ReoPro® hervorgerufenen ausgeprägten Rezeptorblockade kann durch anschließende kontinuierliche Infusion deutlich verlängert werden, bei Affen konnte nach initialer Bolusdosis von 0,3 mg/kg die 90 %ige Rezeptorblockade während einer 48stündigen Infusion von 0,45 µg/kg/min aufrechterhalten werden. Die Erholung der besetzten Rezeptoren begann sofort nach Beendigung der Infusion.

In den präklinischen Tierstudien wurden sowohl Bolusgaben als auch Gaben des Bolus mit anschließender Infusion von ReoPro® gut vertragen. Diese ausgeprägte Rezeptorblockade bei Affen mit gleichzeitiger Hemmung der Thrombozytenfunktion führte weder nach der Behandlung noch während der Langzeitüberwachung zu einer Abnahme der zirkulierenden Thrombozyten, was zeigt, daß die Gabe klinisch geeigneter Dosen von ReoPro® bei diesen Tieren nicht mit einer Thrombozytopenie einherging.

Klinischer Wirksamkeitsnachweis: Die EPIC-Studien

In die EPIC-Studien waren insgesamt 2099 Patienten eingeschlossen, die ein hohes Risiko für ischämische Ereignisse während oder nach PTCA oder direktionaler Arterektomie hatten. Patienten wurden doppelblind auf einen von drei Studienarmen (Placebo-Bolus/Placebo-Infusion, ReoPro®-Bolus/Placebo-Infusion und ReoPro®-Bolus/ReoPro®-Infusion) randomisiert verteilt. Die Patienten im Placeboarm erhielten Placebo als Bolus plus Placebo als 12stündige Infusion bzw. einen ReoPro®-Bolus von 0,25 mg/kg plus einer 12stündigen Placebo-Infusion und die Patienten im Bolus- plus Infusionsarm 0,25 mg/kg ReoPro® als Bolus plus 10µg/min als 12stündige Infusion. Der Bolus wurde mindestens 10 Minuten vor dem Eingriff verabreicht und die Infusion für 12 Stunden fortgesetzt, es sei denn, es entwickelte sich eine klinische Kontraindikation.

6

Rekombinante Wirkstoffe

Alle Patienten wurden in der für die PTCA üblichen Weise behandelt, einschließlich einer hochdosierten Gabe von Heparin i.v. und ASS oral.

Die Gabe von ReoPro® als Bolus plus Infusion führte zu einer statistisch signifikanten Reduktion der klinischen Gesamt-Endpunkte um 34,8 % nach 30 Tagen im Vergleich zur Placebogruppe (p = 0,008). Die Rate der primären klinischen Gesamt-Endpunkte betrug 12,8 % in der Placebogruppe, 11,5 % in der ReoPro®-Bolusgruppe und 8,3 % in der Gruppe mit ReoPro® als Bolus plus Infusion. Die günstige Wirkung von ReoPro® als Bolus plus Infusion wurde konstant in allen Altersgruppen bei Frauen und Männern und sowohl bei Patienten mit stabiler Koronarkrankheit als auch bei jenen mit instabiler Angina pectoris bei frischem Myokardinfarkt beobachtet.

Wegen der fast vollständigen Hemmung der Thrombozyten-Aggregation durch ReoPro® in Kombination mit Heparin und ASS waren Blutungen als eine mögliche Konsequenz zu erwarten. Sie waren die häufigste Komplikation der Therapie mit ReoPro®. Allerdings ist die Reduktion ischämischer Ereignisse ein so bedeutender Vorteil von ReoPro®, daß er die erhöhte Blutungsinzidenz aufhebt. Selbst in Fällen, in denen eine Transfusion notwendig ist, wird dies im allgemeinen als weniger schwerwiegend betrachtet als ein akuter Myokardinfarkt oder eine notfallmäßig durchgeführte Revaskulationsmaßnahme.

Zusammenfassung/Schlußbewertung

ReoPro® ist ein innovativer Wirkstoff zur Verhütung thrombotischer Komplikationen der PTCA bei Risikopatienten. Als letzte Stufe im Ablauf der Thrombozyten-Aggregation ist der Rezeptor GPIIb/IIIa der logische Angriffspunkt um ischämische Komplikationen während und nach PTCA zu verhüten. Durch Blockade dieses Rezeptors wird die Thrombozyten-Aggregation und Thrombusbildung reduziert und damit sowohl die akuten als auch die späten ischämischen Komplikationen der PTCA verringert. ReoPro® enthält als Wirkstoff ein „humanisiertes" Fab-Fragment eines murinen monoklonalen Antikörpers, das spezifisch an GPIIb/IIIa bindet und somit dieses Integrin für die Thrombozyten-Aggregation inaktiviert. In einer großen klinischen Studie konnte die Wirksamkeit und Effektivität von ReoPro® belegt werden.

6.11 Inhibierende Nukleinsäuren

Eine Arzneimittelwirkung setzt eine Interaktion des Arzneistoffes mit einer Zielstruktur voraus. Wollen wir einen Arzneistoff auf rationaler Basis entwickeln, sollten wir idealerweise sowohl die Struktur des Arzneistoffes als auch die Struktur des Zielmoleküls kennen. Das ist jedoch längst nicht immer der Fall. Wir kennen jedoch eine bemerkenswerte Ausnahme: Die Nukleinsäuren.

Seit mehr als 20 Jahren sind die Regeln der Interaktion von Nukleinsäuren durch die genialen Pionierarbeiten verschiedener Wissenschaftler komplett verstanden und damit im Detail vorhersagbar. Darüber hinaus ist in den letzten Jahren die Verfügbarkeit von Nukleinsäuresequenzen unglaublich gestiegen. Schließlich ist es heute leicht möglich, Nukleinsäuren mit hoher Ausbeute zu synthetisieren.

Damit erfüllen Nukleinsäuren fast alle Voraussetzungen, um auf ihrer Basis eine rationale Arzneimittelentwicklung zu realisieren. Dies wurde erstmals 1978 von Zamecnik und Stephenson vorgeschlagen, kurz nachdem die geschilderten Voraussetzungen verfügbar waren.

6.11.1 Interaktion von Nukleinsäuren mit Proteinen

Eine Vielzahl von Proteinen interagiert mit Nukleinsäuren (Abb. 6.11.1).

- An der doppelsträngigen DNA im Zellkern und in den Mitochondrien sind dies verschiedene DNA-Polymerasen, die zusammen mit anderen Proteinen wie Gyrasen, Helikasen, Primasen, Einzelstrang-Bindeproteinen und DNA-Ligasen die Replikation der Genome katalysieren.
- Mit doppelsträngiger DNA interagieren auch die drei kernständigen RNA-Polymerasen, die mitochondriale RNA-Polymerase und gegebenenfalls eine Chloroplasten-RNA-Polymerase. Zusammen mit Topoisomerasen sowie einer ganzen Reihe spezifischer Transkriptionsfaktoren katalysieren und kontrollieren sie die Transkription – und damit das Kopieren des codierenden DNA-Stranges in eine RNA.
- Primärtranskripte müssen in der Regel prozessiert werden. Ein Reihe von Enzymen wie Exo- oder Endonukleasen, eine Guanylyl-Transferase zur Anheftung einer *Cap*-Struktur, eine Poly(A)-Polymerase, Poly(A)-bindende Proteine, Enzymkomplexe zur Entfernung von *Introns,* RNA-Ligasen und eine Vielzahl Nukleotid-modifizierender Enzyme interagieren zu diesem Zweck spezifisch mit RNAs.
- Mit stabiler RNA interagieren eine Reihe von Proteinen, die z. B. Nukleo-Proteinkomplexe wie die Ribosomen oder die Spleißosomen bilden. Oder es reagieren mit diesen RNAs spezifische Enzyme, wie z. B. die Aminoacyl-tRNA-Synthetasen, die spezifische Aminosäuren an spezifische Transfer-RNAs anheften, damit diese dann während der Translation gemäß der in der mRNA zwischengespeicherten genetischen Information zu Proteinen kondensiert werden können.

Natürlich interagieren aber auch Nukleinsäuren miteinander – z. B. im Laufe der Proteinbiosynthese, wo die Transfer-RNAs sich mit den drei Basen des Anticodons an die mRNA anlagern.

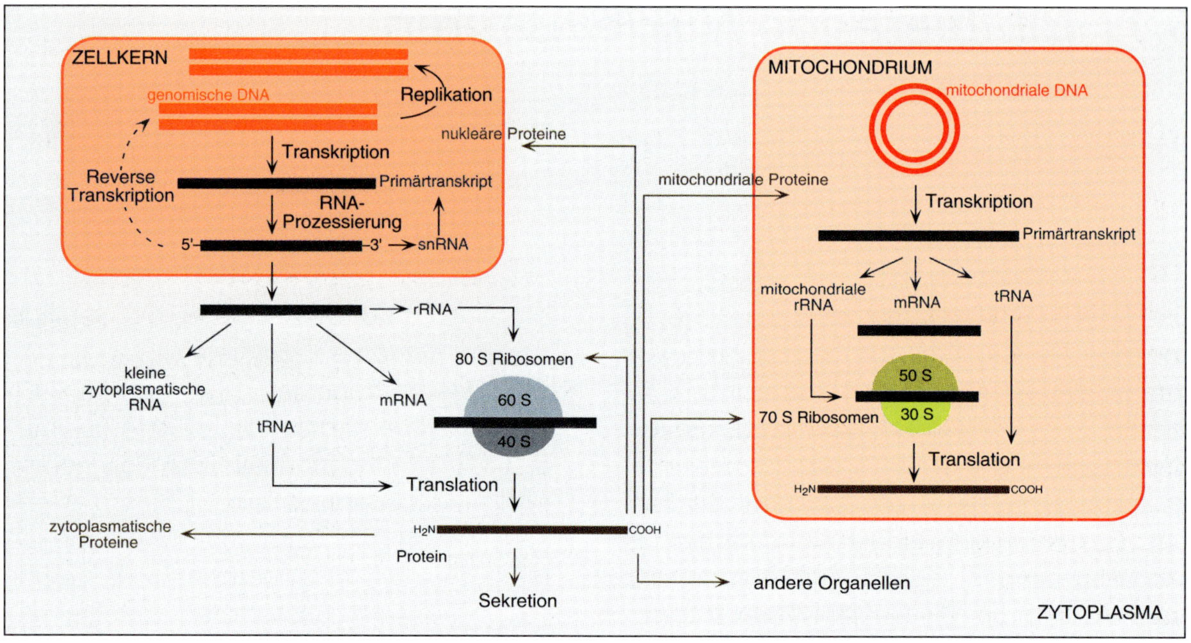

Abb. 6.11.1 Biosynthese von Proteinen. Alle Proteine werden von einzelnen Genen codiert. Diese befinden sich entweder im Zellkern oder in den Mitochondrien. Nach der Transkription und der RNA-Reifung findet an den Ribosomen die Proteinbiosynthese statt. Dies geschieht entweder im Zytoplasma an den 80-S-Ribosomen oder in den Mitochondrien an den 70-S-Ribosomen. Die Proteine bleiben entweder im Zytoplasma, wandern zurück in den Zellkern, werden in die Mitochondrien oder in andere Organelle transportiert oder werden sezerniert. Ein Teil der Proteine ist selbst an den geschilderten Prozessen beteiligt, d.h. diese Proteine interagieren direkt mit DNA oder mit RNA. Diese Interaktionen lassen sich durch inhibierende Nukleinsäuren stören.

Alle diese Wechselwirkungen lassen sich theoretisch stören, indem man die Bindungsstellen maskiert. Dies können wir vorhersehbar und berechenbar dadurch erreichen, daß wir wiederum Nukleinsäuren zwischen die Erkennungsstellen schieben. Da die Regeln für die Ausbildung von Nukleinsäurehybriden bekannt sind, ist eine rationale Inhibitorsynthese prinzipiell und praktisch uneingeschränkt möglich.

Gemäß dem oben Geschilderten (Abb. 6.11.1) können wir die Replikation, Transkription, die RNA-Prozessierung und die Translation auf verschiedene Weise inhibieren. Voraussetzung ist, daß wir die Zielsequenz kennen und daß die inhibierenden Nukleinsäuren auch ihr Ziel erreichen. Gerade der letzte Punkt stellt eines der aktuellsten Probleme bezüglich der Anwendung inhibierender Nukleinsäuren dar und soll weiter unten noch eingehender besprochen werden.

6.11.2 *Inhibierende Nukleinsäuren*

Unter inhibierenden Nukleinsäuren verstehen wir Oligonukleotide – DNA oder RNA –, die ihrerseits mit spezifischen Nukleinsäuresequenzen interagieren und dadurch biologische Funktionsabläufe spezifisch unterbinden.

6.11.3 *Antisense-Oligonukleotide*

Das Ziel für ein *Antisense*-Oligonukleotid ist in aller Regel eine zelluläre RNA. RNAs sind bekanntlich die Transkriptionsprodukte der informativen Bereiche des Genoms, also der Gene. Sie können End- oder Zwischenprodukte bei der Realisierung der genetischen Information sein.

Bei einem DNA-Doppelstrang, der ein Gen repräsentiert, unterscheiden wir den sogenannten codogenen oder Matrizen-Strang von dem nicht-codogenen Strang (Abb. 6.11.2). Eine RNA ist immer mit der Sequenz des nicht-codogenen DNA-Stranges identisch und ist gleichzeitig eine Kopie des codogenen DNA-Stranges. Eine Nukleinsäure (RNA oder DNA), deren Sequenz komplementär zu einem Abschnitt einer natürlichen RNA ist, bezeichnen wir als *Antisense*-Nukleinsäure. Daraus ergibt sich, daß wir auf DNA-Ebene den nicht-codierenden Strang als *Sense*-Strang und den codogenen oder Matrizen-Strang als *Antisense*-Strang bezeichnen. In Analogie zu dieser Definition bezeichnen wir eine Nukleotidsequenz, die komplementär zu einem Teil einer natürlichen RNA ist, als *Antisense*-Oligonukleotid.

Wie bereits erwähnt, muß die Zielsequenz – also die *Sense*-RNA – in ihrer Struktur bekannt sein. Ferner muß die *Antisense*-Nukleinsäure, die meist – aber nicht immer – eine DNA ist, für die zu inhibierende Funktion spezifisch sein. Bei der Größe eines Säugergenoms von 3×10^9 Basenpaaren und einer Bausteinkomplexität von 4 läßt sich folgende Beziehung aufstellen:

$4^x = 3 \times 10^9$

$x = \log (3 \times 10^9)/\log 4$

$x = 15{,}7$

$x \approx 16$

Das heißt, statistisch kommt eine Sequenz von 16 Nukleotiden nur einmal pro haploidem Säugergenom vor. Daher sind die meisten *Antisense*-Oligonukleotide, die bisher in Studien verwendet wurden, 16–20 Nukleotide lang, was ihnen erwiesenermaßen ausreichende Spezifität verleiht.

Spezifität geht verloren, wenn Mißpaarungen vorhanden sind, d. h., wenn die Sequenz nicht perfekt paßt. Der funktionelle Einfluß solcher Mißpaarungen hängt ab von

- dem Typ der Falschpaarung

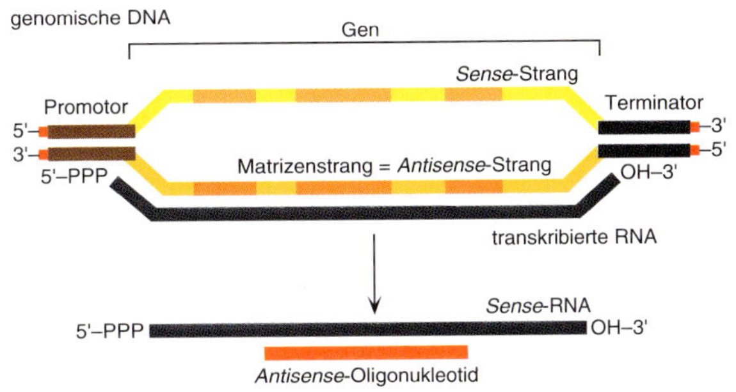

Abb. 6.11.2 *Sense*- und *Antisense*-Nukleinsäurestränge. Als *Antisense*-Nukleinsäure bezeichnen wir einen Nukleinsäurestrang, dessen Sequenz komplementär zu einer natürlichen RNA ist. Konsequenterweise ist auf DNA-Ebene der codogene- oder Matrizenstrang der *Antisense*-Strang und der nicht-codogene DNA-Strang der *Sense*-Strang. Denn die Sequenz des nicht-codogenen DNA-Stranges ist identisch mit der Sequenz der RNA und komplementär zum DNA-*Antisense*-Strang.

- von der Position der Mißpaarung innerhalb des Oligonukleotids
- von der Sequenz, die die Mißpaarung umgibt.

Experimente haben gezeigt, daß z. B. Falschpaarungen im Zentrum eines 18mer Oligonukleotids ein $\Delta G^{0'}$ von +0,2 bis +4,9 Kcal/mol

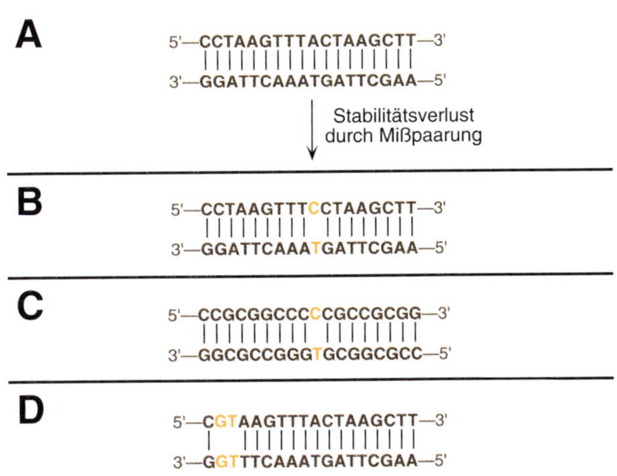

Abb. 6.11.3 Konsequenzen einer Mißpaarung für die Stabilität eines Nukleinsäurehybrids. Die Stabilität komplementärer DNA-Stränge (**A**) wird durch Mißpaarungen (**B – D**) geschwächt. Der Grad der Schwächung ist abhängig von der relativen Position der Mißpaarung in dem Hybrid und von der Basenzusammensetzung des Hybrids. Liegt die Fehlpaarung im Zentrum einer relativ A/T-reichen Sequenz (**B**), so wird die Stabilität des Hybrids deutlich stärker geschwächt, als wenn die Fehlpaarung im Zentrum eines relativ G/C-reichen Hybrids (**C**) liegt. Ebenfalls stark gestört wird das Hybrid dann, wenn die Fehlpaarung relativ am Rand eines Hybrids liegt (**D**).

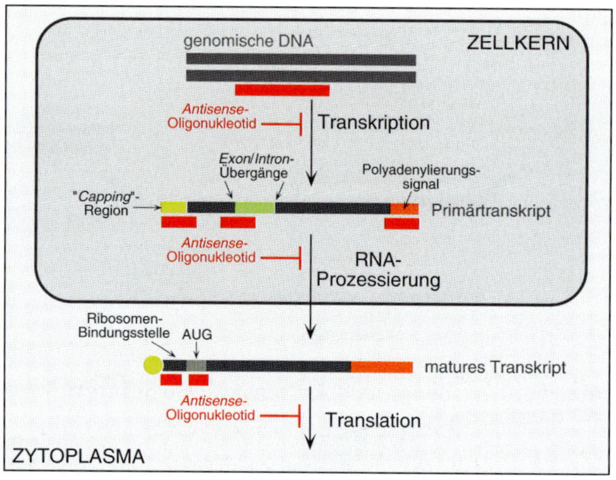

Abb. 6.11.4 Mögliche Anlagerungsstellen von Antisense-Oligonukleotiden an „funktionelle Positionen" auf der RNA. „Funktionelle Positionen" bei einem Primärtranskript – also bei RNAs, die sich noch im Zellkern befinden – sind z. B. die „*Capping*"-Region, die Polyadenylierungsstelle oder die *Exon/Intron*-Übergänge. „Funktionelle Positionen" bei maturen Transkripten im Zytoplasma sind die Ribosomen-Bindungsstelle und die Translationsinitiationsstelle um das AUG.

bei 100 mM NaCl verursachen (Abb. 6.11.3). Das bedeutet, daß durch eine einzelne Basenfehlpaarung in einem solchen Oligonukleotid die Affinität zur Zielsequenz ca. um den Faktor 500 abnimmt. Auf der Basis solcher Überlegungen ist es heute möglich, Oligonukleotide zu konzipieren, die selektiv an eine mutierte RNA binden, zur nicht mutierten RNA jedoch keine relevante Affinität aufweisen. Dies konnte in Zellkulturexperimenten am Beispiel von RAS-Transkripten demonstriert werden.

Ziele für *Antisense*-Oligonukleotide an RNAs sind funktionelle Bereiche (Abb. 6.11.4). Dies sind bei einem Primärtranskript z. B. die *Capping*-Region, die Polyadenylierungsstelle oder die *Intron/Exon*-Übergänge. Inhibierung der entsprechenden biologischen Prozesse verhindert eine effiziente Ausschleusung der RNA aus dem Zellkern, eine ausreichende Stabilisierung der RNA bzw. die Entstehung voll-informativer RNA. Allerdings ist hierzu erforderlich, daß derartige *Antisense*-Oligonukleotide in ausreichender Konzentration im Zellkern akkumulieren, da die zu inhibierenden Prozesse bereits im Zellkern und nicht etwa im Zytoplasma ablaufen.

Bevorzugtere Zielstellen für *Antisense*-Oligonukleotide sind jedoch die Bereiche einer RNA, an der die Ribosomen zur Ausbildung eines Präinitiationskomplexes binden (*Shine-Dalgarno*-Region bei Prokaryonten bzw. deren Äquivalent bei Eukaryonten), und der Bereich um das erste AUG-Triplett, also die Stelle, an der die Translation initiiert wird.

Durch die Bindung werden die geschilderten Funktionen inhibiert. Zusätzlich kommt aber wahrscheinlich noch ein anderes Wirkprinzip zum Tragen. RNA/DNA-Hybride sind nämlich Substrate einer spezifischen RNase, der RNase H (Abb. 6.11.5). Dieses Enzym wurde zunächst als Teilaktivität der retroviralen Reversen-Transkriptase entdeckt. Hier ist sie erforderlich, um nach Kopieren des genomischen RNA-Stranges dieser Viren durch die Reverse-Transkriptase die RNA zu degradieren, damit sodann der zweite DNA-Strang synthetisiert werden kann. Heute weiß man,

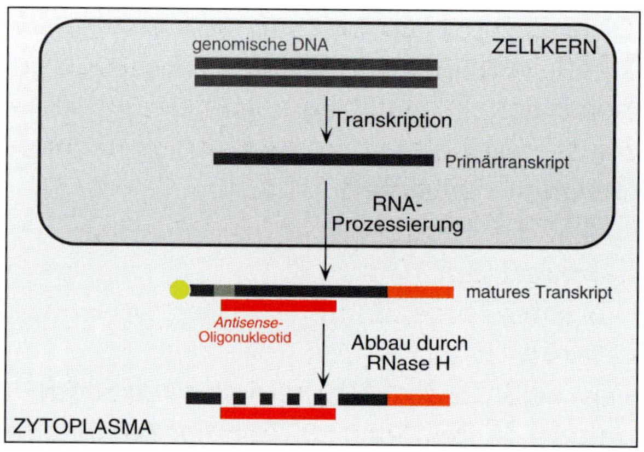

Abb. 6.11.5 Die Funktion der RNase H. RNase H ist eine enzymatische Teilfunktion der Reversen-Transkriptase. Als RNase hydrolysiert dieses Enzym RNA-Sequenzen – allerdings nur dann, wenn diese einen Heteroduplex mit einem DNA-Strang eingegangen sind. Physiologisch hydrolysiert die RNase H im Rahmen der retroviralen Replikation das RNA-Genom der Retroviren nach der ersten Runde der cDNA-Synthese. Die Wirksamkeit von *Antisense*-Oligonukleotiden scheint dieses Enzym dadurch zu fördern, daß es auch hier die Ziel-RNA der *Antisense*-DNA nach Ausbildung des DNA/RNA-Heteroduplex degradiert. Man kann davon ausgehen, daß in jeder Zelle eine RNase-H-Aktivität vorhanden ist, da eukaryontische Genome sehr massiv mit retroviralen Genomen durchseucht sind.

daß RNase H in jeder Zelle – auch in nicht mit Retroviren infizierten Zellen – vorhanden ist, da Säugergenome generell mit genetischem Material retroviralen Ursprungs durchseucht sind. Wahrscheinlich trägt die RNase H zur gewünschten inhibitorischen Wirkung von *Antisense*-Oligonukleotiden in erheblichem Maße bei.

Allerdings ist aber auch die Substratanforderung von RNase H beträchtlich. Einige modifizierte Oligonukleotide, wie sie später noch zu besprechen sind, fungieren daher nicht mehr als Substrate.

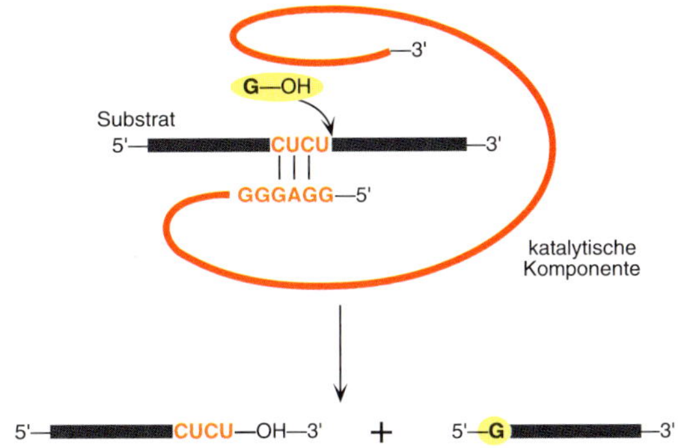

Abb. 6.11.6 Selbstspleißende *Introns*. Der Spleißmechanismus basiert auf einer Kaskade von Transesterifizierungen, die durch die Esterbildung mit einem G-Nukleotid eingeleitet wird.

6.11.4 Katalytische RNA

Eine interessante Alternative zu *Antisense*-Oligonukleotiden sind sogenannte katalytischen RNAs oder Ribozyme.

Das Prinzip der RNA-Katalyse wurde von den Amerikanern Tom Chech und Sidney Altman erarbeitet, wofür sie vor wenigen Jahren den Nobelpreis erhielten. Mittlerweile sind vier verschiedene Prinzipien bekannt. Das Prinzip ist immer gleich: Ähnlich wie bei Proteinen wird durch Sequenzelemente eine Struktur stabilisiert, die ein aktives Zentrum schafft, in dem Phosphatesterhydrolyse katalysiert ablaufen kann. Das Prinzip der „katalytischen RNA" ist in der Natur realisiert

- bei den sogenannten „selbstspleißenden *Introns*" (Abb. 6.11.6),
- im Falle der M1-RNA als katalytische Komponente des Enzyms RNase P bei *E. coli* (Abb. 6.11.7),
- bei der Hepatitis-δ-RNA (Abb. 6.11.8)
- und im Falle der sogenannten *Hammerhead*-RNA (Abb. 6.11.9).

Hier wollen wir uns etwas intensiver mit den Strukturanforderungen und Mechanismen der *Hammerhead*-RNA befassen. Ursprünglich wurde das Prinzip bei spezifischen Pflanzenviren entdeckt, die als genomisches Material RNA enthalten und diese RNA zur Verpackung in das Viruskapsid spezifisch schneiden müssen. Wie sich herausstellte, erledigt das die RNA selbst – ganz ohne Hilfe von Proteinen. Dies wird, wie gesagt, durch eine Kombination bestimmter Sequenzelemente und einem daraus resultierenden Strukturelement erreicht.

Obwohl in der Natur als intramolekulare Hydrolyse realisiert, ist es gelungen, Substrat und Katalysator strukturell voneinander zu trennen. Erforderlich ist eine Zielsequenz der optimalen Zusammensetzung 5'-GUC-3' (Abb. 6.11.9), wobei die Phosphodiesterbindung nach dem C über einen interessanten Mechanismus hydrolysiert wird. Als Katalysator fungieren ca. 40 Nukleotide, von denen einige konstant sein müssen, andere variabel

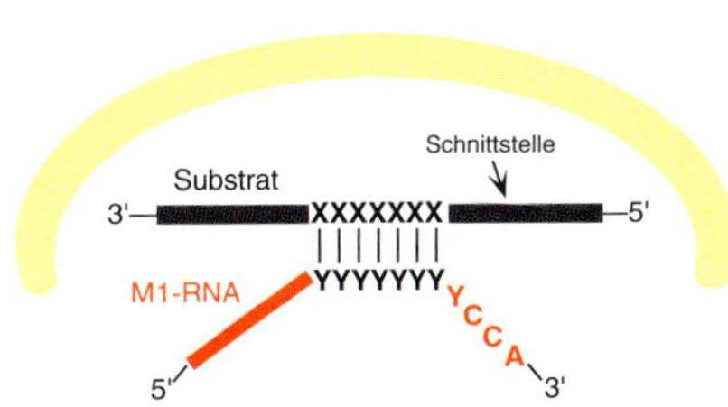

Abb. 6.11.7 M1-RNA im aktiven Zentrum der RNase P bei *E. coli*. Die RNase P trägt in ihrem aktiven Zentrum eine RNA – die sogenannte M1-RNA –, die sich so an die 5'-Enden von tRNA-Primärtranskripten anlagert, daß eine Hydrolyse zu maturen 5'-Enden erfolgen kann. Der eigentliche Katalysator ist die RNA und nicht der Proteinanteil, denn auch ohne diesen Proteinanteil werden korrekte 5'-Enden von tRNAs gebildet.

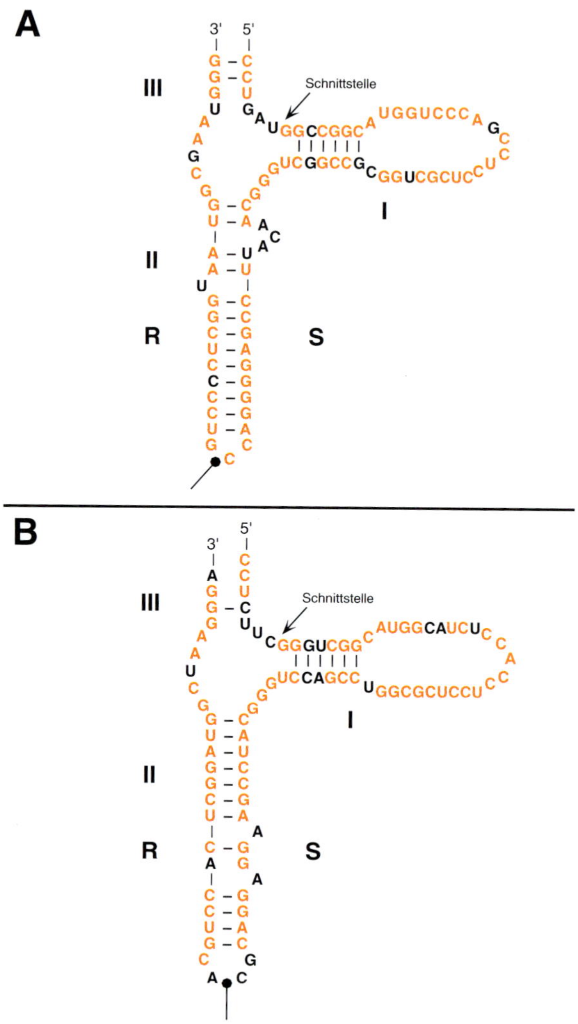

Abb. 6.11.8 Hepatitis-δ-RNA. Die Hepatitis-δ-RNA, also das Genom der Hepatitis-D-Viren, bildet in beiden RNA-Strängen eine Sekundärstruktur aus, die in Gegenwart von Mg^{2+}-Ionen an spezifischen Positionen eine autokatalytische Hydrolyse ermöglicht.

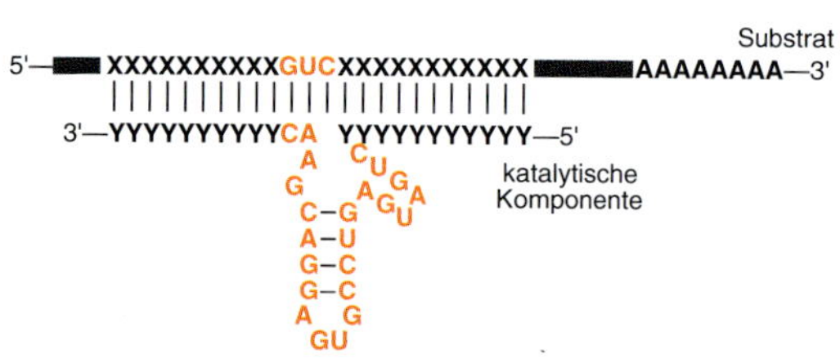

Abb. 6.11.9 *Hammerhead*-RNA. An eine Ziel-RNA (Substrat), die in ihrem Zentrum eine Sequenz 5'-GUC-3' enthält, lagert sich die sogenannte *Hammerhead*-RNA an, die dann die Phosphodiesterbindung nach dem C hydrolysiert. Nur die gelbeingefärbten Nukleotide müssen konstant sein. Die flankierenden Nukleotide können beliebig variieren. Durch die konstanten Nukleotide wird eine bestimmte Struktur vorgegeben, durch die die Katalyse ermöglicht wird.

sein können. Durch die konstanten Nukleotide wird eine bestimmte Struktur vorgegeben, durch die die Katalyse ermöglicht wird. Durch die Wahl geeigneter flankierender Sequenzen, die auch aus Desoxyribonukleotiden bestehen können, kann das Ribozym an jede beliebige RNA um ein 5'-GUC-3'-Trinukleotid dirigiert werden.

In der Theorie ist dies ein faszinierender Ansatz, obwohl der Durchbruch mit Ribozymen als Therapeutika noch nicht gelungen ist. Es wird jedoch fieberhaft gearbeitet, und mit großer Sicherheit ist der Erfolg vorprogrammiert.

6.11.5 Tripelhelix-Bildung

Bisher haben wir Interaktionen von Oligonukleotiden mit RNA betrachtet. RNAs liegen ja in der Regel als Einzelstränge vor, die somit mit einer zweiten Nukleinsäure – DNA oder RNA – über normale Watson/Crick-Basenpaarungen Hybride ausbilden können. Weiter oben wurde aber auch doppelsträngige DNA als Zielstruktur für Oligonukleotide erwähnt.

Dies ist auch tatsächlich der Fall, obwohl Watson/Crick-Interaktionen hier nicht relevant sind. Es können nämlich zusätzlich zu Watson/Crick-Interaktionen noch weitere Interaktionen zwischen bestimmten Basen ausgebildet werden – wiederum vorhersagbar, da wiederum spezifisch.

Hierbei handelt es sich um die sogenannten *Hoogsteen*-Basenpaarungen, deren stabilste Form sich zwischen einem T-A-Paar und einem T-Nukleotid sowie zwischen einem C-G-Paar und einem G-Nukleotid ausbilden können (Abb. 6.11.10). Als Konsequenz lagert sich ein dritter Nukleinsäurestrang in die große Furche einer DNA-Doppelhelix ein, so daß eine Tripelhelix entsteht (Abb. 6.11.11). Allerdings sind die Variationsmöglichkeiten hier eingeschränkt, da die Ausbildung dieser Interaktionen nicht wie bei der Watson/Crick-Basenpaarung beliebig erfolgen kann. *Hoog-*

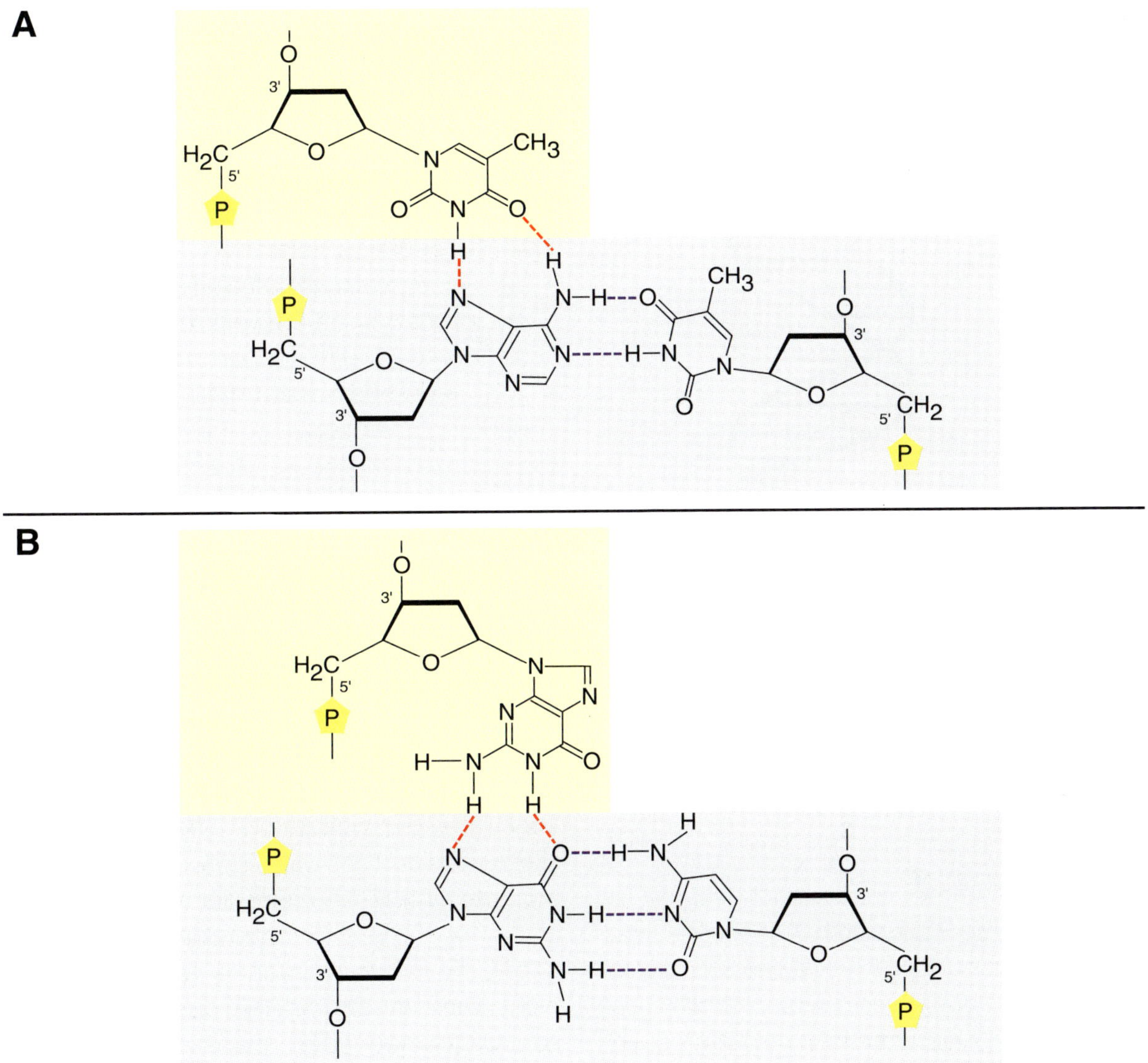

Abb. 6.11.10 Hoogsteen-Basenpaarung. Bei der *Hoogsteen*-Basenpaarung bilden sich zusätzlich zu den Watson-Crick-Basenpaarungen „retrograde Basenpaare“ aus. Dadurch treten drei Nukleotide über Wasserstoffbrücken in Verbindung, so daß sich unter geeigneten Bedingungen eine DNA-Tripelhelix (siehe Abb. 6.11.11) ausbilden kann.

steen-Basenpaarung ist immer nur zwischen Purinen in der DNA-Helix und angelagerten Pyrimidinen möglich. Voraussetzung für die Ausbildung einer Tripelhelix ist daher das Vorliegen einer Oligo-Purin- bzw. Oligo-Pyrimidin-Abfolge innerhalb einer DNA-Sequenz. Solche DNA-Bereiche können jedoch in den meisten Genen bzw. innerhalb ihrer Kontrollregionen gefunden werden, so daß für nahezu alle Gene auch Tripelhelix-bildende Oligonukleotide entworfen werden können.

Man sollte meinen, daß dieser Ansatz effizienter wäre, als ein Ansatz, der RNA als Zielstruktur verwendet. Pro Zelle kommt ja eine spezifische DNA-Sequenz in der Regel nur zweimal vor, wohingegen die RNA, die von diesen DNA-Bereichen abgeschrieben wird, sehr viel häufiger in einer Zelle vorhanden ist. Ferner wird RNA durch weiterlaufende Trans-

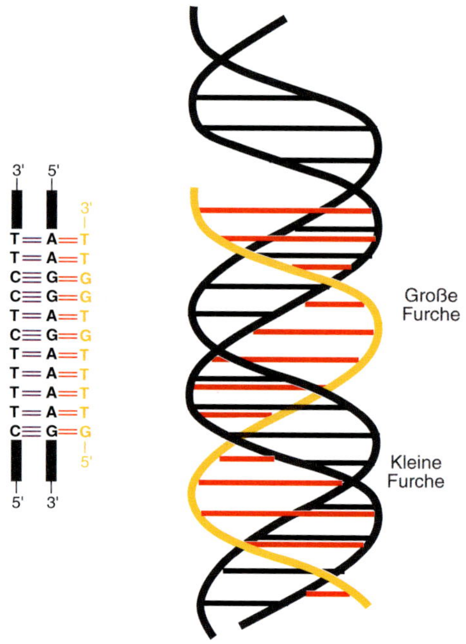

Abb. 6.11.11 DNA-Tripelhelix. Eine DNA-Tripelhelix bildet sich durch Anlagerung eines dritten DNA-Stranges an eine über Watson/Crick-Basenpaare (blau) stabilisierte Doppelhelix. Die Tripelhelix wird über *Hoogsteen*-Basenpaarung (rot) stabilisiert (siehe Abb. 6.11.10).

kription auch immer wieder nachgeliefert, so daß auch diese RNA durch *Antisense*-Oligonukleotide oder durch Ribozyme ständig inaktiviert oder degradiert werden muß. Diese theoretischen Überlegungen bestätigten sich in der Praxis jedoch nicht, wo erfahrungsgemäß Konzentrationen von 5–20 μM erforderlich sind, um einen Effekt zu erzielen.

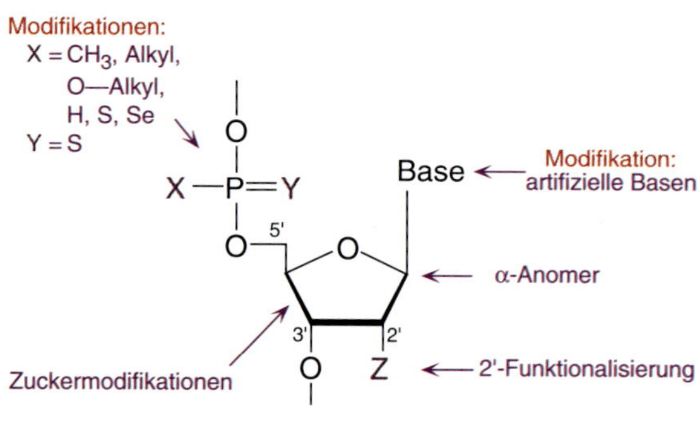

Abb. 6.11.12 Stabilisierung von Oligonukleotiden durch Nukleotid-Modifikationen.

6.11.6 Stabilisierung von Nukleinsäuren

Konzentrationen von 5–20 μM sind viel zu hoch, um Nukleinsäuren tatsächlich als Therapeutika einsetzen zu können. Diesem Dilemma versucht man, hauptsächlich durch zwei Konzepte zu begegnen:

- zum einen versucht man, die Stabilität und die inhibitorische Effizienz der Nukleinsäuren durch Modifikationen zu erhöhen,
- zum anderen versucht man, die Bioverfügbarkeit zu verbessern.

Eine ganze Reihe von Modifikationen wurden bisher erprobt. Hierzu zählen Methylphosphonate, Thioate, Thiosulfate, Dithioate, Phosphoamidate, 2'-Alkyl- bzw. Desoxyderivate, α-Anomere und diverse Basenmodifikationen (Abb. 6.11.12).

Nicht immer wurde mit einer stabilisierenden Modifikation auch ein Vorteil erkauft. Z. B. verhindern bestimmte Modifikationen an Nukleinsäuren, daß RNA/DNA-Hybride als Substrate der RNase H erkannt werden. Hierzu zählen Methylphosphonate, Phosphoamidate und α-Anomere der Desoxyribosen. Phosphonate und Thiophosphate stören hingegen die RNase-H-Erkennung und -Funktion nicht. Dies hat den Vorteil, daß z. B. *Capping* von Oligonukleotiden mit Thiophosphatbausteinen möglich ist, wodurch die Nukleotide vor Abbau durch Exonukleasen geschützt werden.

Neben der Modifizierung von Nukleinsäuren zur Stabilisierung werden auch funktionelle Modifikationen eingeführt. So konstruiert man Hybridmoleküle, in denen z. B. Antisense-Oligonukleotide mit interkalierenden Molekülen kombiniert sind. Dadurch wird die Bindung natürlich noch stabiler, die Oligonukleotide noch effizienter und die erforderliche Wirkkonzentration weiter gesenkt.

Ferner versucht man, Enzyme – z. B. Endonukleasen – kovalent an die Oligonukleotide anzuheften, wodurch man erreicht, daß nach spezifischer Positionierung des

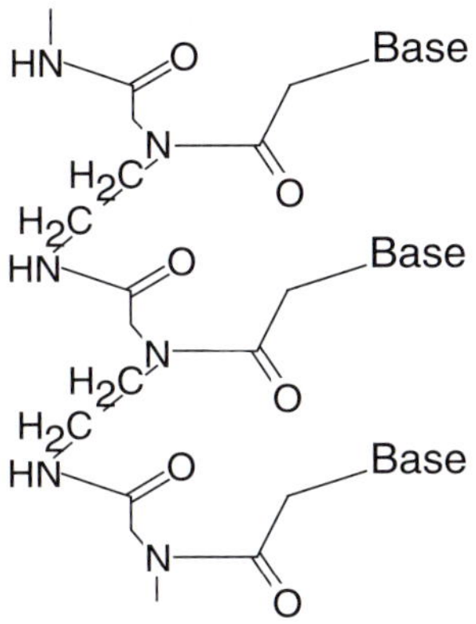

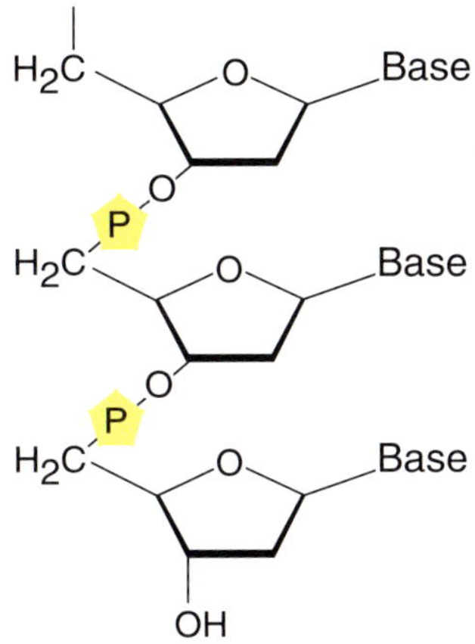

Abb. 6.11.13 PNA (links) im Vergleich zu DNA (rechts).

Oligonukleotides die RNA oder DNA an dieser Stelle hydrolysiert wird.

6.11.7 PNA

Eine bemerkenswerte Entwicklung ist die sog. PNA. Hier wurde das Ribose/Desoxyribose-Phosphodiester-Rückgrad vollständig ersetzt. Statt dessen fungieren als Rückgrad Glycinreste, die über Ethylaminbrücken miteinander verbunden sind (Abb. 6.11.13).

Diese PNA hat erstaunliche Eigenschaften. Zunächst als Homo(T)-Derivat konstruiert und getestet, besitzt sie die erstaunliche Eigenschaft, einen Strang aus einer DNA-Doppelhelix zu verdrängen. Es entsteht sodann ein DNA/PNA-Hybrid, an das sich wiederum ein Homo(T)-Strang über *Hoogsteen*-Interaktionen anlagert, so daß eine ungewöhnlich stabile Tripelhelix aus einem Strang DNA und zwei Strängen PNA entsteht.

Mittlerweile wurden auch gemischte PNA-Oligonukleotide synthetisiert und charakterisiert. Auch hier bestätigte sich die enorme Stabilität der Hybride zwischen DNA und PNA. Wichtig ist, daß auch bei PNA/DNA-Hybriden die Spezifität erhalten bleibt. Die Hybridbildung wird also getrieben von den normalen Watson/Crick-Interaktionen.

Der Grund für die enorme Stabilität, die ja so groß ist, daß ein Hybrid durch ein anderes ersetzt wird, könnte darin liegen, daß PNA – anders als DNA oder RNA – nicht in ihrem Rückgrad geladen ist. Daher treten bei PNA/DNA-Hybriden keine Abstoßungskräfte zwischen den beiden gleichsinnig geladenen Strängen auf. Allerdings kann dies nicht die ganze Wahrheit sein, denn auch bestimmte andere DNA-Derivate – wie z. B. die Methylphosphonate – besitzen ein Rückgrad ohne Ladungen, bilden aber dennoch keine stabileren Hybride.

Allerdings besitzen PNAs auch einen entscheidenden Nachteil: Anders als Oligonukleotide sind sie nicht in der Lage, in die Zelle einzudringen. Dies leitet zu dem generellen Problem der Bioverfügbarkeit von inhibierenden Oligonukleotiden über.

6.11.8 Bioverfügbarkeit

Wenn man die Struktur von Nukleinsäuren kennt und weiß, daß die Zielsequenzen intrazellulär, intranukleär oder innerhalb von Organellen vorliegen, die alle von Biomembranen umgeben sind, so ist es erstaunlich, daß Oligonukleotide ihre Ziele überhaupt erreichen. Überraschenderweise können Oligonu-

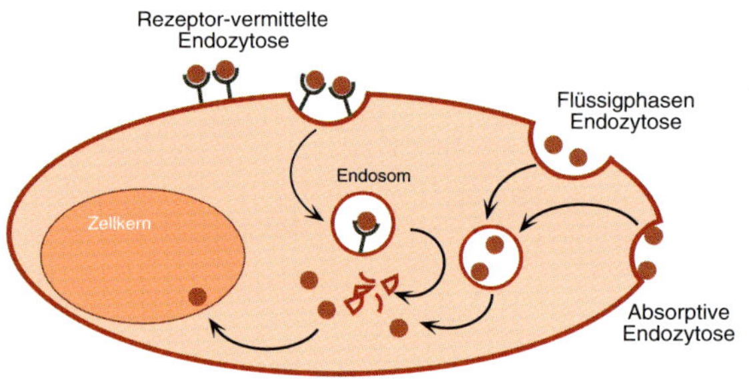

Abb. 6.11.14 Aufnahme von Oligonukleotiden in die Zelle. Oligonukleotiden können Rezeptor-vermittelt, durch Flüssigphasen-Endozytose oder durch Absorptive-Endozytose in die Zelle gelangen. Aus den Endosomen diffundieren die Oligonukleotide ins Zytoplasma oder in den Kern, wo sie dann ihre Zielstrukturen finden.

kleotide recht effizient in die Zelle gelangen. Wie das genau geschieht, ist nach wie vor unklar. Wahrscheinlich dringen Oligonukleotide über Endozytose in die Zelle ein (Abb. 6.11.14). Sie gelangen dann zunächst in Endosomen, denen sie mehr oder weniger unversehrt entkommen müssen, um ihr Ziel zu erreichen.

Dieser beschwerliche und unspezifische Weg von Oligonukleotiden ist der Grund dafür, daß man versucht, durch Modifikationen die Bioverfügbarkeit von Oligonukleotiden zu verbessern. Gelingt dies, so können auch die erforderlichen Konzentrationen entsprechend reduziert werden.

Mehrere Ansätze sind denkbar und wurden z. T. auch bereits realisiert.

- Durch Alkylierung können Oligonukleotide hydrophober – und damit eventuell besser membrangängig – gemacht werden.
- Durch Anheftung von Zuckerstrukturen oder Poly-Lysinketten wird eine Rezeptor-vermittelte Aufnahme erleichtert.
- Zelltyp-spezifische Rezeptoren werden angesteuert, indem man beispielsweise die Hülle eines Viruses mit dem Oligonukleotid verbunden hat. Dieser Ansatz leitet dann auch zum Problem des *Drug-Targeting* über, denn so modifizierte Oligonukleotide können nur in eine Zelle eindringen, die mit dem entsprechenden Rezeptor ausgestattet ist.

Zusammenfassung

Oligonukleotide sind eine sehr interessante Quelle für rational entwickelte Therapeutika.

- Als *Targets* fungieren DNA oder RNA, also die Informationseinheiten oder die Informationsvermittler der Biomoleküle, die von klassischen Pharmaka attackiert werden.
- Die Zahl aufgeklärter, therapierelevanter Nukleinsäuresequenzen ist bereits riesig groß und diese Zahl wächst weiter exponentiell.
- Gegen all diese Sequenzen lassen sich absolut spezifische Oligonukleotide *designen*, wodurch sich die Expression dieser Informationseinheiten spezifisch und praktisch nebenwirkungsfrei unterdrücken läßt.
- Mit *Antisense*-Oligonukleotiden, Tripelhelix-Bildnern und Ribozymen stehen drei verschiedene Ansätze zur Entwicklung inhibierender Nukleinsäuren zur Verfügung; mit der Erfindung von PNAs zeichnet sich eine neue interessante Entwicklung ab.

Es gibt aber auch noch große Probleme zu überwinden

- Eins der größten Probleme ist die Labilität von Nukleinsäuren. Sie müssen parenteral und in hohen Konzentrationen verabreicht werden, um in ausreichender Wirk-Konzentration ihr Ziel zu erreichen.

- Es handelt sich um sehr hydrophile Moleküle, die nur mäßig bioverfügbar sind.
- Durch Modifizierung der Nukleinsäuren zur Kompensation dieser Nachteile erkauft man sich u. U. andere Nachteile. So erhöht sich mit jeder Modifikation, die man zur Stabilisierung oder zur Verbesserung der Bioverfügbarkeit einführt auch die Antigenität der Moleküle, so daß bei langer Anwendung die Gefahr einer Sensibilisierung besteht.

Trotz dieser Nachteile überwiegen wohl die Vorteile, so daß mit Sicherheit in naher Zukunft Nukleinsäurederivate zur Behandlung ausgewählter Erkrankungen zum Einsatz kommen. Fortgeschrittene Entwicklungen zielen

- auf die Expression von HCMV bei der Behandlung der Retinitis bei AIDS-Patienten,
- auf die Expression des *intercellular adhesion molecule 1* (ICAM-1) zur Behandlung des *Morbus Crohn,* der rheumatoiden Arthritis, der Psoriasis, der *Colitis ulcerosa* und zur Verhütung von Abstoßungsreaktionen bei Nierentransplantationen,
- auf die Expression der Proteinkinase C (PKC-alpha), der c-*raf*-Kinase und von Ha-*ras* zur Behandlung von Tumorleiden
- auf die Expression verschiedener HIV-Gene zur Behandlung von AIDS.

Molekulare Diagnostik

7.1 Restriktionsfragment-Längenpolymorphismus

Was ist unter Restriktionsfragment-Längenpolymorphismus (RFLP) zu verstehen und wie läßt sich diese Methode für diagnostische Informationen nutzen?

Nehmen wir an,

- wir isolieren genomische DNA von einer zufällig ausgewählten Gruppe von Individuen und hydrolysieren diese DNAs mit einer Restriktionsendonuklease.
- Dann trennen wir die erzeugten DNA-Fragmente gelelektrophoretisch in einer Agarosematrix und transferieren die DNA-Fragmente auf eine Nylon-Membran.
- Schließlich hybridisieren wir die Membran mit einer radioaktiv markierten DNA-Probe.

Je nach Größe der Probe werden wir verschiedene DNA-Fragmente auf dem Röntgenfilm erkennen (Abb. 7.1.1). Theoretisch könnte es sein, daß die verschiedenen genomischen DNAs unserer untersuchten Individuen alle das gleiche Muster ergeben. Dieses theoretische Resultat erhalten wir allerdings nicht, besonders dann nicht, wenn wir die untersuchte Gruppe ausreichend groß gewählt haben. Wir erhalten vielmehr unterschiedliche Muster.

Wie ist das möglich? Wir wissen, daß DNA mutieren kann. Daraus ergeben sich Konsequenzen für das Problem RFLP:

- Eine Konsequenz kann sein, daß durch die Mutation die Erkennungssequenz für eine bestimmte Restriktionsendonuklease zerstört worden ist.
- Eine andere Konsequenz kann sein, daß durch die Mutation eine neue Erkennungsstelle für eine Restriktionsendonuklease entstanden ist.

Beide Möglichkeiten erkennen wir an einer

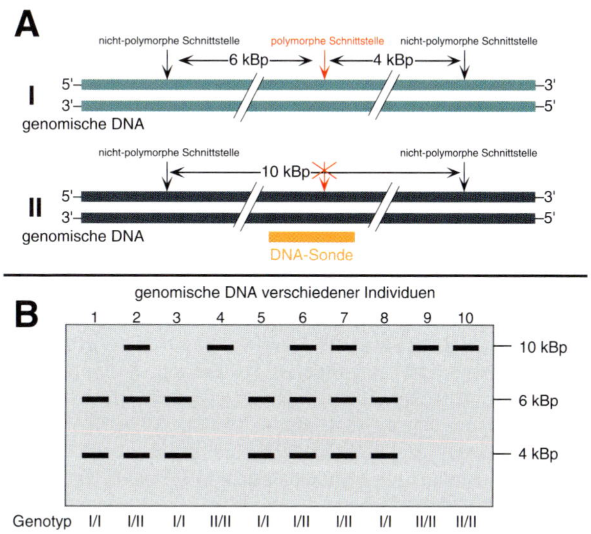

Abb. 7.1.1 Analyse eines Restriktionsfragment-Längenpolymorphismus. A Analoge genomische DNA-Bereiche auf zwei homologen Chromosomen (I und II), die von zwei Erkennungsstellen für eine bestimmte Restriktionsendonuklease begrenzt werden (schwarze vertikale Pfeile, bezeichnet als „nicht-polymorphe Schnittstellen"), unterscheiden sich durch eine weitere Schnittstelle für die gleiche Restriktionsendonuklease (roter vertikaler Pfeil, bezeichnet als „polymorphe Schnittstelle") dahingehend, daß diese Schnittstelle in der DNA I vorhanden ist, in der DNA II aber fehlt. Die radioaktive Probe, die den DNA-Bereich erkennt (oranger horizontaler Balken), ist so gewählt, daß sie die polymorphe Schnittstelle überstreicht. **B** Wird genomische DNA mit der Restriktionsendonuklease für die polymorphe Schnittstelle hydrolysiert und nach Gelelektrophorese und Transfer auf eine Nylon-Membran mit der radioaktiven Probe hybridisiert, erhalten wir drei mögliche Bandenmuster:

- Eine einzelne Bande von 10 kBp (Spuren 4, 9, 10) zeigt an, daß die Probanden jeweils homozygot für die Allelvariante II sind, d. h. daß sie auf keinem der beiden Chromosomen die polymorphe Schnittstelle für die Restriktionsendonuklease besitzen.
- Zwei Banden von 4 kBp und 6 kBp (Spuren 1, 3, 5, 8) zeigen an, daß die Probanden jeweils homozygot für die Allelvariante I sind, d. h. daß sie auf beiden Chromosomen die polymorphe Schnittstelle für die Restriktionsendonuklease besitzen.
- Drei Banden von 4 kBp, 6 kBp und 10 kBp (Spuren 2, 6, 7) zeigen an, daß die Probanden jeweils heterozygot sind und damit eine Kopie der Allelvariante I und eine Kopie der Allelvariante II besitzen.

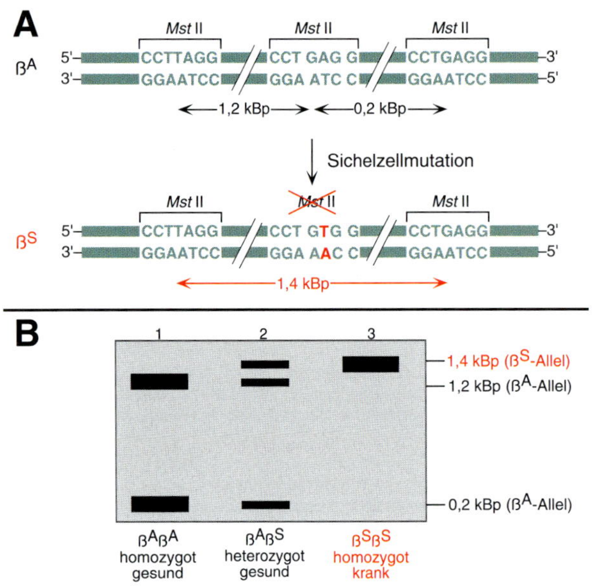

Abb. 7.1.2 Diagnose der Sichelzellanämie durch Restriktionsfragment-Längenpolymorphismus. A Im Bereich des ß-Globingens gibt es drei informative Erkennungsstellen für die Restriktionsendonuklease *Mst* II. Werden diese Positionen durch *Mst* II gespalten, entstehen zwei Fragmente von 0,2 und 1,2 kBp (**B** Spur 1). Durch Mutation eines GAG-Tripletts (Val) zu einem GTG-Triplett (Glu) innerhalb der mittleren *Mst* II-Erkennungsstelle wird diese Sequenz als Substrat für die Restriktionsendonuklease zerstört. Folglich ensteht nach Hydrolyse in diesem Bereich nur ein einzelnes Fragment von 1,4 kBp Länge (**B** Spur 3). Ist ein Individuum heterozygot für diese kritische Position, erkennen wir auf der RFLP-Analyse drei Fragmente von 0,2, 1,2 und 1,4 kBp (**B** Spur 2).

Variation im Restriktionsfragment-Muster der untersuchten DNAs.

Beispielsweise wird eine Form der Sichelzellanämie, von der ca. 0,25 % aller Schwarzen in den USA betroffen sind, durch die Substitution von Valin an Position 6 im ß-Globin durch Glutaminsäure verursacht. Der Grund dieser Substitution ist eine entsprechende Mutation eines GAG-Tripletts (Val) zu einem GTG-Triplett (Glu). Diese Mutation ändert nicht nur die Aminosäure an dieser Stelle im ß-Globin-Protein, sondern sie zerstört auch die Erkennungssequenz für die Restriktionsendonuklease *Mst* II (5'-CCTNAGG-3') (Abb. 7.1.2). Somit kann diese Mutation, durch die eine schwere Krankheit verursacht wird, durch eine einfache Restriktionsanalyse und Hybridisation mit einer ß-Globin-Probe diagnostiziert werden.

Die meisten Mutationen, die man durch veränderte Restriktionsfragmente detektieren kann, wirken sich aber nicht so dramatisch aus. Dennoch lassen sich auch dann RFLPs zur Diagnose genetischer Krankheiten nutzen.

Voraussetzung ist, daß der Polymorphismus in der Erkennungssequenz für eine Restriktionsendonuklease nahe genug an dem Gen liegt, das die Krankheit verursacht. Aus Erfahrung wissen wir, daß die Distanz eines diagnostischen RFLPs nicht größer als 5 Centimorgan (5 cM) sein sollte. Für das menschliche Genom beträgt die genetische Distanzeinheit 1 cM ungefähr 1×10^6 Bp.

Wenn also die Distanz zwischen einem diagnostischen RFLP und einem krankheitsverursachenden Allel kleiner als 5 cM ist, dann segregiert mit großer Wahrscheinlichkeit ein typisches Restriktionsfragment-Muster mit der weiter entfernt liegenden Mutation (Allel), die die Krankheit verursacht. Man sagt, daß dieses Muster mit der Krankheit „gekoppelt" („*linked*") ist. Folglich können wir über eine „*linkage*-Analyse" eine genetische Diagnose stellen.

Ein bestimmtes Muster von Restriktionsfragmenten nennen wir einen Haplotyp. Existieren für ein Restriktionsenzym an einem Genomort unterschiedliche Haplotypen, so bezeichnen wir dies als Polymorphismus. Und da es sich hierbei um einen Polymorphismus von Restriktionsfragmenten handelt, wird dieser Polymorphismus Restriktionsfragment-Längenpolymorphismus (RFLP) genannt. Eine Stelle im Genom können wir dann als polymorph einstufen, wenn in einer zufällig ausgewählten Population an dieser Stelle im Genom zwei oder mehr Haplotypen mit einer Frequenz >1 % auftreten. Segregiert ein spezieller Haplotyp mit dem Auftreten einer bestimmten genetischen Erkrankung, so kann die RFLP-Analytik – allerdings nur bei ausreichender Erfahrung – als eine sehr zuverlässige diagnostische Methode eingesetzt werden.

Zusammenfassung

Die RFLP-Analyse ist ein enorm wichtiges molekular-diagnostisches Verfahren. Die Analyse ist technisch sehr einfach, da nur eine Hydrolyse mit einer Restriktionsendonuklease und eine anschließende Hybridisation mit einer spezifischen Probe durchzuführen sind. Die Methode basiert auf Mutationen, die entweder dazu führen, daß Erkennungsstellen für Restriktionsendonukleasen verschwinden oder neu entstehen. Eine andere Möglichkeit für einen RFLP ist die Insertion oder das Ausschneiden mobiler DNA-Bereiche. Wird die Methode zur Diagnose von Erbkrankheiten eingesetzt, so ist es nicht erforderlich, daß die Mutation innerhalb des Gens, das die Krankheit verursacht, erfolgt sein muß. Vielmehr sind meist auch Mutationen „informativ", die innerhalb von 5 cM (ca. 5×10^6 Bp) um das krankheitsverursachende Gen herum liegen. Bei ausreichender Erfahrung des Analysators ist die RFLP-Analyse in der humangenetischen Diagnostik eine sehr leistungsfähige und aussagekräftige Methode.

7.2 Kartierung des menschlichen Genoms

Genetische Information ist, wie wir das immer wieder gehört haben, linear angeordnet. Bei Viren und Bakterien befindet sich die gesamte genetische Information auf einem einzigen Molekül. Bei komplexeren Genomen wird die genetische Information auf mehrere Moleküle – den Chromosomen – aufgeteilt (Abb. 7.2.1). Wieviele Gene es gibt und wie sie verteilt sind, werden wir in einigen Jahren wissen, wenn eines der ambitioniertesten Projekte moderner Biowissenschaften – das *human genome project* – erfolgreich abgeschlossen ist. Aufgrund der bisher entschlüsselten Sequenzen wird die Zahl der RNA- und Protein-codierenden Gene auf ca. 70.000 geschätzt.

Um die genetische Information effizient zu entschlüsseln, ist es von großem Nutzen, wenn uns Informationen über die relative Organisation innerhalb eines DNA-Moleküls zur Verfügung stehen. Das Erarbeiten einer solchen Ordnung nennen wir „Kartieren". Das Ziel besteht nämlich darin, eine Karte zu erstellen, aus der wir die lineare Anordnung der genetischen Information, die Lage der Gene zueinander sowie die Abstände zwischen den einzelnen Informationseinheiten ablesen können.

Organismus	Chromosomen je haploide Zelle
Karpfen	52
Hund	39
Kartoffel	24
Tabak	24
Mensch	23
Kaninchen	22
Rhesusaffe	21
Katze	19
Hefe	16
Hydra	16
Mais	10
Chlamydomonas	8
Erbse	7
Arabidopsis	5
Aspergillus	4
Fruchtfliege	4
Escherichia coli	1

Abb. 7.2.1 Beispiele für Chromosomenzahlen haploider Genome verschiedener Organismen.

Bei einer Genomgröße, wie sie nun einmal für das menschliche Genom zutrifft, ist es sinnvoll, sich diesem Ziel durch parallele Verfahren zu nähern. Zum einen können wir einen Ansatz wählen, der eine grobe Kartierung – d. h. eine Kartierung geringer Auflösung – liefert. Parallel zu diesem Vorhaben können wir aber auch damit beginnen, bestimmte Genombereiche wesentlich detaillierter – d. h. mit deutlich höherer Informationsdichte – zu kartieren.

7.2.1 In-situ-Hybridisation

Ein sehr grobes, aber für die medizinische Praxis wichtiges Verfahren ist die *in-situ*-Hybridisation. Voraussetzung für dieses Verfahren ist es, daß ein Gen, dessen Position wir auf einem bestimmten Chromosom identifizieren wollen, isoliert und zumindest partiell charakterisiert ist. Dann nämlich können wir einen Teil dieses Gens als Hybridisationsprobe benutzen, um es einem Chromosom zuzuordnen.

Hierzu werden Metaphase-Chromosomen auf einem Objektträger zunächst mit einer alkalischen Lösung denaturiert und dann mit der ausgewählten Gensonde hybridisiert. Wurden früher die DNA-Proben vor der Hybridisierung radioaktiv markiert, verwenden wir heute bevorzugt fluoreszenz-markierte

DNA-Sonden. Bei der radioaktiven Markierung können nämlich nur weiche ß-Strahler wie ^{3}H verwendet werden. Härtere Strahler streuen ihr Signal zu sehr, so daß wir ein diffuses Autoradiogramm erhalten, auf dem einzelne Chromosomen nicht mehr zu erkennen sind. Weiche Strahler besitzen hingegen den Nachteil, daß sehr lange – zum Teil mehrere Wochen – exponiert werden muß.

Diese Probleme lassen sich heute durch die Verwendung von Fluoreszenzmarkern überkommen. Die entsprechende Methode bezeichnen wir als FISH („*fluorescence in situ hybridization*"). FISH-Proben enthalten Nukleotide, die beispielsweise mit Rhodamin, Fluorescein oder anderen anregbaren Molekülkomponenten markiert sind. Die Chromosomen selbst können wir durch eine Gegenfärbung mit einem interkalierenden Farbstoff – z. B. Propidiumiodid oder DAPI (4,6-Diamin-2-Phenylindol-Dihydrochlorid) – sichtbar machen. Wir erhalten bei dieser Methode sehr schnell ein Ergebnis, da wir den Fluoreszenzmarker mit Hilfe eines Fluoreszenzmikroskops und bildverstärkenden Methoden sichtbar machen und dokumentieren können.

Eine Variante dieses Verfahrens wird als *chromosome painting* bezeichnet (Abb. 7.2.2). Hier verwenden wir nicht eine einzelne DNA-Probe, sondern eine komplexe Mischung verschiedener DNA-Sonden, die sich allerdings alle von einem einzelnen Chromosom ableiten. Mit Hilfe dieser Methode lassen sich sehr gut komplexe Chromosomen-Rearrangierungen erkennen, die Ursache schwerer genetischer Erkrankungen sein können, oder die im Laufe von Tumorerkrankungen auftreten können.

7.2.2 Somatische Zellhybride

Ein anderes Hilfsmittel zur Grobkartierung menschlicher Gene sind sogenannte Hybrid-Zell-Linien.

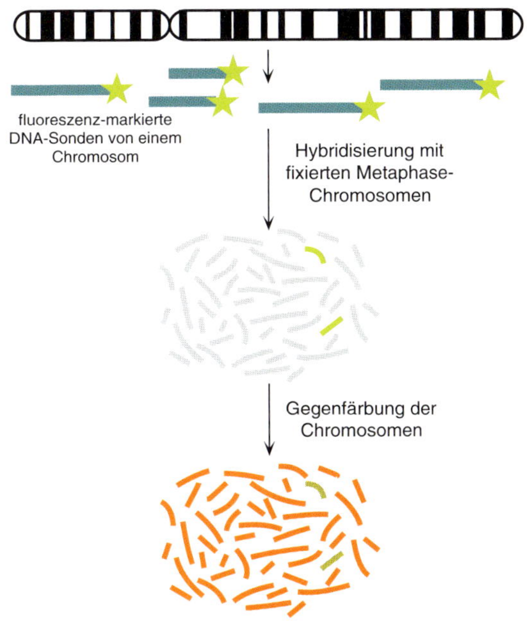

Abb. 7.2.2 „Chromosome painting". Beim *chromosome painting* verwendet man eine Mischung verschiedener Proben, die für ein einzelnes Chromosom spezifisch sind. Nach Gegenfärbung mit Propidiumiodid erhält man rot fluoreszierende Chromosomen, unter denen die spezifisch angefärbte Chromosomen farblich abgesetzt erkennbar sind.

Ähnlich, wie wir das bereits bei der Herstellung monoklonaler Antikörper besprochen haben, lassen sich auch Zellen verschiedener Organismen, beispielsweise Mensch- und Maus-Zellen oder Mensch- und Hamster-Zellen, miteinander verschmelzen. Zur Verschmelzung der Zellen verwendet man entweder inaktivierte Sendai-Viren oder – wie bei der Herstellung von Hybridomas (siehe Kapitel 5.7) – Polyethylenglycol.

Ebenfalls in Analogie zur Herstellung Antikörper-produzierender Hybridoma-Zellen können wir das Auffinden von Hybrid-Zellen durch Selektion erleichtern. Hierzu setzen wir Nager-Zellen ein, die entweder kein funktionsfähiges Thymidin-Kinase-Gen (TK^-) oder kein funktionsfähiges Hypoxanthin-Guanin-Phosphoribosyl-Transferase-Gen ($HGPRT^-$) enthalten. Die Selektion auf Hybrid-Zellen erfolgt dann in HAT-Medium. Dieses Medium enthält die Zusätze Hypoxanthin, Aminopterin und Thymi-

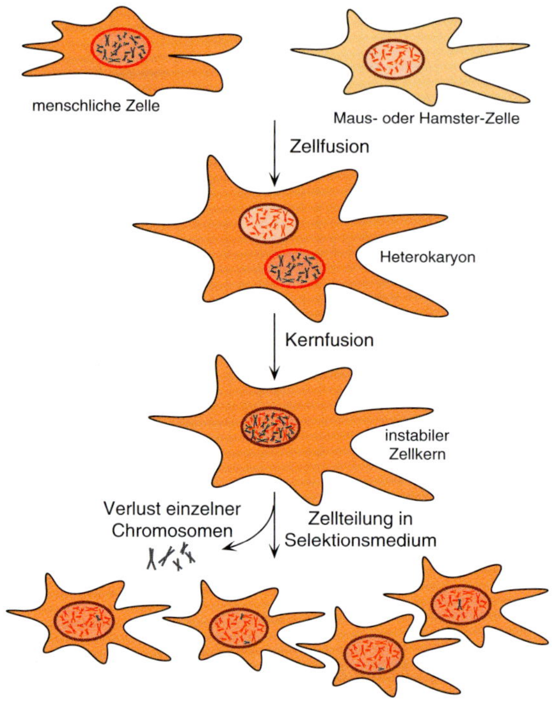

Abb. 7.2.3 Herstellung von Hybrid-Zellen. Nager-Zellen und humane Zellen werden zunächst mit Hilfe oberflächenaktiver Substanzen oder durch den Einsatz von Sendai-Viren komplett fusioniert. Vor der ersten Zellteilung kommt es zur Auflösung der Kernmembranen und dadurch zur Fusion der Kerne. Derartig überdimensionierte Zellkerne sind instabil und segregieren bevorzugt humane Chromosomen. Schließlich entstehen Hybrid-Zellen, die in der Regel einen kompletten Chromosomensatz der Nager-Zelle und nur noch ein oder zwei humane Chromosomen enthalten.

din. Da die Anwesenheit von Aminopterin eine Neusynthese von Nukleotidbausteinen verhindert, sind die Zellen auf den *salvage pathway* (Wiederverwertungsweg) zur Nukleotidsynthese angewiesen (siehe Kapitel 5.7). Wegen der Mutation in den Nager-Zellen funktioniert dieser Weg aber nur in den humanen Zellen. Andererseits können die humanen Zellen in dem verwendeten Medium auch nicht wachsen, da sie bestimmte Wachstumsfaktoren benötigen. So überleben nur die Hybrid-Zellen.

Als erstes Ergebnis einer solchen Zellfusion erhalten wir zunächst eine heterokaryontische Hybrid-Zelle, die sowohl einen menschlichen als auch einen Nager-Kern enthält. Vor der nächsten Mitose lösen sich dann die Kernmembranen auf und die Kerne verschmelzen.

Die entstandenen Zellhybride sind anfänglich sehr instabil, denn die menschlichen Chromosomen werden viel schlechter repliziert als die Nager-Chromosomen. Es gehen mit der Zeit immer mehr menschliche Chromosomen verloren bis schließlich eine stabile Hybrid-Zelle entsteht. Welche Chromosomen verlorengehen, kann man nicht vorhersagen und auch schlecht steuern. So erhalten wir schließlich eine Kollektion unterschiedlicher Zellklone, die alle den kompletten Satz der Nager-Chromosomen, aber unterschiedliche menschliche Chromosomen enthalten (Abb. 7.2.3). Sind diese Zellen charakterisiert, ist es leicht, mit ihrer Hilfe durch Hybridisierung oder durch PCR-Methoden ein menschliches Gen einem bestimmten Chromosom zuzuordnen.

Diese Verfahren hat den Nachteil, daß praktisch immer mehrere Chromosomen in den Hybrid-Zellen vorhanden sind. Dies erschwert die eindeutige Zuordnung eines isolierten DNA-Abschnitts zu einem distinkten Chromosom. Eine elegante Variante der besprochenen Methode ist die sogenannte Mikrozell-Fusion. Hierzu wird zunächst die menschliche Donor-Zelle mit dem Spindelgift Colcemid behandelt. In Folge dieser Behandlung kondensieren die Chromosomen und schnüren subnukleäre Pakete, sog. Mikronuklei, ab. In Gegenwart des Spindelgiftes Cytochalasin B können wir diese Mikronuklei als sogenannte Minizellen durch Zentrifugation isolieren. Minizellen bestehen praktisch aus einem einzigen Mikronukleus, der von einer dünnen Zytoplasmaschicht und einer Membran umgeben ist. Diese Minizellen können wir nun mit Nager-Zellen fusionieren. Manche Hybrid-Zellen enthalten mehrere menschliche Chromosomen. Viele der erhaltenen Hybride enthalten aber nur ein einzelnes menschliches Chromosom. Wir bezeichnen eine solche Zelle als ein monochromosomales Hybrid.

Heute stehen monochromosomale Hybrid-Zellen für jedes menschliche Chromosom zur Verfügung. Kennen wir einen Teil der Sequenz unseres zu kartierenden DNA-Fragmentes, so können wir *Primer* für eine PCR-Analyse entwerfen. Mit Hilfe dieser *Primer* können wir dann an der chromosomalen DNA der verschiedenen Hybrid-Zellen eine Polymerase-Kettenreaktion durchführen und so relativ einfach das Chromosom identifizieren, auf dem unser DNA-Fragment lokalisiert ist. Alternativ können wir auch die isolierte DNA als Hybridisationsprobe verwenden.

Man hat diese Zellkollektionen dahingehend verfeinert, daß Zellhybride selektioniert wurden, die nur noch Teile bestimmter Chromosomen enthalten. Dies gelingt unter anderem dadurch, daß definierte Hybrid-Zellen mit einer Ionenquelle bestrahlt werden. Dabei brechen die Chromosomen auseinander. Durch eine erneute Fusion der behandelten Zellen mit Zellen des Chinesischen Hamsters erzeugen wir nach dem bereits bekannten Prinzip Zellhybride, die nur noch Teile einzelner menschlicher Chromosomen enthalten. Mit Hilfe dieser Bestrahlungshybride (*RH* = „*radiation hybrids*") ist eine subchromosomale Kartierung menschlicher Gene möglich (Abb. 7.2.4).

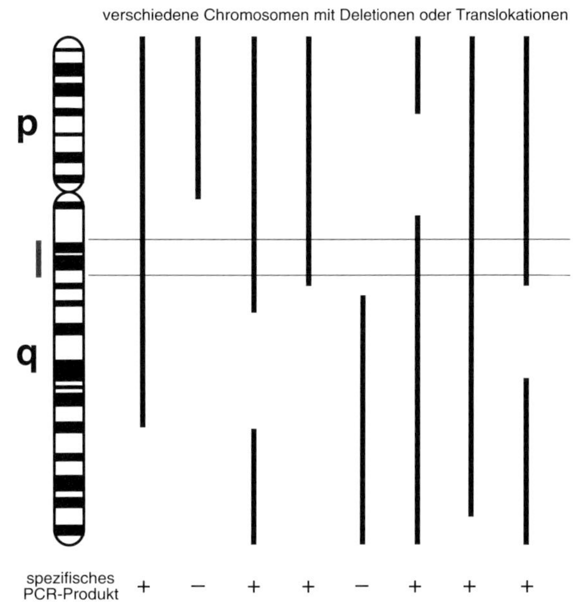

Abb. 7.2.4 „*Radiation hybrids*". *Radiation hybrids* sind Hybrid-Zellen, die nur noch Fragmente einzelner humaner Chromosomen enthalten. Sie werden aus Zellhybriden hergestellt, die zunächst bestrahlt werden und dann erneut mit Zellen des Chinesischen Hamsters fusioniert werden. Durch eine Kollektion derartiger *radiation hybrids* ist eine subchromosomale Kartierung eines Kandidaten-Gens möglich.

7.2.3 Physikalische Kartierung mit Hilfe von Restriktionsenzymen

Wollen wir Genkarten höher Auflösung erstellen, müssen wir klonierte DNA-Abschnitte mit Hilfe von Restriktionsendonukleasen analysieren. Bereits im Methoden-Kapitel M2 haben wir gelernt, wie wir mit Hilfe von Restriktionsendonukleasen eine physikalische Karte eines Plasmids erstellen können. Um komplexe Genome zu kartieren, müssen wir allerdings Restriktionsendonukleasen verwenden, die nur relativ selten schneiden. Beispiele für solche Enzyme sind die Restriktionsendonukleasen *Not* I (5'-GCGGCCGC-3') und *Sfi* I (5'-GGCCNNNNNGGCC-3'). Sie erkennen acht bzw. 13 Nukleotide und hydrolysieren DNA folglich viel seltener als Enzyme, die eine spezifische Abfolge von sechs oder gar vier Nukleotiden als Spaltstelle erkennen. Die Erkennungssequenz für die Restriktionsendonuklease *Not* I kommt im menschlichen Genom nur noch in durchschnittlichen Abständen von 800 – 1.000 kBp vor.

Derart große Fragmente lassen sich durch konventionelle Gelelektrophorese nicht mehr trennen. Statt dessen müssen wir ein Verfahren anwenden, das als Pulsfeld-Gel-Elektrophorese bezeichnet wird (siehe Methode M11).

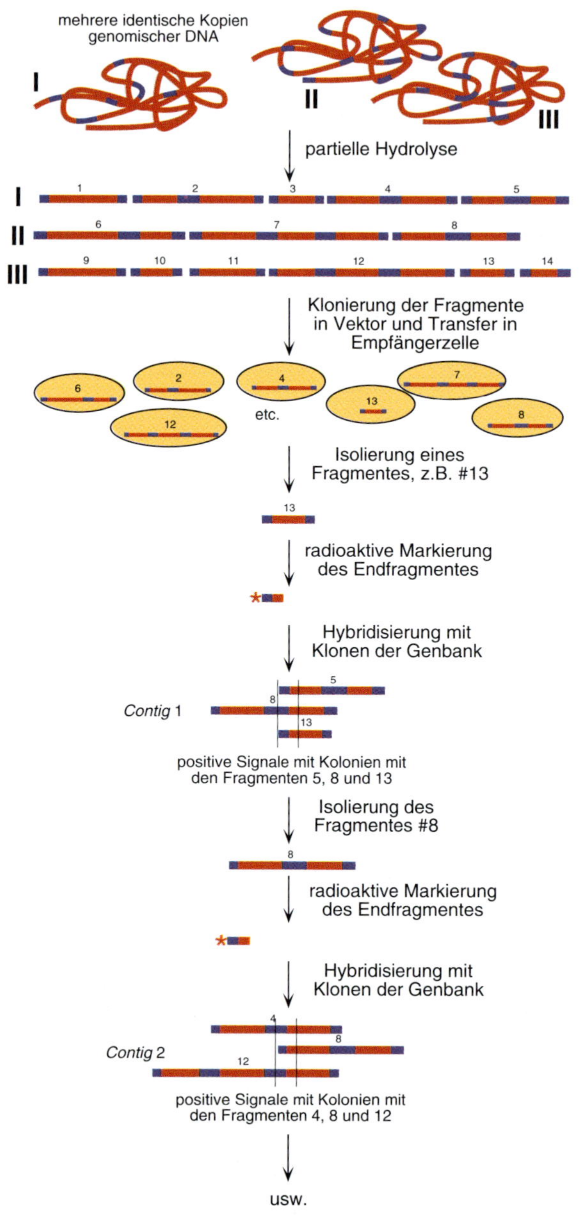

Abb. 7.2.5 *„Chromosomal walking"*. Beim *chromosomal walking* durchmustern wir in mehreren Schritten eine Genbank, die hergestellt wurde, nachdem die DNA partiell mit einer Restriktionsendonuklease hydrolysiert worden war. Ausgehend von einem DNA-Fragment suchen wir durch Hybridisierung nach Klonen, die mit diesem DNA-Fragment hybridisieren. Die gefundenen DNA-Fragmente werden genauer untersucht und dann *aligned*, d.h. so zueinander angeordnet, daß identische DNA-Bereich übereinander stehen. Eine solche Fragmentschar bezeichnen wir als *Contig*. Aus diesem *Contig* isolieren wir ein Randfragment, mit dem wir eine zweite Durchmusterungsrunde der Genbank durchführen. Die überlappenden Fragmente aus dieser Testreihe bezeichnen wir als *Contig* 2 usw. Schließlich erhalten wir eine große Zahl von Klonen, die – korrekt aneinander gereiht – einen großen genomischen DNA-Bereich überstreichen.

7.2.4 Überlappende Klonierung

Aus einer Genbank lassen sich Klone isolieren, die benachbarte genetische Information tragen. Auf diese Weise können wir Sätze von Klonen zusammenstellen, die bestimmte Bereiche eines Genoms zusammenhängend überstreichen (Abb. 7.2.5). Das Verfahren zur Herstellung solcher Sätze von Klonen nennen wir *„chromosomal walking"*. Dabei kommt zum Ausdruck, daß man ausgehend von einem Startpunkt quasi auf einem chromosomalen Abschnitt entlang „wandert". Wir bezeichnen einen derartigen Satz von Klonen, der einen definierten Abschnitt eines Chromosoms zusammenhängend enthält, als *„Contig"* (*contiguous* = benachbart).

Man kann sich vorstellen, daß diese Methode sehr aufwendig ist und für die Erstellung einer physikalischen Karte des menschlichen Genoms nur bedingt geeignet ist. Allerdings basiert auf dieser Methode das Verfahren des positionellen Klonierens, mit dessen Hilfe wichtige Gene identifiziert wurden, die für bestimmte Krankheiten verantwortlich sind (siehe Kapitel 7.3).

Eine Methode, von der man sich viel versprochen hatte, war die Erstellung von Genbanken in YACs (*„yeast artficial chromosomes"*). In Kapitel 3.2 haben wir diese Vektoren kennengelernt. Sie können bis zu 1 MBp (1×10^9 Bp) Fremd-DNA aufnehmen. Es wurden Genbanken für das gesamte menschliche Genom erstellt, die ca. 33.000 Klone enthalten. Bei einer Insertgröße von durchschnittlich 0,9 MBp sind in dieser Genbank 30×10^9 Bp oder ca. 10 Äquivalente eines haploiden Genoms enhalten.

http://gc.bcm.tmc.edu:8088/bio/yac_search.html (Datenbank zur Suche nach YACs die Teile des menschlichen Genoms enthalten)

Diese Klone können wir mit Restriktionsenzymen analysieren, und mit Hilfe von Computern werden Klone identifiziert, die gemeinsame Restriktionsfragmente enthalten. Diese

Klone werden dann auf *Contig*-Karten überlappend angeordnet.

Leider stellte sich bald heraus, daß YAC-Klone zur Kartierung nur mittelbar geeignet sind. Häufig enthalten diese Klone DNA-Fragmente, die im Genom nicht benachbart sind. Vielmehr wurden diese Fragmente bei der Herstellung der Genbank artifiziell aneinander ligiert.

So bedarf es weiterer Verfahren, um zuverlässige Genomkarten zu erstellen. Hierzu bietet sich an, „Markersequenzen" auf den verschiedenen Klonen zu identifizieren, um sicher zu gehen, daß die Anordnung der klonierten DNA auch tatsächlich derjenigen im Genom entspricht. Bei diesen Markersequenzen handelt es sich um spezifische Einzelkopie-DNA-Sequenzen. Wir bezeichnen diese Sequenzen entweder als *„expressed sequence tags"* (EST) oder als *„sequence tag sites"* (STS). ESTs werden mit Hilfe der PCR-Methode an cDNA-Fragmenten (RNA-Kopien) erzeugt – daher auch der Name *„expressed sequence tags"*. STSs sind Einzelsequenzen, die nicht unbedingt exprimiert sein müssen, die aber im Genom nur einmal vorkommen und die daher für eine bestimmte Position im Genom charakteristisch sind. Auch diese Tags werden durch PCR erzeugt.

Ohne Roboter lassen sich derartig komplexe Analysen nicht mehr durchführen. Ferner werden Klone *gepoolt,* um möglichst schnell detaillierte Informationen zu erhalten. Ein Beispiel eines solchen *Screenings* wollen wir zum Abschluß dieses Kapitels am Beispiel einer komplexen YAC-Bibliothek besprechen (Abb. 7.2.6). Dabei nehmen wir an, daß die YAC-Bibliothek aus 35.000 Klonen besteht. Die individuellen Klone dieser YAC-Biobliothek wurden in einzelnen Vertiefungen von insgesamt 360 Mitrotiterplatten à 96 Vertiefungen angezogen.

- In einem primären Durchmusterungsschritt werden alle Klone von jeweils neun Mikrotiterplatten (96 × 9 = 864 YACs) vereinigt. Der erste *Masterpool* umfaßt die Platte 1a bis 1i, der zweite *Masterpool* die Platten 2a bis 2i usw. (siehe Abb. 7.2.6).
- Von jedem dieser 40 *Masterpools* wird die Gesamt-DNA präpariert.
- An diesen DNAs werden PCRs mit einem Primerpaar für eine EST- oder für eine STS-Sequenz durchgeführt.
- Nach Gelelektrophorese können diejenigen *Masterpools* identifiziert werden, die eine entsprechende Einzelsequenz enthalten. In unserem Beispiel sind dies die *Masterpools* 1, 6, 17, 29 und 34.
- Diese positiven *Masterpools* werden nun in einem sekundären Durchmusterungsschritt weiter analysiert. Wir betrachten exemplarisch die Analyse des *Masterpools* 6.
- Hierzu wird dieser *Masterpool* dreidimensional durchmustert.
- Wir erstellen also neue *Pools*.
- In der ersten Dimension analysieren wir gemeinsam jeweils alle Klone einer jeden Platte. Wir generieren also 9 *Pools* (6a bis 6i) à 96 YAC-Klone (siehe Abb. 7.2.6). Wir bezeichnen diese *Pools* mit 6a bis 6i.
- In der zweiten Dimension werden alle Klone einer jeden Reihe (A bis H) der 9 Mikrotiterplatten (a bis i) zu *Pools* vereinigt. Wir erhalten acht Reihen-*Pools* à 108 YAC-Klone. Einer dieser *Pools* enthält beispielsweise alle 12 Klone einer jeden A-Reihe der Platten a bis i (siehe Abb. 7.2.6). Diese *Pools* bezeichnen wir mit A6 bis H6.
- In der dritten Dimension vereinigen wir alle Klone einer jeden Spalte (1 bis 12) der 9 Mikrotiterplatten (a bis i) zu individuellen Pools. Wir erhalten also 12 Spalten-*Pools* à 72 YAC-Klone. Einer dieser *Pools* enthält dann beispielsweise alle 8 Klone einer jeden ersten Spalte der Platten a bis i. Diese *Pools* bezeichnen wir mit 6.1 bis 6.12.
- Von jedem dieser *Pools* (insgesamt 29) präparieren wir wieder die Gesamt-DNA.
- An diesen DNAs werden PCRs mit dem gleichen Primerpaar wie im primären Durchmusterungsschritt durchgeführt.

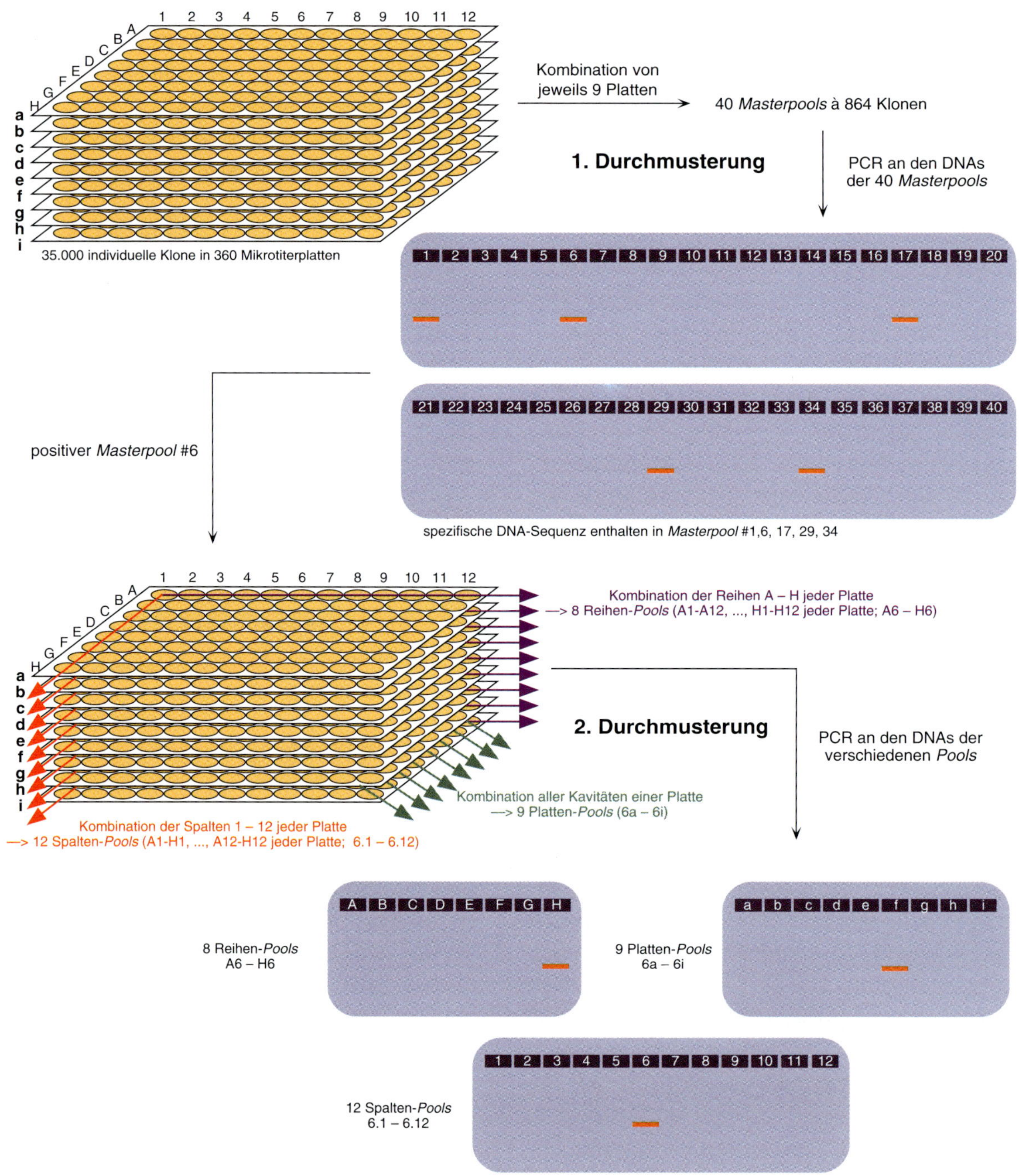

1 2 3 4 5 6 7 8 9 10 11 12
A B C D E F G H
a b c d e f g h i
35.000 individuelle Klone in 360 Mikrotiterplatten
Kombination von jeweils 9 Platten
40 *Masterpools* à 864 Klonen
1. Durchmusterung
PCR an den DNAs der 40 *Masterpools*
1 2 3 4 5 6 7 8 9 10 11 12 13 14 15 16 17 18 19 20
21 22 23 24 25 26 27 28 29 30 31 32 33 34 35 36 37 38 39 40
positiver *Masterpool* #6
spezifische DNA-Sequenz enthalten in *Masterpool* #1,6, 17, 29, 34
Kombination der Reihen A – H jeder Platte
—> 8 Reihen-*Pools* (A1-A12, ..., H1-H12 jeder Platte; A6 – H6)
2. Durchmusterung
PCR an den DNAs der verschiedenen *Pools*
Kombination aller Kavitäten einer Platte
—> 9 Platten-*Pools* (6a – 6i)
Kombination der Spalten 1 – 12 jeder Platte
—> 12 Spalten-*Pools* (A1-H1, ..., A12-H12 jeder Platte; 6.1 – 6.12)
8 Reihen-*Pools* A6 – H6
A B C D E F G H
9 Platten-*Pools* 6a – 6i
a b c d e f g h i
12 Spalten-*Pools* 6.1 – 6.12
1 2 3 4 5 6 7 8 9 10 11 12

Abb. 7.2.6 Identifizierung von STSs oder ESTs in einer komplexen Genbank. Die Genbank besteht aus ca. 35.000 Klonen, die auf 360 Mikrotiterplatten verteilt sind. Zu einer ersten Durchmusterung werden alle Klone von jeweils neun Mikrotiterplatten (96 × 9 = 864 YACs) zu den 40 *Masterpools* 1 – 40 vereinigt. An den DNAs jedes dieser 40 *Masterpools* wird mit einem *Primer*-Paar für eine EST- oder für eine STS-Sequenz eine PCR durchgeführt. In unserem Beispiel sind die gesuchten Sequenzen in den *Masterpools* 1, 6, 17, 29 und 34.
Diese positiven *Masterpools* werden nun in einem zweiten Durchmusterungsschritt weiter analysiert. Zur Analyse des *Masterpools* 6 werden die neun Mikrotiterplatten dieses *Masterpool* dreidimensional durchmustert.
In der ersten Dimension analysieren wir gemeinsam jeweils alle Klone einer jeden Platte (grüne Pfeile). Wir generieren also 9 *Pools* (6a bis 6i) à 96 YAC-Klone. In der PCR-Analyse finden wir die gesuchte DNA in dem *Pool* 6f.
Zur Analyse der zweiten Dimension *poolen* wie alle Klone einer jeden Reihe (A bis H) der 9 Mikrotiterplatten (a bis i). Wir erhalten also acht Reihen-*Pools* (blaue Pfeile) à 108 YAC-Klone. Die PCR-Analyse zeigt, daß die gesuchte DNA in dem Reihen-*Pool* H6 enthalten ist.
In der dritten Dimension vereinigen wir alle Klone einer jeden Spalte (1 bis 12) der 9 Mikrotiterplatten (a bis i) zu individuellen *Pools*. Wir erhalten nun 12 Spalten-*Pools* (rote Pfeile) à 72 YAC-Klone. Die gesuchte DNA befindet sich in diesem Fall im Spalten-*Pool* 6.6.
Somit haben wir unsere EST- oder STS-Sequenz auf der Platte f, Reihe H und Spalte 6 des *Masterpools* #6 identifiziert. Diese DNA ist noch in vier weiteren YAC-Klonen der Bibliothek enthalten. Diese Klone befinden sich in den *Masterpools* 1, 17, 29 und 34. Wollen wir die genaue Position der DNA in diesen *Masterpools* identifizieren, müssen wir ein analoges Durchmusterungsverfahren durchlaufen.

- Nach Gelelektrophorese erhalten wir in unserem Beispiel Amplimere für die *Pools* 6f, H6 und 6.6. Damit haben wir ein spezifisches *sequence-tag* für den YAC-Klon der Platte f, Reihe H und Spalte 6 des *Masterpools* #6 identifiziert. Dieses *sequence-tag* ist noch in vier weiteren YAC-Klonen der Bibliothek enthalten. Diese Klone befinden sich in den *Masterpools* 1, 17, 29 und 34. Analog zu dem hier besprochenen Vorgehen müssen die individuellen YACs noch durch ein sekundäres Durchmusterungsverfahren identifiziert werden.
- Nach genauerer Kartierung mit verschiedenen Restriktionsendonukleasen können die drei YACs überlappend angeordnet werden, und es konnte ein neues, kleines *Contig* erarbeitet werden.

Zusammenfassung

Die physikalische Kartierung komplexer Genome – und insbesondere die physikalische Kartierung des menschlichen Genoms – ist von höchster Relevanz. Methoden und Ergebnisse haben nicht nur Bedeutung für die Grundlagenforschung, sondern können vielfach direkt in der genetischen Diagnostik eingesetzt werden. Dabei komplementieren sich die verschiedenen Methoden. Je nach konkreter Fragestellung sind grobere Verfahren wie die *in-situ*-Hybridisation oder das Chromosomen-*painting* ebenso hilfreich wie die zum Teil deutlich aufwendigeren Feinkartierungsverfahren. Letztlich tragen aber all diese Methoden dazu bei, einerseits mit der kompletten Aufklärung der Nukleotidsequenz des menschlichen Genoms das Ziel des *human genome projects* möglichst bald zu erreichen und andererseits Pathomechanismen verstehen zu lernen, deren Ursachen in einer abnormalen DNA-Sequenz begründet sind.

Methoden in der Gentechnik (M11)

Pulsfeld-Gel-Elektrophorese

Wir haben die Möglichkeit kennengelernt, DNA-Fragmente in Gelmatrices nach Größe zu trennen. Dabei haben wir gesehen, daß mit Hilfe dieser Methode nicht beliebig große DNA-Fragmente trennbar sind. Ab einer bestimmten Größe „verhaken" sich förmlich die DNA-Fragmente in der Gelmatrix und können nicht weiterwandern (Abb. M11.1 und Abb. M11.2).

Dieses Problem können wir dadurch lösen, daß wir während des Trennvorgangs die Ausrichtung des elektrischen Feldes periodisch ändern. Dadurch werden die DNA-Fragmente immer wieder in eine andere Richtung „gezogen" und entwirren sich auf diese Weise. Mit Hilfe dieser Methode lassen sich DNA-Fragmente bis zu einer Größe von einigen Megabasen trennen.

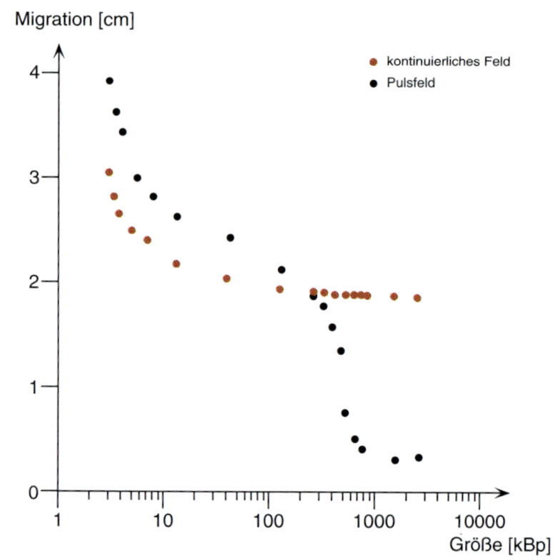

Abb. M11.2 Abhängigkeit der Wanderungsstrecke von der Fragmentlänge in kontinuierlichen und gepulsten Feldern.

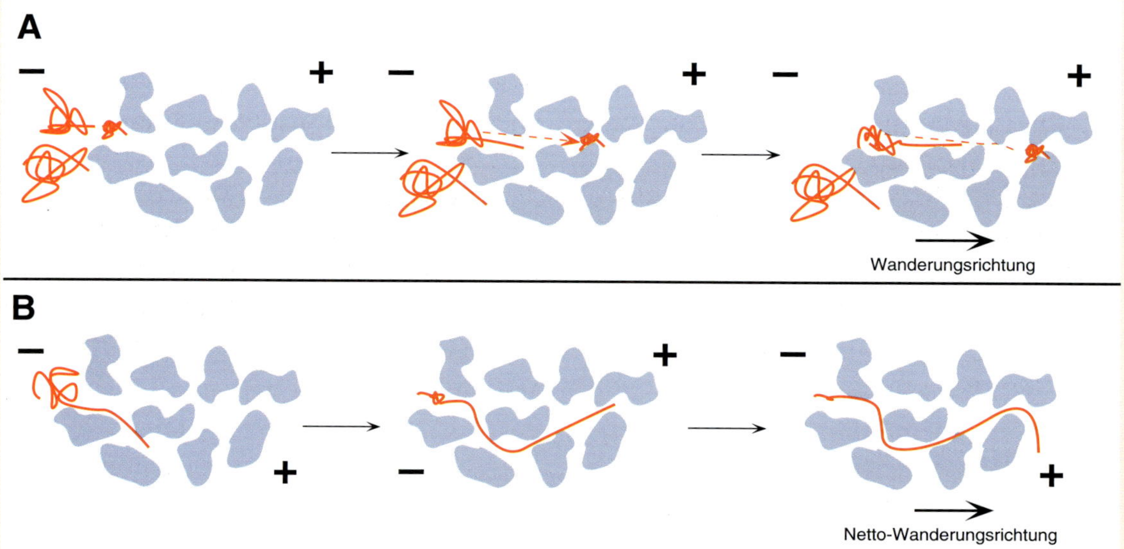

Abb. M11.1 Prinzip der Trennung großer DNA-Fragmente durch Pulsfeld-Gel-Elektrophorese. A Trennt man große DNA-Fragmente nach „konventioneller" Gel-Elektrophorese auf, „verhaken" sich die Fragmente in der Matrix und können nicht wandern. **B** Ändert man aber periodisch die Ausrichtung des elektrischen Feldes, können sich die DNA-Knäuel entwirren, und die DNA-Fragmente können in der Matrix entsprechend ihrer Größe wandern.

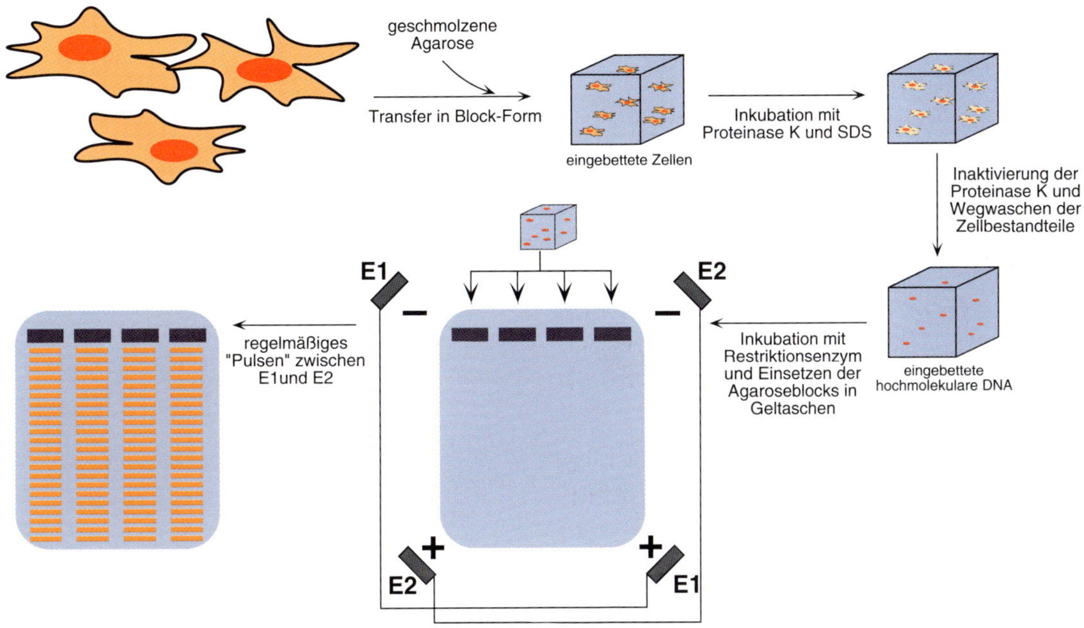

Abb. M11.3 Probenvorbereitung und Analyse großer DNA-Fragmente durch Pulsfeld-Gel-Elektrophorese. Zellen, deren DNA man analysieren will, werden in einen Agarblock eingeschmolzen. Dieser Agarblock wird mit Chemikalien und Enzymen behandelt, die zum einen die Zellen schonend lysieren, zum anderen die DNA zu definierten Restriktionsfragmenten hydrolysieren. Schließlich transferiert man den Agarblock in die Tasche eines Trenngels, das dann einem alternierenden elektrischen Feld ausgesetzt wird.

Allerdings müssen bei derartigen Fragmentgrößen besondere Vorsichtsmaßnahmen getroffen werden, um zu vermeiden, daß die DNA-Fragmente bei ihrer Präparation physikalisch geschert werden. Dieses Problem überkommen wir dadurch, daß wir zunächst die Zellen, deren DNA wir analysieren wollen, in einen Agarblock einschmelzen (Abb. M11.3). In dem Agarblock werden dann alle erforderlichen biochemischen Reaktionen durchgeführt. Dazu gehört die Lyse der Zellen und vor allem die Hydrolyse der DNA mit einer bestimmten, selten schneidenden Restriktionsendonuklease. Schließlich setzen wir den Agarblock mit der modifizierten DNA in die Trennmatrix ein und starten die Elektrophorese (Abb. M11.4).

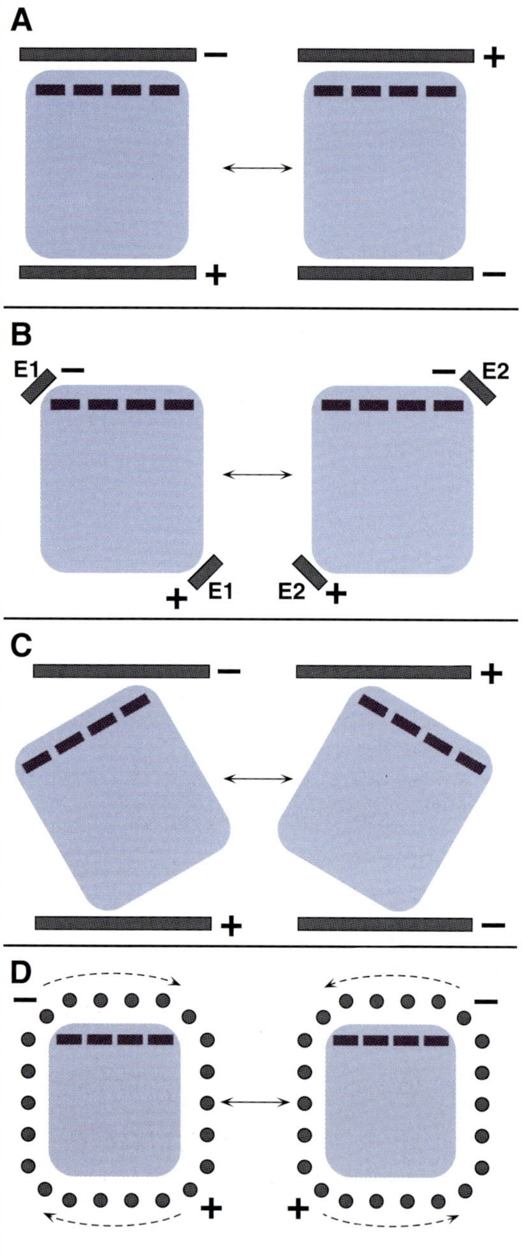

Abb. M11.4 Verschiedene Methoden der Feldanordnung. A FIGE: *field inversion gel electrophoresis*. Hierbei wird das elektrische Feld periodisch um 180° gedreht;
B TAFE: *transverse alternating field electrophoresis*. Der Wechsel des elektrischen Feldes zwingt die DNA auf einem Zickzack-Kurs durch das Gel;
C RGE: *rotating gel electrophoresis*. Hier bleibt das elektrische Feld konstant, allerdings bewegt sich das Gel auf einer beweglichen Plattform;
D CHEF: *contour-clamped homogeneous electric field*. Zahlreiche Elektroden werden verwendet, um ein einheitliches elektrisches Feld zu generieren, das elektronisch reorientiert wird.

7.3 Identifizierung von Genen, die Erbkrankheiten verursachen

Wollen wir Gene identifizieren, die ursächlich an der Entstehung von Krankheiten beteiligt sind, so ist es zunächst einmal gut zu wissen, daß sicher nicht alle der schätzungsweise 70.000 Gene als Ursache von Erbkrankheiten relevant sind.

- Bestimmte denkbare Gendefekte kommen schon deshalb nicht als Ursache für Erbkrankheiten in Frage, weil deren Genprodukte für eine erfolgreiche Embryogenese unabdingbar sind. Liegt ein Defekt in einem solchen Gen vor, ist ein Foetus nicht lebensfähig.
- Andere Gene kommen in mehreren Kopien vor, so daß sich ein Defekt in einem dieser Multikopien-Gene nicht phänotypisch auswirkt.
- Es gibt auch Gene, deren Produkte sich durch Produkte nicht verwandter Gene komplementieren lassen. Defekte in solchen Genen würden sich ebenfalls nicht phänotypisch auswirken.

Der Katalog menschlicher Erbkrankheiten umfaßt derzeit ca. 5.000 Einträge. Würden wir daraus schließen, daß es demnach 5.000 Gene gibt, die Erbkrankheiten verursachen können, so wäre auch das sicherlich falsch. Wir müssen folgendes bedenken:

- Nicht selten verursachen unterschiedliche Mutationen in ein und dem selben Gen unterschiedliche Krankheiten.
- Andererseits kann es aber auch sein, daß Mutationen in ganz unterschiedlichen Genen ein identisches Krankheitsbild verursachen.

Noch komplexer wird die Situation, wenn eine Krankheit erst dann eintritt, wenn mehrere Gene gleichzeitig defekt sind. Solche Krankheiten bezeichnen wir als oligogenische oder polygenische Erkrankungen. Bekannte Beispiele für derartige Krankheiten sind:

- der Typ-1-Diabetes,
- die spät einsetzende Alzheimer'sche Erkrankung,
- der Myokardinfarkt,
- die essentielle Hypertonie,
- die Osteoporose,
- das Mamma-Karzinom und andere Karzinome
- die Multiple-Sklerose u. a.

Es bleibt eine große Herausforderung der nahen Zukunft, diejenigen Gene zu identifizieren, die bei einem Defekt eine Krankheit verursachen können. Die Erkenntnisse dieser Forschung erleichtern nicht nur die Diagnose derartiger Erkrankungen, sondern bilden auch die Grundlage für neue, erfolgreichere Therapiestrategien.

7.3.1 Experimentelle Strategien zur Identifizierung krankheitsrelevanter Gene

Wie können wir ein Gen identifizieren, das eine Erbkrankheit verursachen kann? Derzeit nähern sich die Forscher der Lösung dieses Problems mit Hilfe vier unterschiedlicher Strategien (Abb. 7.3.1).

- Funktionelles Klonieren: Voraussetzung ist, daß die biochemische Basis der Erkrankung bekannt ist oder daß Kenntnisse über das Protein vorliegen, das unmittelbar an der Krankheit beteiligt ist.

- Positionelles Klonieren: Für diesen Ansatz müssen uns Kenntnisse über die subchromosomale Position des vermeintlichen Gens vorliegen. Den genauen Pathogenitäts-Mechanismus bzw. die biochemische Funktion des Genproduktes brauchen wir nicht zu kennen.
- Positions-unabhängiges Klonieren eines Kandidaten-Gens: Haben wir einen begründeten Verdacht, daß ein Defekt in einem bestimmten Gen die Krankheit verursacht, so kann das Gen kloniert werden, ohne daß Kenntnisse zur chromosomalen Lokalisation vorliegen. Wir nennen ein solches Gen ein „Kandidaten-Gen". Das ist z. B. dann der Fall, wenn es eine ähnliche Krankheit in einem Tiermodell gibt und wenn wir in dem Tiermodell das relevante Gen kennen, das an der Krankheit beteiligt ist. Es ist auch denkbar, daß der Pathogenitäts-Mechanismus auf eine bestimmte Gruppe von Genen hindeutet. Einschränkend müssen wir allerdings feststellen, daß dieser Ansatz bisher nur selten zur Identifizierung eines relevanten Gens geführt hat.
- Positionelles Klonieren eines Kandidaten-Gens: Für diesen Ansatz benötigen wir sowohl Kenntnisse über die Pathogenitäts-Mechanismen als auch über die chromosomale Lokalisation des Gens, das im Verdacht steht, eine Erbkrankheit zu verursachen. Ist das gegeben, dann ist dieser Ansatz sehr effizient. Dadurch, daß die Datenbanken praktisch täglich mit neuen relevanten Informationen gespeist werden, wird dieser Ansatz zum Auffinden krankheitsrelevanter Gene immer bedeutender.

Eine Übersicht, wie wir vorgehen können, um ein krankheitsrelevantes Gen zu identifizieren ist in Abb. 7.3.1 dargestellt.

Wie sich der Einsatz dieser Strategien über die Jahre entwickelt hat und weiter entwickeln wird, zeigt eindrucksvoll die Abb. 7.3.2 aus einem Aufsatz von F. S. Collins (*Nature Genetics*, 1995, 9, 347–350). Hier sehen wir deutlich, wie durch die rapide wachsende Sequenzinformation aus dem *human genome project* das positionelle Klonieren eines Kandidaten-Gens zur Methode der Wahl wird.

Im folgenden wollen wir die einzelnen Methoden anhand relevanter Beispiele näher besprechen.

7.3.2 Funktionelles Klonieren

Um ein Gen, das eine Erbkrankheit verursachen kann, durch funktionelles Klonieren zu isolieren, muß eine von zwei Voraussetzungen gegeben sein:

- entweder das Genprodukt ist isoliert
- oder es gibt einen funktionellen Gentest.

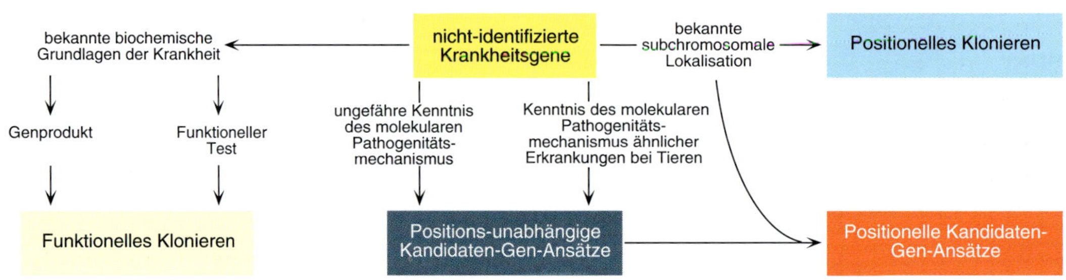

Abb. 7.3.1 Strategien zur Identifizierung von krankheitsrelevanten Genen. Vier konzeptionelle Ansätze führen zur Identifizierung von Genen, die an der Entstehung von Erbkrankheiten mitverantwortlich sind: Funktionelles Klonieren (hellgelb unterlegt), positionelles Klonieren (blau unterlegt), positions-unabhängiges Klonieren eines Kandidaten-Gens (grün unterlegt) und das positionelle Klonieren eine Kandidaten-Gens (rot unterlegt).

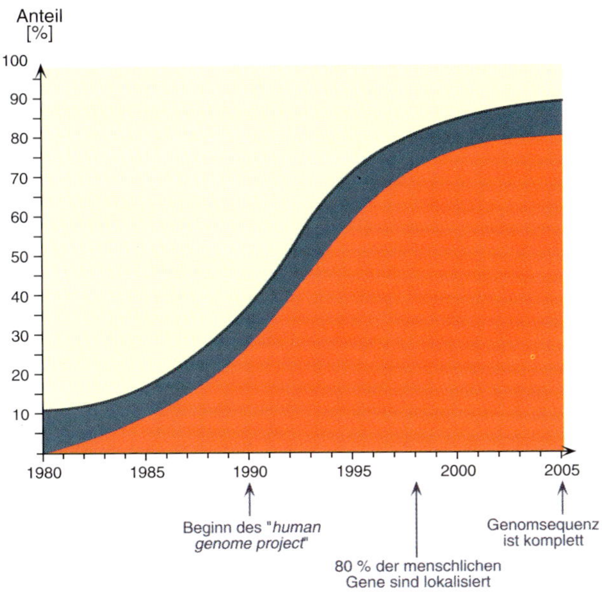

Abb. 7.3.2 Wandel des Methodenspektrums zur Identifizierung krankheitsrelevanter Gene in Abhängigkeit von der Zeit. In den frühen 80er Jahren wurden fast alle krankheitsrelevanten Gene durch funktionelles Klonieren identifiziert. Dies wird sich dramatisch hin zum positionellen Klonieren eines Kandidaten-Gens verschieben. Der Grund ist der enorme Erkenntnisgewinn durch das *human genome project.*

7.3.2.1 Funktionelles Klonieren mit Hilfe des isolierten Genprodukts

Ein bekanntes Beispiel ist die Isolierung des Gens für den Gerinnungsfaktor-VIII. Ist dieses Gen defekt, leidet der Patient an der Hämophilie A.

Die Isolierung des Faktor-VIII-Proteins war kein leichtes Unterfangen, da dieses Protein in äußerst geringen Konzentrationen im Blut enthalten ist. Aus diesem Grund isolierte man zunächst nicht das menschliche Protein, sondern das analoge Protein des Hausschweins (Abb. 7.3.3).

Nachdem Teile der Proteinsequenz ermittelt waren, konnte man anhand der Proteinsequenz DNA-*Primer* entwerfen, die als Sonde zur Durchmusterung einer cDNA-Bank eingesetzt wurden. Wir haben dieses Verfahren ausführlich in Kapitel 2.4 besprochen. So gelang zunächst die Isolierung der Faktor-VIII-cDNA aus dem Hausschwein. Teile dieser DNA wurden dann als Sonde eingesetzt, um die menschliche cDNA aus einer entsprechenden cDNA-Bank zu isolieren. Danach war es nicht mehr schwer, auch das Gen zu klonieren.

Wie wir wissen, ist dieses Gen auf dem X-Chromosom codiert. Daher erkranken an der Hämophilie A auch in erster Linie Männer. Männer besitzen ja nicht wie die Frauen ein zweites X-Chromosom, dessen Genkopie den Defekt auf dem anderen X-Chromosom kompensieren kann. Frauen hingegen vererben die Krankheit in aller Regel.

7.3.2.2 Funktionelles Klonieren auf der Basis eines funktionellen Gentests

Wie können wir ein Gen testen? Dies läßt sich am besten dadurch machen, daß wir DNA in eine bestimmte Mutante einschleusen und nachsehen, ob die eingeschleuste DNA den Defekt in der Mutante aufzuheben vermag. Wir haben diese Methode bereits in Kapitel 2.4 unter dem Stichwort „Identifizierung von Genen durch Komplementation" kennengelernt.

Diese Methode des „funktionellen Klonierens auf der Basis eines funktionellen Gentests" setzt also voraus, daß eine Mutante verfügbar ist, die für einen Komplementationstest verwendet werden kann. Ferner muß gewährleistet sein, daß die relevanten biochemischen Prozesse beim Menschen und in dem Testorganismus sehr ähnlich sind. So gelang es, menschliche Gene durch Komplementation in Hefe zu isolieren. Beispielsweise wurden Gene identifiziert, deren Produkte an der Purin- oder Pyrimidin-Biosynthese beteiligt sind. Auch bestimmte Transkriptions-Faktoren ließen sich durch Komplementation in Hefe isolieren.

Es können aber auch Säuger-Zell-Linien für die Komplementations-Selektion verwendet

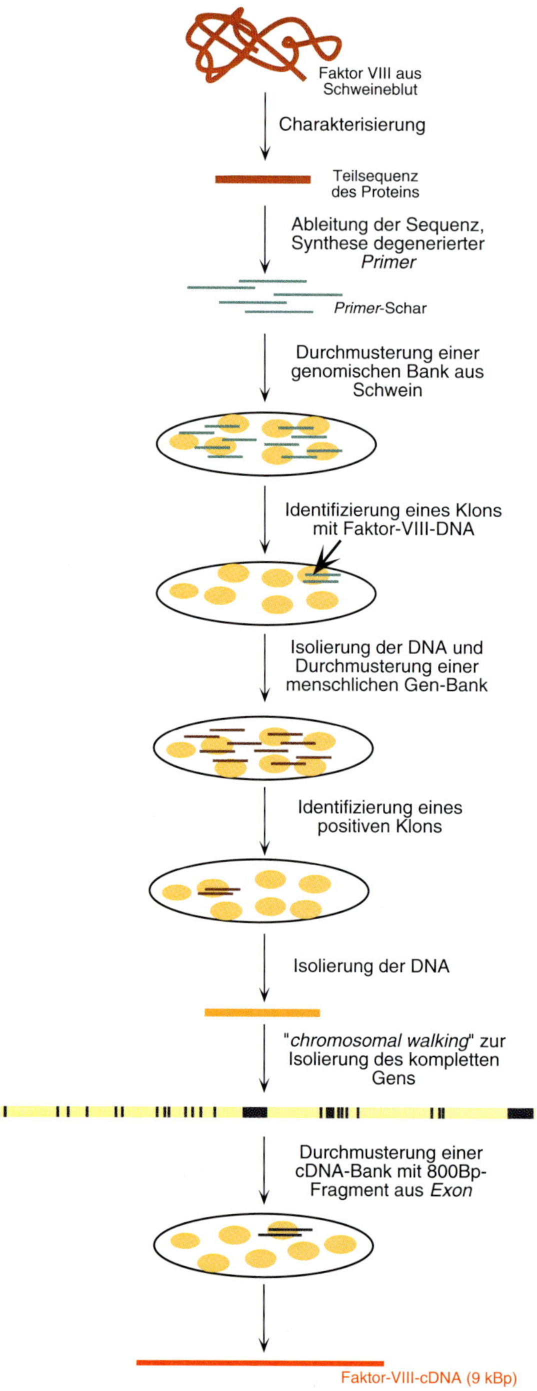

Abb. 7.3.3 Strategie zur Identifizierung des humanen Faktor-VIII-Gens und der davon abgeleiteten cDNA. Zunächst wurde das analoge Protein aus dem Hausschwein isoliert. Nach der Aufklärung von Teilsequenzen dieses Proteins wurden *Primer* entworfen, mit deren Hilfe eine genomische Genbank des Schweins durchmustert wurde. Teilbereiche des isolierten Gens wurden dazu benutzt, eine humane genomische Genbank zu durchmustern. Mit Hilfe eines positiven Klons wurde durch *chromosomal walking* das Faktor-VIII-Gen abschnittsweise isoliert. Schließlich wurde mit einer Teilsequenz des genomischen Klons aus einer cDNA-Bank die cDNA für den humanen Faktor VIII isoliert.

werden. So beruht das *Lesch-Nyhan*-Syndrom auf einem Mangel an dem Enzym Hypoxanthin-Guanin-Phosphoribosyl-Transferase. Wir haben entsprechende Mutanten-Zellen bereits mehrfach kennengelernt. Ausführlich haben wir HGPRT$^-$-Zellen im Kontext der Herstellung monoklonaler Antikörper besprochen (siehe Kapitel 5.7). Diese Zellen lassen sich nutzen, um durch Komplementation das HGPRT-Gen – und damit das pathogene Prinzip des *Lesch-Nyhan*-Syndroms – zu isolieren.

Ein anderes Beispiel sind Säuger-Zellen, die DNA-Schäden nur bedingt reparieren können. Solche Zellen reagieren besonders empfindlich auf UV-Bestrahlung oder auf Exposition mit mutagenen Chemikalien. Transfizieren wir derartige Zellen mit humanen DNA-Fragmenten oder mit menschlichen Chromosomen, gelingt es, die Defekte funktionell zu komplementieren. Auf diese Weise ließ sich ein interessanter cDNA-Klon isolieren, auf dem eine Informationseinheit enthalten war, die an der Entstehung der *Fanconi*-Anämie ursächlich beteiligt ist. Sind beide Kopien dieses Gens defekt, so leidet der Patient an dieser einfach rezessiv vererbten *Perniziosa*-ähnlichen Anämie, bei der besonders häufig Chromosomen-Brüche beobachtet werden.

7.3.3 Positionelles Klonieren

Unter positionellem Klonieren verstehen wir die Isolierung eines Gens, von dem wir nicht mehr kennen, als seine ungefähre Position auf einem der Chromosomen. Um erfolgreich zu sein, sollte diese Position allerdings auf ca. 10 MBp eingegrenzt sein. Daß diese Strategie bisher sehr erfolgreich angewendet wurde, zeigen die Beispiele, die in Tabelle 7.3.1. zusammengestellt sind.

Woher erhalten wir Informationen zur chromosomalen Position eines Gens?

- Diese Information kann das Resultat von Kopplungsanalysen sein (siehe Kapitel 7.4). Diese sollten von mehr als drei großen Fami-

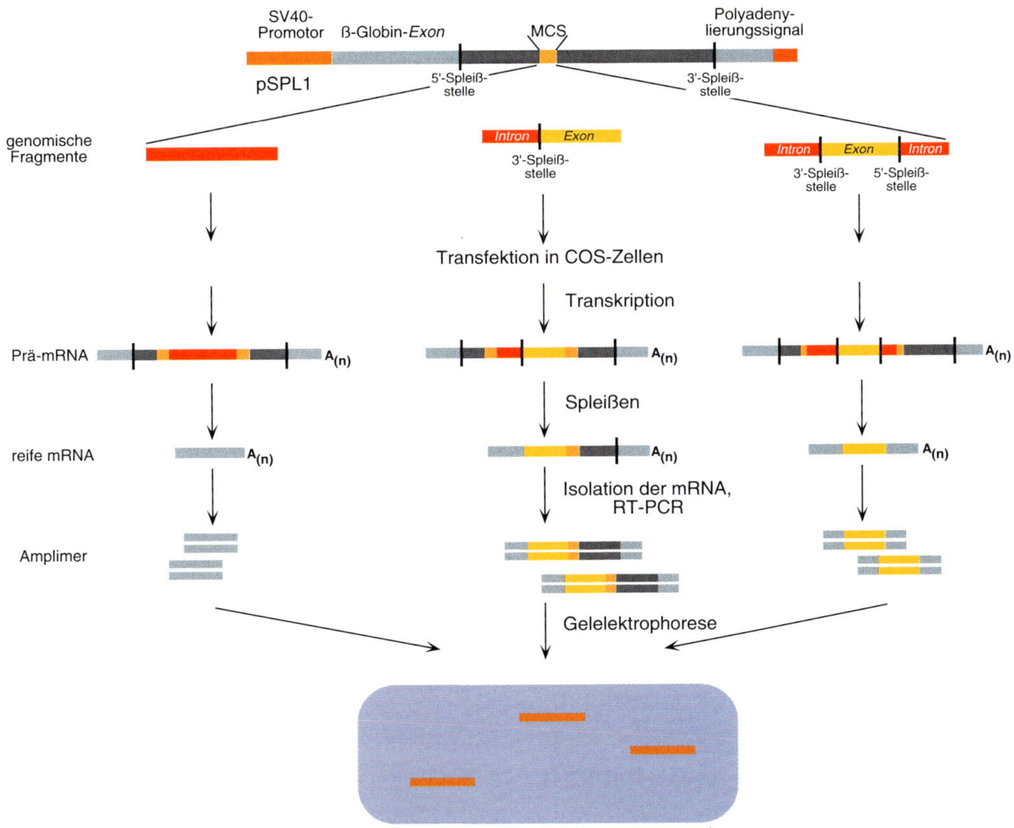

Abb. 7.3.4 ***„Exon trapping"*.** Ein isoliertes DNA-Fragment inserieren wir in eine multiple Klonierungsstelle (MCS), die sich innerhalb eines *Introns* des ß-Globin-Gens befindet. Trägt das isolierte Fragment entweder einen 5'- oder einen 3'-Übergang zu einem *Intron*, so wird der *Intron*-Anteil nach Transfektion in COS-Zellen auf mRNA-Ebene entfernt, und wir erhalten eine RNA, die kleiner ist, als diejenige, die man auf Grund der Größe des inserierten DNA-Fragments erwarten würde. Dies können wir sehr schnell durch RT-PCR an der isolierten mRNA mit Hilfe zweier *Primer* detektieren, die in dem Globin-Anteil des Vektors binden.

lien stammen, in denen mehrere Familienangehörige an einer bestimmten Erbkrankheit leiden.

- Eine weitere Möglichkeit ist die Suche nach chromosomalen Regionen, die typischerweise bei bestimmten Krankheiten verloren gegangen sind. Wir bezeichnen dies als *„loss of heterozygosity"*, also als Verlust der Heterozygotie. Darunter verstehen wir, daß zur Ausprägung der Krankheit offensichtlich ein homozygoter Defekt erforderlich ist, d. h. daß Heterozygotie verloren gehen muß. Typischerweise wurden sehr viele der bekannten Tumorsuppressorgene durch diese Art der Analyse identifiziert.
- Schließlich können auch generelle chromosomale Auffälligkeiten bei bestimmten ge-

Jahr	Krankheit	Chromosomale Rearrangierung
1986	*Duchenne'sche*-Muskeldystrophie	+
1986	Retinoblastom	+
1989	Cystische-Fibrose	–
1990	Neurofibromatose-Typ1	+
1990	*Wilm's*-Tumor	+
1991	Familiäre *Polyposis coli*	+
1991	Fragiles X-Syndrom	+
1991	Myotone-Dystrophie	–
1993	*Huntington'sche*-Krankheit	–
1993	Tuberöse-Sklerose	+
1993	*von-Hippel-Lindau*-Erkrankung	–
1994	Achondroplasie	–
1994	Familiäres-Brust-/Ovarialkarzinom	–
1994	Polycystische-Nierenerkrankung	+
1995	Spinale muskuläre Atrophie	–

Tabelle 7.3.1 Beispiele für Gene, die Erbkrankheiten verursachen können und über positionelles Klonieren isoliert wurden

netischen Erkrankungen auf die chromosomale Position des relevanten Gens deuten. Dies war beispielsweise bei der Entdeckung des Gens für die *Duchenne'sche* Muskeldystrophie (DMD) der entscheidende Hinweis. Bei betroffenen Patienten wurde häufig an der Position p21 auf dem X-Chromosom (Xp21) eine Auffälligkeit – entweder in Form einer Translokation oder einer Deletion – im Karyogramm diagnostiziert.

Die genauere Position eines Gens für eine Erbkrankheit muß dann oft mühsam weiter eingegrenzt werden, meist durch chromosomales Wandern mit Hilfe von YACs (siehe Kapitel 3.2 und 7.2), PACs oder BACs (siehe Kapitel 2.4). Erschwert werden diese Analysen durch die komplexe Struktur eukaryontischer Gene, die ja bekanntlich oft durch riesige nichtcodierende *Introns* unterbrochen sind. Daher müssen parallel zum chromosomalen Wandern andere Suchverfahren eingesetzt werden, um codierende Bereiche zu identifizieren. Neben anderen haben wir hierzu folgende Möglichkeiten:

- Durchmusterung von cDNA-Banken mit Klonen, die im Verlauf des chromosomalen Wanderns isoliert wurden.
- *Zoo-blotting*-Verfahren, bei denen wir isolierte Klone gegen genomische DNA aus anderen Arten hybridisieren. Die Ratio dieser Analyse liegt darin, daß wichtige Gene in der Evolution mehr oder weniger stark konserviert sind. Hybridisiert also eine menschliche DNA mit einer artfremden DNA, so steigt die Wahrscheinlichkeit, daß die Test-DNA ein wichtiges Gen enthält.
- Suche nach CpG-Inseln. Dies sind G/C-reiche DNA-Regionen, die darauf hindeuten, daß in ihrer Nähe ein Gen liegt. Wir erinnern uns, daß ein typisches Promotor-Element vor eukaryontischen Genen als GC-Box bezeichnet wird (siehe Kapitel 4.2). Typischerweise enthalten auch informative DNA-Bereiche wesentlich mehr G- und C-Nukleotide als nicht-codierende DNA-Bereiche.
- „*Exon trapping*", um in isolierten Klonen funktionsfähige Übergänge von *Intron*- in *Exon*-Bereiche zu identifizieren (Abb. 7.3.4). Hierzu können wir beispielsweise den pSPL1-Vektor verwenden. Die zu testende DNA klonieren wir in die multiple Klonierungsstelle (MCS) dieses Vektors. Dann transfizieren wir das Plasmid in COS-Zellen (siehe Kapitel 4.2). In diesen Zellen wird das Plasmid stark vermehrt, und somit wird, ausgehend von dem SV40-Promotor, sehr viel RNA synthetisiert. Diese RNA isolieren wir und setzen sie als Matrize für eine Reverse-PCR ein (RT-PCR, siehe Kapitel 2.3). Die verwendeten *Primer* für die PCR binden in den beiden ß-Globin-*Exons* auf dem pSPL1-Plasmid. Über die Größe der erzeugten PCR-Amplimere können wir leicht erkennen, ob auf dem klonierten DNA-Fragment ein *Exon*-Bereich mit einer funktionellen Spleiß-Akzeptor-Stelle und/oder einer funktionellen Spleiß-Donor-Stelle vorhanden ist.

Wir wollen nun drei Beispiele besprechen, wo Gene durch positionelles Klonieren identifiziert und isoliert wurden.

7.3.3.1 *Isolierung des Dystrophin-Gens*

Die positionelle Information bei der Isolierung des *Dystrophin*-Gens stammte aus konventionellen Kopplungsanalysen, die auf das Jahr 1982 zurückgingen. Wie wir weiter oben bereits gehört haben, war bei betroffenen Patienten häufig an der Position p21 auf dem X-Chromosom (Xp21) eine Auffälligkeit – entweder in Form einer Translokation oder einer Deletion – im Karyogramm nachweisbar. Bemerkenswerterweise ist die *Duchenne'sche*-Muskeldystrophie die erste genetische Erkrankung, die auf chromosomaler Ebene identifiziert werden konnte (siehe Tabelle 7.3.1). Man wußte also, daß das Gen in der Region Xp21 liegen mußte.

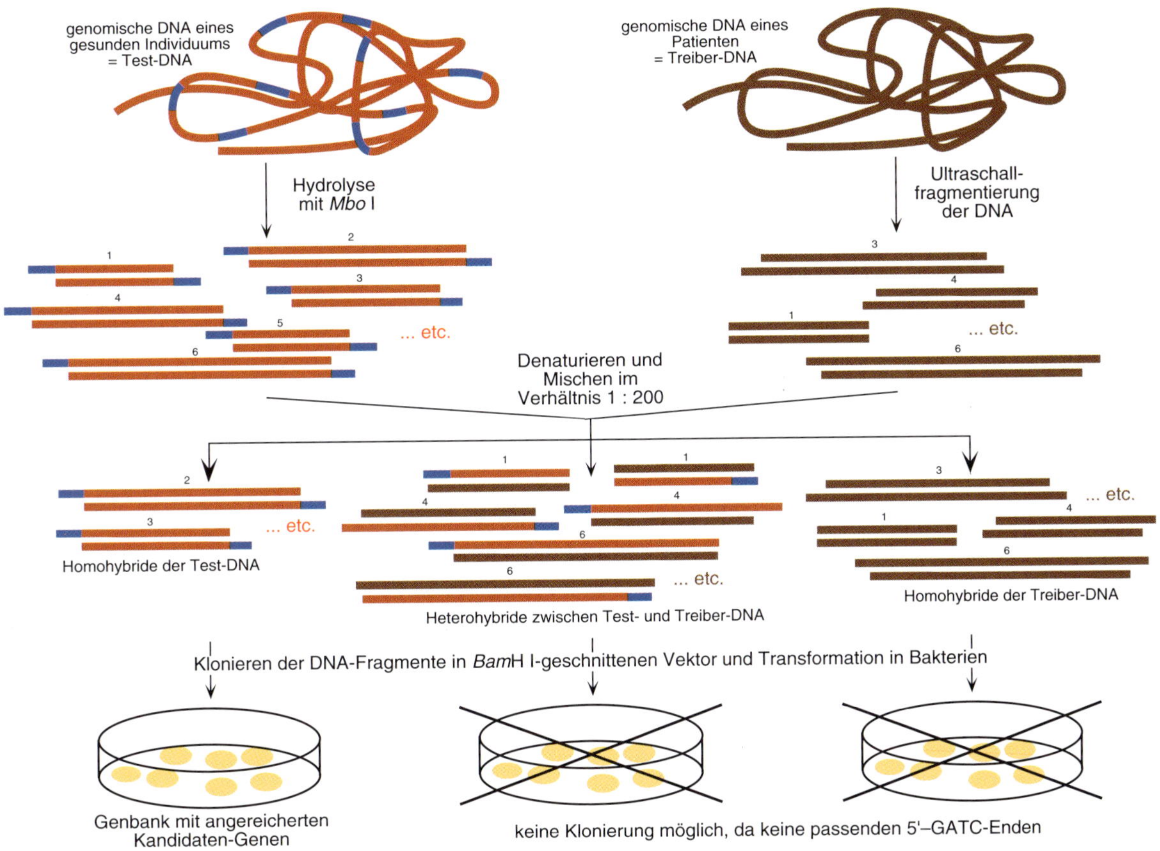

Abb. 7.3.5 Identifizierung eines Gens durch „Subtraktionsklonierung". Bei der Subtraktionsklonierung isoliert man genomische DNA aus Zellen eines gesunden Menschen und aus analogen Zellen eines Menschen, der an einer Erbkrankheit erkrankt ist. Die DNA aus dem gesunden Menschen bezeichnen wir als „Test-DNA" (rot mit blau-markierten *Mbo* I-Schnittstellen), die DNA aus dem kranken Menschen als „Treiber-DNA" (dunkelrot). Die „Test-DNA" hydrolysieren wir beispielsweise mit der Restriktionsendonuklease *Mbo* I und erzeugen dadurch definierte 5'-Überhänge (blau). Die Treiber-DNA fragmentieren wir durch Ultraschall, so daß diese DNA-Fragmente keine definierten Enden besitzen. Nun mischen wir beide DNA-Populationen, wobei die „Treiber-DNA" in großem Überschuß zugesetzt wird. Dadurch wird sichergestellt, daß nach Denaturierung der DNA-Fragmente jedes „Test-DNA"-Fragment mehrfach die Möglichkeit hat, mit einem komplementären „Treiber-DNA"-Fragment zu hybridisieren. Daher können unter diesen experimentellen Bedingungen nur komplementäre DNA-Fragmente aus den Zellen des gesunden Menschen Hybride bilden, die in der DNA des kranken Menschen nicht vorkommen. Nur diese Hybride besitzen definierte Überhänge an beiden Enden und lassen sich daher bevorzugt in einen entsprechend vorbereiteten Vektor inserieren. Als Ergebnis erhalten wir eine Genbank, die stark für das Kandidaten-Gen angereichert ist.

Ein Gruppe in Boston wählte zur Isolierung des Gens eine Methode, die als „Subtraktionsklonierung" bezeichnet wird. Wie ging man vor (Abb. 7.3.5)?

- Man isolierte DNA aus einem gesunden Individuum und aus einem Patienten, der an *Duchenne'scher*-Muskeldystrophie litt. Die DNA aus dem gesunden Individuum bezeichnen wir als die Test-DNA, denn sie enthält ja das gesuchte Gen. Die DNA aus dem Patienten bezeichnen wir als Treiber-DNA.
- Die Test-DNA wurde mit der Restriktionsendonuklease *Mbo* I hydrolysiert, die die Sequenz 5'-GATC-3' erkennt und unmittelbar vor dem G-Nukleotid die doppelsträngige DNA schneidet. Alle Fragmente dieser DNA tragen daher an ihren 5'-Enden die Nukleotide GATC, die über das 3'-Ende hinausragen.
- Die Treiber-DNA wurde hingegen nicht enzymatisch hydrolysiert, sondern durch Ultraschall fragmentiert. Somit waren die En-

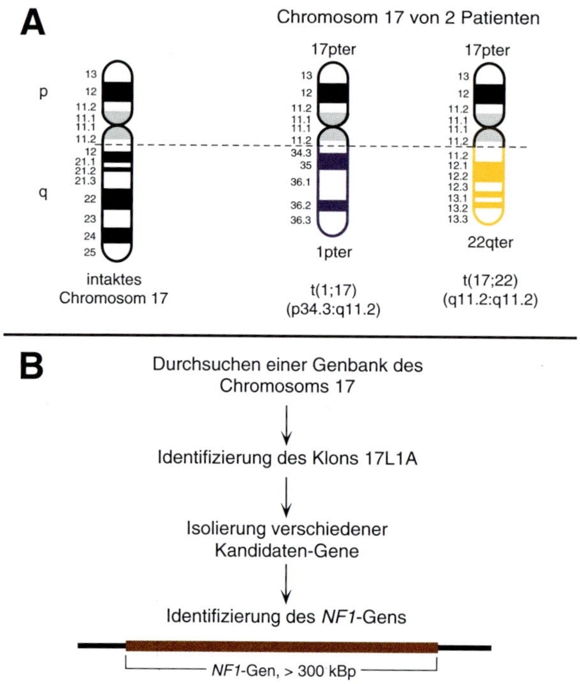

Abb. 7.3.6 Strategie zur Identifizierung des NF1-Gens.
A. Ausgangspunkt der Strategie war die Identifizierung von zwei unterschiedlichen chromosomalen Translokationen, in die jeweils das Chromosom 17 involviert war. Bei dem einen Patienten war ein Teil des Chomosoms 1 an den q11.2-Bereich des Chromosoms 17 anfusioniert. Beim zweiten Patienten war ein Teil des Chromosoms 22 an diese Stelle (q11.2) fusioniert. Somit sollte ein Kandidaten-Gen um den Bereich 17q11.2 liegen.
B. Bei der Durchmusterung einer chromosomenspezifischen Genbank für das Chromosom 17 wurde der Klon 17L1A identifiziert, der mit unterschiedlich großen Fragmenten aus Patienten-DNA und aus DNA Gesunder hybridisierte. Dieser Klon enthielt verschiedene Kandidaten-Gene, von denen sich eines als das *NF1*-Gen erwies.

den dieser DNA-Fragmente uneinheitlich, sowohl bezüglich der terminalen Sequenzen als auch bezüglich der Überhänge.

- Nun wurden beide DNA-Populationen denaturiert und dann gemischt, wobei die Treiber-DNA in großem Überschuß im Vergleich zur Test-DNA zugemischt wurde.
- Beim Renaturieren der DNA-Fragmente entstehen drei distinkte Populationen: Einmal entstehen Homohybride der Test-DNA. Zum anderen entstehen Heterohybride zwischen Test-DNA und Treiber-DNA. Und schließlich entstehen Homohybride der Treiber-DNA. Es ist wichtig, daß die Treiber-DNA im großen Überschuß zur Test-DNA zugemischt wurde. Alle DNA-Fragmente, die in der Treiber-DNA enthalten sind, sollten daher die entsprechenden DNA-Fragmente aus der Test-DNA abfangen. Homohybride der Test-DNA sollten sich unter den gegebenen Bedingungen nur bilden können, wenn die entsprechende Region in der Treiber-DNA nicht enthalten ist. Wir subtrahieren also alle DNA-Fragmente mit Hilfe der Treiber-DNA aus der Test-DNA, die nichts mit der Krankheit zu tun haben können. Nur Fragmente, die mit der Krankheit in Verbindung stehen, finden keinen Partner in der Treiber-DNA. Diese stammt ja von dem Patienten, dem das entsprechende Gen fehlt.
- Da die Homohybride aus der Test-DNA an beiden Enden definierte Enden besitzen, lassen sie sich bevorzugt in einen Vektor klonieren, der mit der Restriktionsendonuklease *Bam*H I linearisiert wurde. Auch dieses Enzym erzeugt 5'-GATC-Überhänge und somit kompatible Enden zu den Enden der Test-DNA-Fragmente.

Natürlich ist das Verfahren idealisiert geschildert, so daß man konkret eine Genbank erhielt, in der zwar Kandidaten-DNA-Bereiche angereichert, aber nicht ausschließlich vorhanden waren. Daher mußten nun einzelne Klone gegen genomische DNA von gesunden Individuen und von Patienten hybridisiert werden.

Bei diesem aufwendigen Test fiel ein Klon – pERT87-8 – auf, der fast nie an Patienten-DNA hybridisierte. Es stellte sich schließlich heraus, daß dieser Klon einen DNA-Bereich aus dem *Intron* 13 des *DMD*-Gens enthielt.

7.3.3.2 Isolierung des NF1-Gens

Die chromosomale Region, die an der Entstehung der Neurofibromatose-Typ1 (*NF1*) beteiligt ist, wurde 1987 identifiziert. Betroffen ist die Region q11.2 auf Chromosom 17 (17q11.2) (Abb. 7.3.6).

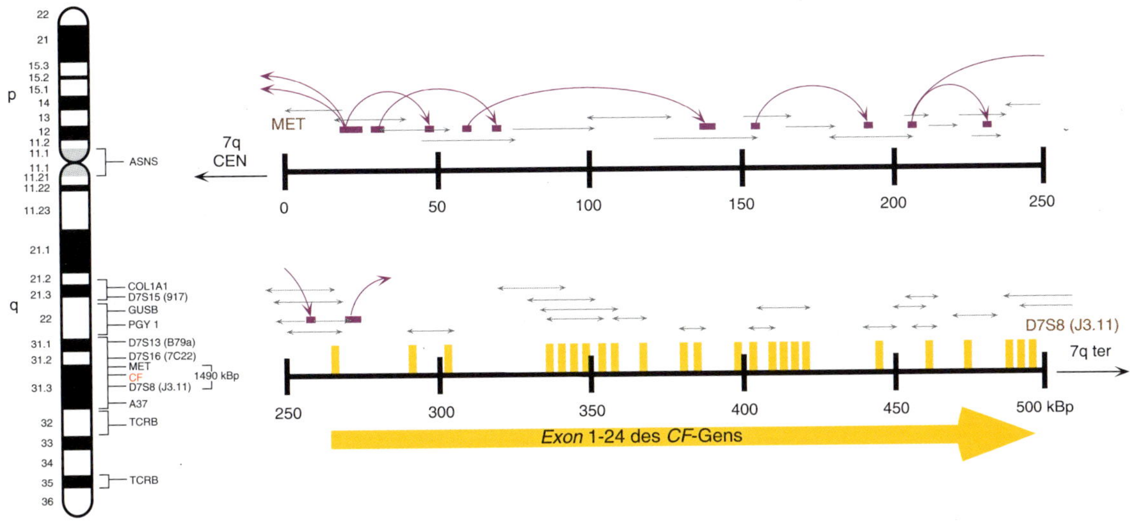

Abb. 7.3.7 Strategie zur Identifizierung des *CF*-Gens. Ausgangspunkt für das positionelle Klonieren zur Identifizierung des *CF*-Gens war zunächst ein in Kopplungsanalysen identifizierter RFLP-Marker (*D7S15*) auf Chromosom 7 (7q31.3). Dieser Marker war aber offensichtlich zu weit von der Position des Kandidaten-Gens entfernt, um ausgehend von diesem Marker ein chromosomales Wandern zu starten. Besser positioniert war dagegen der Marker *Met*, der nur 2MBp vom *CF*-Gen entfernt zu sein schien. Rechts von der Chromosomen-Skizze ist durch die schwarze Linie der DNA-Bereich zwischen dem Marker *Met* und dem Ende des *CF*-Gens (gelber Pfeil) angedeutet. Jeder Teilstrich markiert 50.000 Bp. Darüber sind durch lila Pfeile verschiedene Cosmid- und Phagen-Klone angedeutet, die zum chromosomalen Wandern und Springen benutzt wurden. Die gebogenen Pfeile dokumentieren Beispiele für „Sprünge“. Das *CF*-Gen ist ca. 230 kBp lang und enthält 24 *Exons* (gelbe vertikale Teilstriche).

Die Identifizierung des Gens gelang mit Hilfe der DNA zweier Patienten, die beide eine reziproke Translokation aufwiesen, bei der die Region 17q11.2 betroffen war. Bei dem einen Patienten wurde eine Translokation zwischen Chromosom 1 und Chromosom 17 [t(1;17)(p34.3:q11.2] detektiert. Der andere Patient wies eine Translokation zwischen den Chromosomen 17 und 22 auf [t(17;22)(p11.2:q11.2)].

Zur Identifizierung des Gens wurde eine chromosomenspezifische DNA-Genbank für Chromosom 17 genutzt. Ein Klon dieser Genbank – 17L1A – markierte in der Patienten-DNA ein unterschiedlich großes Fragment im Vergleich zu verschiedenen Kontroll-DNAs gesunder Individuen. Offensichtlich hybridisierte dieser Klon in der Nähe des Bruchpunkts. Durch nachfolgendes intensives Subklonieren in der Region, die durch den Klon 17L1A markiert wurde, konnten verschiedene Kandidaten-Gene isoliert werden. Schließlich konnte das *NF1*-Gen identifiziert werden, das deutlich über 300 kBp groß ist.

7.3.3.3 Isolierung des CF-Gens

Trotz intensiver Suche sind bisher bei Patienten, die an Cystischer-Fibrose (CF) leiden, keine chromosomalen Aberrationen bekannt. Daher konnten auch solche Auffälligkeiten nicht – wie im Fall des *DMD*-Gens und des *NF1*-Gens – Ausgangspunkt für positionelles Klonieren sein.

Statt dessen kannte man einen RFLP-Marker (siehe Kapitel 7.1), der mit der Krankheit gekoppelt war.

- Die DNA-Sonde *D7S15* markiert in der DNA von Eltern kranker Kinder zwei DNA-Fragmente.
- Dagegen hybridisiert die gleiche Sonde in der DNA kranker Kinder nur mit einem DNA-Fragment.

- Die Eltern sind also für diesen Marker heterozygot und daher gesund.
- Dagegen haben die kranken Kinder von beiden Eltern jeweils das defekte Allel geerbt. Sie sind somit für den Marker homozygot und folglich krank.

Durch *in-situ*-Hybridisation konnte die chromosomale Position dieses Markers als 7q31.3 identifiziert werden (Abb. 7.3.7). Damit war die Voraussetzung für positionelles Klonieren geschaffen. Genauere Untersuchungen durch Kopplungsanalysen an über 100 Patienten machten jedoch deutlich, daß dieser Marker zu weit vom eigentlichen *CF*-Gen entfernt lag, um durch chromosomales Wandern das Gen in einem vernünftigen Zeitrahmen zu treffen. Es mußten also weitere Marker identifiziert werden.

Ein solcher Marker war das *met*-Onkogen. Kopplungsanalysen hatten ergeben, daß dieser Marker in einem Abstand von 2 cM zum *CF*-Gen, d. h. innerhalb von ca. 2 MBp, liegen sollte. Man konnte sich also nun daran machen, das Gen mit molekularbiologischen Analysen aufzuspüren. Allerdings waren zu der Zeit noch keine YAC-Genbanken verfügbar, so daß man beim chromosomalen Wandern mit Cosmid- und Phagen-Genbanken nur sehr langsam voran kam.

Für die Identifizierung des Gens war das ständige Gegentesten der isolierten Klone mit cDNA-Banken von Patienten äußerst wichtig. So konnten nicht nur codierende Bereiche identifiziert werden, sondern es wurde auch eine entscheidende Mutation entdeckt, die bei mehr als 70 % aller Patienten mit Cystischer-Fibrose in Nordeuropa vorkommt. Diese Patienten tragen die ΔF508-Mutation, die dadurch gekennzeichnet ist, daß an Position 508 im CFTR-Protein (*cystic fibrosis transmembrane conductants regulator*) die Aminosäure Phenylalanin fehlt (siehe auch Kapitel 7.4).

Das *CF*-Gen ist 230 kBp lang, besteht aus 24 *Exons* und codiert für ein Protein aus 1.480 Aminosäuren. Das Protein ist bekanntlich ein Chloridkanal und somit ein Protein, das in der Membran verankert ist.

7.3.4 Positionsunabhängiges Klonieren eines Kandidaten-Gens

Irgendwann erreichen wir bei allen Ansätzen zur Klonierung eines krankheitsrelevanten Gens den Punkt, wo wir ein Kandidaten-Gen vorliegen haben. Bei den letzten beiden zu besprechenden Ansätzen allerdings beginnen wir die Suche erst an diesem Punkt, d. h. mit einem Kandidaten-Gen.

Kandidaten-Gene können wir beispielsweise aus einem typischen Expressionsmuster ableiten. So ist es wahrscheinlich, daß an der Ausbildung von Neuralrohr-Defekten Gene beteiligt sind, die dann exprimiert werden, wenn im Laufe der Embryogenese das Neuralrohr angelegt wird. Beim Menschen geschieht dies in der dritten bis vierten Schwangerschaftswoche. Gene, die während dieser Zeit exprimiert werden, sind somit Kandidaten-Gene.

Ein anderes Beispiel ist eine Erbkrankheit, die dadurch charakterisiert ist, daß Keratinozyten der Haut ihre Adhäsionsfähigkeit eingebüßt haben. Dies läßt vermuten, daß sich Desmosomen nicht mehr korrekt ausbilden können. Nun sind etliche Proteine bekannt, die speziell in Desmosomen vorkommen. Die entsprechenden Gene bieten sich folglich als Kandidaten-Gene für die erwähnte Erbkrankheit an.

So verlockend der Ansatz des Klonierens von Kandidaten-Genen klingt, so schwierig ist es schließlich, das Kandidaten-Gen als krankheitsrelevantes Gen zu bestätigen. Ein entscheidender Nachteil besteht nämlich darin, daß eben keine positionelle Information vorhanden ist. Dieses *Handicap* besitzt der letzte Ansatz nicht, der daher auch nach und nach zu dem bevorzugten und effizientesten Ansatz bei der Suche nach krankheitsrelevanten Genen wird.

7.3.5 Positionelles Klonieren eines Kandidaten-Gens

Bereits etliche krankheitsrelevante Gene wurden über die Kombination aus positioneller Information und einem Kandidaten-Gen identifiziert. Viele andere werden in naher Zukunft folgen. Einige Beispiele sind in Tabelle 7.3.2 zusammengestellt.

7.3.5.1 Das Rhodopsin-Gen als Kandidaten-Gen für die Retinitis pigmentosa

Als Beispiel für diesen Ansatz wollen wir uns die Identifizierung des Rhodopsin-Gens als ein relevantes Gen bei der Entstehung der *Retinitis pigmentosa* betrachten.

Das Rhodopsin-Gen war bereits 1984 isoliert und sequenziert worden. Im Jahre 1986 gelang es, dieses Gen an der Position q21 auf Chromosom 3 (3q21) zu identifizieren. Es leuchtet ein, daß das Rhodopsin-Gen ein guter Kandidat für eine Erbkrankheit ist, bei der die Retina geschädigt ist. Allerdings ist es sicherlich nicht das einzig in Frage kommende Gen. Im Jahre 1989 konnte aber in einer großen irischen Familie, in der *Retinitis pigmentosa* als Erbkrankheit auftrat, ein chromosomaler Defekt an Position 3q21 nachgewiesen werden. Damit wurde das Rhodopsin-Gen zum heißen Kandidaten-Gen für diese Erbkrankheit. Tatsächlich wurde dann auch sehr schnell die kausale Verknüpfung dieses Gens mit der Manifestation der Krankheit bestätigt, als typische Mutationen innerhalb dieses Gens bei den betroffenen Patienten identifiziert wurden.

Krankheit	betroffenes Protein
Alzheimer'sche-Krankheit	β-Amyloid-Vorläuferprotein
Charcot-Marie-Syndrom-Typ1A	Myelin-Protein 0 (P0)
Charcot-Marie-Syndrom-Typ1B	Peripheres Myelin-Protein 22
Familiäres Melanom	p16
Familiäres nicht-polypöses Kolonkarzinom	*hMSH2*, *hMLH1*, *hPMS1*, *hPMS2*
Maligne Hypothermie	Ryanodin-Rezeptor
Marfan-Syndrom	Fibrillin
Multiple endokrine Neoplasie-Typ2A	Rezeptor-Tyrosin-Kinase *RET*
Retinitis pigmentosa	Peripherin, Rhodopsin
Waardenburg-Syndrom-Typ1	*Paired box* Gen *PAX3*

Tabelle 7.3.2 Beispiele für krankheitsrelevante Gene, die über positionelles Klonieren eines Kandidaten-Gens identifiziert wurden

7.3.5.2 Verschiedene Fibrillin-Gene als Kandidaten-Gene für verschiedene Formen des Marfan-Syndroms

In anderen Fällen weist die Entdeckung eines Kandidaten-Gens auf ein anderes Kandidaten-Gen für eine ähnlich Krankheit hin. Ein Beispiel ist das *Marfan*-Syndrom, eine erbliche Bindegewebsstörung. Ein chromosomaler Defekt wurde an Position 15q21.1 identifiziert. Man wußte bereits, daß in dieser Region auch das Fibrillin-Gen (*FBN1*) codiert, das somit zum heißen Kandidaten-Gen für das *Marfan*-Syndrom wurde. Sequenzanalysen des *FBN1*-Gens von betroffenen Patienten bestätigten schnell den Verdacht. Man kannte aber noch ein zweites Fibrillin-Gen, das an Position 5q lokalisiert war. Könnte dieses Gen ein Kandidaten-Gen für eine ähnliche Erbkrankheit sein? Diese Vermutung erwies sich tatsächlich als korrekt, als man zeigen konnte, daß dieses *FBN2*-Gen kausal an dem *Arachnodactylie*-Syndrom beteiligt war.

7.3.5.3 Entdeckung eines Kandidaten-Gens für das Waardenburg-Syndrom über eine Homologie zwischen Mensch und Maus

Ein interessantes und lehrreiches Beispiel ist die Entdeckung des Kandidaten-Gens für das *Waardenburg*-Syndrom, das wir uns zum Schluß dieses Kapitels betrachten wollen.

Das *Waardenburg*-Syndrom (WS1) ist eine autosomal dominante Erbkrankheit, die allerdings unterschiedlich ausgeprägt ist. Verschiedene Pigmentstörungen und Hörverlust sind typische – aber variable – Symptome dieser Erbkrankheit. Verursacht werden all diese Defekte jedoch durch das Fehlen von Melanozyten an bestimmten Arealen des betroffenen Patienten. Durch Kopplungsanalysen hatte man das verursachende Gen auf dem distalen Ende von Chromosom 2q identifiziert.

Zu dieser Zeit wurde ein Mausmodell beschrieben, das Ähnlichkeiten mit dem *Waardenburg*-Syndrom zeigte. Es war die sogenannte *Splotch-(Sp)*-Maus, die ebenfalls Pigmentstörungen durch das lokale Fehlen von Melanozyten aufwies. Der Gendefekt der Maus wurde auf Chromosom 1 identifiziert. Dies klingt zunächst zusammenhangslos. Für den Fachmann war dieser Befund allerdings höchst aufregend. Man wußte nämlich, daß der distale Bereich von Chromosom 2q des Menschen sehr ähnlich organisiert ist, wie Teile des Chromosoms 1 der Maus. Handelte es sich bei *Sp* und *WS1* um orthologe Gene? Wie ließ sich ein Kandidaten-Gen identifizieren?

Diese Fragen ließen sich im Mausmodell näher beleuchten. Eine wichtige Beobachtung war, daß heterozygote *Sp*-Mäuse – wie wir gehört haben – Pigmentstörungen aufwiesen. Untersuchte man allerdings Mäuse, die bezüglich des *Sp*-Lokus homozygot waren, so stellte man fest, daß diese Mäuse Neuralrohrdefekte entwickelten. In der Tat waren die homozygoten *Sp*-Mäuse seit langer Zeit bereits bekannt und dienten als wichtiges Modell zum Studium der Neuralrohr-Entwicklung. Bei diesen Mäusen kannte man das relevante Gen, das als *Pax-3* bezeichnet wurde. Es codiert für einen Transkriptions-Faktor, der bei der Maus nur während ganz bestimmter Embryonalstadien – u. a. während der Anlage des Neuralrohrs – synthetisiert wird. Kartierungs-Studien zeigten nun, daß *Sp* und *Pax-3* unmittelbar benachbart sein mußten, ja eventuell sogar identisch waren. War *Pax-3* ein Kandidaten-Gen für die *Splotch*-Maus und ein orthologes Gen ein Kandidaten-Gen für das *Waardenburg*-Syndrom?

Diese Frage ließ sich bearbeiten, als man feststellte, daß ein bis dato anonymer humaner DNA-Klon, der als *HuP2* in einer Datenbank abgelegt war, fast die gleiche Sequenz aufwies, wie das *Pax-3*-Gen. Diese Hinweise waren so signifikant, daß man sich daran machte, die entsprechenden Gene aus gesunden und kranken Mäusen und Menschen zu isolieren und zu charakterisieren. Und in der Tat ließen sich die Vermutungen bestätigen. Das *Pax–3*-Gen war das entscheidende Gen der *Splotch*-Maus und der *HuP2*-Klon enthielt Teile des orthologen menschlichen Gens. Daraufhin wurde das *HuP2*-Gen umbenannt und wird heute als *PAX-3* bezeichnet.

Zusammenfassung

Die Identifizierung krankheitsverursachender Gene hat bereits eine lange Geschichte und ist nach wie vor ein schwieriges Unterfangen. Vier Methoden werden eingesetzt, um die Gene zu isolieren.

- Funktionelles Klonieren
- Positionelles Klonieren
- Positionsunabhängiges Klonieren eines Kandidaten-Gens
- Positionelles Klonieren eines Kandidaten-Gens

Wurden die ersten krankheitsrelevanten Gene durch funktionelles Klonieren identifiziert, so wird in Zukunft das positionelle Klonieren von Kandidaten-Genen im Vordergrund stehen. Dies ist u. a. dadurch bedingt, daß durch das *human genome project* die verfügbare Menge an Sequenzdaten rapide wächst.

Die identifizierten und isolierten Gene sind nicht nur für die theoretische, sondern besonders auch für die praktische Medizin von höchster Relevanz. Auf der Basis dieser Daten können nicht nur Diagnosen zuverlässiger und früher gestellt werden, sondern es lassen sich auch neue Ansätze zur Behandlung der Krankheiten entwickeln.

Methoden in der Gentechnik (M12)

Automatisches DNA Sequenzieren

DNA kann auch mit Fluoreszenzfarbstoffen, wie beispielsweise Fluorescein (Abb. M12.1), markiert werden. Diese Art der Markierung bildet die Basis für die heute immer häufiger eingesetzte automatische DNA-Sequenzierung. Das Prinzip der Sequenzierung entspricht dem der Sequenzanalyse nach Sanger. Wir können es im Methodenkasten M4 nachlesen.

Anders als bei der konventionellen Sequenzierung erfolgt die Detektion allerdings nicht durch Autoradiographie, sondern durch Photometrie. Ein Laser regt die am unteren Ende aus dem Gel auslaufenden DNA-Fragmente zur Fluoreszenz an. Diese Fluoreszenz wird dann von einer Photozelle registriert und als Signal ausgegeben (siehe M13).

Prinzipiell können wir die DNA zur automatischen Sequenzierung auf zweierlei Art mit einem Fluoreszenzfarbstoffe markieren.

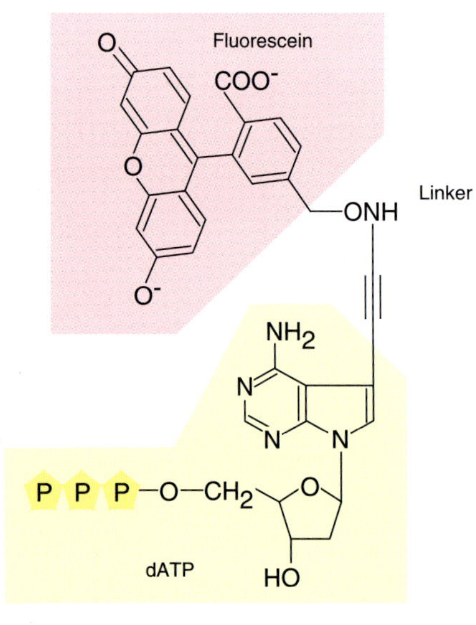

Abb. M12.1 Fluorescein-markiertes dATP.

- Der Sequenzier-*Primer* kann an seinem 5'-Ende markiert werden (Abb. M12.2). Wir bezeichen diese Methode als „*Dye-Primer*-Methode".
- Die Ketten-Terminatoren können markiert sein (Abb. M12.3). Die ddNTPs werden in diesem Fall auch als „*Dye*-Terminatoren" bezeichnet.

Der Vorteil der ***Dye-Primer*-Methode** besteht darin, daß keine artifiziellen Substrate während der DNA-Synthese verwendet werden.

Wir können den *Primer* mit einem einzelnen Fluoreszenzfarbstoff markieren. Dann müssen wir allerdings – wie bei der konventionellen Sequenzierung – vier verschiedene Reaktionsansätze durchführen und jeden Ansatz in einer separaten Gelspur auftrennen.

In sogenannten multi-fluorophoren Systemen wird hingegen der Sequenzier-*Primer* mit vier verschiedenen Farbstoffen markiert. Auch hier müssen vier separate Reaktionsansätze durchgeführt werden. Allerdings können wir nach Abschluß der Reaktionen die vier Ansätze vereinen und in einer einzigen Gelspur analysieren. Unterschiedliche Laser erzeugen unterschiedliche Fluoreszenzen. Diese werden registriert und als spezifisches Signal ausgegeben.

Der Nachteil der *Dye-Primer*-Methode besteht darin, daß die *Primer* mit Fluoreszenzfarbstoffen markiert werden müssen. Besonders im Falle der multi-fluorophoren Systeme ist dies aufwendig und teuer.

Verwenden wir zur Markierung der Sequenzierungsprodukte ***Dye*-Terminatoren**, also fluoreszenzmarkierte Didesoxynukleotid-Triphosphate, entfällt die kostspielige Markierung der Sequenzier-*Primer*. Aller-

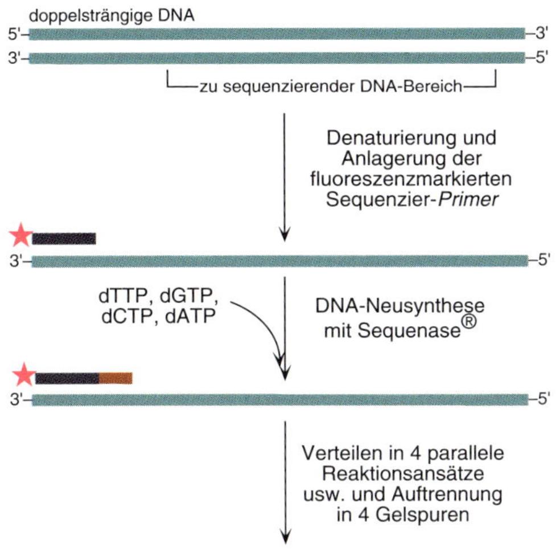

Abb. M12.2 Sequenzanalyse nach der Dye-Primer-Methode. Die DNA-Sequenz wird mit Hilfe von *Primern* ermittelt, die mit einem einzelnen Fuoreszenzfarbstoff markiert sind. Alle gebildeten Fragmente tragen bei dieser Methode den gleichen Fluoreszenzmarker.

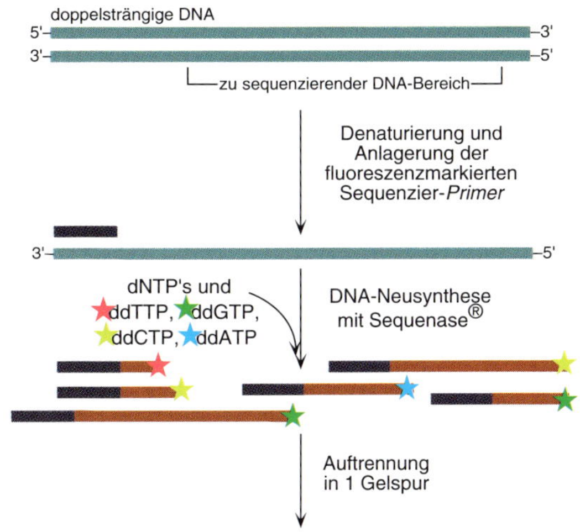

Abb. M12.3 Sequenzanalyse unter Einsatz von Dye-Terminatoren. Die DNA-Sequenz wird mit unmarkierten *Primern* aber mit unterschiedlich markierten ddNTPs ermittelt. Daher können alle vier Reaktionen in einer einzelnen Gelspur analysiert werden.

dings müssen wir hier bedenken, daß die DNA-Polymerase zum Teil hoch-artifizielle Substrate verwenden muß. Die Effizienzen, mit denen unterschiedliche Substrate verwendet werden, können deutlich variieren.

Auch bei der Verwendung von *Dye*-Terminatoren unterscheiden wir monofluore und multifluore Syteme. Monofluore Systeme haben gegenüber multifluoren Systemen den Vorteil, daß die DNA-Polymerase nur ein artifizelles Substrat erkennen und einbauen muß. Sie besitzen aber den Nachteil, daß auch hier vier Reaktionsansätze und vier Gelspuren erforderlich sind.

In multifluoren Sytemen verwenden wir vier unterschiedlich fluoreszenzmarkierte ddNTPs (*Dye*-Terminatoren). Die Konzentrationen dieser Terminatoren müssen gut auf die verwendete DNA-Polymerase abgestimmt sein, um einheitliche Signalstärken zu erhalten. Ist das der Fall, so hat diese Methode den großen Vorteil, daß die Sequenzier-Reaktion als Eintopf-Reaktion durchgeführt werden kann. Dies reduziert den manuellen Aufwand beim Sequenzieren um mehr als 50%. Ein weiterer Vorteil besteht darin, daß deutlich weniger Sequenzierartefakte beobachtet werden. Die Markierung wird erst ganz am Schluß zusammen mit dem Ketten-Terminator eingeführt. Unspezifisch terminierte DNA-Fragmente sind im Gegensatz zur konventionellen Sequenziermethode oder zur *Dye-Primer*-Methode nicht markiert.

Da verschiedene DNA-Polymerasen die fluoreszenzmarkierten ddNTPs mit unterschiedlicher Effizienz in die wachsende DNA Kette einbauen, werden für einzelne Nukleotidpositionen oft unterschiedlich hohe Signalintensitäten beobachtet. Dies kann bei der Auswertung zu Problemen führen. Die T_7-DNA-Polymerase zeichnet sich jedoch auch in Gegenwart von markierten ddNTPs durch ihre hohe Prozessivität aus und liefert sehr einheitliche Signale. Allerdings ist dieses Enzym nicht sehr thermostabil, so daß es beispielsweise bei der *Cycle*-Sequenzierung nicht eingesetzt werden kann.

7.4 Genetische Erkrankungen

Bei den genetischen Erkrankungen unterscheiden wir im wesentlichen autosomal dominante Erkrankungen, autosomal rezessive Erkrankungen und an das X-Chromosom gekoppelte Erkrankungen (Abb. 7.4.1).

- Autosomal dominante Erkrankungen (Abb. 7.4.1 A) beruhen auf Veränderungen innerhalb der nicht geschlechtsspezifischen Chromosomenpaare, wobei bereits die Veränderung auf einem der beiden homologen Chromosomen zur Ausbildung der Krankheit führt (daher der Name dominant). Ungefähr 70 % aller genetisch bedingten Erkrankungen können als autosomal dominante Erkrankungen eingestuft werden.
- Autosomal rezessive Erkrankungen (Abb. 7.4.1 B) werden ebenfalls durch Mutationen auf den nicht geschlechtsspezifischen Chromosomen verursacht. Allerdings müssen in diesem Fall beide Allele der beiden homologen Chromosomen mutiert sein (daher der Name rezessiv). Diese autosomal rezessiven Krankheiten sind unter den genetischen Erkrankungen zu ca. 20 % vertreten.
- An X-Chromosomen gekoppelte Erkrankungen (Abb. 7.4.1 C) treten in weniger als 10 % der genetisch bedingten Erkrankungen auf. Hier liegt der Gendefekt auf dem X-Chromosom. Bei Frauen verhalten sich die Mutationen rezessiv, da in aller Regel ein zweites, intaktes X-Chromosom vorhanden ist. Bei Männern hingegen führen derartige Mutationen zur Ausprägung der Krankheit, da der Defekt nicht durch ein intaktes Allel auf einem zweiten X-Chromosom komplementiert werden kann.

Genetische Defekte können wir unter anderem durch zwei molekulare Nachweisverfahren identifizieren (Abb. 7.4.2):

- durch Restriktionsfragment-Längenpolymorphismus (RFLP) oder
- durch Nachweis variabler Tandemwiederholungen (VNTR).

In beiden Fällen hydrolysieren wir genomische DNA mit einer Restriktionsendonuklease und trennen die Fragmente durch Agarose-Gelelektrophorese nach Größe auf. Nach Transfer der Fragmente auf eine Membran wird dann durch Hybridisation mit einer entsprechenden DNA- oder RNA-Sonde ein sog. „informatives DNA-Fragment" nachgewiesen. Darunter verstehen wir ein DNA-Fragment, das in irgendeiner Weise mit der Krankheit assoziiert (gekoppelt) ist.

Bereits in Kapitel 7.1 haben wir besprochen, daß ein Restriktionsfragment-Längenpolymorphismus (RFLP) meist dadurch zustande kommt, daß die Sequenz in der Umgebung eines Gens, das für die Krankheit verantwortlich ist, derart verändert ist, daß entweder eine neue Erkennungsstelle für das Restriktionsenzym entsteht oder eine ehemals vorhandene Erkennungsstelle für das gleiche Restriktionsenzym verloren gegangen ist. Aus diesem Grund sind die Fragmente, die das mutierte bzw. das nicht-mutierte Allel tragen, unterschiedlich groß (siehe Kapitel 7.1 und Abb. 7.4.2 A).

Bei der Analyse variabler Tandemwiederholungen (VNTR) beobachten wir ebenfalls Unterschiede in der Länge der informativen, d. h. mit einer spezifischen Sonde hybridisierenden, DNA-Fragmente. Diese Größenunterschiede beruhen aber nicht auf dem Verlust

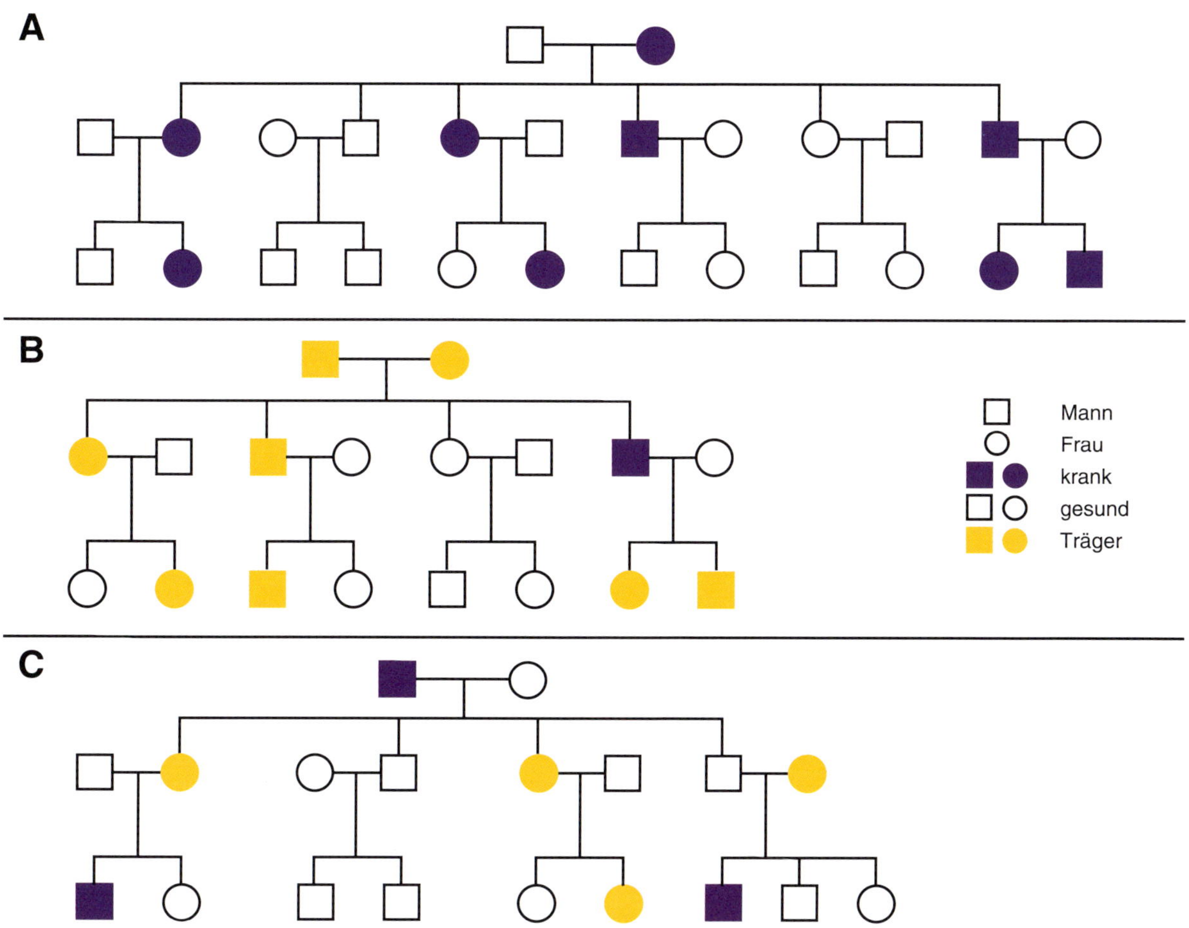

Abb. 7.4.1 Beispiele für Erbgänge, in deren Verlauf sich Erbkrankheiten verfolgen lassen. A Autosomal dominanter Erbgang; **B** autosomal rezessiver Erbgang; **C** An das X-Chromosom gekoppelter Erbgang. Männliche Individuen sind durch Quadrate, weibliche Individuen durch Kreise gekennzeichnet. Träger eines defekten Gens, bei denen sich die Krankheit jedoch nicht manifestiert, sind gelb unterlegt, wohingegen erkrankte Individuen blau unterlegt sind.

oder der Entstehung einer Erkennungsstelle für eine Restriktionsendonuklease. Vielmehr beruht der Größenunterschied auf einer verschieden großen Anzahl von kurzen, identischen DNA-Motiven, die tandemartig in dem entsprechenden DNA-Fragment amplifiziert angeordnet sind. VNTRs können unilokal oder multilokal vorkommen (Abb. 7.4.3). Im ersten Fall erhalten wir in der heterozygoten Situation – ähnlich wie bei den RFLPs – zwei DNA-Fragmente. Analysieren wir multifokale VNTRs, erhalten wir eine Vielzahl von DNA-Fragmenten (siehe auch Kapitel 7.7).

Durch eine Kopplungsanalyse können wir das Auftreten einer genetischen Erkrankung und den Nachweis eines mutierten Allels kausal in Zusammenhang bringen. Sind beispielsweise die beiden Eltern heterozygot für einen bestimmten Gen*locus* und erkrankt ein Kind an einer Erbkrankheit, so können wir mit Hilfe von RFLP- bzw. VNTR-Analysen das krankheitsverursachende Allel einem Restriktionsfragment bestimmter Größe zuordnen (Abb. 7.4.2).

RFLP- bzw. VNTR-Analysen haben Vor- und Nachteile. Einer der größten Vorteile besteht darin, daß das Gen, das die genetische Krankheit verursacht, nicht unbedingt auf dem „informativen Restriktionsfragment" lokalisiert sein muß. Daher können auch

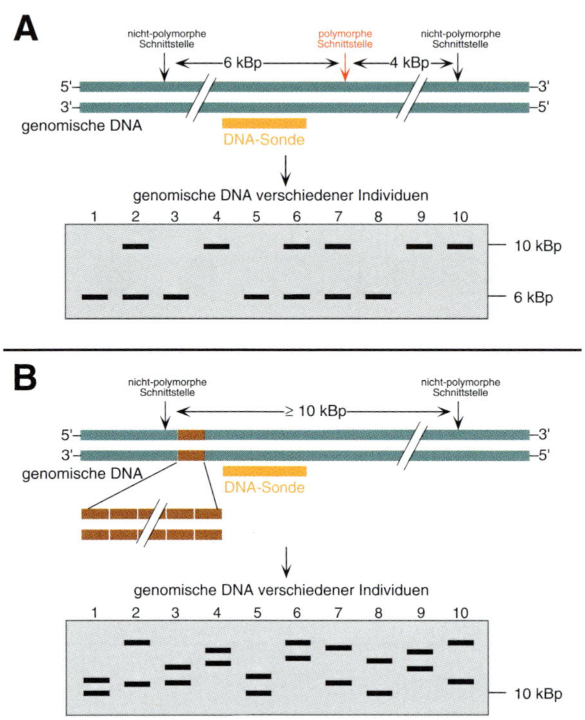

Abb. 7.4.2 RFLP vs. VNTR. Die Basis für Restriktionsfragment-Längenpolymorphismen (**A**) bilden Erkennungssequenzen für bestimmte Restriktionsendonukleasen, die entweder vorhanden sind oder fehlen. Hydrolysiert man die genomische DNA mit einer solchen Restriktionsendonuklease und hybridisiert anschließend die getrennten DNA-Fragmente mit einer geeigneten Probe, so erhält man drei mögliche Resultate:

- Fehlt die rot-markierte (polymorphe) Schnittstelle auf beiden Chromosomen, erhalten wir ein einzelnes großes Fragment (Spuren 4, 9 und 10).
- Ist die rot-markierte (polymorphe) Schnittstelle auf beiden Chromosomen vorhanden, erhalten wir ein einzelnes kleines Fragment (Spuren 1, 3, 5 und 8).
- Liegt eine heterozygote Situation vor, d. h. es fehlt die rot-markierte (polymorphe) Schnittstelle auf dem einen Chromosom, auf dem anderen Chromosom ist sie aber vorhanden, so erhalten wir ein kleines und ein großes Fragment (Spuren 2, 6 und 7).

B. Bei der VNTR variiert die Bandengröße nicht aufgrund einer polymorphen Schnittstelle für eine Restriktionsendonuklease. Vielmehr verursachen unterschiedlich viele, kurze, identische Sequenzmotive die Größenunterschiede der detektierten DNA-Fragmente. Diese Sequenzmotive werden als variable Tandemwiederholungen bezeichnet. In aller Regel beobachtet man in der *Southern-Blot*-Analyse zwei unterschiedlich große Fragmente pro Analysenspur, da die Anzahl der Wiederholungseinheiten auf den beiden homologen Chromosomen meist unterschiedlich ist.

Krankheiten diagnostiziert werden, für die das relevante Gen noch gar nicht bekannt ist. Allerdings können wir niemals ganz sicher ausschließen, daß ein RFLP durch Rekombination entstanden ist. Die Wahrscheinlichkeit einer Rekombination wird um so größer, je größer das DNA-Fragment ist. Vereinfacht können wir annehmen, daß beim Menschen der physikalische Abstand von 1000 kBp ziemlich genau einem genetischen Abstand von 1 cM (= centimorgan) entspricht. 1 cM ist also eine genetische Größe, die ausdrückt, daß es innerhalb eines solchen Bereiches bei 100 Meiosen einmal zu einem Rekombinationsereignis kommt. Anders ausgedrückt: 1 cM beschreibt einen Bereich, in dem es mit einer Wahrscheinlichkeit von 1 % zu einer Rekombination kommen kann. Dabei würde die Verknüpfung (*linkage*) zwischen dem (vielleicht noch unbekannten) „Krankheits-Gen" und der Sequenz, die das Restriktionsenzym erkennt und die somit das „informative DNA-Fragment" definiert, verloren gehen, und es würde ein falsches Resultat vorgetäuscht werden. In Kapitel 7.1 haben wir gehört, daß der Polymorphismus in der Erkennungssequenz für eine Restriktionsendonuklease nicht weiter als 5 centimorgan (5 cM) von dem Gen, das die Krankheit verursacht, entfernt sein sollte, um eine relativ zuverlässige Aussage machen zu können.

7.4.1 *Autosomal dominante Krankheiten*

Ein Charakteristikum der autosomal dominanten Erkrankungen ist die vertikale Verteilung innerhalb eines familiären Stammbaums (Abb. 7.4.1 A). Das heißt, in einer solchen Familie sind über viele Generationen die Betroffenen nicht nur Träger einer bestimmten Mutation, die für eine entsprechende Krankheit verantwortlich ist, sondern sie erkranken tatsächlich auch alle an der Krankheit. Dabei sind männliche wie weibliche Personen gleichermaßen betroffen. Das Risiko für die Nachkommen eines Patienten, die Krankheit ebenfalls zu entwickeln, liegt geschlechtsunspezifisch bei 50 %.

Eines der bekanntesten Beispiele für autosomal dominant vererbte Krankheiten ist die *Chorea-Huntington*. Dies ist eine neurodegenerative Erkrankung, bei der es zu fortschreitenden Bewegungsstörungen, zu psychischen Störungen und schließlich zur Demenz kommt. Die ersten Symptome treten auf, wenn der Patient 35 bis 40 Jahre alt ist. Bis zu einem Alter von 80 Jahren ist die Krankheit dann immer zu 100 % ausgeprägt. Die Problematik dieser Erkrankung besteht zum einen darin, daß während nahezu 40 Jahre das Symptombild der Krankheit ausbleibt und daß andererseits die Krankheit autosomal dominant vererbt wird. So besteht in einer Familie, in der *Chorea-Huntington* als Erbkrankheit auftritt, über einen langen Zeitraum die Ungewissheit, ob ein Familienmitglied Krankheitsträger ist und folglich sicher erkranken wird. 1983 hat man einen DNA-Marker, der als G8 (*Locus* D4S10) bezeichnet wird, auf dem kurzen Arm von Chromosom 4 an Position 4p16.3 entdeckt, der gemeinsam mit der *Chorea-Huntington* vererbt wird (Abb. 7.4.4).

Um die Zuverlässigkeit der Diagnose zu erhöhen, versucht man, möglichst mehrere Marker parallel einzusetzen. Man verwendet hierzu unterschiedliche Gensonden und unterschiedliche Kombinationen von Restriktionsenzymen. Wir erinnern uns: Wenn Marker in der Regel gemeinsam vererbt werden, so bezeichnen wir dies als Haplotyp (siehe Kapitel 7.1). Ein Haplotyp ist also eine Kombination zweier oder mehrerer gekoppelter Allele an einem *Locus*.

Die Auswirkungen eines positiven diagnostischen Befundes für *Chorea-Huntington* sind für den Betroffenen extrem. Daher ist es erforderlich, nicht nur mehrere chromosomale Marker zu verwenden, sondern komplexe genetische Stammbäume mit in die Bewertung einzubeziehen. Dies gilt um so mehr, als die derzeit verfügbaren Proben nicht eine zweifelsfreie Diagnostik gestatten. Keine der Proben bindet nämlich im Gen. Alle Proben erkennen nur die Umgebung des betroffenen Gens. Als Beispiel ist Abb. 7.4.4 gezeigt. In dieser Familie erzeugt die Sonde G8 an DNA, die mit der Restriktionsendonuklease *Hin*d III gespalten wurde, ein RFLP-Muster A und ein RFLP-Muster C. Wird die DNA mit der Restriktionsendonuklease *Bgl* II hydrolysiert erhalten wir mit der gleichen Probe eine Bande-1 und eine Bande-2. Diese Kombination von DNA-Fragmenten legen einen Haplotyp für jedes Chromosom einer Person fest. Mit ihrer Hilfe können wir die Vererbung des Chromosoms 4 verfolgen. Wie wir erkennen, ist bei dieser Familie der A2-Haplotyp mit der *Chorea-Huntington*-Mutation assoziiert (I-2 und II-2), denn in diesem Haplotyp stimmen die beiden erkrankten Personen in der dargestellten Familie überein. Wir erkennen aber auch, daß der Ehemann (II-1) der erkrankten Frau aus

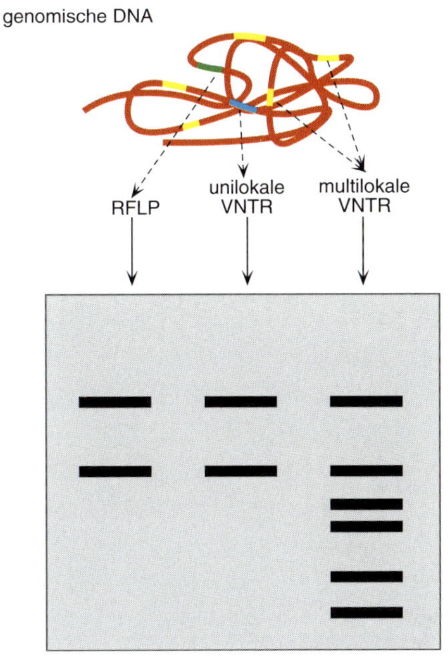

Abb. 7.4.3 Analyse von RFLPs, von unilokalen VNTRs und von multilokalen VNTRs. Informative RFLPs (grün) kommen in der Regel nur einmal pro haploidem Genom vor, und wir erhalten im Falle einer heterozygoten Situation zwei verschieden große DNA-Fragmente. Ebenso verhält es sich bei unilokalen VNTRs (blau), die ebenfalls nur einmal pro haploidem Genom vorkommen. Daneben gibt es aber auch noch multilokale VNTRs (gelb), die mehrfach pro haploidem Genom vorhanden sind, so daß wir in diesem Fall eine ganze „Leiter" von DNA-Fragmenten erhalten. Multilokale VNTRs spielen eine große Rolle in der forensischen Diagnostik (siehe Kapitel 7.7).

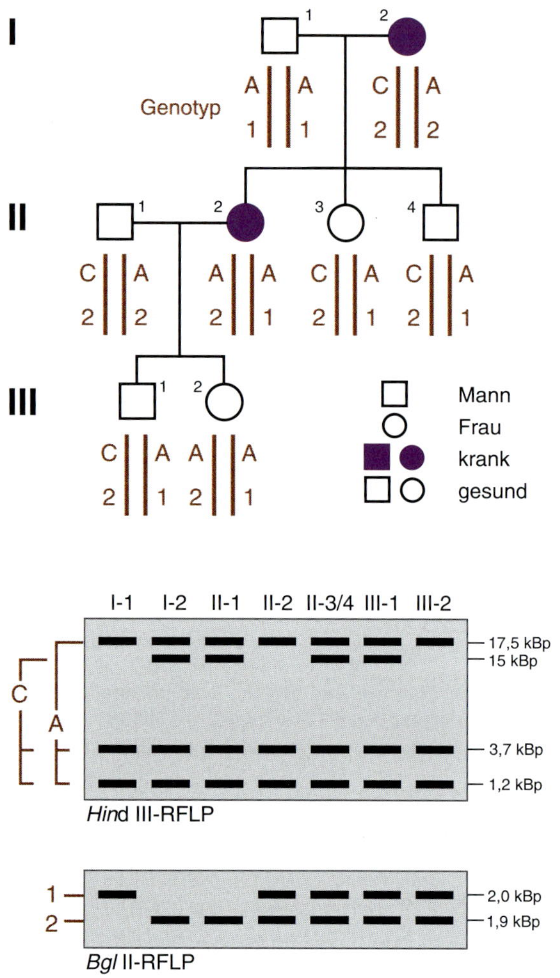

Abb. 7.4.4 Genetische Analyse einer „*Chorea-Huntington*-Familie". Wir betrachten drei Generationen einer Familie, in denen die Krankheit bisher zweimal aufgetreten ist (einmal in der 1. Generation = I–2 und einmal in der zweiten Generation = II–2). Haplotypen legen wir mit Hilfe zweier RFLP-Muster fest. Zum einen erzeugt das Enzym *Hind* III entweder ein Muster A (Fragmentgrößen 1,2 kBp, 3,7 kBp und 17,5 kBp) oder ein Muster C (Fragmentgrößen 1,2 kBp, 3,7 kBp und 15 kBp). Zum anderen erhalten wir mit der Restriktionsendonuklease *Bgl* II entweder ein Fragment von 2,0 kBp (Bande 1) oder ein Fragment von 1,9 kBp (Bande 2). Aus dem Fragmentmuster können wir für jedes Individuum dieser Familie die beiden Haplotypen des relevanten Chromosoms 4 ableiten. Beispielsweise erkennen wir bei dem Individuum I–1 nur das Bandenmuster A in der oberen RFLP-Analyse und nur das Bandenmuster 1 in der unteren RFLP-Analyse. Daraus leitet sich ab, das dieses Individuum zweimal den Haplotyp A1 aufweist. Das an der *Chorea-Huntington* erkrankte Individuum I–2 zeigt in der oberen RFLP-Analyse die Muster A und C und in der unteren RFLP-Analyse die Bande 2. Daraus leiten sich die beiden Haplotypen C2 und A2 ab. Da dieses Individuum erkrankte muß einer dieser beiden Haplotypen für die Krankheit relevant sein. Da das erkrankte Individuum aus der zweiten Generation (II–2) mit ihrer Mutter (I–2) den Haplotyp A2 gemeinsam hat, besitzt dieser Haplotyp wohl eine gewisse Relevanz für die Krankheit. Auch die Tochter (III–2) aus dieser betroffenen Familie der zweiten Generation besitzt den Haplotyp A2. Wir erkennen aber, daß das Mädchen (III–2) den Haplotyp A2 von ihrem Vater (II–1) geerbt hat, der in die Familie eingeheiratet hat und wohl sicher kein krankheitsverursachendes Gen trägt. Von der Mutter (II–2) hat das Mädchen (III–2) den Haplotyp A1 geerbt, der nicht mit der Krankheit assoziiert ist. Aus diesem Grund besteht für die Tochter ein eher geringes Risiko, an *Chorea-Huntington* zu erkranken.

der zweiten Generation, der in diese Familie eingeheiratet ist, auch den Haplotyp A2 aufweist. Die Tochter (III-2) dieses Paares besitzt ebenfalls den A2-Haplotyp und könnte daher Trägerin des krankheitsverursachenden Allels sein. Aus dem Erbgang können wir aber ableiten, daß dieses Kind (III-2) den verdächtigen A2-Haplotyp vom Vater und nicht von der kranken Mutter geerbt hat und somit nur ein geringes Risiko trägt, an *Chorea-Huntington* zu erkranken. Dies zeigt, daß nicht automatisch der A2-Haplotyp mit der *Chorea-Huntington*-Mutation assoziiert ist und unterstreicht die Bedeutung einer Stammbaumanalyse.

Eine wesentlich sicherere Diagnose läßt sich über eine PCR-Analyse der (CAG)n-Wiederholungs-Einheiten im betroffenen Gen durchführen (Abb. 7.4.5). Man hat nämlich zwei interessante Beobachtungen gemacht:

- Zum einen hat man festgestellt, daß es im *Chorea-Huntington*-Gen einen Bereich gibt, in dem das Codon CGA tandemartig mehrfach (9 – 35 mal) hintereinander vorkommt.
- Zum anderen hat man beobachtet, daß das Auftreten der *Chorea-Huntington* immer mit einer erhöhten Anzahl der (CAG)n-Wiederholungseinheiten gekoppelt ist. Findet man bei normalen Allelen nur neun bis 35 CAG-Tripletts hintereinander, liegen in mutierten Genen 37 bis 100 dieser Tripletts vor.

Nach PCR-Amplifikation lassen sich die erhaltenen DNA-Fragmente gelelektrophoretisch auftrennen und die Anzahl der (CAG)n-Wiederholungs-Einheiten abschätzen (Abb. 7.4.5).

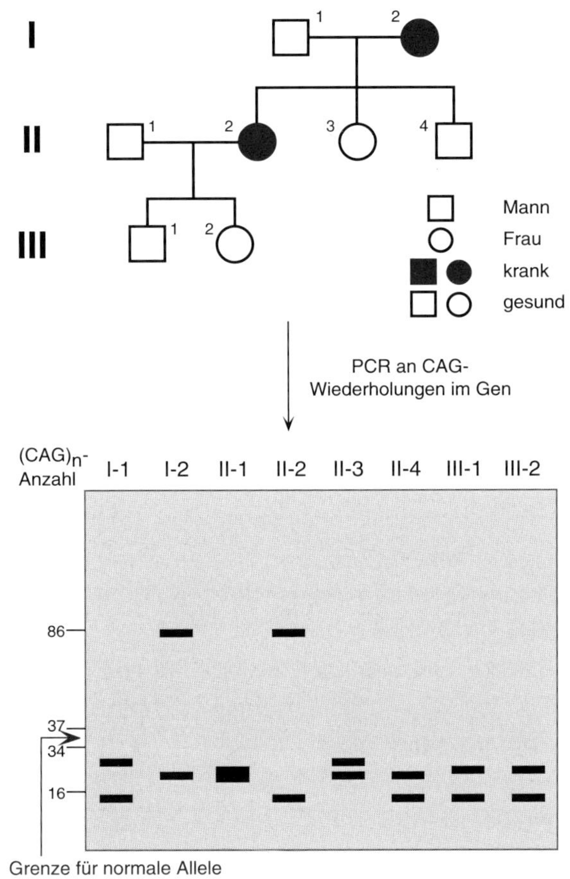

Abb. 7.4.5 Analyse von (CAG)n-Wiederholungs-Einheiten. Die Tatsache, daß die *Chorea-Huntington* immer mit einer erhöhten Anzahl von (CAG)n-Tripletts in dem relevanten Gen korreliert, kann man zur Diagnostik nutzen. Hierzu wird eine PCR-Analyse durchgeführt, wobei die *Primer* so gewählt sind, daß sie den Bereich umschließen, in dem die (CGA)n-Wiederholungs-Einheiten vorkommen. Von der Größe der amplifizierten DNA-Fragmente kann man dann indirekt auf die Anzahl der (CGA)n-Tripletts schließen. Auch hier erkennen wir, daß es sich bei der *Chorea-Huntington* um eine dominante Krankheit handelt, denn nur in einem der beiden Allele finden wir die außergewöhnlich große Zahl von (CAG)n-Tripletts. In dem jeweils anderen Allel liegt die Zahl der (CAG)n-Tripletts bei 16–35.

Ein anderes Beispiel für eine autosomal dominant vererbte Erkrankung ist die Polycystische-Nierenerkrankung bei Erwachsenen (PKD1 = *polycystic kidney disease*). Diese Krankeit ist durch eine bilaterale Vergrößerung der Nieren gekennzeichnet, die letztlich durch eine Vielzahl von Cysten verursacht wird. Cysten können allerdings auch im Pankreas, in der Leber oder in der Milz dieser Patienten auftreten. Die betroffenen Personen (ca. 10 % all derer, die auf eine Nierentransplantation warten) zeigen klinische Symptome meist ab dem 4. Lebensjahrzehnt. Seit 1985 ist eine DNA-Probe verfügbar, mit deren Hilfe eine genetische Diagnose möglich ist. Diese Probe bindet an das Ende des kurzen Arms von Chromosom 16 (16p.13.3) nahe dem α-Globin-Gen/*locus*. Dieser Marker wird als 3'αHVR bezeichnet. Mit seiner Hilfe ist es möglich, die Polycystische-Nierenerkrankung bei Erwachsenen sowohl pränatal als auch präsymptomatisch mit einem Restrisiko von ca. 1,5 % zu diagnostizieren.

7.4.2 Autosomal rezessive Krankheiten

Autosomal rezessiv vererbte Krankheiten treten meist unter Geschwistern einer Generation auf. Seltener beobachtet man autosomal rezessive Krankheiten über mehrere Generationen. Die Wahrscheinlichkeit zu erkranken, ist bei beiden Geschlechtern gleich hoch. Gewöhnlich sind bei einer autosomal rezessiven Vererbung beide Eltern phänotypisch gesund. Die Nachkommen sind mit einer Wahrscheinlichkeit von 25 % homozygot gesund oder zu 25 % homozygot von der Mutation betroffen. Zu 50 % sind die Nachkommen selbst heterozygote Träger der Krankheit. Ein Beispiel eines autosomal rezessiven Erbgangs ist in Abb. 7.4.1 B dargestellt.

Ein bekanntes autosomal rezessiv vererbtes Krankheitsbild ist die Cystische-Fibrose. Diese Krankheit – die wir auch unter der Bezeichnung Mukoviszidose kennen – ist die häufigste autosomal rezessive Krankheit bei Kaukasiern. In Nordeuropa ist etwa 1 von 2.000 bis 2.500 Neugeborenen von dieser Krankheit betroffen. Allerdings trägt etwa jedes 20. bis 25. Neugeborene das genetische Krankheitsmerkmal heterozygot. Bisher ist unbekannt, wieso diese Krankheit mit einer derartigen Häufigkeit auftreten kann.

Bei der Cystischen-Fibrose handelt es sich

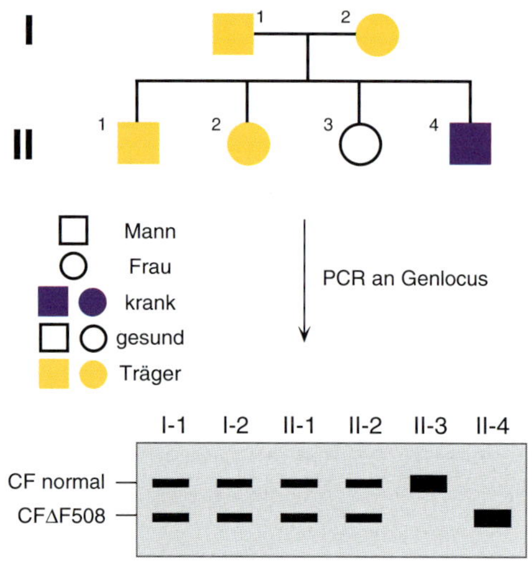

Abb. 7.4.6 Statistischer Erbgang und Analyse der ΔF508-Mutation im CFTR-Gen. Als autosomal rezessive Erkrankung segregiert die Cystische-Fibrose statistisch in einem Verhältnis 1 : 4, wenn beide Elternteile heterozygote Träger der Mutation sind. Den Nachweis kann man durch eine PCR-Analyse führen, wobei *Primer* verwendet werden, die die ΔF508-Mutation flankieren. Liegt eine heterozygote Situation vor, detektieren wir zwei DNA-Fragmente, die sich in ihrer Größe um drei Nukleotide unterscheiden (I–1, I–2, II–1 und II–2). Die homozygot gesunde Tochter (II–3) zeigt nur die größere Bande, wohingegen bei dem kranken Sohn (II–4) in der PCR-Analyse nur das kleinere Amplimer nachweisbar ist.

um eine Multisystemerkrankung, die durch eine Dysfunktion exokriner Drüsen charakterisiert ist. Sie manifestiert sich in chronischen Infektionen der Atemwege und in einer Malabsorption von Nährstoffen aus dem Verdauungskanal. Zu den Komplikationen bei der Cystischen-Fibrose gehören chronische, bakterielle Infektionen der Atemwege, die zu Herzinsuffizienz führen kann, eine exokrine Pankreas-Insuffizienz und Unfruchtbarkeit bei 85 % aller Betroffenen.

Verursacht wird diese Multisystemerkrankung allerdings nur durch ein einziges Gen (siehe Kapitel 7.3). Es handelt sich um das Gen für den sog. *cystic fibrosis transmembrane conductants regulator* (CFTR). CFTR ist ein 168 kDa großes Protein, das als Chloridkanal fungiert. Eine Aktivierung des Kanals kann durch cAMP oder durch Phosphorylierung erfolgen. Ob das CFTR-Protein noch andere Funktionen hat, ist derzeit noch unklar. Das Gen für das CFTR-Protein umspannt einen DNA-Bereich von ca. 250 kBp (siehe Kapitel 7.3). Es enthält 24 *Exons* und die mRNA ist 6,5 kBp lang. Obwohl mehr als 200 verschiedene Mutationen in diesem Gen beschrieben wurden, ist die weitaus häufigste Ursache für das Auftreten der Cystischen-Fibrose die sog. ΔF508-Mutation. Sie ist durch eine Deletion von 3 Basenpaaren im *Exon* 10 charakterisiert, wodurch die Aminosäure Phenylalanin an der Position 508 verloren gegangen ist. Mehr als 70 % aller Patienten mit Cystischer-Fibrose in Nordeuropa tragen diese ΔF508-Mutation. Da das Gen bekannt ist und da die ΔF508-Mutation so stark dominiert, konnte auf der Basis dieses Wissens eine gendiagnostische Analytik mit Hilfe der Polymerasen-Kettenreaktion etabliert werden. Der um die ΔF508-Mutation aufamplifizierte DNA-Bereich ist um 3 Nukleotide kürzer als ein entsprechendes Amplimer, das an einem nicht mutierten Allel synthetisiert wurde. Bei homozygot gesunden Probanden wie bei Patienten mit Cystischer-Fibrose detektiert man daher jeweils ein einzelnes Amplimer, die sich allerdings in der Größe um 3 Basenpaare unterscheiden. Krankheitsträger, die bezüglich des CFTR-Gens heterozygot sind, weisen hingegen 2 Amplimere verschiedener Größe auf (Abb. 7.4.6).

Besteht der Verdacht, daß andere Mutationen im CFTR-Gen krankheitsrelevant sein könnten, müssen wir eine alternative Diagnose-Strategie wählen. Eine Möglichkeit bietet der sogenannte ARMS-Ansatz (*amplification refractory mutation system*). Hierbei handelt es sich auch um eine PCR-Analyse, die paarweise unter der Annahme der Wildtyp-Situation oder unter der Annahme der Mutanten-Situation durchgeführt wird. Einer der beiden *Primer* für die beiden PCR-Analysen ist so konstruiert, daß das 3'-terminale Nukleotid dieses *Primers* exakt entweder zu dem Wildtyp-Nukleotid oder zu dem Mutanten-Nukleotid komplementär ist. Die zugrunde liegende Idee basiert darauf, daß das 3'-Nukleotid für eine erfolgreiche Amplifikation extrem wichtig ist.

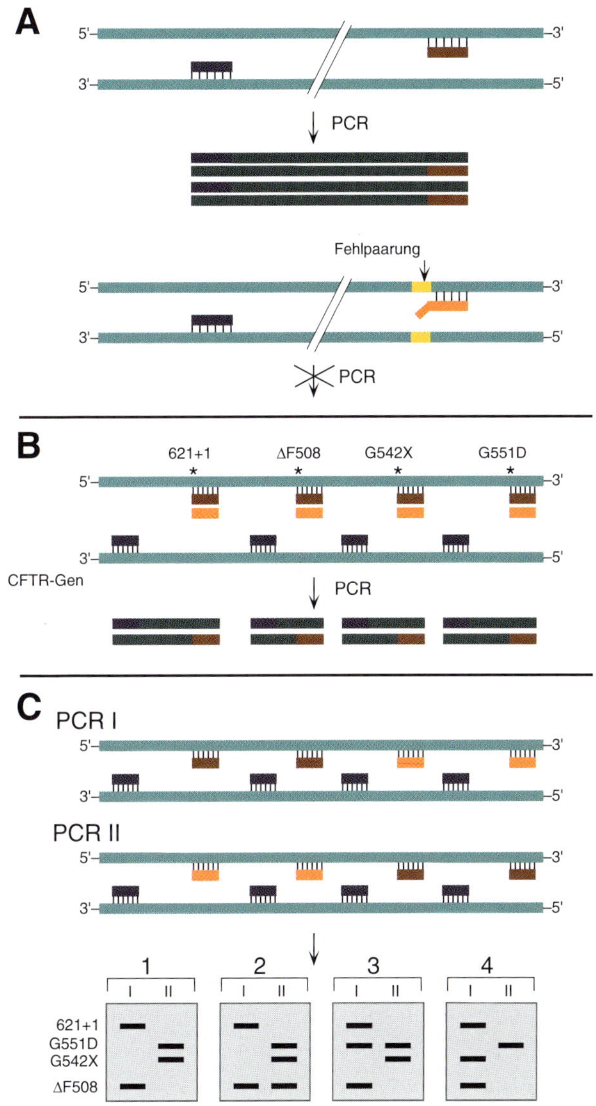

Abb. 7.4.7 ARMS-Analyse am CFTR-Gen.
A. Die ARMS-Analyse basiert auf der herausragenden Bedeutung des 3'-Nukleotids eines *Primers* für eine erfolgreiche DNA-Amplifikation. Nur wenn das 3'-Nukleotid auf dem gegenüber liegenden DNA-Strang einen komplementären Partner findet, kann der *Primer* durch die DNA-Polymerase verlängert werden. Paßt dieses Nukleotid nicht (Fehlpaarung), erfolgt keine Amplifikation.
B. Schematische Darstellung der Lage der *Primer* zur simultanen Analyse der vier bekannten Mutationen 621+1, ΔF508, G542X und G551D im CFTR-Gen. Die Position der Mutation ist durch einen Stern (*) angedeutet. Von jedem Primer, der an den oberen DNA-Strang bindet (Diskriminator-*Primer*), gibt es zwei Versionen (oranger bzw. dunkelroter *Primer*), wobei das 3'-terminale Nukleotid entweder zum Wildtyp-Nukleotid oder zum Mutanten-Nukleotid komplementär ist. Die *Primer*, die an den unteren DNA-Strang binden (blaue *Primer*), sind so gelegt, daß vier unterschiedlich große Amplimere entstehen (siehe **C**).
C Die Analyse wird in zwei PCR-Reaktionen durchgeführt. In der ersten Reaktion (PCR I) sind folgende Diskriminator-*Primer* enthalten: 621+1 (Wildtyp = dunkelrot), G551D (Mutante = orange), G542X (Mutante = orange), ΔF508 (Wildtyp dunkelrot). Die zweite Reaktion (PCR II) enthält dementsprechend folgende Diskriminator-Primer: 621+1 (Mutante = orange), G551D (Wildtyp = dunkelrot), G542X (Wildtyp = dunkelrot), ΔF508 (Mutante = orange). Die Analyse 1 zeigt das Amplimeren-Muster eines Probanden der auf beiden Chromosomen ein Wildtyp-Allel trägt. Die Analyse 2 zeigt das Amplimeren-Muster eines heterozygoten Trägers der ΔF508-Mutation. Die Analyse 3 zeigt das Amplimeren-Muster eines heterozygoten Trägers der G551D-Mutation. Die Analyse 4 zeigt das Amplimeren-Muster eines homozygoten Trägers der G542X-Mutation.

Denn von diesem Nukleotid aus wird ja der *Primer* bei der DNA-Synthese verlängert. Es sind inzwischen bereits Kits für ARMS-Analysen erhältlich. Ein Beispiel ist in Abb. 7.4.7 gezeigt, wo simultan auf vier bekannte Mutationen im CFTR-Gen analysiert wird.

7.4.3 X-gekoppelte Krankheiten

X-gekoppelte Krankheiten werden von fehlerhaften Genen auf dem X-Chromosom verursacht. Da bei Männern nur ein X-Chromosom vorhanden ist, sind Männer von Mutationen auf dem X-Chromosom deutlich häufiger betroffen als Frauen. Ein typischer Stammbaum für X-gekoppelte Vererbung ist in Abb. 7.4.1 C dargestellt.

Gewöhnlich heiratet eine heterozygote Trägerin einen gesunden Mann. Für jeden Sohn besteht dann ein Risiko von 50 %, das mutierte mütterliche Allel zu erwerben. Für eine Tochter besteht das gleiche Risiko. Allerdings wird die Krankheit bei ihr nicht ausgebildet, da sie das normale X-Chromosom vom Vater geerbt hat. Töchter eines betroffenen Vaters erkranken nur, wenn auch die

Mutter das mutierte Gen trägt. Dieser Fall tritt statistisch signifikant nur dann auf, wenn die Mutation sehr verbreitet ist, wie dies beispielsweise für den Glucose–6-phosphat-Dehydrogenase-Mangel bei Schwarzafrikanern der Fall ist.

Zusammenfassung

Molekulare Techniken haben den Zugang zur Diagnose genetischer Erkrankungen geöffnet. Die wichtigsten Methoden sind dabei die RFLP- bzw. die VNTR-Analysen. Vorteile dieser Analysen bestehen darin, daß das krankheitsverursachende Gen nicht bekannt sein muß. Voraussetzung ist aber ein gekoppelter RFLP, der innerhalb einer genetischen Distanz von maximal 5 cM zum krankheitsverursachenden Gen liegen sollte. Ist das entscheidende Gen bekannt, so wird – wie beispielsweise im Falle der Cystischen-Fibrose – die Diagnose durch eine PCR-Analyse gestellt, da in diesem Fall *Primer* über die Mutation gelegt werden können, wodurch sich der Defekt direkt nachweisen läßt. Dies ist aber wiederum nur dann möglich, wenn eine Mutation sehr dominant das Krankheitsbild verursacht.

Methoden in der Gentechnik (M13)

Sequenzautomaten

Die Detektion fluoreszenzmarkierter DNA-Fragmente erfolgt bereits während der Gel-Elektrophorese. Wir bezeichnen dies auch als *Online*-Detektion (Abb. M13.1). Mit Hilfe eines Laserstrahls wird die Probe zur Fluoreszenz angeregt. Der Laser ist bei den Sequenzierautomaten im unteren Drittel des Systems installiert. Somit müssen die unterschiedlich langen DNA-Fragmente vor ihrer Detektion nahezu das gesamte Gel durchwandern. Auf diese Weise lassen sich auch noch relativ große DNA-Fragmente von bis zu 500 Basenpaare gut auflösen.

Gegenwärtig wird der Markt für solche automatischen Sequenziergeräte im wesentlichen von zwei unterschiedlichen Systemen beherrscht.

- Der „377 *DNA-Analyzer*" von Applied-Biosystems detektiert die markierten DNA-Fragmente über eine CCD-Kamera. Hierbei wird das Emissionslicht, das von den verwendeten Farbstoffen ausgesendet wird, über ein Gitter, einen sogenannten Spektrographen, in seine Spektralfarben zerlegt. Anschließend erfolgt die zeitgleiche Detektion der Spektralfarben mit Hilfe des hochauflösenden Pixelfeldes der CCD-Kamera. Durch Einführung dieser Detektionstechnologie konnte die Datenaufnahme bei der Sequenzierung von ursprünglich 50 Basen pro Stunde auf mehr als 200 Basen pro Stunde erhöht werden. Zur Analyse der entsprechenden Signale werden diese direkt auf den Computer übertragen.
  Da dieses Gerät vier unterschiedliche Fluoreszenzfarbstoffe unabhängig voneinander erkennen kann, können alle vier Sequenzreaktionen in einer Spur aufgetragen und analysiert werden. Die Vereinigung aller vier Sequenzreaktionen in einer Gelspur ermöglicht verständlicherweie einen sehr hohen Probendurchsatz. Es können bis zu 36 DNA-Sequenzen auf einem Gel analysiert werden. Ferner erreicht man durch diese Technik eine bisher nicht gekannte Unabhängigkeit von Gel- oder Elektrophoreseartefakten, die sich zwischen verschiedenen Gelspuren ergeben können.
- Im monofluorophoren „A.L.F."-Sequenziergerät der Firma Pharmacia ist der Laser stationär angebracht und wird seitlich auf das Gelsystem gerichtet. An der Eintrittstelle des Laserstrahls ist zu diesem Zweck am Gelsystem eine kleine Öffnung angebracht. Da die Detektion der fluoreszenzmarkierten DNA-Fragmente hier in allen 40 zu Verfügung stehenden Gelspuren gleichzeitig und kontinuierlich erfolgt, gibt es für jede einzelne Gelspur eine eigene Detektionseinheit. Diese *Photomultiplyer* sind hinter dem Sequenziergel jeweils in einer Reihe und in gleicher Höhe wie der einfallende Laserstrahl angeordnet. Da das Detektionssystem von Pharmacia gegen-

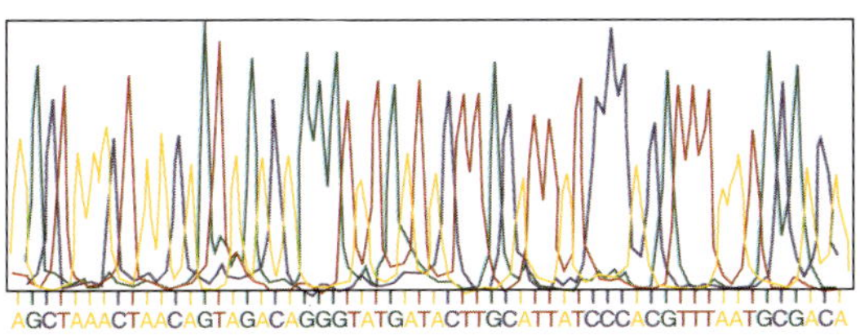

Abb. M13.1 Datenblatt einer automatischen DNA-Sequenzanalyse.

7

Molekulare Diagnostik

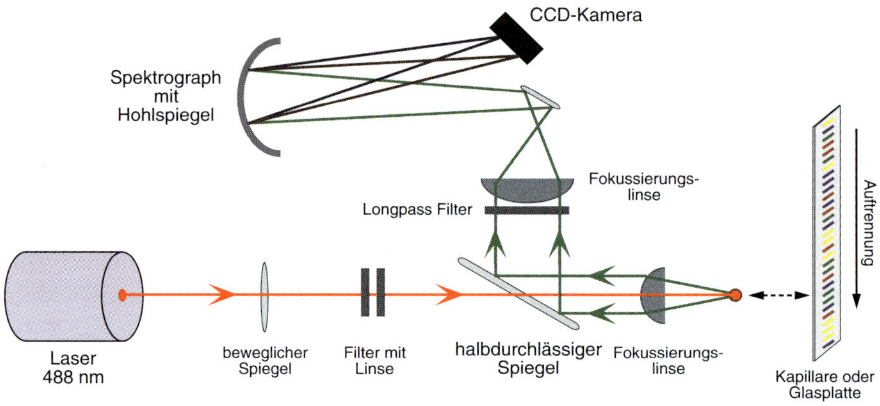

Abb. M13.2 Schematische Darstellung der Multicolor-Detektionstechnologie. Nach Laser-Anregung der fluoreszenzmarkierten DNA-Fragmente wird das Emissionslicht der Fluoreszenz-Farbstoffe über Filter- und Linsensysteme auf einen Spektrographen gelenkt, der das Spektrum auf die Pixeloberfläche einer CCD-Kamera projiziert.

wärtig zur Analyse von einem Fluoreszenzfarbstoff ausgerüstet ist, müssen die vier basenspezifischen Terminationsansätze einer Sanger-Sequenzierung auf vier benachbarte Spuren aufgetragen werden. Die kontinuierliche Detektion von markierten DNA-Fragmenten in jeder Gelspur erlaubt jedoch eine weitaus höhere Variabilität der Elektrophoresebedingungen. Mit der Verwendung von niederkonzentrierten (5%) und dünneren Polyacrylamid-Gelen (0,3 mm) kann die Elektrophoresegeschwindigkeit wesentlich erhöht werden. Bei Verwendung einer speziellen Gelmatrix (Hydrolink) ist außerdem das erneute Beladen des selben Sequenzgels möglich, so daß auch bei der 4-Spur-Technologie die Datenkapazität deutlich erhöht werden kann. Zudem können im Rahmen dieses Systems meist längere Sequenzbereiche analysiert werden (mehr als 500 Nukleotide). Dies stellt vor allem bei der Sequenzierung langer unbekannter Sequenzabschnitte einen wesentlichen Vorteil dar.

7.5 Molekulare Krebsdiagnostik

Haben wir in den vorangegangenen Kapiteln die Anwendung molekularer Diagnostik bei Erbkrankheiten besprochen, wollen wir uns in diesem Kapitel der Diagnostik von Tumorleiden zuwenden. Auch bei Tumorerkrankungen können Aspekte einer Erbkrankheit eine Rolle spielen, so daß sich diesbezüglich dieses Kapitel logisch an die vorangegangenen Kapitel anschließt. Allerdings kommt bei der Entstehung von Tumoren ein weiterer Aspekt hinzu: Tumoren entstehen nämlich nicht ausschließlich auf der Basis „geerbter" genetischer Defekte. Es kommen immer ein oder meistens mehrere erworbene genetische Defekte hinzu. Dies ist in sofern bedeutsam, als sich daraus ableitet, daß die entscheidende genetische Störung, die diagnostiziert werden muß, nicht in allen Zellen vorliegt, wie das bei Erbkrankheiten der Fall ist. Vielmehr tritt dieser Defekt nur in den Zellen auf, die zum Tumor auswachsen. Wollen wir daher eine umfassende molekulare Tumordiagnostik durchführen, müssen wir primär die Tumorzellen selbst untersuchen. Umliegendes, gesundes Gewebe zeigt die entscheidenden Läsionen nicht und würde daher ein falsch negatives Resultat vortäuschen. Sind allerdings – was sehr häufig der Fall ist – Erbfaktoren an der Tumorentstehung beteiligt, so lassen sich diese natürlich auch in den angrenzenden Zellen – ebenso wie in allen anderen Zellen des Patienten – nachweisen. Dies ist besonders relevant, wenn das Ziel der Diagnostik eher einen prophylaktischen Aspekt besitzt und dazu beitragen soll, das Risiko einzuschätzen, an einem Tumor zu erkranken. Dieser Aspekt wird immer wichtiger, da uns immer mehr Informationen zugänglich werden, die eine solche Risikobewertung möglich machen. In wie weit diese Möglichkeiten genutzt werden, steht auf einem ganz anderen Blatt. Die molekulare Risikoabschätzung findet zumindest heute noch eine eher mäßige Akzeptanz in der Bevölkerung.

Wir wissen, daß die Tumorentstehung ein komplexes, multifaktorielles Ereignis ist. Daher gestaltet sich eine umfassende Diagnostik entsprechend komplex. Neuere, molekularbiologische Methoden verdrängen dabei nicht etwa die etablierten Methoden, wie die morphologische Inspektion des Tumorgewebes, wie biochemische Analysen, immunologische Verfahren und zytogenetische Untersuchungen. Vielmehr ergänzen molekularbiologische Analysen das Methodenspektrum konsequent. Ziel einer modernen Tumordiagnostik ist es nämlich nicht nur, entartetes Gewebe zu identifizieren, sondern darüber hinaus den Grad der Entartung möglichst genau zu charakterisieren, um – aufbauend auf einer exakten Differentialdiagnose – differenziert das Tumorleiden zu bekämpfen. Dabei ist es lebensrettend, die Diagnose so früh wie möglich zu stellen. Hier können gerade molekulargenetische Methoden von entscheidendem Vorteil sein, da mit ihrer Hilfe u. U. Läsionen bereits entdeckt werden können, bevor es aufgrund einer solchen molekularen Läsion zu einer morphologischen Veränderung kommt.

7.5.1 Zytologische Verfahren

Eines der ältesten zytologischen Verfahren, das auch zur Früherkennung eingesetzt wird, ist der *Papanicolaou-* oder „*Pap*"-Test. Hier wird mit einem Wattebausch ein Abstrich aus der Vagina entnommen. Die Zellen werden dann auf Objektträger übertragen und gefärbt. Man erkennt entartete Zellen, aber vor allem auch Prä-Kanzerosen oder ein *carcinoma in situ*, die dann entfernt werden können, bevor die Zellen mit dem invasiven Wachstum beginnen.

7.5.2 „Tumormarker"

Unter „Tumormarker" verstehen wir atypisch auftretende Proteine, Hormone oder Enzyme, die wir zur Diagnostik – vor allem aber zur Verlaufskontrolle – von Tumorerkrankungen heranziehen können (Tabelle 7.5.1). Dabei können wir zwischen Entwicklungsmarkern, Differenzierungsmarkern und Tumorassoziierten-Antigenen unterscheiden.

Keiner dieser Marker besitzt jedoch ideale Eigenschaften, weder zum *screening*, noch als zuverlässiger diagnostischer Marker oder auch als Überwachungsparameter. Solche idealen Charakteristika wären:

- Spezifität ausschließlich für maligne Zellen,
- Nachweisbarkeit breits sehr früh im Laufe eines malignen Prozesses,
- Nachweisbarkeit in leicht zugänglichen Körperflüssigkeiten (Blut, Urin, Cerebrospinalflüssigkeit) oder in Nadelbiopsien,
- Quantitative Korrelation zwischen Markerkonzentration und Grad der Entartung.

Antigen	Tumor
Onkofetale Antigene	
Carcinoembryonales-Antigen (CEA)	Gastrointestinale Tumoren, Pankreas-, Lungen-, Mamma, Prostata-, Kolon-,Rectum-Ca
Alfa-1-Fetoprotein (AFP)	Primäres Leberzell-Ca
Fetales-Sulfoglycoprotein-Antigen (FSA)	Im Magensaft bei Magen-Ca
Onkofetales Antigen des Pankreas (POA)	Pankreas-Ca
Schwangerschaftassoziiertes α2-Glycoprotein (PAG)	Mamma-Ca, Bronchial-Ca, malignes Melanom
Beta-onkofetales-Antigen	Kolon-, Endometrium-Ca, Melanom, Lebermetastasen
Ektope Hormone	
Humanes-Choriongonadotropin (HCG)	Hodentumoren, Pankreas-, Mamma-Ca
Plazentares-Laktogen (PL)	Bronchial-, Mamma-Ca, Adeno-Ca des Magens
Prolaktin	Tumoren des Hypophysenvorderlappens, Lungentumor, medulläres Schilddrüsen-Ca
Adrenokortikotropes Hormon (ACTH)	Bronchial-Ca
Gastrin	Schilddrüsen-Ca
Parathormon	Bronchial-Ca
Erythropoetin	Nieren-Ca
Kalzitonin	Bronchial-Ca, Wilms-Tumor
Enzyme	
Plazentare-Alkalische-Phosphatase	Hodentumoren, Pankreas-, Ovarial-Ca
Laktat-Dehydrogenase (LDH)	Leukämien, Hodentumoren, Melanome, Mamma-, Ovarial-Ca
Saure-Prostata-Phosphatase (PA)	Prostata-Ca
Amylase	Lungen-Ca
Alkalische-Phosphatase (AP)	Osteosarkom, Prostata-, Schilddrüsen-Ca
Aldolase	Prostata-Ca
Serumproteine	
Ferritin	ALL und AML, Mamma-, Bronchial-Ca
Isoferritin	Hepatome
Beta-2-Mikrotubulin	Pankreas-, Kolon-, Magen-Ca
Tissue-Polypeptid-Antigen (TPA)	Mamma-, Bronchial-Ca
Alkalische-Phosphatase (AP)	Osteosarkom, Prostata-, Schilddrüsen-Ca
Aldolase	Prostata-Ca

Tabelle 7.5.1 Tumorassoziierte Marker

7.5.3 Immunologische Verfahren zur CD-Typisierung

Andere wichtige Marker für die Tumortypisierung sind die sogenannten „*Cluster*-Determinanten" (CD) (siehe Tabelle 7.5.2). Hierbei handelt es sich um antigene Strukturen auf der Oberfläche der verschiedenen hämatopoetischen Vorläuferzellen und der ausdifferenzierten Blutzellen. Besonders Leukämien werden mit Hilfe der *Cluster*-Determinanten zytologisch/immunologisch genau charakterisiert, wobei der Differenzierungsgrad und damit auch die Malignität bestimmt werden können (Abb. 7.5.1). Basierend auf dieser sehr genauen Differentialdiagnostik kann dann ein für den jeweiligen Tumor optimiertes Therapiekonzept entworfen werden.

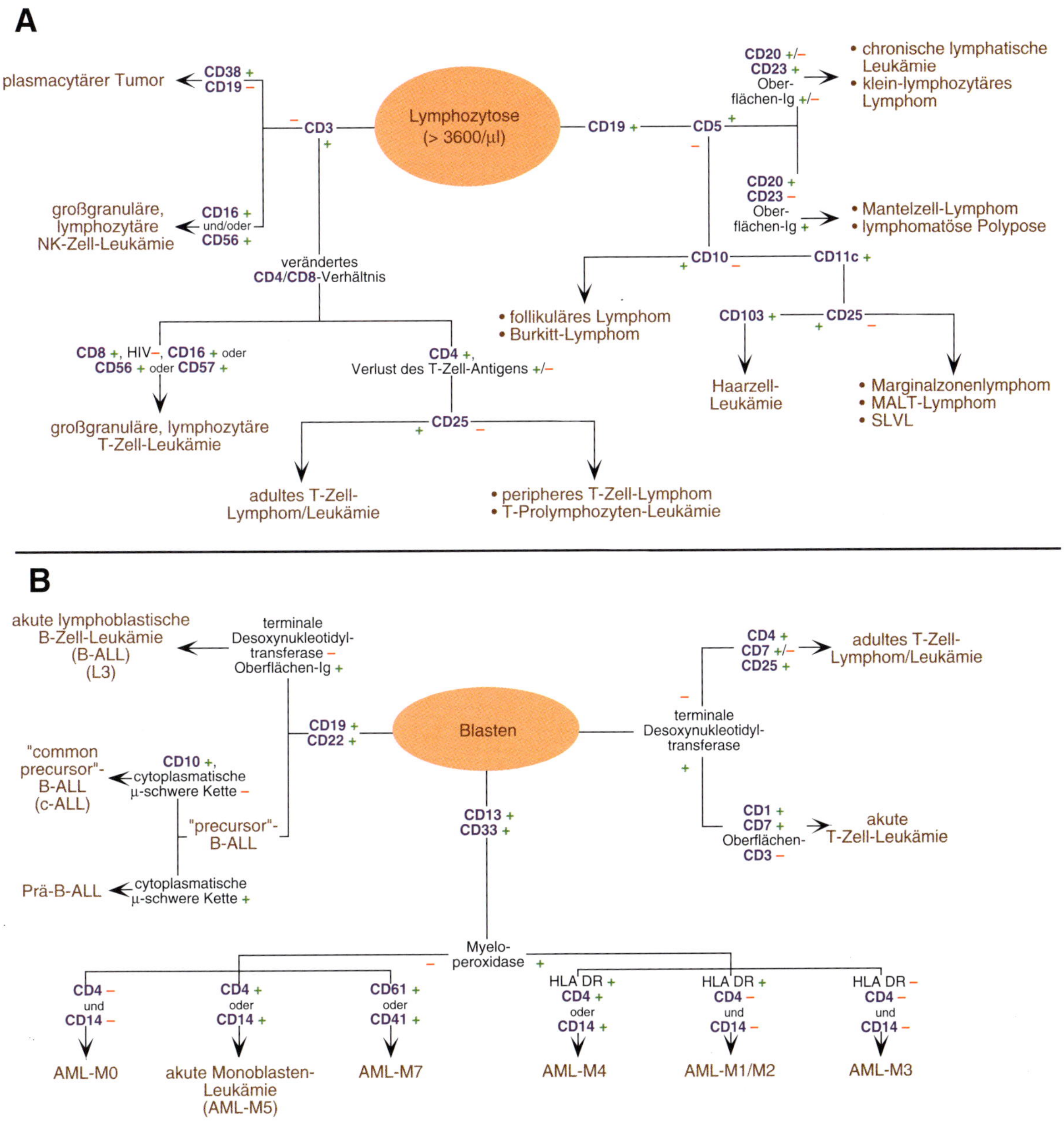

Abb.7.5.1 Differenzialdiagnosen lymphatischer Tumoren auf der Basis der Expression typischer Oberflächenantigene.

CD-Antigen	Synonym	Funktion	Vorkommen	Molekulargewicht [kDa]	Liganden/ Assoziate mit
CD2	T11, LFA-2	Adhäsionsmolekül, bindet CD58 (LFA-3); bindet Lck intrazellulär und aktiviert T-Zellen	T-Zellen, Thymozyten, NK-Zellen	45-58	LFA-3, CD58, CD59
CD2R	T11-3	Aktivierungs-abhängige Konformation von CD2	Aktivierte T-Zellen	45-58	LFA-3, CD58, CD59
CD11a/CD18-Heterodimer	LFA-1, $\alpha_L\beta_2$	Wechselwirkung zwischen Leukozyten–Leukozyten/Leukozyten–Endothel	Lymphozyten, Granulozyten, Monozyten, Makrophagen/Leukozyten	180/95	ICAM-1, ICAM-2, ICAM-3
CD11b/CD18-Heterodimer	Mac-1, $\alpha_M\beta_2$, CR3	Adhäsion der Monozyten/Neutrophilen an Gefäßendothel	NK-Zellen, die meisten Leukozyten	170/95	ICAM-1, iC3b, Fibrinogen
CD11c/CD18-Heterodimer	CR4, $\alpha_x\beta_2$, p150,95	Adhäsion von Granulozyten an entzündetes Endothel	NK-Zellen, Granulozyten	150/95	iC3b, Fibrinogen
CD22	BL-CAM	B-Zell-Adhäsion an Monozyten, T-Zellen	reife B-Zellen	130-140	Sialyl-Proteine, CD45
CD31	PECAM-1	Adhäsionsmolekül bei Leukozyten/ Endothel- und Endothel/Endothel-Wechselwirkungen	Monozyten, Thrombozyten, Neutrophile, NK-Zellen, Endothel- und unreife T-Zellen	130-140	CD31, $\alpha_V\beta_3$
CD34	gp105-120	Bindung von L-Selektin$^+$-Lymphozyten an HEV, Inhibition der hämatopoetischen Differenzierung	hämatopoetische Stammzellen, Gefäßendothelzellen	105-120	CD62 (L-Selektin)
CD35	CR1, C3b/C4b R	vermittelt Phagozytose	Erythrozyten, B-Zellen, Teil der T-Zellen, Monozyten, Eosinophile, Neutrophile	160-250	C3b, C4b, iC3b, C3dg
CD36	GPIV, OKM5-Antigen, GPIIIb, PASIV	Erkennung und Phagozytose apoptotischer Zellen, Thrombozytenadhäsion	Endothelzellen, Thrombozyten, Monozyten, Megakaryozyten	88	Thrombospondin, Kollagen Typ I, IV, V, langkettige Fettsäuren
CD41/CD61-Heterodimer	$\alpha_{IIb}\beta_3$, GP IIb–IIIa-Komplex	Thrombozytenaggregation	Haupt-Integrin in Thrombozytenplasmamembran, Megakaryozyten	147/110	Fibrinogen, Fibronektin, vWF, Thrombospondin
CD42	GP IX (CD42a), GP Ibα (CD42b), GP Ibβ (CD42c) GP V (CD42d), GP Ib–IX–V-Komplex	Anheftung und Aggregation von Thrombozyten an verletzte Gefäße, Verstärkung des Thrombineffekts	Thrombozyten, Megakaryozyten	22 (a) 135, 23 (b) 22 (c) 85 (d)	vWF, Thrombin
CD44	H-CAM, Pgp-1, HERMES, ECMR III, gp85	Leukozytenadhäsion und -verteilung	Leukozyten, Erythrozyten, meiste Zellen	80-95	Hyaluronat, Fibronektin, Ankyrin
CD48	Blast-1, Hu Lym3	Adhäsion von T-Zellen an Zielzellen und APCs	Leukozyten	45	CD2
CD49a/CD29-Heterodimer	VLA-1, $\alpha_1\beta_1$	Rezeptor für E1-Domäne von Laminin und eines Bereichs von Kollagen I und IV	Neuronalzellen, Zellen der glatten Muskulatur, Monozyten, aktivierte T-Zellen	200-210 (CD49a), 130 (CD29)	Laminin, Kollagen I und IV
CD49b/CD29-Heterodimer	VLA-2, $\alpha_2\beta_1$, Thrombozyten GPIa	reguliert Expression von MMP-1 und Kollagen Typ I	Neuronal-, Epithel- und Endothelzellen, B-Zellen, Thrombozyten, Monozyten	160 (CD49b)	Laminin, Kollagen I-IV
CD49c/CD29-Heterodimer	VLA-3, $\alpha_3\beta_1$	Zell-Zell-Wechselwirkungen	B-Zellen, viele adhärierende Zellen	125,30 Dimer (Cd49c)	Fibronektin, Kollagen, Laminin, Invasin, Entactin
CD49d/CD29-Heterodimer	VLA-4, $\alpha_4\beta_1$	Leukozyten-Adhäsion und -Wanderung	weitverbreitet, u.a. B-Zellen, Thymozyten, Monozyten, Granulozyten	150 (CD49d)	Fibronektin, VCAM-1, MadCAM-1, Invasin
CD49e/CD29-Heterodimer	VLA-5, $\alpha_5\beta_1$	Zelladhäsion, Zellmigration, Matrix-Zusammenbau	weitverbreitet, u.a. Gedächtnis-T-Zellen, Thrombozyten, Monozyten	135,25 Dimer (CD49e)	Fibronektin, Invasin
Cd49f/CD29-Heterodimer	VLA-6, $\alpha_6\beta_1$ Thrombozyten GPI	Zelladhäsion, Ausbreitung und Migration	T-Lymphozyten, Thrombozyten, Monozyten, Megakaryozyten	125,25 Dimer (CD49f)	Laminin, Invasin, Merosin
CD50	ICAM-3	Signal- und kostimulierendes Molekül auf T-Lymphozyten	alle Leukozyten, Endothelzellen	110-140	$\alpha_d\beta_2$, LFA-1
CD51/CD61-Heterodimer	$\alpha_V\beta_3$, Vitronektin R	Bereitstellung, Verteilung und Zurückhaltung von Zellen über extrazelluläre Matrixmoleküle	Endothelzellen, Monozyten, Osteoklasten, Tumorzellen, einige B-Zellen, T-Zellen, Thrombozyten	125,24 Dimer (CD51)	CD31, Laminin, Fibrinogen, vWF Vitronektin

Tab. 7.5.2-I Für Adhäsion wichtige CD-Antigene

Ein entscheidender Grund für die beachtenswerten Erfolge, die bei der Therapie von Leukämien zu erzielen sind, ist die Möglichkeit, diese Krankheiten über die *Cluster*-Determinanten so differenziert zu diagnostizieren. Leider sind analoge Verfahren für solide Tumoren nicht möglich. Allerdings zeichnen sich Möglichkeiten ab, wie wir auch bei soliden Tumoren relevante immunologische Diagnoseparameter identifizieren und für den Einsatz in der Klinik nutzbar machen können.

CD-Antigen	Synonym	Funktion	Vorkommen	Molekular-gewicht [kDa]	Liganden/ Assoziate mit
CD51/CD61-Heterodimer	$\alpha_V\beta_3$, Vitronektin R	Bereitstellung, Verteilung und Zurückhaltung von Zellen über extrazelluläre Matrixmoleküle	Endothelzellen, Monozyten, Osteoklasten, Tumorzellen, einige B-Zellen, T-Zellen, Thrombozyten	125,24 Dimer (CD51)	CD31, Laminin, Fibrinogen, vWF Vitronektin
CD54	ICAM-1	Adhäsion der Leukozyten an Endothel bei Entzündungen	Endothelzellen, Tumorzellen, Monozyten, aktivierte T- und B-Zellen	75-115	LFA-1, MAC-1, Rhinovirus
CD56	NCAM, Leu 19, NKH1	Entwicklung des normalen Gewebeverbands	Neuronen, Astrozyten, Myoblasten, aktivierte T-Zellen, NK-Zellen	135-220	CD56 (NCAM), Heparansulfat
CD58	LFA-3	Wechselwirkungen zwischen APCs und Zielzellen mit T-Zellen	Leukozyten, Erythrozyten, Endothelzellen, Epithelzellen, Fibroblasten	55-70	CD2
CD62E	E-Selektin, ELAM-1, LECAM-2	Adhäsion und Rollen von Leukozyten an Cytokin-aktiviertem Endothel	Endothelzellen	140	Sialyl Lewis x, Sialyl Lewis a, CD162
CD62L	L-Selektin, Leu-8, LAM-1, TQ-1, LECAM-1	Adhäsion und Rollen von Leukozyten an Cytokin-aktiviertem Endothel	B- und T-Zellen, Monozyten, Granulozyten	70-90	CD34, MAdCAM, GlyCAM-1
CD62P	P-Selektin, GMP-140, PADGEM	Adhäsion und Rollen von Thrombozyten und Leukozyten an Endothel	Thrombin/Histamin-aktivierte Thrombozyten und Endothelzellen, in Granula gelagert bis zur Aktivierung	140	PSGL-1, CD24
CD102	ICAM-2	Lymphozytenrückzirkulation	Endothelzellen, ruhende Lymphozyten, Monozyten, NK-Zellen, Thrombozyten	55-65	LFA-1
CD103	$\alpha_E\beta_7$, HML-1	gewebespezifische Adhäsion von Lymphozyten an Epithelzellen in der Mucosa	intraepitheliale Lymphozyten des Intestinums	175	E-Cadherin, Integrin β_7
CD106	VCAM-1, INCAM-110	Leukozytenwanderung und Anloken an aktiviertes Endothel	Endothelzellen, Dendritische Zellen	100-110	VLA-4, $\alpha_4\beta_7$
CD134	OX40	Adhäsion von aktivierten T-Zellen an Gefäß-Endothelzellen	aktivierte T-Zellen	48-50	OX40-Ligand, gp34
CD144	VE-Cadherin, Cadherin-5	Adhäsion zwischen Endothelzellen	Endothelzellen	135	VE-Cadherin, Plakoglobin
CD146	MUC18, S-ENDO, MCAM, Mel-CAM, A32	Adhäsionsmolekül	Endothelzellen, Melanomzellen, Zellen der glatten Muskulatur, aktivierte T-Zellen	130	unbekannt
CD147	Basigin, EMMPRIN, M6,	Adhäsionsmolekül ?	Endothelzellen, Leukozyten, Erythrozyten, Thrombozyten	55-65	Kollagen Typ IV, Laminin, Fibronektin ?
CD162	PSGL-1	Rollen von Leukozyten auf aktiviertem Endothel	Monozyten, Granulozyten, T-Zellen, einige B-Zellen	120-250	CD62P, CD62E, CD62L
CD164	MGC-24v, MUC-24	Adhäsion von hämatopoetischen Vorläuferzellen an Stromazellen	myeloische Zellen, einige Carcinomzellen Knochenmarkstromazellen, Epithelzellen, hämatopoetische Vorläuferzellen, T-Zellen	80	unbekannt
CD165	AD2, gp37	Adhäsion von Thymozyten an Thymusepithel	T-Zellen, NK-Zellen, Thrombozyten, Thymozyten, Thymusepithel, ZNS-Neuronen	37-42	unbekannt
CD166	ALCAM, KG-CAM	Adhäsionsmolekül an aktivierten Leukozyten	aktivierte T- Zellen, Epithelzellen, aktivierte Monozyten, Fibroblasten, Endothelzellen	100-105	CD6

Abkürzungen:

ALCAM	"*activated leukocyte cell adhesion molecule*"	LECAM	"*leukocyte endothelial cell adhesion molecule*"
CR	"*complement receptor*"	LFA	"*lymphocyte function antigen*"
ELAM	"*endothelium leukocyte adhesion molecule*"	MGC	"*multi-glycosylated core protein*"
EMMPRIN	"*extracellular matrix metalloproteinase inducer*"	NCAM	"*neural cell adhesion molecule*"
GMP	"*granule membrane protein*"	PADGEM	"*platelet activation dependent granule-external membrane protein*"
GP	"*glycoprotein*"	PSGL-1	"*P-selectin-glycoproteinligand 1*"
iC3b	"*factor I degraded complement protein 3b*"	VCAM	"*vascular cell adhesion molecule*"
ICAM	"*intercellular adhesion molecule*"	VLA	"*very late antigen*"
LAM	"*leukocyte adhesion molecule*"	vWF	"von-Willebrand-Faktor"

Tab. 7.5.2-II Für Adhäsion wichtige CD-Antigene (Fortsetzung)

CD-Antigen	Synonym	Funktion	Vorkommen	Molekulargewicht [kDa]	Liganden/ Assoziate mit
CD25	IL-2 Rα, Tac-Antigen	IL2-Rezeptor	HTLV-1-transformierte und aktivierte T-Zellen, Monozyten, B-Zellen,	55	IL-2, CD122, CD132
CD114	G-CSF R, GSF3 R, HG-CSF R	Proliferation und Differenzierung myeloischer Zellen	Granulozyten, Monozyten, Thrombozyten, Endothelzellen	110-130	G-CSF, Jak1, Jak2
CD116	GM-CSF Rα	Proliferation und Differenzierung myeloischer Zellen	Monozyten, Neutrophile, Eosinophile Dendritische Zellen	80	GM-CSF, CDw131
CD117	c-KIT, SCF R	Wachstumsfaktorrezeptor	AML-Zellen, hämatopoetische Stamm- und Vorläuferzellen, Melanozyten	145	SCF (= SF, MGF, KL)
CD121a	IL-1 RI	Stimulation des T-Zell-Wachstums	Thymozyten, T-Zellen, Fibroblasten, Endothelzellen	80	IL-1α, β, ra
CD122	IL-2 Rβ	IL-2- und IL-15-vermittelte Signalweiterleitung	T-Zellen, B-Zellen, NK-Zellen, Monozyten	70-75	IL-2, IL-15, CD25, CD132, Syk, Lck, Jak1, Stat5
CD123	IL-3 Rα	IL-3-vermittelte Signaltransduktion	Knochenmarkstammzellen, Monozyten, Megakaryozyten, Granulozyten	70	IL-3
CD124	IL-4 R	proliferative Aktivität auf vorstimulierte B- & T-Zellen	T- und B-Zellen, Fibroblasten, hämatopoetische Vorläuferzellen	130-150	IL-4, IL-13, CD132, IL-13Rβ, Jak1, Fes, Stat6, IRS-2
CDw125	IL-5 Rα	Wachstum und Differenzierung von Eosinophilen	Eosinophile, Basophile, aktivierte B-Zellen	60	IL-5, CDw131
CD126	IL-6 Rα	Differenzierung und Proliferation hämatopoetischer Vorläuferzellen und Akute-Phase-Antwort	aktivierte B-Zellen, Plasmazellen, T-Zellen Monozyten, Epithelzellen, Neuralzellen, Fibroblasten	80	IL-6, CD130
CD127	IL-7 Rα, p90 Il7 R	Proliferation von vorstimulierten B- und T-Zellen	Knochenmark-Vorläuferzellen, Monozyten, Prä-B-Zellen, T-Zellen	65-75	IL-7, CD132, fyn, lyn, Jak1, PI3K, lck
CD129	IL-9 R	stimuliert T-Zell-Tumorwachstum	T- und B-Zellen, Makrophagen, Megakaryoblasten	64	IL-9
CD130	gp130	häufige Untereinheit verschiedener Rezeptoren	meiste Zellen, aktivierte B-Zellen	130	IL-6, IL-11, LIF, OSM, CNF, CT-1, CD130, LIFR, OSMRβ
CDw131	häufige β-Kette	häufige Untereinheit verschiedener hochaffiner Rezeptoren	Monozyten, Granulozyten, Eosinophile, B-Zellen, Basophile	120-140	CD123, CDw125, CD116, PI3K, Jak2, Shc, Grb2, SHP1/2,Stat5
CD132	Cytokin-Rezeptor γ-Kette	häufige Untereinheit verschiedener Cytokin-Rezeptoren	T- und B-Zellen, NK-Zellen, Monozyten, Neutrophile	64	IL-2, IL-4, IL-7, IL-9, IL-15, CD25, CD122, CD124, CD127, IL-9R, IL-15Rα, Jak3, Jak1, Syk, lck
CD135	FLT3, STK-1	Wachstumshormonezeptor	B-Zell-Vorläufer	130, 155	FL
CDw136	MSP R, RON	Induktion von Proliferation, Zellwanderung und -Differenzierung	Epithelzellen, Monozyten, neuroendokrine Zellen	180	MSP, HGFI, PLC-g, Shc
CDw137	4-1BB, ILA	kostimulierend bei T-Zell-Aktivierung	T-Zellen, B-Zellen, Monozyten, Epithelzellen	39	4-1BB Ligand

Abkürzungen:

CNF	*"ciliary neurotrophic factor"*	LIF	*"leukemia inhibitory factor"*
CT-1	*"cardiotrophin-1"*	MGF	*"mast cell growth factor"*
G-CSF	*"granulocyte colony stimulating factor"*	MSP R	*"macrophage stimulating protein receptor"*
HGFI	*"hepatocyte growth factor like"*	OSM	*"oncostatin M"*
HTLV	*"human T-cell leukemia virus"*	PI3K	*"phosphoinositide-3-kinase"*
ILA	*"induced by lymphocyte activation"*	SCF R	*"stem cell factor receptor"*
KL	*"KIT ligand"*	SF	*"steel factor"*

Tab. 7.5.2-III Als Zytokinrezeptoren fungierende CD-Antigene

CD-Antigen	Synonym	Funktion	Protein-familie	Molekular-gewicht [kDa]	Liganden/ Assoziate mit
CD5	Leu-1, Ly-1, T1, Tp67	beteiligt an Autoimmunerkrankungen	SRCR-SF	67	CD72
CD9	p24, MRP-1	Thrombozyten-Aktivierung und -Aggregation, beeinflußt Zelladhäsion und -wanderung	TM4-SF	24	CD41/CD61, CD63, CD81, CD82, HLA-DR
CD10	CALLA, gp100, NEP, Enkephalinase	reguliert Peptidhormonaktivität	Zink-Metalloprotease	100	Enkephalin
CD19	B4	Regulation vonB-Zell-Aktivierung, -Entwicklung und -Proliferation	Ig-SF	95	CD21, CD81, Leu-13, lyn, fyn, PI-3K, Vav
CD20	B1, Bp35	Regulation von B-Zell-Aktivierung und -Proliferation	TM4-SF	33-37	unbekannt
CD21	CR2, EBVR, C3dR	Teil des Signalweiterleitungskomplexes	RCA Gen-Cluster	145	C3d, CD23, EBV, CD19, CD81, Leu13
CD23	FcεRII, B6, Leu-20, BLAST-2	Regulation der IgE-Synthese, Stimulation der Monokin-Freisetzung	C-Typ-Lektin	45	Fcε, CD21, CD11b, CD11c
CD37	gp52-40	Signalweiterleitung	TM4-SF	40-52	CD53, CD81, CD82, MHC Klasse II
CD38	T10	B-Zell-Proliferation, ADP-Ribose-Cyclase	ADPR Cyclase F	45	unbekannt
CD40	Bp50	B-Zell-Aktivierung, -Proliferation und -Differenzierung, Isotyp-"Switching"	TNFR-/NGFR-SF	48	CD40L
CD72	keine (Mensch)	B-Zell-Aktivierung und -Proliferation	C-Typ-Lektin	42 Homodimer	CD5
CDw76	keine	unbekannt	Sialoglycan		unbekannt
CD79a	Igα, MB1	Signalweiterleitung, Teil des B-Zell-Rezeptors	Ig-SF	40-45	unbekannt
CD79b	Igβ, B29	Signalweiterleitung, Teil des B-Zell-Rezeptors	Ig-SF	37	unbekannt
CD80	B7-1, BB1	Co-Regulator für T-Zell-Aktivierung	Ig-SF	60	CD28, CD152
CD81	TAPA-1	Signalweiterleitung	TM4-SF	26 CD21	Leu-13/9-29, CD19,
CD82	R2, IA4, 4F9, C33, KAI1	Signalweiterleitung	TM4-SF	45-90	CD4, CD8, MHC-I, MHC-II, β1-Integrine
CD83	HB15	Antigenpräsentation ?	Ig-SF	43	unbekannt
CD85	GR4	T-Zell-Aktivierung ?	unbekannt	120, 83	unbekannt
CD86	B7-2, B70	reguliert T-Zell-Aktivierung	Ig-SF	80	CD28, CD152
CD138	Syndecan-1	Zelloberflächen-Heparansulfatproteoglycan, Verbindung zwischen Cytoskelett und Interstitial-Matrix	Syndecan-F		Kollagen Typ I
CD139	keine	unbekannt	unbekannt	209, 228	unbekannt
CDw150	SLAM, IPO	Signalmolekül	Ig-SF	75-95	CDw150, CD45

Abkürzungen:

ADPR	"*ADP-ribosyl*"	NGFR-SF	"*nerval growth factor receptor superfamily*"
C3dR	"*C3d receptor*"	PI-3K	"*phosphoinositide-3-kinase*"
CALLA	"*common acute lymphoblastic leukemia antigen*"	SLAM	"*signaling lymphocyte activation molecule*"
EBVR	"*Epstein Barr virus receptor*"	SRCR-SF	"*scavenger receptor cysteine-rich superfamily*"
Ig-SF	"*Immunoglobulin superfamily*"	TAPA-1	"*target for antiproliferative antigen 1*"
NEP	"*neutral endopeptidase*"	TM4-SF	"*transmembrane 4 superfamily*"
		TNFR-SF	"*tumor nekrose factor receptor superfamily*"

Tab. 7.5.2-IV Auf B-Zellen lokalisierte CD-Antigene

CD-Antigen	Synonym	Funktion	Protein-familie	Molekular-gewicht [kDa]	Liganden/ Assoziate mit
CD16a	FcγR-IIIa	ADCC-Aktivierung und Cytokinproduktion	Ig-SF	50-80	Fcγ
CD94	Kp43	Inhibition/Aktivierung der Zytotoxizität	C-Typ-Lektin-SF	43	einige HLA Klasse I-Moleküle Kp43, p39
CD154	CD40L, gp39, T-BAM, TRAP	kostimulierendes Molekül für B-Zell-Proliferation und -Aktivierung	TNF-SF	28-33	CD40
CD158a	p58.1, p50.1, EB6	Zytotoxizitätsinhibition	p50.1/p58.1 Ig-SF	50, 58	HLA-CW2, -CW4, -CW5, -CW6, SHP-1
CD158b	p58.2, p50.2, GL183	Zytotoxizitätsinhibition	p50.1/p58.2 Ig-SF	50, 58	HLA-CW1, -CW3, -CW7, -CW8
CD158c	p58.3, p50.3	Aktivierungsmolekül	p50.3/p58.3 Ig-SF	55-58	unbekannt
CD161	NKRP1A	reguliert NK-Zellen vermittelte Cytolyse	C-Typ-Lektin-SF	44	unbekannt

Abkürzungen:

Ig-SF	"*Immunoglobulin superfamily*"
TRAP	"TNF-*related activation protein*"
TNF	"*tumor nekrose factor*"

Tab. 7.5.2-V Auf NK-Zellen lokalisierte CD-Antigene

CD-Antigen	Synonym	Funktion	Proteinfamilie	Molekulargewicht [kDa]	Liganden/ Assoziate mit
CD1a	R4	Peptid- und Lipid-Antigen-Präsentation	Ig-SF	49	unbekannt
CD1b	R1	Peptid- und Lipid-Antigen-Präsentation	Ig-SF	45	unbekannt
CD1c	R7, M241	Peptid- und Lipid-Antigen-Präsentation	Ig-SF	43	unbekannt
CD1d	R3	Peptid- und Lipid-Antigen-Präsentation	Ig-SF		unbekannt
CD3	keine	Signalweiterleitung (ζ), T-Zell-Aktivierung	Ig-SF	γ 25-28, δ 21, ε 20, ζ 16, η 22	unbekannt
CD4	keine (Mensch)	Co-Rezeptor für MHC-II-vermittelte T-Zell-Aktivierung	Ig-SF	55	MHC-II, HIVgp120, IL-16, p56lck
CD5	Leu-1, Ly-1, T1, Tp67	T-Zell- und Thymozyten-Aktivierung	SRCR-SF	67	CD72
CD6	T12	T-Zell-Aktivierung, Thymozyten-Stroma-Wechselwirkung	SRCR-SF	100-130	CD166
CD7	gp40	Signalweiterleitung	Ig-SF	40	FcμR
CD8	T8, Leu2	Reifung und positive Selektion der T-Zellen	Ig-SF	α und β 32-34	MHC Klasse I
CD10	CALLA, gp100, NEP, Enkephalinase	reguliert Peptidhormonaktivität	Zink-Metalloprotease	100	Enkephalin
CD16a	FcγR-IIIa	ADCC-Aktivierung , Phagozytose	Ig-SF	50-80	Fcγ
CD24	BA-1	T-Zellwachstum	HSA	35-45	P-Selektin
CD26	DPP IV, ADA-BP	Kostimulation bei T-Zell-Aktivierung	Prolyl-Oligopeptidase, Serin-Typ Exopeptidase	110	ADA, CD45, Kollagen
CD27	T14, S152	Kostimulation bei T-Zell-Aktivierung	NGFR-SF, TNFR-SF	55	CD70
CD28	Tp44, T44	Kostimulation bei T-Zell-Aktivierung	Ig-SF	44	CD86, CD80, PI3K, ITK GRB-2-SOS
CD30	Ki-1 Antigen, Ber-H2 Antigen	Regulation von Zellproliferation und Apoptose	TNFR-SF	120	CD153, TRAF1, TRAF2, TRAF3, TRAF5
CD38	T10	T-Zell-Proliferation, ADP-Ribose-Cyclase	ADPR Cyclase F	45	unbekannt
CD43	Leukosialin, gpL115, Sialophorin	Anti-Adhäsion	Sialomucin	95-115	ICAM-1 (CD54)
CD45	LCA	Signalweitergabe in B- und T-Zellen	PTP	180-220	CD2, CD3, CD4, LPAP, Galectin-1
CD57	HNK-1, Leu-7	nach Aktivierung nicht-MHC-beschränkte Zytotoxizität	Oberflächen-Glykoproteine		
CD59	MACIF, MIRL, P-18, HRF20, 1F-5Ag, H19. Protectin	Schutz vor Komplement-vermittelter Lyse	Ly6-SF	19-25	C8α, C9, lck, fyn
CD69	AIM, MLR3, gp34/28, EA 1	Signalweiterleitung, frühe Prozesse der Zell-Aktivierung	C-Typ Lektin-SF	28, 32	unbekannt
CD90	Thy-1	Lymphozyten-Rezirkulation, T-Zell-Aktivierung	Ig-SF	25-35	CD45, lck, fyn, P100
CD95	Fas, APO-1	Weitergabe eines Apoptose-Signals	NGFR-/TNFR-SF	45	Fas-L
CD98	4F2, FRP-1	Regulation der Zell-Aktivierung	unbekannt	125	Aktin
CD99	E2, MIC2	Bilung von T-Zell- und Erythrozyten-Rosetten	unbekannt	32	unbekannt
CD100	keine	T-Zell-Proliferation, Adhäsion von T- und B-Zellen	Semaphorin, Ig	150	CD45
CD101	V7, P126, BPC#4	Verhinderung der T-Zell-Proliferation	Ig-SF	120	unbekannt
CDw150	SLAM, IPO-3	Signalmolekül	Ig-SF	75-95	CDw150, CD45
CD152	CTLA-4	Negativregulation der T-Zell-Kostimulation	Ig-SF	33	CD80, CD86
CD153	CD30L	Kostimulation bei T-Zell-Proliferation	TNF-SF	40	CD30R
CD154	CD40L, gp39, T-BAM, TRAP	kostimulierendes Molekül für B-Zell-Proliferation und -Aktivierung	TNF-SF	28-33	CD40
CD158a	p58.1, p50.1, EB6	Zytotoxizitätsinhibition	p50.1/p58.1 Ig-SF	50, 58	HLA-CW2, -CW4, -CW5, -CW6, SHP-1
CD158b	p58.2, p50.2, GL183	Zytotoxizitätsinhibition	p50.1/p58.2 Ig-SF	50, 58	HLA-CW1, -CW3, -CW7, -CW8
CD158c	p58.3, p50.3	Aktivierungsmolekül	p50.3/p58.3 Ig-SF	55-58	unbekannt

Abkürzungen:

ADA-BP	*"adenosine deaminase binding protein"*	NEP	*"neutral endopeptidase"*
ADPR	*"ADP-ribosyl"*	NGFR-SF	*"nerval growth factor receptor superfamily"*
AIM	*"activation inducer molecule"*	PI-3K	*"phosphoinositide-3-kinase"*
C3dR	*"C3d receptor"*	PTP	*"protein tyrosine phosphatase"*
CALLA	*"common acute lymphoblastic leukemia antigen"*	RCA	*"regulators of complement activation"*
CTLA-4	*"cytotoxic lymphocyte associated protein 4"*	SLAM	*"signaling lymphocyte activation molecule"*
DPP IV	*"dipeptidylpeptidase IV"*	SRCR-SF	*"scavenger receptor cysteine-rich superfamily"*
EBVR	*"Epstein Barr virus receptor"*	TAPA-1	*"target for antiproliferative antigen 1"*
HSA	*"heat stable antigen"*	TM4-SF	*"transmembrane 4 superfamily"*
Ig-SF	*"Immunoglobulin superfamily"*	TNFR-SF	*"tumor nekrose factor receptor superfamily"*
LCA	*"leukocyte common antigen"*	TRAP	"TNF-*related activation protein"*
LPAP	*"lymphocyte phosphatase associated phosphoprotein"*		

Tab. 7.5.2-VI Auf T-Zellen lokalisierte CD-Antigene

CD-Antigen	Synonym	Funktion	Vorkommen	Molekular-gewicht [kDa]	Liganden/ Assoziate mit
CD65	Ceramid-Dodecasaccharid, VIM-2	Regulation von Phagozytose ?	Monozyten		
CD65s	Sialylated-CD65, VIM-2	Regulation von Phagozytose ?	Monozyten, Granulozyten		P- und E-Selektin ?
CD90	Thy-1	verhindert Differenzierung hämatopoetischer Stammzellen ?	hämatopoetische Stammzellen, Neuronen, Myelomzellen, Stromazellen	25-35	CD45, lck, fyn, P100
CD101	V7, P126	Modulation der T-Zell-Antwort ?	Granulozyten, Monozyten, Dendritische Zellen, aktivierte T-Zellen	120 Homodimer	unbekannt
CD109	8A3, 7D1	unbekannt	Endothelzellen, Stromazellen	170	unbekannt
CD140a	PDGF Rα	Tyrosinkinase	Endothelzellen, Stromazellen	180	PDGF A oder B
CD140b	PDGF Rβ	Tyrosinkinase	Endothelzellen, Stromazellen, Mesangialzellen	180	PDGF B
CD141	Thrombomodulin, Fetomodulin	Cofaktor für Thrombin-abhängige Aktivierung von Protein C und TAFI	Keratinozyten, Endothelzellen, Zellen der glatten Muskulatur, Megakaryozyten, Monozyten, Neutrophile	105	Thrombin, Protein C, TAFI
CD142	Gewebefaktor, Thromboplastin, Coagulationsfaktor III	induziert Blutcoagulation	Epithelzellen, epidermale Keratinozyten, Astrozyten, nicht in Zellen mit Plasma-Kontakt außer bei Entzündungsinduktion	45-47	Faktor VIIa, Faktor Xa/TFPI
CD143	Peptidyl-Dipeptidase A, ACE, Kinase II	Dipeptidyl-Peptidase, Zn^{2+}-Metallopeptidase	Endothelzellen, Epithelzellen, Makrophagen, Neuronalzellen	170-180	Angiotensin
CD148	HPTP-eta, DEP-1, p260	Kontaktinhibition bei Zellwachstum	hämatopoetische Zellen, Nervenzellen	240-260	unbekannt
CDw149	MEM-133	unbekannt	Lymphozyten, Monozyten	120	unbekannt
CD151	PETA-3, SFA-1	Signalkomplex mit FcR IIa	Thrombozyten, Endothelzellen, glatte Muskelzellen, Epithelzellen	32	Integrine, HLA-DR
CD155	Polio Virus R	unbekannt	Monozyten, Makrophagen, Thymozyten, ZNS-Neuronen	80-90	CD44
CD156	ADAM 8, MS2	Leukozytenextravasation ?	Monozyten, Neutrophile	69	unbekannt
CD157	BST-1, Mo5	ADP-Ribose-Cyclase, Hydrolase für zyklisches ADP-Ribose	Monozyten, Granulozyten, Endothelzellen, follikuläre dendritische Zellen	42-45	unbekannt
CD163	GHI/61, M130	unbekannt	Monozyten, einige Makrophagen	130	unbekannt

Abkürzungen:
ACE "*angiotensin converting enzyme*"
ADAM "*A disintegrin and metalloprotease*"
DEP-1 "*high cell density enhanced* PTP 1"
PDGF R "*platelet derived growth factor receptor*"
TAFI "*thrombin activatable fibrinolysis inhibitor*"

Tab. 7.5.2-VII Weitere CD-Antigene

7.5.4 In-situ-Immunverfahren zum Nachweis von Onkogenprodukten

Können wir bei soliden Tumoren nur sehr selten Oberflächenmarker für die Diagnostik benutzen, so lassen sich doch mehr und mehr intrazelluläre Proteine als Diagnose-, Proliferations- und Verlaufskontrollmarker heranziehen. Ein Verfahren ist die *in-situ*-immunhistochemische Analyse (Abb. 7.5.2). Dazu inkubieren wir ein histologisches Dünnschnittpräparat mit einem Antikörper, der ein tumorrelevantes Antigen erkennt. Den gebildeten Antigen-Antikörperkomplex können wir dann durch geeignete Indikator-Reaktionen nachweisen.

Derartige Methoden sind sehr leistungsstark, denn sie erlauben nicht nur eine semiquantitative Abschätzung des detektierten Tumormarkers, sondern wir können über den Tumormarker auch den Gewebeverband erkennen, in den der Tumor bereits infiltriert ist.

So sind die entsprechenden intrazellulären Tumormarker wichtige Parameter zur Abschätzung von Malignität und Prognose der jeweiligen Tumorerkrankung und beeinflussen somit in immer stärkerem Maße die Wahl eines bestimmten Therapieschemas. Allerdings sind die Methoden der *in-situ*-Immunhistologie sehr aufwendig und kostspielig und bei weitem noch nicht so verbreitet, wie die Oberflächentypisierung bei hämatopoetischen Tumorleiden.

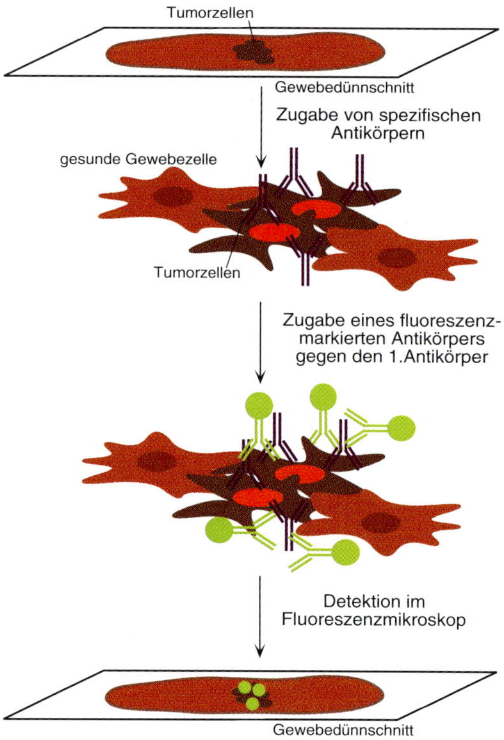

Abb. 7.5.2 In-situ-immunhistochemische Diagnostik. Zunächst wird ein Dünnschnittpräparat mit einem spezifischen Antikörper für ein tumorrelevantes Antigen inkubiert. Der gebildete Antigen-/Antikörperkomplex wird dann in einer geeigneten Indikatorreaktion – meist mit Hilfe eines markierten zweiten Antikörpers – sichtbar gemacht.

7.5.5 Zytogenetische Analysen zum Nachweis von Aneuploidie und Onkogen-Amplifikationen

Nach wie vor kommt der Zytogenetik eine große Bedeutung im Rahmen der Tumordiagnostik zu. Metaphase-Karyogramme geben Aufschluß auf den Ploidiegrad von Tumorbiopsien. Mit Fortschreiten der Entartung geht überproportional schnell auch die Fähigkeit verloren, Fehler zu korrigieren. Daher weisen maligne Tumoren ein ausgeprägtes Bild an Aneuploidie auf. Umgekehrt deutet eine ausgeprägte Aneuploidie an, daß es sich um einen fortgeschrittenen Tumor handelt.

Bestimmte zytogenetische Veränderungen lassen sich aber auch zur Differentialdiagnose nutzen. Häufig handelt es sich dabei um Translokationen, Inversionen und Deletionen bestimmter chromosomaler Subregionen oder ganzer Chromosomen. Es können aber auch Chromosomenduplikationen identifiziert werden, die zu definierten Trisomien führen. Bekannte Translokationen sind beispielsweise die t(8; 14)(q24; q32)-Translokation beim Burkitt-Lymphom oder die t(9; 22)(q34; q11)-Translokation – dem sogenannten Philadelphia-Chromosom – bei der chronisch myeloischen Leukämie (CML) (Abb. 7.5.3).

Onkogenamplifikationen können wir durch sog. „*homogeneously stained regions* (HSR)" oder durch sog. „*double minutes*" zytogenetisch nachweisen (Abb. 7.5.4). Bei den HSRs handelt es sich um hochgradig amplifizierte chromosomale Regionen innerhalb eines Chromosoms. Sie erhielten ihren Namen daher, daß diese Bereiche praktisch eine neue Bande bzw. eine Ausdehnung einer vorhandenen Bande auf einem Chromosom bilden. Genauer kann man HSRs durch Hybridisierung mit geeigneten Gensonden nachweisen. In der Regel enthalten die amplifizierten Bereiche bestimmte Onkogene.

Double minutes können wir als eine Art Minichromosomen ansehen, die auch durch Amplifikation entstanden sind, sich dann aber aus dem Chromosomenverband gelöst haben und in hoher Kopienzahl im Zellkern persistieren. Auch *double minutes* enthalten in der Regel Onkogene, die wir wiederum durch Hybridisation mit entsprechenden Gensonden nachweisen können.

Meist sind mit dem Nachweis von HSRs oder *double minutes* schlechte Prognosen verknüpft und entsprechend aggressiv muß folglich therapiert werden.

7.5.6 Nukleinsäurediagnostik

Alle oben geschilderten Veränderungen können wir natürlich auch auf der Ebene der Nukleinsäuren durch verschiedene Verfahren in

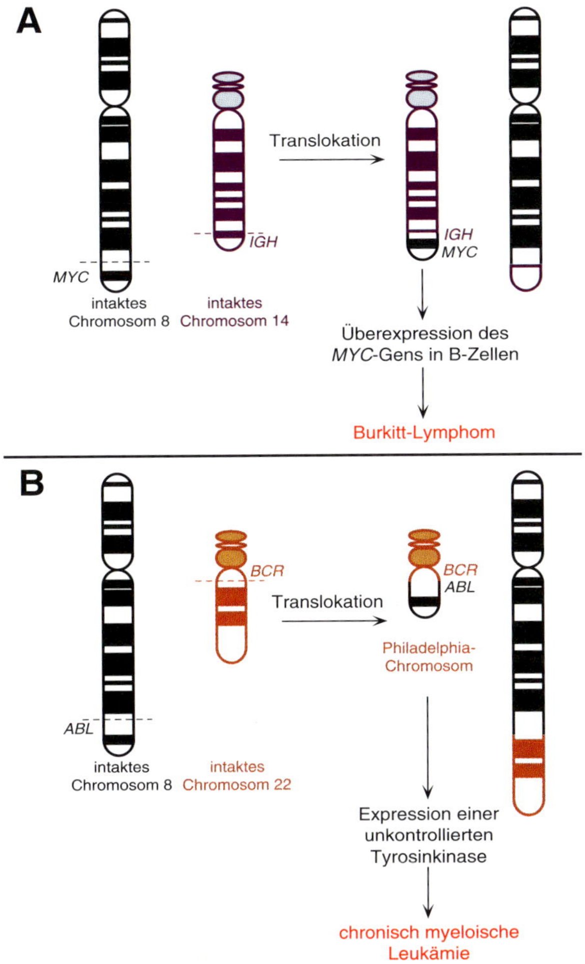

Abb. 7.5.3 Translokationen.
A. t(8; 14)(q24; q32)-Translokation beim Burkitt-Lymphom.
B. t(9; 22)(q34; q11)-Translokation – dem sogenannten Philadelphia-Chromosom – bei der chronisch myeloischen Leukämie (CML).

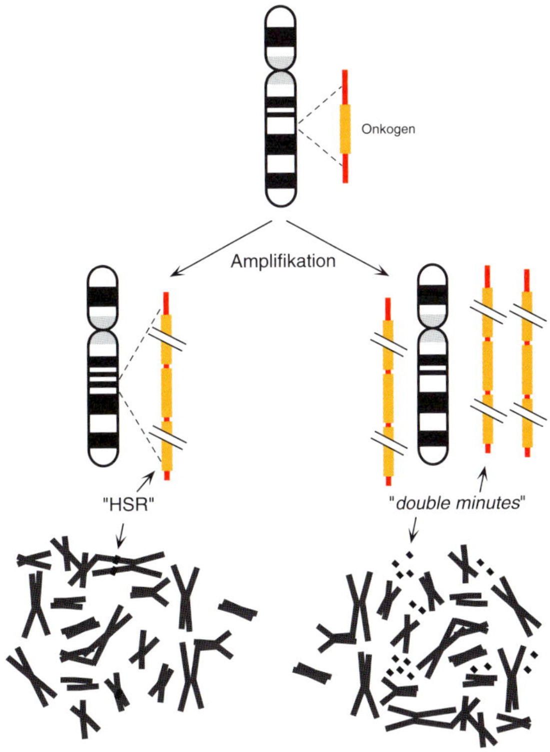

Abb. 7.5.4 „Homogeneously stained regions (HSR)" und „double minutes". *Homogeneously stained regions* entstehen durch lokale Amplifikationen bestimmter Chromosomenabschnitte. Meist enthalten diese Abschnitte Onkogene. Sie lassen sich an einem veränderten Bandenmuster der betroffenen Chromosomen oder durch *in situ*-Hybridisation mit geeigneten Genproben erkennen. *Double minutes* enthalten ebenfalls amplifizierte Chromosomenabschnitte, die sich aber aus dem intakten Chromosomenverband lösen und im Karyogramm als kleine „Doppelpunkte" nachweisbar sind.

Kombination mit Hybridisationstechniken nachweisen. Diese Methoden sind häufig noch aussagekräftiger, allerdings auch aufwendiger und derzeit nur von Spezial-Laboratorien durchführbar.

Wir können sowohl DNA als auch RNA analysieren. Bei der Analyse von DNA suchen wir nach den eigentlichen Gründen von Funktionsstörungen oder Fehlregulationen, denn derartige Fehlleistungen haben ihre Ursache immer in einer bestimmten Änderung der genetischen Kontroll- oder Informationseinheit. Bei der Analyse von RNA erkennen wir zum Teil das Ausmaß einer solchen Störung, da als Konsequenz keine, mehr, weniger oder eine veränderte RNA gebildet wird.

7.5.7 DNA-Restriktionsfragment-Längenpolymorphismus (RFLP)

Deletionen, beispielsweise von Tumorsuppressor-Genen, lassen sich auf der Basis des bereits mehrfach besprochenen Restriktionsfragment-Längenpolymorphismus (RFLP-Analyse) nachweisen (siehe Kapitel 7.1 und 7.4). Auf die Grundlagen zu diesem Verfahren brauchen wir hier nicht mehr einzugehen.

Detektieren wir den Verlust eines Tumorsuppressor-Gens, so stellt sich das Resultat in der RFLP-Analyse unterschiedlich dar, je nachdem ob es sich um einen homozygoten oder um einen heterozygoten Genverlust handelt. Ist der analysierte Genom-Ort homozygot, so wird als Analyse-Resultat nur eine einzige markierte Bande erkennbar sein. Falls der Genom-Ort heterozygot ist, lassen sich mit bestimmten Restriktionsendonukleasen zwei markierte Banden unterschiedlicher Größe nachweisen. Dabei sollten wir immer eine Vergleichsanalyse von DNA aus gesundem Gewebe mit durchführen. So lassen sich die Veränderungen erkennen, die im Laufe der Tumorgenese stattgefunden haben.

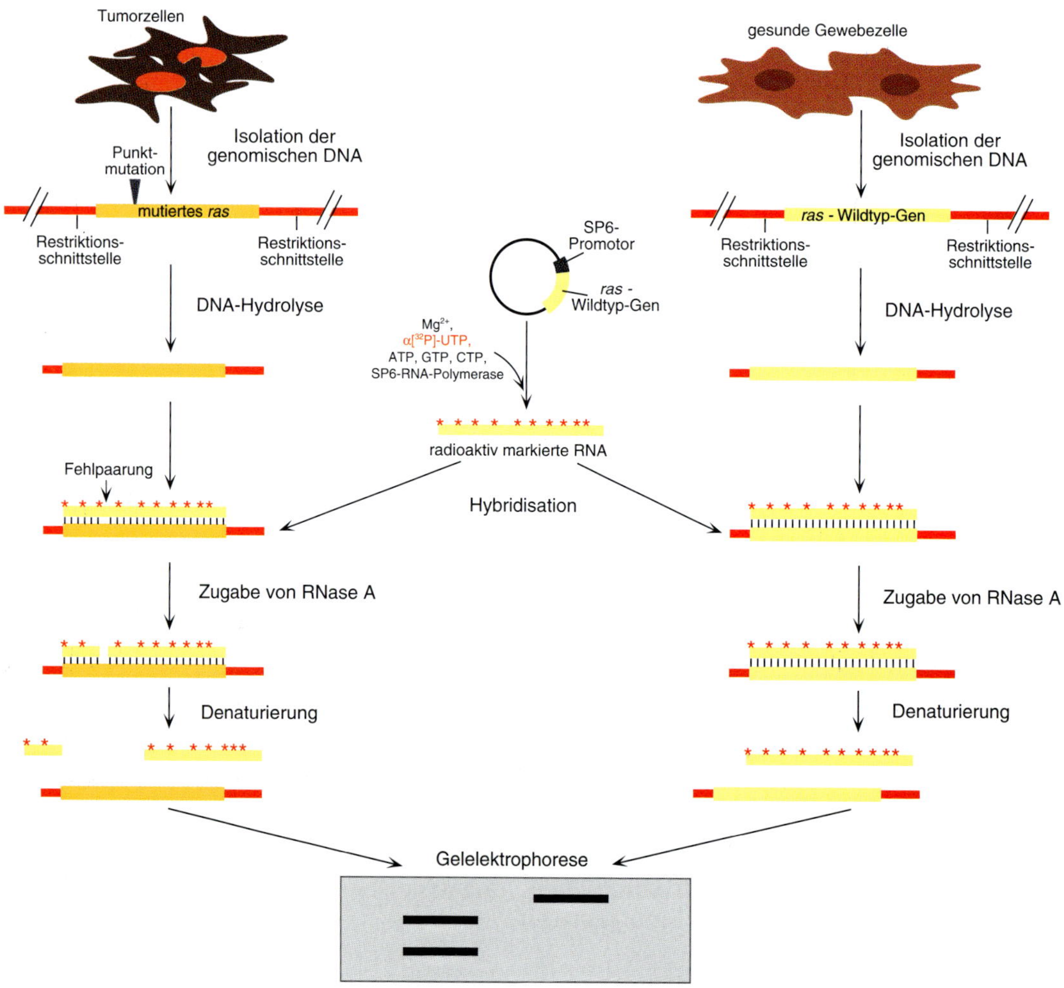

Abb. 7.5.5 Nachweis von Punktmutationen durch RNase-Spaltung. Beim Nachweis einer Punktmutation durch RNase-Spaltung macht man sich zu Nutze, daß unter bestimmten Bedingungen die RNase A nur dort eine RNA hydrolysiert, wo diese nicht eine Basenpaarung mit einer komplementären DNA eingeht.
Konkret isoliert man genomische DNA aus dem Tumorgewebe, spaltet diese DNA mit einer Restriktionsendonuklease, die nicht im *ras*-Gen schneidet und hybridisiert diese DNA mit einer radioaktiv markierten RNA, die man *in vitro* an einem Wildtyp-*ras*-Gen hergestellt hat. Hierzu verwendet man ein Plasmid, das ein *ras*-Gen enthält, dessen Transkription von einem Phagen-Promotor (SP6- oder T7-Promotor) kontrolliert wird. Inkubiert man dieses Plasmid mit radioaktiven Nukleotid-Triphosphaten und der entsprechenden Phagen-RNA-Polymerase, erhält man eine RNA mit hoher spezifischer Radioaktivität. Durch Zugabe der RNase A, wird die RNA dort gespalten, wo DNA und RNA nicht exakt paaren, und es entstehen zwei RNA-Fragmente, die über Gelelektrophorese nachgewiesen und charakterisiert werden können.

7.5.8 Nachweis von Punktmutationen durch RNase-Spaltung

Wie gehört, lassen sich durch RFLP-Analysen zuverlässig Deletionen und mit Einschränkungen auch Amplifikationen nachweisen. Der Nachweise von Amplifikationen ist dann möglich, wenn sich bei der Hybridisierung eine Bande mit deutlich stärkerer Intensität darstellen läßt, als andere Banden. Punktmutationen, die ebenfalls Ursache für eine maligne Transformation auf molekularer Ebene sein können, lassen sich jedoch durch direkte Hybridisationsverfahren nach Hydrolyse mit einer Restriktionsendonuklease nicht eindeutig nachweisen.

Zum Nachweis von Punktmutationen können wir eine Methode einsetzen, die auch als RNase-Spaltung bezeichnet wird (Abb. 7.5.5). Dies wollen wir am Beispiel von „aktivierenden Mutationen" des Onkogens *ras* betrachten, die innerhalb der Codons 12, 13 oder 61 auftreten und die dafür verantwortlich sind, daß das RAS-Protein seine „Schalterfunktion" verliert und nicht mehr abgeschaltet werden kann.

- Zunächst hydrolysieren wir genomische DNA mit Restriktionsendonukleasen, die nicht in einem *ras*-Gen schneiden.
- Dann snythetisieren wir eine radioaktiv markierte RNA, wobei wir ein kloniertes *ras*-Gen als Matrize benutzen, das hinter einem T7- oder einem SP6-Promotor inseriert wurde (siehe Abb. 2.8.4 in Kapitel 2.8). Inkubieren wir dieses Plasmid mit der entsprechenden Phagen-RNA-Polymerase (entweder der T7-RNA-Polymerase oder der SP6-RNA-Polymerase) und radioaktiv-markiertem $\alpha[^{32}P]$-UTP als einem der vier Nukleotid-Triphosphate, erhalten wir hoch-spezifisch radioaktiv markierte mRNA des eingesetzten *ras*-Gens.
- Diese Sonde hybridisieren wir nun mit den genomischen DNA-Fragmenten. Liegt in der DNA Probe ein aktiviertes *ras*-Gen vor, so kann sich an der Nukleotidposition, an der sich die Mutation befindet, kein Doppelstrang ausbilden. Dieser Bereich ist damit sensitiv für die Spaltung durch RNase A, die unter den gewählten Reaktionsbedingungen nur Einzelstrangbereiche erkennt und die Phosphordiesterbindung in der radioaktiven RNA-Sonde an dieser Position hydrolysiert.
- Die so entstandenen Teilstücke können wir in einer Gelmatrix nach Größe fraktionieren und durch Autoradiographie sichbar machen.

Da wir sowohl die Größe der Ausgangs-RNA als auch die Positionen der möglichen Punktmutationen kennen, können wir sehr zuverlässig diagnostizieren und nicht nur eine Aktivierung des *ras*-Gens nachweisen, sondern auch die Lage der Mutation anhand der Größe der RNA-Fragmente bestimmen (Abb. 7.5.5).

7.5.9 Nachweis von Punktmutationen durch Einzelstrang-Konformationspolymorphismus-Analyse (SSCP)

Ein anderes Verfahren, Punktmutationen nachzuweisen, ist die Einzelstrang-Konformationspolymorphismus-Analyse (SSCP). Hierbei macht man sich die Tatsache zu Nutze, daß kurze Einzelstrang-DNA-Fragmente, die durch Denaturierung von DNA-Doppelstrangbereichen entstanden sind, sequenzabhängig bestimmte Sekundärstrukturen annehmen, die das Laufverhalten in nativen Polyacrylamidgelen charakteristisch beeinflussen.

Zur Analyse amplifizieren wir mit Hilfe zweier radioaktiv-markierter PCR-*Primer* einen kurzen genomischen Bereich auf, in dem eine Punktmutation vermutet wird. Danach denaturieren wir die amplifizierten DNA-Fragmente und tragen sie zur Trennung auf ein na-

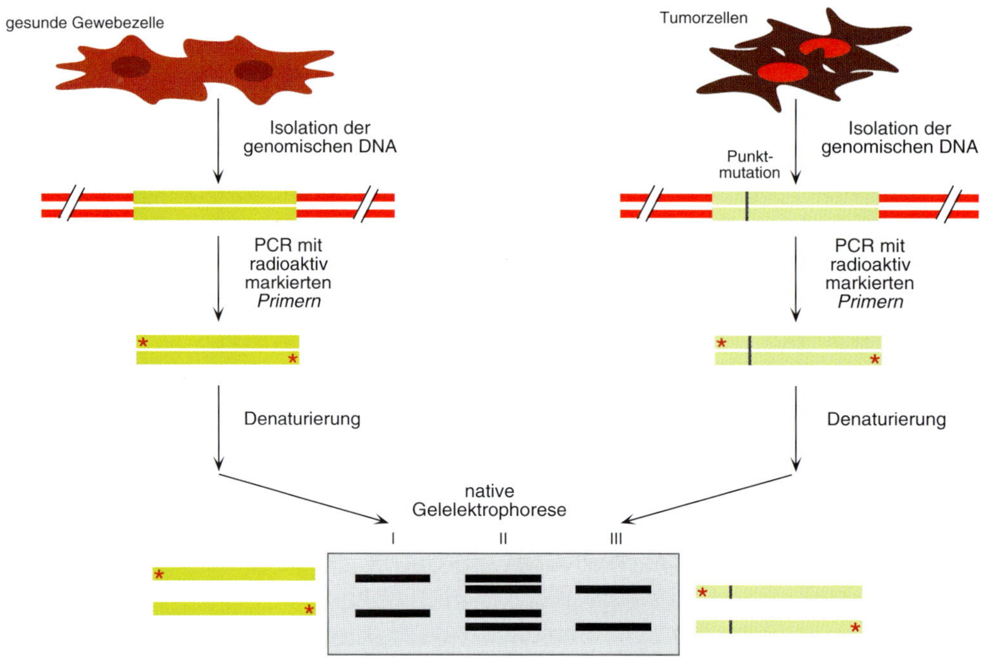

Abb. 7.5.6 Einzelstrang-Konformationspolymorphismus-Analyse (SSCP). Bereiche, in denen man eine Punktmutation vermutet, werden durch PCR zu relativ kurzen Fragmenten aufamplifiziert. Danach wird die Probe denaturiert und anschließend auf einem nativen Polyacrylamidgel (ohne Harnstoff) aufgetrennt. Je nach Basenzusammensetzung bilden die Einzelstränge typische Sekundärstrukturen. Daher wandern zwei Fragmente, die sich durch eine Punktmutation voneinander unterscheiden, leicht unterschiedlich. Im Gel-Beispiel zeigen die Spuren I und III die jeweiligen Bandenmuster in der homozygoten Wildtyp- bzw. Mutantenkonstellation. Die Spur II zeigt das Bandenmuster für eine heterozygote Zelle.

tives Polyacrylamidgel auf. Entsprechend ihrer sequenzspezifisch ausgebildeten Sekundärstruktur wandern die Fragmente unterschiedlich schnell und können durch Autoradiographie nachgewiesen werden (Abb. 7.5.6).

7.5.10 Nachweis eines Tumor-Risikos durch Verlust einer Heterozygotie

Entscheidend für die Vermeidung einer Tumormanifestation ist die Fähigkeit einer Zelle, Mutationen zu korrigieren. Diese Fähigkeit ist nicht bei allen Menschen in gleichem Maße ausgeprägt. Durch eine Variante der RFLP-Analyse können wir testen, ob ein Patient ein weniger aktives Reparatursystem besitzt und daher besonders gefährdet ist, an einem Tumorleiden zu erkranken. Bei dieser Analyse handelt es sich nicht um eine direkte Tumordiagnose, sondern um eine Analyse, die eine besondere Veranlagung zur Tumorentwicklung diagnostiziert. Sie kann beispielsweise bei direkten Verwandten von Patienten angewendet werden, die einen Tumor entwickelt haben, von dem man weiß, daß er eine starke genetische Komponente besitzt.

Wir gehen so vor, daß wir von dem Tumorpatienten und von verwandten Personen Leukozyten präparieren, die anschließend in Kultur genommen werden. Diese Zellen werden dann geringen Konzentrationen mutagener Agenzien ausgesetzt. Nach einigen Tagen führen wir dann an der DNA dieser Leukozyten RFLP-Analysen durch, um zu schauen, ob ein Allel beispielsweise eines Tumorsuppressor-Gens während der Exposition mit dem Mutagen verloren gegangen ist. Diese Versuche können durch Vergleiche so eingestellt werden, daß eine Überempfindlichkeit auf mutagene Stimuli, und damit eine Prädisposition zur Tumorentwicklung, sicher nachgewiesen werden können.

7.5.11 *Analyse der RNA*

Von großer Bedeutung ist auch die RNA-Diagnostik, da zumindest im Falle dominanter Onkogene eigentlich nicht das mutierte Gen für die Entstehung eines Tumors verantwortlich ist, sondern das Produkt, das von diesem Gen codiert wird. Die Zwischenstufe zwischen dem genetischen Material einerseits und dem durch das Gen codierte Protein andererseits ist die mRNA, die sich ebenfalls molekular untersuchen läßt.

Zum Beispiel können wir über die molekulare Analyse der RNA den Nachweis einer Translokation führen, die sich sonst nur zytogenetisch detektieren läßt. Der zytogenetische Nachweis ist jedoch nur dann möglich, wenn in einem Präparat ausreichend Metaphase-Zellen vorhanden sind. Auch auf DNA-Ebene bereitet der Nachweis einer Translokation in der Regel Probleme. Die Bruchpunkte liegen gewöhnlich in *Introns*, an unterschiedlichsten Stellen und über weite Bereiche verteilt, so daß es schwierig ist, eine aussagekräftige Analysestrategie zu entwickeln.

Anders ist es, wenn wir RNA analysieren, denn mRNAs enthalten bekanntlich keine *Introns* mehr. Mit Hilfe zweier Primer, die links und rechts von einem *Intron* binden, in dem bekanntermaßen Translokationen stattfinden, können wir ein PCR-Produkt erzeugen, das für eine bestimmte Translokation typisch ist. Da die PCR an RNA und nicht an DNA ausgeführt wird, müssen wir in den ersten Runden ein Enzym einsetzen, das RNA als Substrat für die DNA-Polymerisation erkennt. Dies ist die Reverse-Transkriptase der Retroviren, weshalb man diese Variante der PCR-Methode als „Reverse-PCR (RT-PCR)" bezeichnet (siehe Kapitel 2.3).

Große Bedeutung besitzt diese Methode zur

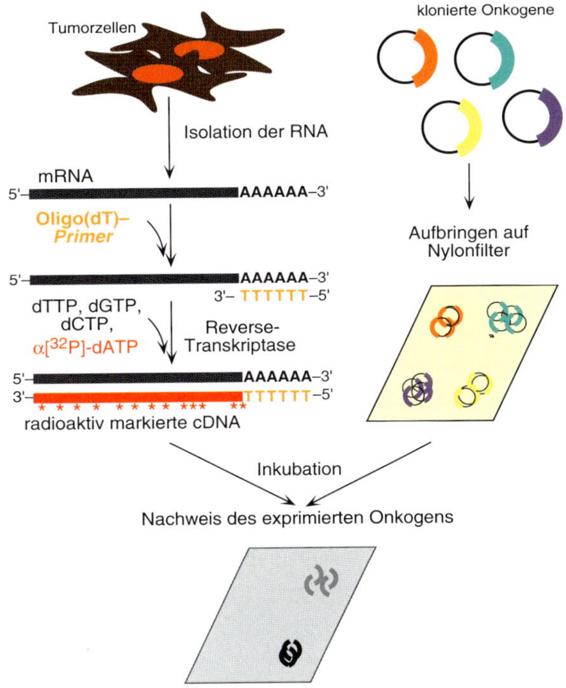

Abb. 7.5.7 ***Dot-Blot*-Analyse zum simultanen Nachweis der Expression verschiedener Onkogene.** Als Analysemedium verwendet man ein Filter, auf dem punktförmig (daher der Name: *Dot-Blot*) DNA-Fragmente oder ganze Plasmide mit bekannten Onkogenen fixiert sind. Dieses Filter wird mit einer radioaktiv markierten cDNA-Probe hybridisiert, die an der Gesamt-mRNA aus einer Tumor-Biopsie hergestellt wurde. Befindet sich in dem Tumormaterial eine unnatürlich stark angereicherte mRNA, so läßt sich diese durch Hybridisation der entsprechenden cDNA an die Onkogenprobe auf dem Filter nachweisen und identifizieren.

Bestimmung der sog. minimalen Resterkrankung („*minimal residual disease*"). Diese Analytik ist von höchster Bedeutung, wenn Leukämie-Patienten für eine autologe Knochenmark-Transplantation vorbereitet werden. Dazu werden dem Patienten in einer Phase der Remission Stammzellen entnommen, um sie später – nach dem Auftreten eines Rezidivs – für eine Knochenmark-Transplantation bereit zu haben. Mit Hilfe der Reversen-PCR können wir den Grad der Remission bestimmen, da es fatal wäre, wenn sich in dem Stammzell-Pool auch maligne transformierte Zellen befänden, die dann wiederum Ausgang eines erneuten Ausbruchs der Tumorerkrankung wären. Die enorme Empfindlichkeit der PCR-Analytik ist hier von großer Bedeutung.

7.5.12 Expressionsanalyse durch Dot-Blot-Verfahren

Umfassende Aussagen über die Expression verschiedene Onkogene lassen sich mit einem *Dot-Blot*-Verfahren machen. Hierzu werden klonierte Onkogenproben auf einem Nylonfilter fixiert.

Die eigentliche Analytik beginnt mit der Isolierung von RNA aus einer Gewebeprobe. Die mRNA in dieser Probe wird dann mit Hilfe der Reversen-Transkriptase in eine cDNA-Population umgeschrieben. Dies ist möglich, da alle mRNAs in einer Zelle an ihrem 3'-Ende eine Poly(A)-Sequenz tragen, die nach der Transkription angeheftet wird. Durch Verwendung eines Oligo(dT)-*Primers*, kann man eine Startstelle für die DNA-Synthese durch Reverse-Transkriptase schaffen, so daß alle mRNAs in DNA umgeschrieben werden. Dabei verwenden wir $\alpha[^{32}P]$-dATP als eine der vier dNTP Vorstufen, so daß die synthetisierte cDNA radioaktiv markiert ist. Diese cDNA-Population inkubieren wir mit dem Filter, auf dem die verschiedenen klonierten Onkogene fixiert sind. Befinden sich in der Probe markierte cDNAs von Onkogen-Transkripten, so binden sie konzentrationsabhängig an die entsprechende Onkogen-Sonde. Auf diese Weise erhalten wir ein komplexes Bild der Expression bestimmter Onkogene in einem Biopsiematerial, das dann zusammen mit anderen Diagnoseparametern zur Differentialdiagnose einer bestimmten Tumorerkrankung herangezogen werden kann (Abb. 7.5.7).

Zusammenfassung

Es steht uns heute ein breites Spektrum von molekularen Analysemethoden zur Verfügung, dessen Komplexität hier nur exemplarisch angedeutet werden sollte. Alle diese Methoden tragen dazu bei, maligne Entartungen so früh und so zuverlässig wie möglich nachzuweisen. Dies schafft nur eine Kombination verschiedener Methoden. Das Neue an der molekularen Diagnostik besteht darin, daß nicht mehr ausschließlich die Konsequenzen von Mutationen – beispielsweise durch die morphologische Inspektion des Biopsiematerials oder durch biochemische und immunologische Verfahren – nachgewiesen werden. Vielmehr erlauben es die molekularen Verfahren, die Mutationen selbst zu detektieren. Viele dieser Nachweisverfahren können bereits heute schon in komplexen Matrizes – beispielsweise in Stuhlproben – mit sehr kleinen Probenmengen durchgeführt werden. Allerdings sind die Methoden, nicht zuletzt wegen ihrer Empfindlichkeit, technisch anspruchsvoll, so daß sie meist in Speziallabors durchgeführt werden.

Methoden in der Gentechnik (M14)

Durchflußzytometrie

Zellen können über ihre spezifischen Oberflächenantigene (siehe auch Kap. 7.5) nicht nur identifiziert sondern auch sortiert werden. Dadurch läßt sich gezielt der Anteil von z. B. $CD8^+$-Zellen in den Lymphozyten einer Blutprobe ermitteln. Das Gerät, das hierfür eingesetzt wird, ist ein *Fluorescence-activated cell sorter* (FACS). Die Zellen werden zunächst mit Antikörpern, die verschiedene Oberflächenantigene erkennen und mit unterschiedlichen Fluoreszenzfarbstoffen verknüpft sind, markiert (Abb. M14.1). Anschließend wird die Probe durch eine dünne Kapillare geleitet und ein Strom von Einzelzellen erzeugt. Diese Einzelzellen werden wiederum von einem Laserstrahl erfaßt. Verschiedene Photodetektoren messen die Lichtstreuung, die ein Maß zum einen für die Größe, zum anderen für die Granularität einer Zelle ist und die Emmissionen der benutzten Fluoreszenzfarbstoffe. Entsprechend der Signale der Photodetektoren kann die Ladung auf nachgeschalteten Ablenkplatten verändert werden, um die identifizierten Zellen in einzelne Fraktionen zu sortieren.

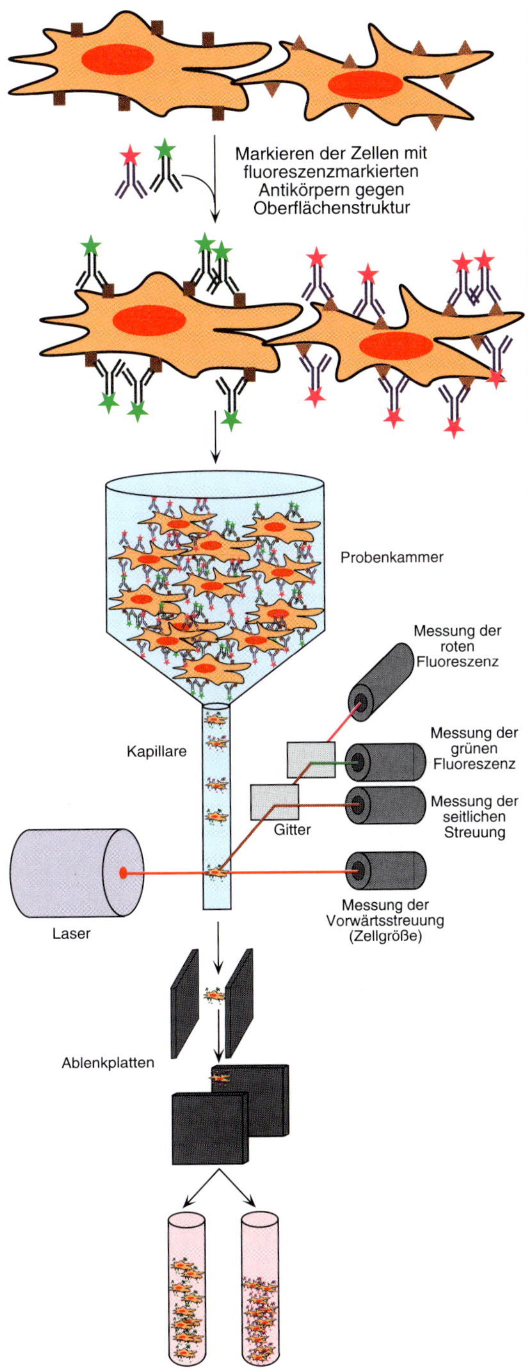

Abb. M14.1 Prinzip der Durchflußzytometrie im FACS.

7.6 Diagnose von Infektionskrankheiten

Die klassischen Verfahren zur Identifizierung pathogener Organismen und Viren sind hinlänglich bekannt. Dazu gehören:

- die optische Identifizierung mit dem Mikroskop,
- die Analyse der Kultivierungs- und Wachstumseigenschaften,
- die Bestimmung antigener Determinanten,
- die spezifische Immunantwort des Wirtes (Antikörper-Produktion).

Zum Teil können wir diese Verfahren erst dann sicher einsetzen, nachdem sich die Infektion bereits deutlich manifestiert hat. Auch sind die Ergebnisse nicht immer eindeutig, beispielsweise dann, wenn Antikörper kreuzreagieren, oder wenn eine Kultivierung nicht möglich ist bzw. die Diagnoseverfahren nicht ausreichend empfindlich sind.

Aus diesem Grund werden mehr und mehr Nukleinsäure-Hybridisierungstechniken oder DNA-Amplifizierungs-Reaktionen (PCR) zum Nachweis und zur Identifizierung viraler oder mikrobieller Infektionen eingesetzt. Wo machen derartige Nachweise einen Sinn oder sind sogar wichtig – manchmal lebenswichtig? Einige Beispiele wollen wir kursorisch betrachten, wobei die Auswahl sicher nicht repräsentativ oder gar vollständig ist.

7.6.1 Virale Infektionen

7.6.1.1 Humanes Papillomavirus (HPV)

Das humane Papillomavirus (HPV) ist heute als Tumorvirus eingestuft. Das heißt, daß Gewebe, das mit HPV infiziert ist, mit einer gewissen Wahrscheinlichkeit maligne entarten kann. Auf dem Papillomavirus-Genom sind nämlich Kontrollproteine codiert, die mit zellulären Proteinen derart wechselwirken können, daß die Wachstumskontrolle der infizierten Zelle verloren geht und die Zelle daher entartet.

Dies verdeutlicht, daß einer sicheren Diagnose eine erhebliche Relevanz zukommt. So bietet sich dann auch die Sensitivität und Spezifität der PCR in idealer Weise an, HPV-Infektionen zu diagnostizieren. Durch PCR kann das Virus im Rahmen gynäkologischer Vorsorgeuntersuchungen in Abstrichmaterial – beispielsweise nach einer *Papanicolaou*-Färbung (siehe Kapitel 7.5) – oder in eingebetteten Gewebeproben nachgewiesen werden. Durch den Einsatz spezifisch ausgewählter *Primer* können wir darüber hinaus verschiedene Subtypen diagnostizieren, die sich z. T. erheblich in ihrem kanzerogenen Potential unterscheiden und unterschiedliche therapeutische Konsequenzen nahelegen. Auch für prognostische Aussagen bei Zervix-Karzinomen können wir die HPV-Diagnostik auf der Basis der Polymerase-Kettenreaktion nutzen.

7.6.1.2 Herpes-Viren

Auch für Infektionen mit verschiedenen *Herpes*-Viren ist in manchen Fällen der Aufwand einer molekularbiologischen Diagnostik angezeigt. Die Genome dieser z. T. sehr großen Viren sind aufgeklärt. Aus diesem Grund steht heute eine Vielzahl spezifischer *Primer*-Kombinationen zu Verfügung, mit deren Hilfe *Herpes*-Infektionen zuverlässig und genau diagnostiziert werden können.

Dies ist beispielsweise wichtig bei einer durch *Herpes-simplex-Virus*-Typ-1 ausgelösten Enzephalitis. Denn klinisch läßt sich diese besondere Form der viralen Enzephalitis nur schwer diagnostizieren. Antikörper gegen das *Herpes-simplex-Virus*-Typ-1 in peripherem Blut oder in der Gehirnflüssigkeit sind nur unzuverlässige Indikatoren für eine Infektion, da die Immunantwort erst verzögert auftritt und da Antikörper mit *Herpes-simplex-Virus*-Typ-2 kreuzreagieren.

Die *Cytomegalovirus* (CMV)-Diagnostik hat durch die stetig steigende Zahl der immunsupprimierten Patienten an Bedeutung gewonnen. Als opportunistisches Virus entfaltet dieser Erreger gerade bei immunkompromitierten Patienten gefährliche Komplikationen. Das Virus-Genom ist mit 225.000 Bp ungewöhnlich groß. Deshalb verläßt man sich bei der Diagnostik durch PCR nicht auf ein einzelnes *Primer*-Paar. Denn falsch negative Resultate können für betroffene Patienten große Komplikationen nach sich ziehen.

Varizella zoster ist ein menschliches Herpes-Virus, das Windpocken oder Gürtelrose verursacht. Das Virus ist hochgradig infektiös. Eine Reaktivierung des ruhenden Virus tritt besonders bei immunsupprimierten Patienten auf. Sie geht mit lebensbedrohlichen neurologischen Komplikationen einher. Mit Hilfe der PCR kann die Diagnose schnell und zuverlässig erfolgen.

Auch zur Differentialdiagnose unterschiedlicher *Epstein-Barr*-Virusstämme und deren Assoziation mit einigen Hodgkin's- oder Magen-Tumoren können wir heute die PCR-Analytik erfolgreich einsetzen.

Da sich viele der Herpes-Viren in ihren Genomen sehr ähneln, wurden *Primer* entwickelt, die bei entsprechend geringer Stringenz in *Screening*-Verfahren eingesetzt werden können. Dadurch können wir einerseits eine *Herpes*-Virus-Infektion ausschließen. Andererseits kann es gelingen, im Rahmen eines solchen *Screenings* mögliche neue humanpathogene *Herpes*-Virus-Typen zu identifizieren.

7.6.1.3 Hepatitis-Viren

Bisher sind fünf verschiedene *Hepatitis*-Virus-Typen beschrieben: HAV, HBV, HCV, HDV und HEV. Serologisch lassen sich diese Typen nicht immer eindeutig diagnostizieren. So lag es nahe, auch hier *Primer*-Paare zu entwickeln, mit deren Hilfe ein eindeutiger Nachweis möglich ist.

Diese Diagnostik hat einen ungeheuren großen Stellenwert im Rahmen der Unbedenklichkeits-Diagnostik von Blutprodukten erhalten. In dem Zeitraum zwischen Infektion und Serokonversion können wir die Kontamination einer Blutkonserve nur durch Nukleinsäure-Diagnostik erkennen.

7.6.1.4 Humanes Immundefizienzvirus (HIV)

Routinemäßig werden HIV-Infektionen heute in erster Linie serologisch mit Hilfe hochspezifischer ELISAs und *Western*-Blot-Analysen diagnostiziert. Allerdings gewinnen auch Verfahren, die auf dem Nachweis der viralen RNA oder der ins Genom integrierten DNA-Kopie basieren, stetig an Bedeutung. Wir müssen nämlich berücksichtigen, daß eine HIV-Infektion ca. 2 – 3 Monate serologisch nicht nachweisbar ist, da es erst danach zur Serokonversion kommt. Dies ist besonders für Ärzte und Pflegepersonal relevant, wenn der Verdacht besteht, daß man sich durch Blut, Operationsbesteck oder Injektionsnadeln kontaminiert haben könnte.

Auf die Bedeutung der PCR-Diagnostik bei der Überprüfung von Blutprodukten wurde schon bei der Besprechung der *Hepatitis*-Viren eingegangen. Analoges gilt für HIV.

Als immer wichtiger wird heute die Bestimmung der „Viruslast" eingeschätzt. Dieser Parameter hat für prognostische Aussagen einen ganz besonderen Stellenwert und ist ferner unverzichtbar für die Verlaufskontrolle einer komplexen Chemotherapie.

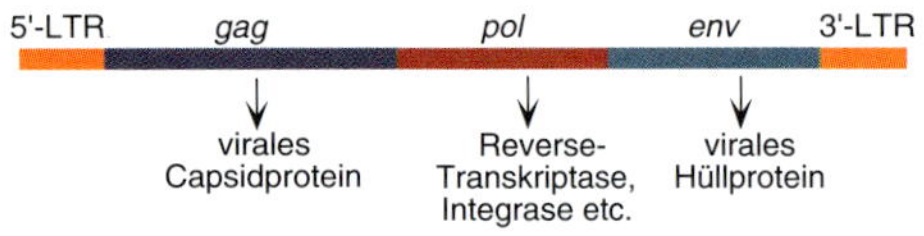

Abb.7.6.1 Vereinfachte schematische Darstellung des HIV-Genoms.

Schließlich kommt auch der Subtyp-Spezifizierung bei HIV eine immer stärker steigende Bedeutung zu, da unterschiedliche Medikamente unterschiedlich gut bei verschiedenen HIV-Subtypen ansprechen.

Die meisten *Primer*, die für die HIV-Diagnostik entworfen und getestet werden, richten sich gegen konservierte Bereiche im *gag*-Gen. Um falsch-positive Resultate auszuschließen, wird oft verlangt, eine Bestätigungsanalyse entweder im Bereich des *pol*- oder des *env*-Gens durchzuführen (Abb. 7.6.1).

PCR-Analysen im Rahmen einer HIV-Diagnostik sind auch bei Neugeborenen indiziert. Denn Neugeborene können „seropositiv" sein, obwohl sie nicht infiziert sind, da sich Antikörper der infizierten Mutter in ihrem Blut befinden. Andererseits kann aber auch durch einen negativen PCR-Test eine Infektion nicht sicher ausgeschlossen werden, so daß der Test in den ersten sechs Lebensmonaten öfter wiederholt werden sollte.

7.6.1.5 *Humanes T-lymphozytotropes Virus (HTLV)*

HTLV ist ähnlich wie HPV als Tumorvirus eingestuft. Infizierte Patienten erkranken nach einiger Zeit mit hoher Wahrscheinlichkeit an Leukämie.

HTLV gehört zu der Gruppe der Retroviren. Das heißt, ähnlich wie HIV wird auch eine HTLV-Kopie ins Genom der infizierten Zelle eingebaut, die dann als Kopie für die Vermehrung des Virus dient. Wir kennen zwei HTLV-Typen: HTLV-I und HTLV-II. Vom HTLV-I wissen wir, daß es nach längerer Inkubationszeit T-Zell-Leukämien induziert. Die Bedeutung von HTLV-II für pathologische Prozesse ist nach wie vor unklar.

Serologisch lassen sich die beiden Virus-Typen nur sehr schwer unterscheiden. Erst durch die PCR-Diagnostik ist eine Differentialdiagnostik sicherer möglich geworden. Allerdings müssen auch diese Analysen sehr sorgfältig kontrolliert werden. Das menschliche Genom ist nämlich relativ stark mit retroviralen Sequenzen durchseucht. So müssen wir bei der HTLV-Diagnostik darauf achten, daß die verwendeten *Primer* nicht unspezifisch integrierte retrovirale DNA erkennen. Es ist daher ratsam, die Amplimere immer durch Agarose-Gelelektrophorese nach ihrer Größe aufzutrennen, und anschließend in einer *Southern-Blot*-Analyse die Spezifität zu bestätigen.

7.6.2 *Bakterielle Infektionen*

7.6.2.1 *Infektionen durch Mycobakterium*

Zwar können wir Mycobakterien mikroskopisch anhand ihrer Säurefestigkeit und ihrer Färbeeigenschaften schnell nachweisen. Allerdings gelingt es auf diese Weise nicht, zwischen *Mycobacterium tuberculosis* und den atypischen Formen (beispielsweise *M. avium*, *M. intrazellulare*) zu differenzieren. Außerdem ist die Empfindlichkeit sehr gering, so daß bei routinemäßiger Durchführung der Nachweis nur in 10 bis 60 % der Fälle gelingt.

Ferner ist es schwierig, Mycobakterien zu kultivieren. Daher ist es nicht verwunderlich, daß DNA-Sonden, mit deren Hilfe sich die verschiedenen Mycobakterien durch Hybridisierung voneinander abgrenzen lassen, bereits im Handel erhältlich sind. In der Praxis verwendet man 2 Sätze von DNA-Sonden. Der eine Satz erkennt *M. tuberculosis*, wohingegen der andere Satz für atypische Mycobakterien spezifisch ist. So können wir aus Sputum- oder Blutproben nicht nur eine Infektion mit Mycobakterien diagnostizieren, sondern gleichzeitig eine Infektion mit *M. tuberculosis* von einer Infektion mit atypischen Bakterien unterscheiden.

7.6.2.2 *Infektionen mit Borrelia burgdorferi*

Borrelien-Infektionen spielen eine stetig wachsende Rolle in der Infektiologie. Fast alle Zecken sind potentielle Überträger einer *Lyme-Borreliose*, wohingegen die Frühsommer-Meningitis praktisch nur in bekannten Endemiegebieten übertragen wird.

Der sichere Nachweis einer Infektion mit *Borrelia burgdorferi* ist aus zwei Gründen sehr wichtig:

- Zum einen ist eine Therapie mit Antibiotika leicht möglich und sehr erfolgreich.
- Zum anderen verursacht eine nicht erkannte oder verschleppte Infektion schwere Spätschäden, die nur noch mit mäßigem Erfolg behandelt werden können.

Ein serologischer Nachweis einer *Borrelien*-Infektion ist nicht immer zuverlässig. Umgekehrt zeigt ein Antikörpertiter nicht zwingend eine Neuinfektion an. Ebenso gut können die Antikörper von einer früheren, erfolgreich behandelten Infektion stammen.

Aus diesen Gründen war es wichtig, ein Verfahren zu entwickeln, das die Erreger direkt über ihre DNA nachweist. Mit der PCR-Methode ist es gelungen, bakterielle DNA in Blut, Cerebrospinalflüssigkeit und im Urin persistent infizierter Patienten nachzuweisen.

7.6.2.3 *Bakterien des Gastrointestinaltraktes*

Bei Organismen, die den Verdauungstrakt besiedeln, müssen wir zwischen pathogenen und nichtpathogenen Stämmen unterscheiden. Außerdem gibt es dort sehr „anspruchsvolle Bakterien", die zum Wachsen auf ganz besondere Bedingungen angewiesen sind und in der Routinediagnostik leicht übersehen werden können.

Mit Hilfe geeigneter DNA-Sonden und PCR-*Primern* können wir heute Nachweisstrategien etablieren, die es möglich machen, über artspezifische Gene, die beispielsweise für bestimmte Toxine codieren, einen Mikroorganismus eindeutig, empfindlich und schnell zu identifizieren.

- Beispielsweise lassen sich pathogene *E.-coli*-Stämme durch den Nachweis von Virulenz- und Invasivitäts-Genen identifizieren.
- Bei *Shigella* sp. kann man das Invasivitätsplasmid nachweisen.
- *Clostridium difficile* läßt sich über sein Toxin-Gen diagnostizieren.
- Die Klassifizierung von *Campylobacter* sp. gelingt über spezifische Gene.
- Bei *Yersinia enterocolitica* sind die komplizierten Kulturbedingungen entbehrlich. Eine sichere Diagnose ist bereits vor den verzögert einsetzenden serologischen Veränderungen beim Patienten möglich.
- *Helicobacter pylori* kann ohne den apparativ aufwendigen Urease-Test nachgewiesen werden.
- Durch *Clostridium perfringens* verursachte Lebensmittelvergiftungen können mit Hilfe geeigneter DNA-Tests identifiziert und bakteriologisch klassifiziert werden.
- Geeignete DNA-Tests ermöglichen eine Unterscheidung zwischen pathogenen und nichtpathogenen *Entamoeba-histolytica*-Stämmen.

7.6.2.4 *Infektionen des Nervensystems*

Eine DNA-Analytik hat sich beispielsweise bei Infektionen durch das Bakterium *Neisseria meningitidis* (Meningococcus) bewährt. Wird eine solche Infektion nicht schnell und richtig diagnostiziert, können Blutvergiftung oder

Meningitis schwere Komplikationen verursachen. Zwar lassen sich die Meningococcen in der Gehirnflüssigkeit auch durch Gram-Färbung nachweisen. Allerdings müssen die Bakterien zuvor mindestens für 24 Stunden kultiviert werden. Diese Zeit können wir durch eine PCR-Analytik einsparen.

Mit dem Aufkommen von AIDS können einige der bis dato allgemein akzeptierten Kriterien zum sicheren Nachweis von Siphylis-Infektionen des ZNS nicht immer abgefragt werden. Durch PCR ist es nun möglich, *Treponema pallidum* direkt in Cerebrospinalflüssigkeit nachzuweisen. Diesen PCR-Test können wir auch zum Nachweis pränataler und neonataler Infektionen einsetzen.

Zusammenfassung

Für eine Vielzahl viraler und bakterieller Infektionen, sowie für Infektionen, die durch Parasiten oder Pilze hervorgerufen werden, stehen heute Diagnoseverfahren zur Verfügung, die auf dem Nachweis des genetischen Materials der pathogenen Organismen beruhen. Dadurch ist der Nachweis nicht nur empfindlicher, sondern auch genauer geworden. Durch die PCR lassen sich zum Teil hochrelevante Differentialdiagnosen stellen, die durch serologische Nachweise nicht möglich waren. Auch kann vielfach auf die Kultivierung der Pathogene verzichtet werden, wodurch nicht nur der Aufwand, sondern besonders die Zeit bis zur sicheren Diagnose erheblich reduziert werden konnte. Allerdings muß angemerkt werden, daß die neuen Methoden noch nicht den Stand erreicht haben, daß sie flächendeckend auch in kleineren Laboratorien eingesetzt werden könnten. Sicherlich wird diese Einschränkung aber in absehbarer Zeit behoben sein.

7.7 DNA-Charakterisierung in den forensischen Wissenschaften

Bis 1985, d. h. bis zur Einführung der DNA-Typisierung, wurden in der forensischen Medizin eine Reihe unterschiedlicher Bluttests zur Identifizierung möglicher Täter eingesetzt.

- Zunächst waren es serologische Tests, wie die Analyse des AB0-Systems oder die Bestimmung des Rhesusfaktors, die als Beweismethode eingesetzt wurden.
- In den Jahren 1960 bis 1970 wurden dann Methoden zur Bestimmung von Protein-Polymorphismen entwickelt.
- Schließlich wurden die Histkompatibilitätsantigene (HLA) zur Typisierung herangezogen.

All diese Tests erforderten jedoch viel zu große Probenmengen, die meistens nicht zur Verfügung standen. Auch waren derartige Tests meist nicht spezifisch genug. Für das AB0-System können wir uns das gut vorstellen und für Polymorphismen auf Proteinebene verhält es sich nicht viel anders, auch dann nicht, wenn mehrere Proteine in eine Analyse eingeschlossen wurden. So war es nur äußerst selten möglich, ausschließlich auf der Basis derartiger Analysen eine bestimmte Probe einem bestimmten Individuum eindeutig zuzuordnen. Schließlich war eine derartige Analytik durch die relativ schnelle Verderblichkeit des Probenmaterials äußerst limitiert.

7.7.1 DNA-Fingerprinting

1986 publizierte der amerikanische Wissenschaftler Alac Jeffreys von der *Leicester-University* ein Manuskript, in dem er eine Technik beschrieb, die er als *„DNA-Fingerprinting"* bezeichnete. Er beschrieb darin Bereiche nicht-codierender DNA im Genom, die er „Minisatelliten" oder „VNTRs" (*variable number of tandem repeats*) nannte. Minisatelliten bestehen aus kurzen Kernsequenzen, die vielfach tandemartig amplifiziert sind (Tab. 7.7.1). Der Amplifikationsgrad und damit die Länge dieser Minisatellitenbereiche variiert sehr stark von Individuum zu Individuum.

Mehrfach haben wir gehört, daß das menschliche Genom ungefähr 3×10^9 Bp enthält. Nur etwa 10 % dieser genetischen Information codiert für Proteine und stabile RNA. Diese Bereiche sind nachvollziehbarerweise innerhalb einer Art sehr konserviert. Das trifft natürlich auch für den Menschen zu. Die restlichen 90 % der Genome höherer Eukaryonten bestehen aus nicht-codierender DNA. Diese enthält natürlich auch funktionell sehr wichtige und damit sehr konservierte Bereiche, wie die vielen und komplexen Kontrollregionen vor und hinter den Genen. Die

Bezeichnung	Größe	Beispiele	Eigenschaften
Mikrosatelliten	< 1 kBp	repetitive $(AC)_n$-Sequenzen	$(XXX')_n$, $(XXXX)_n$, "multilokal"
Minisatelliten	1 - 30 kBp	Sonden 33,6, 33.15, 3'α-HVR	(gemeinsamer Kern)$_n$, multi-/einzellokal, viele Wiederholungen hintereinander: VNTRs
Makrosatelliten	< 1000 kBp	Alpha-Satelliten	meist in Centromer-/Telomerbereichen
eingestreute Wiederholungssequenzen (*interspersed repetitive elements*)	• ca. 300 Bp • > 500 Bp - 10 kBp	• Alu-Sequenzen • *Kpn*- oder L1-Sequenzen	nicht unbedingt in sich repetitiv oder tandemartig angeordnet

' X = A, C, G oder T

Tabelle 7.7.1 Verschiedene Typen repetitiver DNA

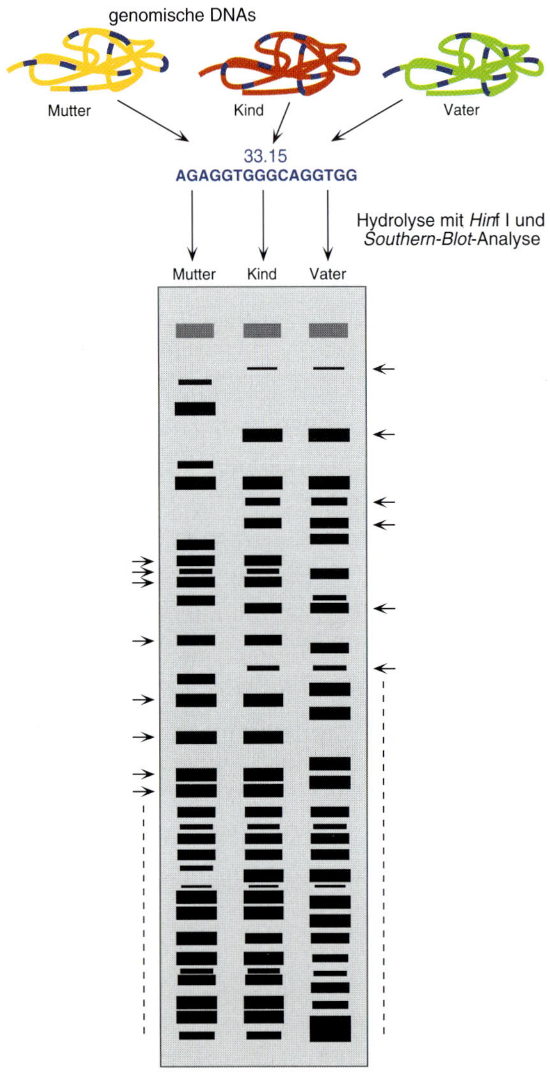

Abb. 7.7.2 „*Multi-locus-probe*"-Methode (MLP). Bei der MLP-Methode wird genomische DNA mit einer Restriktionsendonuklease (z.B. *Hinf* I) hydrolysiert. Die DNA-Fragmente werden gelelektrophoretisch aufgetrennt und nach Transfer auf eine Filtermembran mit einer markierten Sonde inkubiert, die sogenannte VNTR-Sequenzen („*variable number of tandem repeats*") erkennt (siehe Kapitel 7.4). Da unter relativ unstringenten Bedingungen hybridisiert wird, erhalten wir ein komplexes Muster, das einem *Bar-Code* gleicht. Dieses Muster ist für ein einzelnes Individuum spezifisch und kann zur Identifizierung dieses Individuums benutzt werden.
Vergleichen wir das Muster eines Kindes mit den Mustern der beiden Eltern, so erkennen wir, daß das Kind bestimmte „Banden" von der Mutter (Pfeile auf der linken Seite), andere vom Vater (Pfeile auf der rechten Seite) „geerbt" hat. Aus der dargestellten Analyse geht eindeutig hervor, daß das Kind von den beiden Eltern abstammt.

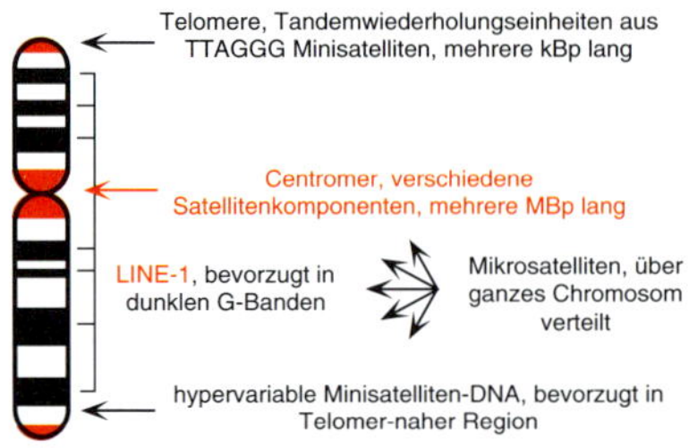

Abb. 7.7.1 Bereiche auf einem Chromosom in denen man bevorzugt repetitive Sequenzen findet. Minisatelliten findet man bevorzugt im Bereich der Telomere. Auch der Bereich um die Centromere enthält Satellitenkomponenten. Über das Chromosom verstreut liegen Mikrosatelliten und eingestreute Wiederholungselemente (*interspersed repetitive elements*) wie L1-Elemente (LINE–1) oder ALU-Sequenzen (siehe auch Tabelle 7.7.1).

nicht-codierende DNA enthält aber auch riesige Bereiche von DNA, deren Bedeutung noch nicht klar ist. In diesen Bereichen finden wir auch deutliche Variationen zwischen Individuen innerhalb einer Art. Ein Teil dieser nicht-codierenden Bereiche – etwa 30 % des eukaryontischen Genoms – besteht aus repetitiven Sequenzen (Abb. 7.7.1). Darunter fallen auch die unregelmäßig verteilten Minisatelliten-Wiederholungseinheiten.

Die Kerneinheiten vieler dieser Minisatelliten sind sehr ähnlich (Tab. 7.7.1). Jeffreys ursprüngliche Methode war so ausgelegt, die Kernstrukturen dieser Minisatelliten-DNA durch Hybridisierung nachzuweisen und so eine Art *„Bar-Code"* für eine individuelle DNA zu erhalten. Zum Nachweis dieser Bereiche verwendete er zwei DNA-Sonden, die er als 33.6 und 33.15 bezeichnete. Hinter diesen Code-Namen verbergen sich die Sequenzen

- 5'-$(AGGGCTGGAGG)_3$-3', die im Genom 18mal wiederholt auftritt (33.6) und
- 5'-(AGAGGTGGGCAGGTGG)-3', die im Genom 29mal wiederholt ist (33.15).

Diese Minisatelliten sind multilokal im Genom verteilt, wobei die Anzahl der *Loci* von Individuum zu Individuum variieren kann. Diese Methode ist heute unter dem Namen *„multi-locus-probe"*-Methode (MLP) bekannt (Abb. 7.7.2).

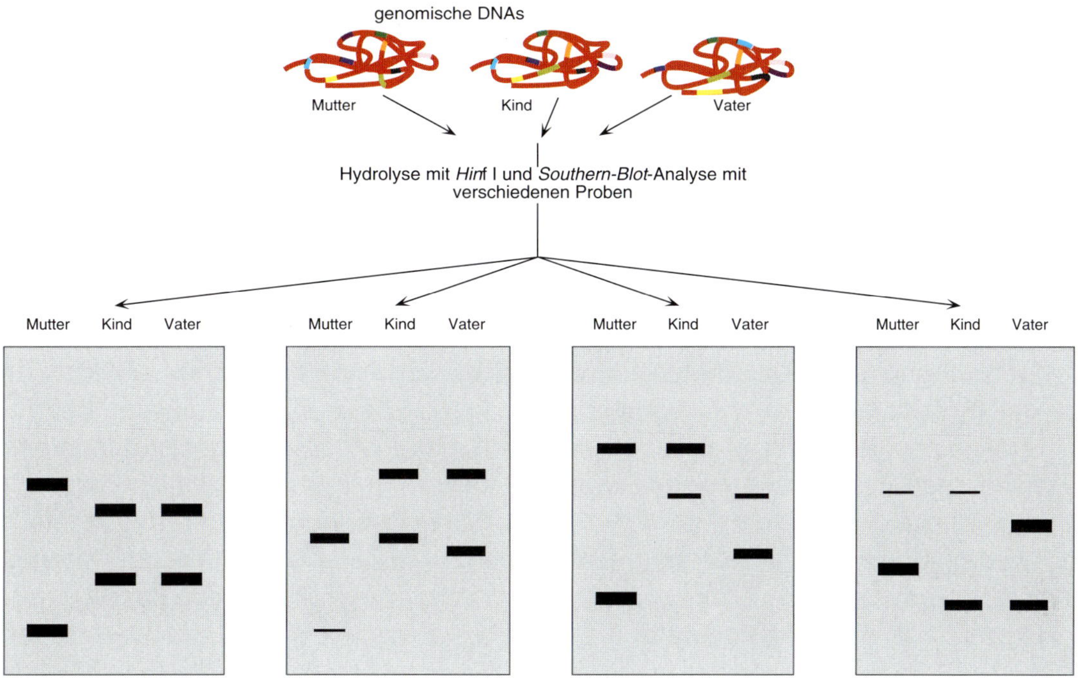

Abb. 7.7.3 „*Single-locus-probe*"-Methode (SLP). Die SLP-Methode entspricht weitestgehend der MLP-Methode. Allerdings wird bei der SLP-Methode wesentlich stringenter hybridisiert, so daß das Bandenmuster deutlich weniger komplex und damit besser auswertbar ist. Um jedoch eindeutige Aussagen machen zu können, muß das Filter mit verschiedenen Proben hybridisiert werden. Aus der Kombination dieser Analysen lassen sich dann auch eindeutige Schlüsse – beispielsweise zu Verwandtschaftsverhältnissen – ziehen.

Dem gegenüber steht die sogenannte „*single-locus-probe*"-Methode (SLP), die heute in den meisten kriminalistischen Laboratorien bevorzugt eingesetzt wird (Abb. 7.7.3). Sie ist einfacher und sensitiver als die MLP. Außerdem lassen sich die Resultate besser dokumentieren und archivieren. Wir verwenden dazu Proben, die ein einzelnes Fragment aus einem haploiden Genom bzw. zwei Fragmente aus einem diploiden Genom erkennen. Dieses Fragment beinhaltet einen Sequenzbereich, der stark polymorph ist, d. h. der sich in seiner Länge von Individuum zu Individuum deutlich unterscheidet. Wir erhalten zwei Banden auf dem *Blot*, wenn die beiden Chromosomen für diesen Bereich heterozygot sind (was meist der Fall ist). Ein Beispiel für eine Probe, die für eine SLP-Analyse eingesetzt werden kann, ist die Probe 3'-α-HVR, die einen hypervariablen Bereich im α-Globin-Gen auf Chromosom 16 erkennt. Zwischenzeitlich existieren große Computer-Datenbanken, die ständig ergänzt werden und die zur Identifizierung eines Gewalttäters durchsucht werden können.

Im Gegensatz zur MLP, bei der wir eine große Schar unterschiedlich großer Fragmente erhalten, werden bei der SLP nur ein oder zwei Banden pro Hybridisierungsspur angezeigt. Um daher ein Individuum auf der Basis dieser Polymorphismen eindeutig identifizieren zu können, müssen wir mehrere SLP-Analysen (in der Regel 3 bis 4) durchführen.

7.7.2 *Die Methode*

Bei MLP und SLP handelt es sich um Variationen der *Southern-Blot*-Methode. Hierzu wird DNA aus biologischem Material, wie Blut, Samen, Haarwurzeln oder Zellen der Mundmukosa aus Sputumresten isoliert und gereinigt. Es ist offensichtlich, daß die DNA-Mengen, die wir aus derartigen Proben isolieren können, sehr gering sind. Typischerweise läßt sich aus einem Blutfleck von 0,5 cm Durchmesser eine DNA-Menge von ca. 500 ng isolieren.

Die gereinigte DNA wird dann mit einer Restriktionsendonuklease verdaut. In Europa hat sich als Standardenzym die Restriktionsendonuklease *Hin*f I durchgesetzt, die die Sequenz 5'-GANTC-3' hydrolysiert. In den USA hat sich hingegen die Restriktionsendonuklease *Hae* III für derartige Analysen durchgesetzt. Leider sind die Ergebnisse wegen der unterschiedlichen Restriktionsendonukleasen nicht vergleichbar.

Nach Hydrolyse werden die DNA-Fragmente in einer Agarosematrix nach Größe getrennt, auf Nitrozellulose oder Nylonmembranen transferiert und mit einer radioaktiven Probe hybridisiert. Als Proben verwendet man heute synthetisierte Oligonukleotide, deren Sequenz mit der Kernsequenz der Minisatelliten-DNA übereinstimmt (Tab. 7.7.1). Trotz der geringen DNA-Konzentration erhalten wir mit entsprechend empfindlichen Detektionsmethoden heute Resultate nach ein bis zwei Tagen.

7.7.3 Interpretation der Daten

Die Interpretation der Daten ist relativ einfach. Auf einem Gel tragen wir in der Regel folgende Proben nebeneinander auf (siehe Abb. 7.7.2 und 7.7.3):

- Proben aus dem Beweismaterial,
- eine Probe, die DNA des Verdächtigen enthält,
- eine Probe, die DNA des Opfers enthält.

Die erhaltenen Bandenmuster werden dann miteinander verglichen. Aus Erfahrung weiß man, daß die Wahrscheinlichkeit, daß die gleiche Bande in der DNA zweier nicht miteinander verwandter Individuen auftritt, bei ungefähr 0,25 liegt. Somit liegt die Wahrscheinlichkeit, daß zwei Individuen ein identisches Bandenprofil aufweisen, bei $0{,}25^n$ (n = Zahl der identischen Banden).

- Beispiel: Lassen sich in einer MLP-Analyse 11 auswertbare Banden detektieren, so beträgt die Wahrscheinlichkeit, daß eine zweite DNA das gleiche Banden-Profil aufweist, ca. $0{,}25^{11} = 1:4.000.000$.

MLP-Analysen sind wegen ihrer hohen Komplexität zwar sehr aussagekräftig aber zum Teil recht schwierig auszuwerten. Bei SLP-Analysen ist dies genau umgekehrt. Um daher aus SLP-Analysen schlüssige Resultate zu erhalten, ist es erforderlich, mehrere SLP-Analysen mit unterschiedlich hydrolysierten DNA-Proben durchzuführen und die Daten dann mit Daten in komplexen Datenbanken zu vergleichen. Nicht jede Bande ist nämlich gleich aussagekräftig, da unterschiedliche DNA-Fragmente unterschiedlich häufig in zufälligen Populationen vorkommen.

7.7.4 Datenstatistik

Es ist viel diskutiert worden – sowohl unter Wissenschaftlern als auch unter Juristen – inwieweit Daten aus DNA-*Fingerprinting*-Analysen als justitiabel betrachtet werden können. Es wird immer wieder bezweifelt, daß einfache Statistiken bei dieser Art von Analytik anzuwenden sind. So wird spekuliert, daß nicht auszuschließen ist, daß in ethnischen Subpopulationen bestimmte DNA-Profile häufiger identisch sind, als dies verfügbare statistische Daten derzeit nahelegen. Diese Spekulation wurde experimentell überprüft. Das Ergebnis war negativ. In den untersuchten Subpopulationen konnten keine signifikant höheren Ähnlichkeiten festgestellt werden als in zufällig zusammengestellten Populationen.

Offensichtlich handelt es sich bei den Genombereichen, die zum DNA-*Fingerprinting* herangezogen werden, um Regionen, die einer besonders hohen Mutationsrate unterworfen sind. Da diese DNA nicht in funktionelle Moleküle (Protein oder RNA) transkribiert wird, besteht auf diese DNA-Bereiche kein Selektionsdruck, so daß Mutationen sehr schnell akkumulieren können. Daher sind diese Genombereiche sogar unter Mitgliedern kleiner, genetisch recht homogener Populationen polymorph.

7.7.5 Die Polymerase-Kettenreaktion

Eine der Limitationen des DNA-*Fingerprintings* durch *Southern-Blot*-Analyse ist häufig die geringe Probenmenge. Dieses Problem können wir heute dadurch lösen, daß wir die Polymerase-Kettenreaktion in die Nachweisstrategie mitintegrieren.

Allerdings müssen wir beachten – wie dies ja bereits auch in Kapitel 2.3 geschildert wurde – daß die Methode ausgesprochen sensitiv ist. So sind falsch positive Resultate durch Verwechslungen bzw. Kontaminationen nur schwer auszuschließen.

Derzeit ist es nicht möglich, Minisatelliten-DNA mit Hilfe der PCR zu analysieren. Die Genombereiche sind zu groß, so daß sie sich nicht effizient und reproduzierbar aufamplifizieren lassen. Statt dessen können verschiedene Tandem-Wiederholungseinheiten („*short tandem repeats*" = STR) mit Hilfe der PCR analysiert werden. Sie sind ähnlich aufgebaut wie Minisatelliten-DNA. Ihre Kerneinheit ist aber in der Regel nur 3 bis 4 Nukleotide lang, und ihre Gesamt-Länge beträgt nur einige hundert Basenpaare. Dies ist eine ideale Größe für die Amplifikation durch PCR. Allerdings sind STRs deutlich weniger polymorph als Minisatelliten. Deshalb ist es nötig, mindestens 9 bis 10 derartiger Genomloci zu analysieren, um zuverlässige Daten zu erhalten.

Die Fragmente werden auf hoch auflösenden Sequenzgelen aufgetrennt, so daß es möglich ist, Wiederholungseinheiten zu identifizieren, die sich bereits durch eine einzige Kerneinheit, also durch 3 bis 4 Nukleotide unterscheiden.

Zusammenfassung

Molekulargenetische Methoden werden heute bereits routinemäßig in der forensischen Medizin eingesetzt. Dies verdanken diese Methoden den Tatsachen, daß sie zum einen deutlich empfindlicher sind, als alle bis dahin verfügbaren Methoden. Zum anderen weisen die Zielstrukturen einen deutlich höheren Polymorphismusgrad auf, als das bei herkömmlichen Strukturen der Fall war. Schließlich ist das Probenmaterial auch deutlich länger haltbar, da DNA und nicht – wie früher – Proteine analysiert werden. Gestalten wir die Analysen komplex genug, sind die Aussagen sehr zuverlässig. Zwar läßt sich immer ein theoretischer Fall konstruieren, daß mit geringster Wahrscheinlichkeit ein bestimmtes Analysenresultat auch mit der DNA eines anderen Individuums zu erhalten ist. Kombiniert man dann aber das Ergebnis mit anderen Kriterien, wie beispielsweise die Wahrscheinlichkeit, daß sich ein Individuum mit einem theoretisch identischen *Fingerprint*-Muster zur gleichen Zeit am Tatort aufgehalten hat, werden diese Überlegungen absurd. Trotzdem erkennen nach wie vor einige Länder die Resultate derartiger Analysen als alleiniges Indiz nicht an.

Molekularbiologische Ansätze zur Wirkstoff-Findung

8.1 Das Hybrid-Vektorsystem aus Hefe

Protein-Protein-Interaktionen spielen bei der Regulation der Genexpression eine große Rolle. Wie wir das mehrfach gehört haben, wird diese Regulation zu einem bedeutenden Teil von Proteinen gesteuert, die als Transkriptions-Aktivatoren bezeichnet werden. Das Besondere an diesen Proteinen ist, daß sie zwei verschiedene Funktionsdomänen besitzen (Abb. 8.1.1).

- Die eine Domäne erkennt ganz bestimmte Sequenzen auf der DNA. Wir bezeichnen sie daher auch als „DNA-Bindedomäne". Sie ist dafür verantwortlich, daß das Protein spezifisch an die genannten Regionen auf der DNA binden kann.
- Die zweite Domäne fungiert als „Aktivatordomäne". Sie interagiert über Protein/Protein-Wechselwirkungen mit einem Präinitiationskomplex und aktiviert durch diese Interaktion die kontrollierte Expression einer bestimmten genetischen Informationseinheit.

Der experimentell am häufigsten verwendete Transkriptions-Aktivator ist das GAL4-Protein. Dieses Protein kann man in seine zwei Funktionsdomänen aufspalten. Befinden sich beide Funktionsdomänen in der gleichen Zelle, treten sie miteinander in Wechselwirkung und rekonstituieren sich zu einem vollwertigen Transkriptions-Aktivator.

Um dies auch erkennbar zu machen, benötigen wir einen speziellen Hefe-Indikatorstamm (Abb. 8.1.2). Dieser Stamm enthält zwei Reporter-Gene, die von einem Promotor kontrolliert werden, der durch Glucose im Medium reprimiert und durch Galactose induziert wird. Hierzu zählen beispielsweise die Promotoren der Hefe-Gene *Gal1* und *Gal10* (siehe Kapitel 3.2). Diese Promotoren sind dadurch charakterisiert, daß sie ein palindromisches *Enhancer*-Element von 17 Bp besitzen, an das das GAL4-Protein bindet und dann den Promotor aktiviert. Als Reporter-Gene fungieren das bakterielle ß-Galactosidase-Gen und zur Sicherheit, d. h. um Störeffekte weitestgehend auszuschließen, noch ein *his3*-Gen. Beide Gene stehen unter der Kontrolle eines Hefe-Promotors, der durch das GAL4-Protein aktiviert wird.

Allerdings enthält der Hefe-Indikatorstamm kein *gal4*-Gen. Damit können zunächst einmal weder das ß-Galactosidase-Gen noch das *his3*-Gen exprimiert werden. Die Zellen benötigen also Histidin im Medium, um wachsen zu können, und sie sind in Gegenwart des Indikators X-Gal farblos (Abb. 8.1.2).

Transformieren wir jedoch diesen Hefe-Indikatorstamm mit Plasmiden, die die beiden Teilkomponenten des GAL4-Proteins codieren, so kann sich in der Zelle ein funktions-

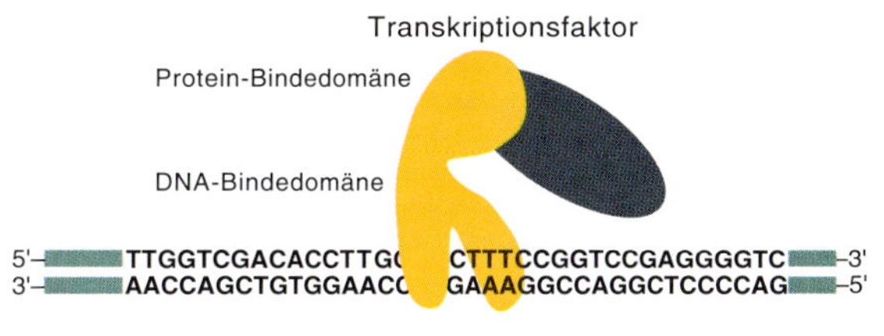

Abb. 8.1.1 Transkriptions-Aktivatoren. Transkriptions-Aktivatoren sind bifunktionelle Proteine, die die Transkription bestimmter Gene kontrollieren. Sie bestehen aus einer DNA-Bindedomäne (gelb), die eine spezifische Sequenz in bestimmten Promotoren erkennt und so den Transkriptions-Aktivator korrekt positioniert. Mit ihrer Aktivierungsdomäne (türkis) kann nun der Transkriptions-Aktivator mit dem Präinitiationskomplex interagieren und so die Transkription initiieren.

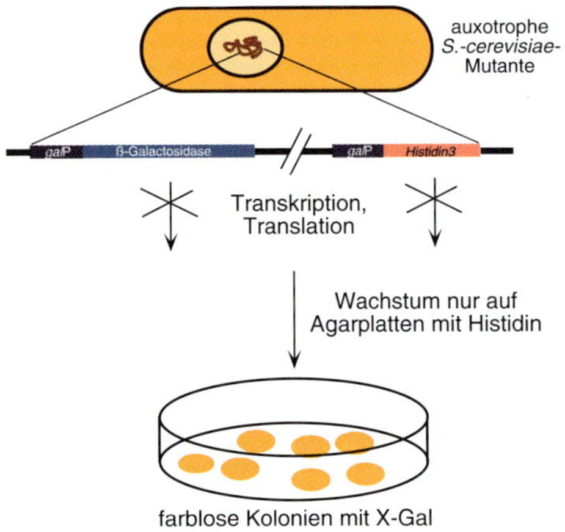

Abb. 8.1.2 Hefe-Indikatorstamm. Ein Hefe-Indikatorstamm für den GAL4-Transkriptions-Aktivator besitzt zwei unabhängige Indikator-Elemente: Sowohl das bakterielle ß-Galactosidase-Gen (blau) als auch das Histidin3-Gen aus Hefe (rosa) stehen unter der Kontrolle des Hefe Galactokinase-Promotors (*galP*: dunkelblau). In Abwesenheit des GAL4-Transkriptions-Aktivators sind beide Gene inaktiv. Dies zeigt sich darin, daß zum einen die Kolonien auch in Gegenwart von X-Gal farblos bleiben und daß die Hefen nur wachsen, wenn dem Medium die Aminosäure Histidin zugesetzt wurde.

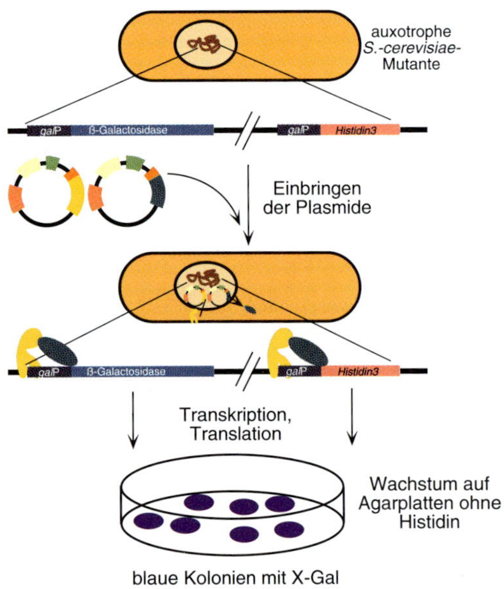

Abb. 8.1.3 Komplementation des Hefe-Indikatorstammes mit Plasmiden, die die DNA-Bindungs- und die Aktivatordomäne des GAL4-Proteins codieren. Transformieren wir den Hefe-Indikatorstamm mit zwei Plasmiden, von denen eines die DNA-Bindungsdomäne (gelb), das andere die Aktivatordomäne (türkis) des GAL4-Proteins codiert, so erhalten wir Hefezellen, die Histidin-prototroph sind und die die bakterielle ß-Galactosidase exprimieren. In Gegenwart des Indikators X-Gal färben sich diese Zellen daher blau.

fähiger GAL4-Aktivator rekonstituieren. Die Transformanden sind folglich Histidin prototroph und verfärben sich blau, wenn sie in Gegenwart des Indikators X-Gal wachsen (Abb. 8.1.3).

Auf dieser biologischen Basis läßt sich dieses System vielfältig nutzen.

8.1.1 Suche nach DNA-Bindeproteinen

Um Proteine zu identifizieren, die an bestimmte DNA-Motive binden können, steht uns ein experimentelles Werkzeug zur Verfügung, das wir als *„one-hybrid"*-Vektorsystem bezeichnen. Wir können mit diesem System beispielsweise Transkriptionsfaktoren oder Transkriptions-Regulatorproteine aufspüren.

Wie gehen wir vor? Wir benötigen hierzu einen Vektor, auf dem neben den üblichen Funktionselementen, die wir an verschiedensten Stellen bereits besprochen haben, einige ganz spezielle Funktionsbausteine vorhanden sind (Abb. 8.1.4):

- Zum einen enthält dieser Vektor ein ß-Galactosidase-Gen. Dieses Gen steht unter der Kontrolle eines Promoters, der durch das GAL4-Protein aktiviert werden muß. Allerdings besitzt dieser Promotor kein *gal4-Enhancer*-Element. Anstelle dieses *Enhancer*-Elementes inserieren wir eine kurze DNA-Sequenz, an die unser zu suchendes Kontroll-Protein binden soll.
- Zum anderen enthält dieser Vektor das Gen für einen Teil des GAL4-Proteins – nämlich nur den der Aktivatordomäne. Dieses Teil-Gen wird von einem starken Hefe-Promotor kontrolliert. Der Teil des *gal4*-Gens, der für die DNA-Bindedomäne codiert, wurde deletiert. Zwischen dem Promotor und dem Bereich, der für die Aktivatordomäne codiert, befindet sich eine Restriktionsschnittstelle, in die wir fremde DNA einklonieren können. Als Fremd-DNA

verwenden wir cDNA aus einem bestimmten Organismus, aus einer bestimmten Zelle oder aus einer Zellpopulation eines bestimmten Differenzierungsstadiums – eben aus dem Zelltyp, in dem wir unser DNA-Bindeprotein vermuten. Konkret konstruieren wir eine cDNA-Bank, wobei wir die cDNA so in unseren Vektor inserieren, daß Fusionsproteine gebildet werden. Diese bestehen in ihrem N-terminalen Teil aus der Information, die wir in Form der cDNA eingebracht haben und in ihrem C-terminalen Teil aus der Aktivatordomäne des GAL4-Proteins.

Nachdem wir also eine cDNA-Bank in dem beschriebenen *„one-hybrid"*-Vektor konstruiert haben, transformieren wir diese Bank in einen geeigneten Hefestamm. Wir suchen nun nach Zellen, die sich in Gegenwart des Indikators X-Gal blau verfärben. Diese Zellen enthalten offensichtlich ein Plasmid, das ein Fusionsprotein codiert, das an die von uns inserierte Zielsequenz vor dem ß-Galactosidase-Gen binden kann. Dadurch wird die GAL4-Aktivatordomäne in eine solche Position zu dem induzierbaren Promotor gebracht, daß sie die Transkription des ß-Galactosidase-Gens aktivieren kann. Die Zellen verfärben sich daher blau (Abb. 8.1.5).

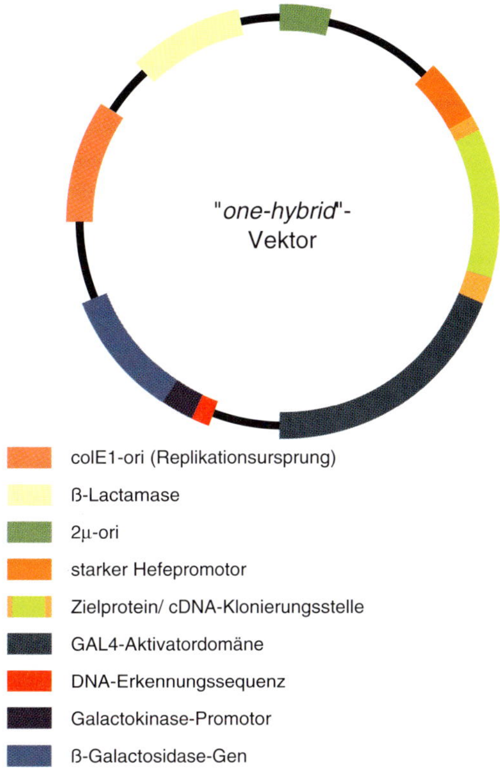

Abb. 8.1.4 Ein „one-hybrid"-Vektor. Ein *„one-hybrid"*-Vektor ist ein Hefe-*„shuttle*-Vektor", der neben typischen bakteriellen Vektor-Elementen (colE1-*ori* und ß-Lactamase-Gen) und einem Hefe-Replikationsursprung (2µ-*ori*) zwei besondere Expressionskassetten enthält. Die eine Kassette dient als Reporter-Gen und wird kontrolliert durch den induzierbaren Galactokinase-Promotor (dunkelblau), dem allerdings das *gal4-Enhancer*-Element fehlt. Statt dessen wurde eine kurze DNA-Sequenz (rot) eingefügt, die als Zielsequenz für ein beliebiges Kontrollprotein dienen soll. Dieses Gen wird also nur exprimiert, wenn ein Transkriptions-Aktivator vorhanden ist, der an die eingefügte DNA-Sequenz (rot) bindet.
Die zweite Kassette wird von einem starken, konstitutiven Hefe-Promotor (orange) kontrolliert. Es folgt ein Bereich (multiple Klonierungsstelle: MCS; braun), in den eine beliebige cDNA inseriert werden kann. Daran schließt sich ein verkürztes *gal4*-Gen an, dem ein Teil der DNA-Bindungsdomäne fehlt, das aber noch für die komplette Aktivatordomäne (dunkelgrün) codiert. Nur wenn es gelingt, eine cDNA zu klonieren, deren Protein-Produkt in der Lage ist, an die eingeführte DNA-Sequenz vor dem Galactokinase-Promotor zu binden, kann die Zelle ß-Galactosidase synthetisieren und färbt sich in Gegenwart von X-Gal blau.

8.1.2 *Suche nach Inhibitoren für DNA-bindende Proteine*

Wir können dieses System auch nutzen, um Inhibitoren zu identifizieren, die mit der Interaktion des uns interessierenden DNA-Bindeproteins und des entsprechenden DNA-Motivs interferieren. Das ist für den Arzneimittelfachmann besonders interessant. Wir kennen nämlich einige Transkriptions-Faktoren und Regulator-Proteine, die in einer, durch Mutation verursachten, veränderten Form schwerste Krankheiten wie beispielsweise Krebs mitverursachen können. Zu diesen Proteinen zählen die Onkogen-Produkte MYK, FOS und JUN.

Um Inhibitoren zu identifizieren, die mit diesen Proteinen wechselwirken und diese

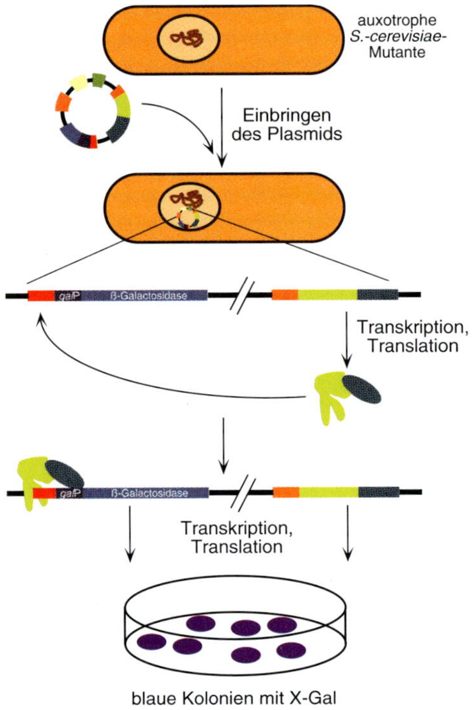

Abb. 8.1.5 „*One-hybrid*"-Indikatorsystem. Transformieren wir den in Abb. 8.1.2 beschriebenen Hefe-Indikatorstamm mit einer „*one-hybrid*"-Vektor-cDNA-Bank, so verfärben sich die Hefezellen in Gegenwart von X-Gal blau, die eine cDNA integriert haben, deren Produkt an das *gal4-Enhancer*-Element (rot) binden kann.

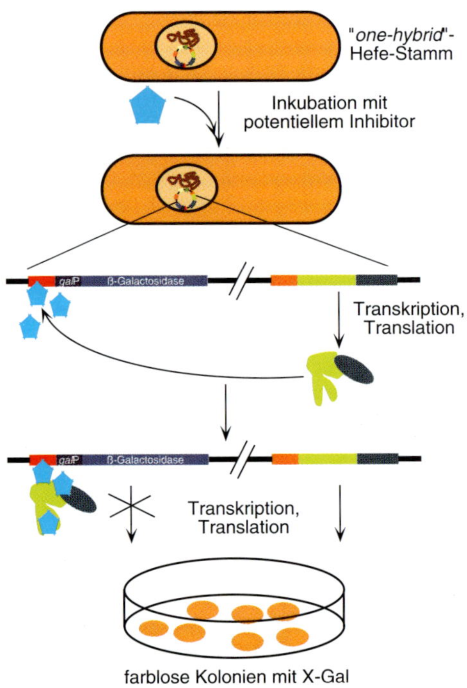

dadurch hindern, an ihre DNA-Erkennungssequenz zu binden, gehen wir so vor (Abb. 8.1.6):

- Wir etablieren eine Zelle mit Hilfe des „*one-hybrid*"-Vektorsystems, die das uns interessierende Interaktionssystem enthält (siehe Abb. 8.1.5). Beispielsweise inserieren wir vor dem ß-Galactosidase-Gen eine Erkennungssequenz für das MYK-Protein, und konstruieren ein *gal4*-Fusionsgen mit einem N-terminalen Bereich für die DNA-Bindedomäne des MYK-Proteins. Diese Hefezellen verfärben sich in Gegenwart von X-Gal blau, da die DNA-Bindedomäne des MYK-Proteins die Aktivatordomäne des GAL4-Proteins so in die Nachbarschaft des ß-Galactosidase-Gens dirigiert, daß dessen Transkription aktiviert wird.
- Diese Zelle inkubieren wir jetzt mit verschiedensten Substanzen, Substanzgemischen, Extrakten oder Fermentationsbrühen und suchen nach Zellen, die sich in Gegenwart von X-Gal nicht mehr blau verfärben. Haben wir ein Agens gefunden, das funktionell mit unserem „*one-hybrid*"-System interferiert, müssen wir natürlich noch sicherstellen, daß tatsächlich die DNA-Bindefähigkeit betroffen ist. Denkbar wäre ja auch, daß die Aktivierungsdomäne des GAL4-Proteins in ihrer Funktion gestört wird oder daß das Indikatorenzym ß-Galactosidase durch die eingesetzte Substanz inhibiert wird.

Trotz dieser und einer Reihe weiterer Störmöglichkeiten, steht uns mit dem „*one-hybrid*"-System ein sehr gutes Werkzeug zur Verfügung, um nach neuen Wirkstoffen zu suchen, die bei schweren Krankheiten als Medikament eingesetzt werden könnten.

Abb. 8.1.6 *In-vivo*-Selektionssystem zur Identifizierung von Inhibitoren für DNA-bindende Proteine. Das in Abb. 8.1.5 beschriebene Indikatorsystem kann genutzt werden, um Inhibitoren zu suchen, die mit DNA-bindenden Proteine interagieren. Ein solcher Inhibitor würde das Binden des chimären Transkriptions-Aktivators verhindern, und somit würden die ß-Galactosidase-positiven Zellen in Gegenwart eines solchen Inhibitors ß-Galactosidase-negativ werden.

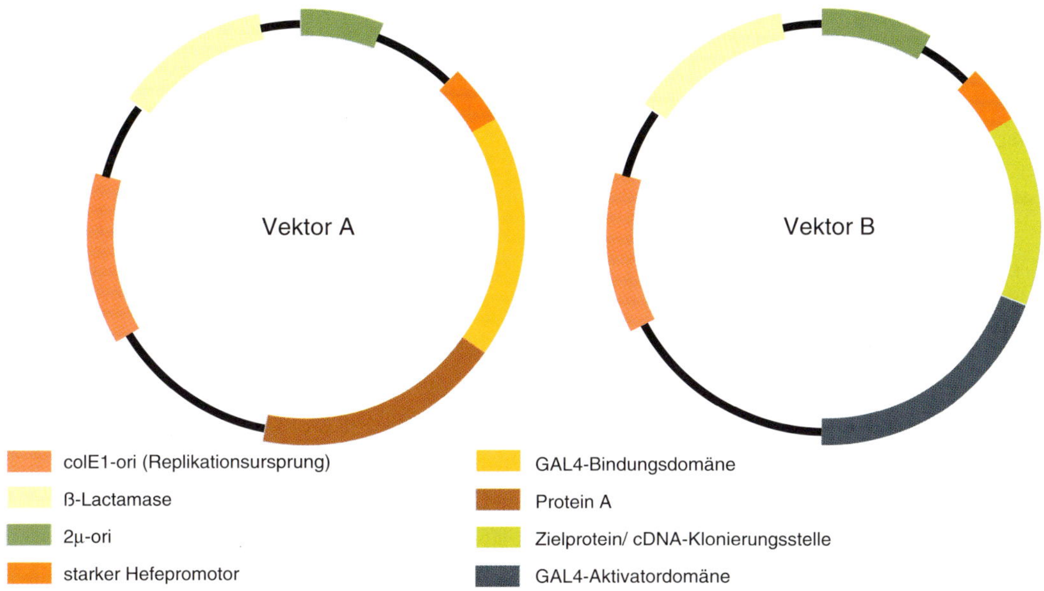

Abb. 8.1.7 Ein „*two-hybrid*"-Vektorsystem. Das „*two-hybrid*"-Vektorsystem besteht aus zwei Vektoren. Beide Vektoren enthalten die typischen bakteriellen Vektor-Elementen (colE1-ori und ß-Lactamase-Gen) und einen Hefe-Replikationsursprung (2µ-*ori*).
Der Vektor A trägt zusätzlich ein konstitutiv exprimiertes Fusions-Gen. Dieses besteht aus dem Teil des GAL-4-Transkriptions-Aktivator-Gens, der die GAL–4-DNA-Bindungsdomäne (gelb) codiert. Die zweite Hälfte dieses Fusions-Gens codiert für eine cDNA (Protein A: braun), für dessen Protein-Produkt ein Interaktionspartner gesucht werden soll.
Der Vektor B besitzt ebenfalls ein konstitutiv exprimiertes Fusions-Gen, das zum einen aus einer beliebigen cDNA besteht, die mit dem Teil des *gal-4*-Gens fusioniert ist, der für die Aktivatordomäne codiert (blau). Dieser Vektor hat somit große Ähnlichkeit mit dem bereits beschriebenen „*one-hybrid*"-Vektor (siehe Abb. 8.1.4).

8.1.3 Suche nach Proteinen, die mit anderen Proteinen wechselwirken

Von großem Interesse ist es auch, Proteine zu identifizieren, die mit einem bestimmten Protein wechselwirken. Denn viele Informationsprozesse in der Zelle laufen über solche Protein/Protein-Wechselwirkungen ab. So lernen wir viele Krankheiten molekular verstehen, wenn wir die beteiligten Signaltransduktions-Prozesse identifizieren. Und wir können Strategien entwickeln, um fehlgeleitete Signaltransduktions-Prozesse zu korrigieren.

Um Proteine zu suchen, die nicht mit DNA, sondern mit anderen Proteinen wechselwirken, müssen wir das bisher besprochene „*one-hybrid*"-Vektorsystem modifizieren und zu einem „*two-hybrid*"-Vektorsystem erweitern.

Auch das „*two-hybrid*"-Vektorsystem beruht auf die bereits erklärten Besonderheiten des GAL4-Proteins. Es besteht aber – wie der Name bereits andeutet – aus zwei Klonierungsvektoren (Abb. 8.1.7). Von jedem dieser beiden Vektoren kann ein spezielles Fusionsprotein exprimiert werden.

- Der Vektor A codiert für ein Fusionsprotein aus der DNA-Bindungsdomäne des GAL4-Proteins aus Hefe und aus dem Protein, dessen Interaktionspartner wir identifizieren wollen.
- Der Vektor B ist praktisch identisch mit dem bereits beschriebenen Vektor des „*one-hybrid*"-Vektorsystems. Allerdings enthält er kein ß-Galactosidase-Reporter-Gen. Der Vektor B trägt das Teil-Gen für die Aktivatordomäne des GAL4-Proteins. Zwischen dem starken Promotor, der das

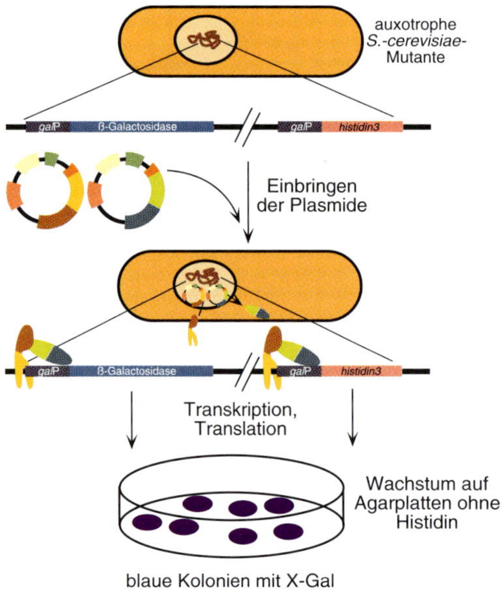

Abb. 8.1.8 Das „*two-hybrid*"-Indikatorsystem. Das „*two-hybrid*"-Indikatorsystem besteht aus dem in Abb. 8.1.2 beschriebenen Hefe Indikatorstamm, in den die „*two-hybrid*"-Vektoren A und B (Abb. 8.1.7) transformiert wurden.
Das System wird dann „aktiv", wenn es gelingt, in den Vektor B eine cDNA zu integrieren, deren Protein-Produkt mit dem vom Vektor A codierten Protein A wechselwirken kann. Dann rekonstituiert sich in der Hefe-Zelle ein Transkriptions-Aktivator, der aus der GAL-4-DNA-Bindungsdomäne und dem Protein A sowie aus dem Interaktionspartner von Protein A und der GAL-4-Aktivatordomäne besteht.

Gen kontrolliert, und dem Teil-Gen befindet sich eine Restriktions-Schnittstelle, in die wir wiederum eine cDNA aus einem bestimmten Organismus, aus einer bestimmten Zelle oder aus einer Zellpopulation eines bestimmten Differenzierungsstadiums inserieren. Wir konstruieren also auch in diesem Fall eine cDNA-Bank, wobei auch hier die cDNA so in unseren Vektor inseriert wird, daß Fusionsproteine gebildet werden. Diese bestehen – wie im Fall des *„one-hybrid"*-Systems – in ihrem N-terminalen Teil aus der Information, die wir in Form der cDNA eingebracht haben und in ihrem C-terminalen Teil aus der Aktivatordomäne des GAL4-Proteins.

Um aus dieser cDNA-Bank ein Gen zu identifizieren, dessen Produkt mit unserem, auf dem Vektor A codierten Protein wechselwirkt, transformieren wir beide Plasmide bzw. Plasmid-Populationen in den Hefe-Indikatorstamm, den wir weiter oben ausführlich besprochen haben (Abb. 8.1.2.).

Was können wir erwarten? Nehmen wir an, ein cDNA-Fragment in Vektor B trägt die Information für ein Protein, das mit unserem Zielprotein aus Vektor A interagieren kann. In diesem Fall kann sich ein funktionsfähiger GAL4-Transkriptions-Aktivator bilden, da die getrennten Funktionsdomänen des GAL4-Proteins über die beiden Fusionsprotein-Anteile funktionell rekonstituiert werden (Abb. 8.1.8). Die entsprechende Hefezelle färbt sich in Gegenwart des Indikators X-Gal blau und sie ist Histidin-prototroph, d. h. wir brauchen dem Kulturmedium kein Histidin mehr zusetzen (Abb. 8.1.8).

8.1.4 Suche nach Inhibitoren, die mit Protein/Protein-Wechselwirkungen interferieren

Ebenso wie wir das *„one-hybrid"*-System nutzen können, um nach Inhibitoren zu suchen, die mit der Interaktion eines DNA-Bindeproteins und des entsprechenden DNA-Motivs interferieren, so können wir mit Hilfe des *„two-hybrid"*-Systems Substanzen identifizieren, die eine Protein/Protein-Wechselwirkung stören. Derartige Substanzen sind – wie oben bereits geschildert – für den Arzneimittelfachmann ebenfalls von aktuellem Interesse. Mit ihnen ließen sich eine Vielzahl neuer Therapie-Strategien etablieren.

Beispielsweise sind die meisten Onkogen-Produkte Teil einer komplexen Signaltransduktionskaskade, in deren Verlauf Protein/Protein-Wechselwirkungen eine entscheidende Rolle spielen. Stünden Inhibitoren zur Verfügung, die spezifisch diese Interaktionen stören würden, könnten wir mit diesen Inhibitoren über neue Therapiekonzepte bei Tumorerkrankungen nachdenken. Diese Konzepte hätten nicht mehr zum Ziel, eine Zelle abzutöten oder zu eliminieren, sondern fehlregulierte Signaltransduktionswege durch Inhibitoren zu korrigieren.

Um Inhibitoren zu identifizieren, die Protein/Protein-Wechselwirkungen stören, gehen wir analog vor, wie wir das bereits beim „*one-hybrid*"-System besprochen haben (Abb. 8.1.9):

- Wir etablieren eine Zelle mit Hilfe des „*two-hybrid*"-Vektorsystems, die das uns interessierende Interaktionssystem enthält. Beispielsweise konstruieren wir im Vektor A ein Gen, das für ein Fusionsprotein aus dem RAS-Onkoprotein und der DNA-Bindedomäne des GAL4-Proteins aus Hefe codiert. In Vektor B konstruieren wir ein Gen, das für ein Fusionsprotein aus der Aktivatordomäne des GAL4-Proteins und aus einem Interaktionspartner des RAS-Proteins codiert.
- Diese Hefezellen verfärben sich in Gegenwart von X-Gal blau, da die DNA-Bindedomäne und die Aktivatordomäne des GAL4-Proteins über das RAS-Protein und dessen Interaktionspartner zu einem funktionsfähigen GAL4-Aktivator rekonstituiert werden. Damit wird dieser Aktivator so in die Nachbarschaft des ß-Galactosidase-Gens im Hefe-Indikatorstamm dirigiert, daß dessen Transkription aktiviert wird.
- Diese Zelle inkubieren wir jetzt wiederum mit verschiedensten Substanzen und suchen nach Zellen, die sich in Gegenwart von X-Gal nicht mehr blau verfärben.

Eine solche Substanz steht dann in Verdacht, mit der Protein/Protein-Interaktion des RAS-Proteins und dessen Interaktionspartners zu interferieren.

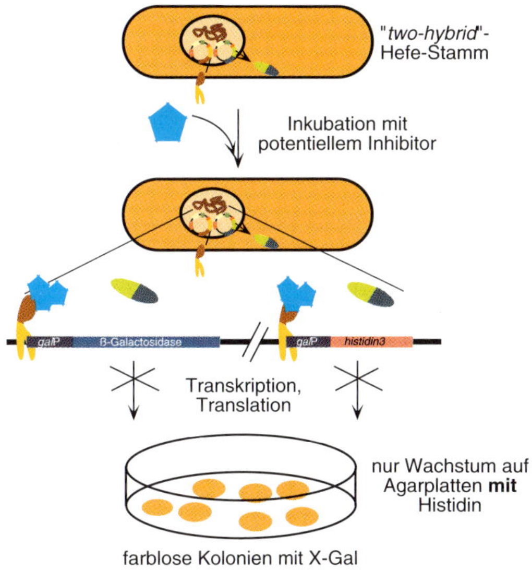

Abb. 8.1.9 *In-vivo*-Selektionssystem zur Identifizierung von Inhibitoren für spezifische Protein/Protein-Interaktionen. Das in Abb. 8.1.8 beschriebene Indikatorsystem kann genutzt werden, um Inhibitoren zu suchen, die spezifische Protein/Protein-Interaktionen stören. Ein solcher Inhibitor würde die Ausbildung eines aktiven Transkriptions-Aktivators verhindern und somit würden die ß-Galactosidase-positiven Zellen in Gegenwart eines solchen Inhibitors ß-Galactosidase-negativ werden.

Allerdings muß auch dieses Ergebnis kritisch hinterfragt werden. Ebenso wie im Fall des „*one-hybrid*"-Systems können andere Ursachen zum gleichen Resultat führen. Erhärtet wird allerdings die Aussage dadurch, wenn die Zellen in Gegenwart des potentiellen Inhibitors auch Histidin-auxotroph werden. Dies liegt an dem speziell konstruierten Indikatorstamm, der ja – wie oben geschildert – ein *his3*-Gen enthält, das durch den GAL4-Protein aktiviert werden muß.

Zusammenfassung

Das Hybrid-Vektorsystem aus Hefe wurde zu einem zellulären Werkzeug von außerordentlicher Bedeutung sowohl für die Grundlagenforschung als auch für die Wirkstoff-Findung entwickelt.

- In Form des „*one-hybrid*"-Systems kann es genutzt werden, um Proteine zu identifizieren, die an bestimmte Kontrollregionen auf der DNA binden. Auf diese Weise konnten unter anderem viele bis dato noch unbekannte „Faktoren" identifiziert werden, die beispielsweise an Glucocorticoid-*Response*-Elemente binden. Sind derartige Faktoren identifiziert, so kann das entsprechende Zellsystem dazu benutzt werden, um die spezifische Interaktion des Regulator-Proteins mit seiner Erkennungssequenz auf der DNA zu stören. Auf diese Art können völlig neue Typen von Wirkstoffen in die Therapie von Krankheiten eingeführt werden.
- In Form des „*two-hybrid*"-Systems kann das Hybrid-Vektorsystem aus Hefe genutzt werden, um Protein/Protein-Interaktionen zu identifizieren und zu studieren. Die Basis bilden zwei Fusionsproteine, die zum einen jeweils eine der beiden Komponenten des GAL4-Proteins (DNA-Bindungsdomäne und Aktivatordomäne) besitzen. Zum anderen enthalten die beiden Fusionsproteine Proteinbereiche, die miteinander in Wechselwirkung treten können. Über diese beiden Proteinteile wird dann die Funktion des GAL4-Proteins als Transkriptions-Aktivator rekonstituiert. Die Stärke dieses Systems liegt darin, Protein-Interaktionspartner zu identifizieren und zu studieren. Im nächsten Schritt können auch hier wieder Moleküle identifiziert werden, die die Interaktion zwischen den Proteinen entweder stabilisieren oder verhindern. Es gibt eine Vielzahl von Modellen, wo mit Hilfe derartiger Wirkstoffe Krankheiten nach einem völlig neuen Konzept behandelt werden könnten.

8.2 In-vitro-Evolution: Konstruktion neuer Wirkstoffe nach dem Zufallsprinzip

Kombinatorik ist ein Schlagwort, das heute unter Wissenschaftlern, die neue Wirkstoffe suchen, viel gebraucht wird. Neben chemischen Ansätzen sind ganz besonders auch biologische Ansätze denkbar, um mit Hilfe der Kombinatorik neue Wirkstoffe zu entwickeln. Denn schauen wir uns an, welches Prinzip sich in der Natur durchgesetzt hat, um Makromoleküle zu synthetisieren, so erkennen wir leicht, daß es eben genau das Prinzip der Kombinatorik ist.

- Nukleinsäuren werden aus einem Bausatz von vier (fünf) Bausteinen konstruiert. Zwei Purin und zwei (drei) Pyrimidinbausteine reichen aus, um daraus Makromokelüle aufzubauen, die die gesamte biologische Information zu speichern vermögen.
- Proteine entstehen durch Kombination von nur 21 proteinogenen Aminosäuren. Die Produkte dieses Kombinationsspiels übernehmen strukturbildende Aufgaben, sie gehören zu den effizientesten und spezifischsten Katalysatoren, und sie sind maßgeblich an der Signalvermittlung beteiligt.
- Polysaccharide bestehen aus einer Kombination unterschiedlicher Monosaccharid-Komponenten. Diese werden über ihre vielen OH-Gruppen miteinander zu makromolekularen Systemen verknüpft. Dadurch entstehen Stütz- und Abschlußstrukturen, sowie Moleküle, die Speicheraufgaben übernehmen. Darüber hinaus repräsentieren makromolekulare Zuckerstrukturen aber auch sehr wichtige biologische Erkennungseinheiten.
- Schließlich sind auch die wichtigen Lipidstrukturen, wie Membranen oder Mizellen, aus verschiedenen Grundeinheiten modular aufgebaut. Allerdings werden im Falle der Lipide die Bausteine nicht kovalent miteinander verknüpft. Vielmehr formieren sie sich in einer wäßrigen Umgebung zu makromolekularen Strukturen, die durch eine Vielzahl hydrophober Wechselwirkungen zusammengehalten werden.

In diesem Kapitel wollen wir uns darüber informieren, wie wir heute dieses Baukastensystem nutzen können, um neue Wirkstoffe zu entwickeln. Wir nutzen dabei nicht nur das Bausteinrepertoir der Natur, sondern wir werden auch die Strategien anwenden, die die Natur benutzt, um Neues zu entwickeln. Diese Strategien sind Zufall und Selektion. Der Überbegriff dieser Strategiekombination ist Evolution. Daher rührt auch die Überschrift dieses Kapitels: *In-vitro*-Evolution.

Beispielhaft wollen wir uns mit drei Ansätzen der *in-vitro*-Evolution beschäftigen:

- mit der Variation von Antikörperfragmenten,
- mit der Konstruktion und Selektion wirksamer Peptide
- und mit der Konstruktion und Selektion funktioneller Nukleinsäuren.

8.2.1 Rekombinante Antikörperfragmente („Phagen-Display")

Antikörper sind nicht nur wichtige Moleküle zur Aufrechterhaltung eines guten Immunstatus. Sie sind bekanntlich auch überaus wertvolle diagnostische Hilfsmittel. Darüber hin-

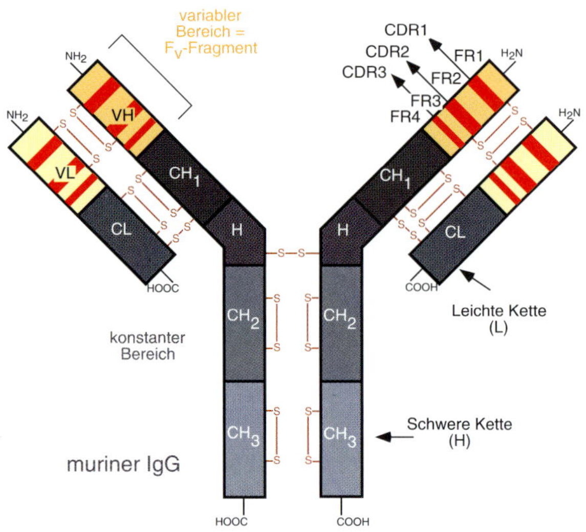

Abb. 8.2.1 Allgemeiner Bau von IgG-Antikörpern. IgG-Antikörper bestehen aus je zwei identischen leichten Ketten und zwei identischen schweren Ketten. Alle vier Ketten sind parallel angeordnet und über verschiedene Disulfidbrücken miteinander zu einem Molekül verknüpft. Am N-Terminus der einzelnen Proteinketten befinden sich antigenbindende Bereiche (VH = variabler Bereich der schweren Kette; VL = variabler Bereich der leichten Kette). Hier sind die verschiedenen Antikörper zum Teil extrem variabel. Man unterscheidet *„framework regions"* (FR1–FR4) und *„complementarity determining regions"* (CDR1–CDR3). Diesen Teil der Antikörper bezeichnen wir auch als F_V-Bereich (= Fragment mit den variablen Bereichen). CL und CH kennzeichnen Domänen im konstanten Bereich der leichten und schweren Ketten. Der als „H" gekennzeichnete Bereich zwischen den CH_1- und CH_2-Regionen ist der sogenannte Scharnier-(*hinge*)-Bereich.

aus werden auch immer häufiger Antikörper als therapeutische Wirkstoffe eingesetzt.

Antikörper sind aber auch noch aufgrund eines anderen Aspektes interessante Moleküle. Wegen ihrer einmaligen Eigenschaften werden sie vermehrt auch in der experimentellen Biologie eingesetzt, um neue Moleküle mit neuen Eigenschaften zu konstruieren.

Bei einem relativ einheitlichen Bauprinzip sind Antikörper in der Lage, praktisch jede beliebige molekulare Oberflächen mit hoher Spezifität und hoher Affinität zu binden. Offensichtlich ist hier ein Strukturprinzip realisiert, das enorm variiert werden kann, ohne seine elementaren Eigenschaften zu verlieren.

Worin liegen diese Eigenschaften begründet? Wir haben bereits in einem früheren Kapitel das Bauprinzip von Antikörpern kennengelernt. Die Spezifität der Antikörper ist in den variablen Regionen der schweren und der leichten Kette enthalten. Diese Regionen sind wieder unterteilt in konstantere Bereiche, den sogenannten *„framework regions"* (FR), und in hypervariable Regionen, den sogenannten *„complementarity determining regions"* (CDR). Am N-Terminus jeder Antikörperkette befindet sich eine FR_1-Region. Es folgen CDR_1, FR_2, CDR_2, FR_3, CDR_3 und schließlich FR_4. Diese Bereiche auf der schweren und der leichten Kette bestimmen letztlich die Spezifität des Antikörpers und werden als F_V-Bereich (= Fragment mit den variablen Bereichen) bezeichnet (Abb. 8.2.1).

Manche Antikörper lassen sich nur sehr schwer gewinnen. Beispielsweise gibt es Antigene, die *in vivo* so labil sind, daß ihre Lebenszeit nicht ausreicht, um die Bildung eines Antikörpers zu induzieren. Oder Antigene sind giftig und können deshalb nur schlecht appliziert werden.

Dieses Problem können wir überkommen, indem wir die antigenbindende Region gewissermaßen im Reagenzglas erzeugen. Allerdings sind hierzu Voraussetzungen erforderlich, um zum Ziel zu kommen:

- Wir sind darauf angewiesen, sehr viele unterschiedliche Antikörpervarianten herzustellen, da wir ja nicht wissen, worauf es ankommt, um zu unserem gesteckten Ziel zu gelangen.
- So müssen wir uns unter Umständen langsam unserem Ziel nähern, indem wir präformierte, nur bedingt geeignete Antikörper nach und nach verbessern.
- Hierzu benötigen wir eine Technologie, die das Variieren von Antikörperfragmenten auf einfache und effiziente Weise gestattet.
- Ferner benötigen wir ein Selektions-System, das zwischen vielversprechenden Antikörperfragmenten und nicht-wirksamen Antikörperfragmenten diskriminieren kann und das die vielversprechenden Antikörper zurückhält.

- Wir benötigen ein System, mit dem die voraussichtlich wenigen, vielversprechenden Antikörperfragmente amplifiziert werden können, um sie analysieren und anschließend verbessern zu können.

Um diese Voraussetzungen realisieren zu können, können wir auf gentechnische Methoden nicht verzichten. Wir werden also das Antikörperfragment, das wir modifizieren und damit verbessern wollen, klonieren müssen. Wie gehen wir dabei vor?

Prinzipiell könnten wir Lymphozyten isolieren, aus diesen Lymphozyten die mRNA darstellen und dann ausgehend von dieser mRNA-Population eine cDNA-Bank konstruieren. Die Basismethodik hierzu haben wir bereits in Kapitel 2.4 kennengelernt. Jeder von uns besitzt nämlich in seinen B-Lymphozyten einen ausreichend großen *Basis-Pool* von Antiköper-Genen, der als Ausgangspunkt für unsere Optimierungsstrategie verwendet werden könnte. Obwohl dieser Ansatz von spezialisierten Arbeitsgruppen erfolgreich beschritten wurde und auch weiterhin eingesetzt wird, ist das Problem wegen des enorm komplexen Ausgangs-*Pools* nicht einfach zu lösen. Wir wollen uns daher eine Alternative überlegen.

Hierzu etablieren wir zunächst eine monoklonale Hybridom-Zell-Linie, die einen Antikörper produziert, die unserem Zielantikörper in seiner Funktion bereits beträchtlich ähnelt. Die Methodik zur Herstellung monoklonaler Antikörper haben wir in Kapitel 5.7 kennengelernt.

Aus der Hybridom-Zell-Linie isolieren wir die mRNA und synthetisieren nach dem bekannten Schema (Kapitel 2.4) cDNA. Im Überblick stellen sich die nächsten Schritte unserer Strategie wie folgt dar:

- Zunächst amplifizieren wir mit Hilfe der PCR die cDNA-Bereiche für die variablen Regionen der schweren und der leichten Kette.
- Danach klonieren wir die gebildeten Amplimere in einen Phagenvektor.
- Den rekombinanten Phagenvektor transformieren wir schließlich in *E.-coli*-Zellen.

A

MvH'	FR1		CDR1	FR2	CDR2	FR3	
EVKLQESGAE	LARPGASVKL	SCKASGYTFT	NYWMMWVKQR	PGQGLEWIGT	IYPGDGDTRY	TQKFKGKATL	TVDKSSSTAY
EVKLQQSGAE	LVKPGASVKL	SCKASGYTFT	EYAMHWVKQR	SGQGLEWIGW	FYPGTDKIRF	NEKFKDKATL	TADKSSSTVY
EVKLQQSGAE	LVKPGASVKL	SCTASGFNIK	DTYMHWVKQR	PEQGLEWIGR	IDPANGNTKY	DPKFQGKATI	TADTSSNTAY

		CDR3	FR4		
MQLSSLASED	SAVYYCTRGG	Q—LLRN—	-DYWGQGTTV	TVSSAKTTPP	SVY
MELSRLTSED	SAVYFCARYE	RRVVYGNYYA	FDYWGQGTTV	TVSSAKTTPP	SVY
LQLSSLTSED	TAVYYCASPT	R——GCY—	-DYWGQGTTV	TVSSAKTTPP	SVY

B

MvK	FR1	CDR1		FR2	CDR2	FR3	
DIELTQSPAS	LSVATGEKVT	IRCITSTDID	D-D—MN——	WYQQKPGEPP	KLLISEGNSL	RPGVPSRFSS	SGYGPDFVFT
DIELTQSPAI	MSASPGEKVT	MTCSAISSVT	——YMH——	WYQQKSGTFP	KRWIYDTSKL	ASGVPARFSG	SGSGTSYSLT
DIELTQSPSS	LAMSVGQKVT	MSCKSSQSLL	NSSNQKNYLA	WYQQKPGQSP	KLLVYFASTR	KSGVPDRFIG	SGSGTDFTLT

	CDR3		FR4	
IENTLSEDVA	DYYCLQSDNM	PLTFGAGTKL	ELKRADAAPT	VS
VSSMEAEDAA	TYYCQQWSS-	P-TFGAGTKL	ELKRADAAPT	VS
ISSVQAEDLA	DYFCQQHDST	PLTFGAGTKL	ELKRADAAPT	VS

Abb. 8.2.2 Je drei Detailsequenzen variabler Bereiche der schweren (A) und leichten (B) Ketten von drei Antikörpern. Die Aminosäuresequenz ist im Einbuchstabencode dargestellt. FR = *framework regions* (schwarze Buchstaben), CDR = *complementarity determining regions* (blaue Buchstaben). Obwohl Unterschiede auch innerhalb der FR-Domänen erkennbar sind, sind die Unterschiede innerhalb der CDR-Domänen doch deutlich ausgeprägter.

8.2.1.1 PCR-Amplifikation der cDNA-Bereiche für die variablen Regionen

Im ersten Schritt unserer Strategie möchten wir die cDNA-Bereiche für die variablen Regionen der schweren und der leichten Kette aufamplifizieren. Dabei stehen wir vor folgendem Problem.

- Zum einen benötigen wir offensichtlich zwei *Primer*-Paare: ein *Primer*-Paar für die schwere Kette und ein *Primer*-Paar für die leichte Kette.
- Zum anderen sind aber die Sequenzen, an die die vier *Primer* anhybridisieren sollten, nicht bekannt.

Durch Sequenzvergleich einer Vielzahl von Antikörpersequenzen ist es gelungen, trotz der großen Variabilität der Antikörper, Konsensussequenzen abzuleiten (Abb. 8.2.2). Ferner nutzen uns zwei hilfreiche Umstände.

- Die *Primer*, die am codierenden Bereich für die äußere, N-terminale Region binden, erkennen eine *framework*-Region. Diese FR-Regionen sind innerhalb unterschiedlicher Antikörper – im Gegensatz zu den CDRs – noch relativ konserviert. Trotz dieser relativen Homologie benötigen wir eine große Zahl unterschiedlicher *Primer*, wie dies in Abb. 8.2.3 dargestellt ist. Wir bezeichnen diese *Primer* als *backward-Primer*, da sie diejenige DNA-Synthese initiieren, die formal von links nach rechts – also rückwärts – verläuft.
- Die *Primer*, die die DNA-Synthese in der anderen Richtung initiieren – also die *forward-Primer* – können wir so konstruieren, daß sie innerhalb der konstanten Region binden. In diesem Bereich ist die Homologie zwischen verschiedenen Antikörpern noch größer, so daß die Zahl der erforderlichen *Primer* noch geringer ist (siehe Abb. 8.2.4). Wenn wir ferner zuvor noch immunologisch bestimmt haben, um welchen Typ der leichten Kette es sich handelt, können wir die Zahl der verschiedenen *Primer* nochmals reduzieren.

A

MvH 1-25:

MvH-1	5'– GAG GTR MAG CTT CAG GAG TCA GGA C	–3'
MvH-2	5'– GAG GTS CAG CTK CAG CAG TCA GGA C	–3'
MvH-3	5'– CAG GTG CAG CTG AAG SAS TCA GG	–3'
MvH-4	5'– GAG GTG CAG CTT CAG GAG TCS GGA C	–3'
MvH-5	5'– GAR GTC CAG CTG CAA CAG TCY GGA C	–3'
MvH-6	5'– CAG GTC CAG CTK CAG CAA TCT GG	–3'
MvH-7	5'– CAG STB CAG CTG CAG CAG TCT GG	–3'
MvH-8	5'– CAG GTY CAG CTG CAG CAG TCT GGR C	–3'
MvH-9	5'– GAG GTY CAG CTY CAG CAG TCT GG	–3'
MvH-10	5'– GAG GTC CAR CTG CAA CAA TCT GGA CC	–3'
MvH-11	5'– CAG GTC CAC GTG AAG CAG TCT GGG	–3'
MvH-12	5'– GAG GTG AAS STG GTG GAA TCT G	–3'
MvH-13	5'– GAV GTG AAG YTG GTG GAG TCT G	–3'
MvH-14	5'– GAG GTG CAG SKG GTG GAG TCT GGG G	–3'
MvH-15	5'– GAK GTG CAM CTG GTG GAG TCT GGG	–3'
MvH-16	5'– GAG GTG AAG CTG ATG GAR TCT GG	–3'
MvH-17	5'– GAG GTG CAR CTT GTT GAG TCT GGT G	–3'
MvH-18	5'– GAR GTR AAG CTT CTC GAG TCT GGA	–3'
MvH-19	5'– GAA GTG AAR STT GAG GAG TCT GG	–3'
MvH-20	5'– GAA GTG ATG CTG GTG GAG TCT GGG	–3'
MvH-21	5'– CAG GTT ACT CTR AAA GWGTST GGC C	–3'
MvH-22	5'– CAG GTC CAA CTV CAG CAR CCT GG	–3'
MvH-23	5'– CAG GTY CAR CTG CAG CAG TCT G	–3'
MvH-24	5'– GAT GTG AAC TTG GAA GTG TCT GG	–3'
MvH-25	5'– GAG GTG AAG GTC ATC GAG TCT GG	–3'

B

MvK 1-25:

MvK-1	5'– GAC ATT GTT CTC ACC CAG TCT CC	–3'
MvK-2	5'– GAC ATT GTG CTS ACC CAG TCT CC	–3'
MvK-3	5'– GAC ATT GTG ATG ACT CAG TCT CC	–3'
MvK-4	5'– GAC ATT GTG CTM ACT CAG TCT CC	–3'
MvK-5	5'– GAC ATT GTG YTR ACA CAG TCT CC	–3'
MvK-6	5'– GAC ATT GTR ATG ACA CAG TCT CC	–3'
MvK-7	5'– GAC ATT MAG ATR ACC CAG TCT CC	–3'
MvK-8	5'– GAC ATT CAG ATG AMC CAG TCT CC	–3'
MvK-9	5'– GAC ATT CAG ATG ACD CAG TCT CC	–3'
MvK-10	5'– GAC ATT CAG ATG ACA CAG ACT AC	–3'
MvK-11	5'– GAC ATT CAG ATG ATT CAG TCT CC	–3'
MvK-12	5'– GAC ATT GTT CTC AWC CAG TCT CC	–3'
MvK-13	5'– GAC ATT GTT CTC TCC CAG TCT CC	–3'
MvK-14	5'– GAC ATT GWG CTS ACC CAA TCT CC	–3'
MvK-15	5'– GAC ATT STG ATG ACC CAR TCT C	–3'
MvK-16	5'– GAC ATT KTG ATG ACC CAR ACT CC	–3'
MvK-17	5'– GAC ATT GTG ATG ACT CAG GCT AC	–3'
MvK-18	5'– GAC ATT GTG ATG ACB CAG GCT GC	–3'
MvK-19	5'– GAC ATT GTG ATA ACY CAG GAT G	–3'
MvK-20	5'– GAC ATT GTG ATG ACC CAG TTT GC	–3'
MvK-21	5'– GAC ATT GTG ATG ACA CAA CCT GC	–3'
MvK-22	5'– GAC ATT GTG ATG ACC CAG ATT CC	–3'
MvK-23	5'– GAC ATT TTG CTG ACT CAG TCT CC	–3'
MvK-24	5'– GAC ATT GTA ATG ACC CAA TCT CC	–3'
MvK-25	5'– GAC ATT GTG ATG ACC CAC ACT CC	–3'

Y = C oder T Pyrimidin
R = A oder G Purin
N = A,C,G oder T
K = G oder T Keto (in großer Furche)
M = A oder C Amino (in großer Furche)
S = G oder C stark (3 H-Brücken)
W = A oder T weich (2 H-Brücken)
B = C, G oder T nicht A
D = A, G oder T nicht C
H = A, C oder T nicht G
V = A, C oder G nicht T

Abb. 8.2.3 Sammlung verschiedener degenerierter *Primer* zur Amplifikation von cDNA-Sequenzen für schwere (A) und leichte (B) Antikörperketten. Die *Primer* binden an die N-terminale Region und erkennen somit den FR1-Bereich. Man bezeichnet diese *Primer* auch als *backward-Primer*. Orangemarkierte Buchstaben markieren „degenerierte" Positionen.

Wollen wir nur die variablen Bereiche der schweren und der leichten Kette eines Antikörpers exprimieren, müssen wir die beiden Bereiche miteinander verbinden. Denn im

A

Amplifikation der F_V-Region:

vH1for2
5'–**TGA GGA GAC GGT GAC CGT GGT CCC TTG GCC CC**–3'

Amplifikation der F_{ab}-Region:

MCH1-G1
5'–**TCA ACA ATC CCT GGG CAC AAT TTT CTT GTC CAC C**–3'

MCH1-G2A
5'–**TCA ACA GGG CTT GAT TGT GGG CCC TCT GGG**–3'

MCH1-G2B
5'–**TCA ACA GGG GTT GAT TGT TGA AAT GGG CCC G**–3'

B

Amplifikation der F_V-Region:

vK4for
5'–**CCG TTT GAT TTC CAG CTT GGT GCC**–3'
5'–**CCG TTT TAT TTC CAG CTT GGT CCC**–3'
5'–**CCG TTT TAT TTC CAA CTT TGT CCC**–3'
5'–**CCG TTT CAG CTC CAG CTT GGT CCC**–3'

Amplifikation der F_{ab}-Region:

MCK1
5'–**ACA CTC ATT CCT GTT GAA GCT CTT GAC**–3'

Abb. 8.2.4 *Forward-Primer* für die Amplifikation von cDNA-Sequenzen für schwere (A) und leichte (B) Antikörperketten. Man verwendet unterschiedliche *Primer*, je nach dem ob man F_V- oder F_{ab}-Fragmente kloniert will.

Gegensatz zu den etwas größeren F_{ab}-Fragmenten sind die F_V-Fragmente auf Proteinebene nicht durch Disulfidbrücken miteinander verknüpft. Um den Zusammenhalt der beiden aufamplifizierten F_V-Regionen zu gewährleisten, wurden verschiedenste Ansätze ausprobiert (Abb. 8.2.5 A). Dabei hat sich letztendlich eine kurze Sequenz als am wenigsten störend für die Ausbildung der Antigen-Bindungstasche herauskristallisiert, die für das Peptid $(Gly_4Ser)_3$ codiert (Abb. 8.2.5 B). Als Resultat erhalten wir ein Protein, das zunächst die F_V-Region der schweren Kette, dann unser Verknüpfungspeptid und schließlich die F_V-Region der leichten Kette enthält. Ein derartiges Fragment bezeichnen wir als *single-chain-F_V*-Fragment (scF_V).

Bisher hatten wir DNA-Fragmente immer über Schneiden mit geeigneten Restriktionsenzymen und Verknüpfen über Ligasen neu kombiniert. Hier kennen wir die Sequenzen der zu verknüpfenden DNA-Fragmente jedoch nicht und können daher auch keine Vor-

A

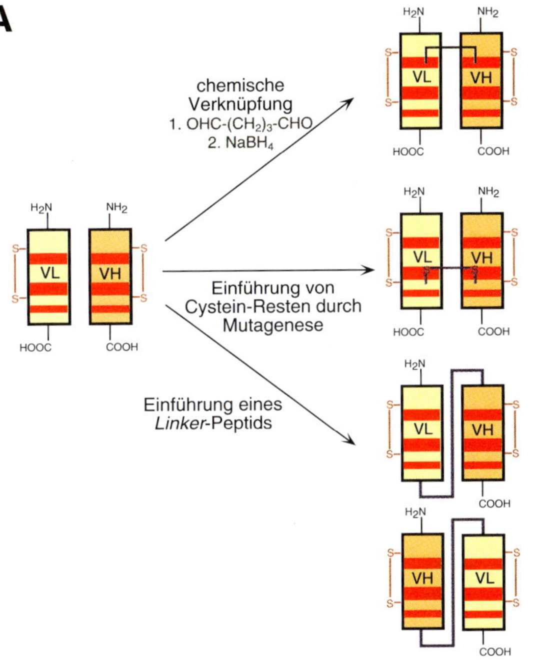

B

Linker-Sequenz	Länge
GGGGS GGGGS GGGGS	15
$(GGGGS)_n$, n = 2 – 5	10-25
EGKSS GSGSE SKST	14
GSTSG SGKSS EKG	14
KESGS VSSEQ LAQRF SLD	18
LTVSS ALTTP PSVYP L	16
SSPSV TLFPP SSNG	14
IKRAG QGSSV	10
SSADD AKKDA AKKDD AKKDD AKKDDG	25
PGGNR GTTTT RRPAT TTGSS PGPTQ SH	27
GSASA PKLEE GEFSE ARE	18

Abb. 8.2.5 Verknüpfung einer vL- mit einer vH-Domäne.
A Die beiden Domänen lassen sich auf unterschiedliche Weise miteinander verknüpfen: Zum einen können die fertigen Proteinketten chemisch mit Hilfe eines bifunktionellen Reagenzes verbunden werden. Eine zweite Möglichkeit besteht darin, auf Gen-Ebene Cystein-Codons einzuführen und die Ketten dann über eine artifizielle Disulfidbrücke miteinander zu verbinden. Die dritte und weitaus gebräuchlichste Methode ist die Verknüpfung der beiden Ketten über ein *Linker*-Fragment, das mit Hilfe einer PCR-Strategie eingeführt wird.
B Mögliche *Linker*-Sequenzen, mit denen die beiden Ketten verbunden werden können.

hersagen über entsprechende Restriktionsschnittstellen machen. Aus diesem Grund erfolgt die Verknüpfung der beiden F_V-Amplimere durch die codierende Region für das *Linker*-Peptid wiederum durch PCR. Wir nennen diese PCR-Variante, die in Abb. 8.2.6 dargestellt ist, *„splicing by overlap extension"*. Die

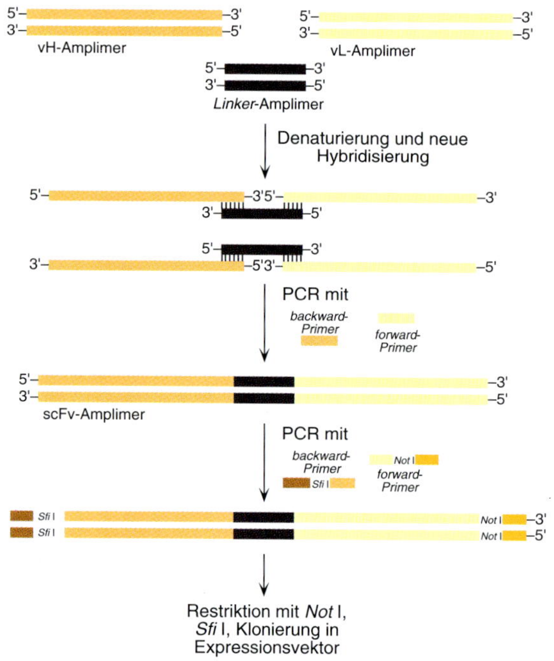

Abb. 8.2.6 ***„Splicing by overlap extension".*** Um die DNA-Fragmente für die leichte und die schwere Kette miteinander zu verbinden, wird ein *„Linker"*-Amplimer synthetisiert, das nicht nur die Information für die $(Gly_4Ser)_3$-Abfolge trägt, sondern das auch komplementär zu den 24 3'-terminalen Nukleotiden des vH-Amplimers und zu den 24 5'-terminalen Nukleotiden des vL-Amplimers ist. Alle drei Amplimere werden zusammen in einen PCR-Ansatz gegeben. Im nächsten Schritt werden noch der *backward-Primer* für die Amplifikation der schweren Kette und der *forward-Primer* für die Amplifikation der leichten Kette hinzugefügt. Durch diesen Versuchsaufbau werden alle drei DNA-Fragmente miteinander verbunden und aufamplifiziert. In einem weiteren PCR-Schritt werden die Amplimere nochmals terminal verlängert und dabei Erkennungssequenzen für die Restriktionsendonukleasen *Not* I und *Sfi* I eingeführt.

codierende Sequenz für das Linker-Peptid wird zunächst ebenfalls über PCR hergestellt. Dieses kurze *„Linker"*-Amplimer trägt nicht nur die Information für die $(Gly_4Ser)_3$-Abfolge, sondern ist auch komplementär zu den 24 3'-terminalen Nukleotiden der vH-Kette und zu den 24 5'-terminalen Nukleotiden der vL-Kette. Alle drei Amplimere werden zusammen in einen PCR-Ansatz gegeben. Schließlich werden noch der *backward-Primer* für die Amplifikation der schweren Kette und der *forward-Primer* für die Amplifikation der leichten Kette benötigt. Durch diesen Versuchsaufbau werden alle drei DNA-Fragmente miteinander verbunden und aufamplifiziert.

In einem letzten PCR-Schritt verwenden wir leicht verlängerte PCR-*Primer* für eine erneute Amplifikation. Diese *Primer* tragen an ihren Enden Erkennungssequenzen für Restriktionsendonukleasen, so daß wir nach Hydrolyse mit den entsprechenden Enzymen ein Fragment erhalten, das wir in den Phagenvektor einligieren können. Diese Restriktionsendonukleasen zeichnen sich üblicherweise dadurch aus, daß sie acht oder mehr Nukleotide als Erkennungssequenz haben. Dadurch wird die Gefahr minimiert, daß das aufamplifizierte DNA-Fragment nicht nur an den Enden, sondern auch in der Mitte geschnitten wird.

8.2.1.2 Klonierung der gebildeten Amplimere in einen Phagenvektor

Das Plasmid, in das wir unser Amplimer einligieren werden, ist in Wirklichkeit ein Phagengenom. Es ist eine Variante des Vektors M13, den wir bereits in Kapitel 2.4 kennengelernt haben.

Dieses Phagengenom enthält alle codierenden Bereiche, die für die Ausbildung intakter Phagen nach einer Infektion von *E.-coli*-Zellen erforderlich sind. Fünf verschiedene Proteine bilden die Hülle des Phagen (gpIII, gpVI, gpVII, gpVIII und gpIX) (Abb. 8.2.7). Zwei dieser Proteine, nämlich gpIII und gpVIII, zeichnen sich dadurch aus, daß ihre N-Termini in der Phagenhülle frei vorliegen. Darüber hinaus sind in diesen Bereichen Insertionen mit fremden Proteinanteilen – auch beim Phagenzusammenbau – tolerabel. Für beide Hüllproteine wurden bereits Expressionsvektoren hergestellt, wobei folgendes zu berücksichtigen ist:

- gpVIII stellt die Hauptmenge der Hüllproteinbausteine (Abb. 8.2.7) und liegt in ca. 2.500 Kopien vor. Je nach Länge der zu verpackenden Phagen-DNA werden mehr oder weniger gpVIII-Moleküle benötigt. Bei Verwendung dieses Hüllproteins erhält man eine große Menge Fusionsprotein. Allerdings können hier sehr große Fusionsanteile leicht den Zusammenbau der Phagenhülle behindern.

- gpIII hingegen liegt nur in drei bis fünf Kopien an der Phagenspitze vor und ist mit am Infektionsprinzip der M13-Phagen beteiligt. Man erhält also eine wesentlich geringere Anzahl an rekombinanten Proteinen. Zusätzlich kann das Fusionsprotein in geringem Maß die Infektiosität des Phagen beeinträchtigen.

Eben das Gen für dieses gpIII wählten Wissenschaftler aus der Arbeitsgruppe von Greg Winter in Cambridge, um hier die Amplimere für scF_V-Fragmente einzuligieren. Sie führten entsprechende Erkennungsstellen für selten verwendete Restriktionsendonukleasen ein und stellten sicher, daß durch die Klonierung nicht das Leseraster des gpIII-Gens verschoben wird.

Ergebnis einer solchen Klonierung ist ein Fusions-Gen zwischen dem gpIII-Gen und einem Einschub, der für das scF_V-Fragment eines bestimmten Antikörpers codiert.

8.2.1.3 *Transformation des rekombinanten Phagenvektors in E.-coli-Zellen*

Das Resultat einer solchen Klonierung erkennen wir, wenn wir den rekombinanten Vektor in kompetente *E.-coli*-Zellen transformieren. Wir erinnern uns, es müssen männliche *E.-coli*-Zellen sein, da der Phage bei einer Infektion über den *Pilus* eindringt und die Zellen nach der Phagenvermehrung auch wieder über den *Pilus* verläßt.

Die in der *E.-coli*-Zelle gebildeten Phagen sind rekombinante Phagen. Sie tragen an der Spitze 3 bis 5 Kopien veränderter gpIII-Genproduke, die ein scF_V-Fragment enthalten

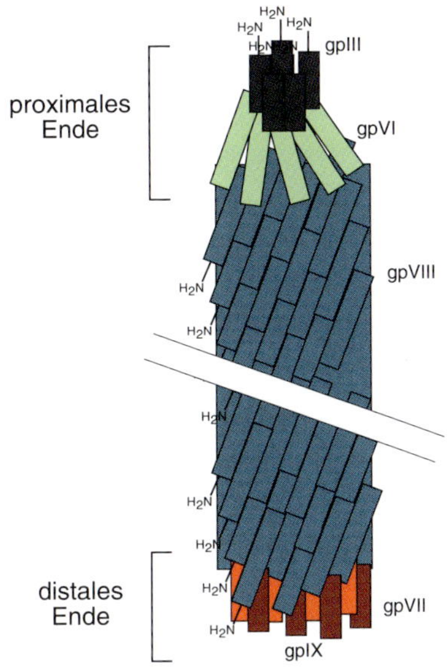

Abb. 8.2.7 Aufbau eines M13-Phagen. Die Hülle eines M13-Phagen besteht im wesentlichen aus fünf verschiedenen Proteinen, die von den Genen gpIII, gpVI, gpVII, gpVIII und gpIX des Phagengenoms codiert werden. Bei zwei Proteinen ragen die N-Termini aus der Phagenhülle heraus, so daß man an dieser Stelle einen Fusionsproteinanteil einfügen könnte, ohne den Aufbau der Phagenhülle zu stark zu stören. Dies wurde auch bereits für beide Proteine realisiert. Die Kopienzahlen pro Phagenhülle unterscheiden sich für beide Proteine deutlich, während eine Phagenhülle ca. 2.500 gpVIII-Genprodukte besitzt, gibt es nur ca. drei bis fünf gpIII-Genprodukte.

Abb. 8.2.8 Rekombinanter Phage mit einem modifizierten gpIII-Protein an der Phagenspitze.

(Abb. 8.2.8). Die rekombinanten Phagen sind somit zum Antikörper geworden. Andererseits ist aber das Antikörperfragment Teil eines infektiösen Genoms geworden und kann somit effizient – nämlich durch Infektion von *E.-coli*-Zellen – amplifiziert werden.

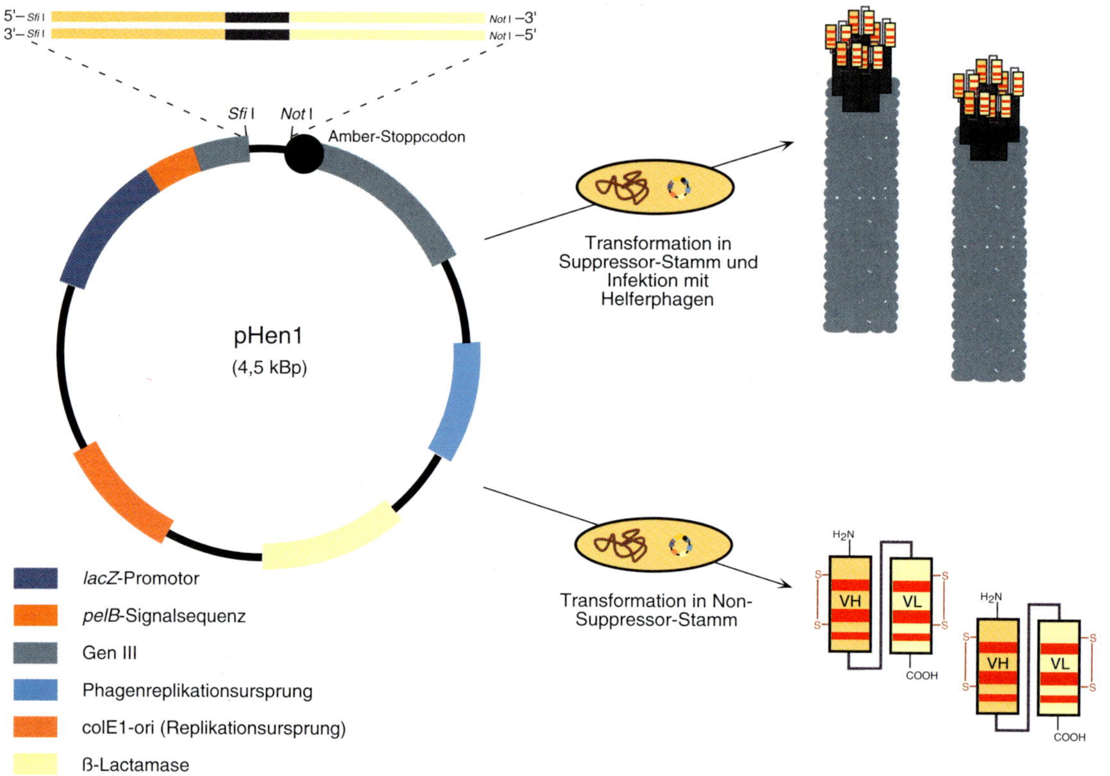

Abb. 8.2.9 Expression löslicher scF$_V$-Fragmente oder rekombinanter Phagen. Das Plasmid pHen1 wird benutzt, um entweder lösliche scF$_V$-Fragmente oder rekombinante Phagen zu exprimieren. Neben einem colE1-Replikationsursprung, einem Phagenreplikationsursprung (siehe auch Abb. 2.4.9) und einem ß-Lactamase-Gen besitzt dieses Plasmid eine Expressionskassette, die unter der Kontrolle des bakteriellen ß-Galactosidase-Promotors (*lacZ*-Promotor) steht. Es folgt eine *pelB*-Signalsequenz, die dafür sorgt, daß die löslichen Antikörperfragmente ins Periplasma der Bakterienzelle transportiert werden. Erst dort können die Disulfidbrücken geknüpft werden. Es schließt sich dann die Sequenz des gpIII-Gens an, die in geeigneter Weise durch eine kurze Sequenz unterbrochen ist, in die – über die Restriktionsschnittstellen *Sfi* I und *Not* I – die codierende Sequenz für das scF$_V$-Fragment im richtigen Leseraster eingeführt werden kann. Der schwarze Punkt symbolisiert ein Amber-Stopp-Codon, an dem die Proteinbiosynthese abbricht, wenn das Plasmid in einen Wildtyp-*E.-coli*-Stamm transformiert wurde. Es entstehen somit lösliche scF$_V$-Fragmente (unten rechts). Wird das Plasmid allerdings in einen *E.-coli*-Suppressor-Stamm transformiert, der zusätzlich zu seiner normalen tRNA-Ausstattung noch eine tRNA besitzt, die ein Amber-Stopp-Codon lesen kann, so wird auch der Rest des gpIII-Gens translatiert. Wenn diese Zellen mit einem „Helfer-Phagen" infiziert wurden, die die restlichen Proteine für ein korrektes Phagen-*Assembly* bereitstellen, werden die modifizierten gpIII-Genprodukte in die Phagen eingebaut, und wir erhalten rekombinante Phagen mit einem scF$_V$-Fragment an der Spitze (rechts oben).

Um das System noch umfassender nutzen zu können, tragen die Phagenvektoren, in die wir unsere Amplimere einklonieren, unmittelbar hinter der Integrationsstelle ein UAG-Translationsstopp-Codon. Wir erhalten daher nur dann Phagen, wenn wir die rekombinanten Vektoren in einen speziellen *E.-coli*-Stamm transformieren. Einen derartigen *E.-coli*-Stamm bezeichnen wir als „Suppressor-Stamm", da er ein Suppressor-tRNA-Gen enthält (Abb. 8.2.9). Mit Hilfe dieser Suppressor-tRNA werden UAG-Translationsstopp-Codons überlesen, so daß das ganze Phagengenom translatiert werden kann und sich Phagen bilden können.

Transformieren wir hingegen unseren rekombinanten Vektor in einen *E.-coli*-Stamm, der kein Suppressor-tRNA-Gen enthält, bricht die Translation hinter dem scF$_V$-Fragment ab. Es werden keine Phagen gebildet. Dafür ent-

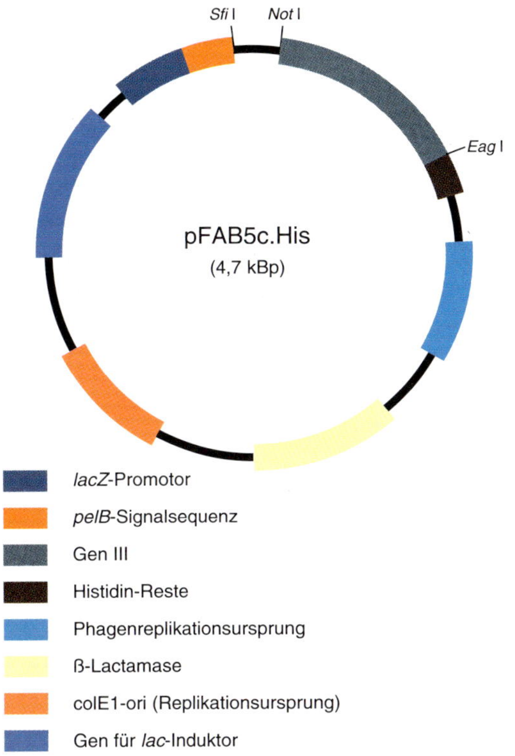

Abb. 8.2.10 Das Plasmid pFAB5c.His zur Expression von F_{ab}-Fragmenten. Dieses Plasmid ist ähnlich aufgebaut wie das Plasmid pHen1 (siehe Abb. 8.2.9). Es unterscheidet sich im wesentlichen durch eine kurze Sequenz von Histidin-Codons (braun), die das gpIII-Gen am 3'-Ende verlängern. Dadurch lassen sich die F_{ab}-Fragmente durch Affinitäts-Chromatographie an Nickel-Chelatsäulen aufreinigen (siehe Kapitel 3.1).

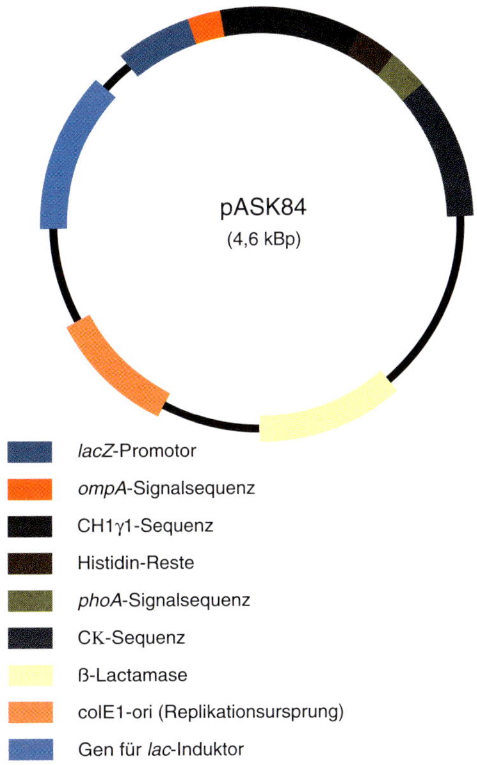

Abb. 8.2.11 Das Plasmid pASK84 zur Expression von F_{ab}-Fragmenten. Die Expressionskassette dieses Plasmids enthält bereits codierende Bereiche für die erste konstante Domäne der schweren Kette (CH1γ1 = schwarz) und für die konstante Domäne einer leichten κ-Kette (Cκ = grünblau). Die konstante Domäne der schweren Kette ist auch hier durch eine kurze Sequenz mit Histidin-Codons verlängert, so daß sich die F_{ab}-Fragmente über Affinitäts-Chromatographie an Nickel-Chelatsäulen aufreinigen lassen (siehe Kapitel 3.1). Die DNA-Fragmente für die F_V-Bereiche der schweren und leichten Antikörperketten werden hinter der *ompA*-Signalsequenz (rot) bzw. hinter der *phoA*-Signalsequenz (grün) inseriert. Diese beiden Signalsequenzen sind dafür verantwortlich, daß die beiden Fusionsproteine in das Periplasma der Bakterienzelle ausgeschleust werden, wo ein Milieu herrscht, das das Knüpfen der Disulfidbrücken zwischen den schweren und leichten Ketten ermöglicht.

stehen lösliche scF_V-Fragmente, die isoliert und als Diagnostika oder Therapeutika eingesetzt werden können.

8.2.1.4 Klonieren von F_{ab}-Fragmenten

Neben der Möglichkeit, scF_V-Fragmente zu klonieren, können wir auch F_{ab}-Fragmente klonieren und exprimieren. Diese haben gegenüber scF_V-Fragmenten meist den Vorteil, daß sie eine höhere Avidität, d. h. eine bessere Antigenbindung, aufweisen. Zusätzlich entfällt hier die Notwendigkeit, die Fragmente künstlich miteinander verknüpfen zu müssen. Denn anders als F_V-Fragmente sind F_{ab}-Fragmente durch natürliche Disulfidbindungen miteinander verknüpft.

Verschiedene Vektoren stehen zur Verfügung, um F_{ab}-Fragmente zu klonieren, von

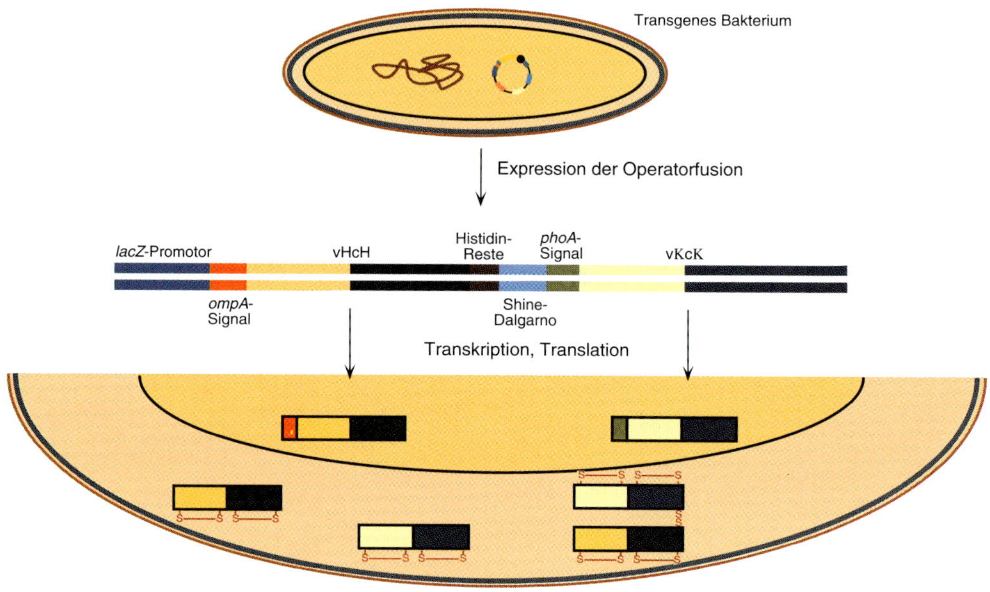

Abb. 8.2.12 Biosynthese eines rekombinanten F_{ab}-Fragments. Die in pASK84 vorhandene Expressionskassette ist eine „Operatorfusion". Die ganzen Kassette wird unter der Kontrolle des *lacZ*-Promotors exprimiert. Von der gebildeten mRNA werden simultan zwei Proteinketten gebildet: eine für die schwere Kette und eine für die leichte Kette. Die gebildeten Proteine werden durch die Signalpeptide OmpA und PhoA ins Periplasma der Bakterienzelle dirigiert. Beim Durchtritt durch die Zellmembran werden die Signalpeptide abhydrolysiert. Im Periplasma herrscht ein ausreichend reduzierendes Milieu, um die Disulfidbindungen zwischen schwerer und leichter Kette knüpfen zu können.

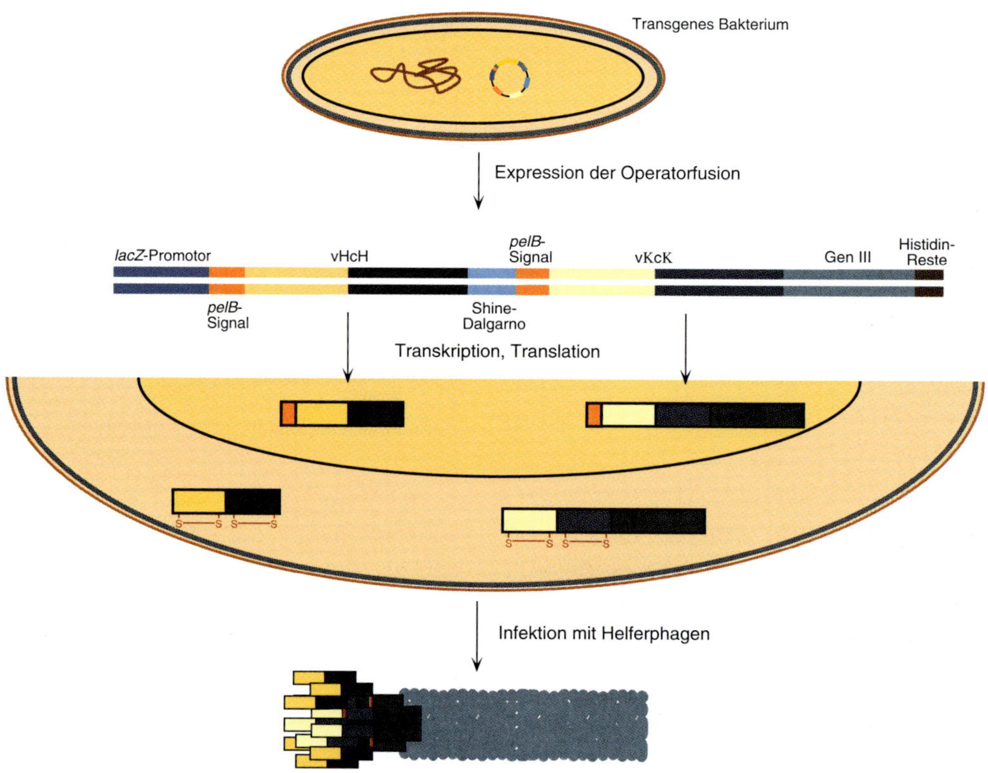

Abb. 8.2.13 Biosynthese eines rekombinanten Phagen. Exprimiert man ein rekombinantes F_{ab}-Fragment aus pFAB5c.His, so wird in Gegenwart eines Helferphagen ein rekombinanter Phage gebildet, da die leichte Antikörperkette als Fusionsprotein mit gpIII translatiert wird.

denen hier nur zwei exemplarisch vorgestellt werden sollen.

- pFAB5c.His (Abb. 8.2.10) verwenden wir, wenn wir sowohl den F_V-Bereich als auch die erste konstante Domäne unseres Antikörpers klonieren wollen. Dazu ist es natürlich erforderlich, die *forward-Primer* weiter nach hinten, d.h. ans Ende der ersten konstanten Domäne zu verlegen, damit ein Amplimer aus variabler plus konstanter Region entsteht.
- In pASK84 (Abb. 8.2.11) sind bereits für die Expression optimierte konstante Regionen für die schwere und die leichte Kette enthalten. Wir klonieren folglich nur die Amplimere für die F_V-Fragmente vor die entsprechenden konstanten Bereiche.

Bei beiden Plasmiden werden die Antikörperketten als Operatorfusion exprimiert. Darunter verstehen wir, daß beide Proteine unter der Kontrolle eines einzigen Promotors synthetisiert werden. Allerdings entsteht nicht, wie im Fall der scF_V-Fragmente, ein Fusionsprotein, sondern es werden zwei getrennte Proteine gebildet (Abb. 8.2.12).

Beide Proteine werden ins Periplasma der Bakterienzellen sezerniert. Denn vor dem codierenden Bereich für die Antikörperfragmente befindet sich jeweils die Information für ein Signalpeptid für die Sekretion. Dies ist wichtig, da erst im periplasmatischen Raum der Bakterienzelle ein ausreichend reduzierendes Milieu herrscht, um die Disulfidbindungen zwischen schwerer und leichter Kette knüpfen zu können.

Während im Falle von pASK84 die beiden Antikörperfragmente als lösliche Proteine sezerniert werden, wird bei der Expression von pFAB5c.His ein Phage gebildet. Die schwere Antikörperkette wird als lösliches Protein in das Periplasma abgegeben, die leichte Antikörperkette wird als Fusionsprotein mit gpIII translatiert und in Anwesenheit eines Helferphagen auf der Phagenhülle exponiert (Abb. 8.2.13). Mit relativ hoher Wahrscheinlichkeit finden sich die beiden Antikörperketten und

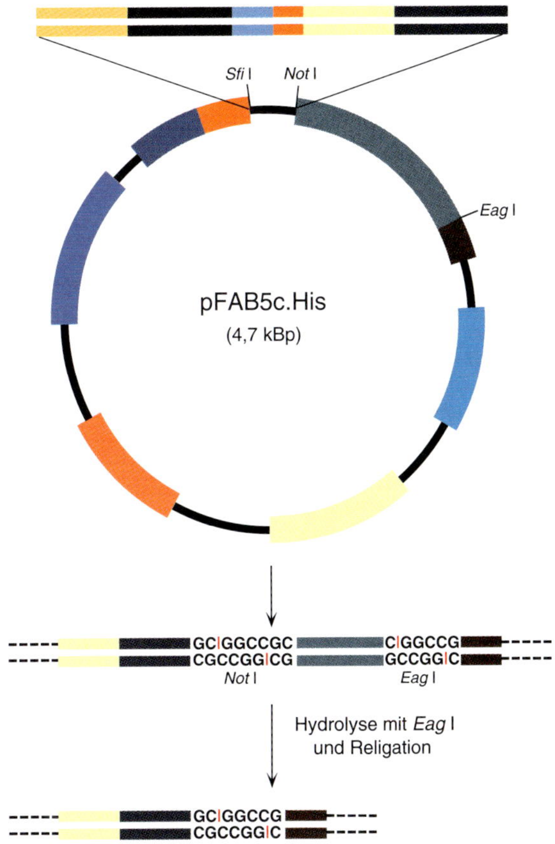

Abb. 8.2.14 Biosynthese eines rekombinanten Fab-Fragments aus pFAB5c.His. Um aus dem Plasmid pFAB5c.His ebenfalls lösliche F_{ab}-Fragmente zu erhalten, kann das Plasmid durch Hydrolyse mit der Restriktionsendonuklease *Eag* I modifiziert werden. Dadurch wird der größte Teil des gpIII-Gens eliminiert. Somit fehlt die Verankerungsmöglichkeit des F_{ab}-Fragments in der Phagenhülle.

bilden die entsprechenden Disulfidbrücken aus. Durch eine einfache Eliminierung des gpIII-Gens aus dem Expressionsvektor (Abb. 8.2.14) lassen sich jedoch auch mit pFAB5c.His lösliche, sezernierte Antikörperfragmente herstellen.

8.2.2 *In-vitro-Mutation durch fehlerhafte PCR*

Ausgangspunkt unserer Überlegungen war, mit Hilfe von Kombinatorik neue Wirkstoffe zu schaffen. Das Ausgangsprodukt dabei ist

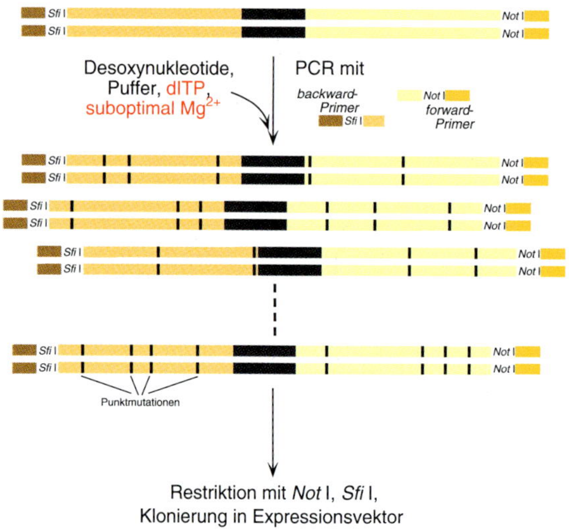

Abb. 8.2.15 Modifikation von Antikörperfragmenten durch fehlerhafte PCR. Varianten des klonierten Antikörperfragments können dadurch erhalten werden, daß der Genabschnitt unter Bedingungen amplifiziert wird, die eine relativ hohe Fehlerrate zulassen. Dies ist möglich, indem zusätzlich zu den vier üblichen Desoxynukleotid-Triphosphaten auch Desoxy-Inosintriphosphat (dITP) angeboten wird. Wird dieses Nukleotid eingebaut, ist diese Position in der nächsten Amplifikationsrunde nicht mehr eindeutig definiert, da alle vier Basen mit Inosin basenpaaren können. Die Fehlerrate kann auch dadurch gesteigert werden, daß die Reaktion unter suboptimalen Magnesium-Konzentrationen ausgeführt wird. Als Resultat erhalten wir eine Population unterschiedlicher DNA-Fragmente, die für Varianten des ursprünglichen Antikörperfragments codieren.

ein kloniertes Antikörperfragment. Mit Hilfe zweier *Primer*, die an den äußeren Enden der Antikörper-DNA hybridisieren, amplifizieren wir diesen DNA-Bereich unter Bedingungen, die für DNA-Synthese nicht optimal sind. Derart suboptimale Bedingungen können wir einstellen, indem wir beispielsweise suboptimale Pufferbedingungen – und hier besonders suboptimale Mg^{2+}-Bedingungen – wählen. Alternativ können wir dem Ansatz zusätzlich zu den üblichen vier Desoxynukleotid-Triphosphaten geringe Konzentrationen Desoxy-Inosintriphosphat (dITP) zusetzen. Wird dITP zufällig von der DNA-Polymerase eingebaut, ist diese Position für die nächste Replikationsrunde nicht eindeutig definiert. Alle vier dNTPs können mit Inosin basenpaaren, so daß zufällig irgendein Nukleotid eingebaut wird.

In beiden Fällen werden also Fehler zufällig induziert und das praktisch in jeder Amplifikationsrunde. Somit wird auch die klonierte DNA in jeder Amplifikationsrunde Zug um Zug verfremdet. Es entsteht also eine große Schar unterschiedlicher DNA-Fragmente (Abb. 8.2.15).

Die vielen verschiedenen DNA-Fragmente klonieren wir wieder in unseren Ursprungsphagen oder in einen Phagemidvektor. Nach Transformation in *E.-coli*-Zellen erhalten wir eine Phagenbank, ganz analog zu einer Expressions-Genbank, so wie wir dies in Kapitel 2.4 kennengelernt haben. Es gibt allerdings einen Unterschied. Dieser besteht darin, daß die hier erzeugte Expressions-Genbank relativ einheitlich ist. Alle Proteine bzw. Phagen, die in dieser Genbank codiert sind, sind relativ ähnlich, da sie sich alle von einem „Ur-Phagen" ableiten. Sie unterscheiden sich nur in dem Bereich, der für das Antikörperfragment codiert – und das nur zu einem relativ geringen Ausmaß.

Die Frage ist, wie wir aus dieser Mischung unterschiedlicher – aber doch ähnlicher – Phagen den Phagen herausselektionieren können, der die Eigenschaften besitzt, die uns interessieren. Dies wollen wir uns im nächsten Abschnitt herleiten.

8.2.3 „Phagen-Panning": Selektion optimierter Antikörperfragmente

Die Phagen, die wir konstruiert haben, enthalten die antigenbindende Domäne eines Antikörpers an ihrer Spitze (Abb. 8.2.16). Sie besitzen somit die Eigenschaft, an eine molekulare Oberfläche zu binden.

Koppeln wir daher das Antigen an eine feste Oberfläche – beispielsweise auf die Oberfläche einer Petrischale – so werden die

Phagen dort gebunden. Medienbestandteile oder andere störende Substanzen können dann leicht von den Phagen abgewaschen werden. Erst wenn wir die Pufferbedingungen ändern und die schwachen Wechselwirkungen zwischen Antigen und rekombinantem Phagen stören, löst sich der Phage ab. Wenn wir nun in die Petrischale einige *E.-coli*-Zellen geben, infizieren die Phagen die *E.-coli*-Zellen und vermehren sich und damit auch das Antikörperfragment. Wir bezeichnen diese Technik der Selektion rekombinanter Phagen an einer festen Oberfläche als *„Panning"*.

Natürlich müssen wir nicht das originale Antigen an die Plastikoberfläche der Petrischale binden. Statt dessen können wir auch jedes beliebige andere, potentielle Antigen fixieren. Geben wir nun unser komplexes Phagengemisch, das wir durch fehlerhafte PCR an einem definierten DNA-Fragment erzeugt haben, in die Petrischale, so besteht die Wahrscheinlichkeit, daß eine kleine Anzahl rekombinanter Phagen dieses Antigen erkennt. Man kann davon ausgehen, daß die Zahl wirklich gering ist, so gering, daß man die Moleküle mit konventionellen Methoden nicht analysieren könnte.

Hier zeigt sich jetzt die besondere Stärke unseres experimentellen Ansatzes. Da es sich um einen Phagen und somit um ein effizient infektiöses Agens handelt, reicht im Extremfall ein gebundener „Antikörper-Phage" für eine positive Selektion aus. Dieser eine Phage kann sich durch Infektion von *E.-coli*-Zellen äußerst effektiv amplifizieren und läßt sich somit auch isolieren und molekular charakterisieren.

In einem zweiten Mutationsschritt, dessen Prinzip wiederum auf der fehlerhaften PCR-Amplifikation des in der ersten Selektionsrunde erhaltenen Antikörperfragments beruht, können wir versuchen, die Eigenschaften des Antikörpers weiter zu verbessern.

Dieses Verfahren der Wirkstoff-Optimierung durch ungerichtete Mutation und

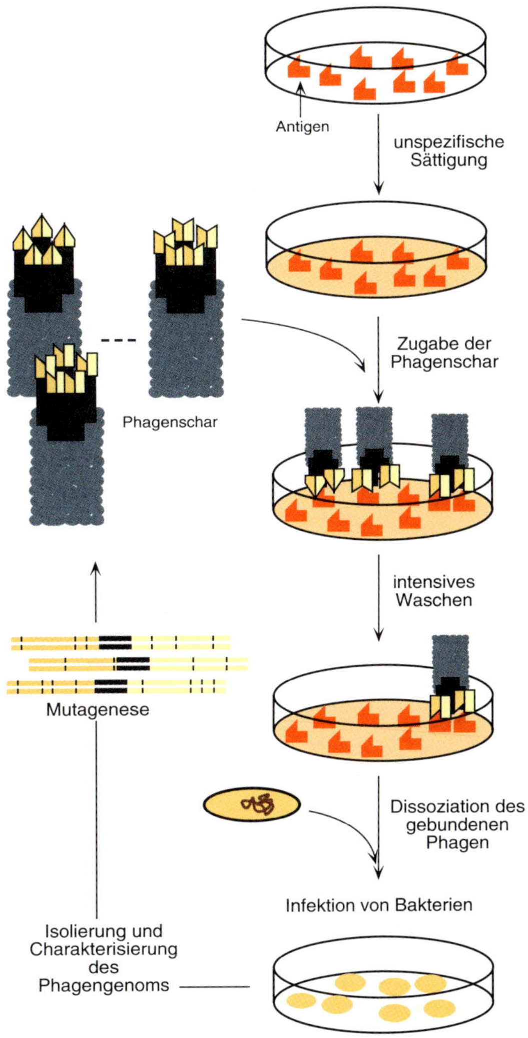

Abb. 8.2.16 *„Phagen-Panning"* zur Selektion optimierter Antikörperfragmente. Um aus der großen Schar unterschiedlicher Antikörperfragmente dasjenige zu finden, das am besten mit dem Antigen reagiert, wird zunächst das Antigen in einer Kulturschale fixiert. Nach Absättigung freier Valenzen mit einem inerten Protein wird die Phagenschar zugegeben. Es wird unter stringenten Bedingungen gewaschen, so daß nur Phagen zurückbleiben, die eine große Affinität zum fixierten Antigen besitzen. Um diese Phagen zu amplifizieren, werden *E.-coli*-Zellen zugegeben, in denen sich die Phagen replizieren können. Nach mehreren Selektionsrunden wird die Phagen-DNA isoliert und molekular charakterisiert.

anschließende potente Selektion ist äußerst effektiv. Er ist im übrigen der Natur abgeschaut, denn während der B-Zell-Differenzierung laufen in der Phase der „Antikörpermaturation am Antigen" ganz ähnliche Prozesse ab.

8.2.4 *Konstruktion und Selektion wirksamer Peptide*

Nachdem wir ausführlich die Verbesserung von Antikörperfragmenten durch Zufalls-Mutation und *in-vitro*-Selektion besprochen haben, können wir sehr leicht das Prinzip der Konstruktion und Selektion wirksamer Peptide verstehen.

Das Prinzip ist nämlich sehr ähnlich. Um Oberflächen zu binden, bedarf es nicht unbedingt der ausgeklügelten Struktur eines Antikörpers. Kleine Peptide von ca. 8 bis 10 Aminosäuren sind gleichfalls in der Lage, mit molekularen Oberflächen über schwache Wechselwirkungen relativ stabile Komplexe zu bilden.

Vor diesem Hintergrund können wir uns überlegen, statt eines relativ großen DNA-Abschnitts für ein komplettes Antikörperfragment, die codierende Sequenz für ein Oktapeptid – also prinzipiell nur 24 Nukleotide – in das gpIII-Gen eines M13-Phagengenoms zu klonieren. Alles Übrige läuft analog zu dem vorher Besprochenen ab.

Um allerdings eine möglichst große Chance zu haben, auf diese Weise ein Epitop zu identifizieren, das an unser *Target*-Molekül bindet, muß wiederum eine Phagenbank erstellt werden, die möglichst viele unterschiedliche Oktapeptide exponiert.

Hierzu gehen wir so vor, daß wir die DNA, die wir in das Phagengenom integrieren wollen, möglichst komplex herstellen, so daß im besten Falle alle möglichen Aminosäuren an jeder beliebigen Position im Oktapeptid vertreten sind. Würden wir dieses Problem so lösen, daß wir bei der Synthese der 24mer-Oligonukleotide bei jedem Kopplungsschritt alle vier Nukleotide anbieten würden, so würden wir 24^4, d. h. 331.776 verschiedene Moleküle erwarten. All diese DNA-Fragmente zu klonieren, ist nicht einfach. Das Problem wird dabei dadurch weiter erschwert, daß jedes Molekül nur in einer ganz geringen Konzentration vorliegt. Wir müssen daher versuchen, die Zahl der erforderlichen Oligonukleotide möglichst zu verringern.

Dazu schauen wir uns nochmals den gene-

Aminosäure	Codon	Aminosäure	Codon	Aminosäure	Codon	Aminosäure	Codon
Phenylalanin (F)	UUU	Serin (S)	UCU	Tyrosin (Y)	UAU	Cystein (C)	UGU
	UUC		UCC		UAC		UGC
Leucin (L)	UUA		UCA	Stopp	UAA	Stopp	UGA
	UUG		UCG	Stopp	UAG	Tryptophan (W)	UGG
Leucin (L)	CUU	Prolin (P)	CCU	Histidin (H)	CAU	Arginin (R)	CGU
	CUC		CCC		CAC		CGC
	CUA		CCA	Glutamin (Q)	CAA		CGA
	CUG		CCG		CAG		CGG
Isoleucin (I)	AUU	Threonin (T)	ACU	Asparagin (N)	AAU	Serin (S)	AGU
	AUC		ACC		AAC		AGC
	AUA		ACA	Lysin (K)	AAA	Argini n (R)	AGA
Methionin (M)	AUG		ACG		AAG		AGG
Valin (V)	GUU	Alanin (A)	GCU	Asparaginsäure (D)	GAU	Glycin (G)	GGU
	GUC		GCC		GAC		GGC
	GUA		GCA	Glutaminsäure (E)	GAA		GGA
	GUG		GCG		GAG		GGG

Abb. 8.2.17 Der genetische Code. Nur die Aminosäuren Methionin und Tryptophan werden von einem einzelnen Codon codiert. Für alle anderen Aminosäuren können wir die Zahl der Codons auf eins bis maximal drei reduzieren, wenn wir bei der Synthese von Oligonukleotiden an den ersten beiden Positionen zwar alle vier Nukleotide, bei der dritten Position allerdings nur ein G und eines der beiden Pyrimidine anbieten. Durch eine solche Synthesestrategie werden Codons für alle Aminosäuren hergestellt.

tischen Code an (Abb. 8.2.17). Wir erkennen, daß der genetische Code in der dritten Position am stärksten degeneriert ist. Mit Ausnahme der Codons für Methionin und Tryptophan, die nur durch ein Triplett codiert sind, kann an dieser Position entweder ein beliebiges Purin- oder ein beliebiges Pyrimidin-Nukleotid stehen. Die Aminosäure-Codons für Met und Trp besitzen an der dritten Position jeweils ein Guanin. Folglich können wir unsere Synthesestrategie dahingehend vereinfachen, daß wir bei den beiden ersten Codon-Positionen jeweils alle vier Nukleotide anbieten, bei der letzten Position jedoch ein G und eines der beiden Pyrimidine. Die Codons können somit als N_1N_2G/Py_3 beschrieben werden. Die Anzahl der theoretisch notwendigen Moleküle verringert sich dabei auf $16^4 + 8^2 = 65.600$, d. h. fast um den Faktor 5. Dies ist immer noch eine sehr große Zahl erforderlicher Klone. Deshalb wurden verschiedene theoretische Strategien entwickelt, um die Zahl der erforderlichen Klone weiter zu reduzieren.

Eine so hergestellte Phagenbank kann wiederum durch *Panning* nach einem bindenden Epitop durchmustert werden.

Dieser Ansatz ist deshalb so interessant, da man inzwischen sehr viel darüber gelernt hat, wie sich Peptide zu Peptidomimetika abwandeln lassen. Somit dienen die durch Kombinatorik und Selektion gefundenen Epitope als Leitstrukturen für die Herstellung stabiler, möglichst oral applizierbarer, neuartiger Wirkstoffe.

Eine Variante des diskutierten Ansatzes nähert sich dem gleichen Ziel von einer etwas anderen Seite. Statt Peptid-Epitope biologisch, d. h. in Form eines Fusions-Gens in einem Phagen, bereitzustellen, kann man sich auch vorstellen, die Peptide gleich zu synthetisieren und auf Bindung zu testen (Abb. 8.2.18). Hierzu wurden Peptide an Membranen synthetisiert. Kleinste Quadrate der unterschiedlichsten Membranen wurden dann zu einer Matrix arrangiert, die als feste Phase

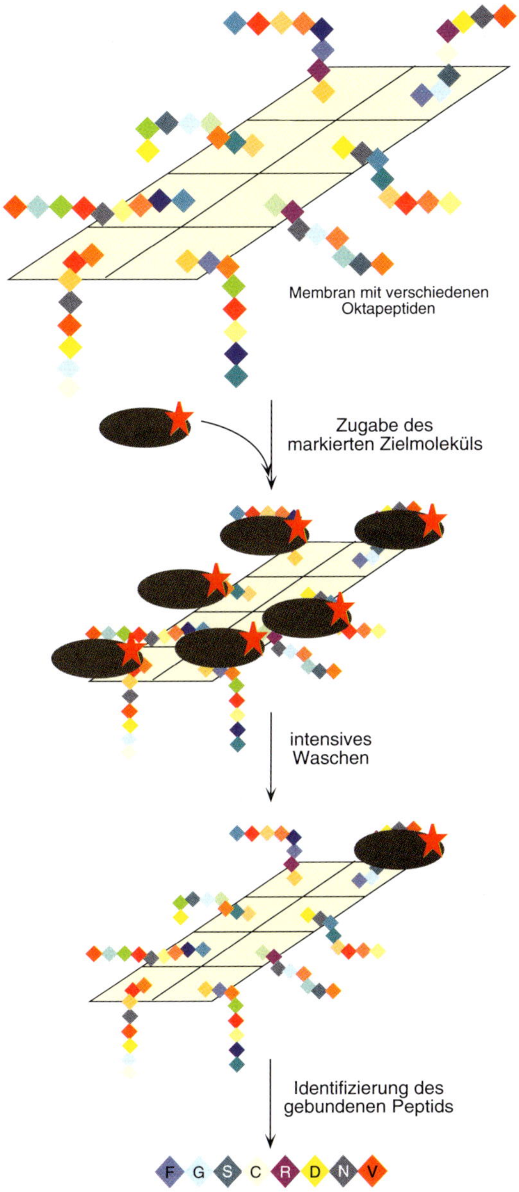

Abb. 8.2.18 Matrix mit fixierten Peptiden beliebiger Primärstruktur. An festen Matrices wurden alle möglichen Oktapeptide synthetisiert. Kleine Quadrate dieser Matrizes wurden zu einem komplexen *Array* zusammengesetzt, das nun mit markierten Target-Molekülen inkubiert werden kann. Liganden für das Target-Molekül können nach stringentem Waschen des Peptid-*Arrays* identifiziert werden.

für die Identifizierung einer Interaktion zwischen einem Peptid und einem Zielmolekül dient. Das Zielmolekül wird dabei beispielsweise in markierter Form angeboten. Nach einer Inkubationsphase wird die Peptidmatrix gewaschen und entwickelt. So lassen sich sehr leicht die Peptide in dem Raster identifizieren, an die das Zielmolekül gebunden hat. Derartige Peptidmatrices sind heute bereits kommerziell erhältlich.

8.2.5 Konstruktion und Selektion funktioneller Nukleinsäuren

Nicht nur Proteine oder Peptide lassen sich als Interaktionspartner für Biomoleküle nutzen. Auch Nukleinsäuren können sehr effektiv und sehr spezifisch mit anderen Molekülen wechselwirken. Dabei scheint RNA wegen der zusätzlichen OH-Gruppe an den Pentosen besser geeignet zu sein als DNA.

Wie können wir mit Hilfe von Kombinatorik und *in-vitro*-Evolution aktive RNA-Moleküle isolieren? Hierzu bedienen wir uns mehrerer, bereits besprochener Basismethoden:

- Der Ausgangspunkt für den Selektionsprozeß ist ein synthetisch hergestelltes DNA-Fragment (Abb. 8.2.19 A), das aus konstanten und stark permutierten Bereichen besteht.
- Vor jedem Selektionsschritt müssen wir die DNA-Moleküle in RNA umschreiben (Abb. 8.2.19 B), da ja RNA, und nicht DNA, unser aktives Molekül repräsentiert. Dies gelingt *in vitro* mit Hilfe der T7-RNA-Polymerase (siehe Kapitel 2.4), da jedes DNA-Fragment eine kurze Sequenz enthält, die als Promotor für die T7-RNA-Polymerase erkannt wird.
- Die Selektion erfolgt wiederum an einer festen Phase. Idealerweise koppeln wir hierzu das Zielmolekül an eine Matrix, die sich in eine Säule füllen läßt (Abb. 8.2.20). In der Art einer Affinitäts-Chromatographie können wir dann die bindungsaktiven RNAs anreichern.
- Um reine, hochaffine RNA-Moleküle zu isolieren, müssen wir den Selektionsprozeß mehrfach durchlaufen. Zuvor müssen wir jedesmal die bindungsaktiven RNA-Moleküle aufamplifizieren (Abb. 8.2.20). Dies gelingt durch Reverse-PCR (siehe Kapitel 2.3), wobei *Primer* an konstante Bereiche an den Enden der RNA-Moleküle binden und die ersten Amplifikationsrunden mit Reverser-Transkriptase durchgeführt werden. Die RNA wird dabei in DNA umgeschrieben, die dann durch konventionelle PCR aufamplifiziert werden kann.

Wir wollen uns noch die DNA-Population etwas näher ansehen, die als Grundlage für den Selektionsprozeß dient. Hierbei handelt es sich um synthetisch hergestellte Oligonukleotide, die folgende Struktur- und Funktions-Charakteristika aufweisen (Abb. 8.2.19 A).

- An ihren 5'-Enden bestehen sie aus einer konstanten Sequenz von ca. 10 bis 12 Basenpaaren, die als Erkennungsstelle für einen der beiden PCR-*Primer* fungiert.
- Es folgt eine durchpermutierte Sequenz be-

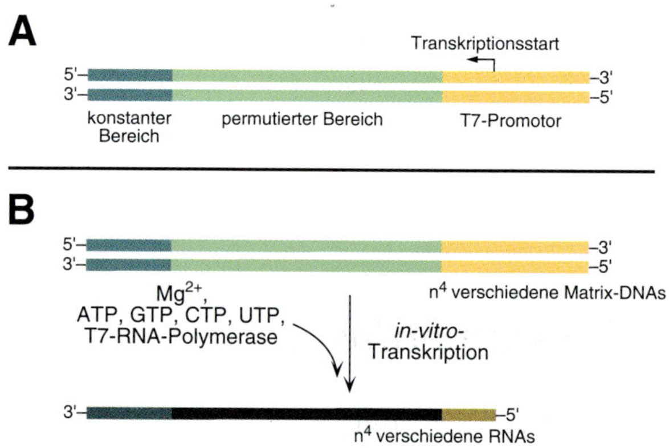

Abb. 8.2.19 Identifizierung von RNA-Liganden (*Aptamere*).
A. Ausgangspunkt des Selektionsprozesses ist eine DNA-Fragmentschar, deren Moleküle aus konstanten Bereichen an den Enden und einem permutierten Bereich im Zentrum besteht. Die terminalen konstanten Bereiche dienen als Anker-Bereiche für *Primer*, um die selektionierten Nukleinsäurefragmente durch PCR aufamplifizieren zu können. Der rechte konstante Bereich beinhaltet zusätzlich einen Promotor für die RNA-Polymerase des Phagen T7 (siehe auch Abb. 2.4.8).
B. Als *Aptamere* werden nicht doppelsträngige DNA-Fragmente sondern wesentlich flexiblere RNA-Fragmente verwendet. Diese werden aus der permutierten DNA-Fragmentschar mit Hilfe der T7-RNA-Polymerase erzeugt, die an den Promotor im rechten konstanten Bereich der DNA-Fragmente bindet und den codogenen Strang sehr effizient *in vitro* transkribiert.

liebiger Länge, die als affinitätsaktiver Teil anzusehen ist. Wie bereits weiter oben für die Peptidepitope besprochen, wird auch hier DNA synthetisiert, wobei bei jedem Kopplungsschritt alle vier Nukleotide angeboten werden. Wir können uns wieder ausrechnen, wieviele verschiedene Moleküle wir erhalten. Es sind n^4 Moleküle, wobei n die Zahl der Kopplungen darstellt, bei der permutiert synthetisiert wird. Aus dieser Rechnung ergibt sich dann auch die Molekül-Länge, die noch vernünftigerweise synthetisiert werden kann.

- An diesen permutierten Bereich schließt sich wieder ein konstanter Sequenzbereich an. Dieser beinhaltet den minimalen T7-RNA-Polymerase-Promotor.
- Gleichzeitig dienen die letzten Basen des T7-RNA-Polymerase-Promotors als Erkennungssequenz für den zweiten PCR-*Primer*.

Auch die selektionierten Nukleinsäuren müssen wohl eher als Leitstrukturen denn als Wirkstoffe angesehen werden. Dennoch ist dies ein attraktiver Ansatz, um neue Bindungspartner für interessante Zielstrukturen zu isolieren. Diese Bindungspartner können sowohl Inhibitoren als auch Aktivatoren darstellen.

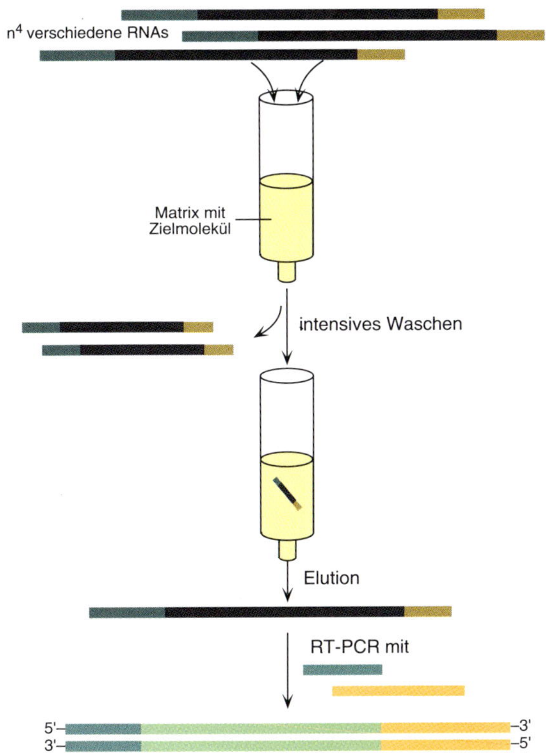

Abb. 8.2.20 Selektion von *Aptameren* an einer fixierten Zielstruktur. Eine RNA-Schar wird über eine Säule passiert, an die eine bestimmte Zielstruktur fixiert wurde. Moleküle mit Affinität zu dieser Struktur werden zurückgehalten und nach Waschen der Säule eluiert. Diese RNAs können dann durch eine RT-PCR (siehe Abb. 2.3.15) aufamplifiziert und kloniert werden.

Zusammenfassung

Kombinatorik mit Hilfe von Elementarbausteinen aus der Biochemie ist ein attraktives und innovatives Unterfangen zur Isolierung neuer Leitstrukturen im Rahmen der Wirkstoffentwicklung geworden. Drei Ansätze haben wir kennengelernt:

- Rekombinante Antikörper und Oligopeptide, die auf der Oberfläche von Phagen exprimiert und nach Selektion amplifiziert werden,
- und RNAs – sogenannte *Aptamere* –, die mit Hilfe der T7-RNA-Polymerase synthetisiert und durch Reverse-PCR aufamplifiziert werden.

Der Zufall spielt eine große Rolle, und daher bedarf es ausgeklügelter Selektionsverfahren, um aus der großen Schar zufällig entstandener Moleküle diejenigen herauszusuchen, die das ausgewählte *Target* erkennen.

Nur beispielhaft wurden einigen Techniken vorgestellt. Die Entwicklung läuft rasant weiter, und sicherlich werden bald noch weitaus effizientere Verfahren verfügbar sein.

8.3 Molekularbiologische Kombinatorik

Kombinatorik läßt sich nicht nur auf der Ebene der Grundbausteine betreiben. Es können auch größere genetische Funktionseinheiten genutzt werden, um neue Wirkstoffe zu erzeugen. Dies wollen wir uns exemplarisch an zwei Beispielen veranschaulichen.

8.3.1 Herstellung neuer Peptidantibiotika durch „Domänen-shuffling"

Wir wissen, daß Peptidbindungen normalerweise an Ribosomen geknüpft werden. Das ist aber nicht das einzige Syntheseprinzip, das die Natur für die Herstellung von Peptiden bereit hält. Kleinere Peptide, wie beispielsweise Peptidantibiotika, werden an Multi-Enzymkomplexen synthetisiert (Abb. 8.3.1). Diese Multi-Enzymkomplexe verknüpfen an der α-reaktiven Gruppe ungeschützte, aber an der Carboxylgruppe aktivierte Amino-, Imino- oder Hydroxysäuren zu Peptiden oder Estern unterschiedlicher Zusammensetzung und Kettenlänge. Wir kennen Beispiele, die bis zu 48 Grundbausteine enthalten. Bekannte bioaktive Vertreter, die auf diese Weise gebildet werden, sind die Immunmodulatoren Ciclosporin und FK506 oder Antibiotika wie Actinomycin, Gramicidin und Tyrocidin.

Die Multi-Enzymkomplexe bestehen aus einem oder aus mehreren, eng miteinander assoziierten Proteinen (= Enzymen), die mehrere Funktionsdomänen aufweisen. Typischerweise sind alle Intermediate während der Synthese kovalent mit dem Enzymkomplex verknüpft; es treten also keine freien Intermediate auf. An diesen Funktionsdomänen werden unterschiedliche Reaktionen katalysiert:

- Aktivierung von spezifischen Amino- oder Hydroxysäuren zu Adenylaten (Abb. 8.3.2.A). Jede dieser Domänen besitzt eine Substratspezifität, in dem sie nur eine ganz bestimmte Amino- oder Hydroxysäure aktiviert – ähnlich wie die Aminoacyl-tRNA-Synthetasen bei der ribosomalen Proteinbiosynthese. Da die Domänen an einer bestimmten Position entlang der Domänenkette im Multi-Enzymkomplex lokalisiert sind, bilden sie die Hauptkomponenten des „nicht-ribosomalen genetischen Codes".
- Übertragung der aktivierten Amino- oder Hydroxysäuren auf *carrier*-Module, wobei Thioester an 4'-Phosphopantothein ausgebildet werden (Abb. 8.3.2.B). Der Phosphopantothein-Rest ist – ähnlich wie beim Fettsäuresynthetasekomplex – kovalent an einem streng konservierten Serin-Rest in dem Multi-Enzymkomplex fixiert (Abb. 8.3.3), so daß durch diese Reaktion auch der Baustein kovalent an den Multi-Enzymkomplex gebunden wird. Dieser Schritt scheint auch eine *proofreading*-Funktion zu besitzen, wodurch falsch aktivierte Bausteine noch aus der Synthesekette entfernt werden können.
- Epimerisierung an der α-Position oder Methylierung der Aminogruppe. Hier können die Bausteine zu D-Aminosäuren umgewandelt oder durch Methylierung modifiziert werden.
- Kondensation zu Peptiden oder Estern (Abb. 8.3.2.C). Damit besitzen derartige

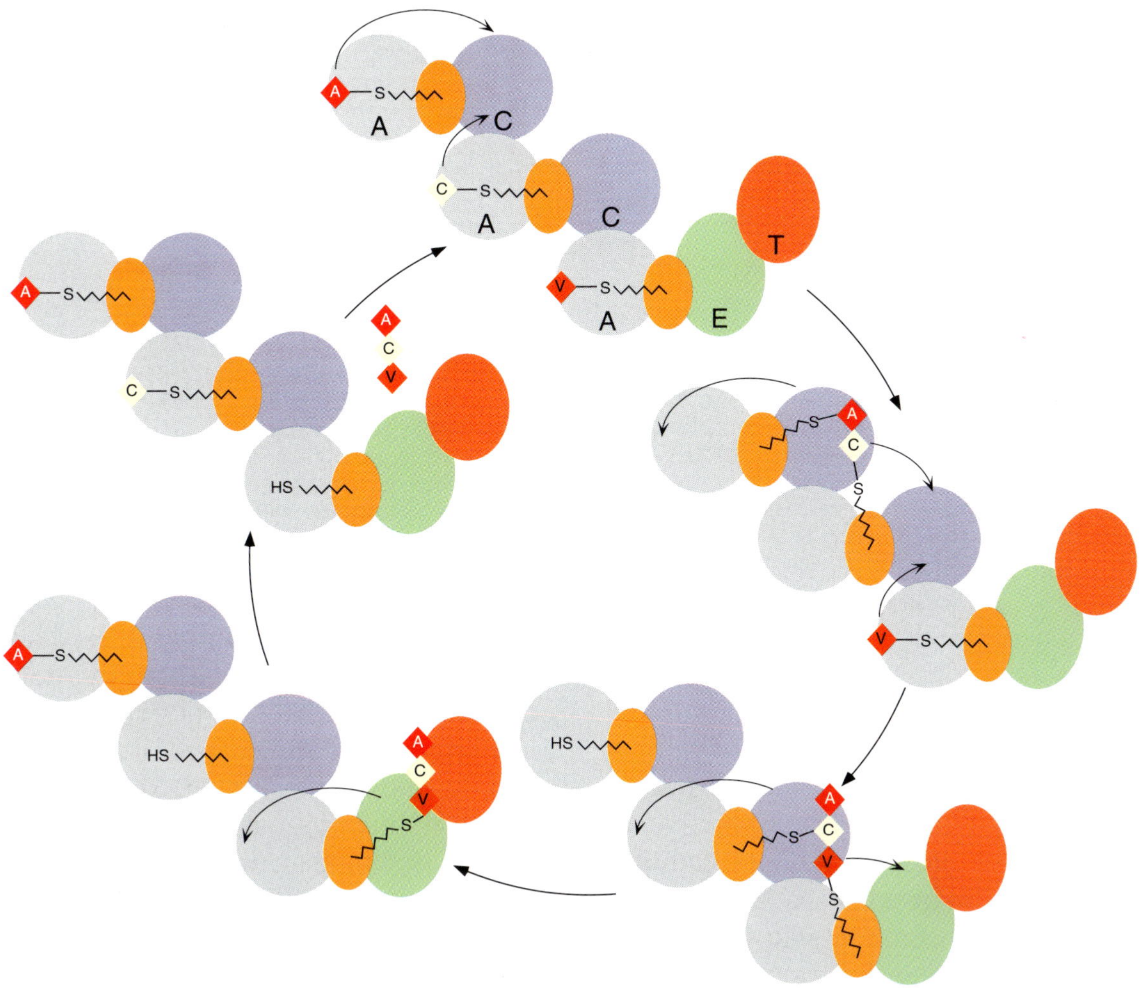

Abb. 8.3.1 Schematische Darstellung eines Multi-Enzymkomplexes zur ribosomen-unabhängigen Peptidsynthese. Der Komplex ist aus katalytischen Domänen aufgebaut, die durch ihre Substratspezifität und durch ihre Position innerhalb des Komplexes die Struktur des Peptids codieren und dessen Synthese katalysieren. Dabei nimmt ein „Pantothein-Arm", der an einer *carrier*-Domäne (orange) über einen Serin-Rest fixiert ist, eine an einer Adenylierungsdömäne (A: grau) aktivierte Amino-, Imino- oder Hydroxysäure auf und „schwingt" (dünne Pfeile) in eine Kondensationsdomäne (C: blau), wo er den angehängten Baustein in die Nähe eines zweiten Bausteins bringt, der über einen entsprechenden „Pantothein-Arm" bereitgestellt wird. Nach erfolgter Kondensation der beiden Bausteine schwingt der „Pantothein-Arm" mit dem Dipeptid in die nächste Kondensationsdomäne, wo die Verlängerung der Kette erfolgt. Diese Sequenz wird in nachfolgenden Domänen solange wiederholt, bis das Molekül fertiggestellt ist. An bestimmten Positionen im Multi-Enzymkomplex können sich Epimerisierungs-Domänen (E: grün) befinden, die L-Aminosäuren in D-Aminosäuren umwandeln. Schließlich wird der Synthesezyklus an einer Thioesterdomäne (T: rot) terminiert.

Multi-Enzymkomplexe eine ganze Reihe von Peptidyltransferasen und nicht wie Ribosomen nur eine einzige Peptidyltransferase.

- Thioesterspaltung am C-Terminus des Multi-Enzymkomplexes. Dies kann zur Freisetzung eines linearen Peptids führen. Es können aber auch zyklische Peptide oder zyklische Ester gebildet werden. Nicht in jedem Fall ist diese Domäne bisher identifiziert worden, und man kennt auch Beispiele, wo diese Aktivität nicht Teil des eigentlichen Multi-Enzymkomplexes ist, sondern von einem separaten Gen codiert wird.

Beispiele für die Genstrukturen und für die dadurch codierten Peptide sind in Abb. 8.3.4 dargestellt. Wir erkennen daraus, daß die Sequenz der Amino- bzw. Hydroxysäuren in den

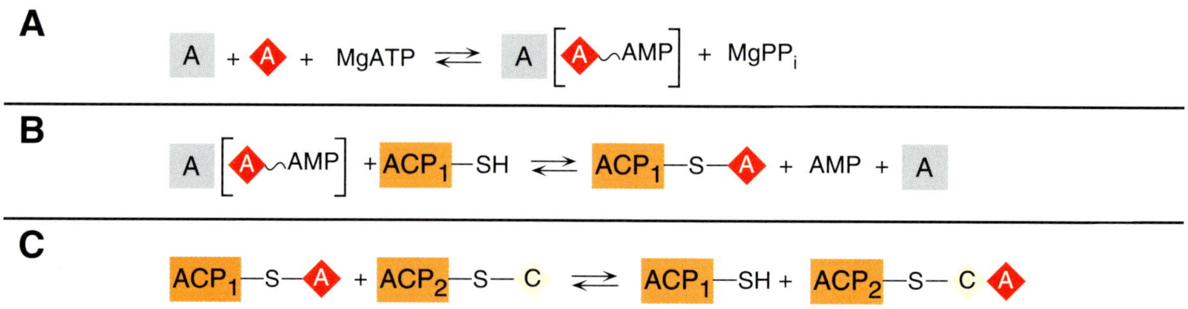

Abb. 8.3.2 Reaktionen, die an den einzelnen Domänen des Multi-Enzymkomplexes katalysiert werden.
A. Adenylierung: Eine Amino- oder Hydroxysäure (rot-unterlegtes A) wird an der Adenylierungsdomäne (grau-unterlegtes A) über die Carboxylgruppe mit dem Cosubstrat MgATP zum Adenylat aktiviert.
B. Übertragung des aktivierten Bausteins auf ein *carrier*-Modul: Die aktivierte Säure wird als Thioester an einen Pantothein-Rest (ACP_1-SH) gebunden (siehe Abb. 8.3.3), der seinerseits über ein konserviertes Serin mit einer *carrier*-Domäne des Multi-Enzymkomplexes (siehe Abb. 8.3.1) verknüpft ist.
C. Kondensation zu Peptiden oder Estern: An Peptidyltransferase-Domänen (Kondensations-Domäne) werden die Bausteine kovalent verknüpft und an das nächste Kondensations-Zentrum weitergereicht.

Produkten durch die Polarität der entsprechenden Funktionskassetten auf der Gen-Ebene reflektiert ist.

Dieses Codierungs- und Syntheseprinzip wurde sowohl in Prokaryonten als auch in verschiedenen Pilzen entdeckt. Somit hält die Natur ein sehr großes Spektrum derartiger Funktionsmodule bereit.

Dies wiederum eröffnet die Möglichkeit, verschiedene Module aus unterschiedlichen Organismen mit Hilfe gentechnischer Methoden zu neuen Gen-*Clustern* zu kombinieren und die Eigenschaften der resultierenden Produkte zu analysieren. Eventuell ergeben sich so interessante neue Wirkstoffe – sogenannte „unnatürlich, natürliche Produkte".

Die Nutzung dieser Möglichkeiten steht noch ganz am Anfang, da man dieses Codierungsprinzip noch nicht lange kennt und noch viele Genblöcke, die für entsprechende Multi-Enzymkomplexe codieren, auf ihre Entdeckung und Charakterisierung warten. Allerdings können wir mit einer schnellen Entwicklung auf diesem Gebiet rechnen. Denn die Tatsache, daß die Gene, die einen solchen Enzymkomplex codieren, immer als *Cluster* organisiert sind, erleichtert deren Entdeckung und Charakterisierung.

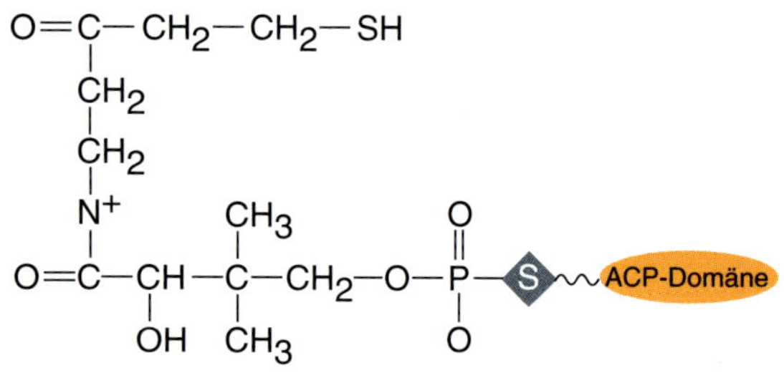

Abb. 8.3.3 Struktur des Pantothein-Arms, der einen Baustein als Thioester aufnimmt und an des nächste Reaktionszentrum weiterreicht.

8.3.2 Herstellung neuer Polyketide durch „Domänen-shuffling" oder Precursor-Zufütterung

Eine große Familie sekundärer Naturstoffe von überaus großer Strukturvielfalt bilden die Polyketide. Einfache Polyketide werden bekanntlich aus einem Molekül Acetyl-CoA und einer unterschiedlich großen Anzahl von Malonyl-CoA-Bausteinen zusammengebaut. Die Biosynthese komplexerer Polyketide startet mit CoA-aktivierten längerkettigen, verzweigten, ungesättigten oder hydroxylierten Fettsäuren. Als Bausteine für die Kettenver-

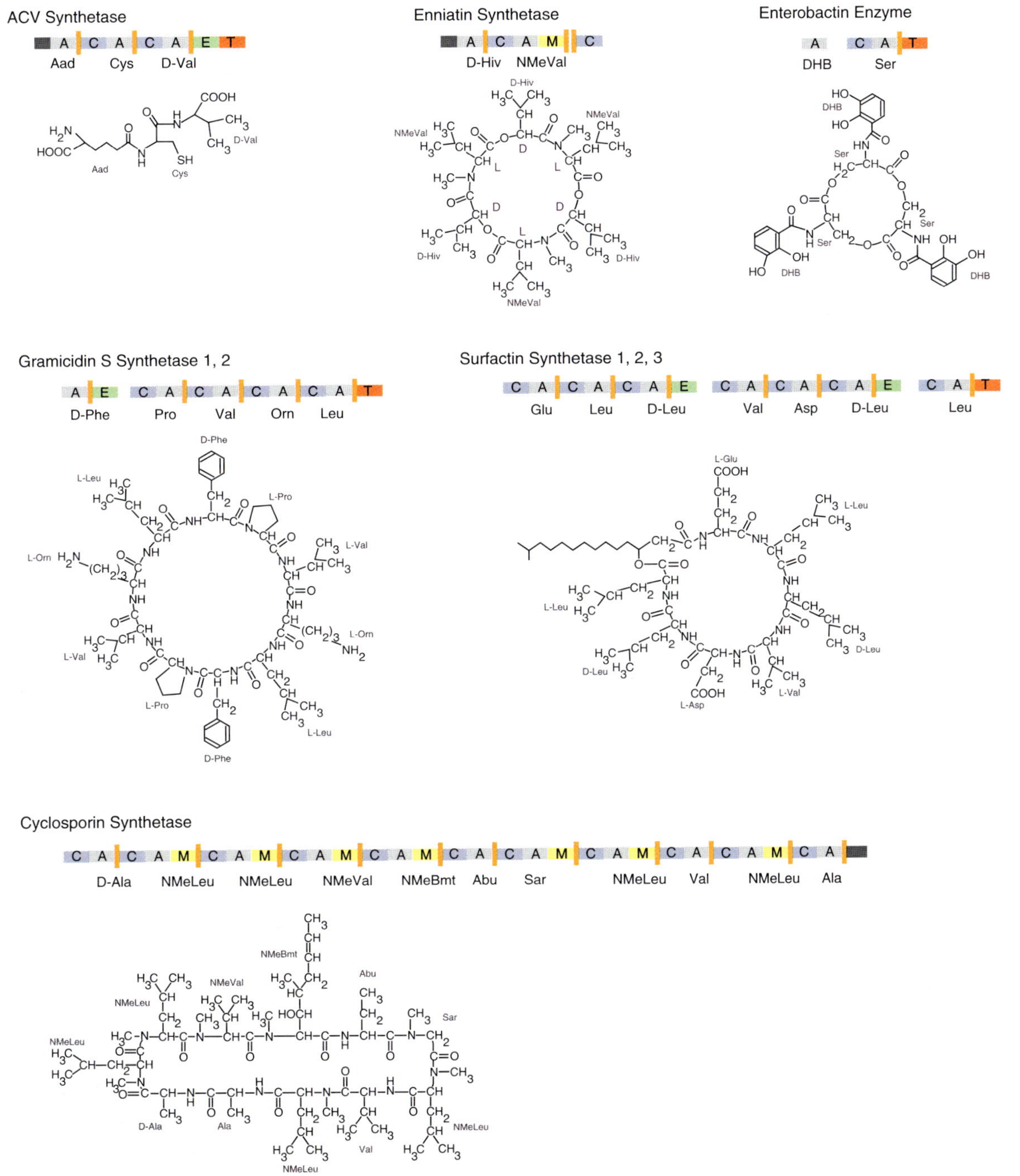

Abb. 8.3.4 Beispiele für Anordnung der Genbereiche für Funktionsdomänen in Peptidsynthetasen und die Struktur der entsprechenden Peptide. A: Adenylat-Domäne; C: Kondensations-Domäne; E: Epimerisierungs-Domäne; M: N-Methyltransferase-Domäne; T: Transferase-/Thioesterase-Domäne; orangefarbener Balken: *carrier*-Domäne. Aad: L-α-Aminoadipinsäure; NMeLeu: N-Methyl-L-Leucin; NMeVal: N-Methyl-L-Valin; NMeBmt: 3-Hydroxy-4-Methyl-2-(Methylamino)-6-Octensäure; Abu: L-Aminobuttersäure; Sar; N-Methyl-L-Glycin (Sarkosin).

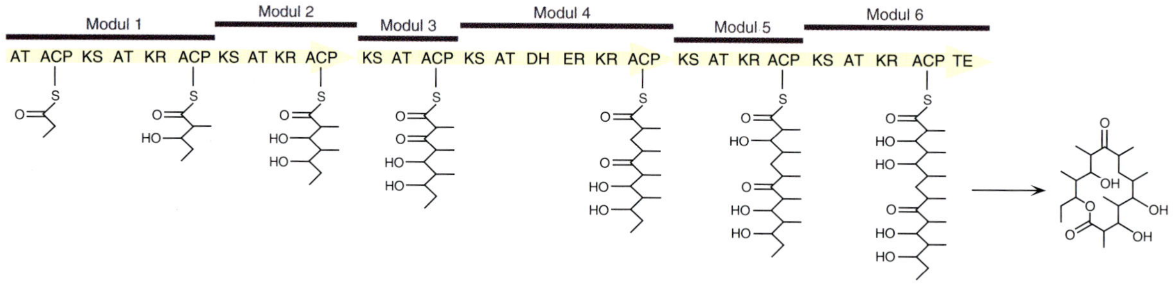

Abb. 8.3.5 Genstruktur des Multi-Enzymkomplexes Desoxy-Erythronolid-B-Synthase. Der Multi-Enzymkomplex des Makrolid-Antibiotikums 6-Desoxy-Erythronolid-B wird von drei Genen codiert. Jedes der drei ca. 300 KDa großen Proteine besteht aus zwei Modulen mit insgesamt ca. zehn aktiven Zentren. Diese besitzen folgende katalytische Aktivitäten: Acyltransferase (AT), ß-Ketoacyl-*Carrier*-Protein-Synthase (KS), Acyl-*Carrier*-Protein (ACP), ß-Ketoreduktase (KR), Dehydratase (DH), Enoylreduktase (ER), und Thioesterase (TE).

längerung können neben Malonyl-CoA auch verzweigtkettige Dicarbonsäuren durch Thioesterbildung mit Coenzym A aktiviert und durch ß-Ketoacyl-*Carrier*-Protein-Synthasen (KS) in den Polyketid-Biosyntheseweg eingeschleust werden. Alleine daraus ergibt sich eine große potentielle Strukturvielfalt.

Damit solche Strukturen auch realisiert werden, müssen natürlich enzymatische Aktivitäten vorhanden sein, die die „ungewöhnlichen" Substrate aufnehmen und in die wachsende Polyketidkette einbauen. Die Strukturvielfalt der Polyketide wird nochmals dadurch erhöht, daß je nach Biosynthese-Apparat nachgeschaltete Aktivitäten, wie weitere ß-Ketoacyl-*Carrier*-Protein-Synthasen (KS), ß-Ketoreduktasen (KR), Dehydratasen (DH), Enoylreduktasen (ER), und Thioesterasen (TE), in das Synthesegeschehen eingreifen.

Ein Beispiel zeigt die Biosynthese von 6-Desoxy-Erythronolid-B, ein Derivat des Makrolid-Antibiotikums Erythromycin (Abb. 8.3.5). Auf drei tandemartig hintereinander angeordneten Polyketid-Synthase-Genen sind insgesamt sechs Module aufgereiht. Diese enthalten nahezu 30 „aktive Zentren", die die notwendigen biosynthetischen Schritte zur Herstellung dieses wichtigen Antibiotikums der Reihe nach „abarbeiten". Das letzte aktive Zentrum – die sogenannte Thioesterase (TE) – katalysiert ganz zum Schluß die Lactonbildung (Abb. 8.3.5).

Ein weiteres Beispiel zeigt die 1995 aufgeklärte Biosynthese des Immunsuppressivums Rapamycin. Auch in diesem Fall codieren – ähnlich wie wir das eben für die Biosynthese von 6-Desoxy-Erythronolid-B gesehen haben – drei hintereinander angeordnete Polyketid-Synthase-Gene alle erforderlichen enzymatischen Aktivitäten (Abb. 8.3.6). Allerdings werden zur Synthese des Rapamycins 14 Module mit insgesamt 70 Enzymaktivitäten benötigt. Von einem vierten, benachbarten Gen wird schließlich noch eine Pipecolat-inkorporierende-Aktivität codiert, die dann auch den erforderlichen Ringschluß des Makrozyklusses ermöglicht.

Daß derartig modular aufgebauten Synthesekassetten geradezu zur Modifizierung auffordern, ist einleuchtend. Und daß kombinatorische Ansätze mit diesen Genen möglich sind, wurde in der Vergangenheit bereits bewiesen.

So gelang es beispielsweise Wissenschaftlern an der *Stanford University*, auf der Basis des Biosynthese-*Clusters* für 6-Desoxy-Erythronolid-B, durch eine kleine Modifikation und durch das „Zufüttern" chemisch hergestellter Diketidbausteine *Streptomyces coelicolor* dazu zu veranlassen, neue Polyketide zu synthetisieren (Abb. 8.3.7). Hierzu zerstörten die Wissenschaftler die erste ß-Ketoacyl-*Carrier*-Protein-Synthase-Aktivität (KS).

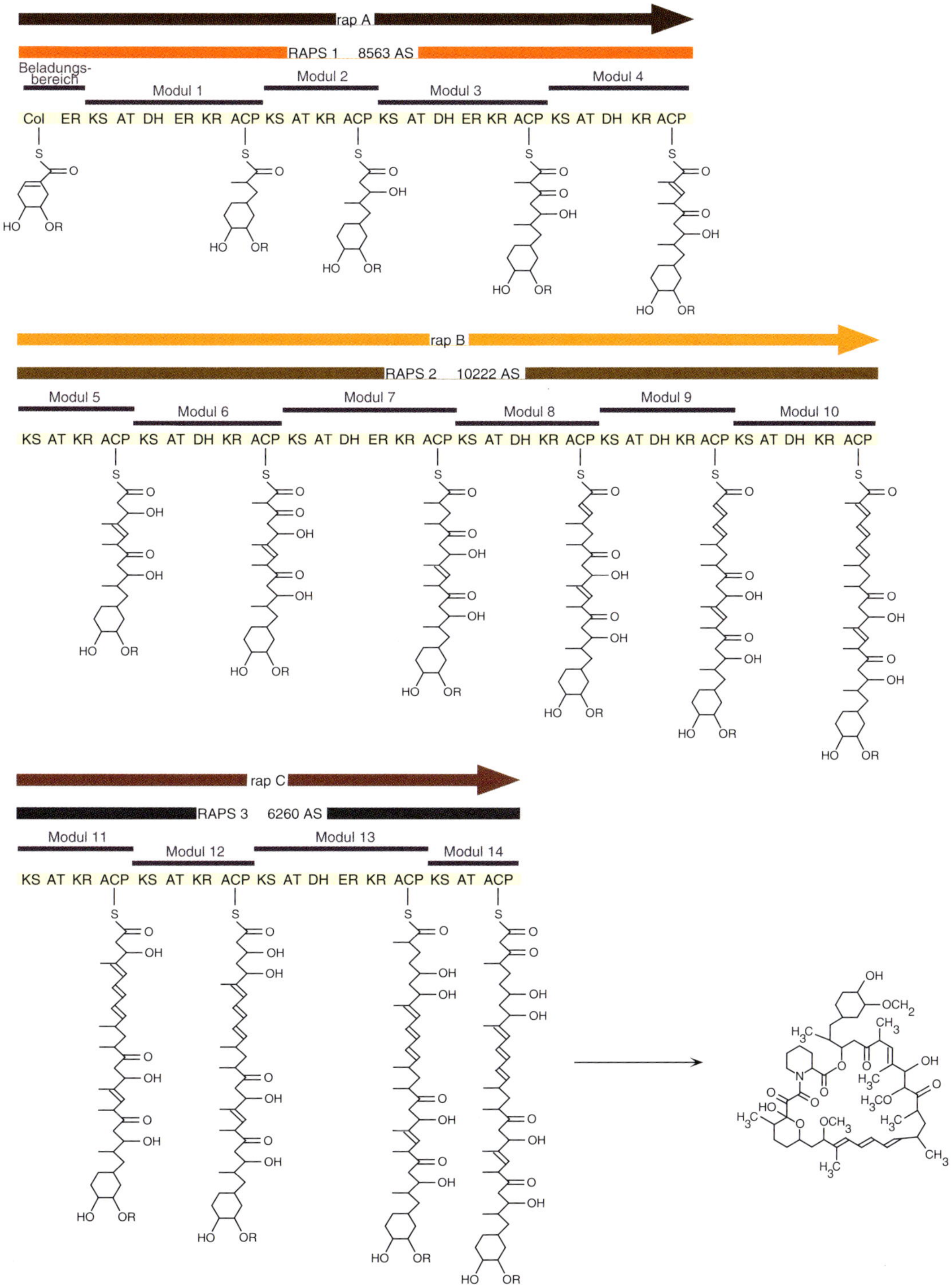

Abb. 8.3.6 Genstruktur des Multi-Enzymkomplexes Rapamycin-Synthase. Der Multi-Enzymkomplex des Immunsuppressivums Rapamycin wird im wesentlichen von drei Genen codiert (rapA, rapB, rapC). Die resultierenden Proteine bestehen aus insgesamt 14 Modulen mit ca. 70 aktiven Zentren. Diese besitzen folgende katalytische Aktivitäten: CoA-Ligase (CoL), Acyltransferase (AT), ß-Ketoacyl-*Carrier*-Protein-Synthase (KS), Acyl-*Carrier*-Protein (ACP), ß-Ketoreduktase (KR), Dehydratase (DH), Enoylreduktase (ER), und Thioesterase (TE).

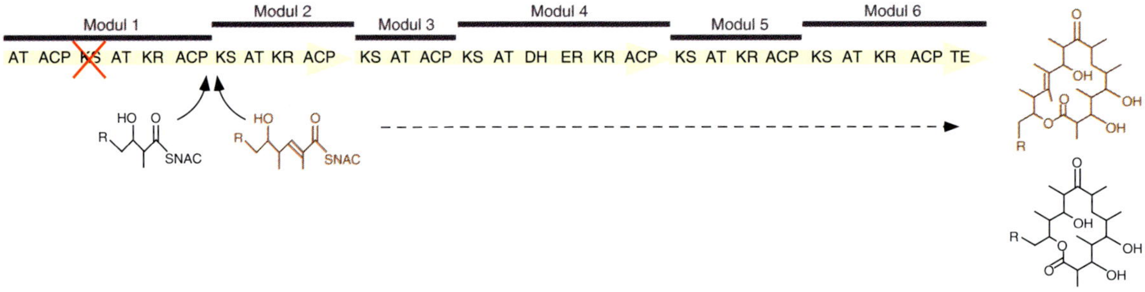

Abb. 8.3.7 Modifikation der Genstruktur des Multi-Enzymkomplexes Desoxy-Erythronolid-B-Synthase. Durch Inaktivierung der ersten ß-Ketoacyl-*Carrier*-Protein-Synthase-Domäne (KS) in Modul 1 des Gens für den Multi-Enzymkomplex der Desoxy-Erythronolid-B-Synthase wird die Bildung des ersten Diketids im Verlauf der Desoxy-Erythronolid-B-Synthese verhindert. „Füttert“ man eine derartige Mutante mit artifiziellen Diketiden – oder gar Triketiden –, die als N-Acetylthioester (SNAC) angeboten werden, werden diese von dem Enzymkomplex aufgenommen und analog zum 6-Desoxy-Erythronolid-B verlängert.

Diese ist ja dafür verantwortlich, den ersten Baustein für die Verlängerung des Starters zu synthetisieren und somit eines der Substrate für die nächste Syntheserunde bereitzustellen. Die so erzeugte Mutante fütterten die Wissenschaftler dann mit unterschiedlichen Diketiden (und Triketiden), die tatsächlich von dem funktionalen Restenzym akzeptiert und wie im Falle der 6-Desoxy-Erythronolid-B-Biosynthese verlängert wurden.

Zusammenfassung

Molekularbiologische Kombinatorik bietet attraktive Möglichkeiten, sogenannte „unnatürliche Naturprodukte" (*unnatural natural products*) zu gewinnen, die von Organismen synthetisiert werden, die gentechnisch verändert und mit bestimmten Substraten gefüttert werden. Die Basis für diese interessante Strategie bilden Enzymkomplexe, die die Synthese von Makromolekülen durch sukzessives Verknüpfen bestimmter Grundbausteine wie Aminosäuren, Hydroxycarbonsäuren, ß-Dicarbonsäuren oder Zuckern katalysieren. Interessanterweise sind die Gene, die diese Enzymkomplexe codieren, ebenfalls in Form von *Clustern* organisiert, und Teilabschnitte dieser Gene codieren für die verschiedenen Katalyse-Domänen. Diese hat für die molekularbiologische Kombinatorik zwei wesentliche Vorteile:

- Zum einen lassen sich die Gene für die Multi-Enzymkomplexe relativ leicht isolieren, da sie ja *geclustert* organisiert sind.
- Zum anderen lassen sich bestimmte Domänen inaktivieren oder durch analoge Domänen aus anderen Gen-*Clustern* ersetzen.

Erste Beispiele für diese Strategie sind in der Literatur bereits beschrieben. Viele weitere werden folgen, und man kann zuversichtlich sein, daß unter den so gewonnenen „unnatürlichen Naturprodukten" auch interessante Wirkstoffe sein werden.

Sicherheitsaspekte

9

9.1 Das Gentechnikgesetz und die Regulierung gentechnischer Arbeiten in Deutschland

Am 20. Juni 1990 wurde in der Bundesrepublik Deutschland das Gentechnikgesetz zur Regelung von Fragen der Gentechnik (GenTechG) in Kraft gesetzt. Dieses Gesetzt wurde am 16. Dezember 1993 revidiert. Das Gentechnik Gesetz gilt für gentechnische Anlagen und für gentechnische Arbeiten sowie für das Freisetzen und Inverkehrbringen gentechnisch veränderter Organismen.

Gentechnische Anlagen sind geschlossene Systeme, die mit technischen und gegebenenfalls zusätzlich mit chemischen, biologischen oder organisatorischen Schranken von der Außenwelt abgeschirmt sind.

Gentechnische Arbeiten umfassen die Erzeugung gentechnisch veränderter Organismen, sowie die Verwendung, Vermehrung, Lagerung, Zerstörung oder Entsorgung und den innerbetrieblichen Transport gentechnisch veränderter Organismen.

Gentechnisch veränderte Organismen (GVOs) sind Lebewesen, deren genetisches Material in einer Weise verändert wurde, wie es unter natürlichen Bedingungen durch Kreuzen oder natürliche Rekombination nicht möglich ist.

Unter **Freisetzen** versteht das GenTechG das gezielte Ausbringen und unter **Inverkehrbringen** die Abgabe von GVOs an Dritte.

Das Gentechnikgesetz basiert auf zwei Grundgedanken: dem Schutzgedanken und dem Fördergedanken

Der **Schutzgedanke** fordert

- eine grundsätzliche Genehmigungs- und Anmeldepflicht,
- die Pflicht zu zeitgemäßer Sicherheitstechnik,
- eine Aufzeichnungspflicht und die Anzeige besonderer Vorkommnisse,
- eine Schadensersatzpflicht,
- umfassende staatliche Kontrollen und
- Geldbußen bzw. Geld- oder Freiheitsstrafen bei Verstößen gegen das Gesetz.

Der **Fördergedanke** privilegiert die gentechnische Forschung gegenüber der gewerblich genutzten Gentechnik z. B.

- durch Freistellung von der Genehmigungs- und Anmeldepflicht in ganz bestimmten Fällen oder
- durch Erleichterung des Verkehrs mit gentechnisch veränderten Organismen.

9.1.1 Verordnungen zum Gentechnikgesetz

Zusammen mit dem Gentechnikgesetz traten verschiedene Verordnungen in Kraft:

- **Die Gentechnik-Sicherheitsverordnung (GenTSV)**: Sie enthält Regelungen zur Sicherheitsbewertung einzelner gentechnischer Arbeiten und zu den erforderlichen Sicherheitsmaßnahmen.
- **Die Gentechnik-Aufzeichnungsverordnung (GenTAufzV)**: Wer gentechnische Arbeiten durchführt, muß entsprechend der GenTAufzV hierüber Aufzeichnungen führen und diese jederzeit der zuständigen Behörde zugänglich machen.
- **Die Gentechnik-Verfahrensverordnung (GenTVfV)**: Hier finden sich Regelungen über den Verfahrensablauf bei der Genehmigung bzw. Anmeldung eines gentechnischen Vorhabens.
- **Das Gentechnik-Anhörungsverfahren**

(GenTAnhV): Die Genehmigung gewerblich genutzter gentechnischer Anlagen der beiden höchsten Sicherheitsstufen sowie die Freisetzung gentechnisch veränderter Organismen erfordern ein öffentliches Anhörungsverfahren.

- **Die ZKBS-Verordnung (ZKBSV)**: Sie regelt die Zusammensetzung und Entscheidungsbefugnisse der Zentralen Kommission für Biologische Sicherheit (ZKBS), einem Sachverständigengremium beim Robert-Koch-Institut. Dieses Gremium setzt sich aus 10 Experten für Mikrobiologie, Zellbiologie, Virologie, Genetik, Hygiene, Ökologie und Sicherheitstechnik und aus 5 Vertretern aus den Bereichen forschungsfördernde Organisationen, Wirtschaft, Umweltschutz, Gewerkschaften und Arbeitsschutz zusammen.

Ferner wird gentechnisches Arbeiten durch EG-Richtlinien geregelt. Eine der Richtlinien regelt den Umgang mit gentechnisch veränderten Mikroorganismen in geschlossenen Systemen, die andere befaßt sich mit der Freisetzung und dem Inverkehrbringen gentechnisch veränderter Organismen. Beide Richtlinien enthalten detaillierte Vorgaben, die in Deutschland durch den Erlaß des Gentechnikgesetzes in nationales Recht umgesetzt wurden.

9.1.2 Gentechnische Arbeiten in gentechnischen Anlagen

Das Gentechnikgesetz sieht je nach Fallgestaltung **Anmelde-** und **Genehmigungsverfahren** für gentechnische Anlagen und für gentechnisches Arbeiten vor. Im Unterschied zur Genehmigung ergeht bei einer Anmeldung kein behördlicher Genehmigungsbescheid. Die Behörde ist jedoch gehalten, innerhalb eines sehr kurzen Zeitraums (z. B. ein Monat bei Sicherheitsstufe 1) über die angemeldete gentechnische Arbeit zu entscheiden. Erhält der Betreiber nach Ablauf der im Gentechnikgesetz genannten Frist keine Mitteilung der Behörde, so kann er von einer positiven Entscheidung ausgehen.

9.1.3 Genehmigungs- bzw. anmeldepflichtige Tatbestände

Gentechnische Arbeiten werden gemäß den vermuteten Risiken in vier Sicherheitsstufen eingeteilt. Je nach Sicherheitsstufe werden unterschiedlich strenge Sicherheitsvorkehrungen getroffen. Auch hängt es von der Sicherheitsstufe ab, ob ein gentechnisches Projekt genehmigt oder lediglich angemeldet werden muß. Liegt eine Genehmigung für die Anlage vor, so ist für weitere Arbeiten der gleichen Sicherheitsstufe nur eine Arbeitsgenehmigung bzw. Anmeldung erforderlich.

Bei der Genehmigungs- bzw. Anmeldepflicht einzelner gentechnischer Vorhaben wird zwischen gentechnischen Arbeiten zu Forschungszwecken und zu gewerblichen Zwecken unterschieden. Den gentechnischen Forschungsprojekten werden verfahrensrechtliche Vergünstigungen zugestanden. Dadurch soll die Forschung, insbesondere im Gesundheits- und Umweltbereich, die sich in großem Umfang gentechnischer Methoden bedient, gefördert werden. Besonders hier werden große Fortschritte erwartet.

9.1.4 Verfahrensablauf

Zuständig für die Genehmigungen sind die Länder (Abb. 9.1.1). Für das Anmeldeverfahren gibt es allerdings bundeseinheitliche Formblätter.

Eine Anlagengenehmigung schließt andere öffentlich-rechtliche Genehmigungen ein. Dies wird als „Konzentrationswirkung" bezeichnet. Bei bestimmten gentechnischen Anlagen, die zu gewerblichen Zwecken betrieben werden sollen, ist eine öffentliche Anhörung durchzuführen.

Bei der Prüfung der beantragten gentechnischen Arbeiten wird in bestimmten vom Gentechnikgesetz vorgeschriebenen Fällen eine Stellungnahme der ZKBS eingeholt.

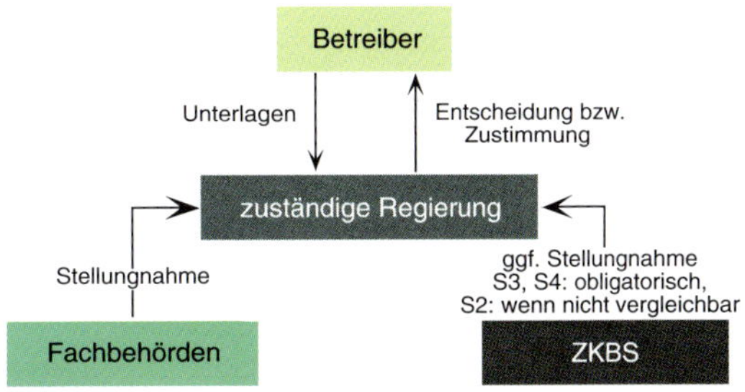

Abb. 9.1.1 Anmelde- und Genehmigungsverfahren von gentechnischen Anlagen und Arbeiten.

9.1.5 Freisetzungen und Inverkehrbringen

Für das Freisetzen und Inverkehrbringen gentechnisch veränderter Organismen und von Produkten, die solche enthalten, ist eine Genehmigung des Robert-Koch-Instituts in Berlin zu beantragen (Abb. 9.1.2). Im Rahmen dieses Genehmigungsverfahrens gibt sowohl die ZKBS als auch die zuständige Landesbehörde eine Stellungnahme zu den möglichen Gefahren ab. Grundsätzlich muß vor einer Entscheidung über die Genehmigung einer Freisetzung ein öffentliches Anhörungsverfahren durchgeführt werden.

9.1.6 Überwachungs-, Auskunfts- und Duldungspflichten

Um Verstöße gegen das Gentechnikrecht sofort zu unterbinden, hat der Staat umfassende Kontrollmöglichkeiten. Dazu zählen

- Besichtigung der Labor- und Produktionsstätten,
- Durchführung von Prüfungen und Entnahme von Proben,
- Einsichtnahme der Unterlagen,
- Einholung von Auskünften

Gentechnische Anlagen, die ohne Genehmigung oder mit nicht genehmigten, wesentlichen Änderungen betrieben werden, können stillgelegt werden. Besteht Grund zur Annahme einer Gefahr für Mensch oder für die Umwelt, kann der Vertrieb eines gentechnischen Produkts untersagt werden. Das gilt auch, wenn zu einem früheren Zeitpunkt eine Genehmigung für dieses Produkt erteilt wurde.

9.1.7 Haftungsregelungen

Wird durch einen gentechnisch erzeugten Organismus jemand getötet, seine Gesund-

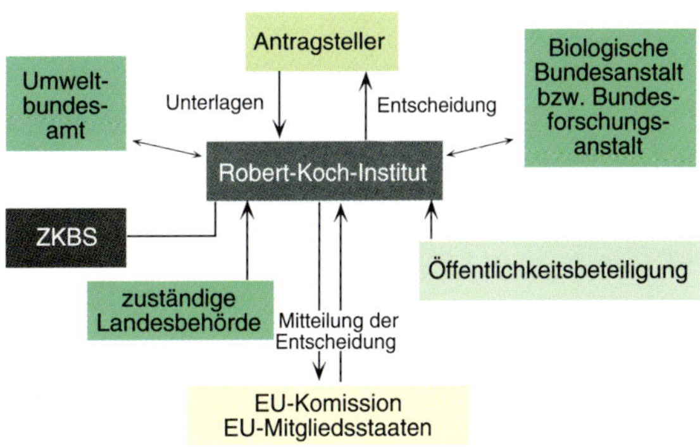

Abb. 9.1.2 Genehmigungsverfahren für Freisetzung und Inverkehrbringen

heit oder eine Sache geschädigt, ist der Betreiber verpflichtet, den daraus entstandenen Schaden zu ersetzen.

- **Gefährdungshaftung**
  Auch unabhängig von einem etwaigen Verschulden hat der Betreiber die Verpflichtung zum Schadenersatz. Die Haftung ist auf 160.000.000 DM beschränkt.
- **Deckungsvorsorge**
  Ein Betreiber ist daher verpflichtet, entsprechend Vorsorge zu treffen, z. B. durch eine Haftpflichtversicherung. Eine Verordnung hierzu ist in Vorbereitung.

9.1.8 Sicherheitskonzept für gentechnische Arbeiten in gentechnischen Anlagen

Dem Gentechnikrecht liegt ganz wesentlich der Schutzgedanke zugrunde. Drei prinzipielle Ziele ergeben sich aus dem Sicherheitskonzept:

- Gesundheitsschutz
- Arbeitsschutz
- Umweltschutz.

9.1.9 Die Maßnahmen zur Verwirklichung der Schutzziele

Gentechnische Arbeiten werden in vier Sicherheitsstufen eingeteilt. Die Einteilung erfolgt gemäß dem Gefährdungspotential. Technische, organisatorische, chemische und biologische Sicherheitsmaßnahmen sind einzuhalten. Die Einhaltung wird streng überwacht.

Die Einstufung gentechnischer Arbeiten in die vier Sicherheitsstufen erfolgt aufgrund der Bewertung der Eigenschaften

- des Empfängerorganismus
- des Spenderorganismus
- der Vektoren.

Die Gesamtbewertung des Risikos beruht auf dem Zusammenwirken der Faktoren.

- Gefährdungsermittlung
- Risikobeurteilung
- Sicherheitseinstufung

9.1.10 Beschreibung der Sicherheitsstufen

- Stufe 1: Gentechnische Arbeiten, bei denen nicht von einem Risiko für Umwelt und Gesundheit auszugehen ist.
- Stufe 2: Gentechnische Arbeiten mit geringem Risiko für Umwelt und Gesundheit,
- Stufe 3: Gentechnische Arbeiten mit mäßigem Risiko für Umwelt und Gesundheit,
- Stufe 4: Gentechnische Arbeiten mit hohem Risiko oder dem begründeten Verdacht eines solchen Risikos für Umwelt und Gesundheit.

Um eine Bewertung der erforderlichen Einstufung zu ermöglichen, müssen zunächst die verwendeten Organismen genau beschrieben werden. Weiterhin werden geprüft:

- Der gesundheitliche Aspekt (z. B. toxische oder allergene Eigenschaften).
- Umwelterwägungen (z. B. Überlebensfähigkeit, Beteiligung an Umweltprozessen)

Zuständig für die Einstufung ist die Landesbehörde. Bei Sicherheitsstufe 3 und 4, sowie in bestimmten Fällen bei Stufe 2, schaltet die Landesbehörde die ZKBS ein.

9.1.11 Sicherheitsmaßnahmen

Gentechnische Arbeiten dürfen nur in gentechnischen Anlagen durchgeführt werden. Der Kontakt gentechnisch veränderter Organismen mit Mensch und Umwelt wird mit technischen, organisatorischen, biologischen und chemischen Schranken minimiert bzw. verhindert. Aufwand und Durchführung der Sicherheitsmaßnahmen hängen von der Sicherheitsstufe der jeweiligen Arbeiten ab.

Als **technische Sicherheitsmaßnahmen** gegen unkontrolliertes Entweichen von gentechnisch verändertem Material und für einen gefahrlosen Umgang am Arbeitsplatz mit diesem Material gelten:

- Bauliche Voraussetzungen,
- Raumlufttechnische Anlagen,
- Ein- und Ausschleusen von Material,
- Abwasser- und Abfallentsorgung,
- spezielle Gerätschaften (z. B. Sicherheitswerkbänke).

Organisatorische Sicherheitsmaßnahmen für den ordnungsgemäßen Betrieb einer gentechnischen Anlage umfassen:

- Nur qualifiziertes Personal, das regelmäßig unterwiesen wird,
- Kennzeichnung der Arbeitsbereiche,
- Zutrittsregelung,
- Betriebsanweisungen,
- Maßnahmen bei Störungen und Unfällen,
- Aufzeichnungen der Arbeiten.

Als **Arbeitssicherheitsmaßnahmen** für den Schutz der Beschäftigten gelten

- die Grundregeln guter mikrobiologischer Praxis,
- Arbeitsmedizinische Untersuchungen,
- Beachtung hygienischer Regeln,
- Persönliche Schutzausrüstung (z. B. Schutzhandschuhe, -kittel, Augen- und Gesichtsschutz, Atem- und Gehörschutz)

Biologische Sicherheitsmaßnahmen als einzige gentechnik-spezifische Sicherheitsmaßnahme zur Verringerung des gentechnischen Gefahrenpotentials sind:

- Die Verwendung von Empfängerorganismen und Vektoren mit gefahrenmindernden Eigenschaften
- Verhinderung der Ausbreitung – bei Pflanzen von Pollen (z. B. durch Entfernen der Staubbeutel), bei Tieren (z. B. durch Sterilisation),
- Arbeiten an bestimmten Krankheitserregern nur durch geimpfte Personen.

9.1.12 Anmelde- und Genehmigungsverfahren von gentechnischen Anlagen und Arbeiten

Der Betreiber muß bei der zuständigen Regierung die Errichtung und den Betrieb einer gentechnischen Anlage zusammen mit der ersten geplanten Arbeit zur Genehmigung beantragen bzw. anmelden (Abb. 9.1.1).

Er muß genaue Angaben zum baulichen Teil und zur Art des gentechnischen Vorhabens (mit Sicherheitsbewertung) machen. Der Vorgang wird durch Formblätter effektiver und einfacher gestaltet.

Das weitere Vorgehen hängt von der Sicherheitsstufe des Projektes ab.

Arbeiten der Sicherheitsstufe 1 werden von der zuständigen Regierung beurteilt und genehmigt. In allen anderen Fällen, also bei den höheren Sicherheitsstufen 2 bis 4, wird die ZKBS hinzugezogen. Arbeiten der Sicherheitsstufe 2 können direkt von den Regierungsstellen genehmigt werden, falls vergleichbare Sicherheitsbewertungen der ZKBS vorliegen.

Der Betreiber erhält nach Abschluß der Prüfungen einen schriftlichen Bescheid.

Im Rahmen des Verfahrens werden Labor- und Produktionsstätten in der Regel einer Inspektion unterzogen. Der Betreiber kann sich jederzeit von der zuständigen Behörde beraten lassen. Dadurch wird das Verfahren beschleunigt und gleichzeitig der Sicherheitsstandard gehoben.

9.1.13 Freisetzung und Inverkehrbringen

Da nicht für alle freigesetzten Organismen eine Rückholbarkeit gewährleistet ist, muß im Vorfeld ein mögliches Risiko für Mensch und Umwelt sorgfältig geprüft werden.

Voraussetzung für eine Genehmigung sind

detaillierte Ergebnisse aus vorangegangenen Arbeiten in Labor und Gewächshaus. Die zuständige Behörde ist das Robert-Koch-Institut.

Für einen Antrag auf Freisetzung sind viele vorangegangene Untersuchungen nötig. Wichtig ist eine möglichst exakte Risikobewertung.

An der Entscheidung sind z. B. auch das Umweltbundesamt und die Biologische Bundesanstalt für Land- und Forstwirtschaft beteiligt (Abb. 9.1.2). Außerdem nimmt die zuständige Landesbehörde unter Berücksichtigung der örtlichen Gegebenheiten Stellung.

Parallel zum behördlichen Verfahren erfolgt eine öffentliche Bekanntmachung im Bundesanzeiger und der Tagespresse.

Der Antrag wird anschließend bei der zuständigen Gemeindeverwaltung für vier Wochen ausgelegt. Während dieser Frist und noch zwei Wochen anschließend kann schriftlich Einwand gegen das Vorhaben erhoben werden.

Das Robert-Koch-Institut trifft seine Entscheidung also aufgrund der Stellungnahme der ZKBS, der Landesbehörden und nach der Prüfung möglicher Einwände.

Bei sämtlichen Freisetzungsvorhaben müssen auch die anderen Mitgliedstaaten der EU beteiligt werden. Deshalb muß das Robert-Koch-Institut den Antrag an die Europäische Kommission in Brüssel weiterleiten. Von dort wird der Antrag allen EU-Mitgliedstaaten zugeleitet. Diese haben dann einen Monat Zeit, um bei der nationalen Genehmigungsbehörde Stellung zu dem Antrag zu nehmen.

Nach Erstellung des Bescheids muß das Robert-Koch-Institut die Europäische Kommission und die EU-Mitgliedstaaten informieren.

Auch für **Anträge auf Inverkehrbringen** gentechnisch veränderter Produkte ist das Robert-Koch-Institut zuständig.

Für einen Antrag ist eine Vielzahl vorheriger Untersuchungen nötig. Bei einer Entscheidungsfindung werden z. B. auch das Umweltbundesamt und die Biologische Bundesanstalt für Land- und Forstwirtschaft befragt. Die ZKBS übernimmt die Bewertung nach Sicherheitskriterien.

Innerhalb von drei Monaten muß das Robert-Koch-Institut über den Antrag entscheiden.

Noch mehr als bei geplanten Freisetzungsversuchen ist hier die EU einbezogen. Der Antrag geht wieder über die Europäische Kommission an die Mitgliedstaaten. Diese sind verpflichtet, gegenüber dem Robert-Koch-Institut Stellung zu nehmen.

Haben ein oder mehrere Mitgliedstaaten Einwände und können diese nicht durch zusätzliche Informationen ausgeräumt werden, liegt die endgültige Entscheidung bei den zuständigen Gremien der EU. Kommen keine Einwände, erstellt das Robert-Koch-Institut eine Genehmigung. Diese ist für die gesamte EU gültig.

Stichwortverzeichnis

A

B

C

D

E

F

I

J

K

L

M

N

Q

R

S

T

U

V

W